Elektronenmikroskopie in der Festkörperphysik

(Herausgegeben von Heinz Bethge und Johannes Heydenreich)

Elektronenmikroskopie in der Festkörperphysik

Herausgegeben von
Heinz Bethge und Johannes Heydenreich

mit 291 Abbildungen
und 12 Tabellen

VEB Deutscher Verlag der Wissenschaften
Berlin 1982

ISBN-13: 978-3-642-93212-0   e-ISBN-13: 978-3-642-93211-3
DOI: 10.1007/978-3-642-93211-3

Verlagslektor: Helga Hammig, Karin Bratz
Verlagshersteller: Doris Ahrends, Wilfried Banselow
Umschlaggestaltung: Gerhard Kruschel
© 1982 VEB Deutscher Verlag der Wissenschaften, DDR-1080 Berlin,
Softcover reprint of the hardcover 1st edition 1982

Postfach 1216
Lizenz-Nr. 206 · 435/161/82

LSV 1185
Bestellnummer: 570 955 8
DDR 95,— M

Vorwort

Die Elektronenmikroskopie als Methode zur direkten Abbildung submikroskopischer Strukturen hat in den letzten Jahrzehnten auf nahezu allen Gebieten der naturwissenschaftlichen, technischen und medizinischen Forschung außerordentlich an Bedeutung gewonnen. Im vorliegenden Buch wird über den Einsatz der Elektronenmikroskopie in der Festkörperphysik und in der Werkstofforschung berichtet. Im Hinblick darauf, daß die moderne Werkstofforschung ihre wesentlichen Grundlagen in der Festkörperphysik hat, wurde der Kurztitel „Elektronenmikroskopie in der Festkörperphysik" gewählt.

Das Buch ist in die beiden Teile „Elektronenmikroskopische Untersuchungsverfahren" und „Anwendungen in der Festkörperphysik" gegliedert. Im ersten Teil werden die Möglichkeiten und Grenzen der in der Festkörperphysik eingesetzten elektronenmikroskopischen Untersuchungsverfahren beschrieben, wobei die zuverlässige Interpretation elektronenmikroskopischer Aufnahmen (Bildentstehung, Bildauswertung) besondere Beachtung findet. Im Anwendungsteil des Buches sind — ohne Anspruch auf Vollständigkeit zu erheben — diejenigen Gebiete der Festkörperphysik und Werkstofforschung erfaßt, in denen die Elektronenmikroskopie einen wesentlichen Beitrag leisten kann. Neben einigen besonderen Ergebnissen aus verschiedenen Laboratorien in aller Welt konnte bei der Auswahl der zu behandelnden Themen und Untersuchungsbeispiele weitgehend auf die im Institut der Autoren durchgeführten Arbeiten und daraus vorliegendem Bildmaterial zurückgegriffen werden.

Die als Übersichtsdarstellung aufgebaute „Elektronenmikroskopie in der Festkörperphysik" ist für einen breiten Leserkreis gedacht, der sowohl in der Elektronenmikroskopie bereits tätige wie auch dieser Untersuchungsmethode noch fernstehende Festkörperphysiker und Werkstoff-Forscher umfaßt. — Während erstere — nicht zuletzt über die zahlreich zitierte Literatur — aktuelle Informationen über Teilgebiete der Untersuchungsmethoden bzw. des Anwendungsfeldes erhalten, soll den letztgenannten anhand der ausgewählten Untersuchungsbeispiele ein Einblick in typische Einsatzgebiete der Elektronenmikroskopie gegeben werden. Die „Elektronenmikroskopie in der Festkörperphysik" ist weder eine Einführung in die Elektronenmikroskopie noch eine Anleitung für den praktischen Mikroskopierbetrieb. Für diese Zwecke (auch hinsichtlich der Präparationstechnik in der Elektronenmikroskopie) sei auf bewährte Buchdarstellungen verwiesen, die der „Literaturübersicht zur Elektronenmikroskopie" am Schluß des Buches entnommen werden können.

Bei der Behandlung der Bildentstehung bzw. der einzelnen Arten des Bildkontrastes wird von der Spezifik der Wechselwirkung zwischen abbildendem Elektronenstrahl und Untersuchungsobjekt ausgegangen, wobei — vor allem in der Hochauflösungs-Elektronenmikroskopie und in der Höchstspannungs-Elektronenmikroskopie — auch der Aspekt der Strahlenschädigung zu berücksichtigen ist. Hinsichtlich der in der Elektronenmikroskopie physikalisch-technischer Objekte vorzugsweise zu untersuchenden kristallinen Objekte, bei denen die Elektronenbeugung die Grundlage für die Entstehung von Abbildungen ist, werden vom Leser Grundkenntnisse in der Kristallographie, insbesondere in der Beschreibung von Kristalldefekten, vorausgesetzt. Eine Behandlung des weiten Gebietes der Elektronenbeugung ist im Rahmen des vorliegenden Buches nicht möglich. Was den Bildkontrast kristalliner Objekte betrifft, der — abgesehen von hochauflösenden Atom-, Molekül-, bzw. Kristallgitterabbildungen — vorzugsweise Beugungskontrast ist, so werden im Anhang 1. die theoretischen Grundlagen des Beugungskontrastes (einschl. der Computersimulation der Abbildung von Kristalldefekten) angegeben.

Die Darlegungen des ersten Teiles beginnen mit zwei Kapiteln über die konventionelle Elektronenmikroskopie (Kap. 1.: Elektronenoptische und gerätetechnische Grundlagen, Kap. 2.: Bildentstehung), wobei für das einführende Kapitel 1. eine auch dem nicht auf dem Gebiete der Elektronenmikroskopie Tätigen verständliche einfache Darstellung gewählt wurde. Entsprechend ihrer zunehmenden Bedeutung werden die Hochauflösungs-Elektronenmikroskopie (Kap. 3.) und die Höchstspannungs-Elektronenmikroskopie (Kap. 4.) gesondert behandelt. In den der Raster-Elektronenmikroskopie gewidmeten Kapiteln 5. und 6., die vor allem auf die Oberflächen-Raster-Elektronenmikroskopie bezogen sind, wird auch die Raster-Durchstrahlungs-Elektronenmikroskopie behandelt. Letztere hat ja vor allem in den letzten Jahren besondere Bedeutung erlangt. Die durch die universellen Einsatzmöglichkeiten der Oberflächen-Raster-Elektronenmikroskopie in ihrer Anwendung etwas eingeschränkten Verfahren der indirekten Oberflächen-Abbildung und der Emissions- und der Spiegel-Elektronenmikroskopie sind in den Kapiteln 7. und 8. dargestellt. Die durch Kombination von abbildenden und spektrometrischen Methoden erzielbaren, einander ergänzenden Informationen über die Morphologie eines Objektes und über die chemische Zusammensetzung in Mikrobereichen sind Gegenstand einer kurzen Beschreibung der Einsatzmöglichkeiten der analytischen Elektronenmikroskopie (Kap. 9.). Das sehr weite Gebiet der Bildauswertung mit optischen und elektronischen Verfahren (Kap. 10.) kann nur als Überblick geboten werden.

Dem zweiten Teil des Buches ist eine Beschreibung der Gitterdefekt-Abbildung durch elektronenmikroskopischen Beugungskontrast (Kap. 11.) vorangesetzt. Dies erscheint sinnvoll im Hinblick darauf, daß bei nahezu allen folgenden Kapiteln, die mehr oder weniger prozeß- oder materialorientiert sind, diese Abbildungstechnik genutzt wird. Elementare Vorgänge bei der plastischen Verformung (Kap. 12.) und Mikroprozesse des Bruches (Kap. 13.) werden sowohl für metallische wie auch für nichtmetallische Festkörper beschrieben. Mit der elektronenmikroskopischen Fraktographie (Kap. 14.) wird ein Beispiel für eine technische Einsatzrichtung der Elektronenmikroskopie gegeben, die auf dem Gebiete der Diagnostik von Werkstoffbrüchen (Schadensfallanalyse) wesentliche Informationen bietet. Mit den Ausführungen über die Morphologie der Polymere (Kap. 15.) und der Defekte in Halbleitern und Bauelementestruktur (Kap. 16.) sollen besonders aktuelle Gebiete der Werkstofforschung hervorgehoben werden. Die Möglichkeiten der Elektronenmikroskopie auf dem Gebiete der Untersuchung von Oberflächen und Grenzflächen werden vor allem am Beispiel der Beschreibung von molekularen Prozessen auf Kristalloberflächen (Kap. 17.), des Wachstums und der Struktur dünner Schichten (Kap. 18.) und der Versetzungsstrukturen in Korngrenzen und Phasengrenzen (Kap. 19.) beschrieben. Die Anwendung der Technik der elektronenmikroskopischen Oberflächendekoration spielt hierbei eine besondere Rolle. Die abschließend behandelte Domänenstruktur ferroelektrischer und ferromagnetischer Festkörper (Kap. 20.) erfordert den Einsatz elektronenmikroskopischer Methoden sehr unterschiedlichen Charakters. — Ein kurzer Überblick über die Präparationsmethoden in der Durchstrahlungs-Elektronenmikroskopie, unter denen die chemischen bzw. elektrochemischen Verfahren der Abdünnung massiver Proben eine besondere Bedeutung haben, ist in Anhang 2. gegeben.

Bei der Erarbeitung des Buches wurde Wert darauf gelegt, möglichst viele Wissenschaftler des Instituts für Festkörperphysik und Elektronenmikroskopie der Akademie der Wissenschaften der DDR in die Arbeit einzubeziehen, um ihre speziellen Erfahrungen auf einzelnen Teilgebieten weitestgehend zu nutzen. Auf diese Weise sind 30 Mitarbeiter des Instituts an der Abfassung des Buches beteiligt. Für ihre bereitwillige Mitarbeit gilt ihnen unser besonderer Dank. Auch viele Wissenschaftler fremder Institute haben durch Überlassung von Arbeitsergebnissen, insbesondere von Abbildungen, zum Gelingen des Buches beigetragen. Ihnen allen, die in Abbildungsunterschriften und Zitaten erwähnt sind, sind wir zu Dank verpflichtet. Für die kritische Durchsicht des Manuskriptes und für viele Anregungen sind wir Herrn Dr. GUYENOT, Jena, und Herrn Prof. Dr. STORBECK, Dresden, sehr dankbar.

Schließlich bedanken wir uns beim VEB Deutscher Verlag der Wissenschaften für die gute Ausstattung des Buches, das bereitwillige Eingehen auf besondere Wünsche und — insbesondere bei der Verlagslektorin, Frau Dipl.-Phys. HAMMIG — für die gute Zusammenarbeit.

Halle/Saale,
im November 1979

HEINZ BETHGE
JOHANNES HEYDENREICH

Verzeichnis der wichtigsten verwendeten Abkürzungen

EM   Elektronenmikroskop(ie)

TEM   Transmissions-Elektronenmikroskop(ie)
Durchstrahlungs-Elektronenmikroskop(ie)

HEM   Höchstspannungs-Elektronenmikroskop(ie)

REM   Raster-Elektronenmikroskop(ie),
Scanning-Elektronenmikroskop(ie)

STEM   Raster-Transmissions-Elektronenmikroskop(ie),
Scanning-Transmissions-Elektronenmikroskop(ie)

EEM   Emissions-Elektronenmikroskop(ie)

EBIC   Elektronenstrahlinduzierte(r) Strom/Leitfähigkeit,
Electron Beam Induced Current/Conductivity

LEED   Beugung mit langsamen Elektronen,
Low Energy Electron Diffraction

HEED   Beugung mit mittelschnellen Elektronen,
High Energy Electron Diffraction

RHEED Reflexionsbeugung mit mittelschnellen Elektronen,
Reflection High Energy Electron Diffraction

AES   Auger-Elektronen-Spektroskop(ie)

WDS   wellenlängendispersive Röntgenspektroskop(ie)

EDS   energiedispersive Röntgenspektroskop(ie)

ESCA   Elektronenspektroskopie für die chemische Analyse

SIMS   Sekundärionen-Massenspektroskop(ie)

Inhaltsverzeichnis

I. ELEKTRONENMIKROSKOPISCHE UNTERSUCHUNGSVERFAHREN

1. Konventionelle Elektronenmikroskopie: Elektronenoptische und gerätetechnische Grundlagen

H. Bethge, J. Heydenreich

Das Prinzip der konventionellen Elektronenmikroskopie (EM) besteht darin, daß durch Anwendung elektronenoptischer Mittel ein von einem Elektronenbündel durchstrahlter Objektbereich abgebildet wird. Die üblicherweise benutzten Elektronen mit Energien von 50 ··· 100 keV besitzen einerseits eine für die Erzielung einer guten Auflösung[1]) zu fordernde kurze Wellenlänge, andererseits können sie durch geeignete magnetische (bzw. elektrische) Felder relativ einfach fokussiert werden, so daß die Voraussetzungen für eine submikroskopische Abbildung gegeben sind und eine laterale Auflösung von Objektstrukturen mit Abständen von wenigen Zehntel Nanometer (s. Abschn. 1.4.) zu erzielen ist. Eine Einschränkung besteht darin, daß Elektronen mit Energien von 50 ··· 100 keV je nach zu untersuchender Substanz Objektdicken von nur maximal einigen Zehntel µm durchdringen können; es ist deshalb eine der Hauptaufgaben der elektronenmikroskopischen Präparationstechnik (s. Anhang 2.), durchstrahlbare Objektfolien aus dem massiven Untersuchungsmaterial zu gewinnen, sofern nicht von vornherein dünn präparierte Objektschichten zu untersuchen sind. Untersuchungsmöglichkeiten für Objektfolien mit einer Dicke bis zu einigen µm sind durch Nutzung der gerätetechnisch aufwendigeren Höchstspannungs-Elektronenmikroskopie (s. Kap. 4.) gegeben.

1.1. Abbildungsstrahlengang

Der Abbildungsstrahlengang im Elektronenmikroskop (EM) ist dem des Lichtmikroskops im Prinzip analog: Den Glaslinsen der Lichtoptik entsprechen die (magnetischen oder elektrischen) Elektronenlinsen (s. Abschn. 1.3.), anstelle der Lichtquelle wird eine Elektronenkanone (s. Abschn. 1.2.) benutzt, und die beim Lichtmikroskop mit Projektiv notwendige Mattscheibe in der Endbildebene ist durch einen Leuchtschirm zu ersetzen, wenn von fotografischen Einrichtungen abgesehen wird. Zur Vermeidung der Streuung des im Abbildungsstrahlengang benutzten Elektronenbündels an den Molekülen der Luft wird das EM als Vakuum-

---

[1]) Als Auflösungsgrenze soll der geringste Abstand zweier Objektpunkte betrachtet werden, die man noch getrennt beobachten oder abbilden kann. Unter dem Auflösungsvermögen wird die Fähigkeit eines optischen Gerätes verstanden, zwei eng benachbarte Objekteinzelheiten voneinander zu trennen, d. h. deutlich als zwei getrennte Bilder wiederzugeben.

apparatur mit einem Druck von etwa 10^{-3} Pa in der Mikroskopsäule betrieben. Diese Forderung und die Notwendigkeit einer Hochspannungsanlage zur Erzeugung von Elektronen hinreichender Geschwindigkeit bedingen zwar apparativ einen erheblichen Aufwand gegenüber dem Lichtmikroskop, ändern jedoch nichts an dem für beide Geräte gleichen optischen Grundprinzip.

In Abb. 1.1 sind die Strahlengänge in einem Lichtmikroskop (a) und in einem EM mit magnetischen Linsen (b), vereinfacht für den Fall des zweistufigen Strahlenganges, dargestellt. Das von der Strahlquelle ausgehende divergente Strahlenbündel wird in beiden Fällen durch einen Kondensor mehr oder weniger konvergent

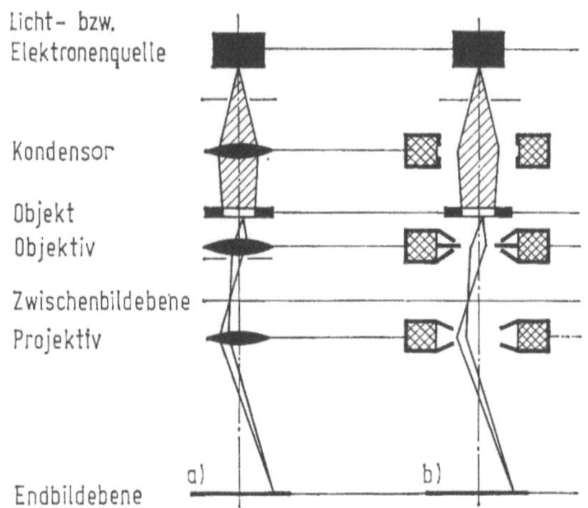

Abb. 1.1 Prinzipieller Strahlengang bei der zweistufigen Abbildung im Lichtmikroskop (a) und im magnetischen EM (b)

gemacht, so daß eine intensive Objektbestrahlung möglich ist. Die in die Objektebene einfallende Strahlung wird dort entsprechend der Struktur des Objekts modifiziert. In Abb. 1.1 werden nur die von einem Objektpunkt nach verschiedenen Richtungen ausgehenden Strahlen betrachtet, die durch das Objektiv in der Zwischenbildebene zum Bildpunkt vereinigt werden. Die Gesamtheit der von allen Objektpunkten erzeugten Bildpunkte ergibt das Bild des Objekts. Dieses Zwischenbild wird durch das Projektiv unter nochmaliger Vergrößerung in der Endbildebene abgebildet (zweistufige Abbildung). Für die Erreichung des in der üblichen Transmissions-Elektronenmikroskopie (TEM) notwendigen hohen Abbildungsmaßstabes zwischen einigen 10^4 und 10^6 — letzterer notwendig für die Ausschöpfung des Auflösungsvermögens von Hochleistungsgeräten — haben die Abbildungssysteme der Geräte zwischen Objektiv und Projektiv mindestens noch eine Zwischenlinse, so daß ein (mindestens) dreistufiger Abbildungsstrahlengang vorliegt. Hinsichtlich der Erzielung universeller Regelmöglichkeiten für die Beleuchtungsapertur und die Größe des bestrahlten Objektbereiches (z. B. Feinstrahlbeleuchtung) werden Doppelkondensoren (s. Abschn. 1.2.) eingesetzt.

Gemäß Abb. 1.2a wird durch die Wirkung der Objektivlinse nicht nur eine Abbildung des Objektes in der zugeordneten Bildebene erzeugt, die durch Fokussierung der von den einzelnen Objektpunkten (in verschiedene Richtungen) ausgehenden Elektronen in jeweils zugeordneten Bildpunkten entsteht, sondern gleichzeitig werden in der bildseitigen Brennebene des Objektivs alle (von verschiedenen Objektpunkten ausgehenden) in gleiche Richtung gebeugten Elektronen in jeweils einem Punkt vereinigt. Das Bündel der ungebeugten (bzw. ungestreuten) Elektronen durchsetzt die bildseitige Brennebene im Achsenpunkt, und die Durchstoßpunkte der gebeugten Strahlenbündel in der Brennebene sind um so weiter vom Achsenpunkt entfernt, je größer der Beugungswinkel ist. Durch Anordnung einer Blende in dieser Ebene, der Kontrastblende, ist es möglich, die in

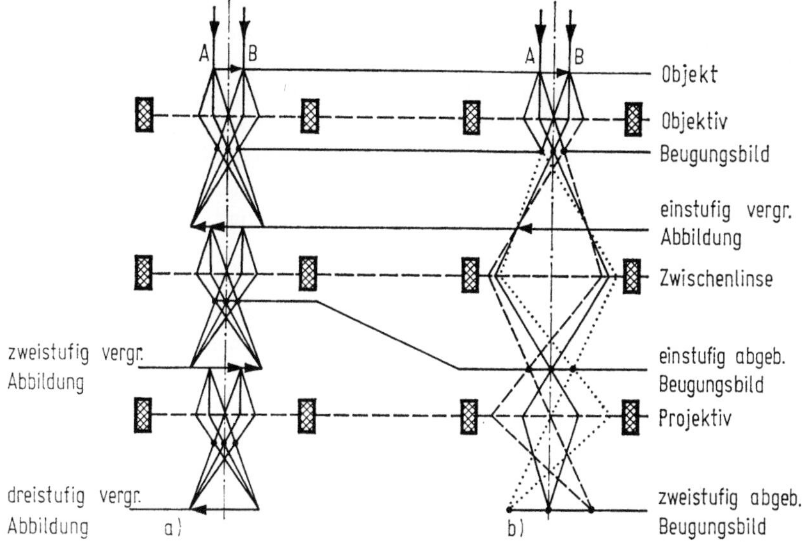

Abb. 1.2   Strahlengänge in einem dreistufigen EM
a) für Abbildung; b) für Elektronenbeugung mit Zwischenabbildung

größere Winkel gestreuten bzw. gebeugten Elektronen von der Bildebene fernzuhalten und so einen entsprechenden Hellfeld-Bildkontrast zu erzeugen, der bei amorphen Objekten als Streuabsorptionskontrast und bei kristallinen Objekten als Beugungskontrast bezeichnet wird. In Kap. 2. wird die Bedeutung dieser Kontrastarten, auch in ihrer Beziehung zu dem in der Hochauflösungs-EM wichtigen Phasenkontrast, näher erläutert. Bei der Erklärung der Wirkungsweise der Kontrastblende ist allerdings zu berücksichtigen, daß wegen des stets vorhandenen Öffnungsfehlers der Objektivlinse die unter nennenswerten Winkeln im Objekt gestreuten Elektronen ohnehin nicht mehr in der Bildebene fokussiert werden, so daß bereits hierdurch (auch ohne Vorhandensein einer Kontrastblende) ein Bildkontrast entsteht. Die nicht in der Bildebene fokussierten gestreuten Elektronen erzeugen einen diffusen Streuuntergrund; der Bildkontrast wird vermindert. Durch die Kontrastblende, deren Öffnung üblicherweise einen Durchmesser von einigen 10 μm besitzt, wird der diffuse Streuuntergrund weitgehend unterdrückt und damit der Bildkontrast verbessert.

Die in der hinteren Brennebene des Objektivs entstehende Elektronendichteverteilung entspricht dem Beugungsbild des Objekts (bei kristallinem Objekt z. B. ein Punktdiagramm). Je nachdem, ob durch die nachfolgende in weiten Grenzen regelbare Linse die hintere Brennebene oder die Bildebene des Objektivs in der nachfolgenden Bildebene abgebildet wird, erhält man dort das Beugungsdiagramm oder die Abbildung des Objekts, so daß in der elektronenmikroskopischen Gerätetechnik Informationen über die Struktur eines Objektes (Beugungsdiagramm) und über dessen Morphologie (Abbildung) gleichermaßen möglich sind. In Abb. 1.2 sind die Strahlengänge für Abbildung (a) und für Elektronenbeugung (b) in einem dreistufigen EM erläutert. Abweichend von dem in Abbildung a angegebenen Abbildungsstrahlengang wird im Beugungsstrahlengang b durch Verringerung der Erregung der Zwischenlinse (Vergrößerung der Brennweite) das in der hinteren Brennebene des Objektivs entstandene Beugungsbild einstufig in der Gegenstandsebene des Projektivs abgebildet, also dort, wo sonst das zweistufig vergrößerte Bild des Objekts im Abbildungsstrahlengang entsteht. Mit gleicher Erregung der Projektivlinse wie bei der Erzeugung von Abbildungen bildet man dieses einstufig vergrößerte Beugungsbild auf dem Endbildschirm (zweistufig) ab.

Das hier beschriebene Verfahren der Beugung mit Zwischenabbildung, bei dem ohne Änderung der Objektlage im Elektronenmikroskop mühelos von „Abbildung" auf „Beugung" (und umgekehrt) umgeschaltet werden kann, wurde erstmalig von BOERSCH [1] vorgeschlagen. Um eine strenge Zuordnung zwischen abgebildetem Objektbereich und Beugungsdiagramm zu haben, bedient man sich der auf LE POOLE [2] zurückgehenden Methode der Feinbereichsbeugung (selected area diffraction). Die Auswahl des durch Beugung zu untersuchenden Objektbereichs wird dabei in der 1. Zwischenbildebene (Ebene der einstufig vergrößerten Abbildung) durch Benutzung einer dort vorhandenen Bereichsblende (Selektorblende) vorgenommen. Nach Umschaltung von Abbildung auf Beugung können nur diejenigen gebeugten Strahlen zum Beugungsdiagramm beitragen, die von Objektbereichen stammen, deren einstufige Abbildung innerhalb des durch die Bereichsblende begrenzten Gebietes liegt. Die Zuordnung zu Objektbereichen von etwa 1 μm Durchmesser ist damit möglich. Bei der von RIECKE [3] vorgeschlagenen Feinstrahlbeugung läßt sich eine bessere Zuordnung zwischen Beugungsdiagramm (Lage und Intensitäten der Beugungsreflexe) und beugendem Objektbereich (etwa 0,1 μm $\varnothing$) dadurch erzielen, daß mit Hilfe eines dreistufigen Kondensors nur der interessierende Objektbereich bestrahlt wird. Mit den inzwischen erzielten feinen Elektronensonden der Raster-Elektronenmikroskopie (REM; s. Kap. 5.) ist eine Zuordnung zu noch kleineren Objektbereichen möglich. Für die Gewinnung von Beugungsdiagrammen mit hoher Auflösung (exakte Erfassung der Beugungswinkel und Intensitäten) sind die angegebenen Verfahren nicht ausreichend. In derartigen Fällen ist die auf die „linsenlose" Beugung von G. P. THOMSON [4, 5] zurückgehende Präzisions-Elektronenbeugung nach LEBEDEFF [6] einzusetzen, bei der im Strahlengang zwischen beugendem Objekt und Registrierebene keine Elektronenlinse wirksam ist. In diesem Fall werden Elektronenlinsen nur genutzt, um die Elektronenquelle in der Registrierebene oder in der Objektebene abzubilden.

1.2. Strahlerzeugungssystem

Zur Objektbestrahlung werden in der konventionellen EM in der Mehrzahl der Fälle nach wie vor thermisch emittierte Elektronen definierter Geschwindigkeit benutzt, die in einem aus Glühkatode, Wehnelt-Zylinder und Anode bestehenden Triodensystem (s. Abb. 1.3) erzeugt werden. Die Glühkatode besteht üblicherweise

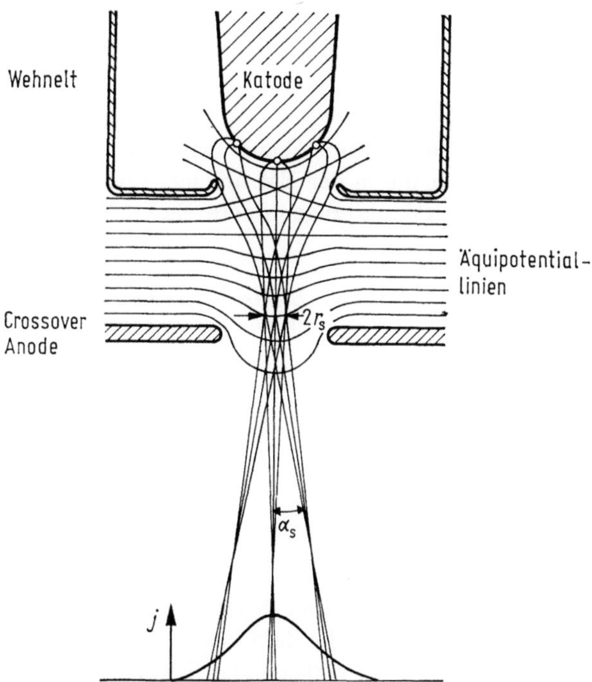

Abb. 1.3   Konventionelles Strahlerzeugungssystem (Triodensystem), bestehend aus Heizkatode, Anode und Wehnelt-Elektrode) [T]

aus einem Wolframdraht (0,1 ··· 0,2 mm $\varnothing$), der in Haarnadelform (Wolfram-Haarnadelkatode) gebogen ist und durch Stromdurchgang auf eine Temperatur zwischen 2600 K und 3000 K erhitzt wird. Für Fälle der Erzielung eines extrem kleinen emittierenden Bereichs werden auch speziell angeschliffene Katoden (Lanzettkatoden, *pointed filaments*) benutzt. Die aus dem Glühdraht austretenden, zunächst um diesen herum eine Raumladung bildenden, Elektronen werden durch das zwischen Katode und Anode liegende elektrische Feld aus dem Bereich der Raumladung zur Anode beschleunigt, wo das Elektronenbündel mit der durch die Spannung zwischen Katode und Anode (Beschleunigungsspannung U) gegebenen Energie $e_0 U$ (e_0 = elektrische Elementarladung = $1{,}6 \cdot 10^{-19}$ C) durch die zentrale Öffnung in der Anode austritt. Der Zusammenhang zwischen der Beschleunigungsspannung U und dem Betrag der Elektronengeschwindigkeit v folgt

2 Elektronenmikroskopie

in einfacher Weise aus dem Energiesatz zu

$$e_0 U = \frac{m_0 c^2}{\sqrt{1 - (v/c)^2}} - m_0 c^2 \tag{1.1}$$

(m_0 = Ruhmasse des Elektrons = $9{,}11 \cdot 10^{-28}$ g,
c = Lichtgeschwindigkeit im Vakuum = $3 \cdot 10^{10}$ cm/s).

Die gemäß der de Brolieschen Beziehung dem mit einem Geschwindigkeitsbetrag v bewegten Elektron zugeordnete Wellenlänge λ ist gegeben durch

$$\lambda = \frac{h}{m_0 v} \sqrt{1 - (v/c)^2} \tag{1.2}$$

(h = Plancksches Wirkungsquantum = $6{,}625 \cdot 10^{-34}$ J s).

In Tab. 1.1 sind einige Beispiele für den Zusammenhang zwischen λ, v und U gegeben, und es ist zu entnehmen, daß für die in der EM üblicherweise benutzte Beschleunigungsspannung von $U = 100$ kV die zugeordnete Elektronenwellenlänge $\lambda = 3{,}7$ pm beträgt.

Tabelle 1.1   *Zusammenhang zwischen Elektronenenergie, Elektronengeschwindigkeit und Elektronenwellenlänge für den in der EM benutzten Energiebereich*

Elektronenenergie $e_0 U$/keV	Elektronengeschwindigkeit v/cm s^{-1}	Elektronenwellenlänge λ/pm
10	$5{,}83 \cdot 10^{9}$	12,2
100	$1{,}64 \cdot 10^{10}$	3,7
1000	$2{,}83 \cdot 10^{10}$	0,87

Durch Änderung der (gegenüber dem Potential der Katode) negativen Vorspannung der Wehnelt-Elektrode wird gleichzeitig die Zahl der abgesaugten Elektronen und die Bündelung der das Strahlsystem verlassenden Elektronen beeinflußt, so daß man von einer miteinander gekoppelten Intensitäts- und Fokussierungsänderung sprechen kann. Das im Raum zwischen Katode und Anode herrschende elektrische Feld, in Abb. 1.3 durch Äquipotentiallinien veranschaulicht, führt zur Ausbildung eines Überkreuzungsbereiches (*cross over*) der Elektronen mit einem Durchmesser von $2r_s$. Zur Beurteilung der Güte eines Strahlerzeugungssystems benutzt man den von v. Borries und E. Ruska [7] vorgeschlagenen Richtstrahlwert R, der gegeben ist durch

$$R = \frac{j_c}{\pi \alpha_s^2}. \tag{1.3}$$

Hierbei ist j_c die Stromdichte im Zentrum des *cross over*, und α_s ist der in Abb. 1.3 angegebene Winkel. Nach Langmuir [8] gibt es eine obere Grenze R_{max} für den Richtstrahlwert gemäß der Beziehung

$$R_{max} = \frac{j e_0 U}{\pi k T} \tag{1.4}$$

$(j$ — Stromdichte an der Katode, T — Temperatur der Katode, k — Boltzmann-Konstante $(1,4 \cdot 10^{-23}\,\mathrm{J\,K^{-1}}))$. Für die in der Praxis erzielbaren Richtstrahlwerte ist die Art des elektrischen Feldes an der Katodenoberfläche wichtig, die vom Krümmungsradius der Katodenoberfläche, vom Immersionsgrad der Katode im Beschleunigungsfeld und vom Anoden-Katoden-Feld selbst bestimmt wird. Typische Werte der Anordnung sind: $R = 1 \cdots 5 \cdot 10^4\,\mathrm{A\,cm^{-2}\,sr^{-1}}$ bei einer Beschleunigungsspannung von 25 kV, einem totalen Emissionsstrom von $100 \cdots 200\,\mu\mathrm{A}$, einer Energiehalbwertsbreite der emittierten Elektronen von $2 \cdots 3\,\mathrm{eV}$ und einer Katodentemperatur von 2700 K. Bei einer Beschleunigungsspannung von 100 kV werden unter optimalen Bedingungen (s. z. B. [9, 10]) Richtstrahlwerte von $4 \cdot 10^5\,\mathrm{A\,cm^{-2}\,sr^{-1}}$ bei 2700 K erreicht. Für den üblichen Geräteeinsatz in der konventionellen EM sind derartige Richtstrahlwerte ausreichend. Im Bereich der Hochauflösungs-EM (s. Kap. 3.) erscheint es jedoch vorteilhaft, Strahlquellen höheren Richtstrahlwertes anzuwenden. Für die Hochauflösung ist eine hohe Kohärenz des beleuchtenden Strahlenbündels notwendig, das kleine Bestrahlungsaperturen voraussetzt. Beispielsweise ist bei einer Beleuchtungsapertur von 10^{-3} rad und einer Vergrößerung von 500000fach ein Richtstrahlwert von $4 \cdot 10^6\,\mathrm{A\,cm^{-2}\,sr^{-1}}$ notwendig, um eine hinreichende Elektronendichte auf dem Leuchtschirm von etwa $5 \cdot 10^{-11}\,\mathrm{A\,cm^{-2}}$ zu haben [11]. Ein derart hoher Richtstrahlwert ist mit der Wolfram-Haarnadelkatode nur bei Anwendung höherer Beschleunigungsspannungen $(0,5 \cdots 1\,\mathrm{MV})$ zu erzielen.

Als Strahlquelle hohen Richtstrahlwertes, die vor allem in der REM (s. Kap. 5.) mit Elektronensonden extrem kleinen Durchmessers, insbesondere in der Raster-Durchstrahlungs-Elektronenmikroskopie (STEM — *Scanning Transmission Electron Microscopy*), Bedeutung hat, bietet sich die Feldemissionskatode an [12—14]. Der Krümmungsradius der Katodenspitze an der Feldemissionskatode beträgt etwa $0,1\,\mu\mathrm{m}$, so daß sich bei Anlegen eines geeigneten Potentials zwischen Katode und Anode Feldstärken von $10^7\,\mathrm{V/cm}$ ergeben und so eine reine Feldemission an der ungeheizten Katode möglich ist. Zum stabilen Betrieb einer Feldemissionskatode ist allerdings ein Ultrahochvakuum von etwa 10^{-8} Pa im Katodenraum erforderlich. Feldemissionskatoden liefern Richtstrahlwerte von $10^7 \cdots 10^9\,\mathrm{A\,cm^{-2}}$ $\mathrm{sr^{-1}}$ bei 30 kV [15] mit Energiebreiten von $0,2 \cdots 0,5\,\mathrm{eV}$. Die Katode wird durch

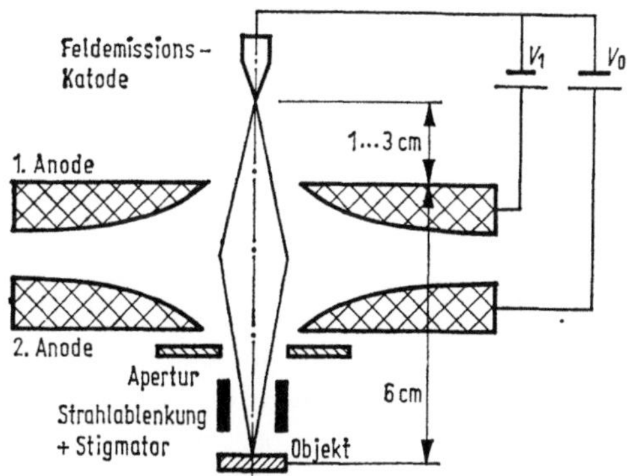

Abb. 1.4   Strahlerzeugungssystem mit Feldemissionskatode

2*

elektrolytisches Ätzen eines Wolfram-Einkristalldrahtes erzeugt und erreicht Spitzenradien von 200 ··· 20 nm. Von CREWE und Mitarbeitern [16] stammen die ersten Varianten der für Feldemissionskatoden notwendigen speziellen Anodensysteme, die weitere Linsen im Beleuchtungsstrahlengang zunächst unnötig machen. In dem in Abb. 1.4 dargestellten System steuert das Potential zwischen Katode und 1. Anode den Emissionsstrom aus der Wolframspitze, während die 2. Anode den Strahl bis zu seiner vollen Energie beschleunigt. Als Probleme beim Betrieb von Feldemissionskatoden ergeben sich vor allem Schwierigkeiten bei der Aufrechterhaltung des kleinen Spitzenradius sowie mechanische Vibrations- und magnetische Streufeldeinflüsse [17].

Die im Richtstrahlwert zwischen der Glühkatode und der Feldemissionskatode einzuordnende Lanthanhexaborid-Katode (LaB_6-Katode) [18—20], die zu den thermischen Elektronenstrahlerzeugern zählt, bietet Richtstrahlwerte von einigen 10^6 A cm^{-2} sr^{-1} (bei 20 kV). Verglichen mit der Feldemissionskatode können jedoch größere Elektronenströme realisiert werden, die vor allem für die analytische Elektronenmikroskopie (s. Kap. 9.) von Bedeutung sind. Der als Elektronenquelle benutzte, direkt oder indirekt geheizte LaB_6-Einkristall (meist ein Sinterstab) hat wegen der niedrigen Austrittsarbeit von LaB_6 [21] im Vergleich zu anderen Materialien günstige Emissionseigenschaften. Den günstigen Emissionseigenschaften stehen derzeit noch folgende Probleme gegenüber: Schwierigkeiten der direkten Heizung (1600 ··· 1800 °C), um die möglichen hohen Richtstrahlwerte auch tatsächlich zu erreichen; Notwendigkeit eines Vakuums im Katodenraum von 10^{-4} ··· 10^{-5} Pa (Ionengetterpumpen); Herstellung hinreichend großer und homogener LaB_6-Kristalle und deren entsprechende kristallographische Orientierung in der mechanischen Halterung [22].

Die auf HIBI [13] zurückgehende Spitzenkatode, bei der mittels Schottky-Effekt durch die große, vor der Spitze herrschende Feldstärke die Austrittsarbeit an der Katodenspitze für thermische Emission wesentlich erniedrigt wird, soll an dieser Stelle nur erwähnt werden. Neueren Datums ist eine Entwicklung von LE POOLE (VAN DER MAST et al. [23]), bei der der erzielbare Richtstrahlwert einer Wolfram-Glühkatode dadurch erhöht wird, daß sie an der Spitze mit einem Laser-Strahl auf eine Temperatur von 3500 K gebracht wird, wodurch der Richtstrahlwert um mehr als einen Faktor 10^2 (bei Benutzung eines üblichen Vakuums in der Mikroskopsäule von 10^{-2} ··· 10^{-3} Pa) gesteigert werden kann.

Das vom *cross over* der Strahlquelle divergent ausgehende Strahlenbündel wird durch die Kondensorlinse so beeinflußt, daß das Bündel der bestrahlenden Elektronen in der Objektivebene entweder parallel oder leicht konvergent verläuft. In letzterem Fall ist die Bestrahlung eines geeigneten Objektbereiches möglich. Der Kondensor selbst enthält eine Kondensoraperturblende, die die Größe des beleuchtenden Elektronenbündels begrenzt. Durch Änderung der Brennweite der magnetischen Kondensorlinse (über Brennweiten magnetischer Elektronenlinsen: s. Abschn. 1.3.) ist eine Änderung der Bestrahlungsapertur in weiten Grenzen (z. B. zwischen 10^{-5} rad und 10^{-2} rad) erzielbar. In der modernen Durchstrahlungs-Elektronenmikroskopie wird die Möglichkeit der Einengung des bestrahlten Objektbereiches auf wenige µm Durchmesser gefordert. Durch Anwendung einer einzigen

Kondensorlinse ist dies nicht realisierbar; denn eine räumliche Anordnung der Kondensorlinse unmittelbar oberhalb des Objekts ist aus Gründen der notwendigen Freiheitsgrade für die Objektmanipulation nicht möglich. Man benutzt deshalb für diese Zwecke einen Doppelkondensor. Mit Hilfe der ersten Kondensorlinse wird der *cross over* (engster Strahlquerschnitt: ca. 0,1 mm²) etwa 100fach verkleinert abgebildet; die 2. Kondensorlinse bewirkt lediglich die Abbildung des verkleinerten Strahlquellenbildes im Maßstab 1:1 oder 1:2 in der Objektebene. Um einen evtl. auftretenden Astigmatismus unterdrücken zu können, ist der Doppelkondensor üblicherweise mit einem Stigmator versehen (s. Abschn. 1.4.).

1.3.   Abbildungssystem

Die für die Fokussierung der Elektronen im Abbildungssystem des EM eingesetzten Elektronenlinsen sind vorzugsweise rotationssymmetrische elektrische oder magnetische Felder. Bezüglich der Grundlagen elektronenoptischer Betrachtungsweisen sei auf die vorliegende Übersichtsliteratur der Elektronenoptik (s. z. B. [A—V]) verwiesen. Von den verschiedenen Möglichkeiten des Zugangs zur Elektronenbewegung in elektrischen und magnetischen Feldern (z. B. Betrachtungen, die in Analogie zur Lichtoptik auf dem Fermatschen Prinzip aufbauen) soll im folgenden von den Lorentzschen Bewegungsgleichungen ausgegangen werden. Nach diesen ist die Bahn (Ortsvektor r) eines geladenen Teilchens der Masse m und der Ladung e_0, das sich mit der Geschwindigkeit $\dot{r}$ in einem elektrischen Feld der Feldstärke E bzw. in einem magnetischen Feld der magnetischen Induktion B bewegt, durch folgende Beziehung gegeben:

$$m\ddot{r} = - e_0(E + [\dot{r} \times B]) \tag{1.5}$$

$(B = \mu_0 H;$ $\mu_0 =$ Induktionskonstante $= 4\pi \cdot 10^{-7}$ V s A^{-1} m^{-1}; H — magnetische Feldstärke).

Zur Erfassung der Elektronenbewegung im rotationssymmetrischen Feld werden Zylinderkoordinaten derart zugrunde gelegt, daß die Koordinate der optischen Achse mit z, der Achsenabstand mit ϱ und die Winkelkoordinate (für die Charakterisierung einer bestimmten Meridianebene) mit Θ bezeichnet wird. Im Falle rein elektrischer Felder ist bei rotationssymmetrischen Anordnungen $E_\Theta = 0$, woraus unmittelbar das Verschwinden der Kraftkomponente F_Θ folgt. Es ist deshalb ausreichend, die Elektronenbewegung in einer Ebene $\Theta =$ const. (Meridianebene) zu betrachten. Mit $E = -$ grad φ (φ (ϱ, z) — Potential) und bei Beschränkung auf Paraxialstrahlen[1]), d. h. auf flache, achsennahe Strahlen, ergibt sich aus

---

[1]) Vorausgesetzt wird hierbei, daß der Achsenabstand ϱ der Elektronen, verglichen mit der gesamten Strahlenlänge L, stets so klein ist, daß in allen Rechnungen die zweiten und höheren Potenzen des Quotienten ϱ/L gegenüber der ersten Potenz vernachlässigt werden können. Außerdem wird gefordert, daß die Bahnneigung der Strahlen gegen die Achse stets so gering ist, daß überall zweite und höhere Potenzen der Bahnneigung gegenüber der ersten vernachlässigt werden können.

Gl. (1.5)

$$\frac{d^2\varrho}{dz^2} + \frac{1}{2\varPhi}\frac{d\varPhi}{dz}\frac{d\varrho}{dz} + \frac{1}{4\varPhi}\frac{d^2\varPhi}{dz^2}\varrho = 0 \; . \tag{1.6}$$

Hierbei ist $\varPhi(z) = \varphi(0, z)$ das Potential längs der optischen Achse[1]), und es läßt sich zeigen, daß durch das Achsenpotential das Potential im ganzen Raum bestimmt ist. Aus der vorstehenden Bahngleichung (1.6) für Paraxialstrahlen in einer Meridianebene eines rotationssymmetrischen Potentialfeldes, die eine lineare Differentialgleichung zweiter Ordnung ist, läßt sich bei bekanntem Achsenpotential und dessen erster und zweiter Ableitung die Elektronenbahn $\varrho = \varrho(z)$ bestimmen.

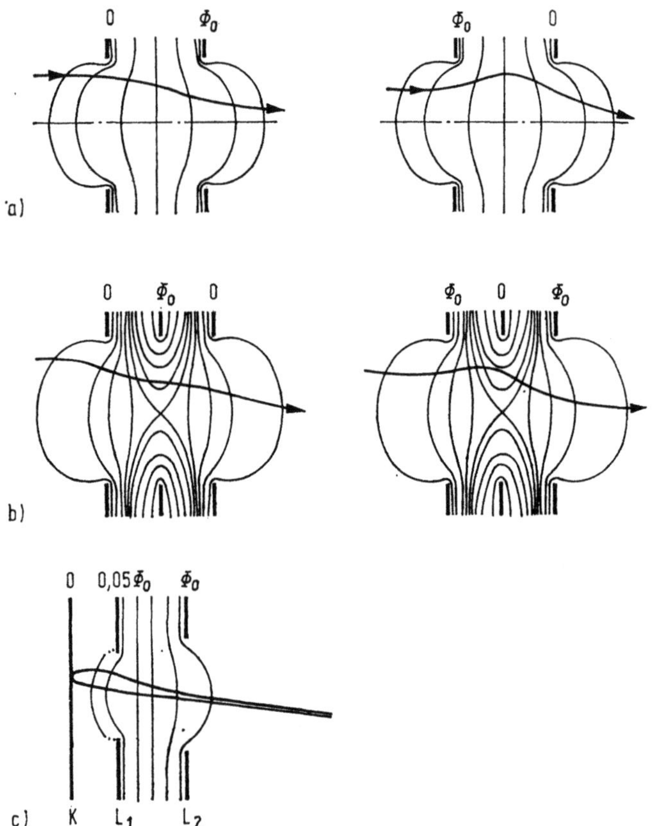

Abb. 1.5   Prinzipdarstellung elektrostatischer Elektronenlinsen ($\varPhi_0 > 0$)

a) Immersionslinse; b) elektrostatische Einzellinse; c) Immersionsobjektiv (Katodenlinse)

---

[1]) Im relativistischen Fall, mit dem wir es bei den in der EM gewählten Beschleunigungsspannungen (typisch: 100 kV) stets zu tun haben, ist in Gl. 1.6 statt $\varPhi(z)$ die Größe

$$\varPhi^*(z) = \varPhi(z)\left\{1 + \frac{e_0}{2m_0c^2}\varPhi(z)\right\}$$

zu benutzen.

Die strahlbeeinflussende Wirkung elektrischer Felder ist vor allem in den Strahlerzeugungssystemen der EM von Bedeutung. Als Abbildungssysteme in modernen EM kommen jedoch wegen der unvermeidlich größeren Abbildungsfehler elektrischer Elektronenlinsen fast ausschließlich magnetische Elektronenlinsen zum Einsatz. Es sollen deshalb die auf rotationssymmetrischen elektrischen Feldern beruhenden elektrischen Elektronenlinsen nicht näher behandelt werden. In Abb. 1.5 sind lediglich einige Prinzipanordnungen elektrostatischer Elektronenlinsen durch Elektrodenanordnung, Äquipotentialflächen und jeweils typischen Bahnverlauf (für ein achsenparallel einfallendes Elektron in a) und b) und für ein von einem Katodenpunkt ausgehendes Elektronenbündel in c)) dargestellt. Angegeben sind in a) das Prinzip der Immersionslinse und in b) das Prinzip der elektrostatischen Einzellinse bei unterschiedlicher Polung der Elektroden, wobei jeweils die Potentialwerte „0“ und „Φ_0“ den einzelnen Elektroden zugeordnet werden. Aus dem skizzierten Bahnverlauf ist zu erkennen, daß sowohl die aus zwei achsensenkrecht angeordneten Lochblenden bestehende Immersionslinse wie auch die aus drei achsensenkrechten Lochblenden bestehende elektrostatische Einzellinse unabhängig von der potentialmäßigen Ansteuerung der Elektroden den parallel einfallenden Elektronenstrahl zur optischen Achse hinbiegen, was einer sammelnden Feldwirkung entspricht. In elektrostatischen EM der vergangenen Jahre hat die elektrostatische Einzellinse sowohl als Objektiv wie auch als Projektiv und Zwischenlinse eine entsprechende Rolle gespielt. Das in c) dargestellte, auf BRÜCHE und JOHANNSON [24] zurückgehende Immersionsobjektiv (Katodenlinse) findet in der Emissionselektronenmikroskopie (EEM; s. Kap. 8.) Anwendung. Bei dieser Anordnung wird zwischen einer ebenen Katode mit dem Potential „0“ und einer Anodenblende mit dem Potential „Φ_0“ in Katodennähe eine weitere Lochblende mit einem nicht stark vom Katodenpotential abweichenden positiven Potential benutzt. Durch die gegebene Feldform, insbesondere durch den Felddurchgriff zur Katode, werden die von einem Punkt der Katode ausgehenden Elektronen derart fokussiert, daß sie in einem entsprechenden Bildpunkt vereinigt werden.

Die Lösung von Gl. (1.5) für den Fall des rotationssymmetrischen magnetischen Feldes ($E = 0$) liefert, wiederum bei Beschränkung auf Paraxialstrahlen, die Bahngleichungen für meridionale Strahlen in folgender Form:

$$\frac{\mathrm{d}^2\varrho}{\mathrm{d}z^2} = \frac{-e_0}{8mU}\, B_{z\mathrm{A}}^2 \varrho \, , \tag{1.7a}$$

$$\frac{\mathrm{d}\Theta}{\mathrm{d}z} = \sqrt{\frac{e_0}{8mU}}\, B_{z\mathrm{A}} \, . \tag{1.7b}$$

Hierbei ist $B_{z\mathrm{A}}$ die z-Komponente der magnetischen Induktion längs der optischen Achse $\left(B_{z\mathrm{A}} = B_z(0, z)\right)$, und U ist die (konstante) Beschleunigungsspannung[1]). Das Minuszeichen in Gl. 1.7a) deutet an, daß die wirkende Kraft bzw. Beschleuni-

---

[1]) Im relativistischen Fall ist wieder statt U die korrigierte Größe

$$U^* = U\left(1 + \frac{e_0}{2m_0 c^2}\, U\right) \text{ zu benutzen.}$$

gung (abgesehen von der in Gl. (1.7b) angegebenen Bahndrehung) stets zur optischen Achse hin gerichtet ist (Sammelwirkung). Wie ersichtlich, erfüllt Gl. (1.7a) die für Elektronenlinsen wichtige Bedingung, daß die die Elektronen ablenkende Kraft proportional zu ϱ ist. Das Auftreten der magnetischen Feldkomponente (B_{zA}) in quadratischer Form deutet darauf hin, daß eine „Umpolung" des Feldes an der Fokussierungswirkung nichts ändert. Gemäß Gl. (1.7b) bleibt das Elektron — im Gegensatz zur Abbildung durch rein elektrische Felder — beim Durchgang durch das rotationssymmetrische Magnetfeld nicht in der vorgegebenen Meridianebene, sondern es erfährt zusätzlich eine Ablenkung in zirkularer Richtung, die zu einer Schraubenbewegung des Elektrons im Magnetfeld führt und Ursache der Bilddrehung im Elektronenmikroskop mit magnetischen Linsen ist. Bei der Darstellung von Elektronenbahnen im Magnetfeld wird aus Gründen der Einfachheit (s. Abb. 1.6) üblicherweise eine „verschraubte" Meridianebene zugrunde gelegt.

Die Berechnung der fokussierenden Wirkung magnetischer Elektronenlinsen durch Integration der Gleichungen (1.7) bereitet wegen der vielseitigen Möglichkeiten der Computertechnik und wegen der für viele Linsentypen inzwischen tabellierten B_{zA}-Werte kein Problem. Es kann gezeigt werden, daß die durch

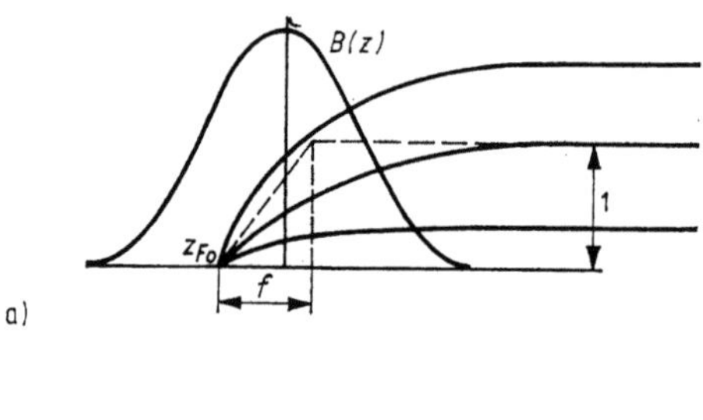

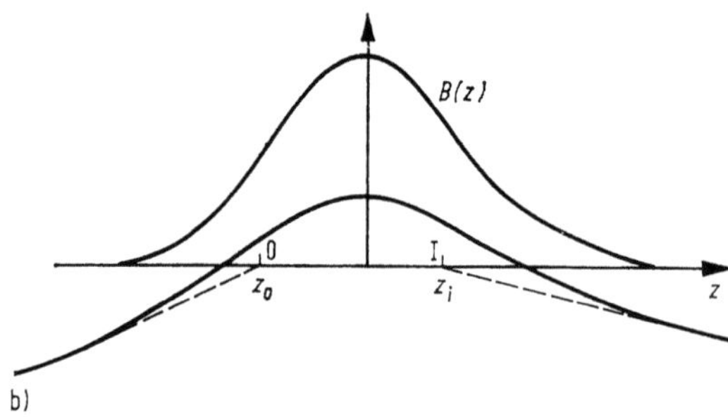

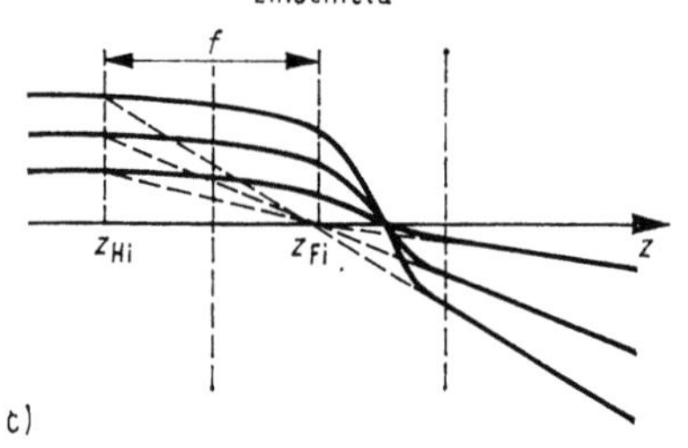

Abb. 1.6   Zur Definition der (reellen) Brennweite beim Objektiv (a) und der (asymptotischen) Brennweite beim Projektiv (b, c) [T]

Gl. (1.7) zu ermittelnden Elektronenbahnen die folgende Eigenschaft haben: Gehen von einem Punkt der achsensenkrechten Ebene z_0 unter verschiedenen Neigungswinkeln Elektronen aus, so werden diese (im vorausgesetzten abbildungsfehlerfreien Fall) in einem Punkt der achsensenkrechten Ebene z_i wieder vereinigt, so daß das Feld eine punktweise getreue Abbildung des in der Ebene z_0 angeordneten Objektes in der Ebene z_i bewirkt. Auch die Elektronenlinsen können deshalb durch die aus der Lichtoptik bekannten Parameter, wie Brennweite oder Lage der Brennpunkte, charakterisiert werden. Zu berücksichtigen ist hierbei allerdings, daß die in der EM eingesetzten Linsen im wesentlichen starke Linsen sind, bei denen sowohl die Brennpunkte (wie z. B. bei der elektronenoptischen Objektivlinse) als auch Objekt- bzw. Bildpunkte innerhalb des Linsenbereiches liegen. Ferner ist es für die Charakterisierung einer Elektronenlinse wichtig, ob diese als Objektiv oder als Projektiv bzw. Zwischenlinse im Abbildungsstrahlengang eingesetzt ist. Da das Objekt üblicherweise innerhalb des magnetischen Feldes des Objektivs angeordnet ist, trägt nur ein Teil des Objektivfeldes zur Bildentstehung bei, während der vor dem Objekt liegende Feldteil als Teil des Kondensorsystems anzusehen ist. Als Brennweite des Objektivs ist damit die Brennweite desjenigen Teils des Objektivfeldes anzusehen, das hinter dem Objekt liegt. In der Praxis der Anwendung von Objektivlinsen kann aber von einer bestimmten Objektposition ausgegangen werden, die durch die konstruktive Anordnung des Objekthalters gegeben ist. Probleme dieser Art gibt es bei der Projektivlinse bzw. bei der Zwischenlinse nicht; denn diese erzeugen ja von (durch die vorhergehende Linse) vorgegebenen Zwischenbildern weitere Abbildungen, die im feldfreien Raum liegen.

Da Objektivlinsen im allgemeinen für die Erzeugung hoher Vergrößerungen benutzt werden, wird ihre Brennweite für den Grenzfall des unendlich großen Abbildungsmaßstabes angegeben. Gemäß Abb. 1.6a ist der objektseitige Brennpunkt in diesem Fall als derjenige Achsenpunkt definiert, an welchem sich die beidseitig achsenparallel vom Objektiv ausgehenden Strahlen schneiden. Die objektseitige Brennweite ist gleich dem Kehrwert der Neigung desjenigen Strahls im objektseitigen Brennpunkt, der bildseitig achsenparallel mit dem Einheitsabstand (Abstand 1) verläuft. In analoger Weise sind bildseitiger Brennpunkt und bildseitige Brennweite erklärt. In der Mehrzahl der Fälle hat man es mit symmetrischen Elektronenlinsen und mit einer konstanten Beschleunigungsspannung innerhalb des Linsenfeldes zu tun, so daß objektseitige und bildseitige Brennweite gleich sind und allgemein von der Brennweite f der Linse gesprochen wird.

Beim Projektiv (bzw. bei der Zwischenlinse) gilt als Objektebene z_0 diejenige Ebene, in welcher das (von der vorhergehenden Linse entworfene) Zwischenbild entstehen würde, wenn die Projektivlinse (bzw. Zwischenlinse) abgeschaltet wäre (s. Abb. 16b). Entsprechend gilt als Bildebene z_i diejenige Ebene, in welcher das Bild für die folgende Linse erscheint. Abweichend von der in Abb. 1.6b gegebenen Darstellung ist es in der Praxis allerdings unwahrscheinlich, daß sowohl Objekt wie auch Bild im Linsenfeld liegen. Man wird zu asymptotischen Werten für die Kardinalelemente derart genutzter Elektronenlinsen geführt. Nach Abb. 1.6c ist die Lage der bildseitigen Hauptebene z_{Hi}, der bildseitigen Brennebene z_{Fi} und als

Abstand beider die bildseitige Brennweite f in einfacher Weise konstruiert (Darstellung für objektseitige Kardinalelemente in analoger Weise).

Für die Berechnung paraxialer Eigenschaften typischer Magnetlinsen ist in vielen Fällen eine durch das Glasersche Glockenfeld gegebene Feldverteilung eine gute Näherung. Dabei wird ein Glockenfeld mit einem symmetrischen Verlauf der Achsenfeldstärke gemäß der Beziehung

$$B_{zA} = \frac{B_0}{1 + (z/a)^2} \tag{1.8}$$

angenommen (B_0 ist die am Punkt $z = 0$ gegebene Maximalfeldstärke, und a ist die Halbwertsbreite des Feldes). Einsetzen dieser Feldverteilung in Gl. (1.7) erlaubt eine explizite Lösung der Bahngleichung und damit eine Berechnung der Kardinalelemente sowohl für den Fall der Benutzung dieser Feldverteilung als Objektiv wie auch als Projektiv bzw. Zwischenlinse. Ohne auf diese Rechnungen im einzelnen eingehen zu können (s. hierzu z. B. [G, T]), seien die Beziehungen für die (reelle) Brennweite des Objektivs f_{Obj} und die (asymptotische) Brennweite f_{Pro} des Projektivs (bzw. der Zwischenlinse) für den Fall des Glaser-Glockenfeldes angegeben:

$$f_{\mathrm{Obj}} = \frac{a}{\sin\left(\pi/\sqrt{1 + k^2}\right)}, \tag{1.9a}$$

$$f_{\mathrm{Pro}} = \frac{-a\sqrt{1 + k^2}}{\sin\left(\pi\sqrt{1 + k^2}\right)}. \tag{1.9b}$$

In den Gleichungen (1.9) ist der als Linsenstärke bezeichnete dimensionslose Parameter k^2 benutzt, der ein Maß für die Krümmung der Elektronenbahnen in dem durch k^2 charakterisierten Feld ist:

$$k^2 = \frac{e_0 B_0^2 a^2}{8\, mU^*}. \tag{1.10)[1]}$$

In Abb. 1.7 sind die nach Gleichungen (1.9) berechneten Größen f_{Obj} und f_{Pro} als Funktion von k^2 dargestellt. Hinsichtlich der Objektivlinse (f_{Obj}) ist zu erkennen,

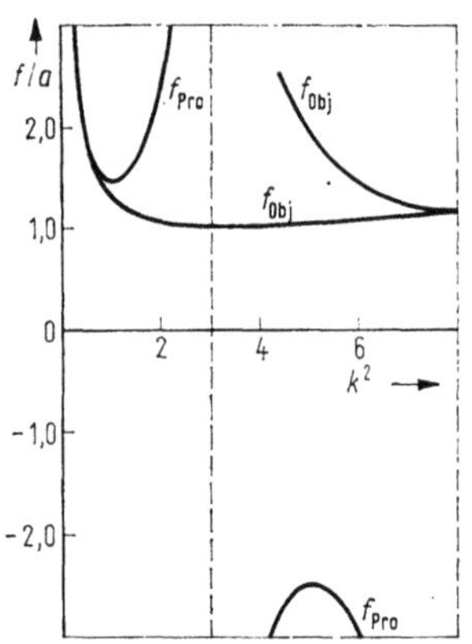

Abb. 1.7   Objektivbrennweiten f_{Obj} und Projektivbrennweiten f_{Pro} als Funktion der Linsenstärke k^2

---

[1]) U^* ist hier wiederum die relativistisch korrigierte Beschleunigungsspannung (s. Fußnote [1]) auf S. 23).

daß im Bereich $8 > k^2 > 3$ die Linse zwei Brennweiten hat. Es gibt also zwei Ebenen, in denen ein Objekt angeordnet werden kann, um in einer gegebenen Bildebene eine Abbildung zu erhalten. Der Fall des Brennweitenminimums bei $k^2 = 3$ ist von besonderem Interesse für die in der Hochauflösungs-EM benutzte Kondensor-Objektiv-Einfeldlinse (s. u.). Die Brennweite des Projektivs f_{Pro} sinkt zunächst mit wachsendem k^2, geht durch ein Minimum und wird unendlich für $k^2 = 3$. Im Bereich $3 < k^2 < 8$ ist die Brennweite negativ.

Zur Felderzeugung magnetischer Linsen werden koaxial angeordnete Stromspulen verwendet. Entsprechend dem Biot-Savartschen Gesetz ergibt sich dabei der folgende einfache Zusammenhang zwischen der z-Komponente der magnetischen Induktion $B_{z\mathrm{A}}$ längs der optischen Achse und der Durchflutung der Stromspule ($=$ Produkt aus Stromstärke I und Windungszahl N der Stromspule $=$ Amperewindungszahl):

$$B_{z\mathrm{A}} = \frac{\mu_0 r^2 I N}{2(r^2 + z^2)^{3/2}} . \tag{1.11}$$

Hierbei ist z wiederum die Koordinate in Richtung der optischen Achse. r ist der Radius der Stromspule und μ_0 die Induktionskonstante. Für die genauere Behandlung des magnetischen Feldes von Stromspulen ist die Berücksichtigung des Wicklungsquerschnitts (Querschnittsform etc.) notwendig.

Nach Gl. (1.7 a) ist für die Erzielung einer starken Linsenwirkung eine starke Änderung des Achsenabstandes eines Strahls auf relativ kurzer Wegstrecke, also ein starkes, auf einen kurzen Abschnitt der optischen Achse konzentriertes Feld erforderlich. Die Zusammendrängung des magnetischen Feldes längs der optischen Achse wird gewöhnlich so vorgenommen, daß die Stromspule mit einem Mantel aus weichmagnetischem Material (Eisenkapselung) umgeben wird. Die durch die Eisenkapselung erzeugte höhere Maximalfeldstärke im Zentrum der Linse und der gleichzeitig bewirkte schnellere Feldabfall nach außen sind in Abb. 1.8 an Hand

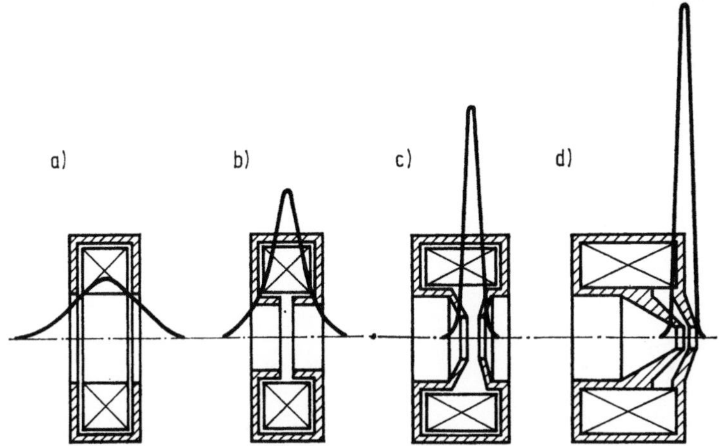

Abb. 1.8   Typen der magnetischen Elektronenlinsen
a) teilweise gekapselte Linse; b) Spaltlinse; c) und d) Polschuhlinsen [P]

einiger Beispiele gezeigt: a) teilweise gekapselte Linse, b) Spaltlinse, c) und d) mit Polschuhen ausgerüstete Linsen. Durch Einführung eines Polschuhs (v. BORRIES und RUSKA [25, 26]) können die feldführenden Teile der Linse nahe an die optische Achse herangebracht werden, wodurch eine starke Feldkonzentration erzielt wird, die mit einem raschen Abfall der magnetischen Feldstärke nach außen verbunden ist. Die im Abbildungssystem von EM eingesetzten starken Linsen sind im allgemeinen Polschuhlinsen, mit denen häufig z. B. die in Gl. (1.8) angegebene Feldverteilung des Glaserschen Glockenfeldes erzielt wird. Ein Beispiel für die konstruktive Ausführung eines Polschuhs ist schematisch in Abb. 1.9 wiedergegeben. Der in eine (meist konische) Aussparung der Linse eingesetzte Polschuh besteht in den meisten Fällen aus zwei konischen Weicheisenringen mit hoher Sättigung, die durch ein nichtmagnetisches Zwischenteil (mechanisch fest) miteinander verbunden sind. Die den Polschuh charakterisierenden Größen sind seine Spaltbreite s und sein Bohrungsdurchmesser b. Je kleiner (bei vorgegebener Erregung NI und bei vorgegebener Spaltbreite s) der Bohrungsdurchmesser b ist, um so kürzere Brennweiten sind erzielbar.

Bezüglich der erst im nächsten Abschnitt zu besprechenden Abbildungsfehler von Elektronenlinsen sei bereits an dieser Stelle darauf hingewiesen, daß die Fehlerkonstanten (Öffnungsfehlerkoeffizient, Farbfehlerkoeffizient) in der Größenordnung der erzielbaren Brennweiten (für Objektive bei etwa 1 ⋯ 2 mm) liegen, so daß man auch aus diesem Grunde an extrem kurzen Brennweiten interessiert ist. Die bereits genannte Kondensor-Objektiv-Einfeldlinse, eine Polschuhlinse, die bei einer Linsenstärke von $k^2 \approx 3$ betrieben wird und bei der das Objekt in der Mitte des symmetrischen Linsenfeldes angeordnet ist, ist hierbei von besonderem Interesse. Nach GLASER [27] besitzt eine solche Feldanordnung einen minimalen Öffnungsfehlerkoeffizienten von einigen Zehntel mm. Obwohl die Kondensor-Objektiv-Einfeldlinse schon 1942 von E. RUSKA [28] vorgeschlagen wurde, wird sie erst seit einigen Jahren in der Hochauflösungs-EM (s. RIECKE [29]) eingesetzt. Als Gründe dafür können die schwierigen Zentrierungsbedingungen und die stark eingeschränkten Möglichkeiten für die Objektmanipulation angesehen werden. Eine Linse mit höherer Linsenstärke ($k^2 \approx 5$) und einer Objektanordnung in der zweiten Hälfte des Linsenfeldes (*second zone lens*) wurde von SUZUKI [30] vorgeschlagen. Auch sie hat erst in den letzten Jahren Eingang in die Hochauflösungs-

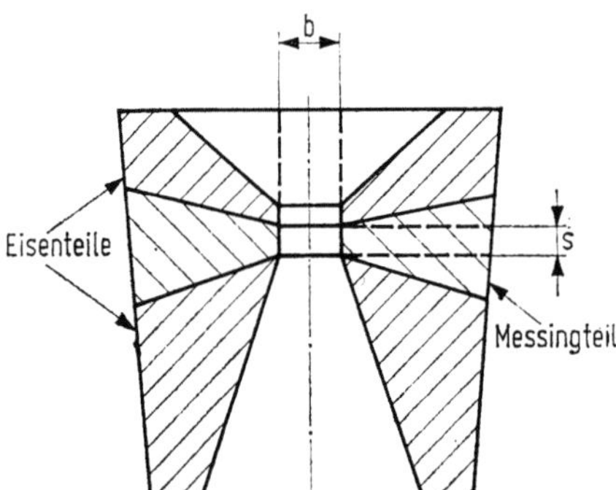

Abb. 1.9   Schnittdarstellung eines magnetischen Polschuhs

charakteristische geometrische Größen: Polschuhbohrung b und Spaltbreite s

EM gefunden. Um für die Fokussierungen große Magnetfelder mit hoher Konstanz zu erhalten, sind seit einigen Jahren [31—33] supraleitende Linsen in der Diskussion, denen vor allem in der Hochauflösungs-EM Bedeutung beigemessen wird.

Obwohl nicht im engeren Sinne zum Abbildungssystem gehörig, soll an dieser Stelle kurz etwas über Objektkammer und Registrierkammer von EM gesagt werden. Beide Einrichtungen sind im Laufe der letzten Jahrzehnte durch die Fortschritte in der Feinmechanik und in der Elektronik wesentlich verbessert worden.

Die in der Mikroskopsäule zwischen Beleuchtungssystem und Objektivlinse angeordnete Objektkammer hat als Grundfunktionen zu gewährleisten:

a) Das Einbringen des Objektes in den Mikroskopraum soll ohne Belüftung der gesamten Mikroskopsäule möglich sein (Objektschleuse).

b) Zur Untersuchung verschiedener Objektbereiche ist eine präzise Objektverschiebung in einer Ebene senkrecht zur optischen Achse notwendig (Objekttisch).

Abgesehen von den in älteren Mikroskoptypen vorhandenen Kegelschliffschleusen (s. v. BORRIES und RUSKA [34]) werden in modernen EM echte Doppeltorschleusen (z. B. nach dem Prinzip von BRÜCHE und GÖLZ [35]) mit einer Einbringung der Objektpatrone in den Objektivpolschuh von oben (*top entry*) oder Stabschleusen nach dem Vorbild der Schleuse von MAHL [36] mit seitlicher Einführung des Objektes in den Objektivpolschuh (*side entry*) benutzt. Die Stabschleuse besteht üblicherweise aus einem zylindrischen Stab mit einer Querbohrung zur Aufnahme des Objektes, der über Dichtungsmanschetten zum Ein- und Ausschleusen des Objekts vakuumdicht in seiner senkrecht zur optischen Achse liegenden Längsachse verschiebbar ist.

Neben den Grundfunktionen der Objektschleusung und Objektverschiebung werden für die Objektkammern moderner EM vielfältige Möglichkeiten der Objektmanipulation gefordert. Das betrifft in erster Linie hochpräzise Goniometertische bzw. Goniometerpatronen, die eine allseitige zuverlässige Objektkippung gewährleisten. Letzteres ist z. B. nicht nur für Beugungskontrastuntersuchungen kristalliner Objekte notwendig, sondern allgemeiner auch für die Erfassung der dreidimensionalen Objektstruktur. Da — abgesehen von einigen modernen Mikroskopkonstruktionen, in denen das Vakuum mit Ionengetterpumpen erzeugt und mit speziellen Vakuumdichtungsmaterialien gearbeitet wird — in der Mikroskopsäule Restgas-Kohlenwasserstoffe (vom Pumpsystem bzw. vom Dichtungssystem herrührend) vorhanden sind, gibt es im Bereich des Elektronenstrahls einen Crack-Prozeß für die Kohlenwasserstoffe, der störende Schichten (Kontaminationsschichten) auf dem Objekt und auf Blendenberandungen bildet. Durch Kühlung des das Objekt umgebenden Raumes läßt sich dieser Effekt am einfachsten herabsetzen (s. z. B. [37, 38]). Alle hochauflösenden Geräte besitzen deshalb eine Antikontaminationseinrichtung (Einrichtung für Objektraumkühlung). Je nach durchzuführender Untersuchungstechnik werden auch Einrichtungen für Objektheizung (bis über 1000 °C), für Objektkühlung (bis herunter zur Temperatur des flüssigen Heliums) und für Objektverformung (Dehnung, Kompression, Biegung) benötigt. Zur Untersuchung von Oberflächenreaktionen gibt es Kammern für Gas-Einlaß oder für Beschuß mit Ionen, auch während der Abbildung (in situ). Bezüglich Literaturdarstellungen auf dem Gebiete der Objektkammereinrichtungen sei auf [39] verwiesen.

Die Registrierkammer von TEM enthält den für die visuelle Beobachtung (einschl. der Scharfstellung) notwendigen Leuchtschirm, die fotografische Einrichtung (in der Mehrzahl der Fälle mit Belichtungsautomatik) und die Fotoschleuse (zur Ein- und Ausschleusung des Fotomaterials ohne Vakuumunterbrechung). In zunehmendem Maße werden auch Elemente der elektronischen Bildaufzeichnung (siehe z. B. HAINE [40]) bzw. der Bildverstärkung und Bildspeicherung benutzt. Letzteres betrifft vor allem die Hochauflösungs-EM, wo zur Verhütung der Objektschädigung mit geringen Intensitäten in der Objektebene und folglich mit extrem geringen Intensitäten in der Bildebene gearbeitet werden muß. Während für konventionelle Beobachtung Elektronenstromdichten von 10^{-11} A/cm² zur Scharfstellung an kontrastreichen Objektdetails gerade noch genügen, benötigt der Bildverstärker etwa 2 Zehnerpotenzen weniger. Besonders interessant erscheinen die durch die elektronische Bildaufzeichnung gegebenen Möglichkeiten der *on-line*-Beobachtung eines optischen Diffraktogramms gleichzeitig mit der entsprechenden Abbildung (s. z. B. [41]), so daß in direkter Weise eine Einstellung der optimalen Abbildungsbedingungen aufgrund der verfügbaren Parameter des optischen Diffraktogramms möglich ist.

1.4. Abbildungsfehler und Auflösungsgrenze

Zur exakten Erfassung der Auflösungsgrenze in der EM ist die Berücksichtigung von Details der Bildentstehung (insbesondere hinsichtlich des Wechselwirkungsprozesses zwischen Elektronenbündel und jeweiligem Objekt) notwendig (s. Kap. 2.). In diesem Abschnitt soll in stark vereinfachender Weise von der nominalen Auflösungsgrenze[1]) ausgegangen werden, die auf das Bild zweier selbstleuchtender Punkte bezogen ist. In der Lichtmikroskopie, bei der weitestgehend mit nahezu abbildungsfehlerfreien Systemen gearbeitet werden kann, ist die Auflösungsgrenze d_B durch die an den Berandungen des Linsensystems gegebene Beugungserscheinung festgelegt. Sie ist im wesentlichen durch den Radius r_B des entstehenden (auf das Objekt bezogenen) Beugungsscheibchens gegeben:

$$d_B = r_B = \frac{0{,}6\,\lambda_o}{\sin\alpha_o} = \frac{0{,}6\,\lambda}{n\,\sin\alpha_o} \qquad (1.12)$$

(λ_o — Wellenlänge des Lichtes im Raum zwischen Objekt und Objektiv, λ — Wellenlänge des Lichtes im Vakuum, n — Brechungsindex im Raum zwischen Objekt und

---

[1]) Bei der nominalen Auflösungsgrenze bzw. beim Auflösungsvermögen geht es um ein einfaches Qualitätsmaß für optische Abbildungsgeräte, das mit entsprechender Vorsicht zu interpretieren ist. Man sollte die nominale Auflösungsgrenze nicht als absoluten Grenzwert für die Kleinheit abbildbarer Strukturen betrachten, sondern als einen Wert, jenseits dessen die Interpretation der Abbildung kompliziert oder unmöglich wird (s. z. B. [T]).

Objektiv, α_0 — Öffnungshalbwinkel der vom Objekt ausgehenden und vom Objektiv aufgenommenen Strahlen.)

Diese auf HELMHOLTZ zurückgehende Ableitung der Auflösungsgrenze bezieht sich auf die Betrachtung zweier selbstleuchtender Objektpunkte, deren Strahlung völlig unabhängig voneinander ist (inkohärente Beleuchtung). Eine von ABBE [42] für nichtselbstleuchtende Objekte (bei kohärenter Bestrahlung) aufgestellte Ableitung der Auflösungsgrenze[1]), bei der von der Abbildung eines optischen Strichgitters ausgegangen wurde, führt auf einen zu Gl. (1.12) analogen Wert der Auflösungsgrenze. Mit den typischen Werten der Lichtmikroskopie ($\lambda = 0{,}4 \cdots 0{,}8 \ \mu m$); $n = 1{,}5$; $\alpha_0 = 70°$) beträgt hier die Auflösungsgrenze etwa $0{,}2 \ \mu m$.

Da in der EM stets mit der Wirksamkeit von Abbildungsfehlern gerechnet werden muß, ist die nur auf der Grundlage der Einwirkung von Beugungserscheinungen abgeleitete Auflösungsbeziehung (1.12) entsprechend zu modifizieren. Wenn der paraxiale Bereich verlassen wird, kommt es zu entsprechenden Bildstörungen, die auch in der Lichtoptik vorhanden sind, sich dort aber wegen der gegebenen guten Korrekturmöglichkeiten (Verwendung mehrerer Glaslinsen etc.) nicht kritisch auswirken. Wegen der geringeren Korrekturmöglichkeiten der Elektronenlinsen ist man — um die Bildstörungen gering zu halten — von vornherein auf die Benutzung von Strahlenbündeln mit geringen Öffnungswinkeln angewiesen. Da der im EM abgebildete Objektbereich im allgemeinen so klein ist, daß die abbildenden Elektronenstrahlen nur geringe Abstände von der optischen Achse haben, ist von den geometrischen Abbildungsfehlern im wesentlichen nur der vom Achsenabstand unabhängige Öffnungsfehler, die sphärische Aberration, zu berücksichtigen. Verglichen mit anderen geometrischen Abbildungsfehlern, die linear (Koma), quadratisch (außeraxialer Astigmatismus) oder kubisch (Verzeichnung[2]) vom Achsenabstand abhängen, bewirkt nur der Öffnungsfehler eine Unschärfe des Bildpunktes auf der optischen Achse und ist deshalb in besonderem Maße als auflösungsbegrenzend anzusehen. Neben dem Öffnungsfehler hat der von der Geschwindigkeitsinhomogenität der Elektronen abhängige chromatische Fehler (Farbfehler) wesentliche Bedeutung. Schließlich ist bei der elektronenmikroskopischen Abbildung noch ein als axialer Astigmatismus bezeichneter Bildfehler wichtig, der bei Abweichungen der abbildenden Felder bzw. der Elektronenlinsen von der Rotationssymmetrie auftritt.

Die Bedeutung der genannten drei Abbildungsfehler in der EM soll im folgenden nur kurz anschaulich erläutert werden. (Hinsichtlich Details sei auf ausführlichere Darstellungen, z. B. auf [44], verwiesen.)

Der Öffnungsfehler hat seine Ursache darin, daß die achsennahen Linsenzonen eine größere Brennweite haben als die achsenfernen Linsenzonen. Bewirkt wird

---

[1]) Für die Auflösungsgrenze der in der EM üblichen nichtselbstleuchtenden Objekte wird auch die Bezeichnung „faktische" Auflösungsgrenze gebraucht (Näheres hierzu s. z. B. [43]).

[2]) Der für die Auflösungsbetrachtungen unwesentliche Bildfehler der Verzeichnung ist aber hinsichtlich der Wirkung schwach vergrößernder Projektivlinsen als Ursache von Bildstörungen zu berücksichtigen.

diese Erscheinung dadurch, daß außerhalb des paraxialen Bereiches die durch das Linsenfeld gegebene, zur optischen Achse hin gerichtete Kraftwirkung nicht nur proportional zum Achsenabstand ϱ ist, sondern zusätzlich ein zu ϱ^3 proportionaler Anteil vorhanden ist. Wie Abb. 1.10a zeigt, erhält man in der Gaußschen Bildebene (wo die vom Objektpunkt ausgehenden achsennahen Strahlen im entsprechenden Bildpunkt fokussiert werden) statt eines Bildpunktes ein Bildscheibchen, dessen Entstehung in folgender Weise zu erklären ist: Alle Strahlen, die mit dem durch den Linsenmittelpunkt gehenden Hauptstrahl des abbildenden

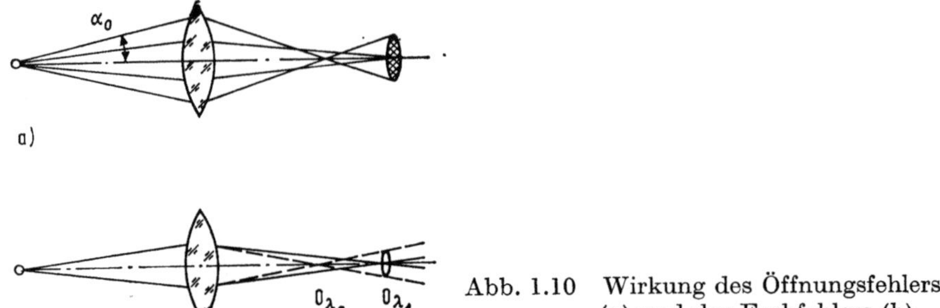

Abb. 1.10   Wirkung des Öffnungsfehlers (a) und des Farbfehlers (b)

Strahlenbündels einen konstanten Winkel α bilden, schneiden die Gaußsche Bildebene in Punkten, die vom Durchstoßpunkt des Hauptstrahls mit der Bildebene (Gaußscher Bildpunkt) einen Abstand besitzen, der proportional zu α^3 ist. Der Radius r_s des in der Gaußschen Bildebene entstehenden Fehlerscheibchens ist von dem durch die Strahlapertur vorgegebenen größten Winkel $\alpha_{\max} = \alpha_0$ (Öffnungswinkel) abhängig, und es gilt die Beziehung

$$r_\mathrm{s} = c_\mathrm{s}\alpha_0^3 \,. \tag{1.13}$$

Hierbei ist c_s der Öffnungsfehlerkoeffizient; er ist eine für eine bestimmte Elektronenlinse charakteristische Konstante. Für eine hinter dem Objektiv angeordnete Elektronenlinse (z. B. Projektiv) gilt, daß das einfallende Strahlenbündel eine Apertur hat, die um den Faktor des Objektiv-Abbildungsmaßstabes geringer ist als die Apertur der ins Objektiv einfallenden Elektronenbündel. Aus diesem Grunde ist nur der Öffnungsfehler der Objektivlinse von Bedeutung.

Der chromatische Fehler (Farbfehler) wird dadurch hervorgerufen, daß die in eine Elektronenlinse eintretenden Elektronen im allgemeinen in ihrer Geschwindigkeit nicht völlig gleich sind. Da die Brennweite der Elektronenlinsen von der Elektronengeschwindigkeit abhängig ist, ergibt sich eine Bildstörung derart, daß die durch Elektronen unterschiedlicher Geschwindigkeit erzeugten Bilder eines Objekts in etwas verschiedenen achsenkrechten Ebenen liegen, so daß sich statt eines Bildpunktes in der durch die wahrscheinlichste Geschwindigkeit festgelegten Gaußschen Bildebene ein Bildscheibchen ergibt (s. Abb. 1.10b). Da bei einer Schwankung des Beschleunigungspotentials zwischen U und $U + \Delta U$ die Geschwindigkeit der Elektronen zwischen v und $v + \Delta v$ schwankt, steigt der chromatische Fehler proportional zur relativen Änderung des Beschleunigungspotentials $\Delta U/U$ an. Bei magnetischen EM ist außerdem eine ausreichende Konstanz des Spulenstromes I in den Magnetlinsen zu fordern, da die die brechenden Eigenschaften einer Magnetlinse charakterisierende Linsenstärke k^2 (s. Gl. 1.10) von der magnetischen Induktion B und damit gemäß Gl. (1.11) vom Spulenstrom abhängig ist. Für den auf das Objekt bezogenen Radius r_c des Fehlerscheibchens der chromatischen Aberration ergibt sich, wie gezeigt werden kann, die folgende Abhängigkeit:

$$r_c = c_c \alpha_0 \sqrt{\left(\frac{\Delta U}{U}\right)^2 + \left(\frac{2\Delta I}{I}\right)^2}\,. \tag{1.14}$$

Der für eine spezielle Elektronenlinse charakteristische Farbfehlerkoeffizient c_c besitzt — wie auch c_s — die Dimension einer Länge. Wegen der Abhängigkeit des chromatischen Fehlers vom Öffnungswinkel braucht — nach einer analogen Argumentation wie beim Öffnungsfehler — in erster Näherung nur der chromatische Fehler des Objektivs betrachtet zu werden. Unter der Annahme einer Objektivlinse mit hinreichend kleinem Farbfehlerkoeffizienten ($c_c = 1 \cdots 2$ mm) und einer technisch realisierbaren Stabilisierung der Beschleunigungsspannung auf $\Delta U/U \leq 10^{-6}$ und des Linsenstromes auf $\Delta I/I \leq 10^{-6}$ wird eine erzielbare Auflösungsgrenze von wenigen Zehntel nm nicht durch den chromatischen Fehler beeinflußt. Vorausgesetzt wird hierbei das Arbeiten mit hinreichend dünnen Objekten, so daß sich die Zahl der Elektronen, die beim Durchgang durch das Objekt Energieverluste erleiden (im Mittel etwa 20 eV) hinreichend gering halten läßt.

Während der auch beim ideal rotationssymmetrischen Abbildungsfeld aus der Lichtoptik bekannte, nur auf achsenferne Objektpunkte wirkende (außeraxiale) Astigmatismus bei den im EM benutzten kleinen Öffnungswinkeln der abbildenden Strahlenbündel vernachlässigbar ist, ergibt sich bei Abweichung des abbildenden Feldes von der Rotationssymmetrie (Fertigungstoleranzen bei der Herstellung der Elektronenlinsen, Inhomogenitäten des verwendeten Polschuhmaterials) ein auch auf Achsenpunkte wirkender (axialer) Astigmatismus. Vorhandene elektrische oder magnetische Störfelder (bzw. sich ausbildende Kontaminationsschichten an der Kontrastblende) führen ebenfalls zum axialen Astigmatismus. Dieser ist dadurch gekennzeichnet, daß Strahlen, die vom Objekt in zwei aufeinander senkrechten, die optische Achse enthaltenden Ebenen ausgehen, sich in verschiedenen Bildebenen schneiden. Die Brennweitendifferenz f_2-f_1 dieser beiden senkrecht aufeinander stehenden „ebenen" Strahlenbündel wird als Maß für den Astigmatismus benutzt; sie führt zu einem (astigmatischen) Fehlerscheibchen vom Radius r_a:

$$r_a = \frac{\alpha_0(f_2 - f_1)}{2}\,. \tag{1.15}$$

Von den abbildenden Linsen ist aus obengenannten Gründen wiederum nur die Objektivlinse hinsichtlich des Astigmatismus zu korrigieren. Astigmatisch korrigiert werden auch Doppelkondensoren in modernen EM.

3 Elektronenmikroskopie

Zur Korrektur des axialen Astigmatismus während des Mikroskopierbetriebes werden Stigmatoren benutzt, mit denen nichtrotationssymmetrische Felder willkürlicher Stärke erzeugt werden können. Die Stärke des Korrekturfeldes soll der Linsenunsymmetrie angepaßt sein, während die Richtung des Korrekturfeldes senkrecht zur Richtung des störenden Feldes (und senkrecht zur optischen Achse) sein soll. Im Falle der Objektivlinse wird der Stigmator möglichst nahe der hinteren Brennebene des Objektivs angeordnet. Neben einfachen mechanischen Einrichtungen (verstellbare Eisenschrauben: HILLIER und RAMBERG [45], magnetischer Doppelringstigmator: RUSKA und WOLFF [46]) werden gegenwärtig als Stigmatoren jeweils acht um je 45° gegeneinander versetzte, zentrisch zur optischen Achse angeordnete Elektroden (elektrostatischer Stigmator nach MAHL und RANG [47]) bzw. Elektromagnete verwendet. Durch geeignete Einstellung der Potentiale bzw. Erregerströme an den einzelnen Elementen ist es möglich, die astigmatische Brennweitendifferenz $f_2 - f_1$ kleiner als 50 nm zu halten, so daß bei den in der Elektronenmikroskopie verwendeten kleinen Aperturen gemäß Gl. (1.15) eine Beschränkung der Auflösungsgrenze durch den axialen Astigmatismus bis in den Bereich weniger Zehntel nm nicht gegeben ist. Die Funktion eines zweizähligen Stigmators mit 8 Polen entspricht der Kombination je einer konvexen und einer um 90° versetzten konkaven Zylinderlinse, deren Brechkräfte (Amplitude) gleich und von Null an einstellbar sind und deren wirksamer Azimut beliebig gewählt werden kann. Die durch die Linsenerregung des Objektivs eingestellten Brennweiten werden dabei nicht verändert.

Unter der Annahme, daß für den Mikroskopierprozeß ideale Bedingungen gegeben sind, wie stabile Objektlage, ausreichende Zentrierung des elektronenoptischen Systems, gute Scharfstellmöglichkeiten usw., hängt die Auflösungsgrenze in der EM einerseits vom Beugungsfehler ab, der analog zu den vorangegangenen Betrachtungen der Lichtmikroskopie durch ein Gl. (1.12) entsprechendes Beugungsfehlerscheibchen vom Radius

$$r_\mathrm{B} = \frac{0{,}6\,\lambda}{\alpha_0} \tag{1.16}$$

erfaßt werden kann. Unter λ ist nunmehr gemäß Gl. (1.2) die durch die Beschleunigungsspannung U gegebene Wellenlänge der abbildenden Elektronen zu verstehen. Die Größe α_0 ist wiederum der Öffnungshalbwinkel der vom Objekt ausgehenden und vom Objektiv aufgenommenen Strahlen (wegen der kleinen Öffnungswinkel in der EM kann hierbei statt des Sinus des Öffnungswinkels der Bogen angegeben werden). Andererseits hängt die erzielbare Auflösungsgrenze von den drei genannten Abbildungsfehlern (Öffnungsfehler, Farbfehler, axialer Astigmatismus) ab, die jeweils auf die Objektivlinse bezogen sind. Farbfehler und axialer Astigmatismus können — wie eben erläutert wurde — in gewissen Grenzen so klein gehalten werden, daß sie die nur durch Beugungsfehler und Öffnungsfehler festgelegte theoretische Auflösungsgrenze d_theor nicht beeinträchtigen. Da der Beugungsfehler nach Gl. (1.16) mit wachsendem Öffnungswinkel geringer wird und der Öffnungsfehler nach Gl. (1.13) mit der dritten Potenz des Öffnungswinkels ansteigt, ist der optimale Öffnungswinkel α_{opt} von Interesse, für den die durch Beugungsfehler und Öffnungsfehler festgelegte Auflösungsbegrenzung ein Minimum besitzt (theoretische Auflösungsgrenze).

Auf die für die Ableitung der theoretischen Auflösungsgrenze notwendigen wellenmechanischen Rechnungen kann nicht eingegangen werden. Um wenigstens einen groben Einblick in die Zusammenhänge zu geben, soll von folgender anschaulicher Betrachtung ausgegangen werden, die allerdings zunächst nur qualitative Aussagen liefert:

Durch additive Überlagerung[1]) der vom Öffnungswinkel abhängigen Radien des Beugungsfehlerscheibchens und des Öffnungsfehlerscheibchens (Abb. 1.11) ergibt

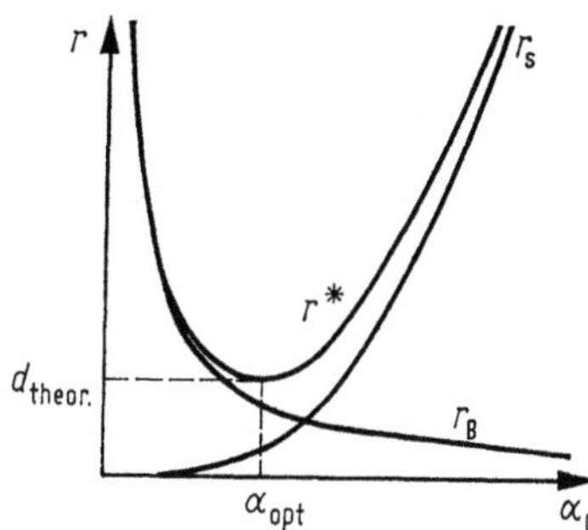

Abb. 1.11 Anschauliche Darstellung zur Ableitung der theoretischen Auflösungsgrenze d_{theor}

sich eine Funktion für ein resultierendes Fehlerscheibchen r^*, die bei einem speziellen α-Wert (α_{opt}) ein Minimum besitzt:

$$r^* = \sqrt{r_{\text{B}}^2 + r_{\text{S}}^2} = \sqrt{\left(\frac{0{,}6\lambda}{\alpha_0}\right)^2 + (c_{\text{s}}\alpha_0^3)^2} \ . \tag{1.17}$$

Das Optimum der Apertur ergibt sich nach Lösung der einfachen Extremwertaufgabe

$$\frac{\mathrm{d}r^*}{\mathrm{d}\alpha_0} = \frac{-0{,}72\,\lambda^2\alpha_0^{-3} + 6\,c_{\text{s}}^2\alpha_0^5}{2r^*} = 0 \tag{1.18}$$

zu

$$\alpha_{opt} = A_1 \sqrt[4]{\lambda/c_{\text{s}}} \ . \tag{1.19}$$

Einsetzen von Gl. (1.19) in Gl. (1.16) liefert die theoretische Auflösungsgrenze:

$$d_{\text{theor}} = A_2 \sqrt[4]{\lambda^3 c_{\text{s}}} \ . \tag{1.20}$$

Wegen der zunächst nur qualitativen Aussagekraft der Gleichungen (1.19) und (1.20) wurden die Zahlenfaktoren zu Konstanten A_1 und A_2 zusammengefaßt. Die

---

[1]) Die Annahme der einfachen additiven Überlagerung ist nur in grober Näherung richtig.

3*

eingangs erwähnten wellenmechanischen Rechnungen führen auch auf Gleichungen der Form (1.19) und (1.20), wobei die sich ergebenden Zahlenwerte der Konstanten A_1 und A_2 wesentlich davon abhängen, welche Richtungsverteilung der am Objekt gestreuten Elektronen (Strahlungscharakteristik) vorausgesetzt wird. In Tab. 1.2 sind einige unter Annahme verschiedener Strahlungscharakteristiken (Lambert-

Tabelle 1.2 *Faktoren für die Berechnung der optimalen Apertur und der theoretischen Auflösungsgrenze* (s. Gleichungen (1.19) und (1.20))

Autor	Richtungs- verteilung	A_1	A_2
GLASER	Lambert	1,13	0,56
GLASER	Gauß	0,92	0,78
SCHERZER	Lambert	1,41	0,43

Verteilung: Strahlungsintensität S proportional zum Kosinus des Ausstrahlungswinkels β, Gauß-Verteilung: $S \sim \exp(-\text{const} \cdot \beta^2))$ errechnete Werte der Faktoren A_1 und A_2 zusammengestellt. Die zur Erreichung einer günstigen theoretischen Auflösungsgrenze kleinen Werte der Wellenlänge der abbildenden Elektronen sollten im Prinzip durch Benutzung hinreichend schneller Elektronen zu erzielen sein, wozu allerdings große Beschleunigungsspannungen notwendig sind. Dem stehen technische Schwierigkeiten bei der Erzeugung ausreichend stabiler hoher Spannungen, etwa im 1MV-Bereich, gegenüber. Abgesehen von einigen speziell entwickelten 500kV-Geräten wird deshalb auch heute noch die Mehrzahl der Hochauflösungs-EM mit einer Beschleunigungsspannung von 100 kV ($\lambda = 3{,}7$ pm) betrieben. Die mit einfachen Objektivlinsen erzielbaren minimalen Werte der Öffnungsfehlerkonstanten c_s liegen zwischen 0,6 mm und 1 mm. Wird gemäß Tab. 1.2 mit der dort angegebenen günstigen Wertekombination ($A_1 = 1{,}41$; $A_2 = 0{,}43$) gerechnet, so ergibt sich bei Benutzung von 100 kV-Elektronen und einer Öffnungsfehlerkonstanten von $c_\text{s} = 1$ mm:

$$\alpha_\text{opt} = 10^{-2}\,\text{rad}, \qquad d_\text{theor} = 0{,}3\,\text{nm} .$$

Die moderne Gerätetechnik der Hochauflösungs-EM ist inzwischen soweit entwickelt, daß die theoretische Auflösungsgrenze auch im praktischen Mikroskopierbetrieb erzielt wird. Bezüglich der Verbesserung der theoretischen Auflösungsgrenze durch Verringerung der Öffnungsfehlerkonstanten sei auf die Anwendung der obengenannten Kondensor-Objektiv-Einfeldlinse hingewiesen, mit der c_s-Werte von wenigen Zehntel mm erzielt werden.

Was die Korrektur der Abbildungsfehler in der Elektronenoptik betrifft, so gibt es bereits seit der Anfangszeit der EM Bemühungen, insbesondere die sphärische Aberration (c_s) und die chromatische Aberration (c_c) zu korrigieren. Auf diesem Gebiet werden seit 1936 von SCHERZER [48] und seinen Mitarbeitern Anstrengungen unternommen, die gegenwärtig wegen der Forderung nach extrem guten Auflösungswerten besondere Aktualität besitzen. Von SCHERZER wurde festgestellt, daß c_s und c_c solange nicht Null werden können, wie die folgenden üblicherweise in der EM angewandten Prinzipien alle gleichzeitig gelten, nämlich:

a) Rotationssymmetrie des benutzten elektronenoptischen Systems,
b) Erzeugung eines reellen Bildes des Objektes,
c) Anwendung zeitlich konstanter Potentiale und Felder,
d) Anwendung von Feldern, die in der Nähe der optischen Achse frei von Quellen und Senken sind.

Sowie nur eine dieser Bedingungen verletzt wird, ist zumindest im Prinzip eine ausreichende Korrekturmöglichkeit vorhanden, und SCHERZER hat bereits 1947 [49] entsprechende Korrekturvorschläge gemacht, z. B. die Benutzung von Hochfrequenzlinsen (Bedingung c), die Benutzung von Raumladungslinsen (Bedingung d), besonders aber die Benutzung nichtrotationssymmetrischer Korrektursysteme (Quadrupollinsen, Oktopollinsen), d. h. entsprechend astigmatischer Systeme (Bedingung a). Letztere funktionieren in folgender Weise: Fällt ein rotationssymmetrisches Elektronenbündel in ein Quadrupolfeld ein, so wirkt dieses auf Elektronen in einer geeignet angeordneten, die Achse schneidenden Ebene als Zerstreuungslinse und für Elektronen in der dazu senkrechten, die Achse schneidenden Ebene als Sammellinse. Es wird so ein linienhaftes Bild erzeugt. Setzt man eine zweite Quadrupollinse in gekreuzter Position dahinter, so erzeugt das gesamte System eine Punkt-zu-Punkt-Abbildung, obwohl in den Zwischenbereichen linienhafte Bilder auftreten. Quadrupole allein können noch nicht die sphärische (und die chromatische) Aberration zum Verschwinden bringen; sie erzeugen jedoch Elektronenbündel ohne Rotationssymmetrie, die durch zusätzlich benutzte Oktopole hinreichend korrigiert werden können. Ein derartiges von SCHERZER vorgeschlagenes Korrektursystem wurde von SEELIGER [50], von MÖLLENSTEDT [51] und von DELTRAP [52] erprobt und als prinzipiell anwendbar gefunden. Die bei diesem System benutzten elektronenoptischen Elemente sind: Objektivlinse— Stigmator—Quadrupol 1—Oktopol 1—Rundlinse—Oktopol 2—Quadrupol 2—Oktopol 3. Inzwischen sind mehrere Korrektursysteme vorgeschlagen bzw. erprobt worden, in denen sämtlich mit astigmatischen Strahlen und mit elektrischen oder magnetischen Feldern von vierfacher Symmetrie gearbeitet wurde (BURFOOT [53], BAUER [54], ARCHARD [55], HARDY [56]). Für die Farbfehlerkorrektur wurde 1967 von ROSE ein elektronenoptischer Achromator [57] vorgeschlagen, bei dem mit mehreren kombiniert elektrisch-magnetischen Quadrupolen gearbeitet wird.

Als eines der aussichtsreichsten Korrektursysteme der Gegenwart erscheint ein von ROSE [58] bereits 1971 vorgeschlagenes System, das imstande ist, sowohl chromatische und sphärische Aberrationen und auch Aperturaberrationen der Vergrößerung dritter Ordnung zu korrigieren. Innerhalb des Systems werden fünf magnetische Oktopolelemente (drei davon auch mit elektrischen Multipolfeldern ausgerüstet) eingesetzt. Das inzwischen in der Testung befindliche Rosesche Korrektursystem (s. z. B. [59]) läßt die Hoffnung zu, daß es trotz aller bisheriger negativer Erfahrung (Schwierigkeiten der Justierung der einzelnen Elemente) als künftiges Korrektursystem für die Hochauflösungs-EM geeignet ist. Voraussetzung hierfür ist eine hohe Zuverlässigkeit und Stabilität der für die Arbeitsweise der Korrekturelemente notwendigen Spannungen und Ströme.

Im Hinblick darauf, daß z. B. die Abstände von Atomen im Kristallgitter bei wenigen Zehntel nm liegen, sollte mit einer theoretischen Auflösungsgrenze des EM von etwa 0,3 nm unter der Voraussetzung der Möglichkeit der Erzielung eines hinreichenden Bildkontrastes eine Abbildung atomarer Strukturen möglich sein, und tatsächlich gibt es ja für spezielle Fälle (Vorhandensein schwerer Atome usw.) durchaus zuversichtliche Ergebnisse bei der Abbildung von Atomen. Es ist jedoch zu berücksichtigen, daß für eine zuverlässige Erkennung von Details im atomaren Bereich eine weitere Verbesserung der Auflösungsgrenze des EM um etwa einen Faktor 10 sinnvoll und notwendig erscheint. In diesem Zusammenhang hat die Entwicklung der eben genannten, experimentell extrem aufwendigen Korrektursysteme eine besondere Bedeutung.

Wesentlich einfacher sind elektrische und elektromagnetische Ablenksysteme, die als Quadrupole die Funktion von nach Brechkraft und Richtung beliebig einstellbaren Prismen haben. Mit deren Einführung entfiel der Zwang, größere mechanische Baugruppen zu Justierzwecken gegenseitig zu kippen oder zu verschieben. Das Verfahren der definierten Kippung bei Dunkelfeldbeleuchtung wurde damit überhaupt erst möglich.

Nachdem Anfang der dreißiger Jahre das erste TEM mit einer die lichtmikroskopische Auflösung übersteigenden Leistungsfähigkeit von E. RUSKA [60] vorgestellt worden war und an weiteren Stellen Geräteentwicklungen (z. B. von H. MAHL [61], M. v. ARDENNE [62]) vorgestellt worden waren, standen seit 1939 leistungsfähige kommerzielle Geräte [63, 64] zur Verfügung. Inzwischen ist die Gerätetechnik in der konventionellen Elektronenmikroskopie[1]) einerseits bis hin zu den elektronisch und mechanisch hochstabilisierten Hochauflösungs-EM (Elektronenenergie: 100 keV, Auflösungsvermögen: 0,2 nm), andererseits in Richtung hoher Elektronenenergien (1 MeV) entwickelt worden, mit dem Ziel der Verfügbarkeit einer Höchstspannungs-Elektronenmikroskopie (HEM) für die Durchstrahlung dicker Objekte. Für die extrem hochauflösende Abbildung atomarer bzw. molekularer Details, bei denen vor allem eine Strahlenschädigung der Objekte weitestgehend zu vermeiden ist, werden hochauflösende Spezialgeräte unter konsequenter Nutzung der Kondensor-Objektiv-Einfeldlinse und extremer mechanischer Stabilisierung [66] mit Beschleunigungsspannungen von 500 ··· 600 kV und Einrichtungen für Kühlung der Objekte mit flüssigem Helium benutzt (s. z. B. [67−69]). Mit der parallel zur konventionellen TEM entwickelten STEM (s. Kap. 5.) ist inzwischen ebenfalls erfolgreich in den Hochauflösungsbereich vorgestoßen worden.

1.5.   Literatur

Originalliteratur

[1] BOERSCH, H., Ann. Phys. (Leipzig) **26** (1936) 631; **27** (1936) 75.
[2] LE POOLE, J. B., Philips Tech. Rdsch. **9** (1947) 33.
[3] RIECKE, W. D., Optik **19** (1962) 81.

---

[1]) Ein Überblick über die historische Entwicklung der konventionellen EM ist z. B. bei E. RUSKA [65] zu finden.

[4] Thomson, G. P., Proc. Roy. Soc. A 117 (1928) 600.
[5] Thomson, G. P., Proc. Roy. Soc. A 119 (1928) 651.
[6] Lebedeff, A. A., Nature 128 (1931) 491.
[7] v. Borries, B.; Ruska, E., Z. Tech. Phys. 20 (1979) 225.
[8] Langmuir, D. B., Proc. IRE 25 (1937) 977.
[9] Martin, J. P.; Geisler, D., Optik 36 (1972) 322.
[10] Ohno, T., J. Phys. Soc. Jap. 32 (1972) 1587.
[11] Cosslett, V. E., Proc. 8. Int. Congr. El. Micr., Canberra 1974, Vol. I, p. 14.
[12] Müller, E. W., Z. Phys. 106 (1937) 541.
[13] Hibi, T., J. Electron Microsc. 3 (1955) 15.
[14] Crewe, A. V.: US Atomic Energy Comm. Rep. COO 1721 − 19, Enrico-Fermi-Institute 69 − 95.
[15] Cleaver, J. R. A.; Smith, K. C. A., Proc. 6. SEM Symp., Chicago 1973, p. 49.
[16] Crewe, A. V.; Wall, J.; Welter, L. M., J. Appl. Phys. 39 (1968) 5861.
[17] Hainfeld, J. F., Proc. 10. SEM Symp., Chicago 1977, Part I, p. 591.
[18] Broers, A. N., J. Sci. Instrum. 2 (1969) 273.
[19] Broers, A. N., Proc. 8. SEM Symp., Chicago 1975, p. 661.
[20] Broers, A. N., J. Vac. Sci. Technol. 10 (1973) 979.
[21] Plomp, F. H., Proc. 5. Europ. Reg. Conf. El. Micr., Manchester 1972, p. 2.
[22] Verhoeven, J. D.; Gibson, E. D., Proc. 10. SEM Symp., Chicago 1977, Part. I, p. 9.
[23] van der Mast, K. D.; Barth, J. E.; Le Poole, J. B., Proc. 8. Int. Congr. El. Micr., Canberra 1974, Vol. I, p. 120.
[24] Brüche, E.; Johannson, H., Naturwiss. 20 (1932) 353.
[25] Knoll, M.; Ruska, E., Z. Phys. 78 (1932) 318.
[26] v. Borries, B.; Ruska, E., Z. Phys. 83 (1933) 187.
[27] Glaser, W., Z. Phys. 117 (1941) 285.
[28] Ruska, E., Dt. Patentschrift Nr. 875 555 vom 29. 5. 42.
[29] Riecke, W. D.: Instrument Operation for Microscopy and Microdiffraction. In: Electron Microscopy in Materials Science. Eds.: U. Valdré; E. Ruedl. − Luxembourg: Commission of the European Communities 1976, p. 15.
[30] Suzuki, S.; Akashi, K.; Tochigi, H., 26. EMSA Meeting 1968, p. 320.
[31] Laberrique, A.; Levinson, P., C. R. Acad. Sci. (Paris) 259 (1964) 530.
[32] Fernández-Morán, H., Proc. Nat. Acad. Sci. USA 53 (1965) 445.
[33] Dietrich, I., Proc. 9. Int. Congr. El. Micr., Toronto 1978, Vol. III, p. 173.
[34] v. Borries, B.; Ruska, E., Ergeb. Exakt. Naturwiss. 19 (1940) 237.
[35] Brüche, E.; Gölz, E., Jb. AEG-Forschung 7 (1940) 60.
[36] Mahl, H., Optik 2 (1947) 190.
[37] Ennos, A. E., Brit. J. Appl. Phys. 4 (1953) 101.
[38] Schott, O.; Leisegang, S., Proc. 1. Europ. Reg. Conf. El. Micr., Stockholm 1956, p. 27.
[39] Swann, P. R., Proc. 9. Int. Congr. El. Micr., Toronto 1978, Vol. III, p. 319.
[40] Haine, M. E.; Ennos, A. E.; Einstein, P. A., J. Sci. Instrum. 35 (1958) 466.
[41] Herrmann, K.-H., Optik 45 (1976) 231.
[42] Abbe, E.: Die Lehre von der Bildentstehung im Mikroskop. − Braunschweig: Friedr. Vieweg & Sohn 1910.
[43] Scherzer, O., Proc. 9. Int. Congr. El. Micr., Toronto 1978, Vol. III, p. 123.
[44] Picht, J.; Heydenreich, J.: Einführung in die Elektronenmikroskopie. − Berlin: VEB Verlag Technik 1966, 83.
[45] Hillier, J.; Ramberg, E. G., J. Appl. Phys. 18 (1947) 48.
[46] Ruska, E.; Wolff, O., Z. Wiss. Mikr. 62 (1954/55) 465.
[47] Rang, O., Optik 5 (1949) 518.
[48] Scherzer, O., Z. Phys. 101 (1936) 593.
[49] Scherzer, O., Optik (1947) 114.
[50] Seeliger, R., Optik 5 (1949) 490.
[51] Möllenstedt, G., Optik 13 (1956) 209.
[52] Deltrap, J. H. M., Thesis Univ. Cambridge 1964.

[53] BURFOOT, J. C., Proc. Phys. Soc. (London) **B 66** (1953) 775.

[54] BAUER, H. D., Optik **23** (1965/66) 596.

[55] ARCHARD, G. D., Proc. Phys. Soc. (London) **B 68** (1955) 156.

[56] HARDY, D. F., Thesis Univ. Cambridge 1967.

[57] ROSE, H., Optik **25** (1967) 587.

[58] ROSE, H., Optik **34** (1971) 258.

[59] KOOPS, H., Proc. 9. Int. Congr. El. Micr., Toronto 1978, Vol. III, p. 185.

[60] RUSKA, E., Z. Phys. **87** (1934) 580.

[61] MAHL, H., Z. Tech. Phys. **20** (1939) 316.

[62] v. ARDENNE, M., Z. Phys. **115** (1940) 339.

[63] v. BORRIES, B.; RUSKA, E., Naturwiss. **27** (1939) 577.

[64] v. BORRIES, B.; RUSKA, E., Z. Wiss. Mikr. **56** (1939) 317.

[65] RUSKA, E.: Die frühe Entwicklung der Elektronenlinsen und der Elektronenmikroskopie. — Leipzig: Johann Ambrosius Barth 1980 (Acta Historica Leopoldina, Bd. 12, 1980).

[66] RUSKA, E., Proc. 8. Int. Congr. El. Micr., Canberra 1974, Vol. I, p. 24.

[67] SIEGEL, B. M., Ber. Bunsenges. Phys. Chem. **74** (1970) 1175.

[68] KOBAYASHI, K., et al., Proc. 8. Int. Congr. El. Micr., Canberra 1974, Vol. I, p.30.

[69] SIEGEL, B. M.; MUSINSKI, D. L.; HUEI PHI KUO, Proc. 8. Int. Congr. El. Micr.,
Canberra 1974, Vol. I, p. 26.

Übersichtsliteratur zur Elektronenoptik (ab 1950)

[A] COSSLETT, V. E.: Introduction to Electron Optics: The Production and Focusing
of Electron Beams. 2. Aufl. — Oxford/London/New York: University Press 1950.

[B] DE BROGLIE, L.: Optique Electronique et Corpusculaire. — Paris: Hermann 1950.

[C] GABOR, D.: The Electron Microscope. — London: Hutton 1950.

[D] JACOB, L.: An Introduction to Electron Optics. — London: Methuen 1950.

[E] RUSTERHOLZ, A.: Elektronenoptik. — Basel: Birkhäuser Verlag 1950.

[F] DUPOUY, G.: Eléments d'Optique Électronique. — Paris: Armand Colin 1952.

[G] GLASER, W.: Grundlagen der Elektronenoptik. — Wien: Springer-Verlag 1952.

[H] VAINRIB, E. A., MILJUTIN, O. J.: Elektronenoptik. — Berlin: VEB Verlag Technik
1954.

[I] KEL'MAN, B. M.: Elektronnaja Optika. — Moskau [u. a.]: Izd. Akademii Nauk 1955.

[J] STURROCK, P. A.: Static and Dynamic Electron Optics: An Account of Focusing
in Lens, Deflector and Accelerator. — Cambridge: University Press 1955.

[K] GLASER, W.: Elektronenoptik. In: Handbuch der Physik, Bd. XXXIII. Hrsg.:
S. FLÜGGE. — Berlin/Göttingen/Heidelberg: Springer-Verlag 1956, 123.

[L] PICHT, J.: Einführung in die Elektronenoptik. 3. Aufl. — Leipzig: Johann Ambrosius Barth 1963.

[M] HAINE, M.: The Electron Microscope — the Present State of the Art. — London:
Spon Ltd. 1961.

[N] KLEMPERER, O.: Electron Physics: The Physics of the Free Electron. — London:
Butterworth & Co. 1961.

[O] Focusing of Charged Particles. Ed.: A. SEPTIER. — London/New York: Academic
Press 1967.

[P] PASZKOWSKI, B.: Electron Optics. — London: Iliffe Books 1968.

[Q] EL-KAREH, A. B., EL-KARÉH, J. d. G.: Electron Beams, Lenses, and Optics.
— London/New York: Academic Press 1970.

[R] KLEMPERER, O.: Electron Optics. 2. Aufl. — Cambridge: University Press 1971.

[S] GRIVET, P.: Electron Optics. 2. Aufl. — Oxford: Pergamon Press 1972.

[T] HAWKES, P. W.: Electron Optics and Electron Microscopy. — London: Taylor &
Francis Ltd. 1972.

[U] DAHL, P.: Introduction to Electron and Ion Optics. — London/New York:
Academic Press 1973.

[V] HARTING, E.: Electrostatic Lenses. — Amsterdam: Elsevier 1976.

2. Konventionelle Elektronenmikroskopie: Bildentstehung

J. Heydenreich, W. Neumann

Für die Bildentstehung in der Elektronenmikroskopie (EM) ist neben der Wirksamkeit der Elektronenlinsen als abbildende Elemente vor allem der physikalische Wechselwirkungsprozeß zwischen Elektronenstrahlung und zu untersuchendem Festkörper von Bedeutung. Um einen hinreichenden Bildkontrast zu erzielen, ist einerseits eine ausreichende Wechselwirkung notwendig, andererseits darf das Maß dieser nicht so groß sein, daß sich Objektveränderungen (Objektschädigungen) ergeben. Je nach Art der zu untersuchenden Objekte — amorphe Objekte (keine Fernordnung zwischen den einen Festkörper bildenden Atomen) bzw. kristalline Objekte (geordneter Aufbau des Festkörpers durch regelmäßige Atomanordnung) — wird der einfallende Elektronenstrahl an den Atomen des Festkörpers inkohärent oder kohärent gestreut bzw. gebeugt[1]). Der Streuvorgang kann elastisch oder unelastisch erfolgen. Bei der unelastischen Streuung wird Energie von den Elektronen auf das Objekt übertragen, wobei eine Anregung oder Ionisation der gebundenen Elektronen, eine Anregung der freien Elektronen oder Gitterschwingungen stattfinden. In Abhängigkeit von der Probendicke können die einfallenden Elektronen Einzel- oder Mehrfachstreuprozesse erleiden. Mehrfachstreuprozesse können vernachlässigt werden, wenn die Probendicke klein ist, verglichen mit der mittleren freien Weglänge für Einfachstreuung.

2.1. Arten des Bildkontrastes

Die Intensitätsverteilung im elektronenmikroskopischen Bild entsteht, indem einerseits nur die ungestreuten bzw. in extrem kleine Winkel gestreuten Elektronen (Streuabsorptionskontrast, Hellfeldabbildung) bzw. andererseits nur die gestreuten Elektronen oder ein Teil von ihnen (Dunkelfeldabbildung) in der Bildebene fokussiert werden. Als weitere besonders wesentliche Ursache für die Kontrastentstehung ist die Interferenz des Primärstrahls mit den gestreuten Elektronen

---

[1]) Der in der Literatur üblicherweise und hier auch angewandte Begriff der kohärenten und inkohärenten Streuung bezieht sich nicht auf den Kohärenzgrad der einfallenden Strahlung, sondern auf den Ordnungsgrad des Festkörpers und die damit verbundenen Phasenbeziehungen der gestreuten Wellen. Es wäre jedoch exakter, von einer „korrelierten" und „unkorrelierten" Streuung zu sprechen und den Begriff der Kohärenz für die Interferenzfähigkeit zu verwenden (s. z. B. [19]).

(Phasenkontrast) zu nennen. In allen drei Fällen rührt der Kontrast hauptsächlich von den elastisch gestreuten Elektronen her (ausgenommen dicke Objekte und/oder niedrige Elektronenenergien). Die unelastisch gestreuten Elektronen werden wegen des chromatischen Fehlers nicht in der Bildebene fokussiert; sie ergeben dort einen Streuuntergrund, der den Kontrast herabsetzt. Dieser Streuuntergrund kann dadurch verringert werden, daß entsprechende Filterlinsen (s. Kap. 9.) in den elektronenoptischen Strahlengang eingebracht werden. Experimentell wird der Bildkontrast dadurch erzielt, daß durch geeignete Eingriffe in den elektronenoptischen Strahlengang, z. B. durch Einbringen einer Kontrastblende (s. Kap. 1.) in die hintere Brennebene des Objektivs oder ungewollt auch bereits durch die Wirkung des Öffnungsfehlers des Objektivs, die in größere Winkel gestreuten bzw. gebeugten Elektronen von der Bildebene ferngehalten werden und so durch das Fehlen von Elektronen im abbildenden Strahlenbündel ein Bildkontrast, der Streuabsorptionskontrast, erzielt wird. Da bei dieser Art von Abbildung mit dem EM im wesentlichen nur die nicht gestreuten (nicht gebeugten) und die in sehr kleine Winkel gestreuten (gebeugten) Elektronen zum Bild beitragen, spricht man in Analogie zur Lichtmikroskopie von der Hellfeldabbildung, die oft auch als Abbildung schlechthin bezeichnet wird. Eine der Lichtmikroskopie analoge elektronenmikroskopische Dunkelfeldabbildung erhält man, wenn man nur die im Objekt gestreuten (gebeugten) Strahlen bzw. einen Teil davon zur Bildentstehung benutzt. Gemäß Abb. 2.1 können Dunkelfeldbilder mit folgenden Mitteln erzielt werden: a) zentrale schiefe Beleuchtung, b) einseitig schiefe Beleuchtung, c) Verschiebung der Kontrastblende. Der Fall a) wäre durch Anbringung einer Ringblende im Kondensor zu erreichen, der dazu eine größere Apertur haben muß. Für die Realisierung des Falls b) ist eine geeignete Neigung des Primärstrahls (mit mechanischen bzw. elektrischen Mitteln) notwendig. Am einfachsten ist die Methode der Verschiebung der Kontrastblende anwendbar, die allerdings Dunkelfeldbilder geringerer Qualität ermöglicht, da das Objektiv „schief" beansprucht wird.

Zur Sichtbarmachung des Phasenkontrastes wird in der Lichtoptik die notwendige Phasenschiebung am häufigsten nach Zernike [1, 2] durch Ein-

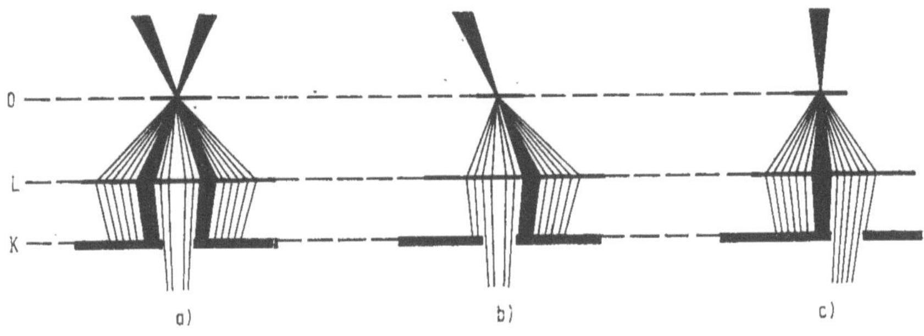

Abb. 2.1   Strahlengänge für die Dunkelfeldabbildung

O Objektebene, L Objektivebene, K Kontrastblende
a) zentrale schiefe Beleuchtung (mit großer Apertur und Ringspalt im Kondensor); b) einseitig schiefe Beleuchtung (durch Kippen des Beleuchtungsstrahls); c) Verschiebung der Kontrastblende

bringung eines entsprechenden Phasenplättchens ($\lambda/4$-Plättchen) in den Strahlengang erreicht, so daß entweder das ungebeugte Licht oder das gebeugte Licht um 90° in der Phase geschoben wird. Beträgt die Phasendifferenz ein geradzahliges Vielfaches von π, so beobachtet man „negativen Phasenkontrast", während bei einem ungeradzahligen Vielfachen von π „positiver Phasenkontrast" vorliegt. In der Elektronenmikroskopie kann es keine idealen Phasenplättchen geben, da die verwendeten Folien (z.B. Kohle- oder Kollodiumfolien) nicht nur phasenschiebende, sondern auch streuende Eigenschaften haben, was letztlich zu einer Bildverschleierung führt. Üblicherweise wird die von SCHERZER [3] eingeführte Methode des Zusammenwirkens von Öffnungsfehler und Defokussierung zur Sichtbarmachung des Phasenkontrastes angewandt. Sie beruht darauf, daß wegen des Öffnungsfehlers der Objektivlinse stets Phasenverschiebungen zwischen ungebeugtem (Zentralstrahl) und gebeugten Strahlen (periphere Strahlen bezüglich der hinteren Brennebene des Objektivs) vorhanden sind, die durch eine geeignete Defokussierung der Objektivlinse (Überfokussierung, Unterfokussierung) zur Erzeugung bzw. Steuerung des Phasenkontrastes ausgenutzt werden. Abbildung 2.2 zeigt in a) die um 100 nm unterfokussierte, in b) die fokussierte und in c) die um 100 nm überfokussierte Abbildung einer 5 nm dicken Kohlefolie (richtiger: Kohlenstoff-Folie). Sowohl in der unterfokussierten als auch in der überfokussierten Aufnahme sind die Phasenkontrasteffekte in Form auftretender Granulierungen gut sichtbar.

Im Zusammenhang mit der allgemeinen Beschreibung des Phasenkontrastes sei noch kurz auf das Vorhandensein von Fresnelschen Beugungssäumen hingewiesen, die einerseits bei der Streuung der Elektronen an undurchlässigen oder

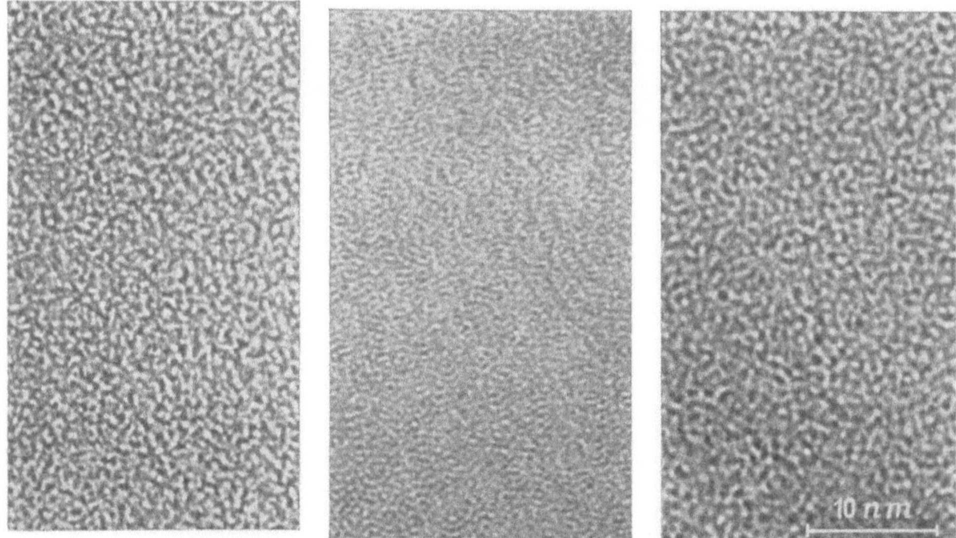

Abb. 2.2   Phasenkontrast: Fokussierungsreihe einer Kohlefolie (Dicke 5 nm)

a) unterfokussiert, $\Delta_f = +100$ nm; b) fokussiert, $\Delta_f = 0$ nm; c) überfokussiert, $\Delta_f = -100$ nm

teildurchlässigen Hindernissen (z. B. Latexkugeln, Durchmesser: $\approx 10 \cdots 20\,\mu m$) oder andererseits an Objektstellen mit unstetiger Änderung der Massendicke beobachtet werden. Da die Fresnelschen Beugungssäume bei geringer Defokussierung auftreten und bei exakter Fokussierung des Objektes verschwinden, werden sie u. a. als Scharfstellhilfe zur Bestimmung und Korrektur des axialen Astigmatismus (HILLIER, RAMBERG [4]) oder der Defokussierung bei Hochauflösungsaufnahmen (s. z. B. WILSON et al. [5]) verwendet. Theoretische Betrachtungen zur Fresnel-Beugung in der Elektronenmikroskopie, insbesondere Berechnungen der Intensitätsverteilung der Fresnelschen Beugungssäume in Abhängigkeit von den Abbildungsbedingungen (Defokussierung, Linsenfehler, Probenkippung) wurden von zahlreichen Autoren vorgenommen (s. z. B. [6—11]).

Bei der Wechselwirkung der einfallenden Elektronen mit dem Objekt können sowohl Amplitude wie auch Phase der Elektronenwelle modifiziert werden. Objekte, die nur die Phase der einfallenden Welle schieben und die Amplitude im wesentlichen unverändert lassen, bezeichnet man als Phasenobjekte. Im Gegensatz dazu wird von Amplitudenobjekten nur die Intensität der einfallenden Strahlung verändert. Sind die Proben sehr dünn, so liegen nahezu „reine Phasenobjekte" vor, die als „schwache Phasenobjekte" bezeichnet werden, wenn die durch das Objekt hervorgerufene Phasenschiebung sehr gering ist. Ideale Amplituden- und Phasenobjekte existieren in der elektronenmikroskopischen Praxis nicht. Die Änderung der Amplituden der einfallenden Welle durch Absorption von Elektronen im Festkörper spielt nur bei sehr dicken Proben (starke Amplitudenobjekte) eine Rolle und ist im allgemeinen zu vernachlässigen. Die Intensitätsänderung der einfallenden Elektronenstrahlung wird durch den Streuvorgang hervorgerufen. Durch das Fernhalten der gestreuten Elektronen von der Bildebene durch die Wirkung der

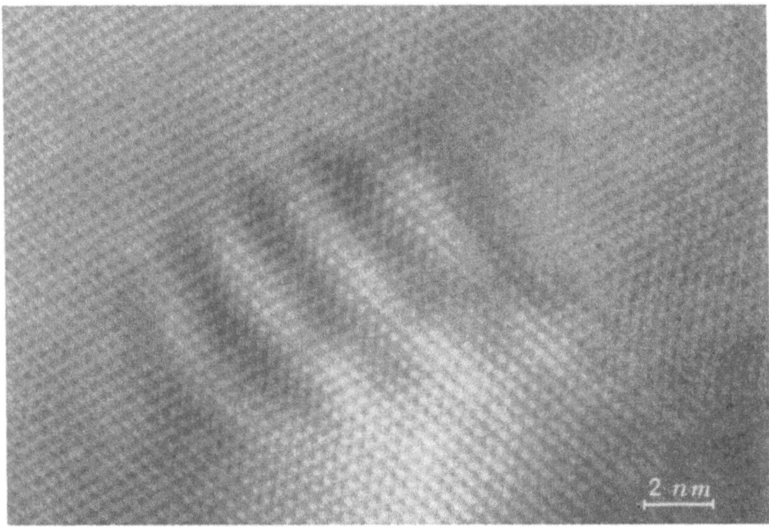

Abb. 2.3 Hochauflösungsabbildung (Vielstrahlfall) eines (110)-orientierten CdTe-Kristalls mit einem Stapelfehler

Aperturblende wird derselbe Effekt erzielt wie durch eine Absorption der Elektronen im Objekt. Während im Falle ausgedehnterer Objektdetails der Kontrast durch das Fehlen von Elektronen gedeutet werden kann, ist für kleine Objektdetails (in der Größenordnung der Auflösungsgrenze der benutzten elektronenoptischen Anlage) die Bildentstehung auf der Grundlage der Abbeschen Vorstellungen zu deuten. Danach entsteht die Abbildung durch Interferenz der ungebeugten und der gebeugten Strahlung in der Bildebene, so daß sich ein Phasenkontrast im engeren Sinne ergibt.

Bei den nachfolgend anschaulich zu beschreibenden Kontrasttypen (Streuabsorptionskontrast bzw. Beugungskontrast einerseits und Phasenkontrast im engeren Sinne andererseits) ist stets zu berücksichtigen, daß es sich um Teilaspekte der Bildentstehung handelt und daß das echte Abbildungsgeschehen eine komplexere Behandlung erfordert.

In der elektronenmikroskopischen Abbildung sind stets Anteile beider Kontrastarten enthalten. Dies verdeutlicht anschaulich Abb. 2.3, die eine Vielstrahlabbildung (9-Strahl-Fall; s. Kap. 3., Abb. 3.1), eines exakt orientierten (110)-CdTe-Kristalls zeigt. Der Strukturabbildung des CdTe (Phasenkontrast) ist ein Streifenkontrast (Beugungskontrast) überlagert, der von einem Stapelfehler herrührt. Welche Kontrastart im überwiegenden Maße zum Bildkontrast beiträgt, hängt gleichermaßen von den Eigenschaften des Objektes und den Beleuchtungs- und Abbildungsbedingungen ab.

2.2.　Streumechanismus und Kontrastentstehung

Ausgangspunkt für jegliche Art von Kontrastdeutung ist die Kenntnis der Winkelverteilung der elastisch und unelastisch gestreuten Elektronen. Für die Kontrasterklärung sind die Unterschiede der Streumechanismen an amorphen und kristallinen Stoffen wesentlich. Die im EM gut auflösbaren Präparate müssen so dünn sein, daß die Strahlelektronen beim Durchgang durch das Objekt jeweils nur einen Streuakt erleiden. Für die Diskussion der Entstehung des Bildkontrastes durch Streuung der Strahlelektronen im Objekt können deshalb näherungsweise (siehe z. B. [12]) die Gesetzmäßigkeiten für die Elektronenstreuung am Einzelatom herangezogen werden. Während die an den Atomkernen gestreuten Strahlelektronen das Objekt ohne merklichen Energieverlust verlassen (elastische Elektron-Atomkern-Streuung), erfahren die an den Elektronen der Atomhülle gestreuten Strahlelektronen merkliche Energieverluste (unelastische Elektron-Elektron-Streuung). Es läßt sich zeigen, daß für die Bildentstehung in der EM vorwiegend die elastische Elektron-Atomkern-Streuung genutzt wird; die unelastische Elektron-Elektron-Streuung bewirkt im wesentlichen einen diffusen Streuuntergrund und verringert sowohl den Kontrast als auch die Auflösung[1]). Detaillierte Behand-

---

[1]) Die zur Eliminierung der unelastisch gestreuten Elektronen im Prinzip geeignete Filterlinse ist aufwendig und unbequem, für höhere Spannungen auch kaum realisierbar.

lungen des Streuproblems finden sich z. B. in den Arbeiten von LENZ [13], REIMER und GILDE [14], MISELL [15], MISELL und BURGE [16] und BURGE [17].

Ein Maß für die Wahrscheinlichkeit, daß ein Elektron an einem Atom der Probe gestreut wird, ist der totale Streuquerschnitt σ_t eines Einzelatoms:

$$\sigma_t(\vartheta) = \sigma_{el}(\vartheta) + \sigma_{in}(\vartheta) \,. \tag{2.1}$$

Hierbei sind $\sigma_{el}(\vartheta)$ und $\sigma_{in}(\vartheta)$ die Streuquerschnitte eines Atoms bei elastischer bzw. unelastischer Streuung und ϑ der Streuwinkel. Die Berechnung der Streuquerschnitte erfolgt indirekt über die Bestimmung der Atomstreuamplitude $f(\vartheta)$. Im Fall der elastischen Streuung gilt z. B. für den differentiellen Streuquerschnitt eines Einzelatoms

$$\frac{d\sigma_{el}}{d\Omega} = |f(\vartheta)|^2 \,, \tag{2.2}$$

wobei das Raumwinkelelement $d\Omega = 2\pi \sin \vartheta \, d\vartheta$ ist. Mit der Bestimmung von $f(\vartheta)$ kann der entsprechende Streuquerschnitt berechnet und damit auch der Kontrast diskutiert werden, der in Analogie zur Lichtoptik folgendermaßen definiert werden soll:

$$K = \frac{I_e - I_b}{I_e} = 1 - \frac{I_b}{I_e} \,. \tag{2.3}$$

Hierbei sind I_e die Intensität des einfallenden Elektronenbündels, d. h. die Intensität in der Bildschirmebene ohne Vorhandensein eines Objektes, und I_b die Intensität in der Bildschirmebene mit streuendem Objekt. Für die Bestimmung der Streuquerschnitte ist es wesentlich, welche Verteilung der Atompotentiale dafür angesetzt wird (für eine ausführliche Diskussion hierzu s. [14, 17—19]). Unter Verwendung unterschiedlicher Atompotentiale wurden von verschiedenen Autoren Näherungsformeln angegeben, wobei die von LENZ [13] und BURGE und SMITH [20, 21] entwickelten Theorien am häufigsten zur Berechnung der Streuquerschnitte für elastische und unelastische Streuung angewandt wurden. Nach LENZ [13] ergeben sich die differentiellen Wirkungsquerschnitte für die elastische und unelastische Streuung zu

$$\frac{d\sigma_{el}}{d\Omega} = \frac{4Z^2}{a_H^{*2}} \frac{1}{(q^2 + 1/R_0^2)^2} \,, \tag{2.4}$$

$$\frac{d\sigma_{in}}{d\Omega} = \frac{4Z}{a_H^{*2}q_i^4} \left(1 - \frac{1}{(1 + q_i^2 R_0^2)^2} \right) \tag{2.5}$$

mit $q_i = (2\pi/\lambda) \, [\vartheta^2 + (J/4e_0 U)^2]^{1/2}$ und J als der Ionisationsenergie des Atoms. Für die anderen Parameter gilt:

$q = (4\pi/\lambda) \sin \vartheta/2$, Z — Ordnungszahl des Targetatoms, U — Beschleunigungsspannung, a_H — Bohrradius, a_H^* — relativistischer Bohrradius ($a_H^* = a_H(1 + e_0 U/m_0 c^2)^{-1}$), R_0 — Wentzelscher Atomradius ($R_0 = a_H Z^{-1/3}$).

Vergleiche berechneter Streuquerschnitte für einen Energiebereich von 100 bis 1000 kV mit experimentell bestimmten Querschnitten zeigten, daß die berechneten

Werte größer als die experimentellen Streuquerschnitte sind. FERWERDA und
VISSER [22] stellten eine bessere Übereinstimmung fest, wenn anstelle der
1. Bornschen Näherung (Einfachstreuung) die Glaubersche Streutheorie (s. dazu
[23]) angewandt wird.

Die in den Tabellenwerken (International Tables for X-ray Crystallography,
Vol. 3, 4; DOYLE, TURNER [24]) enthaltenen Atomstreuamplituden (in der Röntgen-
physik als Atomformfaktor bezeichnet) wurden auf der Basis der Bornschen Näherung berechnet. In der elektronenmikroskopischen Praxis verliert die Bornsche
Näherung in vielen Fällen ihre Gültigkeit. Weiterhin sind die reellen Atomstreuamplituden wegen der Absorption durch komplexe Größen zu ersetzen. Dies ist
z. B. der Fall bei der Berechnung der Atomabbildung stark streuender Atome:

$$f(\vartheta) = |f(\vartheta)|\, \exp\,(\mathrm{i}\eta(\vartheta)) = |f(\vartheta)|\, \exp\left[-\mathrm{i}\left(\frac{\pi}{2} + \varepsilon(\vartheta)\right)\right]. \tag{2.6}$$

$\eta(\vartheta)$ und $\varepsilon(\vartheta)$ geben hierbei die Phasenschiebungen an. Bei der Bornschen Nähe-
rung gilt $f(\vartheta) = |f(\vartheta)|\, \exp\,(-\mathrm{i}\pi/2)$, d. h., die gestreute Welle ist gegenüber der
ungestreuten Welle um 90° phasenverschoben. Für hinreichend dünne Proben und
schwache Streuer kann mit der Bornschen Näherung gerechnet werden.

Wird die Streuung am ausgedehnten Festkörper betrachtet, so muß berücksichtigt werden, daß die an den einzelnen Atomen gestreuten Wellen interferieren
können. In diesem Zusammenhang tragen amorphe Objekte einerseits und kristalline Objekte andererseits in sehr unterschiedlicher Weise zum Interferenzge-
schehen bei.

Liegt ein amorphes Objekt vor, so werden die Elektronen inkohärent gestreut,
d. h., die Phasenbeziehungen zwischen den gestreuten Wellen können näherungsweise vernachlässigt werden. Da in der Praxis keine „idealen amorphen Objekte"
existieren, ist immer eine Nahordnung vorhanden, die zu diffusen Beugungs-
maxima führt. Liegen Abbildungsbedingungen vor, die eine Auflösung von Objektdetails unter 1 nm ermöglichen, z. B. bei hinreichend dünnen amorphen Proben,
so kann — wie bereits angedeutet — mittels gezielter Defokussierung maximaler
Phasenkontrast erzeugt werden (Näheres hierzu s. z. B. [25]). Hierauf wird in
Kap. 3. bei der Besprechung der Hochauflösungs-EM näher eingegangen. Liegen
dagegen stark streuende Objekte vor — ein Fall, der z. B. bei Objekten mit Atomen
hoher Ordnungszahl oder bei größeren Objektdicken gegeben ist —, so wird durch
den Einfluß der Objektivaperturblende, d. h. durch das Fernhalten der in größere
Winkel gestreuten Elektronen, der Streuabsorptionskontrast erzeugt. Da im Falle
des amorphen Körpers die an den atomaren Bausteinen gestreuten Wellen nicht
miteinander konstruktiv interferieren, kann die Bildintensität auf einfache Weise
berechnet werden. Es wird direkt über die einzelnen Streuquerschnitte der Atome,
d. h. über die Intensitätsbeiträge $|f(\vartheta)|^2$ aus den einzelnen Raumwinkelelementen
$\mathrm{d}\Omega$, summiert. Für die Erklärung des Streuabsorptionskontrastes wird von der
Intensitätsverteilung der gestreuten Elektronen ausgegangen. Betrachtet man das
Objekt als aus vielen Schichten der Dicke $\mathrm{d}t$ zusammengesetzt, so wird in jeder
dieser differentiellen Schichten die auffallende Strahlungsintensität um einen

Anteil dI durch Streuung geschwächt, so daß der folgende Ansatz gültig ist:

$$\frac{dI}{I} = -S_t \varrho\, t\,, \tag{2.7}$$

wobei ϱ die Dichte des Objekts ist und der gesamte Streuquerschnitt S_t für das Objekt für elastische und unelastische Streuung außerhalb der Aperturblende sich zu $S_t = \sigma_t \cdot N_L/A$ ergibt. Hierbei sind N_L die Loschmidtsche Zahl, A das relative Atomgewicht des Stoffes und σ_t — wie oben angegeben — der gesamte Streuquerschnitt eines Atoms. Die Integration von Gl. (2.7) über eine endliche Schichtdicke t ergibt

$$\frac{I_b}{I_e} = \exp\left(-S_t \varrho\, t\right). \tag{2.8}$$

Das Produkt aus Dichte und Dicke des Objekts $\varrho \cdot t$ wird in der EM üblicherweise als Massendicke bezeichnet, obwohl es — genau genommen — eine Massenbelegungsdichte ist. Gl. (2.8) besagt, daß die Intensität I_b des ungestreuten Anteils des Strahlenbündels exponentiell mit der durchstrahlten Massendicke $\varrho \cdot t$ abfällt. Der bei elektronenmikroskopischen Objekten nach Gleichungen (2.3) und (2.8) gegebene Streuabsorptionskontrast

$$K = 1 - \exp\left(-S_t \varrho\, t\right), \tag{2.9}$$

der dem lichtmikroskopischen Absorptionskontrast ähnlich ist, entsteht aber — das soll nochmals betont werden — durch Streuung der Strahlelektronen im Festkörper und durch das Fernhalten der in ausreichende Winkel gestreuten Elektronen von der Bildebene. Die Entstehung von Bildkontrasten durch Streuabsorption wurde zuerst von BOERSCH [26] nachgewiesen. Als Beispiel für den an einem amorphen Objekt erzielten Streuabsorptionskontrast sind in Abb. 2.4 Kautschuk-

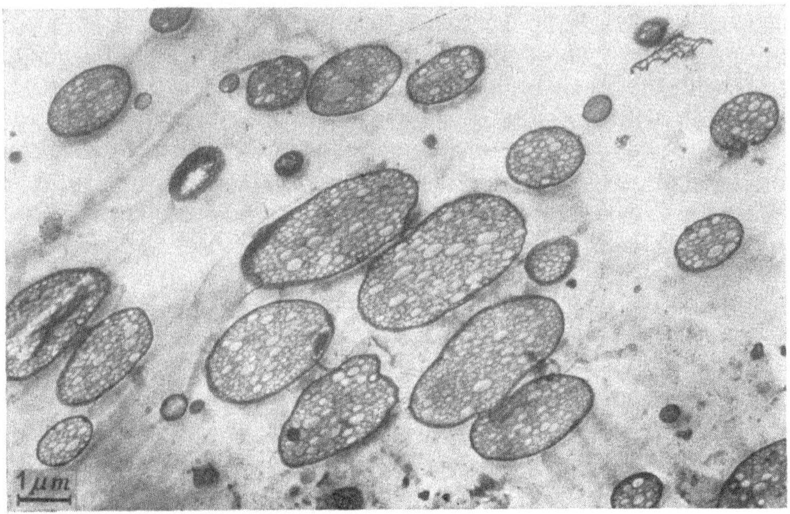

Abb. 2.4   Streuabsorptionskontrast: Kautschuk-Teilchen in einer Polystyren-Matrix mit Polystyren-Einschlüssen
Ultramikrotomie: Schnittdicke 100 nm, Osmiumtetroxid-Kontrastierung

Teilchen mit Polystyren-Einschlüssen in einer Polystyren-Matrix wiedergegeben. Bei dem elektronenmikroskopischen Präparat handelt es sich um einen mit dem Ultramikrotom erzeugten Dünnschnitt (100 nm Schnittdicke), der mit Osmiumtetroxid kontrastiert wurde (s. hierzu Kap. 15.).

Im Falle eines kristallinen Objektes werden die einfallenden Elektronen an den Gitterbausteinen kohärent in definierte Richtungen gebeugt, wobei Interferenzmaxima gemäß der Braggschen Gleichung

$$n\lambda = 2d \sin \Theta \qquad (2.10)$$

auftreten. Hierbei bedeuten d den jeweils zu betrachtenden Netzebenenabstand im Kristallgitter, $\Theta = \vartheta/2$ den Glanzwinkel, n die Ordnung der Beugung und λ — wie bekannt — die Wellenlänge. Je nach Orientierung des Festkörpers zum einfallenden Elektronenbündel werden gemäß Gl. (2.10) mehr oder weniger Elektronen in definierte Richtungen gebeugt und durch die Wirkung der Kontrastblende von der Bildebene ferngehalten. Die in der Objektebene befindliche Kristallfolie bewirkt, daß es an der Ausgangsseite des Festkörpers neben dem Bündel der ungebeugten Elektronen in definierte Richtungen gebeugte Elektronenbündel gibt. Durch die Objektivlinse werden — wie in Kap. 1. bereits angegeben — die von verschiedenen Objektpunkten jeweils in gleiche Richtungen ausgehenden Elektronen in der hinteren Brennebene in einem Punkt fokussiert, d. h., in dieser Ebene entsteht das Beugungsdiagramm des Objektes. Wird die Kontrastblende so dimensioniert, daß neben dem Nullstrahl ein oder mehrere gebeugte Strahlen zur Bildebene gelangen und dort interferieren, so kann unter geeigneten experimentellen Bedingungen (hinreichend dünne, schwach streuende Objekte vorausgesetzt, s. dazu Kap. 3.) eine Abbildung mit Gitterauflösung (Netzebenen-, Vielstrahlabbildung) erzielt werden. In diesem Fall wird der Bildkontrast im wesentlichen nur durch den Phasenkontrastanteil bestimmt.

Gelangen — wie in Abb. 2.5a dargestellt — nur die die Kontrastblendenöffnung passierenden ungebeugten Elektronen zur Bildebene, so entsteht ein Hellfeldbild des kristallinen Objektes, welches für einen unverbogenen Idealkristall gleicher Dicke keinen Kontrast zeigt. Es ist somit eine gleichmäßig ausgeleuchtete Bildebene vorhanden, in der die Elektronenstromdichte um so geringer ist, je größere Anteile des einfallenden Elektronenbündels gemäß der Braggschen Gleichung gebeugt werden. In den Bereichen, wo die zu untersuchenden Kristalle lokal — z. B. durch spannungsfreie Netzebenenkrümmungen oder durch Kristallbaufehler — verbogen sind, ergeben sich gegenüber der Umgebung geänderte Bragg-Orientierungen, so daß diese verbogenen Bereiche infolge ihres von der Umgebung abweichenden Beugungs- bzw. Streuvermögens mit entsprechenden Kontrasten sichtbar sind. Analoge Überlegungen ergeben sich für den in Abb. 2.5b dargestellten Dunkelfeldstrahlengang. Der auf diese Weise entstehende Kontrast wird als Beugungskontrast bezeichnet und wurde erstmalig von HIRSCH, HORNE und WHELAN [27] und von BOLLMANN [28] zur Sichtbarmachung von Kristalldefekten angewandt. Für eine befriedigende Kontrastinterpretation, d. h. für die Bestimmung von Größe und Vorzeichen des Kontrastes, ist die Anwendung der dynamischen Theorie der Elektronenbeugung erforderlich, bei der die Wechselwirkung zwischen

4   Elektronenmikroskopie

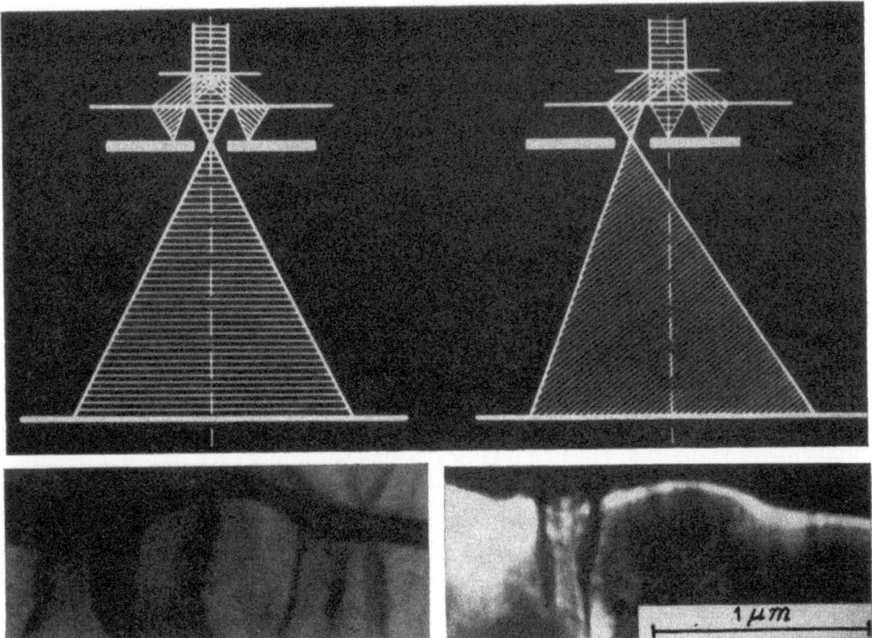

Abb. 2.5   Strahlengang für Untersuchungen im Beugungskontrast
oben links: Hellfeldabbildung; oben rechts: Dunkelfeldabbildung; unten: Extinktionskonturen in MoO$_3$

der durchgehenden und allen gebeugten Wellen berücksichtigt wird. Im sogenannten n-Strahlfall werden außer dem durchgehenden Elektronenstrahl $n-1$ gebeugte Wellen berücksichtigt, die durch n reziproke Gittervektoren $\boldsymbol{g}_n$ beschrieben werden. Der systematische n-Strahlfall liegt vor, wenn alle reziproken Gittervektoren entlang einer Gitterreihe angeordnet sind. Für viele praktische Untersuchungen wird näherungsweise vom Zweistrahlfall ausgegangen, bei dem neben dem durchgehenden Strahl $\boldsymbol{g}_1 = [000]$ nur ein gebeugter Strahl $\boldsymbol{g}_2 = \boldsymbol{g}$ stark angeregt ist.

Die für die Interpretation der Abbildung von Kristallbaufehlern heranzuziehende dynamische Theorie des Beugungskontrastes wurde — aufbauend auf einem Planwellenformalismus — von HOWIE und WHELAN [30] entwickelt. Ansätze zur Behandlung der dynamischen Theorie des Beugungskontrastes auf der Grundlage des Formalismus von Bloch-Wellen bzw. von modifizierten Bloch-Wellen wurden von WILKENS [31] angegeben. Eine ausführliche Behandlung der Theorie des Beugungskontrastes ist im Anhang 1. des Buches enthalten. Hier sei lediglich darauf hingewiesen, daß die Berechnung des Beugungskontrastes die Bestimmung der Intensität des durchgehenden Elektronenbündels $I_0 \sim \Phi_0\Phi_0^*$ bzw. des Bündels der gestreuten Elektronen $I_g \sim \Phi_g\Phi_g^*$ erfordert. Dabei müssen die zugehörigen Amplituden Φ_0 bzw. Φ_g oder die daraus ableitbaren und im engen Zusammenhang stehenden Anregungsstärken der Bloch-Wellen durch Integration eines Differentialgleichungssystems der Form

$$\frac{\mathrm{d}}{\mathrm{d}z}f(z) = F\big(s_\mathrm{g}, f(z), \vec{g}\cdot u(x,y,z)\big) \tag{2.11}$$

entlang des Strahlweges über die Kristalldicke t erfolgen. Die Funktionen $f(z)$ stehen hierbei symbolisch für die Amplituden bzw. Anregungsstärken, $u(x, y, z)$ stellt das durch den Kristallbaufehler verursachte Verschiebungsfeld dar, die Größe s_g ist der Anregungsfehler, die die Abweichung von der exakt erfüllten Bragg-Bedingung kennzeichnet.

Für die Deutung von Beugungserscheinungen wird im allgemeinen von der Konstruktion des reziproken Gitters und der Ewaldschen Ausbreitungskugel ausgegangen. Werden die aufspannenden Basisvektoren des Kristallgitters mit a_i und die des reziproken Gitters mit a^i bezeichnet, so lassen sich die Bedingungsgleichungen für das reziproke Gitter folgendermaßen zusammenfassen:

$$a^i = \frac{a_\mathrm{j} \times a_k}{V_\mathrm{c}} \qquad (i, j, k = \text{zykl } 1, 2, 3) . \tag{2.12}$$

Für die Volumina der Elementarzellen des Kristallgitters bzw. des reziproken Gitters gilt

$$V_\mathrm{c} = (a_1 a_2 a_3), \qquad V_\mathrm{c}^* = (a^1 a^2 a^3) , \qquad V_\mathrm{c} = \frac{1}{V_\mathrm{c}^*} . \tag{2.13}$$

Das reziproke Gitter liefert die Lage der Beugungspunkte, gestattet aber keine Aussagen über mögliche Reflexionsbedingungen. Für die Bestimmung der möglichen Reflexe bei vorgegebenen Beugungsbedingungen (Wellenlänge λ, Orientierung der Probe zum Elektronenstrahl) wird das Konzept der Reflexionskugel, der Ewaldschen Ausbreitungskugel, benutzt (Abb. 2.6). Für die Konstruktion der Ewaldschen Kugel wird vom Wellenvektor k_0 der einfallenden Welle ausgegangen,

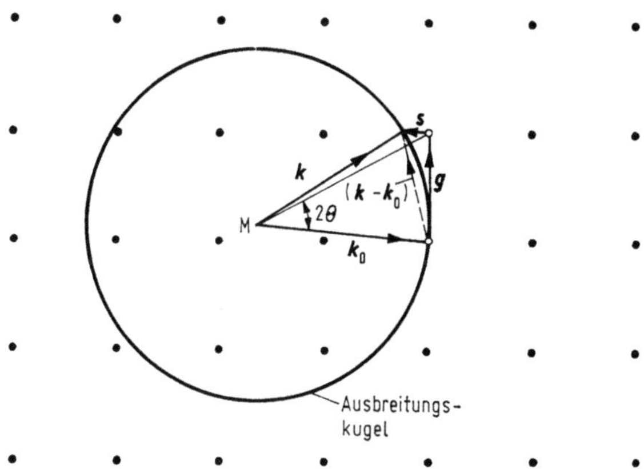

Abb. 2.6 Konstruktion der Ewaldschen Ausbreitungskugel

4*

der am Ursprung 0 des reziproken Gitters endet. Um den Ausgangspunkt von k_0 wird die Ausbreitungskugel mit dem Radius $1/\lambda$ gezeichnet. Ein reflektierter Strahl k tritt nur dann auf, wenn ein reziproker Gitterpunkt die Ausbreitungskugel mit dem Radius $1/\lambda$ schneidet. In diesem Fall ist $g = k - k_0$ erfüllt. Diese Betrachtung gilt für einen unendlich ausgedehnten Kristall. Für ein endliches Kristallpolyeder treten auch bei einer Abweichung s von der exakten Bragg-Lage Reflexionen auf $(\vec{g} + s = k - k_0)$ (s. hierzu z. B. [29]).

Wichtig für den Beugungskontrast ist vor allem das Verschiebungsfeld des Kristallbaufehlers $u(x, y, z)$, welches die Verrückung der Atome aus ihren idealen Gitterpositionen infolge des Gitterdefektes kennzeichnet, und damit von allen elastischen und Lageparametern des jeweiligen Defekts abhängt. In erster Näherung könnte der Einfluß von Kristallbaufehlern, insbesondere von Versetzungen,

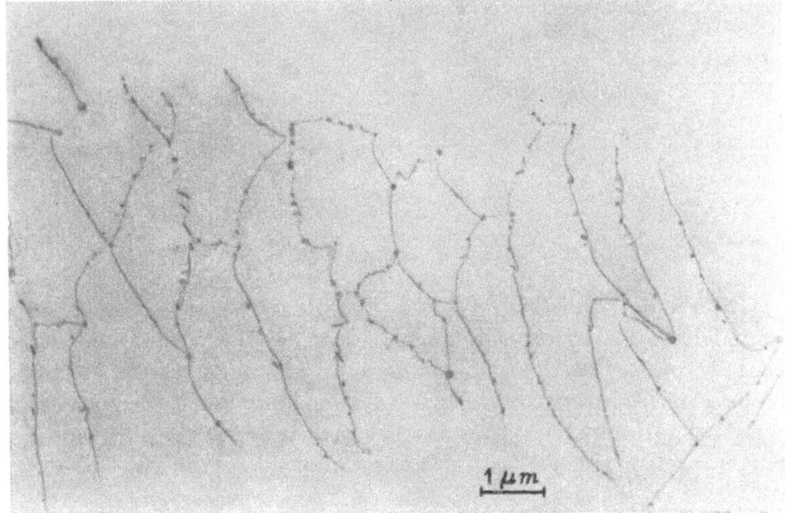

Abb. 2.7   Beugungskontrast: Versetzungsnetzwerk in Magnesiumoxid

die ja im Endeffekt eine Verformung bzw. Verbiegung der an sie angrenzenden Kristallbereiche hervorrufen, in Form lokaler Änderungen des Anregungsfehlers gedeutet werden, so daß sich Bildkontraste ergeben, ohne daß eine eigentliche Gitterauflösung vorliegt. Als Beispiel hierfür ist in Abb. 2.7 eine Versetzungsanordnung in einer MgO-Einkristallfolie wiedergegeben. Der Zusammenhang der einzelnen Defektparameter mit dem Bildkontrast wird im Kap. 11. diskutiert; für Beispiele von Verschiebungsfeldern sei nochmals auf den Anhang 1. des Buches verwiesen.

Ohne Kristallbaufehler (fehlerfreier, aber eventuell verbogener Kristall), d. h. mit $u(x, y, z) = 0$ und ohne Absorption, hängt die Intensität des durchgehenden Strahlenbündels I_0 mit der Intensität I_e des einfallenden Strahlenbündels und der Intensität I_g des gebeugten Strahlenbündels in der Zweistrahlnäherung durch die einfache Beziehung $I_0 = I_e - I_g$ zusammen, so daß auch von der Berechnung der Intensität des gebeugten Strahlenbündels ausgegangen werden kann. Aus der Theorie der Elektronenbeugung (s. z. B. [29]) bzw. aus Gl. (2.11) folgt, daß die Intensität I_g des gebeugten Elektronenbündels nach Durchgang durch einen von Kristallbaufehlern freien Kristall der Dicke t im dynamischen Fall durch die einfache Proportionalitätsbeziehung

$$I \sim \frac{\sin^2 (\pi t \bar{s})}{(\pi \bar{s})^2} \tag{2.14}$$

gegeben ist, wobei

$$\bar{s} = \sqrt{\frac{1}{\xi_g^2} + s_g^2}$$

ist. Die Spezifik der zu durchstrahlenden Kristallfolie wird dabei durch die Extinktionslänge ξ_g — auch charakteristische Dicke genannt — erfaßt, eine für eine bestimmte Bragg-Reflexion und eine bestimmte Elektronen-Wellenlänge zu errechnende Größe in der Größenordnung einiger 10 nm.

Rechnet man mit einem konstanten vorgegebenen Anregungsfehler s_g und damit mit konstantem $\bar{s}$, so ergibt sich aus Gl. (2.14) eine bei Änderung der Kristalldicke t vorhandene periodische Intensitätsmodulation. Geht man andererseits von einer konstanten Kristalldicke aus und berücksichtigt, daß die durchstrahlbaren Kristallfolien meist mehr oder weniger verbogen sind, d. h., daß von Ort zu Ort mit einer Änderung des Anregungsfehlers s_g und damit mit $\bar{s}$ gerechnet werden muß, so ist wiederum gemäß Gl. (2.14) mit einer periodischen Intensitätsmodulation zu rechnen. Es entstehen Extinktionskonturen, d. h. Interferenzschlieren gleicher Neigung (s. Abb. 2.5 unten). Für die Charakterisierung der verschiedenen Abbildungsmoden des Beugungskontrastes kann der normierte Anregungsfehler $w = s \cdot \xi_g$ herangezogen werden [32] (s. hierzu Anhang 1.).

Bei den Beschreibungen der Kontrastarten wurde der Beitrag der unelastischen Streuung vernachlässigt. Aus der unelastischen Elektron-Elektron-Streuung können Aussagen über die chemische Zusammensetzung des streuenden Objektes gewonnen werden. Detaillierte Behandlungen des Einflusses der unelastischen Streuung auf die Bildentstehung und den Kontrast wurden von BURGE [17], DOYLE [33], MISELL und BURGE [16] und ROSE [34] durchgeführt. Zahlreiche Probleme bei der Behandlung des Streumechanismus und der Kontrasterklärung ergeben sich, wenn zu dickeren Proben übergegangen wird und Mehrfachstreuung auftritt. Mehrfachstreuprozesse verringern gleichermaßen die Auflösung und den Kontrast und verhindern somit die Abbildung einzelner Atome. Theoretische Behandlungen der Bildentstehung, des Kontrastes und der Auflösung für dicke amorphe Objekte wurden von GROVES [35] und ROSE [36] durchgeführt. Da in diesen Fällen das Auflösungsvermögen wesentlich von den Eigenschaften des Objektes (Objekt, eingebettet in einen amorphen Träger) abhängig ist, wird von ROSE [36] eine Probenauflösung definiert (drei unterschiedliche Definitionen für die Probenauflösung).

2.3. Elektronenoptischer Abbildungsvorgang

Die gesamte durch das elektronenoptische System übertragbare Information über
das Objekt ist in dem durch Streuung entstehenden Wellenfeld enthalten. Die
Intensitätsverteilung im elektronenoptischen Bild hängt naturgemäß nicht nur
von den Objekteigenschaften, sondern auch von den Beleuchtungsbedingungen,
den Linsenfehlern, der Anordnung und Form der Blenden und den physikalischen
Eigenschaften der Registriereinrichtung ab. Eine exakte Beschreibung der Bildentstehung in der EM ist auf der Grundlage einer wellenmechanischen Theorie
der Kontrastentstehung gegeben (s. z. B. [14, 15, 17, 18, 37—50]). Die Behandlung
der elektronenmikroskopischen Bildentstehung mit Hilfe der linearen optischen
Übertragungstheorie wurde von HANSZEN [25] und LENZ [51] vorgenommen (vgl.
auch [52, 53]).

Unter der Annahme, daß das Linearitätskriterium der optischen Übertragung[1])
erfüllt ist und eine Kleinwinkelnäherung physikalisch gerechtfertigt werden kann,

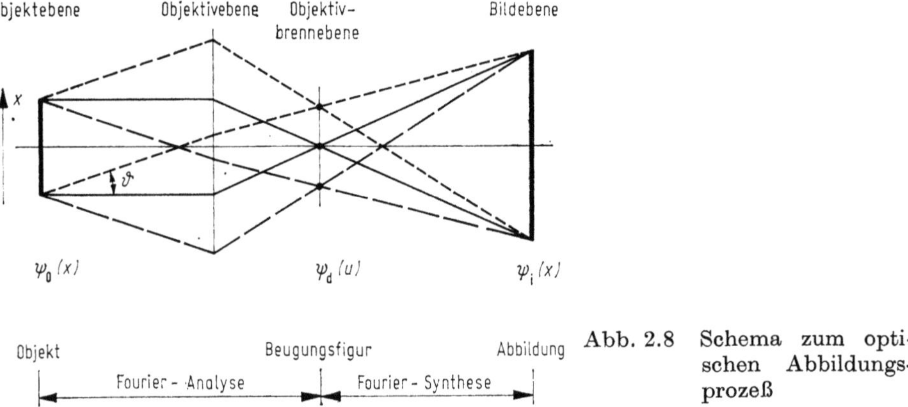

Abb. 2.8 Schema zum optischen Abbildungs-
prozeß

ist der Abbildungsprozeß durch Fourier-Transformationen beschreibbar. Eine
schematische Darstellung des idealen optischen Abbildungsprozesses zeigt Abb.
2.8, wobei aus Gründen der Einfachheit der Darstellung der eindimensionale Fall
behandelt wird. Die dreidimensionalen Objekte lassen sich entsprechend dem
Projektionstheorem in der EM (s. [49]) durch zweidimensionale Objektfunktionen
beschreiben. Bei einer idealen Abbildung berechnet sich aus der Wellenfunktion
$\psi_0(x)$ in der Objektebene durch eine Fourier-Transformation die Wellenfunktion

---

[1]) Ganz allgemein gilt ein Abbildungssystem als linear, wenn für die Zuordnung von
Objektfunktion $o(\mathbf{r})$ und Bildfunktion $i(\mathbf{r})$ das lineare Superpositionsgesetz $ao_1(\mathbf{r}) +$
$+ bo_2(\mathbf{r}) = ai_1(\mathbf{r}) + bi_2(\mathbf{r})$ erfüllt ist, wobei $\mathbf{r} = (x, y)$ der Ortsvektor im Realraum und
a, b reelle oder komplexe Zahlen sind.

$\psi_d(u)$, die das Fraunhofersche Beugungsbild darstellt und sich in der bildseitigen Brennebene befindet. Eine inverse Fourier-Transformation liefert aus $\psi_d(u)$ die Wellenfunktion $\psi_i(x)$ in der Bildebene. In Wirklichkeit ist eine ideale Punkt-zu-Punkt-Abbildung nicht zu erreichen, da durch Aberrationen des Abbildungssystems (Linsenfehler, Fokussierungsfehler, Beugung an der Begrenzung der Aperturblende) eine breitere, verwaschene Intensitätsverteilung des Elektronenstromes erhalten wird. Die Beziehung zwischen der Wellenfunktion $\psi_o(x)$ in der Objektebene und der Wellenfunktion $\psi_i(x)$ in der Bildebene läßt sich dann der Übertragungstheorie entsprechend folgendermaßen darstellen:

$$\psi_i(x) = \int k(x'; x)\, \psi_o(x')\, \mathrm{d}x' , \tag{2.15}$$

wo $k(x', x)$ die Verwaschungsfunktion ist, die auch als Punktbildfunktion bzw. Punktbildverwaschungsfunktion des Abbildungssystems bezeichnet wird. Das Abbildungssystem wird als isoplanatisch bezeichnet, wenn die Form der Punktbildfunktion invariant gegen eine Verschiebung ist und nur vom Abstand $(x - x')$ abhängt

$$k(x', x) = k(x - x') . \tag{2.16}$$

Dies bedeutet, daß ein Punkt auf der optischen Achse und ein außerhalb der optischen Achse liegender Objektpunkt gleiche Abbildungsscheibchen in der Bildebene erzeugen. Die Isoplanasiebedingung wird nicht durch Bildfehler wie die sphärische Aberration und den axialen Astigmatismus und auch nicht durch die Defokussierung beeinträchtigt; Bildfehler wie Koma und Astigmatismus 3. Ordnung führen jedoch zu einer nicht-isoplanatischen Abbildung. Im allgemeinen wird zur Beschreibung der Bildentstehung von der Fourier-Transformierten der Punktbildverwaschungsfunktion, d. h. der optischen Übertragungsfunktion $K(u)$ des Systems, ausgegangen. Bei inkohärenter Beleuchtung (Beleuchtungsapertur $\alpha_B \geq$ Objektivapertur α_o) beschreibt die optische Übertragungsfunktion die lineare Übertragung der Objektintensität in die Bildintensität. Sie gibt somit das Verhältnis zwischen Objekt- und Bildkontrast für die einzelnen Raumfrequenzen an und wird deshalb auch als Kontrastübertragungsfunktion bezeichnet. Unter kohärenten Beleuchtungsbedingungen ($\alpha_B \ll \alpha_o$) ist die Übertragungsfunktion für die Bildamplituden anzugeben. In der elektronenmikroskopischen Praxis liegen im allgemeinen teilkohärente Beleuchtungsbedingungen vor ($\alpha_B < \alpha_o$). Für schwach streuende Objekte kann auch für diese Beleuchtungsbedingungen näherungsweise mit einer linearen Theorie gerechnet werden. Die lineare Übertragung von schwachen Amplituden- und Phasenobjekten wird durch die Amplituden- bzw. Phasenkontrastübertragungsfunktion beschrieben (für eine detaillierte Behandlung s. z. B. [25]). Werden als dominierender Abbildungsfehler des Systems der Öffnungsfehler der Objektivlinse und weiterhin der Einfluß der Defokussierung, d. h. die Abweichung von der Gaußschen Bildebene, berücksichtigt, so ergibt sich die Kontrastübertragungsfunktion für schwach streuende Objekte bei axialer Beleuchtung zu

$$K(\vartheta) = \exp\left[-\frac{2\pi i}{\lambda} \left(\frac{\Delta_f}{2}\, \vartheta^2 - \frac{c_s}{4}\, \vartheta^4 \right) \right], \tag{2.17}$$

wobei ϑ der Beugungswinkel ($\vartheta = u \cdot \lambda$), $\varDelta_\mathrm{f}$ die Defokussierung (Unterfokussierung: $\varDelta_\mathrm{f} > 0$, Überfokussierung $\varDelta_\mathrm{f} < 0$) und c_s der Öffnungsfehlerkoeffizient der Objektivlinse sind. Die in Gl. (2.17) angegebene Scherzersche Kontrastübertragungsfunktion ist zu modifizieren, wenn zusätzlich noch der Einfluß des Farbfehlers c_c und teilkohärente Beleuchtungsbedingungen berücksichtigt werden [54—58]. Auf die in diesem Falle gültige modifizierte Kontrastübertragungsfunktion $K_\mathrm{m}(\vartheta)$, die besonders in der Hochauflösungs-EM von Bedeutung ist, wird in Kap. 3. (Gl. (3.5)) hingewiesen.

Die reale elektronenoptische Abbildung läßt sich analytisch darstellen, indem der Abbildungsvorgang an der Objektivlinse durch eine quadratische Fresnel-Näherung (Kleinwinkelnäherung) beschrieben wird (detaillierte Behandlungen: s. [19, 59], vgl. auch Kap. 3.). Die Lösung der dabei entstehenden Faltungsintegrale ist durch die Anwendung des Faltungstheorems mit Hilfe von Fourier-Transformationen möglich. Die einzelnen Schritte des Abbildungsprozesses können (in eindimensionaler Betrachtungsweise) folgendermaßen dargestellt werden:

Aus der Objektverteilung $\varPhi_\mathrm{o}(x)$, die der Wellenfunktion $\psi_\mathrm{o}(x)$ zugeordnet ist, wird die Wellenfunktion $\psi_\mathrm{d}(u)$ berechnet:

$$\psi_\mathrm{d}(u) = \int \varPhi_\mathrm{o}(x) \exp\left(2\pi\,\mathrm{i}\,u\,x\right)\mathrm{d}x = \mathscr{F}[\varPhi_\mathrm{o}(x)] \, . \tag{2.18}$$

Amplituden und Phasen der Wellenfunktion $\psi_\mathrm{d}(u)$ werden durch Multiplikation mit der Kontrastübertragungsfunktion $K(u)$ und der Aperturfunktion $A(u)$ den experimentellen Verhältnissen angepaßt:

$$\psi_{\mathrm{d}'}(u) = \psi_\mathrm{d}(u)\,A(u)\,K(u) = \psi_\mathrm{d}(u)\,A(u)\,\exp\{i\chi\} \, ,$$

$$\chi = \pi\left(\frac{c_\mathrm{s}}{2}\lambda^3\,u^4 - \varDelta_\mathrm{f}\lambda\,u^2\right). \tag{2.19}$$

Die Größe $A(u)$ nimmt in Abhängigkeit von Größe, Form und Lage der Kontrastblende innerhalb des transparenten Teils den Wert 1 und außerhalb den Wert 0 an. Eine reziproke Fourier-Transformation der modifizierten Welle $\psi_{\mathrm{d}'}(u)$ liefert die Wellenfunktion der gestreuten Welle in der Bildebene:

$$\psi_\mathrm{i}(x) = \int \psi_{\mathrm{d}'}(u)\exp\left(-2\pi\,i\,x\,u/M\right)\mathrm{d}u = \mathscr{F}^{-1}[\psi_{\mathrm{d}'}(u)] \tag{2.20}$$

(M — Abbildungsmaßstab).

Wie bereits in Kap. 1. dargestellt, wird je nach der Erregung der Zwischenlinse des EM entweder die hintere Brennebene des Objektivs oder die Bildebene des Objektivs in der Endbildebene abgebildet, so daß wahlweise das Beugungsbild oder die echte Abbildung beobachtbar sind. Die durch die fotografische Aufzeichnung gewonnene Intensitätsverteilung ist gegeben durch $I \sim |\psi_\mathrm{i}|^2$ für das elektronenmikroskopische Bild und $I \sim |\psi_\mathrm{d}|^2$ für das Beugungsdiagramm, wobei durch die Aufzeichnung der Intensitäten (= Quadrate des Amplitudenbetrages) die Phaseninformation verlorengeht. Damit wird bei der Bildaufzeichnung die Linearität der Übertragung zerstört. Die Berechnungsschritte beim Abbildungsprozeß zeigen, daß die Wellenfunktion in der Bildebene mit der Objektwellenfunktion durch die in Gl. (2.19) angegebene einfache Beziehung, die sogenannte

Filtergleichung, verbunden ist $\big(A(u) = 1\big)$:

$$\psi_{d'}(u) = K(u)\,\psi_d(u) \ . \tag{2.21}$$

Dies zeigt, daß das Mikroskop durch die Kontrastübertragungsfunktion charakterisiert wird und bezüglich des Raumfrequenzspektrums der Probe als lineares Filter wirkt. Die Fourier-Transformierte der Objektfunktion liefert das Raumfrequenzspektrum des Objekts. Durch die Wirkung der Kontrastübertragungsfunktion findet eine selektive Übertragung (Filterung) statt, und die reziproke Fourier-Transformation des gefilterten Spektrums liefert das Bild. Ob eine Zuordnung von Objekt- und zugehörigen Bildpunkten möglich ist, wird entscheidend durch die Eigenschaften der jeweiligen Übertragungsfunktion bestimmt. In der Theorie der Bildentstehung (s. dazu z. B. [44, 49]) wird für den Phasenkontrast der Imaginärteil der gestreuten Welle und für den Amplitudenkontrast der Realteil kontrastbestimmend. Dies bedeutet für die Charakterisierung der Kontrastübertragungsfunktion, daß $\cos \chi(\vartheta) = 1$ und $\sin \chi(\vartheta) = -1$ für alle Raumfrequenzen als ideale Grenzfälle für reinen Amplituden- bzw. Phasenkontrast anzusehen sind.

Der Begriff „Amplitudenkontrast" wird häufig im weiteren Sinne für den „Streuabsorptionskontrast" amorpher Objekte oder den „Beugungskontrast" kristalliner Objekte verwandt. Bei den hier angestellten Betrachtungen wurde der Begriff „Amplitudenkontrast" für den durch Interferenzphänomene gegebenen echten Abbildungsprozeß verwendet, während für den „inkohärenten" Streuvorgang der Begriff „Streuabsorptionskontrast" gebraucht wurde. In den Computerausdrucken der Abb. 2.9 sind Kontrastübertragungsfunktionen nach der Scherzerschen Gleichung für unterschiedliche Defokussierungswerte angegeben. Die berechneten Funktionen zeigen, daß für niedrige Raumfrequenzen, die einer geringen Auflösung entsprechen, der Amplitudenkontrast dominant ist $\big(\cos \chi(\vartheta) \approx 1\big)$. Der durch den Kurvenverlauf der Sinusfunktion bestimmte Phasenkontrastanteil zeigt mit seinem ersten Nulldurchgang die bei den herrschenden Kontrastbedingungen erzielbare Auflösung an. Der jeweilige Funktionswert gibt an, mit welcher Wichtung die entsprechende Raumfrequenz übertragen wird. Eine Oszillation der Übertragungsfunktion bedeutet Kontrastumkehr. Ausführliche Untersuchungen der Kontrastübertragungsfunktionen und ihrer Charakteristika (Hauptübertragungsintervalle, Angabe in verallgemeinerten Koordinaten usw.) sind in der Übersicht von Hanszen [25] enthalten.

Die detaillierte Behandlung der Kontrastübertragungsfunktion im Zusammenhang mit der Auflösung und der Erzeugung maximalen Phasenkontrastes ist in Kap. 3. gegeben. Die Kurvenverläufe in Abb. 2.9 zeigen, daß einerseits durch die Nullstellen der Funktion (Übertragungslücken) und andererseits durch die Oszillationen Schwierigkeiten bei der Zuordnung Bild—Objekt entstehen. Die Linearität der optischen Übertragung ist für die Hellfeldabbildung „schwacher" Objekte gegeben. Die Bildintensität für schwach streuende Objekte unter den Bedingungen der Höchstauflösung berechnet sich als Phasenkontrast, wobei nur der Imaginärteil der Bildwellenfunktion bei der Berechnung berücksichtigt werden muß (s. dazu Kap. 3.). Bei „stark" streuenden Objekten ergibt sich für die Intensität der

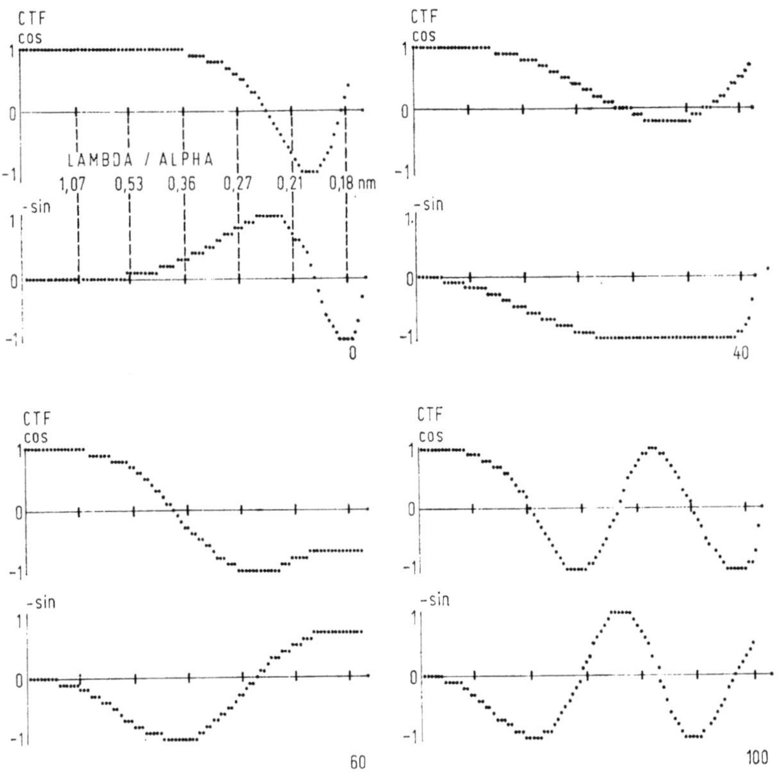

Abb. 2.9   Kontrastübertragungsfunktionen bei Verwendung der Scherzerschen Gleichung

Abbildungsparameter: $U = 500$ kV; $\lambda = 1{,}42$ pm; $\alpha_0 = 0{,}0085$ rad; $c_s = 1$ mm; $\Delta_f = 0$ bis 100 nm

Hellfeldabbildung I_{HF} (Näheres hierüber: s. z. B. [17])

$$I_{\mathrm{HF}}(x) = 1 + 2\mathrm{Re}\{\psi_\mathrm{i}(x)\} + |\psi_\mathrm{i}(x)|^2 , \tag{2.22}$$

während für die Dunkelfeldabbildung gilt:

$$I_{\mathrm{DF}}(x) = |\psi_\mathrm{i}(x)|^2 . \tag{2.23}$$

In der Dunkelfeldabbildung ist somit die Linearitätsbeziehung zerstört und ebenso für „starke" Objekte unter Hellfeldbedingungen, wo $|\psi_\mathrm{i}(x)|^2$ nicht mehr vernachlässigbar ist (s. dazu [50, 58, 59]). Durch die Nichtlinearität der Übertragung wird vor allem die Interpretation von Dunkelfeldaufnahmen außerordentlich erschwert. Detaillierte theoretische Behandlungen zu dieser Problematik wurden von HANSZEN und ADE [60, 61] durchgeführt. Ausführliche Beschreibungen der Gültigkeit der Näherung schwacher Phasenobjekte und schwacher Phasen/Amplituden-Objekte finden sich in den Arbeiten von LENZ [51], HANSZEN [25] und MISELL [62].

Der Streuabsorptionskontrast kann ebenso mit dem Konzept der Übertragungstheorie beschrieben werden, wenn Terme zweiter Ordnung berücksichtigt werden $\left(\psi(x) = \exp i\eta(x) \simeq 1 + i\eta(x) - (1/2) \cdot \eta(x)^2 + \cdots\right)$. Eine Herleitung der Formeln für den Streuabsorptionskontrast findet man in den Arbeiten von LENZ [51] und ERICKSON [49]. Eine komplexe Behandlung der Bildentstehung in der Durchstrahlungs-Elektronenmikroskopie (TEM) unter Berücksichtigung der elastischen und unelastischen Streuung und teilkohärenter Beleuchtung wurde von ROSE [63] durchgeführt, wo der Einfluß der unelastischen Streuung auf den Kontrast und die Anteile von Streuabsorptions- und Phasenkontrast bei unterschiedlichen Beleuchtungsbedingungen ausführlich diskutiert werden.

Kurz zusammengefaßt, gibt es folgende Situation auf dem Gebiet der Bildentstehung in der EM: Die elektronenmikroskopische Abbildung kann bei geringen Auflösungen, in denen der Streuabsorptionskontrast vorherrscht, als eine zweidimensionale Projektion der Massendicke in Strahlrichtung aufgefaßt werden. Unter den Bedingungen der Hochauflösungs-EM (hinreichend dünne Proben und somit Einfachstreuung vorausgesetzt) dominiert der Phasenkontrast, und die Abbildung hängt wesentlich von der Defokussierung und dem Öffnungsfehler der Objektivlinse ab. Für eine exakte und umfassende theoretische Beschreibung der Bildentstehung im EM müssen gleichermaßen der komplexe Streuvorgang (Einfach- und Mehrfachstreuung, elastische und unelastische Wechselwirkung) und der elektronenoptische Abbildungsvorgang berücksichtigt werden.

2.4. Literatur

[1] ZERNIKE, F., Z. Phys. **36** (1935) 848.
[2] PICHT, J., Z. Instrumentenkunde **56** (1936) 481.
[3] SCHERZER, O., J. Appl. Phys. **20** (1949) 20.
[4] HILLIER, J.; RAMBERG, E., J. Appl. Phys. **18** (1947) 48.
[5] WILSON, A. R.; BURSILL, L. A.; SPARGO, A. E. C., Optik **52** (1979) 313.
[6] HAINE, M. E.; MULVEY, T. J., Brit. J. Sci. Instrum. **31** (1954) 326.
[7] FERT, C.; LAFFITTE, A. C. R. Acad. Sci. (Paris) **252** (1961) 3213.
[8] SUGIHARA, K.; HARADA, Y.; YOTSUMOTO, H.; FUKAMI, A.; KANAYA, K., J. Phys. (London) 1 (1968) 87.
[9] KOMRSKA, J., Adv. Electron. Electron Phys. **30** (1971) 139.
[10] FUKISHIMA, K.; KAWAKATSU, H.; FUKAMI, A., J. Phys. (London) D 7 (1974) 257.
[11] COLLIEX, C.; CRAVEN, A. J.; WILSON, C. J., Ultramicroscopy 2 (1977) 327.
[12] BORRIES, B. VON, Z. Naturforsch. **4a** (1949) 51.
[13] LENZ, F., Z. Naturforsch. **9a** (1954) 185.
[14] REIMER, L.; GILDE, H., Scattering Theory and Image Formation in the Electron Microscope. In: Image Processing and Computer Aided Design in Electron Optics. Ed.: P. W. HAWKES. — London/New York: Academic Press 1973, 138.
[15] MISELL, D. L., Adv. Electron. Electron Phys. **32** (1973) 63.
[16] MISELL, D. L.; BURGE, R. E., Limitation of Image Information Due to Inelastic Electron Scattering. In: Image Processing and Computer Aided Design in Electron Optics. Ed.: P. W. HAWKES. — London/New York: Academic Press 1973, 168.
[17] BURGE, R. E., J. Microsc. (London) **98** (1973) 251.

[18] HAWKES, P. W., Electron Optics and Electron Microscopy.— London: Taylor and Francis Ltd. 1972.

[19] COWLEY, J. M., Diffraction Physics. — Amsterdam/Oxford: North-Holland Publ. Comp. 1975.

[20] BURGE, R. E.; SMITH, G. H., Proc. Phys. Soc. (London) **79** (1962) 673.

[21] SMITH, G. H.; BURGE, R. E., Proc. Phys. Soc. (London) **81** (1963) 612.

[22] FERWERDA, H. A.; VISSER, F. P. C., Application of Glauber's Scattering Theory to the Scattering of Electrons by Heavy Elements. In: Image Processing and Computer Aided Design in Electron Optics. Ed.: P. W. HAWKES. — London/New York: Academic Press 1973, 212.

[23] GLAUBER, R. J., In: Lectures In Theoretical Physics. Eds.: W. E. PRITTIN; L. G. DUNHAM. — New York/London: Interscience Publ. 1958, 315.

[24] DOYLE, P. A.; TURNER, P. S., Acta Cryst. **A 24** (1968) 390.

[25] HANSZEN, K. J., The Optical Transfer Theory of the Electron Microscope: Fundamental Principles and Applications. In: Adv. Opt. Electr. Micr. Eds.: R. BARER; V. E. COSSLETT. — London/New York: Academic Press 1971, Vol. 4, 1.

[26] BOERSCH, H., Ann. Phys. (Leipzig) **26** (1936) 631; **27** (1936) 75.

[27] HIRSCH, P. B.; HORNE, R. W.; WHELAN, M. J., Phil. Mag. **1** (1956) 667.

[28] BOLLMANN, W., Phys. Rev. **103** (1956) 1588.

[29] HIRSCH, P. B.; HOWIE, A.; NICHOLSON, R. B.; PASHLEY, D. W.; WHELAN, M. J., Electron Microscopy of Thin Crystals. — London: Butterworth & Co. 1965.

[30] HOWIE, A.; WHELAN, M. J., Proc. Roy. Soc. **A 267** (1962) 206.

[31] WILKENS, M., Phys. Status Solidi **13** (1966) 529.

[32] KATERBAU, K. H., Dissertation, Universität Tübingen 1978, 12.

[33] DOYLE, P. A., Acta Cryst. **A 27** (1970) 109.

[34] ROSE, H., Ann. New York Academ. Sci. **306** (1978) 47.

[35] GROVES, T., Ultramicroscopy **1** (1975) 15.

[36] ROSE, H., Proc. 9. Int. Congr. El. Micr., Toronto 1978, Vol. 3. p. 230.

[37] BOERSCH, H., Z. Naturforsch. **2a** (1947) 624.

[38] GLASER, W., Grundlagen der Elektronenoptik. — Wien: Springer-Verlag 1952.

[39] GLASER, W., Elektronen- und Ionenoptik. In: Handbuch der Physik, Hrsg.: S. FLÜGGE. — Berlin/Göttingen/Heidelberg: Springer-Verlag Bd. 33 (1956) 123.

[40] UYEDA, R., J. Phys. Soc. Jap. **10** (1955) 256.

[41] HAINE, M. E., J. Sci. Instrum. **34** (1957) 9.

[42] EISENHANDLER, C. B.; SIEGEL, B. M., Appl. Phys. Lett. **8** (1966) 258.

[43] REIMER, L., Z. Naturforsch. **21a** (1966) 1489.

[44] REIMER, L., Z. Naturforsch. **24a** (1969) 377.

[45] HEIDENREICH, R. D., J. Electron Microsc. **16** (1967) 23.

[46] MISELL, D. L., J. Phys. (London) **A4** (1971) 798.

[47] NIEHRS, H., Optik **30** (1969) 273.

[48] ZEITLER, E., Adv. Electron. Electron Phys. **25** (1968) 277.

[49] ERICKSON, H. P., The Fourier Transform of an Electron Micrograph — First Order and Second Order Theory of Image Formation. In: Adv. Opt. Electr. Micr. Eds.: R. BARER; V. COSSLETT. — London/New York: Academic Press 1973 Vol. 5, 163.

[50] SAXTON, W. O., Computer Techniques for Image Processing in Electron Microscopy (Adv. Electron. Electron Phys., Vol. 10). — New York/San Francisco/London: Academic Press 1978.

[51] LENZ, F., Transfer of Image Formation in the Electron Microscope. In: Electron Microscopy in Material Science. Ed.: U. VALDRÉ. — New York/London: Academic Press (1971) 540.

[52] MISELL, D. L., J. Phys. (London) **A 4** (1971) 782.

[53] HAWKES, P. W., Introduction to Electron Optical Transfer Theory. In: Image Processing and Computer Aided Design in Electron Optics. Ed.: P. W. HAWKES. — London/New York: Academic Press (1973) 2.

[54] HANSZEN, K. J.; TREPTE, L., Optik **32** (1971) 182.
[55] FRANK, J., Optik **38** (1973) 519.
[56] HANSZEN, K. J.; TREPTE, L., Optik **32** (1971) 519.
[57] WADE, R. H.; FRANK, J., Optik **49** (1977) 81.
[58] WADE, R. H., Ultramicroscopy **3** (1978) 329.
[59] HILLEBRAND, R.; NEUMANN, W.; HEYDENREICH, J., Ultramicroscopy **4** (1979) 305.
[60] HANSZEN, K.-J.; ADE, G., Optik **42** (1975) 1.
[61] ADE, G., Optik **42** (1975) 199.
[62] MISELL, D. L., J. Phys. (London) **D 9** (1976) 1849.
[63] ROSE, H., Ultramicroscopy **2** (1977) 251.

3. Hochauflösungs-Elektronenmikroskopie

W. Neumann, R. Hillebrand, P. Werner

Die gegenwärtige Leistungsfähigkeit der Hochauflösungsgeräte ermöglicht ein Auflösungsvermögen von 0,2 ⋯ 0,3 nm (s. Kap. 1.). Um eine Auflösung dieser Größenordnung zu erzielen, ist ein elektronenoptisches Abbildungssystem mit möglichst wenigen Fehlerquellen (Aberrationen, Instabilitäten) erforderlich, so daß eine hinreichend große Objektivapertur verwendet werden kann. Dies bedeutet, daß jedes Glied der elektronenmikroskopischen Übertragungskette, vom Beleuchtungssystem über das Abbildungssystem und die Probenhalterung bis hin zum Aufzeichnungssystem optimalen Anforderungen genügen muß. Zum anderen müssen die zu untersuchenden Objekte hinreichend dünn sein ($t < 20$ nm), um das Auflösungsvermögen nicht durch elastische und unelastische Mehrfachstreuprozesse zu verschlechtern. Der störende Einfluß der unelastisch gestreuten Elektronen bei dünnen Proben kann durch geeignete Energiefiltersysteme beseitigt werden. Ein zusätzliches Problem ergibt sich aus der Strahlenempfindlichkeit der Proben, die auflösungsbegrenzend wirkt. Für die Untersuchung stark strahlenempfindlicher Objekte werden deshalb Bildspeichersysteme mit einem hohen äquivalenten Quantennutzeffekt (*Detection Quantum Efficiency*, DQE) eingesetzt. Eine detaillierte Beschreibung des gegenwärtigen Standes und der gerätetechnischen Anforderungen in der Hochauflösungs-EM gibt z. B. eine Übersicht von Herrmann [1].

Die Hochauflösungs-EM ist eine geeignete Methode zur Strukturuntersuchung des ungestörten und des gestörten Kristalls. Allpress, Sanders und Wadsley [2] benutzten die Gitterabbildungstechnik (*lattice imaging technique*) zur Untersuchung der Struktur komplexer Oxide. Zweidimensionale Kristallgitterabbildungen wurden zuerst von Uyeda et al. [3] und Iijima [4] beobachtet. Die Arbeiten von Cowley und Iijima [5] zeigten, daß Vielstrahlabbildungen als modifizierte Projektion der Kristallstruktur in Strahlrichtung interpretiert werden können.

3.1. Bildentstehung und Kontrast

Die Hochauflösungs-EM kann gleichermaßen für die Untersuchung von amorphen als auch von kristallinen Materialien angewandt werden. Die unterschiedlichen Arten der in der Hochauflösungs-EM üblichen Abbildungstechniken, dargestellt für das Beispiel kristalliner Objekte, sind in Abb. 3.1 wiedergegeben. Je nach Anordnung der Objektivaperturblende sind unterschiedliche Abbildungsarten möglich: Werden Blendengröße und -lage gemäß Anordnung 1 gewählt, so können Netzebenenabbildungen erhalten werden, wie sie erstmalig 1956 von MENTER [6] erzielt wurden. Dabei superponieren der Nullreflex und ein angeregter Reflex (teilweise auch Dreistrahlfall möglich [7]), und es entstehen Streifenstrukturen, deren Abstand einem Netzebenenabstand bzw. der entsprechenden Raumfrequenz ent-

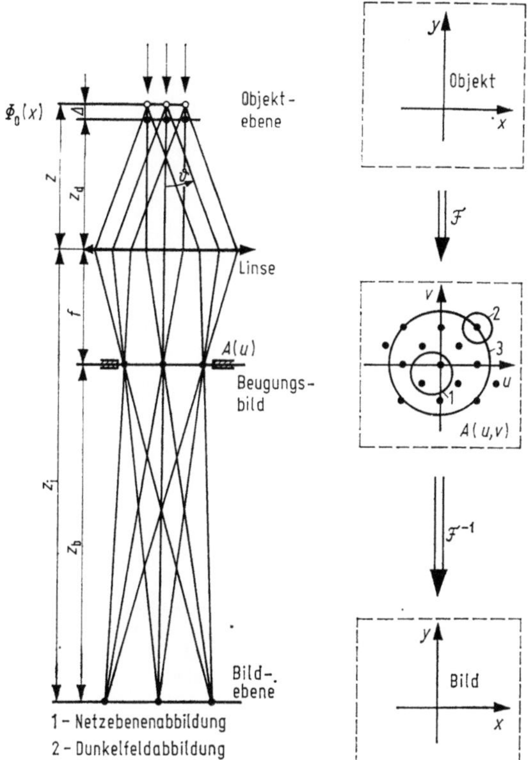

Abb. 3.1   Strahlengang und Schema zur Abbildung an der Objektivlinse

spricht[1]). Eine Blende vom Typ 2 erzeugt eine Dunkelfeldabbildung. Die Vielstrahlabbildung wird ermöglicht, wenn eine Blende vom Typ 3 in den Strahlengang eingebracht wird. Sind die Aberrationen des Abbildungssystems gering und werden hinreichend dünne Proben untersucht, so können mit dieser Technik die Gitter von Atom- bzw. Molekülstrukturen abgebildet werden.

---

[1] Es sei darauf hingewiesen, daß der Begriff der Netzebenenabbildungstechnik in der Literatur nicht auf den 2- bzw. 3-Strahl-Fall beschränkt wird. Bei Vielstrahlabbildungen, die nur mit den niedrig indizierten Reflexen erzeugt werden, wird eine scharfe Trennung zwischen Vielstrahl- und Netzebenenabbildungstechnik nicht mehr vorgenommen.

Der elektronenmikroskopische Abbildungsvorgang und damit auch die Bildentstehung unter Hochauflösungsbedingungen wird — wie bereits in Kap. 2. dargestellt wurde — im wesentlichen durch zwei Prozesse bestimmt: Einerseits werden durch die Wechselwirkung der einfallenden Primärwelle mit dem Objekt deren Amplituden und Phasen modifiziert. Zum anderen beeinflußt das elektronenoptische Abbildungssystem (Beleuchtungsbedingungen, Anordnung und Form der Blenden, Linsenfehler, Registriereinrichtung), insbesondere die Wirkung der Objektivlinse, wesentlich den Prozeß der Bildentstehung. Der Einfluß des elektronenoptischen Systems auf den Abbildungsvorgang wird — bei Anwendung der linearen optischen Übertragungstheorie zur Beschreibung der Bildentstehung — durch die Punktbildverwaschungsfunktion oder deren Fourier-Transformierte, die Übertragungsfunktion des Systems, beschrieben. Unter der Annahme, daß das Linearitätskriterium der optischen Übertragung (s. Kap. 2.) erfüllt ist und eine Fresnelsche Kleinwinkelnäherung physikalisch gerechtfertigt werden kann, ist der Abbildungsprozeß durch eine entsprechende Folge von mathematischen Operationen beschreibbar. Dabei handelt es sich, wie aus der Beugungstheorie für die Fresnel-Näherung folgt, um die Faltung mit Ausbreitungsfunktionen bzw. um die Multiplikation mit Transmissionsfunktionen [8]. Die Linearitätsbedingung und die Kleinwinkelnäherung (i. allg. Aperturwinkel $\alpha_0 \leqq 0.05$ rad) sind in der elektronenmikroskopischen Praxis für die Hochauflösungsabbildung erfüllt, so daß sich die elektronenmikroskopische Abbildung einer als eben angenommenen Objektfunktion $\Phi_0(x)$ durch eine Linse mit der Brennweite f unter Berücksichtigung der Defokussierung $\varDelta_f$ durch folgende Abbildungsgleichung für die Wellenfunktion $\psi(x)$ beschreiben läßt (aus Darstellungsgründen werden die Herleitungen eindimensional angegeben; für die Bezeichnungsweise s. Abb. 3.1 [9]):

$$\psi(x) = \left\{ \left[\left(\underset{\substack{\text{Objekt-}\\\text{funktion}}}{\Phi_0(x)} * \underset{\substack{\text{Defokus-}\\\text{sierung}}}{\exp\left(-\frac{ikx^2}{2\varDelta_f}\right)} \right) * \underset{\substack{\text{Weg zur}\\\text{Linse}}}{\exp\left(-\frac{ikx^2}{2z}\right)} \right] \underset{\text{Linse}}{\exp\left(\frac{ikx^2}{2f}\right)} \right\} * \underset{\substack{\text{Weg zur}\\\text{Bildebene}}}{\exp\left(-\frac{ikx^2}{2z_i}\right)}$$

$$(3.1)$$

(k — Wellenzahl, $*$ — Faltungssymbol).

Die Annahme einer ebenen Objektfunktion ist gerechtfertigt, da in der Hochauflösungs-EM hinreichend dünne Proben (< 20 nm) untersucht werden. Die Anwendung dünner Objekte ist notwendig, um einerseits eine bei dickeren Proben auftretende Überlagerung von Strukturdetails zu vermeiden und andererseits die schon erwähnte Verschlechterung der Auflösung durch elastische und unelastische Mehrfachstreuprozesse zu verhindern. Für die ausführliche Herleitung der Gleichung (3.1) aus dem Fresnel-Kirchhoffschen-Beugungsintegral sei auf [9] verwiesen (vgl. auch [8]).

Die Gleichung (3.1) enthält als Spezialfall (Defokussierung $\varDelta_f = 0$) den „idealen" Abbildungsprozeß. Wird in der Abbildungsgleichung $z_i = f$ gesetzt, d. h., erfolgt eine Betrachtung der bildseitigen Brennebene der Linse, so ergibt sich die Wellenfunktion $\psi_d(u)$ als Fourier-Transformierte der Objektfunktion, die das Fraunhofersche Beugungsbild kennzeichnet:

$$\psi_d(u) = \psi_d\left(\frac{x}{\lambda \cdot f}\right) = C\mathcal{F}_u[\Phi_o] = C \int \Phi_o(\xi)\, e^{-2\pi i \xi u}\, d\xi \tag{3.2}$$

$$(|C|) = 1)\,.$$

Für den Fall kristalliner Objekte ergibt sich dieses Beugungsbild aus den Struktur-amplituden der einzelnen Beugungsreflexe (s. Abb. 3.1). Genügt die Strecke z_i der Linsengleichung $1/z + 1/z_i = 1/f$, so berechnet sich die Wellenfunktion $\psi_i(x)$ in der Gaußschen Bildebene als inverse Fourier-Transformierte der Wellenfunktion $\psi_d(u)$ in der Beugungsebene

$$\psi_i(x) = \mathcal{F}^{-1}[\psi_d(u)]\,. \tag{3.3}$$

Der Einfluß der Defokussierung bewirkt nach dem Faltungstheorem eine Multiplikation der Wellenfunktion $\psi_d(u)$ im Beugungsbild mit einem quadratischen Phasenfaktor. Die Berücksichtigung der experimentell nicht korrigierbaren Einflußgrößen führt zu folgendem allgemeinen Ausdruck:

$$\Phi_o(x) \xrightarrow{\mathcal{F}} \psi_d(u)\,,$$

$$\psi_{d'}(u) = \psi_d(u)\, A(u)\, \exp\left(-i\chi[\lambda, \Delta_f, c_s, c_c(\Delta U, \Delta I), \alpha_B]\right)\,, \tag{3.4}$$

$$\psi_{d'}(u) \xrightarrow{\mathcal{F}^{-1}} \psi_i(x)\,.$$

Die Größe $A(u)$ ist — wie bereits in Kap. 2. dargestellt — die binäre Aperturfunktion. Der für die Diskussion des Bildkontrastes und der Auflösung wesentliche Ausdruck ist der Exponentialfaktor in Gl. (3.4), der auch als die Kontrastüber-tragungsfunktion bezeichnet wird. Die in Gl. (3.4) aufgeführten Parameter bewirken zusätzliche Phasenschiebungen der gebeugten Wellen in Abhängigkeit vom Beugungswinkel $\vartheta = u \cdot \lambda$ (für kleine Beugungswinkel gilt: $\sin \vartheta \approx \vartheta$). Die Berücksichtigung der sphärischen Aberration der Objektivlinse, ausgedrückt durch den Öffnungsfehlerkoeffizienten c_s, liefert nach SCHERZER einen Phasenfaktor in der Beugungsebene, der proportional zur 4. Potenz des Beugungswinkels ist [10]. Der Einfluß von Defokussierung und Öffnungsfehler der Objektivlinse wird durch die bereits in Gl. (2.17) angegebene Scherzersche Kontrastübertragungsfunktion $K(\vartheta)$ beschrieben. Für die Hochauflösungs-EM ist die Berücksichtigung einer modifizierten Kontrastübertragungsfunktion $K_m(\vartheta)$ wichtig, in der zusätzlich noch der Einfluß des Farbfehlers c_c und der Teilkohärenz, ausgedrückt durch die Beleuchtungsapertur α_B, berücksichtigt wird [11 — 16]:

$$K_m(\vartheta) = K(\vartheta)\, F_1[c_c(\Delta U, \Delta I)]\, F_2[\alpha_B]\,. \tag{3.5}$$

Die Schwankungen der Linsenströme ΔI, der Beschleunigungsspannung ΔU und die Energiebreite der Strahlelektronen rufen eine Unschärfeverteilung der Defokussierung Δ_f hervor, die eine Enveloppe der Kontrastübertragungsfunktion zur Folge hat. Für die schnellen Oszillationen bei hohen Raumfrequenzen führt die Unschärfe der Defokussierung zu einer starken Schwächung der Übertragung. Wird für die Zeitabhängigkeit der Defokussierung eine sinusförmige Schwankung angenommen, so ergibt sich folgende Enveloppe der Übertragungsfunktion [11]:

$$F_1 = J_0(\pi \lambda u^2 \, \Delta f), \qquad \Delta f = c_c \sqrt{\left(\frac{\Delta U}{U}\right)^2 + \left(\frac{2\Delta I}{I}\right)^2} \, , \tag{3.6}$$

wobei J_0 die Bessel-Funktion nullter Ordnung, Δf die Schwankung der Defokussierung als Folge der Änderung der Beschleunigungsspannung ΔU, des Linsenstromes ΔI und des Farbfehlers c_c der Objektivlinse ist. Der Einfluß einer endlichen Beleuchtungsapertur α_B wird durch die Enveloppenfunktion F_2 beschrieben. Für eine scheibenförmige Intensitätsverteilung der Quelle ergibt sich F_2 zu [13]:

$$F_2 = \frac{2J_1 \left[\dfrac{2\pi}{\lambda} \alpha_B(c_s \vartheta^3 - \Delta_f \vartheta)\right]}{\dfrac{2\pi}{\lambda} \alpha_B(c_s \vartheta^3 - \Delta_f \vartheta)} \, , \tag{3.7}$$

wobei J_1 die Bessel-Funktion 1. Ordnung und α_B die Beleuchtungsapertur sind. Eine ausführliche Behandlung der Abhängigkeit der Form der Enveloppenfunktionen von der angenommenen Defokussierungsschwankung bzw. Intensitätsverteilung (sinusförmige Schwankung, Gauß-Verteilung, lineare Änderung usw.) ist in den Arbeiten von HANSZEN und TREPTE [11, 12] und FRANK [13] gegeben.

Die nach dem angegebenen Formalismus berechnete Wellenfunktion der gestreuten Welle (s. Gl. (3.4)) bestimmt, entsprechend den wirkenden Kontrastübertragungseigenschaften, den Amplituden- bzw. Phasenkontrastanteil. Unter den experimentellen Bedingungen der Hochauflösungs-EM ($c_s \leqq 1{,}5$ mm, $c_c \leqq 1{,}5$ mm, $\Delta U/U \leqq 2 \cdot 10^{-6}$, $\Delta I/I \leqq 1 \cdot 10^{-6}$, $d \leqq 0{,}5$ nm) ist für die Hellfeldabbildung dünner Objekte der Phasenkontrast dominant. Dabei beträgt die Phasendifferenz der gebeugten Wellen zur ungebeugten Welle $\pi/2$ (vgl. Kap. 2.). Für kristalline Objekte entspricht diese Bedingung der kinematischen Näherung, die erst dann verletzt wird, wenn durch eine größere Probendicke zusätzliche Phasendrehungen hervorgerufen werden [17, 18]. Da zur Sichtbarmachung des Phasenkontrastes eine zusätzliche Phasenschiebung von $\pi/2$ für die gebeugten Wellen notwendig ist, bevor in der Bildebene die gebeugten und die durchgehende Welle interferieren, sind für eine „unverfälschte" Wiedergabe der Objektinformation solche Übertragungsfunktionen von Interesse, deren Imaginärteil (s. Gleichungen (2.17) und (3.5)) möglichst große Frequenzbereiche nahezu ideal ($\sin \chi(\vartheta) = -1$) überträgt. Da im EM die in der Kontrastübertragungsfunktion berücksichtigten Geräteparameter Konstanten sind, wird die Phasenschiebung durch entsprechende Defokussierung erzielt (vgl. auch Kap. 2.). Abbildung 3.2 zeigt den Verlauf der Phasenkontrastübertragungsfunktion für übliche kommerzielle Hochauflösungsgeräte, wobei im Gegensatz zu Abb. 2.9 die Enveloppenfunktionen F_1 und F_2 (s. Gleichungen (3.6) und (3.7)) berücksichtigt wurden. Wiederum bestimmt der erste Nulldurchgang dieser Funktion ($\sin \chi(\vartheta) = 0$) die bei den herrschenden Kontrastbedingungen erzielbare Auflösung. Der jeweilige Funktionswert zeigt an, mit welcher Wichtung die entsprechende Raumfrequenz (evtl. mit Kontrastumkehr) übertragen wird. Aus Abb. 3.2 ist ersichtlich, daß für vorgegebene Gerätekonstanten $(\lambda, c_{\mathrm{s}}, c_{\mathrm{c}}, \alpha_{\mathrm{B}})$, optimale Defokussierungen gewählt werden können (Abb. 3.2 a: $\Delta_{\mathrm{f}} \approx 80$ nm, Abb. 3.2 b: $\Delta_{\mathrm{f}} \approx 40$ nm). Diese optimalen Defokussierungswerte, i. allg. Scherzer-Fokus genannt, ergeben sich durch eine Kurvendiskussion der Gleichung (2.17) zu

$$\Delta_{\mathrm{f}} = \sqrt{\frac{4}{3} c_{\mathrm{s}} \lambda} \,. \tag{3.8}$$

Daraus folgt für den ersten Nulldurchgang der Kontrastübertragungsfunktion und damit als sinnvolle Blendengröße im reziproken Raum:

$$\mu = 1{,}5 \; \frac{1}{\sqrt[4]{c_{\mathrm{s}} \lambda^3}} \,. \tag{3.9}$$

Die für den Scherzer-Fokus erzielbare theoretische Auflösungsgrenze läßt sich damit zu

$$d = 0{,}66 \cdot \sqrt[4]{c_{\mathrm{s}} \lambda^3} \tag{3.10}$$

berechnen (vgl. hierzu auch die Betrachtungen über Auflösungsgrenze und Abbildungsfehler in Kap. 1.). Einem EM kann somit in Abhängigkeit von den genann-

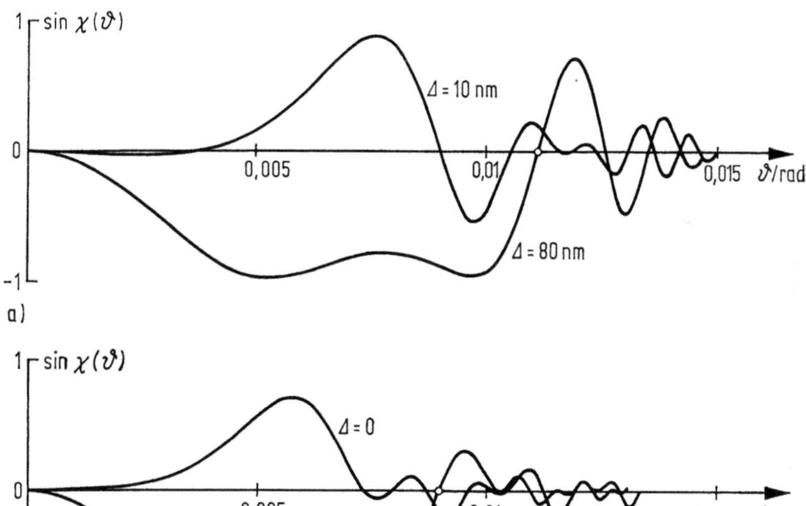

Abb. 3.2   Computergezeichnete Kontrastübertragungsfunktion

a) $U = 100$ kV, $\lambda = 3{,}7$ pm, $\alpha_{\mathrm{B}} = 5 \cdot 10^{-4}$ rad, $c_{\mathrm{s}} = 1{,}4$ mm, $c_{\mathrm{c}} = 1{,}4$ mm, $\Delta U = 2 \cdot 10^{-6}$, $\Delta I = 10^{-6}$;

b) $U = 500$ kV, $\lambda = 1{,}42$ pm, $\alpha_{\mathrm{B}} = 10^{-3}$ rad, $c_{\mathrm{s}} = 1$ mm, $c_{\mathrm{c}} = 1{,}4$ mm, $\Delta U = 2 \cdot 10^{-6}$, $\Delta I = 10^{-6}$

ten Parametern ein nominales Auflösungsvermögen und eine optimale Defokussierung zugeordnet werden. Bei der Abbildung kristalliner Objekte ist zusätzlich zu beachten, daß das Beugungsdiagramm nur diskrete Raumfrequenzen (Reflexe) enthält. Dabei kann die Defokussierung so errechnet werden, daß die den einzelnen Beugungswinkeln zugeordneten Wellen gleiche Übertragungscharakteristika (gleiches Vorzeichen von $K(\vartheta)$) aufweisen, obwohl in den Raumfrequenzlücken bereits Oszillationen auftreten [19]. Insbesondere wird diese Technik bei der Netzebenenabbildung, zu der nur wenige Raumfrequenzen beitragen, ausgenutzt. Es wird daher formal bei Hochauflösungs-EM zwischen der nominalen Geräteauflösung (Punktauflösung), die durch den Scherzer-Fokus gegeben ist (JEM 100 C, Hochauflösungs-Polschuh, $c_s = 0{,}7$ mm, $d = 0{,}29$ nm) und der unter gleichen Bedingungen erzielbaren Netzebenenauflösung ($d \approx 0{,}1$ nm) unterschieden. Für spezielle Anwendungsbeispiele der elektronenmikroskopischen Hochauflösungsabbildung wird mit gekippter Beleuchtung gearbeitet, was einen Verlust der Rotationssymmetrie der Kontrastübertragungsfunktion zur Folge hat (s. z. B. KRIVANEK [20]). Der Begriff der Auflösung kann jedoch nicht losgelöst vom Wechselwirkungsprozeß Elektronenstrahl—Probe betrachtet werden. Je kleiner die Objektdetails sind, die im EM abgebildet werden sollen, um so höher ist die für den Abbildungsprozeß notwendige Strahlendosis, der das Objekt ausgesetzt wird. Damit wächst die Gefahr der Objektschädigung durch die Elektronenstrahlung. Der Zusammenhang zwischen erreichbarer Auflösung (d) und Bildkontrast (K) wird durch die folgende Beziehung (Rose-Gleichung) abgeschätzt [21 — 23]:

$$K \cdot d \geqq 5 \, \frac{1}{\sqrt{n}} \, . \tag{3.11}$$

Dabei bedeutet n die Anzahl der pro Flächeneinheit einfallenden Elektronen. Diese Beziehung veranschaulicht die Reziprozität von Auflösung und Kontrast. Eine bessere Auflösung bei gleichbleibendem Kontrast kann nur erzielt werden, wenn die Anzahl der Elektronen pro Flächeneinheit wächst und damit in vielen Fällen die kritische Strahlungsdosis N, die zur Zerstörung der Probe führt, überschritten wird. Um diese Schädigung zu vermeiden, muß die Bedingung $n \leqq a \cdot N$ erfüllt sein, wobei a ein Ausnutzungsfaktor ist, der bei den unterschiedlichen experimentellen Abbildungs- und Bildaufzeichnungsbedingungen den relativen Elektronenverlust berücksichtigt.

Die elektronenmikroskopische Abbildung läßt sich aus dem durch die Aperturfunktion und die Kontrastübertragungsfunktion modifizierten Raumfrequenzspektrum auf folgende Weise berechnen: Eine inverse Fourier-Transformation des modifizierten Raumfrequenzspektrums $\psi_{d'}(u)$ (s. Gl. (3.4)) liefert die Wellenfunktion $\psi_i(x)$ der gestreuten Welle in der Bildebene, aus der mittels der bekannten Beziehung $I(x) \sim \psi_i(x) \cdot \psi_i^*(x)$ die Bildintensität berechnet wird. Für den Phasenkontrast schwach streuender Objekte (s. z. B. [10, 24]), der in der Hochauflösungs-EM in der Mehrzahl der Fälle gegeben ist, läßt sich unter Berücksichtigung der hier vorliegenden Bedingungen die Intensität der gestreuten Welle in der Bildebene für die Hellfeldabbildung berechnen zu:

$$I(x) = 1 + 2 \, \mathrm{Im}\,[\psi_i(x)] \tag{3.12}$$

(für die ausführliche Herleitung s. [9, 17]).

Bei der Dunkelfeldabbildung, ebenso wie bei stark streuenden Objekten, ist die Linearitätsbedingung der optischen Übertragung (vgl. Kap. 2., Kap. 10.) nicht mehr erfüllt. Die Behandlung des Abbildungsvorganges mit Hilfe der Kontrastübertragungsfunktion zeigt, daß durch die Aberrationen des Abbildungs- und Aufzeichnungssystems keine eindeutige Zuordnung Bild—Objekt möglich ist (fehlende Information durch die Nullstellen der Übertragungsfunktion, Oszillationen usw.). Durch Anwendung der Bildrestaurationsverfahren wird auf numerischem bzw. optischem Wege nachträglich eine Verbesserung der Übertragungseigenschaften ermöglicht (Entfaltung der elektronenmikroskopischen Aufnahme, s. dazu Kap. 10.).

Wird nach dem oben angegebenen Formalismus der Bildentstehung gemäß Gl. (3.12) die Bildintensität für dünne kristalline Objekte berechnet, so bedeutet dies die Erfassung der Kinematik des Streuvorganges ohne Berücksichtigung des wechselseitigen Energieaustauschs zwischen den einzelnen gestreuten Strahlen. Dabei wird vorausgesetzt, daß die Amplituden der gestreuten Wellen klein sind gegen die der einfallenden Welle. Dies ist für hinreichend dünne Proben bzw. große Abweichungen von der Bragg-Lage erfüllt (s. dazu Kap. 11. und Anhang 1.). Bei der Berechnung wird nur die Einfachstreuung (1. Bornsche Näherung) berücksichtigt, und die Amplituden der gestreuten Welle $\psi_d(u)$ in der Beugungsebene werden durch Summation über die Streuamplituden an den einzelnen Gitterbausteinen gewonnen:

$$\psi_d(u) \sim F(hkl)$$

$$F(hkl) = \sum f_j(u) \exp\{-2\pi \, i(hx_j + ky_j + lz_j)\} \,. \tag{3.13}$$

Hierbei bedeuten: $F(hkl)$ — Strukturamplitude, $f_j(u)$ — Atomstreuamplituden, hkl — Millersche Indizes und x_j, y_j, z_j — Koordinaten des j-ten Atoms in der Elementarzelle. Für die Berechnung der Bildkontraste dickerer Objekte sind dickenabhängige Ausdrücke für die Wellenfunktion an der Probenaustrittsseite bzw. in der Beugungsebene anzugeben, wobei der nachfolgende Abbildungsformalismus unverändert gilt. Die Integration der Amplituden der gestreuten Strahlen über die Probendicke führt bei Berücksichtigung des Abweichungsparameters s (s. Kap. 2.) in parabolischer Näherung (Kugelgleichung der Ewald-Kugel wird durch eine Parabel genähert; $s = (u^2 + v^2) \cdot \lambda/2$) zu einer tiefenabhängigen Oszillation der Amplituden $\psi_d(u)$ gemäß:

$$\psi_d(u) = \frac{i\pi}{\xi_g} \frac{\sin \pi \, ts}{\pi s} \qquad \text{mit} \qquad \xi_g = \frac{V \pi \cos \vartheta}{\lambda \, |F(hkl)|} \tag{3.14}$$

(V — Volumen der Elementarzelle, ξ_g — Extinktionslänge). Für die Intensität der ungebeugten Welle gilt

$$|\psi_0(u)|^2 = \{1 - |\psi_d(u)|^2\} \,, \tag{3.15}$$

wobei die einfallende Welle auf 1 normiert ist ($\psi = 1$). Die Extinktionslängen ξ_g sind vom jeweiligen Reflex und vom Abweichungsparameter s abhängig. Bei $s \neq 0$ sind die ξ_g durch die effektiven Extinktionslängen zu ersetzen $\left(\xi_{g\text{eff}} = \xi_g/(1 + s^2\xi_g^2)^{1/2}\right.$ s. hierzu Anhang 1.). Die Extinktionslängen geben an, für welche Probendicke die Intensität des jeweiligen Reflexes ausgelöscht ist ($t = \xi_g \cdot n$) bzw. maximale Werte annimmt ($t = \xi_g/2 + n\xi_g$; $n -$ ganzzahlig).

Die Berücksichtigung der Wechselwirkung zwischen einfallender und gestreuter Welle und des Auftretens der Mehrfachstreuung erfordern die Anwendung der dynamischen Theorie, die den gesamten Kristall als Streukörper betrachtet. Das Streuproblem kann dabei einerseits als Integralgleichung oder, basierend auf einer wellenmechanischen Beschreibung, als Differentialgleichung formuliert werden (s. z. B. [8]; vgl. auch Anhang 1.), wobei in beiden Fällen von der Schrödinger-Gleichung ausgegangen wird. Werden die Methoden der optischen Übertragungstheorie angewandt, so führt dies zu einer von COWLEY und MOODIE [25] angegebenen Formulierung, die bei der Beschreibung des *multi-slice*-Verfahrens (Abschnitt 3.2.) behandelt wird. Eine direkte Herleitung der *multi-slice*-Formeln aus der Schrödinger-Gleichung wurde von ISHIZUKA und UYEDA gegeben [26]. Abschließend sei noch darauf hingewiesen, daß Absorptionseffekte bei der Streuung durch die Einführung von komplexen Potentialen bzw. komplexen Strukturamplituden zur Berechnung der Amplituden der gestreuten Welle berücksichtigt werden müssen (s. z. B. [8]).

3.2. Methoden zur Berechnung der Hochauflösungsabbildung

Für eine Interpretation der elektronenmikroskopischen Hochauflösungsabbildungen gibt es auf Grund der Vielzahl der Einflußgrößen bei der Bildentstehung keine einfachen und allgemeingültigen Standardregeln. Ein geeignetes Auswerteverfahren ist der Vergleich der experimentellen Aufnahmen mit computersimulierten Hochauflösungsabbildungen, die unter Variation des Modells bzw. der freien Parameter so lange simuliert werden, bis eine hinreichende Übereinstimmung zwischen experimenteller und berechneter Aufnahme besteht (*matching technique*, vgl. auch Kap. 10.). In Abhängigkeit von den experimentellen Bedingungen muß das Berechnungsverfahren sowohl den Einfluß des Abbildungsprozesses als auch den des Wechselwirkungsprozesses Elektronenstrahl—Objekt berücksichtigen. Es existieren verschiedene Berechnungsverfahren, die sich bezüglich der verwendeten Näherungen und damit in der Anzahl der berücksichtigten Parameter und im numerischen Aufwand beträchtlich unterscheiden [18, 27, 28]. Die wichtigsten zur Berechnung von Hochauflösungsaufnahmen verwendeten Verfahren sind: die Methode der projizierten Ladungsdichte [29, 30], die kinematische Näherung [17], die Phasengitternäherung [29, 31] und die *multi-slice*-Methode [25, 32]. Der Typ der Näherung, der eine korrekte Interpretation der Vielstrahlabbildungen ermöglicht, ist sowohl von den Abbildungsbedingungen (Auflösung, Einfluß von Mehrfachstreuung) als auch von der zu untersuchenden Kristallstruktur abhängig.

Die Methoden zur Berechnung von Hochauflösungsabbildungen sind in ihrer Anwendbarkeit nicht auf den ungestörten Kristall beschränkt. Die Simulation von Kristallbaufehlern unter Hochauflösungsbedingungen erfordert jedoch, daß die durch den Baufehler (Versetzungen, Leerstellen) verursachte Gitterstörung im Kristall- bzw. Fourier-Raum durch eine entsprechende Störfunktion bei der Simulation berücksichtigt werden muß [33—35].

Methode der projizierten Ladungsdichte. Die von COWLEY und MOODIE [29] vorgeschlagene Methode geht von einer einfachen Näherung (kleine Defokussierungswerte, keine Berücksichtigung von Bildfehlern) aus und ist in ihrer Anwendbarkeit beschränkt. Die Intensitätsverteilung $I(x, y)$ in der Bildebene wird durch eine Abbildung der Ladungsdichte im Kristall, projiziert auf die Beobachtungsebene, beschrieben. Für geringe Defokussierungen Δ_{f} gilt folgende Näherung:

$$I(x, y) = 1 - \frac{\Delta_{\mathrm{f}} \lambda \sigma}{2\pi} \left(\frac{\partial^2 V_{\mathrm{p}}(x, y)}{\partial x^2} + \frac{\partial^2 V_{\mathrm{p}}(x, y)}{\partial y^2} \right) \tag{3.16}$$

$\big(V_{\mathrm{p}}(x, y)$ — projiziertes Kristallpotential mit $V_{\mathrm{p}}(x, y) \cdot t = \int\limits_0^t V_{\mathrm{p}}(x, y, z)\, \mathrm{d}z$, t — Kristalldicke, σ — Wechselwirkungskonstante, $\sigma = \pi/(\lambda \cdot u)\big)$.

Unter Verwendung der Poissonschen Gleichung ergibt sich für die Bildintensität

$$I(x, y) = 1 + 2\Delta_{\mathrm{f}} \lambda\, \sigma\, \varrho(x, y) \, , \tag{3.17}$$

wobei $\varrho(x, y)$ die gesamte projizierte Ladungsdichte entlang der z-Achse ist. Die projizierte Ladungsdichte (positive und negative Ladungen) errechnet sich zu

$$\varrho(x, y) = 16\, \pi^2\, t \sum_{hk0} F_{hk0}\, u^2 \exp\left[2\pi\mathrm{i}(hx + ky)\right] \tag{3.18}$$

$\big(F_{hk0}$ — Strukturamplituden des projizierten Potentials und $u = \sin \vartheta/\lambda\big)$.

Die Gleichung (3.17) berücksichtigt einerseits keinen der zahlreichen Abbildungsfehler, andererseits ist die Verknüpfung mit der Defokussierung linear; sie gilt somit nur für eine geringe Auflösung, die solchen Beugungswinkeln entspricht, bei denen die Kontrastübertragungsfunktion infolge des Öffnungsfehlereinflusses noch nicht oszilliert. Dieser Fall ist experimentell für den Scherzer-Fokus gegeben. Für große Defokussierungswerte Δ_{f} wird jedoch die Linearität in Gl. (3.17) verletzt.

Mit dem Verfahren der projizierten Ladungsdichte berechnete Abbildungen von Y-Al-Granat (YAG) sind in Abb. 3.3 dargestellt [36]. In Abb. 3.3a ist der Anschaulichkeit wegen zunächst die berechnete ideale Atomanordnung wiedergegeben. Die eigentlichen Berechnungen der Ladungsdichte wurden für Ionen (Abb. 3.3b) und für neutrale Atome (Abb. 3.3c) durchgeführt, wobei — wie aus den Abbildungen ersichtlich ist — der Ionisationsgrad der Atome keinen wesentlichen Einfluß auf den Bildkontrast ausübt. Ein Vergleich der simulierten Aufnahmen mit der experimentellen Abbildung (s. Abb. 3.6b) zeigt, daß eine geometrische Zuordnung von berechnetem Bildkontrast und abgebildeter Atomanordnung besteht. Die Intensität in speziellen Punkten (z.B. im Zentrum der Elementarmasche) weicht jedoch von den Werten der elektronenmikroskopischen Aufnahme ab. Die Möglichkeiten der Anwendung der Methode der projizierten Ladungsdichte für die Inter-

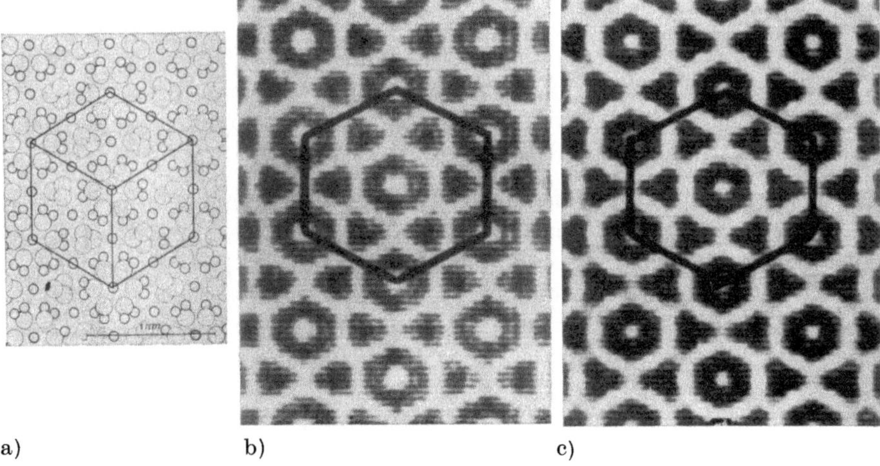

a)   b)   c)

Abb. 3.3   Computersimulierte Abbildungen von (111)-orientiertem Granat mit dem
„Verfahren der projizierten Ladungsdichte"

a) berechnete Atomanordnung der Y- und Al-Atome in der (111)-Ebene; b) Berücksichtigung
von Y^{3+}-, Al^{3+}-, O^{2-}-Ionen; c) Annahme neutraler Y-Atome bei den Berechnungen [36]

pretation von Strukturabbildungen dünner kristalliner Objekte wurde ausführlich von ALLPRESS et al. [30], ANSTIS et al. [37] und MOODIE und WARBLE [38] untersucht.

Kinematische Näherung. Wird der elektronenoptische Abbildungsvorgang — wie in Abschn. 3.1. ausführlich dargestellt wurde — durch zwei aufeinanderfolgende Fourier-Transformationen beschrieben, so kann die Wellenfunktion in der Beugungsebene gemäß Gl. (3.13) in kinematischer Näherung aus den Strukturdaten berechnet werden. Ausgehend von den berechneten Strukturamplituden wird nach dem in Abb. 3.7a dargestellten Schema die Simulation durchgeführt. Die experimentellen Abbildungsbedingungen werden durch die Apertur- und Kontrastübertragungsfunktion berücksichtigt, die Berechnung der Intensitätsverteilung in der Bildebene erfolgt gemäß Gl. (3.12). Eine weitere Möglichkeit, Objektinformationen in solche Bildberechnungen einzuführen, besteht darin, daß man vom Kristallraum (Annahme von Modellobjekten, z. B. gewichtete Punktmodelle [39]) ausgeht und durch eine Fourier-Transformation das entsprechende Beugungsbild berechnet. Ein Vergleich der beiden Methoden anhand von computersimulierten Abbildungen von Kupferphthalocyanin-Molekülen zeigt, daß für gegebene Kontrastverhältnisse in erster Näherung auch die Anwendung eines ebenen Modells berechtigt ist und die gewählten Übertragungsparameter einen entscheidenden Einfluß auf den Inhalt der Abbildung haben. Für detaillierte Strukturuntersuchungen müssen jedoch die Strukturamplituden berechnet werden [40]. Eine computersimulierte Defokussierungsserie zur Molekülabbildung von Kupferphthalocyanin zeigt Abb. 3.4. Der signifikante Einfluß der Defokussierung auf die Kontrastverhältnisse ist deutlich sichtbar. Für die gewählten Parameter ($U = 500$ kV, $c_s = 1$ mm) liegt der Scherzer-Fokus bei annähernd 40 nm. Das für diesen Defokussierungswert simulierte

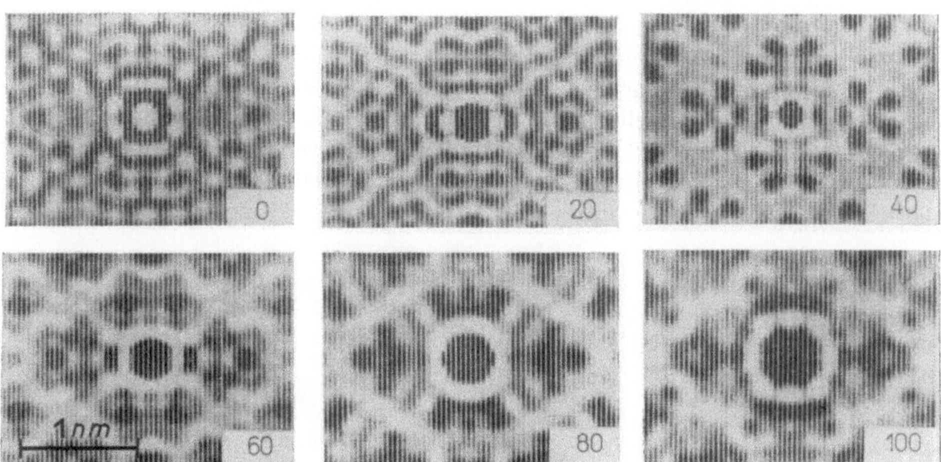

Abb. 3.4   Computersimulierte Defokussierungsserie von chloriertem Cu-Phthalocyanin unter Verwendung kinematischer Strukturfaktoren

$U = 500\,\mathrm{kV}$, $\lambda = 1{,}42\,\mathrm{pm}$, $c_\mathrm{s} = 1\,\mathrm{mm}$, $\Delta_\mathrm{f} = 0-100\,\mathrm{nm}$

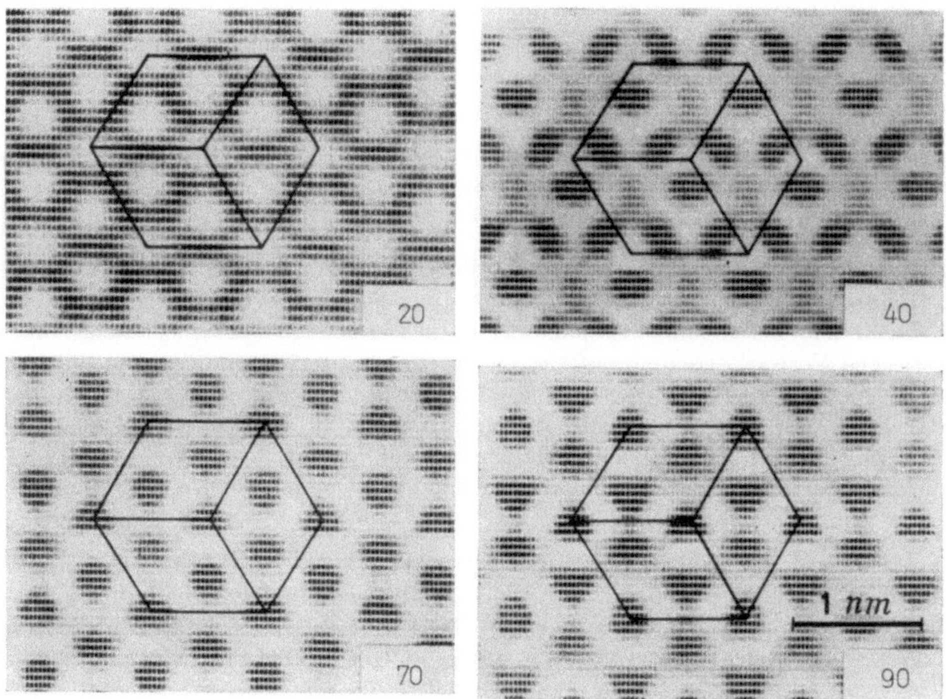

Abb. 3.5   Berechnete Defokussierungsserie für die (111)-Ebene von Y-Al-Granat auf der Grundlage kinematischer Strukturfaktoren

$U = 100\,\mathrm{kV}$, $\lambda = 3{,}7\,\mathrm{pm}$, $c_\mathrm{s} = 1{,}4\,\mathrm{mm}$, $\Delta_\mathrm{f} = 20 \dots 90\,\mathrm{nm}$

Bild gibt die Molekülstruktur unverfälscht (keine Artefakte) wieder. In Abb. 3.5 ist eine Defokussierungsserie ($U = 100$ kV, $c_{\mathrm{s}} = 1,4$ mm) für Y-Al-Granat darge-stellt. Für Defokussierungen von 70 ⋯ 90 nm (Scherzer-Fokus) sind die Y-Atom-gruppen der Elementarzelle (vgl. Abb. 3.6) als dunkle Bereiche wiedergegeben. Eine Defokussierung $\Delta_{\mathrm{f}} < 40$ nm führt, der Kontrastübertragungsfunktion ent-sprechend, zu einer Kontrastumkehr. Die Gegenüberstellung einer experimentellen (Abb. 3.6 b) und computersimulierten (Abb. 3.6 a) Strukturabbildung von YAG

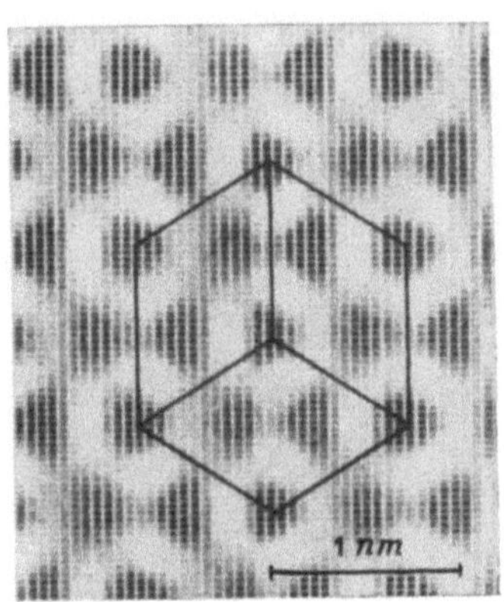
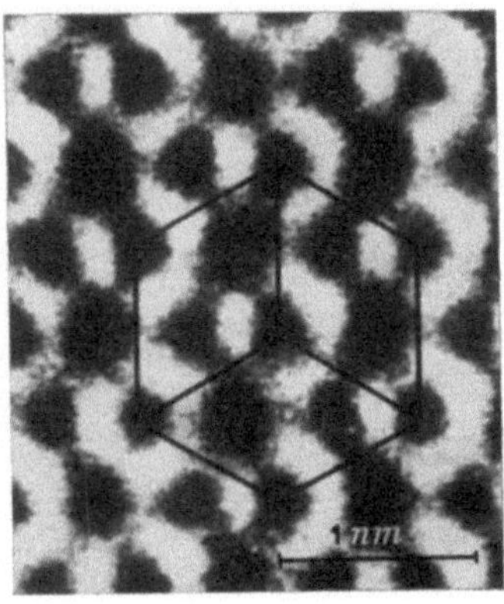

a)   b)

Abb. 3.6   Vergleich einer simulierten (a) und experimentellen (b) Hochauflösungs-abbildung von (111)-orientiertem Y-Al-Granat

$U = 100$ kV, $c_{\mathrm{s}} = 1,4$ mm, $\Delta_{\mathrm{f}} = 80$ nm, $A(\vartheta) = 0,011$ rad

zeigt, daß — im Vergleich zu den mit der Methode der projizierten Ladungsdichte berechneten Abbildungen — die geometrischen Orte der Maxima der Intensitäts-verteilung gut übereinstimmen.

„Multi-slice"-Verfahren. Grundlage dieses Verfahrens ist die von COWLEY und MOODIE [25] gegebene Formulierung der dynamischen n-Strahl-Theorie für Elek-tronen mit Beschleunigungsspannungen ($U = 100 \cdots 1000$ kV), bei denen vor-wiegend Vorwärtsstreuung auftritt und rückgestreute Elektronen vernachlässigt werden können. Das Objekt wird dabei in eine Anzahl von N Streuscheiben der Dicke $t = \Delta z$ zerlegt, an denen die einfallende Welle sich sukzessiv verändert. Dabei wirkt das Scheibchen als Phasengitter auf die einfallende Welle, so daß die Wellenfunktion durch Multiplikation mit der zugehörigen Transmissionsfunktion $q_n(x, y)$ modifiziert wird:

$$q_n(x, y) = \exp\left\{-\mathrm{i}\sigma\, V_n(x, y)\, \Delta z\right\}. \tag{3.19}$$

Hierbei bedeutet $V_n(x, y)$ das projizierte Kristallpotential innerhalb des Scheib-chens in Strahlrichtung. Die Wechselwirkungskonstante σ ist unter Berücksichti-gung der relativistischen Korrektur folgendermaßen definiert:

$$\sigma = \frac{2\pi}{U \cdot \lambda \left(1 + \sqrt{1 - \beta^2}\right)} \qquad \text{mit} \qquad \beta = \frac{v}{c}$$

(v — Geschwindigkeit der einfallenden Elektronen, c — Lichtgeschwindigkeit).

Die Ausbreitung der Welle zwischen den Scheiben wird durch eine Faltung mit der Ausbreitungsfunktion $p_n(x, y)$ beschrieben, so daß sich die Wellenfunktion ψ nach dem Durchgang durch das $(n + 1)$-te Scheibchen berechnet zu:

$$\psi_{n+1}(x, y) = [\psi_n(x, y) \cdot q_n(x, y)] * p_n(x, y) \,. \tag{3.20}$$

In Kleinwinkelnäherung ergibt sich die Ausbreitungsfunktion $p_n(x, y)$ aus der Fresnelschen Beugungstheorie zu:

$$p_n(x, y) = (i/\lambda \, \Delta z) \exp \left\{ \frac{i\pi(x^2 + y^2)}{\lambda \, \Delta z} \right\} \,. \tag{3.21}$$

Für hinreichende dünne Scheibchen ($\Delta z \to 0$, $N \to \infty$, $N \cdot \Delta z = t$) ermöglicht die in Gl. (3.20) angegebene Iteration eine genaue Berechnung der Intensitäten des Beugungsdiagramms oder der elektronenmikroskopischen Abbildung. Die numerische Ausführung des *multi-slice*-Verfahrens [28, 41] beruht auf der oben angegebenen Formulierung. Die wesentlichsten Berechnungsschritte zur Ausführung des *multi-slice*-Zyklus sind in Abb. 3.7b dargestellt. Da für kristalline Objekte der

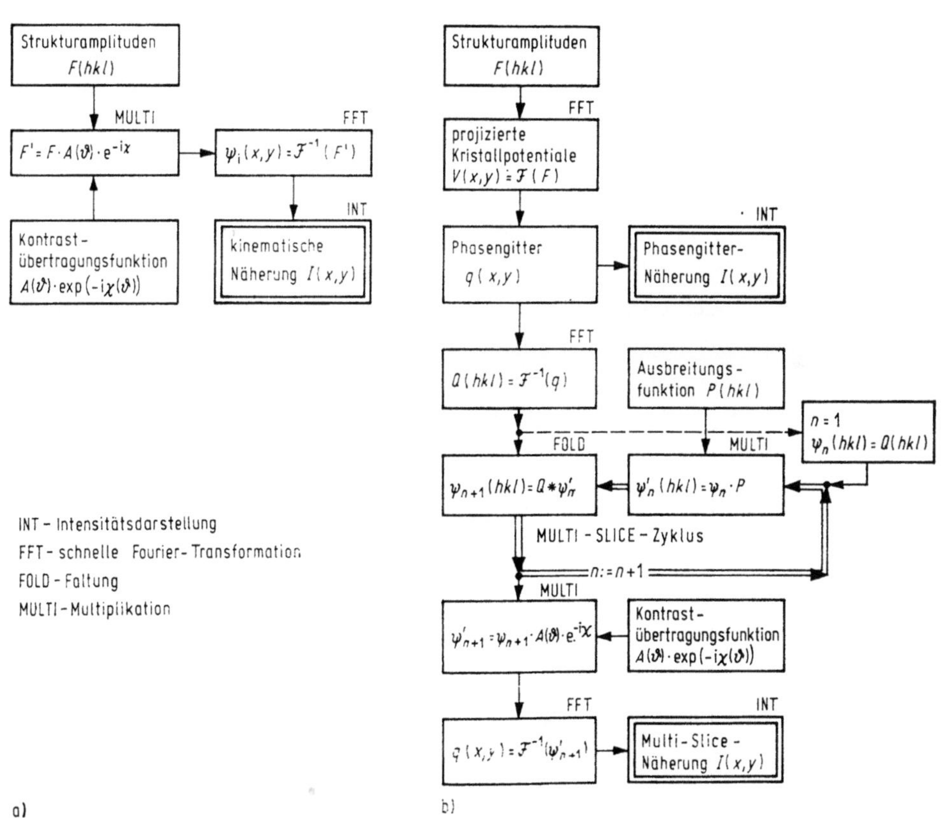

Abb. 3.7   Flußdiagramme zur numerischen Behandlung der kinematischen Näherung (a) und des *multi-slice*-Verfahrens (b)

Fourier-Raum diskret ist, d. h. nur einzelne Reflexe von Null verschieden sind, wird wegen der geringeren Datenmenge der Berechnungszyklus im Beugungsraum ausgeführt. Für die Rekursionsformel im reziproken Raum gilt dazu:

$$\psi_{d_{n+1}}(u, v) = [\psi_{d_n}(u, v) * Q_n(u, v)]\, P_n(u, v) \,. \tag{3.22}$$

Bei der Berechnung wird jedem Scheibchen eine Transmissionsfunktion $Q_n(u, v)$ und eine Ausbreitungsfunktion $P_n(u, v)$ zugeordnet, die die Fourier-Transformierten von q_n bzw. p_n (s. Gl. (3.20)) sind. Bei der Abbildung von Idealkristallen brauchen diese Funktionen nur einmal berechnet zu werden. Für gestörte Kristalle, d. h. bei der Berechnung von Defektabbildungen, müssen diese Funktionen entsprechend der Realstruktur für jedes Scheibchen bestimmt werden.

Der Rechenablauf läßt sich folgendermaßen beschreiben: Zur Berechnung der Transmissionsfunktion werden aus den Strukturamplituden $F(hkl)$ der entsprechenden Beugungsebenen durch Projektion und Fourier-Transformation die projizierten Kristallpotentiale V_n bestimmt:

$$V_n(x, y) = \mathcal{F}[F(hkl)] \,. \tag{3.23}$$

Entsprechend Gl. (3.13) wird daraus das dünne Phasengitter (*thin phase grating*) $q_n(x, y)$ berechnet, das für sehr dünne Proben eine eigenständige Näherung zur Berechnung der Bildintensität (ohne Berücksichtigung der Abbildungsbedingungen) darstellt [18]. Eine inverse Fourier-Transformation der Transmissionsfunktion $q_n(x, y)$ liefert die Fourier-Koeffizienten $Q_n(u, v)$:

$$Q_n(u, v) = \mathcal{F}^{-1}[q_n(x, y)] \,. \tag{3.24}$$

Die Ausbreitungsfunktion $p_n(x, y)$, die in parabolischer Näherung den Anregungsfehler s enthält, ergibt sich im Fourier-Raum zu

$$P_n(u, v) = \exp\left[i\pi\, \lambda\, \Delta z\, (u^2 + v^2)\right] \,. \tag{3.25}$$

Als erste Näherung der Ergebniswellenfunktion in Gl. (3.22) dient $\psi_1(hkl) = Q(u, v)$. Ist nach einem n-maligen Durchlaufen des Zyklus (3.22) die beabsichtigte Probendicke t erreicht, werden auf die Beugungsbildwellenfunktion $\psi_{d_{n+1}}(u, v)$ die Kon-

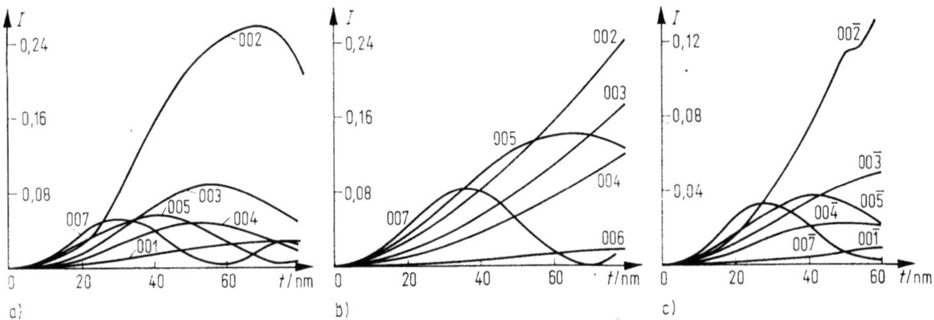

Abb. 3.8 Strahlintensitäten als Funktion der Kristalldicke für (00l)-Reflexe von $W_4Nb_{26}O_{77}$ (nach D. F. Lynch et al. [18])

a) eindimensionales Phasengitter; b) kinematische Näherung; c) *multi-slice*-Verfahren

trastübertragungsfunktion und die Aperturfunktion angewandt. Eine inverse Fourier-Transformation liefert dann die Wellenfunktion in der Bildebene, und das Produkt $\psi_{n+1} \cdot \psi_{n+1}^*$ ergibt die Intensitätsverteilung. In Abb. 3.8 werden die $(00l)$-Beugungsreflexintensitäten von $W_4Nb_{26}O_{77}$ als Funktion der Probendicke in Phasengitter (*thin phase grating*) Näherung (Abb. 3.8a), kinematischer Näherung (Abb. 3.8b) und für das *multi-slice*-Verfahren (Abb. 3.8c) wiedergegeben [18].

Die Genauigkeit der *multi-slice* Methode ist insbesondere für eine feine Scheibchenzerlegung sehr hoch. Zur Abschätzung der Fehlerschranken der *multi-slice*-Methode in Abhängigkeit von der Anzahl der Strahlen und der Scheibendicke sei auf die Arbeiten von GOODMAN und MOODIE [28] und ISHIZUKA und UYEDA [26] verwiesen. Der numerische Aufwand der *multi-slice*-Methode steigt beträchtlich, wenn große Elementarzellen oder Defektstrukturen betrachtet werden, die die Berücksichtigung sehr vieler Strahlen (1000 ⋯ 10 000) erfordern. Alternative Verfahren wurden von VAN DYCK [42] vorgeschlagen.

3.3. Anwendungen der Hochauflösungs-Elektronenmikroskopie

Unter den Bedingungen der hochauflösenden EM ist die Aufklärung von Struktur und Zusammensetzung der zu untersuchenden Materialien im atomaren Bereich möglich. In der Hochauflösungs-EM kristalliner Objekte haben die Vielstrahlabbildung und die Netzebenenabbildung eine besondere Bedeutung. Hinsichtlich der Vielstrahlabbildung können folgende Hauptanwendungsgebiete genannt werden:

— Abbildung von Kristallgittern und Molekülstrukturen
— Charakterisierung der Realstruktur, insbesondere von Gitterdefekten
— Abbildung von einzelnen Atomen bzw. Atom-Clustern
— Untersuchung von dynamischen Prozessen (z. B. *in-situ*-Beobachtung von Kristallwachstumsvorgängen).

Die Anwendung der Vielstrahlabbildungstechnik zur Realstrukturuntersuchung liefert z. B. Aussagen über die Struktur von inneren Grenzflächen, die Atomanordnung in Grenzflächen, Struktur und Auftreten polytyper Modifikationen, Kristalldefekte (Versetzungen, Planardefekte, Ausscheidungen), amorphe Gebiete und über Nichtstöchiometrien. Die Methode der Dunkelfeldabbildung wird vorwiegend zur Abbildung einzelner, stark streuender Atome bzw. Atom-Cluster oder zur Untersuchung von Punktdefekten und Punktdefekt-Agglomeraten herangezogen.

Die Netzebenenabbildungstechnik stellt ein geeignetes Verfahren zur Strukturuntersuchung dar, insbesondere bei der Identifizierung von mehrphasigen Objekten und bei der Untersuchung von Phasentransformationen. Dabei wird die Information über die Struktur aus dem Streifenabstand und der relativen Orientierung, dem Streifenprofil und der Symmetrie der Abbildung gewonnen [43]. Weiterhin liefert die Netzebenenabbildungstechnik Aussagen zur lokalen chemischen Zu-

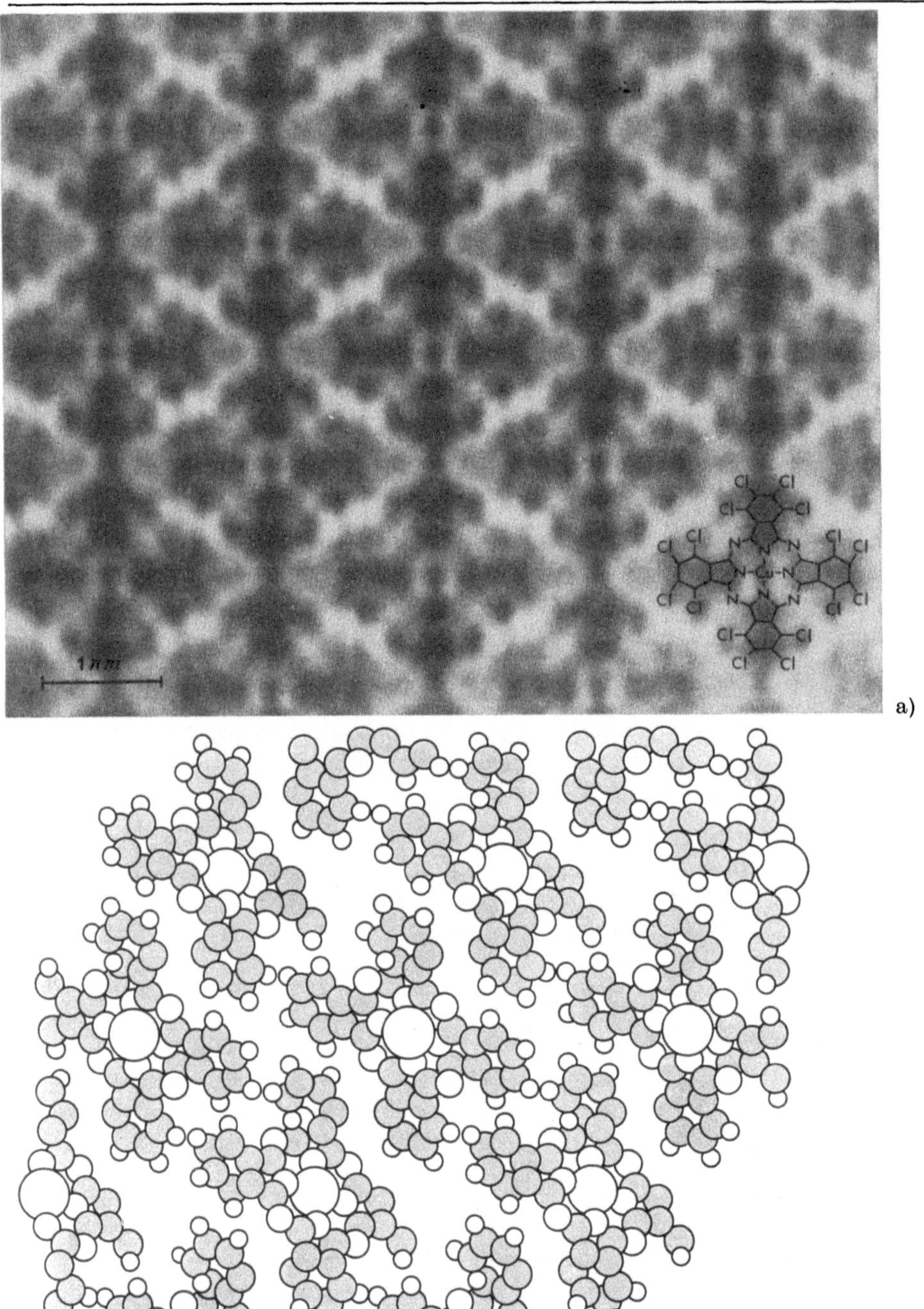

Abb. 3.9 Elektronenmikroskopische Hochauflösungsabbildung von chloriertem Cu-Phthalocyanin

a) experimentelle Molekülabbildung (N. UYEDA et al. [46]); $U = 500$ kV, $c_s = 1$ mm, $\Delta_f = 46$ nm; b) computergezeichnete Atomanordnung

sammensetzung (indirektes Analysenverfahren; s. dazu [44]). Für die Defektanalyse wird diese Abbildungstechnik vorwiegend zur Identifizierung von Ausscheidungen, Antiphasengrenzen, Zwillingen, Stapelfehlern, Korngrenzen und Versetzungen in Legierungen, keramischen Materialien und Mineralien angewandt. Eine optimale Aufklärung der Struktur und der chemischen Zusammensetzung der Materialien ist oft nur dann möglich, wenn die Methoden der Hochauflösungs-EM mit anderen elektronenoptischen Untersuchungstechniken kombiniert werden (Methode des Beugungskontrastes, spektroskopische Verfahren, Beugungsverfahren usw.). Stand und Möglichkeiten der verschiedenen elektronenoptischen Verfahren zur Bestimmung von Struktur und Eigenschaften der zu untersuchenden Materialien sind z. B. in einer Übersicht von HIRSCH dargestellt [45].

Im folgenden werden einige der Anwendungsmöglichkeiten der Hochauflösungs-EM an ausgewählten Beispielen näher erläutert. In Abb. 3.9 ist mit der elektronenmikroskopischen Hochauflösungsaufnahme von Kupferphthalocyanin ($U = 500\,\text{kV}$, $c_\text{s} = 1{,}06$ mm) ein Beispiel für die direkte Beobachtung der Molekülstruktur im atomaren Bereich gegeben [46]. Dabei wurde ein 5 nm dicker, durch Hochvakuumverdampfung auf einer sauberen KCl-Spaltfläche epitaktisch aufgewachsener Film entlang der Stapelachse [010] durchstrahlt. Um die räumliche Lage des Cu-Phthalocyaninmoleküls zu veranschaulichen, wurde die Atomanordnung der Kristallstruktur für die (010)-Ebene computersimuliert [40]. Die in Abb. 3.9b berechnete Struktur zeigt, daß die Molekülscheiben um etwa 120° zur Stapelachse geneigt sind. Durch die Projektion im EM entsteht dann die in Abb. 3.9a wiedergegebene Struktur (vgl. dazu Abb. 3.4, Defokussierung $\varDelta_\text{f} = 40$ nm).

Die Strukturabbildung eines Siliciumkristalls in (110)-Orientierung ($U = 100\text{kV}$, $c_\text{s} = 0{,}7$ mm) zeigt Abb. 3.10 [47]. Die hierbei erzielte Auflösung ermöglicht eine eindeutige Zuordnung von abgebildeten Atompositionen und „idealer Atomanordnung" in der Elementarmasche der (110)-Ebene. Derartige Abbildungen

Abb. 3.10   Elektronenmikroskopische Hochauflösungsabbildung von Silicium (110)
(K. IZUI et al. [47])

$U = 100$ kV, $\lambda = 3{,}7$ pm, $c_\text{s} = 0{,}7$ mm, $\varDelta_\text{f} = -6{,}8$ nm

können nur erzielt werden, wenn neben den bereits erwähnten Stabilitätsbedingungen des elektronenmikroskopischen Abbildungssystems eine exakte Probenorientierung vorliegt, bei der die gewünschte Kristallachse parallel zum einfallenden Elektronenstrahl ist. Hierfür sind Kippgenauigkeiten des Goniometers von 10^{-3} rad erforderlich.

Ein Beispiel für die Anwendung der *image-matching*-Technik, d. h. der Vergleich der experimentellen Aufnahmen mit computersimulierten Abbildungen, zur Analyse der Defektstruktur ist in Abb. 3.11 dargestellt [48]. Die elektronenmikroskopische Vielstrahlabbildung der fehlgeordneten Struktur von $4\ Nb_2O_5 \cdot 22\ WO_3$ zeigt

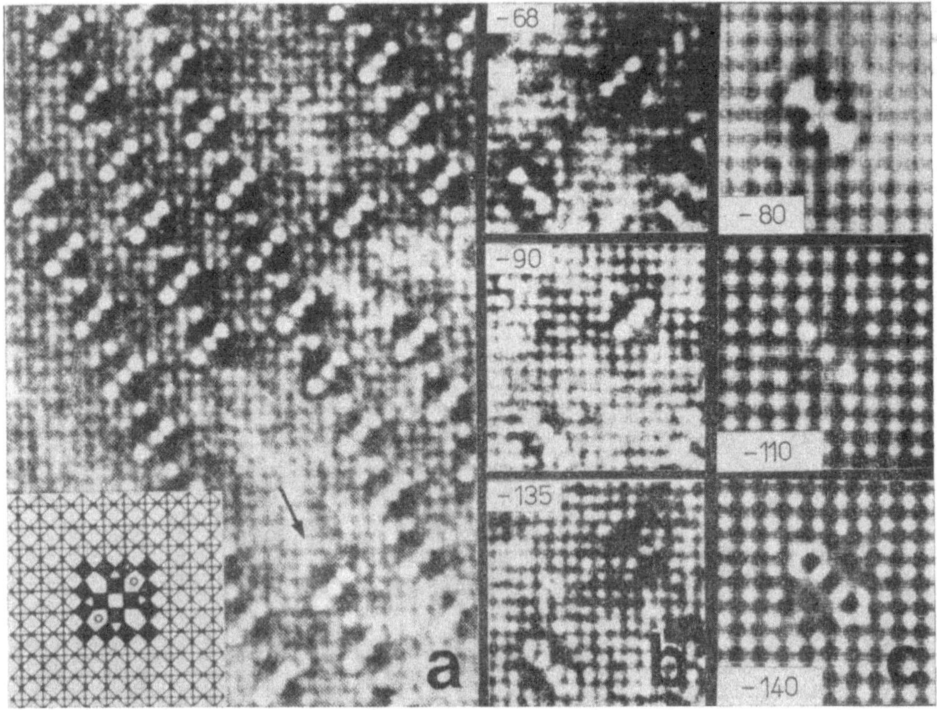

Abb. 3.11   Kristalldefektabbildungen in TTB ($4Nb_2O_5 \cdot 22\ WO_3$) (M. A. O'KEEFE et al. [48]).

a) elektronenmikroskopische Abbildung; b) Vergleich experimenteller und mit Hilfe der *multi-slice*-Technik berechneter Hochauflösungsabbildungen

Teilbild a. Experimentell wurde die Struktur erzeugt, indem einzelne Kristallelemente einer tetragonalen Wolframbronzestruktur (TTB) kohärent in ein ReO_3 Gitter hineingewachsen sind. Das „ideale" Strukturmodell ist als Einlage angegeben, wobei das TTB-Element durch die schwarzen Bereiche charakterisiert wird. Jedes Quadrat im Modell stellt ein Metalloxidoktaeder dar, wobei sich die Struktur senkrecht zur Bildebene fortsetzt. Das TTB-Element weist vier penta-

gonale Tunnel in der Struktur auf, wobei zwei von ihnen mit Metall- bzw. Sauer-
stoffatomen besetzt sind. Dieses Modell diente als Grundlage für die Simulations-
rechnungen mit der *multi-slice*-Methode, die zur Berechnung von Mehrstrahlab-
bildungen von Idealkristallen auf Kristalldefekte entsprechend erweitert wurde
[35, 49]. Einen Vergleich der experimentellen und simulierten Aufnahmen für
unterschiedliche Defokussierungen illustrieren die Teilbilder b und c. In diesem
Fall lassen sich die sichtbaren Ketten von jeweils drei hellen Punkten als die Kanäle
der TTB-Elemente ansehen.

Die Methode der Netzebenenabbildung zeichnet sich gegenüber der Vielstrahlabbildung dadurch aus, daß einerseits eine genaue Orientierung der Probe nur in
Richtung des reziproken Gittervektors g notwendig und andererseits eine Interpretation der Aufnahmen für größere Probendicken (etwa 40 nm) möglich ist. Der
Hauptvorteil besteht jedoch darin, daß wegen der speziellen Abbildungsbedingungen eine Auflösung von Netzebenenabständen bis zu 0,1 nm erreicht werden kann,
wodurch die Möglichkeiten der Strukturuntersuchung im Vergleich zu den konventionellen Techniken (Methode des Beugungskontrastes) beträchtlich erweitert

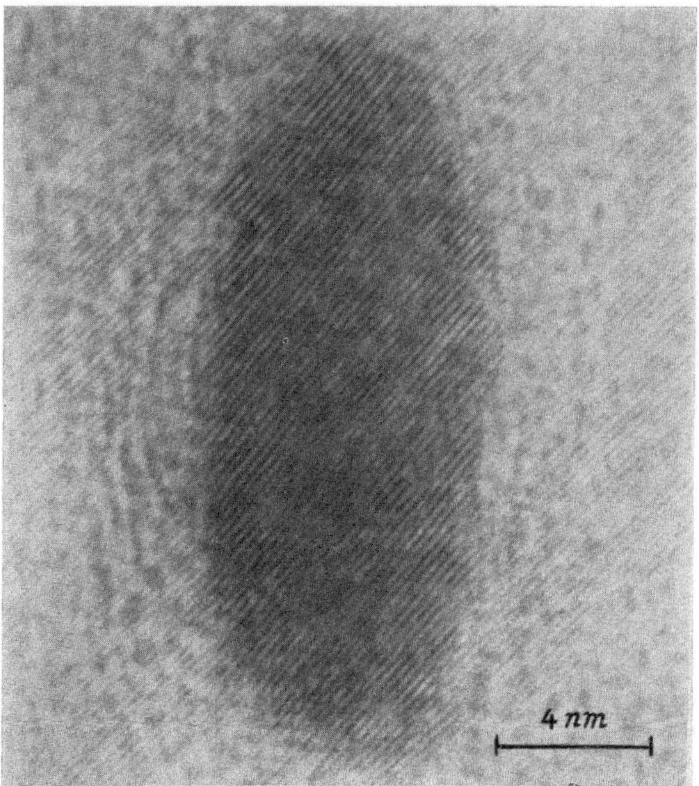

Abb. 3.12 Elektronenmikroskopische Netzebenenabbildung einer Ausscheidungs-
phase in einer CuTi-Legierung
$d = 0{,}21$ nm; Probenorientierung (200), $U = 100$ kV

6 Elektronenmikroskopie

wurden. Es ist jedoch zu berücksichtigen, daß gegenüber der Vielstrahlabbildung der Streifenkontrast keine Aussagen zur Detailstruktur der Elementarzelle der Kristalle liefert[1]). Vorhandene Störungen im Streifensystem der Aufnahme repräsentieren aber Störungen des Kristallgitters, wodurch die Interpretation von Gitterdefekten möglich wird.

Die Möglichkeiten der Phasenanalyse mit der Netzebenentechnik werden anhand von Abb. 3.12 erläutert, wo die Netzebenenaufnahme eines Ausscheidungsteilchens in einer CuTi-Legierung abgebildet ist [50]. In diesem Material wurde durch eine spezielle Wärmebehandlung eine fein verteilte zweite Phase in Form ellipsoider Teilchen gebildet, welche die Entstehung und Bewegung von Versetzungen verhindern. Neben Aussagen zur räumlichen Ausdehnung und Verteilung der Ausscheidungen kann mit Hilfe der Netzebenentechnik auch die kristalline Struktur der Teilchen bestimmt werden. Außerhalb des Partikels sind die (200)-Netzebenen des Kupfers mit einem Abstand von 0,209 nm zu erkennen. Die Streifen innerhalb des Teilchens weisen einen Abstand von 0,213 nm auf. Unter Berücksichtigung der in der Legierung vorkommenden Elemente und der aus der Aufnahme ermittelten Gitterparameter konnte die Ausscheidung als Cu_4Ti-Phase identifiziert werden.

Ebenso kann die Netzebenenabbildungstechnik zur Untersuchung von Nichtstöchiometrien, wie beispielsweise bei spinodal entmischten Legierungen oder Guinier-Preston-Zonen, herangezogen werden. Für die Interpretation von Netzebenenabbildungen zweidimensionaler Gitterbaufehler (Phasen- und Korngrenzen) ist die genaue Kenntnis des Kontrastverhaltens einzelner Versetzungen notwendig. Die Netzebenenabbildung von (111)-Ebenen in CdTe zeigt Abb. 3.13, wo eine parallel zur Foliennormale liegende Versetzung (s. linker Pfeil) und eine schräg in der Kristallfolie liegende Versetzung (Endpunkte durch Pfeile — rechts — markiert) abgebildet sind. Eine Identifizierung des Versetzungstyps aus der Netzebenenabbildung ist im vorliegenden Beispiel nur für die parallel zur Foliennormale angeordnete Versetzung möglich ($b = 1/2\,[1\bar{1}0]$).

Die gegenwärtig bestehenden Möglichkeiten der Hochauflösungs-EM auf dem Gebiet der Abbildung einzelner Atome bzw. Atom-Cluster mit dem konventionellen TEM werden ausführlich in Übersichten von HASHIMOTO et al. aufgezeigt [51, 52]. Hinsichtlich der Abbildung einzelner Atome durch Anwendung der Raster-Durchstrahlungs-Elektronenmikroskopie (STEM) sei auf die Ausführungen in Kap. 6. verwiesen. Die Beobachtung einzelner Atome und Atom-Cluster im konventionellen TEM gelang, indem einerseits bei der Dunkelfeldabbildung der Bildkontrast geeignet verstärkt (HASHIMOTO et al. [53], HENKELMAN und OTTENSMEYER [54], PHILIPPS et al. [55], OTTENSMEYER et al. [56], THON et al. [57]) und andererseits bei der Hellfeldabbildung der störende Streuuntergrund, der vom Trägerfilm als auch von der Probe selbst herrührt, beseitigt wurde (FORMANEK et al. [58], MIHAMA et al. [59], HASHIMOTO et al. [60], IIJIMA [61], SPENCE [62]). Es sei darauf hingewiesen, daß — im Gegensatz zur Abbildung kristalliner Proben — der Phasen-

---

[1]) Unter speziellen Abbildungsbedingungen (axiale Beleuchtung, symmetrische Orientierung des Kristalls zur optischen Achse) kann für Strukturen, deren Netzebenenabstände $> 0,2$ nm sind, diese Abbildung jedoch als Projektion der Gitterstruktur interpretiert werden (s. z. B. [67]).

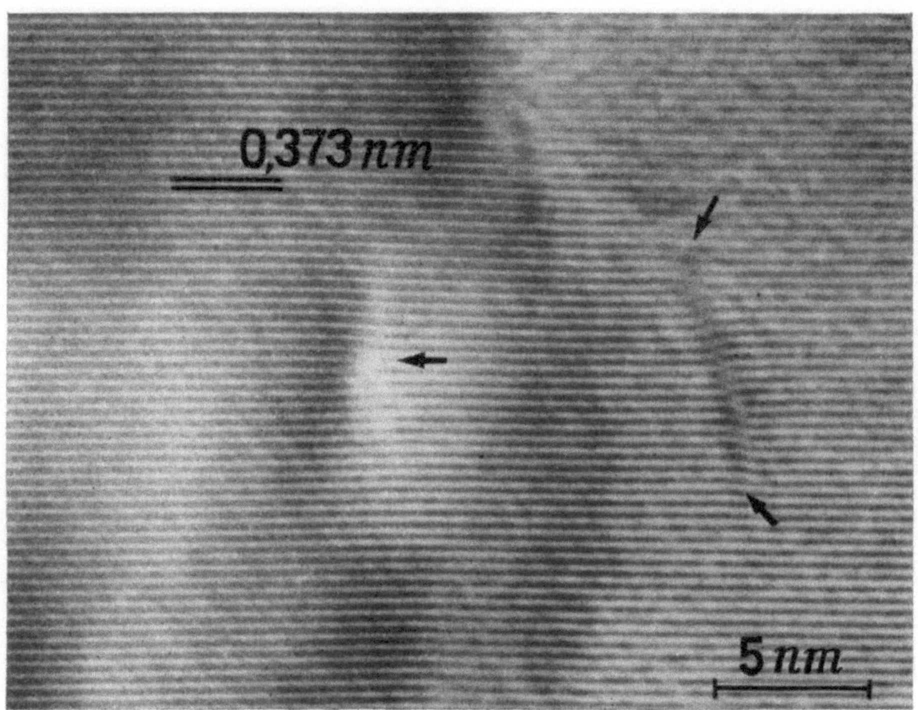

Abb. 3.13   (111)-Netzebenenabbildung eines CdTe-Kristalls mit Versetzungen
$d = 0{,}37$ nm, $U = 100$ kV

kontrast einzelner Atome durch Interferenz der an ihnen gestreuten Elektronenstrahlen entsteht, wodurch jede theoretische Interpretation des Bildkontrastes
durch das jeweils angewandte Atommodell und das sich hieraus ergebende Streuverhalten bestimmt wird (s. dazu [63]). Zur Erreichung einer guten Qualität der
Atomabbildung ist die Verwendung rauscharmer Substratfilme notwendig. Die
experimentellen und theoretischen Untersuchungen von HASHIMOTO et al. [51]
zeigten, daß Th-, Hg- und Pt-Atome, aufgebracht auf Graphit- und Al_2O_3-Filmen,
in Hellfeldabbildung und Th-, Hg-, Pt- und Cs-Atome auf einem Graphitfilm in
gekippter Dunkelfeldabbildung sichtbar gemacht werden können, da ihr Bildkontrast größer als der störende Rauschuntergrund des Substrates ist [51].

Die Möglichkeiten der Atom- bzw. -*Cluster*-Abbildung zur Untersuchung von
Wachstumsprozessen kleinster Kristallkeime illustriert Abb. 3.14 [51]. Auf einem
dünnen Graphitfilm wurde Th-Pyromellitat aufgetragen (JEM 100 C, $c_s = 0{,}7$ mm).
Durch die kontinuierliche Elektronenbestrahlung des Präparates bilden die anfangs dispers verteilten Moleküle *cluster*. Die markierte Objektstelle zeigt, wo sich
einzelne Thoriumatome unter dem Einfluß des Elektronenstrahls zu einem Kristall-
keim (s. Pfeil) zusammenlagern. Ähnliche Experimente wurden von IIJIMA durchgeführt, der die Wechselwirkung von Wolframatomen mit Oberflächenstufen eines

6*

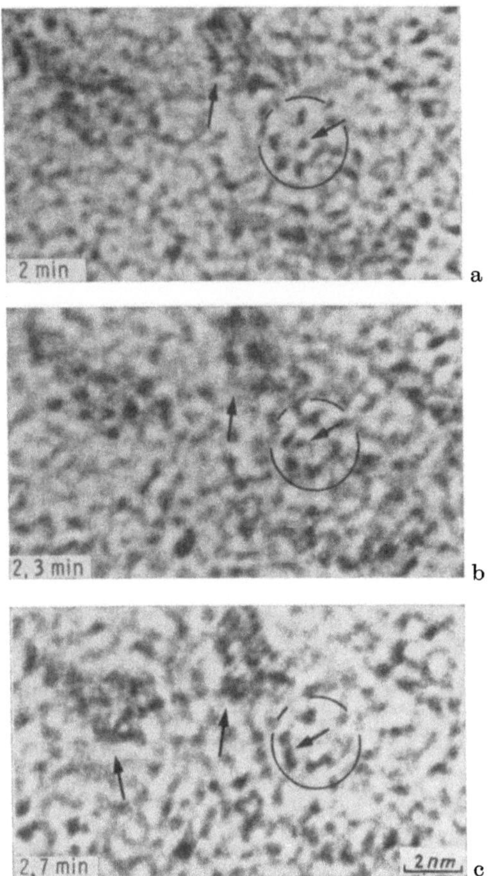

Abb. 3.14   Hochauflösungsabbildungen von Th-Atomen (H. HASHIMOTO et al. [51])
$U = 100$ kV

kristallinen Graphitfilms untersuchte [61]. Die Bewegung der Atome und Cluster wird in zunehmendem Maße durch *in-situ*-Experimente, bei denen die Dynamik des Prozesses mit Hilfe der Fernsehbandaufzeichnung festgehalten wird, untersucht [52]. Beispiele dafür sind die Untersuchungen zur Anordnung und Bewegung von Gold- und Siliciumatomen in der unmittelbaren Nähe von Stapelfehlern und Zwillingen. Mit derartigen Experimenten kann der Mechanismus der Bildung und des Zerfalls von Zwillingsgrenzen aufgeklärt werden.

Im Falle von regelmäßigen Atomanordnungen, z. B. im Kristallgitter, läßt sich die Abbildung von Atomen mit höherer Auflösung erzielen, wenn die sogenannte aberrationsfreie Fokusbedingung (*aberration free focus* (AFF) *condition*) vorliegt [19]. Dabei werden solche Bedingungen eingestellt, daß die den einzelnen Beugungsreflexen entsprechenden Raumfrequenzen nahezu ideal übertragen werden. Für eine ausführliche Diskussion sei auf die Arbeiten von HASHIMOTO [51, 52] verwiesen.

Zusammenfassend sei bemerkt: Der gegenwärtige Stand der Hochauflösungs-EM ($d = 0,3 \cdots 0,12$ nm bei $100 \cdots 1000$ kV) ermöglicht die Abbildung im atomaren Bereich (Abbildung von Einzelatomen). Durch weitere Verbesserungen der Stabilitätsbedingungen (Einfluß der Strahldivergenz, chromatische Aberration) und den Übergang zu höheren Beschleunigungsspannungen kann die Abbildung der Atomanordnung von Defekten (Zwischengitteratome, Ausscheidungen [64, 65]) erzielt werden. Für die Verbesserung wie auch für die Interpretation von Hochauflösungsaufnahmen werden Verfahren der Bildverarbeitung (s. dazu Kap. 10.) angewandt. Ohne daß hierauf näher eingegangen werden konnte, sei noch einmal betont, daß ein stark auflösungsbegrenzender Faktor die Strahlenschädigung der Objekte ist. Dies erfordert einerseits die Entwicklung neuer Präparationstechniken und andererseits den Einsatz von Bildspeichersystemen [66].

3.4. Literatur

[1] HERRMANN, K.-H., J. Phys. (London) **E11** (1978) 1076.
[2] ALLPRESS, J. G.; SANDERS, J. V.; WADSLEY, D. W., Acta Cryst. **B25** (1969) 1156.
[3] UYEDA, N.; KOBAYASHI, T.; SUITO, E.; HARADA, Y.; WATANABE, M. J., Appl. Phys. **46** (1972) 5181.
[4] IIJIMA, S., J. Appl. Phys. **49** (1971) 5891.
[5] COWLEY, J. M.; IIJIMA, S., Z. Naturforsch. **27a** (1972) 445.
[6] MENTER, J. W., Proc. Roy. Soc. **A236** (1956) 119.
[7] KOMODA, T., J. Electron Microsc. **12** (1964) 267.
[8] COWLEY, J. M., Diffraction Physics — Amsterdam/Oxford: North-Holland Publ. Comp. 1975.
[9] HILLEBRAND, R.; NEUMANN, W.; HEYDENREICH, J., Ultramicroscopy **4** (1979) 305.
[10] SCHERZER, O., J. Appl. Phys. **20** (1949) 20.
[11] HANSZEN, K.-J.; TREPTE, L., Optik **32** (1971) 519.
[12] HANSZEN, K.-J.; TREPTE, L., Optik **33** (1971) 182.
[13] FRANK, J., Optik **38** (1973) 519.
[14] BONHOMME, P.; BEORCHIA, A.; LABERRIGUE, A., Optik **39** (1973) 39.
[15] WADE, R. H.; FRANK, J., Optik **49** (1977) 81.
[16] WADE, R., Ultramicroscopy **3** (1978) 329.
[17] UYEDA, N.; ISHIZUKA, K., J. Electron Microsc. **23** (1974) 79.
[18] LYNCH, D. F.; O'KEEFE, M. A., Acta Cryst. **A28** (1972) 536.
[19] HASHIMOTO, H.; ENDOH, H.; TANJI, Y.; ONO, A.; WATANABE, E., J. Phys. Soc. Jap. **42** (1977) 1073.
[20] KRIVANEK, O. L., Proc. 9. Int. Congr. El. Micr., Toronto 1978, Vol. 1, p. 188.
[21] ROSE, A., Adv. Electron. **1** (1948) 131.
[22] KUO, I. A. M.; GLAESER, R. M., Ultramicroscopy **1** (1975) 53.
[23] ZEITLER, E., Proc. 9. Int. Congr. El. Micr., Toronto 1978, Vol. 3, p. 29.
[24] SCHERZER, O., Z. Phys. **101** (1936) 539.
[25] COWLEY, J. M.; MOODIE, A. F., Acta Cryst. **10** (1957) 609.
[26] ISHIZUKA, K.; UYEDA, N., Acta Cryst. **A33** (1977) 740.
[27] LYNCH, D. F.; MOODIE, A. F.; O'KEEFE, M. A., Acta Cryst. **A31** (1975) 300.
[28] GOODMAN, P.; MOODIE, A. F., Acta Cryst. **A30** (1974) 280.

[29] Cowley, J. M.; Moodie, A. F., Proc. Phys. Soc. (London) 76 (1960) 378.

[30] Allpress, J. G.; Hewat, E. A.; Moodie, A. F.; Sanders, J. V., Acta Cryst. A28 (1972) 528.

[31] Cowley, J. M., Acta Cryst. 12 (1959) 367.

[32] Goodman, P.; Moodie, A. F., Calculation and Measurement of Dynamic Diffraction Intensities. In: Proc. Int. Conf. on Electron Diffraction and the Nature of Defects in Crystals. — Melbourne: Australian Acad. Sci. 1965.

[33] Bursill, L. A.; Wood, G. J., Philos. Mag. A38 (1978) 673.

[34] Cowley, J. M.; Fields, P. M., Acta Cryst. A35 (1979) 28.

[35] Grinton, G. R.; Cowley, J. M., Optik 34 (1971) 221.

[36] Zakharov, N. D.; Neumann, W.; Hillebrand, R.; Rozhanskij, V. N., Phys. Status Solidi a 55 (1979) 573.

[37] Anstis, G. R.; Lynch, D. F.; Moodie, A. F.; O'Keefe, M. A., Acta Cryst. A29 (1973) 138.

[38] Moodie, A. F.; Warble, C. E., Philos. Mag. 16 (1967) 891.

[39] Hillebrand, R.; Neumann, W., Veröff. 9. Tag. Elektr. mikr., Dresden 1978, 34.

[40] Neumann, W.; Hillebrand, R., Proc. 9. Int. Congr. El. Micr., Toronto 1978, Vol. 1, p. 236.

[41] Skarnulis, A. J.; Summerville, E.; Eyring, L. R., J. Sol. State Chem. 23 (1978) 59.

[42] van Dyck, D., Phys. Status Solidi a 52 (1979) 283.

[43] Sinclair, R., Proc. 9. Int. Congr. El. Micr., Toronto 1978, Vol. 3, p. 140.

[44] Sinclair, R.; Thomas, G., Met. Trans. 9A (1978) 373.

[45] Hirsch, P. B., J. Electron Microsc. 28 Suppl. (1979) 25.

[46] Uyeda, N., Proc. 9. Int. Congr. El. Micr., Toronto 1978, Vol. 1, p. 242.

[47] Izui, K.; Furuno, S.; Otsu, H., J. Electron Microsc. 26 (1977) 129.

[48] O'Keefe, M. A.; Iijima, S., Proc. 9. Int. Congr. El. Micr., Toronto 1978, Vol. 1, p. 282.

[49] Iijima, S., Optik 47 (1977) 438.

[50] Häussler, D.; Daut, H. H.; Werner, P.; Heydenreich, J., Veröff. 9. Tag. Elektr. mikr., Dresden 1978, 58.

[51] Hashimoto, H.; Kumao, A.; Endoh, H., Proc. 9. Int. Congr. El. Micr., Toronto 1978, Vol. 3, p. 244.

[52] Hashimoto, H., J. Electron Microsc. 28 Suppl. (1979) 1.

[53] Hashimoto, H.; Kumao, A.; Hino, K.; Yotsumoto, H.; Ono, A., J. Electron Microsc. 22 (1973) 123.

[54] Henkelmann, R. M.; Ottensmeyer, F. P., Proc. Nat. Acad. Sci. (USA) 68 (1971) 3000.

[55] Phillips, V. A.; Chalk, A. J.; Hugo, J. A., J. Electron Microsc. 21 (1973) 323.

[56] Ottensmeyer, F. P.; Schmidt, E. E.; Jack, T.; Powell, J., Ultrastructure Res. 40 (1972) 546.

[57] Thon, F.; Willasch, D., Optik 36 (1972) 55.

[58] Formanek, H.; Müller, M.; Hahn, M. H.; Koller, T., Naturwiss. 58 (1971) 339.

[59] Mihama, K.; Tanaka, H., J. Electron Microsc. 25 (1976) 65.

[60] Hashimoto, H.; Kumao, A.; Endoh, H., Proc. 8. Int. Congr. El. Micr., Canberra 1974, Vol. 1, p. 244.

[61] Iijima, S., Optik 48 (1977) 193.

[62] Spence, J. C. H., Single Atom Contrast. In: Developments in Electron Microscopy and Analysis, Ed.: J. A. Venables. — London/New York/San Francisco: Academic Press 1975, 257.

[63] Lehmpfuhl, G., Z. Naturforsch. 28a (1973) 1.

[64] Yoshida, H.; Hashimoto, H.; Yokota, Y., Proc. 9. Int. Congr. El. Micr., Toronto 1978, Vol. 1, p. 306.

[65] Cowley, J. M., Proc. 9. Int. Congr. El. Micr., Toronto 1978, Vol. 3, p. 207.

[66] Herrmann, K.-H.; Krahl, D.; Rust, H.-P.; Ulrich, O., Optik 44 (1976) 393.

[67] Bourret, A.; Desseaux, J., Philos. Mag. A39 (1979) 405.

4.   Höchstspannungs-Elektronenmikroskopie

G. Kästner

Im Vergleich zu den „konventionellen" 100 kV-Durchstrahlungsmikroskopen bezeichnet man Elektronenmikroskope (EM) mit Beschleunigungsspannungen oberhalb von etwa 200 kV als Höchstspannungs-Elektronenmikroskope (HEM). Die Entwicklung dieser Geräte vollzog sich nach mehreren Anstößen; etwa Ende der 60er Jahre wurde ein breites Anwendungsfeld erschlossen. Zur Übersicht sei auf die Konferenzberichte [1 — 5] verwiesen.

Die ersten Durchstrahlungsmikroskope für 200 ··· 400 kV wurden zwischen 1941 und 1947 gebaut [6 — 9]. Anlässe waren einerseits die noch unbefriedigende Technik zur Präparation hinreichend dünner Objekte und andererseits die Erkenntnis der grundsätzlichen Vorteile höherer Spannung: verbesserte Durchstrahlbarkeit, kleinere objektbedingte „Streufehler", geringere thermische und elektronenanregende Objektschädigung und — in Verbindung mit den kleineren Beugungswinkeln — kleinere Aberrationen, insbesondere eine bessere theoretische Auflösungsgrenze. Obwohl die beiden erstgenannten Vorzüge experimentell belegt wurden [6 — 9], erlosch vorübergehend das Interesse an der Höchstspannungs-Elektronenmikroskopie (HEM), als im 100 kV-Bereich kommerzielle Geräte mit guter Auflösung verfügbar waren und neben der Abdruck-Präparation die inzwischen entwickelte Ultradünnschnitt- und Abdünntechnik gut durchstrahlbare Objekte lieferten.

Die Anstöße zur Weiterentwicklung kamen Ende der 50er Jahre sowohl aus der Metallphysik — man fand, daß mit der Durchstrahlbarkeit größerer Objektdicken unerwünschte Oberflächeneinflüsse im Vergleich zu 100 kV-Objekten stark zurücktreten — als auch aus der später erst enttäuschten Hoffnung der Biologen, lebende Objekte aufgrund der bei höherer Spannung geringeren elektronenanregenden Schädigung direkt im EM beobachten zu können. Nach dem Bau des ersten 1 MV-Gerätes 1960 durch Dupouy [10], eines 750 kV-Gerätes 1966 durch Cosslett [11] und einiger z. T. kleinerer HEM in Japan erschienen Mitte der 60er Jahre die ersten kommerziellen 1 MV-Mikroskope. Derzeit gibt es über 50 Geräte mit Spannungen von mehr als 500 kV, darunter je ein 3 MV-Gerät in Toulouse [12] und in Osaka [13].

Methodisch gesehen führte die HEM zu einigen grundsätzlich neuen Möglichkeiten. Zu nennen sind vor allem die dynamische Beobachtung von durch Elektronenstoß erzeugten Kristalldefekten (s. Abschn. 4.5.) und die Ausnutzung des Mehrstrahl-Beugungseffektes der kritischen Spannung (s. Abschn. 4.3.). Hinzu kommen spezifische Möglichkeiten in der Wahl und Deutung des Beugungskontrastes von Gitterbaufehlern. Die erhöhte Vielfalt der Erscheinungen und der technische Aufwand der Höchstspannungsmikroskopie erfordern somit, jedem Problem die Methodik sinnvoll und rationell anzupassen.

4.1. Gerätetechnik

Bezüglich der Gerätetechnik sei hier nur auf wesentliche Besonderheiten von HEM hingewiesen, da diese Geräte, abgesehen vom Strahlerzeugungssystem, grundsätzlich dem konventionellen Durchstrahlungsmikroskop (s. Kap. 1.) entsprechen.

Zum Erzeugen des Elektronenstrahls dient gewöhnlich ein elektrostatischer Beschleuniger, aufgebaut aus einer normalen thermischen Katode mit Wehnelt-Zylinder und mehreren aufeinanderfolgenden Anoden, deren Zahl von der Maximalspannung abhängt. Der 3 MV-Beschleuniger in Toulouse hat z. B. 102 Stufen [13]. Der theoretische Richtstrahlwert dieser Beschleuniger steigt relativistisch bedingt stärker als proportional zur Beschleunigungsspannung an [14]. Die Hochspannung wird in seltenen Fällen mit einem Van-de-Graaf-Generator erzeugt; durchgesetzt haben sich hingegen mittelfrequent gespeiste Gleichrichter-Kaskadenschaltungen im Druckbehälter unter Schutzgas (z. B. CCl_2F_2 oder SF_6). Um ein Einstreuen der Wechselfelder auf den Elektronenstrahl zu unterdrücken, wird die Kaskade entweder räumlich getrennt vom Beschleuniger aufgebaut oder symmetrisch zu diesem angeordnet. Die nötige Stabilität der Spannung — für Hochauflösung mindestens $5 \cdot 10^{-6}$ — erreicht man durch hochstabile Spannungsteiler- und Kompensationsschaltungen. Bezüglich extrem hoher Beschleunigungsspannungen sucht man seit einigen Jahren dynamische Teilchenbeschleuniger einzusetzen. Als problematisch erwiesen sich im Falle des Hochfrequenz-Linearbeschleunigers vor allem die große Energiebreite [15] und beim Einsatz eines Mikrotrons die geringe Intensität [16]. In beiden Fällen gelangen Beugungsaufnahmen bis ca. 5,5 MV.

Der Linsentubus eines HEM enthält gewöhnlich einen Doppelkondensor und 4 bis 5 magnetische Abbildungslinsen. Damit erreicht man einerseits genügend flexible Vergrößerungswerte in Abbildung und Beugung und andererseits auch eine lohnende Verkleinerung der Blende für Feinbereichsbeugung — objektbezogen bis in den 10 nm-Bereich (s. Abschn. 4.3.). Die allgemein größeren Abmessungen der Linsen sind bedingt durch die notwendig stärkeren Magnetfelder unter Rücksicht auf die Sättigung des Eisens. Für 1 MV resultieren Objektivbrennweiten von 5 ··· 10 mm und Außendurchmesser des Tubus um 0,5 m. Damit ergibt sich gleichzeitig ein Schutz vor der härteren Röntgenstrahlung. Er wird vor allem im unteren Teil der Mikroskopsäule durch Bleieinlagen verstärkt und erfordert Bleiglas-Beobachtungsfenster von etwa 200 mm Dicke.

Das Beobachten und Registrieren des Bildes wird durch zwei prinzipielle Faktoren erschwert. Mit steigender Beschleunigungsspannung sinken einerseits die Lichtausbeute des Leuchtschirmmaterials und auch die Empfindlichkeit der photographischen Schicht. Zum anderen dringt der Elektronenstrahl tiefer — bis zu einigen mm — in Materie ein, wodurch sich entsprechend die Rückstreuung ver-

breitert. Ein Intensitätsausgleich durch Erhöhen der Leuchtschirm- bzw. Film-
dicke erfordert daher den Kompromiß mit der streubedingt verschlechterten Auflösung [17, 18]. Praktisch eingebürgert haben sich anstelle von Fotoplatten freitragende Filme und auch Leuchtschirme auf Folienunterlage. Das Ankoppeln
fernsehtechnischer Bildaufnahmeröhren erfolgt unter Rücksicht auf Schutz vor
Bestrahlungsschäden i. allg. über Durchsicht-Leuchtschirme mit nachgeschalteter
Tandem- oder Faseroptik (z. B. [18, 19]).

Die insgesamt großen Abmessungen der Mikroskopsäule ergeben Vorteile wie
auch Nachteile. Vorteilhaft ist der im Objektivpolschuh und in der Objektkammer gegebene Platz für die Unterbringung von Goniometer und Zusatzgerät,
insbesondere beim Experimentieren *in-situ* (s. Abschn. 4.6.). Nachteilig ist die
durch die große Baulänge um 5m erhöhte Empfindlichkeit gegenüber mechanischen,
elektrischen und magnetischen Störeinflüssen. Daher müssen die Mikroskope in
der Regel schwingungsgedämpft installiert werden. Außerdem bemüht man sich
um einen kompakten, stabilen Aufbau der Mikroskopsäule. Vorteile hierfür sollten
Linsen geringer Abmessungen, u. a. supraleitende Linsen [20], bieten.

Erhöhte Beschleunigungsspannungen ergeben — wie in Abschn. 4.2. etwas
näher ausgeführt — auch Vorteile für die Raster-Durchstrahlungsmikroskopie
(STEM). Die gerätetechnische Entwicklung hierzu steht noch am Anfang, u. a.
bedingt durch hohen technischen Aufwand und durch die besondere Empfindlichkeit des Strahlenganges gegenüber Störeinflüssen. Mit dem Umbau einiger HEM
für wahlweisen Rasterbetrieb [21, 22] erreichte man mittlere Auflösungen im nm-
Bereich. Als direkterer Entwicklungsweg gelten die Konstruktion eines Hochauf-
lösungs-STEM für 1 MV [23] und eines Raster-Elektronenmikroskops (REM) für
5 MV mit Strahlerzeugung durch Linearbeschleuniger unter Ausnutzung des
Impulsbetriebs [24].

4.2. Physikalische Grundlagen

Im Höchstspannungsbereich äußern sich typisch die relativistischen Eigenschaften
der Strahlelektronen. Die bekannten Beziehungen

$$m = m_0 \beta' \,, \tag{4.1}$$

$$v = c \sqrt{1 - \beta'^{-2}} \,, \tag{4.2}$$

$$\lambda = \frac{h}{mv} = \frac{h}{m_0 c} \frac{1}{\sqrt{\beta'^2 - 1}} \tag{4.3}$$

(mit $\beta' = 1 + e_0 U/(m_0 c^2)$, U = Beschleunigungsspannung, $m_0 c^2 = 511$ keV) sind
als Zahlenwerte in Tab. 4.1 angegeben. Mit steigender Spannung wird die Elektronengeschwindigkeit v durch die Lichtgeschwindigkeit c begrenzt; hingegen
wächst die Elektronenmasse m unbeschränkt, und entsprechend nimmt die Wellenlänge λ unbegrenzt ab. Auf dieser Grundlage sollen im folgenden Fragen der Auflösung, der Beugung und des Beugungskontrastes erläutert werden.

Tabelle 4.1   *Wellenlänge λ, Geschwindigkeit v und Masseänderung m/m_0 schneller Elektronen als Funktion der Beschleunigungsspannung U*

U/kV	$\lambda/10^{-3}$ nm	v/c	m/m_0
100	3,70	0,548	1,196
200	2,51	0,695	1,391
500	1,42	0,863	1,979
700	1,13	0,907	2,370
1000	0,872	0,941	2,957
2000	0,504	0,979	4,914
3000	0,357	0,989	6,870

Die mit Gl. (1.20) behandelte theoretische Auflösungsgrenze $d_{\text{theor}} = A_2 c_s^{1/4} \lambda^{3/4}$ verbessert sich mit zunehmender Beschleunigungsspannung auf folgende Weise: Setzt man kohärente Beleuchtung und optimale Defokussierung voraus, so gilt als Vorfaktor $A_2 \approx 0,6$ nahezu unabhängig von der Beschleunigungsspannung [25]. Mit steigender Spannung wächst zwar c_s — etwa proportional zur Vergrößerung der Polschuhabmessungen —, entscheidend ist jedoch die Abnahme der Wellenlänge. Damit ergibt der Übergang von 100 kV zu 1 MV je nach Öffnungsfehler eine Verbesserung der Auflösungsgrenze um etwa den Faktor 2, d. h. von ca. 0,35 nm auf 0,18 nm [25, 26]. Um diesen Gewinn an theoretischer Auflösung praktisch zu nutzen, ist eine entsprechend hohe Stabilität der Mikroskope notwendig, insbesondere müssen Beschleunigungsspannung und Objektivlinsenstrom eine Konstanz von etwa 10^{-6}/min aufweisen.

Die Verbesserung der Auflösung läßt sich am Beispiel der Abbildung von Kristallgittern anschaulich deuten, indem man die mit zunehmender Spannung abnehmenden Beugungswinkel betrachtet. Eine vorgegebene Objektivlinse kann bei kleineren Beugungswinkeln eine höhere Anzahl von Beugungsordnungen phasenrichtig zueinander übertragen, d. h. kürzere Raumfrequenzen des Objektes wiedergeben. Außerdem kann man, verursacht durch den relativistischen Massezuwachs der Strahlelektronen, einen Gewinn an Kontrast erzielen [25, 26]. Durch den Gewinn an Auflösung und Kontrast verbessern sich die Möglichkeiten der intuitiven, d. h. der unmittelbaren Bildinterpretation [27], was vor allem für die Direktabbildung von Gitterstörungen von Interesse ist. Die Deutung des Bildes als die in Strahlrichtung projizierte Verteilung des periodischen Gitterpotentials — anwendbar bei schwachen Phasenobjekten — gilt wegen der kleineren Beugungswinkel grundsätzlich bis zu größeren Objektdicken als in der 100 kV-Mikroskopie [26]. Als Beispiel zeigt Abb. 4.1 ein von HORIUCHI et al. [28] bei 1 MV erhaltenes Bild der Gitterstruktur des tetragonalen $9\,\text{Nb}_2\text{O}_5 \cdot 8\,\text{WO}_3$. Die im Bild dunklen Punkte entsprechen jeweils den projizierten Kationenreihen, die im eingefügten Strukturmodell als Quadrate schraffiert dargestellt sind. Die Koinzidenz ist an den Kanten des Modellausschnitts gut sichtbar; der kleinste Ionenabstand von 0,2 nm ist überall aufgelöst. Wegen der hohen Anforderungen an die mechanische und elektrische Stabilität wurden entscheidende Schritte zur Hochauflösung bisher nur an

Abb. 4.1 1 MV-Hochauflösungsabbildung eines $9\,Nb_2O_5 \cdot 8\,WO_3$-Kristalls
(*Aufnahme*: S. HORIUCHI, et al. [28]) $a = 2{,}63$ nm

wenigen Geräten unternommen, so z. B. 1974 bei 500 kV durch KOBAYASHI [29].

Bei der Durchstrahlung dickerer Objekte äußert sich als eine hervorstechende Eigenschaft des HEM die durch die höhere Spannung U bedingte Abnahme des Farbfehlers (chromatische Aberration) [9, 30—33]. Zur Erläuterung benutzt man die bekannte Näherungsformel für den Radius des objektbezogenen Fehlerscheibchens

$$r_\mathrm{c} = \alpha_\mathrm{eff} c_\mathrm{c} \gamma\,\frac{\Delta U}{U} \tag{4.4}$$

mit $\gamma = [1 + e_0 U/(m_0 c^2)]/[1 + e_0 U/(2m_0 c^2)]$. (Nicht betrachtet wird hierbei eine durch Unterfokussieren mögliche, bis etwa 3fache Verkleinerung des Fehlers [33]). Entscheidend für die Abnahme des Farbfehlers ist die Proportionalität zu $1/U$; demgegenüber ist das Produkt $\alpha_\mathrm{eff} \cdot c_\mathrm{c} \cdot \gamma \cdot \Delta U$ nahezu spannungsunabhängig: Die Fehlerkonstante c_c steigt etwa proportional zur Brennweite des Objektivs an; ebenso vergrößert sich auch der relativistische Faktor γ geringfügig. Der effektive Aperturwinkel α_eff ist für stark streuende Objekte gleich der Objektivapertur α_0, für schwach streuende nähert er sich der Beleuchtungsapertur α_B [31], d. h., in beiden Fällen verkleinert sich α_eff etwa proportional zur Wellenlänge λ. Der in ΔU enthaltene gerätebedingte Anteil (elektrische Instabilitäten) kann heute so klein gehalten werden, daß die durch unelastische Streuung im

Objekt bedingte Energieverbreiterung $e_0 \cdot \Delta U$ oberhalb einiger 10 nm Objektdicke praktisch allein ins Gewicht fällt. Diese Verbreiterung nimmt — bezogen auf konstante Objektdicke — mit zunehmender Spannung ab, was allgemeiner durch die Abnahme der unelastischen Streuquerschnitte [34] bedingt ist. Zum Vergleich quantitativer Angaben [30—32] muß nach JOUFFREY [35] die Substanz- und Dickenabhängigkeit des Spektrums der Energieverluste diskutiert werden. Insgesamt gesehen, nimmt für eine vorgegebene Objektdicke der Farbfehler etwa mit $1/U$ ab, d. h. beim Übergang von 100 kV zu 1 MV um den Faktor 10. Hierin sieht man die Hauptursache für die hohe Detailerkennbarkeit („Klarheit") in dickeren Objekten.

Bereits in den Anfangsjahren der EM wurde erkannt [6, 7], daß die unelastische Streuung nicht nur über den Farbfehler auflösungsmindernd wirken sollte, sondern auch direkter als „Streufehler", d. h. durch Verbreiterung der Elektronenstrahlen innerhalb des Objektes. Entsprechend erwartete man eine schlechtere Erkennbarkeit für Struktureinzelheiten nahe der Objektoberseite im Vergleich mit solchen an der Unterseite [7]. Dieser „*top-bottom*-Effekt" des Streufehlers macht sich — wie ausführliche Untersuchungen unter Vergleich mit dem entsprechend umgekehrten Effekt im STEM zeigten [32] — im HEM wegen der größeren Objektdicke bemerkbar; er ist von gleicher Größenordnung wie der Farbfehler. Unter dem Einfluß beider Fehler ergibt sich als experimenteller Richtwert für organisches Material bei 1 MV eine lineare Abnahme der Auflösung von rund 2 nm pro µm Objektdicke [36].

Die Frage nach der maximalen durchstrahlbaren Objektdicke läßt sich jeweils nur im konkreten Falle beantworten, d. h. für ein zu untersuchendes Strukturdetail unter Berücksichtigung von Atomgewicht und amorpher bzw. kristalliner Natur des Objektes. Dickenbegrenzend wirken je nach Objektart einerseits mangelnde Auflösung bzw. Kontrast und andererseits — vorzugsweise bei Objekten hoher Ordnungszahl — unzureichende Bildintensität. Letztere — vielfach als Transmission gemessen (z. B. [30]) — ergab für amorphe und feinkristalline Objekte folgende Abhängigkeit: Als Funktion der Spannung U steigt die einer ausreichenden Transmission entsprechende Maximaldicke t_m zwischen den Extremfällen $t_\mathrm{m} \sim U$ für konstante Objektivapertur und $t_\mathrm{m} \sim (v/c)^2$ für proportional zur Wellenlänge angepaßte Apertur. In Einkristallen kennt man bei besonderen Orientierungen eine um das Mehrfache erhöhte „anomale" Transmission (s. Abschn. 4.4.).

Ein Beispiel für große Objektdicke bei geringer Anforderung an Detailerkennbarkeit gibt Abb. 4.2 anhand sich überkreuzender Glasfäden von 4,5 µm und 6 µm Durchmesser. Durch eine chemisch induzierte Schrumpfung des Mantelbereichs der Fäden entstanden die umlaufenden Kerben. Letztere erkennt man auch bei 10 µm Gesamtdicke. Die Dickenabhängigkeit der Auflösung ist aus der Kantenschärfe abzuschätzen.

Hingewiesen sei an dieser Stelle noch auf die Anwendung höherer Beschleunigungsspannungen in der unter Kap. 5. näher behandelten STEM. Die beugungsbedingte Auflösungsgrenze der entsprechenden Geräte verbessert sich theoretisch von 0,2 nm bei 100 kV auf 0,1 nm bei 1 MV [37]. Mit zunehmender Objektdicke zeigt sich experimentell vielfach eine Überlegenheit des Rastermikroskops hin-

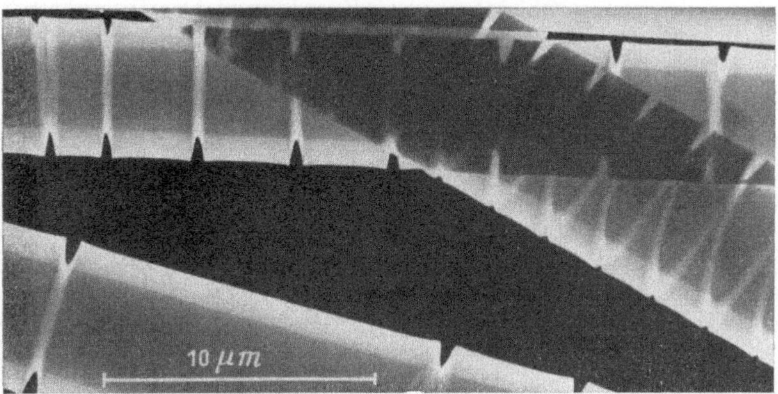

Abb. 4.2　1 MV-Dunkelfeldabbildung freitragend präparierter Glasfäden

sichtlich der Durchstrahlbarkeit (s. z. B. [38, 39]). Ein allgemeinerer Vergleich der Vor- und Nachteile des konventionellen und des STEM in Abhängigkeit von der Beschleunigungsspannung ist stark abhängig vom Kontrasttyp des Objektes, von den elektronenoptischen Parametern und den Möglichkeiten der Gerätetechnik. Beispielsweise erlaubt das Rastermikroskop mit zunehmender Spannung eine erhebliche Steigerung der Detektoreffektivität [22, 40]. Bei optimaler Anpassung eines Energiefilters vor dem Detektor erhöht sich mit der Spannung die der Abbildung zuzuordnende Energieauflösung [40].

4.3.　Elektronenbeugung im Höchstspannungsbereich

Die Spezifik der Beugung hochenergetischer Elektronen in kristallinen Festkörpern wird wesentlich durch die Kleinheit der Bragg- bzw. Beugungswinkel und durch das relativistische Verhalten der Strahlelektronen bestimmt. Der kleine Beugungswinkel ϑ ergibt gerätetechnisch gesehen nicht nur die in Abschn. 4.2. behandelte Verbesserung der theoretischen Auflösungsgrenze sondern auch eine bessere Dunkelfeldabbildung und präzisere Feinbereichsbeugung (s. Kap. 1. und Kap. 2.).

Zur Dunkelfeldabbildung kristalliner Objekte benutzt man im HEM oft ein durch Verschieben der Kontrastblende ausgewähltes abbildendes Strahlenbündel, das unter einem Beugungswinkel ϑ gegenüber der Objektivachse geneigt ist. Dadurch entstehen ein zu ϑ proportionaler zusätzlicher Farbfehler und eine zu ϑ^2 proportionale astigmatische Wirkung des Öffnungsfehlers [41]. Beide Anteile verkleinern sich entsprechend mit abnehmender Wellenlänge. Somit entstehen — zusätzlich begünstigt durch relativistische Intensitätserhöhung des Beugungsreflexes — besonders scharfe und kontrastreiche Dunkelfeldbilder [41].

Bei der üblichen Feinbereichsbeugung im Strahlengang nach BOERSCH und LE POOLE [42, 43] ergibt sich bekanntlich zwischen dem im Bild erfaßten und dem tatsächlich beugungswirksamen Objektbereich ein Zuordnungsfehler. Dieser besteht für einen bestimmten Beugungswinkel ϑ aus einer zu ϑ^3 proportionalen Wirkung des Objektiv-Öffnungsfehlers und aus zu ϑ proportionalen Anteilen des Farbfehlers und ggf. der Defokussierung [35, 44]. Wegen $\vartheta^3 \sim \lambda^3$ reduziert sich vor allem der erstgenannte Anteil beim Übergang vom 100 kV- zum 1 MV-Mikroskop um etwa das Hundertfache auf etwa 1 nm für niedrig indizierte Bragg-Reflexe [35, 45]. Praktisch ausgenutzt wird diese Präzision bei hoher Rückvergrößerung der Bereichsblende über ein Doppelobjektiv, wobei man wegen der genannten anderen Fehleranteile allerdings auf dünne Objektbereiche eingeschränkt ist [45]. Als weitere Vorteile der kleineren Beugungswinkel gelten schließlich noch die erhöhte Tiefenschärfe sowie die verbesserte Gültigkeit der Säulennäherung im Beugungskontrast (s. Anhang 1.) und der in Abschn. 4.2. genannten Phasenobjekt-Näherung bei Hochauflösung.

Durch die relativistischen Eigenschaften wird u.a. das Verhalten der Extinktions- und der Absorptionslänge beeinflußt. Die nach der dynamischen Theorie (s. z. B. [46]) dem Fourier-Koeffizienten V_g des periodischen Gitterpotentials zugeordnete Zweistrahl-Extinktionslänge $\xi_g = hv/(2V_g)$ (s. Kap. 2.) sollte proportional zur Elektronengeschwindigkeit v anwachsen. Tatsächlich aber ist dieser Zuwachs geringer, was bedingt ist durch Mehrstrahleinflüsse in Abhängigkeit von der Durchstrahlungsrichtung [46]. Die Absorptionslängen ξ_0' und ξ_g' (s. Anhang 1.) vergrößern sich infolge des abnehmenden unelastischen Streuanteils theoretisch proportional zu v^2 [46, 47]. Für quantitative Anwendungen ist eine Abnahme von ξ_g'/ξ_g mit der Objektivapertur [47] und ggf. auch der Einfluß der Bestrahlungsapertur zu berücksichtigen.

Als eine grundlegende, durch die relativistische Massenzunahme des Elektrons verursachte Erscheinung finden wir im Höchstspannungsbereich — wie im folgenden noch dargelegt wird — häufiger die Mehrstrahlanregung. Da sie u.a. stark von der Durchstrahlungsrichtung abhängt, sollen diesbezüglich zwei wichtige Spezialfälle betrachtet werden: die Pollage und der systematische Fall.

In der Pollage wird der Kristall parallel zu einer Zonenachse durchstrahlt. Die entsprechende Symmetrie zeigt sich sowohl im Beugungsdiagramm als auch bei der Abbildung im Überkreuzungsbereich der Biegekonturen als „Zonenachsenbild" oder „Polfigur". Da die Ewald-Kugel (s. Kap. 2.) hierbei eine reziproke Gitterebene tangiert, wird eine extrem hohe Zahl gebeugter Strahlen von unterschiedlicher Indizierung angeregt. Die mit steigender Spannung komplizierter werdenden Figuren erlauben Rückschlüsse auf Gitterkonstanten und Terme des periodischen Gitterpotentials (s. z. B. [48]).

Für die Praxis der Defektabbildung wählt man als Vereinfachung gewöhnlich den systematischen Fall. Hier erfolgt die Beugung an nur einer, zumeist niedrig indizierten Netzebenenschar, wodurch ein Beugungsvektor $\boldsymbol{g}$ festgelegt ist. Abbildung 4.3 zeigt die zugeordnete, sog. systematische Reihe reziproker Gitterpunkte $0, \pm g, \pm 2g \ldots$ Letztere entsprechen über den dynamischen Zweistrahlfall $0, g$ hinausgehend den höheren Beugungsordnungen. Maßgebend für die Anregung eines bestimmten Reflexes und weiterhin auch für die Durchstrahlbarkeit und den Defektkontrast in der Abbildung ist der Einfallswinkel α des Elektronenstrahls. Ihm

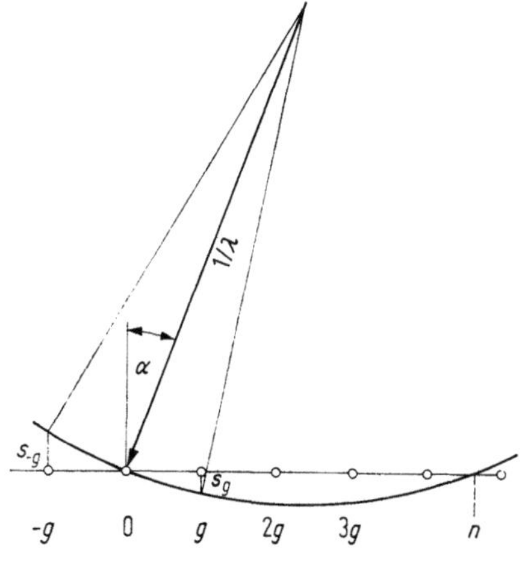

Abb. 4.3 Schnitt der Ewaldschen Ausbreitungskugel mit einer Punktreihe des reziproken Gitters (nicht maßstabgerechtes Schema)

geometrisch zugeordnet sind ein bestimmter, in der Praxis oft aus dem Kikuchi-Diagramm (s. Kap. 11.) entnehmbarer Schnittpunkt n der Ewald-Kugel mit der reziproken Gittergeraden sowie die vor allem bei Beugungskontrastuntersuchungen benutzten Anregungsfehler

$$s_g = (n - 1)\, g^2 \frac{\lambda}{2}, \qquad s_{-g} = -(n + 1)\, g^2 \frac{\lambda}{2} \tag{4.5}$$

der Reflexe g bzw. $-g$. Eine ganze Zahl n bedeutet exakte Anregung der n-ten Beugungsordnung (Orientierung in der Bragg-Lage n-ter Ordnung). Den Spezialfall $n = \alpha = 0$, d. h. Einstrahlung parallel zu den Netzebenen, bezeichnet man als Symmetrielage. Die Anregung sogenannter nicht-systematischer Reflexe außerhalb der systematischen Reihe führt im allgemeinen zu unerwünschten Nebenerscheinungen, z. B. zu Doppelbildern von Versetzungen, und ist daher durch geeignete Wahl der Orientierung grundsätzlich zu vermeiden. Dies wird zunehmend schwieriger mit steigendem Einfallswinkel α und größerem Bragg-Winkel Θ, z. B. mit steigendem Index des Netzebenentyps.

Um den Einfluß sonstiger Faktoren auf die Stärke der Mehrstrahlanregung zu diskutieren, kann man sich auf die einfache Orientierung der Symmetrielage beziehen, genauer gesagt auf den damit definierten Abweichungsparameter $|w_g| = |s_g|\,\xi_g$ der Reflexe g bzw. $-g$. Dieser ergibt sich mit $s_g = -g^2\lambda/2$ nach Gl. (4.5) und $\xi_g = h^2/(2m\lambda V_g)$ [46] zu

$$|w_\mathbf{g}| = \frac{h^2 g^2}{4m V_\mathbf{g}}. \tag{4.6}$$

Nach üblicher Konvention wird der Mehrstrahlfall bei $|w_\mathbf{g}| < 1$ erreicht. Nach dieser Gleichung kann man, obwohl sie keine höheren Fourier-Koeffizienten des Gitterpotentials V_{ng} berücksichtigt, erfahrungsgemäß die Stärke $1/|w_\mathbf{g}| \sim m V_\mathbf{g}/g^2$ des Mehrstrahlfalls kennzeichnen, die somit durch 3 Faktoren begünstigt wird:

— durch hohe Beschleunigungsspannung (allein über die relativistische Masseänderung und nicht über den Radius $1/\lambda$ der Ewald-Kugel),

— durch starkes periodisches Gitterpotential V_g (d. h. schwere Atome dichter Packung),

— durch großen Netzebenenabstand $1/g$ (wegen des Quadrats der stärkste Einfluß).

Der Mehrstrahlfall entsteht demnach stark bevorzugt an den niedrig indizierten Netzebenen.

Zur Veranschaulichung zeigt Abb. 4.4 eine grafische Übersicht für einige willkürlich auf der Abszissenachse angegebene Netzebenentypen monoatomarer Gitter. Die jeweils aus V_g und g berechneten Ordinatenwerte wurden nach Gl. (4.6) über

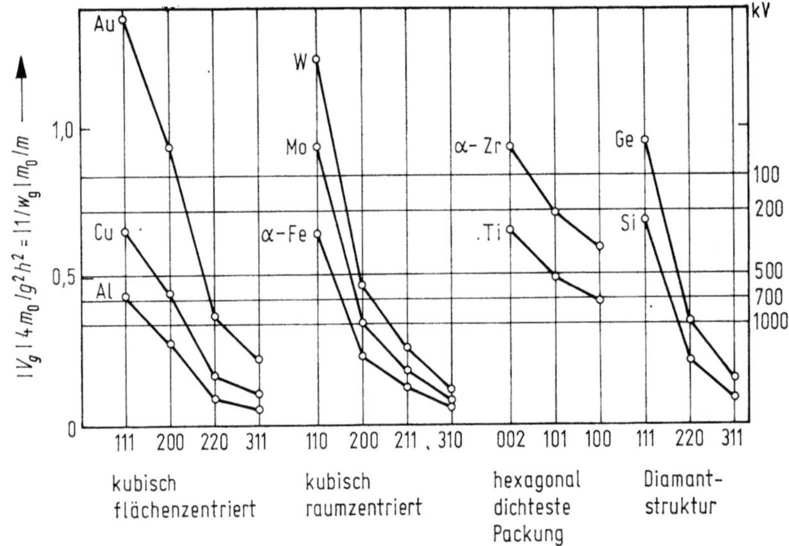

Abb. 4.4   Graphische Übersicht zur Beurteilung des Mehrstrahlkriteriums Gl. (4.6)

m_0/m mit der Beschleunigungsspannung korreliert. Bei den rechts angegebenen Spannungen wird jeweils die Grenze $|w_g| = 1$ erreicht. Ordinatenwerte oberhalb kennzeichnen Mehrstrahlfälle, so z. B. schon bei 100 kV für $\{110\}$ in Mo oder $\{111\}$ in Ge, hingegen für $\{111\}$ in Si ab etwa 250 kV oder $\{111\}$ in Al ab 700 kV. Unabhängig von Netzebenenart und Spannung sollten mit der einheitlichen Klassifikation nach Gl. (4.6) gleiche Werte $|w_g|$ auch etwa gleiche Beugungserscheinungen liefern. Experimentell wurde dies durch Klassifikation von Biegekonturen bestätigt [49], wobei ein aus der Theorie des Elektronen-Channeling durch FUJIMOTO abgeleiteter *planar channeling parameter* diente [50], der mit $|1/w_g|$ nach Gl. (4.6) identisch ist. — Weiterhin kann Gl. (4.6) im Prinzip auch dazu dienen, die Maximalzahl der für einfache Mehrstrahlfälle in Betracht zu ziehenden Strahlen abzuschätzen [51].

Das Thema Beugung abschließend, ist noch auf eine im Höchstspannungsbereich entdeckte besondere Mehrstrahlerscheinung, den Effekt der kritischen Spannung, hinzuweisen. Eine einführende Übersicht geben LALLY et al. [52]. In einfachster Form beobachtet man den Effekt im systematischen Fall als Verschwinden eines exakt angeregten Beugungsreflexes zweiter Ordnung bei einer mit U_c bezeichneten kritischen Beschleunigungsspannung. Diese wird vom Kristallgitter und den beugenden Netzebenen vorgegeben und berechnet sich [52] näherungsweise nach der Beziehung

$$U_c = \frac{m_0 c^2}{e_0} \left[\frac{\lambda_{100}}{\sqrt{1 - v_{100}^2/c^2}} \frac{g^2 \xi_g^2 \xi_{2g}}{(\xi_{2g}^2 - \xi_g^2)} - 1 \right]. \tag{4.7}$$

Hierbei sind für ξ_g, ξ_{2g} und λ_{100} die leicht zugänglichen 100 kV-Werte einzusetzen.

Experimentell wurde der Effekt erstmals 1967 mit dem Verschwinden der Dunkelfeld-Biegekontur 2. Ordnung in Al nachgewiesen [53]. Entsprechende Effekte 3. Ordnung fand man im Falle gemischter Strukturfaktoren, wie etwa der 111-Reihe in Si oder der 100-Reihe hexagonal dichtest gepackter Kristalle [54, 55]. In der 4. Beugungsordnung wurde der Effekt in geordneten Legierungen beobachtet [55]. Eine Auswahl experimenteller Daten gibt Tab. 4.2. Daneben beobachtet

Tabelle 4.2 *Experimentelle Werte der kritischen Spannung 2. und 3. Ordnung (letztere durch + gekennzeichnet) in kV* (nach THOMAS, L. E., et al. [55])

Kristall	systematische Reihe			
	111	110	200	220
Al	425		918	
Ni	298		588	(1794)
Cu	310		605	1750
Au	$<$0		108	726
Fe		305	(1249)	
Mo		35	789	
Si	1113+			$>$1150
Ge	925+			1028
GaP	1026+			1098

man Effekte kritischer Spannung auch im nicht-systematischen Fall, insbesondere in der Pollage [48]. — Seiner physikalischen Natur nach ist der Effekt eine Dispersionserscheinung, d. h. eine Folge der Spannungsabhängigkeit des Stromdichteprofils der Bloch-Wellen und der dadurch veränderlichen Wechselwirkung mit dem Gitter. Im Falle der kritischen Spannung entarten bestimmte Bloch-Wellen, d. h., sie erreichen gleiche Wellenvektoren und interferieren unter Auslöschung der Reflexintensität [56]. Entsprechend berühren sich die sonst getrennten, zugeordneten Zweige der Mehrstrahl-Dispersionsfläche [57]. — Die hauptsächliche Bedeutung des Effektes besteht darin, daß sich aus Meßwerten der kritischen Spannung mit hoher Genauigkeit ξ_g-Werte und zugeordnete Strukturfaktoren berechnen lassen und damit u. a. Streumodelle überprüft werden können [52, 55, 58]. Weiterhin lassen sich grundsätzlich auch das Gitterpotential modifizierende

Einflüsse im beugenden Feinbereich erfassen, z. B. in günstigen Fällen die Debye-
bzw. die Objekttemperatur [52, 59, 60] oder gewisse Ordnungszustände in Legierungen [55, 56, 61]. Schließlich benutzt man auch das Verschwinden der Biegekontur zu einer besonders kontrastreichen Dunkelfeldabbildung von Gitterdefekten,
vorzugsweise bei Strukturfaktorkontrast (s. Kap. 11.) [62].

4.4.   Durchstrahlbarkeit und Beugungskontrast von Kristallen

Die Transmission von Kristallen zeigt im Höchstspannungsbereich verschiedene
praktisch nutzbare Maxima, deren Orientierungs- und Spannungsabhängigkeit
für den systematischen Fall erläutert werden soll. Vom 100 kV-Bereich her kennt
man gewöhnlich nur ein markantes Maximum der Transmission knapp oberhalb
der Bragg-Lage 1. Ordnung. Mit zunehmendem Mehrstrahlfall — etwa bei $1/|w_g| =$
$= 1,2 \ldots 1,3$ — tritt dieses Maximum zugunsten ähnlicher Maxima oberhalb der
zweiten bzw. noch höherer Beugungsordnungen zurück, und außerdem erscheint
ein Maximum in der Symmetrielage [49, 63]. Die theoretische Erklärung folgt
nach HUMPHREYS et al. [64] aus der Orientierungsabhängigkeit von Anregung und
Absorption der Bloch-Wellen. Abbildung 4.5 gibt anhand einer Biegekontur ein
Beispiel für den Fall $1/|w_g| = 1,92$. Man erkennt das Maximum in der Symmetrie-
lage sowie gute Durchstrahlbarkeit oberhalb der 2. Ordnung.

Bezieht man sich auf eine vorgegebene Orientierung, so erfolgt mit steigender
Beschleunigungsspannung der monotone Anstieg der Transmission nur für den

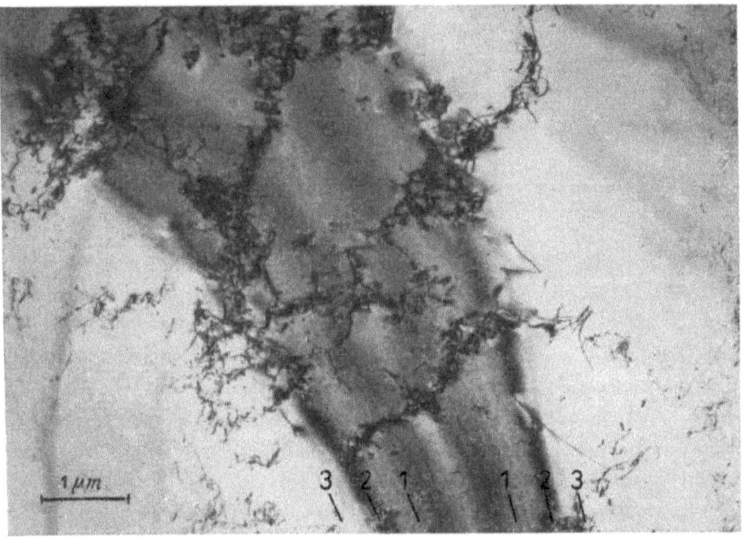

Abb. 4.5   1 MV-Hellfeldaufnahme im Bereich der 111-Biegekontur einer Kupferfolie
Die Orientierung ist durch die Beugungsordnung n (nach Abb. 4.3) angegeben.

deutlich kinematischen Fall. Im Bereich dynamischer Anregung hingegen, z. B. in der Symmetrie- oder der Bragg-Lage 1. Ordnung, verhält sich die Transmission oszillatorisch: sie erreicht Maxima und Minima bei bestimmten Spannungen ab etwa 1 MV in Abhängigkeit von Substanz- und Netzebenentyp [65, 66]. Aus dieser Sicht mißt man extrem hohen Beschleunigungsspannungen keinen allgemeinen Gewinn bei. Für die Kikuchi-Streuung folgen über das Reziprozitätsgesetz ähnliche Abhängigkeiten [54, 67, 68]. Dies interessiert für dicke Objekte, bei denen die Durchstrahlbarkeit durch die Kikuchi-Intensität bestimmt wird und daher stark mit der Objektivapertur zunimmt.

Mit der bevorzugten Durchstrahlbarkeit im Orientierungsbereich höherer Ordnungen — dem zumeist kinematischen Bereich — ergeben sich erweiterte Möglichkeiten für den Hellfeld-Beugungskontrast von Gitterdefekten. Abbildung 4.5 illustriert den allgemeinen Befund, daß mit zunehmender Entfernung von der Biegekontur — d. h. mit zunehmender Ordnung n bzw. Abweichung s_g — die Defektabbildung schärfer wird, aber gleichzeitig im Kontrast abnimmt. Um daher in der Praxis Defekte nicht zu übersehen, sucht man sie nahe der kontraststarken dynamischen Anregung und stellt anschließend meist empirisch einen gewünschten Kompromiß von Kontrast und Auflösung ein. Als allgemeine Vorteile dieser kinematischen Hellfeldabbildung — 1971 durch BELL und THOMAS [69] als *high-order bright-field*-Methode eingeführt — schätzt man neben guter Durchstrahlbarkeit und Auflösung auch den von dynamischen Kontrasten weitgehend freien Bilduntergrund. Theoretisch werden diese Hellfeldeigenschaften nach SANDSTRÖM [70, 71] als weitgehend komplementär zur *weak-beam*-Dunkelfeldabbildung beschrieben. Letztere benutzt unter starker Abweichung ($s_g \approx 0{,}2 \ \mathrm{nm}^{-1}$) von der exakten Bragg-Lage 1. Ordnung einen der intensitätsschwachen Strahlen g oder $-g$ zur Abbildung (s. Kap. 11.). Maßgebend für beide Fälle ist die am Defekt induzierte Streuung vom Primärstrahl in die nächstgelegenen Strahlen g und $-g$. Die entsprechende kinematische Extinktionslänge nimmt gemäß der Näherung $\xi_{g\,\mathrm{eff}} \approx 1/s_g$ monoton mit zunehmendem Anregungsfehler s_g ab; dies bedeutet abnehmende Breite der Kontrastprofile, d. h. erhöhte Auflösung. In der Praxis sollte man die exakte Anregung einer höheren Beugungsordnung n vermeiden, da sonst zusätzliche Streuprozesse kontrastwirksam werden [71]; u. a. ergibt die Extinktionslänge $\xi_{ng} \gg \xi_{g\,\mathrm{eff}}$ ein breites, schwaches Untergrundprofil [72].

Der Vergleich von kinematischem Hell- und Dunkelfeld [73, 74] sei anhand Abb. 4.6 illustriert. In beiden Fällen zeigt der Versetzungskontrast mit zunehmender Beugungsordnung kürzere Oszillationsperioden und abnehmende Profilbreite. Im Kontrast wird die Hellfeldmethode vorwiegend nach höherer Ordnung hin begrenzt, daher liegen praktikable Werte der Auflösung bei 5 ... 10 nm (z. B. [74]). Demgegenüber ist der *weak-beam*-Kontrast vor allem durch die Objektdicke begrenzt [75]; er kann sich bei starkem unelastischem Streuuntergrund in einen hellfeldähnlichen Kontrast umkehren [73]. Daher wird man die *weak-beam*-Methode auch im HEM nur in dünnen Objekten anwenden. Hierbei ist praktisch der gleiche Anregungsfehler ($s_g \approx 0{,}2 \ \mathrm{nm}^{-1}$) wie bei 100 kV notwendig. Da dieser aber nach Gl. (4.5) bei hohen Spannungen in den Bereich hoher Ordnungen n führt, wird es schwierig, nicht-systematische Reflexe zu vermeiden. Im Vergleich dazu

7 *

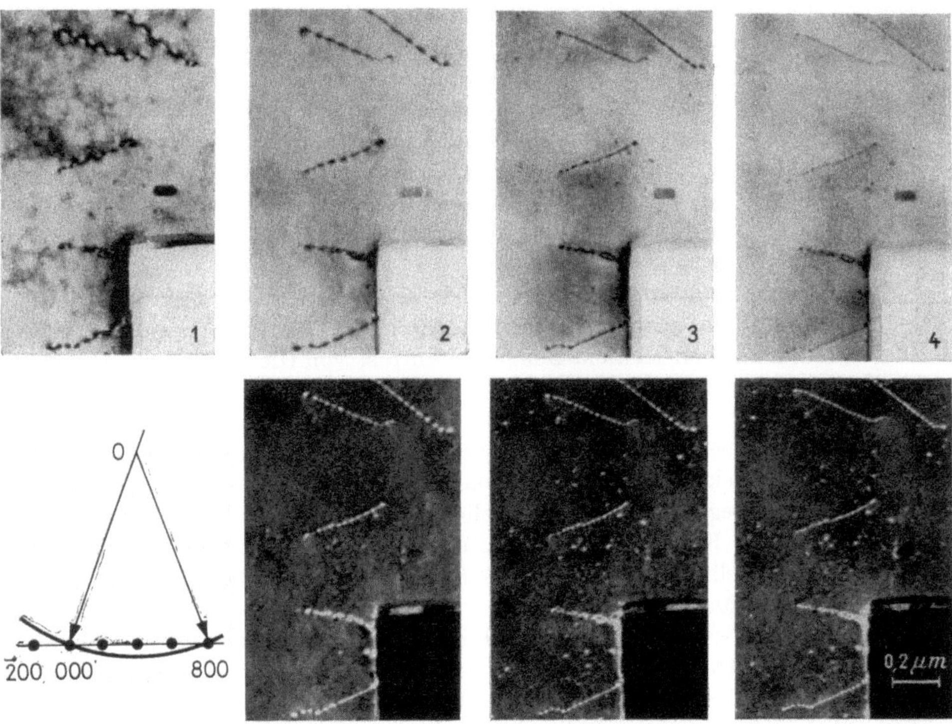

Abb. 4.6   Vergleich der Hellfeld- und der $\overline{2}$00-Dunkelfeld-Abbildung von Versetzungen in einem 0,35 μm dicken MgO-Kristallplättchen als Funktion der Orientierung

Bragg-Lage 1., 2., 3. und 4. Ordnung wie angegeben, systematischer Fall, 750 kV, Folienebene (001)

gilt die kinematische Hellfeldabbildung als Routinemethode guter Auflösung bis zu mittleren Objektdicken [62]. Ein Anwendungsbeispiel gibt Abb. 19.1. Bei großer Dicke ist man im Interesse ausreichenden Kontrastes auf die Nähe des dynamischen Falls eingeengt. (Beispiele: Abb. 16.10, 16.14.)

Eine besondere Rolle im Beugungskontrast dickerer Objekte spielt die Kikuchi-Streuung. Als räumliche Streuung sollte sie zunächst — analog zum amorphen Objekt — eine gewisse Unschärfe der Details nahe der Objektoberseite erzeugen. Dieser *top-bottom*-Effekt im herkömmlichen Sinne dürfte aber wegen der ohnehin begrenzten Auflösung im Beugungskontrast nur eine untergeordnete Rolle spielen; er wurde diesbezüglich noch nicht überzeugend nachgewiesen. Die Untersuchungen vorwiegend japanischer Autoren [72, 76, 77] zeigten jedoch, daß die streubedingte Winkelverbreiterung mit zunehmender Tiefe im Objekt vor allem die von der Einstrahlseite her definierten Beugungsbedingungen verändert und auf diese Weise den Kontrast von Baufehlern beeinflussen kann.

Betrachten wir als vereinfachten Extremfall ein Objekt solcher Dicke, bei dem die Bildintensität nahezu allein aus der Kikuchi-Intensität stammt, d. h. der Beitrag der Punktreflexe vernachlässigt werden kann: Ein nahe der Unterseite gelegener Baufehler wird dann vorwiegend durch „Kikuchi-Elektronen", d. h. mit einem diffus verbreiterten Strahlenbündel, beleuchtet [76] und abgebildet — praktisch ohne nachträgliche unelastische Streuung. Die Aperturblende des Objektivs sondert aus dieser Beleuchtung einen ungebeugten Strahl und gebeugte Strahlen aus und erzeugt somit für die Defektabbildung an der Objektunterseite definierte Beugungsbedingungen [78].

Nahe der Oberseite hingegen werden die Bedingungen wie gewohnt beleuchtungsseitig vorgegeben. Der Kontrast dort liegender Defekte bleibt bei der nachfolgenden unelastischen Streuung — abgesehen vom Einfluß der Absorption — weitgehend erhalten [46], d.h., er ist in gewissen Grenzen [77] unabhängig von der Position der Objektivapertur. Somit werden die Beugungsbedingungen *top* und *bottom* vorwiegend unabhängig voneinander durch den einfallenden bzw. abbildenden Strahlengang definiert. Nach diesem Schema lassen sich wesentliche Beugungskontrast-Eigenschaften in dicken Kristallen anschaulich deuten [78], speziell auch die dem dynamischen Zweistrahlfall entsprechenden bekannten Hellfeld-Dunkelfeld-Beziehungen.

Die Angabe einer maximal möglichen Objektdicke richtet sich nach den konkreten Bedingungen einer geforderten Durchstrahlbarkeit und Detailerkennbarkeit [65]. Bei 1 MV erhält man auswertbare Bilder von Versetzungen und Stapelfehlern in Objekten niedriger Ordnungszahl bis höchstens 8 μm Dicke [63, 79] — s. z. B. Abb. 16.14 —, hingegen bei hoher Ordnungszahl kaum oberhalb von Objektdicken um 1 μm.

Das Identifizieren von Kristallbaufehlern kann bei Vermeidung nicht-systematischer Reflexe zumeist nach den in Kap. 11. erläuterten Standardregeln erfolgen (Beispiele enthalten die Kapitel 11., 16., 19. und 20.). Zur Anwendung der Auslöschungsregel $(\boldsymbol{g}\boldsymbol{u}) = 0$ ($\boldsymbol{g}$ — Beugungsvektor, $\boldsymbol{u}$ — Verschiebungsvektor eines vorgegebenen Baufehlers) genügt die Wahl einer systematischen Reihe; hier wird man bei zu schwachem kinematischem Kontrast den dynamischen Fall prüfen. Zweistrahlkriterien zur Vorzeichenbestimmung des Burgers-Vektors $\boldsymbol{b}$ nach dem Vorzeichen des Produktes $(\boldsymbol{g}\boldsymbol{b})\,s_{\mathrm{g}}$ oder zur Bestimmung eines Planardefekt-Typs nach dem Kontrast seiner Randstreifen können auch bis zu großen Dicken [78] übernommen werden, wenn der ausgewählte Netzebenentyp das Zweistrahlkriterium $|w_g| > 1$ nach Gl. (4.6) erfüllt.

Für Kontrastberechnungen ergeben sich Vereinfachungen im häufig benutzten kinematischen Fall [71] sowie in dicken Objekten aufgrund der anomalen Absorption [78, 80]. Wegen der allgemein erhöhten Detailerkennbarkeit ist es zu empfehlen, üblicherweise vernachlässigte Einflüsse wie die Streustrahldivergenz und endliche Aperturgrößen zu prüfen. Diese „verschmieren" z. B. die effektive Extinktionslänge $\xi_{\mathrm{g\,eff}} = \xi_{\mathrm{g}}/\sqrt{1 + w_{\mathrm{g}}^2}$, vor allem bei Orientierungen im Übergangsbereich um $|w_{\mathrm{g}}| = 1$.

4.5.   Strahlinduzierte Objektveränderungen

Im Höchstspannungsbereich beobachtet man zwei Grundtypen der Objektschädigung: Einerseits die vom 100 kV-Bereich her bekannte Schädigung infolge elektronischer Anregung bzw. Ionisation — die sog. Anregungsschädigung — und andererseits die Verlagerungsschädigung, bei der die hochenergetischen Strahlelektronen Objektatome aus ihren ursprünglichen Plätzen herausstoßen (*displacement damage*).

Die auf Nichtleiter begrenzte Anregungsschädigung nimmt mit steigender Beschleunigungsspannung ab: Die ionisationsbedingten Energieverluste zeigen theoretisch [81] von 100 kV bis 400 kV eine Abnahme um etwa den Faktor 2, bei höheren Spannungen wird die weitere Abnahme schließlich unwesentlich. Experimentelle Untersuchungen zur Schädigungsdosis — zu messen in As/cm^2 in der Objektebene — erfolgten vor allem an organischen Kristallen, indem man das Verschwinden des substanztypischen Elektronenbeugungsdiagramms als Maß einer kritischen Dosis benutzte (s. z. B. [82]). Die Abnahme der Anregungsschädigung bietet grundsätzliche Vorteile für die Untersuchung bestrahlungsempfindlicher Nichtleiter. In der Praxis muß man oft zusätzlich objektschonende Maßnahmen einsetzen, z. B. geringe Vergrößerung, optimale Wahl von Film und Leuchtschirm, Bildverstärkung und — falls die Schädigung thermisch aktivierte Schritte enthält — auch Objektkühlung, z. B. bei Ionenkristallen [83].

Im Gegensatz zur Anregungsschädigung entstehen Verlagerungsschäden erst ab einer bestimmten Mindestenergie des stoßenden Elektrons und nehmen mit steigender Beschleunigungsspannung zu. Diese Schwellenenergie steigt mit der Masse des zu stoßenden Atoms und dessen Bindungsenergie in grober Näherung nach dem klassischen Stoßgesetz [84]. Beispielsweise ist eine Zerstörung von Kohlenstoffketten schon ab 50 kV zu erwarten [30], während die Werte für Metalle nach Tab. 4.3 bis über 1 MV reichen. In Kristallen führen die Verlagerungsschäden

Tabelle 4.3   *Zur Erzeugung mikroskopisch sichtbarer Verlagerungsschäden in Kristallen experimentell bestimmte Mindest-Beschleunigungsspannung in kV (nach* URBAN [85])

Mg	90	Cd	330	Nb	630
Al	150	Ni	400	Mo	700
Zn	190	Co	430	Ta	700 ⋯ 950
Cu	250	Pb	490	U	1500

nach einiger Bestrahlungszeit im allgemeinen zu im Mikroskop sichtbaren Defekten. Von MAKIN [84] begonnene *in-situ*-Untersuchungen ergeben nach einer neueren Übersicht von URBAN [85] folgendes Bild: Die Strahlelektronen erzeugen primär und orientierungsabhängig [86] Frenkel-Paare, deren Leerstellen und Zwischengitteratome je nach Objekttemperatur einer bestimmten Diffusionskinetik im Wechselspiel mit den verschiedenen Senken unterliegen. Im allgemeinen rekombiniert ein Teil der Frenkel-Paare, während überschüssige Fehlstellen kondensieren: Man beobachtet z. B. Versetzungsschleifen, Stapelfehlertetraeder oder auch Hohlräume. Unter wohldefinierten Bedingungen bestehen dabei Möglichkeiten, quantitative Daten der Fehlstellenkinetik zu gewinnen [87].

Technisches Interesse hat vor allem der elektronenstoßinduzierte Schädigungsprozeß in metallischen und Halbleiterwerkstoffen der Kern- und der Weltraumtechnik, da er in vieler Hinsicht die unter realen Bedingungen wesentlich langsamer ablaufende Schädigung simulieren kann. Von diesen Nutzungsmöglichkeiten abgesehen, kann man die Verlagerungsschäden für Routineuntersuchungen der Realstruktur bis zu gewissem Grade zulassen; andernfalls muß man unterhalb der Schwellenenergie arbeiten. Dies schließt die Schäden aber nicht völlig aus, da Verlagerungen dann noch an Stellen reduzierter Bindungsenergie und auch durch Mitwirkung leichterer Fremdatome, z. B. aus der Kontaminationsschicht, entstehen können [85].

Schließlich ist noch auf die Objektschädigung durch Erwärmung hinzuweisen, die im HEM vor allem durch große Objektdicke bei schlechter Wärmeableitung auftritt (s. z. B. [30]).

4.6.   Anwendungsbezogene Vorteile

Nach der bisherigen Diskussion der methodischen Gegebenheiten des HEM soll abschließend bezüglich der Anwendung auf die wesentlichen Vorteile hingewiesen werden. Diese ergeben sich zumeist aus der größeren durchstrahlbaren Objektdicke nach physikalischen, technischen und geometrischen Gesichtspunkten.

Vom geometrischen Gesichtspunkt her vergrößert sich mit der höheren Durchstrahlbarkeit das der Untersuchung zugängliche Volumen. Dies geschieht oftmals stärker als proportional zur durchstrahlbaren Dicke. Betrachtet man z. B. den praktisch häufigen Fall eines durch Abdünnen hergestellten Präparats mit keilförmigem Lochrand, so steigen die durchstrahlbare Fläche annähernd proportional und das Volumen daher mit dem Quadrat der durchstrahlbaren Dicke an. Somit verbessern sich erheblich die Möglichkeiten zur statistischen Erfassung von Details, d. h. auch zum Auffinden seltener Einzelheiten — ein Beispiel ist das Auffinden von *swirls* in Si (s. Kap. 16.). Gleichermaßen verbessert sich die Übersicht über ausgedehnte Strukturen und strukturelle Zusammenhänge, wie etwa Versetzungskonfigurationen (z. B. Abb. 16.18), die sich in dünneren Objekten aus Fragmenten kaum rekonstruieren ließen. Auch bei sehr heterogenen Objekten vereinfacht sich wesentlich die Übersicht, vorausgesetzt, daß sich nicht zu viele Details im Bild überlappen. Zur räumlichen Trennung läßt sich jedoch die Stereoabbildung verwenden, falls ein amorpher oder einkristalliner Objektbereich vorliegt. Schließlich ermöglicht das HEM auch eine Durchstrahlung von Mehrfachschichten technischer Objekte, was vor allem für die Untersuchung von Defekten in elektronischen Bauelementen Bedeutung erlangt hat (s. Kap. 16.).

Zu den technischen Vorteilen größerer Objektdicke gehören das stabilere Verhalten der Objekte während des Mikroskopierbetriebes, die einfachere Präparation — z. B. beim Abdünnen oder Schneiden (s. Anhang 2.) — und die häufigere Möglichkeit der direkten Durchstrahlung von Pulverteilchen, Fasern, Whiskern u. ä. ohne den Umweg über Zerkleinerung oder Abdruck.

Als physikalischer Vorteil der größeren Objektdicke gilt vor allem der verringerte elastomechanische und thermodynamische Einfluß der Objektoberfläche. Die Objekteigenschaften nähern sich daher besser denen des kompakten Materials. Dieser Befund erlangte entscheidende Bedeutung für das Experimentieren *in-situ* [88]. Begünstigt wird die heute vielseitig angewandte *in-situ*-Technik durch die relativ guten Platzverhältnisse im Objektraum zum Unterbringen der Goniometertische und vielfältigen Zusatzgeräte, die neben üblichen Verfahren wie Objektheizung, -kühlung oder mechanische Verformung auch chemische Reaktionen in speziellen Objektkammern, Ionenbeschuß oder die Einwirkung elektrischer bzw. magnetischer Felder erlauben sowie eine Kombination von 2 oder 3 dieser Möglichkeiten [89].

Nach dem momentanen Stand [4] ist auf folgende Anwendungen und Grenzen der *in-situ*-Technik hinzuweisen: Mechanische Verformung ergab bisher wesentliche Aussagen zum Verhalten von Einzelversetzungen unter Spannung, ihrer Vervielfachung und Wechselwirkung untereinander sowie mit Hindernissen (s. Kap. 12.). Da jedoch die Gleitwege im allgemeinen durch die Foliendicke begrenzt sind, lassen sich räumlich weiter ausgedehnte, kollektive Versetzungsprozesse kaum beobachten. Das Arbeiten mit Objektheizung, vielfach auf metallphysikalische Fragen angewendet, erfordert u. a. die kritische Beachtung der thermodynamischen Wirkung der Oberfläche und möglicher Reaktionen mit dem Restgas im Objektraum. Für Arbeiten unter definierter Gas- oder Dampfdruckatmosphäre benutzt man spezielle Objektkammern, die gegenüber dem Gerätevakuum durch dünne Fenster oder eine Folge enger Blenden getrennt sind. In reaktiver Gasatmosphäre (einschließlich Objektheizung oder -kühlung) läßt sich ein breites Spektrum von Festkörperreaktionen untersuchen [90], wobei auch die zusätzliche Wirkung des Elektronenstrahls interessiert. Nebenbei sei angemerkt, daß Kammern dieser Art auf biologischem Gebiet vor allem zur Untersuchung des wasserhaltigen Originalzustandes hinreichend bestrahlungsunempfindlicher Substanzen eingesetzt werden (s. z. B. [91]).

Die Schädigung durch den Elektronenstrahl als eine Grenze der *in-situ*-Technik ist hauptsächlich von den Metallen her bekannt [85]. Beispielsweise können im Mikroskop noch unsichtbare Verlagerungsschäden einen Objektbereich verfestigen. Man empfiehlt daher Beschleunigungsspannung bzw. Intensität so weit herabzusetzen, wie es die jeweils erforderliche Mindestdicke des Objektes erlaubt [92].

Eine besondere Erweiterung der HEM entsteht gegenwärtig durch die Kombination mit der STEM, was zu einer Vielfalt von Abbildungsmoden und erhöhter Durchstrahlbarkeit führt. Ein bereits intensiv bearbeitetes Anwendungsfeld ist die Untersuchung *in-situ* betriebener elektronischer Schaltkreise, wodurch z. B. vielseitige Aussagen zur Natur und elektronischen Wirkung von Defekten möglich sind [93].

4.7. Literatur

[1] High Voltage Electron Microscopy, Proc. 3. Int. Conf. HVEM, Eds: P. R. SWANN; C. J. HUMPHREYS; M. J. GORINGE. — London/New York: Academic Press 1974.
[2] Microscopie électronique à haute Tension 1975, Proc. 4. Int. Conf. HVEM. Eds.: B. JOUFFREY; P. FAVARD. — Paris: Soc. Franc. de Microsc. Electr. 1976.
[3] High Voltage Electron Microscopy 1977, Proc. 5. Int. Conf. HVEM. Eds.: T. IMURA; H. HASHIMOTO. — Kyoto: Jap. Soc. of Electr. Microsc. 1977.
[4] In-Situ High Voltage Electron Microscopy. Proc. Int. Symp. In-Situ HVEM. — Berlin: Akademie-Verlag 1979 (Abdruck aus Kristall Tech. 14 (1979), Nr. 10 und 11).
[5] Electron Microscopy 1978. Proc. 9. Int. Congr. El. Micr. Ed.: J. M. STURGESS. — Toronto: Microsc. Soc. of Canada 1978.
[6] MÜLLER, H. O.; RUSKA, E., Kolloid-Z. 95 (1941) 21.
[7] v. ARDENNE, M., Z. Physik 117 (1941) 657.
[8] ZWORYKIN, V. K.; HILLIER, J.; VANCE, A. W., J. Appl. Phys. 12 (1941) 738.
[9] VAN DORSTEN, A. C.; OOSTERKAMP, W. J.; LE POOLE, J. B., Philips Tech. Rundsch. 9 (1947) 193.
[10] DUPOUY, G.; PERRIER, F.; DURRIEU, L., C.R. Acad. Sci. (Paris) B 251 (1960) 2836.
[11] SMITH, K. C. A.; CONSIDINE, K.; COSSLETT, V. E., Proc. 6. Int. Congr. El. Micr., Kyoto 1966, Vol. 1, p. 99.
[12] DUPOUY, G.; PERRIER, F.; DURRIEU, L., J. Microsc. (Paris) 9 (1970) 575.
[13] OZASA, S., et al., J. Electron Microsc. 21 (1972) 109.
[14] SHIMOYAMA, H.; OHSHITA, A.; MARUSE, S., J. Electron Microsc. 21 (1972) 119.
[15] ANAZAWA, N., et al., in [2] 23.
[16] VOROB"EV, S. A., et al., Veröff. 11. Allunions-Konf. El. Mikr., Tallinn 1978, Bd. 1, 187.
[17] VALLE, R., et al., in [3], 163.
[18] COSSLETT, V. E., in [3], 27.
[19] HERRMANN, K.-H.; KRAHL, D.; RUST, H.-P., in [4] 1255.
[20] DIETRICH, J., in [5], Vol. 3, 173.
[21] STROJNIK, A.; SPARROW, T. G., J. Phys. (London) E 10 (1977) 502.
[22] ISHIKAWA, A., et al., in [3], 105.
[23] ZEITLER, E.; CREWE, A. V., in [3], 99.
[24] STROJNIK, A.; PASSOW, C.: Scanning System for a 5 MeV Microscope. In: Scanning Electron Microscopy 1978/I. Eds.: P. BECKER; O. JOHARI. — AMF O'Hare: SEM Inc., p. 319.
[25] EISENHANDLER, L. B.; SIEGEL, B. M., J. Appl. Phys. 37 (1966) 1613.
[26] COWLEY, J. M., in [2], 129 und in [5], Vol. 3, 207.
[27] HORIUCHI, S., et al., J. Electron Microsc. 27 (1978) 39.
[28] HORIUCHI, S.; MURAMATSU, K.; MATSUI, J., Acta Cryst. A 34 (1978) 939.
[29] KOBAYASHI, K., et al., Proc. 8. Int. Congr. El. Micr., Canberra 1974, Vol. 1, p. 30.
[30] COSSLETT, V. E., Quart. Rev. Biophys. 2 (1969) 95.
[31] DUPOUY, G., et al., C.R. Acad. Sci. (Paris) B 276 (1973) 767.
[32] REIMER, L.; GENTSCH, P., Ultramicroscopy 1 (1975) 1.
[33] MISELL, D. L., J. Phys. (London) D 6 (1973) 1409.
[34] BHATTACHARYA, D. K.; DAS GUPTA, N. N., Ultramicroscopy 3 (1978) 29.
[35] JOUFFREY, B., High Voltage Electron Microscopy up to 3.1 MV;/Energy Losses of Fast Electrons in Solids. In: Electron Microscopy in Materials Science. 3rd Course Int. School of Electron Microscopy, Eds.: U. VALDRÈ; E. RUEDL. — Luxembourg: Comiss. Europ. Communit. 1975, Vol. 3, p. 979,/Vol. 4, p. 1405.
[36] FOTINO, F., in [2], 361.
[37] CREWE, A. V., J. Electron Microsc. 28 (1979). Suppl., 9.

[38] YAMAMOTO, T.; NISHIZAWA, H., Phys. Status Solidi a **28** (1975) 237.
[39] COSSLETT, V. E., Phys. Status Solidi a **55** (1979) 545.
[40] COWLEY, J. M., in [3], 9.
[41] SAHASHI, T., Jap. J. Appl. Phys. **9** (1970) 1.
[42] BOERSCH, H., Ann. Physik (Leipzig) **27** (1936) 75.
[43] LE POOLE, J. B., Philips Tech. Rundsch. **9** (1947) 33.
[44] RIECKE, W. D., Optik **18** (1961) 278.
[45] KOREEDA, A.; SHIMIZU, K., J. Electron Microsc. **22** (1973) 159.
[46] HOWIE, A., The Theory of High Energy Electron Diffraction; in: Modern Diffraction and Imaging Techniques in Materials Science. Eds.: S. AMELINCKX et al. — Amsterdam/London: North-Holland Publ. Co. 1970, 295.
[47] GLEICHMANN, R., Dissertation Halle 1975.
[48] SHANNON, M. D.; STEEDS, J. W., Philos. Mag. **36** (1977) 279.
[49] FUJITA, H.; SUMIDA, N.; TABATA, T., J. Phys. Soc. Jap. **35** (1973) 224.
[50] FUJIMOTO, F., et al., Radiat. Eff. **12** (1972) 153.
[51] WHELAN, M. J.; HUMPHREYS, C. J., in [3], 185.
[52] LALLY, J. S., et al., Philos. Mag. **25** (1972) 321.
[53] NAGATA, F.; FUKUHARA, A., Jap. J. Appl. Phys. **6** (1967) 1233.
[54] THOMAS, L. E., Philos. Mag. **26** (1972) 1447.
[55] THOMAS, L. E., et al., in [1], 38.
[56] GORINGE, M. J., in [2], 85.
[57] METHERELL, A. J. F.; FISHER, R. M., Phys. Status Solidi **32** (1969) 551.
[58] HEWAT, E. A.; HUMPHREYS, C. J., in [1], 52.
[59] ROCHER, A.; JOUFFREY, B., Proc. 8. Int. Congr. El. Micr., Canberra 1974, Vol. 1, 344.
[60] ICHIMIYA, A., et al., in [3], 267.
[61] SHIRLEY, C. G.; FISHER, R. M., in [3], 267.
[62] BUTLER, E. P., Micron **5** (1974) 293.
[63] FUJITA, H., et al., in [1], 426.
[64] HUMPHREYS, C. J., et al., Philos. Mag. **23** (1971) 87.
[65] HUMPHREYS, C. J., Philos. Mag. **25** (1972) 1459.
[66] ROUCEAU, C.; AYROLES, R., Philos. Mag. **31** (1975) 387.
[67] THOMAS, L. E.; HUMPHREYS, C. J., Phys. Status Solidi a **3** (1970) 599.
[68] HÖIER, R., Acta Cryst. A **29** (1973) 663.
[69] BELL, W. L.; THOMAS, G., Applications and Recent Developments in Transmission Electron Microscopy. In: Electron Microscopy and Structure of Materials. Ed.: G. THOMAS. — Berkeley/Los Angeles/ London: Univ. Calif. Press 1972, 23.
[70] SANDSTRÖM, R.; MELANDER, A., Proc. 8. Int. Congr. El. Micr., Canberra 1974, Vol. 1, p. 292.
[71] SANDSTRÖM, R., Phys. Status Solidi a **18** (1973) 639 und **19** (1973) 83.
[72] YAMAMOTO, T., et al., JEOL News **10e** (1972) 10.
[73] KÄSTNER, G., in [1], 172.
[74] KÄSTNER, G., in: Veröff. 8. Arb. Tag. El. Mikr. — DDR 1975 353.
[75] MELANDER, A.; SANDSTRÖM, R., in [1], 27.
[76] HASHIMOTO, H., in [1] 9.
[77] KAMIYA, Y.; NAKAI, Y., J. Phys. Soc. Jap. **40** (1976) 1690.
[78] KÄSTNER, G., in [3] 217.
[79] THOMAS, G., Philos. Mag. **17** (1968) 1097.
[80] WILKENS, M., Phys. Status Solidi **6** (1964) 939.
[81] STERNHEIMER, R. M., Phys. Rev. **88** (1952) 852.
[82] HOWITT, D. G.; GLAESER, R. M.; THOMAS, G., J. Ultrastruct. Res. **55** (1976) 457.
[83] STRUNK, H., in [2], 229.
[84] MAKIN, M. J., Philos. Mag. **18** (1968) 637.
[85] URBAN, K., Phys. Status Solidi a **56** (1979) 157.
[86] WILKENS, M., in [3], 475.

[87] KIRITANI, M., et al., J. Phys. Soc. Jap. **6** (1975) 1677.
[88] FISHER, R. M.; IMURA, T., Ultramicroscopy **3** (1973) 3.
[89] VALDRÉ, U., in [2], 17.
[90] SWANN, P. R., in [2], 299.
[91] PARSONS, D. F., in [2], 355.
[92] MARTIN, J. L.; KUBIN, L. P., Ultramicroscopy **3** (1978) 215.
[93] COSSLETT, V. E., et al., in [4], 1177.

5. Raster-Elektronenmikroskopie: Elektronenoptische und gerätetechnische Grundlagen

H. Johansen, U. Werner

Die Entwicklung des Raster-Elektronenmikroskops (REM) geht auf Arbeiten von Knoll [1] und von v. Ardenne [2, 3] in den dreißiger Jahren zurück. Erste Anwendungen des REM zur direkten Abbildung von Oberflächen aus dieser Zeit wurden von Theile [4] bzw. von Knoll und Theile [5] beschrieben. Das Prinzip des Elektronenstrahlmikroanalysators (ESMA) — abgeleitet aus dem elektronenoptischen Rasterverfahren — wurde zuerst 1947 von Hillier [6] bzw. 1949 von Castaing und Guinier [7] angegeben. Die weitere Entwicklung der Grundidee in Richtung auf die ersten kommerziellen Geräte hin erfolgte vor allem zu Anfang der sechziger Jahre in Großbritannien (Oatley und Mitarbeiter [8]) und in Japan (Kimoto und Mitarbeiter [9]). Darstellungen zur Entwicklungsgeschichte des REM enthalten z. B. [10—12].

5.1. Bedeutung und Einsatz

Der gegenwärtige Stand der REM ist dadurch gekennzeichnet, daß das physikalische Grundprinzip des Gerätes von den führenden Herstellern der Welt zwar einerseits bis zur Perfektion ausgefeilt worden ist, andererseits sich aber auf dem Rasterverfahren beruhende, verwandte festkörperanalytische Oberflächen- und Grenzflächenmethoden gerätetechnisch noch in voller Entwicklung befinden (s. z. B. Auger-Elektronen-REM) [13]. Neben der Oberflächen-REM hat in den letzten Jahren zunehmend auch die Raster-Transmissions-Elektronenmikroskopie (STEM) an Bedeutung gewonnen und wird vor allem in der hochauflösenden und analytischen EM eingesetzt [14].

Der Kontrast entsteht dadurch, daß die bei der Wechselwirkung zwischen Elektronensonde und Objekt entstehenden Signale der verschiedensten Art geeigneten Detektoren zugeführt werden, ohne daß hierbei Elektronenlinsen für Abbildungszwecke eingesetzt werden. Die im REM vorhandene Elektronenoptik hat lediglich die Aufgabe, eine hinreichend feine Sonde zu erzeugen und diese rasterförmig über einen ausgewählten Objektbereich zu führen. Hieraus ergeben sich für die Untersuchung eine Reihe von besonderen Möglichkeiten:

— Direktabbildung von Oberflächenbereichen an Metallen, Halbleitern und Isolatoren unter Umgehung aufwendiger Abdruckpräparationen der Transmissions-Elektronenmikroskopie (TEM),

— Erzeugung des unmittelbaren Stereobildeindruckes von einer Festkörperoberfläche,

— differentielle, vielfältige elektronische Signalverarbeitung zwischen Signalauslösung im Objekt und Bilderzeugung (insbesondere Rauschbefreiung, Diskrimination, analoge oder digitale Speicherung),

— großer, linearer Änderungsbereich des Abbildungsmaßstabes durch Änderung der Strahlablenkungsamplituden ($5\times$ ... $200\,000\times$),

— extreme Schärfentiefe durch Objektivbrennweiten bis zu 170 mm,

— Gleichzeitigkeit der Informationsgewinnung von einem Objektbereich mittels unterschiedlicher Wechselwirkungssignale (Oberfläche und Volumen),

— Gleichzeitigkeit der Informationsgewinnung von einem Objektbereich bei unterschiedlichen Vergrößerungen (s. Abschn. 5.3., Dualdisplay) bzw. integral und spektroskopisch aus einem Wechselwirkungssignal,

— morphologische und analytische Untersuchung auch extrem großer Objekte,

— Objektmanipulationen in maximal 5 Freiheitsgraden,

— Untersuchung unter vielfältigen *in-situ*-Bedingungen (Temperatur, Verformung, elektrische und magnetische Felder, Präparation; zeitauflösende Experimente).

Hinsichtlich seines (lateralen) Auflösungsvermögens in einer Oberflächenabbildung (mit Sekundärelektronen, SE) nimmt das REM eine Stellung zwischen der Lichtmikroskopie ($0,2-0,3$ µm) und der TEM ein (s. Kap. 1.). Einzelgeräte mit Feldemissionskatoden erreichen heute 2 nm [15]. Für Hochleistungsgeräte mit Wolfram-Haarnadelkatode gelten 7 ... 5 nm als untere (laterale) Auflösungsgrenze. Angemerkt werden muß aber hier, daß der Begriff der Auflösung im REM mit Vorsicht zu interpretieren ist. Die Auflösung hängt keinesfalls nur vom erzielbaren Sondendurchmesser, sondern auch von der Größe des Austrittsbereiches der zur Abbildung benutzten Elektronen (z. B. Sekundärelektronen) ab, wie in Kap. 6. näher erläutert wird. Eine hohe Auflösung ist z. B. an speziellen Objekten nachweisbar, in denen Details in der Größe des erzielbaren Sondendurchmessers mit wesentlich unterschiedlicher Sekundärelektronenausbeute als der des Materials in der Umgebung vorliegen.

Der sichere Nachweis dieser Grenzwerte ist also sowohl an die Präparation geeigneter Objekte (z. B. Berücksichtigung der z. T. stark unterschiedlichen Signalausbeuten bei mehrphasigen Objekten) als auch an die Existenz auflösbarer Strukturen mit verschiedenen, bekannten lateralen Abständen in echten Testobjekten gebunden (z. B. Überstrukturperioden an epitaktischen Schichten unterschiedlicher Verbindungshalbleiter [16]). Für die morphologische Untersuchung von physikalischen und technischen Objekten sind i. allg. keine besonderen Präparationsschritte erforderlich außer einer hinreichenden elektrischen Leitfähigkeit an der Oberfläche, die man durch eine Metall- bzw. eine kombinierte Kohle-Metall-Beschichtung (Bedampfung bzw. einfacher und besser Zerstäubung) erreicht. Dies ist auch ein entscheidender Grund für die breite Anwendbarkeit des REM in vielen Disziplinen der Natur- und Werkstoffwissenschaften, s. z. B. [17]. Spezielle Präparationsverfahren zur Fixierung, Entwässerung und Gefriertrocknung (insbesondere „Kritische-Punkt-Trocknung" [18]) haben dem REM daneben auch in Medizin, Biologie, Biochemie und verwandten Wissenschaften zu einer großen Bedeutung verholfen [19].

Dank der Vielseitigkeit der für die Informationsgewinnung ausnutzbaren Wechselwirkungsprozesse zwischen Elektronenstrahlung und Objekt lassen sich, wie in Kap. 6. näher beschrieben, in der Oberflächen-REM sehr unterschiedliche Abbildungsmoden realisieren, die im wesentlichen die Nutzung folgender physikalischer Prozesse zwischen Elektronensonde und Festkörper zur Grundlage haben:

— Sekundärelektronenemission (Sekundärelektronen — SE),
— Elektronenrückstreuung (rückgestreute Elektronen — RE),
— Elektronenabsorption (absorbierte Elektronen — AE),
— Auslösung charakteristischer Röntgenstrahlung
  (= Grundprinzip der Elektronenstrahl-Mikroanalyse — ESMA),
— Emission von Lichtquanten (Katodolumineszenz — KL),
— Elektronenstrahlinduzierte Leitfähigkeit (*Electron Beam Induced Conductivity*
  — EBIC),
— Auslösung von Auger-Elektronen,
— Transmission von Primärelektronen (STEM).

Aus dieser Vielfalt ausnutzbarer Wechselwirkungen erwächst der Gedanke eines „Moden"-Vergleichs (in modernen REM-Geräten durch mehrkanalige Simultandisplays gegeben, s. Abschn. 5.3.), und hier ist die Kombination von morphologischer (SE, RE, AE) und analytischer (ESMA, KL) Aussage die gebräuchlichste. Dabei ist zu berücksichtigen, daß die problemspezifische Eignung eines Signals ganz verschieden sein kann. So lassen sich z. B. mit RE sowohl magnetische Domänen als auch der Perfektionsgrad kristalliner Objekte (*channelling*, s. Abschn. 6.4.), mit KL sowohl Kristallbaufehler in Verbindungshalbleitern als auch Modifikationen in der Kristallstruktur empfindlich untersuchen.

Speziell für die Belange der Halbleiterfertigung wird das REM sowohl zur qualitativen Inspektion als auch zur Messung von Abständen und Positionen geometrischer Strukturen benutzt. Untersuchungen dieser Art haben besondere Bedeutung im Zusammenhang mit der Elektronenstrahllithographie [20].

5.2.   Elektronenstrahlerzeugung und Elektronenoptik

Den prinzipiellen Aufbau eines modernen Gerätes für Oberflächenabbildungen zeigt Abb. 5.1 in einer schematischen Darstellung (zusätzliche Anordnung von Detektor und Spektrometer für STEM s. Abschn. 5.4., Abb. 5.9 und 5.11). In der elektronenoptischen Säule wird der — in kommerziellen Geräten gewöhnlich aus einer direkt geheizten Wolfram-Haarnadelkatode emittierte — Elektronenstrom (mit Maxwellscher Geschwindigkeitsverteilung) zu einem *cross over* oberhalb oder unterhalb der (auf Erdpotential liegenden) Anode fokussiert („virtuelle Katode") und dieser anschließend in einem zwei- bis dreistufigen elektromagnetischen Lin-

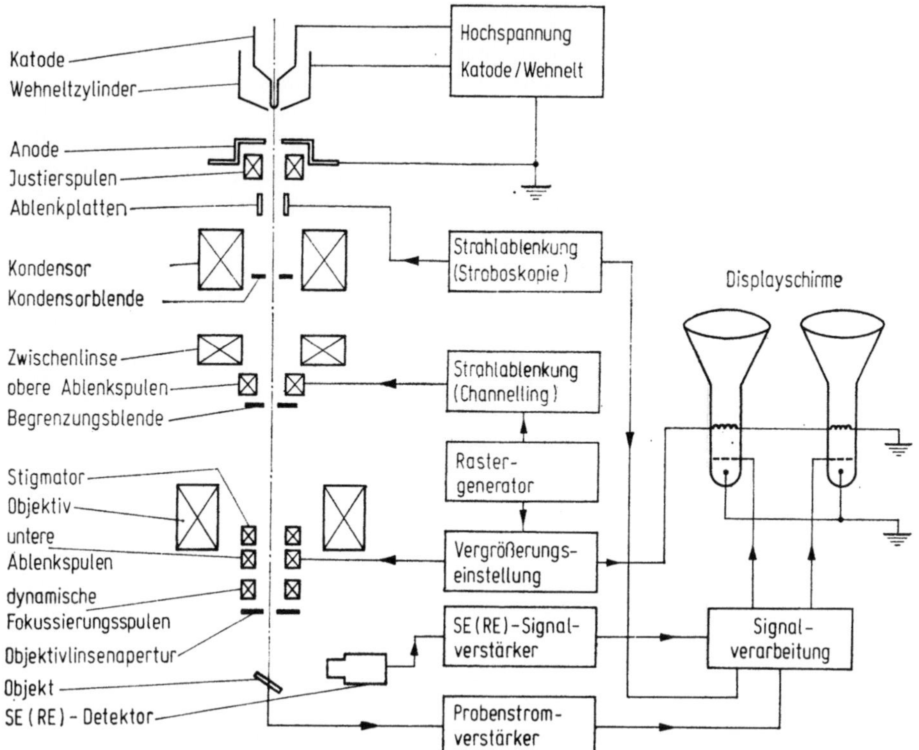

Abb. 5.1   Aufbau und Funktionsweise eines REM (schematische Darstellung)

sensystem auf einen Durchmesser von 10 ··· 5 nm auf der Objektoberfläche abgebildet (1 bis 2 Kondensorlinsen, 1 Objektivlinse). Bezogen auf den *cross over*
($\varnothing$ 25 ··· 100 μm) resultieren Verkleinerungsfaktoren von 10^3 ··· 10^4. Die Erzeugung
des Abtastrasters (100 ··· 2500 Zeilen, Bildzeiten typisch zwischen 0,5 s und 500 s)
erfolgt von einem Rastergenerator aus über die unteren Ablenkspulen, wobei durch
veränderliche Ablenkamplituden des Primärstrahles 5fache bis 200000fache Vergrößerungen erzielt werden. Weitere Elemente sind Strahljustierspulen unter der
Anode, Ablenkplatten zur Strahlpulsung (Stroboskopie), eine Zwischenlinse mit
zugehörigen (oberen) Ablenkspulen zur Realisierung spezieller Strahlengänge
(*channelling*-Diagramme, s. Abschn. 6.4.), Aperturblenden sowie als weitere
Korrekturglieder der Stigmator und ein Spulensystem zur Schnellfokussierung (dynamische Fokussierung) der Elektronensonde.

Der Abtastvorgang über dem ausgewählten Objektbereich und die Erzeugung
des Bildrasters auf den Displayschirmen werden synchron vom Rastergenerator
aus gesteuert. Die von Detektoren (z. B. SE, RE) bzw. dem Objekt selbst (AE,
EBIC) erfaßten Signale werden verstärkt, verschiedenartig elektronisch aufbe-
reitet (s. Abschn. 5.3.) und erzeugen dann durch eine Intensitätsmodulation den
Bildkontrast auf den Schirmen von Katodenstrahlröhren. Hochspannungs- und

Linsenstromstabilitäten liegen bei $10^{-5} \cdots 10^{-6}$, Strahlspannungen und -ströme zwischen 1 kV und 50 kV bzw. zwischen 10^{-6} A und 10^{-12} A, das Arbeitsvakuum im Probenraum zwischen 10^{-3} Pa und 10^{-4} Pa in kommerziellen Geräten.

In der Elektronenstrahlerzeugung unterscheidet man thermische und Feldemission (s. hierzu Kap. 1.). Der wichtigste Parameter ist hierbei der erzielbare Richtstrahlwert R. Für die im Routinebetrieb eingesetzte direkt geheizte Wolfram-Haarnadelkatode ergibt sich gemäß der Langmuirschen Gleichung (s. Gl. 1.4) ein Richtstrahlwert $R = (1 \cdots 5) \cdot 10^4$ A cm^{-2} sr^{-1} unter folgenden Bedingungen: Katodentemperatur 2700 K, Beschleunigungsspannung 25 kV, totaler Emissionsstrom $100 \cdots 200$ μA, Energiebreite der emittierten Elektronen $2 \cdots 3$ eV. Die auch zu den thermischen Elektronenstrahlerzeugern zählende Lanthanhexaborid-Katode (LaB$_6$-Katode) liefert (z. B. bei 20 kV) Richtstrahlwerte bis zu einigen 10^6 A cm^{-2} sr^{-1}. Mit Feldemissionskatoden lassen sich die höchsten Richtstrahlwerte von $10^7 \cdots 10^9$ A cm^{-2} sr^{-1} (bei 30 kV) erzeugen und günstige Halbwertsbreiten der Energie der emittierten Elektronen von $0{,}2 \cdots 0{,}5$ eV erzielen (über Strahlerzeugungssysteme s. auch Kap. 1.).

Generell läßt sich bei den verschiedenen Strahlerzeugungssystemen aus der Abhängigkeit des erzielbaren Sondendurchmessers vom Richtstrahlwert R folgern, daß oberhalb von $R = 5 \cdot 10^6$ A cm^{-2} sr^{-1} zwar höhere Strahlströme in einem endlich kleinen Sondendurchmesser erreicht werden können, jedoch läßt sich dieser dann nicht weiter verringern.

In konventionellen REM werden gewöhnlich Linsen vom *pin-hole*-Typ mit zusätzlichen Luftspulen zur Vermeidung von Hystereseproblemen für die Strahlfokussierung (Kondensor, Objektiv) eingesetzt (Stromdichten etwa 200 A/cm²) [21]. Um den magnetischen Feldeinfluß auf das Objekt zu begrenzen, wird dieses unterhalb der Objektivlinse angeordnet (Abb. 5.2), deren Endpolschuh eine enge Bohrung besitzt. Damit reduziert man auch Artefakte in der Einsammlung der niederenergetischen Sekundärelektronen durch den Detektor. Die oben erwähnten Spulen (Stigmator, untere Ablenkung, dynamische Schnellfokussierung) werden im großen Innenraum des oberen Polschuhs und im Spalt angeordnet. Die Eigenschaften solcher Linsen wurden zuerst von LIEBMANN [22], später von MULVEY [23]

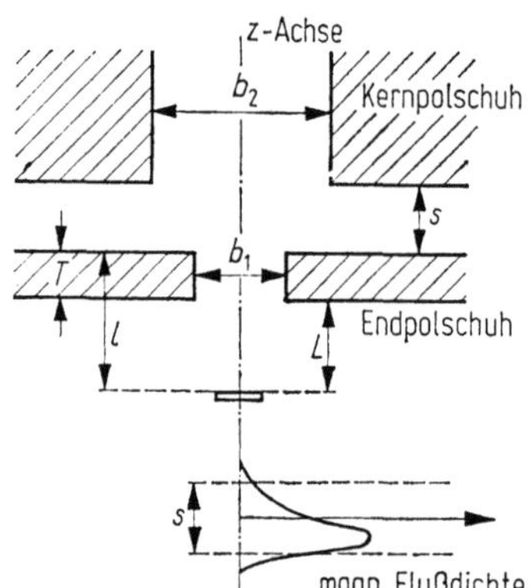

Abb. 5.2 Grundsätzliche Anordnung der Polschuhgeometrie in einer *pin-hole*-Linse (nach MUNRO, [21])

untersucht und werden heute mit der Methode der finiten Elemente berechnet und weiter verbessert [24, 25] (*snorkel*-Linse; Kondensor-Objektiv-Einfeldlinse). Der Parameter l in Abb. 5.2 bestimmt entscheidend den sphärischen und chromatischen Aberrationsfehler (s. u.), kleines b_1 vermindert den magnetischen Feldeinfluß des Objektivs auf das Objekt, und s muß deshalb klein gewählt werden, weil sich die Aberrationskoeffizienten sowohl mit abnehmendem l als auch mit abnehmendem s verringern lassen. Für $b_2 \approx 10\,l$ werden optimale Flußdichten im magnetischen Kreis unterhalb einer Sättigungsmagnetisierung erreicht [21] (L — Arbeitsabstand, T — Dicke des Endpolschuhs). Im allgemeinen verläuft in den verschiedenen Objektivlinsenkonstruktionen die axiale magnetische Flußdichte im Spalt zwischen beiden Polschuhen stark unsymmetrisch bezogen auf die Spaltmitte (Abb. 5.2 unten), d. h., sie erreicht ihr Maximum in der Nähe des objektseitigen Polschuhs. Hier befindet sich demzufolge auch die begrenzende Aperturblende des Objektivs.

Der effektiv wirksame Sondendurchmesser d_{eff}, den die elektronenoptische Anordnung in der Objektebene erzeugt, ist genähert durch

$$d_{\text{eff}} = (d_{\text{g}}^2 + d_{\text{d}}^2 + d_{\text{s}}^2 + d_{\text{c}}^2 + d_{\text{a}}^2)^{1/2} \tag{5.1}$$

gegeben und berücksichtigt damit gegenüber der rein Gaußschen Stromdichteverteilung im Sondenfokus $d_{\text{g}} = [2/(\pi \sin\alpha)]\, I_{\text{e}}^{1/2} \cdot R^{-1/2}$ (α — halber Öffnungswinkel der Sonde, I_{e} — Sondenstrom) zusätzlich den Beugungsfehler d_{d}, die sphärische und chromatische Aberration d_{s} und d_{c} sowie den axialen astigmatischen Fehler d_{a} der Linsen. Sphärische und chromatische Aberration sind primär nicht auf die Linsen beschränkt, sondern rühren auch von der Elektronenstrahlerzeugung in der Katode selbst her. Dieser Einfluß kann jedoch wegen einer relativ hohen elektronenoptischen Verkleinerung des *cross over* in kommerziellen Geräten vernachlässigt werden [26]; eine eingehendere Behandlung der Linsenfehler ist z. B. in [27] gegeben. Im einzelnen berechnen sich die verschiedenen Fehlereinflüsse folgendermaßen [26]:

a) Beugungsfehler: $d_{\text{d}} = 0{,}61\,\lambda/\alpha$ (5.2)
   ($\lambda/\text{nm} = 1{,}226\,(E_0/\text{eV})^{-1/2}$; λ — nichtrelativistischer Wert der Wellenlänge, E_0 — Elektronenenergie)

b) sphärischer Aberrationsfehler: $d_{\text{s}} = 0{,}30\,c_{\text{s}}\alpha^3$ (5.3)
   (c_{s} — sphärischer Aberrationskoeffizient)

c) chromatischer Aberrationsfehler: $d_{\text{c}} = (\Delta E_0/E_0) \cdot c_{\text{c}} \cdot \alpha$ (5.4)
   ($\Delta E_0/E_0$ — relative Schwankung der Primärenergie, c_{c} — chromatischer Aberrationskoeffizient)

d) axialer Astigmatismus: $d_{\text{a}} = c_{\text{a}} \cdot \alpha$ (5.5)
   (c_{a} — Koeffizient des axialen Astigmatismus) .

Der (nichtkompensierbare) Beugungsfehler d_{d} wird mit zunehmendem Divergenzwinkel α der Sonde in der Bild-(Objekt-)ebene kleiner im Gegensatz zu d_{s}, d_{c} und d_{a}, deren Beiträge mit wachsendem α zunehmen. Außerdem hängen c_{s} und c_{c} direkt von der Brennweite ab. Der Beitrag von d_{s} kann also theoretisch durch eine kleinere Apertur verringert werden. Dies würde jedoch eine Abnahme des Sondenstromes im Fokus bedeuten. Demzufolge verringert man in der Praxis eher den Arbeitsabstand zwischen Objekt und Polschuh (L in Abb. 5.2) und erreicht so eine Verkleinerung der Brennweite f (und damit von c_s) durch eine höhere Linsenerregung. Die gleiche Betrachtung gilt auch für c_c. Die unterschiedlichen Beiträge von Beugungsfehler, sphärischer und chromatischer Aberration in Abhängigkeit vom (halben) Öffnungswinkel α (Aperturwinkel) der Sonde gibt Abb. 5.3 wieder (Strahlenergie 30 keV) [28]. Entsprechend $d_s \sim \alpha^3$, $d_c \sim \alpha$ sind die Anstiege der Geraden unterschiedlich, und man entnimmt ferner aus Abb. 5.3, daß unter diesen Bedingungen ($I_e = 10^{-10}$ A, $R = 10^6$ A cm^{-2} sr^{-1}) für eine W-Haarnadelkatode ein minimaler effektiver Sondendurchmesser von etwa 8 nm (bei Vernachlässigung von d_a) für eine Sondenapertur von etwa $\alpha = 10^{-2}$ rad erzielt werden kann. Dies gilt nur für einen theoretisch verschwindenden Beitrag des Beugungsfehlers d_d. Ferner sind in Abb. 5.3 minimal erzielbare Sondendurchmesser für zwei verschiedene LaB$_6$- und eine Feldemissionskatode angegeben.

Die Konstante c_a in Gl. (5.5) bedeutet die Brennweitendifferenz, die beim axialen Astigmatismus einer Linse als Abstand zwischen meridionalem und sagittalem Strichfokus besteht. Zwischen ihnen findet man den Kreis kleinster Zerstreuung mit dem Durchmesser d_a. Ursache hierfür sind mechanische und magnetische Abweichungen der Linsengeometrie von der idealen Rotationssymmetrie (Korrektur durch den Stigmator, erstmalig von SMITH für das REM verwendet [29]). Typische

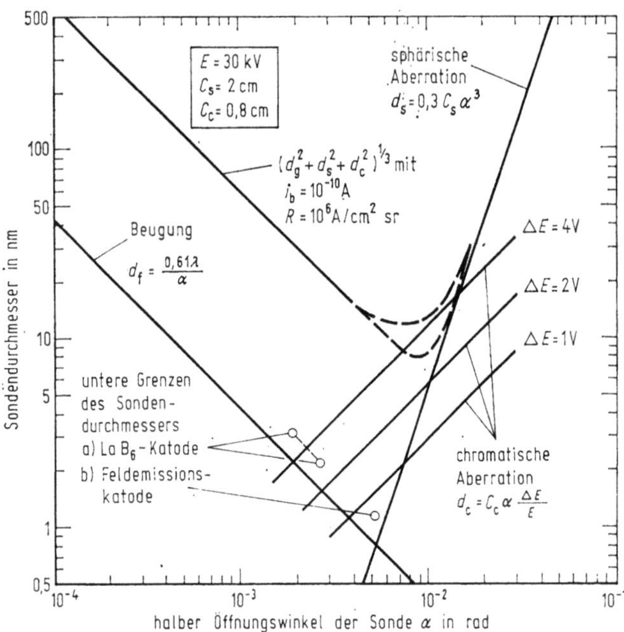

Abb. 5.3   Zum Einfluß von Beugungs- und Aberrationsfehlern auf den (effektiven) Sondendurchmesser in Abhängigkeit vom Sondenaperturwinkel α (nach WELLS [28])

Werte der Aberrationskoeffizienten von Objektivlinsen sind $c_s \approx 2$ cm, $c_c \approx 0,8$ cm und $c_a \approx 0,2$ µm. Weitere auflösungsbegrenzende Linsenfehler, die teilweise durch eine gute Zentrierung des Gerätes bzw. dynamisch korrigiert werden können, betreffen Koma, Bildfeldwölbung, isotropen Astigmatismus, anisotropen Astigmatismus und Verzeichnung [27].

Neben den heute als Objektiv meistens verwendeten *pin-hole*-Linsen sind in den letzten Jahren zwei weitere Entwicklungen bekannt geworden, die aber in kommerziellen Geräten noch nicht oder nur in speziellen Fällen eingesetzt werden: Einerseits handelt es sich um die Kondensor-Objektiv-Einfeldlinse (DURANDEAU und FERT 1957 [30] bzw. WELLS, BROERS, BREMER [31]), die ursprünglich für die TEM entwickelt wurde (vgl. Kap. 1.), heute aber auch in der STEM eingesetzt wird, und andererseits um die Minilinse (MULVEY [32]). Bei der Einfeldlinse wird das Objekt unter einem Winkel von etwa 30° zwischen dem Primärstrahl und der Objektoberfläche im Zentrum einer zweiteiligen Linse angeordnet. Aus relativ kleinen Tiefen verlustarm rückgestreute Primärelektronen (sog. *low-loss*-Elektronen, vgl. Abb. 5.7 f, WELLS [56]) werden unterhalb dieser Linse mit speziellen (Energiefilter-) Detektoren eingefangen und allein zur Abbildung ausgenutzt. So erreicht man mit dieser elektronenoptischen Anordnung ein Punktauflösungsvermögen (mit RE!) von 3 nm in der Oberflächenabbildung unter folgenden Bedingungen: $I_e = 10^{-11}$ A, $E_0 = 24$ keV, $c_s = 1,8$ cm, $c_c = 1$ cm (letztere bezogen auf die Endlinse), $\alpha = 3 \cdot 10^{-3}$ rad [33].

Wassergekühlte Minilinsen mit Stromdichten bis zu 20000 A/cm² (vergleichbar Supraleitern), die aus konstruktiven Notwendigkeiten heraus auch für Höchstspannungs-Elektronenmikroskope (HEM) [34] und STEM [35] entwickelt und erfolgreich erprobt wurden, eröffnen in der Zukunft neue Möglichkeiten in der Gerätetechnik, insbesondere durch eine Verringerung des sphärischen Aberrationskoeffizienten c_s auf 1/10, d. h. auf $c_s = 1 \cdots 2$ mm. Besondere Aufmerksamkeit verlangt auch die Anordnung der Ablenkspulen, wofür vergrößerungsabhängig unterschiedlich günstige Positionen bezüglich der Objektivlinse erprobt wurden (d. h. oberhalb oder unterhalb der Objektivlinse zur Vermeidung von Ablenkaberrationsfehlern [36]).

Bei Vorgabe eines festen, minimalen Strahlstromes I_e und eines konstanten Richtstrahlwertes R der Katode findet man (bei Vernachlässigung von d_a) aus den Gleichungen (5.1) und (5.2) bis (5.4) für den effektiven Sondendurchmesser [26]

$$d_{\text{eff}} = \left\{ \left(\frac{4 I_e}{\pi^2 R} + (0,61\lambda)^2 \right) \frac{1}{\alpha^2} + (0,30\, c_s)^2 \alpha^6 + \left(\frac{c_c\, \Delta E_0}{E_0} \right)^2 \alpha^2 \right\}^{1/2}. \tag{5.6}$$

Hieraus durch Differentiation nach α ableitbare Ausdrücke für den minimalen Sondendurchmesser $d_{\min}$ bzw. für den optimalen Sondenaperturwinkel α_{opt} sind in der Praxis nicht einfach zu behandeln. Daher berücksichtigt man vorteilhaft neben dem Gaußschen Sondendurchmesser und dem Beugungsfehlereinfluß meist nur noch entweder die sphärische oder die chromatische Aberration und erhält so übersichtlichere Relationen zwischen dem Strahlstrom I_e und $d_{\min}$ bzw. α_{opt}, die den unterschiedlichen Einfluß von d_s und d_c auf das Auflösungsvermögen eines diskreten Abbildungssystems aus den zugehörigen graphischen Darstellungen leichter erkennen lassen. Im einzelnen gilt (WELLS [26]):

— sphärische Aberration $d_{\text{eff}}^2 = d_{\text{g}}^2 + d_{\text{s}}^2 + d_{\text{d}}^2$

$$d_{\min} = d_{\text{s}}\left(1 + \frac{I_{\text{e}}}{I_0}\right)^{3/8} \quad \text{mit} \quad d_{\text{s}} = 0{,}68 c_{\text{s}}^{1/4}\,\lambda^{3/4}\,, \tag{5.7}$$

$$\alpha_{\text{opt}} = \alpha_{\text{s}}\left(1 + \frac{I_{\text{e}}}{I_0}\right)^{1/8} \quad \text{mit} \quad \alpha_{\text{s}} = 1{,}05 c_{\text{s}}^{-1/4}\,\lambda^{1/4}\,, \tag{5.8}$$

— chromatische Aberration $d_{\text{eff}}^2 = d_{\text{g}}^2 + d_{\text{c}}^2 + d_{\text{d}}^2$

$$d_{\min} = d_{\text{c}}\left(1 + \frac{I_{\text{e}}}{I_0}\right)^{1/4} \quad \text{mit} \quad d_{\text{c}} = 1{,}1\lambda^{1/2}\left(c_{\text{c}}\frac{\Delta E_0}{E_0}\right)^{1/2}\,, \tag{5.9}$$

$$\alpha_{\text{opt}} = \alpha_{\text{c}}\left(1 + \frac{I_{\text{e}}}{I_0}\right)^{1/4} \quad \text{mit} \quad \alpha_{\text{c}} = 0{,}78^{1/2}\left(c_{\text{c}}\frac{\Delta E_0}{E_0}\right)^{-1/2}\,. \tag{5.10}$$

Dabei bedeutet $I_0 = \text{const} \cdot R \cdot \lambda^2$ einen Sondenstrom, der in einen Fleck fokussiert werden kann, der um 30 % größer ist als der sphärische Grenzwert — Gl. (5.7) — oder um 20 % größer ist als der chromatische — Gl. (5.9). Unter den gewöhnlichen Betriebsbedingungen eines REM (d. h. für $E_0 \geqq 20$ keV, $I_{\text{e}} \leqq 10^{-10}$ A, $\Delta E_0 = 1 \cdots 2$ eV) ist die Auflösung vor allem durch die sphärische Aberration begrenzt. Die chromatische Aberration tritt erst bei sehr kleinen Strahlströmen ($\leqq 10^{-11}$ A) und bei einer höheren Energiebreite der Primärelektronen (für $E_0 < 5$ keV) wesentlich in Erscheinung [37]. Zwischen I_{e} und $d_{\min}$ besteht — wenn im normalen Betriebsfall Beugungs- und Farbfehler vernachlässigt werden können — außerdem die Beziehung [38]

$$I_{\text{e}} = \text{const}\; c_{\text{s}}^{-2/3} R\; d_{\min}^{8/3} \tag{5.11}$$

mit $R = (j_0/\pi) \cdot (1 + e_0 E_0/kT)$, j_0 — Emissionsstromdichte der Katode), die eine starke Abnahme des Sondenstromes mit dem Sondendurchmesser erkennen läßt. Andererseits nimmt I_{e} mit wachsender Strahlenergie (abnehmendem λ) zu, und dies muß im Einzelfall gegenüber einem dann größeren Anregungsvolumen im Objekt sorgfältig abgewogen werden (ausführliche Diskussion zur Abhängigkeit zwischen Strahlstrom und Sondendurchmesser s. [39]). Alle bisherigen Angaben zu den Abbildungsparametern beziehen sich ausdrücklich auf massive Objekte.

Abb. 5.4 gibt die von BROERS [40] berechnete Abhängigkeit des Sondendurchmessers vom Sondenstrom für verschiedene Katodensysteme in einem Oberflächen-REM für $E_0 = 25$ keV wieder (WELLS [41]). Daraus geht hervor, daß sich Feldemissionskatoden nur für hochauflösende Abbildungszwecke mit kleinen Strahlströmen und kleinen Sondendurchmessern (etwa bis zu 30 nm) eignen, also nicht für ESMA-Untersuchungen. Für diese sind thermische Katoden (W, LaB$_6$) deutlich überlegen.

Die Schärfentiefe Δh des REM ist von der Vergrößerung M, dem Sondenaperturwinkel α und dem Auflösungsvermögen des Auges d_{A} in folgender Weise abhängig:

$$\Delta h = \frac{d_{\text{A}}}{M\alpha}\,. \tag{5.12}$$

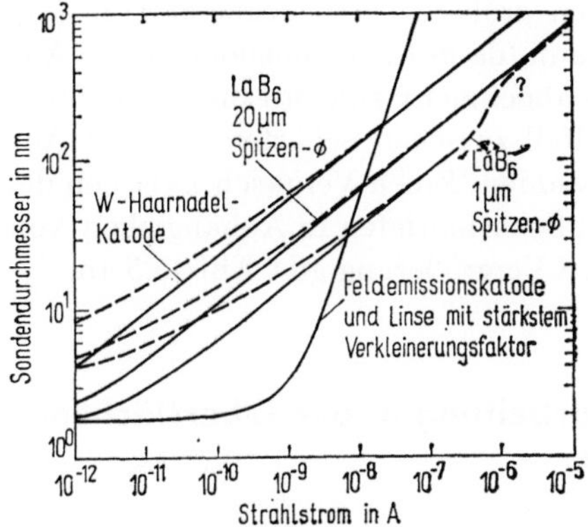

Abb. 5.4   Sondendurchmesser als Funktion des Strahlstromes für ein Oberflächen-REM mit W-Haarnadelkatode ($B = 1{,}5 \cdot 10^5$ A cm^{-2} sr^{-1}, 25 kV, $\Delta E = 4$ eV); LaB_6-Katode (20 µm, $B = 1{,}1 \cdot 10^6$ A cm^{-2} sr^{-1}, 25 kV, $\Delta E = 3$ eV und 1 µm, $B = 5 \cdot 10^6$ A cm^{-2} sr^{-1}, 25 kV, $\Delta E = 3$ eV) und Feldemissionskatode (nach BROERS [40] und WELLS [41])

Das bedeutet, daß im Vergleich zur lichtmikroskopischen Abbildung bei gleicher Vergrößerung die Schärfentiefe des REM um den Faktor 100 und mehr größer ausfällt, da die Sondenaperturen im REM typisch bei $\alpha = 10^{-2}$ rad liegen (bei $M \leq 20$ ist Δh im Bereich von einigen mm). Bei hohen Vergrößerungen wird Δh durch die maximale Auflösung des Gerätes begrenzt. Man erreicht damit bei $M = 10^4$ und $d_A = 0{,}1$ mm theoretisch für Δh etwa 1 µm. In der Praxis ist allerdings zu berücksichtigen, daß für d_A auf dem Bildschirm bzw. auf dem Foto größere Werte als 0,1 mm angesetzt werden müssen. Aus Gl. (5.12) folgt weiter, daß Δh durch Verringern von α bei festem M erhöht werden kann. Dies hat jedoch dadurch eine

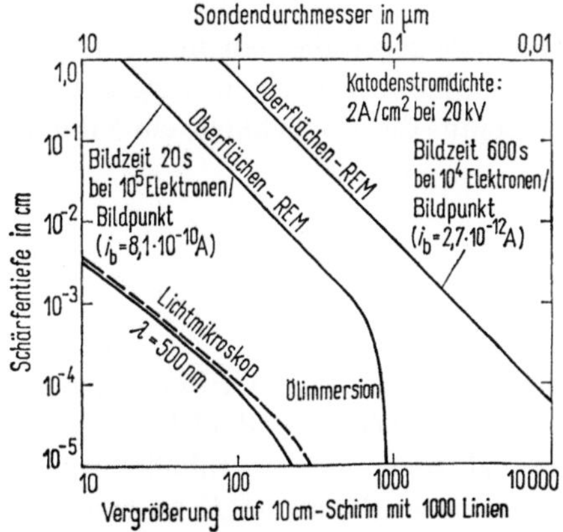

Abb. 5.5   Schärfentiefe als Funktion der Vergrößerung und des Sondendurchmessers für ein Oberflächen-REM im Vergleich zum Lichtmikroskop (nach STEWART [42])

Grenze, daß α bei fester Blende durch einen größeren Arbeitsabstand L (vgl. Abb. 5.2) nicht beliebig verringert werden kann (da mit zunehmendem L die Auflösung und die Verkleinerung des Objektivs abnehmen), sondern meist nur durch kleinere Aperturblenden. So muß im Einzelfall zwischen Schärfentiefe und Auflösung der geeignete Kompromiß gefunden werden. Einen Vergleich zwischen den im Lichtmikroskop und im REM erzielbaren Schärfentiefen in Abhängigkeit vom Sondendurchmesser bzw. von der eingestellten Vergrößerung gibt Abb. 5.5 an.

5.3. Signalerfassung und Signalverarbeitung in der Oberflächen-Raster-Elektronenmikroskopie

Für eine Charakterisierung der Bildqualität bedeutet das Signal/Rausch-Verhältnis des Signalweges den entscheidenden Parameter. Bezeichnet man den Mittelwert des Signals S beim Verweilen der abtastenden Sonde auf einem diskreten Objektpunkt mit $\bar{n}$ (d. i. z. B. die mittlere Zahl erfaßter SE oder Photonen pro Zeiteinheit) und definiert eine Variation dieser Einzelvorgänge um $\bar{n}$ als den Rauschanteil des Signals ($N \sim \bar{n}^{1/2}$), so findet man für das Signal/Rausch-Verhältnis

$$\frac{S}{N} = \frac{\bar{n}}{\bar{n}^{1/2}} = \bar{n}^{1/2} \; . \tag{5.13}$$

Es verbessert sich also, wenn die Gesamtzahl der eingesammelten Elektronen (oder Photonen) pro Bildelement zunimmt, bzw. verringert sich, wenn bei festem Sondenstrom die Rastergeschwindigkeit wächst (da dann die Verweilzeit pro Objektpunkt entsprechend abnimmt). ROSE [43] hat aus den Empfindlichkeitseigenschaften des menschlichen Auges das Kriterium abgeleitet, daß für einen unterscheidbaren Signalwechsel ΔS bei einer mittleren Zahl eingesammelter Elektronen $\bar{n}$

$$\Delta S > 5\bar{n}^{1/2} \tag{5.14}$$

erfüllt sein muß, damit ein Wechsel des Nutzsignals gegenüber einem solchen des Rauschuntergrundes im Bild echt erkannt werden kann. Für einen vorgegebenen beobachtbaren Kontrast $K = \Delta S/S$ resultiert hieraus die Möglichkeit, ein minimal akzeptables S/N-Verhältnis anzugeben:

$$K = \frac{\Delta S}{S} > \frac{5\bar{n}^{1/2}}{\bar{n}} = \frac{5}{\bar{n}^{1/2}} \cdot \tag{5.15}$$

Für genauere Untersuchungen zur Bestimmung der Kontrastschwelle bei vorgegebenem S/N-Verhältnis muß jedoch der spezifische Rauscheinfluß an jeder einzelnen Signalwandlungsstufe berücksichtigt werden. Die aus Gl. (5.15) folgende Bedingung $\bar{n} > (5/K)^2$ für die Zahl der Primärelektronen, die pro Bildelement auf das Objekt auftreffen müssen, um einen vorgegebenen Kontrast K zu erzeugen, gilt für den SE-Mode z. B. nur dann, wenn der SE-Ausbeutekoeffizient ≈ 1 beträgt, d. h. alle emittierten SE eingesammelt werden. In diesem Fall wird für jedes PE ein „signaltragendes" Elektron bei der Wechselwirkung Elektronenstrahl—

Objekt erzeugt. Diese Signalwandlungsstufe ist daher im SE-Mode auch die kritischste, da an allen nachfolgenden sowohl S als auch S/N zunehmen. — Das Hauptinteresse bei allen Signaldetektoren und -verarbeitungen gilt dem minimalen Strahlstrom $I_{\min}$ für einen vorgegebenen, beobachtbaren Signalkontrast K in Abhängigkeit von der Verweilzeit der Sonde pro Objektpunkt. Unter Berücksichtigung des Roseschen Kriteriums [43] und einer Korrektur-Abschätzung für $\bar{n}$ von OATLEY u. a. ($\bar{n} > 100/K^2$) [8], läßt sich für ein hochqualitatives Bild mit 10^6 Bildelementen dieser Wert zu

$$I_{\min} > \frac{\bar{n}e_0}{\tau} = \frac{1{,}6 \cdot 10^{-11}\,\text{A}}{K^2 t_{\text{b}}} \tag{5.16}$$

angeben (NEWBURY [44]; t_{b} — Bildzeit, τ — Verweilzeit der Sonde pro Bildelement, e_0 — Elementarladung).

Die Abhängigkeit des Kontrastes K für feste Werte des Strahlstromes zwischen 10^{-6} A und 10^{-13} A nach Gl. (5.16) von der Bildzeit t_{b} enthält Abb. 5.6. Dabei ist

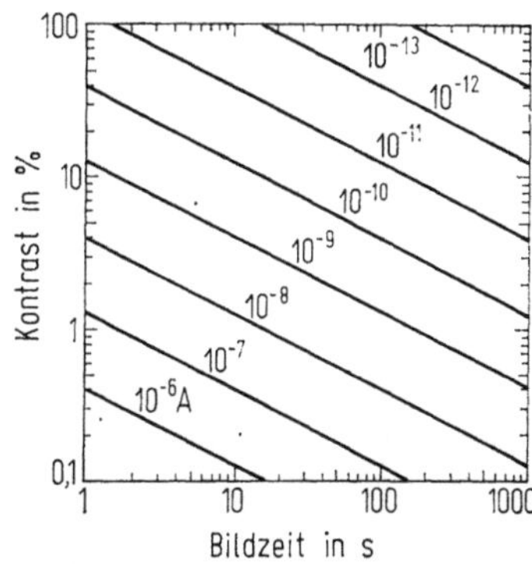

Abb. 5.6 Abhängigkeit des Signalkontrastes von der Bildperiodenzeit bei verschiedenen Schwellwerten des Strahlstromes (10^6 Bildelemente, nach NEWBURY [44])

zu berücksichtigen, daß für eine brauchbare Bildqualität etwa der doppelte Schwellstrom angesetzt werden muß, um Artefakte — bedingt durch Änderungen des Rauschuntergrundes — mit Sicherheit zu erkennen. In vielen Fällen ist daher die Auflösung feiner Strukturen in einer REM-Oberflächenabbildung nicht primär eine Frage des hinreichend kleinen Sondendurchmessers auf dem Objektbereich, sondern oft auch die eines entsprechend ausreichenden S/N-Verhältnisses im Signalweg.

Neben dem S/N-Verhältnis müssen in der Signalverarbeitung die Bandbreitenforderungen beachtet werden. Diese fallen in den einzelnen Moden sehr unterschiedlich aus und reichen von einigen kHz bis zu mehreren MHz (abhängig von Zeilenzahl, Bildzeit und Zeilenfrequenz). Mit konventionellen Verstärkern lassen sich die notwendigen Verstärkungsfaktoren zur Displayansteuerung nicht erzielen (emittierte Signalströme in der minimalen Größe von $10^{-12} \cdots 10^{-14}$ A), so daß in den meisten Abbildungstechniken eine ausreichende Vorverstärkung der emittierten Signale bereits in dem speziellen Detektor erfolgt (außer AE-Mode). Die wichtigsten der bis heute entwickelten und im Einsatz befindlichen Detektorsysteme sind in einer schematischen Darstellung ihres Aufbaus und ihrer Funktionsweise in Abb. 5.7 enthalten:

SE-/RE-Detektor nach EVERHART/THORNLEY [45], Abb. 5.7a. Die vom Objekt emittierten (Sekundär-)Elektronen werden von einer auf positivem Potential (bis etwa $+300$ V) liegenden netzförmigen Kollektorelektrode weiträumig eingesammelt, die sich vor einem Szintillator befindet (spezielles Plastikmaterial [46], auch mit Europium dotiertes CaF_2 in einigen Fällen [47]). Der Szintillator trägt eine ca. $0,1 \cdots 0,15$ µm dicke (optisch nicht mehr transparente) metallische Aufdampfschicht (z. B. Aluminium), die auf einem Potential von etwa $+10$ kV gehalten wird. Die auf diese Weise zwischen Objekt und Detektor beschleunigten SE treten durch die Metallschicht hindurch und erzeugen in einer nachfolgenden Szintillationsschicht oder direkt im Lichtleiter Photonen (Berücksichtigung der Totalreflexion), die auf die Fotokatode eines koaxial zum Szintillator angeordneten Sekundärelektronenvervielfachers (SEV) fallen, hier etwa auf das 10^6fache vervielfacht und als zeitliche Folge von Stromimpulsen zum Signalverstärker des Displaysystems geführt werden. Ohne Beschleunigungsspannung am Szintillator sind RE-Abbildungen möglich. Um den Eintritt von SE in den Detektor zu vermeiden, kann auch mit negativer Kollektorspannung (bis etwa -200 V) gearbeitet werden. Unter den Konversionskoeffizienten des Signals ist der zwischen PE und SE am kleinsten. Weitere Ausführungen zum Wirkungsgrad der einzelnen Signalwandlungsstufen und zum wirksamen Raumwinkel dieses Detektors sind z. B. in [48] gegeben.

Halbleiterdetektor (pn- oder Schottky-Übergang), Abb. 5.7 b. Die Wirkungsweise des Halbleiterdetektors beruht auf der elektronenstrahlinduzierten Elektron-Loch-Paarerzeugung und -trennung durch Diffusions- bzw. Driftvorgänge an den Raumladungszonen von Sandwichstrukturen auf Halbleiterbasis. Halbleiterdetektoren arbeiten mit und ohne (in Sperrichtung) angelegte Vorspannung, können aber auch zur Einsammlung von SE [49] auf hohe positive Spannung gelegt werden. Gewöhnlich werden sie zur Abbildung mit RE eingesetzt (dann paarweise unter dem Objektivpolschuh angeordnet, großer räumlicher Empfangsbereich, $\varnothing$ $20 \cdots 25$ mm). Signaladdition bzw. -subtraktion $(A + B)$ bzw. $(A - B)$ ermöglichen die getrennte Erzeugung von Kompositions- bzw. Topographiekontrast [50]. Die Verstärkung des auftreffenden Elektronenstroms erfolgt bis zu einigen 10^3, nimmt jedoch mit der Energie der RE wieder ab.

Channelplatten-Detektor [51], Abb. 5.7c. Das Einzelelement (Channeltron) einer Channelplatte stellt funktionell einen SEV mit kontinuierlich verteilten Dynoden dar, der durch die innere Beschichtung eines speziellen Glasröhrchens mit einem

▶

Abb. 5.7   REM-Signaldetektoren (schematisch)

a) EVERHART/THORNLEY [45]; b) Halbleiterdetektor; c) Channelplatte [51]; d) für SE-Potentialkontrast nach LUKIANOFF/TOUW [52]; e) KL-Detektor mit Faseroptik [54]; f) *low-loss*-Elektronenerfassung (nach WELLS [56])

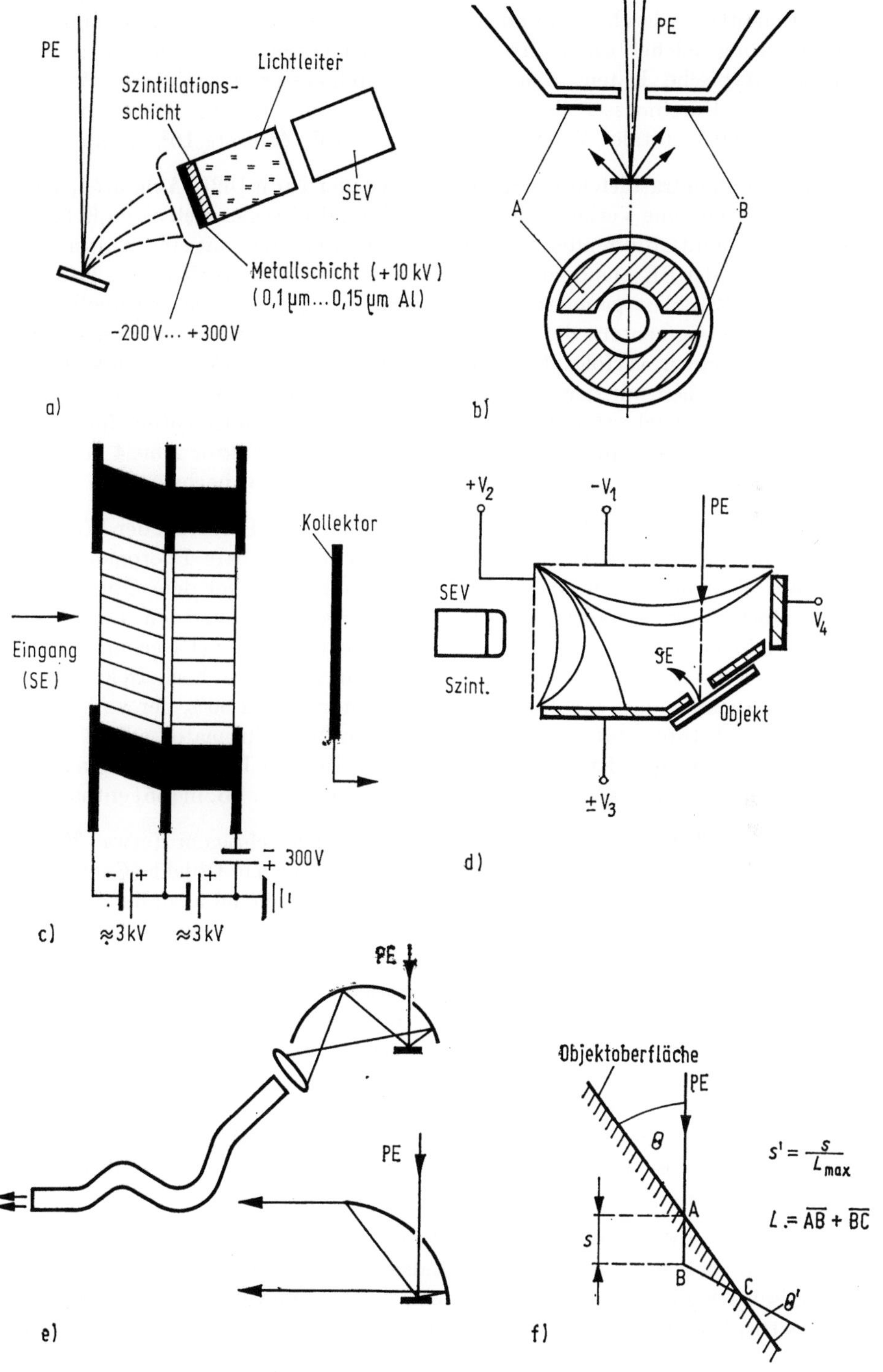
PE
Szintillations-
schicht
Lichtleiter
SEV
Metallschicht (+10 kV)
(0,1 µm...0,15 µm Al)
−200 V... +300 V
a)
PE
A
B
b)
Kollektor
Eingang
(SE)
300 V
c)
≈3 kV
≈3 kV
+V_2
−V_1
PE
SEV
Szint.
SE
Objekt
V_4
±V_3
d)
PE
PE
e)
Objektoberfläche
PE
θ
s
A
B
C
θ'
s' = s / L_max
L = AB + BC
f)

stark SE emittierenden halbleitenden Material gebildet wird. Eine Bündelung und Kontaktierung solcher Channeltrons zu Platten ergibt die Channelplattenkonstruktion (typische Daten: 5 mm Dicke, Durchmesser des aktiven Bereiches 25 ⋯ 75 mm, Durchmesser des Einzelröhrchens 45 ⋯ 15 μm, Beschleunigungsspannung 2800 V, totaler Verstärkungsfaktor $\geq 10^7$, Zählrate $10^6/cm^2$ s).

SE-Potentialkontrastdetektor nach Lukianoff und Touw [52], Abb. 5.7 d. Dieser Detektor erreicht eine Verbesserung des S/N-Verhältnisses speziell in der Erfassung von SE aus potentialführenden Objektbereichen zusammen mit einer Optimierung der Trennung der SE aus dem Gesamtsignal (SE + RE) (Vorläufer s. Banbury und Nixon [53]). Die geometrische Konstruktion aus teilweise parabolisch gestalteten Einzelsegmenten, die unabhängig voneinander auf verschiedenen Potentialen liegen können, verfolgt das Ziel, den Vorteil hoher SE-Ausbeuten an geneigten Objektbereichen mit der vorzugsweise in Richtung der Objektnormalen verlaufenden SE-Winkelverteilung zu verbinden. An Bauelementen integrierter Schaltkreise ist eine Empfindlichkeitssteigerung um den Faktor 2 bis 4 gegenüber den SE-Potentialmessungen von Banbury und Nixon [53] nachgewiesen worden.

Katodolumineszenz-Detektor mit Faseroptik, Abb. 5.7 e. Hier wird der Wirkungsgrad des eigentlichen Detektorsystems (effektiv verwertbare Photonenausbeute pro Primärelektron) durch den prozentualen Anteil des über dem Objekt durch einen halbelliptischen (oder parabolischen) Spiegel eingefangenen Lichtes und durch den hiervon über eine Sammellinse in den Lichtleiter (Faserbündel) kollimierten Teil bestimmt. Mit der schematisch dargestellten hocheffektiven Anordnung (Carlsson und van Essen [54]) werden mehr als 50% der vom Objekt emittierten KL-Intensität vom nachgeschalteten Monochromator erfaßt (Quarzlinse, elliptische Exzentrizität $\varepsilon = 0{,}76$); Einzelheiten zur Leistungsfähigkeit eines spektralen KL-Detektorsystems mit Monochromator sind z. B. in [55] enthalten.

„Low-loss"-Elektronendetektor [56], Abb. 5.7 f. Bei schrägem (etwa 30° zur Objektoberfläche verlaufenden) Primärstrahleintritt in das Objekt (Energie zwischen 15 keV und 25 keV) lassen sich im annähernd streifend ausfallenden Strahl verlustarm gestreute PE (kein Reflexionsgesetz!) mit geeignet angeordneten (beweglichen) Halbleiterdetektoren erfassen, die in Abhängigkeit von der Ordnungszahl des Materials Informationen aus Objekttiefen von weniger als 10 nm liefern können (entsprechend Energieverlusten von nur wenigen Hundert eV, Wells [56]). Dieses Detektorprinzip wird kommerziell noch nicht verwendet, leistet aber zusammen mit Energiefiltern (auch in Verbindung mit der Kondensor-Objektiv-Einfeldlinse [57]) eine Auflösung im RE-Mode von 3 nm [33]. Die Größe L_{max} in Abb. 5.7 f entspricht der totalen Streuweglänge der PE im Objekt, wenn ein maximaler Energieverlust berücksichtigt wird, der sich aus der Differenz zwischen Strahlspannung und Gegenspannung am Energiefilter ergibt.

Die zeitliche Aufeinanderfolge von Strom- oder Spannungsimpulsen in allen REM-Moden als kontrasterzeugendem Bildsignal erlaubt es, hier die ganze Breite elektronischer Signalverarbeitungsverfahren einzusetzen (und dies gleichzeitig für mehrere Displaykanäle), die eine Bilddifferenzierung und -aufbereitung mit dem

Tabelle 5.1 *Elektronische Signalverarbeitungsverfahren in der REM*

Verfahren	Beabsichtigte Signaländerung; Anwendung (S-Signal)
Differentiation	dS/dt; Betonung hochfrequenter Anteile im Signal, Hervorheben der Kontrastwechsel in allen Moden
Nichtlineare Verstärkung	$S_a = S_e^{1/8}$ (S_a—Ausgangs-, S_e—Eingangssignal; $\gamma = 1 \cdots 4$), Anheben kleiner Signalintensitäten. Zum Anheben hoher S_e-Werte ist $\gamma < 1$ erforderlich
Untergrund-unterdrückung	differentielle Verstärkung, Unterdrückung einer konstanten Gleichstromkomponente zur vollen Ausnutzung des Aussteuerungsbereiches durch kleine Signalamplituden
Digitalisierung	Konturierung ausgewählter Objektbereiche durch Äquisignallinien bzw. -streifen: Steigerung der Kontrastempfindlichkeit
Y-Modulation	Profildarstellung des Signalverlaufes (linien- und flächenhaft) bei Aussteuerung in Y-Richtung, Erkennung schwächster Kontraste im Vergleich zum Normaldisplay (Verringerung der Zeilenzahl nötig)
Morphometrische Analyse	Diskriminierung phasenspezifischer Signale aus dem Gesamtkontrast; Bestimmung stereometrischer Parameter in Teilchen-, Gefüge- und Phasenverteilungen (Längen, Flächen, Volumina; Formerkennungen)
Kontrasttrennung	Addition oder Subtraktion zweier RE-Signale S_A und S_B von zwei Halbleiterdetektoren zur getrennten Erzeugung von Ordnungszahl- und Topographiekontrast
Dualdisplay	zeilenalternierende Ablenkung der Sonde mit stark unterschiedlichen Amplituden zur gleichzeitigen Erzeugung einer Übersichts- und einer Detailvergrößerung
Quadrantdisplay	Gleichzeitigkeit der Bilderzeugung durch bis zu vier verschiedene Signale bei gleicher Vergrößerung auf einem Schirm
Stereoabbildung im TV-Mode	zeilenalternierende elektromagnetische Strahlkippung bei fester Objektlage zur Erzeugung des Stereoeindruckes auf einem Displayschirm (2-Farben-System)
Signalmischungen	Überlagerung von Rasterdisplay und Linienprofilen, von Oberflächenabbildungen mit Rekombinationssignalen (EBIC, KL), von ursprünglichen Signalen mit (ein- oder zweimal) differenzierten und mit differenziert-gleichgerichteten Signalen (Verbesserung der Detailerkennbarkeit)

Ziel einer Verbesserung der Aussagesicherheit ermöglichen. Tabelle 5.1 gibt einen Überblick über die wichtigsten Methoden, die heute in kommerziellen Geräten zur spezifischen Gestaltung des Displays verfügbar sind. Weitere moderne Signalverarbeitungen betreffen die Bildspeicherung, die zeitauflösende Untersuchung dynamischer Vorgänge (Stroboskopie) und die Energiefilterung.

Die Notwendigkeit einer Bild(zwischen)speicherung ist immer dann gegeben, wenn die Bildinformation unwiederholbar ist bzw. sich durch Mehrfachabrasterung des interessierenden Objektbereiches unerwünscht verändern kann (bedingt durch Aufladungen, Kontamination, chemische und morphologische Änderungen). Dies trifft insbesondere für bestrahlungsempfindliche Objekte (Polymere, Gläser, Resiste, organische Präparate u. a.) zu, gilt aber auch für einmalige Vorgänge (z. B. Verformungsexperimente). Moderne rasterkompatible Bildspeichersysteme erlauben daneben die Signalintegration (Eliminierung des statistisch über die Rasterfläche verteilten Rauschens, z. B. in der ESMA leichter Elemente) sowie eine Rastertransformation (Ein- und Auslesen verschiedener Rasterformate und -zeiten, z. B. Wandlung langsamer Abtastvorgänge in „stehende" TV-Monitorbilder) [58]. Eine Speicherung kann sowohl analog (spezielle Halbleiter-Targetspeicherröhren) als auch digital, elektrisch wie optisch erfolgen. Zur Technik und Anwendung von Stroboskopieuntersuchungen und Energiefilterexperimenten in Verbindung mit dem SE-Potentialkontrastsignal, s. auch Abschn. 6.5.

5.4. Besonderheiten der Raster-Transmissions-Elektronenmikroskopie

Im STEM werden wie im TEM die ein dünnes Objekt durchdringenden Elektronen zur Abbildung genutzt. Der Berührungspunkt beider Gerätetypen liegt jedoch nicht nur darin, daß dieselben Informationsträger verarbeitet werden; vielmehr zeigt die durch COWLEY [59] vorgenommene Anwendung des Reziprozitätsprinzips auf

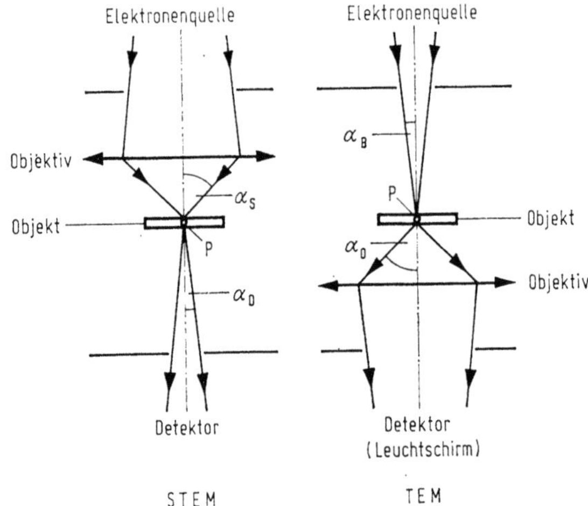

Abb. 5.8   Ausschnitt des Strahlengangs im STEM und TEM zur Veranschaulichung des Reziprozitätsprinzips zwischen beiden Gerätetypen (nach ZEITLER und THOMSON [60])

α_S Sondenapertur, α_D Detektorapertur, α_O Objektivapertur, α_B Bestrahlungsapertur

den Strahlengang beider Gerätetypen, daß eine enge Beziehung zwischen STEM und TEM in Hinblick auf die Kontrastentstehung existiert. Diese enge Beziehung wird in Abb. 5.8 ersichtlich. Hier ist das im STEM bzw. TEM auf das Objekt treffende sowie das das Objekt verlassende und zur Abbildung des Punktes P genutzte Elektronenbündel dargestellt. Da die Sondenapertur α_S des STEM und die Objektivapertur α_O des TEM annähernd gleiche Werte besitzen ($\alpha_S \approx \alpha_O = 5 \cdot 10^{-3} \cdots 2 \cdot 10^{-2}$ rad), wird zwischen beiden Gerätetypen eine Äquivalenz hinsichtlich der Bildentstehung geschaffen, falls die Detektorapertur α_D des STEM gleich groß gewählt wird wie die Bestrahlungsapertur α_B des TEM ($\alpha_B = 10^{-4} \cdots 10^{-3}$ rad). Wird in diesem Fall der Durchlaufsinn des Strahlengangs im STEM umgekehrt, so erhält man einen Strahlengang, der dem im TEM völlig analog ist. Nach dem Reziprozitätsprinzip bleibt in einem Mikroskop bei ausschließlich elastischen Wechselwirkungen zwischen Elektronen und Objekt nach der Vertauschung von Elektronenquelle und Detektor, d. h. nach der Umkehr des Strahlengangs, der Kontrast der Abbildung erhalten. Dies bedeutet, daß für den in Abb. 5.8 wiedergegebenen Fall ($\alpha_S = \alpha_O$, $\alpha_D = \alpha_B$) der Objektpunkt P in bezug auf seine Umgebung im STEM und TEM mit dem gleichen Kontrast erscheint, sich also in beiden Gerätetypen analoge Kontrastphänomene beobachten lassen. Diese Analogie bezieht sich, wie ZEITLER und THOMSON [60] theoretisch zeigten sowie CREWE und WALL [61] demonstrierten, nicht nur auf den Streuabsorptionskontrast und den Kontrast kristalliner Objekte, sondern auch auf den Phasenkontrast (s. hierzu auch [62]). Erleiden die Elektronen während des Streuprozesses im Objekt keine allzu großen Energieverluste, so gilt das Reziprozitätsprinzip näherungsweise auch für unelastische Wechselwirkungen (POGANY, TURNER [63]).

Trotz der Gültigkeit des Reziprozitätsprinzips bestehen zwischen der Abbildung im TEM und der im STEM entscheidene Unterschiede. Diese resultieren vor allem aus dem Durchlaufsinn des in Abb. 5.8 skizzierten Strahlengangs beider Gerätetypen. Während die für die Abbildung des Objektes verantwortlichen Linsen (in Abb. 5.8 das Objektiv) von den Elektronen im TEM erst nach dem Objektdurchgang passiert werden, werden diese Linsen im STEM vor dem Objektdurchgang passiert. Somit müssen die transmittierten Elektronen, die infolge der Wechselwirkung mit dem Objekt ein vergleichsweise breites Energiespektrum aufweisen, im STEM durch keine weiteren abbildenden Linsen hindurchtreten, ehe sie auf den Detektor treffen (s. Abb. 5.9). Der hieraus resultierende Wegfall des chromatischen Fehlers verleiht dem STEM einen entscheidenden Vorteil gegenüber dem TEM. So gestattet das STEM im Vergleich zum TEM in Verbindung mit großen Detektoraperturen (in Abb. 5.9 Blende 1 hochgeschwenkt) die Durchstrahlung dickerer Objekte, ohne daß ein chromatischer Fehler die Abbildung verschlechtern würde. Hierbei setzt jedoch die Auflösungsverschlechterung infolge der starken Auffächerung des Elektronenbündels im dicken Objekt der Abbildung des gesamten Objektes im STEM letztendlich auch eine Grenze [64]. In dieser Arbeitsart, d. h. bei Verwendung einer großen Detektorapertur, ist das Reziprozitätsprinzip nicht gültig; dieses gilt nur, wie schon erwähnt, wenn die Detektorapertur α_D ähnlich kleine Werte annimmt wie die Bestrahlungsapertur α_B des TEM (in Abb. 5.9

Blende 1 eingeschwenkt). Ist die Detektorapertur α_D klein und somit das Reziprozitätsprinzip erfüllt, so sind die Abbildungsbedingungen für das STEM nicht optimal, denn nur ein geringer Teil der transmittierten Elektronen gelangt in den Detektor; es ergibt sich ein ungünstiges Signal/Rausch-Verhältnis.

Detektoren nach der Art des in Abb. 5.9 dargestellten — die in ähnlicher Ausführung auch in kommerziellen Geräten Verwendung finden — bieten noch

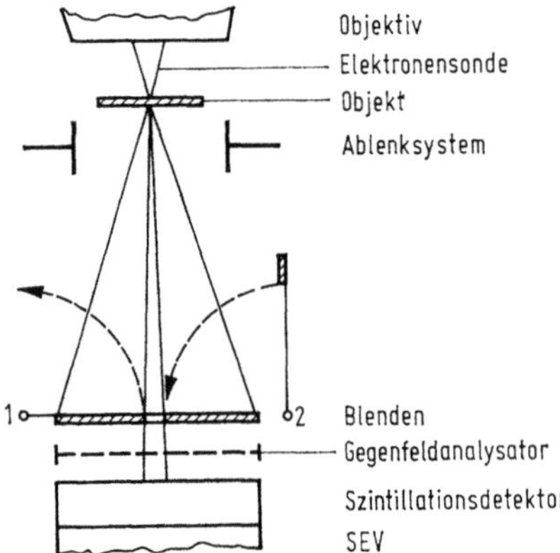

Abb. 5.9   Skizze eines STEM-Detektorsystems

weitere informative Anwendungsmöglichkeiten: So erlaubt der Wegfall des chromatischen Fehlers eine einfache Realisierung der Energieanalyse der transmittierten Elektronen, wie beispielsweise in Abb. 5.9 durch einen Gegenfeldanalysator. Durch Einschwenken verschiedener Blenden besteht die Möglichkeit, unterschiedliche Streuwinkel-Bereiche mit dem Detektor zu erfassen und mit Hilfe des Energieanalysators einen bestimmten spektralen Bereich hieraus auszusondern. Bei der Abbildung kristalliner Objekte kann mittels eines unterhalb des Objekts befindlichen, stationär erregten Ablenksystems und der schwenkbaren Blenden entweder ein bestimmter Reflex registriert werden (Blende 1), oder es kann ein bestimmter Reflex (z. B. Primärstrahl) ausgeblendet werden (Blende 2). Es besteht somit die Möglichkeit, wie in der konventionellen EM Hell- und Dunkelfeldabbildungen anzufertigen.

Das STEM eignet sich ebenfalls für die vielfältigen Methoden der Elektronenbeugung [65, 66]. Wird beispielsweise mit feststehender fein fokussierter Elektronensonde geringer Divergenz gearbeitet, so ist eine Feinbereichsbeugung realisierbar, die Informationen über den kristallinen Aufbau des Objekts aus einem Bereich von ca. 10 nm Durchmesser vermittelt. Das entstehende Bündel gebeugter Strahlen kann mit Hilfe eines unterhalb des Objekts angeordneten Ablenksystems (siehe Abb. 5.9) zeilenweise so über den mit einer Lochblende verdeckten Detektor geführt werden, daß auf dem Bildschirm des STEM das Beugungsdiagramm sichtbar wird [67, 68]. Eine weitere Möglichkeit zur Erzeugung und Abbildung von

Beugungsdiagrammen besteht in der in Abb. 5.10 veranschaulichten *rocking-beam*-Technik. Hierbei führt der Elektronenstrahl, wie bei der Erzeugung von Elektronen-*channelling*-Diagrammen (s. hierzu Abschn. 6.4.), eine pendelnde Rasterbewegung um einen Punkt auf der Objektoberfläche aus. Unter Beschränkung auf eine relativ kleine Winkelvariation des Primärelektronenstrahls werden bei Anwendung dieser Technik unter optimalen Bedingungen Beugungsdiagramme aus Bereichen von ca. 3 nm Durchmesser erhalten [69, 70].

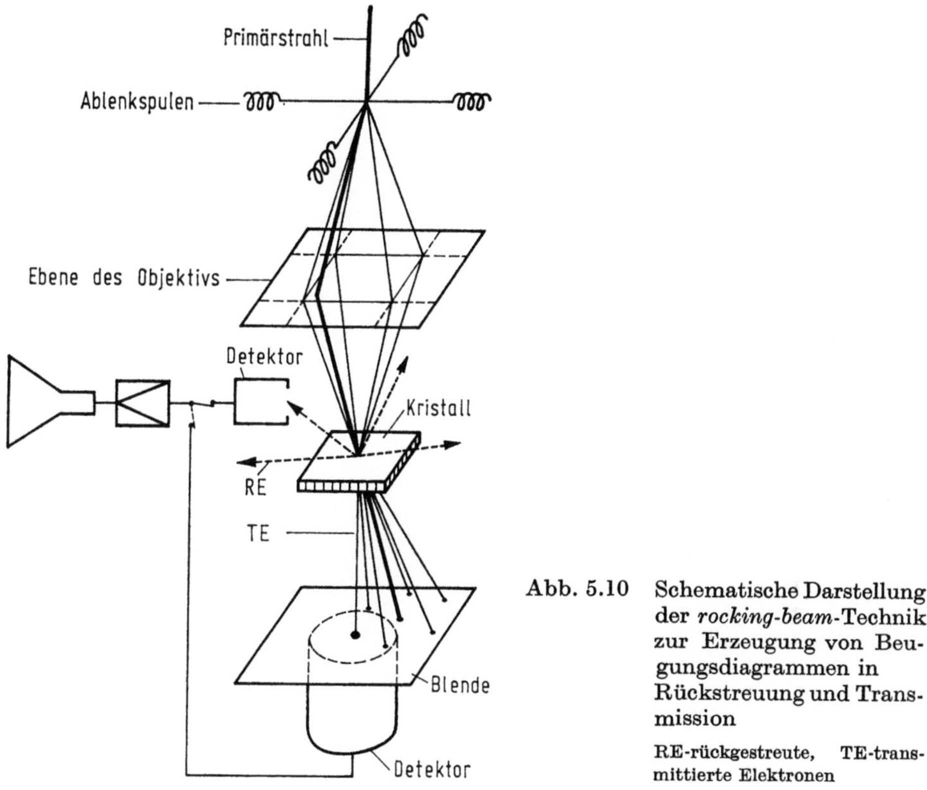

Abb. 5.10 Schematische Darstellung der *rocking-beam*-Technik zur Erzeugung von Beugungsdiagrammen in Rückstreuung und Transmission

RE-rückgestreute, TE-transmittierte Elektronen

Der konsequente Ausbau der in der STEM gegebenen Möglichkeiten in bezug auf Hochauflösung und Energieanalyse führte zur Konstruktion eines mit einer Feldemissionskatode und einem Energieanalysator ausgerüsteten Hochleistungsmikroskops. Die schematische Darstellung dieses von CREWE und Mitarbeitern [71—73] konstruierten Mikroskops in Abb. 5.11 zeigt einen von dem herkömmlichen Aufbau eines REM abweichenden Aufbau. Die konstruktiven Unterschiede zum herkömmlichen REM sind hauptsächlich auf die Verwendung der Feldemissionskatode zurückzuführen. Diese ermöglicht, aufgrund ihres etwa 3 nm betragenden effektiven Radius des Austrittsbereichs der Elektronen [72] lediglich mit dem gleichzeitig als Linse wirkenden Anodensystem eine Sonde mit einem Durchmesser von etwa 10 nm zu erzeugen. Es ergibt sich somit die Möglichkeit, ein von seiner elektronenoptischen Struktur her äußerst einfaches Oberflächen-REM aufzubauen [73, 74]. Durch eine optimale Formgebung der beiden Anoden wird die sphärische Aberration des Beschleunigungssystems auf ein Minimum reduziert [75].

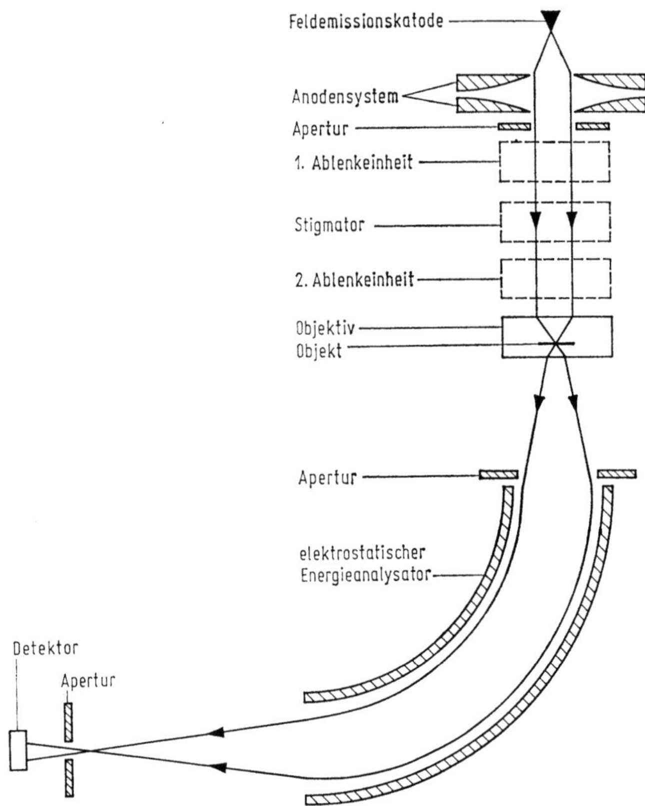

Abb. 5.11   STEM mit Feldemissionskatode und Energieanalysator (schematisch, nach CREWE und WALL [72])

Mit Hilfe eines zusätzlichen Objektivs — so wie bei dem in Abb. 5.11 skizzierten STEM — kann schließlich der Elektronenstrahl zu einer Sonde von ca. 0,5 nm Durchmesser gebündelt werden. Der unterhalb des Objekts angeordnete elektrostatische Energieanalysator mit einer Auflösung von 0,3 eV (bei 25 keV Primärenergie) gestattet es, verschiedene Energiebereiche der transmittierten Elektronen mit dem Detektor zu erfassen. So können sowohl Elektronen, die ohne Energieverluste das Objekt passieren, als auch solche, die spezifische Energieverluste erleiden, oder alle transmittierten Elektronen zur Abbildung herangezogen werden. Dies und die weitere elektronische Signalverarbeitung bieten Möglichkeiten, über die das konventionelle TEM nicht bzw. nur unter relativ hohem Aufwand verfügt (s. hierzu auch Abschn. 6.2.). So können beispielsweise auch die materialspezifischen Plasmaverluste der transmittierten Elektronen erfaßt und zur Materialanalyse herangezogen werden.

5.5. Praxis der Raster-Elektronenmikroskopie: Vakuumbedingungen, *in-situ*-Technik, Präparation

Anforderungen an das Arbeitsvakuum in den Geräten richten sich nach den verwendeten Katodensystemen und nach den zulässigen Kontaminationsraten auf der Objektoberfläche und im Innern der elektronenoptischen Säule (speziell an Aperturblenden). Für Wolfram-Haarnadelkatoden sind $(7 \cdots 1) \cdot 10^{-3}$ Pa, für LaB_6-Katoden 10^{-4} Pa und für Wolfram-Feldemissionskatoden $10^{-7} \cdots 10^{-8}$ Pa im Katodenraum erforderlich. Die unerwünschte Bedeckung von Wandteilen und Objekten mit Fremdbelegungen (Kontamination) rührt nicht nur von im Vakuum enthaltenen Kohlenwasserstoffen her (eine Monoschicht entsteht bei 10^{-4} Pa in etwa 1 s), die unter Elektronenbestrahlung polymerisiert werden, sondern kann auch unmittelbar objekteigen sein [76]. In kommerziellen Geräten mit W-Haarnadelkatode werden auch heute noch fast ausschließlich Öl-Diffusionspumpen $(200 \cdots 1200 \text{ l/s})$ mit wassergekühltem oder mit flüssigem Stickstoff gekühlten Fallen eingesetzt. Vereinzelt sind auch Turbomolekularpumpen im Einsatz [77], mit denen zwar Kontaminationsraten von 0,1 nm/min bei einem Vakuum von $2,6 \cdot 10^{-4}$ Pa erzielt werden können, bei denen jedoch der Langzeitbetrieb über mehrere Tausend Betriebsstunden und die Eliminierung von Schwingungen auf das Gerät vorerst noch problematisch erscheinen. Mit größerem Aufwand kann mit Öldiffusionspumpen auch ein Vakuum von einigen 10^{-5} Pa im Probenraum an üblichen Geräten erreicht werden [78]. Hierzu gehören u. a.: Separate Evakuierung des Probenraumes durch eine 2. Diffusionspumpe, vakuumausgeheizte Vitondichtungen, spezielle Vakuumfette mit kleinen Dampfdrucken, Verwendung von Molekularsieben in den Vorpumpenleitungen, Beschickung des Gerätes in Stillstandszeiten mit N_2 oder Argon (etwa 40 Pa) und spezielle, mit flüssigem Stickstoff gefüllte Kühlfallen an Diffusionspumpen und im Probenraum des Gerätes. Mit gekühlten Flächen (Stickstoffkühlung) in unmittelbarer Nähe des Objektes zusätzlich zu diesen Maßnahmen lassen sich Untersuchungen bei Vergrößerungen von $5 \cdot 10^4 \cdots 10^5$ über 30 Minuten und länger ausführen [79], und man findet, daß Kontaminationsraten von nur 2 nm/min [78] weitgehend unabhängig vom Strahlstrom erzielbar sind (Meßmethoden zur Bestimmung von Kontaminationsraten s. [80, 81]). Das für den Betrieb von Feldemissionskatoden notwendige Vakuum von $\leq 10^{-8}$ Pa erzeugt man mit der modernen Ultrahochvakuumtechnik in ausheizbaren Edelstahlrezipienten mit Kupferdichtungen und unter Verwendung von

9 Elektronenmikroskopie

Sorptions- und Ionengetterpumpen. Diese Systeme arbeiten praktisch kontaminationsfrei (Einzelheiten s. z. B. [82, 83]).

Mit der Größe der Objektkammer, den vielfältigen Objektbewegungsmöglichkeiten und der Gleichzeitigkeit der Untersuchung mit verschiedenen Signalen sind

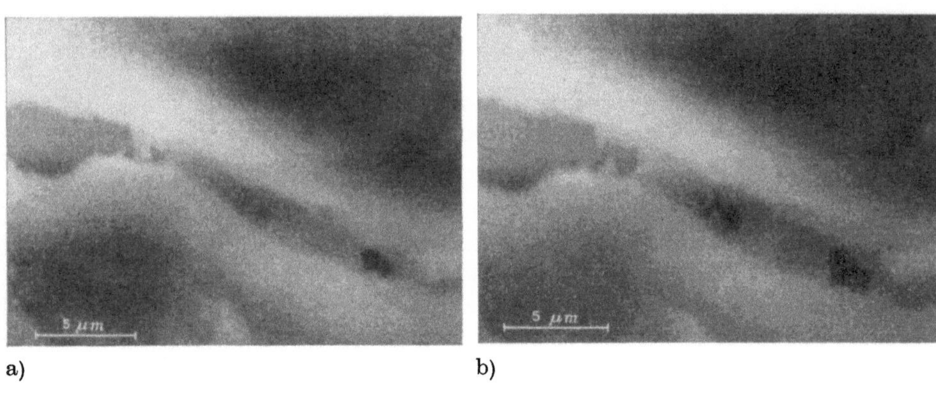

a)   b)

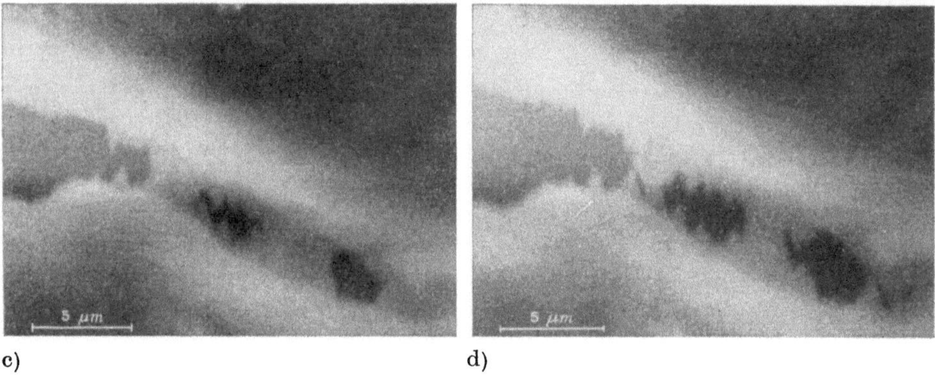

c)   d)

Abb. 5.12   *In-situ*-Experiment zur Untersuchung der Rißkinetik an einer polykristallinen Aluminiumfolie

SE-Mode, 25 kV, konstante Spannungsbelastung, Zeitabstände je 10 s

in der REM auch die Voraussetzungen für spezielle dynamische Experimente in der Festkörperphysik gegeben. Für *in-situ*-Verformungsexperimente an Kristallen und Werkstoffen (Dehnen, Stauchen, Biegen, Tordieren) werden mechanische, motorgesteuerte Manipulatoren gebraucht, die folgende Bedingungen erfüllen müssen: a) keine Selbstentlastung bei Kriech- und Relaxationsexperimenten und b) hohe

Stetigkeit der Verformung bei Versuchen mit konstanter Verformungsgeschwindigkeit [84, 85]. Bei nichtleitenden Objekten muß deren geeignete Präparation berücksichtigt werden (elastisches Verhalten einer Metallaufdampfschicht ähnlich dem des Objektes selbst, Artefaktfreiheit gegenüber der Elektronenbestrahlung, ausreichende SE-Ausbeuten). Zum Besprühen nichtleitender Objekte werden auch antistatische Sprays verwendet [86]. Eine andere Möglichkeit bietet das Arbeiten bei sehr kleinen Primärenergien zur Vermeidung von Aufladungen [87]. Zur Beobachtung der (wiederholbaren oder einmaligen) Objektveränderungen dient günstigerweise ein Fernsehfrequenz-Rastersystem zusammen mit einem entsprechenden Recorder. Ein Beispiel aus der Untersuchung der Rißkinetik einer unter konstanter Spannungsbelastung stehenden polykristallinen Aluminium-Folie zeigt Abb. 5.12 a—d (Zeitabstände je 10 s; Raumtemperatur). Lokal überhöhte plastische Verformungen und damit verbundene Mikrorißvorgänge bereiten die Ausbreitung eines Hauptrisses vor. Verformungsuntersuchungen werden häufig in Verbindung mit einer Objektheizung oder -kühlung notwendig. Anwendungen hierfür liegen in den Werkstoffwissenschaften (Metalle und Legierungen, Nichtmetalle und keramische Werkstoffe [88]). In der Halbleiterphysik lassen sich durch Hoch- und Tieftemperaturuntersuchungen (EBIC und KL) z. B. Elektrolumineszenz- und Katodolumineszenzphänomene unterscheiden [89]. Zur *in-situ*-Technik sind auch Untersuchungen im SE-Potentialkontrast (Abschn. 6.5.) und mit der strahlinduzierten Leitfähigkeit (EBIC, Abschn. 6.5.) an Halbleiterbauelementen und -materialien unter dem Einfluß von Vorspannungen und Temperatur zu zählen. Für eine dynamische Analyse von Dünnschichtsystemen dient die REM-*in-situ*-Ionenstrahlätzung (Tiefenprofilanalysen [90], speziell in der Auger-Elektronen-REM, aber auch zur gezielten Oberflächenpräparation in der Objektkammer [91]). Der Mechanismus von Ionenstrahlätzprozessen ist für monophasige (Einelement)-Objekte gut untersucht, an Legierungen, Verbindungen und diffundierten Substraten gestaltet er sich jedoch vielfältig [92]. Bei Einkristallen ist die Orientierung entscheidend [93]; an polykristallinem Material findet die Abtragung teilweise bevorzugt an Korngrenzen statt [94]. Weitere spezielle Fragestellungen für REM-*in-situ*-Experimente betreffen Untersuchungen zur gesteuerten Aufladung an MOS-Strukturen (Ladungsinjektion) [95], Elektromigrationsvorgänge in Leitpfaden mikroelektronischer Strukturen unter veränderlichem Stromfluß [96], den Einfluß langwelliger elektromagnetischer Strahlung (infrarot) auf die Verstärkung und Abschwächung von Katodolumineszenzemissionen und den absorbierten Probenstrom [97], Schichtwachstumsphänomene [98], Untersuchungen in einer gesteuerten Gasatmosphäre [99] und den magnetischen Domänenkontrast bei Einwirkung äußerer Verformungskräfte [100]. Zu nennen sind ferner Untersuchungen zu thermisch stimulierten Kapazitäts- und Stromänderungen an pn-Übergängen, an Element- und Verbindungshalbleitern jeweils in lokalen Bereichen (SDLTS — *Scanning Deep Level Transient Spectroscopy* [101]) sowie die Beurteilung geometrischer Strukturen in der Elektronenstrahllithographie [102].

In der REM-Präparationstechnik physikalischer und technischer Objekte für Oberflächenabbildungen sind gewöhnlich drei Bedingungen zu erfüllen: a) ausreichende elektrische Leitfähigkeit an der Oberfläche zur Vermeidung von Aufladungen, b) hohe SE-Ausbeuten zur Erzielung starker Kontraste bei kleinen Sondenströmen und c) gute Objektfixierung auf einer (metallischen) Unterlage bei günstiger Orientierung des Objektes zum Primärstrahl und zum Detektor. Kombinierte Kohle-Metall-Beschichtungen im Hochvakuum (Kohle zur Erreichung

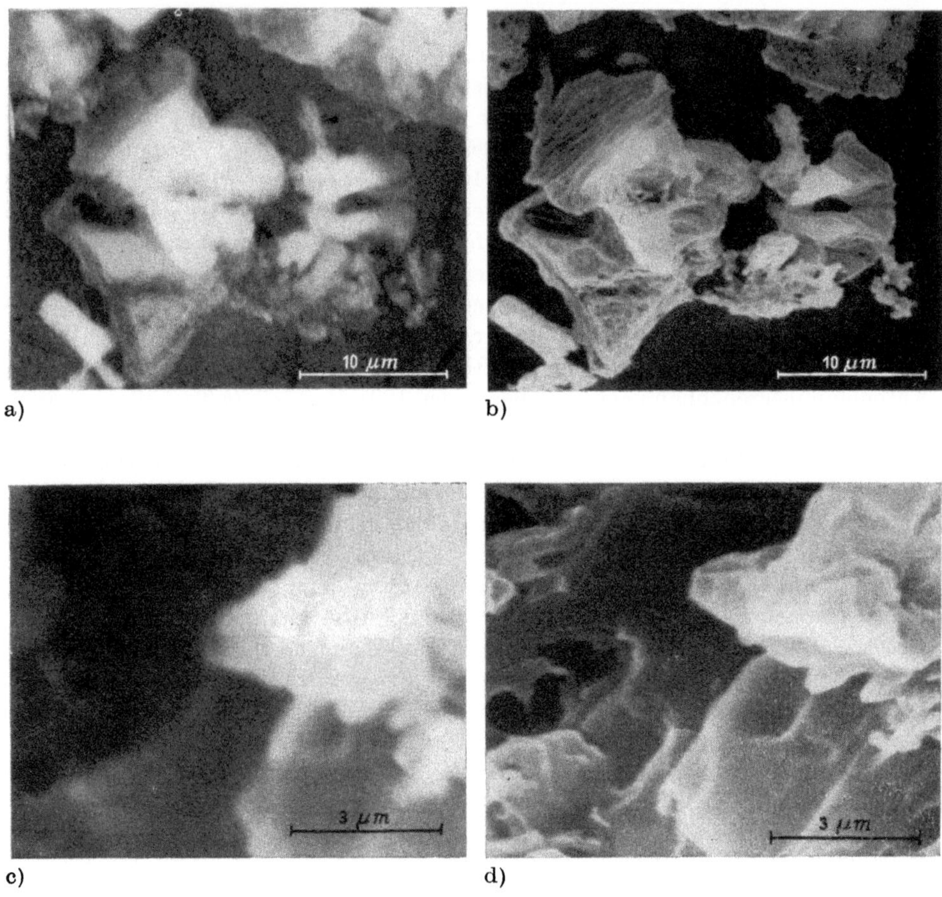

a)   b)

c)   d)

Abb. 5.13   Einfluß einer Kohle-Metallschichtbedampfung auf die topographische Detailerkennbarkeit im SE-Mode

Objekt: Borsäure-Kristalle, 25 kV, 10 nm Kohle/15 nm Gold; a) und c) ohne, b) und d) mit Bedampfung

einer hohen Feinverteilung bzw. zu einer Vorbekeimung, anschließend Bedampfung mit z. B. Cu, Au, Pt in Schichtdicken von 10 nm bis zu einigen zehn nm für hohe SE-Ausbeuten) garantieren gute Ergebnisse [103]. Ein Beispiel für die unter diesen Bedingungen erzielbare, wesentliche Verbesserung der Detailerkennbarkeit enthält Abb. 5.13 (Objekt: Borsäure-Kristalle; identische Objektbereiche!). Die erhöhte Auflösung in den Abbildungen 5.13b und 5.13d wurde bei den gleichen Strahlströmen wie in den Abbildungen 5.13a und 5.13c erreicht ($5 \cdot 10^{-11}$ A). Spezielle Kontrastverstärkungen erreicht man durch Schrägbedampfungen. Aufladungen an nichtleitenden, morphologisch stark strukturierten Oberflächen vermeidet man durch Kegel- oder Drehpendelbedampfungen bzw. Katodenzerstäubung, die auch zum definierten Materialabtrag in derselben Anlage geeignet ist [104]. Von besonderer Bedeutung sind die Herstellung von Matrizen-Prägeabdrücken (massiver Matrizenabdruck in Fällen, wo eine Oberfläche nicht direkt abgebildet werden kann [105]) und die Aufbereitung, Fixierung und Bedampfung von Rauchen, Stäuben, Pulvern und Körnern. Bei nichtleitenden Partikeln bewährt sich zunehmend der Vorteil moderner Geräte, mit kleinen Primärenergien ($\leqq 3$ keV) aufladungsfrei Auflösungen unter 15 nm zu erzielen [106], so daß kritische Präparationsschritte ganz entfallen können. Zur Beseitigung störender Deckschichten auf Bruchflächen dient die Ultraschallreinigung mittels geeigneter Inhibitoren [107]. Schrägschliffe, Einbettungen, Dünnschnitte werden in der auch für andere elektronenmikroskopische Disziplinen zutreffenden Weise vorgenommen (s. Anhang 2., sonst [103, 108]).

5.6. Literatur

[1] KNOLL, M., Z. Tech. Phys. **11** (1935) 467.
[2] VON ARDENNE, M., Z. Phys. **109** (1938) 553.
[3] VON ARDENNE, M., Z. Tech. Phys. **19** (1938) 407.
[4] THEILE, R., Telefunkenröhre **13** (1938) 90.
[5] KNOLL, M.; THEILE, R., Z. Phys. **113** (1939) 260.
[6] HILLIER, J., U.S. Patent 2,418,029 (1947).
[7] CASTAING, R.; GUINIER, A., Proc. 1. Int. Congr. El. Micr., Delft 1949, 60.
[8] OATLEY, C. W.; NIXON, W. C.; PEASE, R. F. W., Adv. Electron. Electron Phys. **21** (1965) 181—247.
[9] KIMOTO, S.; HASHIMOTO, H.; SATO, M., Proc. 6. Int. Congr. El. Micr., Kyoto 1966, 197.
[10] WELLS, O. C., Scanning Electron Microscopy. — New York: Mc Graw-Hill 1974, p. 13.
[11] OATLEY, C. W., The Scanning Electron Microscope. Part 1. The Instrument. — Cambridge: Cambridge Univ. Press 1972.
[12] NIXON, W. C., Contemporary Phys. (GB) **10** (1969) 71.
[13] HIBINO, M., Am. Lab. **10** (1978) p. 36, 38—42, 44.
[14] KRISCH, B., et al., Proc. 10. SEM Symp., Chicago 1977, Vol. I, p. 423.
[15] AIHARA, R., et al., Proc. 9. Int. Congr. El. Micr., Toronto 1978, Vol. I, p. 14.
[16] SHIMIZU, R., et al., Proc. 6. SEM Symp., Chicago 1973, p. 73.
[17] JOHARI, O., Microsc. Acta **76** (1975) 393.
[18] HALL, D. J., J. Micr. (London) **113** (1978) 277.
[19] ECHLIN, P., J. Micr. (London) **112** (1977) 47.
[20] HOCH, W., Jenaer Rdsch. **22** (1977) 159.
[21] MUNRO, E., Proc. 7. SEM Symp., Chicago 1974, p. 35.
[22] LIEBMANN, G., Proc. Phys. Soc. (London) **B68** (1955) 682.

[23] MULVEY, T., Electron microprobes. In: Focusing of Charged Particles. Ed.: A. SEPTIER. — New York: Academic Press 1967, Vol. I, 469.

[24] MUNRO, E., A Low-Aberration Probe-Forming Lens for a Scanning Electron Microscope. In: Electron Microscopy and Analysis. Ed.: W. C. NIXON. — London: Inst. Phys. Conf. Series 1971, 84.

[25] MUNRO, E.; WELLS, O. C., Proc. 9. SEM Symp., Chicago 1976, Part I, p. 27.

[26] WELLS, O. C., Scanning Electron Microscopy. — New York: Mc Graw-Hill 1974, p. 72.

[27] MUNRO, E., In: Image Processing and Computer-Aided Design in Electron Optics, Ed.: P. W. HAWKES, — London: Academic Press 1973, p. 284.

[28] WELLS, O. C., Scanning Electron Microscopy. — New York: Mc Graw-Hill 1974, p. 78.

[29] SMITH, K. C. A., Ph. D. Dissertation, Cambridge University 1956.

[30] DURANDEAU, P.; FERT, C., Rev. Opt. **36** (1957) 205.

[31] WELLS, O. C.; BROERS, A. N.; BREMER, C. G., Appl. Phys. Lett. **23** (1973) 353.

[32] MULVEY, T., Proc. 7. SEM Symp., Chicago 1974, p. 43.

[33] BROERS, A. N., Proc. 7. SEM Symp., Chicago 1974, p. 9.

[34] CHAPMAN, P. F.; STROBBS, W. M., J. Phys. (London) E 6 (1973) 373.

[35] MULVEY, T.; NEWMAN, C. D., Proc. 3. Int. Conf. HVEM, Oxford 1973, p. 98.

[36] SIEGEL, B., Proc. 8. SEM Symp., Chicago 1975, p. 647.

[37] OATLEY, C. W., The Scanning Electron Microscope. Part 1. The Instrument. — Cambridge: Cambridge Univ. Press 1972, p. 20.

[38] PEASE, R. F. W.; NIXON, W. C., J. Sci. Instrum. **42** (1965) 81.

[39] BROERS, A. N., In: Microprobe Analysis. Ed.: C. A. ANDERSON, — New York: John Wiley 1973, 83.

[40] BROERS, A. N.: Electron and Ion Beam Science and Technology. Proc. 5. Int. Conf., Houston 1972, p. 3.

[41] WELLS, O. C., Scanning Electron Microscopy. — New York: Mc Graw-Hill 1974, p. 87.

[42] STEWART, A. D. G., in: Scanning Electron Microscopy, Ed.: O. C. WELLS. — New York: Mc Graw-Hill 1974, p. 4.

[43] ROSE, H., Adv. Electron. 1 (1948) 131.

[44] NEWBURY, D. E., Image Formation in the Scanning Electron Microscope. In: Practical Scanning Electron Microscopy, Eds.: J. I. GOLDSTEIN; H. YAKOWITZ. New York/London: Plenum Press 1975, 120.

[45] EVERHART, T. E.; THORNLEY, R. F. M., J. Sci. Instr. **37** (1960) 246.

[46] COMIS, N. R.; HENGSTBERGER, M. M. E.; THIRWALL, J. T., J. Phys. E 11 (1978) 1041.

[47] WOOLF, R. J.; JOY, D. C.; TANSLEY, D. W., J. Phys. (London) E 5 (1972) 230.

[48] WELLS, O. C., Scanning Electron Microscopy. — New York: Mc Graw-Hill 1974, p. 23.

[49] CREWE, A. V.; ISAACSON, M.; JOHNSON, D., Rev. Sci. Instrum. **41** (1970) 20.

[50] KIMOTO, S.; HASHIMOTO, H., Stereoscopic Observation in Scanning Microscopy Using Multiple Detectors. In: The Electron Microprobe. Eds.: Mc KINLEY et al. — New York: John Wiley 1966, 480.

[51] AUDIER, M.; DELMOTTE, J. C.; BOUTOT, J. P., Rev. Phys. Appl. **13** (1978) 188.

[52] LUKIANOFF, C. V.; TOUW, T. R., U.S. Patent 3,961,190 (1976).

[53] BANBURY, J. R.; NIXON, W. C., J. Sci. Instrum. **2** (1969) 1055.

[54] CARLSSON, L.; VAN ESSEN, C. G., J. Phys. E 7 (London) (1974) 98.

[55] STEYN, J. B.; GILES, B.; HOLT, D. B., J. Micr. (London) **107** (1976) 107.

[56] WELLS, O. C., Scanning Electron Microscopy. — New York: Mc Graw-Hill 1974, p. 52.
[57] BROERS, A. N., High-Resolution Scanning Electron Microscopy of Surfaces. In: Microprobe Analysis. Ed.: C. A. ANDERSON. — New York 1973, p. 83.
[58] CULTER, R. G.; SANG, E., Proc. IEEE 65 (1976) 1072.
[59] COWLEY, J. M., Appl. Phys. Lett. 15 (1969) 58.
[60] ZEITLER, E.; THOMSON, M. G. R., Optik 31 (1970) 258, 359.
[61] CREWE, A. V.; WALL, J., Optik 30 (1970) 461.
[62] ROSE, H., Optik 39 (1974) 416.
[63] POGANY, A. P.; TURNER, P. S., Acta Cryst. A 24 (1968) 103.
[64] REIMER, L.; GENTSCH, P.; HAGEMANN, P., Optik 43 (1975) 431.
[65] WOOLF, R. J.; JOY, D. C.; TITCHMARSH, J. M., Proc. 5. Europ. Reg. Conf. El. Micr., Manchester 1972, p. 498.
[66] MAHER, D. M., Proc. 7. SEM Symp., Chicago 1974, p. 215.
[67] GRIGSON, C. W. B., J. Electr. Contr. 12 (1962) 209.
[68] GRIGSON, C. W. B., Rev. Sci. Instrum. 36 (1965) 1587.
[69] GEISS, R. H., Appl. Phys. Lett. 27 (1975) 174.
[70] GEISS, R. H., Proc. 9. SEM Symp., Chicago 1976, Part I, p. 337.
[71] CREWE, A. V.; WALL, J.; WELTER, L. M., J. Appl. Phys. 39 (1968) 5861.
[72] CREWE, A. V.; WALL, J., J. Mol. Biol. 48 (1970) 375.
[73] CREWE, A. V., Forschungsbericht (U.S. Atomic Energy Commission) COO 1721—19, EFI 69—95.
[74] CREWE, A. V.; ISAACSON, M.; JOHNSON, D., Rev. Sci. Instrum. 40 (1969) 241.
[75] BUTLER, J. W., Proc. 6. Int. Congr. El. Micr., Kyoto 1966, p. 191.
[76] ECHLIN, P., Proc. 8. SEM Symp., Chicago 1975, p. 679.
[77] LANGE, W. J.; SINGLETON, J. H., J. Vac. Sci. Technol. 15 (1978) 1189.
[78] BRANDIS, E. K.; ANDERSON, F. W.; HOOVER, R., Proc. 4. SEM Symp., Chicago 1971, p. 505.
[79] BOTTOMS, W. R., Proc. 6. SEM Symp., Chicago 1973, p. 181.
[80] FOURIE, J. T., Proc. 9. SEM Symp., Chicago 1976, Part I, p. 53.
[81] HOOVER, R. A., J. Phys. (London) E 4 (1971) 747.
[82] VENABLES, J. A., An UH VSEM for In-Situ Deposition and Surface Studies. In: Developments in Electron Micr. and Anal. Ed.: J. A. VENABLES. — London/ New York: Academic Press 1976, p. 23.
[83] HARADA, Y., et al., Proc. 6. Europ. Conf. El. Micr., Jerusalem 1976, p. 350.
[84] IMURA, T., Proc. 4. Int. Conf. HVEM, Toulouse 1975, p. 293.
[85] MESSERSCHMIDT, U.; APPEL, F., Kristall Tech. 14 (1979) 1245.
[86] HUBER, H., Beitr. Direktabb. Oberfl. (BEDO) 1 (1968) 229.
[87] BROWN, A. C.; SWIFT, J. A., Proc. 7. SEM Symp., Chicago 1974, p. 67.
[88] JOHNSON, V. E., Proc. 8. SEM Symp., Chicago 1975, p. 763.
[89] BALK, L. J.; KUBALEK, E.; MENZEL, E., Proc. 8. SEM Symp., Chicago 1975, p. 447.
[90] CHRISTOU, A., Proc. 8. SEM Symp., Chicago 1975, p. 149.
[91] DeNEE, P. B.; WALKER, E. R., Proc. 8. SEM Symp., Chicago 1975, p. 225.
[92] MAYER, J. W.; TUROS, A., Thin Solid Films 19 (1973) 1.
[93] HAUFFE, W., Proc. Int. Conf. Ion Beam Modification of Materials, Budapest 1978, 1079.
[94] CHRISTOU, A.; DAY, H. M., Proc. 9. SEM Symp., Chicago 1976, Part I, p. 207.
[95] CATALANO, J. F., Proc. 9. SEM Symp., Chicago 1976, Part I, p. 521.
[96] DEVANEY, J. R., Proc. 3. SEM Symp., Chicago 1970, p. 417.
[97] LIN, W. N.; WITTRY, D. B., J. Appl. Phys. 47 (1976) 4129.
[98] SAPARIN, G. V., Proc. 9. Int. Congr. El. Micr., Toronto 1978, Vol. III, p. 420.
[99] ROBINSON, V. N. E., Proc. 9. SEM Symp., Chicago 1976, Part I, p. 91.
[100] FATHERS, D. J., et al., Phys. Status Solidi a 20 (1973) 535.

[101] PETROFF, P. M.; LANG, D. V., Appl. Phys. Lett. **31** (1977) 60.
[102] SOYCHAK, F. J.; WARLEY, S. D., Proc. 9. SEM Symp., Chicago 1976, Part I, p. 647.
[103] NEWBURY, D. E.; YAKOWITZ, H.: Specimen Preparation, Special Techniques, and Applications of the Scanning Electron Microscope. In: Practical Scanning Electron Microscopy. Eds.: J. I. GOLDSTEIN; H. YAKOWITZ. — New York: Plenum Press 1975, 211.
[104] ECHLIN, P., Proc. 7. SEM Symp., Chicago 1974, p. 1019.
[105] CARPENTER, G. J. C., Rev. Sci. Instrum. **42** (1971), 531.
[106] WELTER, L. M.; COATES, V. J., Proc. 7. SEM Symp., Chicago 1974, p. 59.
[107] DAHLBERG, E. P., Proc. 7. SEM Symp., Chicago 1974, p. 911.
[108] INGRAM, P., et al., Proc. 9. SEM Symp., Chicago 1976, Part I, p. 75.

6. Raster-Elektronenmikroskopie: Physikalische Grundlagen der Kontrastentstehung

U. Werner, H. Johansen

Aus der Wechselwirkung Elektronensonde—Objekt entsteht eine Vielfalt von Signalen, die entsprechend ihrer unterschiedlichen physikalischen Natur und für ein diskretes Signal in ganz unterschiedlichen Energiebereichen spezifische Informationen von oberflächennahen Schichten oder aus dem Volumen eines Festkörpers liefern können. Häufig erhält man die Aussage über den Eignungsgrad eines Modes erst nach mehreren orientierenden Vergleichsexperimenten mit anderen Signalen bei unterschiedlichen elektronenoptischen Abbildungsbedingungen. Hierzu stehen im einzelnen zur Verfügung:

— Sekundärelektronen (SE; Abschn. 6.3.): Objekttopographie (in mehrphasigen Objekten unterstützt durch materialspezifische Unterschiede in der SE-Ausbeute), elektrische und magnetische Potential- und Feldverteilungen, Aufladungsphänomene, Kristallorientierungen

— Rückgestreute Elektronen (RE; Abschn. 6.2.): Materialkontrast (Ordnungszahlunterschiede), Tiefeninformation, Kristallorientierungen (s. Abschn. 6.4.), magnetische Feldverteilungen (Domänenkontrast)

— Absorbierte Elektronen (AE; Abschn. 6.2.): Materialkontrast, Objektmorphologie unabhängig von einer Detektorposition, magnetische Feldverteilungen

— Transmittierte Elektronen (TE; Abschn. 6.2.): Hochauflösung, Ordnungszahlverteilungen, Energieverluste (vgl. Kap. 9.), Analyse von Gitterdefekten

— Charakteristische Röntgenstrahlung: qualitative und quantitative Elementanalyse an kompakten Objekten und Dünnschichtsystemen (s. Kap. 9.)

— Emission von Lichtquanten (Katodolumineszenz, KL; Abschn. 6.5.): strahlende und nichtstrahlende Rekombinationsprozesse in lumineszenzfähigen (insbesondere halbleitenden) Materialien, Nachweis von Verunreinigungen, Dotierungsverteilungen und geometrischen Inhomogenitäten, Analyse von Anregungsspektren in Mikrobereichen

— Elektronenstrahlinduzierte Leitfähigkeit (EBIC; Abschn. 6.5.): laterale und räumliche Ausdehnung von pn- und Metall/Halbleiter-Übergängen sowie MIS-Strukturen (MIS - *Metal Insulator Semiconductor*), nichtstrahlende Rekombinationseigenschaften in Halbleitern (vgl. KL), speziell an Gitterdefekten und makroskopischen Inhomogenitäten (z. B. Korngrenzen)

— Auger-Elektronen: Elementanalyse und -verteilungen in oberflächennahen Bereichen (Monoschichten), lokale Potentialmessungen (s. Kap. 9.).

Die Spezifik der erhältlichen Informationen aus einem Mode wird wesentlich von seinem theoretischen Verständnis bestimmt. Eine anfänglich mehr phänomenologische Untersuchung und Anwendung der verschiedenen Abbildungsvarianten wird heute weitgehend durch analytische Modelle ergänzt. Diese vertiefte Betrachtungsweise der Wechselwirkungsprozesse hat einerseits dazu geführt, daß spezielle geometrische und physikalische Größen eines Objektes mit dem Raster-Elektronenmikroskop (REM) quantitativ ermittelt werden können (z. B. mikrophotogrammetrische Bestimmung eines Oberflächenreliefs [1]; Diffusionslängen und Beweglichkeiten von Minoritätsladungsträgern in Halbleitern [2]; Ausbreitungsgeschwindigkeit von Domänen in Höchstfrequenzdioden [3]) andererseits aber auch dazu, daß sich die Leistungsgrenzen einzelner Verfahren durch die Einführung zusätzlicher elektronenoptischer und elektronischer Elemente erweitern lassen (z. B. Steigerung von Empfindlichkeit und lateraler Auflösung im Auger-Elektronen-REM durch Pulsstrahlmodulation [4]; Verminderung des lateralen Informationsbereiches bei Elektronen-*channelling*-Untersuchungen durch Verringerung der Ablenkfehler bei der *rocking-beam*-Technik — vgl. Kap. 5., Abb. 5.10). Darüber hinaus gilt einheitlich für alle ausgelösten Wechselwirkungssignale, daß sich als Folge ihrer sequentiellen Form mit analogen und digitalen Bildverarbeitungsverfahren eine Bildverbesserung erreichen läßt und graphische oder numerische Daten aus einem Bild zur quantitativen Charakterisierung einer diskreten Objekteigenschaft abgeleitet werden können. Diese Vorteile sind nicht zuletzt durch eine Anwendung mathematischer Formalismen auf die Erfassung bekannter, die gewöhnliche Bildqualität vermindernder Prozesse erzielt worden (geometrische Störungen, Rauschintensitäten, begrenztes Auflösungsvermögen des elektronenoptischen Systems) [5]. Hiermit eng verbunden ergibt sich eine zunehmende Differenzierung des Informationsgehaltes, da ein wachsendes Verständnis der Wechselwirkungsprozesse auch deren detaillierte Ausnutzung in diskreten Energiebereichen erfordert (z. B. spektrale Katodolumineszenz für Störstellenrekombinationsprozesse in Halbleitern [6]; Energieverlustspektroskopie in Verbindung mit Raster-Transmissions-Elektronenmikroskopie (STEM) zur Analyse leichter Elemente [7]; Rückstreuelektronenspektroskopie zur Erfassung magnetischer Domänen [8]). Daneben machen aber bereits elementare Kontrasterscheinungen wie Kantenemission, Durchstrahlungseffekte in der Oberflächenabbildung — z. B. bei nadelförmigen Kristallen (Whisker) — und ordnungszahlabhängige Materialkontraste eine analytische Behandlung des jeweiligen Wechselwirkungsprozesses notwendig und verlangen damit z. B. auch eine eindeutige Unterscheidung zwischen lateraler, räumlicher und Kantenauflösung in dem speziellen Mode. In den nachfolgenden Abschnitten werden die wichtigsten physikalischen Aspekte der Wechselwirkung zwischen Primärelektronen und Festkörper so wiedergegeben, daß ein erstes Verständnis der typischen rasterelektronenmikroskopischen Kontrastphänomene möglich ist. Hierbei wird nach einer orientierenden Betrachtung zum Elektronenstreuprozeß im Festkörper zunächst das Verhalten schneller Elektronen in dem für die REM interessanten Energiebereich von etwa 1 ⋯ 100 keV behandelt (rückgestreute, absorbierte und transmittierte Elektronen), anschließend werden die Besonderheiten untersucht, die zwischen den

Mechanismen der Sekundärelektronenemission und dem erzielbaren Auflösungsvermögen in einer REM-Oberflächenabbildung bestehen. Auf den Zusammenhang zwischen Rückstreukoeffizient und Einfallsrichtung des Primärelektronenstrahls bezüglich der Netzebenen in einem kristallinen Objekt wird im Abschn. 6.4. eingegangen. Den Abschluß dieses Kapitels bilden grundlegende Angaben zu den stark anwendungsbetonten Techniken des Potentialkontrastes (mit SE) und der Rekombinationskontraste (EBIC, KL) für Halbleiteruntersuchungen.

6.1.   Elementare Wechselwirkungsprozesse zwischen Primärelektronen und Objekt

Die Wechselwirkung eines in ein Objekt eindringenden Elektrons mit den Elektronen der Atomhülle führt sowohl zur Richtungsänderung als auch zum Energieverlust des Elektrons. Bei nicht zu geringer Energie des Elektrons sind jedoch die durch die Hüllenelektronen verursachten Richtungsänderungen gegenüber den von den Atomkernen verursachten Richtungsänderungen vernachlässigbar klein. Die zahlreichen in der Regel geringen Energieverluste, die das Elektron bei der Wechselwirkung mit den Hüllenelektronen erleidet, bewirken eine annähernd kontinuierliche Bremsung des Elektrons. Bei der Beschreibung des Bremsprozesses können daher die zahlreichen diskreten Energieverluste des Elektrons näherungsweise durch einen kontinuierlichen Energieverlust ersetzt werden. Dies gestattet es, dem Elektron in der Bethe-Bremsformel [9] einen mittleren Energieverlust $-\mathrm{d}E$ pro Wegelement $\mathrm{d}s$ zuzuschreiben:

$$-\frac{\mathrm{d}E}{\mathrm{d}s} = \frac{e_0^4}{8\pi\varepsilon_0^2}\,\frac{NZ}{E}\,\ln\left(\sqrt{\frac{e}{2}}\,\frac{E}{J}\right),\tag{6.1}$$

wobei e_0 und ε_0 die Elementarladung des Elektrons bzw. die Dielektrizitätskonstante des Vakuums bezeichnen. N gibt die Anzahl der Atome der Kernladungszahl Z pro Volumeneinheit an.

Die mittlere Anregungsenergie J eines Atoms wird von BLOCH [10] annähernd zu $J = Z \cdot 13{,}5$ eV bestimmt. Die schwache Abhängigkeit des Logarithmus von der Restenergie E des Elektrons rechtfertigt es, diesen nicht als Funktion der Restenergie, sondern näherungsweise als konstant anzusehen und für E die Primärenergie E_0 des Elektrons zu setzen. Damit wird eine geschlossene Integration der Bethe-Bremsformel im Energiebereich von ca. $10 \cdots 100$ keV ermöglicht, welche mit

$$s = \frac{4\pi\varepsilon_0^2}{e_0^4}\,\frac{E_0^2 - E^2}{NZ \cdot \ln\left(\sqrt{\dfrac{e}{2}}\,\dfrac{E_0}{J}\right)}\tag{6.2}$$

auf eine 1. Näherung für die Relation zwischen durchlaufener Weglänge s, Primärenergie E_0 und Restenergie E führt. Werden die Elektronen vollständig abgebremst, d. h. wird ihre Restenergie $E = 0$, so beträgt der gesamte im Mittel von den Elektronen durchlaufene Weg, die mittlere Bahnlänge, $s_0 = s\,(E = 0)$. Diese mittlere Bahnlänge wurde durch numerische Integration der Bethe-Bremsformel unter Berücksichtigung relativistischer Korrekturen von Berger und Seltzer [11] (s. auch [12]) exakt errechnet. Die Resultate für Al und Au im Primärenergiebereich von 10 ⋯ 100 keV sind in Abb. 6.1 eingezeichnet.

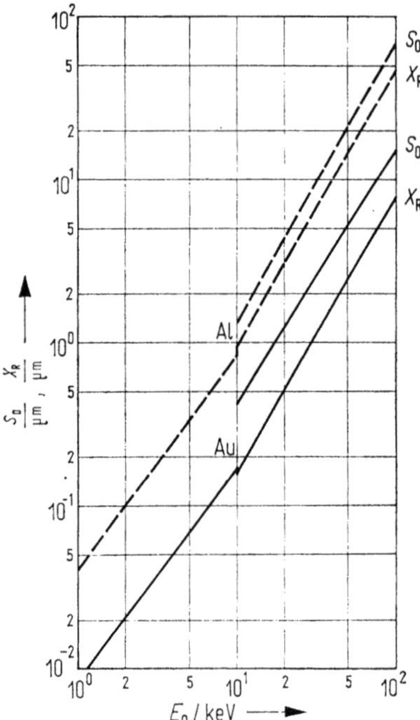

Abb. 6.1   Mittlere Bahnlänge s_0 und maximale Reichweite x_R für Al (– – –) und Au (———) in Abhängigkeit von der Primärenergie E_0 (nach Berger und Seltzer [11] und Fitting [13])

In der Praxis interessiert weniger die mittlere Bahnlänge der Elektronen als vielmehr ihre Reichweite. Die Reichweite ist ein Maß für die Tiefe, bis zu der die Elektronen in das Objekt eindringen. Durch Messung der Objektdicken, bei denen lediglich noch 1% der Primärelektronen das Objekt durchdringen, ermittelte Fitting [13] folgende empirische Beziehungen für die maximale Reichweite x_R der Elektronen:

$$\frac{x_R}{\mu m} = \begin{cases} 0{,}090 \left(\dfrac{\varrho}{g/cm^3}\right)^{-0,8} \left(\dfrac{E_0}{keV}\right)^{1,3} & \text{für} \quad E_0 < 10 \text{ keV}\,, \\[2ex] 0{,}045 \left(\dfrac{\varrho}{g/cm^3}\right)^{-0,9} \left(\dfrac{E_0}{keV}\right)^{1,7} & \text{für} \quad E_0 > 10 \text{ keV}\,. \end{cases} \tag{6.3}$$

In Abb. 6.1 ist diese Reichweite für Al und Au dargestellt. Es zeigt sich, daß die Elektronen bei 1 keV Primärenergie nur maximal 10 nm in Gold eindringen, während sie bei 100 keV Primärenergie maximal 45 μm in Aluminium eindringen.

Diese über mehr als 3 Größenordnungen reichenden Eindringtiefen der Elektronen bedingen, daß im REM Informationen aus oberflächennahen Schichten, aber auch aus dem Volumen des Objekts erhalten werden können.

Der große Massenunterschied zwischen Elektron und Atomkern rechtfertigt in guter Näherung die Vernachlässigung des Energieverlustes, den das Elektron bei der Wechselwirkung mit dem Atomkern erleidet. Die Streuung (Richtungsänderung) von Elektronen im Coulomb-Feld eines Atomkerns wird bei Berücksichtigung der Abschirmung der Kernladung durch die Elektronenhülle mit Hilfe des korrigierten Rutherfordschen Wirkungsquerschnitts

$$q(\vartheta) = \frac{\mathrm{d}\sigma}{\mathrm{d}\Omega} = \frac{e_0^4}{(16\pi\varepsilon_0)^2} \frac{Z^2}{E^2} \frac{1}{\left[\sin^2\dfrac{\vartheta}{2} + \left(\dfrac{\vartheta_0}{2}\right)^2\right]^2} \tag{6.4}$$

beschrieben (nach WENTZEL [14]). In dieser Beziehung bezeichnet q den differentiellen und σ den integralen atomaren Wirkungsquerschnitt, ϑ den Streuwinkel sowie Ω den Raumwinkel. Der Abschirmwinkel ϑ_0 berücksichtigt den Einfluß der Elektronenhülle des Atoms auf den Streuprozeß und stellt das Verhältnis zwischen der reduzierten Wellenlänge $\lambda/(2\pi)$ des Elektrons und dem Atomradius dar. Die Elektronenstreuung am Atom ist in starkem Maße anisotrop. Dies veranschaulichen die in Abb. 6.2 als Funktion des Streuwinkels wiedergegebenen, auf Z^2

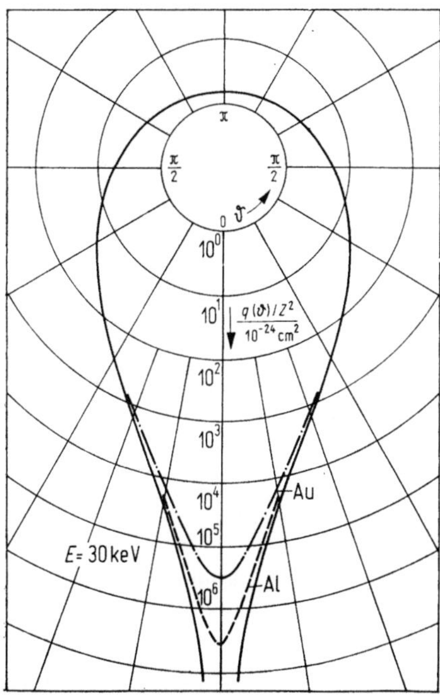

Abb. 6.2 Auf Z^2 bezogene differentielle atomare Wirkungsquerschnitte q als Funktion des Streuwinkels ϑ für $E = 30$ keV: Rutherfordscher Wirkungsquerschnitt (———) und Wirkungsquerschnitte bei Berücksichtigung der Abschirmung des Atomkerns für Al (– – –) und Au (–·–·–)

bezogenen atomaren Wirkungsquerschnitte; so ist die aus diesen Wirkungsquerschnitten resultierende Wahrscheinlichkeit für die Kleinwinkelstreuung eines Elektrons wesentlich größer als die einer Großwinkelstreuung.

Das in das Objekt eindringende Elektronenbündel erleidet durch die zahlreichen Kleinwinkelstreuungen der Elektronen eine fortschreitende Auffächerung. Dieser Streuprozeß wird von BOTHE [15] beschrieben. Er löst hierzu eine Diffusionsgleichung, die nicht die Diffusion der Elektronen im Volumen (Ortsänderung), sondern die Diffusion der Richtungsvektoren der Elektronen (Richtungsänderung) behandelt. Die Auffächerung des Elektronenbündels führt schließlich auf einen Zustand der annähernd richtungsisotropen Ausbreitung der Elektronen, der auch als Volumendiffusion interpretiert werden kann. ARCHARD [16] behandelt diesen Prozeß stark vereinfachend durch zwei Ausbreitungsphasen der Elektronen: eine Phase des geradlinigen Eindringens der Elektronen und eine anschließende Phase der geradlinigen Emission der Elektronen von einer in der Diffusionstiefe befindlichen isotropen Punktquelle. Die Diffusionstiefe ist jene Tiefe, in der annähernd eine vollständige Volumendiffusion der Elektronen vorliegt.

Die Modellvorstellung ARCHARDS führt auf ein sphärisches Wechselwirkungsvolumen der Primärelektronen im Objekt, so wie es in Abb. 6.3a dargestellt ist.

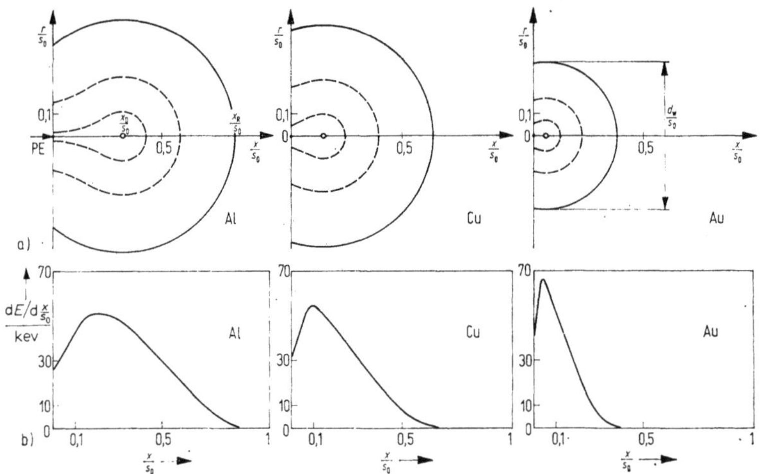

Abb. 6.3   Charakterisierung des Wechselwirkungsvolumens der Primärelektronen (PE) für Al, Cu und Au bei senkrechter Inzidenz

a) schematische Darstellung des Wechselwirkungsvolumens (x Distanz zur Objektoberfläche, r radiale Distanz, d_W Durchmesser des Wechselwirkungsvolumens); b) Tiefenverteilung der im Objekt bis zum Erreichen der K- (Al, Cu) bzw. L-Ionisationsenergie (Au) im Mittel pro PE absorbierten Energie (nach SHIMIZU et al. [18] für E_0 30 = keV)

Die relative Diffusionstiefe wird von ARCHARD für nicht zu kleine Kernladnugszahlen zu

$$\frac{s_\mathrm{D}}{s_\mathrm{O}} = \frac{40}{7Z} \tag{6.5}$$

berechnet.[1]) Da die Elektronen jedoch nicht geradlinig um den Diffusionsweg s_D in das Objekt eindringen, sondern infolge der Auffächerung des Elektronenbündels komplizierte Bahnen beschreiben, muß die obige Beziehung korrigiert werden. Dies kann mit Hilfe eines Umwegfaktors geschehen, für den KNECHT und BOTHE [17]

$$u = \frac{\bar{s}}{x} = 1 + \frac{1}{2} \frac{x}{\lambda_D} \tag{6.6}$$

angeben.[2]) Hierbei bezeichnet $\bar{s}$ den von den in die Tiefe x vorgedrungenen Elektronen im Mittel durchlaufenen Weg. λ_D stellt bei Vernachlässigung der Energieverluste die mittlere Weglänge für den Übergang der Elektronen in den Zustand der Volumendiffusion dar und entspricht somit annähernd dem Diffusionsweg s_D. Nach Multiplikation von Gl. (6.6) mit u ergibt sich

$$u^2 - u - \frac{1}{2} \frac{\bar{s}}{\lambda_D} = 0 \, . \tag{6.7}$$

Falls die in die Tiefe x vorgedrungenen Elektronen im Mittel den Diffusionsweg durchlaufen haben, d. h., falls $\bar{s} = s_D \approx \lambda_D$ gilt, folgt hieraus ein kernladungszahlunabhängiger Umwegfaktor:

$$u(s_D) = \frac{s_D}{x_D} = \frac{1 + \sqrt{3}}{2} \approx 1{,}37 \, . \tag{6.8}$$

Dieser Umwegfaktor führt mit Gl. (6.5) auf die relative Diffusionstiefe

$$\frac{x_D}{s_O} = \frac{1}{u(s_D)} \frac{s_D}{s_O} = \frac{25}{6Z} \, . \tag{6.9}$$

Die in dieser Diffusionstiefe angeordnete isotrope Punktquelle stellt gewissermaßen den „Schwerpunkt" des Wechselwirkungsvolumens dar. Dieser „Schwerpunkt" verschiebt sich mit wachsendem Z zusehends zu kleineren relativen Eindringtiefen x/s_O. Hieraus resultieren unterschiedliche Formen des Wechselwirkungsvolumens: So wird im Falle kleiner Kernladungszahlen das Elektronenbündel in bezug auf die mittlere Bahnlänge s_O verhältnismäßig tief in das Objekt eindringen, ehe die fortschreitende Auffächerung des Bündels in einen annähernd richtungsisotropen Ausbreitungszustand übergeht. Dies bedingt, daß der Teil des Wechselwirkungsvolumens mit hoher Elektronendichte eine „tropfenförmige" Gestalt annimmt (in Abb. 6.3 gestrichelt). Im Falle hoher Kernladungszahlen wird das Elektronenbündel hingegen relativ schnell aufgefächert, so daß in bezug auf die mittlere Bahnlänge s_O in verhältnismäßig geringen Eindringtiefen eine annähernd isotrope Richtungsverteilung der Elektronen vorliegt, sich also nicht in dem Maße eine „tropfenförmige" Gestalt des Wechselwirkungsvolumens aus-

---

[1]) Einen auch für $Z < 6$ sinnvollen Ausdruck für s_D/s_O sowie eine umfassende Darstellung der Modelle der Elektronendiffusion gibt THÜMMEL [12] S. 160 ff.

[2]) Die von KNECHT und BOTHE [17] benutzte Konstante k entspricht dem Kehrwert von λ_D.

bilden kann wie bei kleinem Z. Der nach ARCHARD [16] als Kugelsegment zu denkende gesamte Bereich des Wechselwirkungsvolumens besitzt den Durchmesser $d_W = 2(x_R - x_D)$, so daß sich für kleine Kernladungszahlen $d_W \approx x_R$ (Abb. 6.3a, Al) und für hohe Kernladungszahlen $d_W \approx 2x_R$ (Abb. 6.3a, Au) einstellt. In Verbindung mit der Beziehung (6.3) ist somit eine leichte Abschätzung der Ausdehnung des Wechselwirkungsvolumens möglich.

Eine wichtige Größe zur Charakterisierung des Wechselwirkungsvolumens ist die Verteilung der im Objekt absorbierten Energie; dient doch die absorbierte Energie zum überwiegenden Teil der Erzeugung sekundärer Informationsträger. Ein Vergleich der Skizzen der Abbildung 6.3a mit den von SHIMIZU, IKUTA und MURATA [18] durch Monte-Carlo-Rechnungen erhaltenen Energieabsorptionsverteilungen (Abb. 6.3b) zeigt, daß die relative Diffusionstiefe (Gl. 6.9) dicht hinter dem Ort der maximalen Energieabsorption dE pro Schichtelement $d(x/s_0)$ liegt. Diese Tatsache läßt sich verstehen, wenn man bedenkt, daß die isotrope Richtungsverteilung in der Diffusionstiefe zu einer großen Bewegungskomponente der Elektronen parallel zur Objektoberfläche und damit zu einem hohen Energieverlust in dieser Tiefe führt.

Die Abnahme der relativen Diffusionstiefe x_D/s_0 mit wachsender Kernladungszahl bedingt sowohl eine Zunahme der Anzahl als auch der mittleren Restenergie der rückgestreuten Elektronen. Da die Restenergie der rückgestreuten Elektronen dem Energieabsorptionsprozeß verlorengeht, fällt mit wachsender Anzahl der rückgestreuten Elektronen, d. h. mit wachsendem Z, die im Objekt absorbierte Energie. So ergibt die Integration der Verteilungen der Abb. 6.3b, daß im Al 91%, im Cu 83% und im Au 61% der zur Ionisation der K- bzw. L-Schale fähigen Energie absorbiert werden. Diese kernladungszahlabhängige Energieabsorption beeinflußt beispielsweise die Intensität der im Objekt erzeugten charakteristischen Röntgenstrahlung. In der Elektronenstrahlmikroanalyse wird dieser Einfluß durch die sogenannte Ordnungszahlkorrektur erfaßt.

Die im betrachteten Energiebereich für ein Element annähernd konstante relative Diffusionstiefe x_D/s_0 ist Ausdruck einer von HARDER [19] formulierten Ähnlichkeitsregel. Diese Regel besagt, daß die auf die mittlere Bahnlänge s_0 bezogenen charakteristischen Abmessungen des Wechselwirkungsvolumens für eine gegebene Kernladungszahl näherungsweise energieunabhängig sind. Aus der Ähnlichkeitsregel läßt sich somit schlußfolgern, daß die aus Monte-Carlo-Rechnungen [18] für 30 keV zusammengestellten Diagramme wie auch die Skizzen der Wechselwirkungsvolumen der Abb. 6.3 in diesen Abmessungen in erster Näherung für den gesamten Energiebereich von etwa 10 ⋯ 100 keV gelten.

6.2.   Rückgestreute, absorbierte und transmittierte Elektronen

Der unterschiedliche Bahnverlauf der Primärelektronen im Streuprozeß hat die Trennung der Primärelektronen in rückgestreute, absorbierte und transmittierte Elektronen zur Folge. Es muß daher für die Summe der Rückstreuwahrscheinlichkeit η_R, der Absorptionswahrscheinlichkeit η_A und der Transmissionswahrscheinlichkeit η_T eines in ein Objekt der Dicke t eindringenden Primärelektrons die Bilanz

$$\eta_R(t) + \eta_A(t) + \eta_T(t) = 1 \tag{6.10}$$

gelten. Die Änderung der einzelnen Anteile dieser Bilanz mit der Objektdicke wurde von Cosslett und Thomas [20] untersucht. Für das massive Objekt ($\eta_T(t) = 0$) ist aufgrund der Ähnlichkeitsregel im betrachteten Energiebereich eine für die mikroskopische Praxis relativ unbedeutende Primärenergieabhängigkeit der Rückstreu- und damit auch der Absorptionswahrscheinlichkeit zu verzeichnen (s. Abb. 6.4 a). Es kann daher die in Abb. 6.4 b für eine Primärenergie von 30 keV

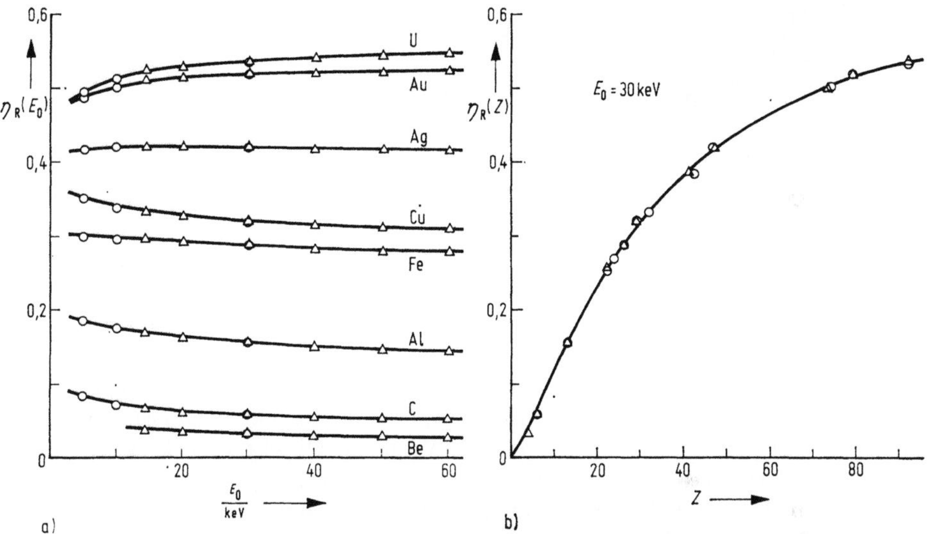

Abb. 6.4   Rückstreuwahrscheinlichkeit η_R für das massive Objekt bei senkrechter Inzidenz der Primärelektronen nach Meßwerten von Bishop (o) [21] sowie Neubert und Rogaschewski ($\triangle$) [22]

a) in Abhängigkeit von der Primärenergie E_0; b) in Abhängigkeit von der Kernladungszahl Z für $E_0 = 30$ keV

als Funktion der Kernladungszahl dargestellte Rückstreuwahrscheinlichkeit näherungsweise als repräsentativ für den rasterelektronenmikroskopisch interessierenden Energiebereich angesehen werden. Da die Rückstreuwahrscheinlichkeit eine monoton steigende Funktion der Kernladungszahl ist, werden die rückgestreuten Elektronen in der REM zur Materialunterscheidung bzw. zu einer groben Materialbestimmung herangezogen. Können bei der Beschreibung der Ausbildung des Wechselwirkungsvolumens der Primärelektronen näherungsweise die Großwinkel-Einzelstreuungen vernachlässigt werden, so ist dies bei der Beschreibung des Rückstreuprozesses nur in grober Näherung möglich, führt doch schon ein einziger Großwinkelstreuakt zur Richtungsumkehr des eindringenden Elektrons (Everhart [23]). Geht man vom senkrechten Einfall des Primärelektronenstrahls schrittweise zum streifenden Einfall über (Neigung des Objekts), so steigt infolge der günstigeren Austrittsbedingungen für die Elektronen die Rückstreuwahrscheinlichkeit η_R eines Elektrons. Hierbei verringert sich für mittlere und hohe Kernladungszahlen die Steigung von $\eta_R(Z)$, was einer Verringerung des Kontrastes zwischen unterschiedlichen Elementen (Materialkontrast) entspricht.

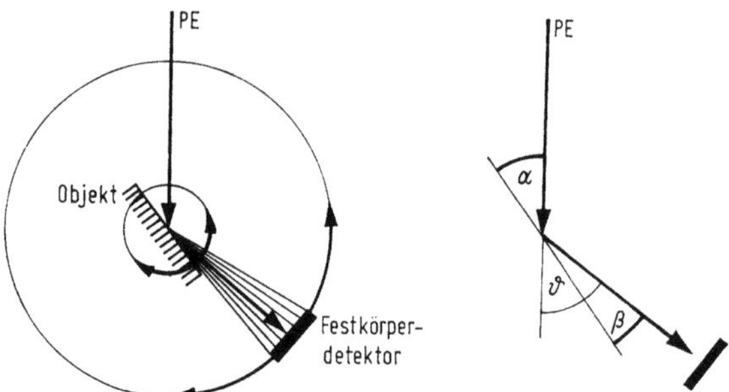

Abb. 6.5   Anordnung von Objekt und Detektor zur Untersuchung der Abhängigkeit des Kontrastes vom Eintritts-Glanzwinkel α und Austritts-Glanzwinkel β der Elektronen

Wird das Objekt geneigt, d. h., wird der Eintritts-Glanzwinkel α (s. Abb. 6.5) verringert und damit ebenfalls der zum Verlassen des Objekts notwendige Streuwinkel ϑ der Elektronen, so steigt infolge des Wirkungsquerschnitts Gl. (6.4) die Zahl der um kleine Winkel ϑ einzelrückgestreuten Elektronen erheblich. Diese Elektronen legen vergleichsweise geringe Wege im Objekt zurück. Sie stammen somit aus relativ geringen Objekttiefen und weisen relativ geringe Energieverluste auf. WELLS [24] nutzt diese Elektronen in der sogenannten *low-deflection*-Methode [25] bzw. *low-loss*-Methode [26] zur Informationsgewinnung aus oberflächennahen Bereichen und zur Verbesserung der lateralen Auflösung (s. hierzu auch SHIMIZU, IKUTA und MURATA [18]). Liegt bei nicht geneigtem Objekt infolge des Dominierens der Rückdiffusion, d. h. der Kleinwinkel-Vielfachrückstreuung, annähernd eine $\sin\beta$-Winkelverteilung der rückgestreuten Elektronen vor, so geht diese bei geneigtem Objekt in eine Winkelverteilung über, bei der in der Reflexionsrichtung Austritts-Glanzwinkel $\beta \approx \alpha$ bevorzugt sind (KANTER [27]).

Die experimentelle Untersuchung der Abhängigkeit des Kontrastes im REM vom Eintritts- und Austritts-Glanzwinkel der Elektronen erfordert eine Anordnung von Objekt und Detektor wie die in Abb. 6.5 skizzierte. Diese Anordnung erlaubt es, den Eintritts-Glanzwinkel α und den Austritts-Glanzwinkel β der Elektronen unabhängig voneinander zu wählen. Abbildung 6.6 demonstriert den Einfluß der Wahl der Glanzwinkel auf den Material- sowie den Topographiekontrast. Ist der Materialkontrast in Abb. 6.6a stark ausgeprägt, so ist er in Abb. 6.6b kaum noch nachzuweisen. Im Falle des Topographiekontrastes liegt der entgegengesetzte Sachverhalt vor. Dieser ist in Abb. 6.6a kaum bzw. nicht vorhanden und in Abb. 6.6b stark ausgeprägt.

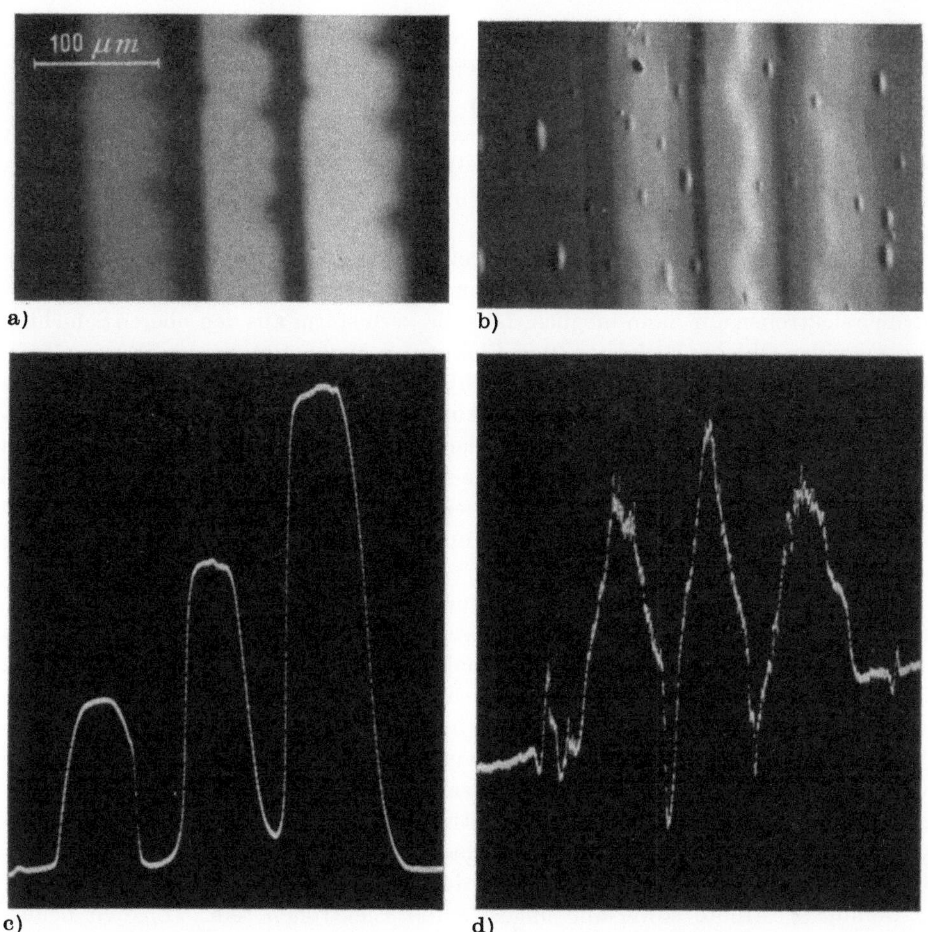

Abb. 6.6   Abbildung von aufgedampften Metallstreifen (auf Al-Unterlage) aus Cu, Ag und Au (von links nach rechts, Dicke ca. 0,3 μm) unter Eintritts- und Austritts-Glanzwinkeln der Elektronen von $\alpha = 90°$ und $\beta = 80°$ (a, c) sowie $\alpha = 30°$ und $\beta = 10°$ (b, d)

Die Intensitätsmodulation in a) gibt die in der Y-Modulation c) erkennbaren Unterschiede nur unvollkommen wieder.

Da der Strom der in das Objekt eindringenden Primärelektronen I_{PE} und der Strom aller vom Objekt emittierten Elektronen im allgemeinen nicht identisch sind, fließt vom geerdeten Objekt ein Ausgleichsstrom I zur Erde ab. Ist I_{RE} der Strom der rückgestreuten Elektronen und I_{SE} der Strom der Sekundärelektronen, so ergibt sich dieser Ausgleichsstrom zu

$$I = I_{\mathrm{PE}} - I_{\mathrm{RE}} - I_{\mathrm{SE}} \, . \tag{6.11}$$

Wird ein Objekt mit Hilfe dieses Ausgleichsstroms, des sogenannten Probenstroms, abgebildet, so werden alle vom Objekt in den gesamten rückwärtigen Halbraum emittierten Elektronen die vom Ausgleichsstrom übermittelte Infor-

10*

mation beeinflussen. Die Folge ist ein von einer speziellen Detektorgeometrie weitgehend unabhängiger Kontrast (NEWBURY [28]). Werden weiterhin die Sekundärelektronen im Objekt zurückgehalten (PHILIBERT und WEINRYB [29], COLBY [30]), so ergibt sich bei massivem Objekt ein der Absorptionswahrscheinlichkeit $\eta_A = 1 - \eta_R$ proportionaler Ausgleichsstrom und damit die Möglichkeit einer weitgehend von Topographiekontrasten ungestörten Materialunterscheidung und groben Materialbestimmung.

Bei der Abbildung mittels rückgestreuter Elektronen ist eine hohe laterale Auflösung weit unterhalb der Abmessung des Wechselwirkungsvolumens der Primärelektronen nur dann möglich, falls die verlustarm aus den oberen Schichten des massiven Objekts rückgestreuten Elektronen begünstigt werden (WELLS [25]). Wird hingegen ein genügend dünnes Objekt mittels transmittierter Elektronen abgebildet, so ist infolge der geringen Auffächerung des das Objekt durchstrahlenden Elektronenbündels stets eine hohe laterale Auflösung zu erreichen. Diese hohe laterale Auflösung wird beispielsweise für die quantitative Elementanalyse ausgenutzt (s. Kap. 9.) und erlaubt bei einer aus den Gesetzen der Elektronenstreuung abgeleiteten Signalerfassung und -verarbeitung sogar die Abbildung einzelner schwerer Atome.

Die Abbildung einzelner schwerer Atome wurde erstmals von CREWE, WALL und LANGMORE [31] mit Hilfe des in Abschn. 5.4. beschriebenen mit einer Feldemissionskatode sowie einem Energieanalysator ausgerüsteten STEM realisiert. CREWE, WALL und LANGMORE nutzten hierbei die Tatsache, daß die in einer dünnen Folie unelastisch gestreuten Elektronen im Mittel um einen wesentlich kleineren Winkel abgelenkt werden als die elastisch gestreuten. Werden die aus dem Aperturwinkel der Sonde herausgestreuten Elektronen registriert, so wird es sich hauptsächlich um elastisch am Atomkern gestreute Elektronen handeln. Werden hingegen die nach der Transmission innerhalb des Aperturwinkels der Sonde verbleibenden Elektronen registriert, so werden dies hauptsächlich unelastisch an der Atomhülle gestreute sowie alle ungestreuten Elektronen sein. Von den beiden letztgenannten Elektronengruppen läßt sich die Gruppe der ungestreuten Elektronen mit Hilfe des Energieanalysators vom Detektor fernhalten. Es stehen somit zwei Signale, nämlich das der elastisch und das der unelastisch gestreuten Elektronen, zwecks Atomabbildung zur weiteren Verarbeitung zur Verfügung. Diese Verarbeitung, d. h. die Kombination beider Signale, wählten CREWE, WALL und LANGMORE [31] so, daß der Kontrast der einzelnen Atome erhalten bzw. verstärkt und der durch Dickeschwankungen des dünnen Objekts hervorgerufene Kontrast möglichst eliminiert wurde.

Die theoretische Grundlage einer von CREWE, WALL und LANGMORE angewandten Signal-Kombination soll nachfolgend erläutert werden: Nach LANGMORE, WALL und ISAACSON [32] sowie CREWE, LANGMORE und ISAACSON [33] gilt für den totalen elastischen bzw. den totalen unelastischen (inelastischen) Wirkungsquerschnitt der Elektronenstreuung näherungsweise

$$\sigma_{el} \sim Z^{3/2} \quad \text{bzw.} \quad \sigma_{in} \sim Z^{1/2} \, . \tag{6.12}$$

Für die Zahl N_F der in einer Folie der Kernladungszahl Z_F, der Dichte ϱ und der

Dicke t elastisch bzw. unelastisch einmalig gestreuten Elektronen ergibt sich demnach

$$N_\mathrm{F}^\mathrm{el} \sim Z_\mathrm{F}^{3/2}\, \varrho t \quad \text{bzw.} \quad N_\mathrm{F}^\mathrm{in} \sim Z_\mathrm{F}^{1/2}\, \varrho t \,. \tag{6.13}$$

Überstreicht die Elektronensonde in der Folie ein schweres Atom der Kernladungszahl Z_A, so wird die Zahl der an diesem Atom elastisch gestreuten Elektronen

$$N_\mathrm{A}^\mathrm{el} \sim Z_\mathrm{A}^{3/2} \tag{6.14}$$

sein. Die schweren in einem dünnen Kohlefilm eingebetteten Quecksilberatome erscheinen somit in der aus dem Signal der elastisch gestreuten Elektronen gewonnenen Abbildung 6.7a infolge ihrer hohen Kernladungszahl als helle Punkte.

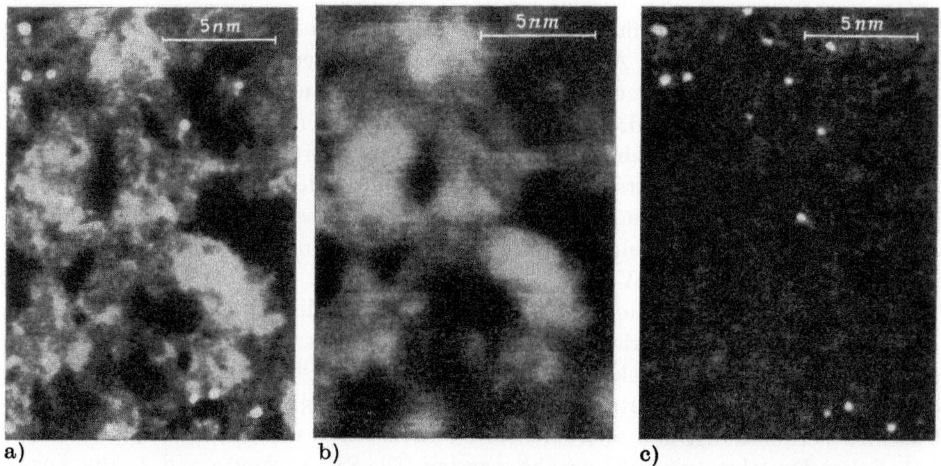

Abb. 6.7 Abbildung einer dünnen Kohlefolie mit eingelagerten Hg-Atomen unter Verwendung des Signals der elastisch gestreuten Elektronen N^el (a), des Signals der inelastisch gestreuten Elektronen N^in (b) und des Verhältnis-Signals $N^\mathrm{el}/N^\mathrm{in}$ (c) (CREWE et al. [33])

Jedoch ist diese Information durch ein nach Gl. (6.13) aufgrund von Dickeschwankungen der Folie hervorgerufenes Untergrundsignal der elastisch in der Folie gestreuten Elektronen stark gestört. CREWE, LANGMORE und ISAACSON [33] beseitigen diese Dickenabhängigkeit des Untergrundsignals, indem sie beispielsweise das dickenunabhängige Verhältnis zwischen der Zahl der elastisch und der Zahl der unelastisch gestreuten Elektronen als Bildsignal wählen und somit als Signal von der Folie

$$\frac{N_\mathrm{F}^\mathrm{el}}{N_\mathrm{F}^\mathrm{in}} \sim Z_\mathrm{F} \tag{6.15}$$

erhalten. Da die unelastisch gestreuten Elektronen an den Atomhüllen, nicht aber an den Atomkernen gestreut werden, so werden die schweren Atomkerne, wie in Abb. 6.7b zu erkennen ist, vom Signal der unelastisch gestreuten Elektronen nicht erfaßt. Durch das Verhältnis zwischen der Zahl der elastisch und der Zahl der unelastisch gestreuten Elektronen wird daher zwar die Dickenabhängigkeit des Untergrundsignals, nicht aber die gewünschte Kernladungszahlabhängigkeit eliminiert, so daß die Quecksilberatome in Abb. 6.7c entsprechend dem Verhältnis

$$\frac{N_A^{el}}{N_F^{in}} \sim \frac{Z_A^{3/2}}{Z_F^{1/2}} \frac{1}{\varrho t} \tag{6.16}$$

weitgehend ungestört wiedergegeben werden.

6.3.   Sekundärelektronen

Den überwiegenden Teil ihrer Energie verlieren die in das Objekt eindringenden Primärelektronen bei der Anregung und Ionisation der Atome. Die bei der Ionisation der Atome in der obersten Objektschicht erzeugten Sekundärelektronen können durch Diffusion das Objekt verlassen. Während die Sekundärelektronen im Inneren des Objekts eine exponentielle Energieverteilung besitzen, weisen sie nach Verlassen des Objekts, d. h. nach dem Überwinden der Oberflächenbarriere, eine Verteilung auf, die mit wachsender Energie steil ansteigt, ein Maximum durchläuft und danach exponentiell abfällt. Die wahrscheinlichste Energie dieser Verteilung liegt zwischen 1 eV und 5 eV (KOLLATH [34]). Dieser Wert wird von der mittleren Energie der Sekundärelektronen im Innern des Objekts als auch von der Höhe der Oberflächenbarriere des Objekts bestimmt (s. hierzu FITTING, GLAEFEKE und WILD [35]). Da die Sekundärelektronen nach physikalischen Gesichtspunkten nicht von den rückgestreuten Elektronen zu trennen sind, gilt als allgemein anerkannte Verabredung, daß alle emittierten Elektronen mit Energien kleiner 50 eV als Sekundärelektronen (SE) gezählt werden. Die SE-Ausbeute σ, d. h. die Anzahl der im Mittel pro Primärelektron am Objekt ausgelösten Sekundärelektronen, ist in Abb. 6.8 für den Fall senkrechter Inzidenz der Primärelektronen in Abhängigkeit von der Primärenergie E_0 für verschiedene Materialien wiedergegeben. Die Maxima der SE-Ausbeute erreichen Werte zwischen 0,5 und 2,0 für Metalle und bis zu 20 für Isolatoren bei Energien für E_0^{max} zwischen 100 eV und 800 eV (Metalle) bzw. zwischen 300 eV und 1800 eV (Isolatoren) [38]. Zu beiden Seiten von E_0^{max} (Abb. 6.8, oben) nimmt δ in der Regel den Wert 1 an. Dies bietet die Möglichkeit, bei einer Primärenergie $E_0 \approx E_0^*$, d. h. bei einigen keV, nichtleitende Objekte nahezu aufladungsfrei zu untersuchen. Nimmt die SE-Ausbeute Werte > 1 an, so laden sich nichtleitende Objekte positiv auf, bei Werten < 1 hingegen negativ. Das Anwachsen der Primärenergie über E_0^{max} hinaus hat einen kontinuierlichen Abfall der SE-Ausbeute zur Folge, so daß sich beispielsweise für die in der Rasterelektronenmikroskopie gebräuchlichsten Primärenergien zwischen 20 keV und 30 keV SE-Ausbeuten um 0,1 einstellen (WEINRYB [39], WITTRY [40]). Der Abfall der SE-Ausbeute mit steigendem E_0 erweist sich im Energiebereich von 10 ⋯ 100 keV als proportional zu $E_0^{-0,8}$ (REIMER, PFEFFERKORN [41]). Mit der gleichen Energieabhängigkeit beschreibt die Bethe-Bremsformel (6.1) den mittleren Energie-

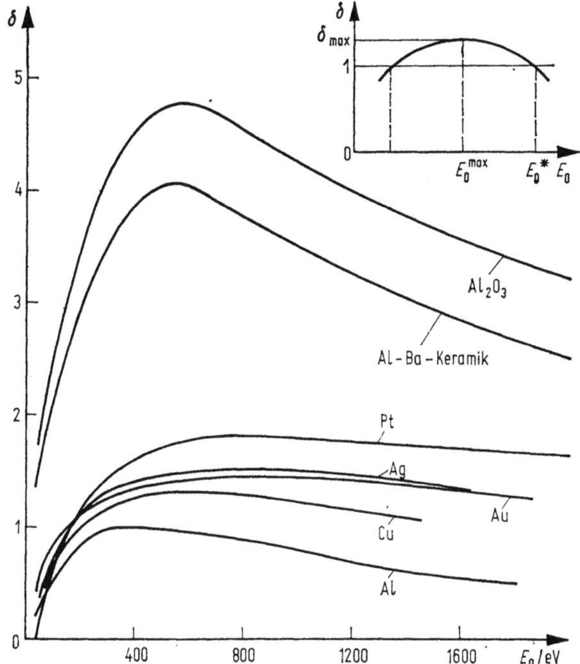

Abb. 6.8   SE-Ausbeute δ als Funktion der Primärenergie E_0 bei senkrechter Inzidenz (nach KOLLATH [34]—Pt, Ag, Au, Cu; THOMAS und PATTINSON [36]—Al und DAWSON [37]—Al₂O₃, Al-Ba-Keramik)

verlust der Primärelektronen in einer dünnen Objektschicht[1]). Die Ursache dieser Übereinstimmung ist in dem Umstand zu suchen, daß der überwiegende Teil des Energieverlustes der Primärelektronen eine Folge der Erzeugung von Sekundärelektronen ist. Im Gegensatz zur Rückstreuwahrscheinlichkeit weist die SE-Ausbeute eine komplizierte Abhängigkeit von der Kernladungszahl auf, in die die Struktur der Atome eingeht [42, 43, 38]. Dies bedingt, daß aus dem kernladungszahlabhängigen Kontrast in einer SE-Abbildung keine quantitativen Angaben zur Kernladungszahl des Objekts gewonnen werden können. Außer vom Material des Objekts und der Energie der Primärelektronen wird die SE-Ausbeute vor allem durch folgende Faktoren bestimmt: Neigung des Objekts, Topographie, elektrische und magnetische Potentiale, Kristallorientierung, Temperatur, Aufladung und Kontamination [44]. Hinsichtlich einer detaillierten Beschreibung der Phänomene der SE-Emission sowie deren theoretischer Deutung wird auf die Übersichtsarbeiten von BRUINING [45], KOLLATH [34] und SEILER [43] verwiesen.

Die Sekundärelektronen können sowohl von den in das Objekt eindringenden Primärelektronen als auch von den das Objekt verlassenden rückgestreuten Elektronen ausgelöst werden. Im ersten Fall wird von direkt ausgelösten SE, im zwei-

---

[1]) Wird in der Bethe-Bremsformel (6.1) der Logarithmus durch eine Potenzfunktion ausgedrückt, so ergibt sich $-\mathrm{d}E/\mathrm{d}s \sim E^{-0,8}$.

ten Fall von indirekt ausgelösten SE gesprochen. Da die Sekundärelektronen sich vom Ort ihrer Auslösung in allen Richtungen im Mittel lediglich um die Absorptionslänge λ_A entfernen können, die für Metalle eine Größenordnung von 1 nm und für Isolatoren eine Größenordnung von 10 nm besitzt [43], werden die direkt ausgelösten SE in unmittelbarer Umgebung des Sondeneintritts, die indirekt ausgelösten SE jedoch aus einem im allgemeinen wesentlich größeren Oberflächenbereich austreten. Dieser wird von der Größe des Wechselwirkungsvolumens der Primärelektronen bestimmt. In grober Näherung wird der Durchmesser dieses Oberflächenbereiches dem Durchmesser des Wechselwirkungsvolumens der Primärelektronen (s. Abb. 6.3) gleichgesetzt werden können. In Abb. 6.9 ist dieser

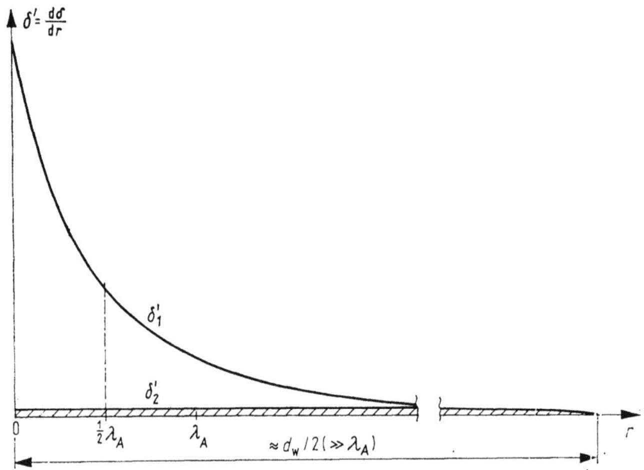

Abb. 6.9   Skizze zur radialen Verteilung der Ausbeute ($\delta' = d\delta/dr$) an direkten (δ'_1, [46, 47]) bzw. indirekten SE (δ'_2, schraffiert)

r Distanz zur unendlich feinen Elektronensonde, λ_A mittlere Absorptionslänge der SE, d_W Durchmesser des Wechselwirkungsvolumens der Primärelektronen

Sachverhalt anhand der von einer unendlich feinen Elektronensonde verursachten radialen Verteilung der direkten und indirekten SE-Ausbeute veranschaulicht. Da die indirekte SE-Ausbeute δ_2 über einen wesentlich größeren Oberflächenbereich verteilt ist als die direkte SE-Ausbeute δ_1 und beide die gleiche Größenordnung aufweisen, wird die Halbwertsbreite der Verteilung der totalen SE-Ausbeute ausschließlich von der Verteilung der direkten SE-Ausbeute ($d\delta_1/dr$) bestimmt. Dies bedeutet, daß in einer hochauflösenden SE-Abbildung die direkt ausgelösten SE die Information übermitteln, während die indirekt ausgelösten SE lediglich einen Beitrag zum Signaluntergrund liefern.

EVERHART, WELLS und OATLEY [46] verweisen darauf, daß innerhalb eines Abstandes von der halben mittleren Absorptionslänge der Sekundärelektronen vom Eintrittsort einer unendlich feinen Elektronensonde mehr als die Hälfte aller direkt ausgelösten SE austritt (s. Abb. 6.9). Der Emissionsbereich der direkt ausgelösten SE besitzt demnach für den Fall einer unendlich feinen Elektronensonde einen Durchmesser von der Größe der mittleren Absorptionslänge λ_A. Die Wertung dieses Sachverhaltes in bezug auf die Auflösung des REM ist folgende: Ist bei großem Sondendurchmesser die Auflösung annähernd gleich dem Sondendurchmesser, so wird sich bei einer Verringerung des Sondendurchmessers zunehmend die mittlere Absorptionslänge der Sekundärelektronen auf die Auflösung auswirken. Strebt bei ausreichendem Signal/Rausch-Verhältnis der Sondendurchmesser gegen Null, so strebt die Auflösung, d. h. der Durchmesser des Emissionsbereiches der Sekundärelektronen gegen einen Wert von der Größenordnung der mittleren Absorptionslänge λ_A der Sekundärelektronen.

Nach dem soeben Dargelegten ist die erzielbare Auflösung bei Abbildung mittels Sekundärelektronen nicht nur vom Gerät und seiner Justierung, sondern auch von der mittleren Absorptionslänge der Sekundärelektronen im Objekt abhängig. Aber auch in anderer Hinsicht beeinflußt das Objekt die Auflösung. So ist beispielsweise der Kontrast, mit dem sich zwei dicht benachbarte Objektdetails gegenüber dem Untergrund abheben, von großem Einfluß auf die Möglichkeit, diese Details im Bild getrennt wiederzugeben. Anhand der Skizze der Abb. 6.10 soll dies erläutert

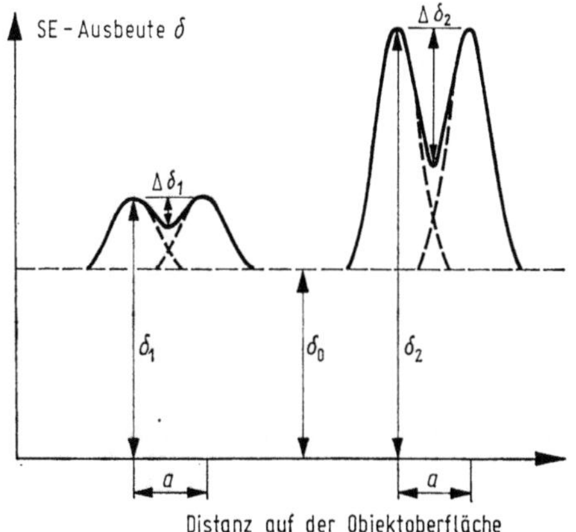

Abb. 6.10   Skizze zur Auflösung von Objektdetails

werden: Diese Skizze stellt zwei Paare von Intensitätsprofilen von Objektdetails dar, die jeweils einen Abstand a von der Größenordnung des Sondendurchmessers plus der mittleren Absorptionslänge der Sekundärelektronen zueinander aufweisen. Im Fall des 1. Paares ist die SE-Ausbeute δ_1 der beiden Objektdetails nicht wesentlich größer als die SE-Ausbeute δ_0 des Untergrundes. Es ergibt sich somit ein relativ geringer Kontrast $(\delta_1 - \delta_0)/\delta_0$ der Objektdetails gegenüber dem Untergrund. Der Kontrast der durch Überlagerung der Einzelprofile entstehenden Einsattelung $\Delta\delta_1/\delta_1$ wird ebenfalls relativ gering ausfallen. Die Objektdetails sind daher nicht getrennt wahrzunehmen, da hierzu der Kontrast der Einsattelung nach RAYLEIGH [48] mindestens 1/4 betragen muß. Im Falle des 2. Paares ist die SE-Ausbeute δ_2 der beiden Objektdetails hingegen um einiges größer als die SE-Ausbeute δ_0 des Untergrundes. Hieraus resultiert ein relativ großer Kontrast $(\delta_2 - \delta_0)/\delta_0$

der Objektdetails gegenüber dem Untergrund. Entsprechend fällt auch der Kontrast der Einsattelung $\Delta\delta_2/\delta_2$ relativ groß aus, und zwar größer als 1/4. Die Folge ist, daß die Objektdetails getrennt wahrzunehmen sind. Eine Voraussetzung für eine möglichst hohe Auflösung ist daher ein möglichst großer Kontrast der abzubildenden Strukturen gegenüber dem Untergrund, wie bei dem in Abb. 6.11

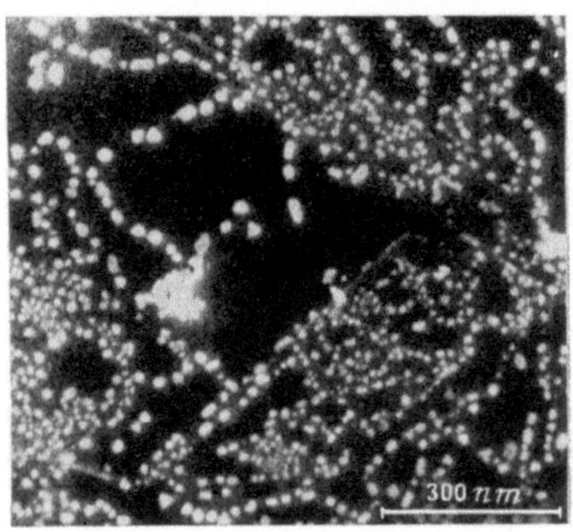

Abb. 6.11 Oberflächenabbildung von Goldpartikeln auf einer massiven Graphitunterlage mittels Sekundärelektronen bei einer Primärenergie von 40 keV

dargestellten Objekt. Dieses Objekt besteht aus Goldpartikeln, die sich auf einer massiven Kohleunterlage befinden. Die Goldpartikeln besitzen eine doppelt so große SE-Ausbeute wie die Kohleunterlage ($\delta(Au) = 0{,}136$; $\delta(C) = 0{,}067$ bei $E_0 = 30$ keV [40]). In der Mehrzahl der Fälle ist die Differenz der SE-Ausbeuten zwischen zwei leitenden Materialien um einiges geringer (s. WITTRY [40]). Die auf die Kohleunterlage aufgebrachten Goldpartikeln stellen daher ein Objekt dar, das ideale Voraussetzungen zur Erlangung einer hohen Auflösung aufweist. Objekte dieser Art eignen sich dafür, die Leistungsgrenzen eines REM in bezug auf die Auflösung nachzuweisen. Im allgemeinen wird jedoch die an einem Objekt zu erzielende Auflösung nicht die Auflösung eines solchen Testobjektes erreichen.

6.4.   Bildkontrast kristalliner Objekte

Die in Abb. 6.4 angegebenen Werte für die Rückstreuwahrscheinlichkeit sind — abgesehen vom Fall vollkommen amorpher Objekte — als „Mittelwerte" anzusehen; denn dringt Elektronenstrahlung in ein kristallines Objekt ein, so ist die Rückstreuwahrscheinlichkeit eines Elektrons eine Funktion der Einfallsrichtung des Elektronenstrahls. Diese Anisotropie der Rückstreuwahrscheinlichkeit basiert auf dem von COATES [49] entdeckten sowie von BOOKER u. a. [50] (s. auch [51]) gedeuteten Elektronen-*channelling*-Effekt: Je nach der Einfallsrichtung des in einen Kristall eindringenden Elektronenstrahls werden die bei der Wechselwirkung zwischen den Elektronen und dem periodischen Gitterpotential entstehenden Bloch-Wellen so angeregt, daß sich die resultierenden Maxima der Wahrscheinlichkeitsdichte der Elektronen entweder in den beugenden Netzebenen oder zwischen ihnen befinden. Daher ist die Wechselwirkung der Elektronen mit den

Streuzentren, d. h. den Atomkernen, entweder stark oder schwach ausgeprägt und somit die Zahl der rückgestreuten, aber auch der absorbierten, transmittierten und Sekundärelektronen von der Einfallsrichtung des Elektronenstrahls abhängig. Läßt man den Elektronenstrahl unter starker Änderung seines Einfallswinkels um einen Punkt auf der Kristalloberfläche pendeln (*rocking-beam*-Technik, s. Abb. 5.10), so können mit Hilfe des REM Elektronen-*channelling*-Diagramme erzeugt werden (s. Abb. 6.12). Diese Diagramme eignen sich vor allem zur Be-

Abb. 6.12   Inverses   Elektronen-*chan-nelling*-Diagramm der Umgebung des [111]-Pols des Siliciums bei einer Primärenergie von 35 keV

stimmung der Kristallorientierung und -perfektion von Mikrobereichen (s. [52, 53]), wobei experimentelle Aufbauten eine Untersuchung von Mikrobereichen mit einer lateralen Ausdehnung von etwa 1 µm zulassen (s. [54]). Dies ist trotz eines oft größeren Durchmessers des Wechselwirkungsvolumens der Primärelektronen möglich, da das Bloch-Wellenfeld durch die vielfachen unelastischen Wechselwirkungen der Primärelektronen mit den Atomen des Kristalls in bezug auf die Reichweite der Primärelektronen verhältnismäßig schnell zerstört wird. Dies bedingt, daß die Information über den kristallinen Aufbau des Objekts aus einem oberflächennahen Bereich stammt, dessen laterale Ausdehnung der der Sonde entspricht und der im allgemeinen eine Tiefe von einigen 10 nm (kernladungszahl- und energieabhängig) besitzt.

Da der vom Elektronen-*channelling*-Effekt hervorgerufene Kontrast auf der Orientierungsänderung zwischen Elektronenstrahl und Kristall beruht, rufen die im Kristall durch Defekte verursachten Gitterdeformationen in der normalen Rastertechnik ebenfalls einen Kontrast auf der Grundlage des Elektronen-*channelling*-Effektes hervor. Während zur Erzeugung von Elektronen-*channelling*-Diagrammen lediglich eine möglichst gute Parallelität des Elektronenstrahls gefordert wird (um eine gute Auflösung der Linien des Diagramms zu erhalten), erfordert die Abbildung von mikroskopischen Gitterdefekten außerdem einen möglichst kleinen Durchmesser des Elektronenstrahls (um die mikroskopischen Abmessungen der Defekte erfassen zu können). Werden beide Forderungen erfüllt, so ergibt sich in einem mit einer Haarnadelkatode bestückten REM ein so geringer Sondenstrom, daß die Abbildung von Mikrodefekten mit brauchbarem Signal/Rausch-Verhältnis nicht zustande kommt (s. SPENCER, HUMPHREYS und HIRSCH [55]).

Bei einer Abbildung mittels rückgestreuter Elektronen kann die Abbildungsqualität relativ leicht entscheidend verbessert werden, so daß sich Mikrodefekte abbilden lassen: Die Erkennbarkeit von Objektstrukturen in der Abbildung ist an die Bedingung $K > 5/\bar{n}^{1/2}$ (s. Abschn. 5.3., Gl. (5.15)) zwischen dem Signalkontrast K und dem Signal/Rausch-Verhältnis $S/N = \bar{n}^{1/2}$ gebunden. Bezeichnet man mit $\bar{n}_0$ die mittlere Anzahl der Primärelektronen pro Bildpunkt und mit p die Wahrscheinlichkeit für ein Primärelektron, in den Detektor zu gelangen, so ergibt sich $\bar{n} = p \cdot \bar{n}_0$ für die mittlere Anzahl der in den Detektor gelangenden Informationsträger (hier rückgestreute Elektronen). Die Bedingung für die Erkennbarkeit von Objektstrukturen lautet somit

$$K(p\bar{n}_0)^{1/2} > 5 , \tag{6.17}$$

d.h. der Signalkontrast K, die Wahrscheinlichkeit p für den Eintritt eines Primärelektrons in den Detektor und die mittlere Anzahl der Primärelektronen pro Bildpunkt $\bar{n}_0$ bestimmen grundlegend die Qualität einer Abbildung mittels rückgestreuter Elektronen.

Werden — wie in Abb. 6.5 dargestellt — die bei stark geneigtem Objekt verlustarm um kleine Winkel rückgestreuten Elektronen zur Abbildung von Gitterdefekten herangezogen, so verbessert sich die Qualität der Abbildung gegenüber der bei senkrechter Inzidenz des Elektronenstrahls erheblich. Ein Grund für diese Verbesserung liegt in dem mit kleiner werdendem Streuwinkel ϑ anwachsenden Wirkungsquerschnitt (Gl. (6.4)). Das Anwachsen des Wirkungsquerschnitts hat zur Folge, daß die Zahl der in den Detektor gelangenden rückgestreuten Elektronen und damit die Wahrscheinlichkeit p ansteigen. Ein weiterer Grund für die Verbesserung der Abbildungsqualität ist das Ansteigen des Kontrastes K der Gitterdefekte. Diese linear in Gl. (6.17) eingehende Kontraststeigerung ist dadurch bedingt, daß die verlustarm um kleine Winkel rückgestreuten Elektronen im allgemeinen aus relativ geringen Objekttiefen stammen. In diesen Tiefen ist das Bloch-Wellenfeld, welches die Informationen über die Kristallstruktur übermittelt, noch nicht zerstört. Die Mehrzahl der rückgestreuten und in den Detektor gelangenden Elektronen wird daher ebenfalls Informationen über die Kristallstruktur übermitteln. Es stellt sich ein verhältnismäßig hoher Kontrast für Gitterdefekte ein, die in Oberflächennähe liegen.

Die Wahrscheinlichkeit p und der Signalkontrast K erhöhen sich bei Verwendung der verlustarm um kleine Winkel rückgestreuten Elektronen derart, daß die Abbildung mikroskopischer Gitterdefekte in massiven Kristallen in einem lediglich mit einer Haarnadelkatode ausgerüsteten REM möglich wird. So zeigt Abb. 6.13a unter Glanzwinkeln von $\alpha \approx 30°$ und $\beta = 10°$ (s. Abb. 6.5) abgebildete und gegenüber dem Untergrund dunkel bzw. hell—dunkel erscheinende Versetzungen (vorwiegend horizontal verlaufend) in einem massiven Antimon-Einkristall. Unter ähnlichen Abbildungsbedingungen wurden Stapelfehler eines massiven Silicium-

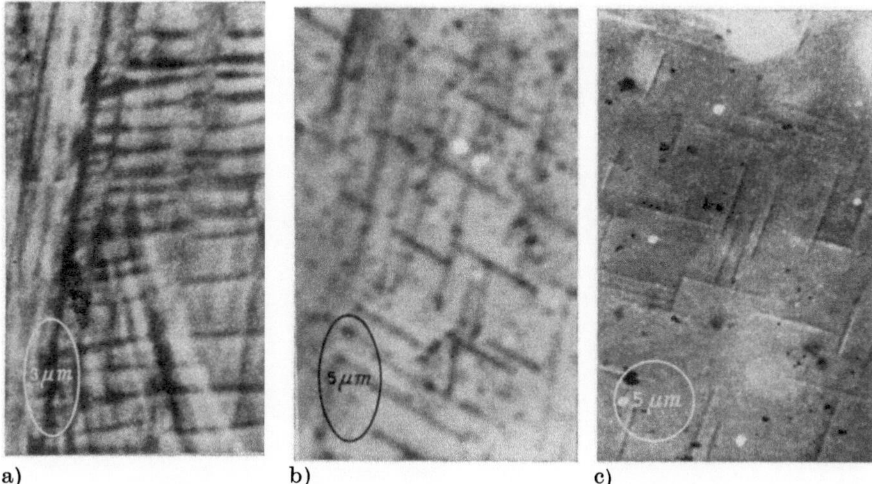

Abb. 6.13   Abbildung mikroskopischer Gitterdefekte im REM mittels rückgestreuter
Elektronen (a, b) und transmittierter Elektronen (c)

a) Versetzungen in einem massiven Antimon-Kristall ($\alpha \approx 30°$, $\beta = 10°$; $E_0 = 45$ keV,
Strahldivergenz: 10^{-2} rad); b) Stapelfehler in einem massiven Silicium-Einkristall ($\alpha \approx 30°$,
$\beta = 10°$; $E_0 = 50$ keV, Strahldivergenz: $5 \cdot 10^{-3}$ rad); c) Stapelfehler in einer Silicium-
Einkristallfolie ($E_0 = 50$ keV, Strahldivergenz: $5 \cdot 10^{-3}$ rad, gleiche Charge wie in b))

Einkristalls in Abb. 6.13b dargestellt. Zum Vergleich zeigt Abb. 6.13c in einer
Silicium-Einkristallfolie derselben Charge mit Hilfe der transmittierten Elektronen im REM abgebildete Stapelfehler.

6.5.   Besonderheiten des Bildkontrastes bei Halbleiterunter- suchungen: Potentialkontrast, EBIC und Katodolumineszenz

Trotz einer großen Vielfalt der heute aus diesen Wechselwirkungen entstandenen
Anwendungen des REM in der modernen Festkörperelektronik ist eine Behandlung
ihrer Grundlagen hier nur stark eingeengt möglich.

Die Beeinflussung der erfaßbaren SE-Trajektorien eines Objektbereiches durch
nach Höhe, Polarität und Frequenz verschiedene Objektvorspannungen, wie sie
sich im Potentialkontrast äußert bzw. bei Potentialmessungen im REM ausgenutzt
wird, hat heute in der modernen mikroelektronischen Bauelementediagnostik eine
erhebliche Bedeutung gewonnen [56, 57], darüber hinaus aber generell an metallischen, halbleitenden [58] und auch isolierenden Materialien [59] (Anwendungen
der Auger-Elektronenspektroskopie und -REM zu Potentialmessungen, s. z. B.
[60]). Ein Beispiel für den beobachtbaren Kontrastwechsel an Metallisierungen
von Schaltkreisen bei verschiedenen Phasenlagen einer Steuerspannung zeigen
Abb. 6.14a und Abb. 6.14b. Die meßbare Potentialauflösung mit Gegenfeldana-
lysatoren ist heute bis herab zu etwa 5 mV möglich (TEE, GOPINATH [61]).

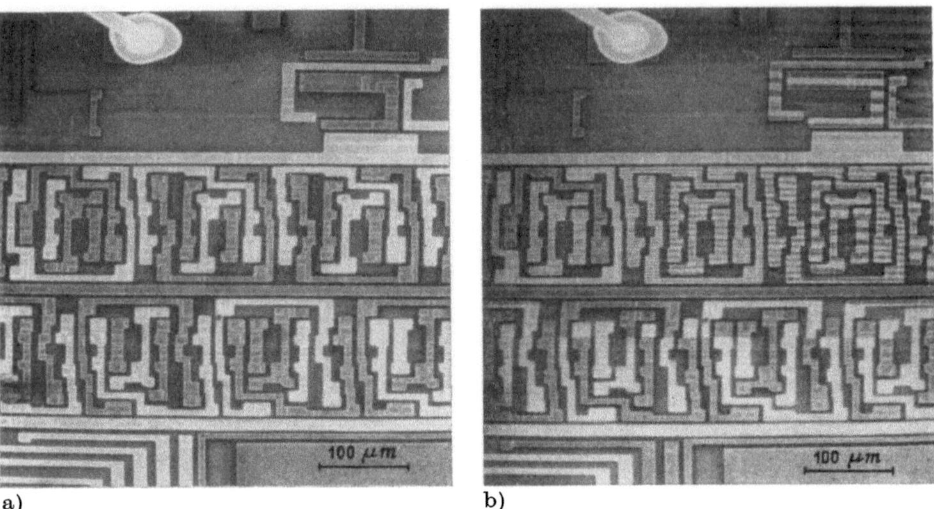

a)   b)

Abb. 6.14   SE-Potentialkontrast an Metallisierungen mikroelektronischer Bauelemente (3 kV)
a) stationäre Potentialunterschiede; b) Streifenmuster bei Wechselspannungen

Als Fehlereinflußfaktoren für genaue SE-Potentialmessungen müssen vor allem eliminiert bzw. in den erzielbaren Empfindlichkeiten berücksichtigt werden: a) Kompositionsunterschiede, b) Mikrogeometrie, c) Kollektionseinfluß des Detek-

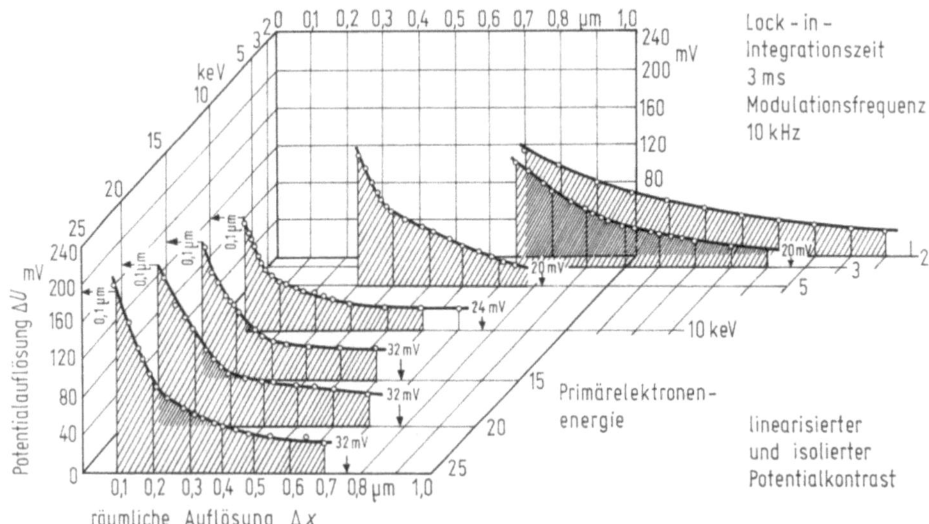

Abb. 6.15   Abhängigkeit der Potentialauflösung ΔU von der räumlichen Auflösung Δx im SE-Mode (linearisierter und isolierter Potentialkontrast; BALK et al. [62])

torsystems, d) transversale Mikrofelder, e) Hysterese und Nichtlinearitäten in der Relation Potentialänderung—Signaländerung. Welche Potentialauflösung in Abhängigkeit von der räumlichen Auflösung (für Frequenzen bis 60 MHz) bei linearisiertem und isoliertem Potentialkontrastsignal in den verschiedenen Strahlspannungsbereichen eines REM erreicht werden kann, verdeutlicht schematisch Abb. 6.15 (BALK u. a., stroboskopische Methoden, *lock-in*-Verstärkung und Nanosekundenimpulstechnik in Verbindung mit elektrostatischer Strahlablenkung [62]). Man entnimmt der Darstellung, daß für alle gewählten Werte der Primärelektronenenergie zwischen 2 und 25 keV eine ähnliche Abnahme des Potentialauflösungsvermögens (d.h. hohe ΔU-Werte) mit zunehmender räumlicher Auflösung (d.h. mit abnehmenden Δx-Werten) besteht. Hierbei sind die (unteren) Grenzwerte von ΔU durch die Konstruktion des verwendeten Elektronenspektrometers gegeben. Ein optimales Ergebnis erzielt man bei $E_0 = 10$ keV: $\Delta x = 0{,}5$ μm für $\Delta U = 25$ mV oder $\Delta x = 0{,}1$ μm für $\Delta U = 80$ mV.

Ein typisches Beispiel für die Anwendung des SE-Potentialkontrastes bei zeitauflösenden Experimenten ist die Beobachtung elektrischer Ausbreitungsvorgänge an Halbleiterbauelementen: Ausgesuchte Phasenlagen zeitabhängiger, periodischer Vorgänge (insbesondere elektrische, aber auch magnetische und mechanische, von denen die Änderung elektrischer Parameter abgeleitet werden kann) lassen sich hierbei als quasistationäre Zustände durch eine Primärstrahlpulsung (s. Ablenkelemente, Abb. 5.1) im Rhythmus der Objektsteuerspannung und bei einstellbarer Phasenverschiebung zwischen beiden in einer SE-Abbildung vorteilhaft erfassen (stroboskopische Abbildung). Die Pulsung kann bei kontinuierlichem Primärstrahl auch auf der Detektorseite erfolgen (verschiedene prinzipielle Verfahren: s. [63]). Ein aktuelles Anwendungsbeispiel im GHz-Bereich enthält Abb. 6.16 aus der Untersuchung des Triggerverhaltens eines anodenseitig vorgespannten Gunn-Effekt-Bauelementes (HOSOKAWA et al. [64]). Obwohl der Bildkontrast auch hier von Materialänderungen und vom topographischen Relief des Objektes her beeinflußt werden kann, ist der aktive Bereich zwischen Anode und Katode in Abb. 6.16 (s. untere Reihe) hinreichend homogen, so daß die zweidimensionale Potentialänderung als Ausdruck einer Hochfeld-Domänenausbreitung im Bauelement angesehen werden kann. Diese läßt sich als plötzlicher Helligkeitswechsel in der Intensitätsmodulation (untere Reihe, s. Pfeile) bzw. als Bereich eines entsprechenden Signalabfalls in der Y-Modulationsdarstellung (obere Reihe, Doppel-Pfeile) erfassen und vermessen. Dabei wurde die Anode mit ca. 17 V unter der „Formierungsschwelle" der Domänenausbreitung geeignet vorgespannt, und eine 1 GHz-Triggerspannung, die mit der Strahlpulsung synchronisiert ist, überlagert (die Schottky-Barriere als Gateelektrode ist nicht in Funktion). Die Strahlpulsbreite beträgt 1,5 ps bei einer Primärenergie von 25 keV; die zeitlichen Abstände der Ausbreitungsphasen in Abb. 6.16 a—c sind jeweils 100 ps; der Abstand zwischen Anode und Katode beträgt 44 μm.

Eine andere Methode in der Signalverarbeitung zur differenzierten Kontrastaussage unter dem Einfluß von Objektpotentialen ist die Energiefilterung zur Trennung derjenigen SE, die in einer bestimmten Richtung die Objektoberfläche verlassen von denjenigen, die eventuell wandausgelöst sind bzw. von den RE.

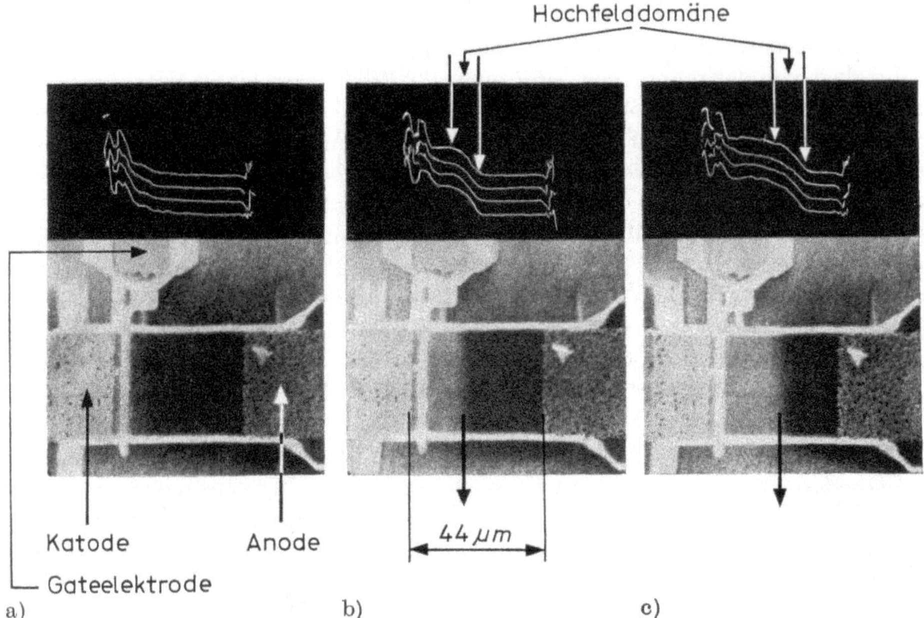

Abb. 6.16   Prinzip einer zeitauflösenden Abbildung im GHz-Bereich (nach Hosokawa et al. [64]). Stroboskopische Teilaufnahmen eines Gunn-Effekt-Bauelementes während des Betriebes

Domänenausbreitung zwischen Katode und Anode im SE-Mode: a) 0 ps; b) 100 ps; c) 200 ps

Eine derartige Richtungsselektion der Trajektorien niederenergetischer SE zu erfassen hat für Untersuchungen der Kontrastbeeinflussung durch eine magnetische
Feldmodulation des Objektes selbst Bedeutung (sog. Typ-1-Magnetkontrast mit
SE, [65]). WELLS [66] hat hierzu einen Analysator entwickelt (Abb. 6.17a), der
auch für den elektrischen SE-Potentialkontrast verwendet werden konnte (nur
67°-Ablenkung, damit Energie- und Richtungsverteilung der von einem Objektpunkt emittierten SE gleichzeitig berücksichtigt werden können). Abbildung 6.17b
demonstriert die Abhängigkeit der Analysatorjustierung von der magnetischen
Modulation eines Bariumferrit-Einkristalls. Den entsprechenden Einfluß auf den
Bildkontrast bei fester Justierung des Analysators für SE-Trajektorien $< 2\,\mathrm{eV}$
bzw. $> 2\,\mathrm{eV}$ zeigen Abb. 6.17 c und Abb. 6.17 d (sog. „Trajektorienkontrast",
abhängig von der speziellen Objekt-Detektorgeometrie, nicht aber von der PE-
Energie). Einzelheiten zum magnetischen Domänenkontrast sind in Kap. 20.
gegeben.

Grundlage der Abbildungsverfahren durch Ausnutzung der elektronenstrahlinduzierten Leitfähigkeit (EBIC) und der Katodolumineszenz (KL) für Element-
halbleiter, Verbindungshalbleiter oder Metall-Isolator-Halbleitersysteme sind die
vielfältigen Generations-Rekombinations-Eigenschaften primärstrahlinduzierter
Ladungsträger an inneren oder oberflächennahen Potentialbarrieren oder den verschiedensten Formen von Gitterdefekten als Ausdruck lokaler Inhomogenitäten.

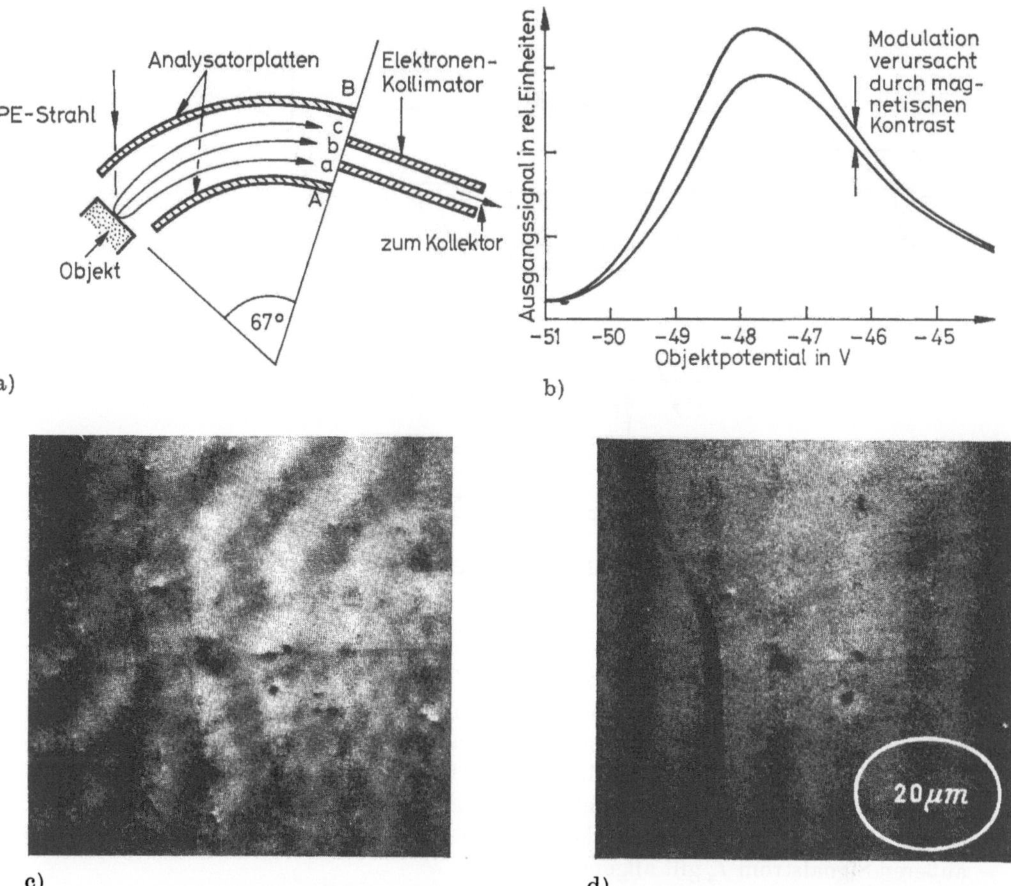

Abb. 6.17   Energieanalyse zur Untersuchung des magnetischen Kontrastes eines
Bariumferrit-Einkristalls im SE-Mode (WELLS [66])

a) 67°-Analysator für Trajektorienkontrast (schematisch); b) Einfluß der magnetischen
Objektfeldmodulation auf die Justierung des Analysators; c) Magnetkontrast für SE < 2 eV;
d) für SE > 2 eV (Trajektorienaustritt unter 45° zur Objektoberfläche)

Der EBIC-Effekt in seiner weitgehenden Analogie zum fotoelektrischen Verhalten eines Halbleiters geht auf EHRENBERG u. a. zurück, die ihn zuerst an pn-Übergängen (1951, [67]) und Lumineszenzmaterialien (1953, [68]) untersuchten. Der
Betrag an primärstrahlgenerierten Überschußladungsträgern (Minoritätsträgern),
der an einer Potentialbarriere durch Diffusions- oder Driftvorgänge getrennt wird
(pn- oder Schottky-Übergang), kann in einem Außenkreis des Objektes als Strom-
signal erfaßt werden (Abb. 6.18) und führt dann zum Bildkontrast durch die
Änderung des Generations-Rekombinations-Verhältnisses von Elektron-Loch-
Paaren aufgrund eines lokalen Wechsels der Objekteigenschaften (Kristallbaufehler, Verunreinigungen, Ausscheidungen, Diffusionsinhomogenitäten, Haft-
stellen, geometrische Fehler u. a. m.). Entscheidend für die Interpretation der

11   Elektronenmikroskopie

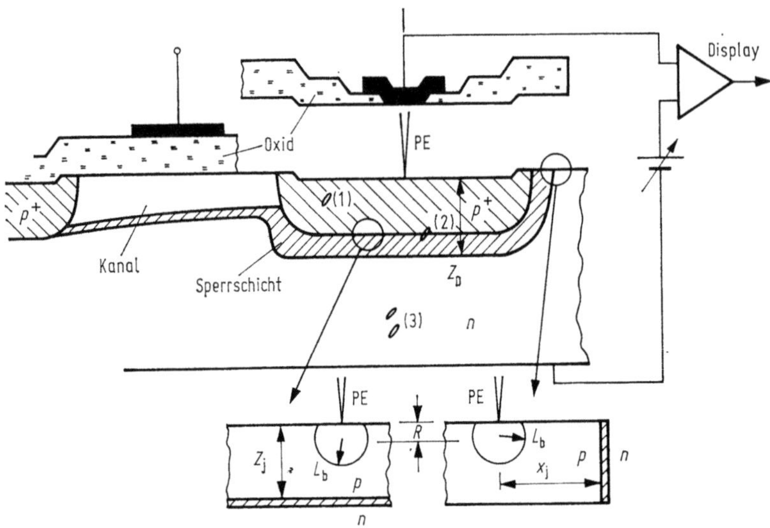

Abb. 6.18   Zu den Aussagemöglichkeiten im EBIC-Mode an Halbleitermaterialien und
-bauelementen

EBIC-Bildkontraste ist die Kenntnis der Tiefendosisverteilung der erzeugten
Elektron-Loch-Paare im Halbleiter. Sie wird nicht nur durch die Primärenergie E_0
und die spezifische Ionisationsenergie E_i des Materials (z. B. für Si 3,6 eV; für
GaAs 4,6 eV; [69]) und den sich hieraus ergebenden effektiven Generationsfaktor
$G = E_{eff}/E_i$ ($E_{eff} < E_0$, E_{eff} — effektiv wirksame PE-Energie) bestimmt, sondern
hängt auch vom Anteil der rückgestreuten Primärelektronen mit ab. Für den
äußeren Signalstrom I_s gilt allgemein

$$I_s = I_g - I_j = I_g - I_0 \left\{ \exp \frac{eU_a}{\beta kT} - 1 \right\} \tag{6.18}$$

mit I_0 als Sättigungssperrstrom des pn-Übergangs, I_g als generiertem Minoritäts-
trägerstrom über die Potentialbarriere im Innern des Objektes, der eine Vorspannung in Flußrichtung erzeugt, I_j als Strom in Flußrichtung und U_a als anliegender Sperrspannung [70]. Die beiden Teilströme I_g und I_j sind nicht getrennt
meßbar. Der zweite Term in Gl. (6.18) drückt durch den Faktor β aus, ob nur das
gewöhnliche Drift- und Diffusionsverhalten der Ladungsträger an der Potentialbarriere erfaßt wird ($\beta = 1$, störungsfreier Fall) oder ob ein nichtlineares Rekom-
binationsverhalten — etwa bedingt durch Kristallbaufehler — im Display nachgewiesen werden kann ($\beta > 1$).

Abb. 6.18 enthält in einer schematischen Darstellung grundlegende Aussagemöglichkeiten von EBIC; a) laterale und räumliche Erfassung von Diffusionsgebieten, b) Kanalausbildung zwischen einzelnen Diffusionsgebieten in Bauelementen, c) Erfassung von Gitterdefekten in Diffusionsgebieten (1), an Potentialbarrieren (2) und in Substraten (3) unter Berücksichtigung von Tiefenlage

(z_D) und Ausdehnung der Raumladungszone eines pn- (oder Schottky-)Überganges,
d) Leitfähigkeitsinhomogenitäten in Oxid- und Deckschichten. Dies betrifft direkte
Ergebnisse aus abbildenden EBIC-Untersuchungen. In der Erfassung von Halb-
leiterparametern sind mit kontinuierlichem oder gepulstem Elektronenstrahl in
EBIC weiterhin möglich (vgl. Abb. 6.18 unten) die Bestimmung der Lebensdauer
von Minoritätsträgern im Volumen des Halbleiters (L_b) [71] und der Oberflächenrekombinationsgeschwindigkeit [72] in einer zwei- bzw. dreidimensionalen Verteilung (R — hier Reichweite der PE) sowie die Bestimmung von Ionisations-
koeffizienten in p- und n-Material als Funktion der wirksamen Feldstärke [73].
Die Rekombination elektronenstrahlinduzierter Überschußladungsträger (Minori-
tätsladungsträger) findet bevorzugt an der Oberfläche eines Halbleiters statt und
kann hier als eine Verminderung der Generationsrate betrachtet werden. Allgemein
gilt, daß für die Bestimmung der o.g. Halbleiterparameter die Geometrie des
Kollektors (d. h. des pn-Überganges) in bezug auf die Objektoberfläche maßgeblich
ist (z. B. parallele Anordnung in der Tiefe z_j oder senkrechte Anordnung im Abstand x_j zum Auftreffpunkt des Elektronenstrahls, s. Abb. 6.18 unten). Die räumliche Auflösung der Oberflächenrekombinationsgeschwindigkeit kann in der Größenordnung des Anregungsvolumens der Primärelektronen liegen (z. B. etwa $0,3\,\mu m$
für $E_0 = 5$ keV in Silicium). Beispiele von EBIC-Untersuchungen an Bauelementen
integrierter Schaltkreise und Halbleitermaterialien zeigt Abb. 6.19 (a — Nachweis
eines Diffusionsfehlers, Pfeil; b — Erfassung von Mikroplasmen als Folge von
Gitterdefekten; c — diffusionsinduzierte Versetzungen).

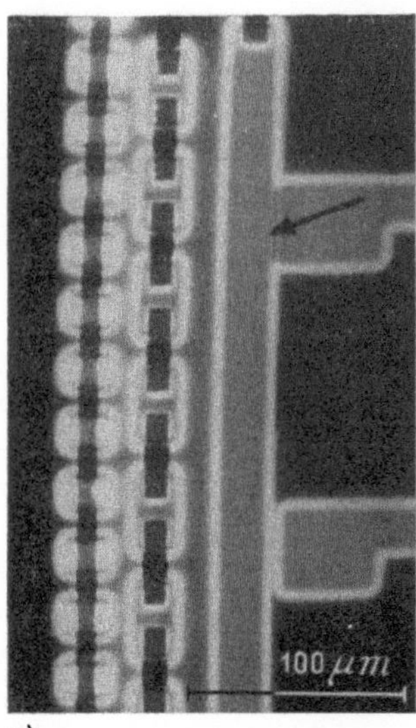

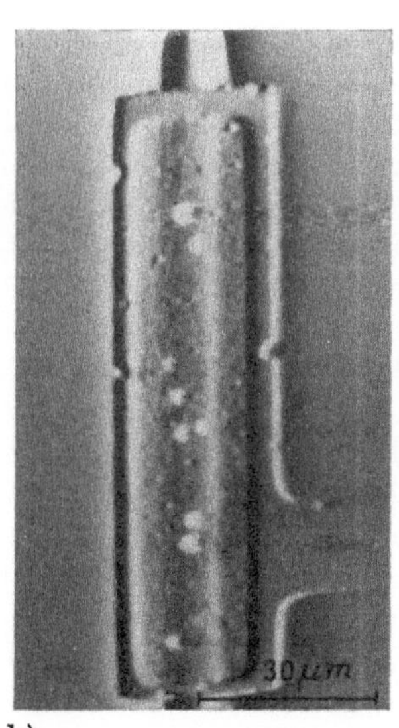

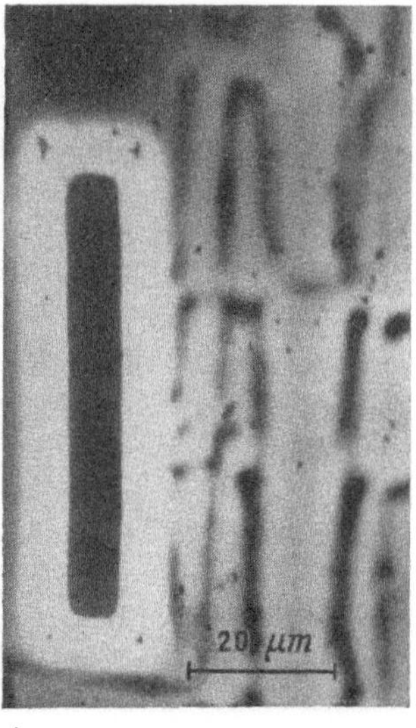

a)   b)   c)

Abb. 6.19   EBIC-Untersuchungen im REM an Materialien und Bauelementen

a) Diffusionsfehler an einem Bauelement (15 kV), s. Pfeil; b) Mikroplasmen in einem feld-
induzierten Übergang (15 kV); c) Diffusionsinduzierte Versetzungen in Silicium (16,5 kV)

11*

Ebenfalls von grundlegend spezifischem, andererseits aber auch zu EBIC ergänzendem Wert sind REM-Untersuchungen mit einer elektronenstrahlinduzierten Photonenemission in Halbleitern (Katodolumineszenz, KL). Für eine eingehende Analyse der in einer KL-Abbildung für die Kontrastbildung verantwortlichen Anregungs- und Emissionsprozesse im (halbleitenden) Objekt muß folgende Unterscheidung berücksichtigt werden:

a) primäre Mechanismen, die sich aus den möglichen, unterschiedlichen Quantenübergängen im Halbleiter physikalisch prinzipiell erklären lassen,
b) Modifizierung der theoretischen Quantenausbeute durch die Realstruktur des Objektes und die Art des verwendeten Detektionssystems (s. Abb. 5.7e) im Gerät (effektive Photonenausbeute pro Primärelektron [74]).

Die halbleiterphysikalischen Grundlagen zu a) betreffen vor allem Art und Größe des Energieüberganges zwischen den Elektronenzuständen eines Halbleiters. Dabei unterscheidet man zwischen einer Eigenlumineszenz des Materials (*intrinsic*), bei der ein Elektron des Leitungsbandes mit einem Defektelektron des Valenzbandes rekombiniert und die Energiedifferenz ΔE entweder als Photon oder als Phonon (strahlende oder nichtstrahlende Rekombination) abgegeben wird, und einer durch Verunreinigungsatome erzeugten Lumineszenz (*extrinsic*), wobei diese in Form von lokalisierten Elektronenzuständen wirksam wird und ebenfalls zu strahlender oder nichtstrahlender Rekombination im Kristall führen kann. Weiterhin sind hier die spezielle Bandstruktur des Halbleiters entscheidend und damit zusammenhängend die unterschiedlichen Wahrscheinlichkeiten für einen direkten oder indirekten Übergang, das Auftreten kurzlebig gebundener Zustände zwischen Elektron und Defektelektron (Exziton) sowie die Abhängigkeit der spektralen Lage diskreter Emissionsmaxima von Verunreinigungskonzentrationen.

Für die effektiv ausnutzbare Quantenausbeute (b) sind hauptsächlich eine erhöhte oberflächennahe Rekombination und eine tiefenabhängige Eigenabsorption des Materials verantwortlich (Bildung sog. „Totschichten", die eine primär ausgelöste Lumineszenzstrahlung am Austritt durch die Oberfläche hindern kann [75]). Außerdem müssen hier strahlungslose Rekombination im Innern, die temperaturabhängigen Wahrscheinlichkeiten für strahlende Übergänge und der Einfluß der Totalreflexion des Materials berücksichtigt werden [76].

In der Abbildung erreicht man untere Grenzen der lateralen Auflösung von 150 ··· 50 nm [77]. Die Vielfalt von KL-Untersuchungen erstreckt sich auf flächenhafte spektrale und IR-KL-Erscheinungen [78], auf die punktweise Erfassung des Emissionsspektrums in Defektbereichen [79], auf eine Bestimmung des Abklingverhaltens von Lumineszenzbanden im Pulsmodulationsbetrieb [80], den Nachweis von Spurenverunreinigungen [81] und auf den Vergleich zu anderen Wechselwirkungsmechanismen (z. B. EBIC). Abbildung 6.20 enthält zwei Beispiele für den beträchtlichen Informationsgewinn einer (integralen) KL-Abbildung gegenüber den Oberflächensignalen (SE, RE) aus jeweils identischen Objektbereichen (Objekt: bei 320 K druckverformter MgO-Einkristall, Dehnung $\varepsilon = 7\%$; Vorbehandlung: 20 h bei 1400 K, anschließend 5 h bei 1000 K angelassen). In Abb. 6.20a sind zwei orthogonale Gleitsysteme schematisch dargestellt, wie sie sich im Ergebnis

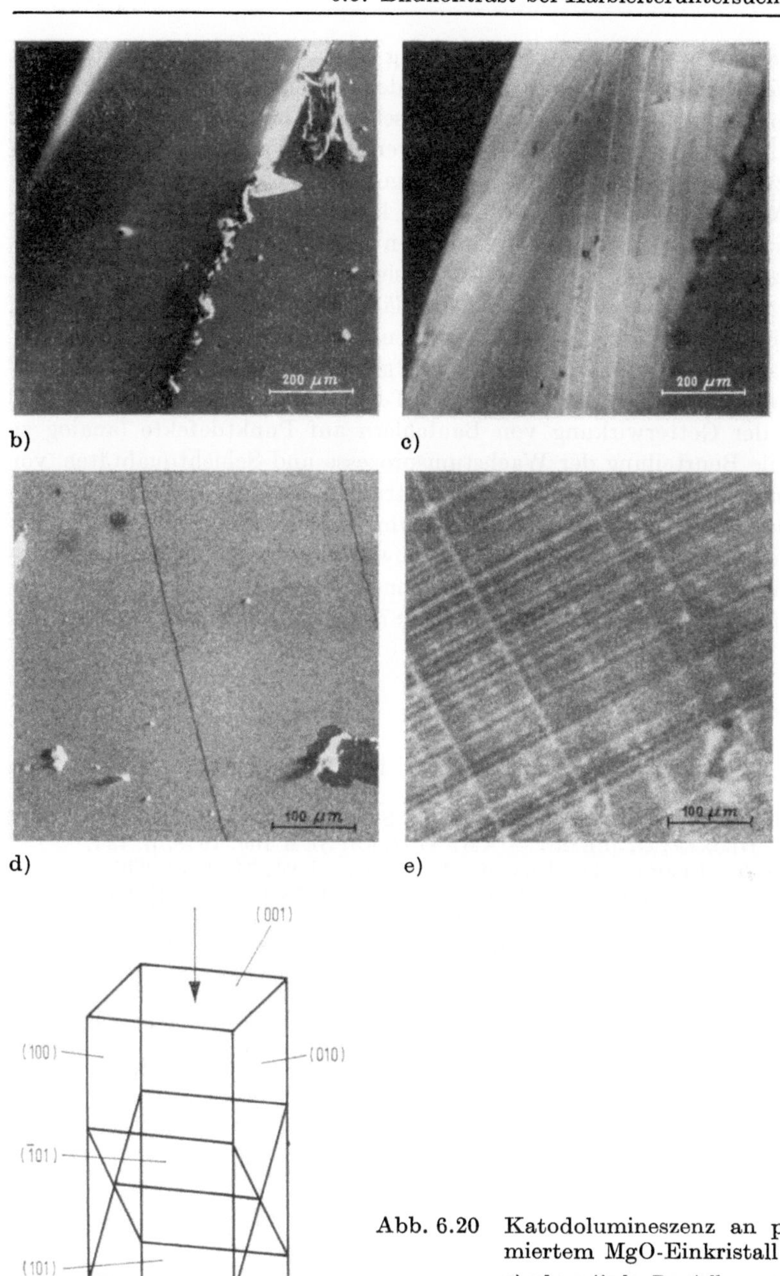

Abb. 6.20   Katodolumineszenz an plastisch deformiertem MgO-Einkristall (25 kV)

a) schematische Darstellung zur Lage der Gleitsysteme b) Würfelkante zwischen einer (100)- und einer (010)-Fläche im SE-Mode c) Schraubenversetzungsbänder auf der (010)-Fläche in KL (unter 45°), identischer Objektbereich wie bei b) d) Spaltstruktur auf der (100)-Fläche im RE-Mode e) orthogonale Stufenversetzungsbänder desselben Bereiches wie d) in KL

eines Druckversuches in Würfelkantenrichtung im Kristall einstellen. Die entsprechenden Versetzungsbänder sind im KL-Mode als Konturen erhöhter Lumineszenz gut erkennbar (Abb. 6.20c: Schraubenversetzungsbänder unter 45° auf einer (001)-Fläche, Abb. 6.20e: orthogonale Stufenversetzungsbänder auf einer (100)-Fläche). Die zugehörigen Oberflächenabbildungen mit SE (Abb. 6.20b, Kristallkante in der Mitte) bzw. mit RE (Abb. 6.20d, lediglich Spaltstruktur der (100)-Fläche sichtbar) geben dagegen praktisch keinen Hinweis auf den plastischen Deformationsprozeß im Kristall (die Oberflächen sind nicht angeätzt). Die Tatsache, daß die Versetzungssysteme auf beiden Kristallflächen als Hellkonturen erscheinen, ist auf den Einfluß von Punktdefektkomplexen hinsichtlich einer Lumineszenzemission nach der plastischen Deformation in MgO zurückzuführen [82].

Besonders aktuelle Anwendungen der REM-Katodolumineszenzmethode sind der Nachweis der Getterwirkung von Baufehlern auf Punktdefekte (analog zu EBIC, [83]), die Beurteilung der Wachstumsprozesse und Schichtqualitäten von Heteroübergängen in Lumineszenz- und Laserstrukturen auf A_{III}-B_V und A_{II}-B_{VI}-Basis [84], die Rekombinationswirksamkeit von Kristalldefekten und die Bestimmung von Dotierungsunterschieden [85] sowie ein spezifischer Nachweis verschiedener kristalliner Phasen im Material im Vergleich zu Röntgenstrukturmethoden [86] (ausführliche Bibliographie: s. [87, 88]).

6.6.   Literatur

[1] KATO, Y.; FUKUHARA, S.; KOMODA, T., Proc. 10. SEM Symp., Chicago 1977, Part I, p. 41.

[2] SHEA, S. P.; PARTAIN, L. D.; WARTER, P. J., Scanning Electron Microscopy 1978/I. Eds.: P. BECKER; O. JOHARI. — AMF O'HARE: SEM Inc. 1978, p. 435.

[3] HOSOKAWA, T.; FUJIOKA, H.; URA, K., Appl. Phys. Lett. **31** (1977) 340.

[4] SHAFFNER, T. J., Scanning Electron Microscopy 1978/I. Eds.: P. BECKER; O. JOHARI. — AMF O'HARE: SEM Inc. 1978, p. 149.

[5] JONES, A. V.; SMITH, K. C. A., Scanning Electron Microscopy 1978/I. Eds.: P. BECKER, O. JOHARI. — AMF O'HARE: SEM Inc. 1978, p. 13.

[6] VOIGT, G., et al., Phys. Status Solidi a **36** (1976), 173.

[7] EGERTON, R. F.; ROSSOUW, C. J.; WHELAN, M. J., Progress towards a method for the quantitative microanalysis of light elements by electron energy-loss spectrometry. In: Developments in Electron Microscopy and Analysis Ed.: J. A. VENABLES. — London: Academic Press 1976, p. 129.

[8] YAMAMOTO, T.; NISHIZAWA, H.; TSUNO, K., Philos. Mag. **34** (1976) 311.

[9] BETHE, H. A., Ann. Phys. (Leipzig) **5** (1930) 325.

[10] BLOCH, F., Z. Phys. **81** (1933) 363.

[11] BERGER, M. J.; SELTZER, S. M., NASA-SP-3012 (1964).

[12] THÜMMEL, H.-W., Durchgang von Elektronen- und Betastrahlung durch Materieschichten. — Berlin: Akademie-Verlag 1974.

[13] FITTING, H.-J., Phys. Status Solidi a **26** (1974) 525.

[14] WENTZEL, G., Z. Phys. **40** (1927) 590.

[15] BOTHE, W., Ann. Phys. (Leipzig) **6** (1949) 44.

[16] ARCHARD, G. D., J. Appl. Phys. **32** (1961) 1505.

[17] KNECHT, O.; BOTHE, W., Z. Naturforsch. 8 a (1953) 805.

[18] SHIMIZU, R.; IKUTA, T.; MURATA, K., J. Appl. Phys. **43** (1972) 4233.

[19] HARDER, D., Biophysik **2** (1965) 381.

[20] COSSLETT, V. E.; THOMAS, R. N., Brit. J. Appl. Phys. 16 (1965) 779.
[21] BISHOP, H. E., Electron-solid interactions and energy dissipation. In: Quantitative Scanning Electron Microscopy. Eds.: D. B. HOLT et al. — London/New York: Academic Press 1974, p. 41.
[22] NEUBERT, G.; ROGASCHEWSKI, S., Phys. Status Solidi a 59 (1980) 35.
[23] EVERHART, T. E., J. Appl. Phys. 31 (1960) 1483.
[24] WELLS, O. C., Scanning Electron Microscopy. — New York: Mc Graw-Hill 1974.
[25] WELLS, O. C., Appl. Phys. Lett. 16 (1970) 151.
[26] WELLS, O. C., Appl. Phys. Lett. 19 (1971) 232.
[27] KANTER, H., Ann. Phys. (Leipzig) 20 (1957) 144.
[28] NEWBURY, D. E., Proc. 9. SEM Symp., Chicago 1976, Part I, p. 111.
[29] PHILIBERT, J.; WEINRYB, E., X-Ray Optics and X-Ray Microanalysis. Eds.: H. H. PATTEE et al. — New York/London: Academic Press 1963, p. 451.
[30] COLBY, J. W., Electron Probe Microanalysis. Eds.: A. J. TOUSIMIS; L. MARTON. — New York/London: Academic Press 1969, 177.
[31] CREWE, A. V.; WALL, J.; LANGMORE, J., Science 168 (1970) 1338.
[32] LANGMORE, J. P.; WALL, J.; ISAACSON, M. S., Optik 38 (1973) 335.
[33] CREWE, A. V.; LANGMORE, J. P.; ISAACSON, M. S., Resolution and contrast in the scanning transmission electron microscope. In: Physical Aspects of Electron Microscopy and Microbeam Analysis. Eds.: B. M. SIEGEL; D. R. BEAMAN. — New York: John Wiley & Sons 1975, p. 47.
[34] KOLLATH, R., Sekundärelektronen-Emission fester Körper bei Bestrahlung mit Elektronen. In: Handbuch der Physik. Hrsg.: S. FLÜGGE, Bd. XXI. — Berlin/Göttingen/Heidelberg: Springer-Verlag 1956, S. 232.
[35] FITTING, H. J.; GLAEFEKE, H.; WILD, W., Surf. Sci. 75 (1978) 267.
[36] THOMAS, S.; PATTINSON, E. B., J. Phys. (London) D 3 (1970) 349.
[37] DAWSON, P. H., J. Appl. Phys. 37 (1966) 3644.
[38] KANAYA, K.; KAWAKATSU, H., J. Phys. (London) D 5 (1972) 1727.
[39] WEINRYB, E., Thesis, Univ. Paris 1965.
[40] WITTRY, D. B., Optique des rayons X et microanalyse. Eds.: R. CASTAING et al. — Paris: Hermann 1966, p. 168.
[41] REIMER, L.; PFEFFERKORN, G., Rasterelektronenmikroskopie. — Berlin/Heidelberg/New York: Springer-Verlag 1977, S. 42.
[42] STERNGLASS, E. J., Phys. Rev. 80 (1950) 925.
[43] SEILER, H., Z. Angew. Phys. 22 (1966/67) 249.
[44] THORNTON, P. R., Scanning Electron Microscopy. — London: Chapman and Hall 1968, p. 95.
[45] BRUINING, H., Physics and Application of Secondary Electron Emission. — London: Pergamon Press 1954.
[46] EVERHART, T. E.; WELLS, O. C.; OATLEY, C. W., J. Electron. 7 (1959) 97.
[47] EVERHART, T. E.; CHUNG, M. S., J. Appl. Phys. 43 (1972) 3707.
[48] LONGHURST, R. S., Geometrical and Physical Optics. — London: Longmans 1957, p. 207.
[49] COATES, D. G., Philos. Mag. 16 (1967) 1179.
[50] BOOKER, G. R.; SHAW, A. M. B.; WHELAN, M. J.; HIRSCH, P. B., Philos. Mag. 16 (1967) 1185.
[51] BOOKER, G. R., Scanning electron microscopy: Electron channelling effects. In: Modern Diffraction and Imaging Techniques in Material Science. Eds.: S. AMELINCKX et al. — Amsterdam/London: North-Holland Publ. Comp. 1970, p. 613.
[52] BOOKER, G. R., Proc. 4. SEM Symp., Chicago 1971, p. 465.
[53] STICKLER, R.; HUGHES, C. W.; BOOKER, G. R., Proc. 4. SEM Symp., Chicago 1971, p. 473.
[54] STICKLER, R.; HUGHES, C. W.; BOOKER, G. R., J. Mater. Sci. 7 (1972) 714.
[55] SPENCER, J. P.; HUMPHREYS, C. J.; HIRSCH, P. B., Philos. Mag. 26 (1972) 193.
[56] WOLFGANG, E., et al., Proc. 9. SEM Symp., Chicago 1976, Part I, p. 625.

[57] GOPINATH, A.; TEE, W. J., Rev. Sci. Instrum. **48** (1977) 350.
[58] GOPINATH, A.; GOPINATHAN, K. G., IEEE Trans. **ED-25** (1978) 431.
[59] TAYLOR, D. M., J. Phys. (London) **D 11** (1978) 2443.
[60] WALDROP, J. R.; HARRIS, J. S., J. Appl. Phys. **46** (1975) 5214.
[61] TEE, W. J.; GOPINATH, A., Proc. 9. SEM Symp., Chicago 1976, Part I, p. 595.
[62] BALK, L. J., et al., Proc. 9. SEM Symp., Chicago 1976, Part I, p. 615.
[63] MAC DONALD, N. C.; ROBINSON, G. Y.; WHITE, R. M., J. Appl. Phys. **40** (1969) 4516.
[64] HOSOKAWA, T.; FUJIOKA, H.; URA, K., Rev. Sci. Instrum. **49** (1978) 1293.
[65] JOY, D. C.; JAKUBOVICS, J. P., Philos. Mag. **17** (1969) 61.
[66] WELLS, O. C., Scanning Electron Microscopy. — New York: Mc Graw Hill 1974, p. 203.
[67] EHRENBERG, W.; LANG, C. S.; WEST, R., Proc. Phys. Soc. (London), **A 64** (1951) 424.
[68] EHRENBERG, W.; FRANKS, J., Proc. Phys. Soc. (London), **B 66** (1953) 1057.
[69] HOLT, D. B., Quantitative conductive mode scanning electron microscopy. In: Quantitative Scanning Electron Microscopy. Eds.: D. B. HOLT et al. — London/New York /San Francisco: Academic Press 1974, p. 226.
[70] ibid., p. 213.
[71] KUIKEN, K. H., Solid-State Electron. **19** (1976) 447.
[72] WATANABE, M.; ACTOR, G.; GATOS, H. C., IEEE Trans. **ED-24** (1977) 1172.
[73] BRESSE, J. F., Proc. 10. SEM Symp., Chicago 1977, Part I, p. 683.
[74] STEYN, J. B.; HOLT, D. B., Scanning Electron Microscopy: Systems and Applications, Conf. Series No. 18. — London/Bristol: Inst. of Phys. 1973.
[75] THORNTON, P. R., Scanning Electron Microscopy. — London: Chapman & Hall 1968, p. 257.
[76] CHASE, B. D.; HOLT, D. B.; CENSLIVE, M., Phys. Status Solidi a, Part I: **19** (1973) 467; Part II: **20** (1973) 135; Part III: **20** (1973) 459.
[77] ISHIKAWA, A.; et al., Jap. J. Appl. Phys. **12** (1973) 286.
[78] BALK, L. J.; KUBALEK, E., Proc. 10. SEM Symp., Chicago 1977, Part I, p. 739.
[79] BRÜMMER, O.; SCHREIBER, J., Kristall Tech. **9** (1974) 817.
[80] RASUL, A.; DAVIDSON, S. M., Proc. 10. SEM Symp., Chicago 1977, Part I, p. 233.
[81] OZAWA, L.; HERSH, H. N., Appl. Phys. Lett. **28** (1976) 727.
[82] ROZHANSKII, V. N.; VELEDNITSKAYA, M. A., Kristallografiya **19** (1974) 1111.
[83] LEAMY, H. J.; KIMERLING, L. C., J. Appl. Phys. **48** (1977) 2795.
[84] BALK, L. J.; KUBALEK, E.; MENZEL, E., Proc. 8. SEM Symp., Chicago 1975, p. 447.
[85] SCHILLER, C.; BOULOU, M., Philips Tech. Rev. **35** (1975) 239.
[86] BLASCHKE, R.; PFEFFERKORN, G., Beitr. Direktabb. Oberfl. (BEDO) **5** (1972) 269.
[87] BRÖCKER, W.; PFEFFERKORN, G., Proc. 10. SEM Symp. Chicago 1977, Part I, p. 455.
[88] BRÖCKER, W.; PFEFFERKORN, G., Scanning Electron Microscopy 1978/I. Eds.: P. BECKER; O. JOHARI. — AMF O'Hare: SEM Inc. 1978, p. 333.

7. Indirekte Oberflächenabbildung durch Abdruck- und Dekorationstechnik

H. Bethge, M. Krohn, H. Stenzel

Die direkten elektronenoptischen Methoden zur Oberflächenabbildung (Raster-Elektronenmikroskopie (REM), Emissions-Elektronenmikroskopie (EEM) und Spiegel-Elektronenmikroskopie) werden hinsichtlich der Wiedergabetreue und des Auflösungsvermögens von den durch Mahl eingeführten Abdruckmethoden [1] übertroffen. Hierbei stellt man mit Hilfe eines dünnen, durchstrahlbaren Films einen Abdruck von der Oberfläche her und betrachtet diesen stellvertretend für die Oberfläche im Transmissions-Elektronenmikroskop (TEM). Neben den herkömmlichen Kohle-, Lack- und Matrizenabdrücken hat die Dekorationstechnik besondere Bedeutung, weil mit ihrer Hilfe atomare Stufen auf den Oberflächen einiger Kristalle sichtbar gemacht werden können.

7.1. Abdruckverfahren

Unter den vielen für die Elektronenmikroskopie (EM) entwickelten Abdruckmethoden hat sich die von Bradley [2] eingeführte Platin-Kohle-Simultanbedampfung am besten bewährt. Dabei wird gemäß Abb. 7.1 eine 20 bis 50 nm dicke Platin-Kohle-Mischschicht schräg zur Oberfläche (meist unter einem Winkel zwischen 30° und 60°) aufgedampft. So entsteht nicht nur ein formgerechter Abdruck der Oberfläche, sondern durch den schrägen Einfall des Schwermetalls heben sich die (in Aufdampfrichtung gesehen) ansteigenden Bereiche des Oberflächenreliefs kontrastreich von den abfallenden Bereichen ab.

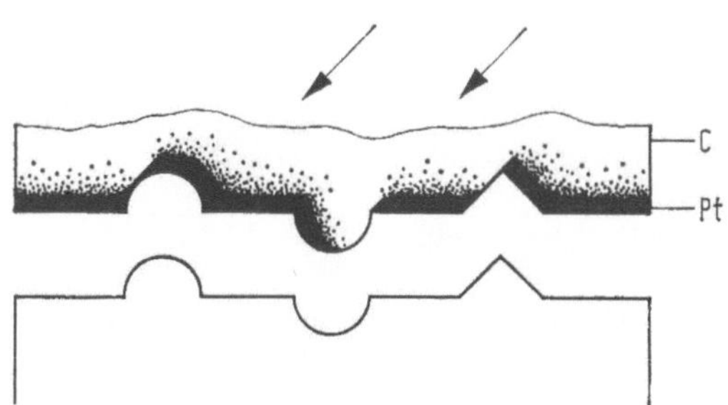

Abb. 7.1   Prinzip der Platin-Kohle-Schrägbeschattung

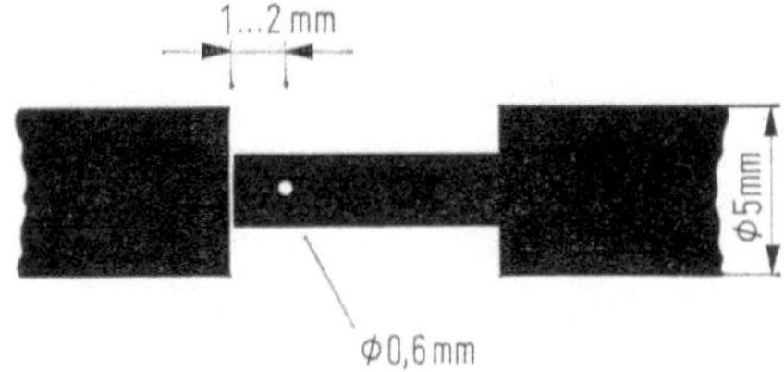

Abb. 7.2 Formgebung der Kohleelektroden für die Platin-Kohle-Simultanbedampfung nach SKATULLA und HORN [3]

Das Platin soll möglichst im ersten Stadium des Aufdampfprozesses abgeschieden werden; denn die Wiedergabe feiner Details wird schlechter, wenn sich die kontrastierende Substanz über die gesamte Dicke des Kohlefilms verteilt. Andererseits ist es im Interesse einer geringen Eigenstruktur des Platins wichtig, daß auch im ersten Stadium der Aufdampfung eine geringe, wohldosierte Menge Kohle die Oberflächendiffusion der Platinatome und damit deren Zusammenlagerung zu größeren Körnern behindert. Beide Forderungen werden recht gut von der auf SKATULLA und HORN [3] zurückgehenden Aufdampfmethode erfüllt (s. Abb. 7.2). Dabei wird die Kohle wie üblich durch einen Vakuum-Lichtbogen [4] verdampft, und gleichzeitig verdampft das Platin aus einer feinen Bohrung in einer der beiden Elektroden aus spektralreiner Kohle. Die Eigenstruktur des Aufdampffilms läßt sich noch weiter verringern, wenn man als Aufdampfmetall Platin-Iridium-Legierungen oder Legierungen anderer Metalle mit hoher Massendichte verwendet [5].

Ein Beispiel eines nach dieser Methode hergestellten Oberflächenabdruckes zeigt Abb. 7.3, in der neben den plastisch wiedergegebenen groben Strukturen auch sehr feine Stufenstrukturen erkennbar sind. Aus dieser Abbildung gehen deut-

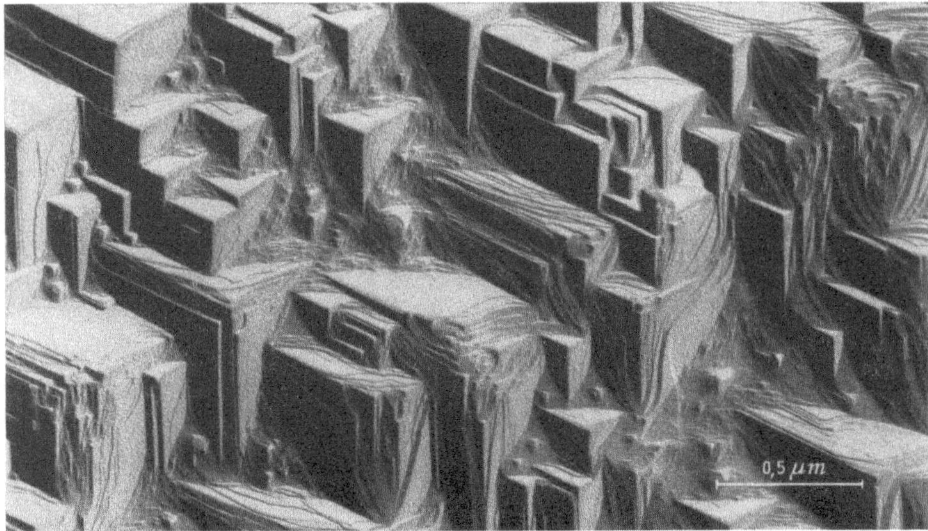

Abb. 7.3 Platin-Kohle-Schrägbeschattungs-Abdruck des Oberflächenreliefs einer im Vakuum abgedampften (111)-Fläche eines Steinsalzkristalls

lich die besonderen Vorteile der Platin-Kohle-Schrägbeschattung hervor: Hohe
Wiedergabetreue, ausgeprägte Kontraste und gute Detailerkennbarkeit mit einer
lateralen Auflösung bis hinab zu 2 nm. Hinzu kommt meist auch eine einfache
Handhabung. Schwierigkeiten treten nur dann auf, wenn sich der Platin-Kohle-
Film nicht zerstörungsfrei vom Substrat ablösen läßt. Dieser Fall kann eintreten,
wenn das Substrat zu rauh (zerklüftet, porös oder mit großen Teilchen belegt) oder
unlöslich ist, wenn es beim Ablösen quillt oder aber wenn beim Ablösen Gasent-
wicklung auftritt. Zunächst sollte man in solchen Fällen versuchen, den Platin-
Kohle-Film durch Auftragen zusätzlicher Schichten zu verstärken [6]. Von den
Verstärkungsschichten fordert man, daß sie von dem für das Substrat benötigten
Lösungsmittel nicht angegriffen werden, sich aber schließlich vom eigentlichen Abdruckfilm in einem speziellen Lösungsmittel leicht entfernen lassen. Man benötigt
deshalb eine Reihe recht verschiedener Materialien, deren wichtigste in Tab. 7.1
aufgeführt sind.

Führt auch die Verstärkung des Kohlefilms nicht zum Erfolg, so kann man auf
Lackabdrücke [7] und Matrizenabdrücke [8] zurückgreifen. Für Lackabdrücke

Tabelle 7.1 *Übersicht über die in der EM bewährten Abdruck- bzw. Verstärkungs-
materialien [6, 13—15]*

Substanz	löslich in	unlöslich in
Cellulosenitrat (Collodium, Zaponlack)	Amylacetat Butylacetat Methylacetat	Chloroform Wasser
Polyvinylformale (Formvar, Movital)	Chloroform Dioxan Ethylendichlorid Essigsäure	Benzin Aceton Ethylacetat Wasser
Methacrylate (Plexiglas, Technovit)	Chloroform Toluen Trichlorethylen	Benzin verd. Säuren Wasser
Polystyren	Chloroform Benzen Benzin Aceton Trichlorethylen	Ethanol Methanol Säuren Wasser
Hartparaffin	Toluen Methylacetat (warm) Ether Chloroform	Ethanol Methylacetat (kalt) Wasser
Polyvinylalkohol (Mowiol)	Wasser	Organ. Lösungsmittel Ethylendichlorid
Carboxymethylcellulose (Tylose)	Wasser Aceton	Amylacetat
Gelatine	Wasser	Ethanol Ether
Zuckersirup	Wasser	Ether

werden vorwiegend Cellulosenitrat (Zaponlack, Collodium) und Polyvinylformale (Formvar) benutzt. Man trägt sie in flüssiger Form auf die Oberfläche auf und versucht, sie nach dem Trocknen bzw. Aushärten mechanisch vom Substrat abzuheben, wobei man sie gegebenenfalls mit einem weiteren Filmmaterial, das anschließend wieder weggelöst wird, verstärken muß. Zur Kontraststeigerung empfiehlt es sich, die Kontaktseite des Lackabdruckes (nach dessen Abtrennung vom Substrat) schräg mit einem Schwermetall zu bedampfen. Lackabdrücke der genannten Materialien ergeben genügend dünne Filme, die direkt im EM durchstrahlt werden können.

Matrizenabdrücke dagegen erfordern ein zweistufiges Abdruckverfahren. Man nimmt zunächst einen primären Abdruck von der Oberfläche mit Hilfe einer dicken, mechanisch stabilen, aber nicht mehr durchstrahlbaren Folie (Matrize) und stellt von deren Kontaktfläche einen sekundären Abdruck, z. B. mit Hilfe der Platin-Kohle-Schrägbeschattung, her. Als Matrizenmaterialien eignen sich besonders die solvoplastischen Substanzen Acetylcellulose (Bioden, löslich in Methylacetat) und Celluloseacetobutyrat (Triafol, löslich in Aceton), die als Folie nach oberflächlicher Anlösung auf das Objekt aufgedrückt werden. Geeignet sind auch polymerisierende Substanzen (Plexiglas und Technovit, beide löslich in Chloroform), die in monomerer Form auf die Oberfläche aufgetragen werden und dort aushärten. Matrizen- und Lackabdrücke sind auch dann von Vorteil, wenn die Objektoberfläche erhalten bleiben muß, weil man z. B. mehrfach Abdrücke von derselben Oberfläche nehmen möchte. Die laterale Auflösung ist jedoch wesentlich schlechter als beim Platin-Kohle-Abdruck [9]; man erreicht bei Lackabdrücken infolge ihrer Eigenstruktur nur etwa 10 nm.

Kohle-, Lack- und Matrizenabdrücke sind weitgehend universell anwendbar. Daneben haben spezielle Verfahren, wie z. B. der Extraktionsabdruck [10], mit dem kleine, im Substrat eingebettete Teilchen auf den Abdruckfilm übertragen werden, und der Oxidabdruck [11], der bei bestimmten Metallen anwendbar ist, ihre Bedeutung. Zu nennen ist ferner das Umhüllungsverfahren, bei dem kleine Objekte — im wesentlichen durch Kohlebedampfung — eingehüllt und anschließend aus der Kohleumhüllung herausgelöst und die reinen Hüllpräparate untersucht werden [4, 12]. Hinsichtlich solcher Spezialverfahren sowie präparativer Feinheiten und Rezepte sei auf die umfangreiche Spezialliteratur zur elektronenmikroskopischen Präparation [6, 13—16] verwiesen.

7.2.   Oberflächendekoration

Während man bei der Platin-Kohle-Schrägbeschattung bestrebt ist, eine Zusammenlagerung der Platinatome zu größeren Teilchen weitgehend zu vermeiden, ist die Bildung solcher Teilchen gerade die wesentliche Voraussetzung der 1958 von BASSETT [17] entdeckten Golddekoration. BASSETT beobachtete, daß Goldpartikel, die sich beim Aufdampfen von Gold auf den Würfelflächen von Steinsalzkristallen bilden, bevorzugt längs der Stufen entstehen. Auf diese Weise werden alle Stufen — auch solche von nur monoatomarer Höhe — durch perlenschnurartig aufgereihte Goldkeime[1]) dekoriert. Ein nachgedampfter Kohlefilm umhüllt die Goldkeime genügend gut, so daß sie beim Ablösen des Steinsalzsubstrats im Film haften bleiben und in ihrer ursprünglichen Anordnung im EM beobachtet werden können. Abbildung 7.4 zeigt eine typische Dekorationsaufnahme in hoher Vergrößerung.

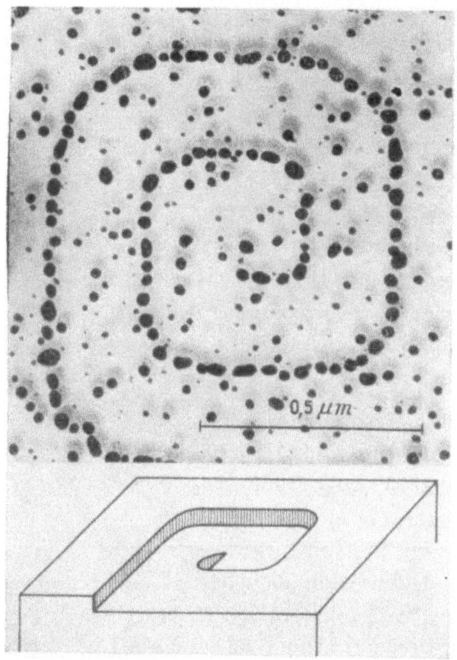

Abb. 7.4   Dekoration einer spiralförmigen, monoatomaren Stufe (Höhe $h = 0,33$ nm) auf einer KBr-Oberfläche durch Aufdampfung von Ag

Gleichzeitig mit dem Erscheinen der Golddekorationsmethode machte BETHGE [19] eine Methode bekannt, bei der atomare Oberflächenstufen auf Steinsalzkristallen durch Aufdampfung des arteigenen Materials (d. h. NaCl) dekoriert werden. Es sei ferner erwähnt, daß LEMMLEJN und GLIKI [20] schon 1954 atomare Stufen auf Siliciumcarbid durch Abscheidung von Ammoniumchlorid sichtbar gemacht hatten. Die letztgenannten Methoden wurden aber nicht weiter verfolgt, da sich die Golddekoration als praktikabler und reproduzierbarer erwies. In der Folgezeit wurde die Golddekorationsmethode zunächst auf andere Alkalihalogenide und nach und nach auf weitere Materialien übertragen. Zur Dekoration wurden außer Gold auch andere Substanzen (vor allem Metalle und einfache Verbindungen) eingesetzt. In Tab. 7.2 sind die Kristallmaterialien aufgeführt, bei denen bisher eine vollständige Dekoration des atomaren Stufenprofils gelang. Es zeigte sich — vor allem durch Arbeiten von DISTLER [37] —, daß auch flächenhafte Besonderheiten

---

[1]) Der Einfachheit halber sollen die beobachteten Partikel „Keime" genannt werden, obwohl dieser Begriff streng genommen nur für eine bestimmte, kritische Teilchengröße gilt [18].

Tabelle 7.2 *Kristallmaterialien mit erfolgreicher Stufendekoration*

Substanz	dekoriert mit	Autor
NaCl	Au	BASSETT (1958) [17]
NaCl, KCl KBr, KJ	Au	SELLA et al. (1958) [21]
LiF	AgCl	DISTLER, VLASOV (1969) [22]
AgBr, AgCl	Au, Pt	HAEFKE et al. (1979) [23]
MgO	Au	ROBINS et al. (1966) [24]
Glimmer	Au	BRAUER (1971) [25]
Tonmineralien	Au	GRICAENKO, SAMOTOIN (1966) [26]
Ag	Au	KLAUA, BETHGE (1968) [27]
Si	Au	MASSON, KERN (1968) [28]
Graphit	Au	HENNIG (1964) [29]
SiC	NH_4Cl	LEMMLEJN (1954) [20]
MoS_2	Au	BAHL et al. (1967) [30]
PbS	Au	GREEN et al. (1971) [31]
GaAs	Ge	BAUSER (1976) [32]
GeS	Segregation	BETHGE, VETTER [33]
Paraffin	Au	VETTER, ARNOLD [34]
TGS	AgCl	DISTLER, VLASOV (1969) [35]
Anthracen	Sn	ALBERTINI et al. (1975) [36]

und lokale Inhomogenitäten [38] durch Dekoration sichtbar gemacht werden können. Um solche Erscheinungen von der Stufendekoration (Dekoration 1. Art) zu unterscheiden, wird die Hervorhebung flächenhafter Zustände als Dekoration 2. Art und die Markierung einzelner Punkte (im Grenzfall atomare Defekte in der Oberfläche) als Dekoration 3. Art bezeichnet [39].

Im folgenden soll anhand von Abb. 7.4 die Stufendekoration näher betrachtet werden. Die Stufe hebt sich visuell vom Untergrund ab, wenn der Keimabstand längs der Stufen kleiner ist als der mittlere Keimabstand in den stufenfreien Bereichen. Davon ausgehend wurde zur quantitativen Beschreibung des Dekorationskontrastes folgender Ausdruck abgeleitet [40]:

$$K = \frac{d_L n_L - d_F \sqrt{n_F}}{d_L n_L + d_F \sqrt{n_F}}. \tag{7.1}$$

Darin bedeuten n_L die Liniendichte der Keime längs der Stufen, n_F die Flächendichte der Keime in stufenfreien Bereichen und d_L bzw. d_F die entsprechenden Keimdurchmesser.

Unter lateraler Auflösung d der Stufendekoration soll der kleinste Abstand verstanden werden, den zwei Stufen haben dürfen, damit sie noch getrennt abgebildet werden. Abbildung 7.5a zeigt, daß beliebig gekrümmte Stufen nur dort noch mit Sicherheit voneinander zu trennen sind, wo ihr Abstand l mindestens so groß wie

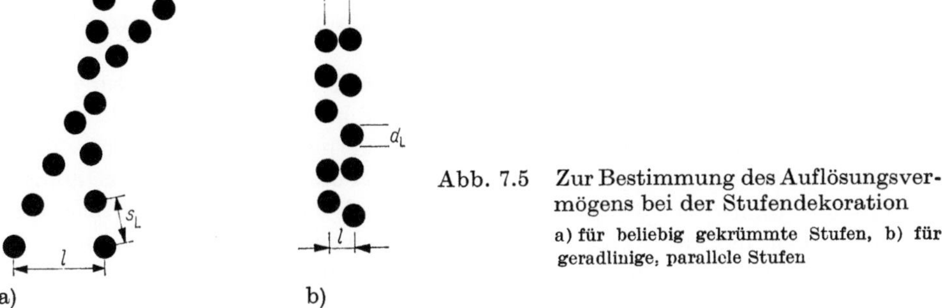

Abb. 7.5   Zur Bestimmung des Auflösungsvermögens bei der Stufendekoration

a) für beliebig gekrümmte Stufen, b) für geradlinige, parallele Stufen

der mittlere Abstand s_L der Keime an der Stufe ist. Es ist also

$$d = s_L = \frac{1}{n_L}, \tag{7.2}$$

d. h., die laterale Auflösung ist im allgemeinen Fall gleich dem Kehrwert der Keimdichte an der Stufe. Im Fall geradliniger, paralleler Stufen (Abb. 7.5b) kann der Keimabstand s_L virtuell beliebig verkleinert werden, indem die entsprechende Aufnahme schräg zur Papierebene in Richtung der Stufen betrachtet wird. In diesem Spezialfall wird die Auflösung durch den Keimdurchmesser d_L begrenzt, denn benachbarte Keime zweier Stufen verschmelzen miteinander, wenn der Stufenabstand l kleiner als der Keimdurchmesser d_L wird.

Die obigen Erörterungen zeigen, daß die wichtigsten Kenngrößen der Stufendekoration, Kontrast und Auflösung, hauptsächlich durch die Keimdichten n_L und n_F bestimmt werden. Abbildung 7.6 zeigt die Änderung dieser Größen mit zunehmender Aufdampfmenge bzw. -zeit für die Aufdampfung von Gold auf Steinsalz. Man sieht, daß die beste Auflösung, nämlich das Maximum von n_L, schon nach

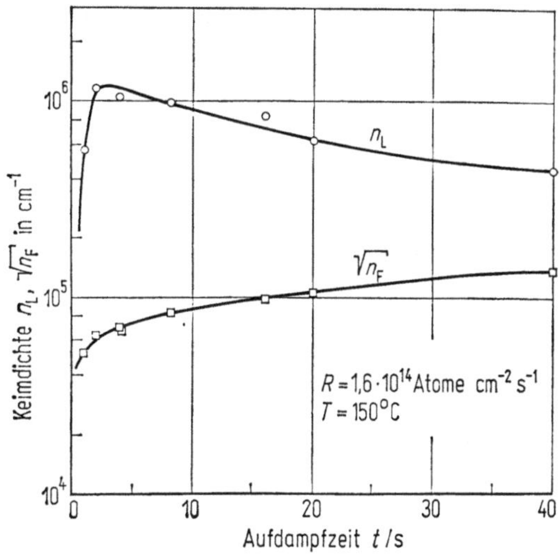

Abb. 7.6   Änderung der Stufenkeimdichte n_L und der Flächenkeimdichte n_F mit der Aufdampfzeit t für Au auf NaCl [40]

sehr kurzer Zeit erreicht wird. Auch der Dekorationskontrast, der angenähert durch den senkrechten Abstand der beiden Kurven gegeben ist, erreicht sein Optimum in der Nähe des maximalen n_L.

Auskunft über die Temperaturabhängigkeit von Kontrast und Auflösung liefert eine Betrachtung der Dekoration als Prozeß der heterogenen Keimbildung. Die klassische Theorie der Keimbildung [41], die bei geringer Übersättigung (z. B. bei Metallen mit hohem Dampfdruck) gilt, desgleichen die bei hohen Übersättigungen zutreffende atomistische Theorie [42—44], und auch die experimentelle Erfahrung [45, 46] zeigen, daß die Keimdichte mit abnehmender Temperatur zunimmt. Im Hinblick auf die Stufen bedeutet dies eine Verbesserung der lateralen Auflösung (s. Gl. (7.2)) bei abnehmender Temperatur.

Bezüglich des Dekorationskontrastes ist zu untersuchen, in welchem Maße sich die Bevorzugung der Stufen bei einer Variation der Temperatur ändert. Die Bevorzugung erkennt man im Rahmen der klassischen Theorie am Verhältnis der Keimbildungsgeschwindigkeiten und nach der atomistischen Theorie am Verhältnis der Verweilzeiten der adsorbierten Metallatome. Es gilt für die Keimbildungsgeschwindigkeit $\dot n \sim \exp\,(-A/kT)$ [41] und für die Verweilzeit $\tau \sim \exp\,(E/kT)$ [47], wobei A die Keimbildungsarbeit und E die Desorptionsenergie der Adatome bedeuten. Damit ergibt sich im klassischen Fall

$$\frac{\dot n_\mathrm{L}}{\dot n_\mathrm{F}} \sim \exp\left(\frac{A_\mathrm{F} - A_\mathrm{L}}{kT}\right) \tag{7.3}$$

bzw. im atomistischen Fall

$$\frac{\tau_\mathrm{L}}{\tau_\mathrm{F}} \sim \exp\left(\frac{E_\mathrm{L} - E_\mathrm{F}}{kT}\right), \tag{7.4}$$

wobei der Index L für die Stufe und der Index F für die Fläche steht. Da die Bevorzugung der Stufen letztlich auf eine Herabsetzung der Keimbildungsarbeit ($A_\mathrm{L} < A_\mathrm{F}$) bzw. eine Erhöhung der Desorptionsenergie ($E_\mathrm{L} > E_\mathrm{F}$) zurückzuführen ist, sagen Gl. (7.3) und Gl. (7.4) in gleicher Weise aus, daß mit abnehmender Temperatur der Dekorationskontrast — zumindest in gewissen Grenzen — zunimmt.

Im folgenden soll die Abhängigkeit der Dekoration von der Übersättigung betrachtet werden. Die Übersättigung s ist bei Aufdampfexperimenten definiert durch $s = \ln\,(p/p_\mathrm{e})$, wobei p der effektive, durch die Aufdampfrate gegebene Dampfdruck und p_e der Sättigungsdampfdruck des aufgedampften Materials bei der Substrattemperatur T sind. Abbildung 7.7 zeigt die Dampfdruckkurven einer ausgewählten Reihe von Metallen, die in dem für die Dekoration interessanten Temperaturbereich um 150 °C zum Teil aus Hochtemperaturdaten extrapoliert wurden [48—50]. Die Kurven werden näherungsweise durch $p_\mathrm{e} = p_0 \exp\,[-\Delta H/RT]$ beschrieben (R = Gaskonstante), wobei die Sublimationswärme ΔH jeweils dem Anstieg einer Kurve entspricht und p_0 für alle Metalle etwa den gleichen Wert von 10^3 Pa hat. Damit läßt sich schreiben

$$s = \ln p - \ln p_0 + \frac{\Delta H}{RT}. \tag{7.5}$$

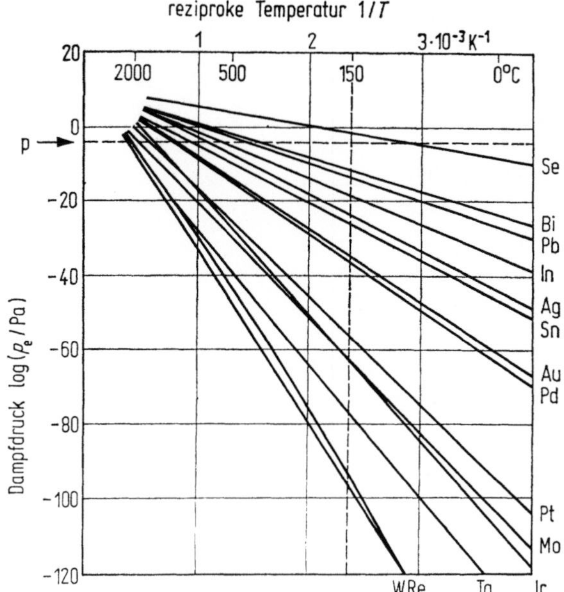

Abb. 7.7   Sättigungsdampfdruck p_e verschiedener Metalle als Funktion der reziproken absoluten Temperatur $1/T$

p entspricht dem aus der Aufdampfrate berechneten Druck, wie er bei typischen Aufaampf-experimenten vorliegt

Man entnimmt Abb. 7.7, daß die Übersättigung in extrem weiten Grenzen durch Variation des Aufdampfmaterials variiert werden kann, was in Gl. (7.5) einer Variation von ΔH entspricht.

In Abb. 7.8 sind die für 14 verschiedene Metalle ermittelten maximalen Stufenkeimdichten n_L gegen die Sublimationswärme ΔH aufgetragen, wobei ΔH auf $R \cdot T$ (mit T = Substrattemperatur) bezogen wurde. Die Maximalwerte wurden aus $n_L(t)$-Kurven gemäß Abb. 7.6 ermittelt. Substrat ist in allen Fällen Steinsalz. Dieses Diagramm zeigt eine deutliche Korrelation zwischen der Keimdichte und der Sublimationswärme. Bei der Änderung der reduzierten Sublimationswärme $\Delta H/(RT)$ um etwa 100 Einheiten ändert sich n_L und damit die laterale Auflösung der Dekoration um zwei Größenordnungen. In Tab. 7.3 sind die bei diesen Experimenten ermittelten Werte für Auflösung und Kontrast der Stufendekoration zusammengestellt.

Abb. 7.8 veranschaulicht zugleich den experimentell möglichen Variationsbereich der Aufdampfparameter: Die Aufdampfrate (und damit der Druck p), kann experimentell um etwa drei Zehnerpotenzen variiert werden. Dem entspricht nach Gl. (7.5) eine Variation der Übersättigung um $\ln 10^3 \approx 7$, was kaum größer als der Durchmesser der in Abb. 7.8 eingezeichneten Meßpunkte ist. In der Auftragung gegen $\Delta H/(RT)$ wird auch die Abhängigkeit der Keimdichte von der Substrattemperatur T erfaßt. Diese kann — soweit keine Substratkühlung vorhanden ist

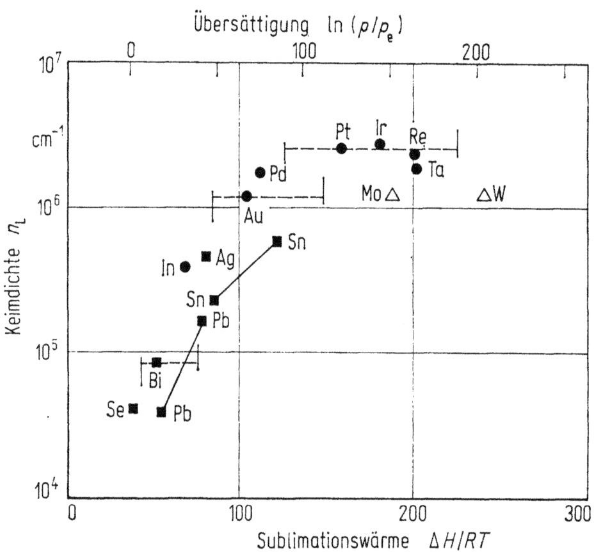

Abb. 7.8 Zusammenhang zwischen der maximalen Stufenkeimdichte n_L und der reduzierten Sublimationswärme $\Delta H/RT$ [40]

Substrattemperatur T für Se: 25 °C, für Pb sowie Sn: 25 °C und 150 °C, für alle anderen Metalle: 150 °C; aus der Aufdampfrate berechneter Druck p für Bi: $5 \cdot 10^{-2}$ Pa, für Pb (bei 150 °C): 10^{-2} Pa, in allen anderen Fällen: etwa 10^{-4} Pa

Tabelle 7.3 *Laterale Auflösung und Kontrast bei der Dekoration von monoatomaren Stufen auf NaCl mit verschiedenen Metallen* [40] *(Aufdampfbedingungen wie in Abb. 7.8 angegeben)*

Deposit-metall	Keim-durchmesser d_L/nm	laterale Auflösung n_L^{-1}/nm	Dekorations-kontrast K
Se	110	270	<0
Bi	70	130	0,08
Pb	29	300	<0
In	17	35	0,34
Ag	9	22	0,57
Sn	11	46[1])	0,30[1])
Au	3,7	8,3	0,84
Pd	2,9	6	0,55
Pt	2	4	0,27
Ir	2	3,8	0,31
Re	2,8	4,5	0,46
Mo	3—5	>8	0,33
Ta	4—5	$>6,5$	0,36
W	≈ 5	≈ 10	0,23

[1]) optimale Aufdampfmenge nicht ganz erreicht

und die Sublimation des Steinsalzsubstrats ausgeschlossen werden soll — zwischen 25 °C und 250 °C gewählt werden. Die Lage dieser Temperaturgrenzen auf der $\Delta H/(RT)$-Skala ist für drei verschiedene Metalle (Bi, Au, Pt) eingezeichnet. Entsprechend fügen sich auch die im Falle von Blei und Zinn durch Linien verbundenen Meßpunkte, die jeweils 25 °C und 150 °C entsprechen, gut in die allgemeine Korrelation ein. Zusammengefaßt sagt Abb. 7.8 aus: Die Übersättigung und damit die Keimdichten n_L können am stärksten durch Variation des Aufdampfmetalls, in gewissen Grenzen durch Variation der Temperatur, aber nur unwesentlich durch Änderung der Aufdampfrate variiert werden. Ähnliche Abhängigkeiten findet man auch für die Flächenkeimdichte n_F.

Für die Erzielung einer optimalen Dekoration lassen sich auf der Grundlage der oben dargestellten Abhängigkeiten einige Bedingungen formulieren, die zwar streng genommen nur für Steinsalz gelten, in ihren Grundtendenzen aber auch auf andere Substanzen anwendbar sind:

1. Die Kristalloberfläche muß genügend glatt sein, d. h., zwischen den einzelnen Oberflächenstufen müssen atomar glatte Bereiche existieren, die größer als die laterale Auflösung der Dekoration sind.
2. Die Wahl des Aufdampfmetalls richtet sich nach den angestrebten Abbildungseigenschaften. Höchste Auflösung ergeben Platin [51, 52], Iridium und Rhenium; besten Dekorationskontrast ergibt Gold. Soll die Dekoration schon bei kleinen Vergrößerungen sichtbar sein (Übersichtsvergrößerungen), so wählt man Metalle mit hohem Dampfdruck, z. B. Bismut oder Indium.
3. Die Aufdampfmenge muß genügend klein sein, damit das Maximum von n_L, in dessen Nähe zugleich Auflösung und Kontrast optimal sind, nicht überschritten wird.
4. Die Substrattemperatur sollte möglichst niedrig gewählt werden, da Auflösung und Kontrast mit sinkender Temperatur in gewissen Grenzen wachsen.
5. Die Oberfläche muß genügend rein und defektfrei sein, weil eine Erhöhung der Keimdichte infolge der Keimbildung an Defekten sich stärker auf n_F als auf n_L auswirkt.
6. Das Vakuum sollte besser als $10^{-3} \cdots 10^{-4}$ Pa sein, da erfahrungsgemäß der Kontrast bei schlechteren Vakua abnimmt.
7. Die dekorierenden Metallkeime sollen genügend stabil gegenüber chemischem Angriff beim Ablösen des Trägerfilms vom Substrat sein. Im Falle genügend großer Teilchen hilft eine Platin-Kohle-Schrägbeschattung.

7.3.   Aussagen zu Höhe und Anstiegssinn von Oberflächenstufen

Während sich alle bisherigen Angaben zur Auflösung auf laterale Abstände von Strukturelementen bezogen, interessiert hier die Tiefenerkennbarkeit. Bei der Schrägbeschattung läßt sich in einfacher Weise entsprechend Abb. 7.9 die Stufenhöhe h mit Hilfe der Beziehung

$$\operatorname{tg}\alpha = \frac{h}{l} \tag{7.6}$$

12*

aus dem Beschattungswinkel α und der Schattenlänge l bestimmen; der Anstiegssinn einer Stufe ist bei Kenntnis der Beschattungsrichtung unmittelbar aus der
Schwärzungsverteilung ersichtlich: abwärts gerichtete Stufen haben helle „Schatten", ansteigende Stufen erscheinen dunkel. BETHGE und Mitarbeitern [53] gelang
es, mit Hilfe der Platin-Kohle-Schrägbeschattung sogar monoatomare Stufen

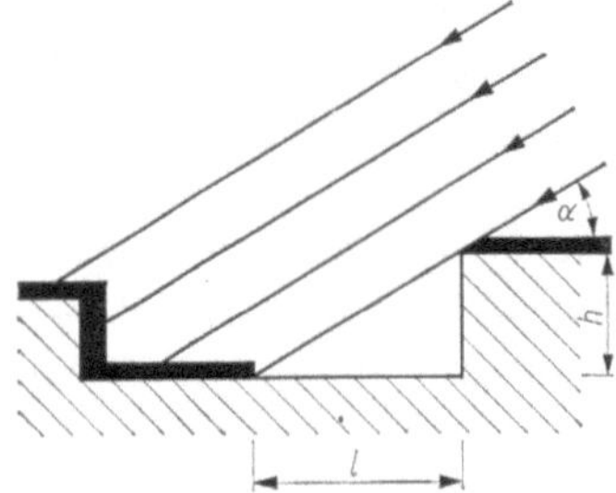

Abb. 7.9   Zur Höhenbestimmung bei der Schrägbeschattung

Abb. 7.10   Abbildung der zweiatomaren Stufen
(Höhe $h = 0,56$ nm) einer viereckigen
Spiralgrube auf einer NaCl-Würfelfläche
durch Platin-Kohle-Schrägbeschattung
Beschattungswinkel: 30° gegen die Substratober-
fläche

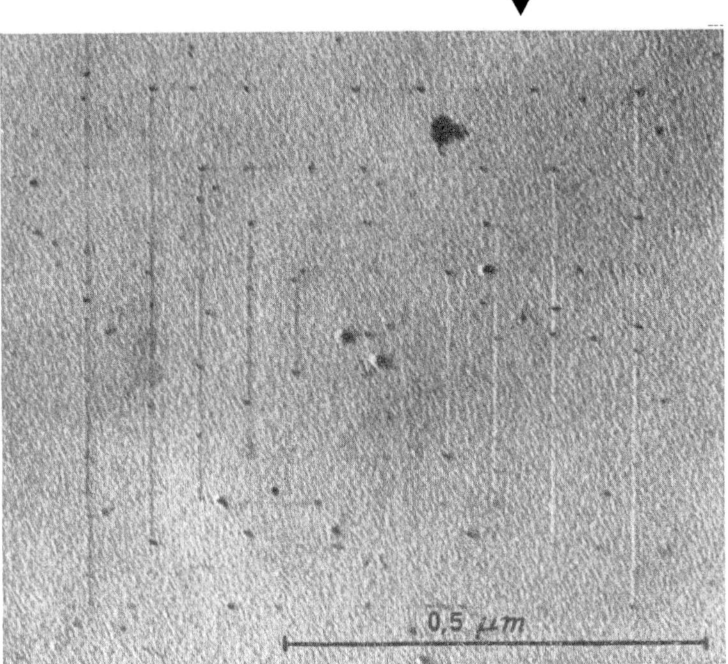

($h = 0,28$ nm) und doppelt atomare Stufen ($h = 0,56$ nm) auf Steinsalz-Würfel-
flächen sichtbar zu machen, wofür Abb. 7.10 ein Beispiel gibt. Desgleichen bildeten
ABBINK et al. [54] monoatomare Stufen ($h = 0,314$ nm) auf (111)-Silicium-Ober-
flächen ab. Die relativ gute Erkennbarkeit der Stufen, die in diesen Spezialfällen
vorliegt, beruht allerdings darauf, daß die Schatten um etwa den Faktor 5 größer
sind als nach Beziehung (7.6) zu erwarten wäre. Die Ursache dieses nur bei sehr
niedrigen Stufen auftretenden Effektes ist noch nicht völlig geklärt.

Zur eindeutigen Interpretation von Dekorationsaufnahmen benötigt man zusätzliche Informationen über die Höhe und den Anstiegssinn der Stufen. Eine einfache Methode zur Bestimmung des Anstiegssinns der Stufen [55, 40] basiert auf den in Kap. 17. näher beschriebenen Abdampfsystemen. In Abb. 7.11 wurden auf

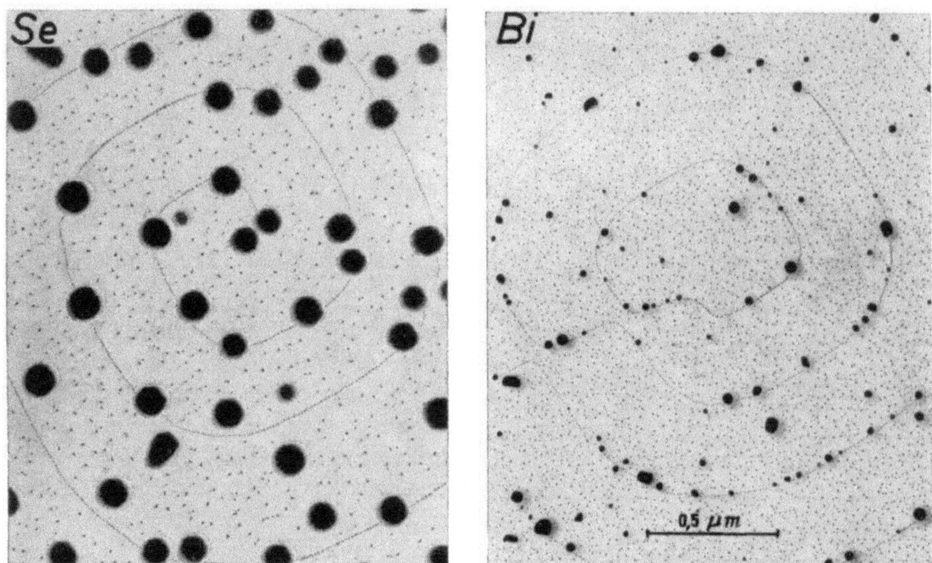

Abb. 7.11   Bestimmung der Lage von Selen- bzw. Bismut-Keimen bezüglich des Stufenniveaus durch Feindekoration mit Gold
Temperatur des NaCl-Substrates: 25 °C bzw. 150 °C

getemperte Steinsalzoberflächen vor der eigentlichen Golddekoration Metalle (Se bzw. Bi) aufgedampft, die nach Tab. 7.3 durch eine geringe Keimdichte charakterisiert sind. Da in Abdampfsystemen die Stufen immer vom Zentrum zur Peripherie hin ansteigen und zu sehen ist, daß die großen Selen- bzw. Bismut-Teilchen vorwiegend auf der Innenseite der Spiralwindungen liegen, folgt, daß sie das untere Stufenniveau bevorzugen. Folglich kann man eine solche Vorbedampfung zur Kennzeichnung des Stufensinns nutzen. Es ist allerdings anzuraten, sich bei Vorliegen anderer Substratkristalle und Anwendung anderer Substrattemperaturen zunächst anhand von Abdampfstrukturen von der Lage der Indikatorpartikeln bezüglich des Stufenniveaus zu überzeugen, denn es ist auch ein Fall beschrieben worden [55], bei dem die dekorierenden Partikeln die Oberseite der Stufen besetzen.

Zur Bestimmung der Stufenhöhe in Dekorationsaufnahmen werden relative und absolute Methoden kombiniert [56]. Eine wichtige Relativmethode beruht auf der Wechselwirkung zwischen den durch bewegte Versetzungen erzeugten Gleitlinien und anderen Stufen, z. B. Spaltstufen. Abbildung 7.12a zeigt als Schema drei Spaltstufen (A, B und C), die von einer Gleitlinie (G) gekreuzt werden. Erlaubt man durch Aufdampfen, Abdampfen oder definierte Anlösung eine geringfügige Materialumlagerung auf der Oberfläche, so können als Ergebnis der dabei auftretenden

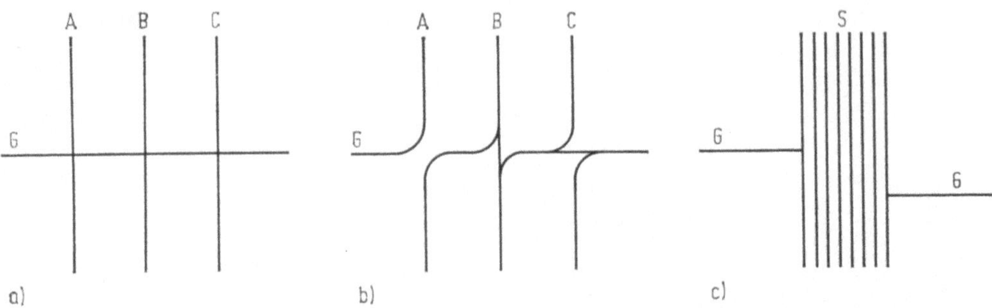

Abb. 7.12   Schematische Darstellung der Wechselwirkung zwischen Gleitlinien (G)
und Spaltstufen (A, B, C, S)

Verrundungen an den Schnittstellen die drei in Abb. 7.12b dargestellten Muster
auftreten. Aus der Form der Verrundungen ist zu schließen: bei A sind beide
Stufen gleich hoch, bei B ist die Spaltstufe höher, bei C niedriger als die Gleitlinie
G. Kennt man die Höhe einer Stufe, so lassen sich durch solche Vergleiche die
Höhen aller sich kreuzenden Stufen bestimmen. Für die in Abb. 7.13 wiedergegebene Oberflächenstruktur kann z. B. gefolgert werden, daß die horizontal verlaufende Stufe links auf eine gleich hohe und rechts auf eine höhere Stufe trifft.
In vielen Fällen ist es aus kristallographischen Gründen möglich, die durch Relativ-
methoden ermittelte kleinste Stufenhöhe mit dem einfachen Netzebenenabstand
zu identifizieren. Auch aus der Kenntnis der Burgers-Vektoren der gleitfähigen
Versetzungen lassen sich Hinweise auf die zu erwartende Stufenhöhe von Gleit-

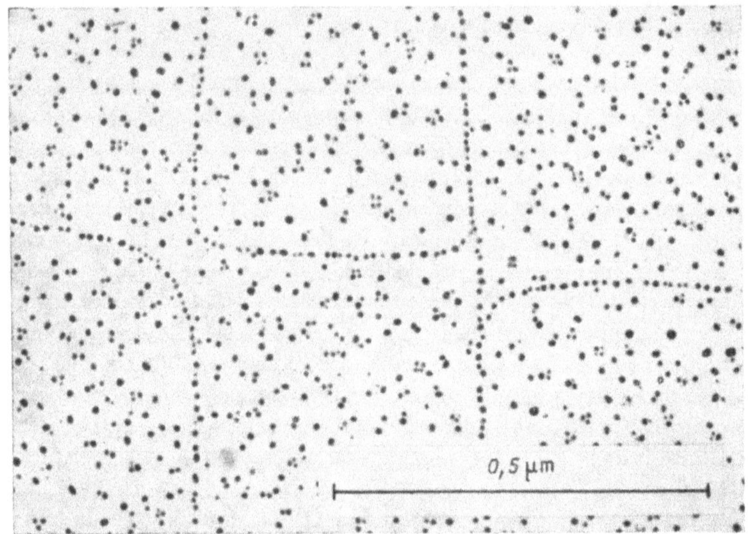

Abb. 7.13   Durch geringfügiges Abdampfen erzeugte Verrundungen an den Schnittpunkten sich kreuzender Stufen auf einer NaCl-Würfelfläche
Präparation: Golddekoration

linien gewinnen. Eine Methode zur Absolutbestimmung der Stufenhöhe, die bereits von BASSETT [17] auf Steinsalzoberflächen angewandt wurde, zeigt Abb. 7.12 c. Eine Gleitlinie erleidet eine Parallelverschiebung von der Größe der Stufenhöhe, wenn sie eine andere Stufe kreuzt, da die Gleitebenen im Steinsalzgitter um 45° gegen die Würfelfläche geneigt sind. Wird nun eine größere Schar S gleichsinniger Stufen (solche sind auf angelösten Steinsalzspaltflächen häufig zu beobachten) gekreuzt, so wird die Verschiebung meßbar, und die Höhe der Einzelstufen ergibt sich einfach durch Division der Verschiebung mit deren Anzahl.

Die hier ausführlich beschriebene Dekorationstechnik hat ihre besondere Bedeutung, wenn die EM neben der Morphologie (Erfassung von Oberflächenstufen: Dekoration 1. Art) für Fragen der Grenzflächenphysik herangezogen wird. In diesem Zusammenhang seien die Abbildung ferroelektrischer Domänen (s. Kap. 20.) als Beispiel für eine Dekoration 2. Art (Hervorhebung flächenhafter Zustände) und die Erfassung von Versetzungsdurchstoßpunkten in Korngrenzen (s. Kap. 19.) als Beispiel für eine Dekoration 3. Art (Markierung punktartiger Defekte) zu nennen.

Es sei hier noch darauf hingewiesen, daß die Erfahrungen der Dekorationstechnik auch in der Oberflächen-REM einzusetzen sind. Hier hat die Bedampfung einer Oberfläche mit einem geeigneten Material den Sinn, an bevorzugten Stellen der Oberfläche Kristallkeime zu bilden, die aufgrund einer von der Umgebung (Unterlage) abweichenden Sekundärelektronenausbeute einen guten Bildkontrast ergeben. Auf diese Weise gelingt in einigen Fällen eine Abbildung von Stufen sehr geringer Höhe auch im REM. Die im Kap. 6. gegebene Abb. 6.11 zeigt als Beispiel, wie durch Dekoration einer Graphitoberfläche mit Gold sehr feine Oberflächenstrukturen (Spaltstufen) abgebildet werden können [57]. Auch durch Aufbringen einer homogenen Schicht einer Substanz mit einem von der Unterlage stark abweichenden Sekundärelektronen-Emissionsverhalten lassen sich andersartig nicht erfaßbare Strukturdetails im REM hervorheben, z. B. *in-situ* während der Beobachtung erzeugte Mikrorisse in Glas (s. Kap. 13.).

7.4. Literatur

[1] MAHL, H., Naturwiss. **30** (1942) 207; Ergebn. exakt. Naturwiss. **21** (1945) 262.
[2] BRADLEY, D. E., Nature **181** (1958) 875.
[3] SKATULLA, W.; HORN, L., Exp. Techn. Phys. **8** (1960) 1.
[4] BRADLEY, D. E., Brit. J. Appl. Phys. **5** (1954) 65.
[5] BACHMANN, L.; HAYEK, K., Naturwiss. **49** (1962) 153.
[6] REIMER, L.; SCHULTE, CHR., Oberflächenabdrücke. In: Methodensammlung der Elektronenmikroskopie. Hrsg.: G. SCHIMMEL; W. VOGELL. — Stuttgart: Wissenschaftliche Verlagsgesellschaft 1975.
[7] MAHL, H., Z. Techn. Phys. **21** (1940) 17.
[8] ZWORYKIN, V. K.; RAMBERG, E. G., J. Appl. Phys. **12** (1941) 692.
[9] MAHL, H., Phys. Bl. **16** (1960) 199.
[10] GOOSEN, H.; GÖRLICH, H. K., Z. Wiss. Mikr. **63** (1957) 171.
[11] MAHL, H., Metallwirtsch. **19** (1940) 488.
[12] KÖNIG, H.; HELLWIG, G., Z. Phys. **129** (1951) 491.

[13] Müller, H., Präparation von technisch-physikalischen Objekten für die elektronenmikroskopische Untersuchung. — Leipzig: Akademische Verlagsgesellschaft Geest & Portig K.-G. 1962.

[14] Bradley, D. E.: Replica and shadowing techniques. In: Techniques for electron microscopy, 2. Aufl. Ed.: D. H. Kay. — Oxford: Blackwell Scientific Pub. Ltd. 1965, p. 96.

[15] Reimer, L.: Elektronenmikroskopische Untersuchungs- und Präparationsmethoden. 2. Aufl. — Berlin/Heidelberg/New York: Springer-Verlag 1967.

[16] Heimendahl, M.: Einführung in die Elektronenmikroskopie. Verfahren zur Untersuchung von Werkstoffen und anderen Festkörpern. In: Werkstoffkunde. Hrsg.: E. Macherauch; V. Gerold, Bd. 1. — Braunschweig: Friedr. Vieweg & Sohn Verlagsgesellschaft mbH 1970.

[17] Bassett, G. A., Philos. Mag. 3 (1958) 1042.

[18] Volmer, M.: Kinetik der Phasenbildung. In: Die chemische Reaktion. Hrsg.: K. F. Bonhoeffer, Bd. 4. — Dresden: Verlag Theodor Steinkopf 1939.

[19] Bethge, H., Proc. 4. Int. Congr. El. Micr., Berlin 1958, Vol. 1, p. 409.

[20] Lemmlejn, G. G.; Gliki, N. V., Dokl. Akad. Nauk SSSR 94 (1954) 473.

[21] Sella, C.; Conjeaud, P.; Trillat, J. J. , Proc. 4. Int. Congr. El. Micr., Berlin 1958, Vol. 1, p. 508.

[22] Distler, G. J.; Vlasov, V. P., Fiz. Tverd. Tela 11 (1969) 2226.

[23] Haefke, H.; Krohn, M.; Panov, A., J. Cryst. Growth 49 (1980) 7.

[24] Robins, J. L.; Rhodin, T. N.; Gerlach, R. L., J. Appl. Phys. 37 (1966) 3893.

[25] Brauer, K.-H.: Ätzresultate an Kristallen der Glimmergruppe. — Berlin: Akademie-Verlag 1971.

[26] Gricaenko, G. S. et al., Metody elektronnoj mikroskopii mineralov. — Moskau: Verlag Nauka 1969.

[27] Klaua, M.; Bethge, H., J. Cryst. Growth 3/4 (1968) 188.

[28] Masson, A.; Kern, R., J. Cryst. Growth 2 (1968) 227.

[29] Hennig, G. R., Appl. Phys. Lett. 4 (1964) 52, 55.

[30] Bahl, O. P.; Evans, E. L.; Thomas, J. H., Surf. Sci. 8 (1967) 473.

[31] Green, A. K.; Dancy, J.; Bauer, E., J. Vac. Sci. Technol. 8 (1971) 165.

[32] Bauser, E. et al., Verh. Dtsch. Physik. Ges. 7 (1976) 505.

[33] Bethge, H.; Vetter, J., im Druck.

[34] Vetter, J.; Arnold, R., Kristall Tech., im Druck.

[35] Distler, G. I.; Vlasov, V. P., Thin Solid Films 3 (1969) 333.

[36] Albertini, J. P.; Roulet, H.; Adam, M. Y., Surf. Sci. 49 (1975) 459.

[37] Distler, G. I. et al., Dekorirovanie poverchnosti tverdych tel. — Moskau: Verlag Nauka 1976.

[38] Schmidt, V., et al., Proc. 3. Europ. Reg. Conf. El. Micr., Prag 1964, Vol. A, p. 263.

[39] Bethge, H., Proc. 7. Int. Congr. El. Micr., Grenoble 1970, Vol. 2, p. 365.

[40] Krohn, M.; Gerth, G.; Stenzel, H., Phys. Status Solidi a 55 (1979) 375.

[41] Hirth, J. P.; Pound, G. M., Condensation and evaporation. In: Progress in materials science. Hrsg.: B. Chalmers, Bd. 11. — Oxford: Pergamon Press 1963.

[42] Walton, D., J. Chem. Phys. 37 (1962) 2182.

[43] Zinsmeister, G., Kristall Tech. 5 (1970) 207.

[44] Venables, J. A., Philos. Mag. 27 (1973) 697.

[45] Robinson, V. N. E.; Robins, J. L., Thin Solid Films 20 (1974) 155.

[46] Schmeisser, H.; Harsdorff, M., Z. Naturforsch. 25a (1970) 1896.

[47] Frenkel, J., J. Phys. UdSSR 9 (1945) 392.

[48] Barin, I.; Knacke, O.: Thermochemical properties of inorganic substances. — Berlin/Heidelberg/New York: Springer-Verlag 1973, Suppl. 1977.

[49] Nesmeyanov, A. N.: Vapor pressure of the chemical elements. — Amsterdam: Elsevier Publ. Comp. 1963. (Übers. aus d. Russ.)

[50] SMITHELLS, C. J.: Metals reference book. 3. Aufl., Bd. 2. — London: Butterworth & Co. 1962.
[51] BACHMANN, L.; HAYEK, K., Naturwiss. **49** (1962) 154.
[52] BETHGE, H., Surf. Sci. **3** (1965) 33.
[53] VETTER, J., Diplomarbeit. Univ. Halle 1963.
[54] ABBINK, H. C.; BROUDY, R. M.; McCARTHY, G. P., J. Appl. Phys. **39** (1968) 4673.
[55] MÉTOIS, J. J.; HEYRAUD, J. C.; KERN, R., Surf. Sci. **78** (1978) 191.
[56] BETHGE, H.; KELLER, K. W., Optik **23** (1965/66) 462.
[57] VETTER, J., Veröff. 9. Tag. El. Mikr. DDR, Dresden 1978, S. 82.

8. Spezielle Verfahren zur Direktabbildung von Oberflächen: Emissions-Elektronenmikroskopie, Spiegel-Elektronenmikroskopie

H. Bethge, J. Heydenreich

Die in den letzten zwei Jahrzehnten erfolgte starke Verbreitung der Oberflächen-Rasterelektronenmikroskopie (REM) hat dazu geführt, daß sowohl ursprünglich eingesetzte Verfahren zur Direktabbildung von Oberflächen (Emissions-Elektronenmikroskopie (EEM), Spiegel-Elektronenmikroskopie und Reflexions-Elektronenmikroskopie) wie auch die indirekte Oberflächenabbildung durch Abdruckverfahren in ihrer Anwendung zugunsten der breiteren Einsatzmöglichkeiten der REM eingeschränkt worden sind. Im Hinblick auf das — verglichen mit der REM — relativ günstige laterale Auflösungsvermögen der Abdrucktechnik (je nach angewandtem Abdruckverfahren: wenige nm) erscheint die — im wesentlichen durch die Einfachheit der Probenvorbereitung in der REM verursachte — Abkehr von der Abdrucktechnik in vielen Anwendungsfällen nicht gerechtfertigt. Dort, wo schnelle zeitliche Veränderungen einer Objektoberfläche zu untersuchen sind, ist selbstverständlich die Anwendung der elektronenmikroskopischen Direktabbildung unumgänglich.

Die mit einer lateralen Auflösung von etwa 10 nm arbeitenden EEM — eine Übersicht über die EEM ist z. B. in [1] gegeben — verlangen als Objekte hinreichend glatte Oberflächen. Besonders aussichtsreich erscheint die Untersuchung von Oberflächen mittels photoelektrisch ausgelöster Elektronen, wodurch z. B. wesentliche Aussagen über Grenzflächenphänomene (Oberflächenreaktionen, Diffusion, Adsorption) erzielt werden. Im Unterschied zum Oberflächen-REM liegt bei der EEM mit photoelektrisch ausgelösten Elektronen ein echtes Grenzflächen-Untersuchungsverfahren vor, das dann freilich die Anwendung von Ultrahochvakuum im Objektraum erfordert. Die ebenfalls für die Untersuchung extrem glatter Oberflächen einsetzbare Spiegel-EM wird vor allem in Form der Elektronenspiegel-Schattenabbildung eingesetzt. Während die prinzipiell mögliche, aber in der Praxis kaum genutzte Spiegel-EM mit fokussierter Abbildung im gleichen Auflösungsbereich wie die EEM arbeitet, erzielt man in der Elektronenspiegel-Schattenabbildung bei eingeschränkter lateraler Auflösung (etwa 100 nm) eine über die REM hinausgehende Empfindlichkeit für die Erfassung elektrischer Feldinhomogenitäten. Eine Übersicht über die Spiegel-EM ist z. B. in [2], hinsichtlich der Anwendungspraxis auch in [3], zu finden.

Bevor auf die EEM und auf die Spiegel-EM näher eingegangen wird, sei zumindest kurz die Reflexions-EM erwähnt, die in der historischen Entwicklung der elektronenmikroskopischen Direktabbildung von Oberflächen eine wesentliche Rolle gespielt hat. So wie es in der Lichtmikroskopie das Auflichtmikroskop gibt, das zur Bildentstehung die an der Objektoberfläche reflektierten Lichtstrahlen benutzt, kennt man auch in der EM eine Reflexions- oder Rückstrahlmikroskopie (angewandt auch in der REM bei der Signalgewinnung durch reflektierte Elektronen). In der von E. RUSKA und H. O. MÜLLER [4] und von B. v. BORRIES [4] vorgeschlagenen Reflexions-EM wird die Erscheinung ausgenutzt, daß die Intensität, die Energieverteilung und die Richtungsverteilung der reflektierten Elektronen von der Topographie, der chemischen Zusammensetzung und evtl. der kristallographischen Orientierung des Untersuchungsobjektes abhängig sind. Bei den in der Reflexions-EM benutzten vorwiegend kleinen Einstrahlwinkeln gegen die Objektoberfläche erfolgt die Reflexion, besser die Elektronenrückstreuung, zwar vorwiegend in kleine Winkel, mit merklicher Intensität jedoch auch in größere Streuwinkel, so daß zur Bildentstehung prinzipiell in beliebige Richtungen gestreute Elektronenbündel benutzt werden können. Ein sowohl für Durchstrahlungswie auch für Reflexionsabbildung geeignetes universelles elektronenoptisches Gerät wurde von MÜLLER, RUSKA und Mitarbeitern [5] beschrieben.

Nachdem die Reflexions-Elektronenmikroskopie über einen Zeitraum von nahezu zwei Jahrzehnten sehr selten angewandt worden ist, deutet sich nunmehr im Zusammenhang mit dem Einsatz von Ultrahochvakuum-Objektkammern (s. z. B. [6]) und in der Kombination der Abbildungstechnik mit der Reflexions-Elektronenbeugung (RHEED) ein neues und weites Einsatzgebiet bei der Untersuchung von Oberflächen und Bedeckungsschichten kristalliner Objekte an. Der Vorteil der Methode besteht darin, daß monoatomare Oberflächenstufen oder auch monoatomare Bereiche von Bedeckungsschichten bildmäßig erfaßt werden können, wobei die erzielbaren, noch näher zu untersuchenden Bildkontraste in charakteristischer Weise von den Reflexionsbedingungen abhängen und offenbar durch Fresnelsche Beugungseffekte gegeben sind. Durch Kombination mit den Ergebnissen der Reflexions-Elektronenbeugung können die Oberflächenstrukturen der abgebildeten Bereiche bestimmt werden. Von HONJO und Mitarbeitern [7] konnte z. B. der Prozeß der thermischen Reinigung einer Silicium-(111)-Oberfläche, der von der 1×1-Struktur zur 7×7-Struktur führte, gezeigt werden. Änderungen von Oberflächenstrukturen, die sich bei der Aufdampfung von wenigen Atomlagen dicken Goldschichten auf (111)-Silicium-Oberflächen ergaben (Übergang von der 7×7-Struktur zur 5×1-, $\sqrt{3} \times \sqrt{3}$- bzw. 6×6-Struktur), konnten von den genannten Autoren ebenfalls nachgewiesen werden. Bemerkenswert ist dabei, daß die Ausbildung neuer Phasen beim Schichtwachstum vornehmlich an (monoatomaren) Oberflächenstufen beginnt.

8.1. Emissionsmikroskopie

In der EEM wird die Oberfläche der Elektronen aussendenden Katode selbst als Untersuchungsobjekt betrachtet. Durch eine geeignete Anordnung elektronenoptischer Elemente, im wesentlichen durch Benutzung einer Katodenlinse, wird mit Hilfe der an der Katode emittierten Elektronen eine Abbildung der Objektoberfläche derart erzielt, daß die Emissionsverteilung der Katodenoberfläche sichtbar wird. Der Bildkontrast entsteht so durch die vom Material, von der Objektgeometrie und auch von der Oberflächenbeschaffenheit abhängige unterschiedliche Emissionsfähigkeit einzelner Objektbereiche. Zur Elektronenauslösung an der zu untersuchenden Oberfläche werden die Aufheizung des Objekts (thermische Emission), der Ionenbeschuß (ioneninduzierte Emission), der Elektronenbeschuß (Sekundäremission) und die Bestrahlung mit ultraviolettem Licht (Photoemission) angewandt.

Trotz der Verschiedenheit der zur Elektronenemission ausnutzbaren physikalischen Prozesse zeigen die EEM hinsichtlich der benutzten elektronenoptischen Abbildungselemente einen relativ einheitlichen Aufbau. Gemäß Abb. 8.1 werden die

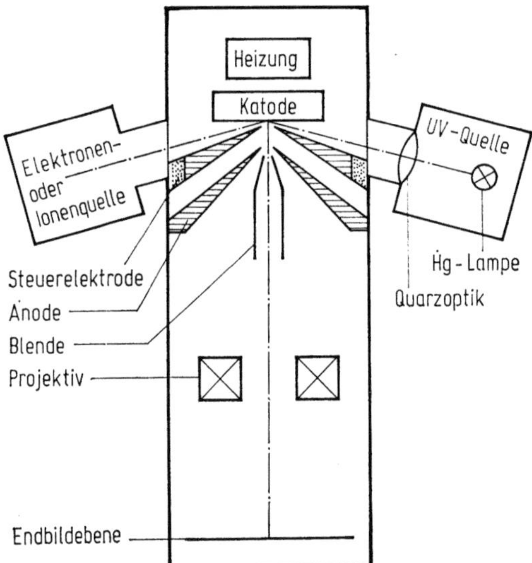

Abb. 8.1   Prinzip des EEM

an der Katode, d. h. an der zu untersuchenden Objektoberfläche, ausgelösten Elektronen durch das aus der Katode, Steuerelektrode und Anode bestehende Immersionsobjektiv geeignet fokussiert und beschleunigt. Das auf BRÜCHE und JOHANNSON [8, 9] zurückgehende, bereits in Kap. 1. kurz beschriebene Immersionsobjektiv (Katodenlinse) liefert ein Fokussierungsfeld, das im wesentlichen zwischen der auf negativer Hochspannung (einige 10 kV) liegenden Katode und der Steuerelektrode liegt, die potentialmäßig nur um einen geringen Betrag (etwa 5%) in Richtung Anodenpotential verschoben ist. Mit Hilfe des Fokussierungsfeldes und des im wesentlichen zwischen Steuerelektrode und geordneter Anode lokalisierten Beschleunigungsfeldes wird eine einstufige Abbildung der Katodenoberfläche erzielt, wobei durch Benutzung einer geeignet angeordneten Blende Bildkontrast und Auflösung optimiert werden. Ein Projektiv, das im Gegensatz zum Immersionsobjektiv meist als magnetische Linse ausgebildet ist, erzeugt eine zweistufige vergrößerte Abbildung in der Endbildebene. Für die thermische Elektronenemission wird in der Mehrzahl der Fälle eine Aufheizung des Objektes durch Elektronenbeschuß von der Rückseite her ermöglicht. Mit Hilfe von seitlich an der Mikroskopsäule angebrachten Elektronen-, Ionen- oder Lichtquellen ist eine Elektronenauslösung durch ioneninduzierte Emission, durch Sekundäremission und durch Photoemission möglich. Zu diesem Zweck wird die zu untersuchende Objektoberfläche unter einem flachen Winkel aus einer Elektronenkanone, einer Ionenkanone oder einer UV-Lichtquelle bestrahlt. Im letztgenannten Fall wird meist eine Quecksilber-Hochdrucklampe mit geeigneter Quarzoptik benutzt.

Als durchaus mit den experimentell erzielbaren Werten übereinstimmend, kann die Auflösungsgrenze d des EEM auch heute noch durch die bereits von RECKNAGEL [10] gefundene, durch geometrisch-optische Rechnungen ermittelte Größe

$$d = A_0 \frac{\varepsilon}{E} \qquad (8.1)$$

näherungsweise erfaßt werden. Hierbei sind $e_0\varepsilon$ die Halbwertsbreite der Energieverteilung der an der Katode emittierten Elektronen, E der Betrag der elektrischen Feldstärke unmittelbar vor der Katodenoberfläche und A_0 eine Konstante in der Größenordnung von 1. Für die Ableitung der Beziehung wurde vorausgesetzt, daß die Fehler des Fokussierungsfeldes klein gegenüber denen des Beschleunigungsfeldes sind und daß keine Aperturblende wirksam ist. Als Obergrenze für die elektrische Feldstärke vor der Katode können 150 kV/cm angesehen werden, und die Halbwertsbreite der an der Katode ausgelösten Elektronen richtet sich nach der Auslöseart. Nimmt man z. B. für thermisch emittierte Elektronen eine Halbwertsbreite $e_0\varepsilon$ der Energieverteilung von 0,3 eV an, so ergibt sich aus Gl. (8.1) mit den genannten Größen eine Auflösung von 10 ⋯ 20 nm, die der von Routine-Oberflächen-REM entspricht. Auch beim Arbeiten mit Sekundärelektronen, mit ioneninduzierten Elektronen bzw. mit Photoelektronen werden in der EEM Auflösungswerte in dieser Größe erzielt. Bezüglich weiterer Rechnungen zur Bestimmung der Auflösungsgrenze sei auf BOERSCH [11] verwiesen, der die Wirkung der Aperturblende berücksichtigt hat, und auf die wellenmechanischen Rechnungen von RECKNAGEL und STORBECK [12]; beide ergeben etwas günstigere theoretische Auflösungsgrenzen als gemäß Gl. (8.1). Wie STORBECK [13] gezeigt hat, ist die Auflösung im EEM entscheidend dadurch begrenzt, daß sich infolge der sphärischen und chromatischen Aberration des elektrischen Feldes vor dem Objekt kleine Objektdetails im Bild nicht genügend vom Bilduntergrund abheben und so nicht genügend Kontrast erzeugen.

Die vom Standpunkt der erzielbaren Halbwertsbreiten der emittierten Elektronen günstige thermische Elektronenemission ist nur bei relativ hochschmelzenden Objekten anwendbar, sofern nicht durch gezielt aufgebrachte dünne, das Objekt selbst möglichst nicht verändernde Bedeckungsschichten die für die Entstehung des Bildkontrastes wesentliche Austrittsarbeit hinreichend herabgesetzt wird (aktiviert-thermische Emission). Die bei der thermischen Emission erzielbare Elektronenstromdichte j ist — unter der Voraussetzung, daß alle emittierten Elektronen von der Objektoberfläche abgesaugt werden — durch das Richardsonsche Gesetz gegeben:

$$j = A_0\,T^2\,\mathrm{e}^{-a/kT}\,. \tag{8.2}$$

Hierbei bedeuten T die Katodentemperatur, a eine die Austrittsarbeit charakterisierende Größe und A_0 eine Konstante. Bei fester Objekttemperatur wird die lokale Verteilung der Austrittsarbeit derart bildmäßig erfaßt.

Die EEM mit Sekundärelektronen wird im wesentlichen durch Beschuß der zu untersuchenden Objektoberfläche mit Primärelektronen von einigen keV Energie betrieben. Obwohl das Maximum der Sekundärelektronenausbeute bereits bei Einschußenergien von einigen 100 eV bis etwa 1000 eV erzielt wird, erweist sich der Einsatz von Primärelektronen im Energiebereich von einigen keV aus Gründen der geforderten Strahlstabilität und Strahlfokussierung als notwendig. Bezüglich des Mechanismus der Auslösung von Sekundärelektronen, die je nach vom Primärelektron übertragener kinetischer Energie und je nach Bindung im Festkörperverband mit Energien zwischen etwa 5 eV und 50 eV emittiert werden, sei auf die bereits im Zusammenhang mit der REM (Kap. 6.) gemachten Angaben hingewiesen. Der Bildkontrast durch Sekundärelektronen ist durch die im jeweiligen Objektpunkt gegebene Emissionsspezifik (Stromdichte, Energieverteilung und Richtungsverteilung) der emittierten Sekundärelektronen gegeben.

Bezüglich der ioneninduzierten Elektronenauslösung, die in der EEM erstmals von MAHL [14] angewandt wurde, ist zu berücksichtigen, daß der Wechselwirkungsprozeß zwischen Ionenstrahlung und Festkörper sehr viel stärker als der zwischen Elektronenstrahlung und Festkörper ist, so daß es zu einer hohen Ausbeute an ausgelösten Elektronen kommt, die bis zu 10 Elektronen pro Ion betragen kann. Neben dem erzielbaren Bildkontrast, der ähnlich zu deuten ist wie bei der Sekundärelektronenemission, ist die durch die starke Wechselwirkung zwischen Ionenstrahlung und Festkörper — üblicherweise wird mit Ionenenergien von einigen keV gearbeitet — gegebene Schädigung der Festkörperoberfläche (Ionenzerstäubung, Ionenätzung) in Betracht zu ziehen. Andererseits kann durch gezielte Ausnutzung des Zerstäubungseffektes eine Reinigung der Oberfläche von Kontaminationsschichten erzielt werden. Auf die relativ selten angewandte Auslösung von Elektronen durch Beschuß einer Festkörperoberfläche mit Neutralteilchen („kinetische Emission") sei an dieser Stelle nur hingewiesen (s. z. B. [15]). Im Gegensatz zu eingeschossenen Primärionen oder Primärelektronen werden die Neutralteilchen durch das Beschleunigungsfeld des Immersionsobjektivs nicht beeinflußt.

Die EEM mit Photoelektronen, ausgelöst durch UV-Bestrahlung der Objektoberfläche, wurde erstmalig von BRÜCHE [16] vorgeschlagen. Die in diesem Fall dem Festkörper übertragene Strahlungsenergie beträgt beim Arbeiten mit Wellenlängen von 0,2 ··· 0,3 µm nur wenige Elektronenvolt und liegt damit in der gleichen Größenordnung wie die Austrittsarbeit sehr vieler Festkörper, insbesondere von Metallen und Legierungen. Unter der Voraussetzung, daß die Untersuchungen an definierten Festkörperoberflächen durchgeführt werden, was nur beim Arbeiten in einem hinreichend guten Vakuum, möglichst Ultrahochvakuum (10^{-8} Pa), gegeben ist, ist die lokale Verteilung der Austrittsarbeit (A) einer Festkörperoberfläche empfindlich erfaßbar, u. U. bis zu Austrittsarbeitsdifferenzen von einigen

Zehntel eV. Da Photoelektronen nur mit UV-Licht-Einstrahlung der Energie $h\nu - A > 0$ erzeugt werden können, ist es bei Objektoberflächen mit bereichsweise unterschiedlicher Austrittsarbeit, d. h. bei Vorhandensein verschiedener Phasen im Untersuchungsobjekt, durch gezielte Wahl der Einstrahlungsenergie („rote Grenzwellenlänge") möglich, bereichsweise eine Photoemission zu erzielen (Aufhellung im Bild), ohne daß Nachbarbereiche (mit höherer Austrittsarbeit) Elektronen emittieren (Dunkelheit im Bild). Da die Austrittsarbeit empfindlich vom Material selbst, von der kristallographischen Orientierung des Materials und von der Oberflächenbeschaffenheit (Adsorption von Fremdschichten) abhängt, ist es möglich, durch die emissionsmikroskopische Abbildung mit Photoelektronen diese Größen zu erfassen. Beim Arbeiten mit höheren Einstrahlenergien wird zwar die Emissionsfähigkeit erhöht, d. h. eine bessere Bildintensität erzielt; die Empfindlichkeit für die Spezifik der Austrittsarbeit geht aber dann verloren, und man erhält ähnliche Aussagen wie bei der im entsprechend höheren Primärenergiebereich betriebenen EEM mit Sekundärelektronen bzw. ionenausgelösten Elektronen.

Hinsichtlich der Feldemission sei erwähnt, daß Feldstärken von etwa 10^7 V/cm notwendig sind, die bei einem hinreichend kleinen Krümmungsradius der als Objekt benutzten Katodenspitze (unter 1 μm) erzielbar sind. Die darauf aufbauende, auf E. W. Müller zurückgehende Feldemissions-EM [17] hat sich zu einem eigenständigen Methodengebiet ausgeweitet und soll deshalb im Rahmen dieses Kapitels nicht behandelt werden. Auf die von Delong und Drahos [18] vorgeschlagene Tunnel-EEM, die bei Benutzung von flächenhaften Sandwich-Systemen (Isolatorschicht zwischen metallischen Leitern oder Halbleitern) als emittierende Katode möglich ist, soll nur hingewiesen werden.

Wie auch in der Oberflächen-Rasterelektronenmikroskopie sind die wesentlichsten Kontrastarten der Emissionsmikroskopie Topographiekontrast (auch Reliefkontrast genannt), Materialkontrast und Orientierungskontrast.

Der vor allem in der EEM mit Sekundärelektronen und mit ioneninduzierten Elektronen entstehende Topographiekontrast beruht darauf, daß es durch die seitliche Einstrahlung der Primärelektronen bzw. der Ionen infolge Abschattung zu einem Schrägbeleuchtungseffekt kommt, der dem Primärstrahler zugeneigte Flächen hell erscheinen läßt und zu entsprechenden Abdunklungen der Schattenbereiche führt. Es entsteht auf diese Weise der Eindruck eines plastischen Bildes. Als weitere Ursache des Topographiekontrastes ist die vom Einfallswinkel der Primärelektronen gegen die Objektoberfläche abhängige Sekundärelektronenausbeute (bzw. Ausbeute ioneninduzierter Elektronen) zu betrachten [19], wobei zunächst noch nicht von der kristallographischen Orientierung des Objektes die Rede ist. Im allgemeinen ist die Sekundärelektronenausbeute um so größer, je größer der Winkel zwischen der Einfallsrichtung der Primärstrahlung und der Normalen zur Probenoberfläche ist. Kanten erscheinen deshalb besonders hell in emissionsmikroskopischen Aufnahmen. Kontrastwirksam sind natürlich auch an Oberflächenrauhigkeiten vorhandene elektrische Mikrofelder, die sich im Abbildungssystem des EEM (Immersionsobjektiv) ausbilden können und insbesondere bei der thermischen oder photoelektrischen Elektronenauslösung eine Rolle spielen.

Der Materialkontrast ist vor allem in der EEM mit thermisch emittierten Elektronen bzw. durch UV-Strahlung ausgelösten Elektronen von Bedeutung. Die Erfassung der Materialspezifik ist dadurch gegeben, daß die mit diesen beiden Auslösearten erfaßbare Austrittsarbeit sehr empfindlich von der chemischen Zusammensetzung der untersuchten Objektoberfläche abhängt, wobei die ebenfalls die Austrittsarbeit sehr stark beeinflussende Beschaffenheit der Oberfläche (Fremdschichtbelegung) zu berücksichtigen ist. Wegen der nichtsystematischen Abhängigkeit der Sekundärelektronenemission der untersuchten Festkörperoberflächen von deren Ordnungszahl und wegen der noch nicht hinreichend geklärten Grundlagen des Wechselwirkungsprozesses zwischen Ionenstrahlung und Festkörper ist die EEM mit Sekundärelektronen bzw. ioneninduzierten Elektronen nur ungenügend zur Deutung eines Materialkontrastes geeignet.

Der Orientierungskontrast beruht darauf, daß einerseits je nach kristallographischer Orientierung der Festkörperoberfläche die anregende Primärstrahlung unterschiedlich tief in den Festkörper eindringen kann (*channelling*-Effekt) und daß andererseits die Austrittsarbeit von Kristalloberflächen je nach deren kristallographischer Orientierung unterschiedlich ist. Bei der Abbildung mit Sekundärelektronen und mit ioneninduzierten Elektronen ist der zuerst genannte *channelling*-Effekt in dem Sinne kontrastwirksam, daß je nach Eindringtiefe der Primärteilchen eine unterschiedliche Sekundäremission bzw. ioneninduzierte Emission erzielt wird (s. z. B. [20 ⋯ 22]). Die Abhängigkeit der Austrittsarbeit von der kristallographischen Orientierung ist in der Photoelektronen-EEM (und mit Einschränkungen auch bei der thermischen Emission) die Ursache für die Erzielung eines Orientierungskontrastes. Verschiedene Kristallite in einem polykristallinen Material haben z. B. an der Kristalloberfläche eine unterschiedliche Kristallpackung, die zu entsprechenden Unterschieden in der Austrittsarbeit führt.

Über die drei genannten Kontrastarten hinausgehend, ist hinsichtlich der Abbildung mit Photoelektronen zu ergänzen, daß der Einfluß der Oberflächenbeschaffenheit auf die Entstehung des Bildkontrastes oftmals so stark ist, daß die angegebenen Kontraste unterdrückt werden, weil oberflächenspezifische Kontraste überwiegen, die empfindlich bereits durch monoatomare oder noch geringere Belegungsschichten beeinflußt werden. Diese Erscheinung gibt — wie bereits erwähnt — die Möglichkeit, die Photoelektronen-EEM gezielt als Grenzflächenuntersuchungsverfahren mit lokalem Nachweisvermögen einzusetzen. Physikalische Prozesse, wie die der Adsorption, der Keimbildung, der Oberflächendiffusion, des Schichtwachstums usw., sind auf diese Weise der Untersuchung zugänglich.

Kurz erwähnt werden soll noch der Potentialkontrast, der in der EEM relativ selten ausgenutzt wird. Er beruht sowohl auf einer Beeinflussung des Emissionsprozesses selbst durch Inhomogenitäten des Oberflächenpotentials wie auch auf einer Ablenkung der emittierten Elektronen durch vorhandene elektrische Mikrofelder (gegeben durch die Potentialverteilung auf der Oberfläche). Der vor allem bei Sekundärelektronenauslösung angewandte Potentialkontrast erlaubt somit den lokalen Nachweis von Oberflächenpotentialen bzw. elektrischen Mikrofeldern (s. z. B. SPIVAK et al. [23], REHME [24]). Zur Untersuchung zeitlich periodisch ablaufender elektrischer Vorgänge wird in Einzelfällen auch die Technik der Stroboskopie [25] eingesetzt.

Aus gerätetechnischer Sicht sind sowohl auf eine bestimmte Auslöseart spezialisierte EEM als auch echte Kombinationsgeräte in Nutzung. Als Beispiele für Geräte mit angewandter thermischer Emission seien das Pioniergerät von BRÜCHE und JOHANNSON [9] aus dem Jahre 1932 und ein von M. v. ARDENNE und HEISIG [26] aufgebautes Gerät genannt. Erste Untersuchungen zur Abbildung einer Katodenoberfläche mittels ionenausgelöster Elektronen stammen von MAHL [14]. Zur Erzeugung der Elektronen diente dabei in einfacher Weise eine Glimmentladung vor der zu untersuchenden Objektoberfläche. Unter Benutzung eines Kanalstrahlrohres als Ionenquelle, das einen gerichteten Beschuß des Objekts mit Ionen ermöglichte, haben MÖLLENSTEDT und DÜKER [27] zuerst die Möglichkeit der Abbildung mit ionenausgelösten Elektronen wieder aufgegriffen und ein spezielles Gerät gebaut. Die Methode der Sekundärelektronenauslösung durch Elektronenbeschuß hat den Vorteil der geringen Objektbelastung. Nachteilig wirkt sich die ungünstige Halbwertsbreite der Energieverteilung der ausgelösten Elektronen aus. Als Beispiel für diesen Gerätetyp sei ein von BARTZ [28] entwickeltes Gerät angegeben. Die Anregung zur emissionsmikroskopischen Oberflächenuntersuchung durch Elektronenauslösung mit ultraviolettem Licht stammt von BRÜCHE [16]; weitergehende Untersuchungen hierzu wurden von POHL [29] und von MAHL und POHL [30] durchgeführt. EEM zur Sichtbarmachung von Oberflächen entwickelten später KOCH [31] und BETHGE und Mitarbeiter [32]. Ein Ultrahochvakuum-Photo-EEM, das zur Untersuchung von Austrittsarbeiten gut geeignet ist, wurde von TURNER und BAUER [33] entwickelt. Bezüglich der Entwicklung von Kombinationsgeräten sei auf die folgenden Autoren hingewiesen: BETHGE und Mitarbeiter [32] (ioneninduzierte Emission, Photoemission), SOA [34] (thermische Emission, ioneninduzierte Emission, echte Sekundäremission), AESCHLIMANN und BAS [35] (sämtliche der genannten Emissionsarten), ENGEL [15] (thermische Emission, Photoemission, Emission durch Neutralteilchen). Besonders hervorzuheben ist ein von WEGMANN und Mitarbeitern [36] entwickeltes kommerzielles Gerät, in dem neben der primär angewendeten Photoemission auch die thermische Emission und die ioneninduzierte Elektronenemission zur Bilderzeugung ausgenutzt wird. Von DELONG und DRAHOS wurde ein Kombinationsgerät für EEM und Spiegel-EM [37] und ein universelles UHV-EEM [18] aufgebaut. Zur Präparationstechnik für die EEM ist zu bemerken, daß nur hinreichend glatte Oberflächen untersucht werden können. Soweit nicht von vornherein diese Bedingung (z. B. bei Spaltflächen bzw. Wachstumsflächen) erfüllt ist, sind sorgfältige Polierarbeiten (mechanisch, chemisch, elektrochemisch) durchzuführen.

Je nach Auslöseart der zur emissionsmikroskopischen Abbildung benutzten Elektronen sind die Anwendungsbereiche der EEM sehr vielfältig. Bei der thermischen Emission geht es vor allem um die Erzielung von Informationen über die Oberfläche durch Erfassung der lokalen Verteilung der Austrittsarbeit. Reaktionen von Oberflächen mit einem umgebenden Gasmedium lassen sich beispielsweise mit dieser Abbildungsart erfassen. Von SOA [38] wurde z. B. die Reaktion einer polykristallinen Wolfram-Oberfläche mit umgebenden Kohlenwasserstoffen unter-

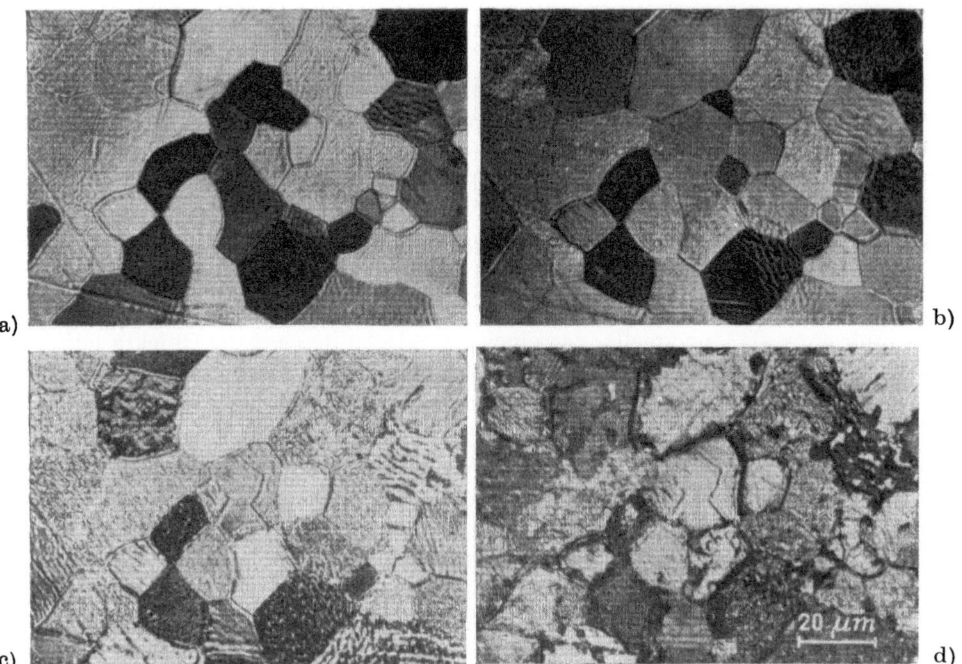

Abb. 8.2   EEM-Abbildungen (thermische Emission) einer Wolframoberfläche zur Darstellung der Objektreaktion bei Gaseinlaß (Kohlenwasserstoffe) (*Aufnahme*: E.-A. Soa [38])

sucht (s. Abb. 8.2), wobei ein fortschreitender Karburierungsprozeß der Oberfläche gut beobachtet werden konnte. In der Aufnahmeserie, die teilweise Kontrastumkehr zeigt, sind auch Korngrenzenverschiebungen erkennbar.

Die ioneninduzierte Elektronenauslösung wie auch die durch Primärelektronen erzeugte Sekundäremission erlauben sowohl die Auswertung von Materialkontrasten wie auch die von Reliefkontrasten, wobei bei kristallinen Objekten auch eine starke Orientierungsabhängigkeit des Kontrastes zu verzeichnen ist. Als Anwendungsbeispiel für die Abbildung mit ionenausgelösten Elektronen ist in Abb. 8.3 die durch Auslösung mit Wasserstoffionen erzeugte emissionsmikroskopische Aufnahme einer polierten Nickeloberfläche wiedergegeben. Die Kornstruktur (auch die Feinstrukturierung) der ungeätzten, sehr glatten Oberfläche ist gut zu erkennen.

Die EEM mit photoelektrisch ausgelösten Elektronen erlaubt eine weitgehend zerstörungsfreie Oberflächenabbildung. Als Beispiel zur Erfassung von Diffusionsprozessen auf Festkörperoberflächen sei auf Untersuchungen von ZAMINER et al. [39] hingewiesen. Ein Ergebnis hieraus zeigt Abb. 8.4. Als Objekt wurde eine 6 nm dicke Nickel-Chromium-Schicht (80/20) auf ein Glassubstrat aufgedampft und darüber eine 120 nm dicke Al-Schicht gedampft. In den Abbildungen, die in a) bei Zimmertemperatur, in b) bei 460 °C und in c) bei 600 °C aufgenommen worden sind, ist der Grenzbereich der Nickel-Chromium-Schicht (dunkler Bildbereich) gut zu erkennen. Die sich bei erhöhter Temperatur ergebende Diffusions-

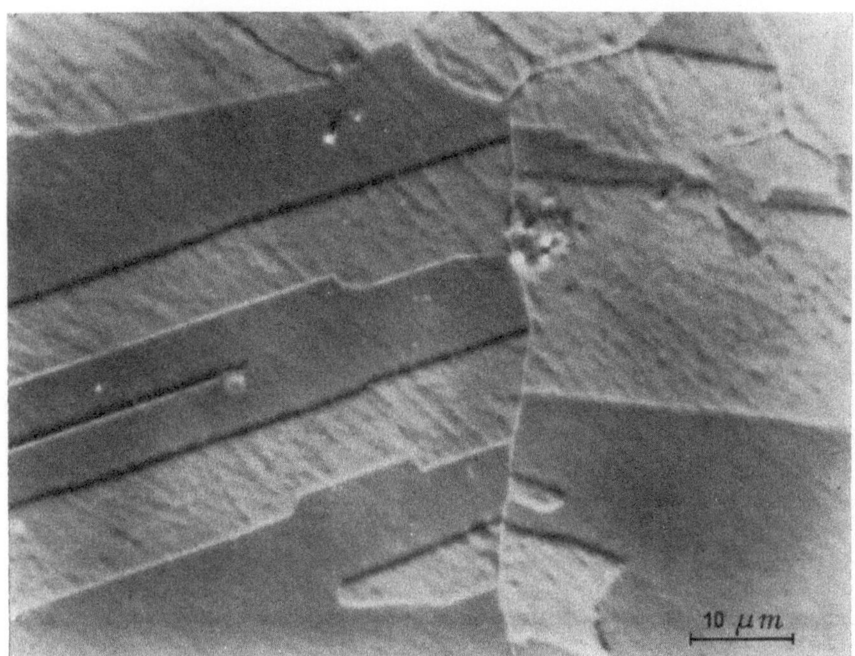

Abb. 8.3   EEM-Aufnahme   (ioneninduzierte   Elektronenauslösung)   einer   polierten
Nickeloberfläche

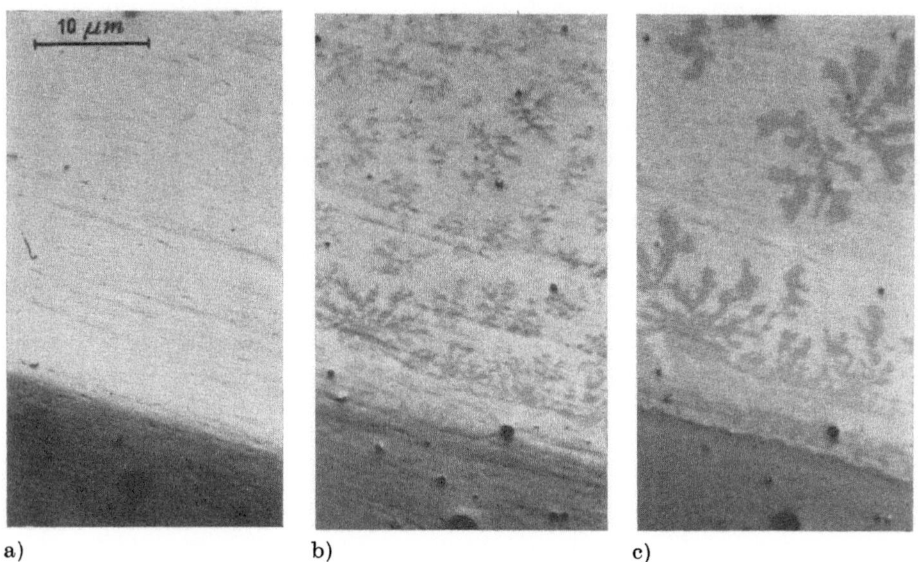

a)   b)   c)

Abb. 8.4   EEM-Abbildungen (Photoemission) des Grenzbereiches einer Nickel-Chromium-Schicht und einer Aluminium-Schicht
aufgenommen a) bei Zimmertemperatur, b) bei 460 °C und c) bei 600 °C
(*Aufnahme*: ZAMINER et al. [39])

13*

front in die Aluminiumschicht hinein ist klar sichtbar. Bei den abgebildeten Dendriten handelt es sich wahrscheinlich um die intermetallische Verbindung $Ni(Cr)Al_3$.

8.2. Spiegel-Elektronenmikroskopie

Im Gegensatz zur REM und zur EEM werden in der Spiegel-EM Informationen über eine Objektoberfläche gewonnen, ohne daß es zu einer direkten Wechselwirkung zwischen abbildendem Elektronenbündel und Untersuchungsobjekt kommt. Die Ursache hierfür ist darin begründet, daß die zu untersuchende Objektoberfläche in der Spiegel-EM auf einem negativeren Potential als dem der Katode gehalten wird, so daß ein gegen die Objektoberfläche (Spiegelelektrode) gerichtetes Elektronenbündel vor der Objektoberfläche reflektiert wird. Die Übertragung der Objektinformation erfolgt somit mittelbar über das durch Inhomogenitäten der Objektoberfläche gestörte Potentialfeld vor dem Objekt, das seine Ursache sowohl im geometrischen Relief der Objektoberfläche als auch in elektrischen Oberflächeninhomogenitäten haben kann. Auch der Einfluß magnetischer Felder kann erfaßt werden. Abgesehen von der in der Praxis kaum angewandten fokussierten Spiegel-Abbildung [40, 41] erfolgt der Einsatz der Spiegel-EM — wie oben bereits angegeben — als Schattenabbildungsverfahren mit einer begrenzten lateralen Auflösung. Im Gegensatz zur stark eingeschränkten lateralen Auflösung sind hier Tiefenerkennbarkeit und Felderkennbarkeit den anderen Verfahren zur direkten Abbildung von Oberflächen überlegen. Die Spiegel-EM wird deshalb vorzugsweise dort eingesetzt, wo schwache Feldinhomogenitäten mit entsprechendem Lokalisierungsgrad zu erfassen sind. Das in der Praxis angewandte Verfahren ist als eine Technik der Schattenabbildung anzusehen, die nicht den für eine echte Abbildung typischen Zusammenhang zwischen Objektpunkt und Bildpunkt liefert.

Je nach Größe der Störung des Potentialfeldes im Umkehrbereich der abbildenden Elektronen werden den vor verschiedenen „Objektpunkten" reflektierten Elektronen verschieden große tangentiale Impulskomponenten übertragen, die zu einer Richtungsmodulation der reflektierten Elektronen führen. Gemäß den von WISKOTT [42] und von SEDOW [43] aufgestellten Theorien der Bildentstehung im Spiegel-EM ergibt sich — bei Beschränkung auf eine eindimensionale Objektinhomogenität der Störfeldstärke E_x längs der x-Achse — die durch die Richtungsmodulation bewirkte Verschiebung $s(x)$ eines abbildenden Elektronenstrahlbündels zu

$$s(x) = C_1 \int_{-\infty}^{\infty} \frac{E_x(x - \xi, z_0)}{\sqrt{|\xi|}} \, d\xi \, . \tag{8.3}$$

Dabei ist z_0 der Umkehrabstand der Elektronen von der Objektoberfläche, der durch das gewählte Objektpotential gegeben ist. Die Konstante C_1 enthält Größen, die die Geometrie des benutzten elektronenoptischen Systems charakterisieren; in sie geht auch die Beschleunigungsspannung der Elektronen ein. Der Zusammenhang zwischen der für die Bildinterpretation notwendigen Stromdichteverteilung $j(x)$ in der Bildebene und der Verschiebungsfunktion $s(x)$ ist gegeben durch

$$j(x') = \frac{j_0}{1 + \dfrac{\mathrm{d}s(x)}{\mathrm{d}x}} \quad \text{mit} \quad x' = x + s(x) \ . \tag{8.4}$$

Hierbei ist j_0 die Dichte der als homogen angenommenen einfallenden Strahlung.

Obwohl das Auflösungsvermögen der Elektronen-Spiegel-Schattenabbildung nach wellenmechanischen Abschätzungen von WISKOTT [44] bei etwa 10 nm liegen sollte, hat man in der Praxis — vornehmlich wegen der endlichen Ausdehnung der benutzten Strahlquellen und wegen der Energieinhomogenität der Elektronen — Werte im Bereich von nur 100 nm erzielt. Dem Nachteil der beschränkten lateralen Auflösung des Spiegel-Elektronenmikroskops steht aber der Vorteil einer Tiefenerkennbarkeit im Bereich von 1 nm und einer Felderkennbarkeit im Bereich von einigen 10 V/cm gegenüber.

In der Spiegel-EM kennt man zwei Gerätetypen, die schematisch in Abb. 8.5 dargestellt sind. Der linke Bildteil betrifft das Prinzip einer sogenannten „geradsichtigen" Anordnung, bei der primäres Elektronenbündel und an der Objektoberfläche (0) reflektiertes Elektronenbündel längs der gleichen optischen Achse

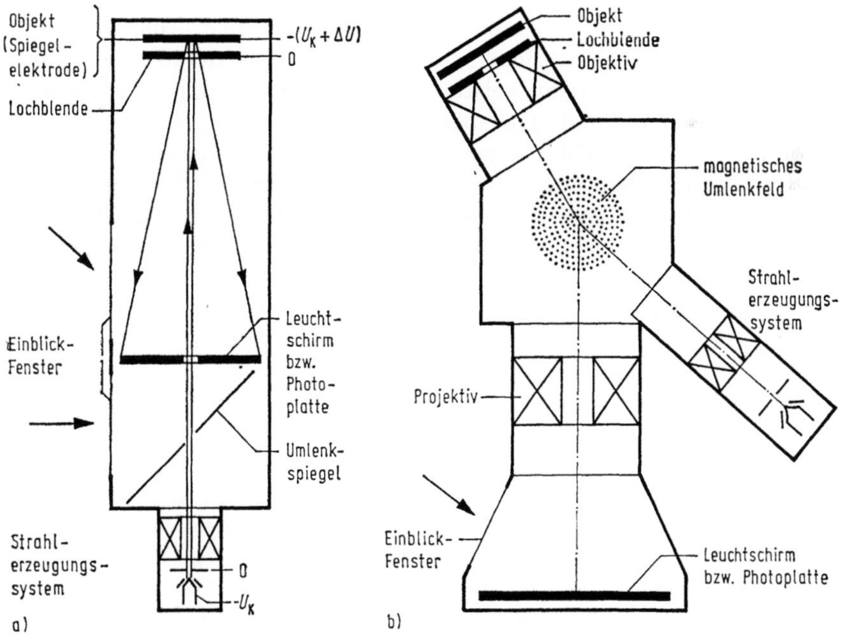

Abb. 8.5   Prinzip des Spiegel-EM

a) geradsichtige Anordnung; b) Gerät mit magnetischem Prisma (Umlenkfeld)

verlaufen. Das mit einer Beschleunigungsspannung von einigen kV in der Elektronensonde erzeugte Elektronenbündel wird durch eine Blende im Zentrum des Leuchtschirmes hindurchgeschossen. Das gleichzeitig als Spiegelelektrode wirkende Untersuchungsobjekt ist leicht negativ gegen das Potential der Katode aufgeladen. Der aus Planelektrode und Lochblende bestehende eigentliche Elektronenspiegel wirkt, da die Elektronen gegen konvex gekrümmte Potentialflächen einfallen, als Zerstreuungsspiegel. Im Falle einer ebenen, relativ ungestörten Spiegelelektrode wird die Registrierebene gleichmäßig durch reflektierte Elektronen ausgeleuchtet. Der Leuchtschirm wird von der Seite her mit Hilfe eines um 45° schräg gestellten optischen Umlenkspiegels beobachtet. Beim rechts dargestellten Gerät mit Umlenkfeld wird eine Trennung der Achsen für das einfallende und die reflektierten Elektronenbündel durch Benutzung eines magnetischen Querfeldes (magnetisches Prisma) vorgenommen. Vorteile dieses Gerätes sind die Möglichkeit einer elektronenoptischen Nachvergrößerung durch ein Projektiv — ohne Beeinträchtigung des Bündels der einfallenden Elektronen — und der Wegfall der zentralen Bohrung in der Registrierebene.

Die ersten Spiegel-EM (HOTTENROTH [45], ORTHUBER [46], BARTZ et al. [47]) waren Geräte mit einem einfachen magnetischen Prisma, zum Teil als Glasapparaturen ausgeführt. Um Schwierigkeiten zu vermeiden, die mit dem Astigmatismus des magnetischen Prismas in Beziehung standen, wurden später geradsichtige Geräte (s. z. B. MAYER [48], BETHGE et al. [49], SPIVAK et al. [50]) aufgebaut, zum Teil auch unter Verwendung magnetischer Elektronenlinsen (BARNETT und NIXON [51], SOMEYA und WATANABE [52]). Aufbauend auf Vorschlägen von ARCHARD und MULVEY [53], die Erzeugung astigmatismusarmer Ablenkfelder für ausgedehnte Strahlenbündel betreffend, wurden parallel dazu Geräte mit nunmehr verbessertem magnetischem Prisma gebaut (s. z. B. MAYER et al. [54], SCHWARTZE [55], BOK [56], BETHGE und HEYDENREICH [57]. Ferner wurde die Entwicklung von Raster-Spiegel-EM (GARROOD und NIXON [58], LUKJANOV et al. [59]) betrieben). Die Verfügbarkeit einer großen Zahl kommerzieller Oberflächen-REM hat in den letzten Jahren dazu geführt, daß Elektronenspiegel-Ergänzungsbauteile zu REM entwickelt worden sind (s. z. B. WITZANI und HÖRL [60]), die im wesentlichen aus einem auf Katodenpotential liegenden, spannungsmäßig regelbaren Objekttisch bestehen. Hinsichtlich der Präparation der Objekte werden an die Ebenheit der zu untersuchenden Oberflächen noch höhere Anforderungen als in der EEM gestellt.

Das Einsatzgebiet der Spiegel-EM in der beschriebenen Schattenabbildungstechnik ist durch die Spezifik der Methode — geringe laterale Auflösung, hohe Tiefen- und Felderkennbarkeit — vorgegeben. Neben der Topographie extrem glatter Oberflächen geht es dabei vor allem um die Erfassung schwacher elektrischer (bzw. magnetischer) Feldinhomogenitäten mit entsprechendem Lokalisierungsnachweis. Untersucht werden neben massiven Oberflächen (z. B. bildmäßiger Nachweis elektrischer Störungen im Bereich von Kristalldefekten in Halbleitern [61]) vor allem halbleitende dünne Schichten, in denen elektrische (Leitfähigkeits-) Inhomogenitäten nachgewiesen werden [62]. Durch Realisierung eines Stromflusses in der dünnen Schicht (parallel zu den Begrenzungsflächen) werden vorhandene Leitfähigkeitsinhomogenitäten in Potentialinhomogenitäten umgewandelt, die mit dieser Methode erfaßbar sind.

Abb. 8.6 zeigt als Beispiel zwei Abbildungen einer auf einem NaCl-Substrat aufgedampften Germaniumschicht. In Teilbild a ist lediglich die im wesentlichen durch die Spaltfläche des Substrates bestimmte Oberflächentopographie zu erkennen, vornehmlich Spaltstufen. Teilbild b, das nach Erzeugung eines Stromflusses in der Schicht durch Anlegen einer Spannung von 80 V entstanden ist, zeigt zusätzlich entsprechende Leitfähigkeitsinhomogenitäten, die zu lokalen Feldstärkeänderungen (dunkle Bereiche — negativer aufgeladen) geführt haben. — Hin-

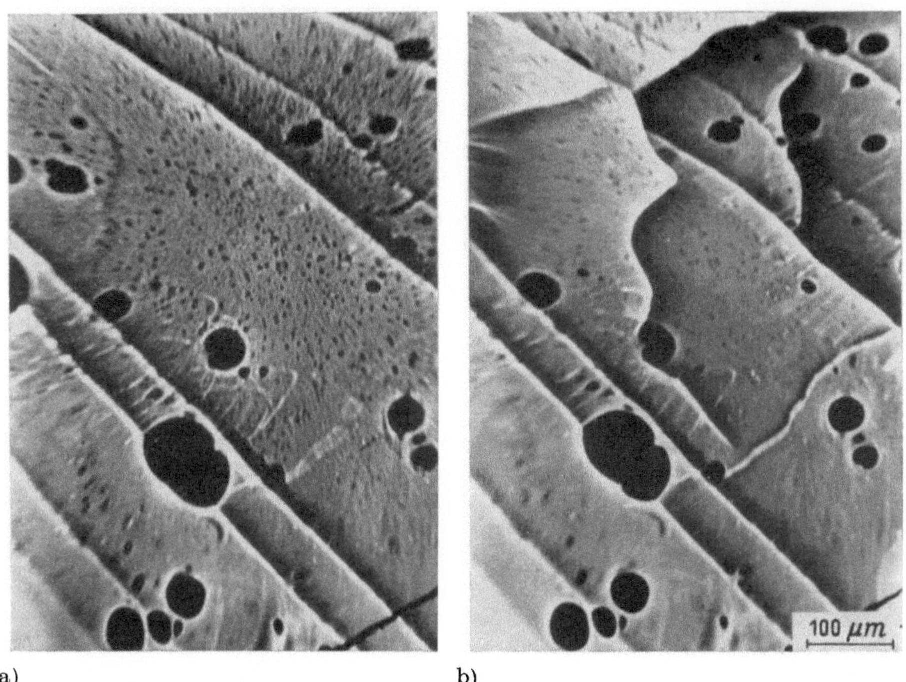

a)   b)

Abb. 8.6   Mit dem Spiegel-EM erzielte Abbildungen einer Germaniumschicht auf einem NaCl-Substrat

a) Oberflächentopographie; b) zusätzlich „elektrisches Relief"

sichtlich der quantitativen Erfassung elektrischer Mikrofelder und des Einsatzes der Stroboskopie in der Spiegel-EM sei auf SPIWAK [63, 64] verwiesen. Über in einem Ultrahochvakuum-Elektronenspiegel ausgeführte lokale Potentialmessungen wird von GUITTARD et al. [65] berichtet.

Isolierende Objekte können nur als dünne Schichten auf geeigneten leitenden bzw. halbleitenden Substraten untersucht werden. Angewandt werden sowohl die Methode der Schichtaufladung durch eingeschossene Elektronen (s. z. B. [66]) wie

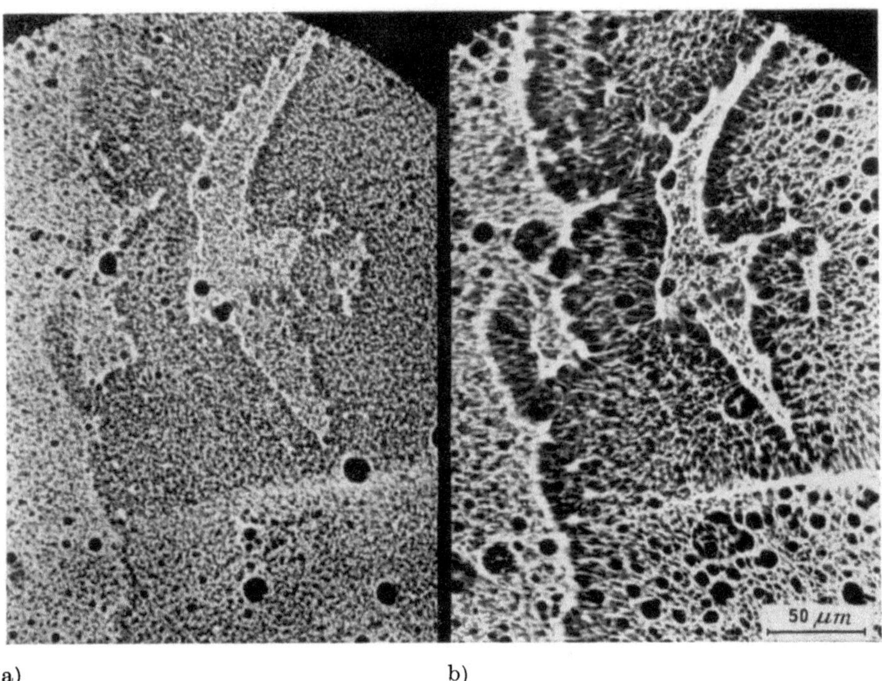

a)   b)

Abb. 8.7   Abbildung der Oberfläche einer Siliciumoxid-Isolatorschicht auf einer Silber-Substratschicht

a) nach schwacher Elektronenbestrahlung; b) nach stärkerer Elektronenbestrahlung (Aufnahmetechnik: Spiegel-EM)

auch spezielle Sandwichtechniken [67]. Ein Beispiel zur Erfassung von Leitfähigkeitsinhomogenitäten in dünnen Isolatorschichten durch gezielte Schichtaufladung ist in Abb. 8.7 gegeben. Läßt man vor der eigentlichen elektronenoptischen Untersuchung eine entsprechende Anzahl von Elektronen in die Isolatorschicht eindringen, z. B. durch geeignete Wahl des Potentials der leitenden Substratoberfläche (schwach positiv gegen Katodenpotential), so bildet sich in der Isolatorschicht eine charakteristische Ladungsverteilung aus, deren Abbildung Informationen über die Widerstandsverteilung in der Isolatorschicht oder über die lokale Verteilung des Übergangswiderstandes zwischen Isolatorschicht und Substrat liefert. Die Abbildung zeigt zwei Aufnahmen des gleichen Objektbereichs einer Siliciumoxid-Schicht auf einer Silber-Substratschicht, in a) nach einer schwachen Elektronenbestrahlung, in b) nach stärkerer Elektronenbestrahlung. Der dunklere Teil der Aufnahmen zeigt jeweils den negativ aufgeladenen Bereich.

Als weiteres Anwendungsgebiet sei der bildmäßige Nachweis ferroelektrischer [68] und auch ferromagnetischer Domänen [69—71] genannt. Als Beispiel für die Abbildung magnetischer Strukturen ist in Abb. 8.8 die Abbildung magnetischer Domänen (s. Kap. 20.) in einem Fe-Al-Einkristall wiedergegeben. Zu beachten ist,

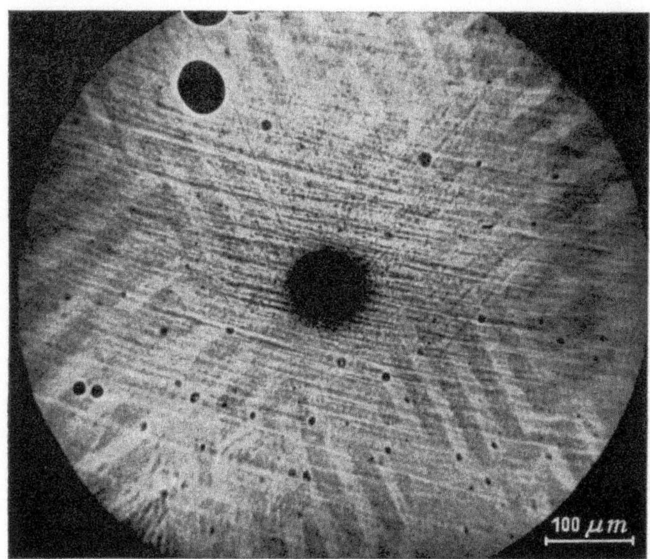

Abb. 8.8   Mit dem Spiegel-EM erzielte Abbildung magnetischer Domänen in einem Fe-Al-Einkristall

daß Bildkontraste magnetischen Ursprungs nur außerhalb des elektrischen Zentrums des jeweils benutzten Geräts entstehen können, worauf der kontrastlose Bereich im Zentrum der Aufnahme zurückzuführen ist.

8.3.   Literatur

[1] MÖLLENSTEDT, G.; LENZ, F., Electron Emission Microscopy. In: Advances in Electronics. — New York: Academic Press 1963, Vol. 13, p. 251.
[2] LUKJANOV, A. E.; SPIVAK, G. V.; GVOZDOVER, R. S., Usp. Fiz. Nauk 110 (1973) 623.
[3] BETHGE, H.; HEYDENREICH, J., Practice of Mirror Electron Microscopy. In: Advances in Optical and Electron Microscopy. Eds.: R. BARER, V. E. COSSLETT. — New York: Academic Press 1971, Vol. 4, p. 237.
[4] RUSKA, E.; MÜLLER, H. O., Z. Phys. 116 (1940) 366 v. BORRIES, B., Z. Phys. 116 (1940) 370.
[5] MÜLLER, K. et al., Proc. 2. Europ. Reg. Conf. El. Micr., Delft 1960, p. 78.
[6] TAKAYANAGI, K.; YAGI, K.; KOBAYASHI, K.; HONJO, G., J. Phys. E11 (1978) 441.
[7] OSAKABE, N.; TANISHIRO, Y.; YAGI, K.; HONJO, G., Surf. Sci. 97 (1980) 393.
[8] BRÜCHE, E.; JOHANNSON, H., Naturwiss. 20 (1932) 353.
[9] BRÜCHE, E.; JOHANNSON, H., Ann. Phys. (Leipzig) 15 (1932) 145.
[10] RECKNAGEL, A., Z. Phys. 117 (1941) 689.
[11] BOERSCH, H., Z. Tech. Phys. 23 (1942) 129.

[12] RECKNAGEL, A.; STORBECK, F., Proc. 6. Int. Congr. El. Micr., Kyoto 1966, Vol. I p. 221.

[13] STORBECK, F., Ann. Phys. (Leipzig) **23** (1969) 209.

[14] MAHL, H., Ann. Phys. (Leipzig) **31** (1938) 425.

[15] ENGEL, W., Proc. 6. Int. Congr. El. Micr., Kyoto 1966, Vol. I, p. 217.

[16] BRÜCHE, E., Z. Phys. **86** (1933) 448.

[17] MÜLLER, E. W., Z. Phys. **106**, (1937) 541.

[18] DELONG, A.; DRAHOS, V., J. Phys. (London) **E 1** (1968) 397.

[19] MÜLLER, H. O., J. Phys. **104** (1937) 475.

[20] FAGOT, B.; FERT, CH., C.R. Acad. Sci. (Paris) **258** (1964) 1180.

[21] CARLE, W.; SEILER, H., Optik **24** (1966) 305.

[22] KOCH, W., Optik **25** (1967) 535.

[23] SPIVAK, G. V. et al., Radioteckh. Elektron. **11** (1966) 1904.

[24] REHME, H., Optik **29** (1969) 311.

[25] SPIVAK, G. V. et al., Izv. Akad. Nauk SSSR, Ser. Fiz. **30** (1966) 749.

[26] v. ARDENNE, M.; HEISIG, U., Exp. Tech. Phys. **11** (1963) 2.

[27] MÖLLENSTEDT, G.; DÜKER, H., Optik **10** (1953) 192.

[28] BARTZ, G., Proc. 4. Int. Congr. El. Micr., Berlin 1958, Vol. I, p. 201.

[29] POHL, J., Z. Tech. Phys. **15** (1934) 579.

[30] MAHL, H.; POHL, J., Z. Tech. Phys. **16** (1935) 219.

[31] KOCH, W., Z. Phys. **152** (1958) 1.

[32] BETHGE, H.; EGGERT, H.; HERBOLD, K., Proc. 4. Int. Congr. El. Micr., Berlin 1958, Vol. I, p. 217.

[33] TURNER, G.; BAUER, E., J. Appl. Phys. **35** (1964) 3080.

[34] SOA, E.-A., Jenaer Jahrbuch 1963, Bd. 2, S. 427.

[35] AESCHLIMANN, R.; BAS, E., Proc. 5. Int. Congr. El. Micr., Philadelphia 1962, D-9.

[36] GRABER, R. et al., Z. Angew. Math. Phys. **19** (1968) 537.

[37] DELONG, A.; DRAHOS, V., Proc. 3. Europ. Reg. Conf. El. Micr., Prag 1964, Vol. I, p. 25.

[38] SOA, E.-A., Exp. Tech. Phys. **13** (1965) 9.

[39] ZAMINER, CH.; GRABER, R.; WEGMANN, L., J. Vac. Sci. Technol. **6** (1969) 269.

[40] SCHWARTZE, W., Optik **25** (1967) 260.

[41] BOK, A. B. et al., Proc. 4. Europ. Conf. El. Micr., Rom 1968, Vol. 1, p. 101.

[42] WISKOTT, D., Optik **13** (1956) 463.

[43] SEDOV, N., J. Micr. (Paris) **9** (1970) 1.

[44] WISKOTT, D., Optik **13** (1956) 489.

[45] HOTTENROTH, G., Ann. Phys. (Leipzig) **30** (1937) 689.

[46] ORTHUBER, R., Z. Angew. Phys. **1** (1948) 79.

[47] BARTZ, G.; WEISSENBERG, G.; WISKOTT, D., Phys. Verh. **3** (1952) 108.

[48] MAYER, L., J. Appl. Phys. **26** (1955) 1228.

[49] BETHGE, H.; HELLGARDT, J.; HEYDENREICH, J., Exp. Tech. Phys. 8 (1960) 49.

[50] SPIVAK, G. V. et al., Izv. Akad. Nauk, Ser. Fiz. **25** (1961) 683.

[51] BARNETT, M. E.; NIXON, W. C., J. Sci. Instrum. **44** (1967) 893.

[52] SOMEYA, T.; WATANABE, M., Proc. 4. Europ. Reg. Conf. El. Micr., Rom 1968, Vol. I, p. 97.

[53] ARCHARD, G. D.; MULVEY, T., J. Sci. Instrum. **35** (1958) 279.

[54] MAYER, L.; RICKETT, R.; STENEMANN, H., Proc. 5. Int. Congr. El. Micr., Philadelphia 1962, D-10.

[55] SCHWARTZE, W., Exp. Tech. Phys. **14** (1966) 293.

[56] BOK, A. B., Thesis Delft 1968.

[57] BETHGE, H.; HEYDENREICH, J., Exp. Tech. Phys. **19** (1971) 375.

[58] GARROOD, J. R.; NIXON, W. C., Proc. 4. Europ. Reg. Conf. El. Micr., Rom 1968, Vol. I, p. 95.

[59] LUKJANOV, A. E., Izv. Akad. Nauk SSSR, Ser. Fiz. **38** (1974) 1406.

[60] WITZANI, J.; HÖRL, E. M., Proc. 6. Europ. Reg. Conf. El. Micr., Jerusalem 1976, Vol. I, p. 325.
[61] IGRAS, E., Proc. Int. Conf. Semicond., Exeter 1962, p. 832.
[62] MAYER, L., J. Appl. Phys. **28**, 259 (1957).
[63] SPIVAK, G. V.; LUKJANOV, A. E., Bull. Acad. Sci. USSR, Phys. Ser. **30** (1966) 803.
[64] LUKJANOV, A. E.; SPIVAK, G. V., Proc. 6. Int. Congr. El. Micr., Kyoto 1966, Vol. I, p. 611.
[65] GUITTARD, C. et al., Proc. 4. Europ. Reg. Conf. El. Micr., Rom 1968, Vol. I, p. 107.
[66] HEYDENREICH, J.; VESTER, J., Kristall Tech. **9** (1974) 107.
[67] HEYDENREICH, J., GODEHARDT, R.; VESTER, J., Kristall Tech. **13** (1978) 355.
[68] SPIVAK, G. V. et al., Kristallogr. **4** (1959) 123.
[69] MAYER, L., J. Appl. Phys. **28** (1957) 975.
[70] SPIVAK, G. V. et al., Dokl. Akad. Nauk SSSR **105** (1955) 706, 965.
[71] MAYER, L., J. Appl. Phys. **30** (1959) 1101, 252.

9. Analytische Elektronenmikroskopie: Kombination von abbildenden und spektrometrischen Methoden

W. Rechner, J. Vetter

Aus elektronenmikroskopischen Durchstrahlungs- (TEM, STEM) und Oberflächenuntersuchungen (REM) ergeben sich im wesentlichen Aussagen über die Morphologie und Topographie des untersuchten Festkörpers. Ergänzend können durch die in der Elektronenmikroskopie (EM) üblicherweise möglichen Elektronenbeugungsuntersuchungen Aussagen über die Gitterstruktur kristalliner Objekte gewonnen werden. Im Falle dünner kristalliner Objekte lassen sich z. B. aus Elektronenbeugungsdiagrammen Netzebenenabstände und damit in vielen Fällen die Kristallstruktur bestimmen, woraus indirekt auf die Elementzusammensetzung geschlossen werden kann. Zur direkten Bestimmung der Elementzusammensetzung und der Bindungszustände im Festkörper-Mikrobereich wird die Methode der EM mit spektroskopischen Verfahren kombiniert. Diese Untersuchungsmethoden basieren auf der Analyse der durch die Elektronenbestrahlung angeregten Festkörperzustände. Analytische EM sind zur Elementanalyse mit Spektrometern für die Energieanalyse der transmittierten Elektronen, der Auger- oder der Sekundärelektronen ausgestattet [1].

Bei der Bestrahlung eines Festkörpers mit Elektronen im Energiebereich von 5 keV bis 1 MeV werden durch Anregung einzelner Festkörperelektronen (Ionisation, Interbandübergänge) und kollektiver Zustände (Plasmonen, Phononen) die in den Festkörper eindringenden Primärelektronen unelastisch gestreut. Bei jedem Wechselwirkungsprozeß verliert das anregende Elektron einen für die Art der Wechselwirkung und für die Art des Festkörpers charakteristischen Energiebetrag. Bei geeigneten Anregungsbedingungen (Primärelektronenenergie, Dicke des bestrahlten Materials) können einige dieser „Energieverlustelektronen" den Festkörper ohne weitere Streuung verlassen. Weiterhin können die durch Einzel- und Vielfachstreuung angeregten Festkörperelektronen den Festkörper auch verlassen und als Sekundärelektronen (Näheres s. Kap. 6.) nachgewiesen werden. Der angeregte Festkörper geht nach einer für jeden Anregungszustand charakteristischen Lebensdauer wieder in den Grundzustand über, wobei die freiwerdende Energie zur Emission von Röntgenquanten, Lichtquanten (Katodolumineszenz — s. auch Kap. 6.) oder Auger-Elektronen führt. Die Energie der Photonenstrahlung, der Auger-Elektronen oder der Energieverlust der Primärelektronen können mit geeigneten spektroskopischen Verfahren gemessen werden. Da die bei der Anregung und beim Übergang in den Grundzustand übertragenen Energiebeträge materialspezifisch sind, sind analytische Aussagen über den bestrahlten Festkörper möglich. Die zum Einsatz gelangenden Spektrometer und ihre Anordnungen werden von der Art der nachzuweisenden Strahlung bestimmt. Die Anordnung der Spektrometer und Detektoren in bezug zur Probe und zum Primärelektronenstrahl ist in Abb. 9.1 skizziert. Bei der Röntgenspektroskopie werden die Röntgenstrahlen,

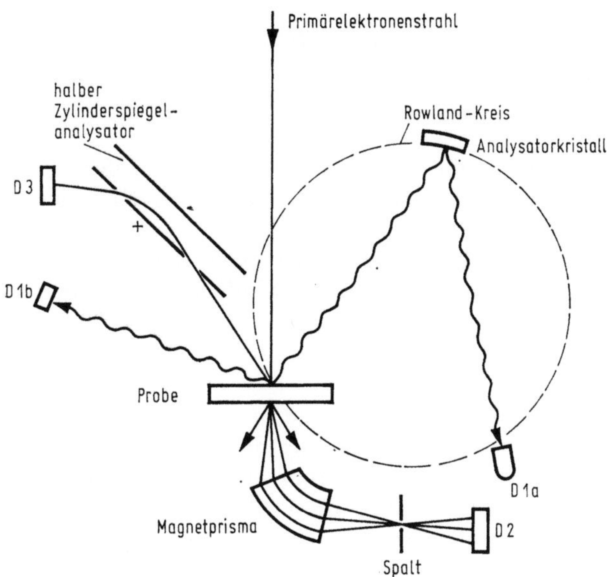

Abb. 9.1   Spektrometeranordnungen der analytischen EM
Detektoren: D1a- bzw. D1b-Zählrohr bzw. Si(Li)-Kristall für die Röntgenmikroanalyse. *D2* Szintillator mit Photoelektronenvervielfacher für die Energieverlust-Elektronenspektroskopie, *D3* Faradaykäfig oder Sekundärelektronenvervielfacher für die Auger-Elektronen

die eine Energie von einigen zehn keV aufweisen, entweder durch ein Kristallgitterspektrometer (Rowland-Kreisanordnung) oder durch einen Li-gedrifteten Si-Kristall, der die Quantenenergie in Impulshöhen umsetzt, nachgewiesen. Die in der analytischen EM interessierenden Verlustenergien der Primärelektronen liegen im Bereich von einigen eV bis zu einigen keV. Die Energieanalyse der transmittierten Elektronen erfolgt durch ein Spektrometer unterhalb des Objektivs, hier durch ein Magnetprisma angedeutet. Die Auger-Elektronen haben Energien bis zu 3 keV. Ihr Nachweis erfolgt in der Regel mit elektrostatischen Spektrometern (z. B. einem Zylinderspiegelanalysator). Auf die in der analytischen EM seltener angewandte Elektronenspektroskopie der Rückstreuelektronen soll hier nicht näher eingegangen werden.

9.1.   Röntgenspektroskopie

Die durch die Elektronensonde aus dem angeregten Probenbereich ausgelöste Röntgenstrahlung besteht aus einer Überlagerung einer kontinuierlichen Bremsstrahlung und einem elementspezifischen Linienspektrum (charakteristisches

Spektrum). Die angeregten charakteristischen Linien der Elemente ordnen sich in Spektralserien (K-, L-, M-Serien usw.) ein, und zwischen der Wellenlänge λ und der Ordnungszahl Z besteht die von MOSELEY gefundene Beziehung

$$\lambda = \text{const}\,(Z-1)^{-2}\,. \tag{9.1}$$

Die Wellenlänge λ und die Energie E der emittierten Röntgenquanten sind durch

$$\lambda = \frac{hc}{E}\,, \qquad \lambda = \frac{1{,}2399\ \text{keV}}{E}\ \text{nm} \tag{9.2}$$

gegeben. Die Röntgenspektrometrie beruht entweder auf der Messung der Wellenlänge der Strahlung (wellenlängendispersiv) oder auf der Messung der Energie der Quanten (energiedispersiv).

Bei der wellenlängendispersiven Analyse wird durch einen Kristall derjenige Anteil der emittierten Röntgenstrahlung zum Zählrohr reflektiert, für den die Bragg-Bedingung

$$2d\,\sin\vartheta = n\lambda$$

$(n = 1, 2,\ldots;\ \lambda = \text{Wellenlänge};\ d = \text{Netzebenenabstand};\ \vartheta = \text{Glanzwinkel})$ erfüllt ist. Die experimentelle Anordnung muß so gewählt werden, daß die Probe, der Analysatorkristall und der Eingangsspalt zum Zählrohr auf einem Kreis — dem Rowland-Kreis — liegen (s. Abb. 9.1). Durch eine konkave Krümmung des Kristalls (Krümmungsradius $2R$; R = Radius des Rowland-Kreises) wird eine erhöhte Intensität infolge von Fokussierung erreicht [2]. Eine verbesserte Fokussierung ergibt sich, wenn der Kristall zusätzlich noch auf einen Krümmungsradius R geschliffen ist [3]. Der Kristall ist zusammen mit Zählrohr und Spalt durch eine mechanisch präzis geführte Bewegung unter Wahrung der Fokussierungsbedingung verschiebbar, wodurch ein größerer ϑ-Bereich abgefahren werden kann. Um den gesamten Wellenlängenbereich der charakteristischen Linien von den leichten Elementen bis hin zu den schweren zu erfassen, sind mehrere Kristalle mit unterschiedlichen Netzebenenabständen notwendig. Die in Frage kommenden Kristalle sollen eine möglichst hohe Intensität über einen breiten Wellenlängenbereich reflektieren und dabei eine optimale Linientrennung ermöglichen. Die kommerziellen Geräte sind meist mit mehreren Kristallen bestückt. Ein Verzeichnis von für die Anwendung unterschiedlich geeigneten Kristallen ist z. B. in [4] gegeben. Vom benutzten Kristall hängt das Auflösungsvermögen $\Delta\lambda/\lambda$ der wellenlängendispersiven Spektroskopie (WDS) ab. Durch die Spaltöffnung treffen die Röntgenstrahlen auf das Zählrohr, das die Impulsrate registriert. Durch die Einstellung einer bestimmten Energiebreite können einerseits die Rauschanteile reduziert und andererseits andere Wellenlängen ausgefiltert werden.

Bei der energiedispersiven Spektroskopie (EDS) wird für die Messung der Energie der Röntgenquanten ein Li-gedrifteter Si-Kristalldetektor [5—9] verwendet. Bei seiner Herstellung wird durch Eindiffundieren von Li-Atomen im Kristall ein etwa $3\cdots 5$ mm breites Eigenleitungsgebiet (*intrinsic*) zwischen einem p- und einem n-Gebiet erzeugt. Damit die Li-Atome — vor allem bei anliegender Spannung — nicht aus dem Kristall herausdiffundieren, wird er ständig mit flüssigem Stickstoff gekühlt. Dringt ein nicht zu hochenergetisches Röntgenquant in den Kristall ein, so erzeugt es im Eigenleitungsgebiet durch Stoßionisation Elektron-Loch-Paare, wobei beim Si-Detektor im Durchschnitt 3,6 eV für die Erzeugung eines Paares benötigt werden. Unter der Wirkung des elektrischen Feldes driften die Ladungsträgerpaare zu den Elektroden. Der Ladungsträgerabtransport liefert einen Impuls mit einer Länge von nur einigen 10 ns, so daß nach dieser Zeit der Detektor für die Registrierung eines weiteren Quants wieder frei ist. Der Impuls wird durch eine Verstärkerkette proportional und möglichst rauscharm verstärkt und einem Vielkanalanalysator zugeführt. Dort wird das Signal entsprechend seiner Impulshöhe, die ein Maß für die Energie des zu registrierenden Röntgenquants ist, den zugehörigen Kanälen mit einer zwischen 10 eV und 100 eV wählbaren Kanalbreite zur Speicherung zugeleitet. Die heutigen Standardausrüstungen haben neben der Möglichkeit der Zählratenmessung, der Peakidentifizierung, der Peakvermessung, des Spektrenvergleiches auch umfangreiche Speichermöglichkeiten und Computer für die Spektrenverarbeitung [10, 11].

Eine wichtige Leistungsgröße des EDS ist sein energetisches Auflösungsvermögen ΔE_H. Als Maß dafür wird die Halbwertsbreite (*full width at half maximum*, FWHM) des Peaks der K_α-Linie von Mangan bei 5,9 keV angegeben. Bei kommerziellen Spektrometern ist $\Delta E_H \sim 160$ eV. Im wesentlichen hängt ΔE_H von der Statistik der Elektron-Loch-Paar-Erzeugung und vom statistischen Rauschen der Zählelektronik ab [12]. Die Nachweiswahrscheinlichkeit eines EDS hängt von der Energie der nachzuweisenden Strahlung ab. Die niederenergetische Röntgenstrahlung wird durch ein nur wenige μm dickes, den Kristall vor Kontamination und vor Streuelektronen schützendes Be-Fenster, durch eine Au-Kontaktschicht und die sogenannte Totschicht (p-Gebiet des Kristalls) absorbiert, so daß leichte Elemente unter $Z = 9$ nicht nachgewiesen werden können. Versuche [13—15], bei sehr gutem Vakuum fensterlos zu arbeiten, ergaben keine sprunghafte Verbesserung des Nachweises für leichte Elemente. Je höher die Energie der Röntgenstrahlen ist, um so größer wird die Wahrscheinlichkeit, daß der Detektorkristall ohne Wechselwirkung durchstrahlt wird. Deshalb können die schweren Elemente nicht durch ihre K-Strahlung, sondern nur durch die L- oder M-Strahlung nachgewiesen werden. Oberhalb 20 keV ist im Nachweisvermögen der Ge(Li)-Detektor dem Si(Li)-Detektor überlegen [16]. Die Nachweiseffektivität (die in einer Sekunde pro nA registrierten Impulse) des EDS liegt höher als die des WDS, was unter anderem auf den größeren erfaßbaren Raumwinkel zurückzuführen ist.

In Tab. 9.1 sind für beide Spektrometertypen (WDS, EDS) einige Leistungsgrößen bzw. Betriebsanforderungen nach [17, 18] zusammengestellt. Ein Vergleich von Meßresultaten findet sich in [19]. Der wesentliche Unterschied besteht darin, daß beim WDS die Spektrallinien zeitlich nacheinander aufgenommen werden, während beim EDS das gesamte Spektrum gleichzeitig erfaßt wird. Durch die kürzeren Meßzeiten und durch die geringeren Sondenströme (höhere Nachweiseffektivität des EDS) kann im EDS objektschonender gearbeitet werden. Bezogen auf die Energie und verglichen mit dem EDS haben die WDS eine wesentlich bessere Energieauflösung (dies gilt nicht für sehr hohe Energien), wodurch sich mit dem WDS benachbarte Linien besser trennen lassen. Bei der WDS ist für

Tabelle 9.1 *Gegenüberstellung der wesentlichsten Leistungsparameter der WDS und EDS*

	WDS	EDS
Energieauflösung	hoch 10 eV	niedrig 160 eV
Signal/Rausch-Verhältnis	hoch	niedrig
Probenstrom (Objektbelastung)	hoch 10^{-6} A	niedrig $10^{-9} \dots 10^{-10}$ A
Analysenzeit	lang, min ... h	kurz, min.
Spektrum	zeitlich nacheinander	gleichzeitig
Anforderungen an die Fokussierung	hoch (Rowlandkreis)	minimal
Geometrie der Probe	glatt poliert	nicht zu hohe Anforderungen an die Ebenheit
Abnahmewinkel	fest	variabel
erfaßter Raumwinkel	10^{-3} sr	10^{-2} sr
Detektoreffizienz	$< 30\%$	(im $3-5$ keV-Bereich) 100%
nachweisbarer Elementbereich	$_4$Be ... $_{92}$U	$_9$F ... $_{92}$U
quantitative Analyse	gut möglich	mit Einschränkungen

jedes nachzuweisende Element der Kristall entweder zu wechseln oder zumindest anders einzustellen. Bei neueren Geräten wird das Spektrum programmgesteuert abgefahren, und an den Linienmaxima werden die entsprechenden Kristalle zur weiteren Intensitätsmessung in Position gebracht. Eine wesentliche Forderung bei der WDS ist die Einhaltung des Rowland-Kreises. Das setzt voraus, daß die zu untersuchenden Objekte keine großen Rauhigkeiten aufweisen dürfen. Bei niedriger Vergrößerung ist nicht mehr für alle Punkte die Bragg-Bedingung erfüllt (insbesondere nicht in den Randbereichen). Im EDS ist die Anforderung an die Justierung nicht so hoch; bei richtiger Einstellung des vor dem Kristall befindlichen Kollimators in bezug auf den abgebildeten Objektbereich lassen sich auch im Randbereich gleichwertige Analysen ausführen.

Analysiert wird der gesamte bestrahlte Probenbereich; oftmals interessiert jedoch eine Analyse an einer im elektronenmikroskopischen Bild erfaßten markanten Stelle (Punktanalyse). Im herkömmlichen TEM-Betrieb ist eine Verkleinerung des bestrahlten Objektbereiches lediglich durch Fokussierung der Kondensorbeleuchtung bis auf einige Zehntel μm möglich. Im Rasterbetrieb liegt der Analyse eine wesentlich feinere Sonde zugrunde, die auf jeden Punkt der abgerasterten Fläche gestellt werden kann. Streng genommen läßt sich eine Punktanalyse aber nicht durchführen, denn selbst bei einer feinen Sonde von nur etwa 5 nm Durchmesser hat das angeregte Volumen eine beachtliche Ausdehnung (s. Kap. 6.). Erst bei dünnen Schichten ist der analysierte Objektbereich merklich kleiner und reduziert sich auf die Größenordnung des vom Strahldurchmesser erfaßten Objektbereiches.

Im analytischen EM befindet sich die Probe aufgrund der hohen Anforderungen an die Abbildung direkt innerhalb des Objektivs, was den Einsatz des Röntgendetektors beträchtlich einschränkt. Da der Detekor meist seitlich so angeordnet ist, daß er senkrecht zum Primärelektronenstrahl steht, ist es erforderlich, den Objekthalter mit der Probe in Richtung Röntgendetektor zu kippen. Die Kippung ist notwendig sowohl bei massiven Proben als auch bei dünnen durchstrahlbaren Proben. EDS-Messungen [20] der charakteristischen Röntgenintensität bei verschiedenen Objektneigungen dünner Schichten in Sandwich-Anordnung (sowohl auf dem Substrat als auch freitragend auf Netzobjektträgern) zeigen, daß bei senkrechter Stellung des Detektors zum Primärelektronenstrahl der für die optimale Erfassung einer Röntgenlinie notwendige Kippwinkel von der Energie der Linie abhängt. Für die Erfassung der Linien ab 5 keV ist eine Neigung von 20° hinreichend. Wegen der stärkeren Absorption ist es bei niedrigeren Energien, z. B. um 2 keV, vorteilhaft, die Probe um über 30° in Richtung zum Detektor zu kippen.

Wird das einem bestimmten Element zugeordnete Röntgensignal während des Abrasterns zur Helligkeitssteuerung der Bildröhre benutzt, so können damit Elementverteilungsbilder (Element-*mapping*) aufgenommen werden. Der in Abb. 9.2 im Sekundärelektronenbild dargestellte Oberflächenbereich eines Hartmetallwerkstoffes (Wolframcarbid/Cobalt-Sintermetall) zeigt einige zum Teil regelmäßig strukturierte Ausscheidungen. Mit der charakteristischen CoK_α- und der WL-Strahlung wurde die Elementverteilung im ausgesuchten Objektbereich

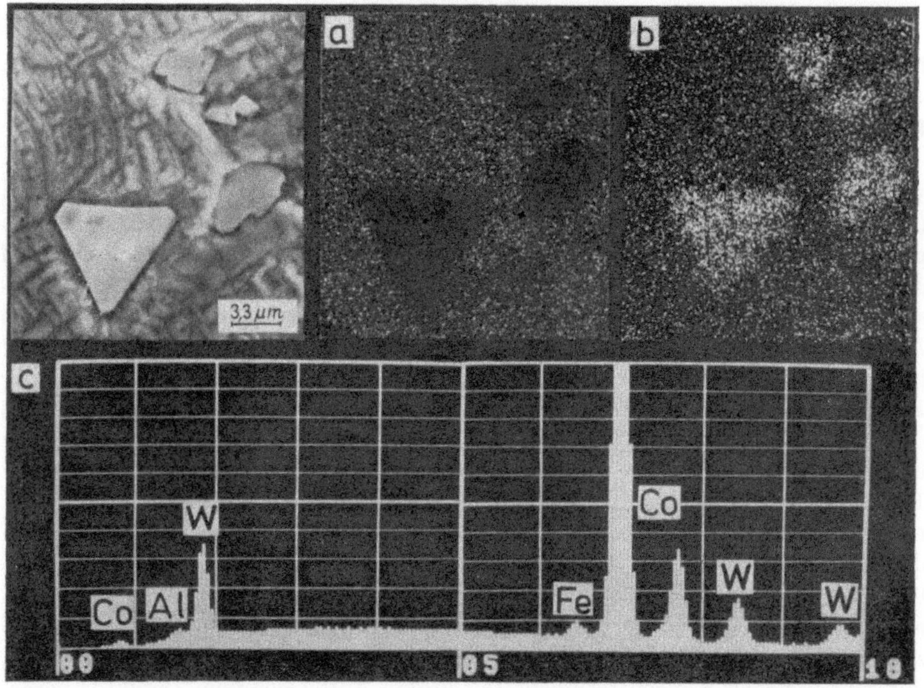

Abb. 9.2 Rasterelektronenmikroskopische Abbildung eines Hartmetallwerkstoffes mit W-Ausscheidungen

a) CoK_α; b) WL; c) Energieverteilung der emittierten Röntgenstrahlung

14 Elektronenmikroskopie

aufgenommen (a und b). Sie zeigt an, daß die Ausscheidungen innerhalb der Nachweisempfindlichkeit frei von Cobalt sind und ausschließlich Wolframstrahlung aussenden. Im unteren Bildteil (c) ist das Röntgenspektrum der gesamten dargestellten Fläche wiedergegeben. Voraussetzung für ein solches Element-*mapping* ist eine ausreichende Konzentration (mindestens einige Prozent) des nachzuweisenden Elements.

Beim Linienscan gibt das durch die elementspezifischen Röntgenimpulse erhaltene Linienprofil näherungsweise den Konzentrationsverlauf wieder. Abbildung 9.3 zeigt das Linienprofil für Kalium an der Kante eines Glases, in dem ober-

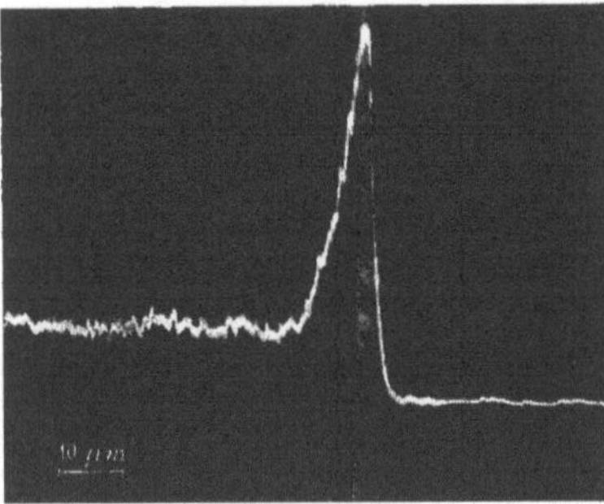

Abb. 9.3 Kaliumdiffusionsprofil an der Kante eines Glases

flächennahe Na-Netzwerkwandlerionen gegen K-Ionen aus einer Kalium-Nitratschmelze durch Diffusion ausgetauscht wurden. Die Kurve gibt das Kalium-Diffusionsprofil in der oberflächennahen Schicht des Glases wieder.

Bei der Bewertung eines Analysensystems ist das damit erreichbare Nachweisvermögen eine wichtige Größe. Dies hängt ab von den Anregungsbedingungen (Beschleunigungsspannung, Sondenstrom), der Probe selbst und vom Wirkungsgrad des Detektorsystems. Das 3- bis 4-fache der kritischen Anregungsenergie wird oft als optimale Anregungsspannung angenommen. Demgegenüber ergaben Messungen [21] für die niederenergetischen Linien eine rund 20-fach höhere optimale Anregungsspannung und für die Linien mittlerer Energien eine um den Faktor 7 höhere. Eine Erhöhung der Quantenausbeute hat eine Nachweisverbesserung zur Folge, weil der neben der Bremsstrahlung im Untergrund enthaltene Rauschanteil der Zählelektronik nicht mit ansteigt. Bei der Untersuchung dünner Schichten ist es vorteilhaft, unabhängig vom Abnahmewinkel der Röntgenstrahlung, die Probe zur Erreichung einer in bezug zum Primärelektronenstrahl größeren effektiven Dicke zu neigen. In einigen Fällen lassen sich Impulsratenerhöhungen an dünnen Schichten durch Aufdampfen einer geeigneten Elektronenstreuschicht [22] über der dünnen Schicht erzielen, wodurch die Primärelektronen in der zu analysierenden Schicht die optimale Anregungsenergie erreichen. Da das EDS zählratenbegrenzt ist, ergeben sich Schwierigkeiten beim Nachweis von Elementen mit sehr geringen Konzentrationen. Der größte Anteil der vom Detektor verarbeiteten Impulse kommt von den Hauptelementen. Ein einfaches Verfahren zur selektiven Erhöhung der Empfindlichkeit besteht in der Eliminierung unerwünschter Spektrenbereiche durch die Einführung von Absorptionsfiltern zwischen Probe und Detektor. Bei geeigneter Wahl von Filtermaterial und -dicke lassen sich Hauptpeaks, die energetisch unterhalb der interessierenden schwachen Peaks liegen, zum Teil vollständig unterdrücken [23].

Eine Röntgenlinie wird definitionsgemäß dann erfaßt, wenn die entsprechende Signalhöhe mindestens das Dreifache der Standardabweichung σ des Untergrundes ($\sigma = B^{1/2}$; $B = $ Untergrund) erreicht. Auf dieser Grundlage läßt sich die minimal nachweisbare Konzentration zu

$$c_{\min} = c_{st} \frac{3 B^{1/2}}{I_{st}} \tag{9.3}$$

bestimmen (c_{st}, I_{st} — Konzentration bzw. Peakintensität der Standardschicht; I_{st} und B sind hier dimensionslose Größen). Danach ergaben Messungen [24—26] an dünnen Schichten im WDS-Fall Nachweisgrenzen von weniger als einer Monolage. Aufgrund des besseren Energieauflösungsvermögens ist das WDS dem EDS im Nachweisvermögen überlegen. Dies bestätigen die in Abb. 9.4 dargestellten

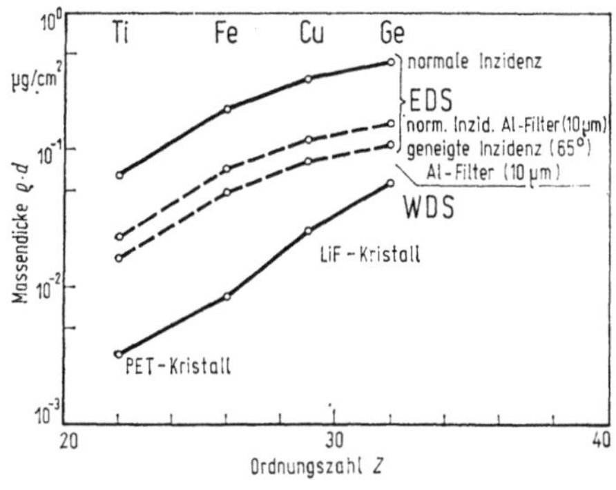

Abb. 9.4 Minimal nachweisbare Massendicken ($\varrho \cdot d$) für dünne Schichten auf Quarzsubstrat, Messungen mit WDS und EDS

Vergleichsmessungen [27] der minimalen Massenbelegung (hier statt Schichtdicke) an dünnen Metallaufdampfschichten auf einem Quarzsubstrat. Unter optimalen Analysebedingungen [28] können Flächenbelegungen von 10^{-3} Monolagen für WDS und 10^{-1} Monolagen für EDS auf besonders geeigneten dünnen freitragenden Kohlenstoffschichten nachgewiesen werden. Solche extrapolierten Werte sind elementspezifisch und an speziellen Objekten erreicht worden. Sie sind daher nicht ohne weiteres auf andere praktische Messungen an Objekten mit unbekannter Zusammensetzung übertragbar.

Das lokale Auflösungsvermögen wird in kompakten Proben durch die Größe des Anregungsvolumens bestimmt, welches von der Energie der Primärelektronen und der mittleren Ordnungszahl Z der Probe abhängt (s. Kap. 6.). Das von der Elektronensonde angeregte Probenvolumen beträgt etwa 1 µm³. Wird die Probe dünner als die Anregungstiefe Z_0 der spezifischen Röntgenemission, die der Beziehung $Z_0 \sim (E_0^n - E_i^n)$ folgt (E_0, E_i = Primärelektronenenergie bzw. Ionisationsenergie, $n = 1{,}5 \cdots 2{,}0$), dann wird der untere Teil des „tröpfchenförmigen"

14*

Anregungsvolumens „abgeschnitten". Bei einer sehr dünnen Schicht von z. B. nur einigen 10 nm bleibt nur der relativ schmale „Hals des Tropfens" übrig. Die Größe des Anregungsvolumens kann mit Monte-Carlo-Rechnungen zur Strahlverbreiterung ermittelt werden. Tab. 9.2 [29] zeigt, daß in gleicher Schichttiefe die

Tabelle 9.2   *Mit der Monte-Carlo-Methode ermittelte Strahlverbreiterung in dünnen Schichten* (nach [29])
$E = 100$ keV, punktförmige Sonde. Die Verbreiterung wird als Durchmesser (in nm) eines Zylinders angegeben, aus dem 90% der Röntgenstrahlung emittiert werden.

Element	Schichtdicke in nm				
	10	50	100	300	500
Kohlenstoff	0,22	1,9	4,1	16	33
Aluminium	0,41	3	7,6	30	66,4
Kupfer	0,78	5,8	17,5	97	244
Gold	1,71	15	52,2	599	1 725

durch Auffächerung des Elektronenstrahles bedingte Zunahme des emittierenden Bereiches für leichte Elemente wesentlich geringer ist als für schwere. Für dünne durchstrahlbare leichte Objekte ist die Zunahme dieses Bereiches vernachlässigbar. Aus dem beträchtlichen Unterschied des Anregungsbereiches in der dünnen Schicht (10 nm) zu dem in der relativ dicken Schicht (500 nm) folgt, daß das lokale Auflösungsvermögen bei einer Röntgenmikroanalyse in einem dünnen Objekt — wie zu erwarten — wesentlich besser ist als in einer kompakten Probe. Solche aus Monte-Carlo-Rechnungen ermittelten Werte für das lokale Auflösungsvermögen wurden mit den aus Punktanalysen erhaltenen Werten verglichen [30]. Eine 10 nm Sonde wurde in etwa 10 nm-Schritten über eine Ausscheidung (W, Cr, Fe, Mn) in einer dünnen Schicht geführt und mit einem EDS je 50 s analysiert. Aus dem steilen Abfall des Cr- und des W-Signals zwischen zwei 12,5 nm entfernten Meßpunkten wird ein laterales Auflösungsvermögen von nur 12,5 nm gefolgert. Andere an Korngrenzen durchgeführte Punktanalysen [31, 32] ergaben Elementkonzentrationsunterschiede in einigen zehn nm entfernten Meßpunkten.

Bei der in Abb. 9.5a im STEM-Mode dargestellten Se-Schicht mit 40 nm mittlerer Dicke wurde längs der markierten Linie gerastert. Die obere Kurve von Abb. 9.5b gibt das transmittierte Elektronensignal wieder und die untere das entsprechende Röntgensignal. In den hellen Bereichen, in denen das Selen weitgehend fehlt, zeigt das Röntgensignal lediglich ein Rauschen. Sobald die Sonde die durch das dunkle Gebiet charakterisierte Se-Schicht erreicht, steigt das Röntgensignal. Es folgt weitgehend der durch das Signal der transmittierten Elektronen beschriebenen Flankensteilheit der Schicht. Dies zeigt, daß im Falle einer dünnen Schicht die Röntgenstrahlen aus einem Gebiet kommen, welches nur wenig größer als die Elektronensonde ist. Im Falle dicht benachbarter Peaks kann anstatt aus der Flankensteilheit direkt aus dem Abstand der Peaks das lokale Auflösungsvermögen abgelesen werden. Durch das geringere Anregungsvolumen ergibt sich bei einer

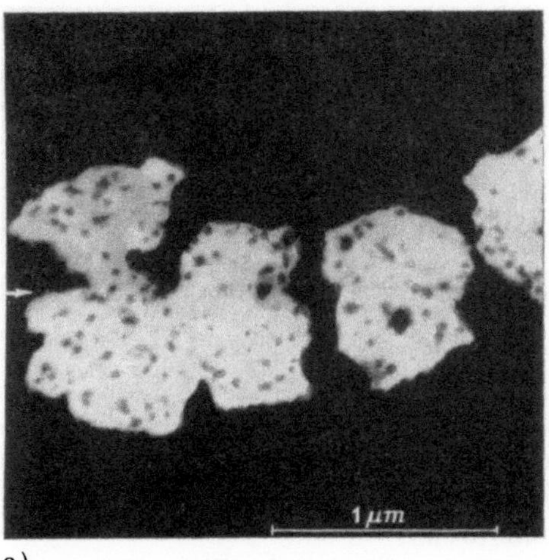
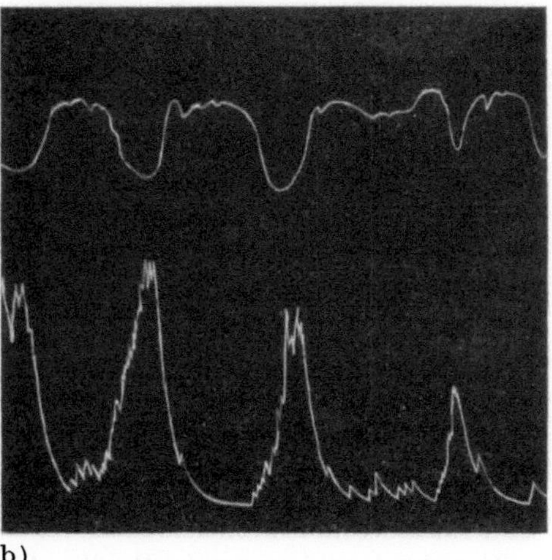

a)   b)

Abb. 9.5   Selen-Schicht (40 nm mittlere Dicke)

a) abgebildet mit transmittierten Elektronen im STEM (helle Bereiche: frei von Se); b) *oben*: Linienprofil der transmittierten Elektronen (längs der in a) markierten Linie), *unten*: Linienprofil der Se-L-Strahlung

Dünnschichtanalyse mit z. B. 100 keV ein besseres lokales Auflösungsvermögen als z. B. mit 40 keV. Die in 10 nm-Schritten gemessenen [33] Au-Intensitäten von dicht benachbarten etwa 30 nm dicken Au-Streifen (auf einer 240 nm Si-Unterlage) zeigen zwischen den Streifen im 100 keV-Betrieb einen steileren Abfall als bei der Analyse mit 40 keV.

Die qualitative Röntgenmikroanalyse beinhaltet die Messung der Wellenlänge oder der Energie der Röntgenquanten. Die quantitative Röntgenmikroanalyse bedeutet die Messung von Intensitäten. Bei der quantitativen Analyse kommt es darauf an, aus den gemessenen Intensitäten der elementspezifischen Linien auf die jeweiligen Konzentrationen der Elemente zu schließen. Da es schwierig ist, die angeregten Intensitäten absolut zu bestimmen, werden oft entsprechende Standards unter gleichen experimentellen Bedingungen untersucht. In einigen Fällen sind Reinelementstandards aus Gründen ihrer physikalischen und chemischen Eigenschaften nicht anwendbar (z. B. Na, K, Hg, Br, Cl sowie alle weiteren bei Raumtemperatur gasförmigen oder flüssigen Substanzen). Daher werden auch Verbindungen bekannter Zusammensetzung als Standards herangezogen. In erster Näherung folgt aus dem Intensitätsverhältnis die Konzentration c_p in der Probe:

$$c_\mathrm{p} = c_\mathrm{st}\,\frac{I_\mathrm{p}}{I_\mathrm{st}} \tag{9.4}$$

(c_st = Konzentration des Standards, I_p, I_st = gemessene Intensität der Probe bzw. des Standards). Falls keine geeigneten Standards vorliegen, besteht beim Arbeiten mit einem EDS die Möglichkeit einer quantitativen Analyse auf rein rechnerischem Wege [34]. Da alle Verfahren (mit oder ohne Standards) nur näherungsweise die Konzentration ergeben, sind zur Erreichung von höheren Genauigkeiten Korrekturen erforderlich. Deren Notwendigkeit ergibt sich aus folgenden Gründen:

a) Für Probe und Standard ergeben sich unterschiedliche Wechselwirkungen der einfallenden Elektronen (s. Kap. 6.), woraus unterschiedliche Anregungsvolu-
b) mina und Röntgenintensitäten resultieren (Ordnungszahlkorrektur, Z).
Unterschiedliche Absorption der erzeugten Strahlung in Probe und Standard (Absorptionskorrektur, A).
c) Unterschiedliche Sekundärfluoreszenzanregung durch höherenergetische Röntgenstrahlung anderer Probenelemente und durch Bremsstrahlung (Fluoreszenzkorrektur, F).

Für diese sogenannte ZAF-Korrektur haben sich Korrekturformeln mit nur geringen Variationen seit Jahren bewährt, und zwar für die Ordnungszahlkorrektur nach DUNCUMB und REED [35], für die Absorptionskorrektur nach PHILIBERT [36] und für die Fluoreszenzkorrektur nach REED [37].

Verschiedene Autoren (z. B. [38—42]) haben etwas unterschiedliche Korrekturmethoden entwickelt, wobei sich im allgemeinen eine hinreichende Übereinstimmung hinsichtlich der Elementkonzentration ergibt. Ausführliche Betrachtungen zur quantitativen Analyse finden sich in [4, 17, 43, 44]. Ein spezielles Anwendungsgebiet ist die Analyse dünner Schichten [45—46], denn hierbei können die Absorption und die Fluoreszenzeinflüsse weitgehend vernachlässigt werden. Die meisten Korrekturprogramme sind sehr aufwendig und erfordern Computer mit hohen Speicherkapazitäten. Wie Tab. 9.1 zeigt, weist keines der beiden Spektrometer für sich allein ideale Parameter auf (hohe Energieauflösung, niedrige Objektbelastung, kurze Analysezeit, großer nachzuweisender Elementbereich). Für die REM ist es daher mitunter vorteilhaft, beide Spektrometer an einem Gerät zur Verfügung zu haben, da sich beide gut ergänzen. So können z. B. mit dem EDS schnelle Übersichtsanalysen gewonnen werden und, falls wünschenswert, für eine quantitative Analyse mit dem WDS genaue Linienintensitätsmessungen anschließen.

9.2. Energieverlust-Elektronenspektroskopie

Bei der Elektronenbestrahlung eines Festkörpers hat jedes unelastische Einzelstreuereignis einen Energieverlust und eine Richtungsänderung des gestreuten Elektrons zur Folge. Die Kenntnis des Verlustspektrums ermöglicht physikalische, chemische und analytische Aussagen über den Festkörper [47]. In der TEM verfehlen die unelastisch gestreuten Elektronen im allgemeinen den Bildpunkt und verstärken den Untergrund — der Kontrast wird verschlechtert. Durch ein in das Mikroskop eingebautes, stigmatisch und möglichst aberrationsfrei abbildendes Energiefilter können Abbildungen mit elastisch oder mit unelastisch gestreuten Elektronen erzeugt werden.
Elektrostatische oder magnetische Analysatoren oder auch Kombinationen beider Typen sind gebräuchlich [48, 49]. Die bekanntesten Analysatortypen sind

Möllenstedt-Filter [50, 51], Wien-Filter [52], Magnetprismen in Kombination mit einem Elektronenspiegel[53—56], Magnetprismen[57—68], Magnetprismensysteme [69—77] und Rundlinsen u. a. [78—80]. Bei elektrostatischen Filtern ist die Elektrodenverschmutzung besonders störend. Magnetische Filter erfordern keine Hochspannungsanschlüsse. Forderungen nach Aberrationskorrekturen können in vielen Fällen berücksichtigt werden. Deshalb haben Analysatoren auf der Basis von Magnetfeldern für die Energieverlust-Elektronenanalyse im EM an Bedeutung gewonnen.

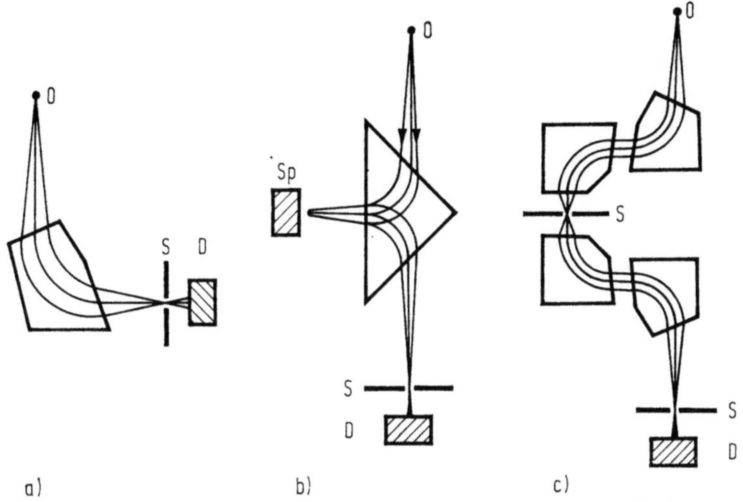

Abb. 9.6   Magnetprismenanordnungen für Energieverlust-Elektronenanalyse im EM

a) einfaches Magnetprisma, b) Biprisma mit Elektronenspiegel Sp, c) vierfaches Prismensystem. O Spektrometerobjekt, S Spektrometerbild mit möglicher Energieselektionsblende; D Detektor

In Abb. 9.6 ist der Strahlengang für die mit Magnetfeldern üblichen drei Spektrometertypen schematisch dargestellt. Jede der drei Anordnungen bildet eine Spektrometerobjektebene O in eine Bildebene S ab. Spektrometerobjekt kann in einem TEM ein *cross over* oder ein Zwischenbild sein, im REM die Elektronensonde oder ein davon elektronenoptisch erzeugtes Bild. Die Abbildung von O nach S ist infolge der chromatischen Aberration der Magnetprismen mit einer Dispersion in der Ebene S verbunden. Durch eine in dieser Ebene angebrachte Energieselektionsblende können Elektronen bestimmter Energien analysiert und mit einem Detektor D nachgewiesen werden. Das Magnetprisma nach Abb. 9.6a dient als Spektrometer oder Spektrograph zur Registrierung von Verlustenergiespektren. Im TEM ist das Magnetprisma dazu unter einer Öffnung im Endbildleuchtschirm und im REM unter dem Objekt angeordnet. Im Spektrometerbetrieb werden die Meßpunkte eines Spektrums zeitlich nacheinander, im Spektrographenbetrieb gleichzeitig aufgenommen. Der Detektor kann z. B. eine Fotoplatte sein. Die Anordnungen nach Abb. 9.6b und Abb. 9.6c finden in der TEM dann Anwendung, wenn wahlweise Verlustenergiespektren registriert oder mit Elektronen bestimmter Verlustenergien elektronenmikroskopische Abbildungen erzeugt werden sollen. Die nach Abb. 9.6c durch Zusammenschalten mehrerer Magnetprismen zu einem Magnetprismensystem entstehenden Symmetrieeigenschaften können zu Aberrationskorrekturen genutzt werden [74—77].

Für die Elektronenoptik eines Magnetprismas ist in der Gaußschen Näherung die auf COTTE zurückgehende Transfermatrixdarstellung üblich [81—86]. Wichtig für die korrekte elektronenoptische Durchrechnung ist die Kenntnis der Streufeldeinflüsse auf der Ein- und Austrittsseite des Magneten [82, 87—89]. Aberrationsberechnungen können in Erweiterung der Transfermatrixmethode erfolgen [82, 86, 90—93]. Allerdings sind die Aberrationsterme sehr unanschaulich. Anschauliche Ausdrücke für die Aberrationen, für ihre Beziehungen untereinander und für Korrekturvorschriften entstehen durch Entwicklung der Felder nach Multipolen um die optische Achse und durch Anwendung der Eikonalmethode zur Berechnung der Aberrationen [90, 94—96].

Apparativ wird bei einem Spektrometer die Energieauflösung durch die Dimension der Energieselektionsblende im Vergleich zur Dispersion bestimmt. Die Dispersion kann vergrößert werden durch Verringerung der Primärelektronenenergie oder durch Vergrößerung der mechanischen Spektrometerabmessungen. Bei einem Spektrographen sollte die Dispersion gegebenenfalls durch Nachvergrößerung des Spektrums mit einem Projektiv der lateralen Auflösung des Detektors angepaßt werden [97]. Dies erfordert außerdem eine Korrektur der Bildfeldneigung der Dispersionsebene [68, 92]. Um genügend große Signale zu erhalten, sollte die Spektrometerapertur möglichst groß sein. Große Spektrometerapertur und gute Energieauflösung sind aber einander entgegenlaufende Forderungen, wenn der Öffnungsfehler des Spektrometers nicht ausreichend korrigiert ist. Außer durch direkte Korrektur kann der Öffnungsfehler auch kompensiert werden, indem durch dem Spektrometer vorgeschaltete Linsen die vom Objekt angebotene Winkeldivergenz komprimiert wird [97, 98]. In einem EM können, wie oben bereits angedeutet, entweder die rückwärtige Brennebene oder die Bildebene des Objektivs (bzw. Zwischenbilder davon) das Spektrometerobjekt sein. Aufgrund der in beiden Fällen unterschiedlichen Abbildungsbedingungen können im Hinblick auf die Spektrometerapertur und die Energieauflösung Forderungen an die zulässigen Spektrometerobjektgrößen gestellt werden. Dies ermöglicht Aussagen über die für einen praktischen Anwendungsfall optimale Wahl des Spektrometerobjektes [97].

Der Signalnachweis erfordert wegen der kleinen Streuquerschnitte lange Meßzeiten. Dadurch treten Meßprobleme auf, wie Langzeitdrift des Primärelektronenstromes, kurzzeitige Stromsprünge bei Feldemissionskatoden, Verstärkerdrift und Nullpunktunsicherheit durch Detektor- und Verstärkeroffset, Probendrift und Probenkontamination [99, 100]. Die Registrierung der Spektren kann durch Zählsysteme oder analoge Aufzeichnung erfolgen [99—103]. Als Detektoren werden Szintillator-Multiplier-Kombinationen oder auch Halbleiterdetektoren verwendet. Bei der Verwendung von Zählsystemen ist eine Reduzierung der Störeffekte durch Mittelung vieler kurzzeitig aufgenommener Einzelspektren, z. B. mit einem Vielkanalanalysator, möglich. Die Zählraten der Zählsysteme sind aber begrenzt durch die Art der verwendeten Detektoren und durch die Art der Impulsweiterverarbeitung. Deshalb kann der im Experiment auftretende Zählratenbereich nicht abgedeckt werden. Eine Regelung des Primärelektronenstromes, Ladungsintegration oder Impulsteilung werden notwendig. Für die Steuerung der Datenerfassung, der Elektronenoptik und auch für die Spektrenauswertung gewinnen Mikroprozessoren und Kleinrechner an Bedeutung. Bei längerer Meßzeit im Hochvakuum entsteht eine besonders starke, das Verlustsignal schwächende und den Untergrund stärkende Kontamination dann, wenn im EM mit stationärer Sonde gearbeitet wird [104]. Es bilden sich in kurzer Zeit Kontaminationskegel (bis zu 1 μm/min). Dieser Kontamination (s. Kap. 1.) kann neben einer Verbesserung des Vakuums je nach Probe entgegengewirkt werden durch Kühlung, Erwärmung, Elektronenbestrahlung mit niedrigen Elektronenenergien, Probenaufladung oder intermittierende Bestrahlung im Rasterbetrieb.

Bei der Anwendung der Verlustelektronenspektroskopie in der Analytik, insbesondere in Verbindung mit dem EM, werden unelastische Streuprozesse durch Anregung kollektiver Schwingungen des Elektronengases (Plasmaschwingungen), durch Ionisation von Rumpfzuständen und durch Elektronenanregung aus Valenzbändern in Leitungsbänder (Interbandübergänge) untersucht [105—110]. Für den Nachweis von Phononenverlusten sind die bei der elektronenmikroskopischen Verlustenergieanalyse z. Z. erreichten Energieauflösungen von 0,1 ··· 0,2 eV nicht ausreichend. Abbildung 9.7 zeigt schematisch ein Verlustenergiespektrum, wie es bei der Anregung im EM an einige zehn nm dicken Proben gemessen werden kann.

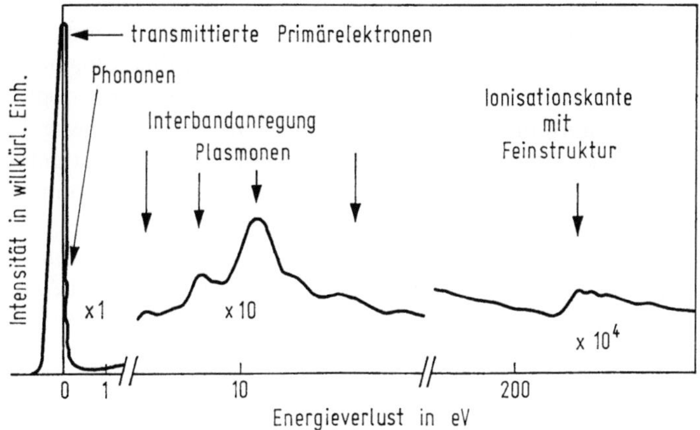

Abb. 9.7   Schematische Darstellung eines Verlustenergiespektrums

Für den differentiellen Streuquerschnitt bei Plasmonenstreuung gilt

$$\frac{\mathrm{d}^2\sigma_{\mathrm{in}}}{\mathrm{d}\Omega\,\mathrm{d}E} \sim q^{-2}\,\mathrm{Im}\left(-\,[\varepsilon(q, E)]^{-1}\right)\,. \tag{9.5}$$

σ_{in} ist der Querschnitt der unelastischen Streuung, E der Energieverlust, q die

Änderung des Wellenvektors des gestreuten Elektrons und ε die dielektrische Funktion. Außer diesen Volumen-Plasmonen gibt es Oberflächenanregungen [111, 112], die in dünnen Schichten miteinander koppeln können [113].

Für den differentiellen Streuquerschnitt der Ionisierung gilt

$$\frac{d^2\sigma_{in}}{d\Omega\, dE} \sim \frac{2 \cdot e_0^4}{m \cdot v^2 \cdot E}\; \frac{1}{\vartheta^2 + \vartheta_E^2}\; \frac{df(\boldsymbol{q}, E)}{dE} \qquad \text{mit} \qquad \vartheta_E = E/2E_0 \,.$$

$$(9.6)$$

E_0 ist die Primärelektronenenergie und v der Betrag der zugehörigen Elektronengeschwindigkeit, df/dE wird auch verallgemeinerte Oszillatorstärke genannt. df/dE hängt ab vom Quadrat des Matrixelements zwischen Anfangs- und Endzustand ψ_a und ψ_e des angeregten Elektrons:

$$df(\boldsymbol{q}, E)/dE \sim \boldsymbol{q}^{-2}\, |<\psi_a|\exp(i\,\boldsymbol{q}\,\boldsymbol{r})|\psi_e>|^{\,2}\,.$$

$$(9.7)$$

Durch Integration über den Streuwinkel ϑ und die Verlustenergie E können partielle oder totale Streuquerschnitte ermittelt werden [114 — 118]. So tritt bei Ionisationsanregung an einer Verlustenergiekante — das ist die niedrigste Verlustenergie beim Übergang in die tiefsten Leitungsbandzustände — Vorwärtsstreuung auf. Bei Verlustenergien, die über dieser Kante liegen, überwiegen die bei optischer Anregung verbotenen Übergänge mit $\boldsymbol{q} \neq 0$, d. h., die Oszillatorstärke hat ein Maximum für $\boldsymbol{q} \neq 0$ (Bethe *ridge*). Wegen der Faltung der Oszillatorstärke mit $(\vartheta^2 + \vartheta_E^2)$ in der Winkelverteilung des Streuquerschnittes bleibt die Vorwärtsstreuung auch bei größeren Verlustenergien erhalten, doch nimmt die Streuwinkelbreite zu.

Durch die Ionisationsanregung entsteht im Spektrum im allgemeinen ein diffuser Untergrund. Erfolgt der Elektronenübergang dagegen aus besetzten Zuständen mit großer Zustandsdichte in unbesetzte Zustände mit ebenfalls großer Zustandsdichte, so entstehen im Verlustspektrum Strukturen, ähnlich wie sie bei optischer Anregung an singulären Punkten der kombinierten Zustandsdichte der am Übergang beteiligten Bänder beobachtet werden [119 — 123]. Die Auswertung derartiger in Kantennähe nachweisbarer Feinstrukturen für Bandstrukturuntersuchungen, z. B. durch Kramers-Kronig-Analyse, erfordert ein Spektrometer mit $0{,}1 \cdots 0{,}2$ eV Auflösung. Da die Elektronenbindungen empfindlich gegenüber Änderungen des atomaren Potentials sind, können Verschiebungen der Verluststrukturen bei Änderung der chemischen Umgebung eines Atoms bis zu ± 5 eV auftreten. Diese Verschiebungen ermöglichen qualitative analytische Aussagen [119].

Bei Energien um 20 eV oberhalb einer Verlustkante können weitere Feinstrukturen (*extended energy loss fine structure* — EXELFS) infolge Rückstreuung der angeregten Elektronen durch die umgebenden Atome beobachtet werden [124 — 127]. Aus diesen Feinstrukturen lassen sich die Abstände nächster Nachbarn ermitteln.

Wesentlich bei der Auswertung von Energieverlustspektren ist die Untergrundberücksichtigung. Der Untergrund entsteht durch höherenergetische Ausläufer niederenergetischerer Anregungen und durch Vielfachstreuung [65, 110, 114, 118, 127, 133, 136, 138]. Wenn Kanten mit schwachem Anstieg und breitem Peak einem starken Untergrund überlagert sind, so ermöglicht eine Spektrendifferentiation ihre Identifizierung. Die Energieabhängigkeit von Ionisationsausläufern kann durch ein E^{-g}-Gesetz beschrieben werden, wobei g in Abhängigkeit von der Spektrometerapertur einen Wert von 2,8 ··· 4,5 hat [114]. Der Untergrund durch Vielfachstreuung wird wesentlich durch den gegenüber der Ionisationsanregung relativ großen Streuquerschnitt der Plasmonenstreuung bestimmt. Die mittlere freie Weglänge Λ der Plasmonenanregung liegt bei 100 keV Primärelektronenenergie in der Größenordnung von 50 nm. Für Proben mit 50 ··· 200 nm Dicke ist dann bereits Mehrfachstreuung vorhanden, deren Wahrscheinlichkeit durch eine Poisson-Verteilung beschrieben werden kann [106]. Da Λ mit der Strahlspannung zunimmt, nimmt der Untergrund ab. Untersuchungen mit Primärenergien von 0,5 ··· 1 MeV haben gezeigt, daß das Signal/Untergrund-Verhältnis für die Ionisationsverluste selbst bei mehreren hundert nm dicken Proben besser wird, obwohl der totale Streuquerschnitt geringer ist [128]. Wenn bei Verlustenergien größer als 200 eV und bei Probendicken gearbeitet wird, bei denen das Verlustspektrum als Mischung einer zu analysierenden Einzelstreuung mit niederenergetischeren Streuprozessen gegeben ist, kann das Einzelstreuprofil durch Entfaltung mit dem niederenergetischeren Verlustspektrum (bis 100 eV) näherungsweise bestimmt werden [110, 122]. Alternativ kann das Streuprofil auch aus einer Untergrundberechnung mit anschließender Untergrundsubtraktion abgeleitet werden, was aber die Kenntnis aller beteiligten Verlustmechanismen erfordert.

Bei der qualitativen und quantitativen Analyse hat die Verlustspektroskopie Vorteile beim Nachweis leichter Elemente im Vergleich zu der niedrigeren Fluoreszenz- und Kollektionseffizienz der Röntgenmethode [129 — 145]. Es sind Untersuchungen an K-, L_1-, L_{23}-, M_1-, M_{23}- und M_{45}-Kanten zwischen 50 und 3000 eV bekannt. L_1- und M_1-Kanten sind wegen ihres kleineren Streuquerschnitts im Vergleich zu L_{23}- und M_{23}-Kanten weniger geeignet. Grundlegende Abschätzungen über die mikroanalytischen Nachweisgrenzen der Verlustelektronenspektroskopie wurden von Isaacson und Johnson angestellt [130]. Als Nachweisgrenzen wurden dabei die noch nachweisbaren minimalen Massen und die noch nachweisbaren minimalen Massenbruchteile einer Atomart in der Matrix einer anderen Atomart definiert. Ihre Berechnung erfordert die Kenntnis des partiellen Streuquerschnitts $\sigma_{\mathrm{in}}(\alpha, \Delta E)$. α ist die Spektrometerapertur und ΔE das oberhalb der Energieverlustkante für die Auswertung benutzte Energiefenster. ΔE sollte möglichst groß sein; doch ist eine Überlappung mit anderen Kanten zu vermeiden. $\Delta E \approx 50$ ··· 100 eV sind gebräuchliche Werte. Nach der von Isaacson und Johnson angegebenen Näherung wird der partielle Streuquerschnitt $\sigma_{\mathrm{in}}(\alpha, \Delta E)$ durch das Produkt zweier Kollektionseffizienzen $\eta(\alpha)$, $\eta(\Delta E)$ und des totalen Streuquerschnitts $\sigma_{\mathrm{in\,tot}}$ berechnet zu

$$\sigma_{\mathrm{in}}(\alpha, \Delta E) = \eta(\alpha)\, \eta(\Delta E)\, \sigma_{\mathrm{in\,tot}} \,. \tag{9.8}$$

Diese Näherung setzt voraus, daß $\eta(\alpha)$ und $\eta(\Delta E)$ voneinander unabhängig sind, was für K- und L-Kanten gut zutrifft. $\sigma_{\mathrm{in\,tot}}$ kann in einigen Fällen nach Bethe abgeschätzt werden [107, 130, 145]. Bei vorgegebenen α, ΔE und Primärelektronenstrom kann z. B. bei Signal/Rausch-Verhältnissen von 5 für eine Elektronensonde im stationären Betrieb eine Nachweisgrenze von weniger als 100 Atomen berechnet werden.

Schwieriger ist die Frage nach dem noch nachweisbaren Massenbruchteil eines Elements in einer sonst reinen Matrix zu beantworten. Diese Nachweisgrenze hängt stark von der Matrix ab. Unter günstigen Umständen können noch lokale Elementkonzentrationen von $10^{-2} \cdots 10^{-3}$ nachgewiesen werden [130]. Das bedeutet aber, daß die Verlustspektroskopie für mikroanalytische Spurenanalysen ungeeignet ist. Mit der angegebenen Näherung für den Streuquerschnitt ist oberhalb dieser Konzentration jedoch eine quantitative Analyse möglich. Abb. 9.8 zeigt das Spektrum einer Stahlfläche mit einer Cr-L_{23}-Kante und einer N-K-Kante [142]. Die Fläche $A = A(\alpha, \Delta E)$, die eine Verlustkante im Energiefenster ΔE überdeckt, kann nach Subtraktion des Untergrundes (in Abb. 9.8 gestrichelt) gemessen werden. Das atomare Verhältnis von Cr/N kann nach

$$\frac{X_{\mathrm{Cr}}}{X_{\mathrm{N}}} = \frac{A_{\mathrm{Cr}}(\alpha, \Delta E)}{A_{\mathrm{N}}(\alpha, \Delta E)} \frac{\sigma_{\mathrm{in\,N}}(\alpha, \Delta E)}{\sigma_{\mathrm{in\,Cr}}(\alpha, \Delta E)} \tag{9.9}$$

berechnet werden. Die Auswertung des Spektrums nach Abb. 9.8 ergibt ein $X_{\mathrm{Cr}}/X_{\mathrm{N}} = 0,45 \pm 15\%$.

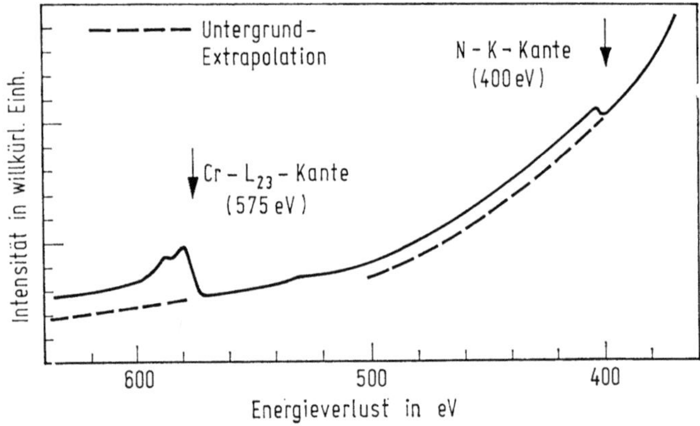

Abb. 9.8   Verlustenergiespektrum einer Stahlfläche (nach [142])

9.3.   Auger-Elektronen-Spektroskopie

Die Anwendung der Auger-Elektronen-Spektroskopie (AES) in der Raster-Elektronenmikroskopie (REM) hat zunehmend an Bedeutung gewonnen. Dies ist darauf zurückzuführen, daß die AES ebenso wie die Verlustelektronenspektroskopie die Röntgenmethode beim Nachweis leichter Elemente ergänzt, außerdem aber eine oberflächenempfindliche Methode ist, da bei den typischen Auger-Elektronenenergien bis zu 1,5 keV die mittlere freie Weglänge der Auger-Elektronen nur

Werte bis zu 2 nm hat [146, 154, 157, 158]. Diese Oberflächen-(OF-)Empfindlichkeit erfordert Ultrahochvakuum als experimentelle Randbedingung.

Voraussetzung für die Auger-Emission ist die Anregung eines inneren Niveaus W eines Atoms z. B. durch ein Primärelektron. Beim Übergang eines Elektrons aus einem höherenergetischen Atomniveau X nach dem leeren Niveau W wird die freiwerdende Energie im Gegensatz zur Röntgenfluoreszenz nicht als Photon abgestrahlt, sondern auf ein Elektron in einem höherenergetischen Y-Niveau übertragen, das dann das Atom verläßt [147 — 150]. Damit sind am Auger-Prozeß drei Energieniveaus WXY beteiligt. Die kinetische Energie des emittierten Elektrons kann in guter Näherung als Funktion der Ordnungszahl des emittierenden Atoms bestimmt werden

$$E_{\mathrm{WXY}}(Z) = E_{\mathrm{W}}(Z) - E_{\mathrm{X}}(Z) - E_{\mathrm{Y}}(Z + \Delta Z) \,. \tag{9.10}$$

Durch den in dieser Gleichung angegebenen Korrekturterm $\Delta Z(\Delta Z < 1)$ wird die Änderung der Ionisierungsenergie des Y-Niveaus des einfach ionisierten Atoms (W-Niveau) gegenüber dem neutralen Zustand berücksichtigt [151]. Ionisierungsenergien bzw. berechnete Auger-Energien können Tabellenwerken entnommen werden [152, 153]. Die Genauigkeit der berechneten Energien beträgt 1 % und besser. In Festkörpern hat die chemische Umgebung auf Peaklage und Form einen Einfluß [154]. Außerdem treten mit geringer Intensität Auger-Linien auf, bei denen Niveaus verschiedener Atome am Auger-Prozeß beteiligt sind [155]. In Abb. 9.9 sind

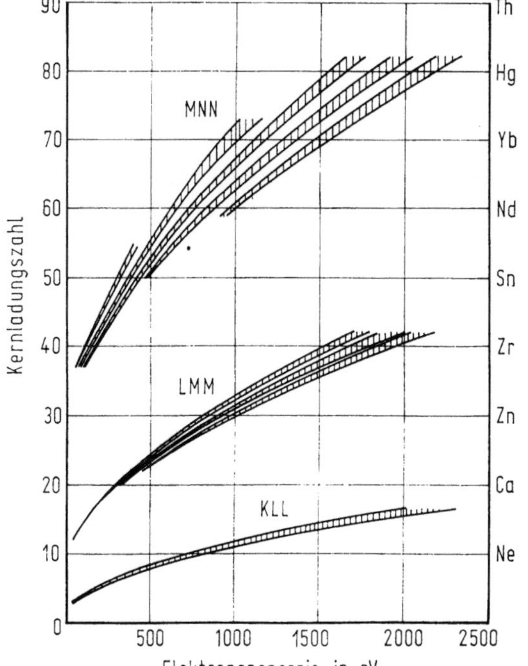

Abb. 9.9   Zuordnung der Energien der intensitätsstärksten Auger-Elektronenlinien zu den Elementen

Energien der gemessenen intensitätsstärksten Auger-Übergänge vom Typ KLL, LMM und MNN für verschiedene Elemente aufgetragen [156]. Die für jedes Element spezifische Lage und die Stärke dieser Übergänge bilden die Grundlage für die Anwendung der AES in der qualitativen und quantitativen Festkörperanalyse.

Aufgabe der Auger-Mikroanalyse bzw. der Auger-REM ist es, für analytische Untersuchungen das aus mikroskopischen Bereichen bei Anregung mit einer Elektronensonde emittierte Auger-Elektronenspektrum aufzunehmen bzw. unter Ausnutzung der charakteristischen Auger-Übergänge eines Elements ein Element-*mapping* durchzuführen [157 — 161, 170]. Bei letzterem wird ähnlich wie bei der Röntgenmethode die Helligkeitsmodulation des Displayschirms des REM durch die Auger-Linienstärke gesteuert.

Das bei der Registrierung eines Auger-Elektronenspektrums oder beim Element-*mapping* erreichbare Signal/Rausch-Verhältnis S/N wird durch die Meßzeit t, die nachgewiesene Auger-Stromstärke I_A und den Untergrund bestimmt [160 — 162]:

$$S/N \sim I_A\, t\, \frac{1}{1 + (n_u/n_A)}\,, \tag{9.11}$$

wobei n_u bzw. n_A die registrierten Untergrund- bzw. Auger-Elektronenanzahlen während der Zeit t sind. Da bei der AES, wie auch bei der Verlustelektronenspektroskopie, die einzelnen Linien auf einem starken Untergrund liegen, ist letzterer ein Hindernis für ein großes S/N. Soll deshalb die Meßzeit nicht zu groß sein, so muß das Signal I_A so groß wie möglich sein. Die nachweisbaren I_A werden durch physikalische und experimentelle Faktoren bestimmt, deren Kenntnis für die analytische Methodik wichtig ist und Aussagen über Möglichkeiten und Grenzen der Auger-Mikroanalyse erlaubt. Für das von einem Spektrometer nachweisbare Auger-Signal gilt [154, 159, 162, 163]:

$$I_A = I_p\, C\, w_A\,. \tag{9.12}$$

Hierbei sind I_p der anregende Primärelektronenstrom, C das Verhältnis der Anzahl der die analysierten Auger-Elektronen emittierenden Oberflächen(OF)-Atome zur Anzahl der OF-Atome der Matrix, d. h. die OF-Konzentration des untersuchten Elements, w_A die Auger-Effizienz,

$$w_A = A\,K\,. \tag{9.13}$$

Die Auger-Effizienz hängt ab von der durch physikalische Faktoren bestimmten Auger-Ausbeute A,

$$A = \Lambda_A\, \varrho\, \sigma_{in}\, \gamma\, r \tag{9.14}$$

mit Λ_A — mittlere freie Weglänge der Auger-Elektronen, ϱ — Teilchendichte, σ_{in} — Ionisierungsstreuquerschnitt des W-Niveaus, γ — Auger-Übergangswahrscheinlichkeit, r — Korrekturfaktor der Elektronenrückstreuung und von der durch apparative Faktoren bestimmten Kollektionseffizienz K,

$$K = \frac{1}{\cos\alpha}\, T_s\, T_E \tag{9.15}$$

mit α — Primärelektroneneinfallswinkel, T_s — Spektrometertransmission, gegeben durch den vom Spektrometer erfaßten Bruchteil des Raumwinkels, in den Auger-Elektronen emittiert werden, T_E — Energietransmission, gegeben durch das Energiefenster des Spektrometers im Vergleich zur Breite der Auger-Linien (T_E hängt bei elektronischer Differentiation auch vom Modulationsgrad ab).

Die Ausbeute A liegt in der Größenordnung von 10^{-3} bis 10^{-4}. Die Kollektionseffizienz wird durch die jeweilige experimentelle Anordnung bestimmt, ihr Produkt liegt in der Größenordnung von 10^{-3}. Damit wird $I_A/I_p \sim 10^{-6} \cdots 10^{-7}$. In der konventionellen AES werden mehrere 100 μm^2 große Bereiche mit Primärstromstärken bis zu 10^{-6} A bestrahlt. Die gemessenen Auger-Signale liegen damit in der Größenordnung von $10^{-12} \cdots 10^{-13}$ A und liefern Information über einen relativ großen OF-Bereich. Die Registrierung der Spektren erfolgt durch analoge Aufzeichnung oder durch Zählsysteme. Da die Auger-Linien einem starken Untergrund überlagert sind, werden sehr oft elektronische Differentiationstechniken verwendet.

Wenn die AES für mikroanalytische Zwecke eingesetzt werden soll, so muß zur Verbesserung der lateralen Auflösung die durch den Primärelektronenstrahl angeregte Probenoberfläche durch den Einsatz einer Elektronensonde wie bei einem REM klein gehalten werden. Die zulässige Probenbelastung und die Gesetze der Elektronenoptik [164, 165] setzen aber der bei vorgegebenem Sondendurchmesser erreichbaren Primärelektronenstromstärke trotz des Einsatzes spezieller Strahlsysteme mit LaB_6- oder Feldemissionskatoden eine obere Grenze. Damit liegt bei einer Sondenstromstärke von z. B. 10^{-8} A der gemessene Auger-Strom in der Größenordnung von $10^{-14} \cdots 10^{-15}$ A. Wegen dieser geringen Ströme ist bei der Anwendung der AES in der Mikroanalyse den in die Kollektionseffizienz K eingehenden Faktoren besondere Aufmerksamkeit zu widmen. Da die Anforderungen an die laterale Auflösung der Auger-Mikroanalyse mit der Fragestellung variieren, ergeben sich unterschiedliche apparative Optimierungen, wie anhand von Abb. 9.10 demonstriert werden soll. In den beiden Fällen von Abb. 9.10 ist der wegen seiner großen Transmission als Spektrometer in der AES sehr oft verwendete Zylinderspiegelanalysator (CMA) in unterschiedlicher Stellung zu Probe und Primärstrahlung dargestellt [166, 167]. Zum Beispiel sind in der Bruchforschung laterale Auflösungen von 1 μm ausreichend, für Untersuchungen in der OF-Physik und Mikroelektronikpraxis $10 \cdots 100$ nm wünschenswert. Viele der im Auflösungsbereich von 1 μm arbeitenden Auger-Mikrosonden sind mit einem CMA nach Abb. 9.10a ausgerüstet. Die in diesen koaxial eingebaute Elektronenoptik kann aus räumlichen Gründen nur schwierig für die Erzeugung minimaler Sondendurchmesser optimiert werden. Die koaxialen Anordnungen nach Abb. 9.10a haben deshalb eine in der Regel begrenzte laterale Auflösung, obwohl die Kollektionseffizienz und damit die Auger-Effizienz dieser Anordnung gut ist. Geräte mit hoher lateraler Auflösung sind in der Regel REM mit Feldemissionskatoden. In diese Mikroskope ist ein geeigneter Analysator eingebaut (Anordnung nach Abb. 9.10b). Da bei diesen Geräten die Elektronenoptik der Sonde optimiert ist, haben hier die Spektrometer in bezug auf ihre Kollektionseffizienz eine ungünstigere räumliche Anordnung als in Abb. 9.10a. Die Folge davon ist, daß die Auger-Elektronen-

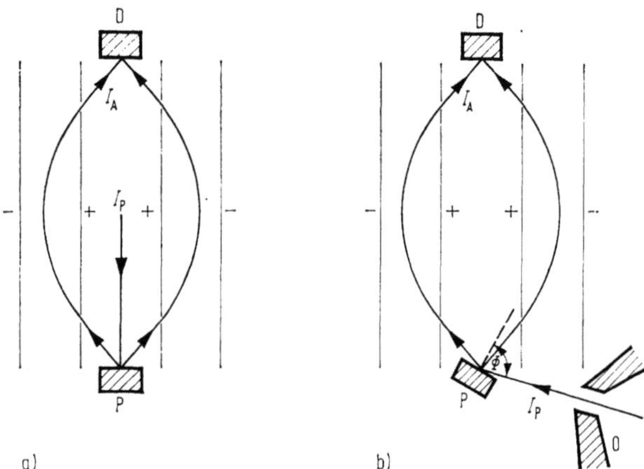

Abb. 9.10   Zylinderspiegelanalysator (CMA) als Auger-Spektrometer mit a) koaxialer
und b) seitlicher Einfallsrichtung des Primärelektronenstrahls I_p

P Probe, I_A Auger-Elektronenstrom, D Detektor, O Polschuh des Objektivs eines REM,
Φ Primärelektroneneinfallswinkel, + bzw. – Polaritäten der Spannungen an den Zylindern
der Spektrometer

intensitäten der lateral hochauflösenden Geräte niedrig sind und z. B. für ein
Element-*mapping* bei annehmbarem S/N-Verhältnis große Aufnahmezeiten erfordern. Bei diesen Geräten werden Rasterbilder vorteilhaft oft mit anderen Abbildungsmoden der REM hergestellt, während die AES im Punktbetrieb oder
Linienscan zum Einsatz kommt.

An dieser Stelle sei auf die Bremsfeldanalysatoren [168, 169] (Bremsgitteran-
ordnungen mit Hochpaßeigenschaften und großer Transmission, aber relativ
großer Sekundärelektronenerzeugung an den Bremsgittern und großem Rauschen)
und auf die Kugelkondensatoranalysatoren [166] (CHA — *cylindrical hemispherical
analyzer*, Bandpaßfilter mit kleinem Rauschen, aber kleiner Transmission) hingewiesen, die gelegentlich auch verwendet werden. Während der CMA aufgrund seiner
Elektronenoptik nur zeitlich sequentielle Registrierung der Punkte eines Spektrums
erlaubt, ist beim CHA eine gleichzeitige Registrierung mehrerer Spektrenpunkte
möglich.

Die AES wird im wesentlichen zur qualitativen und quantitativen chemischen
OF-Analyse eingesetzt, die gelegentlich durch Aussagen zur chemischen Bindung
infolge Verschiebung der Auger-Linien ergänzt wird. Bei der qualitativen Analyse
werden die Elemente (außer H und He) entsprechend der Energielage der stärksten
Übergänge durch Vergleich mit Standard-Spektren oder berechneten Energien
identifiziert. Abbildung 9.11 zeigt das elektronisch differenzierte Auger-Spektrum
einer Edelstahlprobe. Neben den hauptsächlichen Legierungselementen sind die
Verunreinigungen S, Cl, C, N und O nachgewiesen. Zur quantitativen Analyse kann
versucht werden, durch Messung der Auger-Stromstärke und aller Parameter die
Konzentration eines Elements in einer Matrix (C in Gl. (9.12)) durch *first-principles-*
Rechnungen zu bestimmen [167, 172]. Da die Berechnungen der Auger-Intensitäten

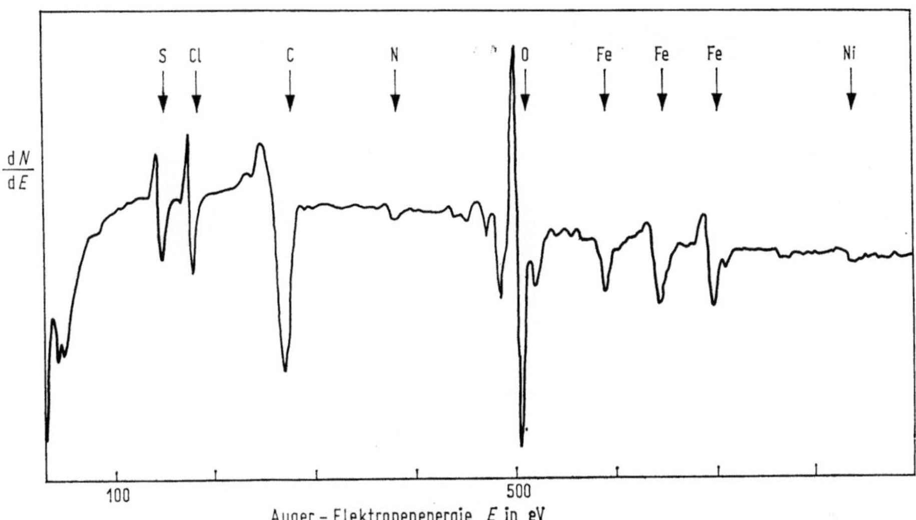

Abb. 9.11   Elektronisch differenziertes Auger-Elektronenspektrum einer Edelstahlprobe, aufgenommen mit einem CMA

jedoch noch nicht hinreichend genau sind, werden sehr oft empirische Verfahren, wie der Vergleich mit Standard-Proben oder die Methode der relativen Empfindlichkeitsfaktoren verschiedener Auger-Linien, verwendet [154, 156, 171 — 175].

Zu den Anwendungsgebieten der AES gehören: Reinheitskontrolle an OF, Adsorption und Desorption von Gasen, Wachstum dünner Schichten, Oxydations- und Korrosionsvorgänge, Katalyse, OF-Segregation, Volumendiffusion, Korngrenzensegregation und Halbleitertechnologie.

Beim Element-*mapping* der Auger-REM haben auf die laterale Auflösung neben dem S/N-Verhältnis die Probentopographie und die Elektronenrückstreuung starken Einfluß. Der Topographie geht über die 1/cos-Abhängigkeit der Kollektionseffizienz ein, die bei streifendem Primärelektroneneinfall zu größerer Auger-Effizienz führt. Die Topographieeinfluß kann reduziert werden, indem das Verhältnis von differenziertem und nichtdifferenziertem Spektrum als Modulationssignal für die Rasterdisplayeinheit verwendet wird [159, 176].

Probeninhomogenitäten unterhalb der Probenoberfläche ändern das Rückstreuverhalten. Da aber die rückgestreuten Elektronen die OF auch außerhalb des Sondenflecks verlassen und ebenfalls Auger-Elektronen erzeugen, wird die laterale Auflösung verschlechtert. Untersuchungen zeigen, daß bei niedrigen Primärelektronenenergien und Einfallswinkeln und größeren Auger-Elektronenenergien die Verschlechterung der lateralen Auflösung durch Rückstreueffekte gering ist [161], d. h., die laterale Auflösung nähert sich dann dem Sondendurchmesser.

In Abb. 9.12 ist ein Anwendungsbeispiel der Auger-REM aus der Bruchforschung gezeigt (N. C. MAC DONALD, EDINA). In Stählen wird durch Korngrenzensegregation von z. B. Antimon die Bruchfestigkeit und Bruchzähigkeit herab-

15 Elektronenmikroskopie

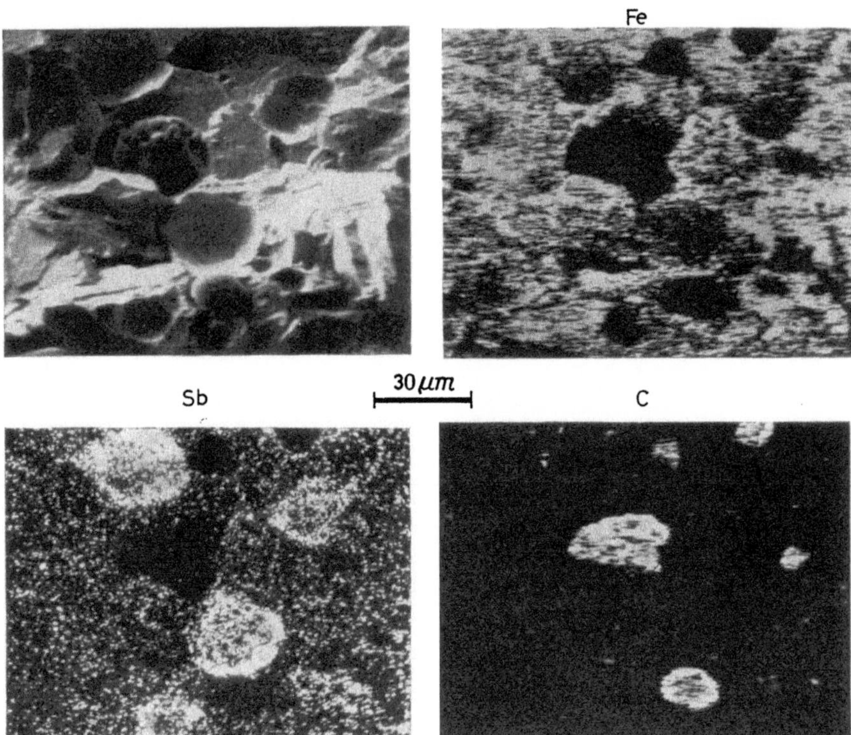

Abb. 9.12   Auger-Rasterabbildung einer Stahlbruchfläche. *Links oben* Rasterabbildung
mit Sekundärelektronen. (*Aufnahme*: N. C. MAC DONALD)

gesetzt. Den drei Auger-REM-Bildern ist zum Vergleich ein mit Sekundärelektronen aufgenommenes REM-Bild gegenübergestellt. Deutlich sind an den interkristallinen Bruchflächen die Sb-Anreicherungen zu erkennen, während bei den
transkristallinen Bruchflächen Eisen das dominierende Element ist.

Mit der Auger-REM steht in der Mikroelektronik-Technologie ein analytisches
Verfahren zur Verfügung, bei dem die laterale Auflösung den Dimensionen der
Halbleiterschaltkreise entspricht. Im Rahmen der Prozeßüberwachung wird die
AES z. B. bei der Verunreinigungsanalyse nach den einzelnen Fertigungsschritten
und für die Fehleranalyse der Bondanschlüsse eingesetzt.

9.4.   Literatur

[1] ICHINOKAWA, T., J. Electron Microsc. **28** (1979), Suppl., 17.
[2] JOHANN, H. H., Z. Phys. **69** (1931) 185.
[3] JOHANSSON, T., Z. Phys. **82** (1933) 507.
[4] BEAMAN, D. R.; ISAI, J. A.: Electron beam microanalysis. — Philadelphia:
ASTM STP 506 1972, p. 1.

[5] BOWMAN, H. R.; HYDE, E. K.; TOMPSON, S. G.; JARED, R. C., Science 151 (1966) 562.

[6] FITZGERALD, R.; KEIL, L.; HEINRICH, K. F. J., Science 159 (1968) 528.

[7] OGILVIE, R. E., Proc. 2. SEM Symp., Chicago 1969, p. 21.

[8] RUSS, J. C.; KABAYA, A., Proc. 2. SEM Symp., Chicago 1969, p. 57.

[9] SUTFIN, L. V.; OGILVIE, R. E., Proc. 3. SEM Symp., Chicago 1970, p. 17.

[10] GEDCKE, D. A., X-Ray Spectrom. 1 (1972) 129.

[11] REED, S. J. B., Electron microprobe analysis. — London: Cambridge University Press 1975.

[12] AITKEN, D. W.; WOO, E., The future of silicon x-ray detectors. In: Energy dispersion x-ray analysis: X-ray and electron probe analysis. Ed.: J. C. RUSS. — Philadelphia: ASTM STP 485 1971, p. 36.

[13] GEDCKE, D. A., The Si(Li) x-ray energy spectrometer for x-ray microanalysis. In: Quantitative scanning electron microscopy. Eds.: D. B. HOLT et al. — London/ New York: Academic Press 1974, p. 403.

[14] BARBI, N. C.; SENDBORG, A. O.; RUSS, J. C.; SONDERQUIST, C. F., Proc. 7. SEM Symp., Chicago 1974, p. 151.

[15] BARBI, N. C.; RUSS, J. C., Proc. 8. SEM Symp., Chicago 1975, p. 85.

[16] GEDCKE, D. A., X-Ray Spectrom. 1 (1972) 129.

[17] GOLDSTEIN, J. I.; YAKOWITZ, H., Practical Scanning Electron Microscopy. — New York/London: Plenum Press 1975.

[18] HANTSCHE, H., Mikrochimica Acta (Wien) 6 (1975) Suppl., 173.

[19] MALISSA, H.; GRASSERBAUER, M.; HOKE, E., Mikrochimica Acta (Wien) 5 (1974) Suppl., 465.

[20] VETTER, J., Beitr. 4. Tag. Mikrosonde, Dresden 1978, S. 157.

[21] HEIN, W., Mikrochimica Acta (Wien) 5 (1974) Suppl., 1

[22] SCHRADER, M., Mikrochimica Acta (Wien) 6 (1975) Suppl., 161.

[23] KRAJEWSKI, TH.; WENDT, M.; HERGT, R., Beitr. 3. Tag. Mikrosonde. Berlin 1975, S. 225.

[24] BUTZ, R.; WAGNER, H., Surf. Sci. 34 (1973) 693; Phys. Status Solidi a 3 (1970) 325.

[25] BAUMGARTL, S.; RYDER, P. L.; BÜHLER, H. E., Z. Metallkd. 64 (1973) 655.

[26] WINTSCH, W.; MUSTER, W., Mikrochimica Acta (Wien) 5 (1974) Suppl., 273.

[27] WENDT, M.; KRAJEWSKI, TH.; BIMBERG, R., Phys. Status Solidi a 36 (1976) 253.

[28] ECKER, K. H., J. Phys. (London) D 6 (1973) 2150.

[29] NEWBURY, D. E.; MYKLEBUST, R. L., Ultramicroscopy 3 (1979) 391.

[30] GEISS, R. H.; KYSER, D. F., Ultramicroscopy 3 (1979) 397.

[31] WILLIAMS, D. B., Proc. 9. Int. Congr. El. Micr., Toronto 1978, Vol. 1, p. 506.

[32] BOOM, G.; WOLTERS, G. H. J., Proc. 9. Int. Congr. El. Micr., Toronto 1978, Vol. 1, p. 508.

[33] HUTCHINGS, R.; LORETTO, M. H.; JONES, I. P.; SMALLMAN, R. E., Ultramicroscopy 3 (1979) 401.

[34] RUSS, J. C., Proc. 9. Nat. Conf. El. Probe Analysis, Ottawa 1974, p. 22a.

[35] DUNCUMB, P.; REED, S. J. B., The calculation of stopping power and back-scatter effects in electron probe microanalysis. Ed.: K. F. J. HEINRICH. — Washington: NBS Special Publ. 298, 1968.

[36] PHILIBERT, J., Proc. Symp. X-Ray Optics and Microanalysis, Stanford 1962, p. 379.

[37] REED, S. B. J., Brit. J. Appl. Phys. 16 (1965) 913.

[38] ZIEBOLD, T. V.; OGILVIE, R. E., Anal. Chem. 36 (1964) 323.

[39] PHILIBERT, J.; TIXIER, R., NBS Tech. Publ. 298 (1968) 13.

[40] BEAMAN, D. R.; ISASI, J. A., Anal. Chem. 42 (1970) 1540.

[41] WEINKE, H. H.; MALISSA jun., H.; KLUGER, F.; KIESL, W., Mikrochimica Acta (Wien) 5 (1974) Suppl., 233.

[42] BÜCHNER, A. R.; STIENEN, J. P. M., Mikrochimica Acta (Wien) **6** (1975) Suppl., 227.

[43] SALTER, W. J. M., A manual of quantitative electron probe microanalysis. — London: Structural Publ. Ltd. 1970.

[44] BRÜMMER, O., Mikroanalyse mit Elektronen- und Ionensonden. — Leipzig: VEB Deutscher Verlag für Grundstoffindustrie 1978.

[45] HANTSCHE, H.; KOSCHNICK, P., Mikrochimica Acta (Wien) **5** (1974) Suppl., 73.

[46] NAMAE, T., J. Electron Microsc. **24** (1975) 1.

[47] ISAACSON, M., Scanning Electron Microscopy 1978/1. Eds.: P. BECKER; O. JOHARI. — AMF O'Hare: SEM Inc. 1978, p. 762.

[48] STECKELMACHER, W., J. Phys. (London) E **6** (1973) 1061.

[49] PEARCE-PERCY, H. T., Scanning Electron Microscopy 1978/1. Eds.: P. BECKER; O. JOHARI. — AMF O'Hare: SEM Inc. 1978, p. 42.

[50] CUNDY, S. L.; METHERELL, A. J. F.; WHELAN, M. J., J. Sci. Instrum. **43** (1966) 712.

[51] METHERELL, A. J. F.; COOK, R. F., Optik **34** (1972) 535.

[52] KRAMER, J.; VAN ZUYLEN, P.; HARDY, D. F.: Proc. 8. Int. Congr. El. Micr., Canberra 1974, Vol. 1, p. 372.

[53] CASTAING, R.; HENRY, L., C.R. Acad. Sci. (Paris) **255** (1962) 76; J. Microsc. (Paris) **3** (1964) 133.

[54] JOUFFREY, B., Proc. 5. Europ. Reg. Conf. El. Micr., Manchester 1972, p. 190.

[55] HENKELMAN, R. M.; OTTENSMEYER, F. P., J. Microsc. (London) **102** (1974) 79.

[56] EGERTON, R. F.; PHILIPP, J. G.; TURNER, P. S.; WHELAN, M. J., J. Phys. (London) E **8** (1975) 1033.

[57] WITTRY, D. B., J. Phys. (London) D **2** (1969) 1757.

[58] CREWE, A. V.; ISAACSON, M.; JOHNSON, D., Rev. Sci. Instrum. **42** (1971) 411.

[59] PARKER, N. W.; CREWE, A. V.; ISAACSON, M. S.; MANKAWICH, W., Proc. 9. Int. Congr. El. Micr., Toronto 1978, Vol. 1, p. 18.

[60] PEREZ, J. P.; ZANCHIE, G.; SEVELY, J.; JOUFFREY, B., Optik **43** (1975) 487.

[61] PEARCE-PERCY, H. T., J. Phys. (London) E **9** (1976) 135, 515.

[62] KOKUBO, Y.; IWATSUKI, M. J., Electron Microsc. **25** (1976) 123.

[63] v. HARRACH, H.; LYMAN, C. E.; VERNEY, G. E.; JOY, D. C.; BOOKER, G. R., Performance of the Oxford field-emission scanning transmission electron microscope. In: Developments in electron microscopy and analysis. Ed.: J. A. VENABLES. — London/New York: Academic Press 1976, p. 7.

[64] RAY, I. L. F.; DRUMMAND, I. W.; BUNBURY, J. R., A high resolution field emission scanning transmission electron microscope with energy analysis. In: Developments in electron microscopy and analysis. Ed.: J. A. VENABLES. — London/New York: Academic Press 1976, p. 11.

[65] EGERTON, R. F., LYMAN, C. E., An electron spectrometer system for use with a scanning transmission electron microscope. In: Developments in electron microscopy and analysis. Ed.: J. A. VENABLES. — London/New York: Academic Press 1976, p. 35.

[66] EGERTON, R. F., Ultramicroscopy **3** (1978) 39.

[67] ANDREW, J. W.; OTTENSMEYER, F. P.; MARTELL, E., Proc. 9. Int. Congr. El. Micr., Toronto 1978, Vol. 1, p. 40.

[68] ENGEL, W., Proc. 9. Int. Congr. El. Micr., Toronto 1978, Vol. 1, p. 48.

[69] ROSE, H.; PLIES, E., Optik **40** (1974) 336.

[70] ZANCHI, G.; PEREZ, J. P.; SEVELY, J., Optik **43** (1975) 495.

[71] WOLLNIK, H.; MATSUO, T.; KASSECKERT, E., Optik **46** (1976) 255.

[72] PEARCE-PERCY, H. T.; KRAHL, D.; JAEGER, J., Proc. 6. Europ. Reg. Conf. El. Micr., Jerusalem 1976, p. 348.

[73] KRAHL, D.; HERRMANN, K. H.; KUNATH, W., Proc. 9. Int. Congr. El. Micr., Toronto 1978, Vol. 1, p. 42.

[74] Castaing, R., Energy filtering in electron microscopy and electron diffraction. In: Physical aspects of electron microscopy and microbeam analysis. Eds.: B. M. Siegel; D. R. Beaman. — New York: John Wiley & Sons Ltd. 1975, p. 287.

[75] Zanchi, G.; Sevely, J.; Jouffrey, B., J. Microsc. Spectrosc. Electron 2 (1977) 95.

[76] Plies, E.; Rose, H., Optik 47 (1977) 365.

[77] Pejas, W.; Rose, H., Proc. 9. Int. Congr. El. Micr., Toronto 1978, Vol. 1, p. 44.

[78] Ichinokawa, T., Jap. J. Appl. Phys. 7 (1968) 799.

[79] Kamiya, Y.; Shimizu, K.; Suzuki, T., Optik 41 (1974) 421.

[80] Shirota, K.; Yanaka, T.: Proc. 8. Int. Congr. El. Micr., Canberra 1974, Vol. 1, p. 368.

[81] Cotte, M., Ann. Phys. (Paris) 10 (1938) 333; 11 (1939) 351.

[82] Enge, H. A., Deflecting magnets. In: Focusing of charged particles. Ed.: A. Septier. — London/New York: Academic Press 1967, Vol. 2, p. 203.

[83] Livingood, J. J., The optics of dipole magnets. — London/New York: Academic Press 1969.

[84] Penner, S., Rev. Sci. Instrum. 32 (1961) 150 u. 1068.

[85] Brown, K. L.; Belbeoch, R.; Bounin, P., Rev. Sci. Instrum. 35 (1964) 481.

[86] Herrera, J. C.; Bleamptis, E. E., Rev. Sci. Instrum. 37 (1966) 183.

[87] Wollnik, H.; Ewald, H., Nucl. Instrum. Methods 36 (1965) 93.

[88] Castaing, R.; Hennequin, J. F.; Henry, L.; Slodzian, G., The magnetic prism as an optical system. In: Focusing of charged particles. Ed.: A. Septier. — London/New York: Academic Press 1967, Vol. 2, p. 265.

[89] Heighway, E. A., Nucl. Instrum. Methods 123 (1975) 413.

[90] Rose, H., Optik 51 (1978) 15.

[91] Brown, K. K., Rev. Sci. Instrum. 36 (1965) 271.

[92] Fields, J. R., Ultramicroscopy 2 (1977) 311.

[93] Parker, N. W.; Utlaut, M.; Isaacson, M. S., Optik 51 (1978) 333.

[94] Plies, E.; Rose, H., Correction of aberrations in electron optical systems with curved axes. In: Image processing and computer-aided design in electron optics. Ed.: P. W. Hawkes. — London/New York: Academic Press 1973, p. 344.

[95] Plies, E., Optik 38 (1973) 502.

[96] Sturrock, P. A.: Static and dynamic electron optics. — Cambridge: University Press 1955.

[97] Johnson, D. E., Ultramicroscopy 3 (1978) 361.

[98] Crewe, A. V., Optik 47 (1977) 299, 371.

[99] Batson, P. E.; Chapman, J. N.; Craven, A. J.; Ferrier, R. P., Proc. 9. Int. Congr. El. Micr., Toronto 1978, Vol. 1, p. 532.

[100] Batson, P. E., Ultramicroscopy 3 (1978) 367.

[101] Gibbons, P. C.; Ritsko, J. J.; Schnatterly, S. E., Rev. Sci. Instrum. 46 (1975) 1546.

[102] Trebbia, P.; Ballongue, P.; Colliex, C., Proc. 35. EMSA Conf., Boston 1977, p. 232.

[103] Egerton, R. F.; Kenway, D., Ultramicroscopy 4 (1979) 221.

[104] Hren, J. J., Ultramicroscopy 3 (1978) 375.

[105] Pines, D.: Elementary excitations in solids. — New York: Benjamin Press 1969.

[106] Raether, H., Springer Tracts Mod. Phys. 38 (1965) 84.

[107] Inokuti, M., Rev. Mod. Phys. 43 (1971) 297; Ultramicroscopy 3 (1978) 423.

[108] Manson, S. T., Phys. Rev. A 6 (1972) 1013.

[109] Silcox, J., Proc. 9. Int. Congr. El. Micr., Toronto 1978, Vol. 3, p. 259; Ultramicroscopy 3 (1978) 409.

[110] Leapman, R. D., Ultramicroscopy 3 (1978) 413.

[111] Ritchie, R. H., Phys. Rev. 106 (1957) 874.

[112] Vincent, R.; Silcox, J., Phys. Rev. Lett. **31** (1973) 1484.

[113] Ferrell, R. A., Phys. Rev. **111** (1958) 1214.

[114] Egerton, R. F., Philos. Mag. **31** (1975) 199; **34** (1976), 49; Solid State Commun. **19** (1976) 737; Phys. Status Solidi a **37** (1976) 66; Ultramicroscopy **4** (1979) 169.

[115] Kihn, Y.; Sevely, J.; Jouffrey, B., Philos. Mag. **33** (1976) 733.

[116] Leapman, R. D.; Cosslett, V. E., Philos. Mag. **33** (1976) 1.

[117] Isaacson, M.; Silcox, J., Ultramicroscopy **2** (1977) 89.

[118] Leapman, R. D.; Rez, P.; Mayers, D. F., Proc. 9. Int. Congr. El. Micr., Toronto 1978, Vol. 1, p. 526.

[119] Isaacson, M., Chem. Phys. **56** (1972) 1813.

[120] Colliex, C.; Jouffrey, B., Philos. Mag. **25** (1972) 491.

[121] Egerton, R. F.; Whelan, M. J., J. Electron Spectrosc. Relat. Phen. **3** (1974) 232.

[122] Egerton, R. F., Philos. Mag. **30** (1974) 739.

[123] Isaacson, M.; Utlaut, M., Optik **50** (1978) 213.

[124] Ritsko, J. J.; Schnatterly, S. E.; Gibbons, P. C., Phys. Rev. Lett. **32** (1974) 671.

[125] Leapman, R. D.; Cosslett, V. E., J. Phys. (London) **D 9** (1976) L 29.

[126] Kincaid, B. M.; Meixner, A. E.; Platzmann, P. M., Phys. Rev. Lett **40** (1978) 1296.

[127] Egerton, R. F., Scanning Electron Microscopy 1978/1, Eds.: P. Becker; O. Johari. — AMF O'Hare: SEM Inc. 1978, p. 133.

[128] Jouffrey, B.; Kihn, Y.; Perez, J. P.; Sevely, J.; Zanchi, G., Proc. 5. Int. Conf. HVEM, Kyoto 1977, p. 225.

[129] Wittry, D. B.; Ferrier, R. P.; Cosslett, V. E., Brit. J. Appl. Phys. **2** (1969) 1767.

[130] Isaacson, M. S.; Johnson, D., Ultramicroscopy **1** (1975) 33.

[131] Egerton, R. F.; Rossouw, C. J.; Whelan, M. J., Progress towards a method for the quantitative microanalysis of light elements by electron energy-loss spectrometry. In: Developments in electron microscopy, and analysis. Ed.: J. A. Venables. — London/New York: Academic Press 1976, p. 129.

[132] Egerton, R. F., Scanning Electron Microscopy 1978/1. Eds.: P. Becker: O. Johari. — AMF O'Hare: SEM Inc. 1978, p. 133; Ultramicroscopy **3** (1978) 243.

[133] Wittry, D. B., Ultramicroscopy **1** (1976) 297.

[134] Kokubo, Y.; Iwatsuki, M.; Koike, H.: Proc. 6. Europ. Reg. Conf. El. Micr., Jerusalem 1976, p. 436.

[135] van Zuylen, P., Proc. 6. Europ. Reg. Conf. El. Micr., Jerusalem 1976, p. 434.

[136] Calliex, C.; Cosslett, V. E.; Leapman, R. D.; Trebbia, P., Ultramicroscopy **1** (1976) 301.

[137] Colliex, C.; Trebbia, P., Energy loss spectroscopy in the electron microscope as a tool for microanalysis. In: Developments in electron microscopy and analysis. Ed.: J. A. Venables. — London/New York: Academic Press 1976, p. 123; Proc. 9. Int. Congr. El. Micr., Toronto 1978, Vol. 3, p. 268.

[138] Jeauguillaume, C.; Trebbia, F.; Colliex, C., Ultramicroscopy **3** (1978) 237.

[139] Leapman, R. D.; Cosslett, V. E.: Microanalysis by electron spectrometry of inner shell excitations. In: Developments in electron microscopy and analysis. Ed.: J. A. Venables. — London/New York: Academic Press 1976, p. 133; Proc. 6. Europ. Reg. Conf. El. Micr., Jerusalem 1976, p. 431; Vacuum **26** (1976) 423.

[140] Cosslett, V. E., Proc. 6. Europ. Reg. Conf. El. Micr., Jerusalem 1976, p. 41.

[141] Rossouw, C. J.; Egerton, R. F.; Whelan, M. J., Vacuum **26** (1976) 427.

[142] Leapman, R. D.; Sanderson, S. J.; Whelan, M. J., Metal Sci. **12** (1978) 215.

[143] Joy, D.; Maher, D., Ultramicroscopy **3** (1978) 69.

[144] Hainfeld, J.; Isaacson, M., Ultramicroscopy **3** (1978) 87.

[145] Jouffrey, B.; Kih, Y.; Perez, J. P.; Sevely, J.; Zanchi, G.: Proc. 9. Int. Congr. El. Micr., Toronto 1978, Vol. 3, p. 292.
[146] Brundle, C. R., J. Vac. Sci. Technol. 11 (1974) 212.
[147] Burhop, E. H. S.: The Auger effect and other radiation less transitions. — London: Cambridge University Press 1952.
[148] Chung, F. F.; Jenkins, L. H., Surf. Sci. 22 (1970) 479.
[149] Asaad, W. N.; Burhop, E. H., Proc. Phys. Soc. (London) 71 (1958) 369.
[150] Asaad, W. N., Nucl. Phys. 66 (1965) 494.
[151] Bergström, I.; Nordling, C., The Auger effect. In: Alpha, beta, gamma ray spectroscopy. Ed.: K. Siegbahn. — Amsterdam: North-Holland Publ. Comp. 1965, Vol. 2, p. 1523.
[152] Bearden, J. A.; Burr, A. F., Rev. Mod. Phys. 39 (1967) 125.
[153] Coghlan, W. A.; Clausing, R. E., Atomic Data 5 (1973) 317.
[154] Chang, C. C., Analytical Auger electron spectroscopy. In: Characterisation of solid surfaces. Eds.: P. F. Kane, G. B. Larabee. — New York: Plenum Press 1974, p. 509; Surf. Sci. 25 (1971) 53.
[155] Janssen, A. P.; Schoonmaker, R.; Matthew, J. A. D.; Chambers, A., Solid State Commun. 14 (1974) 1263.
[156] Handbook of Auger Electron Spectroscopy. — Edina: Physical Electronics Inductr. Inc. 1972.
[157] Bauer, E. G., Auger-Spektroskopie und Abbildung mit Auger-Elektronen. In: Physik und Chemie der Kristalloberfläche, Symposiumbericht. Nova Acta Leopoldina N.F. (1980).
[158] Kirschner, J., Electron-excited core level spectroscopies. In: Electron spectroscopy for surface analysis. Ed.: H. Ibach. — Berlin/Heidelberg/New York: Springer-Verlag 1977, p. 59.
[159] Venables, J. A.; Janssen, A. P.: Proc. 9. Int. Congr. El. Micr., Toronto 1978, Vol. 3, p. 280.
[160] Venables, J. A.; Janssen, A. P.; Harland, C. J.; Joyce, B. A., Philos. Mag. 34 (1976) 495.
[161] Janssen, A. P.; Venables, J. A., Surf. Sci. 77 (1978) 351.
[162] Browing, R.; Bassett, P. J.; El-Gomati, M. M.; Prutton, M., Proc. Roy. Soc. London A 357 (1977) 213.
[163] Powell, C. J., Surf. Sci. 44 (1974) 29; Rev. Mod. Phys. 48 (1976) 33; Proc. 7. Int. Vac. Congr., Wien 1977, p. 2319.
[164] Oatley, C. W., The Scanning Electron Microscope. — London: Cambridge University Press 1972.
[165] Thornton, P. R., Scanning Electron Microscopy. — London: Chapman and Hall Ltd. 1968.
[166] Steckelmacher, W., J. Phys. (London) E 6 (1973) 1061.
[167] Roy, D.; Carette, J. D., Design of electron spectrometers for surface analysis. In: Electron spectroscopy for surface analysis. Ed.: H. Ibach. — Berlin/Heidelberg/New York: Springer-Verlag 1977, p. 13.
[168] Tharp, L. N.; Scheibner, E. J., J. Appl. Phys. 38 (1967) 4355.
[169] Staib, P.; Staudenmaier, G., Proc. 7. Int. Vac. Congr., Wien 1977, p. 2355.
[170] Mac Donald, N. C.; Waldrop, J. R., Appl. Phys. Lett. 19 (1971) 315.
[171] Powell, B. D.; Woodruff, D. P.; Griffiths, B. W.. J. Phys. (London) E 8 (1975) 548.
[172] Palmberg, P. W., Anal. Chem. 45 (1973) 5491.
[173] Hall, P. M.; Morabito, J. M.; Conley, D. K., Surf. Sci. 62 (1977) 1.
[174] Chang, C. C., Surf. Sci. 48 (1975) 9.
[175] Holloway, P. H., Surf. Sci. 66 (1977) 479.
[176] Janssen, A. P.; Harland, C. J.; Venables, J. A., Surf. Sci. 62 (1977) 277.

10. Bildverarbeitung in der Elektronenmikroskopie

W. Neumann, R. Hillebrand, Th. Krajewski

Für die Interpretation elektronenmikroskopischer Aufnahmen ist die genaue Kenntnis der einzelnen Stufen der Bildentstehung vom Wechselwirkungsprozeß des Elektronenstrahls mit dem Objekt bis hin zur photografischen Aufzeichnung des Bildes notwendig. In zunehmendem Maße werden Verfahren der Bildverarbeitung (*image processing*) in der EM angewandt, um sowohl aus der elektronenoptischen Abbildung bzw. aus dem Beugungsdiagramm direkt als auch mit Hilfe der Computersimulation optimale Aussagen über das zu untersuchende Objekt zu gewinnen. Ein schematischer Überblick der Bildverarbeitungsverfahren in der EM ist in Abb. 10.1 dargestellt, wobei die einzelnen Verfahren den grundlegenden Prozessen bei der Bildentstehung und der nachfolgenden Bildauswertung zugeordnet sind. Nach methodischen Gesichtspunkten können die dargestellten Bildverarbeitungsoperationen in der Elektronenmikroskopie in folgende allgemeine Kategorien zusammengefaßt werden:

— Bildwiederherstellung (*image restoration*)
— Bildverbesserung (*image enhancement*)
— Bildanalyse (*image analysis*)
— Bildrekonstruktion (*structure reconstruction*)
— Computersimulation (*computer simulation*) des Abbildungsprozesses und des Wechselwirkungsprozesses Elektronenstrahl—Objekt.

Die Bildwiederherstellung einer elektronenmikroskopischen Aufnahme bedeutet immer eine Korrektur der Bildfehler, die vom elektronenmikroskopischen Abbildungs- und Aufzeichnungssystem herrühren. Dies bedeutet im allgemeinen eine Korrektur der Phasenkontrastübertragungsfunktion des EM im Falle der Hochauflösungsabbildung, wenn die Auflösung besser als 1,5 nm ist [1, 2]. Für eine geringere Auflösung ist die Berücksichtigung der Bildwiederherstellungsoperationen unnötig, da infolge der praktisch gewählten Fokussierung in diesem Falle alle wesentlichen Raumfrequenzen bereits zur Phasenkontrastabbildung beitragen. Die Bildverbesserung umfaßt Verfahren, die durch eine Verbesserung des Signal/Rausch-Verhältnisses die Detailerkennbarkeit des Bildes erhöhen. Die Bildverbesserungsverfahren reichen von einfachen Kontrastmanipulationen, Filterverfahren im direkten und reziproken Raum, Bildakkumulation bis zu den Punktabbildungsoperationen. Die Mehrzahl der Verfahren der Bildverarbeitung elektronenmikroskopischer Aufnahmen kann dieser Kategorie zugeordnet werden.

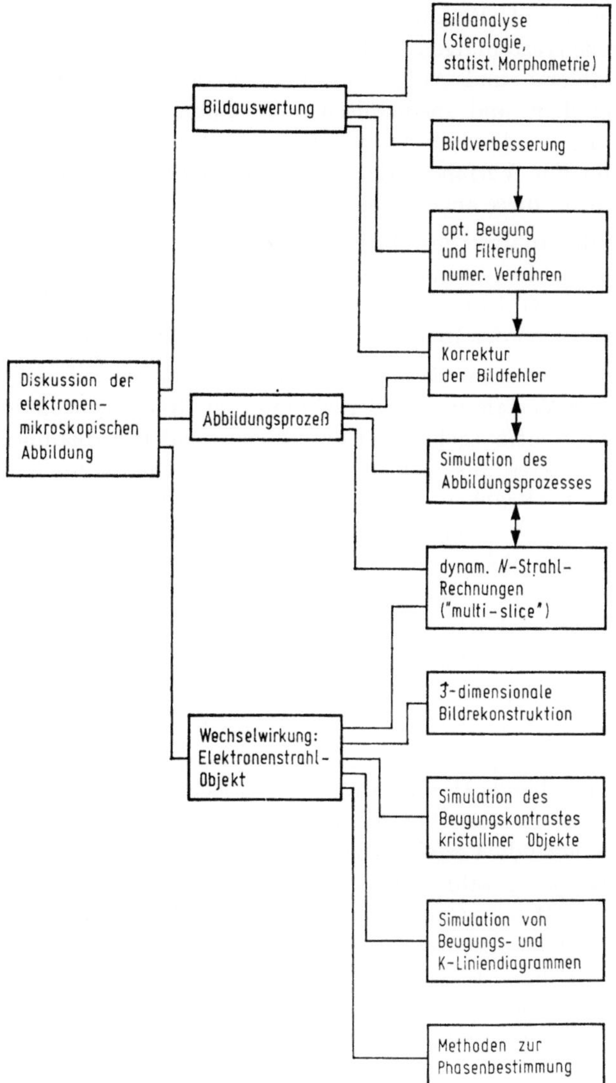

Abb. 10.1   Schema zur Bildverarbeitung in der EM

In den Begriff der Bildanalyse ordnen sich die Arbeitstechniken und Auswertemethoden der stereometrischen Analyse ein, mit deren Hilfe morphologische Strukturen im Objekt quantitativ beschrieben werden können. Auf der Grundlage der
Stereologie liefert die statistisch-morphometrische Analyse, soweit sie sich mit der
Untersuchung mikroskopisch erfaßbarer Details befaßt, unter Ausnutzung entweder von vornherein vorhandener oder präparativ erreichbarer signifikanter Ab-
bildungskontraste Aussagen über den räumlichen Aufbau ein- und mehrphasiger
Gefüge und regellos verteilter Struktureinzelheiten heterogener Materialien. Die

Bestimmungen von Teilchenanzahl, Volumen- und Gewichtsanteilen, mittleren Teilchengrößen, Teilchengrößenverteilungen und topologischen Strukturparametern sind grundlegende Probleme und Aufgabenstellungen der Bildanalyse in werkstoffkundlichen, biologischen und medizinischen Disziplinen. Hinsichtlich ihrer technischen Entwicklung, im besonderen des Automatisierungsgrades, sind diese Fragestellungen eng mit den Verfahren der Bilderkennung (*pattern recognition*) verbunden und teilweise auf diese angewiesen.

Eine weitere Aufgabe der Bildanalyse besteht in der Separierung verschiedener, überlagerter Bilder in einer elektronenmikroskopischen Aufnahme oder in der Bestimmung der Symmetrie von Objektstrukturen. Dafür finden sowohl optische als auch die numerischen Verfahren der Beugung und Filterung Anwendung.

Die Methoden der dreidimensionalen Bildrekonstruktion gestatten mit Hilfe mathematischer und optischer Verfahren die Berechnung der dreidimensionalen Dichteverteilung aus dem Informationsgehalt der zweidimensionalen Aufnahmen. Die Rekonstruktion eines Objektes aus elektronenmikroskopischen Aufnahmen läßt sich auf das mathematische Problem der Rekonstruktion eines Körpers aus einer endlichen Anzahl von Projektionen zurückführen. Aus den experimentell meßbaren optischen Dichten der elektronenmikroskopischen Aufnahmen unterschiedlicher Orientierung wird durch das entsprechende Rekonstruktionsverfahren die räumliche Dichteverteilung berechnet.

Unter dem Begriff der Computersimulation werden die Verfahren zusammengefaßt, die — ausgehend von Modellen der abzubildenden Strukturen — Bilder berechnen, die mit den experimentellen Aufnahmen verglichen werden. Dabei wird unter Variation des Modells bzw. geeigneter Parameter die Simulationsprozedur so lange wiederholt, bis eine hinreichende Übereinstimmung zwischen Rechnung und Experiment erreicht wird. Es ist zweckmäßig, die Verfahren der Computersimulation in der EM in zwei grundlegende Verfahren zu unterteilen, die einerseits den Wechselwirkungsprozeß Elektronenstrahl —Objekt und andererseits den eigentlichen Abbildungsvorgang im EM betreffen. Im ersten Fall handelt es sich dabei vorwiegend um die Methoden der Computersimulation des elektronenmikroskopischen Beugungskontrastes (s. Anhang 1.) zur Interpretation der Bildkontraste von Kristalldefekten und die Simulation von Elektronenbeugungsdiagrammen, einschließlich der K-Liniendiagramme. Im anderen Fall wird der elektronenoptische Abbildungsvorgang simuliert, wobei entweder vom Modell des Objektes im Realraum oder vom entsprechenden Beugungsdiagramm im Fourier-Raum ausgegangen wird. Je nach den gestellten experimentellen Randbedingungen können die Berechnungen in kinematischer Näherung oder mit Hilfe der dynamischen Theorie durchgeführt werden, wobei im letzteren Falle vorwiegend die *multi-slice*-Technik [3—7] angewandt wird.

Bei der Bildverarbeitung elektronenmikroskopischer Aufnahmen läßt sich nur ein geringer Teil dieser Operationen mit Hilfe einfacher optischer Aufbauten durchführen, so daß überwiegend digitale Methoden Anwendung finden. Möglichkeiten und Anwendungen der optischen Bildverarbeitung sind in zahlreichen Übersichtsartikeln behandelt worden [8—11]. Ein Vergleich und eine Abschätzung der Vor-

und Nachteile der optischen und digitalen Bildverarbeitung in der Hochauflösungs-EM wurde von BURGE, DAINTY und SCOTT [12] vorgenommen.

Nach der Definition von HUANG [13] versteht man unter „Bildverarbeitung" im
allgemeinen die Manipulation von mehrdimensionalen Signalen, die Funktionen
von verschiedenen Variablen sind. Die Übertragung von Signalen, von ihrem Ursprung bis zu ihrer Wiedergabe, ist die Aufgabe der Übertragungstheorie. Entwicklung und Anwendung von allgemeinen Bildverarbeitungsverfahren sind eng
mit der Einführung der Methoden der Übertragungstheorie in die Optik [14, 15] verbunden. In vielen Fällen der elektronenmikroskopischen Praxis (Hellfeldabbildung
schwacher Objekte; s. dazu Kap. 2.) sind beim Abbildungsprozeß im EM die Kriterien für eine lineare Übertragung erfüllt. Detaillierte Behandlungen der elektronenmikroskopischen Bildentstehung mit Hilfe der linearen optischen Übertragungstheorie erfolgten durch HANSZEN [16] und LENZ [17].

Aufbauend auf den Methoden der Übertragungstheorie wurden zahlreiche Bildverarbeitungsverfahren für die elektronenmikroskopische Praxis entwickelt.
Andererseits basieren verschiedene Verfahren der Bildverarbeitung in der EM,
insbesondere auf dem Gebiet der Strukturrekonstruktion, auf Konzepten, die aus
der Röntgenkristallstrukturanalyse bekannt sind. In diesem Abschnitt werden
einige ausgewählte Methoden der digitalen und optischen Bildverarbeitung elektronenmikroskopischer Aufnahmen dargestellt.

10.1. Grundlagen der Bildverarbeitung

Die Zusammenhänge zwischen Objekt und elektronenmikroskopischer Abbildung
können mit Hilfe der linearen optischen Übertragungstheorie beschrieben werden.
Die dreidimensionalen Objekte lassen sich entsprechend dem Projektionstheorem
in der EM [18 — 20] durch zweidimensionale Funktionen darstellen. Wird der Zusammenhang zwischen Objektfunktion $o(r)$ und Bildfunktion $i(r)$ durch einen linearen Operator $\mathfrak{H}$ beschrieben, so gilt folgende Grundgleichung (für eine ausführliche Beschreibung s. z. B. FRANK [2], ANDREWS [21]):

$$i(r) = \mathfrak{H}\,\{o(r)\} = \mathfrak{H}\{\int o(r')\,\delta(r - r')\,\mathrm{d}\vec{r}'\} = \int o(r')\,\mathfrak{H}\,\{\delta(r - r')\}\,\mathrm{d}r'\,,$$

$$(10.1)$$

wobei $r = x, y$ der Ortsvektor im Realraum ist. Die Funktion $k(r, r') =$
$= \mathfrak{H}\{\delta(r - r')\}$ ist — wie bereits aus Kap. 2. ersichtlich — die Verwaschungsfunktion (Punktbildfunktion, Punktbildverwaschungsfunktion) des Systems [14,
21, 22]. Ist das System „isoplanatisch", so gilt bekanntlich $k(r, r') = k(r - \vec{r}')$,
und Gl. (10.1) läßt sich folgendermaßen umformen:

$$i(r) = o(r) * k(r) = \int o(r')\,k(r - r')\,\mathrm{d}r'\,.$$

$$(10.2)$$

Bei Anwendung des Faltungstheorems ergibt sich ein äquivalenter Ausdruck im
Fourier-Raum

$$I(g) = O(g) \cdot K(g)\,.$$

$$(10.3)$$

Hierbei ist $g = (u, v)$ der Ortsvektor im Fourier-Raum, und ferner gilt: $I(g) = \mathcal{F}[i(r)]$, $O(g) = \mathcal{F}[o(r)]$, $K(g) = \mathcal{F}[k(r)]$. Die Fourier-Transformierte $K(g)$ der Verwaschungsfunktion $k(r)$ ist — wie bereits bekannt — die optische Übertragungsfunktion des Systems.

Für die Behandlung des realen elektronenoptischen Abbildungsprozesses muß noch der Einfluß des optischen Rauschens, d. h. die statistischen Schwankungen der Elektronenintensität und der Kornverteilung der Photoplatte, berücksichtigt werden:

$$i(r) = o(r) * k(r) + n(r) . \tag{10.4}$$

Die einfache additive Beziehung ist nur gültig, wenn die Bedingungen $\Delta I(r) \ll I_e$ und $n(r) \ll I_e$ erfüllt sind, wobei $\Delta I(r)$ die Intensitätsschwankung im Bild, I_e die Intensität des einfallenden Elektronenstrahls und $n(r)$ der Rauschterm sind (s. dazu [2, 14, 24]). Aufgabe der Verfahren der Bildverarbeitung ist es, aussagefähige Objekt-Bild-Beziehungen herzustellen. Dies erfordert die Bestimmung und Unterdrückung des Terms $n(r)$ bzw. die Entfaltung der Objektfunktion von der Verwaschungsfunktion.

Die Gewinnung der zur numerischen Bildauswertung notwendigen digitalen Informationen aus den Experimenten kann dabei entweder direkt im EM durch geeignete elektronische Verfahren, z. B. Bildwandler- und Bildspeichersysteme [23], oder über eine photographische Aufzeichnung erfolgen. Die in der photographischen Schicht gespeicherte Information über das Objekt wird mit Hilfe eines Mikrodensitometers, das die optischen Dichtewerte punktweise mißt und digitalisiert, erfaßt. Für die Abtastung einer 9×12 cm großen elektronenmikroskopischen Photoplatte, die ungefähr $10^7 \cdots 10^8$ Bildpunkte enthält, sind bei Berücksichtigung von 256 Grauwerten etwa $10 \cdots 100$ MByte Speicherkapazität notwendig. Wegen der begrenzten Speicherkapazität der Rechner werden im allgemeinen relativ kleine Bildbereiche abgetastet. Die verarbeitete Zahl der Bildpunkte umfaßt Bereiche von 64×64 bis zu maximal 2048×2048 Bildpunkten. Die optischen Systeme (z. B. optische Diffraktometer, Holographieverfahren) haben den Vorteil, daß größere Bildbereiche ($> 10^7$ Bildpunkte) schnell und direkt transformiert werden. Digitale Methoden sind im Gegensatz zu den optischen Verfahren rauschfrei, die Linearität der Übertragung ist in jedem Fall gewährleistet, und die verschiedenartigsten Bildoperationen (z. B. Kontraständerung, Auffinden von maximalen Dichtewerten) können wahlweise durchgeführt werden.

Für die numerische Bildverarbeitung ist die Messung der digitalen Schwärzungsverteilung der elektronenmikroskopischen Photoplatte Voraussetzung. Mögliche Fehlerquellen bei der Messung der optischen Dichte sind durch das diskontinuierliche Abtasten, die Apertur des Abtastsystems und die Begrenzung des abzutastenden Bildes gegeben. Ausführliche Behandlungen des Digitalisierungsprozesses von Photoplatten findet man z. B. bei BILLINGSLEY [24, 25], FRANK [2], DAINTY und SHAW [26] und FRIEDEN [27]. Beim Meßvorgang muß das Abtastnetz so gewählt werden, daß das *sampling*-Theorem (Abtast-Theorem) nicht verletzt wird. Die erforderliche Abtastgenauigkeit ergibt sich aus der Betrachtung der

Fourier-Transformierten $D'(\boldsymbol{g})$ der gemessenen Schwärzungsverteilung. Es gilt:

$$D'(\boldsymbol{g}) = D(\boldsymbol{g}) * G(\boldsymbol{g}) , \tag{10.5}$$

wobei $D'(\boldsymbol{g}) = \mathscr{F}\,[d'(\boldsymbol{r})]$, $D(\boldsymbol{g}) = \mathscr{F}\,[d(\boldsymbol{r})]$, $G(\boldsymbol{g}) = \mathscr{F}\,[g(\boldsymbol{r})]$ sind. Hierbei bedeuten $d(\boldsymbol{r})$ die optische Dichteverteilung als Eingabefunktion, $g(\boldsymbol{r})$ die Funktion des Abtastgitters und $d'(\boldsymbol{r})$ die gemessenen diskreten Dichtewerte. Die Fourier-Transformierte der gemessenen optischen Dichteverteilung ist die Faltung der Fourier-Transformierten der kontinuierlichen Schwärzungsverteilung mit dem reziproken Gitter des vorgegebenen Abtastrasters. Das Abtastraster muß so gewählt werden, daß keine Überlappung benachbarter Fourier-Bereiche möglich ist.

In der elektronenmikroskopischen Praxis sind die Maximalforderungen bezüglich der Punktauflösung durch die Auswertung von Hochauflösungsaufnahmen (Auflösung 0,2 ··· 0,4 nm) gegeben. In Abb. 10.2 sind eine (200)-Netzebenenab-

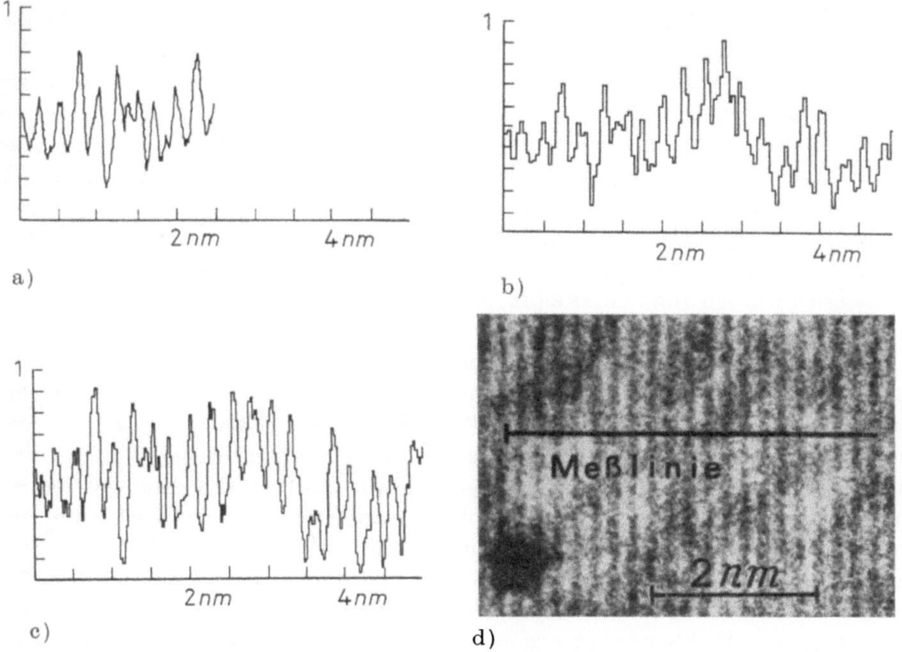

Abb. 10.2   Digitalisierung einer (200)-Netzebenenabbildung von Kupfer $(d_{200} = 0{,}196\ \mathrm{nm})$

a, b, c) Mikrodensitometerkurven der Schwärzungsverteilung. Meßflächendurchmesser: 16 µm; Meßpunktabstände MA: 4 µm (a), 8 µm (b), 16 µm (c) d) elektronenmikroskopische Abbildung (V: 500 000fach)

bildung von Kupfer (Abb. 10.2d) und verschiedene Linienprofile (Abb. 10.2a—c) mit variablem Meßpunktabstand gegenübergestellt. Die Netzebenenabstände betragen 0,2 nm; die für Hochauflösungsabbildungen übliche Negativvergrößerung ist 500000fach, d. h., ein Netzebenenabstand entspricht auf der Photoplatte 100 µm. Durch die gewählten Abtastparameter-Meßpunktabstände von 4 µm

(Abb. 10.2a), 8 μm (Abb. 10.2b) und 16 μm (Abb. 10.2c) — jeweils bei einem Sondendurchmesser von 16 μm — kann der Informationsgehalt der experimentellen Aufnahme aufgezeichnet werden.

10.2. Verfahren der Bildwiederherstellung und Bildverbesserung

Da durch die Störungen des Abbildungs- und Aufzeichnungssystems nicht in jedem Fall eindeutige Zuordnungen zwischen Objekt und Bild vorgenommen werden können, werden nachträglich durch Anwendung von Restaurationsmethoden (Rekonstruktionsverfahren) optisch bzw. rechnerisch Korrekturen der Bilder vorgenommen. Ausführliche Abhandlungen der Restaurationsverfahren finden sich in Standardbüchern der Bildverarbeitung (s. z. B. [2, 21]). Eine Übersicht über die in der EM entwickelten und angewandten Bildwiederherstellungsverfahren gibt FRANK [2]. Bei den in der EM angewandten Verfahren geht es einerseits darum, die Übertragungscharakteristik nachträglich zu verbessern (Anwendung von Filterfunktionen, z. B. [11, 28]; Wiener-Filter, z. B. [12, 29, 30]). Andererseits sind durch die Nullstellen der Übertragungsfunktion (s. Kap. 2.; 3.) Informationslücken bei der Übertragung vorhanden. Nach einem Vorschlag von HANSZEN [31] kann man die fehlenden Informationen an den Nullstellen durch Auswertung von Fokussierungsserien elektronenmikroskopischer Aufnahmen gewinnen. Verfahren zur Rekonstruktion der Abbildung periodischer Objekte unter Verwendung von Fokusserien wurden von SCHISKE [32, 33] und ERICKSON und KLUG [34] entwickelt (zu Anwendungsbeispielen der Bildwiederherstellung; s. z. B. [2, 11, 12, 28, 35]).

Bei den Verfahren der Bildverbesserung wird das Signal/Rausch-Verhältnis geeignet verändert, so daß die Detailerkennbarkeit des Bildes erhöht wird. Die Methoden der „Punktabbildungsoperationen" sind dadurch gekennzeichnet, daß die Dichtewerte einzelner Bildelemente transformiert werden, wobei die Nachbarpunkte nicht berücksichtigt werden. Beispiele für die Punktabbildungsverfahren sind Histogramm-Manipulationen, wie die lineare Streckung der Dichtewerte in einem vorgegebenen Bereich, die Grauskalennormalisierung (Histogrammegalisierung) usw. Die „räumlichen Verarbeitungsprozeduren" berücksichtigen bei der Transformation den Wert des Bildpunktes und seiner Nachbarn gleichermaßen, um einen neuen Dichtewert zu erzeugen. Ist die Kombination linear, spricht man von linearen Filteroperationen, die sowohl im Real- als auch im Fourier-Raum ausgeführt werden können. Für eine detaillierte Behandlung der unterschiedlichsten Filterverfahren (inverse Filter, Anpassungsfilter, optimale Filter usw.) sei auf die Übersichten in der Literatur verwiesen (s. z. B. [2, 11, 14, 15, 36—38]).

Abb. 10.3 zeigt das Prinzip eines optischen Diffraktometers zur Auswertung elektronenmikroskopischer Aufnahmen (optische Beugung und Filterung). Der vom Laser als Lichtquelle ausgehende kohärente Lichtstrahl wird entsprechend aufgeweitet (Keplersches Aufweitungssystem mit Raumfilterblende) und trifft als paralleles Strahlenbündel das Objekt. In der hinteren Brennebene D_1 der Linse L_1 entsteht das Fraunhofersche Beugungsdiagramm (Raumfrequenzspektrum), in das

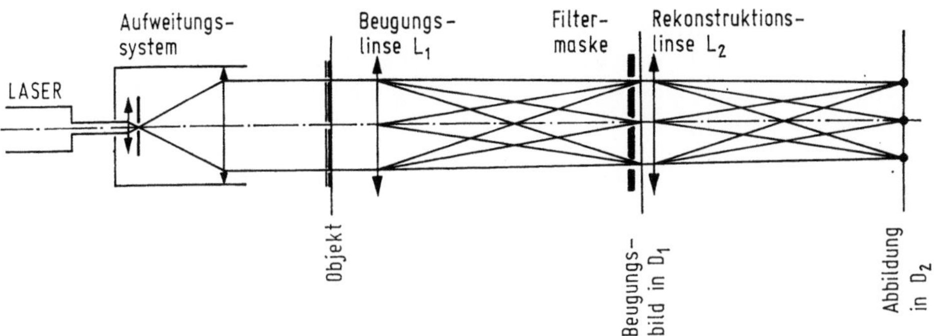

Abb. 10.3   Prinzip eines optischen Diffraktometers

durch geeignete Filtermasken entsprechend eingegriffen werden kann. Das rekonstruierte bzw. gefilterte Bild ist dann in der Ebene D_2 der Rekonstruktionslinse L_2 beobachtbar. Die optische Filterung wird zur Lösung der unterschiedlichsten Probleme in der EM angewandt (Trennung überlagerter Strukturen, z. B. [39, 40], Verbesserung der Übertragungseigenschaften in der Hochauflösungs-EM u. a., Anwendung holographischer Filter, z. B. [2, 11, 12], Zonenplatten-Filter, z. B. [41]).

Im Zusammenhang mit den Verfahren der Bildverbesserung sei noch auf die Akkumulationstechniken (*averaging techniques, statistically noisy, averaged pictures* (SNAP)) hingewiesen, um aus einer Anzahl verrauschter Bilder [42 — 46] durch Superposition eine rauschfreie Abbildung der Struktur zu erzielen. Für die dazu notwendige exakte Orientierung der Aufnahmen untereinander wurden spezielle Techniken entwickelt (,,*self-detection*"-*approach* [45], Anwendung der Korrelationsfunktionen [47]; z. B. angepaßte Filterung [2, 43]). Ausführliche Darstellungen der existierenden Verfahren sind in den Arbeiten von FRANK [2, 43—46] und SAXTON [35, 45] gegeben.

10.3. Methoden der stereometrischen Bildanalyse und dreidimensionalen Bildrekonstruktionen

Die quantitative Beschreibung des räumlichen Aufbaus von Gefügen und Phasenstrukturen und die Charakterisierung disperser Systeme stellt einen interdisziplinären Aufgabenbereich dar, der mit methodisch ähnlichen Fragestellungen (nach Beziehungen zwischen morphologischen Strukturen und ihren Eigenschaften bzw. Funktionen) sowohl die Interessengebiete des Mineralogen und Werkstoffwissenschaftlers als auch des Biologen und Mediziners berührt. Den Ausgangspunkt für die Strukturbewertung bilden ebene Schnitte, Schliffe oder Projektionen der zu untersuchenden Gefüge. Sie liegen entweder als mikroskopische Präparate oder als deren Aufnahmen vor, und es ist die Aufgabe der stereometrischen Analyse, mit den in der Ebene gemessenen Daten die räumlichen Gefügeparameter zu rekonstruieren, d. h. durch Extrapolation von der ebenen Struktur auf die dritte Dimension zu schließen. Die analytische Zielstellung besteht vor allen Dingen in der statistisch-morphometrischen Auswertung von Gefügen, so daß nicht das Einzelobjekt, sondern die Mannigfaltigkeit inkohärenter und in regelloser Verteilung angeordneter Strukturdetails untersucht wird. Unter diesem Gesichtspunkt ist der Analytiker etwa an der Zählung der Teilchen einer oder mehrerer Phasen, der Bestimmung von Volumen- und Gewichtsanteilen, mittleren Partikelgrößen, spezifischen Oberflächen oder Grenzflächen (als Maß für die Dispersität des Gefüges) und Teilchengrößenverteilungen interessiert. Die genannten Aufgaben lassen sich mit der Kenntnis einiger stereometrischer Grundgrößen lösen. Dagegen erfordern Form- und Detailerkennungen — abgesehen von Angaben des Streckungsverhältnisses (Anisotropiegrad) in Gefügen mit Textur — eine Vielzahl von Algorithmen und demzufolge einen erheblich höheren Aufwand an technischen und logischen Funktionen [48 — 51]. An dieser Stelle sei auch auf ausführliche Darstellungen der stereologischen Methoden von SALTYKOV [52] sowie UNDERWOOD [53, 54] und [55, 56] verwiesen.

Die historische Entwicklung der stereometrischen Analyse, insbesondere die Bestimmungsmethode von Volumenanteilen heterogener Objekte, geht von der Flächenanalyse (planimetrisches Verfahren) aus und setzt sich zur Linear- und Punktanalyse (Verfahren der Punktzählung anhand von vorgegebenen Punktmustern) fort. Nach dem linearanalytischen Meßprinzip wird in den ebenen Gefügeschnitt eine Analysenlinie oder eine beliebige Anzahl nicht notwendig gerader und parallel orientierter Linien hineingelegt. Wie das Flächenmeßverfahren basiert auch die Linearanalyse auf dem Cavalierischen Prinzip, infolgedessen der Phasenanteil im Volumen, im ebenen Schnitt durch das Volumen und entlang in den Schnitt gelegter Linien (unter Beachtung statistisch günstiger Voraussetzungen) übereinstimmt. Daraus folgt unter Einbeziehung der Punktanalyse die fundamentale Aussage: Geben A_A die relative Fläche, L_L die relative Linienlänge und P_P die relative Punktmenge an, die in der Schnittebene auf die Bestandteile einer Phase entfallen, dann ist unabhängig von der Teilchengestalt für den Volumenanteil V_V die Identität

$$V_V = A_A = L_L = P_P \tag{10.6}$$

erfüllt. Eine weitere grundlegende stereologische Formel bestimmt aus der Anzahl P_L der pro Längeneinheit von der Analysenlinie erzeugten Durchstoßpunkte der Grenzfläche in einfacher Weise die spezifische, d. h. volumenbezogene Oberfläche S_V eines Strukturdetails, und zwar ist für jede beliebige Teilchenform

$$S_V = 2P_L \tag{10.7}$$

(zur Herleitung vgl. auch SALTYKOV [52] und SMITH, GUTTMAN [57]).

Laut Gl. (10.7) wird die Grenz- bzw. Oberfläche einer Partikel unmittelbar aus der Anzahl von Schnittpunkten bestimmt, welche längs eines hinreichend langen Linienzuges innerhalb der ebenen Struktur aufgenommen worden sind. Hiermit wird bereits auf die besondere Stellung der Linearanalyse hingewiesen. Sie gestattet den direkten Zugang zur Längen-, Oberflächen- und Volumenmessung wie auch zur Teilchengrößenanalyse, erfaßt mithin — im Gegensatz zur Flächen- und Punktanalyse — vollständig die charakterisierenden Parameter räumlicher Strukturen.

Infolge ihres hohen Aussagewertes gegenüber den anderen stereometrischen Verfahren besitzt die Linearanalyse methodischen Vorrang, welcher sich mit dem Vorzug verbindet, den Prozeß verhältnismäßig einfach automatisch durchführen zu können: Die Analysenlinie wird punkt- und zeilenweise, d. h. unter Anwendung des Rasterprinzips, über dem Objekt oder seiner Abbildung (licht- bzw. elektronenmikroskopische Aufnahme) auf mechanischem oder elektronischem Wege aufgebaut. Die phasenspezifischen Informationen (optische, elektronische oder Röntgensignale) werden automatisch verarbeitet und der stereometrischen Auswertung zugeführt. Für die direkte Objektanalyse bietet sich in besonderem Maße das Raster-Elektronenmikroskop (REM) an, da bei diesem Gerät die Erzeugung der Analysenlinie bereits Bestandteil des Abbildungsprozesses ist und außerdem die Wechselwirkung zwischen primärer Elektronensonde und Objekt eine Vielzahl von Signalen auslöst, welche sowohl morphologische als auch materialspezifische Informationen enthalten und daher für die stereometrische Charakterisierung geeignet sein können.

Je nach dem Verfahrensprinzip der automatischen linearanalytischen Messung unterscheidet man zwischen dem Abtastvorgang in der Objektebene (*object plane scanning*), in der Lichtquellenebene (*source plane scanning*) und in der Bildebene (*image plane scanning*). Der grundsätzliche Aufbau eines automatischen Linearanalysators folgt dem Schema: Signalerzeugung — Signalwandlung und -nachweis — Signalverarbeitung — Datensammlung und -auswertung. Als signalgebende Apparaturen kommen optische Projektionsgeräte und Lichtmikroskope, EM, insbesondere REM, und Mikrosonden in Betracht. Liegen ursprünglich optische Informationen der Objekte bzw. Abbildungen vor, so ist zunächst eine Umsetzung in analoge elektrische Signale erforderlich. Für diesen Arbeitsgang und den angeschlossenen Signalnachweis stehen neben Fernsehaufnahmegeräten Sekundärelektronenvervielfacher und Halbleiterdetektoren zur Verfügung. Die Analogsignale werden (ohne Bezug auf ihre Quellpunktkoordinaten) digitalisiert, d. h. einer Höhendiskriminierung unterzogen, wobei die phasencharakteristischen Signalanteile selektiert und der stereometrischen Auswertung zugeführt werden.

Die Aussagen der stereometrischen Gefüge- und Phasenanalysen sind statistischer Natur (statistische Mittelwerte). In diesem Zusammenhang spielt der Begriff des repräsentativen Objektes eine Rolle, das die zu beurteilende Gefügeeigenschaft aus einer signifikanten Menge von Strukturdetails herzuleiten gestattet und das im meßtechnisch erfaßten Ausschnitt die Gefügegesamtheit mit zulässiger Streubreite vertritt. Neben der bezüglich der Gefügeeigenschaften günstigen Probenwahl spielt das Auffinden phasencharakteristischer Signale und die Selektion spezifischer Signalanteile eine erhebliche Rolle, denn im allgemeinen ist die eindeutige Phasenerkennung durch den Empfänger nicht von vornherein gegeben. Bei der Auswertung mit Hilfe des Lichtmikroskopes liegen in der Regel nicht die Grenzfälle reiner Absorptions- oder Phasenobjekte, sondern Mischobjekte vor. Folglich ist mit Kontrastüberlappung, und das sogar innerhalb einer einzigen Phase, zu rechnen.

Geht man vom rasterelektronenmikroskopischen Signal aus, beispielsweise von den emittierten Sekundärelektronen, so muß in Betracht gezogen werden, daß die lokale Ausbeute unter anderem von der Morphologie und der chemischen Zusammensetzung beeinflußt wird. Auf diese Weise ergeben sich unter Umständen extrem variierende Signalpegel für ein- und dieselbe Phase. Das automatische Selektionsproblem besteht also nicht etwa im mangelnden Grauwertauflösungsvermögen des Detektors, sondern in der oft unspezifischen Signalbreite der interessierenden Phasen.

Ein Beispiel zur Problematik der automatischen Objekterkennung im REM liefert Abb. 10.4 [58]. Dort ist eine $Ga_{1-x}Al_xAs$-Heterostruktur mit den Durch-

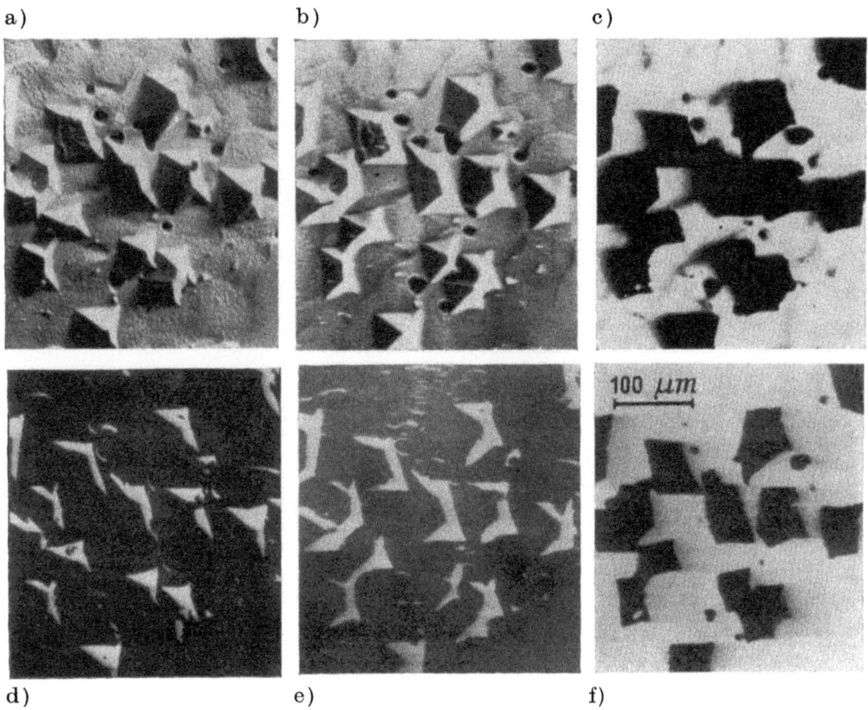

Abb. 10.4 $Ga_{1-x}Al_xAs$-Heterostruktur
abgebildet mit a) Sekundärelektronen, b) absorbierten Elektronen und c) Katodolumineszenzstrahlung im REM; d), e) und f) entsprechende diskriminierte Kontraste im Signalbereich der Mischkristalloktaeder

brüchen Al-dotierter Mischkristalloktaeder innerhalb einer nichtdotierten epitaktischen Wachstumsschicht mit unterschiedlichen Signalen in der oberen Bildreihe dargestellt; in der unteren Bildreihe sind die entsprechenden diskriminierten Signale wiedergegeben. Hinsichtlich der morphometrischen Analyse liegt hier das Modell eines Phasenobjektes mit hohem Topographieanteil vor, das gerade im REM auch noch bei hohen Vergrößerungen tiefenscharf abgebildet werden kann.

Die mit sekundären (a) und absorbierten Elektronen (b) aufgenommenen Signalverteilungen zeigen ausgeprägte (geometriebedingte) Helligkeitsdifferenzen zwischen den Oktaederflächen, so daß die Mischkristallphase vom Regelbereich der Signalhöhendiskriminatoren nicht vollständig erfaßt und von der Matrix isoliert werden kann (d, e). Dabei ist die Unvollständigkeit der Signalselektion für die sekundären Elektronen stärker ausgeprägt als für die absorbierten. Ein signifikanter Signalunterschied charakterisiert die emittierte Katodolumineszenzstrahlung (c). Hier wirkt der nahezu graustufenfreie Abbildungskontrast bereits wie eine Digitalisierung der Mischkristallanteile, und die topographiebedingten Lumineszenzdifferenzen in der Matrix genügen nicht, um die Diskriminierfähigkeit der Kristalle zu beeinträchtigen (f). In vielen andersgearteten Fällen läßt sich die Phasencharakterisierung nach mechanischer, chemischer und elektrolytischer Objektbehandlung erreichen. Damit ergibt sich, insbesondere für die rasterelektronenmikroskopische morphometrische Analyse, ein zusätzlicher präparativer Aufwand, der ansonsten nicht erforderlich ist und dessen Fehlen gerade den Vorteil dieses Gerätes in der Oberflächenabbildung bestimmt. Problemfrei ist im allgemeinen die Analyse von Stäuben, Solen und dispersen Systemen, wenn derartige Präparate auf Unterlagen gespreitet werden, deren Signalcharakteristik den Meßvorgang nicht beeinträchtigt.

Über die Bestimmung einfacher Phasenkenngrößen (wie Volumenanteile und mittlere Teilchengrößen) hinausgehend, interessiert in vielen Fällen die Größenverteilung der Komponenten von Gefügen und dispersen Systemen. Auf der Grundlage der Linearanalyse besteht das stereologische Problem in der Ermittlung räumlicher Größenverteilungen anhand der meßtechnisch in den Gefügeschnitten bestimmten Verteilungen der Sehnenlängen. Diese Problematik führt zunächst auf Fragestellungen, die mit der Größenbestimmung nicht-sphärischer Individuen zusammenhängen. So werden unregelmäßige Partikeln unter Benutzung geeigneter Formfaktoren durch den äquivalenten Kugeldurchmesser beschrieben [59]. Dem Größenspektrum solcher Elemente ordnet BOCKSTIEGEL [60] eine äquivalente Kugelgrößenverteilung zu (zur Behandlung der Transformation ebener in räumliche Größenverteilungen vgl. SALTYKOV [52], BOCKSTIEGEL [61] und EXNER [62 — 64]).

Eine mögliche Aufgabe der Teilchengrößenanalyse besteht in der Eliminierung des dem messend erfaßten (repräsentativen) Kollektiv zugrunde liegenden Verteilungstyps. In dieser Weise spezifiziert, liegt eine analytische Aussage über die das Kollektiv betreffende Grundgesamtheit vor, welche nicht nur die Größenverteilung selbst, sondern auch Mittelwerte, Streubreiten und daraus ableitbare Parameter umfaßt. Das Vorgehen wird am Beispiel der Auswertung eines Platin-Trägerkatalysators erläutert [65]: Hier ist die EM in der Lage, einen unmittelbaren Zugang zur Verteilung derartig feindisperser Systeme zu geben. Die in Abb. 10.5 aufgetragenen Histogramme stellen die Durchmesserverteilungen von Pt-Teilchen dar, die (a) von einer bei 700 °C an Luft getemperten und (b) von einer reduzierten Katalysatorprobe desselben Ausgangsmaterials extrahiert wurden und sich in stark unterschiedliche Größenbereiche einordnen (vgl. die eingefügten Ausschnitte der elektronenmikroskopischen Aufnahmen). Im vorliegenden Fall wurden den empirischen Daten die Normal- und Log-Normalverteilung (wegen ihres universellen Charak-

16*

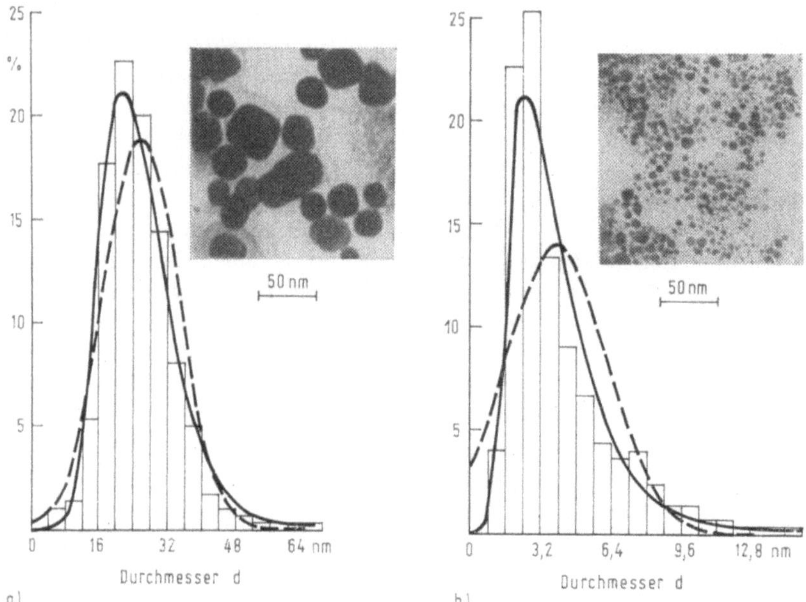

Abb. 10.5   Histogramme der Durchmesserverteilungen von Pt-Partikeln mit ange-
glichenen Normal- (– – –) und Log-Normalverteilungen (——)

Die Pt-Teilchen wurden a) von einer bei 700 °C an Luft getemperten und b) von einer
reduzierten Katalysatorprobe extrahiert und anhand elektronenmikroskopischer Aufnahmen
(eingefügte Bildausschnitte) ausgewertet.

ters) als hypothetische Grundgesamtheiten angeglichen. Die Entscheidung, ob
normal- oder logarithmisch normalverteilte Individuen vorliegen, kann beispielsweise an Hand des statistischen χ^2-Signifikanztestes in Abhängigkeit von vorgegebenen Irrtumswahrscheinlichkeiten entschieden werden (vgl. z. B. SACHS
[66]). Im Ergebnis dieser Prüfmethode passen sich die Pt-Partikeln mit hoher
statistischer Sicherheit einer Log-Normalverteilung an, ein Sachverhalt, der auch
bei räumlichen Gefügen oftmals beobachtet wird [67, 68]. Der numerische Aufwand
des Anpassungs- und Prüfverfahrens ist verhältnismäßig hoch, so daß der Einsatz
rechentechnischer Hilfsmittel (Kleincomputer) geboten ist, insbesondere auch deshalb, weil die Datenausgabeformate moderner automatischer Gefügeanalysatoren
der Computerauswertung angepaßt sind, sofern ein Rechner nicht bereits selbst
integrierter Bestandteil des Analysators ist.

Während bei der stereometrischen Bildanalyse die Bestimmung morphologischer
Parameter im Vordergrund steht, besteht die Aufgabe der Bildrekonstruktion in
der Aufklärung der dreidimensionalen Struktur des Objektes aus einem Satz von
zweidimensionalen projizierten Bildern. Jede elektronenmikroskopische Aufnahme
stellt wegen der Fokustiefe eine Projektion des Objektes in Richtung der optischen
Achse dar. In der EM können die Projektionen auf folgende Arten aufgenommen
werden: Das Objekt wird unter definierten Kippwinkeln betrachtet. Verschiedene

Objekte mit gleicher Struktur in unterschiedlicher Lage zur Betrachtungsrichtung ergeben die Projektionen. Enthält die zu untersuchende Struktur Symmetrien, so kann wegen der Wiederholung der asymmetrischen Einheit in unterschiedlichen Betrachtungsrichtungen die Zahl der Aufnahmen reduziert werden.

Eine ausführliche Behandlung der zahlreichen Rekonstruktionstechniken, die bisher in den unterschiedlichsten Gebieten, wie der Radiologie, Radioastronomie und der EM, angewandt wurden, wurde von GORDON und HERMAN [69] durchgeführt. ZWICK und ZEITLER [70, 71] verglichen die in der EM verwendeten Algorithmen und schätzten die Gültigkeit der verschiedenen Approximationen ab. Je nach dem beschrittenen Lösungsweg können die Rekonstruktionstechniken in folgende Kategorien eingeteilt werden [69]: Fourier-Methoden (Verfahren von DE ROSIER und KLUG [19, 72]; HOPPE et al. [73]), Summationsverfahren (Methode der projizierenden Funktionen, VAINSHTHEIN et al. [74, 75]; Moiré-Methode, GORDON, BENDER und HERMAN [76], Rückprojektionsverfahren; CROWTHER, DE ROSIER und KLUG [72]), analytische Lösung von Integralgleichungen (Lösung des Radonschen Integrals [77]; Faltungsmethode von RAMACHANDRAN und LAKSHMINARAYANAN [78], Verfahren von GILBERT [79], modifizierte Synthese der projizierenden Funktionen, VAINSHTHEIN und ORLOV [80, 81]) und Näherungsverfahren durch Reihenentwicklungen (algebraische Rekonstruktionstechnik (ART), GORDON, BENDER, HERMAN [76], simultane iterative Rekonstruktionstechnik (SIRT), GILBERT [82]).

Die Verfahren der dreidimensionalen Bildrekonstruktion in der EM wurden im wesentlichen als alternative Verfahren zur Röntgenkristallstrukturanalyse für die Strukturaufklärung biologischer Objekte entwickelt. Ausführliche Darstellungen der praktischen Aspekte (z. B. Anzahl der zur Rekonstruktion benötigten Aufnahmen, Auffinden des gemeinsamen Ursprungs in den Projektionen, Interpolationsverfahren zum Auffüllen der Dichtewerte usw.) finden sich beispielsweise in den Übersichten von FRANK [2] und HOPPE et al. [83, 84].

10.4. Computersimulation und digitale Bildverarbeitungssysteme

Die Verfahren der Computersimulation sowohl des Wechselwirkungsprozesses Elektronenstrahl —Objekt als auch des Abbildungsprozesses sind ein unentbehrliches Hilfsmittel zur Interpretation der elektronenmikroskopischen Aufnahmen, insbesondere wenn eine direkte Auswertung unter Zuhilfenahme von Standardtechniken oder Näherungslösungen nicht mehr ohne weiteres möglich ist. Die computergestützte Analyse von elektronenmikrospischen Abbildungen bzw. Beugungsdiagrammen wird an einigen ausgewählten Beispielen kurz dargestellt. Ebenso wie bei der Analyse von Beugungskontrastaufnahmen (s. Kap. 11. und Anhang 1.) ist die Auswertung komplexer Beugungsdiagramme, die Zusatzreflexe oder Gitterspikes infolge Verzwillingung, Auftreten mehrerer kristallographisch orientierter Phasen (Matrix/Ausscheidung, Entmischungsstrukturen, dünne Schicht/Substrat) oder Doppelbeugung aufweisen, äußerst schwierig und zeitaufwendig. Die Standardverfahren für die Interpretation von Elektronenbeugungsaufnahmen führen nur bei der Auswertung einfacher Beugungsdiagramme schnell und direkt zum Ziel (s. z. B. [85]).

Mit Hilfe der Computersimulationstechnik können sowohl die Geometrie der Beugungsdiagramme, d. h. die Lage der Interferenzpunkte, als auch die Intensitätswerte aus den Parametern (Gitterkonstanten, Kristallstruktur, Orientierungsbeziehungen usw.) berechnet werden. Ausführliche Darstellungen der prinzipiellen Zusammenhänge zwischen Interpretation und Simulation der Elektronenbeugungsdiagramme sowie detaillierte Beschreibungen von Algorithmen zur Lösung des Simulationsproblems finden sich z. B. in den Arbeiten von PLOC [86] und LAFOURCADE und DE SAJA [87, 88] (vgl. auch NEUMANN [85]). Beispiele für die computergestützte Analyse von Elektronenbeugungsdiagrammen unter Verwendung des Programmsystems CRYSTA [88] sind in den Abb. 10.6 und 10.7 angeführt.

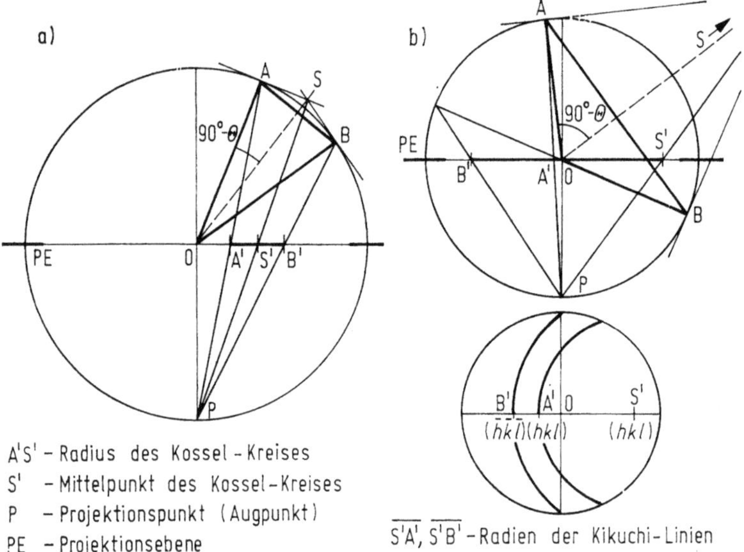

Abb. 10.6 Geometrie zur Berechnung von stereographischen Projektionen von K-Liniendiagrammen

a) Kossel-Diagramme; b) Kikuchi-Diagramme

Dieses System besteht aus verschiedenen Funktionsgruppen zur Berechnung und graphischen Darstellung von Elektronenbeugungsdiagrammen, K-Liniendiagrammen (Kossel-, Kikuchi-, Pseudo-Kikuchi-Diagramme (s. dazu [85])), stereographischen Projektionen und allgemeinen Kristalldaten (Netzebenenabstände, Flächenwinkel, Orientierungsbestimmung usw.). Zur Berechnung der K-Liniendiagramme wurde die stereographische Projektion zugrunde gelegt, die unter der Bedingung, daß die Kameralänge L groß ist, eine hinreichend gute Annäherung an die experimentell beobachteten K-Liniendiagramme darstellt. Die Geometrie zur Berechnung

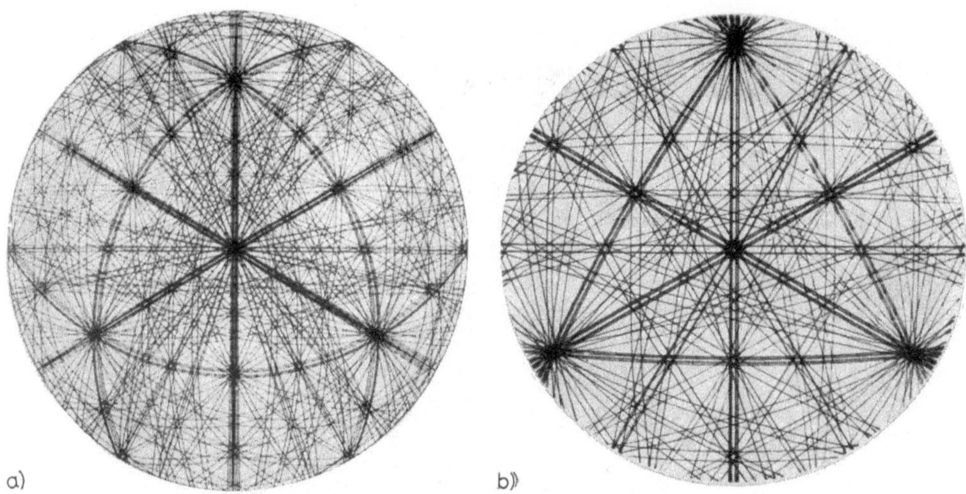

Abb. 10.7   Computersimulierte Kikuchi-Karten

a) vollständige Kikuchi-Karte der (111)-Orientierung für α-Eisen ($\lambda = 3{,}7$ pm; Programmsystem: CRYSTA);   b) (111)-Kikuchi-Projektion (Ausschnitt) für Spinell $MgAl_2O_4$ ($\lambda = 3{,}7$ pm)

von Kossel- (a) und Kikuchi-Diagrammen (b) veranschaulicht Abb. 10.6. Eine vollständige Kikuchi-Karte für α-Fe ($\lambda = 3{,}7$ pm) in (111)-Orientierung zeigt Abb. 10.7 a. Für praktische Untersuchungen interessieren geeignete Ausschnitte dieser Karten, um eine exakte Orientierungsbestimmung zu ermöglichen. In Abb. 10.7 b ist ein solcher Ausschnitt der (111)-Kikuchi-Karte für Spinell $MgAl_2O_4$ ($\lambda = 3{,}7$ pm) dargestellt.

Die Simulation des elektronenoptischen Abbildungsprozesses, insbesondere in der Hochauflösungs-EM, wird mit Berechnungsverfahren vorgenommen, deren Grundlagen bereits in Kap. 3. ausführlich beschrieben wurden. Ein Beispiel für die numerische Behandlung des Abbildungsvorganges unter Verwendung des Programmsystems SODIFX veranschaulicht Abb. 10.8 [89]. Das System ermöglicht die Berechnung der zweidimensionalen Fourier-Transformation nach dem Cooley-Tukey-Algorithmus, die Erzeugung und Anwendung geeigneter Kontrastübertragungs- und Filterfunktionen und die graphische Darstellung der Ergebnisse als Halbtonbilder in der Überdrucktechnik. Abb. 10.8 a zeigt die simulierte Hochauflösungsabbildung eines (111)-orientierten Granatkristalls unter Verwendung der kinematischen Strukturamplituden (vgl. Kap. 3.). Aus dem berechneten Intensitätshistogramm (Abb. 10.8 b) werden vom Programmsystem automatisch Intensitätsbereiche ausgewählt, um das Halbtonbild mit optimalem Kontrast zu drucken. Die den Intensitätswerten zugeordnete Grauskala (wahlweise linear oder logarithmisch) ist im unteren Teil abgebildet. In Teilbild c sind die für die gewählten experimentellen Parameter herrschenden Kontrastübertragungscharakteristika dargestellt.

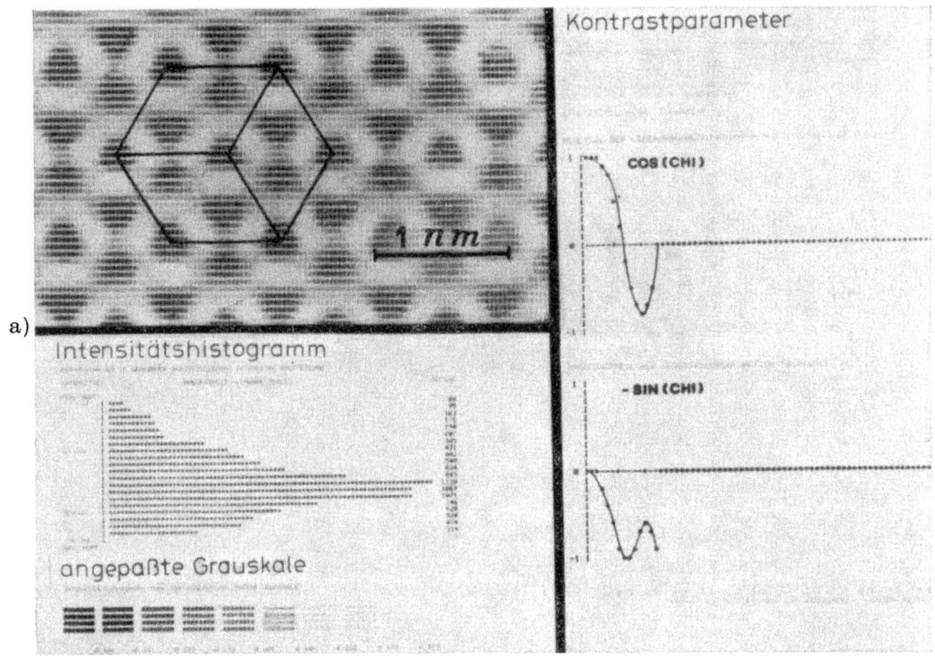

Abb. 10.8   Zur Computersimulation des elektronenmikroskopischen Abbildungsvorganges (Programmsystem: SODIFX)

a) computersimulierte elektronenmikroskopische Abbildung von (111)-orientiertem Y-Al-Granat ($Y_3Al_5O_{12}$); b) Intensitätshistogramm und angepaßte Grauwertskala; c) berechnete Kontrastübertragungsfunktionen

Ohne daß im weiteren näher darauf eingegangen werden kann, sei noch auf die Verfahren der Computersimulation zur Phasenbestimmung aus den Intensitäten im Beugungsdiagramm und der Abbildung hingewiesen. Eine detaillierte Behandlung des Phasenproblems in der EM wurde beispielsweise von BATES [90] durchgeführt. Dabei wird auch der Algorithmus von GERCHBERG und SAXTON [91] behandelt (s. auch GASSMANN [92], HUISER et al. [93], VAN TOORN et al. [94]). Für eine ausführliche Beschreibung der bestehenden Möglichkeiten zur Phasenbestimmung und ihre numerische Behandlung sei auf die Übersicht von SAXTON [35] verwiesen.

Für die verschiedenartigsten Probleme in der Elektronenmikroskopie werden komplexe digitale Bildverarbeitungssysteme entwickelt, die sich mit einem vertretbaren gerätetechnischen Aufwand verwirklichen lassen und eine umfassende Bildverarbeitung ermöglichen. Eine Übersicht über die in der Literatur ausführlich beschriebenen Programmsysteme gibt SAXTON [95]. Vergleiche der verschiedenen Computersysteme hinsichtlich ihrer Struktur und Anwendungsmöglichkeiten wurden von SMITH [96] und SAXTON et al. [95] durchgeführt.

Ein für viele Anwendungszwecke geeignetes System stellt das von FRANK und SHIMKIN [97] entwickelte System SPIDER dar. Das System SPIDER (*System for Processing of Image Data in Electron Microscopy and Related Fields*) ist direkt mit einem Mikrodensitometer, einem Halbtonbildspeicher, einem Farbdisplay und verschiedenen peripheren Geräten (Magnetbänder, Drucker, Plotter) gekoppelt. Mit diesem System können z. Z. 60 verschiedene komplexe Bildoperationen, wie Fourier-Transformation, Faltung, Filterung, Punktabbildungsoperationen, Bildakkumulationen, Kontrastverstärkung u. a., vorgenommen werden. Im System SPIDER werden die vom Mikrodensitometer digitalisierten Bilder auf ein Magnetband geschrieben und können von dort auf die Zonen des Plattenspeichers eines Prozeßrechners übertragen werden. Dieses Bildverarbeitungssystem besteht aus dem Hauptprogramm und einem Satz von Unterprogrammen, die je nach der gestellten Aufgabe direkt vom Hauptprogramm aktiviert werden. Es gibt zwei Arbeitssysteme: die normale Abarbeitung erfolgt interaktiv, d. h., die jeweiligen Daten für die gewünschte Aufgabe werden nach der Abarbeitung der Teilaufgaben vom Hauptprogramm angefordert. Es ist jedoch auch Stapelverarbeitung (*batch mode*) möglich, wo beim Start des Programms alle notwendigen Eingabedaten vorhanden sein müssen. Das Programmsystem wurde so aufgebaut, daß für einen Satz von elektronenmikroskopischen Aufnahmen, wie Defokussierungs- und Kippserien, Bildverarbeitungsoperationen durchgeführt werden können. Mit Hilfe der Unterprogramme erfolgt eine Einteilung in große und kleine Bildgrößen, so daß automatisch eine entsprechende Speicherbelegung und -ausnutzung gewährleistet wird. Ein weiterer Vorteil des Systems besteht darin, daß zwischen den Operationen Systemspeicher von außen belegt werden können. Weiterhin ermöglicht SPIDER arithmetische Operationen auf die Register als auch auf die Eingabedaten. Dadurch ist jederzeit eine Korrektur von Verschiebungsvektoren, Rotationswinkeln u. a gegeben.

Zusammenfassend sei bemerkt, daß für die Interpretation der elektronenmikroskopischen Abbildung in zunehmendem Maße neue Verfahren der Bildverarbeitung entwickelt und angewandt werden. Dabei ist in vielen Fällen eine direkte Kopplung Elektronenmikroskop—Bildverarbeitungssystem anzustreben. Bisher wurde vorwiegend die für die numerische Bildverarbeitung notwendige Information durch Digitalisierung der elektronenmikroskopischen Aufnahmen mit Hilfe eines Mikrodensitometers gewonnen. Die Nachteile der Photoplatte — des bisher fast ausschließlich verwendeten Speichermediums im EM — sind, daß eine direkte Rückwirkung auf das Mikroskop nicht gegeben ist und eine lange Verarbeitungszeit von der Aufzeichnung des Bildes bis zur Auswertung besteht.

Die direkte Kopplung zwischen EM und Bildverarbeitungssystem ist durch den Einsatz von entsprechenden Fernseh-Bildverstärkeranlagen mit Digitalspeicher möglich. Ein derartiges Bildspeicher- und Bildverarbeitungssystem wurde von HERRMANN, RUST und KRAHL [23, 98 — 100] entwickelt und verwendet einen digitalen Fernsehbild-Halbleiterspeicher mit einem hohen äquivalenten Quantennutzeffekt (DQE). Dabei wird das elektronenmikroskopische Endbild auf dem Leuchtschirm mittels Faseroptik und Bildverstärkerröhre in ein Videosignal gewandelt. Das Bild kann auf einem Monitor beobachtet werden und wird parallel dazu digitalisiert und abgespeichert. Die Kapazität des Speichers beträgt 512 kByte und ermöglicht die Speicherung von Signalen von 256×256 Bildpunkten mit

256 Graustufen. Dies entspricht einer Bildgröße von 11,8 × 8,9 mm² bei Übertragung der vollständigen Bildinformation. Die Bilder können jedoch auch in einem zweiten Speicher auf zwei verschiedene Blöcke gespeichert werden, wo eine Addition und Subtraktion von Bildern und andere einfache Bildoperationen vorgenommen werden können. Die Inhalte der beiden Blöcke können auf dem Monitor ausgegeben werden. Die Datenübertragung, einfache Rechnungen und die Steuerung des Systems erfolgen mit einem Prozeßrechner. Für aufwendigere Bildverarbeitungsoperationen ist das System mit einem weiteren Rechner gekoppelt. Die Vorteile eines derartigen Bildspeichersystems sind neben der *on-line*-Verarbeitung die Beobachtung des Objektes über die Fernsehbandaufzeichnung, ohne eine weitere Objektschädigung durch Strahlenbelastung hervorzurufen (s. dazu [23]). Als weitere Beispiele für eine *on-line*-Verarbeitung sei auf die Entwicklung geeigneter optischer Diffraktometer [101 — 104] oder spezieller Systeme zur Bildanalyse [105] hingewiesen.

10.5. Literatur

[1] ERICKSON, H. P.; KLUG, A., Philos. Trans. Roy Soc. London **B 261** (1971) 105.
[2] FRANK, J., Computer Processing of Electron Micrographs. In: Advanced Techniques in Biological Electron Microscopy, Ed.: J. K. KOEHLER. — Berlin/Heidelberg/New York: Springer-Verlag 1973, p. 215.
[3] COWLEY, J. M.; MOODIE, A. F., Acta Cryst. **10** (1957) 609.
[4] GOODMAN, P.; MOODIE, A. F., Acta Cryst. **A 30** (1974) 280.
[5] LYNCH, D. F.; O'KEEFE, M. A., Acta Cryst. **A 28** (1972) 536.
[6] ISHIZUKA, K.; UYEDA, N., Acta Cryst. **A 33** (1977) 740.
[7] VAN DYCK, D., Phys. Status Solidi a **52** (1979) 283.
[8] VAN DER LUGT, A., Opt. Acta **15** (1968) 1.
[9] NESTERIKHIN, YU. E.; STROKE, G. W.; KOCK, W. E., Optical Information Processing. — New York: Plenum Press 1976.
[10] STROKE, G. W., IEEE Spectrum **9** (1972) 24.
[11] STROKE, G. W.; HALIOUA, M.; THON, F.; WILLASCH, D. H., Proc. IEEE **65** (1977) 39.
[12] BURGE, R. E.; DAINTY, J. G.; SCOTT, R. F., Ultramicroscopy **2** (1977) 169.
[13] HUANG, T. S., Introduction. In: Picture Processing and Digital Filtering (Series: Topics in Applied Physics, Vol. 6). Ed.: T. S. HUANG. — Berlin/Heidelberg/New York: Springer-Verlag 1975, p. 1.
[14] RÖHLER, R., Informationstheorie in der Optik (Optik und Feinmechanik in Einzeldarstellungen, Bd. 6). Hrsg.: N. GÜNTHER. — Stuttgart: Wissenschaftliche Verlagsgesellschaft mbH 1967.
[15] GOODMAN, J. W., Introduction to Fourier Optics. — New York: McGraw-Hill 1968.
[16] HANSZEN, K.-J., The Optical Transfer Theory of the Electron Microscope: Fundamental Principles and Applications. In: Advances in Optical and Electron Microscopy, Eds.: R. BARER; V. E. COSSLETT. Vol. 4. — London/New York: Academic Press 1971, p. 1.
[17] LENZ, F. A., Transfer of Image Formation in the Electron Microscope. In: Electron Microscopy in Material Science. Ed.: U. VALDRÉ. — London/New York: Academic Press 1971, p. 541.

[18] KLUG, A., Philos. Trans. Roy. Soc. London **B 261** (1971) 173.

[19] DeROSIER, D. J.; KLUG, A., Nature **217** (1968) 130.

[20] COWLEY, J. M., Diffraction Physics. — Amsterdam: North-Holland Publ. Comp. 1975.

[21] ANDREWS, H. C., Computer Techniques in Image Processing. — London/New York: Academic Press 1970.

[22] FRIESER, H., Photographische Informationsaufzeichnung. — München,/Wien,/ London: R. Oldenbourg Verlag: Focal Press 1975.

[23] HERRMANN, K.-H.; KRAHL, D.; RUST, H.-P., Ultramicroscopy **3** (1978) 227.

[24] BILLINGSLEY, F. C., Image Processing for Electron Microscopy: II. A Digital System. In: Advances in Optical and Electron Microscopy, Eds.: R. BARER; V. COSSLETT. Vol. 4. — London/New York: Academic Press 1971, p. 127.

[25] BILLINGSLEY, F. C., Noise Considerations in Digital Image Processing Hardware. In: Picture Processing and Digital Filtering (Series: Topics in Applied Physics, Vol. 6). Ed.: T. S. HUANG. — Berlin/Heidelberg/New York: Springer-Verlag 1975, p. 249.

[26] DAINTY, J. C.; SHAW, R., Image Science. — London/New York/San Francisco: Academic Press 1974.

[27] FRIEDEN, B. R., Image Enhancement and Restoration. In: Picture Processing and Digital Filtering (Series: Topics in Applied Physics, Vol. 6). Ed.: T. S. HUANG. — Berlin/Heidelberg/New York: Springer-Verlag 1975, p. 179.

[28] FRANK, J.; BUSSLER, P.; LANGER, R.; HOPPE, W., Ber. Bunsenges. Phys. Chem. **74** (1970) 1105.

[29] SUZUKI, T.; ICHIOKA, Y.; KAWATA, S.; KONDO, K., Proc. 5. Int. Conf. HVEM, Kyoto 1977, p. 175.

[30] KÜHLER, O.; HAHN, M.; SEREDYNSKI, J., Optik **51** (1978) 171, 235.

[31] HANSZEN, K.-J., Proc. 4. Europ. Reg. Conf. El. Micr., Rom 1968, Vol. 1, p. 153.

[32] SCHISKE, P., Proc. 4. Europ. Reg. Conf. El. Micr., Rom 1968, Vol. 1, p. 145.

[33] SCHISKE, P., Image Processing Using Additional Statistical Information about the Object. In: Image Processing and Computer Aided Design in Electron Optics. Ed.: P. W. HAWKES. — London/New York: Academic Press 1973, p. 82.

[34] ERICKSON, H. P.; KLUG, A., Ber. Bunsenges. Phys. Chem. **74** (1970) 1129.

[35] SAXTON, W. O., Computer Techniques for Image Processing in Electron Microscopy. In: Advances in Electronics and Electron Physics, Suppl. 10. Eds.: L. MARTON; C. MARTON. — London/New York/San Francisco: Academic Press 1978.

[36] FIASCONARO, J. G., Two—Dimensional Nonrecursive Filters. In: Picture Processing and Digital Filtering (Series: Topics in Applied Physics, Vol. 6). Ed.: T. S. HUANG. — Berlin/Heidelberg/New York: Springer-Verlag 1975, p. 70.

[37] READ, R. R.; SHANKS, J. L.; TREITEL, S., Two-Dimensional Recursive Filters. In: Picture Processing and Digital Filtering (Series: Topics in Applied Physics, Vol. 6). Ed.: T. S. HUANG. — Berlin/Heidelberg/New York: Springer-Verlag 1975, p. 131.

[38] GOLDFARB, W.; FRANK, J., Proc. 9. Int. Conf. El. Micr., Toronto 1978, Vol. 2, p. 22.

[39] KLUG, A.; BERGER, J. E., J. Mol. Biol. **10** (1964) 565.

[40] KLUG, A.; DE ROSIER, D. J., Nature **212** (1966) 29.

[41] HOPPE, W., Philos. Trans. Roy. Soc. London **B 261** (1971) 71.

[42] KUO, I. A. M.; GLAESER, R. M., Ultramicroscopy **1** (1975) 53.

[43] FRANK, J., Ultramicroscopy **1** (1975) 159.

[44] FRANK, J.; AL-ALI, L., Nature **256** (1975) 376.

[45] SAXTON, W. O.; FRANK, J., Ultramicroscopy **2** (1977) 219.

[46] FRANK, J., Ann. New York Acad. Sci. **306** (1978) 112.

[47] LANGER, R.; FRANK, J.; FELTYNOWSKI, A.; HOPPE, W., Ber. Bunsenges. Phys. Chem. **74** (1970) 1120.

[48] KAMENSKY, L. A.: LIU, C. N., IBM J. Res. Dev. **7** (1963) 2.

[49] GALLUS, G.; REGOLIOSI, G., J. Histochem. Cytochem. **22** (1974) 546.

[50] KIEFER, G.; KIEFER, R.; MOORE, G. W.; SALM, R.; SANDRITTER, W., J. Histochem. Cytochem. **22** (1974) 569.

[51] COWAN, W. M.; WANN, D. F., J. Microsc. (London) **99** (1973) 331.

[52] SALTYKOV, S. A., Stereometrische Metallographie. 1. Aufl. — Leipzig: VEB Deutscher Verlag für Grundstoffindustrie 1974 (Übers. aus d. Russ.).

[53] UNDERWOOD, E. E., Quantitative Stereology. — Reading (Mass.): Addison-Wesley Publ. Co. 1970.

[54] UNDERWOOD, E. E., J. Microsc. (London) **89** (1969) 161.

[55] UNDERWOOD, E. E., Quantitative Methoden in der Morphologie. Hrsg.: E. R. WEIBEL; H. ELIAS. — Berlin/Heidelberg/New York: Springer-Verlag 1967.

[56] UNDERWOOD, E. E., Quantitative Microscopy. Eds.: R. T. DE HOFF; F. N. RHINES. — New York: McGraw-Hill 1968.

[57] SMITH, C. S.; GUTTMANN, L., Trans. AIME J. Metals **197** (1953) 81.

[58] KRAJEWSKI, TH.; JOHANSEN, H., Veröff. 8. Arb. Tag. El. Mikr., DDR, Berlin 1975, S. 275.

[59] MINISTR, Z., Prakt. Metallogr. **8** (1971) 344, 407.

[60] BOCKSTIEGEL, G., Z. Metallkd. **57** (1966) 647.

[61] BOCKSTIEGEL, G., Einführung in die Korngrößenmeßtechnik. — Berlin/Göttingen/Heidelberg: Springer-Verlag 1960.

[62] EXNER, H. E., Z. Metallkd. **57** (1966) 755.

[63] EXNER, H. E., Prakt. Metallogr. **3** (1966) 334.

[64] EXNER, H. E., Metall **21** (1967) 431.

[65] SPINDLER, H.; KRAJEWSKI, TH.; NAU, P.-E., Veröff. 3. Katalysekonf. DDR, Reinhardsbrunn 1974, S. 203.

[66] SACHS, L., Statistische Auswertemethoden. — Berlin/Heidelberg/New York: Springer-Verlag 1969.

[67] SMITH, A. F., J. Less-Common Metals **9** (1965) 233.

[68] EXNER, H. E.; FISCHERMEISTER, H. F., Arch. Eisenhüttenwes. **37** (1966) 417.

[69] GORDON, R.; HERMAN, G. T., Int. Rev. Cytol. **38** (1974) 3.

[70] ZWICK, M.; ZEITLER, E., Optik **38** (1973) 550.

[71] ZEITLER, E., Optik **39** (1974) 396.

[72] CROWTHER, R. A.; DEROSIER, D. J.; KLUG, A., Proc. Roy. Soc. London **A 317** (1970) 319.

[73] HOPPE, W.; LANGER, R.; KNESCH, G.; POPPE, CH., Naturwiss. **55** (1968) 333.

[74] VAINSHTHEIN, B. K., Kristallogr. **15** (1970) 894.

[75] VAINSHTHEIN, B. K., Dokl. Akad. Nauk. SSSR **196** (1971) 1072.

[76] GORDON, R.; BENDER, R.; HERMAN, G. T., J. Theor. Biol. **29** (1970) 471.

[77] RADON, J., Ber. Sächs. Akad. Wiss. (Leipzig) Math.-Phys. Kl. **69** (1917) 262.

[78] RAMACHANDRAN, G. N.; LAKSHMINARAYANAN, A. V., Proc. Nat. Acad. Sci. USA **68** (1971) 2236.

[79] GILBERT, P. F. C., Proc. Roy. Soc. London **B 182** (1972) 89.

[80] VAINSHTHEIN, B. K.; ORLOV, S. S. , Kristallogr. **17** (1972) 253.

[81] VAINSHTHEIN, B. K., Usp. Fiz. Nauk **109** (1973) 1072.

[82] GILBERT, P. F. C., J. Theor. Biol. **36** (1972) 105.

[83] HOPPE, W.; SCHRAMM, H.-J.; STURM, M.; HUNSMANN, N.; GASSMANN, J., Z. Naturforsch. **31a** (1976) 645, 1370, 1380.

[84] HOPPE, W.; GRILL, B., Ultramicroscopy **2** (1977) 153.

[85] NEUMANN, W., Interpretation und Computersimulation von Elektronenbeugungsdiagrammen. In: Strukturen kristalliner Phasengrenzen/Elektronenmikroskopischer Bildkontrast. Hrsg.: H.-G. SCHNEIDER, J. WOLTERSDORF. — Leipzig: VEB Deutscher Verlag für Grundstoffindustrie 1977, S. 259.

[86] PLOC, R. A., Computer Analysis of Electron Diffraction Patterns. Chalk River Ontario AECL-Report 5556, 1976.

[87] LAFOURCADE, L.; DE SAJA, J. A., Diffraction des Electrons (Méthodes Pratiques d'Interprétation des Diagrammes). Société Francaise de Microscopie Electronique 1975.

[88] NEUMANN, W., Ein Computerprogrammsystem zur Bestimmung kristallographischer Daten aus Elektronenbeugungsdiagrammen. In: Veröff. 9. Tag. El. Mikr. DDR, Dresden 1978, S. 41.

[89] HILLEBRAND, R.; NEUMANN, W.: Analytische und numerische Behandlung des elektronenmikroskopischen Abbildungsprozesses mit Hilfe der Fouriertransformation. In: Veröff. 9. Tag. El. Mikr. DDR, Dresden 1978, S. 34.

[90] BATES, R. H. T., Optik **51** (1978) 161, 223.

[91] GERCHBERG, R. W.; SAXTON, W. O., Optik **34** (1971) 275.

[92] GASSMANN, J., Optik **48** (1977) 347.

[93] HUISER, A. M. J.; DRENTH, A. J. J.; FERWERDA, H. A., Optik **45** (1976) 303.

[94] VAN TOORN, P.; HUISER, A. M. J.; FERWERDA, H. A., Optik **51** (1978) 309.

[95] SAXTON, W. O.; PITT, T. J.; HORNER, M., Ultramicroscopy **4** (1979) 343.

[96] SMITH, P. R., Ultramicroscopy **3** (1978) 153.

[97] FRANK, J.; SHIMKIN, B., Proc. 9. Int. Congr. El. Micr., Toronto 1978, Vol. 1, p. 120

[98] HERRMANN, K.-H.; KRAHL, D.; RUST, H.-P.; ULRICHS, O., Optik **44** (1976) 393.

[99] RUST, H.-P.; KRAHL, D.; HERRMANN, K.-H., Proc. 9. Int. Conf. El. Micr., Toronto 1978, Vol. 1, p. 90.

[100] HERRMANN, K.-H.; KRAHL, D.; RUST, H.-P., Proc. 9. Int. Conf. El. Micr., Toronto 1978, Vol. 1, p. 100.

[101] BONHOMME, P.; BEORCHIA, A.; MEUNIER, B.; DUMONT, F.; ROSSIER, D., Optik **45** (1976) 159.

[102] HERRMANN, K.-H.; KRAHL, D., Optik **45** (1976) 231.

[103] BONHOMME, P.; BEORCHIA, A., Proc. 9. Int. Conf. El. Micr., Toronto 1978, Vol. 1, p. 86.

[104] GUCKENBERGER, R.; HOPPE, W., Proc. 9. Int. Conf. El. Micr., Toronto 1978, Vol. 1, p. 88.

[105] SCHEPMAN, A. M. H.; VAN DER VOORT, J. A. P.; KRAMER, J.; MELLEMA, J. E., Ultramicroscopy **3** (1978) 265.

II. ANWENDUNGEN IN DER FESTKÖRPERPHYSIK

11. Gitterdefekt-Abbildung durch elektronenmikroskopischen Beugungskontrast

M. Pasemann, K. Scheerschmidt

Die Methode des elektronenmikroskopischen Beugungskontrastes — ein spezielles Abbildungsverfahren der Transmissions-Elektronenmikroskopie (TEM) — stellt ein wertvolles Hilfsmittel zur Untersuchung von Gitterdefekten in kristallinen Festkörpern dar. Sie gestattet Aussagen auch bei relativ hohen Dichten der Kristallbaufehler in den zu untersuchenden Materialien und erlaubt darüber hinaus die Sichtbarmachung der Bewegung und gegenseitigen Wechselwirkung der Defekte.

Bei der Abbildung der Defekte im Beugungskontrast gelangt nur das Primärstrahlbündel (Hellfeldbild) oder ein durch den Kristall gebeugtes Strahlenbündel (Dunkelfeldbild) durch die Objektivaperturblende (Kontrastblende), so daß keine echte Abbildung im Abbeschen Sinne entsteht. Dadurch wird eine direkte Deutung des beobachteten Kontrastes anhand der geometrischen Erscheinungen des Defektbildes sehr erschwert, so daß eine Auswertung der Beugungskontrastabbildung in der Regel eine Interpretation auf der Grundlage der kinematischen oder dynamischen Theorie der Elektroneninterferenzen in gestörten Kristallen erfordert. Demgegenüber bietet die Methode des Beugungskontrastes erhebliche praktische Vorteile, da sowohl die gerätetechnischen als auch die präparationstechnischen Anforderungen nicht so hoch wie z. B. bei der echten Gitterabbildung durch die hochauflösende TEM sind. Dies beruht darauf, daß durch die Beschränkung der Abbildung auf das ungebeugte oder eines der gebeugten Strahlenbündel die Information über das ungestörte Kristallgitter verlorengeht und der Kontrast ausschließlich durch die Verzerrungen der Umgebung der Gitterstörung erzeugt wird.

Bedingt durch die große Zahl der möglichen Defekttypen und die Mannigfaltigkeit der Abbildungsbedingungen bei der Untersuchung der Defekte im TEM sind die verschiedenartigsten Kontrasterscheinungen zu erwarten. Die bereits in großer Zahl in der Literatur vorliegenden Kontrastinterpretationen (siehe dazu die am Ende des Kapitels gegebene, im folgenden nicht mehr zitierte Zusammenstellung der Übersichtsliteratur) erlauben es, in manchen Fällen eine Defektcharakterisierung ohne langwierige Rechnung durchzuführen, indem man einen Vergleich mit vorhandenen Beispielen sucht. Zur Bestimmung der Defektparameter bedient man sich dann spezieller, unter bestimmten Abbildungsbedingungen auftretender Kontrastbesonderheiten, wie z. B. Auslöschungsbedingungen, Symmetrieregeln für Hell- und Dunkelfeld, Untersuchung der Oszillationen und Kontrastextrema bei Probenkippung. Wichtige Hinweise ergibt die zusätzliche Untersuchung der Symmetrie und Feinstruktur der Beugungsdiagramme. Sollten alle diese Untersuchungen aber nicht zum Ziel führen, so hilft nur noch die Methode der Computersimulation weiter, die, von einem Modell des Gitterdefektes ausgehend, die zu erwartende Beugungskontrastabbildung auf numerischem Wege simuliert und durch Variation der Parameter und des Modells die experimentelle Aufnahme des zu bestimmenden Defektes annähert (s. dazu Anhang 1.).

Ausgehend vom praktischen Bedürfnis nach hoher Detailerkennbarkeit und leicht zu interpretierenden Bildern werden bei der Beugungskontrastabbildung oft spezielle Methoden verwendet, wie z. B. die Abbildung mit einem schwachen Strahl (*weak-beam technique*), die Dunkelfeldabbildung in der zweiten Bragg-Lage einer systematischen Reihe bei der kritischen Spannung (*critical voltage effect*) oder die Hellfeldabbildung von Reflexen höherer Ordnung. Unter diesen Bedingungen sind die Anordnung, die Bewegung und die Wechselwirkung der Gitterdefekte einfach zu studieren, aber die Bestimmung der Defektparameter und die Identifizierung eines unbekannten Defektes stößt hierbei auf erhebliche Schwierigkeiten. Für die Defektidentifizierung günstigere Bedingungen mit komplizierteren, aber für die Analyse informationsreicheren Kontrasterscheinungen erhält man bei Realisierung näherungsweise erfüllter Zweistrahlbedingungen mit möglichst kleinen positiven Abweichungsparametern. Diese werden für die im folgenden zu besprechenden Kontrasterscheinungen als Normalfall angesehen.

Ohne daß im einzelnen auf die Beugungskontrasttheorie und die Elastizitätstheorie zur Verschiebungsfeldberechnung eingegangen wird — dazu siehe die Betrachtungen des Kap. 2., die Theorie des Beugungskontrastes im Anhang 1. sowie die Abhandlung der Präparationspraxis im Anhang 2. —, werden in Abschn. 11.1. die für die Kontrastinterpretation wesentlichen Parameter angegeben und kurz auf ihre Bestimmung im Experiment eingegangen. Die Abschnitte 11.2., 11.3. und 11.4. enthalten einen Überblick über die vorwiegend auftretenden Kontrasterscheinungen, Auslöschungsbedingungen, Identifizierungsschemata und Parametereinflüsse, gegliedert nach ein-, zwei- und dreidimensionalen Gitterdefekten, wobei jeweils zuerst die Standardsituationen angegeben sind und danach die Abweichungen der weniger häufigen Fälle diskutiert werden.

11.1. Kontrastbestimmende Parameter

Ausgehend von der Übersichtsdarstellung des Beugungskontrastes in Kap. 2. — insbesondere im Zusammenhang mit Gl. (2.11) — bzw. den theoretischen Beziehungen im Anhang 1. ist zu erkennen, daß die Gitterdefekt-Abbildung durch eine beschränkte Anzahl von Parametern ausreichend charakterisiert werden kann (s. Abb. 11.1). Dazu gehören die geometrischen Parameter (Neigung zu den Folienflächen γ, Tiefenlage des Defektes t_0, Abstand zu anderen Defekten d, Größe von dreidimensionalen Defekten R_P, R_L, Richtung linearer Defekte l), die elastischen Parameter (Burgers-Vektor einer Versetzung b, Verschiebungsvektor eines Planardefektes R, Fehlpassung und Volumendehnung bei Ausscheidungen ε, Materialkonstanten μ, v, c_{ij}) sowie die Abbildungsparameter (Richtung des einfallenden

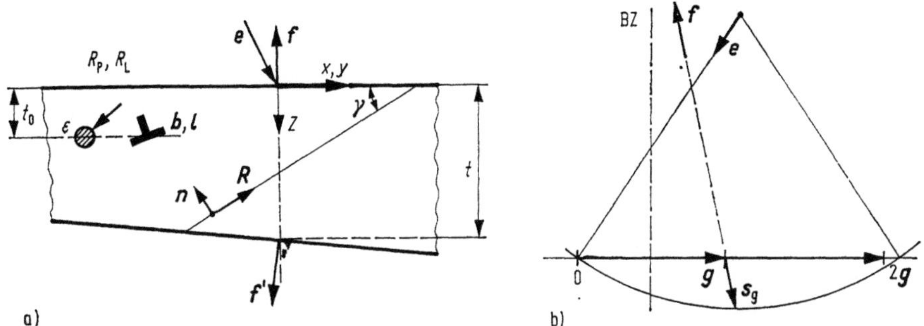

Abb. 11.1   Schnitt durch den Kristall (a) und Darstellung der Ewaldschen Konstruktion (b) zur Definition der kontrastbestimmenden Parameter

Elektronenstrahles e, Normalen der Folienflächen f, f', reziproke Gittervektoren der angeregten Reflexe g, zugehörige Abweichungsparameter s_g, Beschleunigungsspannung U, mittlere Foliendicke t, Extinktionslängen ξ_g und Absorptionsparameter ξ_g'). In der Regel sollten die Abbildungsparameter bekannt sein, damit durch Diskussion der Beugungskontrastabbildung eines Defektes dessen geometrische und elastische Parameter bestimmt werden können.

Unter der Voraussetzung, daß das zu einer Abbildung gehörige Beugungsdiagramm die Indizierung der Kikuchi-Linien zuläßt, kann die Richtung e des einfallenden Elektronenstrahls auf einfache Weise mit Hilfe zweier indizierter reziproker Gittervektoren g_1 und g_2

$$e = \pm \frac{g_1 \times g_2}{|g_1 \times g_2|} + \lambda\, G \tag{11.1}$$

bestimmt werden. Dabei erfolgt die Indizierung durch Ausmessung der Winkel und Abstände zwischen den Reflexen bzw. durch Vergleich mit computersimulierten Beugungsdiagrammen und Kikuchi-Mappen [1]. Die Größe G kennzeichnet hierbei die Lage des Kikuchi-Pols im Beugungsbild gegenüber der hochsymmetrischen Einstrahlung. Die Elektronenwellenlänge λ erhält man aus der Beschleunigungsspannung mit der de-Broglie-Beziehung bei Berücksichtigung der relativistischen Massenkorrektur [2] (s. Gl. (A 1.2)).

Aus dem indizierten Beugungsdiagramm lassen sich weiterhin in einfacher Weise die an der Beugung beteiligten Reflexe ablesen; aus Gründen der Vereinfachung der Interpretation muß dabei eine Auswahl der wirklich bildbestimmenden Reflexe getroffen werden. Dies kann durch Anwendung verschiedener Auswahlkriterien geschehen, am zuverlässigsten dürfte jedoch die Auswahl anhand der Größe der Abweichungsparameter sein. Die Beträge der Abweichungsparameter s_g (auch nur s im Zweistrahlfall) lassen sich durch die Beziehung

$$s_g = -\frac{\lambda}{2\,e \cdot f}\,(g^2 + 2\,e \cdot g) \tag{11.2}$$

berechnen, wobei die Abhängigkeit von der Foliennormalen f nur eine kleine Korrektur darstellt. Das Produkt $e \cdot g$ wird oft durch die Messung des Abstandes der Kikuchi-Linie zum zugehörigen Reflex bestimmt [3].

Die Extinktionslängen ξ_g bzw. Absorptionsparameter ξ_g' (s. dazu Anhang 1.) entnimmt man am besten Tabellenwerken. Die theoretisch berechneten Werte der Kristallpotentiale bzw. der Strukturfaktoren von RADI [4], von DOYLE und TURNER [5] sowie von SMITH und BURGE [6] weichen zwar bis zu 20% voneinander ab, sind aber im allgemeinen ausreichend genau für Mehrstrahlrechnungen. In einigen Fällen — dies gilt besonders für Kontrastinterpretationen unter Verwendung von Zweistrahlrechnungen — ist es jedoch besser, experimentell bestimmte Parameter zu verwenden, da diese die realen Abbildungsbedingungen — Einfluß der Blendengröße, Einfluß von Reflexen höherer Ordnung — bereits beinhalten [7]. Allerdings ist die Kenntnis der Extinktionslängen im Zweistrahlfall nicht erforderlich, wenn die relative Foliendicke t/ξ_g, der oft benutzte dimensionslose Abweichungsparameter $w = \xi_g\, s_g$ und die relativen Absorptionsparameter ξ_g'/ξ_g experimentell zugänglich sind. Dabei liegt der unvermeidliche Meßfehler des Abweichungsparameters in derselben Größenordnung wie die Ungenauigkeit der Extinktionslänge. Schließlich hat es sich bewährt, für das Verhältnis der normalen zur anomalen Absorption $\xi_0'/\xi_g' = 0{,}5 \cdots 1{,}0$ anzunehmen [8].

Die Foliendicke kann näherungsweise durch Abzählen der Dickenextinktionskonturen beginnend am Folienrand (s. dazu Gl. 2.14) oder durch Abzählen der Oszillationen des Kontrastes von Linien- oder Planardefekten bestimmt werden, wenn gewährleistet ist, daß die verwendeten Defekte von Oberfläche zu Oberfläche ausgedehnt sind. Wenn die Streifenzahl m beträgt und die Größen w, e, f bereits bestimmt sind, erhält man

$$t/\xi_g = m \sqrt{1 + w^2}\,(e \cdot f)\,. \tag{11.3}$$

Hierbei sind jedoch einige Besonderheiten in der Ausbildung der Kontrastoszillationen entlang eines Defektes zu beachten (z. B. infolge der Absorption), und es ist zu berücksichtigen, daß die Oszillationen oft nicht mit sehr großer Genauigkeit geschätzt werden können. Es empfiehlt sich daher, die Foliendicke direkt zu messen. Dazu muß die Richtung der Verbindungslinie zwischen zwei Kontrastmerkmalen auf Ober- und Unterseite der Folie (z. B. die Durchstoßpunkte einer geraden Versetzung) bestimmt werden sowie der projizierte Abstand dieser Merkmale in der Aufnahme, d. h., die vorliegende Vergrößerung muß bekannt sein. Wenn die Richtung durch l und der projizierte Abstand durch L gegeben sind, dann gilt:

$$t = L(l\,f) \,/\, \sqrt{1 - (l \cdot e)^2}\,. \tag{11.4}$$

Die Bestimmung der Richtungen von Kristalldefekten und die Bestimmung der Foliennormalen erfolgen im Prinzip auf die gleiche Weise, wobei experimentell Kippmöglichkeiten der Kristallfolie um mehr als 20° erforderlich sind; z. B. sollte es möglich sein, im Falle des kfz Kristalles die drei unabhängigen Einstrahlrichtungen $\langle 001 \rangle$, $\langle 011 \rangle$ und $\langle 111 \rangle$ zu realisieren. Für jede von drei unabhängigen Einstrahlrichtungen wird der angeregte Beugungsvektor ermittelt und unter Berücksichtigung der Rotation des Beugungsdiagrammes relativ zum Bild infolge der magnetischen Elektronenlinsen des Mikroskops in jedes zugehörige Bild eingezeichnet. Der aus jedem Bild ersichtliche Richtungsunterschied des projizierten, zu bestimmenden Objektes bezüglich des eingezeichneten Beugungsvektors wird in eine stereographische Projektion eingetragen, woraus durch Schnitt der zugehörigen Großkreise die gesuchte Defektrichtung folgt [9]. Zur Bestimmung der Foliennormale f ist dieses Vorgehen für zwei unterschiedliche Richtungen anzuwenden, welche durch drei Objektdetails nahe der Oberfläche gekennzeichnet sind. Die Foliennormale bestimmt sich dann aus dem Kreuzprodukt der zwei auf diese Weise ermittelten Richtungen in der Oberfläche.

Ein weiterer wichtiger Parameter ist die Tiefenlage t_0 eines bestimmten Defektes im Objekt. Zu dessen Bestimmung wird i. allg. die Stereotechnik, die aufgrund der großen Tiefenschärfe der elektronenmikroskopischen Abbildung möglich ist, angewendet. Dazu benötigt man zwei Bilder des interessierenden Objektbereichs unter verschiedenen Einstrahlrichtungen (Kippwinkel $\approx 10°$), wobei bei der Beugungskontrastanalyse darauf zu achten ist, daß in beiden Abbildungen die Beugungsbedingungen erhalten bleiben. Die beiden so gewonnenen Bilder werden unter Verwendung eines Stereomikroskops ausgewertet. Es gilt folgende Beziehung zwischen der meßbaren Parallaxe Δp und der Höhendifferenz Δh zweier Punkte [10]:

$$\Delta h = \frac{\Delta p}{2M} \sin \frac{\gamma}{2} . \tag{11.5}$$

Hierbei ist M die Vergrößerung und γ der Kippwinkel.

Gelingt es nicht, mit den angegebenen Methoden alle zur Bildinterpretation benötigten Parameter zu bestimmen und helfen auch physikalische und kristallographische Analogiebetrachtungen nicht weiter, so sind die unbekannten Parameter variabel zu halten und während der Defektanalyse durch *image-matching* festzulegen (s. Anhang 1.).

11.2. Eindimensionale Defekte

Die eindimensionalen Kristalldefekte (im wesentlichen Versetzungen) zeigen in nahezu allen Beugungskontrastabbildungen dunklen, linienförmigen Kontrast auf mehr oder weniger gleichförmigem Hintergrund. Dabei treten nichtunterbrochene dunkle Linien der Breite ξ_g/π vorwiegend unter Kontrastbedingungen im Hellfeldbild bei größeren Abweichungen $|w| \gg 1$ von der Bragg-Lage auf [11, 12]. Dunkelfeldabbildungen können unter solchen Bedingungen, speziell bei vernachlässigbarer Absorption, auch helle Linien auf dunklem Untergrund liefern, z. B. bei der *weakbeam*-Abbildung. Zu den Folienflächen geneigte Versetzungen zeigen bei nicht zu großen Abweichungsfehlern $|w| \leq 0,5$ unterbrochenen Linienkontrast, auch Punktkontrast genannt. Demgegenüber erhält man unter dynamischen Zweistrahlbedingungen, d. h. bei sehr kleinen Abweichungsfehlern, Schwarz-Weiß- oder Zick-Zack-Kontrast in Abhängigkeit von den Abbildungsbedingungen.

Zur Beschreibung der Kontrasterscheinungen an Versetzungen in isotropen Medien lassen sich drei Parameter definieren:

$$n = \boldsymbol{g} \cdot \boldsymbol{b} \, , \qquad m = \frac{1}{8} \boldsymbol{g} \cdot (\boldsymbol{b} \times \boldsymbol{l}) \, ,$$

$$p = \frac{2}{3(1 - \nu)} \frac{\boldsymbol{g} \cdot \boldsymbol{b} \, e}{n} = \frac{2}{3(1 - \nu)} \left[1 - \frac{1}{n} (\boldsymbol{b} \cdot \boldsymbol{l}) (\boldsymbol{g} \cdot \boldsymbol{l}) \right] , \qquad (11.6)$$

wobei außer dem angeregten Reflex $\boldsymbol{g}$ auch die Versetzungsrichtung $\boldsymbol{l}$, der Burgers-Vektor $\boldsymbol{b}$ und die Materialkonstante ν (Poisson-Zahl) von Bedeutung sind. Jedoch ist bei der Verwendung der Parameter n, m und p zu beachten, daß die drei Größen nicht völlig unabhängig voneinander sind, da infolge der FS/RH-Regel die Definition von $\boldsymbol{g}$ und $\boldsymbol{l}$ nicht unabhängig erfolgen kann (Rechtsschraube) [13].

Die dominierenden Kontrasteigenschaften werden durch die Größe n festgelegt, z. B. die Anzahl und die Lage der Extrema des Kontrastprofils einer Versetzung, die grundlegenden Auslöschungsbedingungen, das Verhalten von Teilversetzungen (n ist keine ganze Zahl mehr) usw. Im allgemeinen haben oberflächenparallele Versetzungen $|n|$ Minima im Kontrastprofil, wobei sich das wesentliche Minimum nur für $s = 0$ am Ort der in die Bildebene projizierten Versetzungslinie befindet [14]. Dieses Verhalten ist in Abb. 11.2 am Beispiel berechneter Profile von Schraubenversetzungen in der Folienmitte gezeigt. Für nicht zu große s-Werte erhält man aus derartigen Rechnungen, daß der Abstand und die Breite des Versetzungsbildes vom Betrag und die relative Lage vom Vorzeichen der Größe $ns = (\boldsymbol{g} \cdot \boldsymbol{b}) s$ abhängen. Eine Bragg-Schliere oder Extinktionskontur ist durch $s = 0$ gekennzeichnet und trennt Bereiche mit $ns > 0$ von jenen mit $ns < 0$. Die Computersimulation läßt vermuten, daß dabei nicht nur der Vorzeichenwechsel von s ausschlaggebend ist, sondern ein Vorzeichenwechsel des angeregten Reflexes entscheidenden Einfluß hat [15]. Bei Durchgang einer Versetzungslinie durch eine Bragg-Schliere muß somit ein Knick oder Sprung im Bild der Versetzungslinie auftreten. Da sich Versetzungen mit $n = 1$ und und $n = 2$, wie in Abb. 11.2c schematisch angedeutet ist, in der Nähe der Bragg-Schlieren verschieden verhalten, hat man somit eine Möglichkeit, diese Fälle zu unterscheiden. Allerdings muß darauf hingewiesen werden, daß Doppelkontraste nicht nur für $|n| = 2$ auftreten können, sondern auch in Fällen mit $n = 0$ bei relativ großem Parameter m, oder in Fällen $|n| = 1$, wenn gleichzeitig zwei Reflexe unterschiedlichen Vorzeichens zur Bildentstehung beitragen. Diese Fälle können durch zusätzliche Untersuchungen unterschieden werden.

Der Parameter p beschreibt die Abhängigkeit der Kontrastbreite einer Versetzung von ihrem Charakter. In Abb. 11.3 sind Intensitätsprofile der Hellfeldabbildung dynamischer Zweistrahlrechnungen von gemischten Versetzungen in Abhängigkeit vom Parameter p wiedergegeben. Es bedeuten $p = 1$ eine reine Stufen- und $p = 0$ eine reine Schraubenversetzung; man erkennt, daß sich die Bildbreiten von Schrauben- zu Stufenversetzungen wie 1:2 verhalten, aber die Schraubenversetzung nicht das schmalste und die Stufenversetzung nicht das breiteste Bild haben. Die Extrema der Bildbreite in Abhängigkeit von p erhält man, wenn die Richtung von $\boldsymbol{l}$ Winkelhalbierende von $\boldsymbol{g}$ und $\boldsymbol{b}$ ist [12].

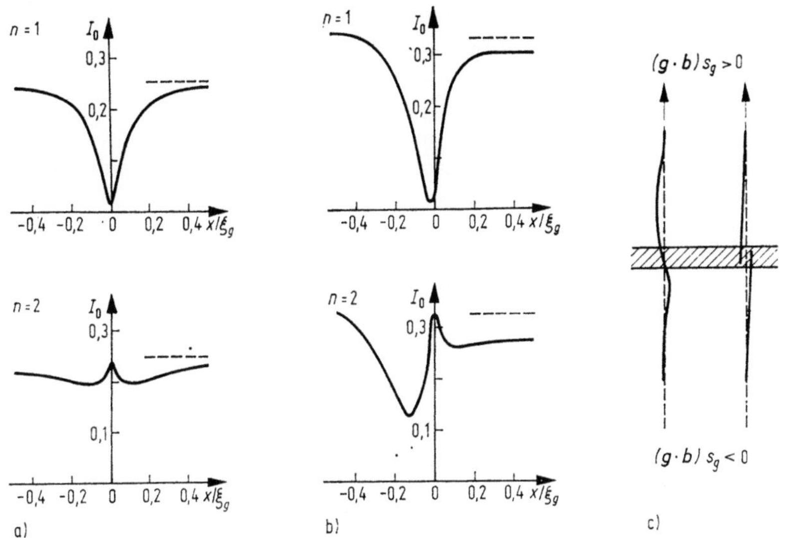

Abb. 11.2 Abhängigkeit des Versetzungskontrastes (Hellfeldintensität I_0) vom Abweichungsparameter w und dem wirksamen Beugungsreflex $\boldsymbol{g}$ (nach HOWIE/WHELAN [14])

Parameter: $t/\xi_g = 8$, $t_0/\xi_g = 4$, oben: $n = 1$, unten: $n = 2$
a) $w = 0$; b) $w = 0,3$; c) Übergang von $ns > 0$ zu $ns < 0$ an der Bragg-Schliere

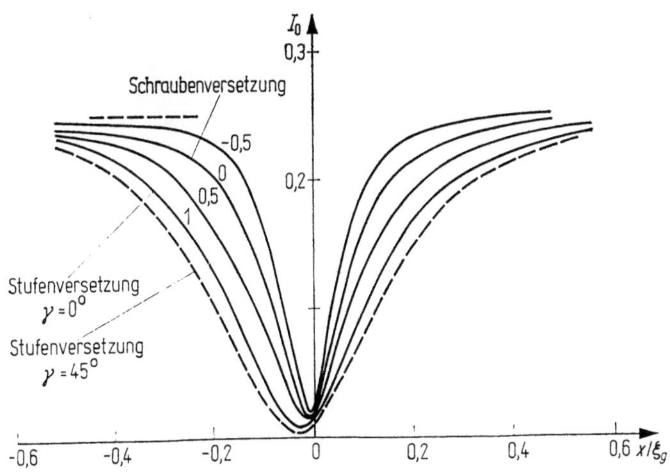

Abb. 11.3 Hellfeldprofil gemischter Versetzungen, berechnet mit der dynamischen Zweistrahltheorie (nach HOWIE/WHELAN [14])

Parameter: $p = \boldsymbol{g} \cdot \boldsymbol{b}_e/n$

Der Parameter m schließlich hat besondere Bedeutung im Falle der Gültigkeit der Kontrastbedingung $n = \boldsymbol{g} \cdot \boldsymbol{b} = 0$. Für kleine m sollte diese Bedingung Unsichtbarkeit des Versetzungskontrastes bewirken, bei größerem m tritt ein Restkontrast auf, der für große m beachtliche Doppelkontraste ermöglicht. Genauere Rechnungen und Experimente haben ergeben [14, 16], daß für $|n| < 1/3$ und $|m| < 0{,}08$ Versetzungen in isotropen Medien effektiv unsichtbar sein sollten. Dieses Auslöschungskriterium kann gut verwendet werden, um den Burgers-Vektor einer Versetzung zu bestimmen. Findet man zwei nichtkomplanare Beugungsvektoren $\boldsymbol{g}_1$ und $\boldsymbol{g}_2$, für die jeweils die Auslöschungsbedingungen erfüllt sind, dann erhält man

$$\frac{\boldsymbol{b}}{b} = \pm \frac{(\boldsymbol{g}_1 \times \boldsymbol{g}_2)}{|\boldsymbol{g}_1 \times \boldsymbol{g}_2|}. \tag{11.7}$$

Im Falle dünner Folien hat sich gezeigt, daß es günstiger ist, Versetzungen im Dunkelfeldbild zu beobachten und die Auslöschung im jeweiligen Reflex zu bestimmen. Dennoch können Anomalien auftreten, die bei der Anwendung des Unsichtbarkeitskriteriums beachtet werden müssen [17]. Versetzungen können, bei bestimmten Parameterkombinationen auch unsichtbar sein, wenn die Unsichtbarkeitsbedingungen nicht erfüllt sind. Da dies eine Funktion der Probendicke, der Elastizitätskoeffizienten, der Ordnung der Reflexe und der Bragg-Abweichung ist, hat DINGLEY [18] die Forderung gestellt, Burgers-Vektorbestimmungen nur bei niedrigen Reflexordnungen und relativ geringer Bragg-Abweichung vorzunehmen.

Weitere Unsicherheiten bei der Anwendung des Auslöschungskriteriums können sich ergeben, wenn elastische Anisotropieeffekte wesentlich werden. Diese treten immer dann auf, wenn das stets richtungsabhängige elastische Verhalten eines Körpers wesentlich wird und deshalb die elastischen Grundbeziehungen nicht mehr durch zwei Konstanten (z. B. die Poissonzahl ν und den Elastizitätsmodul E) beschrieben werden können, sondern mindestens drei unabhängige Konstanten c_{ij} erfordern (s. dazu Anhang 1.). Während eine Variation der Poissonschen Zahl im Bereich $0{,}17 \leqq \nu \leqq 0{,}43$ keine wesentliche Kontraständerung hervorbringt [19], ist das Verhältnis $A = c_{44}/(c_{11} - c_{12})$ (genannt Anisotropie- oder Zener-Konstante) eine den Kontrast stark beeinflussende Größe, wobei eine ausgeprägte Kontrastbeeinflussung speziell für kleine Werte von n auftritt. Durch Vergleich von gerechneten Versetzungsabbildungen im isotropen Medium bzw. β-Messing [20] wurde die Ungültigkeit der Auslöschungsbedingungen selbst für reine Schraubenversetzungen nachgewiesen, sofern diese nicht senkrecht zu einer Symmetrieebene des Kristalls liegen. Für den Fall $n = 0$ ergab sich mit wachsendem A ein zunehmender Kontrast und im Fall $n = 6$ für große A Kontrastauslöschung.

Bei der Abbildung von Teilversetzungen zeigt es sich, daß die effektive Unsichtbarkeit für $|n| \leqq 1/3$ gut zu beobachten ist, was zu einem gleichmäßigen Übergang vom Kontrast des Stapelfehlers zum Untergrundkontrast führt. Der Vergleich von computersimulierten Abbildungen Frankscher und Shockleyscher Teilversetzungen mit Experimenten an Kupfer-Aluminium-Legierungen und an Silber ergab zusätzlich zur effektiven Unsichtbarkeit eine Auslöschung der Frankschen Teilversetzungen für $n = 2/3$, wenn diese bei $n = -2/3$ sichtbar waren und umgekehrt [21].

Abb. 11.4 Hellfeldabbildung eines Versetzungsringes mit Stapelfehler in Silicium bei unterschiedlich angeregten Beugungsreflexen: a) $g = [\bar{2}20]$; b) $g = [20\bar{2}]$; c) $g = [02\bar{2}]$; d) $g = [11\bar{1}]$

Einige der beschriebenen Kontrasteigenschaften sind in Abb. 11.4 am Beispiel eines zur Folienfläche parallelen Versetzungsringes gut zu erkennen. Die Teilabbildungen a), b) und c), aufgenommen mit den Reflexen $g = [\bar{2}20]$, $g = [20\bar{2}]$ und $g = [02\bar{2}]$, zeigen das Phänomen der Kontrastauslöschung für je zwei der Teilversetzungsbereiche und den Stapelfehler. In Abb. 11.4 d) mit $g = [11\bar{1}]$ ist nur der Bereich sichtbar, der in Teilbild c) ausgelöscht war. Somit handelt es sich in Abb. 11.4 um einen Frankschen Versetzungsring mit $b = \pm 1/3$ [111], so daß $n = 0$ für die Abb. 11.4 a) bis c) gilt und der Restkontrast durch $|m| = 0{,}18$ entsteht. Die jeweils ausgelöschten Bereiche sind durch $m = 0$ gekennzeichnet. In Abb. 11.4 d) ist $n = \pm 1/3$, für die beiden ausgelöschten Bereiche gilt $|m| = 0{,}06$ und für die sichtbare Versetzung $|m| = 0{,}12$. Die Bestimmung des Vorzeichens und des Betrages des Burgers-Vektors kann auf verschiedene Weise erfolgen und ist im praktischen Mikroskopierbetrieb oft mit einem höheren Aufwand verbunden als die Bestimmung der Burgers-Vektorrichtung. Ausnutzbar sind die bereits genannten Eigenschaften des Kontrastes: Abhängigkeit der Lage des Bildes von $(g \cdot b)\,s$, wodurch bei Kenntnis von s mit zwei verschiedenen g bzw. bei Kenntnis von g mit zwei verschiedenen s das Vorzeichen von b folgt [13]. Dieses Vorgehen ist auch bei der Identifizierung großer Versetzungsringe brauchbar und wurde als Methode des sogenannten *inside-outside*-Kontrastes von GROVES und KELLY [22] zur Festlegung des Typs (Leerstellen- oder Zwischengittertyp) prismatischer Versetzungsringe mit b parallel zur Ringnormalen angewendet. Werden gleichzeitig zwei symmetrische *weak-beam*-Reflexe angeregt, entsteht ein Doppelkontrast, der auf einfache Weise die wahre Ringposition als Minimum des Kontrastes anzeigt [23]. Die Bestimmung des Typs von Ringen gemischten Charakters bzw. nichtzirkularer Geometrie [24 — 26] erfordert die Beachtung zusätzlicher Besonderheiten, z. B. die Existenz sogenannter *unsafe orientations*, bei denen nicht alle Methoden eine eindeutige Identifizierung ergeben. Weitere ausnutzbare Kontrasteigenschaften sind: Aufspaltung der Bildlinie an Bragg-Schlieren, wodurch der Betrag von b ermittelt werden kann [13], Abhängigkeit der Kontrastfeinheiten von m und p, was speziell im Fall $n = 0$ bei Anwendung der *image-matching technique* zur Identifizierung benutzt wird [27].

Außer von den obengenannten Parametern hängt der entstehende Bildkontrast noch wesentlich von der Foliendicke t, den Extinktions- und Absorptionsparametern ξ_g, ξ_0' und ξ_g' sowie von der Neigung γ der Versetzung zur Folienoberfläche ab. So wird z. B. die Oszillation des Versetzungskontrastes entlang einer Versetzungslinie wesentlich durch den Neigungswinkel γ und die Konstanten ξ_g bzw. ξ_g' bestimmt, wobei durch ξ_g und ξ_g' die Anzahl und Größe der Oszillationen festgelegt wird, während durch γ der Abstand und die Form der Oszillationen gegeben ist. Eine Verkleinerung der Absorption (Vergrößerung von ξ_g') erzeugt z. B. ausgeprägtere Kontrastoszillationen sowie eine stärkere Abhängigkeit des Versetzungskontrastes von der Foliendicke und dem Abweichungsparameter [28]. Die wichtigsten Erscheinungen des Oszillationskontrastes geneigter Versetzungen werden anhand der in Abb. 11.5 simulierten Hellfeldbilder (obere Reihe) und Dunkelfeldbilder (untere Reihe), einer unter fast 45° zur Folienoberfläche in einer $(10\bar{1})$-Gleitebene liegenden, gemischten Versetzung deutlich ($e = [001]$, $g = [200]$, $b = 1/2\,[101]$, $l = [5\bar{1}5]$, $t/\xi_g = 6$, $\xi_0'/\xi_g = 20$ und $\xi_g'/\xi_g = 40$). Parameter der Abbildung ist die Abweichung von der Bragg-Lage; es gilt $w = 0{,}47$ in Teilbild a), $w = 0$ in b) und $w = -0{,}47$ in c). Man erkennt, daß in allen wiedergegebenen Fällen das Hellfeldbild bezüglich einer Achse senkrecht zur Defektachse nahezu symmetrisch und das Dunkelfeldbild nahezu pseudo-symmetrisch ist (d. h., an symmetrischen Bereichen tritt Kontrastumkehr auf) [15]. Dabei stimmen die Kontrasterscheinungen an der Folienoberseite — ähnlich wie dies bei den Streifenkontrasten der Stapelfehler zu beobachten ist — im Hell- und Dunkelfeldbild überein, was zur Bestimmung der Ober- bzw. Unterseite der Proben benutzt werden kann [29]. Verschwindet der Abweichungsparameter ($w = 0$), so zeigt das Dunkelfeld exakte Zentralsymmetrie. Diese Aussage gilt stets, wie auch aus Symmetriebetrachtungen allgemeiner Art (s. Anhang 1.) folgt, wenn $|n| = 1$ ist. Für $|n| > 1$ werden die Kontrasterscheinungen unübersichtlicher, zeigen aber das gleiche Symmetrieverhalten, während sich das Symmetrieverhalten im Fall $n = 0$ vertauscht [27]. Die Untersuchung der Symmetrie der beobachteten Kontraste ermöglicht auch die Unterscheidung zwischen Versetzungskontrast und dem anderer linienförmiger Defekte, wie z. B. stäbchenförmige Ausscheidungen, Reihen von

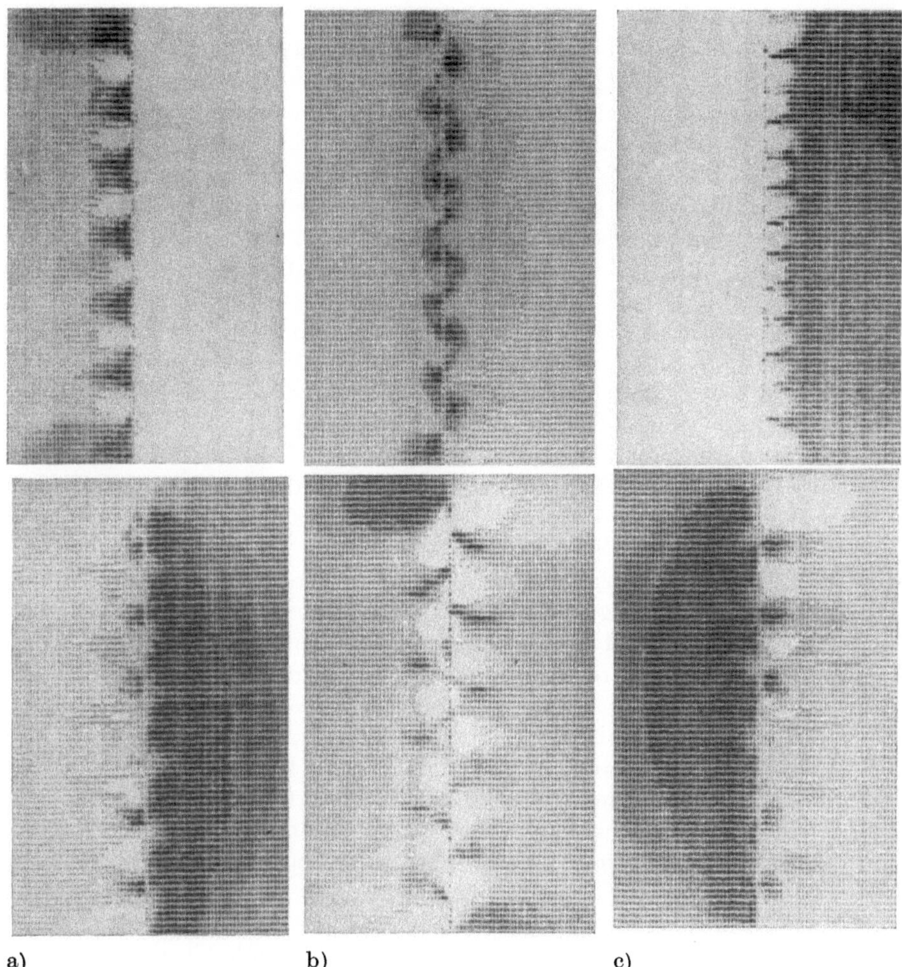

a)   b)   c)

Abb. 11.5   Computersimulierter Kontrast einer gemischten Versetzung unter 45° zur Oberfläche geneigt bei unterschiedlichen Abweichungsparametern w: a) 0,47; b) 0; c) −0.47; *oben*: Hellfeldabbildung, *unten*: Dunkelfeldabbildung

Parameter: $\boldsymbol{g} = [200]$, $\boldsymbol{b} = 1/2\,[101]$, $\boldsymbol{l} = [5\bar{1}5]$, $\boldsymbol{e} = [001]$, $\xi_0'/\xi_g = 20$, $\xi_g'/\xi_g = 40$, $t/\xi_g = 6$

Punktdefekten und sogenannte *lines of dilatations*. Letztere zeigen Zentralsymmetrie für das Hellfeldbild, ebenso wie die Punktdefektreihen [8, 30].

Der Vergleich der Abbildungen 11.5 a) und 11.5 c) bestätigt die $(\boldsymbol{g} \cdot \boldsymbol{b})\,s$-Regel und läßt erkennen, daß die Anzahl der Kontrastoszillationen vom effektiven Abweichungsparameter abhängt. Der Zick-Zack-Kontrast des Hellfeldbildes für $w = 0$ geht in einen alternierenden Schwarz-Weiß-Kontrast für $w > 0$ über. Für $w < 0$ erhält man Punktkontrast. Die Dunkelfeldabbildung ergibt symmetrische Schlierenbilder für $w \neq 0$; ähnliche Erscheinungen erwartet man infolge des *top-bottom-*

Effektes [31] und bei nichtsenkrechter Elektroneneinstrahlung [32]. Einen wesentlich größeren Einfluß auf die Oszillationsformen hat aber die Foliendicke [15]. Weiterhin ist im Falle größerer Abweichungsparameter zu berücksichtigen, daß eventuell der Gültigkeitsbereich der Zweistrahlnäherung überschritten wird. Obwohl bisher wenig Mehrstrahlrechnungen von Kontrasteffekten vorliegen, so lassen sich doch einige vergleichende Betrachtungen anstellen. HOWIE und BASINSKI [33] zeigten, daß in einigen Fällen Mehrstrahlrechnungen breitere Versetzungskontrastprofile ergeben, die nicht nur auf einer durch Mehrstrahleffekte bewirkten Modifikation der Extinktionslänge beruhen. Ebenso erhielt man nicht vernachlässigbare Mehrstrahleinflüsse bei Dickenkonturberechnungen im 20-Strahlfall [34] sowie bei 7- bzw. 11-Strahlfall-Berechnungen von Versetzungsprofilen [35, 36]. Vergleiche von computersimulierten Dreistrahl- und Vierstrahlabbildungen mit Zweistrahlrechnungen sowie Experimenten in α-Eisen [37, 38] ergaben übereinstimmend, daß sich die Hellfeldbilder bei Anregung systematischer Reflexe nicht wesentlich von entsprechenden Zweistrahlfällen unterscheiden, nichtsymmetrische Mehrstrahlfälle hingegen anderen Kontrast ergeben. Außerdem erhielt man unterschiedliche Kontrasterscheinungen der zugehörigen Dunkelfeldbilder.

Kann man annehmen, daß für Abweichungsparameter $w > 1$ (*weak-beam*-Bedingungen) kein stark angeregter Reflex auftritt, dann kommt es zu einem Verlust an Kontrasteinzelheiten, und es entstehen schmalere, intensitätsschwache Bilder, deren Deutung (s. Kontrastregeln im Anhang 1.) dann oft einfacher durch die kinematische Theorie möglich ist [39, 40]. Infolge der Verringerung der effektiven Extinktionslänge unter *weak-beam*-Bedingungen (s. z. B. Gl. (A 1.10)) ist bei der Defektabbildung eine höhere Auflösung und eine bessere Lokalisierung des Defektes gegeben. Ein experimentelles Beispiel für derartige Abbildungsbedingungen — die *weak-beam*-Abbildung einer Versetzungsanordnung in MgO — zeigt Abb. 11.6. Deutlich ist die Auflösung des schmalen Dipols in der Bildmitte beim Vergleich der Abb. a) mit Abb. b) zu erkennen.

Die Deutung von Beugungskontrastaufnahmen mit komplizierten Versetzungsanordnungen (Paare, Dipole, Kreuzungen, Aufstaus, Netzwerke) bzw. gekrümmten Segmenten (Ringe, Knoten, Abwinkelungen) erfordert nur unmittelbar an Orten großer Krümmung und Wechselwirkungsbereichen eine genaue Berechnung des zu erwartenden Kontrastes, um Fehldeutungen zu vermeiden. Bei größeren Abständen bzw. kleineren Krümmungen bleiben für die Einzeldefekte die Auslöschungsregeln gültig, und bei größeren Abweichungen von der Bragg-Lage sind getrennte Bereiche auch getrennt abgebildet. Grundlage dafür ist die Gültigkeit des Superpositionsprinzips für Verschiebungsfelder der linearen Elastizitätstheorie, welches jedoch kein Superpositionsprinzip für die Kontrasterscheinungen impliziert. Um dies zu illustrieren, seien die zu erwartenden Kontrasterscheinungen an Dipolen und parallelen Versetzungen kurz erwähnt (s. Abb. 11.7). Für parallele gleichartige Versetzungen existiert im Hellfeldbild bei ganzzahliger relativer Foliendicke eine Spiegelebene senkrecht zur Längenausdehnung der Versetzungen, im Dunkelfeldbild parallel dazu. Im Falle der Dipole tritt jedoch ein Symmetriezentrum im Hellfeldbild und im Dunkelfeldbild auf. Dies gilt in gewissen Grenzen

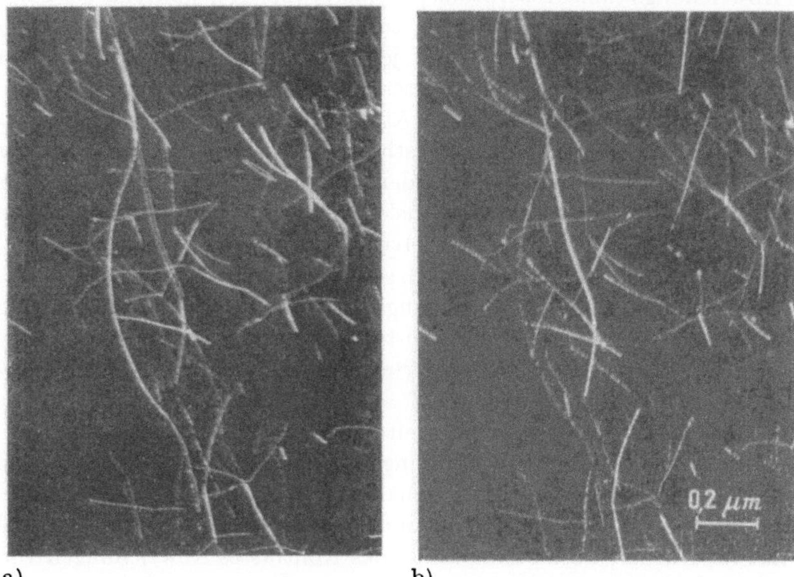

Abb. 11.6   *Weak-beam*-Abbildung einer Versetzungsanordnung in MgO

7/2 [$\bar{2}$00] angeregt; a) mit [$\bar{2}$00]; b) mit [200] abgebildet

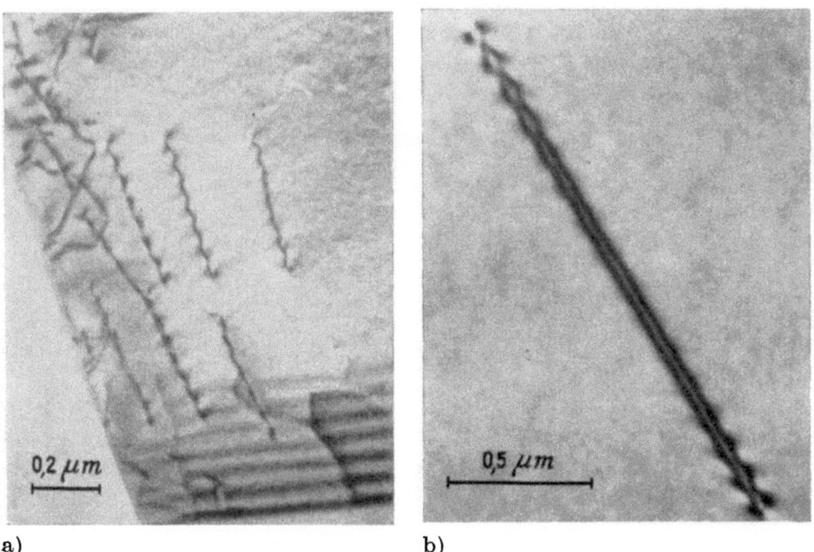

Abb. 11.7   Hellfeldabbildung paralleler Versetzungen in rostfreiem Stahl (a) sowie eines Versetzungsdipols (b)

für beliebige Abweichungs- und Absorptionsparameter [28, 41], während bei halbzahliger relativer Foliendicke Abweichungen zu beobachten sind. Die Änderung des Abstandes d der Versetzungen beeinflußt jedoch wesentlich die entstehenden Kontraste. Für Abstände $d > \xi_g$ sind die Versetzungen in der Regel ungestört abgebildet; mit zunehmender Verringerung des Abstandes beeinflussen sich die Versetzungen gegenseitig, besonders die Kontrasthöfe um die Durchstoßpunkte der Versetzungen durch die Folienoberfläche werden modifiziert. Im Fall sehr kleiner Abstände $d < 0{,}1\,\xi_g$ erfolgt eine partielle Auslöschung des Kontrastes, und eine Verwechslung mit dem Kontrast von Einzelversetzungen ist möglich. Die Neigung der gemeinsamen Ebene der Versetzungen spielt dabei jedoch eine große Rolle. In Abb. 11.8 ist das Verhalten eines Versetzungsdipols mit in Projektionsrichtung übereinanderliegenden Versetzungen bei Abstandsänderung simuliert. Bei Abständen $d \gtrsim 36$ nm $\triangleq 0{,}3\,\xi_g$ treten komplizierte Doppelkontraste auf; bemerkenswert ist jedoch die geringe Sichtbarkeit für $d = 95$ nm $\triangleq 0{,}8\,\xi_g$. Es kann hieraus gefolgert werden, daß für größere Ringe, weitmaschige Netze, Dipole mit größeren Abständen u. a. die beteiligten Versetzungssegmente wie Einzelversetzungen behandelt werden können, während für die genannten Besonderheiten in der Regel die numerische Kontrastberechnung unumgänglich ist. Das gilt z. B. für den Fall des Dipols mit Stapelfehler, wo die Simulation des Kontrastes Abweichungen von

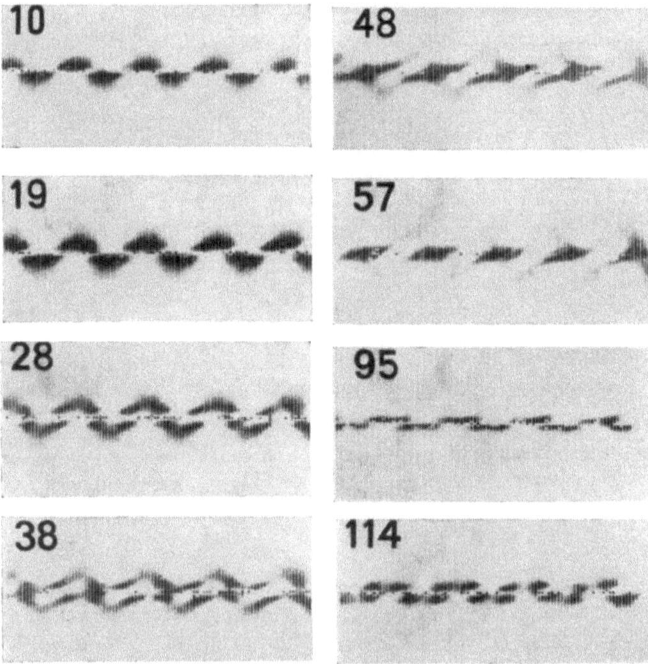

Abb. 11.8 Computersimulierter Hellfeldkontrast eines Versetzungsdipols bei unterschiedlichen Abständen d (in nm) der Einzelversetzungen

Parameter: $e = [\bar{1}\,\overline{14}\,15]$, $f = [0\bar{1}1]$, $g = [111]$, $b = 1/2\,[101]$, $t/\xi_g = 6$, $w = -0{,}3$, $\xi_0'/\xi_g = 20$, $\xi_g'/\xi_g = 52$, $l = [110]$

den Unsichtbarkeitsbedingungen liefert [42, 43]. Kleine, noch aufgelöste Versetzungsringe können mit der *image-matching*-Technik identifiziert werden [44]. Es gelang jedoch nicht, einfache Regeln für die Kontrastdeutung wie im Fall des Schwarz-Weiß-Kontrastes (s. Abschn. 11.4.) abzuleiten. Durch Simulation von zwei nicht in der gleichen Ebene liegenden (windschiefen) Versetzungen, die sich in der Projektion kreuzen, ist ein erstes Verständnis der gelegentlich auftretenden partiellen Auslöschungen und der Kontrastbögen möglich geworden [28, 45]. Außerdem wurden Versuche unternommen, den Kontrast von Versetzungsnetzwerken zu simulieren [46] und die Bilder zur Interpretation von Zwillingsgrenzen [47], Korngrenzen [48] und kohärenten Interfaces [49] zu benutzen. Dabei wurde so vorgegangen, daß geradlinige Versetzungen superponiert oder, wie im Fall der Berechnung abgewinkelter Versetzungen, daß die Bilder geradliniger Versetzungen durch Photomontage aneinandergefügt wurden [50]. Die Versetzungsbereiche, die sich näherungsweise durch stückweise geradlinige Segmente ersetzen lassen, können jedoch vorteilhaft durch den halbunendlichen Dipol bzw. die Winkelversetzung ersetzt werden (s. Anhang 1. und [51]). Damit gelingt auf einfache Weise die Simulation von abgewinkelten Bereichen, Versetzungssprüngen, hexagonalen Versetzungsringen [52], Stapelfehlertetraedern [53] und daraus zusammengesetzten Gebilden. Die Abb. 11.9 zeigt dazu einige Beispiele, z. B. Abwinkelungsbereiche von Dipolen im Teilbild a, die — ausgehend vom Hindernis — entstehen, wenn sich Versetzungen mit nichtgleitfähigen Sprüngen oder an Hindernissen haftende Versetzungen bewegen. Teilbild b zeigt die Computersimulation eines relativ großen Versetzungssprunges, während im Teilbild c ein stufenförmig verlaufendes Versetzungssegment wiedergegeben ist. Die Überlagerung mehrerer stufenförmiger Versetzungen oder hexagonaler Versetzungsringe ermöglicht die Kontrastberechnung hexagonaler Versetzungsnetzwerke, wie anhand des Ausschnittes von fünf Ringen im Teilbild d zu erkennen ist.

In der Nähe von Grenzflächen und an Oberflächen treten im wesentlichen zwei Beeinflussungen des Versetzungskontrastes auf. Sind die Oberflächen zueinander geneigt, dann sind Dickenkonturen zu beobachten, mit denen der Versetzungskontrast in charakteristischer Weise wechselwirkt, selbst dann, wenn die Neigung für die vollständige Ausbildung der Dickenkonturen nicht ausreicht. Die zweite Erscheinung ist eine Folge der Forderung nach Kräftefreiheit der Grenzflächen, auch Oberflächenrelaxation genannt. Eine näherungsweise Beschreibung der Effekte gelingt durch Berücksichtigung der Netzebenenkrümmungen, wodurch die Abbildungen senkrecht zur Oberfläche verlaufender Versetzungen (*seen-end-on*-Abbildungen) erklärbar werden [54]. Eine vollständige Erfassung ist nur über das Konzept der Bildversetzung möglich, deren Berechnung allerdings nur im Fall der grenzflächenparallelen Versetzungen in einfacher Weise gelingt und zur Erklärung des Gleitspurkontrastes [14] sowie des Kontrastes einer Versetzung innerhalb einer Korngrenze verwendet wurde [55, 56]. Zur Beschreibung des Kontrastes geneigter Versetzungen unter Berücksichtigung der Oberflächenrelaxation wurde bisher nur die recht grobe Näherung einer gespiegelten Versetzung benutzt [57].

Zur Kontrastdeutung von Gleitspuren genügen im allgemeinen berechnete Intensitätsprofile von oberflächenparallelen Versetzungen plus Bildversetzung als

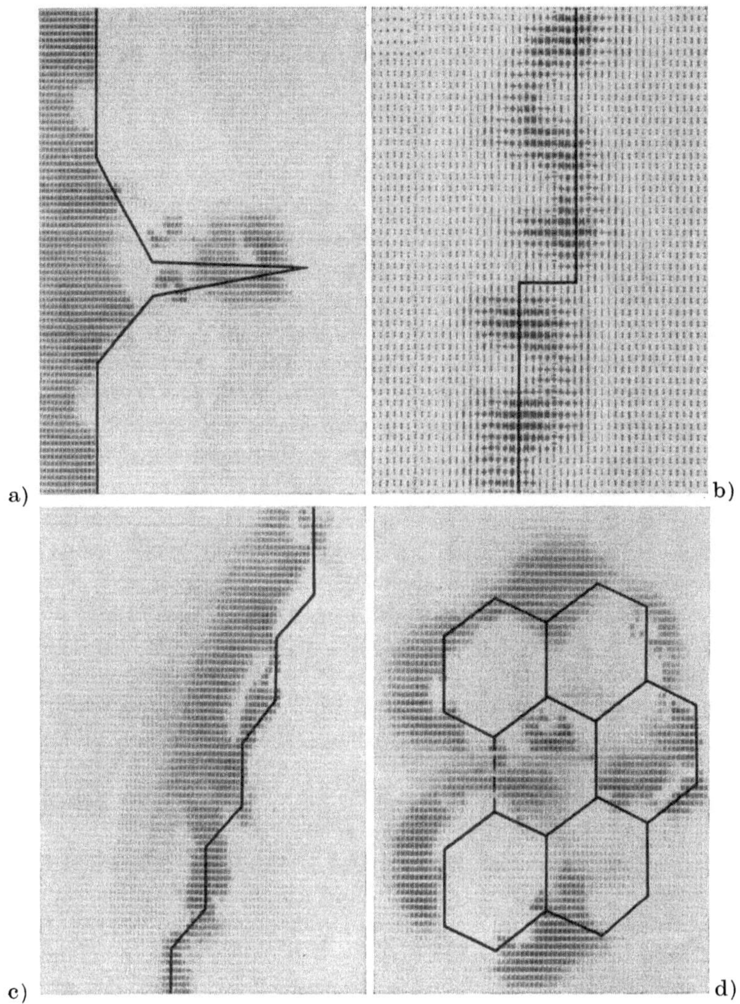

Abb. 11.9   Beispiele für die Computersimulation stückweise geradliniger Versetzungskonfigurationen (Hellfeldabbildung)

a) abgewinkelter Versetzungsdipol; b) Versetzungssprung; c) stufenförmige Versetzung;
d) Versetzungsnetzwerk

Modell für die Versetzungen infolge der an der Oberfläche erzeugten Stufe. Mit
diesem einfachen Modell läßt sich jedoch nicht der gelegentlich beobachtete Gleit-
bandkontrast erfassen; dazu benötigt man eine bessere Berücksichtigung der
Oberflächenrelaxation infolge der Oberflächenschicht [14, 57]. Bereits die Verwendung zweier Spiegelversetzungen mit von HEAD [58] angegebenen Parametern
ermöglicht eine qualitative Erklärung des Gleitbandkontrastes und quantitative
Aussagen zur Abhängigkeit von den elastischen Konstanten und den Beugungsbedingungen [59].

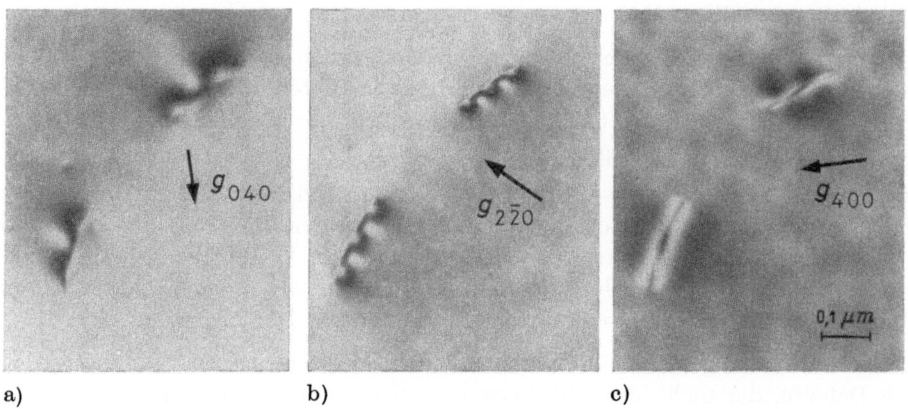

Abb. 11.10   Dekorierte Versetzungen in Silicium bei unterschiedlichen Kontrastbedingungen

Abschließend soll noch kurz auf den Kontrast eingegangen werden, der bei der
Wechselwirkung der Versetzungen mit null- bzw. dreidimensionalen Defekten entsteht. Die dabei zu beobachtenden Phänomene — Abb. 11.10 a bis c zeigen dafür
ein Beispiel von Versetzungen in Silicium bei unterschiedlichen Einstrahlungs-
bedingungen — werden bis jetzt noch nicht ausreichend verstanden. Der Kontrasteinfluß der um die Versetzung angesammelten Fremdatome ist am größten im Fall
der Gültigkeit der Auslöschungsbedingungen (Teilbild c). Von LEPSKI und MICHAEL
[30] wurde der Einfluß einer Cottrell-Atmosphäre kubischer bzw. tetragonaler
Punktdefekte auf den Restkontrast einer Schraubenversetzung im α-Eisen theoretisch durch Anlagerung von drei Reihen von Punktdefekten untersucht. THÖLEN
und BORGGREEN [60] verwendeten das Verschiebungsfeld kugelförmiger bzw.
zylinderförmiger isotroper Ausscheidungen entlang einer Versetzung zur theoretischen Kontrastberechnung. Diese Rechnungen stellen jedoch bisher nur eine erste
Approximation der zu erklärenden Phänomene dar.

11.3.   Zweidimensionale Defekte

Die Planardefekte als wichtigste Gruppe der zweidimensionalen Defekte können
näherungsweise als ebene Grenzflächen zwischen zwei perfekten Kristallteilen A
und B beschrieben werden, wobei zwischen äquivalenten Punkten r_A und r_B die
Beziehung

$$r_B = \alpha\, r_A + R \tag{11.8}$$

besteht [61]. Hier beschreibt α einen Punktoperator, und R entspricht einem nicht-
primitiven Translationsvektor. In dieser allgemeinen Betrachtungsweise sind

18   Elektronenmikroskopie

folgende Spezialfälle enthalten:

Typ 1: $\boldsymbol{\alpha}\,\boldsymbol{r}_A = \boldsymbol{r}_A$, d. h., der Kristallteil B hat gegenüber A eine reine parallele Verschiebung erlitten, die durch den konstanten Verschiebungsvektor $\boldsymbol{R}$ charakterisiert ist (Stapelfehler, planare Ausscheidungen, Antiphasengrenzen, Inversionsgrenzen).

Typ 2: $\boldsymbol{R} = 0$, $\det|\boldsymbol{\alpha}| = -1$, $\operatorname{Spur}(\boldsymbol{\alpha}) = 1$, d. h., Kristallteil B entsteht durch Spiegelung oder Rotation an einer zu beiden Kristallteilen gehörigen Ebene, die Symmetrieoperation ist durch ein Verschiebungsfeld charakterisiert, der Verschiebungsvektor wächst linear mit dem Abstand von der Grenzfläche (kohärente Zwillingsgrenzen, Domänengrenzen).

Der Vorteil der allgemeinen Beschreibung (Gl. (11.8)) liegt einerseits darin, daß auch Defekte, die nicht den üblicherweise auftretenden beiden Spezialfällen zuzuordnen sind (z. B. Zwillingsgrenzen mit Translationsanteil [62, 63]), erfaßt werden, und andererseits läßt sich hierdurch eine für alle Planardefekte gültige Auslöschungsregel bei der Abbildung mit Hilfe des Beugungskontrastes ableiten [64]:

$$\boldsymbol{\alpha} \cdot \boldsymbol{\beta} \cdot \boldsymbol{g} = \boldsymbol{g} \quad \text{und} \quad \boldsymbol{g} \cdot (\boldsymbol{\beta} \cdot \boldsymbol{T} + \boldsymbol{R}) = n \,. \tag{11.9}$$

Dabei ist n eine ganze Zahl, und der Tensor $\boldsymbol{\beta}$ zusammen mit der Translation $\boldsymbol{T}$ charakterisiert einen beliebigen von denjenigen Operatoren, die die Raumgruppe des Kristalls bestimmen. Für Spezialfall 1 folgt die einfache Auslöschungsregel

$$\boldsymbol{g} \cdot \boldsymbol{R} = n \,, \tag{11.10}$$

während für Spezialfall 2, bei zentrosymmetrischer Raumgruppe und wenn die Symmetrieoperation α — darstellend Spiegelung, Rotation oder Inversion — in der Raumgruppe enthalten ist, die Bedingung

$$\boldsymbol{g} = \boldsymbol{g}_A - \boldsymbol{g}_B = 0 \tag{11.11}$$

gilt [65, 66]. Alle Planardefekte sind, wenn sie geneigt in der durchstrahlten Folie liegen, in der üblichen Zweistrahlabbildung im Beugungskontrast durch eine Folge schwarzer und weißer Streifen charakterisiert. Der jeweilige spezielle Kontrast hängt hauptsächlich von folgenden Parametern ab: Defekttyp, Beugungsvektor $\boldsymbol{g}$, Anregungsfehler s.

Neben Planardefekten liefern auch geneigte Oberflächen und innere Grenzflächen, wie z. B. Korngrenzen, Streifenkontraste. Weiterhin entstehen auch Schwarz-Weiß-Streifen durch Moiré-Effekte. Korngrenzen werden in Abgrenzung zu den Zwillingsgrenzen am Ende des Abschnitts kurz erwähnt, während auf den Moiré-Kontrast im Zusammenhang mit der Betrachtung von Ausscheidungen in Abschn. 11.4. näher eingegangen werden wird.

Es sollen im folgenden die an Planardefekten des Typs 1 und 2 beobachtbaren Streifenkontraste beschrieben und einige Hinweise zu ihrer Identifizierung gegeben werden, ohne daß auf die Theorie der Kontrastentstehung eingegangen werden kann. Von GEVERS [67] wurde eine umfassende Theorie der Kontraste an Planardefekten mit Hilfe der Matrizenmethode entwickelt, die ausgehend vom allgemeinen Fall alle Spezialfälle beinhaltet. Eine Übersicht über die Kontrastbesonderheiten von Planardefekten wurde z. B. von AMELINCKX gegeben [68]. Die Klassifizierung der einzelnen Streifenkontraste soll nach dem eingangs angegebenen Konzept erfolgen, wobei betont werden muß, daß alle Aussagen für den dynamischen Zweistrahlfall ($S \approx 0$) gelten. Bei Variationen des Abweichungsparameters kommt es zur starken Kontrastbeeinflussung (vgl. WHELAN und HIRSCH [69]).

Planardefekte mit reiner Verschiebungskomponente (Typ 1). Stapelfehler, planare Ausscheidungen und Inversionsgrenzen werden als sogenannte α-Grenzen abgebildet, wobei der den Kontrast bestimmende Phasenfaktor $\alpha = 2\pi g \cdot R$ ist. Die meisten Untersuchungen beziehen sich auf Stapelfehler in der kfz Struktur; die grundlegenden Arbeiten zur Kontrasttheorie hierzu stammen von WHELAN und HIRSCH [69] und von HASHIMOTO et al. [70, 71]; zur praktischen Anwendung der Kontrastanalyse sei z. B. auf die Arbeiten von GEVERS et al. [72, 73] und die Übersichtsliteratur verwiesen. Im allgemeinen wird im kfz Gitter ein Verschiebungsvektor vom Typ $R = \pm 1/3 \langle 111 \rangle$ angesetzt. Das Vorzeichen von $n \cdot R$ bestimmt die Natur des Stapelfehlers (n ist die Stapelfehlernormale mit fester Zuordnung bezüglich der Folienorientierung f und dem Verschiebungsvektor R), $n \cdot R < 0$ entspricht einem Stapelfehler, bei dem eine Gitterebene zusätzlich eingefügt wurde (*extrinsic*-Typ), $n \cdot R > 0$ einem Stapelfehler, bei dem eine Gitterebene herausgenommen wurde (*intrinsic*-Typ). Aus der Analyse des Streifenkontrastes kann sowohl die Richtung und das Vorzeichen als auch die absolute Größe von R bestimmt werden. Auskunft über die Entstehungsursache des Stapelfehlers (Shockley- oder Frank-Typ) erhält man aus der Burgers-Vektorbestimmung der berandenden Partialversetzungen (s. Abschn. 11.2.).

Aus der dynamischen Kontrasttheorie lassen sich einige typische Eigenschaften von α-Grenzen ableiten und erlauben quantitative Informationen über die Natur des beobachteten Defekts:

— Die Schwarz-Weiß-Streifen verlaufen parallel zur Schnittlinie von Stapelfehlerebene und Folienoberfläche; die Abb. 11.11 zeigt dazu Stapelfehlerkontraste in Silicium.

— Die Streifen sind im Hellfeld symmetrisch, dagegen im Dunkelfeld asymmetrisch (vgl. Abb. 11a und b). Dabei sind die äußeren Streifen an der Oberseite der Folie im Hell- und Dunkelfeld gleich und an der Unterseite der Folie komplementär. Diese Tatsache, die vor allem bei dickeren Kristallfolien deutlich wird, ist eine Folge der selektiven Absorption und erlaubt, aus dem Vergleich der Hell- und Dunkelfeldabbildung den Neigungssinn des Stapelfehlers zu bestimmen.

— Bei wachsender Foliendicke entstehen neue Streifensysteme entlang der Symmetrielinie des Defekts (Abb. 11.12).

— Bei $s = 0$ ist der Streifenabstand gleich $\xi_g/2$.

— Der einen Planardefekt bestimmende Phasenfaktor $\alpha = 2\pi\, g \cdot R$ kann wegen $R = 1/3 \langle 111 \rangle$ Werte von $2\,k\pi$ (Unsichtbarkeitskriterium, Gl. (11.10)) und $2\,k\pi/3$ (Stapelfehler ist sichtbar) annehmen. Aus der Auslöschungsbedingung ist die Richtung von R analog der Burgers-Vektorbestimmung zu ermitteln. In Abb. 11.13 sind Franksche Stapelfehler in Silicium auf drei geneigten (111)-

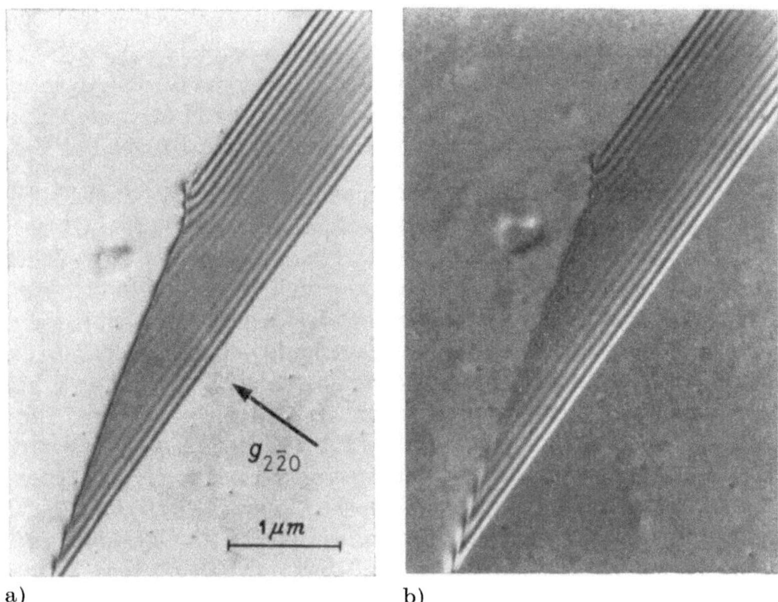

Abb. 11.11   *extrinsic*-Stapelfehler (α-Streifen) in Silicium

a) Hell-, b) Dunkelfeldabbildung

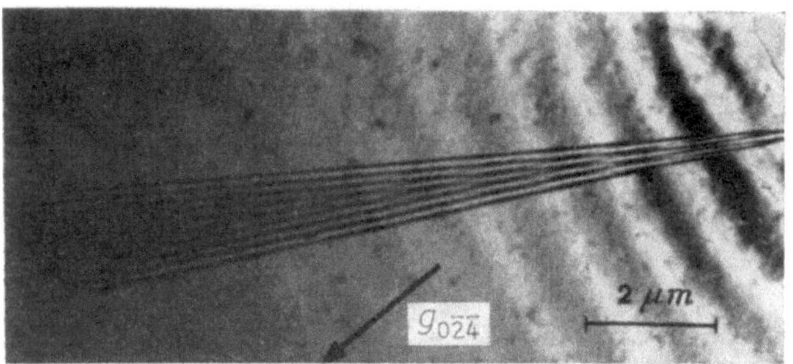

Abb. 11.12   Stapelfehler am Folienrand in ZnSiP$_2$ [72]

Ebenen abgebildet. Jeweils die zum Beugungsvektor g parallel liegenden Defekte sind ausgelöscht.

— Für $\alpha > 0$ ist der erste obere Streifen im Hellfeld hell, für $\alpha < 0$ dunkel. Aus dieser typischen Eigenschaft wurden verschiedene Verfahren entwickelt, um das Vorzeichen von R und damit den Stapelfehlertyp zu bestimmen. Hier soll ein auf ART et al. [73] zurückgehendes Verfahren angegeben werden: Man zeichne den Beugungsvektor g in die Mitte eines Stapelfehlerkontrastes einer dynamischen Dunkelfeldaufnahme ein. Für Reflexe des Typs (200), (222), (440) zeigt der Vektor g unabhängig vom Neigungssinn des Defekts vom hellen äußeren Streifen weg, wenn es sich um einen Stapelfehler vom *extrinsic*-Typ

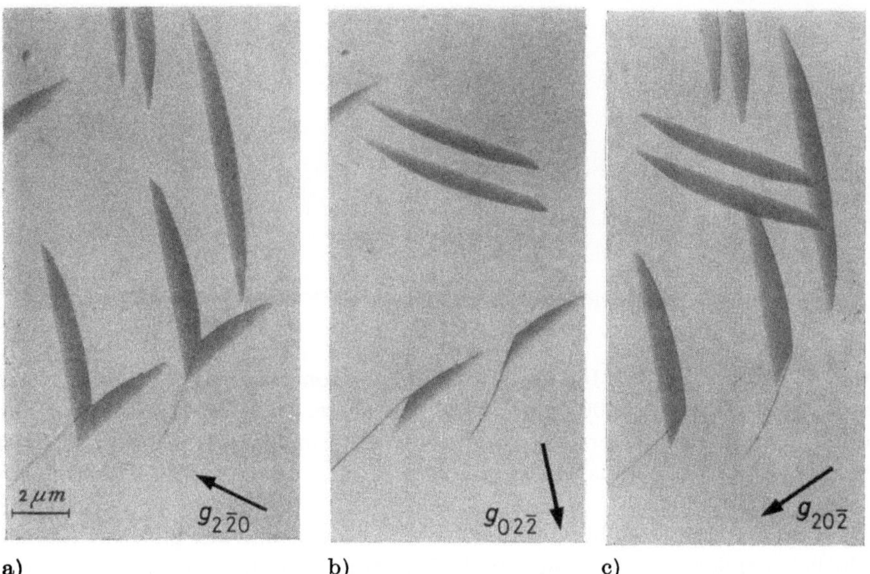

Abb. 11.13 Franksche Stapelfehler in Silicium auf den drei geneigten {111}-Ebenen, mit unterschiedlichen Beugungsvektoren abgebildet

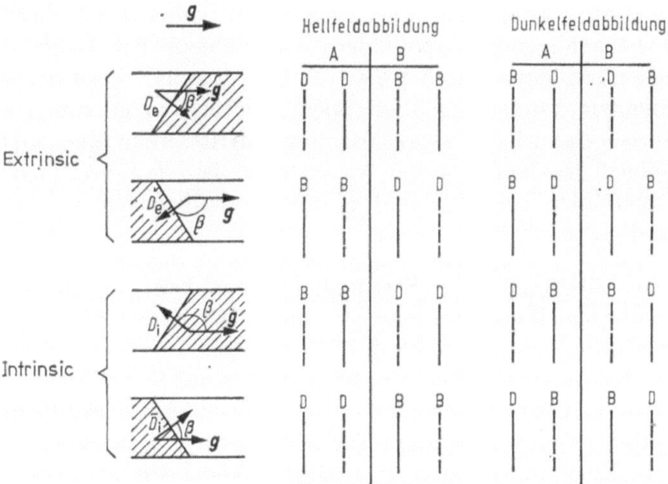

Abb. 11.14 Zur Ermittlung des Stapelfehlertyps: *Links* Hell-, *rechts* Dunkelfeldabbildung (nach GEVERS et al. [74])

Volle Linien stellen den ersten, gestrichelte Linien den letzten Streifen dar; D entspricht einem dunklen, B einem hellen Streifen.

Abb. 11.15   Drei sich überlappende eng benachbarte *extrinsic*-Stapelfehler in Silicium

handelt, und zu ihm hin für einen Stapelfehler vom *intrinsic*-Typ. Für Reflexe des Typs (111), (220), (400) gilt das Umgekehrte. In Abb. 11.14 werden die Verhältnisse in einer Übersicht dargestellt [74]. Im Beispiel des Stapelfehlers von Abb. 11.11 ist daraus abzulesen, daß es sich um einen Defekt vom *extrinsic*-Typ handelt.

— Liegen mehrere Stapelfehler, wie in Abb. 11.15 gezeigt, auf gleichen Ebenen dicht beieinander, dann läßt sich die Defektgruppe durch einen einzigen Defekt mit der Summe der Verschiebungsvektoren darstellen [75, 76]. Zum Beispiel ergeben zwei Stapelfehler vom *extrinsic*-Typ einen Kontrast vom *intrinsic*-Typ, da $2\,\alpha_e = -\,4\,\pi/3 \,\hat{=}\, \alpha_i = 2\,\pi/3$, und umgekehrt. Drei gleiche, eng benachbarte Stapelfehler ergeben $\alpha = 2\,k\pi$, d. h., sie werden ausgelöscht. Dieses Verhalten zeigen auch die in Abb. 11.16 wiedergegebenen computersimulierten Bilder von 4 dichtbenachbarten Stapelfehlern unterschiedlicher Länge, so daß sich im Bild, gekennzeichnet durch 1 bis 1, 2, 3, 4, jeweils 1 bis 4 Stapelfehler mit alternierendem Vorzeichen überlappen. Deutlich zu erkennen ist, daß im Teilbild a immer dann Kontrastauslöschung auftritt, wenn eine gerade Zahl von Stapelfehlern überlappt, wobei festzustellen ist, daß bereits eine Separation der Stapelfehler von $\Delta > 0{,}01\,\xi_g$ einen modifizierten Kontrast ergibt (Teilbild b und c).

Beim Auftreten von sich überlappenden Streifenkontrasten kann die absolute Größe von $\boldsymbol{R}$ bestimmt werden. Diese Tatsache ist weniger für Stapelfehler als für planare Ausscheidungen interessant, die auch durch α-Grenzen abgebildet werden können, daher dasselbe Kontrastverhalten wie Stapelfehler haben und sich von ihnen nur durch die Größe von $\boldsymbol{R}$ unterscheiden. Da der Verschiebungsvektor hier jeden beliebigen Wert haben kann, wird es keine Auslöschung für mehrere sich überlappende Defekte geben. Eine Analyse derartiger Streifenkontraste an Ausscheidungen wurde von HOLLOX et al. [77] durchgeführt. In Abschn. 11.4. ist in Abb. 11.24c ein Beispiel für eine planare Oxidausscheidung in Silicium gezeigt. Man erkennt deutlich, daß bei Überlappung nicht die komplementären Streifen entstehen, wie es bei Stapelfehlern zu erwarten wäre. Überlegungen zum Kontrastverhalten von Stapelfehlern in hexagonalen Kristallen wurden von BLANK et al. [78] angestellt und auf Stapelfehler im Wurzitgitter angewendet [79]. Für andere Kristall-

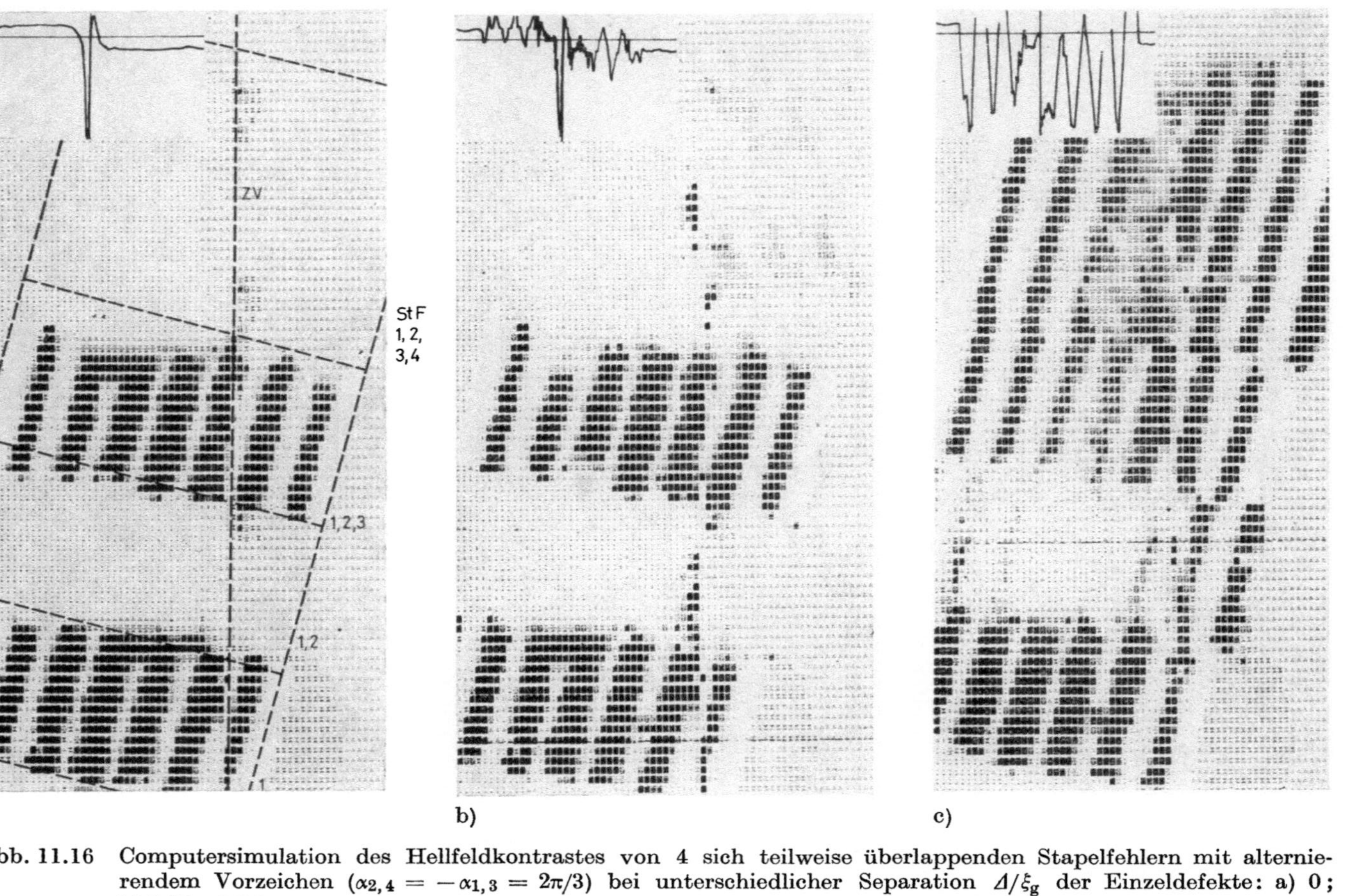

Abb. 11.16 Computersimulation des Hellfeldkontrastes von 4 sich teilweise überlappenden Stapelfehlern mit alternierendem Vorzeichen ($\alpha_{2,4} = -\alpha_{1,3} = 2\pi/3$) bei unterschiedlicher Separation Δ/ξ_g der Einzeldefekte: a) 0; b) 0,01; c) 0,1

Parameter: $w = -0,2$; $t/\xi_g = 7,25$; $\xi'_0/\xi_g = \xi'_g/\xi_g = 15$; Zentralversetzung bei $t_0/\xi_g = 3,6$ mit $n = 1$, $m = 0$, $p = 0$, $\gamma = 45°$; der Profilverlauf für den Bereich der Vierfachüberlappung ist von rechts nach links zu lesen

systeme gibt es noch keine grundlegenden Arbeiten. Einen speziellen Typ von α-Grenzen stellen die Inversionsgrenzen dar, die in nichtzentrosymmetrischen Kristallen auftreten können und von SERNEELS et al. [80] näher diskutiert werden.

Ein zweiter typischer Streifenkontrast von Planardefekten durch reine Verschiebung entsteht an Antiphasengrenzen in geordneten Strukturen; es sind sogenannte π-Streifen, weil der Streifenkontrast bei $\alpha = \pi$ erscheint. Der Phasensprung an der Grenzfläche entsteht hier durch die unterschiedlichen Atomformamplituden in der Antiphasengrenze aufgrund der unstetigen Änderung der Atomanordnung. Die nachfolgend angegebenen Kontrasterscheinungen sind von FISHER und MARCINKOWSKI [81] und von LANDUYT et al. [82] begründet und beschrieben:

— Der Streifenkontrast ist im Hell- und Dunkelfeld symmetrisch, und Hell- und Dunkelfeld sind komplementär.
— Die Natur der Streifen ist durch die Foliendicke bestimmt, bei wachsender Dicke kommen an den äußeren Rändern Streifen hinzu.
— Der Streifenabstand beträgt $\xi_g/2$.
— Der Verschiebungsvektor $\boldsymbol{R}$ ist ein Gittervektor des Grundgitters, aber kein Gittervektor des Überstrukturgitters. Deshalb nimmt α die Werte 0 bzw. 2π für Fundamentalreflexe an, so daß kein Kontrast entsteht. Mit Hilfe dieses Auslöschungsverhaltens läßt sich die Richtung des Antiphasenvektors $\boldsymbol{R}$ bestimmen. Für Überstrukturreflexe wird $\alpha = k\pi$, und es tritt Streifenkontrast für $k \neq 0$ auf. Da Überstrukturreflexe sehr große Extinktionslängen haben, ist die Tiefenperiodizität im Vergleich zu Stapelfehlern sehr groß.

Beispiele für die Untersuchungen an Antiphasengrenzen sind u. a. in [83—85] zu finden.

Planardefekte, die durch Spiegelung gekennzeichnet sind (Typ 2). Die am häufigsten auftretenden Planardefekte dieser Art sind Zwillingsgrenzen. Sie werden, wenn sich nur ein Kristallteil in Reflexionsstellung befindet, was der meist beobachtete Fall ist, durch Dickenstreifen abgebildet. Der nicht in Bragg-Lage befindliche Kristallbereich wird wie eine Vakuumschicht behandelt [86], so daß die zur Probenoberfläche geneigte Grenzfläche wie der keilförmige Probenrand wirkt. Dort entstehen Dickenstreifen oder Keilinterferenzen dadurch, daß unter dynamischen Zweistrahlbedingungen die Intensität der Elektronenwelle mit der Tiefe mit einer Periodizität von ξ_g oszilliert. Theoretische Betrachtungen zur Kontrastentstehung und -interpretationen für verschiedene Fälle von Zwillingsgrenzen sind bei GEVERS et al. zu finden [86, 65, 87].

Speziell für Dickenstreifen sind folgende Kontrasterscheinungen typisch:

— Im Hellfeld sind die Streifen asymmetrisch, im Dunkelfeld symmetrisch. Die Abb. 11.17 zeigt eine Zwillingsgrenze in GaAs.
— Die Natur der äußeren Streifen ist durch die Differenz der Anregungsfehler Δs in den beiden Kristallbereichen bestimmt.
— Bei wachsender Foliendicke lagern sich neue Streifen außen an.
— Der Streifenabstand beträgt ξ_g.

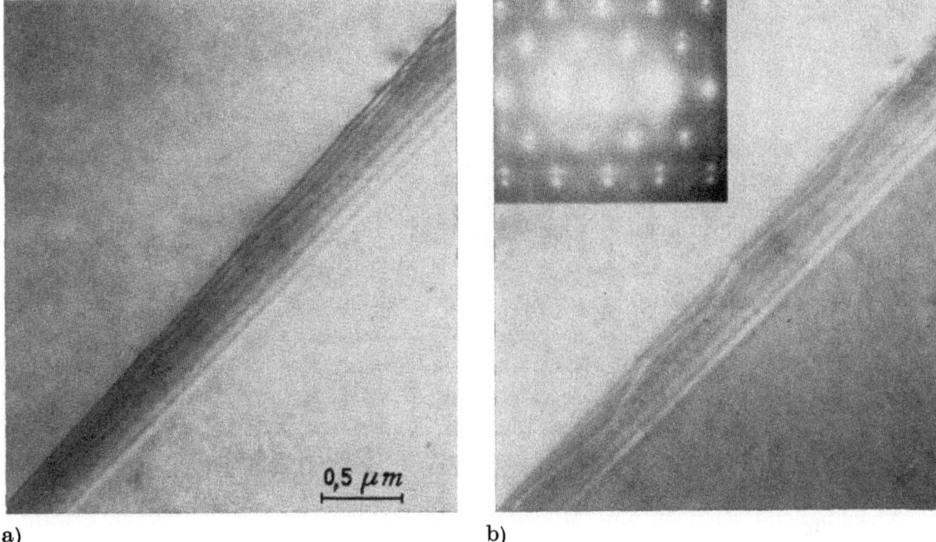

Abb. 11.17   Zwillingsgrenze (Dickenstreifen) in GaAs

a) Hell-, b) Dunkelfeld und Feinbereichs-Beugungsdiagramm

— Aufgrund des relativ großen Unterschiedes der Abweichungsparameter Δs in beiden Kristallbereichen tritt ein Intensitätsunterschied auf.

— Eine Auslöschung des Streifenkontrastes findet man für Erfüllung der Beziehung (11.11).

Neben den Dickenstreifen beobachtet man an Zwillingsgrenzen oft auch einzelne Versetzungen (vgl. Abb. 11.17). Ein weiteres typisches Merkmal von Zwillingsgrenzen ist deren geradliniger oder gestufter Verlauf. An dieser Stelle sei darauf hingewiesen, daß auch Korngrenzen (vgl. dazu auch Kap. 19.) mit Dickenstreifen abgebildet werden, wenn sich nur ein Korn in Reflexionsstellung befindet. Da Korngrenzen unter bestimmten Abbildungsbedingungen noch einige andere Besonderheiten, wie Moiréstreifen, Versetzungsnetzwerke, aufweisen, sind sie oft schon im Durchstrahlungsbild von Zwillingsgrenzen zu unterscheiden. Es soll aber betont werden, daß die Analyse des Streifenkontrastes nicht immer zur Unterscheidung von Korn- und Zwillingsgrenzen ausreicht. Eine eindeutige Zuordnung ist durch Auswertung des Feinbereichbeugungsdiagramms möglich, in dem bei Zwillingsstrukturen typische Zwillingsreflexe zu beobachten sind (s. Abb. 11.17). Darüber hinaus gestattet die Auswertung des Beugungsdiagramms Aussagen zur Kristallographie der beobachteten Zwillingsgrenzen.

Ein Spezialfall der Zwillingsgrenzen sind die sogenannten δ-Grenzen. Hier ist der Zwillingsvektor bzw. die Verkippung der beiden Bereiche gegeneinander so klein, daß beide Kristallteile etwa dieselbe Orientierung haben. Damit befinden sich unter dynamischen Zweistrahlbedingungen beide in Reflexionsstellung mit demselben Beugungsvektor, aber etwas unterschiedlichem Anregungsfehler s, wobei Δs sehr klein ist. Der Kontrast an δ-Streifen ist definiert durch den Parameter

$$\delta = w_{\mathrm{A}} - w_{\mathrm{B}} = \xi_{g\mathrm{A}}\, s_{\mathrm{A}} - \xi_{g\mathrm{B}}\, s_{\mathrm{B}}, \tag{11.12}$$

d. h., δ-Streifen entstehen an Grenzen mit sehr geringer Verkippung ($s_{\mathrm{A}} \neq s_{\mathrm{B}}$), aber auch an Grenzen unterschiedlichen Strukturfaktors ($\xi_{g\mathrm{A}} \neq \xi_{g\mathrm{B}}$). Der erste Fall ist von GEVERS et al. [66] theoretisch abgeleitet und experimentell nachgewiesen worden. Weitere Untersuchungen an δ-Grenzen dieses Typs, wobei es sich bei den Substanzen hauptsächlich um Ferromagnetika handelt, sind in [88—90] zu finden. δ-Grenzen des zweiten Typs sind — allerdings meist auch in Verbindung mit einer geringen Verkippung der beiden Kristallbereiche zueinander — an Grenzflächen von Matrix und Ausscheidungen [91] und an Grenzflächen zweier unterschiedlich kristallisierender Phasen innerhalb einer Matrix [92] beobachtet und untersucht worden. Obwohl δ-Streifen von ihrer Kontrastentstehung anders als Dickenstreifen behandelt werden müssen, haben sie im wesentlichen dieselben Eigenschaften. Ein Beispiel für δ-Grenzen im Hellfeld in Bariumtitanat ist in Abb. 20.9 gegeben.

Abschließend sei noch eine Mischform der beiden Planardefekttypen erwähnt, die von GEVERS et al. [65] behandelte α-δ-Grenze. Solche Planardefekte treten meist an Grenzflächen von Ausscheidung und Matrix auf und sind sehr schwer zu identifizieren. Der Streifenkontrast wird durch das Verhältnis der beiden den Defekt charakterisierenden Komponenten α und δ bestimmt. Bei kleinem δ-Anteil bleibt z. B. das Hellfeldbild symmetrisch, aber mit größer werdender δ-Komponente treten Abweichungen auf, bis das Bild asymmetrisch wird. Quantitative Informationen lassen sich bei solchen gemischten Grenzen nicht gewinnen. Wenn es für bestimmte Reflexe gelingt, daß $\alpha = 0$ wird, dann ist der Streifenkontrast vom δ-Typ, und so sind zumindest qualitative Aussagen möglich. Bei all diesen Betrachtungen ist stets zu beachten, daß Abweichungen von der Bragg-Lage, d. h. $s \neq 0$, zu modifizierten Streifenkontrasten führen. Eine weitere Kontrastbeeinflussung entsteht bei Anlagerung von Verunreinigungen an Planardefekten. Ein Beispiel hierzu zeigt Abb. 11.18, wo der Streifenkontrast des Stapelfehlers durch starke Dekoration mit Fremdatomen (in diesem Fall hauptsächlich Sauerstoff) zerstört wird [93].

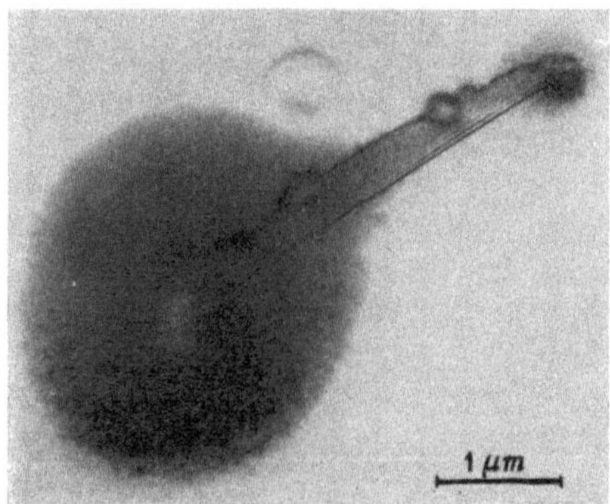

Abb. 11.18 Stark mit Verunreinigungen dekorierter Stapelfehler in Silicium [93]

11.4. Dreidimensionale Defekte

Bei der Betrachtung dreidimensionaler Kristalldefekte erweist es sich als zweckmäßig, eine Einteilung nach der Größe der Defekte vorzunehmen, weil der Kontrast kleiner Defekte, deren Durchmesser klein im Vergleich zur Extinktionslänge ist, stark verschieden von dem größerer Defekte ausfällt. Als denkbar kleinste „dreidimensionale Objekte" sind atomare Punktdefekte (besser als nulldimensionale Defekte bezeichnet) zu betrachten, die mit Hilfe des Beugungskontrastverfahrens aber aufgrund ihrer geringen Spannungsfelder nicht abbildbar sind. Lagern sich aber Punktdefekte zusammen und bilden kleine Versetzungsschleifen, Stapelfehlertetraeder oder kleine Ausscheidungen — die hier zu den dreidimensionalen Defekten gezählt werden sollen —, dann geben sie in der Beugungskontrastabbildung charakteristische Kontraste, die im folgenden näher diskutiert werden sollen. In den Arbeiten von ASHBY und BROWN [94] sind die Kontraste sphärischer Einschlüsse und prismatischer Versetzungsschleifen eingehend untersucht worden, wobei aber die Größe der Teilchen bzw. deren Spannungsfeld einen Mindestbetrag haben müssen, um mit dem von den Autoren angegebenen Verfahren analysiert werden zu können. ESSMANN und WILKENS [95] beobachteten in neutronenbestrahltem Kupfer vergleichbare Kontraste, interpretierten sie als Franksche Versetzungsschleifen, konnten jedoch mit Hilfe der Ashby-Brown-Regeln keine weiteren Aussagen zum Typ der Defekte machen. Deshalb untersuchten RÜHLE [96] und parallel dazu McINTYRE und BROWN [97] theoretisch und experimentell eingehend die Kontraste kleiner Defekte, speziell die von Versetzungsschleifen, und CHIK et al. [98] den Kontrast von kleinen sphärischen Einschlüssen. DEGISCHER [99] und LEPSKI [100] bezogen in die Kontrastbetrachtungen noch die elastische Anisotropie der Matrix ein und berechneten mit Hilfe der Computersimulation den Kontrast sphärischer Partikeln in Kupfer bzw. Eisen und Molybdän. Die Kontraständerung infolge elastischer Anisotropie bzw. Abweichung von der Kugelsymmetrie kann befriedigend nur auf diese Weise, d. h. mit der Computersimulation, erfaßt werden. Die wesentliche Kontrasterscheinung kleiner Defekte ist Spannungskontrast aufgrund der durch den Defekt hervorgerufenen Verzerrungen des umgebenden Matrixgitters. Der Einfachheit halber wollen wir genauer nur Fehlstellen mit sphärischer Symmetrie betrachten. Solche Defekte sind im wesentlichen durch Richtung und Größe der in der Matrix erzeugten elastischen Spannungen charakterisiert, während die Gitterstruktur und die Atomsorten einen geringen und bisher nicht untersuchten Beitrag zum Kontrast liefern.

Aus theoretischen Betrachtungen, z. B. von LEPSKI [101] und CHIK et al. [98], läßt sich das in Abb. 11.19 wiedergegebene Diagramm für die Beobachtbarkeit sphärischer Defekte ableiten. Für sehr kleine Durchmesser $2\,R_\mathrm{p}$ bzw. geringe Spannungen, erfaßt durch ε, sind die Defekte unsichtbar. Für Defekte mit einem Parameter $P_\mathrm{s} = g \cdot \varepsilon \cdot R_\mathrm{p}^3/\xi_g^2 < 0{,}2$ [97] ergibt sich in der dynamischen Zweistrahlabbildung ein typischer Schwarz-Weiß-Kontrast (SW-Kontrast), wie ihn Abb. 11.20 an kleinen sphärischen Partikeln in Silicium zeigt. Die elastische Konstante ε definiert den *constrained strain* [102]. Die SW-Kontrasterscheinung ist durch einen

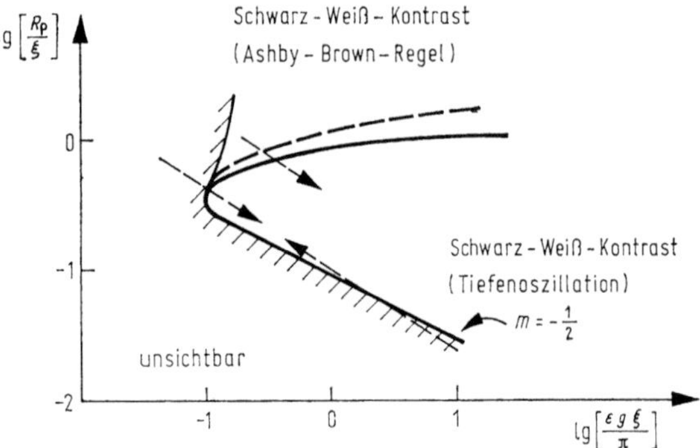

Abb. 11.19   Zur Beobachtbarkeit kleiner sphärischer Defekte (nach Lepski [101])

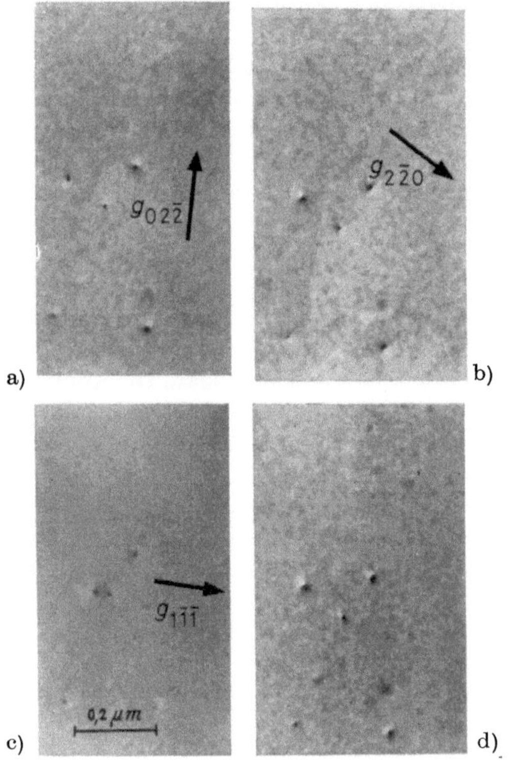

Abb. 11.20   Schwarz-Weiß-Kontraste kleiner sphärischer Partikeln (*interstitial*-Typ) in Silicium

a), b) und c) Hellfeldabbildung mit unterschiedlichen Beugungsvektoren; d) Dunkelfeldabbildung zu b)

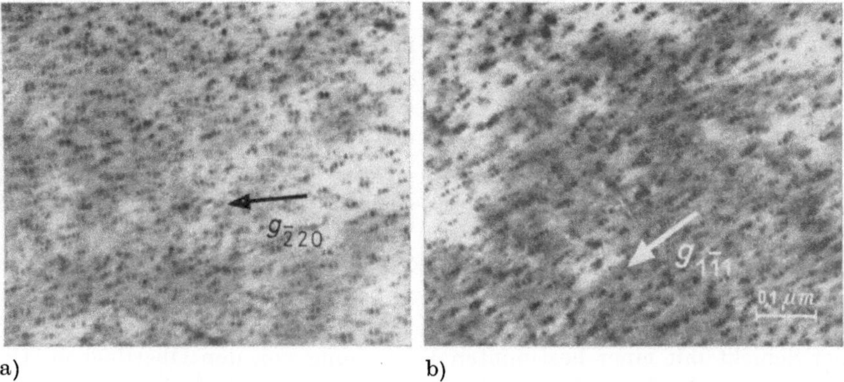

a)   b)

Abb. 11.21   Kaffeebohnen-Kontraste sphärischer Ausscheidungen in einer Kupferlegierung, zwei Hellfeldabbildungen mit zwei unterschiedlichen Beugungsvektoren

charakteristischen Vektor l gekennzeichnet, der vom schwarzen Kontrastbereich
zum weißen zeigt und in unterschiedlicher Probentiefe ein unterschiedliches Vorzeichen hat. Diese sogenannte Tiefenoszillation wurde von Rühle [96] theoretisch
begründet und experimentell an Versetzungsschleifen nachgewiesen (s. dazu
Abb. 11.20). Für $P_\mathrm{s} > 0,2$ sind die Teilchen durch einen kaffeebohnenähnlichen
Kontrast (*black lobe contrast*) charakterisiert (s. Abb. 11.21), dessen bestimmende
Größe die kontrastlose Linie (*line of no contrast*) ist. Im Prinzip gilt das gleiche für
Teilchen mit nichtsphärischem Spannungsfeld, z. B. würfelförmige oder plättchenförmige Ausscheidungen (z. B. Guinier-Preston-Zonen). Die entsprechenden Kontrasterscheinungen für derartige Defekte sind aber noch nicht völlig geklärt. Ein
analoges Kontrastverhalten ergibt sich auch für Versetzungsschleifen. Hier sind
in der Literatur exakte Lösungen nur für reine perfekte oder Franksche Stufenschleifen vorhanden ([96, 97]); bei Scherkomponenten sind die Verhältnisse noch
unklar [103]. Als Maß für das Kontrastverhalten wird hier der Parameter $P_\mathrm{L} =$
$= \boldsymbol{g} \cdot \boldsymbol{b}\, R_\mathrm{L}^2/\xi_{\boldsymbol{g}}^2$ angesetzt [97], wobei R_L der Ringradius ist. Für $P_\mathrm{L} \ll 1$ erhält
man Schwarz-Weiß-Kontrast mit Tiefenoszillation; das gilt etwa für Ringgrößen
unter 10 nm im Durchmesser, und für $P_\mathrm{L} \gg 1$ (oder Ringdurchmesser etwa
10 ⋯ 50 nm) ergibt sich der Kaffeebohnen-Kontrast ohne Tiefenoszillation. Versetzungsschleifen mit Durchmessern über 50 nm sind als Linienkontraste abbildbar; für sie gelten näherungsweise die Betrachtungen geradliniger Versetzungen
(Abschn. 11.2.). Betrachtungen zum Kontrastverhalten kleiner Stapelfehlertetraeder findet man bei Chik [104].

Nachdem das Kontrastverhalten des dreidimensionalen Defekts kurz beschrieben
wurde, soll auf die Analyse der Defekte mittels Beugungskontrast eingegangen
werden, d. h., es soll angegeben werden, welche Informationen sich aus dem den
Defekt charakterisierenden Spannungskontrast über den Defekttyp ableiten lassen.
Die beschriebene Verfahrensweise lehnt sich eng an die Arbeiten von Rühle [96],
Chik [98], Lepski [101] und Wilkens und Rühle [105] an.

1. Fall: Schwarz-Weiß-Kontraste in der dynamischen Zweistrahlabbildung.
Bildet man im Hellfeld mit drei verschiedenen, nicht parallelen Beugungsvektoren
g ab, und liegt der Vektor l immer parallel oder antiparallel zu g, so handelt es
sich wahrscheinlich um eine sphärische Ausscheidung, wie in Abb. 11.20 gezeigt
wurde. Bleibt l dagegen immer konstant in der Richtung, so handelt es sich um
Versetzungsschleifen oder plättchenförmige Ausscheidungen. Aus der Richtung
von l läßt sich dann die Richtung des Burgers-Vektors bzw. der Plättchennormalen
ermitteln.

Zeigt der Vektor l in der dynamischen Dunkelfeldabbildung für einen bestimmten
g-Vektor für alle Defekte in dieselbe Richtung, dann haben die Defekte entweder
eine große Fehlpassung (Misfit) oder sie liegen (bei kleiner Fehlpassung) alle innerhalb einer Schicht mit einer bestimmten Entfernung von den Oberflächen. Um
diese Frage zu entscheiden, sollte die Extinktionslänge durch Änderung des Beugungsvektors geändert werden (vgl. Abb. 11.19). Wenn sich die Richtung von l
für einige Defekte ändert, dann sind sie kleine Defekte mit Tiefenoszillation.
Andernfalls sind sie Defekte mit großem Misfit mit sogenanntem anomalem Kontrastverhalten [94]; das bedeutet, sie liegen innerhalb einer Extinktionslänge von
der Probenoberfläche entfernt und hätten im Volumen Kaffeebohnen-Kontrast.
Das Vorzeichen der Spannung ε dieser Defekte kann durch die Ashby-Brown-
Regel [94] bestimmt werden, die besagt: Bei einem Defekt mit $\varepsilon > 0$ (*interstitial*-
Typ) ist der l-Vektor in der dynamischen Dunkelfeldabbildung in einer Positiv-
abbildung antiparallel dem Beugungsvektor g. Für Teilchen mit $\varepsilon < 0$ gelten
umgekehrte Verhältnisse.

Findet man aber in der Dunkelfeldabbildung Defekte vor, deren l-Vektoren in
beide Richtungen zeigen, dann hat man es mit kleinen Defekten mit Tiefenoszillation zu tun, die sich im gesamten durchstrahlten Probenvolumen befinden.
Eine Analyse erfordert in diesem Fall eine genaue Tiefenbestimmung jedes Defekts.
Dazu eignet sich am besten die Stereoabbildung (s. Abschn. 11.1.), wobei die Oberfläche geeignet markiert wird [10, 106]. Man trägt dann die Defektzahl mit
sign $(g \cdot l) \gtrless 0$ gegen die Entfernung von der Probenoberfläche auf und kann den
Defekttyp bestimmen, wenn die Kurven Tiefenoszillationen über einige Schichten
zeigen. Als Beispiel ist in Abb. 11.22 ein graphische Darstellung der Tiefenoszillation des Schwarz-Weiß-Kontrastes Frankscher Versetzungsschleifen vom
Leerstellentyp wiedergegeben. Für Versetzungsschleifen vom Zwischengittertyp
gelten umgekehrte Verhältnisse. Damit kann auch das Vorzeichen von ε für sphärische bzw. plättchenförmige Ausscheidungen bestimmt werden.

Als Beispiel für das Kontrastverhalten sphärischer Ausscheidungen mit Tiefenoszillation sind in Abb. 11.20 *interstitial*-Typ-Defekte in Silicium gezeigt. Die einzelnen Abbildungen, mit drei unterschiedlichen $\vec{g}$-Vektoren aufgenommen,
weisen das sphärische Spannungsfeld der Defekte nach. In der Dunkelfeldabbildung zeigt der l-Vektor aller Defekte antiparallel zu g. Eine symmetrische Analyse
mit Hilfe der Stereomethode zeigte, daß alle Defekte in den oberflächennahen
Schichten (Abb. 11.22) liegen, womit der Defekttyp ermittelt werden konnte.
Aussagen über die absolute Größe der *constrained strain* ε mit Hilfe der von
A s h b y und B r o w n vorgeschlagenen Methode [94] über die Messung der Bildweite

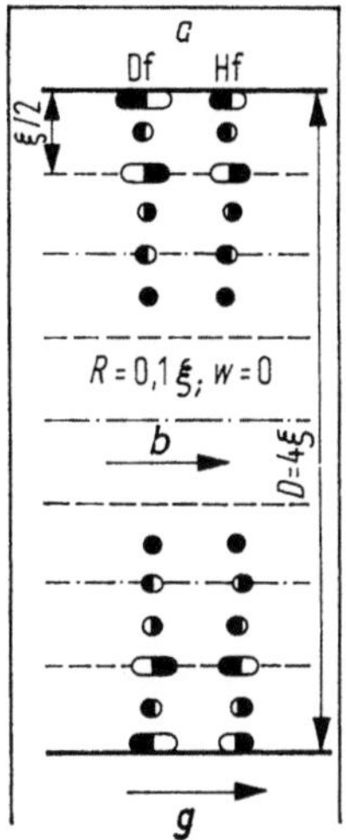

Abb. 11.22 Zur Tiefenabhängigkeit des Schwarz-Weiß-Kontrastes kleiner Frankscher Versetzungsschleifen vom Leerstellentyp (nach Rühle [96])

des Kontrastes sollten wegen des Einflusses der Oberfläche kritisch erfolgen. Die genaue Bestimmung des Teilchenradius sollte im *weak-beam*-Bild oder in der kinematischen Hellfeldabbildung durchgeführt werden. Neben der Übersichtsliteratur seien noch die Arbeiten von Eyre [107] und Rühle [108] als zusammenfassende Darstellungen zu Schwarz-Weiß-Kontrasten kleiner Defekte genannt.

2. Fall: Kaffeebohnen-Kontraste in der dynamischen Hellfeldabbildung. Ein Beispiel für dieses Kontrastverhalten geben die in Abb. 11.21 wiedergegebenen sphärischen Teilchen in einer Kupferlegierung. Die Symmetrie der Defekte kann wie im ersten Fall bestimmt werden; die kontrastlose Linie (*line of no contrast*) verläuft z. B. bei sphärischen Teilchen immer senkrecht zum Beugungsvektor. Aus den Kontrasten ist der Defekttyp nicht ohne weiteres zu ermitteln. Bei sphärischen Teilchen gibt es eine Möglichkeit der Analyse, wenn oberflächennahe Defekte anomale Schwarz-Weiß-Kontraste aufweisen. Im Falle plättchenförmiger Teilchen (z. B. Guinier-Preston-Zonen) ist mit Hilfe des Beugungskontrastes keine einfache Analyse möglich. Hier bietet die Hochauflösungs-EM weitere Möglichkeiten der Informationsgewinnung [109, 110]. Handelt es sich bei den Defekten um Versetzungsschleifen mit Durchmessern von 10—50 nm, so kann eine Analyse ähnlich wie bei großen Schleifen mittels *inside-outside*-Verfahren vorgenommen werden (vgl. Abschn. 11.2.), wobei hier aber unter kinematischen Bedingungen abgebildet werden muß. Weiterhin sollte man zur Ermittlung des Neigungssinns möglichst große Kippwinkel benutzen bzw. den Ring in eine sogenannte *edge-on*-Lage bringen. Eine Bestimmung der absoluten Größe der *constrained strain* ist bei sphärischen Teilchen mit Hilfe der von Ashby und Brown [94] angegebenen Methode möglich. Es sollte aber festgestellt werden, daß aus der Analyse des Spannungs- oder Matrixkontrastes zwar der Typ und eventuell auch die Größe des Misfits bzw. des Burgers-Vektors ermittelt werden können, man aber bei Teilchen

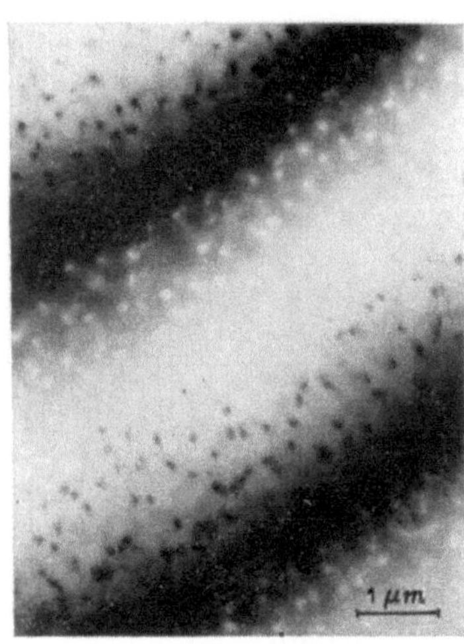

Abb. 11.23   FeSi-Teilchen in Silicium mit Strukturfaktorkontrast

Folienrand: links oben

einer zweiten Phase keine Aufschlüsse über Gitterstruktur oder Atomart erhält.
Dazu muß das Elektronenbeugungsdiagramm ausgewertet werden.

Einen Spezialfall im Kontrastverhalten stellen kleine Defekte mit sehr kleiner
Spannung dar. Man beobachtet weder einen Schwarz-Weiß- noch einen Kaffeebohnen-Kontrast, sondern nur einen Strukturfaktor- oder Dickenkontrast [94].
Hier bewirken Partikeln einer zweiten Phase oder auch Hohlstellen oder mit Gas
gefüllte Löcher aufgrund ihres von der Matrix abweichenden Strukturfaktors eine
andere Extinktionslänge und damit eine Änderung der effektiven Probendicke
$\Delta t[1/(\xi_{g}^{P}) - 1/(\xi_{g}^{M})]$. Ein Beispiel für Teilchen mit Strukturfaktorkontrast gibt
die Abb. 11.23. Es handelt sich um FeSi-Teilchen in Silicium, die aufgrund ähnlicher
Gitterstruktur ohne große Spannung in die Silicium-Matrix eingebaut werden
können. Man sieht, daß maximaler Kontrast der Defekte bei $s = 0$ auftritt. Bei
reinem Strukturfaktorkontrast ist die Defektanalyse sehr schwierig. Eine Information, die man aus dem periodischen Übergang von hellem zu dunklem Kontrast der
Defekte mit wachsendem Abstand vom Probenrand her erhält, ist, daß die Teilchen
eine größere Extinktionslänge als die Matrix haben, also geringeren Strukturfaktor.
Bei größerem Strukturfaktor der Teilchen gegenüber der Matrix gelten umgekehrte
Verhältnisse. Hohlstellen lassen sich durch Über- und Unterfokussierung analy-
sieren [111].

Mit der Betrachtung der Teilchen mit Dickenkontrast sind wir schon übergegangen von dem für kleine Defekte typischen Matrixkontrast, der vorwiegend
durch die elastische Verzerrung des Matrixgitters entsteht, zu der zweiten typischen

▶

Abb. 11.24   Unterschiedliche Ausscheidungskontrastarten

a) und b) Orientierungskontrast von Silicium-Teilchen im Aluminium im Hell- bzw.
Dunkelfeld (*Aufnahme*: R. EHLERS); c) Verschiebungsstreifenkontrast einer Oxidausscheidung in Silicium; d) Parallel-Moiré-Kontrast von CuSi-Teilchen in Silicium

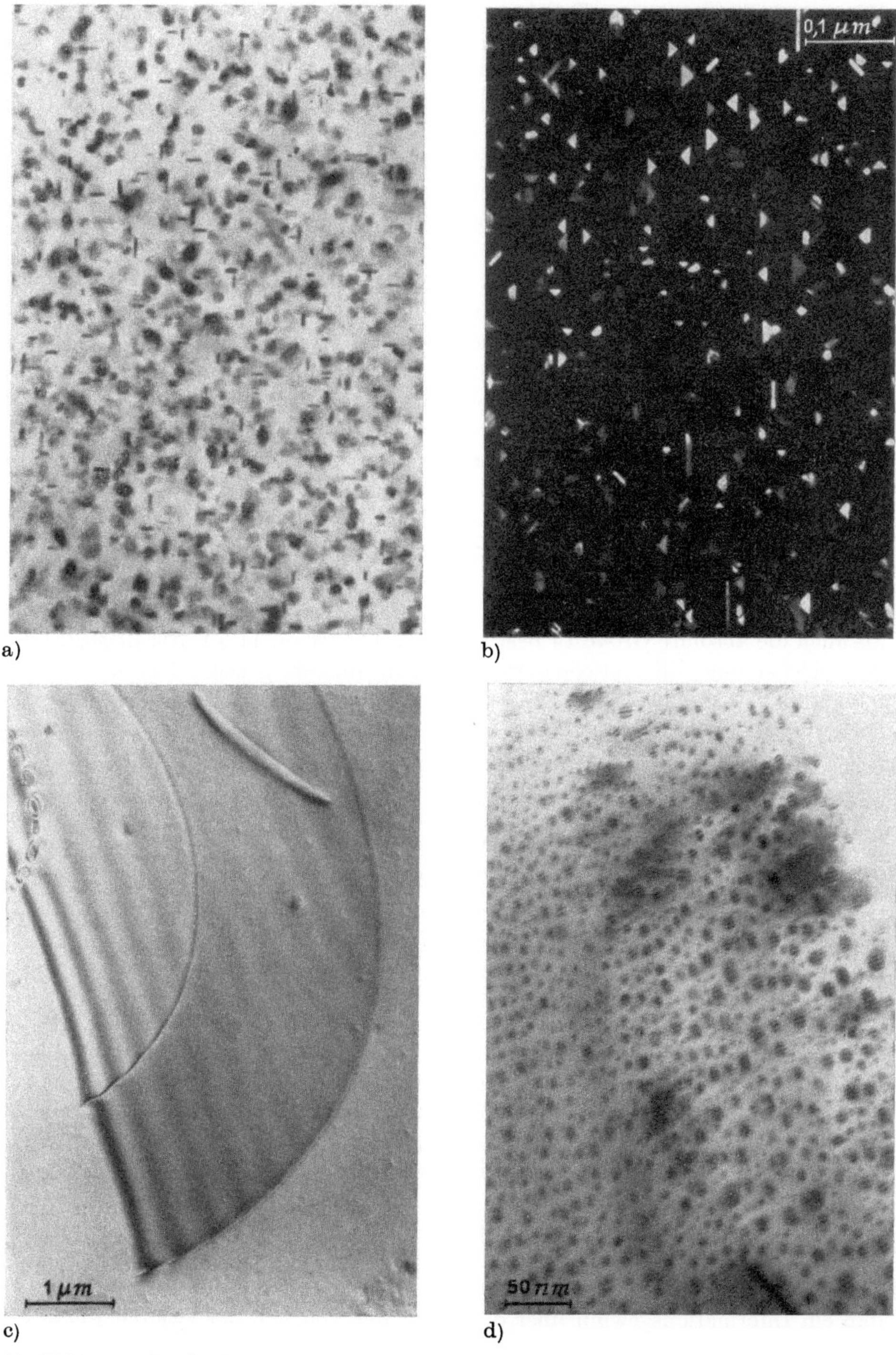

a)

b)

c)

d)

19   Elektronenmikroskopie

Kontrasterscheinung von Teilchen einer zweiten Phase, dem Ausscheidungskontrast. In der Regel dominiert der Ausscheidungskontrast — Abb. 11.24 zeigt einige typische Beispiele — bei Teilchen mit geringerer Matrixspannung bzw. bei größeren Teilchen, d. h., der entstehende Kontrast ist im Gegensatz zum Matrixkontrast auf das Teilchen und seine Grenzfläche zur Matrix begrenzt. Für zusammenfassende Darstellungen sei auf die Übersichtsliteratur verwiesen, in diesem Zusammenhang sei vor allem die Monographie von HIRSCH et al. erwähnt. Neben dem Strukturfaktorkontrast ist es hauptsächlich Orientierungskontrast, der Teilchen einer zweiten Phase sichtbar werden läßt. Er entsteht, wenn sich das Teilchen in besserer Bragg-Lage befindet als die Matrix, also stärker beugt bzw. umgekehrt. Dieser Fall ist typisch für teil- oder nichtkohärente Partikeln und leicht zu interpretieren, da im Beugungsbild starke Ausscheidungsreflexe auftreten, die einerseits gewöhnlich eine Strukturanalyse der Teilchen erlauben; andererseits können aber auch mit Hilfe der Dunkelfeldabbildung unterschiedlich orientierte Ausscheidungen voneinander unterschieden werden (vgl. hierzu Abb. 11.24 a mit 11.24 b). Wenn an der Teilchen/Matrix-Grenzfläche ein Phasensprung der einfallenden Elektronenwelle durch Verschiebung der Matrixebenen von ihren normalen Positionen auf beiden Seiten erfolgt, beobachtet man einen Streifenkontrast durch Verschiebungen ähnlich dem Stapelfehlerkontrast, nur hat der Verschiebungsvektor $\boldsymbol{R}$ hier andere Beträge. Aber das Verhalten der Streifen im Hell- und Dunkelfeld ist analog dem von Stapelfehlern. Es ist möglich, sowohl das Vorzeichen von $\boldsymbol{R}$ als auch die absolute Größe zu bestimmen (vgl. Abschn. 11.3.). Als Beispiel ist in Abb. 11.24c eine Siliciumoxidausscheidung in Silicium gezeigt. Durch die Interferenz von Elektronenwellen, die an Matrix und Teilchen mit unterschiedlichen Gitterabständen und/oder Orientierungen gebeugt werden, kann es zu Moiré-Kontrast im Teilchen kommen. Im allgemeinen Fall gilt

$$D = \frac{d_1\,d_2}{(d_1^2 + d_2^2 - 2d_1\,d_2\cos\gamma)^{1/2}},\tag{11.13}$$

wobei D den Moiré-Streifenabstand, d_1, d_2 die Netzebenenabstände der beiden Gitter und γ den Winkel zwischen beiden Gittern kennzeichnen. Wenn Gitterebenen des Teilchens und der Matrix parallel liegen, reduziert sich der Ausdruck zu

$$D = \frac{d_1\,d_2}{d_1 - d_2}\tag{11.14}$$

und ergibt die Möglichkeit, aus der Messung der Moiréstreifenabstände die Teilchen der zweiten Phase zu identifizieren. Als Beispiel sind in Abb. 11.24d CuSi-Teilchen in Silicium mit Parallel-Moiré-Kontrast abgebildet.

Weitere Kontrasterscheinungen von Ausscheidungen sollen nur erwähnt werden, ohne daß die Aufzählung vollständig ist. Es können in der Teilchen/Matrix-Grenzfläche Misfit-Versetzungen auftreten (vgl. Kap. 19.). Bei gekrümmten Grenzflächen können *interface*-Streifenkontraste beobachtet werden, und auch Keilinterferenzen in der Grenzfläche sind möglich. Es sollte aber hervorgehoben werden, daß ein Informationsgewinn über die Natur der Teilchen der zweiten Phase aus der Analyse des Ausscheidungskontrastes, mit Ausnahme des Moiré-Kontrastes, in der Regel nicht möglich ist. Man erhält nur Informationen über Form und Größe der Teilchen und eventuell über den Kohärenzgrad der zweiten Phase zur Matrix. Aussagen zur kristallographischen Struktur der Teilchen und ihrer Orientierungsbeziehungen zur Matrix müssen dem Beugungsdiagramm entnommen werden. In diesem Zusammenhang sei abschließend die von BELL [112] entwickelte sogenannte 2 1/2 D-Technik erwähnt, bei der mit Hilfe unterschiedlicher Fokussierung ein Stereoeffekt erzielt wird, weshalb sie bei der Untersuchung von kristallographischen Beziehungen einzelner Ausscheidungen nützlich sein kann.

11.5.   Literatur

Originalliteratur

[1] ANDREWS, K. W.; DYSON, D. J.; KEOWN, S. R., Interpretation of Electron Diffraction Patterns. — London: Adam Hilger Ltd. 1971.

[2] v. LAUE, M., Materiewellen und ihre Interferenzen. — Leipzig: Akademische Verlagsgesellschaft Geest & Portig K.-G. 1944.

[3] THOMAS, G.; KIKUCHI, Electron Diffraction and Applications. In: Modern Diffraction and Imaging Techniques in Material Science. Eds.: S. AMELINCKX et al. — Amsterdam/London: North-Holland Publ. Comp. 1970, p. 159.

[4] RADI, G., Acta Cryst. A26 (1970) 41.

[5] DOYLE, P. A.; TURNER, P. S., Acta Cryst. A24 (1968) 390.

[6] SMITH, G. H.; BURGE, R. E., Acta Cryst. 15 (1962) 182.

[7] GLEICHMANN, R., Dissertation. Halle 1976.

[8] HUMPHREYS, C. J.; HIRSCH, P. B., Philos. Mag. 18 (1968) 115.

[9] JOHARI, O.; THOMAS, G., Stereographic Projection and Applications. — New York: J. Wiley & Sons 1969.

[10] DIEPERS, H., Phys. Status Solidi 24 (1967) 235, 623.

[11] HIRSCH, P. B.; HOWIE, A.; WHELAN, M. J., Philos. Trans. Roy. Soc. London 252 (1960) 499.

[12] GEVERS, R., Philos. Mag. 7 (1962) 59, 651 und 8 (1963) 769.

[13] BOLLMANN, W., Philos. Mag. 13 (1966) 935.

[14] HOWIE, A.; WHELAN, M. J., Proc. Roy. Soc. London A263 (1961) 217 und A267 (1962) 206.

[15] SCHEERSCHMIDT, K., Computersimulation des elektronenmikroskopischen Bildkontrastes von Versetzungen. In: Strukturen kristalliner Phasengrenzen, Elektronenmikroskopischer Bildkontrast. Hrsg.: H.-G. SCHNEIDER, J. WOLTERSDORF. — Leipzig: VEB Deutscher Verlag für Grundstoffindustrie 1977, S. 222.

[16] WHELAN, M. J., J. Inst. Metals 87 (1959) 392.

[17] FRANCE, L. C.; LORETTO, M. H., Proc. Roy. Soc. London A307 (1968) 83; LORETTO, M. H.; FRANCE, L. C., Philos. Mag. 19 (1969) 141.

[18] DINGLEY, D. J., Phys. Status Solidi b 38 (1970) 345.

[19] HUMBLE, P., Phys. Status Solidi 21 (1967) 733; JONES, P. J.; EDINGTON, W. J., Philos. Mag. 25 (1977) 729.

[20] HEAD, A. K.; LORETTO, M. H.; HUMBLE, P., Phys. Status Solidi b 20 (1976) 505.

[21] CLAREBROUGH, L. M.; MORTON, A. J., Aust. J. Phys. 22 (1969) 351, 371.

[22] GROVES, G. W.; KELLY, A., Philos. Mag. 6 (1961) 1527 und 7 (1961) 892.

[23] KELLY, P. M.; BLAKE, R. G., Philos. Mag. 28 (1973) 475.

[24] FÖLL, H.; WILKENS, M., Phys. Status Solidi a 31 (1975) 519.

[25] KELLY, P. M.; BLAKE, R. G., Phys. Status Solidi a **25** (1974) 599.
[26] CARPENTER, G. J. C., Phys. Status Solidi a **37** (1976), K 61.
[27] ROSHANSKIJ, V. N., et al., Fiz. Tverd. Tela **17** (1975) 2705.
[28] SCHEERSCHMIDT, K., Dissertation. Halle 1975.
[29] AMELINCKX, S., The study of crystal imperfection by means of optical methods and by means of electron microscopy and electron diffraction. — Nat. Bur. Stand. Monogr. Nr. 100, p. 427.
[30] LEPSKI, D.; MICHAEL, R., Phys. Status Solidi a **36** (1976) K 17.
[31] HASHIMOTO, H., Proc. AMU-ANL Workshop High Voltage Electron Microscopy, (1966) p. 68.
[32] HEAD, A. K., Austr. J. Phys. **22** (1969) 43.
[33] HOWIE, A., BASINSKI, Z. S., Philos. Mag. **17** (1968) 1039.
[34] HUMPHREYS, C. J.; LALLY, J. S., J. Appl. Phys. **41** (1970) 232.
HUMPHREYS, C. J., et al. Philos. Mag. **23** (1971) 87.
[35] YAMAMOTO, T., et al., JEOL-News **10e** (1972) 10.
[36] SANDSTRÖM, R., Proc. 5. Europ. Reg. Conf. El. Micr., Manchester 1972, p. 534.
[37] HEAD, A. K., Austr. J. Phys. **22** (1969) 43, 345.
[38] SKALICKY, P.; PAPP, A., Philos. Mag. **25** (1972) 177.
[39] SANDSTRÖM, R., Phys. Status Solidi a **18** (1973) 639 und **19** (1973) 83.
[40] COCKAYNE, D. J. H.; RAY, J. L. F.; WHELAN, M. J., Philos. Mag. **20** (1969) 1265.
[41] BROOM, N.; HUMBLE, P., Philos. Mag. **19** (1969) 639.
[42] STEEDS, J. W., Philos. Mag. **16** (1971) 771, 785.
[43] FORWOOD, C. T.; HUMBLE, P., Austr. J. Phys. **23** (1970) 697.
[44] BULLOUGH, R.; MAHER, D. M.; PERRIN, C., Phys. Status Solidi b **43** (1971) 689.
[45] THÖLÉN, A. R., Philos. Mag. **22** (1970) 175.
[46] THÖLÉN, A. R., Phys. Status Solidi a **2** (1970) 537.
[47] TUNSTALL, W. J., Proc. 7. Int. Congr. El. Micr., Grenoble 1970, p. 313.
[48] McDONALD, R. C.; ARDELL, A. J., Phys. Status Solidi a **18** (1973) 407.
[49] MARCINKOVSKI, M. J., Proc. 7. Int. Congr. El. Micr., Grenoble 1970, p. 51.
[50] MORTON, A. J.; HEAD, A. K., Phys. Status Solidi **37** (1970) 317.
[51] SCHEERSCHMIDT, K.; HEYDENREICH, J., Phys. Status Solidi a **42** (1977) 47.
[52] SCHEERSCHMIDT, K., Proc. 11. Int. Congr. Crystall., Warschau 1978, p. 262.
[53] SALDIN, D. K.; WHELAN, M. J., Proc. 27 EMAG, Bristol 1975, p. 393.
[54] TUNSTALL, W. J.; HIRSCH, P. B.; STEEDS, J., Philos. Mag. **9** (1964) 99.
[55] TUCKER, M. O., Philos. Mag. **19** (1969) 1141.
[56] HUMBLE, P.; FORWOOD, C. T., Philos. Mag. **31** (1973) 1011, 1025.
[57] SCHEERSCHMIDT, K., Proc. 15. Czech. Conf. El. Micr., Prag 1977, p. 619.
[58] HEAD, A. K., Philos. Mag. **44** (1953) 92.
[59] SCHEERSCHMIDT, K., Veröff. 9. Tag. El. Mikr. DDR, Dresden 1978, S. 43.
[60] BORGREEN, K.; THÖLÉN, A. R., Phys. Status Solidi a **38** (1976) 739.
[61] SEITZ, F., Ann. Math. **37** (1936) 17.
[62] WONDRATSCHEK, H.; JEITSCHKO, W., Acta Cryst. **A32** (1976) 664.
[63] GUYMONT, M.; GRATIAS, D.; PORTIER, R.; FAYARD, M., Phys. Status Solidi a **38** (1976) 629.
[64] GRATIAS, D.; GUYMONT, M.; PORTIER, R.; FAYARD, M., Philos. Mag. **35** (1977) 1199.
[65] GEVERS, R.; VAN LANDUYT, J.; AMELINCKX, S., Phys. Status Solidi **11** (1965) 689.
[66] GEVERS, R.; DELAVIGNETTE, P.; BLANK, H.; AMELINCKX, S., Phys. Status Solidi **4** (1964) 383 und **5** (1964) 595.
[67] GEVERS, R., Phys. Status Solidi **11** (1965) 689.
[68] AMELINCKX, S., Surf. Sci. **31** (1972) 296.
[69] WHELAN, M. J.; HIRSCH, P. B., Philos. Mag. **2** (1957) 1121, 1303.
[70] HASHIMOTO, H.; HOWIE, A.; WHELAN, M. J., Philos. Mag. **5** (1960) 967.

[71] Hashimoto, H.; Howie, A.; Whelan, M. J., Proc. Roy. Soc. London **A269** (1962) 80.

[72] Pasemann, M.; Klimanek, P., Kristall. Tech. **8** (1973) 1141.

[73] Art, A.; Gevers, R.; Amelinckx, S., Phys. Status Solidi **3** (1963) 697.

[74] Gevers, R.; Art, A.; Amelinckx, S., Phys. Status Solidi **3** (1963) 1563.

[75] Gevers, R.; Art, A.; Amelinckx, S., Proc. 3. Europ. Reg. Conf. El. Micr., Prag 1964, Vol. A, p. 205.

[76] Humble, P., Phys. Status Solidi **30** (1968) 183. Humlbe, P., Aust. J. Phys. **21** (1968) 325.

[77] Hollox G. E.; Rowcliffe, D. J.; Edington, J. W., Precipitation in Boron-doped Vanadium Carbide. In: Electron Microscopy and Structure of Materials. Eds.: G. Thomas, R. M. Fulrath, R. M. Fisher. — California: University Press 1972, p. 1116.

[78] Blank, H.; Delavignette, P.; Gevers, R.; Amelinckx, S., Phys. Status Solidi **7** (1964) 747.

[79] Secco d'Aragona, F.; Delavignette, P.; Gevers, R.; Amelinckx, S., Phys. Status Solidi **31** (1969) 739.

[80] Serneels, R.; Snykers, M.; Delavignette, P.; Gevers, R.; Amelinckx, S., Phys. Status Solidi b **58** (1973) 277.

[81] Fisher, R. M.; Marcinkowski, M. J., Philos. Mag. **6** (1961) 1385.

[82] van Landuyt, J.; Gevers, R.; Amelinckx, S., Phys. Status Solidi **7** (1964) 519.

[83] van Landuyt, J., Phys. Status Solidi **16** (1966) 585.

[84] Meulemans, M.; Delavignette, P.; Garcia Gonzales, M.; Amelinckx, S., Mater. Res. Bull. **5** (1970) 1025.

[85] van Landuyt, J.; Amelinckx, S., Phys. Status Solidi **31** (1969) 589.

[86] Gevers, R., Phys. Status Solidi **3** (1963) 1672.

[87] Remaut, G.; Gevers, R.; Lagasse, A.; Amelinckx, S., Phys. Status Solidi **13** (1966) 125.

[88] van Landuyt, J.; Gevers, R.; Amelinckx, S., Phys. Status Solidi **9** (1965) 135.

[89] Blank, H.; Amelinckx, S., Appl. Phys. Lett. **2** (1963) 140.

[90] Delavignette, P.; Amelinckx, S., Appl. Phys. Lett. **2** (1963) 230.

[91] Ardell, A. J., Philos. Mag. **16** (1967) 147.

[92] Fourdeaux, A.; Gevers, R.; Amelinckx, S., Phys. Status Solidi **24** (1967) 195.

[93] Pasemann, M.; Barna, A.; Werner, P.; Hagel, H.-J., Kristall. Tech. **14** (1979) 553.

[94] Ashby, A. F.; Brown, L. M., Philos. Mag. **8** (1963) 1083, 1649.

[95] Essmann, U.; Wilkens, M., Phys. Status Solidi **4** (1964) K 53.

[96] Rühle, M., Phys. Status Solidi **19** (1967) 263, 279.

[97] McIntyre, K. G.; Brown, L. M., J. Phys. Radium **27** (1966) C 3.

[98] Chik, K. P.; Wilkens, M.; Rühle, M., Phys. Status Solidi **23** (1967) 111.

[99] Degischer, H. P., Philos. Mag. **26** (1972) 1137.

[100] Lepski, D., Phys. Status Solidi a **24** (1974) 99.

[101] Lepski, D., Wissenschaftliche Berichte der AdW der DDR, ZFW Dresden 1976, Nr. 6.

[102] Eshelby, J. D., Elastic Inclusions and Inhomogeneities. In: Progress in Solid Mechanics, Eds.: I. N. Sneddon, R. Hill, Vol. 2. — Amsterdam: North-Holland Publ. Comp. 1961.

[103] v. Häussermann, F., Philos. Mag. **25** (1972) 561.

[104] Chik, K. P., Phys. Status Solidi **16** (1966) 685.

[105] Wilkens, M.; Rühle, M., Phys. Status Solidi b **49** (1972) 749.

[106] Diepers, H.; Diehl, J., Phys. Status Solidi **16** (1969) K 109.

[107] Eyre, B. L., In: Defects in Refractory Metals. Eds.: R. de Batist, J. Nihoul, L. Stals MOL; SCK/CEN 1972 p. 311.

[108] Rühle, M., Proc. of Radiation Damage in Reactor Materials, Wien 1969, Vol. 1 p. 113.

[109] Parsons, J. R.; Rainville, M.; Hoelke, C. W., Philos. Mag. **21** (1970) 1105.
[110] Phillips, V. A., Acta Metall. 21 (1973) 219.
[111] van Landuyt, J., Phys. Status Solidi **10** (1965) 319.
[112] Bell, W. L., J. Appl. Phys. **47** (1976) 1676.

Übersichtsliteratur

Hirsch, P. B. et al.; Electron microscopy of thin crystals. — London: Butterworth & Co. 1965.
Amelinckx, S., The direct observation of dislocations. In: Solid State Physics, Suppl. 6. — London/New York: Academic Press 1964.
Modern diffraction and imaging techniques in material science, Proc. Int. Summer Course, Antwerpen 1969. Eds.: S. Amelinckx et al. — Amsterdam: North-Holland Publ. Comp. 1970.
Microscopy of cluster nuclei in defected crystals. Proc. of workshop conference. Ed.: J. R. Parsons. — Ontario: Chalk River 1972.
Murr, L. E., Electron optical applications in material science. — New York: McGraw-Hill 1970.
Skalicky, P., Phys. Status Solidi a **20** (1973) 11.
Schulze, D., Kristall Tech. 8 (1973) 545.
Head, A. K., et al.: Computed electron micrographs and defect indentification. — Amsterdam: North-Holland Publ. Comp. 1973.
Lepski, D., Kristall Tech. **10** (1975) 905.
Proc. 9. Int. Congr. El. Micr., Toronto 1978.
Edington, J. W., Practical Electron Microscopy in Materials Science. — London: MacMillan Press Ltd. 1974.

12. Elementare Vorgänge bei der plastischen Verformung

U. MESSERSCHMIDT, F. APPEL

In kristallinen Festkörpern findet die plastische Verformung bei nicht zu hohen Temperaturen in bezug auf die Schmelztemperatur als kristallographische Gleitung statt. Bei diesem Prozeß werden Teile des Kristalls auf kristallographischen Ebenen, den sog. Gleitebenen, um elementare Gleitschritte oder Vielfache von ihnen gegeneinander verschoben. Auf der Oberfläche der Proben entstehen dadurch Stufen, deren Höhe oft nur einen Netzebenenabstand beträgt. Diese Gleitstufen oder Gleitlinien können mit elektronenmikroskopischen Methoden der Oberflächenabbildung sichtbar gemacht und quantitativ ausgewertet werden. Im Innern des Kristalls wird die Gleitung durch die Bewegung einer großen Zahl von Versetzungen realisiert. Versetzungen sind linienhafte Fehler im sonst regelmäßigen Bau der Kristalle [1]. Wegen ihres weitreichenden Spannungsfeldes können sie mit der Methode des elektronenmikroskopischen Beugungskontrastes abgebildet werden (s. Kap. 2., 11., Anhang 1.). Die Tatsache, daß sowohl die Gleitlinien als Ergebnis der plastischen Verformung als auch die sie erzeugenden Versetzungen mit elektronenmikroskopischen Mitteln hochaufgelöst abgebildet werden können, bedingt die überragende Bedeutung der Elektronenmikroskopie (EM) bei der Aufklärung der Grundprozesse der plastischen Verformung.

12.1. Zusammenhang zwischen mikroskopischen Parametern der Versetzungsprozesse und makroskopischen Verformungskenngrößen

Nachfolgend werden einige Beziehungen zwischen mikroskopischen und makroskopischen Größen angegeben, die jedoch nicht als allgemeine Theorie der plastischen Verformung aufgefaßt werden sollen, da sie nicht in allen Fällen anwendbar sind, und da sie einige Grundphänomene der plastischen Verformung, wie z. B. ihren statistischen Charakter, ungenügend berücksichtigen. Sie sollen vielmehr als Gerüst zur Einordnung der mit der EM erzielbaren Ergebnisse dienen.

Eine Deutung der plastischen Eigenschaften eines Materials ist erreicht, wenn man die Abhängigkeit der zur Verformung notwendigen Fließspannung τ von den wichtigen Parametern, wie der plastischen Dehnung bzw. der Abgleitung a, der Verformungsgeschwindigkeit $da/dt = \dot{a}$, der Temperatur T sowie der thermischmechanischen Vorgeschichte des Materials beschreiben und auf die mikroskopischen

Versetzungsparameter zurückführen kann. Wenn sich in einem Kristall Versetzungen der Dichte ϱ_m, gemessen als Versetzungslänge in der Volumeneinheit, mit einer durchschnittlichen Geschwindigkeit v_d bewegen, beträgt die makroskopische Verformungsrate $\dot{a}$ unter einfachen Bedingungen [2]

$$\dot{a} = \varrho_m b v_d \, . \tag{12.1}$$

b ist der Betrag des Burgers-Vektors, der die Stärke der Versetzungen und gleichzeitig die Größe des elementaren Gleitschrittes angibt. Die Versetzungsgeschwindigkeit wird oft in Form einer Arrhenius-Ratengleichung [3—5] geschrieben:

$$v_d = v_0 \exp\left[-\frac{\Delta G(\tau)}{kT}\right] = v_0 \exp\left[-\frac{\Delta F^* - l\,b\,d(\tau - \tau_i)}{kT}\right]. \tag{12.2}$$

Dieser Gleichung liegt der Gedanke zugrunde, daß die Versetzungen wegen der thermischen Energie des Gitters an den Bewegungshindernissen unregelmäßige Schwingungen ausführen und die Hindernisse nach einer von der Temperatur und der angreifenden mechanischen Kraft abhängenden Wartezeit überwinden. Entsprechend setzt sich der Vorfaktor v_0 aus einer atomaren Schwingungsfrequenz und dem nach der thermischen Aktivierung zurückgelegten Weg zusammen. ΔG ist die von der angreifenden Spannung abhängende freie Aktivierungsenthalpie und k die Boltzmann-Konstante. Die Spannungsabhängigkeit der freien Aktivierungsenthalpie kann in der im rechten Teil der Formel gezeigten Weise dargestellt werden. Hier gibt der Term $l\,b\,d(\tau - \tau_i)$ die von der Spannung während des Aktivierungsvorganges geleistete Arbeit wieder. ΔF^* ist die freie Aktivierungsenergie. Das Produkt $V = l\,b\,d$ wird auch als Aktivierungsvolumen bezeichnet. Wenn die gleitenden Versetzungen Punkthindernisse überwinden, ist l der mittlere Abstand der Hindernisse längs der Versetzung und d ein effektiver Hindernisdurchmesser, die sog. Aktivierungsdistanz. Beide Größen hängen im allgemeinen von der Spannung ab. Wenn andere Hindernisarten, wie die Reibung der Versetzungen im Gitter (Peierls-Spannung), Schneidprozesse mit Versetzungen anderer Gleitsysteme oder die Erzeugung von Punktdefekten an bewegten Sprüngen dominieren, läßt sich meist ebenfalls eine Arrhenius-Beziehung der Form (12.2) anwenden. Die auftretenden Parameter haben dann jedoch eine unterschiedliche und teilweise weniger gut definierte Bedeutung.

In Gl. (12.2) tritt die Differenz zwischen der angelegten Spannung τ und der weitreichenden inneren Spannung τ_i auf. Sie wird auch als effektive Spannung τ^* bezeichnet. Es wird dabei angenommen, daß die äußere Spannung durch die Anwesenheit innerer Spannungsfelder reduziert wird. Diese entstehen im einfachsten Fall durch Versetzungen auf parallelen Gleitebenen. Ihre Größe ist dann wesentlich durch den gegenseitigen Abstand der Versetzungen bzw. durch ihre Dichte nach der Beziehung

$$\tau_i = A_0 \mu b \sqrt{\varrho} \tag{12.3}$$

bestimmt [6]. μ ist der Schubmodul, ϱ die totale Versetzungsdichte und A_0 ein numerischer Faktor, der für Versetzungsanordnungen ohne größere Aufstauungen von Versetzungen eines Vorzeichens bei 1/2 liegt. In relativ reinen Materialien stellen die inneren Spannungen den Hauptanteil an der Gesamtspannung dar.

Deshalb ist die Kenntnis der Prozesse, die zum Aufbau der Versetzungsdichte im Verlauf der plastischen Verformung und zu ihrer gegenseitigen Anordnung in mehr oder weniger stabilen Strukturen führen, von großer Wichtigkeit für das Verständnis der plastischen Fließspannung und der Verfestigung, das ist die Zunahme der Fließspannung während der Verformung. Diese Prozesse bestehen in der Multiplikation als Erzeugungsmechanismus und der Immobilisierung in Gebieten besonders hoher innerer Spannungen nach erfolgter Gleitung. Sie bestimmen in ihrer Kinetik neben den inneren Spannungen gleichzeitig die Gleitversetzungsdichte ϱ_m in Gl. (12.1).

Das beschriebene Bild der Verformungsvorgänge ist für eine große Zahl kristalliner Materialien im Bereich mittlerer Temperaturen charakteristisch. Unbedingt berücksichtigt werden müßte jedoch noch: der Einfluß der Korngrenzen bei polykristallinen Proben, der Reibungswiderstand des Grundgitters (die sog. Peierls-Spannung) bei niedrigen Temperaturen (abgesehen von Quanten- und anderen Effekten bei sehr niedrigen Temperaturen), diffusionsbedingte Versetzungsbewegungen (Klettern) im Bereich höherer Temperaturen, direkte Materialdiffusion in der Nähe des Schmelzpunktes, der Einfluß von Ordnungszuständen in Legierungen, mechanische Zwillingsbildung und vieles mehr.

Die folgende Beschreibung einiger Möglichkeiten und Ergebnisse der EM auf dem Gebiet der plastischen Verformung lehnt sich an das skizzierte Versetzungsmodell an. Vorher werden jedoch einige Bemerkungen zu den elektronenmikroskopischen Methoden gemacht.

12.2. Elektronenmikroskopische Methoden für die Erforschung von Grundprozessen der Plastizität

Die Sammlung detaillierter Kenntnisse über die plastische Verformung begann etwa um 1955. Die wichtigste Methode war zunächst die Abbildung der Oberflächenstruktur der verformten Kristalle mit Hilfe von elektronenmikroskopischen Abdruckverfahren. Ein Überblick über die frühen Arbeiten wird in [7, 8] gegeben. Eine Variante dieser Methode ist das Schwermetall-Dekorationsverfahren, mit dem es im Gegensatz zu anderen Oberflächenabdruckverfahren möglich ist, auch Oberflächenstufen, die nur einen Netzebenenabstand hoch sind, abzubilden. Beide Verfahren sind in Kap. 7. beschrieben. Für die Untersuchung der Versetzungsbewegung ist es wichtig zu wissen, ob der Verlauf der Oberflächenstufen ein korrektes Bild der im Innern der Kristalle ablaufenden Versetzungsprozesse gibt. Hierbei muß zwischen verschiedenen Einflüssen der Oberfläche unterschieden werden. Während die durch die Anwesenheit der Oberfläche auf alle Kristalldefekte ausgeübten Bildkräfte die Konfigurationen ruhender Versetzungen beeinflussen, scheinen diese bei der Bewegung der Versetzungen keine große Rolle zu spielen [9]. Auch die zur Bildung der Gleitstufen notwendige zusätzliche Oberflächenenergie kann im Fall reiner Kristalloberflächen vernachlässigt werden. Beim Vorhandensein fester Oberflächenschichten, z. B. der Oxidschicht auf

Aluminium, stellt jedoch der Durchstoßpunkt der Versetzungen durch die Kristalloberfläche ein beträchtliches Gleithindernis dar [10]. Der wichtigste Einfluß der
Oberfläche auf die Gleitvorgänge besteht wohl darin, daß die Versetzungskinetik
an der Oberfläche unterbrochen wird, d. h., daß nahe der Oberfläche liegende Versetzungen einfach aus dem Kristall herausgleiten können. Die Folge davon sind
veränderte Versetzungsdichten und damit auch veränderte innere Spannungen
nahe der Oberfläche, was sich schließlich in einer vom Volumen abweichenden
Fließspannung in bis zu 0,1 mm dicken Oberflächenschichten niederschlägt.
Entsprechende Effekte sind mit verschiedenen Methoden beobachtet worden [11,
12] und sind auch für die sog. Größeneffekte, d. h. die Abhängigkeit der Fließspannung von den Probenmaßen bei Unterschreitung einer Mindestgröße, verantwortlich. Die Diskussion zeigt, daß bei Schlußfolgerungen von Oberflächenuntersuchungen auf die Volumeneigenschaften der Einfluß von Oberflächeneffekten
grundsätzlich nicht übersehen werden darf.

Nachdem Ende der fünfziger Jahre die Methode der Beugungskontrastabbildung
[13—15] ausgearbeitet worden war, entwickelte sich die Untersuchung der Versetzungsstruktur verformter Kristalle sehr bald zum wichtigsten Verfahren der
Plastizitätsforschung. Ein weiterer Fortschritt ergab sich durch die Einführung der
HEM. Mit dieser Technik können Proben mit wesentlich größerer Probendicke noch
durchstrahlt werden. Methodische Einzelheiten sind in den Kapiteln 4. und 11.
und im Anhang 1. beschrieben. Der Hauptnachteil der konventionellen EM liegt darin, daß nur sehr dünne Proben (im Bereich von 0,1 μm) durchstrahlbar sind.
Deshalb kann bei einer geringen Reibungsspannung der Versetzungen ein großer
Teil von ihnen unter der Wirkung der Bildkräfte aus der Probe herausgleiten oder
sich vollständig umordnen. Durch Verankerung der Versetzungen an Eigenfehlstellen, die durch Neutronenbestrahlung erzeugt werden, konnte diese Schwierigkeit weitgehend überwunden werden [16, 17]. Allerdings hängt das erzielte Ergebnis sehr empfindlich von der Wahl geeigneter Bestrahlungsbedingungen ab,
und es ist nicht klar, inwieweit die Feinstruktur der Versetzungen durch diffusionsbedingte Vorgänge verändert wird. In der HEM können Probleme dieser Art im
allgemeinen durch genügend große Probendicken umgangen werden.

Die HEM ermöglicht auch die Durchführung vollständiger Verformungsversuche
im Mikroskop bei gleichzeitiger Beobachtung der Versetzungsvorgänge. Die beiden
wichtigsten Voraussetzungen für diese *in-situ*-Technik sind die vergrößerte Probendicke und die großen Abmessungen der Probenkammern. Dadurch können kom-
plette Dehnanlagen im Mikroskop untergebracht werden. An die Dehneinrichtungen sind folgende Forderungen zu stellen: Sie müssen zur Einstellung der
elektronenmikroskopischen Abbildungsbedingungen in einem Kipptisch montiert
werden können. Die durch das Aufbringen der Kraft auftretenden elastischen Verformungen der Dehneinrichtung sollen die Probe möglichst nicht verschieben,
da das eine Bilddrift verursachen würde. Änderungen der Kraft sollen möglichst
glatt und ruckfrei erfolgen. Für viele Probleme ist es zweckmäßig, wenn die Ver-
formungskraft und die Probenverlängerung gemessen werden können. In der
Literatur ist eine Reihe von Dehneinrichtungen beschrieben worden, die die genannten Anforderungen in unterschiedlicher Weise erfüllen. Einige der Prinzipien

sind in [18] aufgeführt. Zum Antrieb werden Schrauben mit Muttern, Elemente mit thermischer Ausdehnung, piezoelektrische und magnetostriktive Geber benutzt. Die Kraftübertragung zur Probe erfolgt über Hebelsysteme, Kamera-Drahtauslöser, pneumatische und hydraulische Systeme. Einige Gedanken zur elastischen Dimensionierung der Dehntische sind in [19] beschrieben. In Abb. 12.1 ist der Aufbau einer solchen Kipp-Dehn-Einrichtung skizziert [20]. Die gesamte Einrichtung besteht aus einem speziellen thermischen Antrieb (Abb. 12.1 c), der die Bewegung über ein kompliziertes Hebelsystem der Dehneinrichtung (Abb. 12.1 b) symmetrisch auf die Probe überträgt. Die Dehneinrichtung wird im Kipptisch (Abb. 12.1 a) so montiert, daß sich die Probe etwa im Zentrum der Kardanaufhängung befindet. Mit der Kipp-Dehn-Einrichtung können die Verformungsgrößen reproduzierbar eingestellt und gemessen werden. Die Aufzeichnung der Bewegungsvorgänge der Versetzungen erfolgt entweder über die üblichen photographischen Einrichtungen oder über Videokameras und Magnetband-Aufzeichnungsgeräte. Hier wurde bei einem reduzierten geometrischen Auflösungsvermögen eine zeitliche Auflösung von 50 Halbbildern pro s erreicht.

Die Einschränkungen der *in-situ*-Verformungstechnik hängen zunächst wieder mit der geringen Probendicke zusammen. Während bei der konventionellen Durchstrahlung verformter Proben die vorhandene Versetzungsstruktur durch die Probenherstellung nicht zerstört werden darf, muß bei der *in-situ*-Verformung die Probe so dick sein, daß die zu beobachtenden Versetzungsprozesse in der Folie ähnlich wie im Volumen ablaufen. Dazu müssen die interessierenden Struktureinheiten mindestens kleiner als die Foliendicke sein. Da auch in der HEM die Dicke der durchstrahlbaren Folien maximal nur einige μm beträgt, eignet sich die *in-situ*-Technik besser zur Untersuchung der Bewegungsvorgänge einzelner Versetzungen als zur Beobachtung der Entstehung komplexer Versetzungsstrukturen. Das zweite und meist schwerwiegendere Problem besteht in der meist nicht zu vermeidenden Bildung von Strahlenschäden während der Beobachtung im Mikroskop. Einzelheiten über die Strahlenschäden in der HEM sind in Kap. 4. beschrieben. Die gebildeten Defekte wirken als Bewegungshindernisse für die gleitenden Versetzungen und können zu einer vollständigen Blockierung der Gleitung führen. Eine ausführliche Darstellung der Probleme der Zuverlässigkeit der *in-situ*-Verformungsversuche wird in [21] gegeben. Weitere methodische Einzelheiten und wichtige Ergebnisse werden in den beiden Übersichtsarbeiten [22, 23] dargestellt.

12.3. Versetzungsvervielfachung und Aufbau von Gleitbändern

Unverformte Proben haben meist eine durch ihre Herstellung bedingte Versetzungsgrundstruktur mit Versetzungsdichten zwischen 10^3 cm^{-2} und einigen 10^6 cm^{-2}. Diese Versetzungen bilden ein unregelmäßiges Netzwerk, wobei die Versetzungssegmente zwischen den Knoten im allgemeinen nicht in den kristallographischen Gleitebenen liegen. In verunreinigten Proben sind die eingewachsenen Versetzungen außerdem meist durch ausgeschiedene Verunreinigungen blockiert.

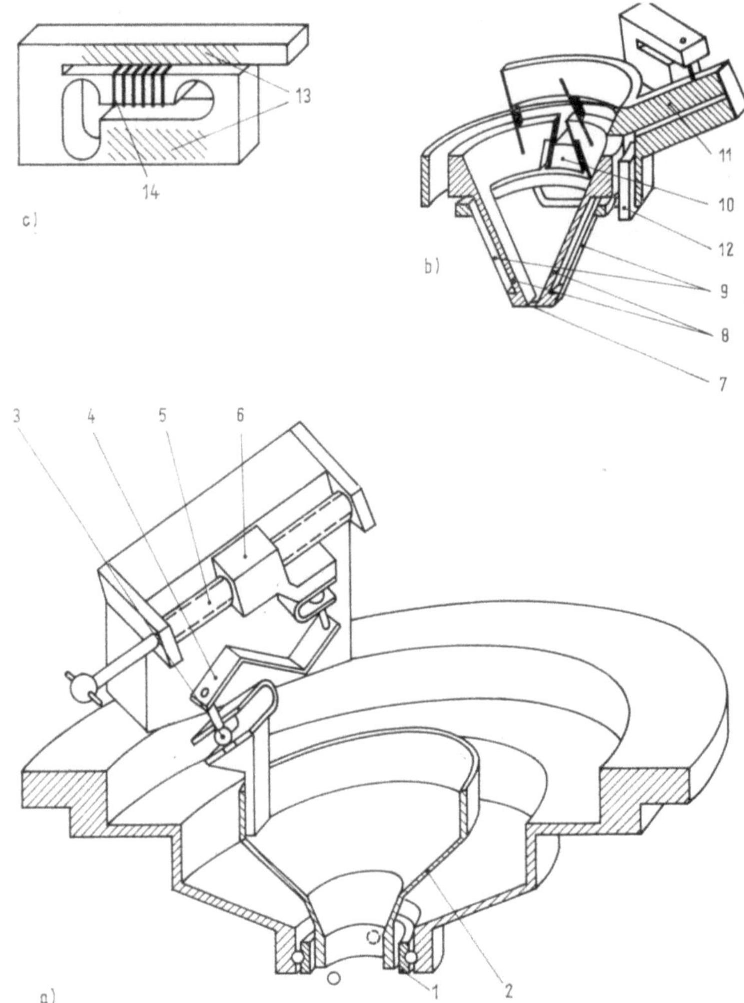

Abb. 12.1   Kipp-Dehn-Einrichtung für ein *top-entry*-HEM [20]

a) Kipptisch. Der gekippte Konus (2) ist in einem Kardangelenk (1) auf Achatkugeln spiel-
frei gelagert. Die Kippbewegungen werden von zwei Spindeln (5) (in der Abbildung ist nur
die Hälfte der Kippmechanik dargestellt) mit Muttern (6) über einen scherenartigen Doppel-
hebel (4) und ein Kugelgelenk (3) auf den Konus übertragen. b) Dehneinrichtung. Die Probe
(7) wird über ein symmetrisch arbeitendes Hebelsystem (8, 10, 11) verformt. Auf den Hebeln
(8) und den Blattfedern (9) befindet sich jeweils eine Vollbrücke aus Halbleiter-Dehnmeß-
streifen zur Messung der Kraft und der Probenverlängerung. (12) ist ein Ausgleichsgewicht.
c) Antrieb. Ein elektrisch geheizter Stab (14) dehnt sich gegenüber wassergekühlten Teilen
(13) thermisch aus.

Die Versetzungen der Grundstruktur tragen deshalb normalerweise nicht in ihrer
Gesamtheit zur plastischen Verformung bei. Für reine Proben kann die Spannung
für das Losreißen der ersten Versetzungen aus dem Netzwerk berechnet werden
[24]. Dazu wird zunächst die Wahrscheinlichkeit berechnet, mit der ein Segment

der Länge L in einer Gleitebene liegt. Dieses Segment kann sich unter der Wirkung
der angreifenden Spannung τ mit einem Krümmungsradius

$$R = \frac{\mu b}{2\tau} \tag{12.4}$$

in der Gleitebene ausbauchen [1]. Die Formel läßt sich aus einem sehr einfachen,
isotropen Linienspannungsmodell der Versetzungen ableiten. Wesentlich realisti-
schere *self-stress*-Rechnungen, z. B. [25], führen jedoch zu ähnlichen Ergebnissen.
Wie Abb. 12.2 zeigt, wird bei einer Vorwärtsbewegung der Versetzung der Krümmungsradius zunächst kleiner. Der kleinste Radius wird in der Halbkreislage erreicht, so daß diese Lage mit $R = L/2$ die kritische Spannung für das Losreißen
des Versetzungssegments definiert. In verunreinigten Kristallen muß die Spannung
auch zur Überwindung der Verankerung durch die Verunreinigungswolke ausreichen.

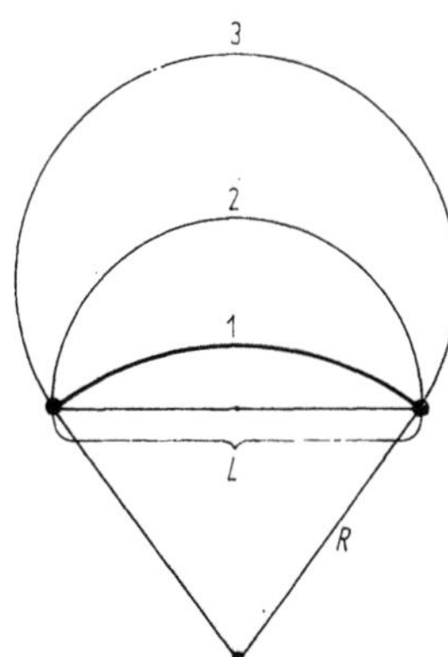

Abb. 12.2 Ausbauchen eines an seinen Enden verankerten
Versetzungssegments [1]

L Abstand zwischen den Verankerungen, R Krümmungsradius in der Lage (1). In der Halbkreislage (2)
nimmt das Segment seinen kleinsten Krümmungsradius
an. Danach wird der Radius wieder größer (3).

Bei der Weiterbewegung des Versetzungssegments in Abb. 12.2 können sich
schließlich die beiden um die Verankerungspunkte rotierenden Arme im Gebiet
hinter der ursprünglichen Lage treffen. Durch teilweise gegenseitige Annihilierung
zweier Segmente kann dann das Ausgangssegment wiedergewonnen und ein vollständiger Versetzungsring abgespalten werden. Damit ist eine Versetzungsquelle
entstanden, die sog. Frank-Read-Quelle [26], deren wichtigstes Merkmal die Fähigkeit ist, mehrere Versetzungen in eine Gleitebene zu emittieren.

In einer Vielzahl von Materialien scheint die Versetzungsbildung nicht in
lokalisierten Quellen der eben beschriebenen Art, sondern während des Gleitvor-
gangs zu erfolgen. Ein geeigneter Mechanismus ist der Doppelquergleit-Mechanismus [27−29]. Reine Schraubenversetzungssegmente können gewöhnlich zusätzlich
zu den durch die Stufenkomponenten der Versetzungsringe definierten Gleitebenen in weiteren, meist ebenfalls kristallographisch definierten Ebenen, den sog.
Quergleitebenen, gleiten. Nach bestimmten Quergleitdistanzen kehren sie dann in
zur Originalgleitebene parallele Ebenen zurück. Die Abweichungen von den eigentlichen Gleitebenen sind in den Gleitstufen, die die Versetzungen bei ihrer Bewegung

auf der Oberfläche zurücklassen, sichtbar. Abb. 12.3 zeigt mit der Golddekorationsmethode abgebildete Gleitstufen einzelner Versetzungen mit Quergleitungen unterschiedlicher Höhe. Aus einfachen statistischen Überlegungen folgt, daß Quergleitungen mit größeren Quergleitdistanzen immer seltener werden sollten [30]. Die Häufigkeiten der einzelnen Quergleitdistanzen sind aus Aufnahmen der Art von Abb. 12.3 ablesbar [31]. Ein Ergebnis ist in Abb. 12.4 dargestellt. Abb. 12.5 zeigt die Versetzungsvervielfachung nach dem Doppelquergleit-Mechanismus. Aus

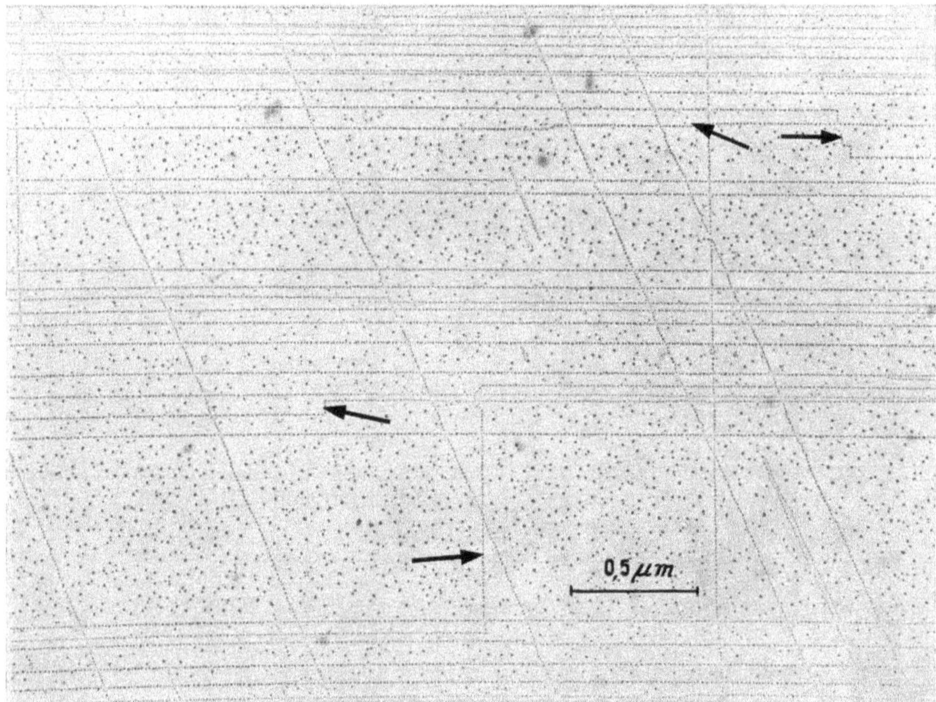

Abb. 12.3   Golddekorationsabbildung von Gleitstufen in einem Gleitband auf einer {100}-Oberfläche eines verformten NaCl-Einkristalls

Die schräg verlaufenden Stufen gehören zu einer schon vor der Verformung vorhandenen Oberflächenstruktur. Die Gleitstufen einzelner Versetzungen mit der Höhe des Netzebenenabstands verlaufen waagerecht. Die unterschiedlich langen senkrechten Segmente markieren Quergleitbewegungen der durch die Oberfläche stoßenden Schraubenversetzungen.

der in der Bildebene nach rechts gleitenden Schraubenversetzung bewegt sich zunächst ein Segment durch Quergleitung um die Distanz h in eine neue Gleitebene (Abb. 12.5b, ausgezogene Linie). Die beiden entstandenen Sprünge (dicke Linien) sind in Gleitrichtung nicht beweglich. Deshalb braucht sich die Versetzung zwischen den Sprüngen in einer zur Originalgleitebene parallelen Ebene aus (gestrichelte Linien). Bei der Weiterbewegung nähern sich die Stufenversetzungssegmente der ursprünglichen und der parallelen Gleitebene. Sie stehen gegenseitig in elastischer Wechselwirkung und können sich nur aneinander vorbeibewegen, wenn die an-

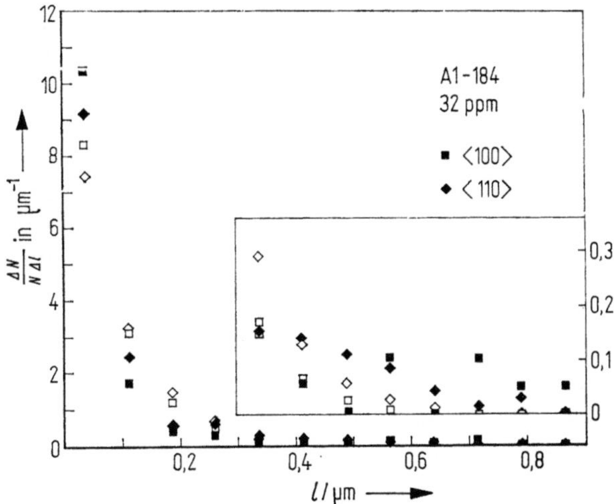

Abb. 12.4   Häufigkeitsverteilung von Quergleitdistanzen aus Gleitlinienabbildungen wie Abb. 12.3 [31]

l Quergleitdistanz, ΔN Anzahl von Quergleitprozessen einer bestimmten Längenklasse, N Gesamtzahl der ausgewerteten Quergleitungen, Δl Breite einer Längenklasse; *volle Symbole*: experimentelle Werte, *offene Symbole*: zu den experimentellen Werten zugeordnete exponentielle Häufigkeitsverteilung nach der Theorie aus [30], □ Verformungsachse in $\langle 100 \rangle$-Richtung, ◇ Verformungsachse in $\langle 110 \rangle$-Richtung

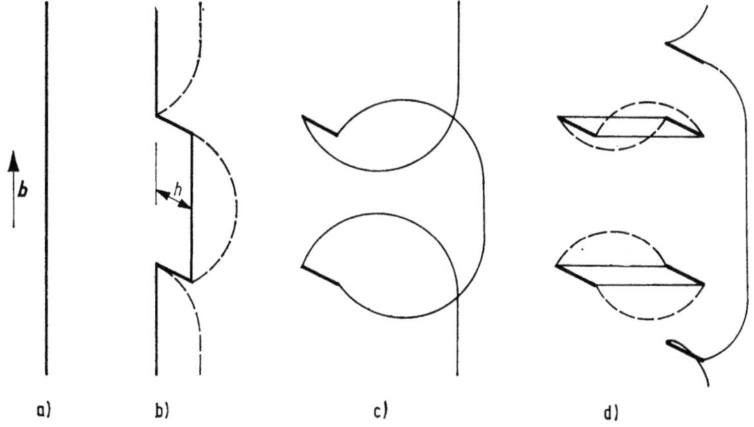

Abb. 12.5   Versetzungsvervielfachung nach dem Doppelquergleit-Mechanismus [27—29]

greifende Spannung größer als

$$\tau = \frac{\mu b}{8\pi(1 - \nu)\,h} \tag{12.5}$$

ist [1]. ν ist die Poissonsche Zahl und h die Quergleitdistanz bzw. der Abstand der Gleitebenen der beiden Stufenversetzungen. Nach ausreichend weiter Quergleitung kann deshalb das Schraubenversetzungssegment direkt als Quelle wirken und einen Versetzungsring abspalten (Abb. 12.5c). Dadurch entsteht eine Ausbreitung der Gleitung über größere Kristallbereiche. Falls die Quergleitdistanz für eine direkte Versetzungsvervielfachung zu klein ist, werden an den Sprüngen Versetzungsdipole erzeugt (ausgezogene Linien, Abb. 12.5d), die unter Umständen zur Verfestigung des Kristalls beitragen [32]. Wenn die angreifende Spannung im Verlaufe der Verformung den durch Gl. (12.5) gegebenen Wert übersteigt, können die beiden Stufenversetzungen getrennt werden und gegebenenfalls einen Versetzungsring abspalten (gestrichelte Linien, Abb. 12.5d). Dieser Vorgang ist in Abb. 12.6 in mehreren Stadien der Versetzungsbewegung bei der *in-situ*-Verformung im HEM wiedergegeben [33]. Abb. 12.6a zeigt die zunächst fast völlig geschlossenen Dipole bei A und B. In Abb. 12.6b hat die offensichtlich aus zwei benachbarten Dipolen be-

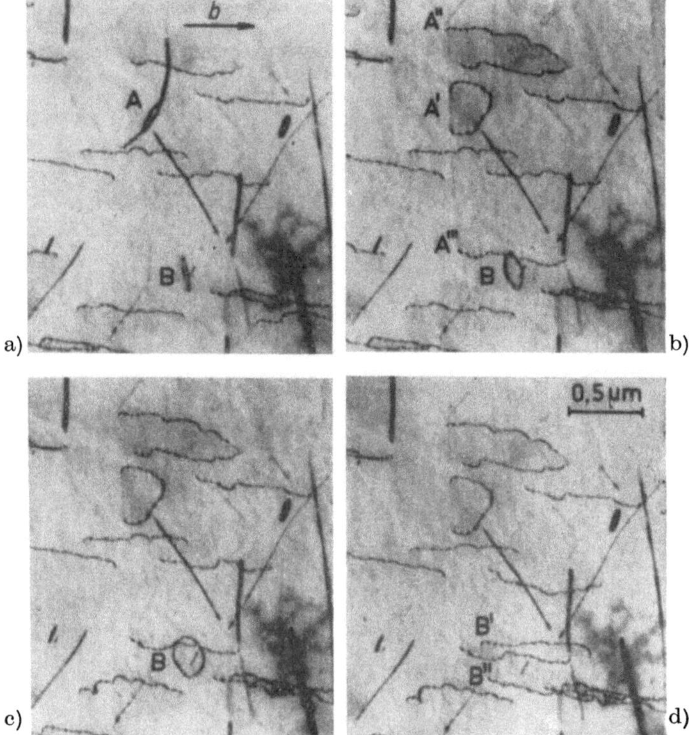

Abb. 12.6 Bildung von Gleitversetzungen bei der Verformung eines MgO-Kristalls im HEM durch Öffnung von Versetzungsdipolen nach Abb. 12.5 d [33]

stehende Konfiguration bei A einen Ring A' und zwei bereits zur Oberfläche durchgeglittene Versetzungen A'' und A''' abgespalten; der Dipol bei B beginnt sich zu öffnen. Die Abbildungen 12.6c und 12.6d zeigen das weitere Öffnen des Dipols bei B und die Bildung der Versetzungen B' und B'' durch das Herausgleiten der Stufenversetzungssegmente zur Oberfläche. Die Wirksamkeit der verschiedenen Versetzungsvervielfachungs-Mechanismen wurde grundsätzlich mit der *in-situ*-Technik nachgewiesen, z. B. [18]. Die quantitativen Zusammenhänge, etwa zwischen der Sprunghöhe und der Multiplikationsspannung nach Gl. (12.5), konnten jedoch elektronenmikroskopisch noch nicht verifiziert werden.

Die gleitenden Versetzungen werden meist nach Zurücklegen eines bestimmten Laufweges im Kristall blockiert. Als Ursache kommen besonders die inneren Spannungsfelder anderer Versetzungen in Frage. Versetzungen unterschiedlichen Vorzeichens auf parallelen Gleitebenen fangen sich bei der Spannung τ gegenseitig ein und bilden einen Dipol, wenn der Abstand ihrer Gleitebenen h kleiner ist, als etwa durch Gl. (12.5) ausgedrückt wird [34]. Die Einfangquerschnitte werden allerdings kleiner, wenn man mehr als zwei Versetzungen dynamisch miteinander reagieren läßt, da dann bereits blockierte Versetzungen wieder freigesetzt werden können [35, 36]. Bei den Immobilisierungsprozessen spielen besonders auch sekundäre Gleitsysteme eine Rolle. Deren Versetzungen können mit den primären Versetzungen reagieren und in den vorhandenen Gleitebenen unbewegliche Verbindungsstücke [37] oder überhaupt nicht gleitfähige Versetzungen bilden. Diese sog. Lomer-Cottrell-Versetzungen sind in mehreren Ebenen in Teilversetzungen aufgespalten und deshalb vollständig unbeweglich. Abb. 12.7 zeigt Lomer-Cottrell-Versetzungen in Silicium. Die in Abb. 12.7a mit I bezeichneten Lomer-Cottrell-Versetzungen entstehen beispielsweise durch die Reaktion von Versetzungen mit dem Burgers-Vektor $a/2$ [10$\bar{1}$] auf (1$\bar{1}$1)-Gleitebenen (1) und Versetzungen mit dem Burgers-Vektor $a/2$ [$\bar{1}$10] auf (11$\bar{1}$)-Gleitebenen (2). Folienebene ist die (1$\bar{1}$1)-Ebene, d. h. eine der zwei Gleitebenen, in deren Schnittkante sich die Lomer-Cottrell-Versetzungen bilden. Der resultierende Burgers-Vektor der Lomer-Cottrell-Versetzungen ist $a/2$ [01$\bar{1}$]. In Abb. 12.7b wurden die Abbildungsbedingungen so gewählt, daß der Beugungsvektor g senkrecht zum resultierenden Burgers-Vektor verläuft und die Lomer-Cottrell-Versetzungen somit nicht abgebildet werden.

Das komplizierte Zusammenspiel der Versetzungsbildungs- und Immobilisierungsprozesse, das in seiner Kinetik noch nicht geklärt ist und wahrscheinlich auch nicht in einfacher Weise allgemein formuliert werden kann, bestimmt das äußere Erscheinungsbild der plastischen Abgleitung, das mit den im vorigen Abschnitt genannten Einschränkungen als Gleitlinienbild auf der Kristalloberfläche beobachtet werden kann. In diesem Kapitel soll unter einer Gleitlinie die Gleitstufe einer einzelnen Versetzung, so wie sie mit der Dekorationstechnik abgebildet wird, verstanden werden. Eine bestimmte Anzahl von Gleitlinien bildet dann ein Gleitband, dessen Versetzungen wahrscheinlich durch Vervielfachung aus einer oder wenigen Versetzungen hervorgehen. Die verschiedenen Gleitbänder sind oft, besonders bei kleinen Dehnungen, durch nicht abgeglittene Gebiete gegeneinander abgetrennt. Der Aufbau der Gleitbänder wurde intensiv mit der Schrägbeschattungstechnik untersucht [38]. Zur Bestimmung der Höhe der Gleitbänder wurden

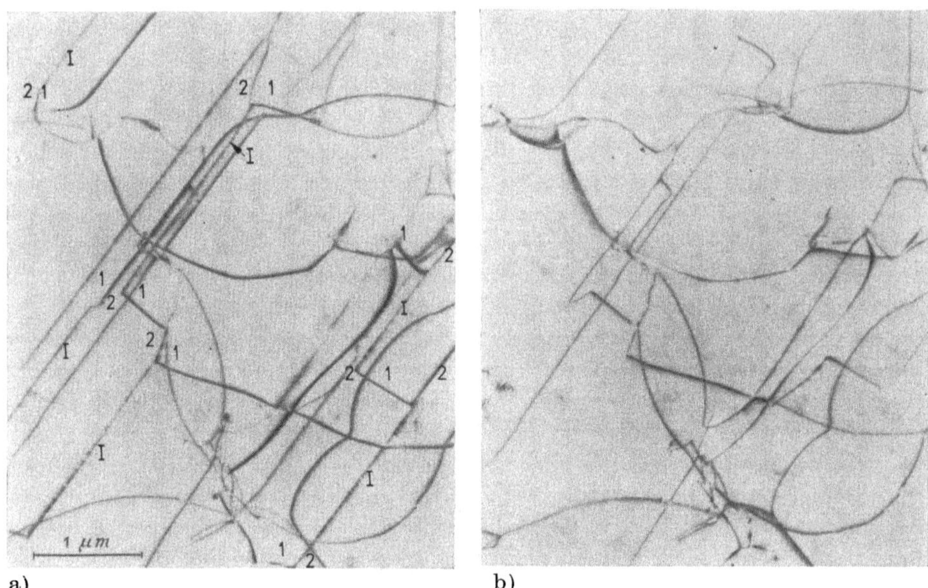

a)   b)

Abb. 12.7   Lomer-Cottrell-Versetzungen in verformtem Silicium bei unterschiedlichen
Abbildungsbedingungen im HEM (*Aufnahme*: F. KIRSCHT)

kleine Latexkugeln einheitlicher Größe vor der Bedampfung auf die Kristalloberfläche aufgebracht [39, 40]. An ihrem Schatten läßt sich die Bedampfungsrichtung
eindeutig feststellen. Zur Erhöhung der Aussagekraft wurden die Kristalle oft in
kleinen Dehnungsinkrementen verformt und nach der Untersuchung der Gleit-
struktur jeweils wieder glatt poliert. Die mikroskopischen Vorgänge im Innern der
Kristalle beeinflussen besonders die Größe der Abgleitung im Gleitband, sichtbar
als Verhältnis von Höhe zu Breite, die Anzahl n der Versetzungen pro Band, ablesbar aus der Höhe, die Laufwege L_s der Schraubenkomponenten als Länge der
Bänder sowie die Anzahl N der Bänder (pro Volumen). Die Laufwege der Stufenkomponenten, die oft größer sind als die der Schraubenkomponenten, werden proportional zu diesen angenommen. Damit läßt sich der mittlere senkrechte Abstand
der Gleitbänder als $x = 1/(B_0 L_s^2 N)$ angeben. B_0 gibt das Verhältnis der mittleren
Laufwege von Stufen- und Schraubenversetzungen an. Die Abgleitung kann dann
als $a = B_0 n b L_s^2 N = B_0 n b/x$ geschrieben werden. Nach Aussage dieser Experimente
sind die Laufwege und die Gesamtzahl der Bänder im Bereich I der Verformungs-
kurve konstant, während im Bereich II eine Verkürzung der Laufwege nach der
Beziehung $L_s = C_0/(a - a_{II})$ auftritt. C_0 ist eine Konstante, und a_{II} entspricht
etwa der Abgleitung am Beginn des Bereiches II. Diese experimentellen Befunde
dienten als Grundlage eines Verfestigungsmodells [41, 42]. Eine typische Gleitbandstruktur ist in Abb. 12.8 wiedergegeben [43]. Hier sind auch Einzelheiten des
Gleitvorganges, wie kollektives Quergleiten (z. B. 00, QQ), sichtbar. Die Wege einzelner Versetzungen, die mit dem Dekorationsverfahren nachweisbar sind, können
mit der Schrägbeschattungstechnik allerdings nicht sichtbar gemacht werden.

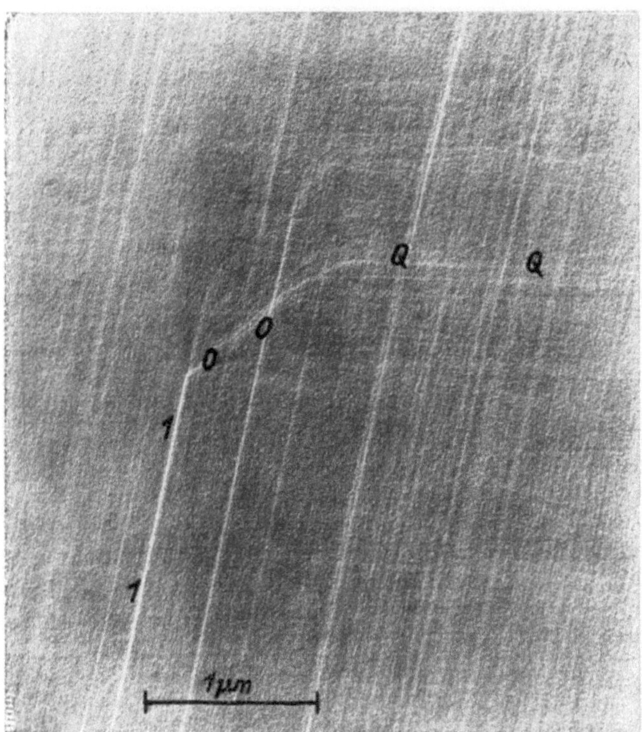

Abb. 12.8   Gleitbandstruktur auf einer NaCl-Spaltfläche, abgebildet mit der Schwer-
metall-Schrägbeschattungsmethode (*Aufnahme*: K. H. MATUCHA [43])

12.4.   Versetzungsstruktur verformter Kristalle und weitreichende innere Spannungen

Die beschriebenen Versetzungsbildungsprozesse führen meist zu einer starken Zunahme der Versetzungsdichte während der Verformung. In vielen Fällen ist nur ein
kleiner Teil der Gesamtzahl der Versetzungen beweglich. Diese wichtige Größe der
Gleitversetzungsdichte aus Gl. (12.1) läßt sich sehr schwer experimentell bestimmen. Eine Möglichkeit besteht bei *in-situ*-Dehnversuchen, indem Aufnahmen mit
unterschiedlichen Belichtungszeiten angefertigt werden. Die bewegten Versetzungen werden unscharf abgebildet. Durch Extrapolation auf die Belichtungszeit Null
erhält man die Gleitversetzungsdichte [44].

Die bei der Verformung gebildeten Versetzungen ordnen sich in räumlichen
Strukturen an, die vorzugsweise mit der elektronenmikroskopischen Durchstrahlung verformter und nachträglich abgedünnter Proben untersucht werden
[46—51]. Die Strukturen bestehen meist aus Gebieten hoher und Gebieten niedriger
Versetzungsdichte. Typische Aufnahmen zeigen die Abbildungen 12.9 und 12.10.

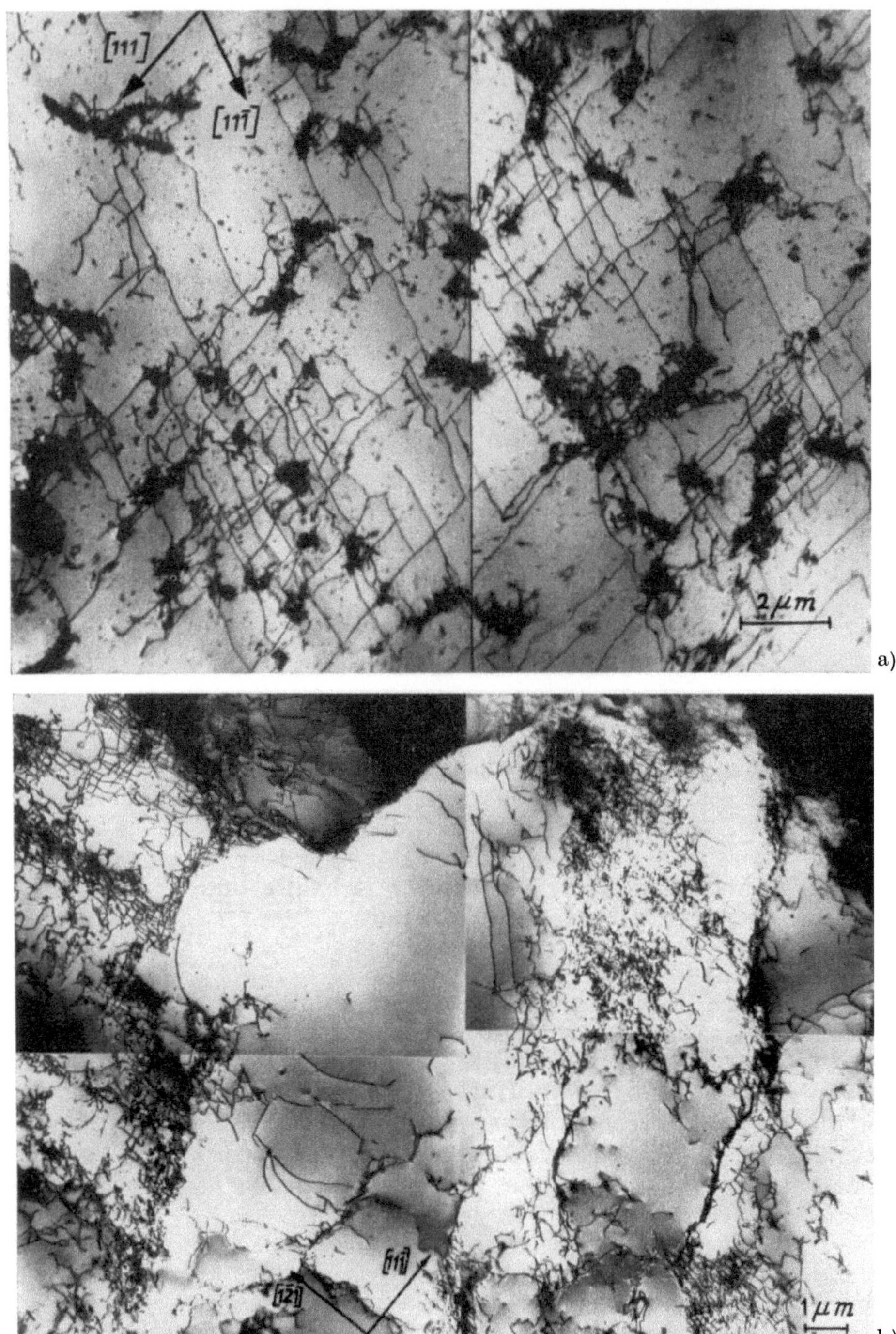

Abb. 12.9   Versetzungsstrukturen bei der Verformung von krz Metallen (Molybdän).
(*Aufnahme*: A. LUFT, J. RICHTER, W. REITZENSTEIN, P. FINKE [45])

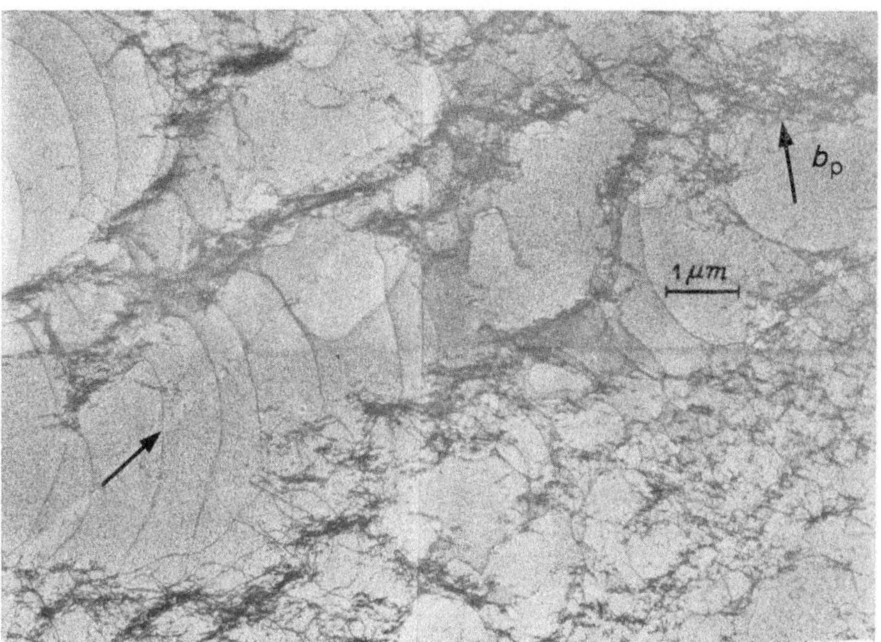

Abb. 12.10   Versetzungsstruktur bei der Verformung von kfz Metallen (Kupfer)

Die Probe wurde in einem Wechsellastversuch verformt und nach 15 Zyklen zur Fixierung der Versetzungsstruktur unter Last mit Neutronen bestrahlt. Durch unbeabsichtigte Verformung nach der Fixierung entstand das durch einen Pfeil bezeichnete Gleitband, in dem die Bestrahlungsdefekte (kleine Pünktchen) teilweise annihiliert wurden. b_p — primärer Burgers-Vektor (*Aufnahme*: H. MUGHRABI [49]).

Bei der Tieftemperaturverformung des Molybdäns entstehen hauptsächlich gerade Schraubenversetzungen (Abb. 12.9 a). Im Gegensatz dazu bildet sich bei höheren Temperaturen ähnlich wie bei den kfz Metallen eine Zellstruktur aus (Abb. 12.9 b). Da die Versetzungen in kfz Metallen sehr beweglich sind und deshalb leicht aus der Folie herausgleiten können, wird für die elektronenmikroskopische Abbildung die Versetzungsstruktur vielfach unter Last durch eine Neutronenbestrahlung fixiert [16, 17]. Abb. 12.10 zeigt die für verformtes Kupfer typische Versetzungsstruktur. Die Versetzungsbewegung spielt sich überwiegend in den Gebieten niedriger Dichte ab, wobei jedoch die Versetzungsbildung und Immobilisierung oft an den Rändern der dichten Gebiete erfolgt. Die Strukturen werden in Abhängigkeit von den unterschiedlichen Verformungsbedingungen und Materialien als Zellstrukturen mit Zellwänden, Schicht- oder Bündelstruktur usw. bezeichnet. Wegen der hohen Versetzungsdichte in den dichten Gebieten konnten die genaue Anordnung der Versetzungen in diesen Gebieten und die damit verbundenen Spannungsverhältnisse noch nicht eindeutig aufgeklärt werden. Bei Versetzungen eines Gleitsystems (des Hauptgleitsystems) gibt es grundsätzlich zwei Möglichkeiten der gegenseitigen Anordnung. In der ersten stauen sich an geeigneten Hindernissen (Reaktionsprodukte mit Nebengleitsystemen, Lomer-Cottrell-Versetzungen, u. a.) Versetzungen eines Vorzeichens auf. Durch die Addition ihrer Spannungen ergeben sich sehr weitreichende Spannungsfelder mit lokal sehr hohen Spannungen. Die Wirkung dieser Aufstauungen (*pile ups*) wird vereinfacht, jedoch quantitativ unzureichend, durch Superversetzungen, die als Burgers-Vektor die Summe der Burgers-Vektoren der einzelnen Versetzungen der Aufstauung haben, beschrieben [52, 53]. Auf der Basis sehr weitreichender Spannungen wurden in den Einzelheiten stark unterschiedliche Verfestigungsmodelle aufgestellt [41, 42, 54]. Bei der anderen Möglichkeit der Anordnung setzen sich die Versetzungswände überwiegend aus gleichen Anzahlen von Versetzungen entgegengesetzten Vorzeichens zusammen, so daß sich durch den Dipolcharakter der Schichten das weitreichende Spannungsfeld weitgehend aufhebt. Hierbei strebt die gebildete Struktur nach einem Minimum der gespeicherten Fehlordnungsenergie. Auch auf dieser Basis wurden Verfestigungsmodelle erarbeitet [55, 56].

Unabhängig von den Einzelheiten der Versetzungsstrukturen ist die Spannung zum Bewegen einer Gleitversetzung über größere Distanzen jedoch fast immer näherungsweise durch den gegenseitigen Abstand der Versetzungen nach einer Beziehung der Form von Gl. (12.5) gegeben. Da der Abstand der Versetzungen umgekehrt proportional zur Wurzel aus der Versetzungsdichte ist, folgt gewöhnlich eine Taylor-Beziehung wie Gl. (12.3) für die inneren, weitreichenden Spannungen. Die wichtigste Kenngröße einer Versetzungsstruktur ist demnach die totale Versetzungsdichte. Versetzungsdichten werden am einfachsten durch Ätzen der Kristalloberfläche und Auszählen der Durchstoßpunkte der Versetzungen durch die Oberfläche bestimmt. Die so gefundene Anzahl pro Fläche hängt mit der in Abschn. 12.1. definierten Dichte als Linienlänge pro Volumen über einen Faktor von etwa 1/2 zusammen [57]. Bei größeren Versetzungsdichten (etwa ab $10^7 \, \mathrm{cm}^{-2}$) reicht das Auflösungsvermögen lichtoptischer Abbildungen nicht mehr aus. Man wendet dann das elektronenmikroskopische Schrägbeschattungsverfahren an. Abb. 12.11. zeigt eine typische Ätzstruktur [58]. Hier ist auch die Anordnung der Versetzungen in Gleitbändern zu erkennen. Aufnahmen dieser Art können zum Auszählen der Versetzungsdichte bei Dichten zwischen $10^7 \, \mathrm{cm}^{-2}$ und $10^9 \, \mathrm{cm}^{-2}$ benutzt werden. Versetzungsdichten können auch aus elektronenmikroskopischen Durchstrahlungsaufnahmen bestimmt werden. Aus der totalen Länge Λ der in der Fläche A abgebildeten Versetzungen ergibt sich die Versetzungsdichte als $\varrho = 4\Lambda/(\pi A t)$ [59]. t ist die Dicke der Folie, die z. B. aus der Länge abgebildeter Versetzungen mit bekannter Neigung zur Folienebene gewonnen werden kann. Eine einfachere Methode besteht in der Überlagerung eines rechtwinkligen Netzes mit zwei Scharen von Geraden im nichtkonstanten Abstand mit den Gesamtlängen L_1 und L_2. Aus den Anzahlen N_1 und N_2 der Schnittstellen der Versetzungen mit den überlagerten Linien folgt die Versetzungsdichte $\varrho = (N_1/L_1 - N_2/L_2)/t$ [60]. Werden zufällig verteilte Linien überlagert, so wird $\varrho = 2N/(L \, t)$ [61]. Bei der Bestimmung von Versetzungsdichten aus Durchstrahlungsaufnahmen muß stets berücksichtigt werden, daß bei einem Teil der Versetzungen der elektronenmikroskopische Kontrast ausgelöscht sein kann. Der Anteil dieser unsichtbaren Versetzungen hängt vom abbildenden Reflex ab und kann z. B. im kfz Gitter bis zu 1/2 betragen.

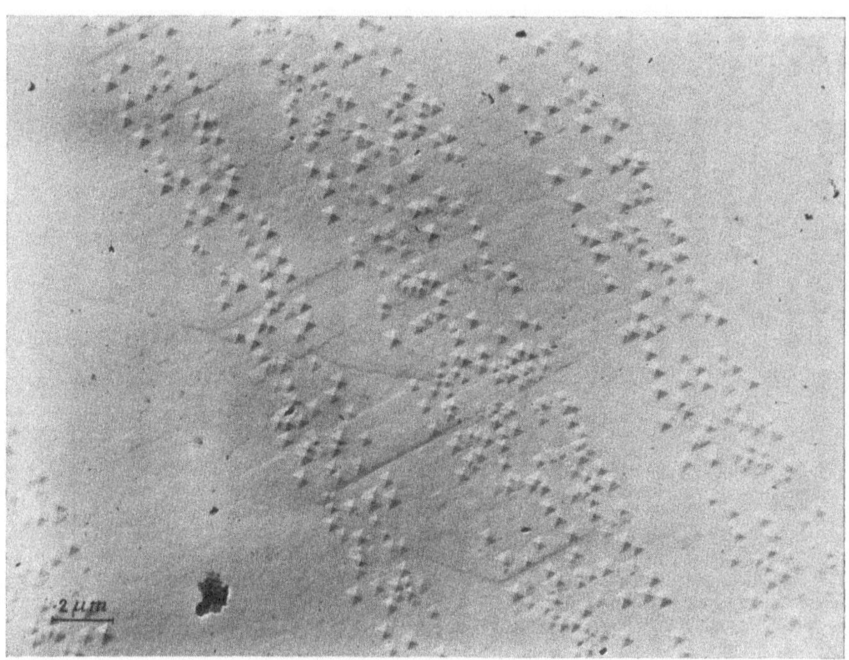

Abb. 12.11   Mit dem Schrägbeschattungsverfahren abgebildete, geätzte Querschnitts-
fläche eines verformten Steinsalz-Einkristalls

Der größte Teil der Messungen der Versetzungsdichte bestätigt den in Gl. (12.3)
formulierten Zusammenhang mit der Spannung, z. B. [62]. Bei der mit der Durchstrahlungs-Elektronenmikroskopie (TEM) möglichen Unterscheidung zwischen
Versetzungen des Haupt- und verschiedener Nebengleitsysteme kann jedoch für
einzelne Teilmengen ein anderer Zusammenhang gefunden werden [63]. Überhaupt
ist Gl. (12.3) nicht als detaillierte Theorie der weitreichenden Spannungen aufzu-
fassen. Das wird z. B. auch deutlich, wenn man die Zunahme der Versetzungsdichte
bei der Änderung unterschiedlicher äußerer Parameter untersucht. In Abb. 12.12
ist die Abhängigkeit der Spannung von der Versetzungsdichte bei Änderung der
Dehnung in einem einheitlichen Material (Kurve a) und bei Änderung einer die
Fließspannung beeinflussenden Dotierung bei konstanter Dehnung (Kurve p) verglichen [58]. Beide Kurven ergeben über der Wurzel der Versetzungsdichte Geraden, deren Parameter jedoch stark voneinander abweichen. Das Diagramm zeigt,
daß wegen der Ähnlichkeit aber nicht Gleichartigkeit vieler weitreichender Versetzungsprozesse oft die Spannung proportional zur Wurzel aus der Versetzungsdichte zunimmt, daß jedoch Gl. (12.3) kein allgemeingültiges Gesetz mit universellen Konstanten darstellt.

In Gl. (12.2) wurde für die effektive, an den gleitenden Versetzungen angreifende
Spannung τ^* die Differenz zwischen der angreifenden Spannung τ und der weitreichenden inneren Spannung τ_i geschrieben. Das würde voraussetzen, daß eine kon-

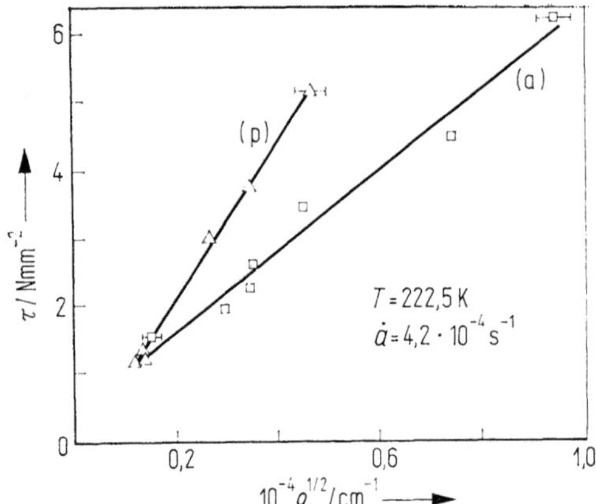

Abb. 12.12   Abhängigkeit der Spannung τ von der Wurzel der Versetzungsdichte ϱ_s, bei unterschiedlicher Variation der Spannung [58]

Kurve a: Zunahme der Versetzungsdichte in einem NaCl-Einkristall mit etwa 26 ppm zweiwertigen Kationenverunreinigungen bei der Zunahme der Abgleitung von etwa 1 % bis 12 %; *Kurve p*: Abhängigkeit der Spannung von der Versetzungsdichte bei der konstanten Abgleitung von 1 % und Variation der Konzentration von zweiwertigen Kationenverunreinigungen (Ca⁺⁺) zwischen 1,7 ppm und 256 ppm

stante innere Spannung die äußere Spannung reduziert. In Wirklichkeit haben die inneren Spannungen einen unregelmäßigen, von den Versetzungsstrukturen abhängigen Verlauf. Er kann grob durch eine mittlere Amplitude und eine mittlere Wellenlänge charakterisiert werden. Eine gewisse Rechtfertigung für die Schreibweise in Gl. (12.2) ergibt sich aus dem folgenden Argument. Da die Versetzungsgeschwindigkeit sehr stark von der effektiven Spannung abhängt, bewegen sich die Versetzungen den größten Teil der Zeit in Gebieten niedriger effektiver Spannung. Die dort herrschende Spannung, die als Differenz zwischen der angelegten und der Amplitude der inneren Spannungen aufgefaßt werden kann, bestimmt deshalb weitgehend die Verformungsgeschwindigkeit. In detaillierteren Betrachtungen wird die Gleitgeschwindigkeit geeignet über dem Laufweg gemittelt [64, 65]. Es zeigt sich dann unter anderem, daß die wirksame innere Spannung nicht mit der Amplitude der inneren Spannungsfelder identisch ist.

Aus TEM-Aufnahmen belasteter Proben kann die effektive Spannung aus der Krümmung verankerter Versetzungssegmente nach Gl. (12.4) oder einer realistischeren Beschreibung des Versetzungsverlaufes, z. B. [66], direkt abgelesen werden. Hierzu eignen sich sowohl Proben mit unter Last verankerter Versetzungsstruktur [46, 67, 68] als auch *in-situ*-Dehnversuche [69—71]. In beiden Fällen erhält man nicht nur einen Mittelwert, sondern auch die Häufigkeitsverteilung der effektiven Spannung [71]. Bei *in-situ*-Versuchen ist die Korrelation zur äußeren Spannung besonders schwierig, da durch die Probengeometrie die äußere Spannung nur schlecht bekannt und durch die Strahlungsverfestigung die effektive Spannung beeinflußt sein kann.

12.5. Wechselwirkungsprozesse einzelner Versetzungen und Versetzungsbeweglichkeit

Wie in Abschn. 12.1. beschrieben wurde, läßt sich der Zusammenhang zwischen den an den Versetzungen angreifenden Spannungen und der Verformungsgeschwindigkeit mit Hilfe der Gleichungen (12.1) und (12.2) über die Geschwindigkeit der einzelnen Versetzungen herstellen. Diese Geschwindigkeit wird meist durch ein kompliziertes Zusammenwirken verschiedener Mechanismen kontrolliert. Bei einer Reihe von ihnen handelt es sich um die Wechselwirkung der Versetzungen mit anderen Kristalldefekten. Ein Teil der Defekte ist selbst im elektronenmikroskopischen Bild sichtbar. In vielen Fällen wird auch die geometrische Konfiguration der Versetzungen durch den Wechselwirkungsmechanismus geprägt. Deshalb kann die EM häufig zur Aufklärung der Reibungsmechanismen der Versetzungen beitragen.

Ein Beispiel für die Wechselwirkung von Versetzungen mit elektronenmikroskopisch sichtbaren Defekten ist der Orowan-Prozeß, d. h. die Wechselwirkung mit größeren Ausscheidungen [72, 66]. Hier muß die Versetzung wie bei der Frank-Read-Quelle zwischen den Defekten über die instabile Halbkreislage hinaus ausgebaucht werden, so daß die notwendige Spannung durch Gl. (12.4) gegeben ist. Der kritische Radius ist etwa gleich dem halben Abstand der Ausscheidungen in der Gleitebene. Dadurch ergibt sich eine den inneren weitreichenden Spannungen

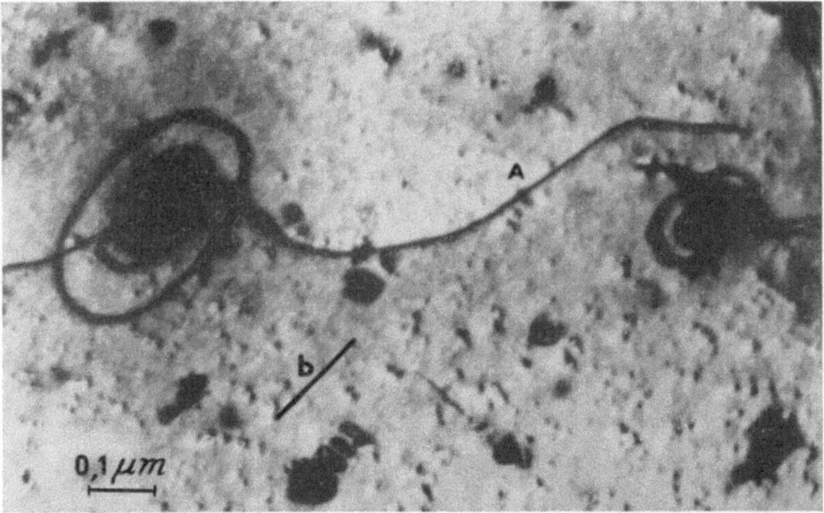

Abb. 12.13   Bildung von Versetzungsringen bei der Wechselwirkung von Versetzungen mit Al₂O₃-Ausscheidungen in einer Cu-Zn-Legierung nach dem Orowan-Mechanismus (*Aufnahme*: P. B. HIRSCH, F. J. HUMPHREYS [73])

Die mit *A* bezeichnete Versetzung gehört nicht zum Wechselwirkungsprozeß.

gleichgestellte Spannungskomponente, die zur Wurzel aus der Ausscheidungskonzentration proportional ist. Wie Abb. 12.13 zeigt, umschlingen die Versetzungen die Ausscheidungen und hinterlassen nach vollständiger Überwindung Versetzungsringe [73].

Bewegte Versetzungen erfahren eine Reibung im Kristallgitter, die sog. Peierls-Spannung, auch wenn keine anderen Defekte vorhanden sind [74]. Dabei ordnen sich die Versetzungen vorzugsweise in Gitterrichtungen an, in denen sie eine besonders niedrige Fehlordnungsenergie haben (Peierls-Täler). Zur Vorwärtsbewegung wird zunächst nur ein kleines Segment in die benachbarte Gleichgewichtslage vorgeschoben, das mit dem verbleibenden Teil durch zwei sog. Kinks verbunden ist. Bei der Weiterbewegung verschieben sich die Kinks längs der Versetzung und leisten so die zur Überwindung der Energie-Barriere zwischen den Peierls-Tälern notwendige Energie in kleinen Schritten. Die Wirksamkeit des Peierls-Mechanismus ist meist an der Anordnung der Versetzungen in bevorzugten Gitterrichtungen erkennbar. Die Bildfolge in Abb. 12.14 zeigt die Bewegung von Stufenversetzungen durch Verschieben großer Kinks bei der *in-situ*-Verformung von MgO-Kristallen im HEM. Die senkrecht im Bild angeordneten Stufenversetzungen verlaufen überwiegend in Peierls-Tälern und bilden zwischen diesen Segmenten hohe Kinks aus,

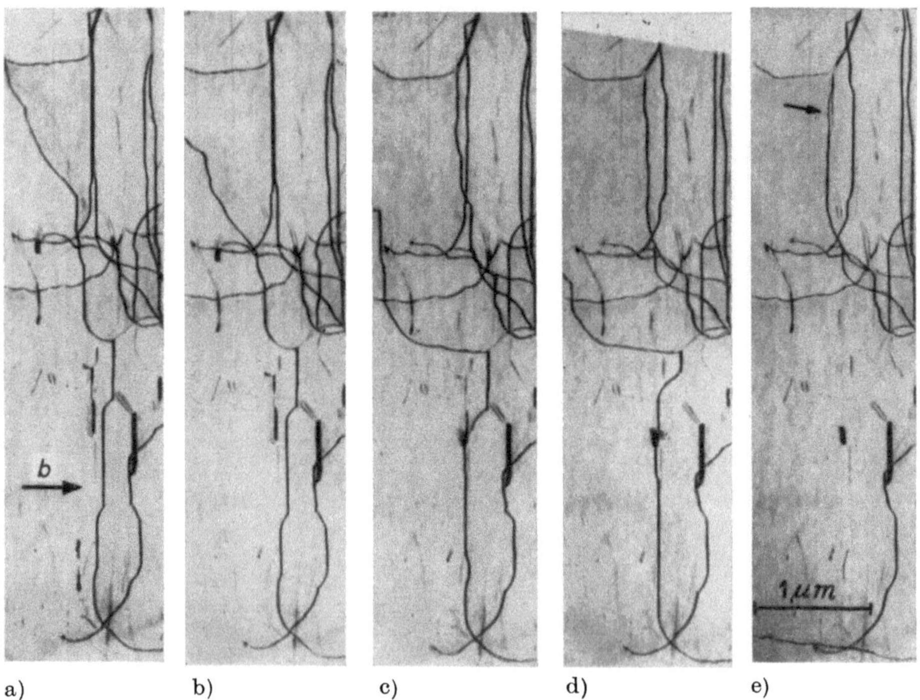

Abb. 12.14   Unterschiedliches Verhalten von Stufen- und Schraubenversetzungen bei der *in-situ*-Verformung von MgO-Einkristallen im HEM [33]

die sich bei der Bewegung längs der Versetzungen verschieben (im Teilbild e während der Belichtung, Pfeil). Die Beweglichkeit der waagerecht verlaufenden Schraubenversetzungen wird dagegen durch die unten beschriebene Wechselwirkung mit lokalisierten Hindernissen bestimmt.

Bei sehr vielen Versetzungsreibungs-Mechanismen kann die Abhängigkeit der Versetzungsgeschwindigkeit von der Spannung durch eine Arrhenius-Beziehung der Form von Gl. (12.2) beschrieben werden. Wie schon in Abschn. 12.1. erwähnt wurde, können die auftretenden Parameter bei den unterschiedlichen Mechanismen eine unterschiedliche mikroskopische Bedeutung haben. In [75], [76] werden verschiedene Modelle diskutiert und auch charakteristische Größenordnungen für die in Gl. (12.2) auftretenden Parameter angegeben. Neben dem Peierls-Mechanismus wird besonders eine Reihe von Wechselwirkungen zwischen Versetzungen und Verunreinigungen bzw. Dotierungen mit Arrhenius-Ratengleichungen beschrieben. In [77, 78] werden mit Hilfe makroskopischer Messungen die verschiedenen Beiträge zur Fließspannung von NaCl-Kristallen analysiert. Ein typisches Beispiel stellt die Wechselwirkung zwischen Versetzungen und sog. lokalisierten Hindernissen dar. Das können z. B. gelöste Verunreinigungen oder kleine Ausscheidungen mit einem tetragonalen, kurzreichenden Spannungsfeld sein. Ähnlich lassen sich auch Schnittprozesse mit Versetzungen anderer Gleitsysteme [41] und die Produktion von Eigenfehlstellen an nicht gleitfähigen Sprüngen (*jog-dragging*) behandeln. Im letzten Fall müssen jedoch für die Dichte der Hindernisse (also der Sprünge) längs der Versetzung besondere kinetische Betrachtungen angestellt werden, z. B. [79, 80]. In Abb. 12.15 ist die Versetzungskonfiguration bei der Wechsel-

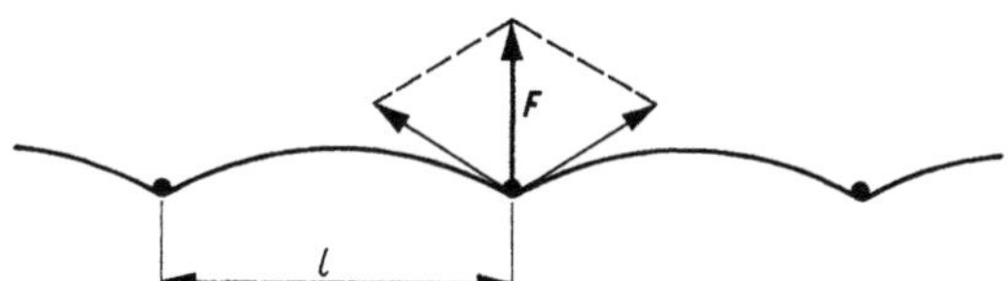

Abb. 12.15   Ausbauchen einer an lokalisierten Hindernissen verankerten Versetzung

l Hindernisabstand, *F* aus den Linienspannungskomponenten der an die Hindernisse angrenzenden Versetzungssegmente resultierende Kraft

wirkung mit lokalisierten Hindernissen schematisch dargestellt. Das Spannungsfeld der als Punkte eingezeichneten Hindernisse ist so kurzreichend, daß es die Versetzung nur in einem kleinen Bereich festhält. Zwischen den Hindernissen baucht sich die Versetzung wieder, wie in Abb. 12.2, unter der angreifenden effektiven Spannung τ^* aus. Der Krümmungsradius wird ebenfalls durch Gl. (12.4) bestimmt. Nach der einfachen Linienspannungstheorie der Versetzungen [1] greift in Tangentenrichtung der beiden an das Hindernis angrenzenden Versetzungssegmente jeweils die Linienspannung $\mu b^2/2$ als Kraft an. Aus einer geometrischen Betrachtung folgt dann, daß die am Hindernis angreifende resultierende Kraft durch

$F = \tau^* l b$ gegeben ist. Dabei ist l der Abstand zwischen den Hindernissen in der Gleitebene. In einer quadratischen, regelmäßigen Anordnung der Hindernisse ist er etwa mit $l = b/\sqrt{c}$ durch die Hinderniskonzentration c bestimmt. Wenn die mechanische Kraft während der thermischen Aktivierung über eine Distanz d wirkt, leistet sie die mechanische Arbeit $Fd = \tau^* l b d$. d ist ein effektiver, von der angreifenden Kraft abhängender Hindernisdurchmesser. Die zur Überwindung eines Hindernisses notwendige totale Aktivierungsenergie ΔF^* wird um die angeführte Arbeit erniedrigt, so daß schließlich die freie Aktivierungsenthalpie $\Delta G = \Delta F^* - \tau^* l b d$ die Wartezeit am Hindernis und damit auch die Versetzungsgeschwindigkeit nach Gl. (12.2) bestimmt [5]. Nach dieser Betrachtung sind neben der Energie ΔF^* die Größen τ^*, l und d die zur Beschreibung der Versetzungsdynamik charakteristischen Parameter. In einem realen Kristall sind die Hindernisse nicht, wie oben angenommen, regelmäßig angeordnet. Deshalb haben auch die Versetzungen zwischen den Hindernissen einen unregelmäßigen Verlauf. An die Stelle der konstanten Hindernisabstände und Kräfte treten dann deren Häufigkeitsverteilungen. Dieses geometrische Problem wurde sowohl mit Hilfe geschlossener statistischer Theorien [81] als auch mit Computersimulations-Verfahren [82] behandelt. Die beschriebene Bewegung der Versetzung durch eine Anordnung von lokalisierten Hindernissen kann in geeigneten Materialien bei der *in-situ*-Ver-

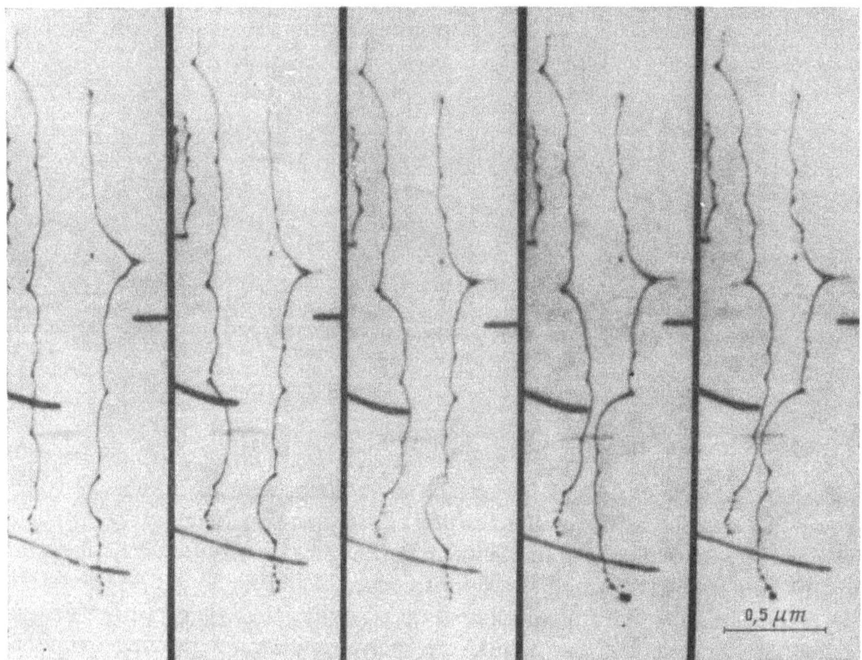

Abb. 12.16   Vorwärtsbewegung von Schraubenversetzungen bei der *in-situ*-Verformung von MgO durch Überwindung lokalisierter Hindernisse [83]

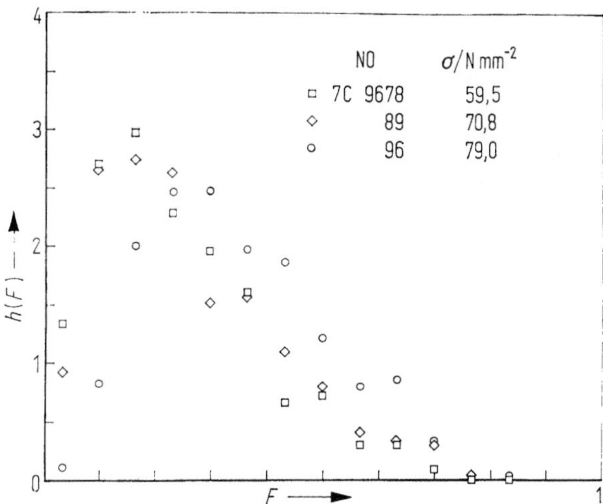

Abb. 12.17   Häufigkeitsverteilung der normierten, an lokalisierten Hindernissen angreifenden Kräfte F [71]

formung im HEM direkt beobachtet werden. Abbildung 12.16 zeigt zwei Schrau-
benversetzungen, die sich unter der angreifenden effektiven Spannung zwischen
den Hindernissen ausbauchen. Mit geeigneten Auswerteverfahren [84] können die
Häufigkeitsverteilungen des Hindernisabstands, der angreifenden Kraft und der
effektiven Spannung bestimmt werden [85, 71]. In Abb. 12.17 ist als Beispiel die
Verteilung der an den Hindernissen angreifenden Kräfte dargestellt. Die wahren
Kräfte sind $f = 2\,E_0 F$, wobei E_0 die Linienenergie einer Stufenversetzung ist.
Die Histogramme wurden mit dem in [84] beschriebenen Verfahren aus elektronen-
mikroskopischen Aufnahmen wie Abb. 12.15 bestimmt. Mit zunehmender äußerer
Spannung σ verschiebt sich der Mittelwert der Verteilung zu höheren Kräften. Die
Form der Histogramme läßt bei Vergleich mit Aussagen der Theorien [81, 82] auf
das Vorhandensein mehrerer Hindernisarten schließen.

Zusammenfassend sei bemerkt, daß die Anwendung der EM in der Plastizitätsforschung in starkem Maße zur Lösung vieler Probleme beigetragen hat. Dabei
liegt ihre besondere Stärke in der Möglichkeit der Identifizierung bestimmter Versetzungsprozesse. Bei der quantitativen Erfassung treten jedoch oft Schwierigkeiten auf, deren Ursachen hauptsächlich in zwei Tatsachen begründet sind. Einerseits ist das Auflösungsvermögen für viele Fragestellungen, z. B. für die Abbildung der genauen Versetzungskonfiguration an einem Hindernis, unzureichend.
Andererseits ist die Vergrößerung doch wieder so hoch, daß zur Vermessung statistischer Daten oft eine zu große Zahl von Aufnahmen ausgewertet werden müßte.
Aus diesem Grunde sollte die EM stets in einer Kombination mit anderen, quantitativen Methoden angewendet werden. Außerdem ist es eine zukünftige Aufgabe,
die quantitativen Möglichkeiten der EM für die Plastizitätsforschung weiter zu
entwickeln und mehr als bisher zu nutzen.

12.6. Literatur

[1] FRIEDEL, J., Dislocations. — Oxford: Pergamon Press 1964.
[2] OROWAN, E., Proc. Phys. Soc. (London) **52** (1940) 8.
[3] ZENER, C., Theorie of diffusion. In: Imperfections in nearly perfect crystals, Ed.: W. SHOCKLEY. — New York: Wiley & Sons Ltd. 1952, p. 289.
[4] VINEYARD, G., J. Phys. Chem. Solids **3** (1957) 121.
[5] SCHOECK, G., Phys. Status Solidi **8** (1965) 499.
[6] TAYLOR, G. J., Proc. Roy. Soc. (London) **A145** (1934) 362.
[7] Moderne Probleme der Metallphysik. Hrsg.: A. SEEGER. Bd. 1. — Berlin/Heidelberg/New York: Springer-Verlag 1965.
[8] Electron microscopy and strength of crystals. Eds.: G. THOMAS; J. WASHBURN. — New York: Interscience Publ. 1963.
[9] APPEL, F.; MESSERSCHMIDT, U., Phys. Status Solidi **35** (1969) 1003.
[10] TABATA, T.; FUJITA, H.; YAMAMOTO, S.; CYOJI, T., J. Phys. Soc. Jap. **40** (1976) 792.
[11] FOURIE, J. T., Philos. Mag. **17** (1968) 735.
[12] MUGHRABI, H., Phys. Status Solidi **39** (1970) 317.
[13] HEIDENREICH, R. D., J. Appl. Phys. **20** (1949) 993.
[14] HIRSCH, P. B.; HORNE, R. W.; WHELAN, M. J., Philos. Mag. **1** (1956) 677.
[15] HIRSCH, P. B.; HOWIE, A.; NICHOLSON, R. B.; PASHLEY, D. W.; WHELAN, M. J., Electron microscopy of thin crystals. — London: Butterworth & Co. 1965.
[16] ESSMANN, U., Phys. Status Solidi **3** (1963) 932.
[17] MUGHRABI, H., J. Sci. Instrum. **2** (1969) 351.
[18] IMURA, T.; SAKA, H., Memoirs of the Faculty of Engineering, Nagoya Univ. **28** (1976) 54.
[19] MESSERSCHMIDT, U.; APPEL, F., Kristall Tech. **14** (1979) 1245.
[20] MESSERSCHMIDT, U.; APPEL, F., Ultramicroscopy **1** (1976) 223.
[21] MARTIN, J. L.; KUBIN, L. P., Ultramicroscopy **3** (1978) 215.
[22] BUTLER, E. P., Rep. Prog. Phys. **42** (1979) 833.
[23] KUBIN, L. P.; MARTIN, J. L., In-situ deformation experiments in the HVEM. In: Strength of metals and alloys. Bd. 3. Eds.: P. HAASEN, V. GEROLD, G. KOSTORZ. — Toronto: Pergamon Press 1979.
[24] JOHNSON, L.; ASHBY, M. F., Acta Metall. **16** (1968) 219.
[25] HIRTH, J. P.; LOTHE, J.: Theory of dislocations .— New York: McGraw-Hill 1968.
[26] FRANK, F. C.; READ, W. T., Phys. Rev. **79** (1950) 722.
[27] KOEHLER, J. S., Phys. Rev. **86** (1952) 52.
[28] OROWAN, E.: Generation of double wills and spread of slip to other slip planes. In: Dislocations in metals. — New York: Amer. Inst. of Mining and Metallurgical Engns. 1954, p. 103.
[29] JOHNSTON, W. G.; GILMAN, J. J., J. Appl. Phys. **31** (1960) 632.
[30] WIEDERSICH, H., J. Appl. Phys. **33** (1962) 854.
[31] APPEL, F.; GRUBE, H.; MESSERSCHMIDT, U.; SMIRNOV, B. I., Cryst. Lattice Defects **7** (1977) 65.
[32] GILMAN, J. J., J. Appl. Phys. **33** (1962) 2703.
[33] APPEL, F.; BETHGE, H.; MESSERSCHMIDT, U., Phys. Status Solidi a **42** (1977) 61.
[34] TETELMAN, A. S., Acta Metall. **10** (1962) 813.
[35] NEUMANN, P. D., Acta Metall. **19** (1971) 1233.
[36] HAZZLEDINE, P. M., Scripta Metall. **5** (1971) 847.
[37] SAADA, G., Acta Metall. **8** (1960) 200, 841.
[38] MADER, S., Z. Phys. **149** (1957) 73.
[39] BERNER, R., Z. Naturforsch. **15a** (1960) 689.
[40] FOURIE, J. T.; WILSDORF, A. G. F., J. Appl. Phys. **31** (1960) 2219.

[41] SEEGER, A.: Kristallplastizität. In: Handb. der Physik. Hrsg.: S. FLÜGGE. — Berlin/Göttingen/Heidelberg: Springer-Verlag 1958, S. 1.

[42] KRONMÜLLER, H.: Theorie der plastischen Verformung. In: Moderne Probleme der Metallphysik. Bd. 1, Hrsg.: A. SEEGER. — Berlin/Heidelberg/New York: Springer-Verlag 1965. S. 126.

[43] MATUCHA, K. H., Phys. Status Solidi 26 (1968) 291.

[44] LOUCHET, F., Privatmitteilung

[45] LUFT, A.; RICHTER, J.; REITZENSTEIN, W.; FINKE, P., Der Einfluß der Temperatur auf das Verformungsverhalten, die Gleitgeometrie und die Verformungssubstruktur von Molybdän-Einkristallen. In: Reinststoffprobleme IV. Hrsg.: M. BALARIN. — Berlin: Akademie-Verlag 1972, S. 285.

[46] ESSMANN, U., Phys. Status Solidi 12 (1965) 723.

[47] SPITZIG, W. A.; THOMAS, L. E., Philos. Mag. 25 (1972) 1041.

[48] MUGHRABI, H., Description of the dislocation structure after unidirectional deformation at low temperatures. In: Constitutive equations in plasticity. Ed.: A. S. ARGON. — Cambridge/Mass.: MIT 1975, p. 199.

[49] GROSSKREUTZ, J. C.; MUGHRABI, H., Description of the work-hardening structure at low temperature in cyclic deformation. In: Constitutive equations in plasticity. Ed.: A. S. ARGON. — Cambridge/Mass.: MIT 1975, p. 251.

[50] LUFT, A., KAUN, L., Phys. Status Solidi 37 (1970) 781.

[51] STRUNK, H., Mater. Sci. Eng. 27 (1977) 255.

[52] KRONMÜLLER, H.; SEEGER, A., J. Phys. Chem. Solids 18 (1961) 93.

[53] HAZZLEDINE, P. M.; HIRSCH, P. B., Philos. Mag. 15 (1967) 121.

[54] HIRSCH, P. B., Disc. Faraday Soc. 38 (1964) 111.

[55] KUHLMANN-WILSDORF, D., Trans. Metall. Soc. AIME 224 (1962) 1047.

[56] KUHLMANN-WILSDORF, D., Unified theory of stages II and III of work-hardening in pure fcc metal crystals. In: Work hardening. Eds.: J. P. HIRTH; J. WEERTMAN. — New York: Gordon & Breach 1968, p. 97.

[57] SCHOECK, G., J. Appl. Phys. 33 (1962) 1745.

[58] APPEL, F., Phys. Status Solidi a 61 (1980) 477

[59] BAILEY, J.; HIRSCH, P. B., Philos. Mag. 5 (1960) 485.

[60] KEH, A. S., J. Appl. Phys. 31 (1960) 1501.

[61] HAM, R. K., Philos. Mag. 6 (1961) 1183.

[62] LUFT, A., Phys. Status Solidi 42 (1970) 429.

[63] KEMPTER, L.; STRUNK, H., Phys. Status Solidi a 40 (1977) 385.

[64] CHEN, H. S.; GILMAN, J. J.; HEAD, A. K., J. Appl. Phys. 35 (1964) 2502.

[65] LI, J. C. M., Kinetics and dynamics in dislocation plasticity. In: Dislocation dynamics. Eds.: A. R. ROSENFIELD, G. T. HAHN, A. L. BEMENT, R. I. JAFFEE. — New York: McGraw-Hill 1968, p. 87.

[66] SCATTERGOOD, R. O.; BACON, D. J., Philos. Mag. 31 (1975) 179.

[67] MUGHRABI, H., Philos. Mag. 18 (1968) 1211.

[68] PARE, V. K.; CRUMP, J. C., J. Appl. Phys. 40 (1970) 790.

[69] IKEDA, S., Jap. J. Appl. Phys. 13 (1974) 779.

[70] APPEL, F.; MESSERSCHMIDT, U., Phys. Status Solidi a 34 (1976) 175.

[71] MESSERSCHMIDT, U.; APPEL, F., Determination of geometrical statistical parameters of the dislocation-point obstacle interaction from in-situ deformation experiments in the HVEM. In: Strength of metals and alloys. Eds.: P. HAASEN, V. GEROLD, G. KOSTORZ. — Toronto: Pergamon Press 1979, p. 1305.

[72] ASHBY, M. F., On the Orowan stress. In: Physics of strength and plasticity. Ed.: A. S. ARGON. — Cambridge/Mass.: MIT 1969, p. 113.

[73] HIRSCH, P. B.; HUMPHREYS, F. J., Plastic deformation of two-phase alloys containing small nondeformable particles. In: Physics of strength and plasticity. Ed.: A. S. ARGON. — Cambridge/Mass.: MIT 1969, p. 189.

[74] GUYOT, P.; DORN, J. E., Canad. J. Phys. 45 (1967) 983.

[75] KOCKS, U. F.; ARGON, A. S.; ASHBY, M. F., Thermodynamics and kinetics of slip. — Oxford: Pergamon Press 1975.

[76] EVANS, A. G.; RAWLINGS, R. D., Phys. Status Solidi **34** (1969) 9.

[77] APPEL, F., Phys. Status Solidi a **25** (1974) 607.

[78] APPEL, F., Phys. Status Solidi a **31** (1975) 615.

[79] MESSERSCHMIDT, U., Phys. Status Solidi **41** (1970) 549.

[80] MESSERSCHMIDT, U., Phys. Status Solidi b **48** (1971) 781.

[81] LABUSCH, R., J. Appl. Phys. **48** (1977) 4550.

[82] MORRIS, J. W.; KLAHN, D. H., J. Appl. Phys. **45** (1974) 2027.

[83] BETHGE, H.; MESSERSCHMIDT, U.; APPEL, F., Grundprobleme des plastischen Verhaltens von Keramiken. In: Strukturabhängiges mechanisches Verhalten von Festkörpern. Hrsg.: D. SCHULTZE. — Berlin: Akademie-Verlag 1979.

[84] MESSERSCHMIDT, U.; APPEL, F., Kristall Tech. **14** (1979) 1331.

[85] APPEL, F.; BETHGE, H.; MESSERSCHMIDT, U., Phys. Status Solidi a **38** (1976) 103.

13. Mikroprozesse des Bruches

V. Schmidt

Bei zu starker mechanischer Beanspruchung zerreißt ein fester Körper. Diesen einfachen kausalen Zusammenhang physikalisch zu begründen und quantitativ zu erfassen, erweist sich als ein sehr kompliziertes und komplexes Problem. Wichtige Grundlagen für das Verständnis von elastischer Verformung und Festigkeit wurden durch die Theorie der atomaren Bindungen geschaffen. Für ideal regelmäßige Atomgitter kristalliner Stoffe, später auch für vereinfachte Modelle der Glas- und Polymerenstruktur, konnten u. a. die „idealen Festigkeiten" mit Hilfe bekannter Atompotentiale bzw. Bindungsfestigkeiten berechnet werden [1—3]. Es stellte sich heraus, daß die realen festen Körper um etwa zwei bis drei Größenordnungen niedrigere Festigkeiten aufweisen und daß daher Defekte im Material dominierenden Einfluß ausüben. Zu dieser Schlußfolgerung gelangten ebenfalls Griffith [4] und Smekal [5] durch festkörpermechanische Betrachtung der Stabilität von elastischen Körpern mit Rissen bzw. rißähnlichen Defekten. Die Untersuchung der Realstruktur und des Einflusses verschiedener Arten und Eigenschaften von Strukturfehlern und Materialinhomogenitäten auf die Festigkeit wurde daher eine wichtige Aufgabe.

Obwohl bereits mit lichtmikroskopischen und röntgenographischen Methoden Defekte, wie Mikrorisse und auch die in den dreißiger Jahren postulierten Versetzungen, nachgewiesen wurden, setzte die wesentliche Erweiterung der Kenntnisse über Rolle und wirksame Eigenschaften der Defekte und Materialinhomogenitäten für Bruchentstehung und -ausbreitung erst ein, als in den fünfziger und sechziger Jahren verschiedene hierzu geeignete elektronenmikroskopische Methoden und Geräte entwickelt wurden und in ausreichendem Maße zur Verfügung standen: Oberflächenabdrucktechniken für verformte kompakte Körper oder ihre Bruchflächen und die direkte Durchstrahlung dünner, zuvor verformter Proben im Transmissions-Elektronenmikroskop (TEM), *in-situ*-Verformungen im TEM, Raster-Elektronenmikroskopie (REM) an Bruchflächen (Fraktographie) oder an Oberflächen und Schliffen mechanisch beanspruchter Körper, teilweise gekoppelt mit Mikroanalyse, ebenfalls *in-situ*-Verformungen im REM und auch die Auger-Elektronen-Spektroskopie (AES) an Bruchflächen.

13.1. Zielstellungen und Kenntnisstand

Ein Kriterium für die Bruchfestigkeit σ_f von elastischen Körpern mit Rissen bzw. Defekten wurde von Griffith [4] formuliert und von Orowan [6] auch auf elastisch-plastische Körper angewendet:

$$\sigma_{\mathrm{f}} = k\sqrt{\frac{4E\gamma_{\mathrm{f}}}{\pi a}}\,. \tag{13.1}$$

Darin sind E der Elastizitätsmodul, γ_{f} die spezifische Bruchenergie, a die Rißlänge und k ein geometrischer Faktor, der für einen unendlich ausgedehnten Körper mit Innenriß beim ebenen Spannungszustand den Wert 1 hat.

In der Bruchmechanik und der Prüftechnik werden weiterhin die von Irwin [7] eingeführten Spannungsintensitätsfaktoren K_{I}, K_{II}, K_{III} zur Kennzeichnung der spannungserhöhenden Wirkung von Kerben bzw. Rissen verwendet (I bezeichnet den Belastungszustand senkrecht zur Rißebene, II und III Scherbeanspruchungen des Risses). Die Spannungsintensitätsfaktoren werden durch die am Körper angreifenden Spannungen und die Rißlänge a bestimmt; und zwar so, daß die elastischen Spannungen σ_{ij} um Risse, die an Rißspitzen um Größenordnungen höher als in der Umgebung sein können, durch einen Ausdruck der Form

$$\sigma_{ij} = \frac{K_{\mathrm{I}}}{\sqrt{2\pi r}}\, f(\vartheta) \tag{13.2}$$

zu beschreiben sind (r und ϑ sind Polarkoordinaten, wobei der Koordinatenursprung die Rißspitze ist). Für einen Riß innerhalb einer unendlich großen Platte gelten z. B. die einfachen Beziehungen: $K_{\mathrm{I}} = \sigma\sqrt{\pi a/2}$ und K_{II}, $K_{\mathrm{III}} = \tau\sqrt{\pi a/2}$ (σ = Zugspannung bei reiner Zugbelastung senkrecht zur Rißebene und τ jeweils reine Scherspannungen bei Scherbeanspruchung in der Rißebene, die senkrecht bzw. parallel zur Rißfront wirken. Ein der Gl. (13.1) äquivalentes Kriterium für instabile Rißausbreitung lautet

$$K_{\mathrm{I}} \geqq K_{\mathrm{IC}}\ (K_{\mathrm{II;III}} \geqq K_{\mathrm{IIIc;IIIc}}) \tag{13.3}$$

und bedeutet daher, daß bei Überschreiten eines bestimmten kritischen Wertes K_{IC}, bei dem Rißausbreitung einsetzt, auch die Spannungen (Dehnungen) an der Rißspitze über einem bestimmten kritischen Wert liegen [8—10]. K_{IC} wird als Bruchzähigkeit bezeichnet. Zur Gl. (13.1) besteht folgende Beziehung:

$$K_{\mathrm{IC}} = \sqrt{2E\gamma_{\mathrm{f}}}\,. \tag{13.4}$$

Wegen der genannten Spannungsüberhöhung in der Umgebung von Rissen bilden sich hier lokal „plastische Zonen“ aus, selbst wenn die auf den Körper wirkenden äußeren Spannungen noch weit unterhalb der Fließspannung liegen (vgl. Abb. 13.1). Die Beziehungen (13.3) und (13.4) sind unter den Bedingungen des „Kleinbereichsfließens“ weiterhin anwendbar [12]. K_{IC} und γ_{f} wachsen z. B. mit Zunahme des plastischen Fließens an der Rißspitze bzw. mit Abnahme der Fließspannung stark an, was u. a. bei Temperaturerhöhung beobachtet wird [13]. Da man die Bauteildimensionierung gewöhnlich so auslegt, daß makroskopische Spannungen unterhalb der Streckgrenze bleiben, besteht eine wichtige Forderung an die Werkstoffforschung darin, aus der Kenntnis über die Mikrovorgänge Werkstoffe mit möglichst hoher Streckgrenze und dennoch mit hinreichend großer Bruchzähigkeit zu

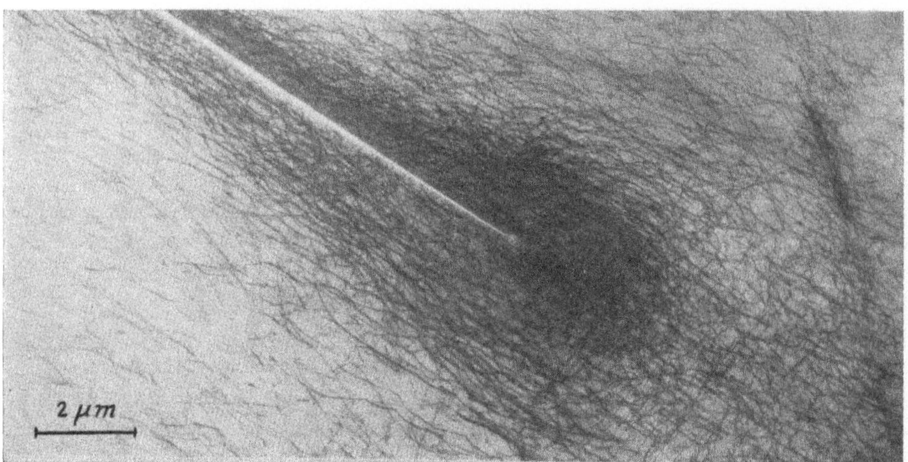

Abb. 13.1   Plastische Zone in der Umgebung einer Rißspitze in MgO. Die Dichte der abgebildeten Versetzungen nimmt mit Annäherung an die Rißspitze stark zu (HEM-Durchstrahlungsaufnahme [11]).

entwickeln. Ohne auf die Definition und Details in diesem Rahmen eingehen zu können, sei angemerkt, daß weitere, vor allem in der Fließbruchmechanik bei relativ starkem plastischem Fließen in der Rißumgebung wichtige Beanspruchungskenngrößen die Rißöffnungsverschiebung δ (oder COD) und das J-Integral sind und die entsprechenden materialspezifischen, für Rißausbreitung kritischen Werte δ_c und J_c [14, 15]. Während diese genannten Materialkenngrößen und Beziehungen für Probleme des Gewaltbruchs benutzt werden, kommt es bei Untersuchungen z.B. der Ermüdung, der Spannungsrißkorrosion und des Kriechens, d. h. unter Bedingungen eines subkritischen stabilen Rißwachstums, darauf an, Rißfortschritte $\mathrm{d}a/\mathrm{d}N$ oder $\mathrm{d}a/\mathrm{d}t$ in Abhängigkeit z. B. von wirksamen Spannungsintensitätsfaktoren und anderen Einflußgrößen zu erfassen [9, 13].

Durch den Einsatz der genannten modernen Untersuchungsverfahren und mit Hilfe der Versetzungstheorie konnte zunächst für kristalline Stoffe gezeigt werden, daß die von GRIFFITH und SMEKAL als präexistent vermuteten Defekte, die nach Gl. (13.1) die Festigkeit bestimmen, im Verlauf lokaler plastischer Verformung gebildet werden können. Versetzungsaufstau an starken Gleithindernissen (vgl. Kap. 12.) und damit örtlich hohe Eigenspannungen (oder -dehnungen) führen zu Mikrorißbildung und zum -wachstum [16—18]. Die Anfangsrißlängen (typische Werte sind 0,1 µm bis einige µm) werden u. a. von den Abmessungen der Hindernisse und den lokalen Verformungsbedingungen bestimmt. Im Verlauf stärkerer Verformungen nehmen Konzentration und Größe der Mikrorisse gewöhnlich zu, bis schließlich bei Spannungen $\sigma_f(\sigma_y \leqq \sigma_f <$ ca. $1{,}5\,\sigma_y; \sigma_y =$ Streckgrenze) Bedingungen für instabile Rißausbreitung vorliegen. Selbst für stark heterogene Werkstoffe wie Stahl — als Gleithindernisse wirken insbesondere Zweitphasenteilchen bzw. Phasengrenzen — konnten auf der Grundlage solcher Untersuchungen und unter vereinfachenden Voraussetzungen Beziehungen zwischen mikrostrukturellen

21*

Größen und σ_f im Fall des transkristallinen Spaltbruches formuliert werden [19—21]. Für die Bildung von Mikrorissen ist häufig die Verformungslokalisierung ausschlaggebend: Es entstehen engbegrenzte Scherbänder, und das Restvolumen verformt sich u. U. nicht weiter. Zur Beschreibung dieser in verschiedenen, auch nichtkristallinen Körpern beobachteten Vorgänge wurden von RICE [22] grundlegende Überlegungen angestellt, worauf in Abschn. 13.4. eingegangen wird.

Gegenwärtig sind stärkere Anstrengungen auf die Deutung der werkstoffspezifischen Größen K_{IC} (oder δ_C und J_C) und deren Abhängigkeiten von mikrostrukturellen Eigenschaften und Vorgängen gerichtet. Die Bruchzähigkeit als Maß für den Widerstand des Materials gegen Rißausbreitung ist, wie erwähnt, vom Ausmaß der plastischen Verformung in der Rißumgebung, aber auch von Mikrorißbildungen und -wachstumsvorgängen in der „Prozeßzone" und von anderen energiedissipativen Prozessen abhängig. Da diese sowohl Ergebnis der überhöhten Spannungen bzw. Dehnungen im inhomogenen Feld an der Rißspitze sind als auch rückwirkend das Spannungs-Dehnungsfeld verändern, ist diese Aufgabe sehr kompliziert, z. T. um so mehr, als bereits die festkörpermechanische Bestimmung elastisch-plastischer Dehnungen in der Rißumgebung duktiler Werkstoffe hohe Anforderungen an die Computertechnik stellt [23]. Teilergebnisse zum Problem liegen vor [24—28].

Von experimenteller Seite werden die energiezehrenden Mikrovorgänge, z. B. die Konzentration und Größe gebildeter Mikrorisse in Rißspitzenumgebung, als Maß dafür in den verschiedensten Werkstoffen bestimmt. Ähnlich langwierig sind auch die Bemühungen, die genannten Kenngrößen für subkritisches Rißwachstum auf der Basis von mikrostrukturellen Bedingungen bzw. Vorgängen u. a. Einflüssen zu beschreiben [29].

Die Ergebnisse der Grundlagen- und anwendungsorientierten Arbeiten dienen u. a. der Metallurgie und Werkstofforschung (Entwicklung „beanspruchungsgerechter" oder zumindest den Einsatzbedingungen besser angepaßter Werkstoffe), der Weiterentwicklung der Prüftechnik und der Dimensionierung und Lebensdauerberechnung von Bauteilen und Konstruktionen. Einen Überblick darüber, in welchem Umfang die Bruchforschung gegenwärtig hierzu Beiträge liefern kann, vermitteln z. B. die zum Problem erschienenen Konferenzbände [29]. Im folgenden wird über einige ausgewählte Arbeiten zur Problematik von Mikroprozessen des Bruches berichtet.

13.2. Mikrorißbildung in Einkristallen

Durch Anwendung sowohl von indirekten Meßverfahren (Lichtstreu- und Dichtemessungen) als auch von direkten Untersuchungsmethoden (TEM und REM) konnten in druckverformten Alkalihalogenidkristallen, vielfach als Modellsubstanz verwendet, Konzentration ϱ_M und Größe a_M der bei plastischer Verformung gebildeten Mikrorisse bestimmt werden [30, 31]. Charakteristische Daten für 4% Verformung in NaCl-Kristallen sind: $\varrho_M = (10^8 \cdots 10^9)$ Mikrorisse/cm³ und

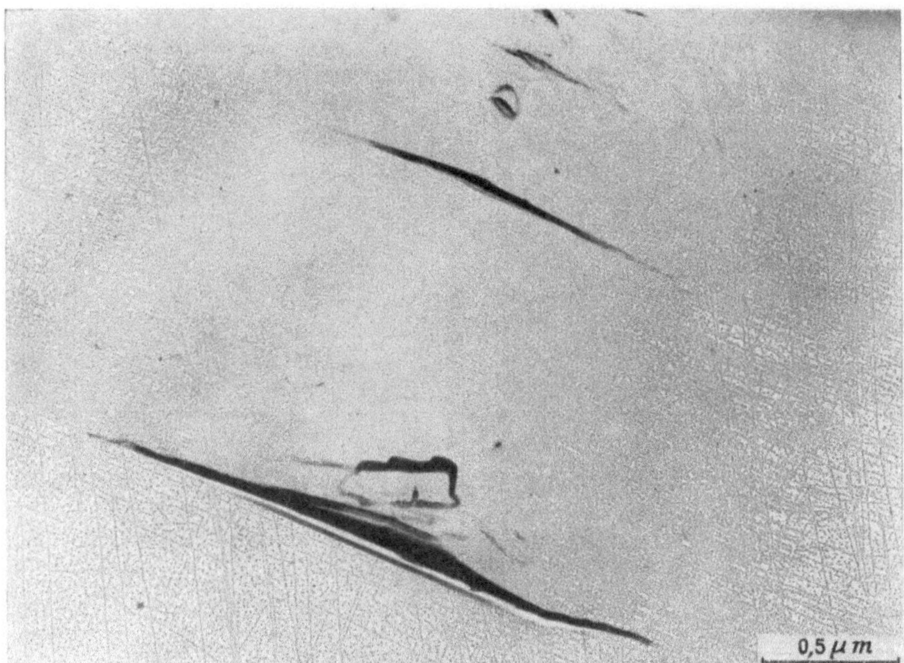

Abb. 13.2   Bei Druckverformung (4%) durch Gleitbandwechselwirkung gebildete Mikrorisse im Inneren von NaCl-Einkristallen

Die Mikrorisse werden durch Spaltung der Kristalle nach der Deformation auf der erzeugten Bruchfläche sichtbar. (TEM-Aufnahme; Kohleabdruck und Golddekoration).

$a_M = (1 \cdots 3)\,\mu m$. Ein typisches Bild der nach Anwendung der Oberflächendekoration (Golddekoration und Kohleabdruck) im TEM beobachtbaren Mikrorisse, gebildet durch Gleitbandwechselwirkung, zeigt Abb. 13.2. Die lokal zu Mikrobruchvorgängen führenden Versetzungsprozesse sind bereits in früheren Jahren untersucht worden [32]. Das Ausmaß der Rißbildung ist so hoch, daß die bei plastischer Verformung ermittelte Dichteabnahme ($-\Delta\varrho/\varrho \approx \Delta V/V \approx 2 \cdot 10^{-5}$; ϱ — spezifisches Gewicht, V — Volumen) im wesentlichen durch diese Vorgänge und nicht allein, wie zunächst angenommen [33], durch Punktdefekterzeugung bei der plastischen Deformation erklärt werden kann.

Ein weiteres Beispiel demonstriert den Einsatz der *in-situ*-Verformungstechnik. Mit einer geeigneten Verformungseinrichtung sind im REM NaCl-Einkristalle, mit quadratischem Querschnitt unter Zug deformiert worden [34]. Ein zuvor aufgedampfter Kohlefilm verhinderte störende Aufladungen der Proben und ermöglichte eine frühzeitige Erkennung von Gleitband- und Mikrorißbildung während der Verformung, da der jeweils lokal aufreißende Film die nichtleitende Kristalloberfläche freilegte und somit deutliche Kontraste im REM-Bild hervorrief. Schnell ablaufende Vorgänge konnten teilweise mit einer Videokamera, langsame durch übliche photographische Registrierung erfaßt werden. Ab etwa 0,07%

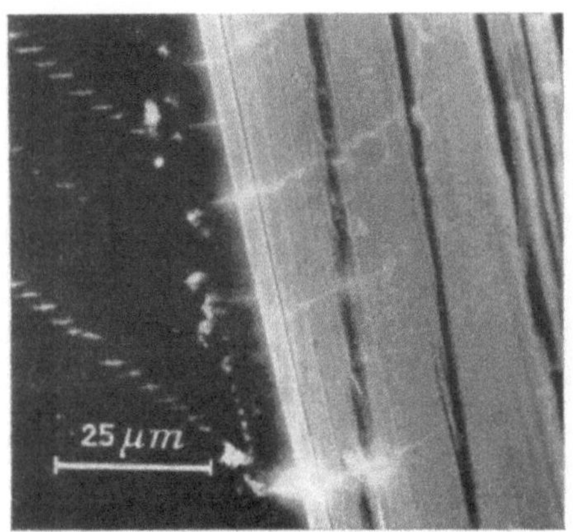

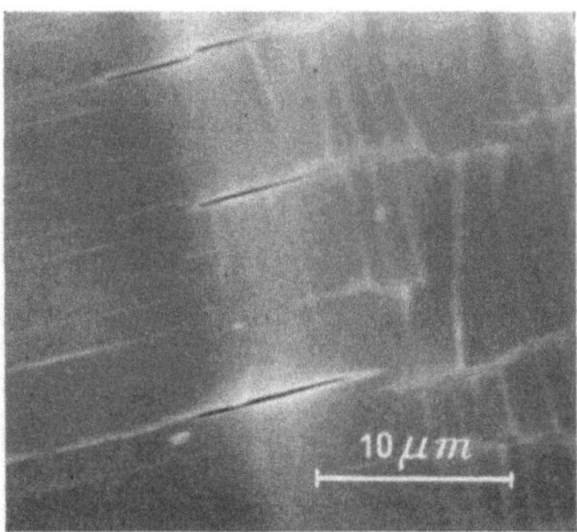

a)   b)

Abb. 13.3   Mikrorißbildung bei Zugverformung an der Oberfläche von NaCl-Ein-
kristallproben mit quadratischem Querschnitt (REM, *in-situ*-Verformung)

a) Im linken Teil sind Gleitbänder sichtbar, die durch eine dichte Folge von Rissen (heller
Kontrast) im aufgedampften Kohlefilm markiert werden. An Schnittstellen zwischen Gleitband und Kristallkante (etwa in Bildmitte, von oben nach unten verlaufend)wurden Mikrorisse gebildet (starker, heller Kontrast). b) Mikrorisse an der Kristallkante bei höherer Vergrößerung.

plastische Verformung wurden Gleitbänder auf der Oberfläche sichtbar und ab
etwa 0,1% Mikrorisse mit Längen im μm-Bereich, wobei Risse sich jeweils dort
bildeten, wo Gleitbänder die Kristallkanten schneiden, wie in Abb. 13.3a
und 13.3b dargestellt. Der Einfluß störender Oberflächenbeschädigungen und
-unregelmäßigkeiten wurde durch eine geeignete Temperung ausgeschaltet, und
durch Lichtstreuuntersuchungen war zuvor abgesichert worden, daß unter den
gewählten Bedingungen, im Gegensatz zum oben beschriebenen Fall einer Druckverformung, Rißbildung aus energetischen Gründen [34] nur an der Oberfläche
und zunächst nicht im Innern einsetzt. Bildung und Wachstum der Mikrorisse
erfolgten rein statistisch, so daß sich z. B. auch nicht immer die jeweils größten
Risse am schnellsten entwickeln. Das entspricht der stark inhomogenen plastischen
Verformung; Bildung und Wachstum der Risse werden durch örtlich und zeitlich
in statistischer Folge aktivierte Gleitbänder bestimmt. Es konnte gezeigt werden,
daß die zur Bildung der Mikrorisse aufgebrachte Energie E_f, ermittelt aus der
Fläche einer großen Zahl von Mikrorissen bei unterschiedlichen Verformungs-
graden, der Beziehung

$$E_\mathrm{f}/V \sim \varepsilon_\mathrm{p}^2 \tag{13.5}$$

genügt (V ist das betrachtete Kristallvolumen, ε_p die plastische Verformung).
Da die Kristalle lineare Verfestigung aufweisen und somit die Verformungsenergie
einen zu ε_p^2 proportionalen Term enthält, wurde vermutet, daß dieses quadratische
Verhalten ein Ergebnis der Verfestigung ist.

13.3. Bruchvorstadien in polykristallinen Metallen

In duktilen Werkstoffen, für die transkristalliner duktiler Bruch typisch ist, wie z. B. in einigen Stählen oder Kupfer, bilden sich anstelle scharfer Mikrorisse während der plastischen Verformung Mikrohohlräume aus. Sie entstehen durch Dekohäsion an harten Zweitphasenteilchen, die z. B. einige nm bis einige 10 μm groß sein können (die stark verformte Matrix wird am wenig oder nicht verformten Partikel abgetrennt oder durch Bruch des harten Teilchens). Im Prozeß des Hohlraumwachstums und der ständigen Neubildung kommt es schließlich bei bestimmten kritischen Dehnungen zur Vereinigung von Hohlräumen und endlich zum duktilen Bruch der gesamten Zugprobe; die Bruchfläche weist daher eine „Wabenstruktur" auf, unabhängig davon, ob in zuvor rißfreien Proben die plastische Verformung im gesamten Material oder in rißbehafteten Proben in dem besonders stark verformten Gebiet in der Umgebung von Rißspitzen zur Mikrohohlraumbildung geführt hat [16].

Speziell in ferritisch-perlitischen Stählen werden ab etwa 20% Zugverformung bei Raumtemperatur Hohlräume durch Wechselwirkung von aktivierten Gleitbändern mit Perlit-Ferrit-Phasengrenzen, Korngrenzenkarbiden und Einschlüssen (Mangansulfid) und durch Wechselwirkung der Gleitbänder untereinander gebildet, wobei je nach Größe des Volumenanteils der perlitischen Phase oder der Einschlüsse diese hierfür dominierend sind. HENTRICH, VEIT und STROPPE [35] haben die Beziehungen zwischen der Verformung ε und dem Hohlraumwachstum V_H im Stahl MK3A1 (0,06% C) untersucht. Sie fanden experimentell, daß das Gesamtvolumen f_v gebildeter Hohlräume pro Volumeneinheit zur Deformation ε folgende Beziehung hat:

$$f_v \sim (\varepsilon - \varepsilon_0)^{2,5} , \tag{13.6}$$

wobei $\varepsilon_0 \approx 0{,}2$ die Dehnung ist, bei der Hohlraumbildung einsetzt. Es läßt sich zeigen [35], daß dann das Volumen V_H eines einzelnen Hohlraumes gemäß

$$V_H \sim (\varepsilon - \varepsilon_E) \tag{13.7}$$

mit der Verformung anwächst, wobei ε_E die Verformung bei Bildung dieses Hohlraumes ist und $0{,}2 \leq \varepsilon_E \leq \varepsilon_f$ ist (ε_f ist die Verformung beim duktilen Bruch). Die Beziehung (13.7) bestätigt den von ASHBY aus versetzungstheoretischen Überlegungen bereits formulierten Zusammenhang [36]. Von HENTRICH und STROPPE [35, 37] ist weiterhin aus experimentellen Daten für den gleichen Stahl ein Zusammenhang zwischen Grübchengröße $\overline{D}$ (Durchmesser der Hohlräume nach erfolgter Koaleszenz, d. h. beim duktilen Bruch) und mikrostrukturellen Parametern angegeben worden:

$$\overline{D} = \frac{\overline{l}_A}{\sqrt{2}} \sqrt[3]{\frac{\overline{d}}{\overline{l}_A}} \exp\left(-\varepsilon_f/2\right). \tag{13.8}$$

Hierin sind $\overline{l}_A$ der mittlere Abstand auf einer Schlifffläche zwischen Einschlüssen, d. h. den Orten der Hohlraumbildung, und $\overline{d}$ der mittlere Einschlußdurchmesser. Die Abbildungen 13.4a — 13.4c zeigen verschiedene Stadien des Mikrobruches:

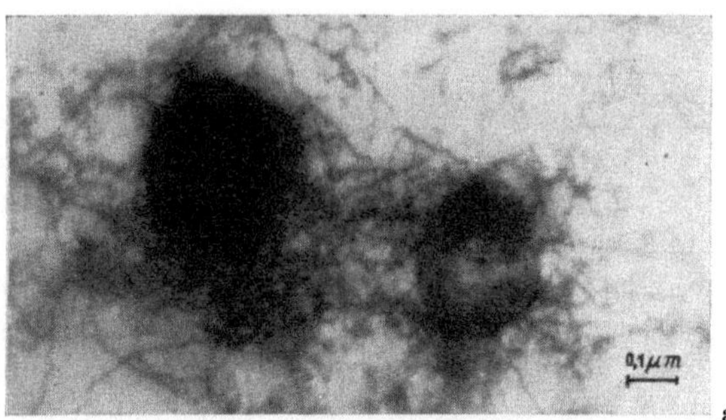

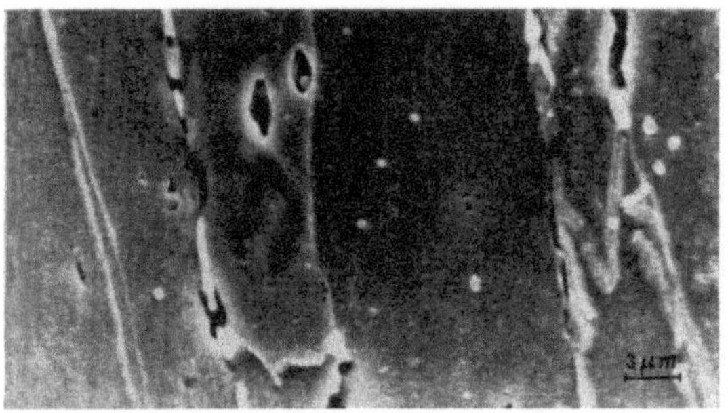

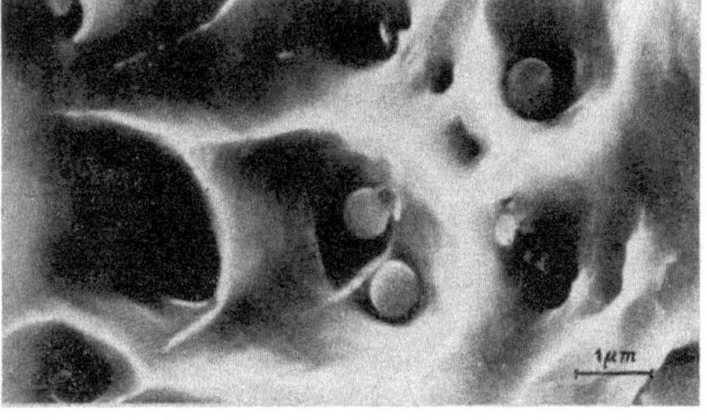

Abb. 13.4   Stadien des duktilen Bruchs in Stahl MK 3 Al

a) Versetzungsanhäufung um zwei harte kugelige Einschlüsse bei 5 % Verformung. (TEM Aufnahme [35]); b) durch Dekohäsion der Grenzfläche Einschluß – Matrix und durch Bruch von Korngrenzencarbiden entstandene Hohlräume (*voids*) bei 120 % Verformung. Die Zug-richtung ist parallel der kurzen Bildkante (REM-Aufnahme [35]); c) Bruchfläche nach duktilem Bruch bei 175 % makroskopischer Bruchverformung (REM-Aufnahme [37])

Bei geringen Verformungen bilden sich zunächst Versetzungsanhäufungen um Einschlüsse aus („Versetzungskokon") (Abb. 13.4a). Bei bestimmten kritischen Versetzungsdichten, $\varrho_v \approx 10^{12} \cdot \mathrm{cm}^{-2}$ [38], bzw. entsprechenden Verformungen wird die Matrix vom Einschluß abgetrennt (Abb. 13.4b), und bei $\varepsilon \approx \varepsilon_f$ setzt Hohlraumkoaleszenz ein, die eine Grübchen-(„Waben")-Struktur auf der Bruchfläche hinterläßt (Abb. 13.4c) — (vgl. hierzu auch [39]).

RICE und JOHNSON [24] haben die Bedingungen der Hohlraumbildung und Koaleszenz in der Umgebung von Rißspitzen in duktilem Material untersucht und eine Beziehung für die Bruchzähigkeit angegeben, die zwar die Korrelation zum mittleren Abstand der für die Hohlraumbildung wichtigen Zweitphasenteilchen (Einschlüsse u. a.) offenbar richtig wiedergibt, nicht aber die Beziehung zur Streckgrenze. Der Grund wird in Verformungslokalisierungen und nachfolgenden Scherdekohäsionen in der Rißspitzenumgebung gesehen, die gegenwärtig noch nicht in ausreichendem Maße verstanden werden. Ein Beispiel zu dieser Problematik wird in Abschn. 13.4. gegeben.

Für den hier nicht behandelten interkristallinen duktilen Bruch, der z. B. unter bestimmten Anlaßbedingungen in ausscheidungsgehärteten Legierungen bei Vorliegen duktiler ausscheidungsfreier Zonen entlang Korngrenzen beobachtet wird, hat HORNBOGEN [25] eine experimentell bestätigte Beziehung zwischen Bruchzähigkeit und Korngröße abgeleitet.

Schlagartige Belastungen, insbesondere wenn Anrisse im Material vorhanden sind, können zu einer erheblichen Reduzierung der zur Rißausbreitung notwendigen kritischen Spannungen oder z. B. der kritischen K_I-Werte führen. Grund dafür ist, daß mit zunehmender Belastungsrate plastisches Fließen nur mit zunehmend höheren Spannungen zu erreichen ist: Das Material verhält sich spröder als unter statischer Last, was einer Herabsetzung der spezifischen Bruchenergie oder z. B. der K_{IC}-Werte gleichkommt (als K_D bezeichnet, mit D in der Bedeutung „dynamisch") [8]. In kristallinen Stoffen kann dieses Verhalten auf die physikalisch deutbare Versetzungsdynamik zurückgeführt werden [40]. Zur Untersuchung der Materialschädigung durch schlagartige Belastungen wurden von STROPPE et al. [41] mit einer modifizierten Hopkinson-Anlage Stahlproben (Baustahl H 52-3) Spannungsimpulsbelastungen ausgesetzt. In der Umgebung von eingebrachten Magistralrissen entstehen zahlreiche Mikrorisse unter quasi-spröden Bedingungen. Bei Verringerung der Temperatur von 293 K auf 120 K erniedrigt sich die zur Mikrorißbildung kritische Spannungsimpulsamplitude etwa auf 1/3; die Mikrorißdichte in der Umgebung der Rißspitze nimmt erheblich zu, ebenfalls die Größe des geschädigten Bereiches. Abb. 13.5 zeigt eine REM-Aufnahme von solchen spröden Mikrorissen vor der Magistralrißspitze. Die Ausbreitungsgeschwindigkeit des Hauptrisses unter Impulsbelastung erwies sich um so größer, je höher die Mikrorißdichte im Gebiet vor der Rißspitze ist: Die Rißausbreitung erfolgt durch Bildung und Vereinigung von Mikrorissen. Die quantitative Beschreibung des Zusammenhanges zwischen K_D-Werten und den genannten Mikrovorgängen, die wiederum von mikrostrukturellen Gegebenheiten und Versetzungsprozessen abhängen, stellt für die verschiedensten Werkstoffe ein Problem der zukünftigen Forschung dar. Erste Ansätze liegen vor [42].

Abschließend wird ein Beispiel für Mikrovorgänge des Kriechbruches [43, 44] im Stahl 13 CrMo4,4 mit ferritisch-perlitischem Gefüge gezeigt (Abb. 13.6) [45]. Bei höheren Temperaturen (873 K) und subkritischen Belastungen entstehen an Korngrenzen allmählich durch Diffusionsvorgänge Mikrohohlräume, bis durch Koaleszenz vollständige Auftrennung des Materials erfolgt.

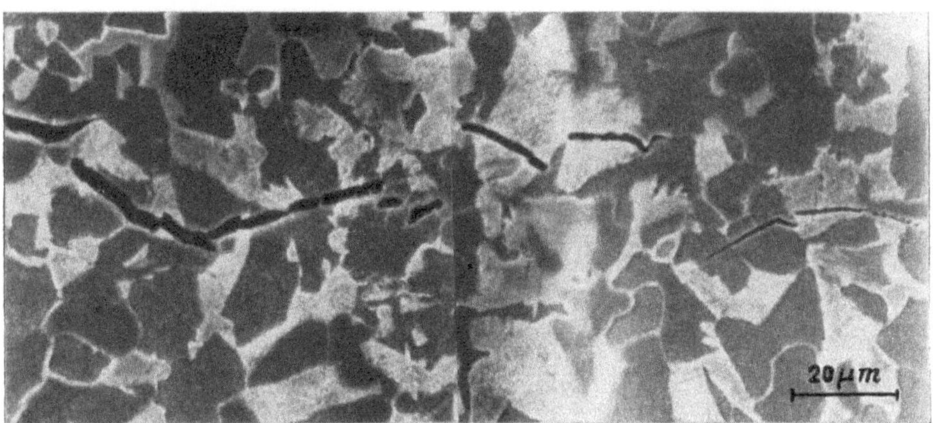

Abb. 13.5   Mikrorißbildung vor der Rißspitze eines Hauptrisses im Stahl H 52-3 bei
Spannungsimpulsbelastungen. (REM-Aufnahme [41].)

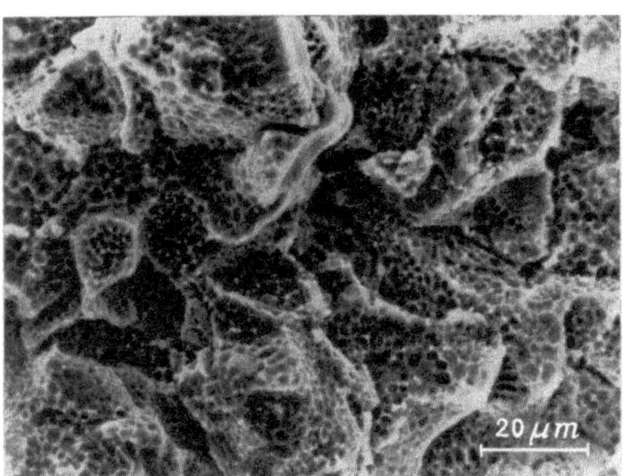

Abb. 13.6   Interkristalliner Zeitstandbruch im Stahl 13CrMo4.4. unter geringer statischer Belastung bei 873 K durch langsames Hohlraumwachstum in korngrenzennahen Bereichen. (REM-Aufnahme [45])

Die in metallischen Konstruktionswerkstoffen ablaufenden mikrostrukturellen
Vorgänge des transkristallinen Sprödbruches, des interkristallinen Sprödbruches,
der Rißausbreitung bei wechselnder Beanspruchung, bei Spannungsrißkorrosion
u. a. und deren Relationen zu makroskopischen Kenngrößen konnten in diesem
Rahmen nicht behandelt werden. Hierüber liegt eine Fülle von technisch nutz-
baren Resultaten vor, vgl. [29], ohne daß jedoch Forschungen hierüber als abgeschlossen betrachtet werden können. Über einige technisch wichtige Aspekte dieser
Brucharten wird in Kap. 14. berichtet.

13.4. Einige ausgewählte Beispiele der Bruchforschung

Ähnlich unterschiedlich, wie bereits im vorangegangenen Abschnitt für Metalle erläutert, sind Art und Rolle der Mikrovorgänge des Bruches in den zahlreichen anderen technisch verwendeten Werkstoffen, so daß wiederum nur eine willkürliche Auswahl getroffen werden kann: Die verschiedenartigen, meist gezielt zur Festigkeits- bzw. Bruchzähigkeitssteigerung erzeugten Heterogenitäten der Mikrostruktur bzw. der elastisch-plastischen Eigenschaften der Bestandteile sowie unterschiedliche physiko-chemische Einflüsse erfordern meist gesondertes Studium der Vorgänge im speziellen Werkstoff.

Im folgenden werden zunächst einige Probleme der Festigkeit in amorphen Stoffen dargestellt. Während für amorphe Polymere die Kenntnis über mikrostrukturell bedingte Vorgänge der Verformung und des Bruches in den letzten Jahren auf der Basis elektronenmikroskopischer Untersuchungen bedeutend vorangekommen ist [46—49] (vgl. auch Kap. 15.), gibt es für das amorphe anorganische Glas vergleichsweise wenig Resultate. Seit den Arbeiten von GRIFFITH [4] nimmt man an, daß präexistente bruchauslösende Defekte, wie Mikrorisse u. a. — in der angelsächsischen Literatur als *flaws* bezeichnet —, für die gegenüber der idealen Kohäsionsfestigkeit der Bindungen [50] um etwa 2 Größenordnungen reduzierte Festigkeit des Glases verantwortlich sind. Auch LAWN und WILSHAW [51] führen die Rißbildung in der Umgebung von Härteeindrücken auf Defekte zurück. Es liegt jedoch nahe, auch im Glas einen Zusammenhang zwischen plastischer Verformung und Mikrorißbildung zu vermuten, wie es bereits PONCELET [52] ausgesprochen hat. Das konnte inzwischen durch elektronenmikroskopische Untersuchungen bestätigt werden [53].

Da in Glas die makroskopische Bruchfestigkeit (etwa 10 ··· 50 MPa) weit unterhalb der Fließspannung (etwa 5000 MPa) liegt [54], können solch hohe Spannungen nur in mikroskopisch kleinen Umgebungen von Spannungskonzentrationen existieren. Es werden daher Bedingungen des plastischen Fließens durch Ritzversuche, durch Härteeindrücke und durch Einbringen makroskopischer Risse hergestellt. Dabei zeigt sich, daß die von HENCH [55] beschriebenen Oberflächenschichten des Glases, gebildet durch Reaktion mit der umgebenden Luftfeuchtigkeit, die „Fließspannung" auf etwa 20% des von MARSH [54] angegebenen Wertes herabsetzen [56]. In diesen Schichten (Schichtdicke 50 ··· 90 nm in Alkalisilicatglas) bilden sich bei lokalen plastischen Verformungen durch Ritzen oder Härteeindruck Mikrorisse in regelmäßiger Anordnung, was eine defektinduzierte Bildung von Rissen bis zu einer der Schichtdicke etwa entsprechenden Tiefe ausschließt, und zwar wegen der besonderen plastischen Eigenschaften der Schicht bereits bei Belastungen, die weit unterhalb der bisher in der Literatur beschriebenen Werte liegen [53]. Es kann daher angenommen werden, daß auch in Glas diese Defekte teilweise erst durch lokales Fließen erzeugt werden. Diese Mikrorisse können bei weiteren Beanspruchungen oder durch Spannungsrißkorrosion [57] zu kritischen Rißgrößen für die instabile Rißausbreitung anwachsen. Die Abbildungen 13.7 a und 13.7 b sind Beispiele für die Mikrorißbildung in einer Ritzspur — die Ritztiefe

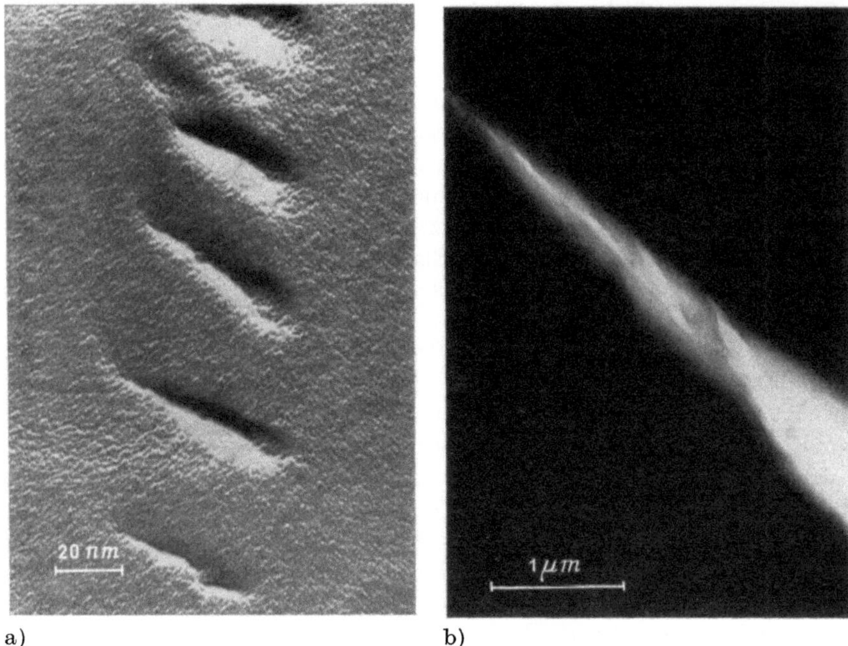

a)   b)

Abb. 13.7   Mikrobruchvorgänge in anorganischem Glas

a) Mikrorißbildung bei lokaler plastischer Verformung im Bereich einer Ritzspur. Die Glas-
oberfläche wurde zur Sichtbarmachung der Risse leicht mit HF angeätzt (TEM-Aufnahme,
Platin-Kohle-Schrägbeschattung der Unterseite des Abbdrucks). b) Mikrorisse in der plastischen Zone eines Hauptrisses (*in-situ*-Dehnung im TEM)

ist geringer als die Dicke der Reaktionsschicht — und für Mikrorißbildung in der
plastischen Zone vor einer Rißspitze in Glas [58].

Aus diesen Ergebnissen leitet sich die Frage ab, welche strukturellen Änderungen
im Glas diesen Mikroprozessen zugrunde liegen. Neuere elektronenmikroskopische
Untersuchungen führten zum Ergebnis, daß die von STEVELS [59] entwickelte Vorstellung, die Glasstruktur als die eines „anorganischen Polymers" zu betrachten,
für Vorgänge der Verformung und des Bruches bestätigt werden kann [60, 61]: Das
regellose Netzwerk der Glasstruktur [62] wird durch Auftrennen von seitlichen
Bindungen und durch Verstreckung von SiO_4-Ketten in ähnlicher Weise strukturell
umgewandelt, wie es in den in Kap. 15. erläuterten *crazes* (Gebiete starker lokaler,
irreversibler Verstreckung) in organischen Polymeren geschieht — mit dem Unterschied, daß es im anorganischen Glas nur einzelne Molekülfäden und nicht Fibrillen-
bündel von Molekülketten sind (vgl. Abb. 13.8). Es besteht daher die Hoffnung,
die Bruchzähigkeit K_{IC} des Glases in ähnlicher Weise mit den Mikrovorgängen der
Fibrillen- bzw. *craze*-Bildung korrelieren zu können, wie es z. B. KRAMER [63, 64]
für niedermolekulare Polymere gelungen ist (vgl. auch [65]).

Im nächsten Beispiel wird auf die Bedeutung von Verformungslokalisierungen
für die Mikrorißentstehung eingegangen. In amorphen und kristallinen Werk-

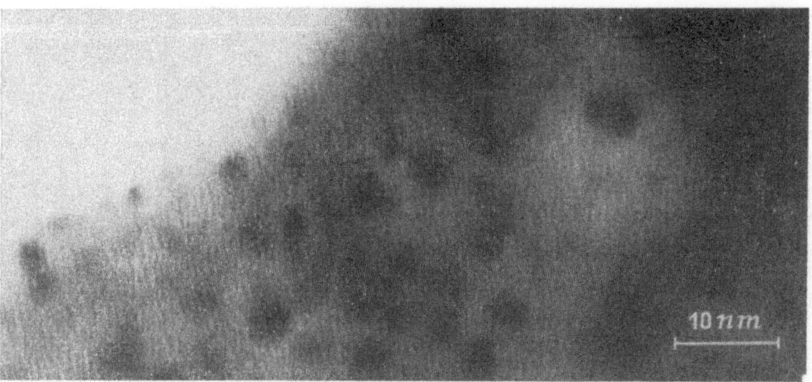

Abb. 13.8   Durch lokale plastische Verformung im Bereich einer Bruchfläche in anorganischem Glas verursachte Bildung und Verstreckung von SiO_4-Molekül-
ketten (HEM)

Die ursprüngliche Glasstruktur besteht aus einem regellosen Netzwerk.

stoffen mit elastisch-plastischem Verhalten läuft die plastische Verformung gewöhnlich nicht homogen im Körper ab, sondern es kommt zur Bildung von Verformungsbändern, mit Breiten im Bereich von 0,1 µm bis zu einigen mm und Längen bis herauf zu den Körperabmessungen. Die lokale Verformung in diesen Scher-
oder Einschnürbändern kann Größenordnungen höher als die makroskopische
Verformung sein. Auf der Grundlage der Versetzungstheorie konnten für kristalline
Körper kritische Bedingungen für die Bildung von Mikrorissen an Hindernissen
und für die Gleitbandausbreitung (Zweitphasen, Korngrenzen, Gleitbandwechsel-
wirkungen u. a.) formuliert und experimentell bestätigt werden, wie in Abschn.
13.2. und 13.3. schon erwähnt. Da diese Erscheinung aber nicht an kristalline
Stoffe gebunden ist, wird gegenwärtig eine festkörpermechanische Behandlung des
Problems als mechanische Instabilität versucht, wozu RICE und Mitarbeiter [22]
ein tragfähiges Konzept entwickelt haben. Für das Verständnis von Vorgängen der
Mikrorißbildung und der kritischen Bedingungen für stabile und instabile Ausbreitung makroskopischer Risse in den verschiedensten elastisch-plastischen Stoffen
wird dieses Herangehen künftig Bedeutung erlangen. PEGEL, SCHLAUBITZ u. a. [66]
konnten auf der Grundlage dieses Konzeptes durch theoretische und bestätigende
experimentelle Untersuchungen die Bedingungen für die Verformungslokalisierung in Molybdän-Einkristallen bestimmen. Danach entstehen unter den gewählten
Bedingungen zunächst „Vorbänder" unter einem Winkel von 40,9° zur Zugrich-
tung, während mit zunehmender Erschöpfung des Verfestigungsvermögens die
Orientierung auf 45° einschwenkt. Die Verformungslokalisierung (hohe lokale
Verformungen) und die Abweichung von reiner Scherungsorientierung verursachen zusätzlich hydrostatische Zugspannungen in den Vorbändern, was zur
Mikrorißbildung, wie in Abb. 13.9a gezeigt, Anlaß gibt [66]. Solche Verformungs-
bänder haben, wie im Abschn. 13.3. schon erwähnt, auch für die kritischen Ausbrei-
tungsbedingungen makroskopischer Risse Bedeutung (vgl. Abb. 13.9b) [67].

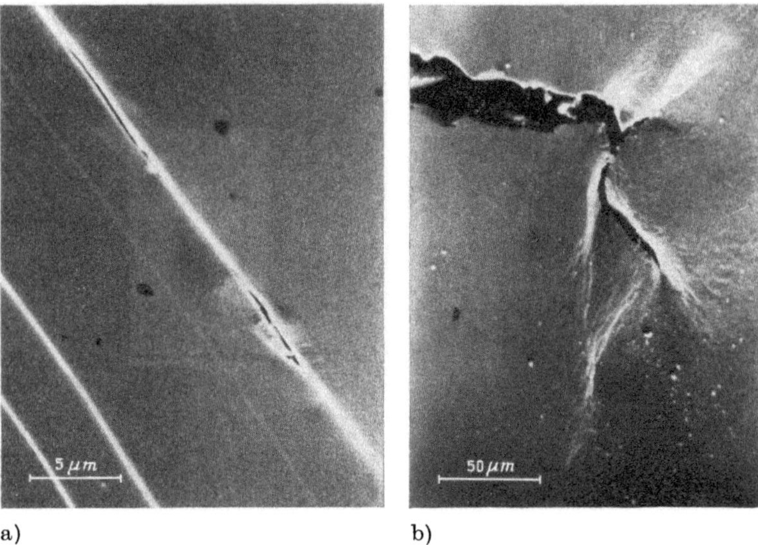

a)   b)

Abb. 13.9   Mikrobruch durch Verformungslokalisierung

a) Durch Verformungslokalisierung entstehende Mikrorisse in Molybdän; Näheres siehe Text (REM-Aufnahme [66]); b) Rißverlauf entlang von Verformungsbändern, die sich in Rißspitzenumgebung in hochfestem Stahl 50CrV4 ausgebildet haben (REM-Aufnahme [67])

Das nächste Beispiel soll die speziellen Festigkeitsprobleme in Sinterwerkstoffen demonstrieren. Bei verbleibender Porosität des Materials können die Poren hemmenden oder fördernden Einfluß auf die Rißausbreitung ausüben [68—71]. Festigkeitsfördernd wirken sich z. B. die Sphärodisierung der Poren durch geeignetes Sintern und Mikrorißbildungen vor Rißspitzen aus (vgl. Abschn. 13.1.). POMPE u. a. [72] haben experimentell (*in-situ*-Verformung im REM) und theoretisch an relativ duktilem Sintereisen (Teilchengröße < 0,16 mm) Untersuchungen der Bruchkenngrößen in Relation zum Sintergrad und zu den Mikrovorgängen untersucht. In Proben mit geringem Sintergrad und niedrigem Preßdruck wurde eine generelle Auflockerung des Gefüges in der Umgebung eines Kerbgrundes bei Verformung festgestellt, während sich bei hohem Sintergrad ein stabiler Einzelriß entwickelte, gebildet nach stärkerer lokaler Verformung: Im erstgenannten Material kommt es zum quasispröden Teilchenkontaktbruch, während im zweiten der „Sinterhals" durch Scherdekohäsion nach stärkerem plastischem Fließen aufgetrennt wird. Abb. 13.10 zeigt den Vorgang der Scherdekohäsion zwischen zwei Teilchen und die starkes Fließen anzeigenden Gleitbänder, die sich bis in die Nachbarkörner hinein erstrecken. Auf der Grundlage anschließender theoretischer Überlegungen, die u. a. die geometrischen Verhältnisse im Bereich der Kontaktzone zweier Teilchen bzw. am Sinterhals in Abhängigkeit vom Sintergrad berücksichtigen, ebenso deren Einflüsse auf die Spannungsverteilung und weiterhin die Verfestigungsfähigkeit des Materials, konnte eine zunächst qualitative Beziehung für die Bruchzähigkeit poröser Sinterkörper abgeleitet werden [72]. Erhaltene Beziehungen zu

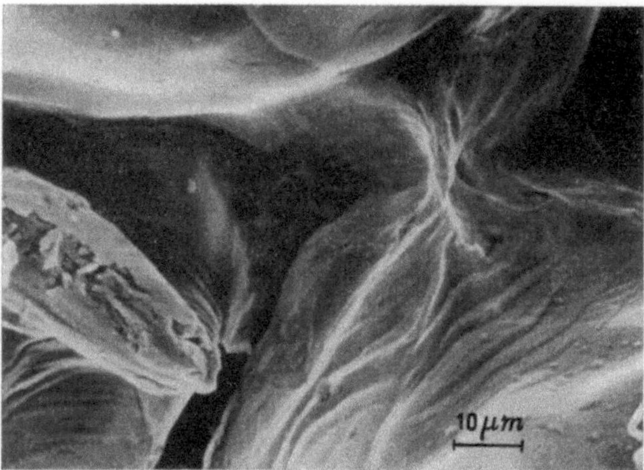

Abb. 13.10   Scherdekohäsion in der Kontaktzone von Teilchen in Sintereisen (*in-situ-*Verformung im REM [72])

Näheres siehe Text

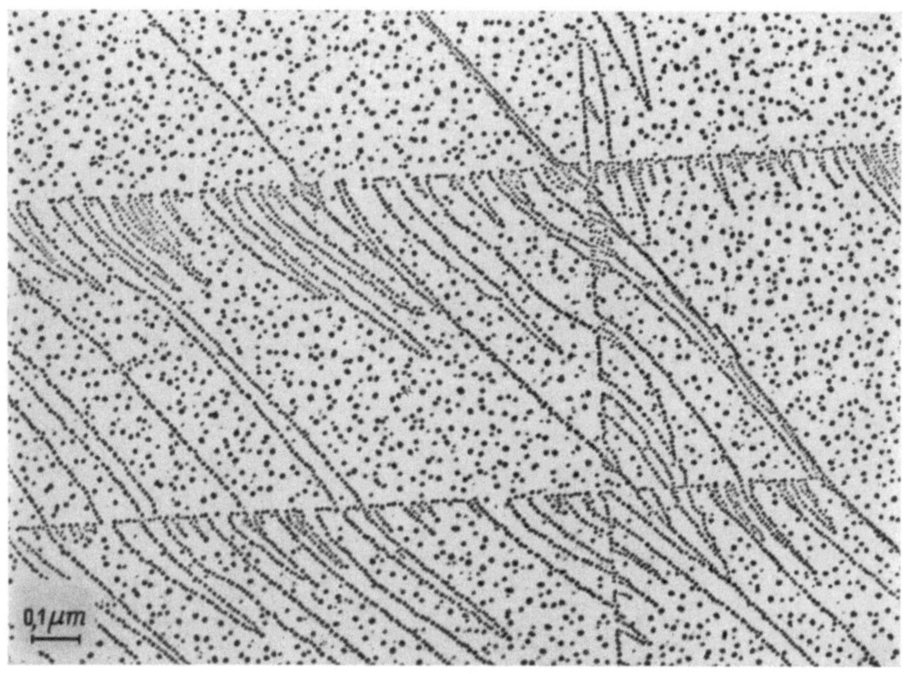

Abb. 13.11   Vom Riß bei hoher Rißgeschwindigkeit ($>10^4$ cm/s) mitgeführte „pendelnde" Versetzungen erzeugen die im Bild sichtbaren Spaltstrukturen auf der Bruchfläche von Ionenkristallen (NaCl) (TEM-Aufnahme, Golddekoration und Kohleabdruck [77, 78]).

mikrostrukturellen Einflußgrößen geben wichtige Hinweise zu gezielten Eigenschaftsverbesserungen von Sinterwerkstoffen.

Die bisher behandelten Beispiele betrafen Mikrorißbildungen im Vorbruchstadium, die jeweils zeitlich vor einer instabilen Rißausbreitung auftreten. Ähnliche Mikrovorgänge laufen natürlich auch in der Rißspitzenumgebung sich schnell ausbreitender Risse ab. Der Zusammenhang zwischen Rißgeschwindigkeit und Art und Ausmaß energiezehrender plastischer Verformung in Rißspitzenumgebung konnte auf der Grundlage der Versetzungstheorie für relativ spröde kristalline Körper bestimmt werden. Hierzu wurden experimentell und theoretisch die zur Bildung von atomaren Strukturen auf Bruchflächen von NaCl-Einkristallen führenden Versetzungswechselwirkungen mit der sich bewegenden Rißspitze untersucht [30, 73, 74]. Bestimmungen der Versetzungsdichten und der Abmessungen der plastischen Zone ermöglichen Aussagen über die für plastisches Fließen verbrauchte Bruchenergie in Abhängigkeit von der Rißgeschwindigkeit [75, 76]. Bei maximalen Rißgeschwindigkeiten (Rayleigh-Wellengeschwindigkeit) geht dieser Anteil gegen Null. Abb. 13.11 zeigt die durch Anwendung des Golddekorationsverfahrens im TEM sichtbaren atomar hohen Spaltstrukturen auf der Bruchfläche der Kristalle, die durch Versetzungswechselwirkung mit dem Riß bei hoher Rißgeschwindigkeit gebildet werden [77, 78]. Abb. 13.12 stellt eine mit dem Höchstspannungs-Elek-

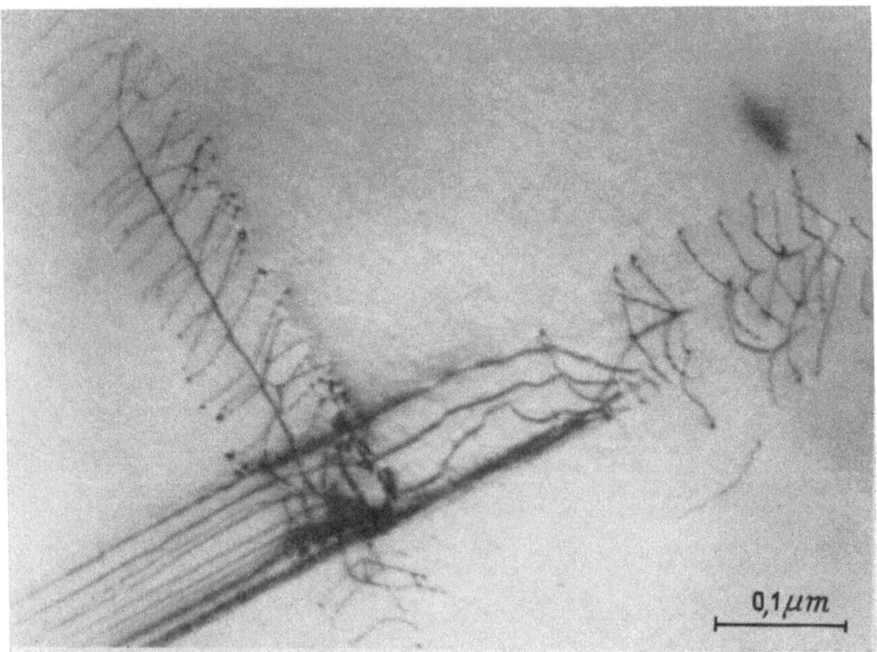

Abb. 13.12   Parallel zu einem Riß (von links unten im Bild nach rechts oben ansteigend, durch starken dunklen Kontrast markiert) angeordnete Versetzungen im Ionenkristall (MgO) als Folge der lokalen Mitführung von Versetzungen im rißspitzennahen Spannungsfeld eines sich schnell ausbreitenden (und dann gestoppten) Risses (HEM-Durchstrahlungsaufnahme [79])

tronenmikroskop (HEM) erzielte Durchstrahlungsaufnahme von MgO dar [79]:
Die parallel zu einem zuvor schnell bewegten (und dann gestoppten) Riß sichtbaren
Versetzungen sind im Verlauf der Mitführung von Versetzungen mit dem sich bewegenden Riß innerhalb der „dynamischen" plastischen Zone zu beiden Seiten der
Rißufer „abgelagert" worden, wie es aufgrund theoretischer Überlegungen zur
Versetzungsbewegung in der plastischen Zone in Verbindung mit anderen Experimenten vorausgesagt wurde [73]. Für duktilere elastisch-plastische Körper werden
zur Zeit festkörpermechanische Untersuchungen von „dynamischen" Bruchkenngrößen für schnelle Rißausbreitung auf der Grundlage der numerischen Methode
der finiten Elemente durchgeführt [23], was von experimenteller Seite u. a. auch
Aufgabe der Prüftechnik ist [9].

Die Untersuchung der Mikrorißbildung in der Rißspitzenumgebung sich schnell
ausbreitender Risse ist als weiterer energiezehrender Prozeß von gleicher Bedeutung
für die mechanischen Kenngrößen, wie in Abschn. 13.1. für statische Belastung
schon diskutiert. Hierfür liegen für verschiedene Stoffe Ergebnisse vor [29, 80]. Ein
Beispiel zur Mikrorißentstehung während der Rißausbreitung wird abschließend in
Abb. 13.13 gezeigt. Durch *in-situ*-Verformung im Rasterelektronenmikroskop

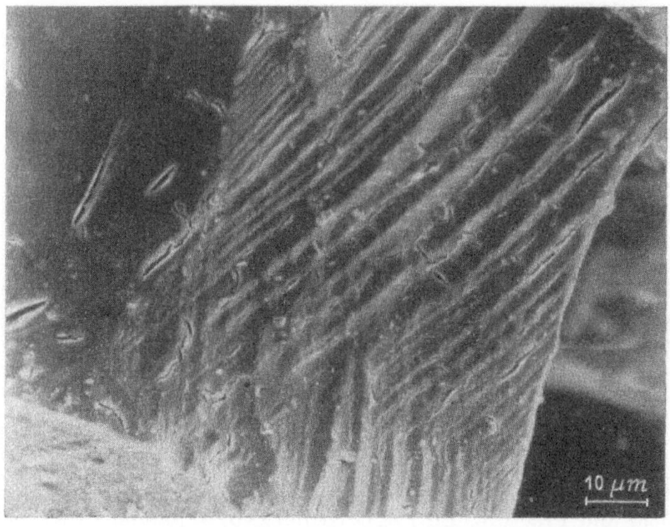

Abb. 13.13   Bildung von Mikrorissen während der Rißausbreitung in Sinterkorund entlang Wallner-Linien (REM-Aufnahme [81])

wurden von REIBOLD, SCHULZE und WETZIG [81] Untersuchungen zum Bruchvor-
gang in hochporösen Schleifkörpern aus Sinterkorund (bestehend aus Korund und
Glasphase) durchgeführt, um Hinweise zur Festigkeitssteigerung zu erhalten. Die
Bruchflächen (s. Abb. 13.13) gebrochener Korundkörner weisen die für spröde
Körper typischen und häufig beobachteten Wallner-Linien auf, die durch Wechsel-
wirkung elastischer Wellen mit dem sich ausbreitenden Riß entstehen (vgl. [80]).
Die ebenfalls sichtbaren Mikrorisse folgen dem Verlauf der Wallner-Linien —

22 Elektronenmikroskopie

ein deutlicher Hinweis, daß sie im lokalen, durch die elastischen Wellen modifizierten Spannungsfeld an der Rißspitze während des Durchlaufens der Wellen entstanden sind, was zur Erhöhung der Bruchenergie beiträgt.

13.5. Literatur

[1] HORNBOGEN, E., Werkstoffe. — Berlin/Heidelberg/New York: Springer-Verlag 1973.
[2] MOFFATT, W. G.; PEARSALL, G. W.; WULFF, J., Structure. — New York: John Wiley and Sons Ltd. 1964.
[3] KELLY, A., Strong-Solids. — Oxford: Clarendon Press 1966.
[4] GRIFFITH, A. A., Philos. Trans. Roy. Soc. (London) A 221 (1920) 163.
[5] SMEKAL, A., Strukturempfindliche Eigenschaften der Kristalle. In: Handbuch der Physik 24/2. Hrsg.: H. GEIGER, H. SCHEEL. — Berlin: Springer-Verlag 1933, S. 795.
[6] OROWAN, E., Rep. Progr. Phys. 12 (1949) 185.
[7] IRWIN, G. R., J. Appl. Mech. 24 (1957) 361.
[8] BLUMENAUER, H.; PUSCH, G., Bruchmechanik. — Leipzig: VEB Deutscher Verlag für Grundstoffindustrie 1973.
[9] Werkstoffprüfung. Hrsg.: H. BLUMENAUER. — Leipzig: VEB Deutscher Verlag für Grundstoffindustrie 1977.
[10] KNOTT, J. F., Fundamentals of Fracture Mechanics. — London: Butterworth & Co. 1973.
[11] APPEL, F.; MESSERSCHMIDT, U.; KUNA, M., Phys. Status Solidi a 55 (1979) 529.
[12] BUCCI, R. J.; PARIS, P. C.; LANDES, J. D.; RICE, J. R., ASTM STP 514 (1972) 40.
[13] HERTZBERG, R., Deformation and Fracture Mechanics of Engineering Materials. — New York: John Wiley and Sons Ltd. 1976.
[14] ROBINSON, J. N.; TETELMAN, A. S., ASTM STP 559 (1974) 139.
[15] BEGLEY, J. A.; LANDES, J. D., ASTM STP 514 (1972) 1, 24.
[16] TETELMAN, A. S.; McEVILY, A. J., Fracture of Structural Materials. — New York: John Wiley and Sons Ltd. 1967.
[17] HAASEN, P., Physikalische Metallkunde. — Berlin/Heidelberg/New York: Springer Verlag 1974.
[18] VLADIMIROV, V. I., Einführung in die physikalische Theorie der Festigkeit. — Leipzig: VEB Deutscher Verlag für Grundstoffindustrie 1976.
[19] KNOTT, J. F., Proc. 4. Int. Conf. on Fracture. Ed.: D. M. R. TAPLIN, Waterloo 1977, Vol. 1, p. 61.
[20] SMITH, E., The Nucleation and Growth of Cleavage Microcracks in Mild Steel. In: Physical Basis of Yield and Fracture. Ed.: A. C. STICKLAND. — London: Inst. of Physics and Phys. Soc. 1966, p. 36.
[21] BROZZO, P.; BUZZICHELLI, G.; MASCANZONI, A., Report CSM 426 V, Rom, Centro Sperimentale Metallurgica 1976.
[22] RICE, J. R., Proc. 14. IUTAM Congr. — Amsterdam: North Holland Publ. Comp. 1976, p. 207.
[23] LUXMOORE, A. R.; OWEN, D. R. J., Numerical Methods in Fracture Mechanics. — Swansea: Univ. Press 1978.
[24] RICE, J. R.; JOHNSON, M. A., The Role of Large Crack Tip Geometry Changes in Plane Strain Fracture. In: Inelastic Behaviour of Solids. Eds.: M. F. KANNINEN et al. — New York: McGraw Hill 1970, p. 641.
[25] HORNBOGEN, E., Microscopic Inhomogeneity of Plastic Strain and Crack Propagation in Alloys: Proc. 4. Int. Conf. on Fracture, Waterloo 1977, Vol. 2, p. 149.

[26] Ritchie, R. O.; Geniets, L. C.; Knott, J. F., Effects of Grain-Boundary Embrittlement on Fracture and Fatigue Crack Propagation in a Low Alloy Steel. In: The Microstructure and Design of Alloys. — Cambridge: The Iron and Steel Institute 1973, p. 124.

[27] Kuna, M., Dissertation. Halle 1977.

[28] Kuna, M.; Bilek, Z.; Knesl, Z.; Schmidt, V., Czech. J. Phys. B28 (1978) 88.

[29] Proc. 4. Int. Conf. on Fracture. Ed.: D. M. R. Taplin, Waterloo 1977, Vol. 1, 2, 3.

[30] Schmidt, V., Rißausbreitung und Bruchphänomene in relativ spröden Körpern. In: Strukturabhängiges mechanisches Verhalten von Festkörpern. — Glas, Keramik, Polymere. Hrsg.: U. Hofmann; O. Henkel; D. Schulze. — Berlin: Akademie-Verlag 1980.

[31] Betechtin, V. I.; Schmidt, V.; Zaripov, A., Fiz. Tverd. Tela 17 (1975) 871.

[32] Stokes, R. J., Fracture of Ceramics. In: Fundamental Phenomena in the Materials Science. Eds.: L. J. Bonis et al. — New York: Plenum Press 1967, p. 151.

[33] Davidge, R. W.; Pratt, P. L., Phys. Status Solidi 6 (1964) 759.

[34] Albrecht, R.; Schmidt, V.; Betechtin, V. I., Phys. Status Solidi a 39 (1977) 621; Phys. Status Solidi a 40 (1977) 147.

[35] Hentrich, M.; Veit, P.; Stroppe, H., Wiss. Z. TH Magdeburg 24 (1980) 103.

[36] Ashby, M. F., Philos. Mag. 14 (1966) 1157.

[37] Hentrich, M.; Veit, P.; Stroppe, H., Wiss. Z. TH Magdeburg 24 (1980) 51.

[38] Inoue, T.; Kinoshita, Sh., Mechanism of Void Initiation in the Ductile Fracture Process of a Spheriodized Carbon Steel. In: The Microstructure and Design of Alloys. — Cambridge: The Iron and Steel Inst. 1973, p. 159.

[39] Brown, L. M.; Embury, J. D., The Initiation and Growth of Voids at Second Phase Particles. In: The Microstructure and Design of Alloys. — Cambridge: The Iron and Steel Inst. 1973, p. 164.

[40] Dislocation Dynamics. Eds.: A. R. Rosenfield et al. — New York: McGraw-Hill 1968.

[41] Stroppe, H. et al., Wiss. Z. TH Magdeburg 24 (1980) 91.

[42] Clos, R., et al., Colloquium on Solid State Properties at High Loading Rates, Czechoslov. Academy of Sciences, Brno 1978, p. 54.

[43] Greenwood, G. W., Creep Life and Ductility. In: The Microstructure and Design of Alloys. — Cambridge: The Iron and Steel Inst. 1973, p. 91.

[44] Ashby, M. F., Strengthening Methods in Metals and Alloys. In: The Microstructure and Design of Alloys. — Cambridge: The Iron and Steel Inst. 1973, p. 8.

[45] Regener, D., unveröffentlicht.

[46] Kambour, P. R., Macromol. Rev. 7 (1973) 1.

[47] Kausch, H. H.; Hassell, J. A.; Jaffee, R. I., Deformation and Fracture of High Polymers. — New York: Plenum Press 1973.

[48] Michler, G. H., Plaste Kautsch. 26 (1979) 497.

[49] Engel, L., et al., Rasterelektronenmikroskopische Untersuchung von Kunststoffschäden. — München: Carl Hanser Verlag 1978.

[50] Naray-Szabo, I., Die mechanische Festigkeit von Glas und Möglichkeiten, sie zu verbessern. In: Symp. sur la Resistance Mechanique du Vere et les Moyens de Làmelioren. Ed.: A. L. Zijlstra. — Florenz: Bibl. Studie, Eindhoven, Philips Gloeilampenfabrieken 1961, p. 101, 207.

[51] Lawn, B.; Wilshaw, J., J. Mater. Sci. 10 (1975) 1049.

[52] Poncelet, E. F., Glass Ind. 45 (1964) 181.

[53] Schmidt, V.; Hopfe, J., Wiss. Z. Friedrich-Schiller-Univ. Jena, Math. Nat. R. 28 (1979) 465.

[54] Marsh, D. M., Proc. Roy. Soc. (London) A 279 (1964) 420.

[55] Hench, L. L., J. Am. Ceram. Soc. 56 (1973) 373.

[56] Schmidt, V.; Hopfe, J., J. Mater. Sci. 13 (1978) 1599.

[57] Wiederhorn, S. M., J. Am. Ceram. Soc. 55 (1972) 81.

[58] Schmidt, V.; Hopfe, J., J. Mater. Sci. (im Druck).

[59] STEVELS, J. M., J. Soc. Glass Technol. **30** (1946) 173, 303.

[60] SCHMIDT, V.; HOPFE, J.; SCHOLZ, R.; Ultramicroscopy **5** (1980) 223.

[61] SCHMIDT, V.; HOPFE, J., J. Mater. Sci. (im Druck).

[62] ZACHARIASEN, W. H., J. Am. Chem. Soc. **54** (1932) 3841.

[63] KRAMER, E. J., J. Mater. Sci. **14** (1979) 1381.

[64] LAUTERWASSER, B. D.; KRAMER, E., Philos. Mag. A **39** (1979) 469.

[65] WEIDMANN, G. W.; DÖLL, W., Colloid Polym. Sci. **254** (1976) 205.

[66] PEGEL, B., et al., Scr. Metall. **14** (1980) 47.

[67] ZOUKER, G.; SCHAPER, M.; FINKE, P., Bruchverhalten von richtig angelassenem Martensit in Relation zur Beanspruchungsart. In: Sammelband Vortr. Zus.-arb. zw. IEM SAW, Košice, ZFW AdW DDR, Dresden. — Košice: IEM SAW 1981, S. 18.

[68] COOPER, R. E., Proc. 4. Int. Conf. on Fracture, Ed.: D. M. R. TAPLIN, Waterloo 1977, Vol. 3, p. 809.

[69] POMPE, W., Veröff. Int. Pulvermetallurg. Tag. DDR, Dresden 1981, Bd. 3, S, 115.

[70] BARNBY, J. T.; GOSH, D. C.; DINSDALE, K., Powder Metallurg. **16** (1973) 55.

[71] PRANAB, R.; TENDOLKAR, G. S., Planseeber. **24** (1976) 198.

[72] POMPE, W., et al., Proc. 5. Int. Conf. on Powder Metallurgy. Zilina 1978, p. 19.

[73] SCHMIDT, V.: Dissertation. Halle 1968.

[74] SCHMIDT, V., Shear-Stress Distribution and Dislocation Processes at Moving Crack Tips in Ionic Crystals. In: Physical Basis of Yield and Fracture. Ed.: A. C. STICKLAND. — London: The Inst. of Phys. and Phys. Soc. 1966, p. 24.

[75] ZIES, G., Diplomarbeit. Univ. Halle 1968.

[76] SCHMIDT, V., Sitzungsber. AdW d. DDR, 2N (1976) 11.

[77] KÄSTNER, G., Diplomarbeit. Univ. Halle 1961.

[78] BETGHE, H., The Dislocation Nucleated Cleavage Pattern of Ionic Crystals. In: Physical Basis of Yield and Fracture. Ed.: A. C. STICKLAND. — London: The Inst. of Phys. and Phys. Soc. 1966, p. 17.

[79] MESSERSCHMIDT, U,; APPEL, F., unveröffentlicht; s. auch [76].

[80] KERKHOF, F., Bruchvorgänge in Gläsern. — Frankfurt a. M.: Verlag der Deutschen Glastechnischen Gesellschaft 1970.

[81] REIBOLD, M.; SCHULZE, D.; WETZIG, K., Kristall Tech. **15** (1980) K 49.

14.   Elektronenmikroskopische Fraktographie

M. Möser

Ein Bauteil reagiert auf eine mechanische Überbeanspruchung mit Verformung oder/und Bruch (Gewaltbruch). Wesentlich geringere Belastungen können, wenn sie zyklisch aufgebracht werden, bereits zum sogenannten Ermüdungsbruch führen. Noch stärker verringert Korrosion die zur Bruchauslösung notwendige Last, nämlich als Schwingungsrißkorrosion bei zyklischer Beanspruchung und — unter bestimmten Voraussetzungen — als Spannungsrißkorrosion bei vorwiegend statischer Beanspruchung. Die gleiche negative Wirkung geht von hohen Temperaturen (indem sie Kriechvorgänge begünstigen) und von atomarem Wasserstoff aus. Die beim Bruch wirksamen Mikroprozesse (s. Kap. 13.) beeinflussen die Ausbildung der Bruchfläche in mehr oder weniger spezifischer Weise, und zwar hauptsächlich auf mikroskopischem, in gewissem Umfang auch auf makroskopischem Niveau.

Das Bemühen, die makroskopische Erscheinung eines Bruchs zu deuten, dürfte so alt sein wie die Herstellung und der Gebrauch von Werkzeugen und ihr Versagen durch Bruch. Als Makrofraktographie hat dieses Verfahren, evtl. unter Zuhilfenahme einer Lupe oder eines Stereomikroskops, heute noch seinen festen Platz in der Schadensanalyse inne [1, 2]. Die Begutachtung der Bruchfläche als Methode der Qualitätskontrolle wurde bereits von AGRICOLA in seiner „De Re Metallica" erwähnt. Die erste umfassende Bruchflächenbeschreibung wurde 1722 von REAUMUR verfaßt, der schon ein Mikroskop benutzte (s. [2]). Allerdings ermöglicht das Lichtmikroskop bei der Untersuchung der relativ rauhen Bruchflächen wegen seiner geringen Schärfentiefe sinnvolle Vergrößerungen nur bis etwa 50fach. Dieser Nachteil wurde umgangen, indem man sich bei höheren Vergrößerungen auf die Untersuchung des Rißverlaufs im Schliff beschränkte, also indirekte Fraktographie betrieb. In seinem Bestreben, doch noch Bruchflächendetails bei hohen Vergrößerungen mit dem Lichtmikroskop sichtbar zu machen, war C. A. ZAPPFE im Jahr 1939 erfolgreich. Trotz des Risikos, die Frontlinse seines Mikroskops an hervorstehenden Kristallitkanten zu beschädigen, gelang es ihm als ersten Schritt, die Spaltfacetten des wasserstoffinduzierten Sprödbruches abzubilden. ZAPPFE prägte auch den Begriff „Fraktographie" (s. [2]).

Mit der allgemeinen Einführung des Durchstrahlungs-Elektronenmikroskops (TEM) wurde auch bald versucht, mittels Abdrucktechniken dessen große Schärfentiefe und hohes Auflösungsvermögen für die Bruchflächenabbildung auszunutzen. Diese Methode hat wesentliche Erkenntnisse über Bruchvorgänge liefern können [2], doch blieb sie mehr auf Probleme grundlegender Art beschränkt und wurde zur Aufklärung von Schadensfällen nur vereinzelt eingesetzt. Das ist darin begründet, daß es relativ schwierig ist, von stark strukturierten Bruchflächen artefaktfreie Abdrücke herzustellen; bei Schadensfällen werden außerdem Präparation und Auswertung durch Beläge, Verquetschungen und Korrosionsabtrag zusätzlich erschwert. Den allgemeinen Durchbruch für die (Mikro-)Fraktographie brachte erst die Einführung des Rasterelektronenmikroskops (REM) Mitte der sechziger Jahre, vor allem, weil mit ihm die Möglichkeit geschaffen wurde, Bruchflächen direkt zu betrachten [2—4]. Zusätzlich bietet das REM folgende Vorteile: Es lassen sich relativ große Proben untersuchen. Außer einer eventuellen Reinigung ist bei Metallen keine besondere Präparation erforderlich. Die Aufnahmen vermitteln einen stark räumlichen Eindruck, was die Interpretation vereinfacht. Große Bereiche können schnell durchmustert und bei einer Bruchflächenbeschädigung die noch erhaltenen Details leicht aufgefunden werden. Mit den erreichbaren niedrigsten Vergrößerungen (6- bis 30fach) läßt sich der Anschluß an das makroskopische Erscheinungsbild herstellen. Bei einem Auflösungsvermögen von 7 ⋯ 20 nm werden mit dem REM die bei fraktographischen Untersuchungen benötigten Abbildungsmaßstäbe, die selten über 10000fach hinausgehen, problemlos beherrscht. Die günstigere Auflösungsgrenze des TEM, die bei Bruchflächenabdrücken ca. 3 ⋯ 5 nm beträgt, sichert diesem allerdings bei Ermüdungsbrüchen einen begrenzten Anwendungsbereich. Sofern das REM mit einem Spektrometer zur energiedispersiven Mikroanalyse (EDS; s. Kap. 9.) ausgerüstet ist, ergibt sich außerdem die Möglichkeit, die chemische Zusammensetzung interessierender Bruchflächendetails (Einschlüsse, Ausscheidungen, Beläge) mit Ausdehnungen von über 0,5 μm zu bestimmen.

Je nachdem, ob eine Schadensprobe oder eine Laborprobe fraktographisch untersucht werden soll, ergeben sich unterschiedliche Fragestellungen. Bei Schäden wird gewöhnlich nach dem wirksamen Bruchmechanismus bzw. nach der schadensauslösenden Beanspruchungskomponente gefragt. Die REM-Untersuchung war dann erfolgreich, wenn anhand spezifischer Ausbildungsformen des Bruchgefüges der Bruch- bzw. Schädigungsmechanismus eindeutig festgelegt werden konnte, also eine genaue Diagnose vorliegt; denn die einzuleitenden Abhilfemaßnahmen können jeweils sehr unterschiedlicher Art sein. In der zerstörenden Werkstoffprüfung wird der Schädigungsmechanismus bewußt gewählt. Hier wird bei gegebener Werkstoffstruktur die jeweilige Beanspruchbarkeit eines Werkstoffes getestet, oder es wird nach der günstigsten Strukturvariante für einen bestimmten Einsatzzweck gesucht. Demzufolge interessieren mehr die Besonderheiten in der Rißausbreitung innerhalb einer Bruchart, die dann zur Deutung der jeweiligen Testergebnisse herangezogen werden. Da unter definierten Bedingungen gearbeitet wird, stellt das hier erhaltene Bruchbild die entscheidende Vergleichsmöglichkeit für entsprechende Schadensfälle dar, das heißt, die Fraktographie hat die Bindungen zwischen Werkstofforschung und der ehemals mit starkem *trial-and-error*-Charakter behafteten Schadensforschung wesentlich enger werden lassen. Unter Umständen wird dadurch ein Schaden zum aufschlußreichen Langzeittest aufgewertet, zumal es kaum möglich ist, alle im Einsatz möglichen Schädigungseinflüsse und deren Überlagerungen vorher ausreichend zu erfassen und zu simulieren.

Von Bedeutung ist außerdem die Tatsache, daß die Bruchfläche auch Informationen hinsichtlich der das Bruchverhalten wesentlich mitbestimmenden Werkstoffstruktur enthält: Der spröde Gewaltbruch, ob nun trans- oder interkristallin, läßt die Korngröße sichtbar werden; beim interkristallinen Bruch zeigen sich eventuell noch Veränderungen an den Korngrenzen. Der transkristallin-duktile Bruch ist hervorragend geeignet, Inhomogenitäten, wie Ausscheidungen, Einschlüsse und auch Hohlräume freizulegen, da an ihnen die Rißbildung einsetzt. Sie können dann nach Art, Größe und Verteilung beurteilt werden [5] und sind außerdem der EDS zugänglich. In Analogie zur Metallographie am Schliff ließe sich auch von „Fraktometallographie" [6] oder einfacher von „Bruchmetallographie" sprechen. Eine weniger aufwendige Art der Präparation ist kaum denkbar. Von Vorteil ist diese Methode besonders dann, wenn die zu untersuchenden Einschlüsse und Ausscheidungen zwar flächig ausgedehnt, aber sehr dünn sind, so daß sie mit der konventionellen Schlifftechnik nur schwierig zu erfassen sind (s. Abschn. 14.2.). Zugleich erhält man Aussagen darüber, wie diese Inhomogenitäten das Bruchverhalten beeinflussen.

Interessieren die Zusammenhänge zwischen Besonderheiten in der Rißausbreitung und unterliegendem Gefüge, z. B. bei mehrphasigen Werkstoffen, so empfiehlt es sich, die Bruchfläche wie einen metallographischen Schliff anzuätzen [6] oder einen Schrägschliff an die Bruchfläche zu legen und dann den Übergang von der Ätzzone zur Bruchfläche zu untersuchen. Erwähnt werden muß ein spezielles Verfahren [7], bei dem ein Teil der Bruchfläche zunächst abgedeckt und der freigebliebene Teil elektrolytisch oder chemisch geätzt wird.

Voraussetzung für eine Untersuchung im REM ist, daß die Bruchflächenstruktur wenigstens teilweise noch erhalten ist. Das wird bei Schadensfällen, wenn zwischen Rißentstehung und endgültigem Bruch eine größere Zeitspanne liegt, am ehesten in den zuletzt entstandenen Rißbereichen der Fall sein. Vorteilhaft ist es, einen noch nicht ganz durchgelaufenen Riß bzw. Nebenrisse aufzubrechen. Bei Schadensfällen ist oft eine Bruchflächenreinigung erforderlich. Als sehr geeignet hat sich die von DAHLBERG [8] angegebene Lösung (50 ml destilliertes Wasser, 3 ml konzentrierte Salzsäure, 4 ml 2 Butin-1,4-diol (35%ige wäßrige Lösung) als Inhibitor) erwiesen, wobei die Reinigung im Ultraschallbad erfolgen sollte.

14.1.   Brucharten und ihre mikroskopischen Merkmale

a) Gewaltbruch

Transkristallin-duktiler Bruch. Das Kennzeichen des makroskopisch duktilen Bruches, auch als Zähbruch oder Verformungsbruch bezeichnet, ist im allgemeinen zwischen der metallischen Matrix und den Einschlüssen oder Ausscheidungen oder auch eine ausgeprägte transkristalline Wabenstruktur (Abb. 14.1 a): Durch Dekohäsion durch Bruch dieser Partikeln setzt Hohlraumbildung ein. Im Verlauf der weiteren Dehnung nimmt die Größe der Hohlräume zu. Das dazwischen befindliche

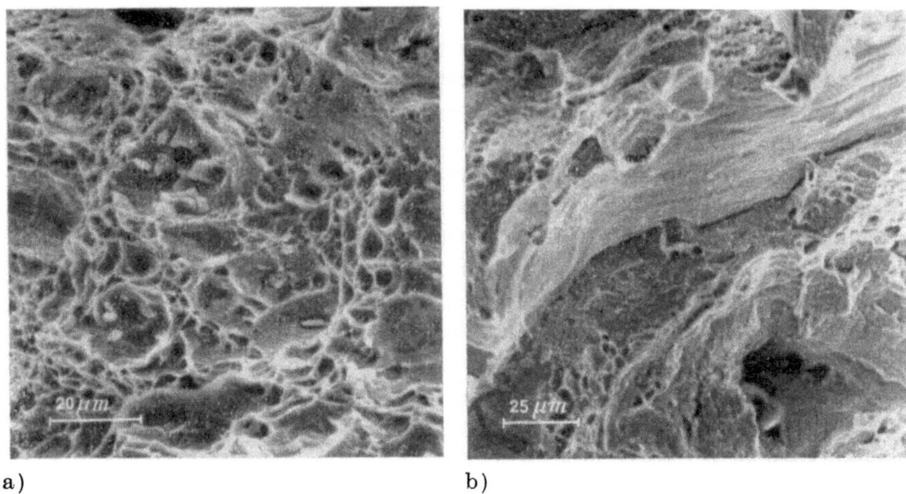

a)   b)

Abb. 14.1   Transkristallin-duktiler Bruch

a) Zweiphasiger CrNi-Stahl mit Mikroduplexgefüge, Wabenstruktur mit freigelegten Tita-
niumcarbonitriden; b) Verfestigter austenitischer Manganstahl: Zäher Gewaltbruch mit
ausgedehnten strukturlosen Bereichen durch Gleitbanddekohäsion

Material schnürt sich stark ein und wird schließlich abgeschert. Stehen viele Fremd-
phasenpartikeln als Hohlraumkeime zur Verfügung, wie bei vergüteten Stählen mit
ihren vielen feinverteilten Karbiden, ist der Wabendurchmesser klein, wobei allerdings nicht an jedem Partikel eine Wabe entsteht [4]. Die Tiefe der Waben kann
als Maß für die Zähigkeit eines Werkstoffs angesehen werden. Wenn sich das Fließen
in Gleitbändern lokalisiert hat und die Abgleitmöglichkeiten erschöpft sind, erfolgt
die Trennung entlang dieser Gleitbänder [9]. Im Bruchbild finden sich dann ausgedehnte strukturarme oder strukturlose Bereiche, wie Abb. 14.1b bei einem austenitischen Manganstahl zeigt, der durch Kaltverformung stark verfestigt wurde.

Transkristalliner Sprödbruch (Spaltbruch). Die Körner werden längs kristallographischer Ebenen — bei Eisen die {100}-Ebene — aufgespalten. Die Riß-
keimebilden sich an Stellen, an denen die Gleitvorgänge behindert werden, also
an Einschlüssen, Ausscheidungen (Abb. 14.2a) und Korngrenzen (Abb. 14.2b).
Der in einem günstig gelegenen Korn (90°-Lage zur Hauptbeanspruchungsrichtung) entstandene Riß teilt sich beim Überschreiten einer Korngrenze, wenn Orientierungsunterschiede auszugleichen sind, terrassenförmig auf. Die neuen Teilspalt-
ebenen vereinigen sich im weiteren Rißverlauf unter Ausbildung größerer Scher-
stufen, was zu einem charakteristischen Flußmuster (*river pattern*) führt (Abb.
14.2b). Bei zweiphasigem CrNi-Stahl, bei dem sich durch eine spezielle Wärmebehandlung (Schweißsimulation) der zähe Austenit an den Korngrenzen ausge-
schieden hat, kann der Spaltriß diese nicht überschreiten. Die Körner brechen
isoliert voneinander, und die Korngrenzenbereiche werden nachträglich duktil
aufgetrennt; ein Flußmuster fehlt dementsprechend (Abb. 14.2c). Feine Bruch-
linien auf der Spaltfläche geben die lokale Rißausbreitungsrichtung innerhalb des

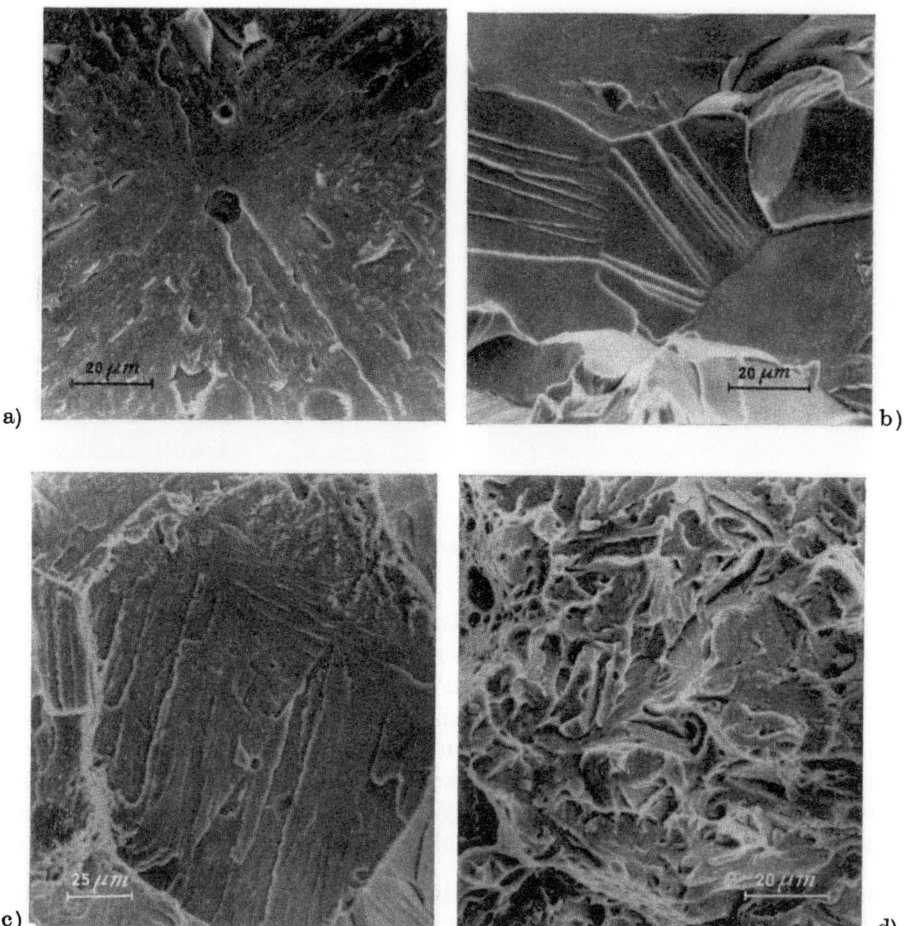

Abb. 14.2 Transkristalliner Sprödbruch (Spaltbruch)

a) Ausscheidung als lokales Rißausgangsgebiet (25 %iger Chromiumstahl); b) von einer Korngrenze ausgehender Spaltbruch in Gußstahl, ausgeprägtes Flußmuster; c) zweiphasiger CrNi-Stahl: Spaltriß durch zähen Austenit an den Korngrenzen abgestoppt; d) Martensit-Spaltbruch in der Randzone eines vergüteten Bauteils. Versprödung als Folge einer unbeabsichtigten Aufkohlung im Härtungsbad

Korns an (s. auch Abb. 14.2a). Bei gehärteten oder vergüteten Stählen wird der Martensit ebenfalls entlang der {100}-Ebene gespalten. Die meist starken Orientierungsunterschiede zwischen benachbarten Martensitbereichen erschweren dem Spaltriß das Überschreiten der Korngrenzen und begünstigen damit Schervorgänge, um die ebenfalls isoliert voneinander entstandenen Einzelspaltflächen zu vereinigen. Deswegen treten Flußmuster hier auch weniger oder kaum in Erscheinung (Abb. 14.2d).

Interkristalliner Sprödbruch. Ein Sprödbruch kann sich entlang von Korngrenzen ausbreiten, wenn diese durch Segregationen, Oxidation oder auch Wasser-

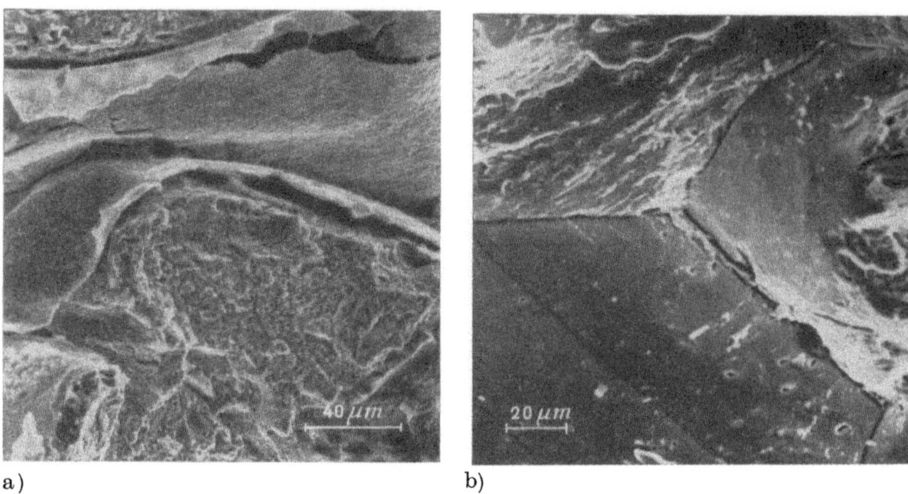

a)   b)

Abb. 14.3   Interkristalliner Sprödbruch

a) Durch Überhitzung oxidierte Korngrenze, teilweise schon abgeblättert; b) interkristalliner Bruch durch Kohlenstoffsegregation (Einsatz-Direkthärtung)

stoffeinwirkung geschwächt sind. Eine Korngrenzenoxidation kann eventuell an abblätternden Korngrenzen erkannt werden (Abb. 14.3a), auch gröbere Karbidausscheidungen werden zumindest andeutungsweise im REM sichtbar. Im allgemeinen liegt jedoch die Stärke der versprödenden Korngrenzenfilme bzw. Segregationszonen im Bereich von atomaren Monolagen. Mit dem REM sind dann keine Besonderheiten an den Korngrenzen mehr zu erkennen (Abb. 14.3b). Der Nachweis einer solchen Segregation bleibt speziellen Analysenverfahren, hauptsächlich der Auger-Elektronen-Spektroskopie (AES), vorbehalten.

Interkristalliner Wabenbruch. Vom Hochtemperatur-Langzeitkriechen abgesehen, kommt es zu dieser Bruchart, wenn die korngrenzennahen Bereiche wesentlich weicher sind als das Korninnere. Aufmerksamkeit hat diese Bruchart deswegen gefunden, weil sie für die sogenannte Relaxationsrissigkeit — im Englischen bekannt als *stress relief cracking* — neben Schweißnähten kennzeichnend ist (Abb. 14.4). Diese Risse finden sich vor allem nach dem Spannungsarmglühen warmfester bzw. stabilisierter hochlegierter Stähle und haben folgenden Entstehungsmechanismus: Beim Schweißen gehen in der überhitzten Zone neben der Schmelzlinie (Grobkornzone) die Karbide in Lösung. Beim Spannungsarmglühen scheiden sich die Karbide feindispers im Inneren der ehemaligen Austenitkörner aus, wodurch das Korninnere aufgehärtet wird. An den Austenitkorngrenzen verbleibt eine ca. 0,3 µm breite ausscheidungsfreie und damit relativ weiche Zone, die die Kriechvorgänge beim Spannungsabbau aufnehmen muß. Das Verformungsvermögen dieser Zone kann bereits bei Kriechdehnungen von 0,2 ··· 0,3% erschöpft sein, so daß sich zunächst feine Poren bilden, die sich zu einem Rißnetzwerk vereinigen [10, 11]. Wegen der geringen Gesamtverformung handelt es sich in diesem Fall trotz der Wabenstruktur auf den Korngrenzen makroskopisch um einen Sprödbruch.

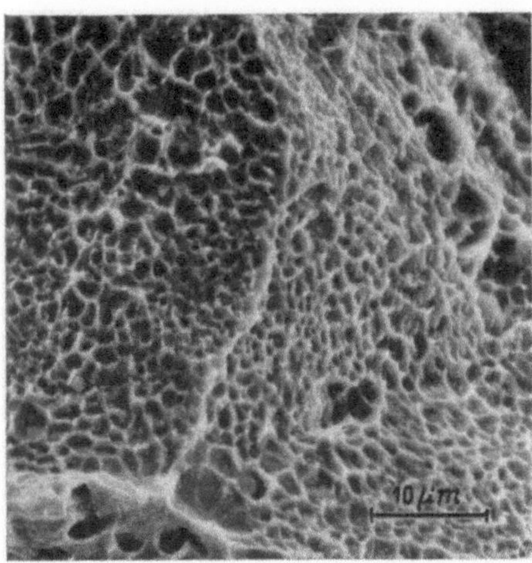

Abb. 14.4   Warmfester Stahl, Relaxationsrissigkeit: Korngrenzen   mit feiner Wabenstruktur

b) Ermüdungsbruch (Schwingungsbruch)

Ermüdungsrisse laufen entlang von Gleitebenen ein und sind dabei ungefähr unter 45° zur Hauptbeanspruchungsrichtung orientiert (Stadium I). Nach dem ersten oder zweiten Korn schwenkt der Riß gewöhnlich in die 90°-Lage ein (Stadium II). Das Stadium I ist vor allem bei Nickelbasislegierungen ausgeprägt: Die ebenen kristallographischen Flächen vermitteln den Eindruck eines transkristallinen Sprödbruches (Abb. 14.5a). In Bruchbahnen angeordnete Schwingungsstreifen kennzeichnen, sofern sie im REM auflösbar sind und nicht verrieben oder verquetscht wurden, das Stadium II der Rißausbreitung. Die Regel, daß die Schwingungsstreifen den Rißfortschritt pro Lastwechsel markieren, daß ein Schwingungsstreifen also einem Lastwechsel entspricht, gilt für Streifenabstände von mehr als 0,5 μm. Darunter kann die Zahl der tatsächlich aufgebrachten Lastwechsel bis zu einer Größenordnung über dem Wert liegen, der sich aus der Streifenzählung ergibt [12]. Bei hohen Spannungsamplituden — im Zeitfestigkeitsbereich — sind die Schwingungsstreifen naturgemäß relativ breit (Abb. 14.5b). Im Extremfall werden sie dem bloßen Auge sichtbar und zeigen im REM eine Wabenstruktur (Abb. 14.5c). Bei niederzyklischer Belastung (10^{-4} Hz) und hohen Temperaturen, z. B. bei Spitzenlast-Gasturbinen, wird der Rißfortschritt pro Lastwechsel durch Korngrenzenoxidation und Kriechvorgänge stark beschleunigt; die Risse verlaufen dann interkristallin [13]. Die in Abb. 15.5d in den Korngrenzenzwickeln sichtbaren Wabenfelder sind offensichtlich auf die mitwirkenden Kriechvorgänge zurückzuführen.

c) Schwingungsrißkorrosion

Die einer Wechselbeanspruchung überlagerte Korrosion beschleunigt die Rißausbreitung beträchtlich. Grundsätzlich kann jeder Elektrolyt bei jedem Metall wirksam werden [14]. Korrosion ist ein zeitabhängiger Prozeß. Folglich wird sie die Rißaus-

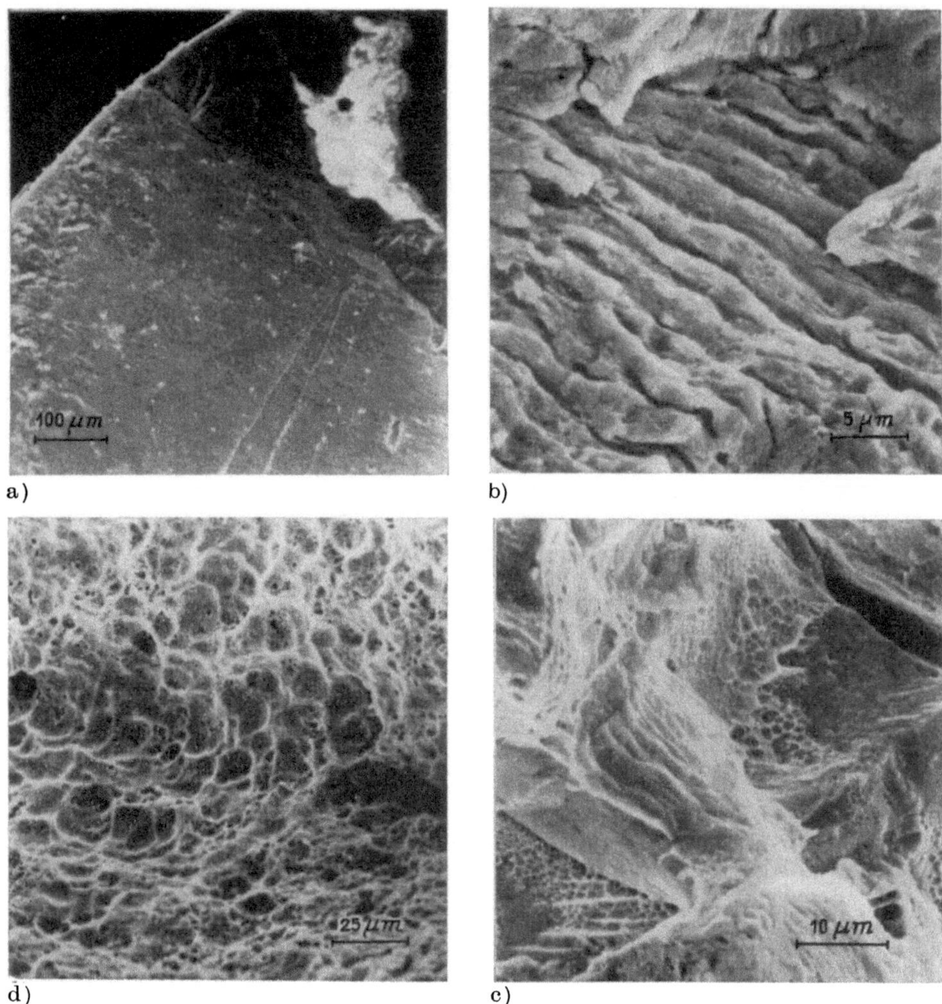

a)   b)

d)   c)

Abb. 14.5   Ermüdungsbruch

a) Ermüdungsrißausbreitung im Stadium I (Nickelbasislegierung), Oxideinschluß als Riß-
starter; b) Meßstutzen brach nach ca. 2000 Lastwechseln: breite Schwingungsstreifen;
c) Rohrbruch nach ca. 40 Lastwechseln: Schwingungsstreifen mit Wabenstruktur (Ausschnitt); d) FeNi-Legierung, niederzyklische Ermüdung bei hoher Temperatur: Waben in
den Korngrenzenzwickeln durch Kriechvorgänge

breitung dann stark beeinflussen, wenn die Belastungsfrequenz und außerdem die
Lastamplituden bzw. die Spannungskonzentration niedrig sind. Wenn die neu entstandenen Rißwände sofort passivieren, wie das im allgemeinen bei höherlegierten
Stählen der Fall ist, bleibt die Bruchstruktur erhalten, und die fraktographische
Untersuchung gestaltet sich einfach. Schwieriger wird es, wenn, wie gewöhnlich bei
unlegierten Stählen, die Rißwände weiterhin der Korrosion unterliegen. Diesen beiden Möglichkeiten entspricht die Einteilung in Schwingungsrißkorrosion im „passi-

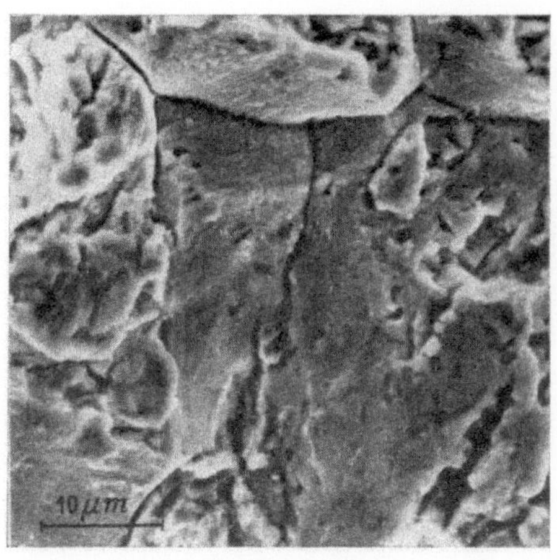
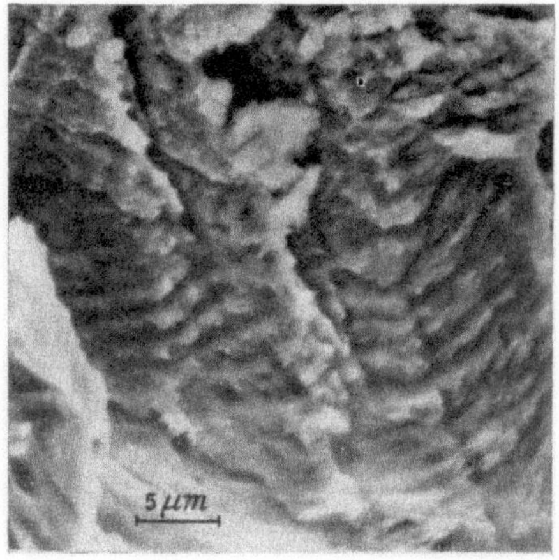

a)   b)

Abb. 14.6   Schwingungsrißkorrosion

a) Gebrochene Turbinenschaufel — interkristalline Bruchanteile; b) Bruchbahnen mit Schwingungsstreifen, kristallographische Orientierung erkennbar (unlegierter Stahl)

ven" bzw. „aktiven" Zustand, die ursprünglich für das Verhalten der Probenoberfläche vor und während der Rißbildungsphase getroffen wurde [15]. Als Beispiel für „passive" Schwingungsrißkorrosion soll der Bruch einer Dampfturbinenschaufel aus 13%igem Chromiumstahl dienen. Solche Brüche können gehäuft im Übergang vom Heiß- zum Naßdampfgebiet der Turbine auftreten, da hier günstige Möglichkeiten zur Anreicherung von Verunreinigungen gegeben sind, wobei hauptsächlich Chloride sich begünstigend auf Rißentstehung und -ausbreitung auswirken. Interkristalline Bruchanteile (Abb. 14.6a) in einem Bereich, der etwas hinter dem Rißeinlaufgebiet liegt, werden als Kennzeichen einer Schwingungsrißkorrosion gewertet [16]. Meistens findet sich auf der Blattfläche Lochfraß, und von einer solchen Lochfraßgrube ist der Riß oft auch gestartet [17]. Als Beispiel für Schwingungsrißkorrosion im aktiven Zustand sei folgender Fall genannt: In Lochplatten aus unlegiertem Stahl, die im Betrieb starken Temperaturschwankungen durch abwechselnde Beaufschlagung mit Heiß- und Kaltwasser ausgesetzt waren, fanden sich zahlreiche Stegrisse. Die durch Aufbrechen freigelegten Rißflächen trugen dichte Rostschichten, unter denen sich im wesentlichen Ätzstrukturen fanden. Nur im unmittelbaren Rißspitzenbereich waren die Bruchstrukturen noch erhalten geblieben (Abb. 14.6b). Eine andeutungsweise kristallographisch orientierte Anordnung von Bruchbahnen und Ermüdungsstreifen läßt sich darauf zurückführen, daß der Riß im wesentlichen den aktiven Gleitbändern folgte, die wegen ihrer hohen Versetzungsdichte bevorzugt angelöst wurden.

d) Spannungsrißkorrosion

Spannungsrißkorrosion setzt das Vorhandensein von Zugspannungen voraus. Als besonders wirksam hinsichtlich einer Schadensauslösung erweisen sich immer wieder

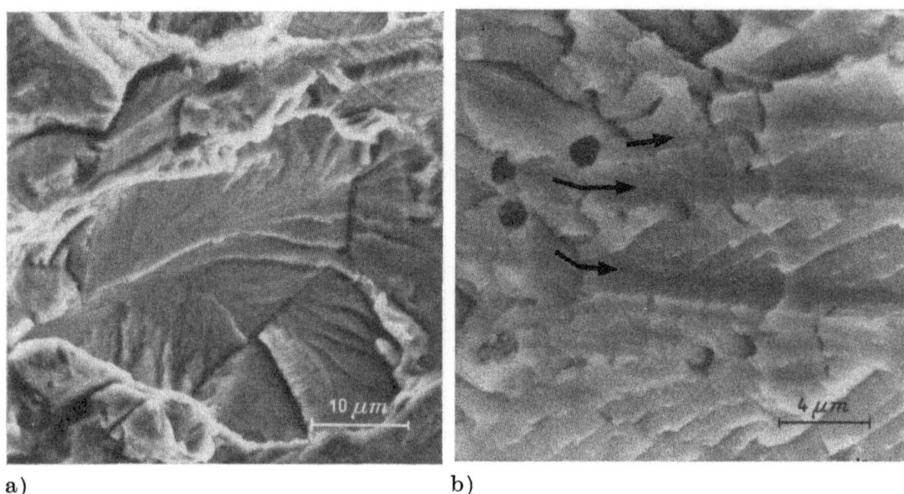

a)   b)

Abb. 14.7   Spannungsrißkorrosion in CrNi-Stahl   a) „Spaltbruch"; b) Grabenstrukturen

Zug-Eigenspannungen, wie sie z. B. beim Schweißen, beim nachfolgenden Beschleifen der Schweißnähte oder durch Kaltverformung eingebracht werden. Im Gegensatz zur Schwingungsrißkorrosion ist die Spannungsrißkorrosion an bestimmte Kombinationen von Material und Medium gebunden. Am bekanntesten, weil volkswirtschaftlich am bedeutendsten, ist die Anfälligkeit der austenitischen Chromium-Nickel-Stähle gegenüber Chlorionen bei Temperaturen oberhalb von 80 °C. Unter stark sauren Bedingungen, so durch Zusatz von Schwefelsäure, oder bei Bedeckung der Stahloberfläche mit feuchten Chloridbelägen ist Spannungsrißkorrosion hier auch bei tieferen Temperaturen (Raumtemperatur) möglich [18—20]. Der Rißverlauf ist bei den genannten Stählen im allgemeinen transkristallin. Das Bruchbild ähnelt dem des transkristallinen Sprödbruches (Abb. 14.7a), der bei diesen duktilen Stählen sonst auch bei tiefen Temperaturen nicht auftritt. Spannungsrißkorrosion kann zumindest bei den Chromium-Nickel-Stählen als Ätzprozeß verstanden werden: Entlang von kristallographischen Ebenen wachsen — vermutlich induziert durch lokal hohe Versetzungsdichten — Serien paralleler Tunnel ein, deren Zwischenwände durch die Zunahme der Tunneldurchmesser abgedünnt und unter Einfluß der anliegenden Zugspannung schließlich abgeschert werden. Dieser Mechanismus hinterläßt unter Umständen ausgeprägte Grabenstrukturen [20, 21] auf der Bruchfläche (Abb. 14.7b).

e) Wasserstoffinduzierte Rißbildung

Gegenüber Wasserstoff sind im wesentlichen die un- und niedriglegierten Stähle empfindlich, die austenitischen Stähle dagegen kaum[1]). Der Wasserstoff kann auf verschiedene Weise ins Material gelangen, wobei er zunächst immer im atomaren

---

[1]) Völlig resistent sind nur die Stähle mit hohem Nickelgehalt (20%) und daher stabilem Austenitgitter (ELIEZER, D. et al., Metallurg. Trans. 10 A (1979) 935).

Zustand vorliegt und deshalb im Metallgitter sehr beweglich ist. Wasserstoff wird beim Gießen oder Schweißen von der Schmelze aufgenommen, wenn in diese Feuchtigkeit eingetragen wurde. Beim elektrolytischen Beschichten, beim Beizen sowie bei Korrosionsprozessen entsteht atomarer Wasserstoff, der in den Stahl eindiffundieren kann. Dort sammelt er sich bevorzugt in Bereichen hoher atomarer Fehlordnung, also an Korngrenzen, Phasengrenzen bzw. Einschlüssen oder in Gebieten hoher Versetzungsdichte, wodurch zusätzliche Spannungen aufgebaut werden [22]. Die eigentliche schädigende Wirkung des atomaren Wasserstoffes ergibt sich wahrscheinlich aus seiner Fähigkeit, die Trennfestigkeit des Gitters herabzusetzen (Dekohäsionstheorie [23]). Sofern der Wasserstoff sich an Einschlüssen oder auch in Mikrolunkern sammelt, geht er in den molekularen Zustand über. Damit wird er unbeweglich, kann aber beträchtliche Drücke entfalten und Hohlräume bilden bzw. aufweiten, was bei sehr weichen Stählen oder reinem Eisen zur Bildung von Blasen führen kann [22, 24].

Die Empfindlichkeit eines Stahles gegenüber wasserstoffinduzierter Rißbildung nimmt mit steigender Festigkeit zu. So wurde die wasserstoffinduzierte Rißbildung („verzögerter Sprödbruch") nach dem elektrolytischen Beschichten (z. B. Cadmieren) erst zum Problem, als man im Flugzeugbau die Festigkeit bestimmter Bauteile über 1250 MPa steigerte (s. [25]). Bei Stählen dieser Festigkeit sind die Korngrenzen das bevorzugte Gebiet der Rißbildung, wie Abb. 14.8 belegt. Es handelt sich hier um eine Schraubenfeder (Zugfestigkeit ca. 1500 MPa) aus einer wasserhydraulischen Regelungseinrichtung. Die Feder war mit einer Schutzschicht aus Epoxidharz überzogen, die im Laufe des Betriebes rissig geworden war. Unter dem Einfluß des ständig vorhandenen Wasserfilms wurde infolge Lokalelementbildung die freigelegte Stahloberfläche stark korrodiert, und es bildeten sich Ätzgruben aus. Der bei der Korrosion entstehende atomare Wasserstoff führte zur interkristallinen Rißbildung in der unter Spannung stehenden Feder und schließlich zum Bruch. Bei den freigelegten Korngrenzen handelt es sich um die der ehemaligen Austenitkörner die durch Segregationen markiert sind.

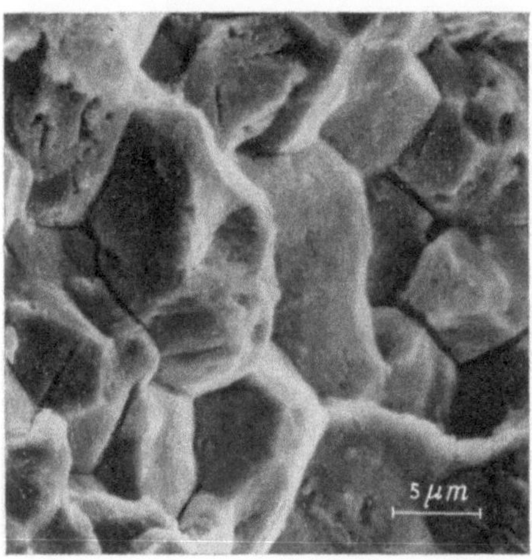

Abb. 14.8   Interkristalliner Bruch einer Schraubenfeder durch Wasserstoff

Stähle mit Festigkeiten unter 1250 MPa, ungünstigenfalls liegt diese Grenze bei
ca. 1000 MPa, sind gegenüber von außen eindringendem Wasserstoff, der beim
elektrolytischen Plattieren oder durch Korrosionsvorgänge entsteht, wenig empfindlich. Trotzdem wird auch bei diesen Stählen Wasserstoffrissigkeit gefunden.
Offensichtlich ist dies an zwei Voraussetzungen gebunden:

— Das Wasserstoffangebot muß hoch sein. Das ist der Fall, wenn Wasserstoff mit
  der Schmelze aufgenommen wurde, oder wenn eine Korrosion in Gegenwart
  von Verbindungen abläuft, die die Rekombination des Wasserstoffes behindern,
  wie das bei der Korrosion durch Schwefelwasserstoff der Fall ist (s. [24, 26]).
  Außer Schwefelwasserstoff sind unter anderem Verbindungen des Phosphors
  (z. B. als PH_3), des Arsens (As_2O_3), des Selens und auch Cyanide als Reaktions-
  gifte bzw. Promotoren bekannt [27].
— Der im Gitter bewegliche, atomare Wasserstoff hat zwar einen gewissen versprödenden Einfluß, aber er ist zunächst nicht in der Lage, rißauslösend zu
  wirken. Vielmehr muß er erst extrem konzentriert werden. Das kann über die
  schon erwähnte molekulare Zwischenspeicherung in Poren und Einschlußhohl-
  räumen erreicht werden.

Zur Rißbildung kommt es dann, wenn diese relativ große Wasserstoffmenge in den
atomaren Zustand zurückversetzt wird, was durch Fließvorgänge bewirkt werden
kann. Dieser Effekt zeigt sich am deutlichsten bei den vom Schweißen her bekannten Fischaugen, die nachweislich erst beim Erreichen der Fließgrenze entstehen;
man findet sie hauptsächlich auf den Bruchflächen von Schweißbiegeproben (Abb.
14.9 a). Über ihren Entstehungsmechanismus existiert folgende Vorstellung: Bei

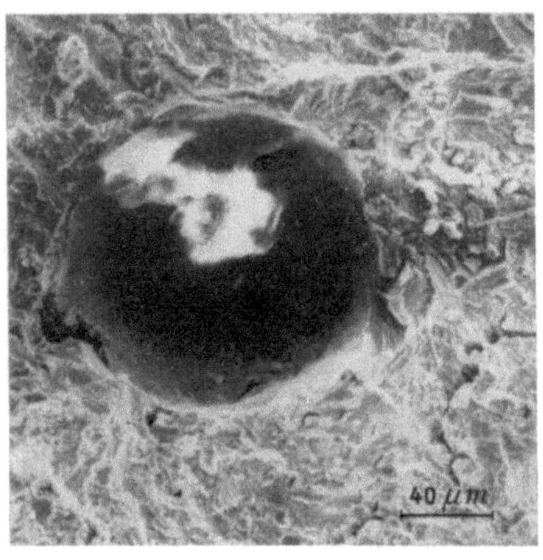
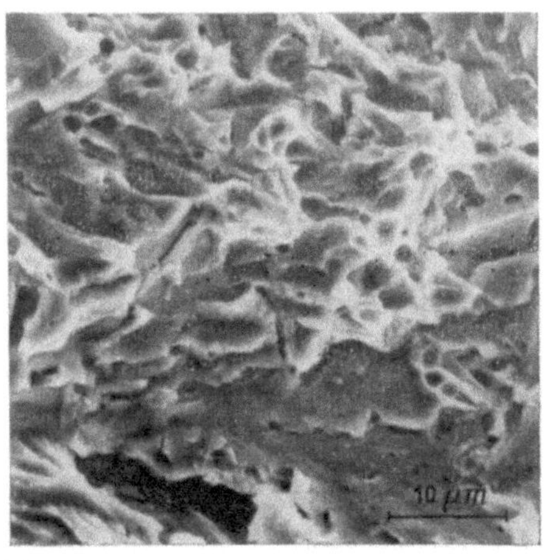

a)   b)

Abb. 14.9   „Fischauge" in Schweißnaht

a) Der Wasserstoff hatte sich an einem Einschluß gesammelt und eine Pore gebildet. b) Feine
Bruchfacetten, von Mikroporen durchsetzt

plastischer Deformation des Schweißgutes entstehen in den Wandungen von Wasserstoffporen neue Oberflächen, an denen der Wasserstoff adsorbiert wird. Dabei dissoziiert dieser und dringt atomar in das deformierte Gitter ein, wo er die Rißbildung bewirkt [28]. Der Rißverlauf ist bei den Schweiß-Fischaugen transkristallin (Abb. 14.9b). Die Bruchfacetten ähneln denen des Spaltbruchs, sind aber bei gleichem Gefügezustand wesentlich kleiner als diese und zeigen sich als verrundet oder verwölbt („botanische Blattmuster" [29]). Die Ursache dafür ist, daß die Rißausbreitung weniger entlang von Spaltebenen, sondern hauptsächlich — wegen der starken Affinität des Wasserstoffs zu Versetzungen — entlang von Gleitebenen ({110}-Ebenen) erfolgt [30].

Auf den gleichen Effekt sind grundsätzlich die sogenannten Unternahtrisse zurückzuführen, wie man sie gelegentlich unter den Kehlnähten von T-Stößen findet: Wasserstoff diffundiert beim Schweißen aus der erstarrenden Schmelze in die überhitzte Zone des Grundwerkstoffes. Dort sammelt er sich an den gewöhnlich reichlich vorhandenen, flachgewalzten Einschlüssen (vorwiegend Sulfide) und rekombiniert unter Aufbau eines wahrscheinlich beträchtlichen Innendrucks. Während des Abkühlens und der damit verbundenen Schrumpfungsvorgänge treten im Bereich des T-Stoßes senkrecht zur Walzrichtung (Dickenrichtung) starke Zugspannungen auf. Der Grundwerkstoff, dessen tragender Querschnitt durch die Einschlüsse geschwächt ist, kann durch Überlagerungen von Schrumpfspannung und Innendruck des Wasserstoffes so hoch belastet werden, daß es zum Fließen der metallischen Stege zwischen den Einschlüssen und damit zur Auslösung des Fischaugeneffektes kommt. Aus Abb. 14.10a ist ersichtlich, daß die Sulfidein-

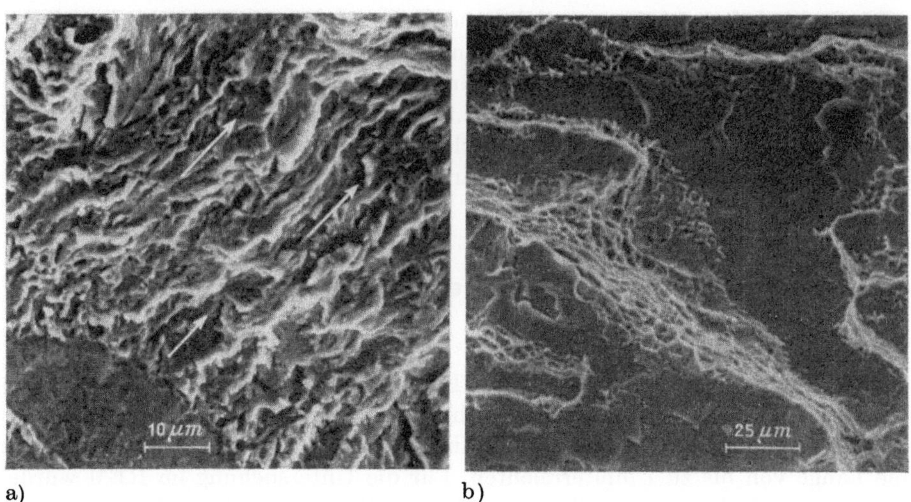

a)   b)

Abb. 14.10   Aufgebrochener Unternahtriß

a) Feinstrukturiertes transkristallines Bruchgefüge, Sulfideinschluß als lokales Rißausgangsgebiet; b) Restgewaltbruch neben dem Unternahtriß: Wabenbruch zwischen den Einschlüssen

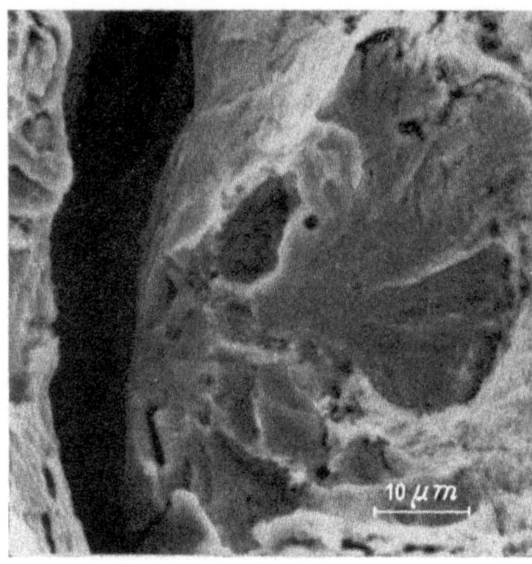

Abb. 14.11 Von aufgeweitetem Einschluß-
hohlraum ausgehende Bruchfacette in H_2S-beaufschlagter
Zugprobe

schlüsse als lokale Rißausgangsgebiete gedient haben und daß das transkristalline Sprödbruchgefüge die gleiche feine Strukturierung wie beim Fischauge aufweist. Beim nachträglichen Aufbrechen des Risses sind die metallischen Zwischenstege wieder unter Ausbildung von Wabenstruktur, also duktil, aufgetrennt worden (Abb. 14.10 b).

Im Fall der Wasserstoffbeladung durch Schwefelwasserstoffangriff (Petrolchemie!) sind ebenfalls (Sulfid-) Einschlüsse bzw. deren Hohlräume der Ort der Wasserstoffansammlung. Da hier Wasserstoff kontinuierlich und in großen Mengen in den Stahl eindringt, können solch hohe Innendrücke aufgebaut werden, daß es durch Überlagerung mit der Lastspannung zum Fischaugeneffekt auch dann kommt, wenn die Einschlüsse weniger günstig für die Rißentstehung liegen als bei den Unternahtrissen. Das wird in Abb. 14.11 an einer mit H_2S-Lösung beaufschlagten Zugprobe gezeigt, die in Walzrichtung belastet worden war: Die Bruchfacette nimmt eindeutig ihren Ausgang an einer aufgeweiteten Einschlußspalte.

14.2. Untersuchungen von Gefügeinhomogenitäten im REM (Bruchmetallographie)

Sulfidverspritzungen. In geschweißten Platten aus höherfestem Baustahl wurden interkristalline Risse gefunden, die sich von der wärmebeeinflußten Zone des Grundwerkstoffes über die Schmelzlinie in das Schweißgut hinein erstreckten und eine Länge von bis zu 1 mm erreichten. Für die Untersuchung im REM wurden diese Risse aufgebrochen. In ihrer Nachbarschaft fanden sich im Grundwerkstoff Anhäufungen flacher Einschlüsse in der Art, wie sie bereits in Abb. 14.10 b gezeigt wurden. Auch hier handelte es sich im wesentlichen um Sulfide (Eisen-Mangan-Sulfide). Entlang der Schmelzlinie waren die Sulfideinschlüsse auf- oder ange-

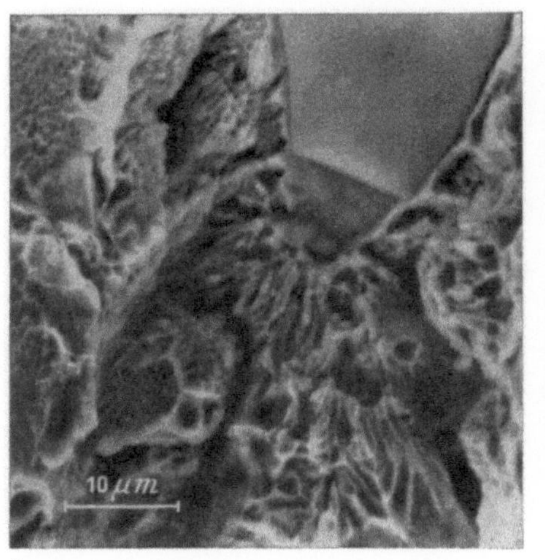
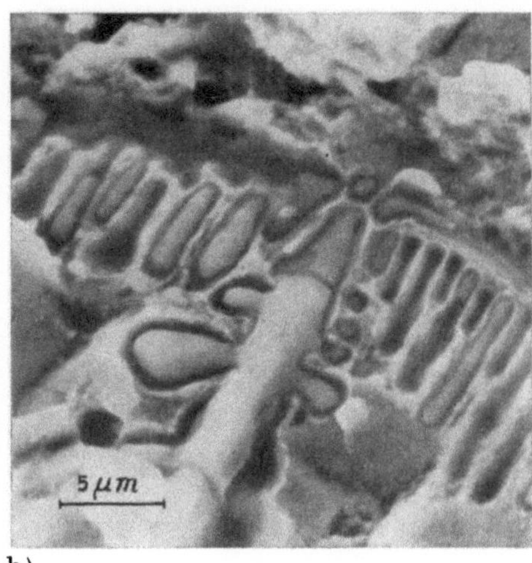

a)   b)

Abb. 14.12   Sulfidverspritzungen

a) Angeschmolzener Sulfideinschluß mit farn- und moosartigen Verspritzungsstrukturen;
b) Verspritzungsfarn durch überhitztes Schmieden

schmolzen und die Schmelze unter dem Einfluß der Schrumpfspannung auf die Austenitkorngrenzen „verspritzt" worden [31, 32]. Das führte dort zur Entstehung flacher Mikrolunker mit farn- oder rosettenartigen Sulfid-Erstarrungsstrukturen (Abb. 14.12a).

Ähnliche Erscheinungen fanden sich in geschmiedeten Bauteilen, die überhitzt worden waren (Abb. 14.12b). Da es sich um einen relativ reinen Stahl handelte, mußte der Schwefel erst aus dem Korninneren an die Korngrenzen diffundieren, um sich dort als Schmelze zu sammeln. Denkbar ist auch, daß bei der starken Kornvergröberung, die hier stattgefunden hatte, der Schwefel von den wandernden Korngrenzen mittransportiert und somit auf ihnen angereichert wurde [33]. Da zur Erzeugung von Sulfidverspritzungen hohe Verformungsspannungen erforderlich sind — ohne diese formt sich die Sulfidschmelze globular ein [31] — konnte unter den verschiedenen Wärmebehandlungen, denen das Bauteil unterworfen worden war, eindeutig das Glühen zum Schmieden als für die Überhitzung verantwortlich ermittelt werden. Die Temperaturen dürften beim Schmieden über 1300 °C gelegen haben — wie neben der Schmelzlinie einer Schweißnaht im vorher besprochenen Fall.

Nachweis von versprödenden Phasen. Schweißnähte aus austenitischem CrNiMo-Stahl hatten bei der Biegeprüfung versagt. Die Ursache wird in solchen Fällen der Bildung der Sigmaphase zugeschrieben, deren metallographischer Nachweis im Schliff hier jedoch nicht überzeugend gelang. Bei der REM-Untersuchung der Bruchfläche fanden sich zahlreiche flache Mulden, die mit einer dünnen rissigen Phase ausgelegt waren, wobei die Rissigkeit das spröde Bruchverhalten dieser Phase kennzeichnet (Abb. 14.13a). Mit der EDS konnte eine beträchtliche Erhöhung des

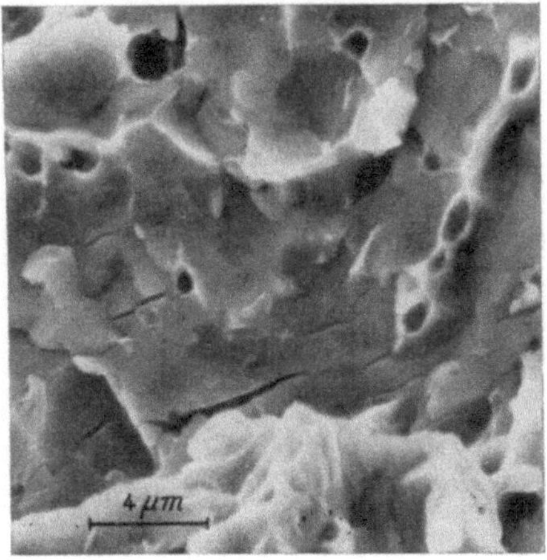

a)

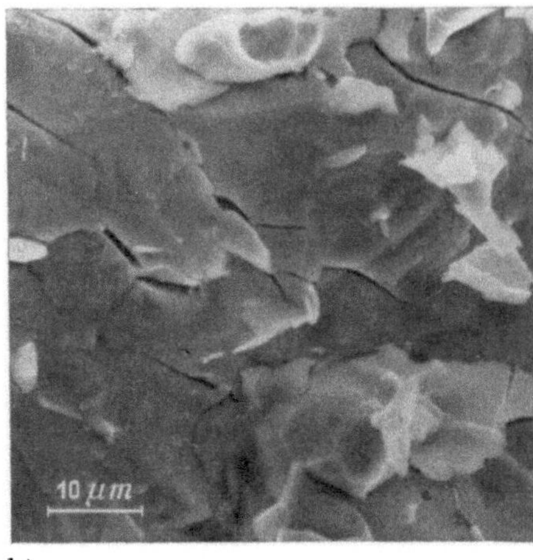

b)

Abb. 14.13   Spröde Phasen

a) Sigmaphase in CrNiMo-Stahl durch Aufbrechen freigelegt; b) aufgekohlter Schleuderguß (35% Ni, 25% Cr): Der Bruch hat sich ausschließlich an der Carbidphase orientiert.

Chromium- und Molybdängehaltes gegenüber der Matrix nachgewiesen werden, wie es in [34] für die Sigmaphase beschrieben wird.

Während in diesem Fall die metallische Matrix zwischen den Phaseneinlagerungen noch für eine gewisse Restduktilität sorgte, kann bei höheren Anteilen der spröden Phase die Rißausbreitung allein von dieser bestimmt werden. Auf solche Erscheinungen trifft man bei den meist mit 35% Nickel und 25% Chromium legierten Schleudergußrohren in Ethylenanlagen, die bei Temperaturen von ca. 1150 °C betrieben werden und einer Aufkohlung durch das Prozeßgas unterliegen. Während dabei die metallische Matrix an Chromium verarmt, erhöht sich der Carbidanteil stark. Das zeigt sich im Bruchbild deutlicher als im Schliff, weil der Riß fast ausschließlich durch die karbidische Phase läuft und die metallische Matrix umgeht (Abb. 14.13 b). Zwangsläufig ist der Stahl in diesem Zustand bei Raumtemperatur sehr spröd.

Die elektronenmikroskopische Fraktographie hat sich besonders seit der Einführung des REM zu einem Routineverfahren in der Werkstofforschung entwickelt. Aus der Kenntnis des mikroskopischen Bruchverhaltens können sich Hinweise für eine gezielte Werkstoffoptimierung ergeben. Außerdem liefert eine Bruchflächenuntersuchung in gewissem Umfang Informationen über die Werkstoffstruktur. Für die Schadensforschung bedeutet die rasterelektronenmikroskopische Fraktographie einen Qualitätssprung, da die jeweilige Schadensdiagnose meist schneller und sicherer gestellt werden kann, als das vorher der Fall war. Das grundsätzliche Verständnis für Schädigungsprozesse hat sich wesentlich erweitert. Durch Kombination mit EDS und AES wird der Aussagewert einer Bruchflächenuntersuchung zusätzlich erhöht.

14.3. Literatur

[1] POHL, E., Das Gesicht des Bruches metallischer Werkstoffe. Bd. 1—3. — München/Berlin: Allianz Versicherungs-A. G. 1956/60.

[2] Fractography and Atlas of Fractographs. (Metals Handbook, 8. Ed., Vol. 9) — Ohio: ASM 1974.

[3] ENGEL, L.; KLINGELE, H., Rasterelektronenmikroskopische Untersuchung von Metallschäden. — Köln: Gerling-Institut für Schadenforschung und Schadenverhütung 1974.

[4] MITSCHE, R., et al., Anwendung des Rasterelektronenmikroskops bei Eisen- und Stahlwerkstoffen, Radex-Rundsch. H. 3/4 (1978).

[5] MITSCHE, R.; STANZL, S.: Auswertung von Ultraschallbrüchen von Eisenwerkstoffen. In: Gefüge und Bruch. Hrsg.: K. L. MAURER, H. FISCHMEISTER. — Berlin/Stuttgart: Gebrüder Borntraeger 1977, S. 223.

[6] SCHAABER, O., Rasterelektronenmikroskopische Untersuchungen an geätzten Proben. In: Gefüge und Bruch. Hrsg.: K. L. MAURER, H. FISCHMEISTER. — Berlin/Stuttgart: Gebrüder Borntraeger 1977, S. 454.

[7] CHESSNUTT, J. C.; SPURLING, R. A., Metallurg. Trans. 8A (1977) 216.

[8] DAHLBERG, PH. E., Proc. 7. SEM Symp., Chicago 1974, p. 911.

[9] KNOTT, F. J., Proc. 4. Int. Conf. Fracture, Waterloo 1977, Vol. 1, p. 61.

[10] SCHÜLLER, H.-J.; HAGN, L.; WOITSCHEK, A., Maschinenschaden **47** (1974) 1.

[11] KREYE, H.; OLEFJORD, I.; LÖTTGERS, J., Arch. Eisenhüttenwes. **48** (1977) 291.

[12] EFFERTZ, P.-H.; FRANK, R.; HAGN, L., Schwingungsbruch in Vergütungsstählen. In: Bruchuntersuchung und Schadenklärung. — München/Berlin: Allianz Versicherungs-A. G. 1976, S. 12.

[13] SCARLIN, R. B., Proc. 4. Int. Conf. on Fracture. Ed.: D. M. R. TAPLIN, Waterloo 1977, Vol. 2, p. 849.

[14] SPECKHARDT, H., Bruchentstehung bei rißbildender Korrosion. In: Gefüge und Bruch. Hrsg.: K. L. MAURER, H. FISCHMEISTER. — Berlin/Stuttgart: Gebrüder Borntraeger 1977, S. 367.

[15] SPÄHN, H., Grundlagen und Erscheinungsformen der Schwingungsrißkorrosion. In: VDI Berichte 235. — Das Verhalten mechanisch beanspruchter Werkstoffe und Bauteile unter Korrosionseinwirkung. — Düsseldorf: VDI Verlag 1975, S. 103.

[16] SCHMITT-THOMAS, K.-G.; LEIDIG, A., Maßnahmen zur Beeinflussung von Schadenabläufen durch Schwingungsriß-Korrosion. In: VDI Berichte 235 — Das Verhalten mechanisch beanspruchter Werkstoffe und Bauteile unter Korrosionseinwirkung. — Düsseldorf: VDI Verlag 1975, S. 117.

[17] EFFERTZ, P. H.; FORCHHAMMER, P.; HAGN, L., Schwingungsrißkorrosion an Turbinenbaustahl X20Cr13. In: Bruchuntersuchung und Schadenklärung. — München/Berlin: Allianz Versicherungs-A. G. 1976, S. 52.

[18] TRUMAN, J. E., Corros. Sci. **17** (1977) 737.

[19] UHLIG, H.: Korrosion und Korrosionsschutz. 2. Aufl. — Berlin: Akademie-Verlag 1975, S. 328.

[20] SCULLY, J. C., Fractographic Aspects of Stress Corrosion Cracking in Alloys. In: The Theory of Stress Corrosion Cracking in Alloys. Ed.: J. C. SCULLY. — Brüssel: Scientific Affairs Division 1971, p. 128.

[21] SCHMIDT, V.; MÖSER, M., Korrosion (Dresden) **8** (1977) 300.

[22] RIECKE, E., Arch. Eisenhüttenwes. **49** (1978) 509.

[23] ORIANI, R. A.; JOSEPHIC, P. H., Acta Metall. **25** (1977) 979.

[24] NAUMANN, F. K., Das Buch der Schadensfälle. — Stuttgart: Dr. Riederer-Verlag 1976, S. 441.

[25] STEINHAUSER, W., Luftfahrttech., Raumfahrttech. **10** (1964) 93.

[26] WATKINS, M.; BLUEM, M. F.; GREER, J. B., Corrosion **32** (1976) 102.

[27] HIRTH, F. W.; SPECKHARDT, H., Draht **29** (1978) 276, 448.

[28] RUGE, J., Untersuchungen zum wasserstoffinduzierten Bruch. In: Bruchuntersuchungen und Schadenklärung. — München/Berlin: Allianz Versicherungs-A.G. 1976, S. 206.

[29] ENGEL, L.; KLINGELE, H., Arch. Eisenhüttenwes. **48** (1977) 550.

[30] KIKUTA, Y.; ARAKI, T.; KURODA, T., ASTM STP **645** (1978) 107.

[31] SCHMIDTMANN, E.; WELLNITZ, G., Arch. Eisenhüttenwes. **47** (1976) 101.

[32] MÖSER, M.; SCHMIDT, V., Proc. 7. Congr. Materials Testing, Budapest 1978, Vol. 2, p. 851.

[33] STEFFENS et al., unveröff. (zitiert in: Bruchuntersuchung und Schadenklärung. — München/Berlin: Allianz Versicherungs-A. G. 1976, S. 199.).

[34] WEISS, B.; HUGHES, C. W.; STICKLER, R., Prakt. Metallogr. **7** (1971) 528.

Als Standardwerk der Schadensforschung, in dem auch die elektronenmikroskopische Fraktographie weitgehend berücksichtigt wurde, ist anzusehen:
Failure Analysis and Prevention. (Metals Handbook, 8. Ed., Vol. 10). — Ohio: ASM 1975.

15. Morphologie der Polymere

G. MICHLER

Polymere bilden eine spezielle Klasse von Werkstoffen. Sie unterscheiden sich in ihren Eigenschaften zum Teil wesentlich von anorganischen Materialien. Das beruht auf ihrem besonderen Aufbau aus sehr großen Molekülen, den Makromolekülen. Die Makromoleküle sind aus zahlreichen, wiederholbaren Bausteinen, den Monomeren, zusammengesetzt, deren Art, Größe und Anordnung entlang der Kette die molekulare (oder chemische) Struktur der Polymere bestimmt. Grenzfälle der Gestalt der Makromoleküle sind das statistische Knäuelmolekül mit völlig regelloser Orientierung aufeinanderfolgender Monomereinheiten und die regelmäßig gefaltete Molekülkette. Die räumliche Lage der verschiedenen Makromoleküle zueinander ergibt sich unter der Wirkung von Nebenvalenz-Wechselwirkungskräften und wird als übermolekulare (oder physikalische) Struktur bezeichnet. Hierfür wird zur eindeutigen Abgrenzung von der molekularen Struktur oft der Begriff „Morphologie" verwendet, der auch im folgenden benutzt werden soll.

Entsprechend den beiden Grenzfällen der Makromolekülgestalt entstehen im allgemeinen aus Molekülen im Knäuelzustand amorphe Polymere und aus den Molekülen mit Faltungstendenz teilkristalline Polymere. Einkristalline Polymere sind — mit Ausnahme praktisch bisher bedeutungsloser Modellsubstanzen — nicht herstellbar, da die starke gegenseitige Behinderung der langen Molekülketten nur eine Kristallisation in kleinen Gebieten zuläßt. Außer den Homopolymeren, die aus der gleichen Art von Makromolekülen bestehen (wie die Massenplaste Polystyren (PS), Polyvinylchlorid (PVC) und Polyethylen (PE)), gibt es auch Polymerkombinationen, die entweder aus unterschiedlichen Arten von Makromolekülen aufgebaut sind (wie die Kopolymere, Pfropfpolymere und Polymermischungen) oder eingelagerte anorganische Materialien (wie Füllstoffpartikeln und Fasern) enthalten und sehr verschiedenartige Mehrphasenstrukturen bilden können. Sie sind gegenüber den Homopolymeren zur Erzielung zahlreicher verbesserter Eigenschaften vorteilhaft. Die technisch eingesetzten Kunststoffe enthalten im allgemeinen verschiedene Zusatzstoffe, z. B. zur besseren Verarbeitbarkeit, zur thermischen bzw. Ultraviolett-Stabilisierung und zur Einfärbung, die mitunter in kleinen Partikeln lokalisiert sein können. Die Anordnung der anorganischen Stoffe gehört im weiteren Sinne auch zur Morphologie der Polymere.

Einen großen Einfluß auf die Morphologie übt die Weiterverarbeitung der Polymere, d. h. vor allem die thermische und mechanische Beanspruchung nach der Polymerisation, aus. Die Vielzahl der Parameter während der Polymerisation und der Weiterverarbeitung ergibt eine große Vielfalt der Morphologie der Polymere. Eine entsprechende Mannigfaltigkeit liegt auch bei den physikalischen Eigenschaften der Polymere vor, denn das Verhalten der Polymere wird unmittelbar durch ihre Morphologie bestimmt. Dagegen übt die molekulare Struktur im allgemeinen nur einen indirekten Einfluß aus, indem durch sie innerhalb weiter Grenzen die Möglichkeiten für das Verhalten abgesteckt werden. Erst die Ausbildung der übermolekularen Struktur (der Morphologie) legt das konkrete Eigenschaftsbild fest. Die Kenntnisse über das Verhalten der Polymere stehen im Vergleich zu der seit wesentlich längerer Zeit betriebenen Werkstofforschung, z. B. der Metalle, noch am Anfang. Untersuchungen zur Aufklärung der Morphologie und ihres Einflusses auf das Verhalten der Polymere unter den verschiedenartigen Beanspruchungsbedingungen gewinnen sowohl für die Grundlagenforschung als auch für die Werkstoffanwendung zunehmend an Bedeutung. Derartige Kenntnisse dienen letztlich der Entwicklung von polymeren Werkstoffen mit neuen und gezielt verbesserten Gebrauchseigenschaften.

Die zentrale Methode zur Aufklärung der vielschichtigen Morphologie der Polymere ist die EM. Die in den letzten Jahren erreichten Ergebnisse bei der Erforschung der Morphologie beruhen sowohl auf gerätetechnischen Fortschritten als insbesondere auch auf neuartigen und verbesserten Präparationsmethoden. Auf die Anforderungen und Besonderheiten bei der Untersuchung polymerer Stoffe im Unterschied zu den anorganischen Festkörpern wird im folgenden Abschnitt eingegangen. Danach werden die in den wichtigsten Polymerklassen auftretenden Arten der Morphologie beschrieben. In Abschn. 15.3. wird auf die Veränderung der Morphologie durch Verarbeitungseinflüsse und auf Strukturen eingegangen, die sich erst während der Anfangsstadien der mechanischen Deformation bilden und eine dominierende Rolle im Bruchverhalten der Polymere spielen.

15.1. Präparations- und Untersuchungsverfahren

Die Präparationstechniken zur Untersuchung kompakter Polymere unterscheiden sich von den Techniken für die anorganischen Materialien. Das übliche Verfahren der chemischen oder elektrolytischen Abdünnung (vgl. Anhang 2.) versagt bei Polymeren, da diese in Lösungsmitteln stark quellen und nicht schichtweise abgebaut werden. Informationen über die Morphologie werden hauptsächlich auf zwei Wegen erhalten:
a) über geeignet hergestellte und vorbehandelte Oberflächen und
b) über Dünnschnitte aus dem kompakten Material.

Zu a): Die eigentlichen Oberflächen der Polymere sind durch die Verarbeitung so stark modifiziert, daß sie bis auf Ausnahmen (eventuell bei frei abgekühlten Folien und Fasern) keine Informationen über die innere Morphologie enthalten. Aussagekräftiger sind oftmals Bruchflächen des kompakten Materials. Deren Herstellung erfolgt zumeist bei tieferen Temperaturen (z. B. der Temperatur des flüssigen Stickstoffs), damit nicht durch plastische Deformationen Strukturen über-

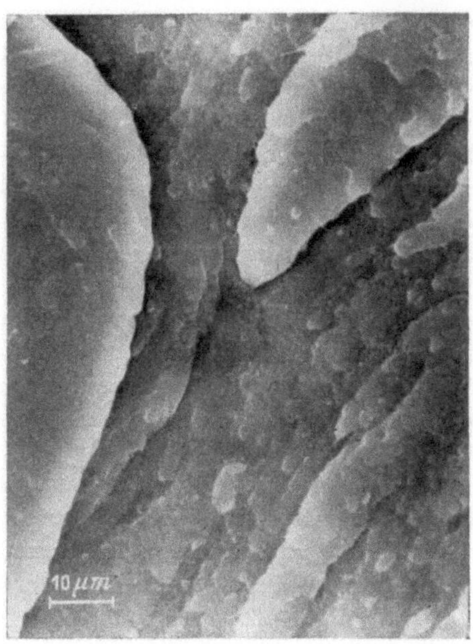

Abb. 15.1   Aufbau von PVC aus Körnern unterschiedlicher Größe auf einer Tieftemperatur-Bruchfläche im REM

Der Bruch erfolgte zumeist entlang der Grenzflächen zwischen den Körnern und legte so den Kornaufbau frei.

deckt werden. Der Bruch erfolgt dann mitunter entlang morphologischer Details, wie z. B. Korngrenzen in Homopolymeren (vgl. Abb. 15.1), Lamellen in teilkristallinen Polymeren (vgl. Abb. 15.6) oder Phasengrenzen in Mehrphasenpolymeren. Eine verstärkte Reliefentwicklung ist durch selektives Anätzen mit geeigneten Lösungsmitteln möglich, wobei hierfür auch von polierten Oberflächen ausgegangen wird. Häufig wird auch die Methode der Ionenätzung oder die für Polymere weitaus effektivere Ätzung im aktivierten Sauerstoff angewendet [1—4]. Bei unterschiedlicher Zerstäubungs- bzw. Abbaugeschwindigkeit einzelner Probenbereiche (kristalline Gebiete, Polymerphasen, Korngrenzen, anorganische Füllstoffe) entstehen Ätzfiguren, die allerdings fast nur in ihren Anfangsstadien das Probengefüge widerspiegeln. In späteren Stadien bilden sich oft stationäre Ätzbilder, die in starkem Maße von den Versuchsbedingungen beeinflußt sind und daher die Gefahr von Artefakten bergen.

Die Untersuchung der so „entwickelten" Oberflächen kann mittels der Abdrucktechnik erfolgen, wobei infolge der schlechten Ablösbarkeit des Abdruckfilms von der Polymeroberfläche zumeist zweistufige Verfahren (z. B. über galvanisch mit Cu verstärkte Ag-Matrize oder über polymeren Matrizenabdruck) angewendet werden müssen. Noch am Abdruckfilm anhaftende Polymerreste können durch Ätzung im aktivierten Sauerstoff oder durch thermischen Abbau im Hochvakuum [5] entfernt werden. In den letzten Jahren ist neben die Abdrucktechnik die Raster-Elektronenmikroskopie (REM) getreten, für die nur eine Bedampfung der Oberflächen zumeist mit C oder C/Au notwendig ist. Dem großen Vorteil der bequemeren Probenpräparation steht aber der Nachteil der geringeren Auflösung gegenüber, die für Polymere praktisch nicht besser als wenige 10 nm ist. Die Anwendung des

REM ermöglicht über den Materialkontrast auch die Abbildung von Einschlüssen schwererer Elemente, wie sie in anorganischen Füllstoffen oder selektiv mit Schwermetallatomen kontrastierten Bereichen vorliegen (Übersichten über die Anwendung der REM sind z. B. in [6, 7] gegeben).

Zur Untersuchung von Oberflächenstrukturen ist auch die Methode der Golddekoration (s. Kap. 7.) getestet worden, die aber auf zu große Schwierigkeiten beim Ablösen des Filmes stößt [8]. Sie ergab aber an direkt durchstrahlbaren Lösungsfilmen teilkristalliner Polymere, daß eine bevorzugte Anlagerung der Goldpartikeln an den Grenzen zu den kristallinen Gebieten erfolgt [9, 10].

Eine selten verwendete und hauptsächlich vom Zufall abhängige Methode ist der „Oberflächenabriß". Beim Abziehen geeigneter Matrizenmaterialien von der Polymeroberfläche können — insbesondere nach einer Aktivierung der Oberfläche in der Sauerstoffentladung [1, 3] — dünne Polymerschichten abgetrennt werden, die anschließend direkt durchstrahlbar sind [11].

Die bisher genannten Methoden sind nur für Polymere anwendbar, die deutlich verschiedene Bereiche enthalten, entlang derer sich der Bruch ausbreitet, oder die selektiv geätzt werden können. Daher sind diese Methoden oftmals und insbesondere zur Aufdeckung feinerer Strukturdetails nicht anwendbar.

Zu b): Die alternative und durch wesentliche gerätetechnische und präparative Fortschritte in den letzten 10 bis 15 Jahren nahezu universell einsetzbare Methode ist die Ultramikrotomie. Hierbei werden aus dem Probeninneren dünne, direkt durchstrahlbare Schnitte erhalten (vgl. Anhang 2.). Die Ultramikrotomie ist eine mechanische Trenntechnik, bei der die Erfolge wesentlich von der Kompression und plastischen Verformbarkeit des Polymers in Verbindung mit den Schneideparametern (Messerwinkel, Freiwinkel, Schneidegeschwindigkeit) abhängen [12, 13].

Harte und sprödartige Polymere, wie Polystyren, Polymethylmethacrylat und Polyvinylchlorid, können nach Herstellung und Trimmen der Probekörper unmittelbar ohne jede weitere Vorbehandlung gut geschnitten werden. Mechanisch zu instabile Proben, wie Fasern und Folien, werden vor dem Schneiden eingebettet (zumeist in Epoxidharz), wobei auf eine gute Adhäsionsbindung zu achten ist. Weiche Polymere oder Polymere mit weicheren Anteilen müssen vor dem Schneiden gehärtet werden. Hierfür bestehen prinzipiell zwei Möglichkeiten:

— *Härtung auf chemischem Wege*: Die Probekörper werden mit geeigneten chemischen Mitteln behandelt, die durch Anlagerungs- und Vernetzungsreaktionen zu einer Verhärtung bzw. Versprödung führen. Da dieser Angriff zumeist selektiv erfolgt, ergibt sich als positiver Nebeneffekt eine Kontrastierung bestimmter Polymergebiete, die mitunter durch eine gezielte Nachkontrastierung noch verstärkt werden kann. Häufigste Anwendungen sind die Darstellung der Lamellen in teilkristallinen Polymeren (vgll Abb. 15.8) und der Kautschukphase in schlagzähen Polymerkombinationen (vgl. Abb. 15.4).

— *Härtung auf physikalischem Wege*: Weiche Polymere, die durch Bestrahlung stärker vernetzen als abgebaut werden, können durch γ- oder Elektronenbestrahlung mit Dosen von einigen Megagray (MGy) bis zu wenigen 10 MGy so

stark vernetzt und gehärtet werden, daß eine gute Schneidbarkeit im Ultramikrotom erreicht wird [14]. Zunehmend breite Anwendung findet die Kryo-
Ultramikrotomie, bei der die Polymere unter ihren Glasumwandlungspunkt ab-
gekühlt und erst dann geschnitten werden [15, 16, 17]. Die Proben müssen sich
einige 10 °C unter ihrer Glastemperatur befinden, da während des Schneide-
vorganges lokale Temperaturerhöhungen auftreten, die von verschiedenen Autoren unterschiedlich bis zu 100 °C abgeschätzt werden [18]. Besonders bewährt
hat sich die Kryo-Ultramikrotomie zur Untersuchung teilkristalliner Polymere,
insbesondere von Polyethylen (vgl. Abb. 15.7).

Wichtig für eine erfolgreiche Ultramikrotomie ist die optimale Abstimmung aller
Schneideparameter. Für die meisten Polymere können Glas- und Diamantmesser
gleich gut angewendet werden, während in einigen Fällen (z. B. für Polyethylen)
Erfolge leichter mit Diamantmessern zu erhalten sind. Allgemein ist darauf zu
achten, daß auch trotz guter Herstellbarkeit von Ultradünnschnitten Artefakte
durch lokale plastische Deformationen, Verschmierungen und Oberflächenstrukturen (Scharten, Chatter, Falten) auftreten können [13].

Eine quantitative Auswertung morphologischer Details auf den Ultradünnschnitten kann z. T. recht aufwendig sein, da der Schnitt nur eine schmale Schicht
des dreidimensionalen Gefüges enthält. So kann neben speziellen Auswertungsverfahren die Herstellung von Stereoaufnahmen oder die bei biologischen Objekten
öfter praktizierte Untersuchung aufeinanderfolgender Schnitte in einem Schnitt-
band notwendig werden. Wesentliche Vorteile bringt hierbei das Höchstspannungs-
Elektronenmikroskop (HEM; s. Kap. 4.), mit dem bis zu einige Mikrometer
dicke Polymerproben untersuchbar sind. Da mit der Schnittdicke die Wahrscheinlichkeit für das Auftreten der wahren Teilchendurchmesser wächst, kann die Auswertung der Größe teilchenförmiger Strukturen erleichtert werden.

Ein allgemeines Problem bei der Untersuchung der Polymere ist der oftmals zu
geringe Kontrast zwischen den verschiedenen Strukturdetails, der sich aus ihrem
Aufbau aus zumeist den gleichen leichten Atomen ergibt. Zur Kontrasterhöhung
können verschiedene Methoden der Objektbehandlung angewendet werden, wie die
Entwicklung eines Oberflächenreliefs durch die schon erwähnten Verfahren der
selektiven chemischen und Ionenätzung, die Verstärkung eines Reliefs durch Ober-
flächenschrägbeschattung und durch die verschiedenen Arten der Volumen-
kontrastierung über selektive Einlagerung von Stoffen, die schwere Atome enthalten [19].

Der Einfluß der Elektronenbestrahlung auf die Polymere während der Untersuchung im Mikroskop ist generell wesentlich stärker als bei den anorganischen
Materialien. Die Grundprozesse bei der Bestrahlung sind Kettenspaltung, Abbau
und Vernetzung. Das führt zu den direkten Effekten von Masseverlust, Veränderung des Kontrastes und Verlust der Kristallinität. Sekundäreffekte sind Proben-
erwärmung, elektrostatische Aufladung und Kontamination der Probenoberflächen. Übersichten über diese Bestrahlungsschäden von Polymeren finden sich bei
GRUBB [20] und REIMER [21]. Die Strahlungsempfindlichkeit ist um so stärker, je
geringer der Kohlenstoffanteil im Polymer ist: sie nimmt in der Reihenfolge PS,

PE, PC, PMMA, PVC zu [22]. Durch geeignete experimentelle Möglichkeiten kann die Schädigungsgeschwindigkeit reduziert werden: Eine Kühlung der Proben ist nur bei Polymeren effektiv, die eine Vernetzungstendenz aufweisen (bei Polyethylen bringt eine Kühlung auf 18 K eine Verbesserung um einen Faktor 3) [20, 23]. Bei Zunahme der Strahlspannung nimmt die Schädigungsgeschwindigkeit ab; sie sinkt bei Übergang von 50 auf 100 kV auf die Hälfte und bei Übergang von 100 kV auf 1MV auf ein Drittel [23—25]. Eine Reduzierung der Strahlbelastung ist möglich, wenn mit einem Bildverstärker gearbeitet werden kann [25] und wenn zur Aufnahme hochempfindliches Photomaterial verwendet wird [26). Die Reduzierung der Strahlschädigung auf etwa die Hälfte soll durch Benutzung eines Raster-Transmissions-Elektronenmikroskops (STEM) gegenüber dem konventionellen Transmissions-Elektronenmikroskop (TEM) möglich sein, wobei die hierfür unterschiedlichen Gründe diskutiert werden [27].

Wie stark störend die Strahlungsschädigung auftritt, hängt außer von den Operationsbedingungen auch vom Ziel der Untersuchung ab. In amorphen Materialien interessiert die allgemeine Morphologie, die durch die molekularen Prozesse während der Bestrahlung im allgemeinen nicht verändert wird. In teilkristallinen Polymeren interessiert dagegen auch die kristalline Struktur, die relativ schnell zerstört wird und daher wesentlich schwerer zu beobachten ist. Außerdem können in den kristallinen Gebieten Dimensionsänderungen auftreten, durch die dann auch die Morphologie beeinflußt wird. Solche Veränderungen wurden ausführlich an Polyethylen untersucht [20, 28—30] und werden kurz in Abschn. 15.2. beschrieben.

Die Methode der HEM hat für die Untersuchung von Polymeren außer der erwähnten reduzierten Strahlungsbelastung und der leichteren Auswertung räumlicher Strukturen auf den dickeren Schnitten noch weitere wesentliche Vorteile: Die bis zu einigen Mikrometern dicken Schnitte sind deutlich steifer als die nur etwa 0,1 μm dicken Ultradünnschnitte und sind daher oftmals ohne eine vorhergehende Härtung im Ultramikrotom schneidbar. Das ist z. B. für die Untersuchung schlagzäher Mehrphasenpolymere interessant, wenn die eingesetzten Elastphasen nicht chemisch gehärtet werden können [31]. Anorganische Partikeln in Polymerverbunden haben oftmals Größen bis in den μm-Bereich und sind daher auch nur in entsprechend dicken Schnitten erfaßbar.

Außerdem ist an dicken, nicht weiter vorbehandelten Schnitten im HEM in Verbindung mit einem Dehntisch eine unmittelbare Untersuchung der bei mechanischer Deformation auftretenden Strukturen möglich [31] (s. Abschn. 15.3.).

15.2. Morphologie verschiedener Polymerklassen

Amorphe einphasige Polymere. Zu dieser Gruppe gehören die glasartigen Polymere, wie Polystyren (PS) und Polymethylmethacrylat (PMMA), weitere harte Thermoplaste, wie Polyvinylchlorid (PVC), Polycarbonat (PC), und andere. In den meisten dieser Polymere sind Strukturen gefunden worden: So berichten

YEH und GEIL in zahlreichen Arbeiten, daß sie in PS, PC und anderen Polymeren mit der Abdrucktechnik und Dunkelfeldmikroskopie jeweils ziemlich ähnliche Granularstrukturen mit ca. 3 bis 7 nm großen Domänen erhalten haben [32—35]. Über analoge Ergebnisse an Glaspolymeren wird in [36] und an PMMA in [37] berichtet. Übersichten hierzu finden sich in [38, 39]. Oftmals ist aber eine Struktur an den Polymeren im Ausgangszustand nicht nachweisbar, sondern erst nach einer geeigneten Vorbehandlung, insbesondere nach Ionenätzung (an PC [40]) bzw. Ätzung im aktivierten Sauerstoff (an heißgerecktem PS [41]). Über die Entstehung der Kontraste und über die zugrunde liegenden Strukturen in den Polymeren bestehen allerdings noch beträchtliche Unklarheiten [42, 43].

Genauere Kenntnisse bestehen über PVC. Analog zu dem in eingehenden Untersuchungen gefundenen Domänenaufbau der Pulverkörner der verschiedenen PVC-Typen (Emulsions-, Suspensions- und Masse-PVC) besitzt auch das kompakte Material eine deutliche Morphologie. Sie zeigt sich im REM nach Ionenätzung [44] oder wie bei Abb. 15.1 auf Tieftemperatur-Bruchflächen. Es ist deutlich ein gestaffelter Aufbau aus unterschiedlich großen Körnern oder Domänen mit Durchmessern von weniger als 1 µm über einige µm bis zu mehreren 10 µm zu erkennen. Diese klare Unterscheidbarkeit beruht auf dem zwischen den Körnern („interkristallin") erfolgten Bruch und deutet damit auf die Schwachstellen innerhalb des PVC-Materials hin. Diese Grenzschichten sind gleichzeitig bevorzugte Anlagerungsstellen für verschiedene Zusätze und Hilfsstoffe zum PVC. Das kann auch gezielt zur Strukturdarstellung ausgenutzt werden, indem die Proben mit Kontrastiermitteln behandelt werden, wie z. B. in Abb. 15.2 mit Chlorsulfonsäure und Osmiumtetroxid. Durch eine punktartige Kontrastierung sind die Grenz-

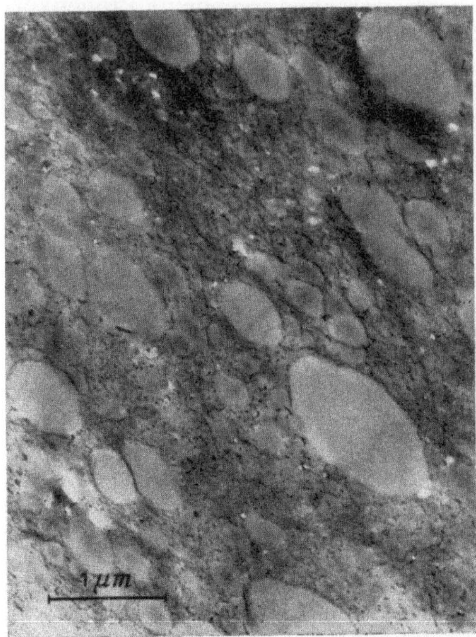

Abb. 15.2 Kornaufbau von PVC auf einem kontrastierten Ultradünnschnitt im TEM

Durch Behandlung mit Chlorsulfonsäure und Osmiumtetroxid sind die Grenzflächen zwischen den Körnern selektiv kontrastiert.

schichten zwischen den Domänen markiert. Das Innere sowohl der ca. 0,2 μm kleineren als auch der bis über 1 μm größeren Domänen ist nicht angegriffen; das deutet auf eine ungestörtere Molekülpackung als in den Grenzschichten hin.

Amorphe mehrphasige Polymere. Die Morphologie dieser Polymere kann je nach ihrer Herstellung sehr vielfältig sein. In den aus zwei verschiedenen Arten von Monomeren aufgebauten Block-Kopolymeren kommt es infolge von Unverträglichkeiten zur Phasentrennung und zur Zusammenlagerung gleichartiger Sequenzen in Aggregaten, deren Form (Kugeln, Zylinder, Lamellen) von den Mengenverhältnissen der beiden Anteile abhängt und die z. T. über größere Entfernungen periodisch angeordnet sind. Zahlreiche Untersuchungen hierzu erfolgten an Butadien-Styren-Blockpolymeren, bei denen die Butadienaggregate leicht mit OsO_4 kontrastiert werden können [39, 45]. Eine schwach ausgeprägte Domänenstruktur wurde in einigen Styren-Acrylnitril-Kopolymeren (SAN) mit einer speziellen Technik im HEM gefunden [46]. In Abb. 15.3 ist ein Ausschnitt aus einem Deformationsgebiet vor einer Rißspitze in SAN gezeigt, in dem ca. 0,1 μm kleine hellere Domänen zu erkennen sind. Außerhalb des Deformationsgebietes, d. h. ohne Dehnung, erscheint die Probe strukturlos (im Bild oben und unten). Die Domänen unterscheiden sich in ihrer Zusammensetzung aus Styren und Acrylnitril etwas von der Umgebung (S:AN = 75:25), wobei aber der Dichteunterschied für eine unmittelbare Erkennbarkeit im EM nicht ausreicht. Da die Domänen jedoch eine etwas größere Dehnbarkeit als die Umgebung besitzen, treten sie bei Dehnung zunehmend heller hervor. Durch eine derartige Dehnung von Dünnschnitten im Dehntisch des HEM ist eine „Kontrastentwicklung" und damit ein Strukturnachweis auch dann noch möglich, wenn die Dichteunterschiede relativ gering sind und eine selektive Kontrastierung nicht erfolgen kann. Die Untersuchung von Semidünnschnitten im HEM ergab, daß ohne irgendeine Probenvor-

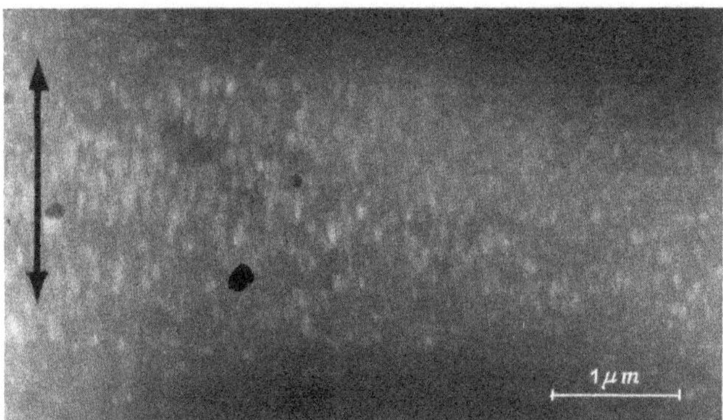

Abb. 15.3   Domänenstruktur in einem SAN-Kopolymer nach geringer Dehnung eines 0,5 μm dicken Schnittes im HEM

Die Domänen sind nur in dem schmalen Deformationsgebiet vor der Rißspitze infolge ihrer etwas stärkeren Dehnbarkeit erkennbar; Dehnungsrichtung s. Pfeil

behandlung ein Kontrast zwischen verschiedenen Gebieten erkennbar ist, wenn deren Dichteunterschiede 10 bis 15% übersteigen.

Eine große praktische Bedeutung haben die Strukturuntersuchungen bei den schlagzähen kautschukmodifizierten Polymeren erlangt, da deren mechanische Eigenschaften in sehr klarer Abhängigkeit zur Zweiphasen-Morphologie stehen. Die Untersuchung der Verteilung der beiden Polymerphasen ,d. h. im allgemeinen der weichen Kautschukteilchen in der Hartpolymermatrix, erfolgte anfangs mit verschiedenen Methoden. Über zweistufige Abdrücke wurden Gefrierbruchflächen [47] und selektiv chemisch geätzte Oberflächen [47—50] untersucht. Als Ätzmedien wurden Isopropanol, das bevorzugt die Polystyrenmatrix angreift [47, 48] bzw. Chromschwefelsäure u. ä., die hauptsächlich die Kautschukpartikeln herauslösen [49, 50], verwendet. Wesentlich leichter und besser sind Ergebnisse mit Hilfe der Ultramikrotomie nach vorangegangener Härtung und Kontrastierung der Kautschukphase zu erhalten. Diese chemische Vorbehandlung erfolgt für Butadienkautschuk vor allem mit Osmiumtetroxid, das hierfür erstmals von KATO [51] benutzt wurde und seitdem eine breite Anwendung erfahren hat. Durch die Einwirkung von Osmiumtetroxid werden die Doppelbindungen im Kautschuk aufgespalten, die OsO_4-Moleküle angelagert und dadurch der Kautschuk vernetzt, gehärtet und infolge der Dichteerhöhung stark kontrastiert. Die Kautschukphase erscheint daher im elektronenmikroskopischen Bild wesentlich dunkler als das Hartpolymer. Typische Zweiphasenstrukturen von schlagzähen Polymersystemen zeigt Abb. 15.4. In den Beispielen a, b und c ist die Kautschukphase dispers im Hartpolymer verteilt: Teilbild a enthält runde Partikeln mit Durchmessern von einigen 0,1 μm in einem ABS-Pfropfpolymer (Acrylnitril-Butadien-Styren), Teilbild b zeigt unregelmäßig geformte Gebilde in einer ABS-Mischung und Teilbild c größere Kautschukpartikeln mit einem wabenförmigen Innenaufbau und eingelagerten PS-Partikeln in einem schlagzähen Polystyren. Teilbild d zeigt ein schlagzähes PVC (Pfropfpolymeres aus PVC und Ethylenvinylazetat (EVAc)), in dem eine umgekehrte Phasenverteilung vorliegt, d. h., die EVAc-Kautschukphase ist durchgängig waben- oder netzartig angeordnet, und die Hartpolymerphase aus PVC ist darin in kleineren Partikeln verteilt.

Die Einlagerung der OsO_4-Moleküle in die Kautschukphase führt zu einer geringen Zunahme ihres Volumens von wenigen Prozent [52], die höchstens für sehr exakte Teilchengrößenbestimmungen zu beachten wäre. Wesentlich stärker ist der schon erwähnte Einfluß der unterschiedlichen Lagen der Dünnschnitte durch die Partikeln („Tomatenscheibenproblem"). Kautschukartige Polymere ohne die reaktionsfreudigen Doppelbindungen können nicht unmittelbar mit Osmiumtetroxid gehärtet und kontrastiert werden. Mitunter wird aber nach einer geeigneten chemischen Vorbehandlung eine Reaktion möglich, z. B. bei den EVAc-Elasten nach Verseifung in methanolischer Natronlauge [53] (angewendet bei der Probe von Abb. 15.4d). Die unterschiedlichen Zweiphasenstrukturen der verschiedenen schlagzähen Polymere sind in ihrer Abhängigkeit von den Herstellungsbedingungen in zahlreichen Arbeiten zusammengestellt (z. B. in [46, 54, 55]). Als eine besondere Struktureinheit kann die sich zwischen den verschiedenen Polymerphasen ausbildende Grenzschicht aufgefaßt werden. Ihre Dicke liegt oft-

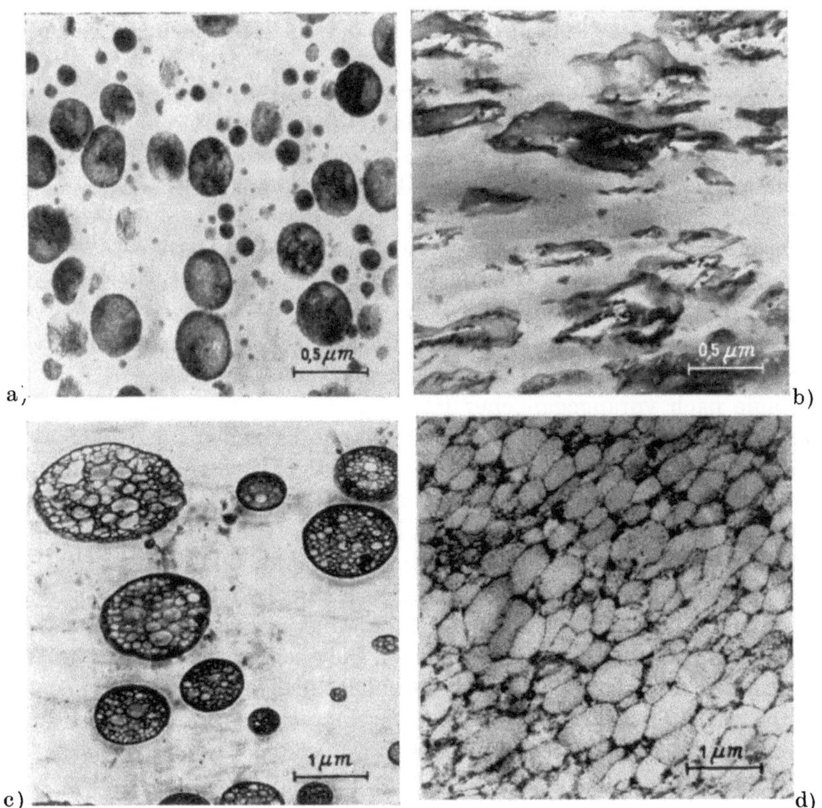

Abb. 15.4   Zweiphasenstrukturen verschiedener kautschukmodifizierter, schlagzäher
Polymere in kontrastierten Ultradünnschnitten im TEM

Härtung und Kontrastierung der Kautschukphase durch Osmiumtetroxid, bei d) nach
vorangegangener Verseifung in methanolischer Natronlauge a) ABS-Pfropfpolymer;
b) ABS-Mischpolymer; c) PS-schlagzäh-Pfropfpolymer; d) PVC/EVAc-Pfropfpolymer

mals unter 10 nm und hängt bei den Pfropfpolymeren vom Herstellungsprozeß und
bei den Mischpolymeren vom Maß der Teilverträglichkeit der Polymertypen ab.
Der elektronenmikroskopische Nachweis der Grenzschicht wird durch geringe
Dichteunterschiede und schlechte Kontrastierbarkeit erschwert. Mitunter ist eine
Markierung entlang der Grenzschicht möglich, wenn sie infolge der stark gestörten
Molekülanordnung einen hohen Anteil an Leerstellen oder Mikrohohlräumen ent-
hält, in denen Kontrastiermittel, wie OsO_4, adsorbiert werden.

Die in Polymermischungen zwischen den üblicherweise unverträglichen Polymer-
anteilen noch mögliche partielle Verträglichkeit äußert sich nicht nur in der Ausbildung einer mehr oder weniger dicken Grenzschicht, sondern auch sehr stark in
der Morphologie, d. h. der Größe und Gestalt der einzelnen Polymerphasen. Das
zeigt sich z. B. deutlich an Mischungen mit Kopolymeren als Elastphase, deren
Zusammensetzung und damit Verträglichkeit zum Hartpolymer variiert wird, wie
in Mischungen aus PVC und Nitrilkautschuk mit Acrylnitrilanteilen von 0 bis

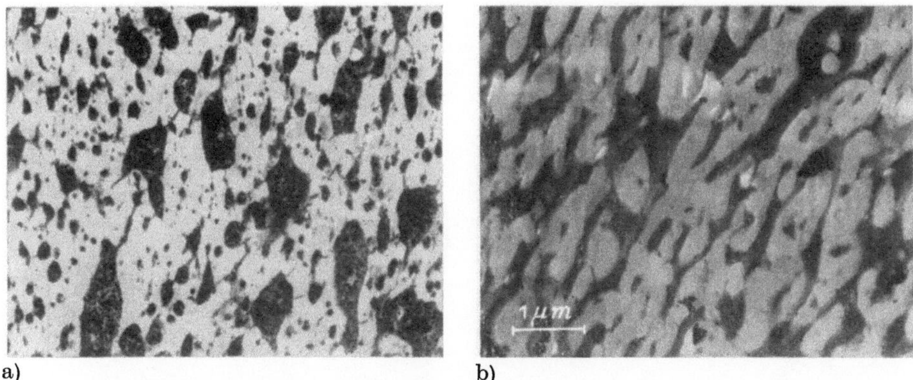

a) b)

Abb. 15.5 Einfluß der Teilverträglichkeit zwischen Hartpolymer und Kautschuk auf
die Zweiphasenstruktur in Polymermischungen

kontrastierte Ultradünnschnitte, Kautschukphase dunkel
Eine unterschiedliche Zusammensetzung des Kautschuks (Kopolymer) führt a) bei geringer
Teilverträglichkeit zu dispergierten Kautschukteilchen, b) bei stärkerer Teilverträglichkeit
zu mehr miteinander verbundener Kautschukphase.

40% [56]. Mit Zunahme des Acrylnitrilanteils wird die partielle Verträglichkeit
größer, und die Morphologie ändert sich von isolierten, wohldefinierten Kautschukteilchen über miteinander verschmolzene Partikeln zu einem Netzwerk aus Kautschuk mit eingelagerten Inseln des Hartpolymers. Entsprechende Beispiele von
Mischungen mit unterschiedlicher Elastzusammensetzung zeigt Abb. 15.5, links
mit einer geringeren und rechts mit einer etwas größeren Teilverträglichkeit zum
Thermoplast.

Die Verteilung anorganischer Komponenten in pigmentierten, füllstoff- und
faserverstärkten Polymeren wird an Bruchflächen über Zweistufenabdrücke bzw.
im REM bestimmt [57]. Sehr kleine Partikeln unterhalb 0,1 µm können auch über
Ultradünnschnitte erfaßt werden. Größere Farb- und Füllstoffpartikeln mit Abmessungen bis zu wenigen Mikrometer sind sehr gut auf entsprechend dicken Semidünnschnitten im HEM untersuchbar [46]. An den Semidünnschnitten kann auch
eine Bestimmung der Zusammensetzung der Partikeln mittels Röntgenspektrometrie (im STEM) erfolgen.

Teilkristalline Polymere. Die Kenntnis der Morphologie teilkristalliner Polymere
aus elektronenmikroskopischen Untersuchungen stammte in der Vergangenheit
hauptsächlich von direkt durchstrahlbaren, dünnen Lösungs- oder Schmelzfilmen,
da die Untersuchung des kompakten Festkörpers erhebliche experimentelle
Schwierigkeiten bereitete. Mit der Abdrucktechnik wurden an frei kristallisierten
Oberflächen von Polyethylen je nach der Kristallisationstemperatur lamellare oder
sphärolithische Strukturen gefunden [58]. Auf glatten Oberflächen sind nach Ätzung
in der Gasentladung Sphärolithstrukturen nachweisbar (s. z. B. in [29]). Tieftemperatur-Bruchflächen lassen z. T. auch Strukturen erkennen, insbesondere die
deutlich ausgeprägten Lamellen in hochdruckkristallisiertem Polyethylen [59].

Abb. 15.6   *Extended-chain*-Kristalle in hochdruckkristallisiertem, linearem Polyethylen
auf einer Tieftemperatur-Bruchfläche (zweistufiger Abdruck)

Abbildung 15.6 zeigt einen zweistufigen Abdruck der Bruchfläche von bei 230 °C
und 500 MPa kristallisiertem linearem PE, der die Kristallamellen in ihrem Querschnitt mit einem charakteristischen, stufenförmigen Bruchrelief wiedergibt. Die
Breite der Lamellen entspricht jeweils etwa der Länge der gestreckten Makromoleküle (*extended-chain*-Kristalle).

In den letzten Jahren hat die Kryo-Ultramikrotomie zur Untersuchung teilkristalliner Polymere zunehmend an Bedeutung gewonnen. Mittels Kryo-Dünnschnitten ist vor allem der sphärolitische Aufbau von PE hoher Dichte [16, 17, 28]
und niedriger Dichte [16, 29] untersucht worden. Den charakteristischen Aufbau
von PE niedriger Dichte zeigen die folgenden Abbildungen: Auf Abb. 15.7 sind einzelne Sphärolithe mit z. T. unterschiedlichem Flächenkontrast zu erkennen. Die

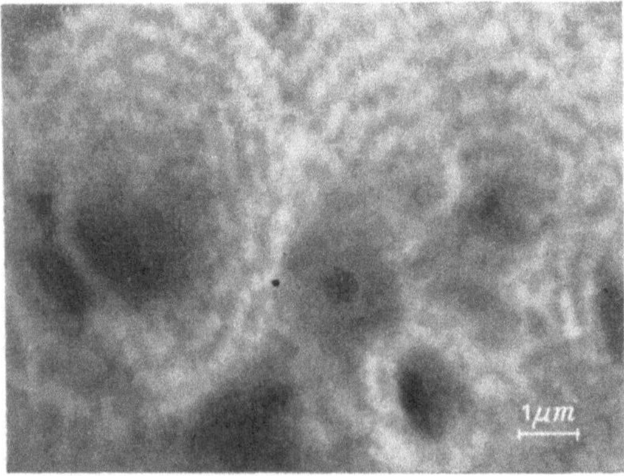

Abb. 15.7   Sphärolithe mit Innenaufbau aus konzentrischen Ringen in PE niedriger
Dichte in einem Kryo-Dünnschnitt

Begrenzungen sind meist geradlinig, d. h., die Sphärolithe sind im allgemeinen unregelmäßig geformte Polyeder. Im Inneren der mehrere μm großen Sphärolithe
sind um einen dunkleren Zentralfleck konzentrisch angeordnete Ringe vorhanden,
die wellenförmig oder gezackt sind und schmale Linien in radialer Orientierung enthalten. Ganz analoge Strukturen wurden auch an Dünnschnitten aus Probe-
körpern erhalten, die durch γ-Bestrahlung gehärtet wurden [60]. An Kryo-Dünnschnitten sind bessere Auflösungen als etwa 50 nm aufgrund zu geringer bzw.
fehlender natürlicher Kontraste nicht möglich. Diese Schwierigkeit kann durch eine
Nachkontrastierung der Dünnschnitte oder einfacher durch die chemische Härtung
und Kontrastierung der Probekörper mit nachfolgender Herstellung der Dünnschnitte überwunden werden. Nach früheren Versuchen der Behandlung von Polyethylen mit Osmiumtetroxid und Jod [16] wurde ein wesentlicher Fortschritt mit
der von Kanig [61—63] eingeführten Anwendung von Chlorsulfonsäure und Uranylacetat erzielt. Hierbei erfolgt ein bevorzugter Angriff auf die amorphen Gebiete
bzw. genauer auf die Grenzschichten zu den kristallinen Gebieten mit gutem
Härtungs- und Kontrastiereffekt. Die auf diese Art sichtbar gemachte Struktur
eines gleichmäßig ausgebildeten Sphäroliths gibt Abb. 15.8 a wieder. Die schmalen,

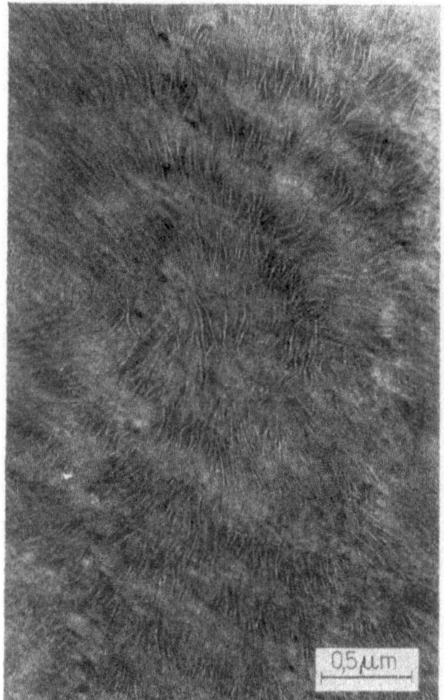
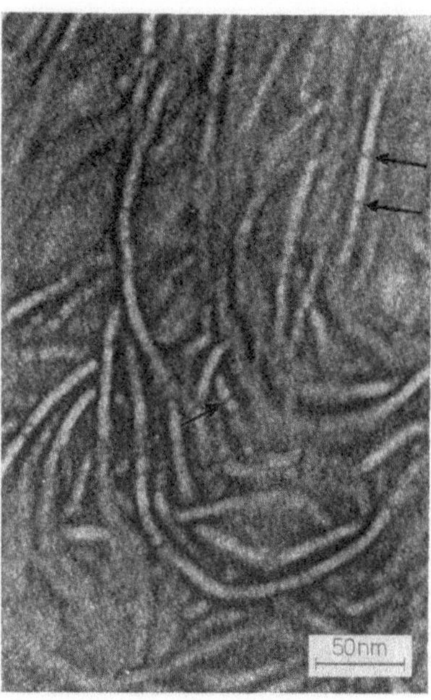

Abb. 15.8   Innenaufbau eines Sphäroliths in PE niedriger Dichte mit Lamellen in
einem mit Chlorsulfonsäure/Uranylacetat kontrastiertem Ultradünnschnitt,
Lamellenkristalle erscheinen heller als nichtkristallines Material.

a) Die Lamellen verlaufen vom Zentrum fächerförmig nach entgegengesetzten Richtungen
und haben entlang der konzentrischen Ringbereiche jeweils gleiche Orientierung. b) Struktur der Lamellen in hoher Vergrößerung, besonders stark sind die Grenzflächen entlang
der Lamellen und die Störschichten im Lamellen-Inneren (s. Pfeile) kontrastiert.

24*

hellen Linien sind die Lamellen; sie verlaufen vom Zentrum des Sphäroliths (Lamellenbündel in der Bildmitte) fächerförmig nach entgegengesetzten Richtungen auseinander. Dabei ändern die Lamellen periodisch ihre Orientierung, so daß konzentrische helle und dunkle Ringe entstehen, wie sie auch auf Abb. 15.7 zu sehen sind. Die Lamellen in hoher Vergrößerung zeigt Abb. 15.8b. Sie verlaufen gerade oder bogenförmig. Gut ist die verstärkte Kontrastierung der ca. 1,5 bis 2 nm dicken Grenzschichten zwischen den Lamellen und der amorphen Umgebung zu erkennen. Auch im Inneren der Lamellen sind parallel zur Molekülrichtung kontrastierte Linien vorhanden (s. Pfeile in Abb. 15.8b); es handelt sich dabei um Störschichten im kristallinen Aufbau.

Die an Abb. 15.7 beschriebenen Kontraste auf den Kryo-Dünnschnitten sind nicht von vornherein vorhanden, sondern entwickeln sich erst unter dem Einfluß der Elektronenbestrahlung. Da diese Veränderungen schon bei geringen Bestrahlungsdosen ablaufen, sind zu ihrer Beobachtung kleine Strahlintensitäten im EM notwendig. Die Verfolgung der Veränderungen in Kryo-Schnitten von PE niedriger Dichte wurde durch die Anwendung der HEM [29] und insbesondere in Verbindung mit hochempfindlichem Photomaterial (Röntgenfilm mit ca. 60fach höherer Empfindlichkeit als die üblichen Elektronenplatten) möglich: Unmittelbar nach Beginn der elektronenmikroskopischen Beobachtung sind schon konzentrische Ringstrukturen ähnlich wie auf Abb. 15.7 zu erkennen, hier aber als Ergebnis von Beugungskontrast. Dem entspricht ein Beugungsdiagramm mit mehreren scharfen Beugungsringen (durch die im Probenausschnitt im allgemeinen vorhandenen unterschiedlichen Lamellenorientierungen entstehen keine Punktreflexe). Mit fortschreitender Bestrahlung verschwindet der Beugungskontrast. Erst nach weiterer Bestrahlung treten die konzentrischen Ringe wieder kontrastreicher hervor und bleiben dann stabil, jetzt aber infolge des für die Abbildung von amorphen Objekten zutreffenden Streuabsorptionskontrastes. Parallel treten auch die dunkleren Zentralflecke in den Sphärolithen auf. Analoge Veränderungen wurden auch an PE hoher Dichte von DLUGOSZ, GRUBB und KELLER [20, 28, 30] gefunden, die auch die Erklärung für die Kontrastveränderungen gaben [20, 30]: Das schnelle Verschwinden der Beugungsreflexe beruht auf einer in den Lamellen stattfindenden Vernetzung der Makromoleküle. Damit sind Kontraktionen der Lamellen in Dickenrichtung und wegen der Volumenkonstanz entsprechende laterale Dilatationen verbunden. Diese führen infolge der gedrehten Lamellen zur Entstehung periodischer Verdickungen und Verdünnungen und ergeben damit über den Streuabsorptionskontrast die konzentrischen Ringe. Derartige Veränderungen zeigen sich in den durch Chlorsulfonsäure chemisch gehärteten Proben nicht mehr.

Teilkristalline Strukturen zeigen auch kautschukartige Polymere [64] und spezielle Verarbeitungsformen der Polymere, wie Folien [62] und Fasern [65].

15.3. Morphologie und mechanische Eigenschaften

Die Morphologie der Polymere wird in starkem Maße durch die Verarbeitung beeinflußt. Das ist von großer praktischer Bedeutung, da in dieser letzten Stufe vor

der Anwendung der Polymeren mit der Morphologie vor allem die mechanischen
Eigenschaften des Endproduktes festgelegt werden. Durch eine nicht optimale
Verarbeitung können an sich vorhandene gute Eigenschaften des polymeren Ausgangsmaterials zerstört werden und Gebrauchsgegenstände verminderter Qualität
entstehen.

In teilkristallinen Polymeren reagieren die Sphärolithe am empfindlichsten auf
Verarbeitungseinflüsse. Durch mechanische Belastungen wird die Form und durch
die Abkühlgeschwindigkeit die Größe und Innenstruktur der Sphärolithe beeinflußt [29].

In den schlagzähen Polymeren mit teilchenförmiger Kautschukphase kommt es
in Abhängigkeit von der Spritzgießtemperatur (und damit der Größe der Scherkräfte) zu Orientierungen der Partikeln und des Matrixmaterials und zu entsprechend
unterschiedlichen Eigenschaften [31, 66]; z. B. ergibt die Reduzierung der Spritzgießtemperatur von 280 °C auf 220 °C bei einem ABS-Kunststoff mit kleinen Partikeln eine Abnahme der Kerbschlagzähigkeit von 14 kJ/m² auf 5,5 kJ/m² [66].
Noch stärker ist die Abhängigkeit von der Verarbeitung bei den schlagzähen Systemen mit wabenförmiger Elastphase, wie bei den PVC/EVAc-Pfropfpolymeren
(vgl. Abb. 15.4d): Mit Zunahme der Verarbeitungstemperatur oder der Verarbei-
tungsdauer kommt es zu einer Zerstörung des netzwerkartigen Elastaufbaus mit
Übergang zu einer zunächst dispersen Verteilung der EVAc-Phase und schließlich
zu einer weitgehenden Durchmischung beider Polymerphasen [67]. In Abb. 15.9
ist dieser Zerstörungsprozeß in einem PVC/EVAc-Pfropfpolymer mit 10% EVAc
als Ergebnis zunehmender Walzzeiten bei einer Walztemperatur von 180 °C zu
sehen. Aufnahme a) zeigt das System nach 7,5 min Walzzeit mit deutlich ausgeprägter Wabenstruktur des Elastes und PVC-Globulen mit Durchmessern um etwa
1 μm. Die EVAc-Phase ist mit OsO₄ deutlich kontrastiert. Nach 15 min Walzzeit
(Teilbild b) hat der Prozeß des Eindringens des EVAc in das PVC und das Ver-

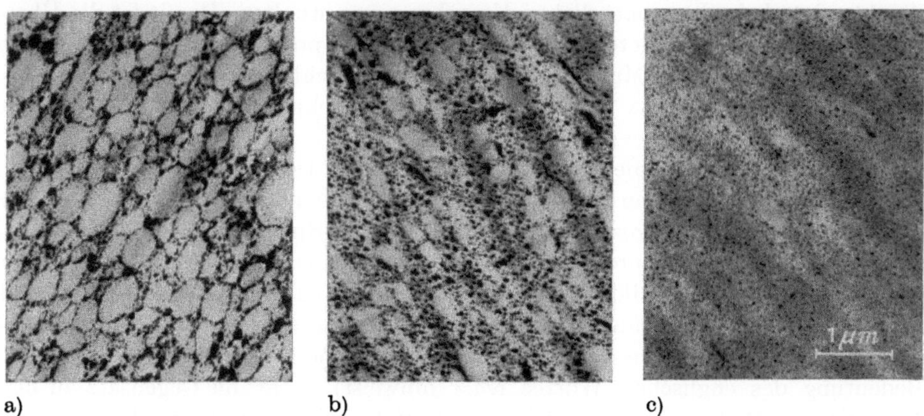

a)   b)   c)

Abb. 15.9   Zerstörung der Wabenstruktur in PVC/EVAc-Pfropfpolymeren durch die
             Verarbeitung

Zunahme der Walzzeit: a) 7,5 min; b) 15 min; c) 20 min. Kontrastierte Ultradünnschnitte,
EVAc-Phase dunkel

schmelzen der PVC-Globulen begonnen, der nach 20 min (Teilbild c) nahezu abgeschlossen ist. Bei einer Erhöhung der Walztemperatur tritt diese Zerstörung in einem relativ engen Temperaturintervall von 10 bis 20 °C auf. Parallel mit dem Abbau der Wabenstruktur findet ein drastischer Abfall der Zähigkeit statt. Analoge enge Kopplungen zwischen Morphologie und Eigenschaften wurden auch bei anderen schlagfesten Mischungen von PVC mit Elasten gefunden [57]. Das Auflösen der Wabenstruktur entspricht dem Verschmelzen der PVC-Partikeln im Homo-PVC [44, 57].

Auch bei den Polymermischungen besteht ein sehr starker Verarbeitungseinfluß, da hier die Teilchenform nicht wie in den Pfropfpolymeren ABS und PS-schlagzäh durch Pfropfung und Vernetzung stabilisiert ist. Die Morphologie stellt sich daher je nach Teilverträglichkeit (vgl. Abb. 15.5) und Volumenanteil der Polymerphasen sowie nach der Mischintensität (Scherkräfte, Temperatur, Dauer) unterschiedlich ein. Durch Variation der Herstellungsbedingungen in Verbindung mit elektronenmikroskopischer Kontrolle kann die für die jeweilige Anwendung optimale Morphologie realisiert werden.

Bei den mehrphasigen Polymersystemen ist der Einfluß der Morphologie auf die mechanischen Eigenschaften schon relativ gut überschaubar. Diese Beziehungen werden durch die bei mechanischer Belastung ablaufenden Mikroprozesse und Mikromechanismen vermittelt [68, 69]. Zur Bestimmung dieser Mikromechanismen können Bruchflächen im REM untersucht werden (Fraktographie — vgl. Kap. 14.) [70]. Eine direkte Untersuchung der Mikroprozesse wird durch die HEM ermöglicht, indem bis zu einigen Mikrometern dicke Schnitte aus dem kompakten Polymermaterial im Dehntisch des Mikroskops bis zum Bruch deformiert werden. Die Beobachtung der entstandenen Deformationsstrukturen erfolgt entweder parallel zur Verformung (*in-situ*) oder zur Vermeidung von Bestrahlungseinflüsen jeweils nach der Verformung [31, 71]. Der Vorteil dieser Methode beruht darauf, daß die Semidünnschnitte oftmals schon dick genug sind, um die charakteristischen Strukturdetails in ihrer natürlichen Umgebung zu enthalten. Damit ist die Übertragbarkeit der beobachteten Mikrostrukturen und -prozesse auf den kompakten Festkörper möglich. Die Mikromechanismen in den schlagzähen Polymersystemen aus harter Polymermatrix und eingelagerten Kautschukteilchen hängen eng mit der Bildung der sog. *crazes* zusammen.

Crazes sind für verschiedene Polymere typische Deformationsstrukturen. In glasartigen und ähnlichen Polymeren entstehen sie nach Dehnungen von nur wenigen Prozent. Die *crazes* werden im deutschen Sprachgebrauch gelegentlich auch als Trübungs-, Umordnungs- oder Fließzonen bezeichnet. In der Art ihrer Entstehung (spontane Bildung senkrecht zur größten Hauptzugspannung) und in ihrer Form (schmal, länglich, keilförmig, scharf zur Umgebung begrenzt) erinnern sie an die Mikrorisse in den anorganischen Materialien (worauf auch die Bedeutung des englischen Wortes *craze* hinweist). Aber im Gegensatz zu den Mikrorissen enthalten die *crazes* Polymermaterial, sind am Lasttragen beteiligt und können unter geeigneten Umständen auch zu einer wesentlichen Verbesserung der mechanischen Eigenschaften der Polymere führen. Einige Beispiele für Strukturen von *crazes* in Polystyren geben die Abb. 15.10 und 15.11. Sie wurden mit

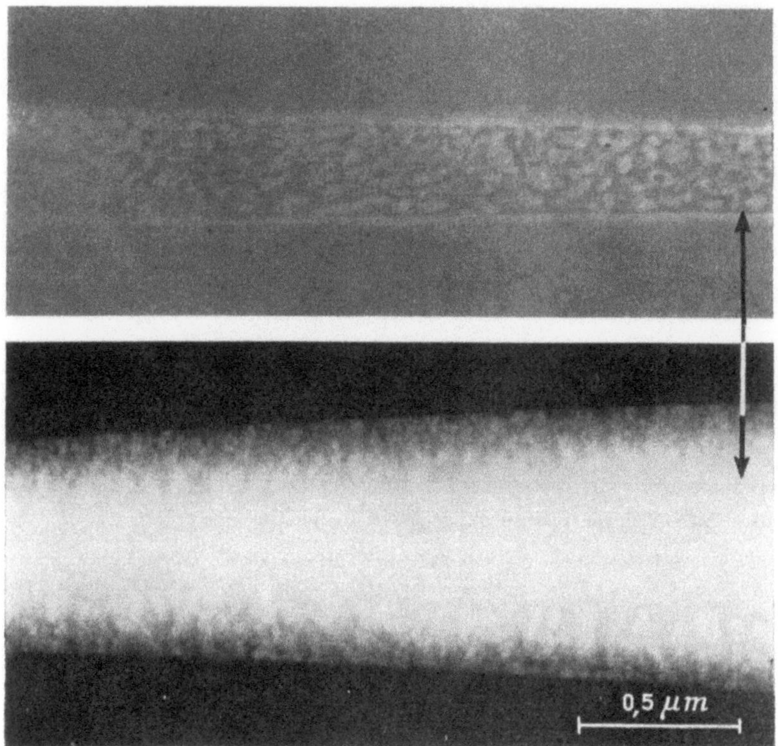

Abb. 15.10   Struktur eines *craze* in Polystyren zu Beginn der Entstehung (a) und nach fortgeschrittenem Wachstum (b)

gedehnter Semidünnschnitt im HEM, Dehnungsrichtung s. Pfeil

der schon erwähnten Methode der Deformation von ca. 1 bis 2 μm dicken Schnitten im HEM erhalten [71]. Abb. 15.10 zeigt die Struktur eines *craze* in Polystyren an seiner Spitze, d. h. zu Entstehungsbeginn (Teilbild a), und in einem späteren Wachstumsstadium (Teilbild b). Der *craze* besteht aus einer bandförmigen Aneinanderreihung lokaler Deformationsstellen, die zu Beginn Durchmesser von wenigen 10 nm haben und später zu maximal 100 nm großen Mikrohohlräumen aufreißen. Die Anfangsstruktur ähnelt sehr der Domänenstruktur in dem SAN-Kopolymer von Abb. 15.3 und läßt analog zu der dortigen Argumentation den Schluß zu, daß auch im Polystyren eine Domänenstruktur oder gebietsweise unterschiedlich dichte Molekülpackung vorhanden ist. Das entspricht der Vorstellung von KAUSCH [69], wonach sich die *crazes* durch Dekohäsion der Molekülknäuel an den Stellen, an denen nur eine geringe Durchdringung vorliegt, und durch nachfolgende plastische Deformation benachbarter miteinander verknüpfter Knäuel bilden. Auch ARGON [72] diskutiert die *craze*-Entstehung als Folge von Heterogenitäten im Glaspolymer, durch die es zu einer inhomogenen Spannungsverteilung mit lokalen Spannungs-

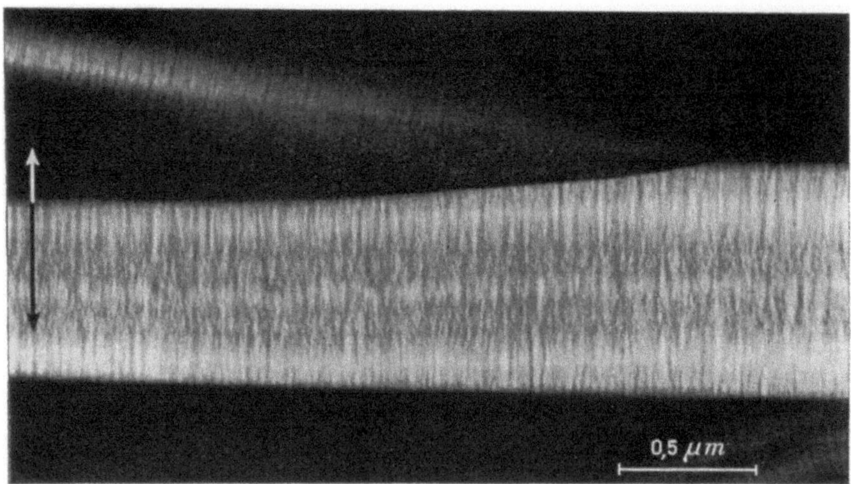

Abb. 15.11   *Craze* in Polystyren mit ausgeprägter Fibrillenstruktur

gedehnter Semidünnschnitt im HEM, Dehnungsrichtung s. Pfeil

konzentrationen und damit zur Bildung von Poren und im weiteren der *crazes* kommt.

Die Struktur der *crazes* kann sowohl innerhalb eines Materials als auch zwischen verschiedenen Polymeren sehr unterschiedlich sein [71, 73]. Außer der kleinporigen Struktur wie bei Abbildung 15.10 kann der *craze* aus großen Hohlräumen (Durchmesser: mehrere 0,1 μm) oder im Gegenteil aus sehr feinstrukturiertem Material bestehen. Als charakteristisch kann die in Abb. 15.11 gezeigte Fibrillenstruktur gelten. Zwischen länglichen Mikrohohlräumen ist das Polymermaterial zu Fibrillen mit Dicken bis zu einigen 10 nm verstreckt. Durch etwas größere Hohlräume in der *craze*-Mitte und an den Rändern entsteht eine Strukturierung innerhalb des Fibrillenaufbaues. Über elektronenmikroskopische Untersuchungen der *crazes* existieren zahlreiche Arbeiten und Übersichtsartikel (z. B. [74—76]). Andersartige deformationsbedingte Strukturen treten z. B. in teilkristallinen Polymeren nach großen Reckgraden auf, indem aus Sphärolithen und Lamellen (wie in den Abbildungen 15.7 und 15.8) Mikrofibrillen entstehen. Diese sind die Grundelemente der faserförmigen Polymere (PETERLIN, z. B. [77]).

Die Bildung der *crazes* wird stark durch die Morphologie der Polymere beeinflußt. Sind in dem Glaspolymer Kautschukpartikeln eingelagert (schlagzähe Polymere — vgl. Abb. 15.4), so werden zahlreiche kleine *crazes* gebildet, wie Abb. 15.12 an einem Semidünnschnitt eines schlagzähen Polystyrens nach Dehnung im HEM zeigt. Die Kautschukpartikeln sind in Lastrichtung verlängert und erscheinen aufgrund ihrer geringeren Dichte heller als die Polystyrenmatrix. An den Äquatorzonen der Partikeln treten lokale Spannungskonzentrationen auf, die zur Bildung der *crazes* führen. Die *crazes* breiten sich orthogonal zur Lastrichtung aus und zeigen eine feinfibrillierte Innenstruktur. Die Breite und Länge der *crazes* wird durch die

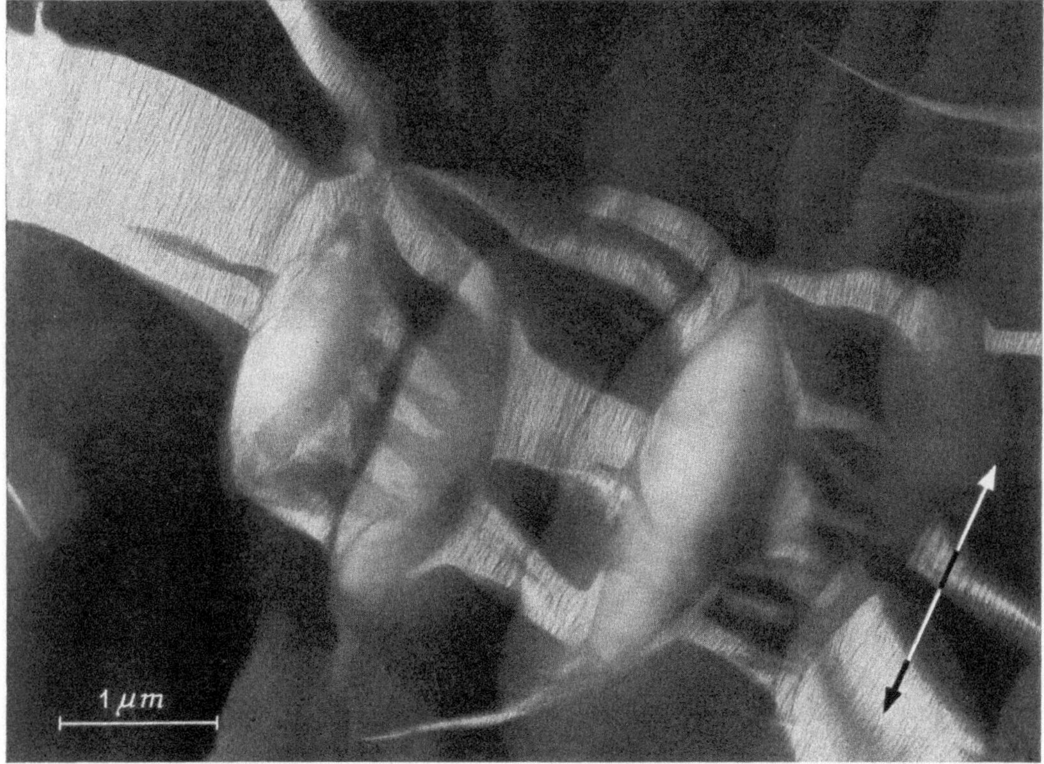

Abb. 15.12 Zahlreiche kleine *crazes* in einem kautschukmodifizierten, schlagzähen Polystyren nach Dehnung

Semidünnschnitt im HEM, Dehnungsrichtung s. Pfeil

Größe und den Abstand der Kautschukpartikeln bestimmt. Das gesamte Volumen der zahlreichen *crazes* ist gegenüber dem Ausgangs-Glaspolymer stark vergrößert und führt, da die Bildung der *crazes* plastische Energie erfordert, zu einer wesentlichen Zunahme der Bruchzähigkeit. Wichtig ist hierbei auch, daß die Kautschukteilchen als Rißstopper wirken, so daß eine vorzeitige Rißausbreitung verhindert wird. Durch die Modifizierung der *craze*-Bildung infolge einer geeigneten Morphologie kann somit eine Verbesserung der mechanischen Eigenschaften erreicht werden. Auf der Grundlage quantitativer Auswertungen der Dehnversuche dünner Polymerproben im HEM wurden präzisierte qualitative und z. T. auch halbquantitative Beziehungen zwischen der Morphologie, den Mikromechanismen bei Deformation und Bruch und der Bruchzähigkeit aufgestellt [46, 78].

Die Erkenntnisse über die schlagzähen Polymersysteme sind ein Beispiel dafür, daß durch eine genaue elektronenmikroskopische Bestimmung der Morphologie und die Ermittlung der mechanischen Mikroprozesse gezielte Hinweise zur Verbesserung der Polymereigenschaften gegeben werden können.

15.4. Literatur

[1] JAKOPIC, E., Proc. 2. Europ. Reg. Conf. El. Micr., Delft 1960, Vol. I, p. 559.
[2] SPIT, B. J., Polymer 4 (1963) 109.
[3] GEYMAYER, W. F., Proc. 6. Int. Congr. El. Micr., Kyoto 1966, Vol. I, p. 273.
[4] SPIT, B. J., Faserforsch. Textiltech. 18 (1967) 161.
[5] MARICHIN, V. A.; MJASNIKOVA, L. P., Prib. Tekh. Eksp. 15 (1970) 196.
[6] HOLM, R., Angew. Chem. 83 (1971) 632.
[7] HOLM, R.; REINFANDT, B., Z. Werkstofftech. 9 (1978) 153.
[8] GROTHE, H.; SCHIMMEL, G., Proc. 4. Europ. Reg. Conf. El. Micr., Rom 1968, Vol. I, p. 513.
[9] BASSETT, G. A.; BLUNDELL, D. J.; KELLER, A., J. Macromol. Sci. B 1 (1967) 161.
[10] SPIT, B. J., J. Macromol. Sci. B 2 (1968) 45.
[11] PREUSS, H. H. W., Plaste Kautsch. 22 (1975) 958.
[12] SITTE, H., Proc. 4. Int. Congr. El. Micr., Berlin 1958, Vol. II, p. 63.
[13] BLACK, J. T., Appl. Polym. Symp. 16 (1971) 105.
[14] HENDUS, H., Angew. Makromol. Chem. 12 (1970) 1.
[15] GORELIK, B. M.; ŠICHAREVIČ, J. G.; BUCHINA, M. F., Sawodsk. Lab. 32 (1966) 202.
[16] ANDREWS, E. H.; BENNETT, M. W.; MARKHAM, A., J. Polym. Sci. A-2 5 (1967) 1235.
[17] PULLEN, S. F., et al., Proc. 5. Europ. Reg. Conf. El. Micr., Manchester 1972, p. 258.
[18] APPLETON, T. C., J. Microsc. (London) 100 (1974) 49.
[19] BELAVCEVA, E. M., Gumargalieva, K. Z., Usp. Chim. 37 (1968) 712.
[20] GRUBB, D. T., J. Mater. Sci. 9 (1974) 1715.
[21] REIMER, L., Review of the radiation damage problem of organic specimens in electron microscopy. In: Physical Aspects of Electron Microscopy and Microbeam Analysis. Eds.: B. M. SIEGEL, D. R. BEAMAN. — New York: Wiley & Sons Ltd. 1975, p. 231.
[22] VESELY, D.; Low, A.; BEVIS, M., The beam damage of amorphous polymers. In: Developments in Electron Microscopy and Analysis (Proc. EMAG, Bristol 1975). — London/New York: Academic Press 1976, p. 333.
[23] GRUBB, D. T.; GROVES, G. W., Philos. Mag. 24 (1971) 815.
[24] RICHARDSON, M. J.; THOMAS, K., Proc. 5. Europ. Reg. Conf. El. Micr., Manchester 1972, p. 562.
[25] THOMAS, E. L.; AST, D. G., Polymer 15 (1974) 37.
[26] BOUDET, A.; KUBIN, L. P., Proc. 9. Int. Congr. El. Micr., Toronto 1978, Vol. I, p. 498.
[27] KRAUSE, S. J.; ALLARD, L. F.; BIGELOW, W. C., Proc. 9. Int. Congr. El. Micr., Toronto 1978, Vol. I, p. 496.
[28] DLUGOSZ, J.; KELLER, A., J. Appl. Phys. 39 (1968) 5776.
[29] MICHLER, G. H.; TIERSCH, B.; PURZ, H.-J., Acta Polym. 30 (1979) 529.
[30] GRUBB, D. T.; KELLER, A., J. Mater. Sci. 7 (1972) 822.
[31] MICHLER, G. H.; GRUBER, K., Plaste Kautsch. 23 (1976) 346, 496.
[32] YEH, G. S. Y.; GEIL, P. H., J. Macromol. Sci. B 1 (1967) 235, 251.
[33] KLEMENT, J. J.; GEIL, P. H., J. Macromol. Sci. B 5 (1971) 505; B 6 (1972) 31.
[34] YEH, G. S. Y., J. Macromol. Sci. B 6 (1972) 451, 465; Pure Appl. Chem. 31 (1972) 65.
[35] GEIL, P. H., J. Macromol. Sci. B 12 (1976) 173.
[36] SCHOON, T. G. F., Brit. Polym. J. 2 (1970) 86.

[37] Rochow, T. G., J. Appl. Polym. Sci. **9** (1965) 569.

[38] Geil, P. H., Ind. Eng. Chem. Prod. Res. Dev. **14** (1975) 59.

[39] Kämpf, G., Progr. Colloid Polym. Sci. **57** (1975) 249.

[40] Frank, W.; Goddar, H.; Stuart, H. A., J. Polym. Sci. **B 5** (1967) 711.

[41] Grosskurth, K. P., Gummi Asbest Kunststoffe **25** (1972) 1159.

[42] Lebedev, V. P.; Romanov, V. D.; Bort, D. N.; Aržakov, S. A., Vysokomol. Soed. **A 18** (1976) 85.

[43] Fischer, E. W., Proc. 4. Int. Conf. Physics of Non-Crystalline Solids, Clausthal-Zellerfeld 1976, p. 34.

[44] Menges, G.; Berndtsen, N., Kunststoffe **66** (1976) 735.

[45] Kämpf, G.; Hoffmann, M.; Krömer, H., Ber. Bunsenges. Phys. Chem. **74** (1970) 851, 859.

[46] Michler, G. H., Dissertation. Halle. 1977.

[47] Williams, R. J.; Hudson, R. W. A., Polymer **8** (1967) 643.

[48] Keskkula, H.; Traylor, P. A., J. Appl. Polym. Sci. **11** (1967) 2361.

[49] Bucknall, C. B.; Drinkwater, I. C.; Keast, W. E., Polymer **13** (1972) 115.

[50] Kato, K., Polymer **8** (1967) 33.

[51] Kato, K., J. Electron Microsc. **14** (1965) 220; Kolloid Z. Z. Polym. **220** (1967) 24.

[52] Kämpf, G.; Schuster, H., Angew. Makromol. Chem. **14** (1970) 111.

[53] Jyo, Y.; Nozaki, C.; Matsuo, M., Macromolecules **4** (1971) 517.

[54] Moore, J. D., Composites **4** (1973) 118.

[55] Echte, A., Angew. Makromol. Chem. **58/59** (1977) 175.

[56] Matsuo, M.; Nozaki, C.; Jyo, Y., J. Electron Microsc. **17** (1968) 7.

[57] Kämpf, G., Angew. Makromol. Chem. **60/61** (1977) 297.

[58] Vettegren, V. I.; Marichin, V. A.; Mjasnikova, L. P.; Čmel, A., Vysokomol. Soed. **A 17** (1975) 1546.

[59] Schaper, A.; Kupfer, R., Faserforsch. Textiltech./Z. Polymerforsch. **29** (1978) 245.

[60] Michler, G. H.; Gruber, K., Acta Polym. **33** (1982) im Druck.

[61] Kanig, G., Kolloid Z. Z. Polym. **251** (1973) 782.

[62] Kanig, G., Kunststoffe **64** (1974) 470.

[63] Kanig, G., Prog. Colloid Polym. Sci. **57** (1975) 176.

[64] Seward, R. J., Rubber Chem. Technol. **43** (1970) 1.

[65] Hearle, J. W. S.; Simmens, S. C., Polymer **14** (1973) 273.

[66] Ramsteiner, F., Kunststoffe **67** (1977) 517.

[67] Michler, G.; Wolf, H.-J.; Thümmler, W., unveröffentlichte Ergebnisse.

[68] Retting, W., Angew. Makromol. Chem. **58/59** (1977) 133.

[69] Kausch, H. H., Angew. Makromol. Chem. **60/61** (1977) 139.

[70] Engel, L.; Klingele, H.; Ehrenstein, G.; Schaper, H., Rasterelektronenmikroskopische Untersuchungen von Kunststoffschäden. — München: Carl Hanser-Verlag 1978.

[71] Michler, G. H.; Gruber, K.; Pohl, G.; Kästner, G., Plaste Kautsch. **20** (1973) 756.

[72] Argon, A. S.; Hannoosh, J. G.; Salama, M. M., Proc. 4. Int. Conf. on Fracture, Waterloo 1977, Vol. I., p. 445.

[73] Michler, G. H., Kristall Tech. **14** (1979) 1357.

[74] Beahan, P.; Bevis, M.; Hull, D., J. Mater. Sci. **8** (1973) 162.

[75] Rabinowitz, S.; Beardmore, P., Craze formation and fracture in glassy polymers. In: Crit. Rev. Macromol. Sci. Ed.: E. Baer: — Ohio: Chemic. Rubber Co. Press 1972, p. 1.

[76] Kambour, R. P., J. Polym. Sci. Macromol. Rev. **7** (1973) 1.

[77] Peterlin, A., Adv. Chem. Ser. **142** (1975) 1.

[78] Michler, G. H., Plaste Kautsch. **26** (1979) 497, 680.

Für Polymere verwendete Akürzungen:

PS   — Polystyren
PMMA   — Polymethylmethacrylat
SAN   — Styren-Acrylnitril-Kopolymerisat
PC   — Polycarbonat
PVC   — Polyvinylchlorid
PE   — Polyethylen
ABS   — Acrylnitril-Butadien-Styren-Polymerisat
EVAc   — Ethylen-Vinylacetat-Kopolymerisat

16. Defekte in Halbleitern und Bauelementestrukturen

R. Gleichmann, M. Pasemann, H. Blumtritt, H. Johansen

Das vorliegende Kapitel, das die Möglichkeiten und Grenzen der elektronenmikroskopischen Abbildungsverfahren bei der Untersuchung von Halbleitern und Bauelementestrukturen darlegen soll, beschränkt sich bezüglich der ausgewählten Beispiele vorzugsweise auf das in der Mikroelektronik eingesetzte Silicium. Andere Halbleiter-Materialien, wie z. B. die vor allem in der Optoelektronik eingesetzten Verbindungshalbleiter, lassen sich in völlig analoger Weise untersuchen, sofern geeignete elektronenmikroskopische Präparationsverfahren zur Verfügung stehen.

Die für die Halbleiterbauelementefertigung zumeist eingesetzten Silicium-Einkristalle stellen derzeit das technologisch am besten beherrschte Material mit der höchsten chemischen und strukturellen Perfektion dar, obwohl sie auch weiterhin einer ständigen Weiterentwicklung und Qualitätsverbesserung unterworfen werden müssen. Dabei ist zu bedenken, daß zur Erzielung der gewünschten Bauelementeparameter diese Perfektion des Siliciums auch während der weiteren Prozeßschritte, die zum Teil eine außerordentlich starke thermische Belastung mit sich bringen, weitestgehend erhalten bleiben muß. Nur so war es möglich, in den letzten drei Jahrzehnten solche technologischen Fortschritte zu erreichen, die — angefangen bei der Herstellung erster Transistoren — die Fertigung zehntausender Bauelemente auf einer Fläche von wenigen Quadratmillimetern erlauben. Aus ökonomischen Gründen ist dabei eine ständige Prozeß- und Materialüberwachung unumgänglich, um die Bildung von Fehlern zu erfassen und ihrer Entstehung entgegenwirken zu können.

Als geeignete Untersuchungsmethode wurden neben speziellen elektrischen Meßverfahren zunächst die Lichtmikroskopie — unter gleichzeitiger Anwendung von Ätztechniken — und die Röntgentopographie eingesetzt. Mit steigendem technologischem Niveau ist jedoch zunehmend der Einsatz der wesentlich höher auflösenden elektronenmikroskopischen Verfahren notwendig geworden. Hier wären hauptsächlich die vielfältigen Möglichkeiten des Raster-Elektronenmikroskops (REM) zu nennen, das neben hoher Auflösung und Tiefenschärfe bei der Oberflächenabbildung gleichzeitig die Möglichkeit der Mikroanalyse bietet und unter Ausnutzung des Potentialkontrastes die Beobachtung statischer und dynamischer Schaltzustände erlaubt. Darüber hinaus gestattet die sogenannte EBIC-Technik — bei dafür geeigneten Halbleitern auch die Katodolumineszenztechnik — die Lokalisierung elektrischer Schwachstellen sowie die Untersuchung von Kristallbaufehlern und ihrer Wirksamkeit (vgl. Kap. 6.).

Die Transmissions-Elektronenmikroskopie (TEM), die meist einen großen Präparationsaufwand erfordert, wird bei Halbleiteruntersuchungen für die Strukturanalyse in kleinen Bereichen (Feinbereichsbeugung) und im wesentlichen für die Abbildung von Kristalldefekten eingesetzt (s. Kap. 11.). Hier ist eine präzise räumliche Lokalisierung von Defektstrukturen, die Möglichkeit der hohen Auflösung und die Defektanalyse mittels Beugungskontrastmethoden von Bedeutung. Infolge der häufig bis zu einigen Mikrometern in das Substratmaterial reichenden aktiven Bereiche der Bauelemente ist zu deren vollständiger Erfassung der Einsatz der Höchstspannungs-Elektronenmikroskopie (HEM; s. Kap. 4.) erforderlich, die eine Defektabbildung selbst in Präparaten mit 6 ··· 8 µm Dicke gestattet.

Da die einzelnen elektronenmikroskopischen Methoden im allgemeinen keine umfassenden bzw. statistisch abgesicherten Aussagen liefern, ist deren Ergänzung durch Korrelation untereinander bzw. durch Übersichtsmethoden (z. B. Ätztechniken) und elektrische Messungen unumgänglich. Sehr gute Untersuchungsmöglichkeiten bietet daher in diesem Zusammenhang das Raster-Transmissions-Elektronenmikroskop (STEM), das alle elektronenmikroskopischen Techniken und Analysenmethoden in sich vereinigt.

Im folgenden sollen einige Einsatzmöglichkeiten der Elektronenmikroskopie (EM) im Bereich der Halbleiter- und Bauelementeuntersuchungen aufgezeigt werden, wobei die angewandten Methoden und das Vorgehen bei der Fehleranalyse stets von der oft sehr unterschiedlichen Problemstellung abhängen. Entsprechend dem Hauptanwendungsgebiet der mikroskopischen Techniken werden dabei im Mittelpunkt der Betrachtungen Kristalldefekte und deren Wirkung stehen, die zwar mit zunehmender Beherrschung der technologischen Prozesse ausbeute- und qualitätsbestimmend werden können, in der Regel aber nur einen Teil der möglichen Ausfallursachen ausmachen. Hier sei bemerkt, daß z. B. Versetzungen aufgrund ihrer Getterwirkung auch die Bauelementequalität verbessern können; wesentlich ist die Verhinderung eines unkontrollierten Auftretens von Kristallbaufehlern. Das Kapitel behandelt sowohl Kristalldefekte des Ausgangsmaterials (einschl. Nachtemperungen) als auch als Folge realer Prozeßschritte entstehende Kristallbaufehler. Ein kurzer letzter Abschnitt ist verschiedenartigen Fehlern der Oberflächenschichten von Bauelementestrukturen gewidmet (Isolatorschichten, Metallisierung). Trotz Beschränkung auf das z. Z. in der Halbleitertechnik zum größten Teil eingesetzte Grundmaterial Silicium und notwendigerweise unvollständiger Behandlung der umfangreichen Defektproblematik sollten Wert und potentielle Möglichkeiten der elektronenmikroskopischen Methoden bei der Charakterisierung von Defekten in Halbleiterstrukturen zum Ausdruck kommen.

16.1.   Kristalldefekte in Silicium: Defekte des Ausgangsmaterials

Mit dem Einsatz von Kristallscheiben größeren Durchmessers ist es notwendig geworden, versetzungsfreie Silicium-Einkristalle zu züchten, bei denen die Getterwirkung der eingewachsenen Versetzungen hinsichtlich der Punktdefekte (Eigenfehlstellen und Fremdatome) nicht mehr zur Wirkung kommt. Ein Teil dieser Punktdefekte kann deshalb bereits in der Abkühlphase der Kristallzüchtung zur Clusterbildung führen. Entsprechend den Züchtungsbedingungen und dem damit verbundenen inhomogenen Einbau von Fremdatomen im Kristall (*striations*), lagern sich diese Cluster auf spiraligen Ebenen an und liegen — im Kristallängsschnitt gesehen — parallel zu den Wachstumsflächen bzw. sind wirbelartig auf den Kristallscheiben verteilt. Das Auftreten solcher Mikrodefekte in *floating-zone* Kristallen (FZ) — infolge ihrer Verteilung auf den Scheiben als *swirls* bezeichnet — wurde unter Verwendung von speziellen Ätzmethoden beispielsweise durch PLASKETT, DE KOCK u. a. [1—5] und mittels Röntgenmethoden nach Metalldekoration (z. B. [1, 6—10]) untersucht. DE KOCK beobachtete zwei Arten von Defekten unterschiedlicher Größe (A- und B-*swirl*-Defekte) mit einer Dichte der A-*swirls* um $10^6 \cdots 10^7$ cm^{-3} bzw. mit einer bis zu Größenordnungen höheren Dichte für B-*swirls*. Die experimentellen Befunde deuten dabei darauf hin, daß die kleineren B-*swirls* Vorstufen der A-*swirls* darstellen [7]. Hierzu wird eine Umwandlung lockerer Eigenfehlstellencluster in eine energetisch günstigere planare Atomanordnung angenommen.

Mit den beschriebenen Methoden ist es möglich, den Zusammenhang zwischen Züchtungsbedingungen und Verteilung bzw. Dichte der Defekte zu untersuchen; sie geben jedoch keine Aufschlüsse über deren Natur und Entstehung. Angesichts der geringen Defektdichte ist aber der Einsatz der konventionellen TEM (durchstrahlbares Volumen in der Größenordnung von 10^{-8} cm^3) nicht sinnvoll. Erst die Verwendung der HEM in Verbindung mit Großflächenpräparationstechniken [11] und modifizierter SIRTL-Ätzung (Hügelätzung) [12] ermöglicht die elektronenmikroskopische Abbildung von A-*swirls* [13—18], während eine zweifelsfreie Beobachtung von B-Clustern nicht möglich scheint [17]. Die Abbildung eines A-Defektes, bestehend aus einem Agglomerat stark dekorierter Versetzungsschleifen, ist in Abb. 16.1a zu sehen. Mittels Beugungskontrast- und Stereoanalysen läßt sich nachweisen, daß es sich um vollständige Versetzungsschleifen mit Burgers-Vektoren vom Typ $a/2\langle110\rangle$ auf {111}-Flächen handelt. Die Defekte liegen längs $\langle110\rangle$-Richtungen und besitzen gewöhnlich eine Ausdehnung von einigen Mikrometern. Von grundlegender Bedeutung ist der generell beobachtete Zwischengittertyp der Versetzungsschleifen (vgl. [16, 18]), der mittels der *inside-outside*-Technik (s. Kap. 11.) eindeutig bestimmt werden kann.

Aufgrund der elektronenmikroskopischen Befunde ist die Bildung der *swirl*-Defekte durch Agglomeration der Zwischengitteratome des Siliciums zu erklären. Dazu werden z. Z. drei verschiedene Modellvorstellungen diskutiert [17—20], die darüber hinaus die starke Beeinflussung der Keimbildung durch Kohlenstoffverunreinigung berücksichtigen. Die Bildung der Eigenfehlstellencluster führt zu möglichen elektrischen Schwachstellen bei nachfolgenden Prozeßschritten (s. z. B. [7]). Hier wären u. a. die Anreicherung mit Fremdatomen (Metallen) [21], die Versetzungserzeugung [22], die Entstehung von Oxydationsstapelfehlern [7] oder die Bildung von Stapelfehlertetraedern in Epitaxieschichten [23] zu nennen. Die Vermeidung der Defekte beim Züchtungsprozeß ist durch Wasserstoffzusatz im Schutz-

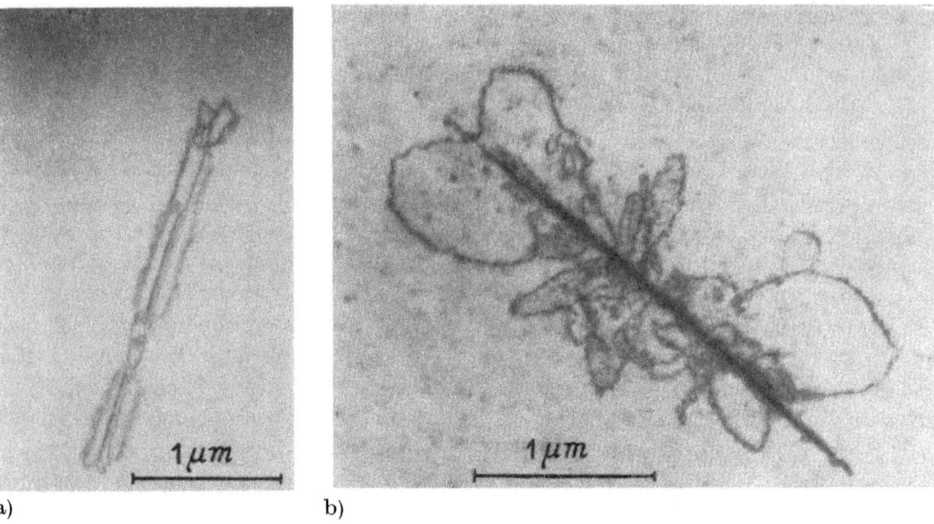

Abb. 16.1   Mikrodefekte in versetzungsfreiem Silicium (TEM, Hellfeld, 1000 kV)

a) A-*swirl* in floating-*zone*-Material; b) Defekt in Czochralski-Material

gas bzw. durch extrem langsame oder sehr schnelle Wachstumsraten (Abkühlgeschwindigkeiten) zu erreichen [7, 24]. Derartige Kristalle werden aber aus ökonomischen Gründen sicherlich auf Spezialanwendungen beschränkt bleiben.

Eine ähnliche Clusterverteilung wie in FZ-Kristallen findet man mit Ätzmethoden auch in Czochralski-Kristallen (CZ) [25], die aber oft gleichmäßiger ist [9]. Die charakteristischsten Unterschiede zwischen FZ- und CZ-Silicium sind die veränderte thermische Vorgeschichte und der um Größenordnungen differierende Fremdatomgehalt, speziell des Sauerstoffs. Damit lassen sich auch elektronenmikroskopische Befunde deuten, die zeigen, daß die Defekte im *as-grown*-Material nicht abbildbar sind (bzw. in sehr geringer Dichte vorliegen), aber nach kurzzeitiger Temperung (600 °C ⋯ 800 °C) mit einer den A-*swirls* ähnlichen Dichte und Gestalt gefunden werden können (s. Abb. 16.1 b). Für diese Defekte ergibt die Beugungskontrastanalyse ebenfalls Burgers-Vektoren vom Typ $a/2\langle 110\rangle$, die Versetzungsschleifen liegen jedoch auf $\{110\}$-Ebenen und deuten damit auf eine wesentliche Beeinflussung durch Fremdmaterialausscheidung hin.

Speziell in CZ-Kristallen, die derzeit den Hauptanteil des in der Bauelementefertigung eingesetzten Ausgangsmaterials ausmachen, steigt beim Züchten infolge der Reaktion mit dem Quarztiegel der Sauerstoffgehalt bis zu Werten von $2 \cdot 10^{18}\,\mathrm{cm^{-3}}$ an. Der Sauerstoff wird beim Abkühlen übersättigt eingebaut und führt bei nachfolgender Temperbelastung zur Ausscheidungsbildung, die seit den Arbeiten von KAISER (z. B. [26, 27]) Gegenstand vieler Untersuchungen auch mittels EM ist (s. z. B. [28—31]). Der Ausscheidungsprozeß zeigt eine ausgeprägte Temperatur- und Zeitabhängigkeit; während bei Temperaturen um 450 °C Thermodonator-

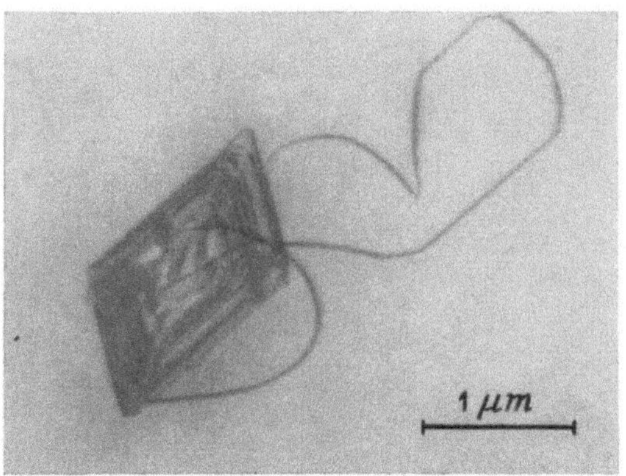

Abb. 16.2   Siliciumoxidausscheidung in einem versetzungsfrei gezogenen, bei 1100 °C
getemperten Czochralski-Kristall (TEM, Hellfeld, 1000 kV)

bildung auftritt [32], sind bei Temperungen oberhalb 800 °C Oxidausscheidungen
zu beobachten [30]. Bei Temperungen über 1000 °C genügen bereits wenige Stun-
den, um eine hohe Ausscheidungsdichte zu erreichen. Eine nach längerer Temperung
(240 h, 1100 °C) gut ausgebildete Ausscheidung ist in Abb. 16.2 zu sehen. Die
entstandenen Defekte können aufgrund der veränderten Dielektrizitätskonstanten
in SiO_2 zu Feldstärkeerhöhungen und damit zu lokalen elektrischen Vordurch-
brüchen der pn-Übergänge führen [33—35], infolge der eingebrachten starken
Gitterdeformation aber auch zu einer Versetzungserzeugung — meist über einen
punching-Mechanismus — Anlaß geben [28] und damit beispielsweise eine nachfolgende Epitaxieschichtbildung beeinflussen [36] oder *pipe*-Diffusion hervorrufen
[37]. Andererseits besteht die Möglichkeit, die Getterwirkung der bei jeder thermischen Belastung neu entstehenden Versetzungen gezielt auszunutzen [38].

Ein wesentliches Problem bei der Untersuchung von Ausscheidungen ist die Aufklärung ihrer Zusammensetzung und Struktur. Hierzu bietet die TEM mit der
Feinbereichsbeugung eine sehr einfache Möglichkeit, sofern das Verhältnis von
Ausscheidungs- zu Matrixmaterial nicht zu ungünstig liegt. Ist dies nicht oder nur
teilweise erfüllt, so kann die Analyse von auftretenden Moiréstreifen weiterhelfen,
wie von DAS [39] im Falle von Kupfersilicid gezeigt wurde. Im allgemeinen ist die
Ausscheidung von Metallatomen in Silicium entsprechend den geringen Konzentrationen ($< 10^{13}$ cm^{-3}) nicht zu erwarten, jedoch tritt häufig eine Anreicherung
an Kristalldefekten (*swirls*, Stapelfehler, Versetzungen usw.) auf, wodurch sich
z. B. die Leckströme von pn-Übergängen erhöhen können [40, 41]. Das Ausscheidungsverhalten des sehr schnell diffundierenden Kupfers ist von einer Reihe
von Autoren — zur Erhöhung der Defektdichte oft nach zusätzlicher Dotierung
— untersucht worden (z. B. [39—44]). Eine typische von Versetzungen berandete
Kolonie kleiner Ausscheidungen des Kupfers (Temperung hier 90 Minuten bei
ca. 600 °C) zeigt Abb. 16.3 a. Als Kolonieflächen treten {110}- und {100}-Ebenen
auf, die von reinen Stufenversetzungen begrenzt sind. Aus dem Abstand der bei

25   Elektronenmikroskopie

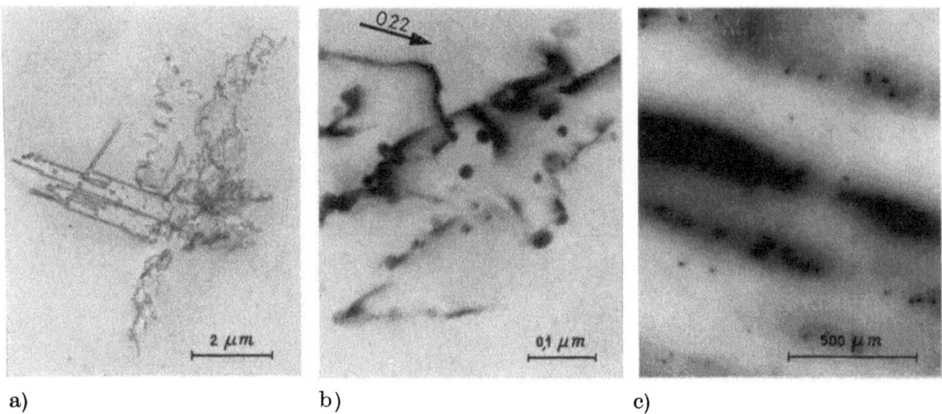

a)   b)   c)

Abb. 16.3   CuSi-Partikel in versetzungsfrei gezogenem Silicium (nach Temperung bei 600 °C)

a) von Versetzungen berandete Ausscheidungskolonie (TEM, Hellfeld); b) Moiré-Kontrast an den einzelnen Partikeln (TEM, Hellfeld); c) streifenförmige Anordnung der Ausscheidungen (REM/EBIC-Kontrast, *Aufnahme*: H. MENNIGER)

hoher Vergrößerung erkennbaren Moiré-Streifen in Abb. 16.3b ($g = 022$) ergibt sich für die (220)-Netzebenen des CuSi ein Wert von 0,202 nm (vgl. [39]). Mit der rastermikroskopischen EBIC-Technik (s. Kap. 6.) unter Verwendung einer Schottky-Barriere (vgl. z. B. [45]) findet man eine *swirl*-artige Anordnung der Ausscheidungen (Abb. 16.3c) und gleichzeitig ihre Lage bezüglich der *striations*, die aufgrund der Fremdatomanreicherung eine erhöhte Ladungsträgerrekombination aufweisen und damit zur EBIC-Signalverringerung führen.

CULLIS und KATZ [46] untersuchten die Bildung von $FeSi_2$, das bis zu 2 μm lange stäbchenförmige Ausscheidungen bildet und so aufgrund seiner elektrischen Leitfähigkeit pn-Übergänge kurzschließen kann. Unter bestimmten Temperbedingungen (900 °C, 5 ··· 10 h) eindiffundiertes Eisen kann aber auch dispers in Form kleiner Ausscheidungen (Durchmesser 5 ··· 10 nm) auftreten (vgl. Abb. 11.23), wodurch eine Strukturaufklärung nur noch mittels Netzebenenabbildung möglich ist. Die Anwendung dieser aufwendigen Technik (vgl. Kap. 3.) in Abb. 16.4 erlaubt, neben der Ausmessung der Abstände verschiedener Ausscheidungsnetzebenen auch die Art des Einbaus in das Siliciumgitter und die Defektgröße zu bestimmen. In diesem Falle handelt es sich um kubische FeSi-Ausscheidungen mit einer Gitterkonstanten von 0,45 nm [47].

16.2.   Kristalldefekte in Silicium: Prozeßinduzierte Defekte

Die Fertigung elektronischer Bauelemente umfaßt eine Reihe von Prozeßschritten, die die Anwendung hoher Temperaturen und die Einbringung von Dotierungselementen in das Siliciumgitter erfordern. Damit sind vielfältige Möglichkeiten

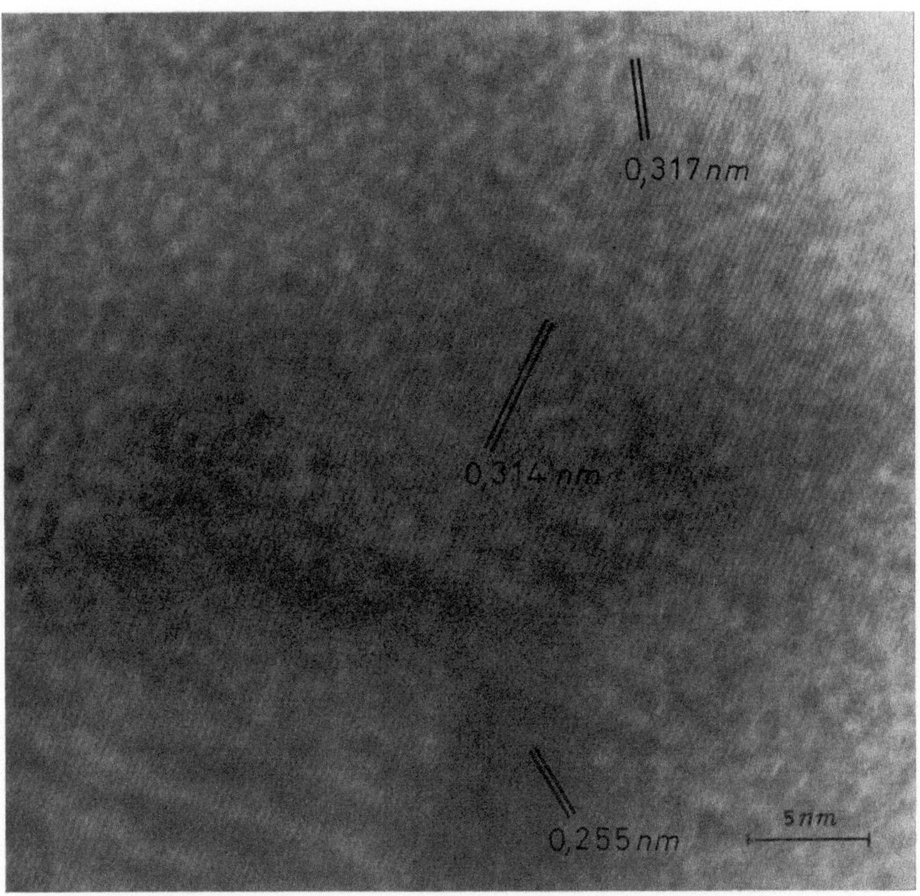

Abb. 16.4   Probenbereich mit spannungsfrei eingelagerten FeSi-Teilchen (TEM, Netzebenenabbildung)

der Erzeugung von Kristallbaufehlern gegeben, die die gewünschte Bauelementefunktion gegebenenfalls stark beeinträchtigen können.

Versetzungen. Unabhängig von der Art des Hochtemperaturschrittes können beispielsweise durch thermische Spannungen (z. B. in der Abkühlphase oder bei der Epitaxieschichtabscheidung) sternförmig auf den Scheiben angeordnete Gleitversetzungen entstehen, die durch die gesamte Scheibe hindurchragen und vom Scheibenrand ausgehen [48, 49]. Die übersichtsmäßige Erfassung dieser Defekte ist neben den üblicherweise verwendeten Ätztechniken auch durch die Anwendung der REM mit elektronenstrahlinduzierten Ladungsträgern (EBIC) möglich (im Detail erstmals durch CZAJA, z. B. [50]), wie es Abb. 16.5 verdeutlicht. Hier dienen großflächig diffundierte Gebiete zur Signalsammlung, wobei die sehr steil die pn-Übergänge durchstoßenden Gleitversetzungen lediglich durch punktartige Be-

25*

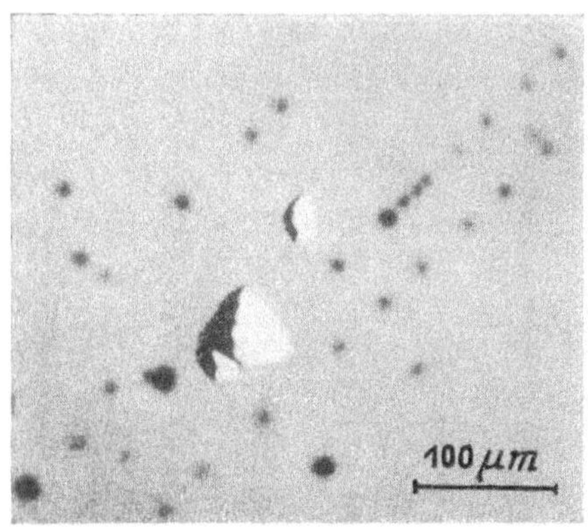

Abb. 16.5   Gleitversetzungen in einem großflächig diffundierten Gebiet (REM/EBIC-Kontrast)

reiche erhöhter Rekombination von Ladungsträgern abgebildet werden. Außer zur Verringerung der Lebensdauer, die durch die gleichzeitige Getterung von Fremdatomen zunächst aufgewogen werden kann [51], führt die Existenz der Gleitversetzungen zur Verbiegung der Scheiben (Beeinträchtigung der Photolithographie), zu verstärkter weiterer Versetzungsentstehung und zu ausbeutemindernder *pipe*-Bildung bzw. Fremdmaterialanreicherung [52].

Eine weitere Art der Versetzungserzeugung während der Bauelementeherstellung besteht beim Aufbringen einer Epitaxieschicht [53] oder bei der Diffusion [37, 54—61], wenn hierbei ein ausreichend starker Dotierungsgradient auftritt. Da die Dotierungselemente gegenüber Silicium im allgemeinen veränderte Atomradien besitzen, werden die dadurch entstehenden Spannungsfelder über die Bildung von Misfitversetzungen — meist als oberflächenparallele Versetzungsnetzwerke — abgebaut. Das in Abb. 16.6a abgebildete Netzwerk ist bei der Diffusion durch ein Oxidfenster in (100)-orientiertes Material entstanden und veranschaulicht das Abbiegen der Versetzungen zur Oberfläche in der Nähe des pn-Überganges (vgl. [56]). In (111)-Silicium beobachtet man häufig auch ein Durchstoßen der pn-Übergänge, wobei sich diese sogenannten „Emitterkantenversetzungen“ bis zu einigen hundert Mikrometern in das undiffundierte Gebiet hinein erstrecken können [57]. Ein Beispiel für diesen Effekt in einer bipolaren Struktur zeigt Abb. 16.6b. Emitterkantenversetzungen bilden sowohl Netzwerke als auch vorzugsweise in ⟨112⟩-Richtungen liegende lange Versetzungsschleifen. Da sie die pn-Übergänge durchdringen, können sie die Bauelementefunktion beträchtlich beeinflussen [59, 62, 63], insbesondere, wenn nachfolgende Prozeßschritte eine Schwermetalldekoration oder eine bevorzugte Diffusion entlang der Versetzungen bewirken. In diesem Zusammenhang ist die Kenntnis des Versetzungstyps von großer Bedeutung.

Die Aufklärung einer solchen Abhängigkeit (elektrische Wirksamkeit und Natur der Versetzungen) kann mit der kombinierten Anwendung von TEM und REM/ EBIC-Technik erfolgen [64]. Bei besonders geeigneten Objekten sind im STEM beide Techniken auch simultan anwendbar [65]. Die Aussagekraft derartiger direkt korrelierter Abbildungen soll anhand von Abb. 16.7 verdeutlicht werden, in der der

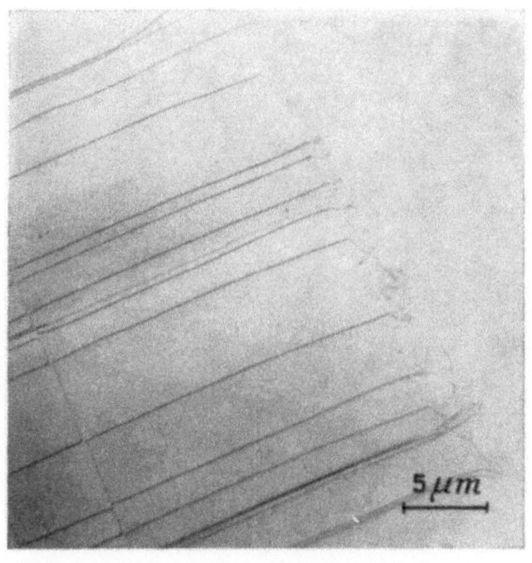

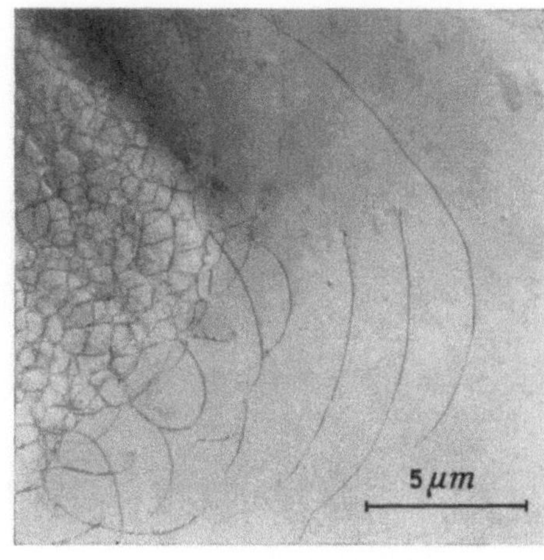

a)   b)

Abb. 16.6   Diffusionsinduzierte Versetzungen

a) Misfit-Versetzungsnetzwerk im Randbereich eines bordiffundierten Gebietes (TEM, Hellfeld, 1000 kV); b) Emitter-Kantenversetzungen in einer Transistorstruktur (TEM, Hellfeld, 1000 kV)

gleiche Bereich eines diffusionsinduzierten Versetzungsnetzwerkes nacheinander mit beiden Methoden untersucht wurde. Der plötzliche Wechsel des EBIC-Kontrastes zwischen A und B erweist sich z. B. als Folge einer Reaktion zweier 60°-Versetzungen (A) zu einer 90°-Versetzung (B), die trotz des gleichen Burgers-Vektortyps $a/2 \langle 110 \rangle$ eine stärkere Rekombinationswirksamkeit besitzt, als die zwei dicht benachbarten 60°- Versetzungen. Der gleiche Typwechsel tritt auch im Bereich C auf, ist aber dort, wie Stereoanalysen (vgl. Kap. 11.) zeigten, von einer gleichzeitigen Höhenlagenänderung der Versetzungen bezüglich des sammelnden pn-Überganges begleitet. Die Hauptursache der veränderten elektrischen Aktivität ist der unterschiedliche Dekorationsgrad der Versetzungen mit Fremdatomen. Dies folgt aus den hellen Bereichen entlang der stark abgebildeten Defekte im EBIC-Bild, die ein Ausdruck für einen reduzierten Verunreinigungsgehalt (erhöhtes EBIC-Signal) der Umgebung dieser Versetzungen sind. Darüber hinaus sind nur an den reinen Stufenversetzungen Ausscheidungscluster elektronenmikroskopisch beobachtbar, die auch als punktartige EBIC-Kontraste an den Versetzungen erscheinen.

Eine häufige Ausfallursache bipolarer Transistoren ist die Ausbildung von Kurzschlüssen zwischen Emitter und Kollektor (*pipes*), die stets durch Kristalldefekte bedingt sind [37, 52, 66—68]. Neben vielfältigen Nachweismethoden ist hier wiederum die kombinierte Anwendung der REM/EBIC-Technik und der TEM hervorzuheben. Auf diese Weise konnten VARKER und RAVI [68] die *pipe*-Bildung in den von ihnen untersuchten Bipolartransistoren auf die Kupferdekoration von Kristalldefekten zurückführen, die bereits nach der Basisdiffusion in

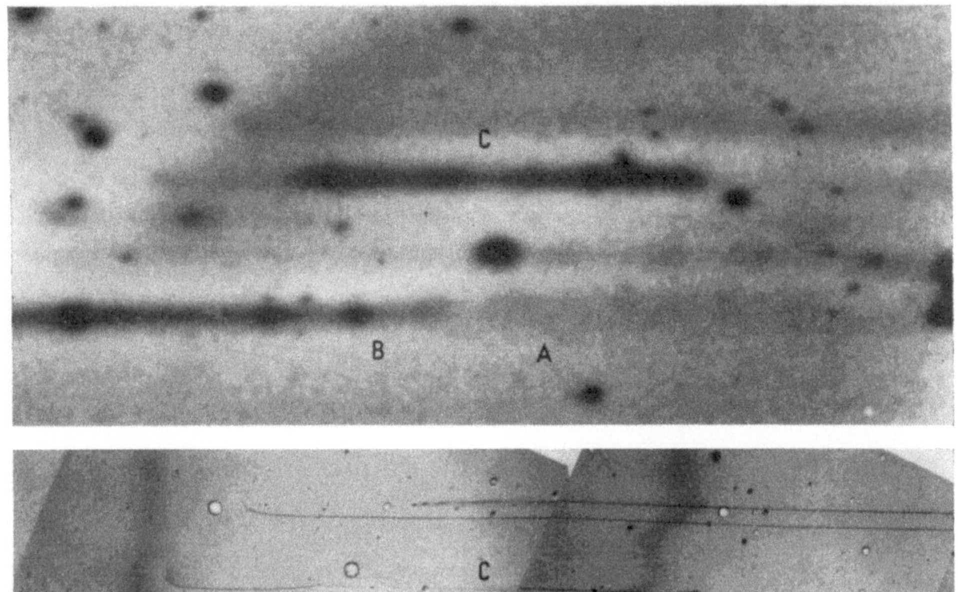

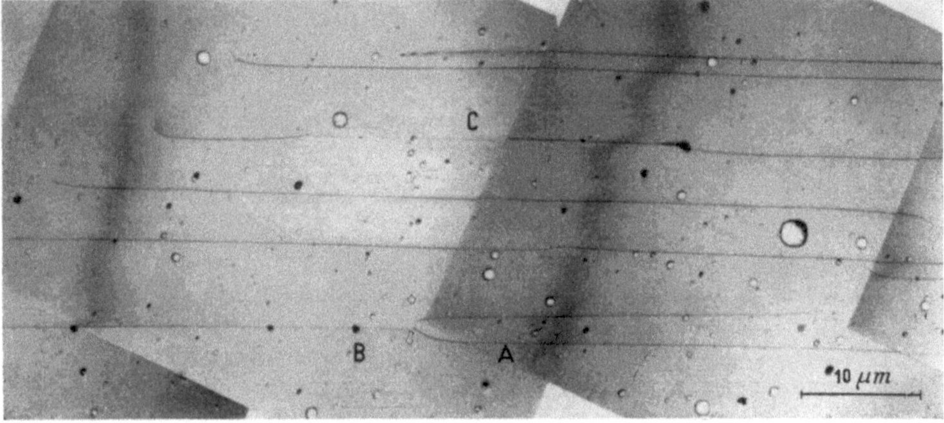

Abb. 16.7   Ausschnitt eines diffusionsinduzierten Versetzungsnetzwerkes

abgebildet in direkter Korrelation von a) REM/EBIC-Technik (15 kV), b) TEM/Beugungs-
kontrasttechnik (Hellfeld, 1000 kV)

den Bauelementen vorhanden waren. Oft erfolgt die *pipe*-Bildung auch durch
bevorzugte Diffusion entlang von Versetzungen [37, 52, 69], wenn diese nach
ihrer Entstehung einem weiteren Hochtemperaturschritt unterworfen werden.
Abb. 16.8 zeigt beispielsweise Versetzungen in einem pnp-Lateraltransistor, die
zur *pipe*-Entstehung geführt haben. Hier hat die bei der Präparation erfolgte
schrittweise Oberflächenabtragung mittels anodischer Oxydation zu anomalen
Oxydationserscheinungen geführt (vgl. [66]); speziell wurde in diesem Fall nur der
Basis-Kollektor-Übergang durch eine Oberflächenstufe markiert (im Gegensatz
zu intakten Transistoren, bei denen auch der Emitter-Basis-Übergang sichtbar
wird).

Defekte völlig anderer Natur treten nach Dotierung mittels Ionenimplantation
auf, die eine hohe Dichte von Punktdefekten zur Folge hat bzw. zur Amorphi-
sierung einer Oberflächenschicht führt. Hier ist zur Dotandenaktivierung und Aus-

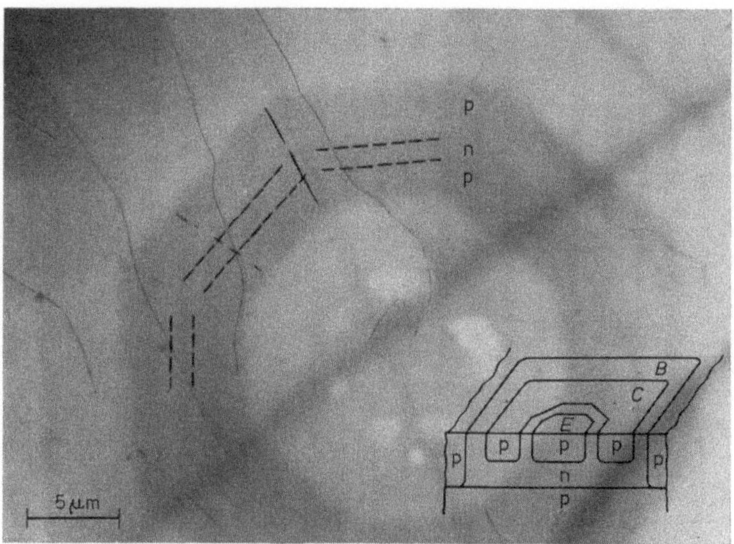

Abb. 16.8   *Pipe*-Bildung an Versetzungen in einem pnp-Lateraltransistor (TEM, Hellfeld, 1000 kV)

heilung eine Nachtemperung im Bereich von 500 ··· 1000 °C erforderlich, die u. a. Restschäden in Form von Stäbchendefekten hinterläßt, wodurch die elektrischen Eigenschaften der Bauelemente beeinträchtigt werden [70, 71]. Die Untersuchung der Implantationsschäden und ihrer Tiefenverteilung erfolgt aufgrund der Identifikationsmöglichkeiten — verbunden mit dem hohen Auflösungsvermögen — ebenfalls oft unter Ausnutzung der elektronenmikroskopischen Methoden (s. z. B. [72—77]). Die Aufnahme in Abb. 16.9 enthält den Randbereich eines borimplantierten Gebietes ($2,5 \cdot 10^{15}$ cm^{-2}, 30 keV, Ausheilung 15 min bei 900 °C) und demonstriert das Auftreten von Stäbchendefekten sowie vollständigen und unvollständigen Versetzungsschleifen, deren Analyse mit Beugungskontrastmethoden stets Defekte vom Zwischengittertyp ergibt.

Stapelfehler. Untersuchungen zur Entstehung von Stapelfehlern in Siliciumsubstraten bzw. Epitaxieschichten sind von großer Bedeutung für die Bauelementefertigung, da deren schädigender Einfluß auf Bauelementeparameter hinreichend bekannt ist [37, 68, 78—80]. Als Ursachen ihrer Bildung werden verschiedenste Prozesse, wie z. B. mechanische Schäden [81—83], die Umwandlung von *swirl*-Defekten [7, 84] bzw. von Sauerstoffausscheidungen [85, 86], Defekte an Epitaxieschichtgrenzflächen [87, 88], Ionenimplantation [89, 90] oder Diffusions- [91] und Oxidationsprozesse (s. z. B. [51, 92, 93]) beobachtet.

Die elektronenmikroskopische Untersuchung von oxidationsinduzierten Stapelfehlern [81—85, 94—98] zeigt eindeutig, daß diese Planardefekte *extrinsic*-Stapelfehler darstellen, die von der Silicium/Oxid-Grenzfläche und einer Frankschen Partialversetzung $a/3 \langle 111 \rangle$ berandet sind. Mittels Netzebenenabbildung konnte dabei die von HORNSTRA [99] angegebene Struktur der atomaren Fehl-

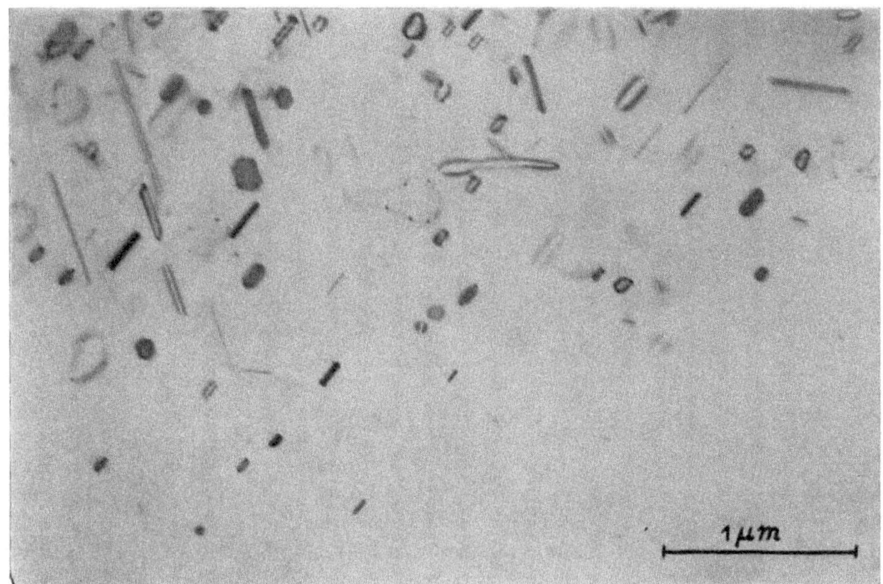

Abb. 16.9   Defektstruktur im Randbereich eines ionenimplantierten Gebietes nach Ausheilung (TEM, Hellfeld)

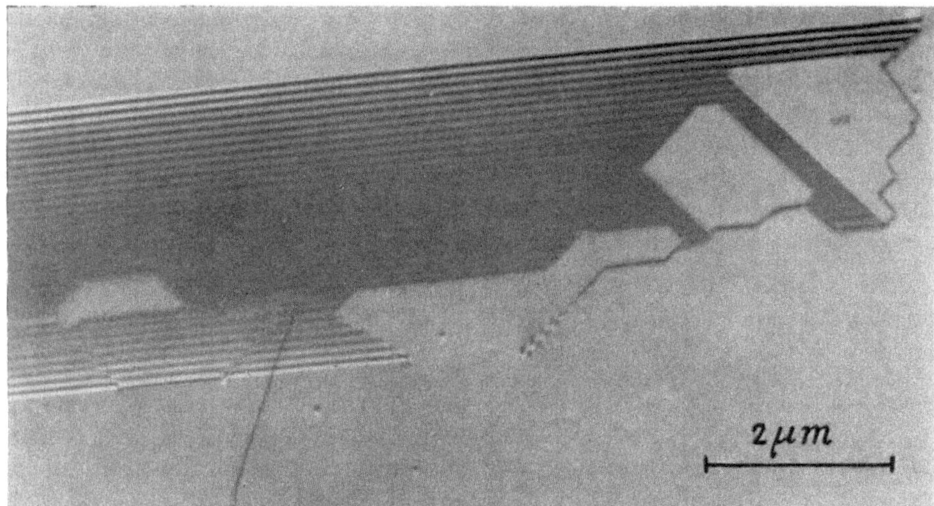

Abb. 16.10   Teil eines Oxydations-Stapelfehlers mit Mehrfachlagen (TEM, Hellfeld, 1000 kV)

stapelung nachgewiesen werden [100]. Das Wachstum der Defekte in Abhängigkeit von Temperatur, Zeit und Oxydationsbedingungen ist Gegenstand der Arbeiten vieler Autoren gewesen (s. z. B. [101—103]); die im Temperaturbereich zwischen 850 und 1250 °C beobachtbaren Planardefekte können dabei im Bauelementefertigungsprozeß beträchtliche Längen erreichen. Der in Abb. 16.10 teilweise abgebildete oxydationsinduzierte Stapelfehler besitzt beispielsweise eine Gesamtausdehnung von 0,1 mm. Die Stapelfehlervermeidung ist durch einen Zusatz von HCl beim Oxydationsvorgang (s. z. B. [104]) oder durch eine Scheibenrückseitengetterung [105—107] möglich.

Neben der Bildung durch reine Oxydationsprozesse können Stapelfehler ebenfalls in hochdotierten Diffusionsgebieten auftreten, sogar als dichte Stapelfehlernetze [91]. Dies verdeutlicht die Aufnahme einer pnp-Lateralstruktur in Abb. 16.11 a, die nur in den jeweils bordotierten Bereichen Ansätze zur Stapelfehlernetzentstehung zeigt. Häufig werden hier auch Stapelfehler mit Mehrfachlagen oder solche Planardefekte beobachtet, die man aufgrund ihrer Form als „Segelboot"-Stapelfehleri bezeichnet (s. Abb. 16.11 b). Da sich letztere relativ weit in das Substrat hnein erstrecken, können sie im Falle einer Schwermetalldekoration den oberflächenparallelen pn-Übergang schädigen. Daß die Dekoration von Kristalldefekten mit Fremdmaterial zum Teil beträchtlich sein kann, ist in Abb. 16.11 c zu erkennen.

Die übersichtsmäßige Erfassung der Defekte ist ohne Präparationsaufwand — im Gegensatz zu Ätzmethoden zerstörungsfrei — schnell und einfach im REM unter Anwendung der EBIC-Technik möglich. Wie Abb. 16.12a erkennen läßt, ist aufgrund der charakteristischen Form der Defekte in vielen Fällen sogar eine

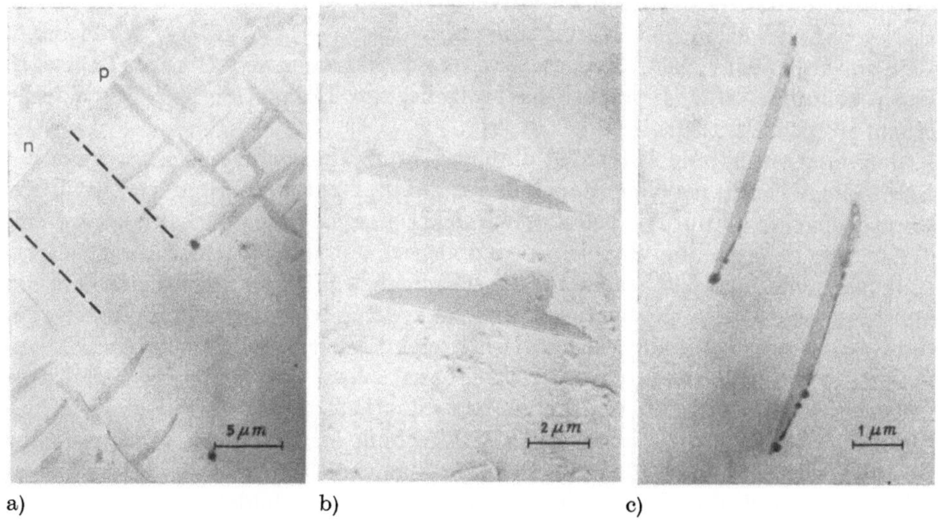

Abb. 16.11   Diffusionsindizierte Stapelfehler (TEM, Hellfeld, 1000 kV)

a) Stapelfehlernetze in einer pnp-Struktur; b) „Segelboot"-Stapelfehler; c) Fremdstoffagglomerate an den berandenden Partialversetzungen

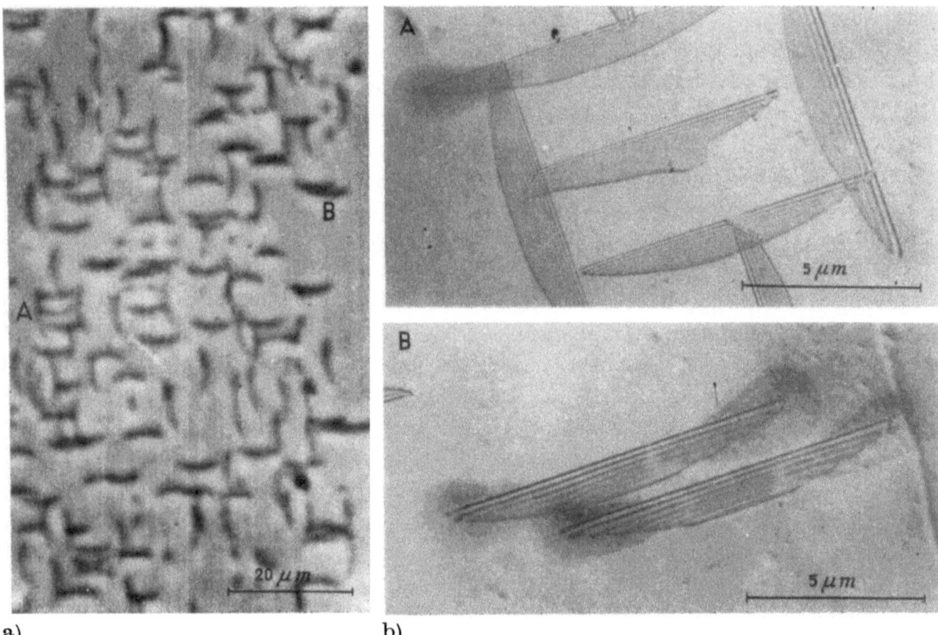

a)   b)

Abb. 16.12   Stapelfehlernetzwerk in einem bordiffundierten Gebiet
a) Übersichtsabbildung (REM/EBIC); b) Detailaufnahmen A, B (TEM, Hellfeld, 1000 kV)

„Identifikation" als Stapelfehler gegeben. Darüber hinaus kann die Rekombinationswirkung der einzelnen Baufehler eingeschätzt werden. Es zeigt sich, daß insbesondere die berandenden Partialversetzungen — offensichtlich auch infolge stärkerer Dekoration mit Verunreinigungsatomen — die größte Wirksamkeit besitzen (vgl. auch 108]). Beugungskontrastabbildungen der Bereiche A und B lassen teilweise eine beträchtliche wolkenartige Dekoration der Stapelfehler erkennen (Abb. 16.12b).

Die von Varker und Ravi [79] durchgeführten Untersuchungen bezüglich des elektrischen Einflusses von Stapelfehlern auf das Sperrverhalten von pn-Übergängen zeigen, daß nur ein Teil dieser Defekte eine meßbare Wirkung besitzt und die Qualität des gesamten Bauelementes praktisch nur von der schwächsten Defektstelle bestimmt ist. Als Ursache für die schädigende Wirkung wird die Dekoration mit Fremdmaterial angesehen; ein Ausdruck dafür ist die von den Autoren gefundene reziproke Abhängigkeit zwischen elektrischer Wirksamkeit und Stapelfehlerlänge. Eine Grundvoraussetzung ist natürlich eine geeignete Defektlage in bezug auf den pn-Übergang. Letzteres verdeutlicht die Aufnahme eines diffundierten Bereiches mittels der REM/EBIC-Technik in Abb. 16.13. Während ohne Sperrspannung (Abb. 16.13a) alle Defekte — mittels TEM als Stapelfehler identifiziert — durch ihre Rekombinationswirksamkeit abgebildet werden, erscheint bei anliegender Sperrspannung (Abb. 16.13b, differenziertes Signal) ein lokaler Vordurchbruch (Mikroplasma, vgl. [33]) nur am Durchstoßpunkt eines Stapelfehlers durch den seitlichen pn-Übergang.

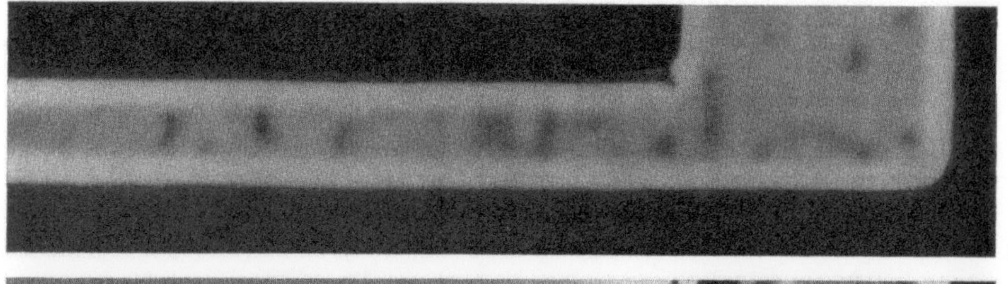

a)

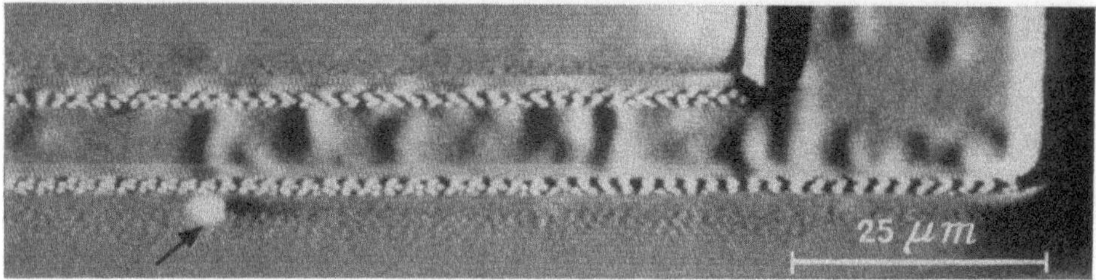

b)

Abb. 16.13   Elektrische Wirksamkeit von Stapelfehlern in einer Bauelementestruktur (REM/EBIC-Kontrast)

a) Erfassung rekombinationswirksamer Defekte; b) Mikroplasmenausbildung an einem Stapelfehler bei angelegter Sperrspannung (−15 V)

In Epitaxieschichten werden häufig Defekte beobachtet, die je nach Substratdotierung verschiedenste offene oder in sich geschlossene Stapelfehler-Polyeder bilden und intensiv von BOOKER und Mitarbeitern elektronenmikroskopisch und mit Ätzmethoden untersucht wurden [109—112]. Ein Beispiel für einen solchen

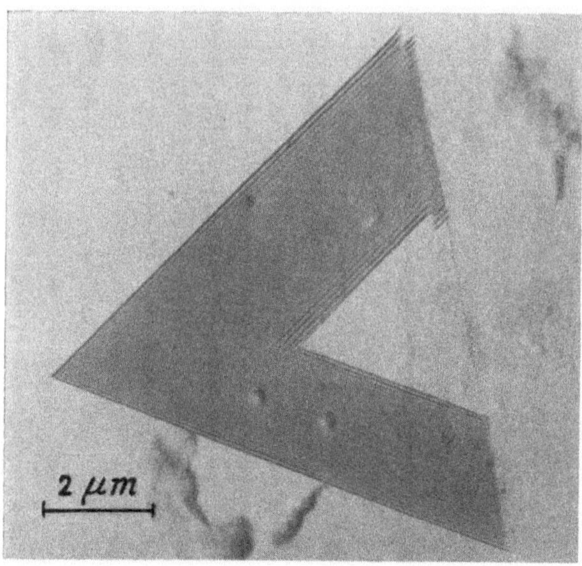

Abb. 16.14   Stapelfehlertetraeder in einer Epitaxieschicht (TEM, Hellfeld, 1000 kV)

Defekt in (111)-orientiertem Silicium zeigt Abb. 16.14. Hier steht eine der drei zur Oberfläche geneigten {111}-Flächen des Stapelfehlertetraeders senkrecht zur Abbildungsebene und wird nur als schwache Linie sichtbar. Die Spitze des Tetraeders, die sich direkt an der Substrat/Epitaxieschicht-Grenzfläche befindet, ist bei der elektronenmikroskopischen Präparation abgetragen worden. Die zu beobachtende Stapelfehlerdichte ist stark von den Schichtwachstumsbedingungen und der Substratvorbehandlung abhängig [113, 114]. Insbesondere Schwermetallverunreinigungen sind als Keime der Defekte anzusehen [115, 105]. Kürzlich konnte auch die elektrische Aktivität dieser Kristallbaufehler durch MARCUS und Mitarbeiter [116] mittels kombinierter REM/EBIC- und TEM- Untersuchung auf Schwermetallanlagerungen an den Kantenversetzungen zurückgeführt werden.

Ausscheidungen. Neben der Bildung von Metallausscheidungen (meist an vorhandenen Kristalldefekten), die im wesentlichen bei jedem Hochtemperaturschritt erfolgen kann und in Abschn. 16.1. behandelt wurde, kann es zur Ausscheidung des Dotanden kommen, wenn die Fremdstoffkonzentration die Löslichkeitsgrenze erreicht und Diffusion möglich ist. So untersuchten z. B. JOSHI und DASH Phosphorausscheidungen im Silicium [117, 118]. Als Struktur der Teilchen wird die orthorhombische SiP-Phase angegeben [119], und die elektrische Wirksamkeit derartiger Ausscheidungen in Form von Mikroplasmen wurde mit Hilfe der EBIC-Technik nachgewiesen [120]. Borausscheidungen wurden von JOSHI und DASH untersucht [117], jedoch scheint die Tendenz zur Ausscheidung im Falle

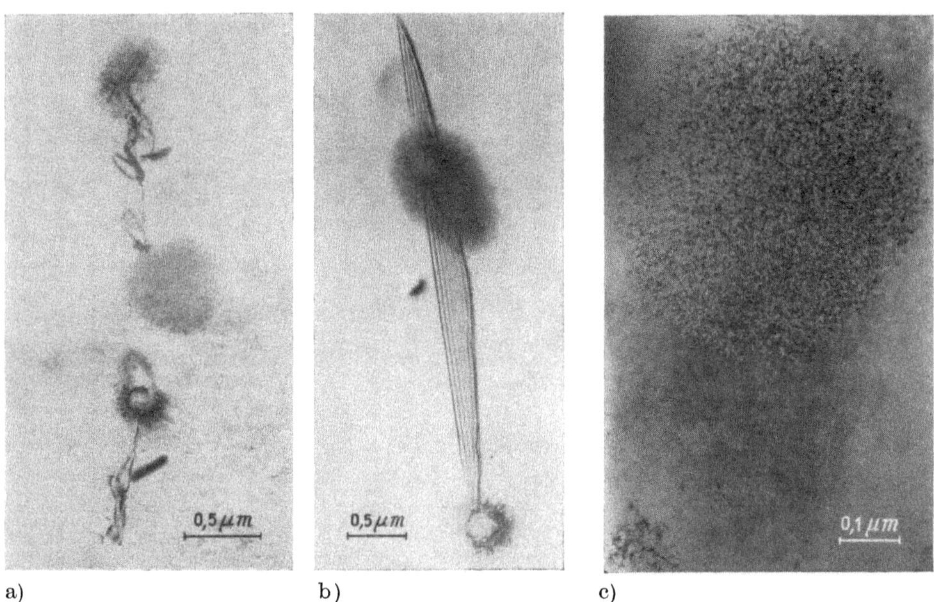

Abb. 16.15   Ausscheidungsagglomerate in bordiffundiertem Silicium (TEM, Hellfeld)
a) verschiedene Ausbildungsformen der Defekte an Versetzungen; b) Anlagerung an einem Stapelfehler; c) hochvergrößerte Mehrstrahlabbildung

des Bors erst bei hoher Übersättigung des Dotanden gegeben zu sein. Dann scheidet sich Bor in Form eines Silicium-Borids aus [121].

Für eine spezielle Ausscheidungsart, die in hochdotierten bordiffundierten Gebieten oft in hoher Dichte beobachtet wurde, sollen in Abb. 16.15 die typischen Erscheinungsformen dieser in Oberflächennähe auftretenden Fremdphasenagglomerationen zusammengestellt werden. Abb. 16.15a zeigt die drei unterschiedlichen Entstehungsformen der Defekte in Verbindung mit Versetzungen: In der Mitte erkennt man eine wolkenartige, deutlich polykristalline Form, oben hat sich im Zentrum des Teilchens schon ein fester Kern und unten schließlich eine kompakte Ausscheidung gebildet. Abb. 16.15b zeigt die beiden letztgenannten Formen an einem Stapelfehler und Abb. 16.15c eine wolkenartige Ausgangsform in höherer Vergrößerung.

Mit Hilfe von Korrelationsuntersuchungen REM/EBIC und HEM konnte eine eindeutige Zuordnung der Beobachtung von Mikroplasmen und dem Auftreten dieser Defekte festgestellt werden. Abb. 16.16 zeigt eine EBIC-Aufnahme mit starken Mikroplasmen, die durch die beschriebenen Ausscheidungen erzeugt werden. Die Analyse der offensichtlich elektrisch stark wirksamen Teilchen erfolgte

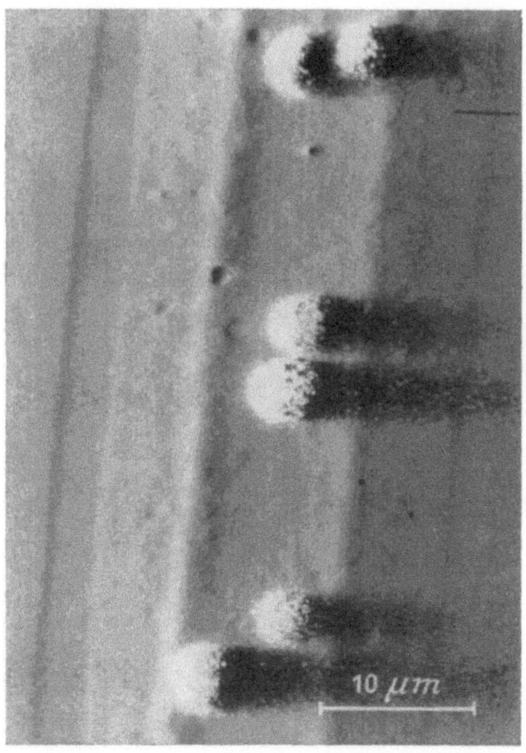

Abb. 16.16   Lokale elektrische Vordurchbrüche an Ausscheidungen (vgl. Abb. 16.15) in einer Bauelementestruktur (REM/EBIC-Kontrast unter Sperrspannungsbelastung, −25 V)

mittels Feinbereichsbeugung in Verbindung mit Extraktionsabdrücken, hochauflösender Netzebenenabbildung, Auger-Elektronen-Spektroskopie (AES) und Röntgenstrahlmikroanalyse [122].

Die Abb. 16.17 zeigt eine Netzebenenabbildung eines Ausscheidungsbereiches und eine Feinbereichsbeugungsaufnahme eines extrahierten Teilchens, welche die polykristalline Natur des Teilchens deutlich wiedergibt. Die ermittelten d-Werte stimmen sehr gut mit denen des Siliciums überein. Aus der Netzebenenabbildung geht hervor, daß innerhalb einer amorphen Matrix kleine, etwa 5 ⋯ 6 nm große Kristallite mit $d = 0{,}314$ nm $(= d_{111\,Si})$ auftreten. Die mikroanalytischen Untersuchungen ergaben eine deutliche Sauerstoffanreicherung innerhalb der Teilchen, und eine Stickstoff- und Kohlenstoffanreicherung ist wahrscheinlich. Aus diesen Befunden wird geschlußfolgert, daß es sich bei den beobachteten Defekten um eine amorphe Si-O-Verbindung handelt, in die unterschiedlich orientierte Si-Kristallite eingelagert sind, wobei eine erhöhte Konzentration weiterer Verunreinigungsatome innerhalb der Defekte vermutet wird.

Neben den soeben beschriebenen, in der Literatur noch nicht erwähnten Ausscheidungen beobachtet man häufig nach Hochtemperaturprozessen Siliciumoxid-Ausscheidungen, die allein, aber auch oft in Verbindung mit Versetzungen

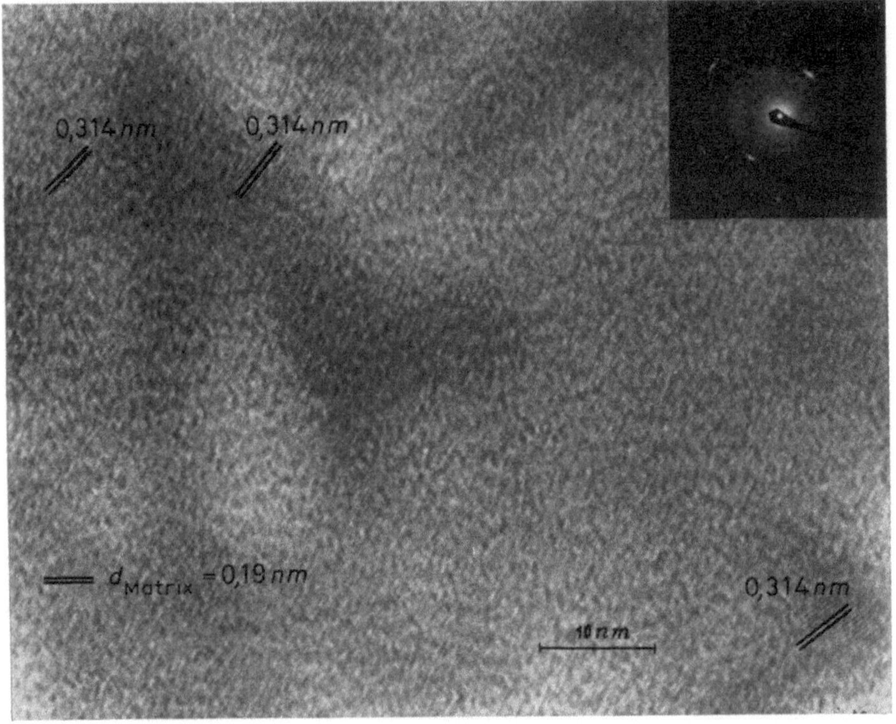

Abb. 16.17 Hochauflösende Netzebenenabbildung eines Ausscheidungsbereiches (vgl. Abb. 16.15) mit Feinbereichsbeugungsdiagramm aus Extraktionsabdruck (TEM, 100 kV).

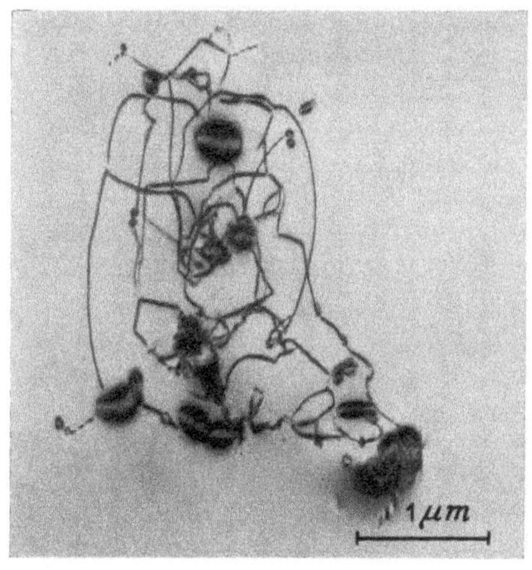

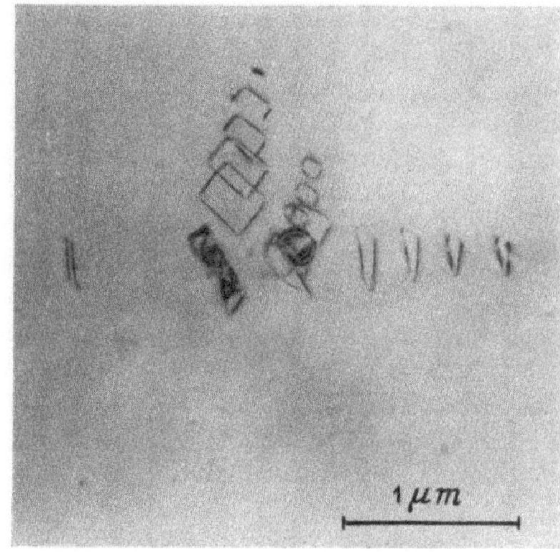

a)   b)

Abb. 16.18   Versetzungsgeneration an Ausscheidungen

a) komplexes Ausscheidungs-Versetzungsagglomerat (TEM, Hellfeld, 1000 kV); b) *punching*-Mechanismus an plättchenförmigen Siliciumoxidausscheidungen (TEM, Hellfeld, 1000 kV)

anzutreffen sind (s. Abb. 16.18a). Als letztes Beispiel für das Ausscheidungsverhalten von hochtemperaturbehandeltem Silicium sei der sog. *punching*-Mechanismus erwähnt, der von TAN und TICE [28] untersucht wurde. Dabei wirkt eine plättchenförmige Si-O-Ausscheidung als Quelle für die Aussendung prismatischer Versetzungsschleifen, die sich in $\langle 110 \rangle$-Richtungen in den Kristall ausbreiten (s. Abb. 16.18b).

Die bisher beschriebenen Kristalldefekte treten meist unkontrolliert im technologischen Fertigungsprozeß auf und können aufgrund ihrer elektrischen Wirksamkeit die Funktionsfähigkeit der fertigen Bauelemente beeinträchtigen. Mit zunehmendem Verständnis ihrer Generationsmechanismen ist es jedoch auch möglich geworden, Kristalldefekte gezielt so in Bauelemente einzubringen, daß ihre Wirkung zur Qualitätsverbesserung ausgenutzt werden kann. Als Beispiel sei die von ROZGONYI und Mitarbeitern [123] vorgeschlagene Methode zur Getterung von Verunreinigungen durch rückseitig induzierte Versetzungsnetzwerke erwähnt, wodurch die Bildung elektrisch aktiver Kristalldefekte in der aktiven Schicht der Scheibe vermieden wird.

16.3.   Defekte in Bauelementeschichtstrukturen

Außer den im vorangegangenen Abschnitt ausführlicher beschriebenen Kristalldefekten des Siliciumsubstrats gibt es eine Vielzahl anderer Fehler und Effekte an der Halbleiteroberfläche und in den aufgebrachten Schichtsystemen (Isolatorschichten, Metallisierung) und in den entsprechenden Grenzflächen, die zum Ausfall oder zur Qualitätsminderung der Bauelemente führen können. Zwar ist eine prozentuale Angabe der Ausfallursachen nicht ohne weiteres möglich, aber durch die immer bessere Beherrschung der Hochtemperaturprozesse kann die Bildung von Kristalldefekten in bestimmten Fällen bereits unterdrückt werden, so daß andere Effekte einen Großteil der Ausfallursachen bedingen.

In diesem Abschnitt sollen ohne Anspruch auf Systematik und Vollständigkeit einige dieser Fehlermöglichkeiten außerhalb des Siliciumsubstrates aufgezählt werden, die mit Hilfe elektronenmikroskopischer Methoden erfaßbar sind. Daneben sei vor allem die Oberflächenphysik, hauptsächlich die Oberflächenanalytik erwähnt, die zur Untersuchung der Zusammensetzung und der elektronischen Eigenschaften an den Oberflächen wertvolle Methoden liefert (zur Übersicht s. [124]).

An der Grenzfläche des Siliciumsubstrates zur Oxidschicht sind die durch die mechanische Vorbehandlung der Scheiben induzierten Oberflächenschäden eine Quelle für die Bildung von Stapelfehlern. Diese von FISHER und AMICK [92] erstmals beobachtete Tatsache ist in Abb. 16.19 deutlich zu sehen: An Kratzern haben sich auf geneigt zur Oberfläche liegenden parallelen Ebenen Stapelfehler gebildet. Ebenfalls Planardefekte lassen sich direkt an der Grenzfläche vom Silicium

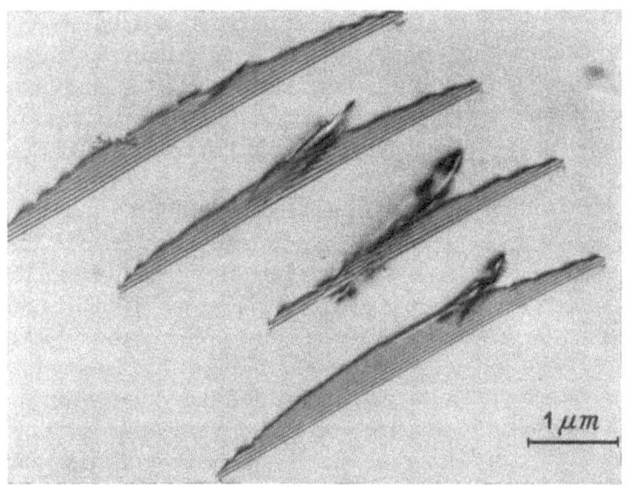

Abb. 16.19   Nach einem Oxydationsprozeß an Oberflächenschäden entstandene Stapelfehler (TEM, Hellfeld, 1000 kV)

zum amorphen SiO_2 finden. Diese in Abb. 16.20 dargestellten Defekte können nur bei gleichzeitiger Durchstrahlung des Siliciums und der Oxidschicht im HEM untersucht werden. FÖLL und KOLBESEN [91] beobachteten ähnliche Defekte, die bei längerer Bestrahlung im HEM verschwinden.

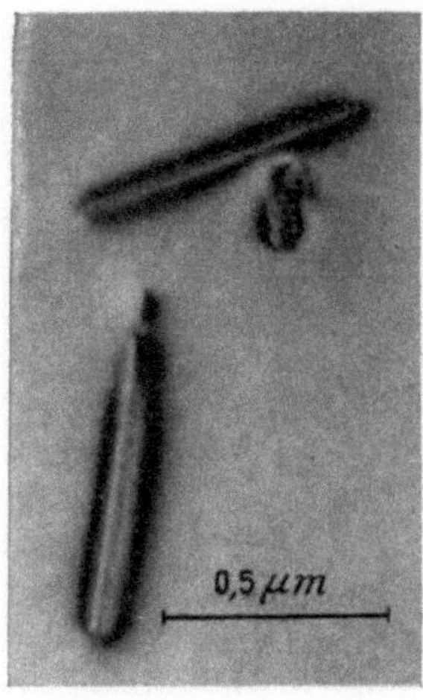

Abb. 16.20 Planardefekte an der Si/SiO_2-Grenzfläche (TEM, Hellfeld, 1000 kV)

Die vielfältigen Einsatzmöglichkeiten von Siliciumnitridschichten in der Bauelementefertigung als Dielektrikum, zur Maskenherstellung oder zur Rückseitengetterung machen eine Untersuchung der Schichtqualität hinsichtlich des Einflusses der Herstellungsbedingungen erforderlich. Hierbei kann die TEM unter Umständen neben den Aussagen mittels Feinbereichsbeugung auch durch die Beugungskontrasttechniken Informationen liefern, wie Abb. 16.21 verdeutlicht. Man erkennt teilweise kristallographisch ausgerichtete Linien (Inhomogenitätsbereiche) in der amorphen Si_3N_4-Schicht (Dicke 120 nm), die entsprechend den

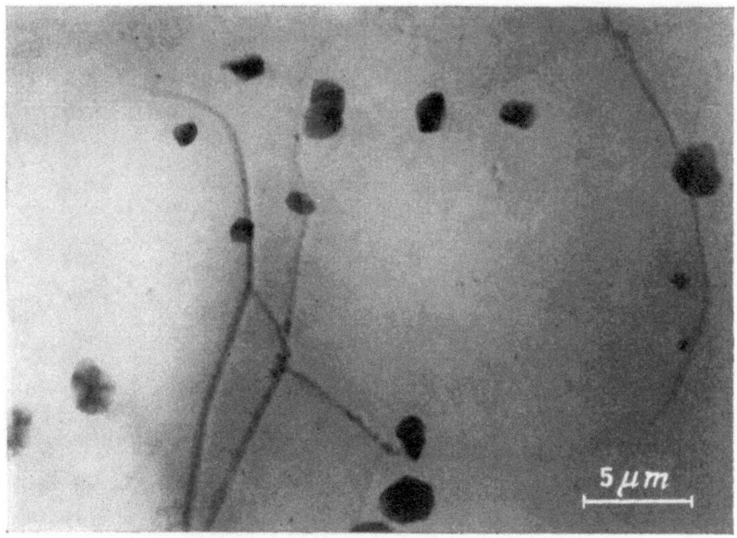

Abb. 16.21 Netzartig angeordnete Inhomogenitätsbereiche in einer amorphen Si_3N_4-Schicht (TEM, Hellfeld 1000 kV)

Kontrastauslöschungsbedingungen im Charakter des Spannungsfeldes Stufen-versetzungen ähneln und wahrscheinlich durch metallische Verunreinigungen hervorgerufen werden. Es ist beispielsweise bekannt, daß insbesondere Eisen einen starken Einfluß auf die Siliciumnitridbildung hat [125].

Ein großer Teil der ausbeute- bzw. qualitätsmindernden Defekte in den Isolations- und Metallisierungsschichten von Bauelementen besteht in Fehlern der Mikro-geometrie der Oberfläche und ist daher der Inspektion mit dem REM ohne oder mit nur geringem Präparationsaufwand zugänglich. Heute findet das REM zum Teil bereits routinemäßigen Einsatz bei der Kontrolle der technologischen Pro-zesse und bei der Fehleranalyse; es wird mit der weiteren Strukturverkleinerung bis in den Submikrometerbereich in vielen Fällen unentbehrlich (z. B. [126—128]). Als typisches Beispiel für derartige Anwendungen seien Defekte der Leiterbahn-struktur integrierter Schaltkreise angeführt (Schlüsse und Unterbrechungen, Querschnittsverengungen). Abb. 16.22a zeigt dazu eine Aluminiumleiterbahn beim Überqueren mehrerer Oxidstufen mit einer ausgeprägten Unterätzung. Im Extremfall entsteht dabei eine vollständige Unterbrechung der Leiterbahn, und das betreffende Bauelement ist nicht funktionsfähig. Bleibt eine elektrische Ver-bindung bestehen, so besteht die Gefahr eines späteren Ausfalls nach entsprechen-der Strombelastung der im Querschnitt verengten Leiterbahn, d. h., die Lebens-dauer des Bauelements ist stark herabgesetzt (s. auch [127, 128]). Wird das Ele-ment während der REM-Untersuchung elektrisch angesteuert, so können voll-ständige Unterbrechungen und Schlüsse mit Hilfe des Sekundärelektronen-Potentialkontrastes (vgl. Kap. 6.) sehr schnell aus der damit verbundenen Ände-rung der Potentialverteilung an der Bauelementeoberfläche erkannt werden (Abbildungen 16.22b, c; Spannung an den hell abgebildeten Leiterbahnen: —10 V). Das ist oft die einzige Möglichkeit, derartige Defekte in inneren, elektrischen Messungen nicht zugänglichen Schaltkreiskomponenten zu lokalisieren. In der

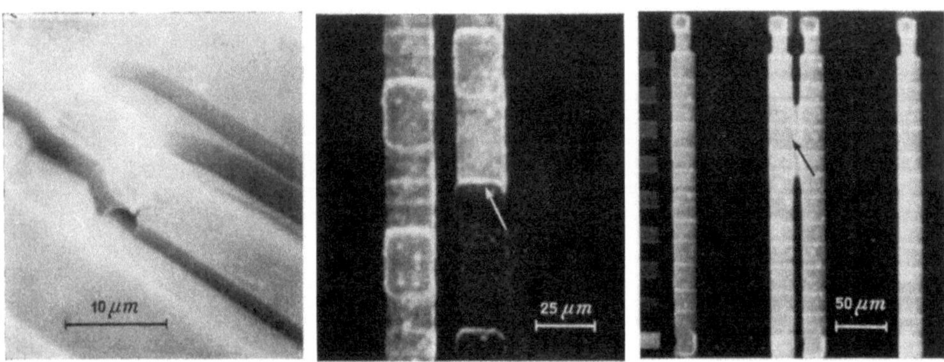

Abb. 16.22   Metallisierungsschäden in Bauelementestrukturen (REM-Abbildung mit Sekundärelektronen)

a) Leiterbahnunterätzung (*Aufnahme*: H.-J. HAGEL); b) Leiterbahnunterbrechung, Nach-weis im Potentialkontrast; c) Schluß zwischen benachbarten Leiterbahnen, Nachweis im Potentialkontrast

Regel liefert die REM-Untersuchung bereits Hinweise auf die genaue Fehlerursache, die z. B. in Schablonen- und Positionierfehlern, Verunreinigungen der Oberfläche oder ungünstigen Bedingungen beim Aufdampfen und ätzchemischen Strukturieren der Metallschicht zu finden ist.

16.4. Literatur

[1] PLASKETT, T. S., Trans. AIME **233** (1965) 809.

[2] DE KOCK, A. J. R., Appl. Phys. Letters **16** (1970) 100.

[3] D'ARAGONA, F. S., Phys. Status Solidi a **7** (1971) 577.

[4] RAVI, K. V.; VARKER, C. J., Proc. 2. Int. Symp. Silicon Mat. Sci. and Technol., Chicago 1973, p. 136.

[5] ABE, T.; CHIKAWA, J.; Proc. 2. Int. Symp. Silicon Mat. Sci. and Technol., Chicago 1973, p. 195.

[6] CHIKAWA, J.; ASAEDA, Y.; FUJIMOTO, I., J. Appl. Phys. **41** (1970) 1922.

[7] DE KOCK, A. J. R., Philips Res. Rep. Suppl. **1** (1973) 1.

[8] CISZEK, T. F., Proc. 2. Int. Symp. Silicon Mat. Sci. and Technol., Chicago 1973, p. 150.

[9] VIEWEG-GUTBERLET, F. G., Proc. 2. Int. Symp. Silicon Sci. and Technol., Chicago 1973, p. 119.

[10] DE KOCK, A. J. R.; ROKSNOER, P. J.; BOONEN, P. G. T., J. Cryst. Growth **22** (1974) 311.

[11] KOLBESEN, B. O.; MAYER, K. R.; SCHUH, G. E., J. Phys. (London) E 8 (1975) 197.

[12] BERNEWITZ, L. J.; MAYER, K. R., Phys. Status Solidi a **16** (1973) 579.

[13] BERNEWITZ, L. J.; KOLBESEN, B. O.; MAYER, K. R.; SCHUH, G. E., Appl. Phys. Lett. **25** (1974) 277.

[14] PETROFF, P. M.; DE KOCK, A. J. R., J. Cryst. Growth **30** (1975) 117.

[15] FÖLL, H.; KOLBESEN, B. O.; FRANK, W., Phys. Status Solidi a **29** (1975) 83.

[16] FÖLL, H.; KOLBESEN, B. O., Appl. Phys. **8** (1975) 319.

[17] PETROFF, P. M.; DE KOCK, A. J. R., J. Cryst. Growth **36** (1976) 1822.

[18] DE KOCK, A. J. R.: Characterization and elimination of defects in silicon. In: Festkörperprobleme (Series: Advances in Solid State Physics). Ed.: J. TREUSCH. — Braunschweig: Friedr. Vieweg & Sohn Verlagsgesellschaft mbH. 1976, Vol. 16, p. 179.

[19] CHIKAWA, J.; SHIRAI, S., J. Cryst. Growth **39** (1977) 328.

[20] FÖLL, H.; GÖSELE, U.; KOLBESEN, B. O., J. Cryst. Growth **40** (1977) 90.

[21] MARTIN, J. A.; HAAS, W. E., Proc. 2. Int. Symp. Silicon Mat. Sci. and Technol., Chicago 1973, p. 161.

[22] DE KOCK, A. J. R.; ROKSNOER, P. J.; BOONEN, P. G. T., J. Cryst. Growth **30** (1975) 279.

[23] RAVI, K. V., Thin Solid Films **31** (1976) 171.

[24] ROKSNOER, P. J.; BARTELS, W. J.; BULLE, C. W. T., J. Cryst. Growth **35** (1976) 245.

[25] DE KOCK, A. J. R., Proc. 3. Int. Symp. Silicon Mat. Sci. and Technol., Philadelphia 1977, p. 508.

[26] KAISER, W., Phys. Rev. **105** (1957) 1751.

[27] HROSTOWSKI, H. J.; KAISER, W., J. Phys. Chem. Solids **9** (1959) 214.

[28] TAN, T. Y.; TICE, W. K., Philos. Mag. **47** (1976) 615.

[29] MAHER, D. M.; STAUDINGER, A.; PATEL, J. R., J. Appl. Phys. **47** (1976) 3813.

[30] TEMPELHOFF, K.; SPIEGELBERG, F.; GLEICHMANN, R., Proc. 3. Int. Symp. Silicon Mat. Sci. and Technol., Philadelphia 1977, p. 585.
[31] STAUDINGER, A., J. Appl. Phys. **49** (1978) 3870.
[32] FULLER, C. S.; LOGAN, R. A., J. Appl. Phys. **28** (1957) 1427.
[33] SHOCKLEY, W., Solid-State Electron. **2** (1961) 35.
[34] BATAVIN, V. V.; POPOVA, G. V.; BATAVINA, L. A., Fiz. Tverd. Tela **8** (1966) 2502.
[35] BATAVIN, V. V., Fiz. Tekh. Poluprovodn. **4** (1970) 1943.
[36] PATRICK, W. J., NBS Spec. Publ. Nr. **337** (1977) 442.
[37] BARSON, F.; HESS, M. S.; ROY, M. M., J. Electrochem. Soc. **116** (1969) 304.
[38] ROZGONYI, G. A.; PEARCE, C. W., Appl. Phys. Lett. **32** (1978) 747.
[39] DAS, G., J. Appl. Phys. **44** (1973) 4459.
[40] GOETZBERGER, A.; SHOCKLEY, W., J. Appl. Phys. **31** (1960) 1821.
[41] LAWRENCE, J. E.; J. Electrochem. Soc. **112** (1965) 796.
[42] SCHWUTTKE, G. H., J. Electrochem. Soc. **108** (1961) 163.
[43] NES, E.; WASHBURN, J., J. Appl. Phys. **43** (1972) 2005.
[44] SOLBERG, J. K.; NES, E., Philos. Mag. A **37** (1978) 465.
[45] MENNIGER, H.; RAIDT, H.; VOIGT, G., Phys. Status Solidi a **35** (1976) 639.
[46] CULLIS, A. G.; KATZ, L. E., Philos. Mag. **30** (1974) 1419.
[47] THIEME, T.; TEMPELHOFF, K.; PASEMANN, M.; WERNER, P., Veröff. 13. Jahrestagung VfK, Frankfurt/O. 1978, S. 27.
[48] MATUKURA, Y.; MIURA, Y., Jap. J. Appl. Phys. **2** (1963) 518.
[49] FAIRFIELD, J. M.; SCHWUTTKE, G. H., J. Electrochem. Soc. **113** (1966) 1229.
[50] CZAJA, W., J. Appl. Phys. **37** (1966) 818, 4236.
[51] MELLIAR-SMITH, C. M., Crystal defects in silicon integrated circuits — their cause and effect. In: Properties and Microstructure, Treatise on Materials Science and Technology. Vol. II. — New York/San Francisco/London: Academic Press 1977, p. 47.
[52] PLATINGA, G. H., IEEE Trans. **ED-16** (1969) 394.
[53] TAMURA, M.; SUGITA, Y., J. Appl. Phys. **44** (1973) 3442.
[54] PRUSSIN, S., J. Appl. Phys. **32** (1961) 1876.
[55] SCHWUTTKE, G. H.; QUEISSER, H. J., J. Appl. Phys. **33** (1962) 1540.
[56] SCHWUTTKE. G. H.; FAIRFIELD, J. M., J. Appl. Phys. **37** (1966) 4394.
[57] FAIRFIELD, J. M.; SCHWUTTKE, G. H., J. Electrochem. Soc. **115** (1968) 415.
[58] QUEISSER, H. J., J. Appl. Phys. **32** (1961) 1776.
[59] IAWRENCE, J. E., J. Electrochem. Soc. **113** (1966) 819.
[60] RAVI, K. V., Metall Trans. **4** (1973) 681.
[61] JOSHI, M. L.; WILHELM, F., J. Electrochem. Soc. **112** (1965) 185.
[62] DUFFY, M. C.; BARSON, F.; FAIRFIELD, J. M.; SCHWUTTKE, G. H., J. Electrochem. Soc. **115** (1968) 84.
[63] KOJI, T.; TSENG, W. F.; MAYER, J. W., Appl. Phys. Lett. **32** (1978) 749.
[64] BLUMTRITT, H.; GLEICHMANN, R.; HEYDENREICH, J.; JOHANSEN, H., Phys. Status Solidi a **55** (1979) 611.
[65] COSSLETT, V. E.; FATHY, D.; SPARROW, T. G.; VALDRÉ, U., Kristall Tech. **14** (1979) 1177.
[66] KULKARNI, M. V.; HASSON, J. C.; JAMES, C. A., IEEE Trans. **ED-19** (1972) 1098.
[67] KATZ, L. E., J. Electrochem. Soc. **121** (1974) 969.
[68] VARKER, C. J.; RAVI, K. V., Proc. 3. Int. Symp. Silicon Mat. Sci. and Technol., Philadelphia 1977, p. 785.
[69] LAWRENCE, J. E., Proc. 2. Int. Symp. Silicon Mat. Sci. and Technol., Chicago 1973, p. 17.
[70] GIBBONS, J. F., Proc. IEEE **60** (1972) 1062.
[71] KIMERLING, L. C.; POATE, J. M., In: Lattice Defects in Semiconductors 1974, Inst. Phys., London 1975, p. 126.

[72] LARGE, L. N.; BICKNELL, R. W., J. Mater. Sci. **2** (1967) 589.

[73] MAZEY, D. J.; NELSON, R. S.; BARNES, R. S., Philos. Mag. **17** (1968) 1145.

[74] BICKNELL, R. W., Proc. Roy. Soc. (London) **A 311** (1969) 75.

[75] DAVIDSON, S. M., Proc. Europ. Conf. Ion Implantation, Reading 1970, p. 238.

[76] DAVIDSON, S. M.; BOOKER, G. R., Proc. Int. Conf. Ion Implantation in Semiconductors, Thousand Oakes 1970, p. 51.

[77] BARTSCH, H.; HEYDENREICH, J.; KÄSTNER, H.; MÜHLE, R., Proc. 4. Int. Conf. HVEM, Toulouse 1975, p. 217.

[78] QUEISSER, H. J.; GOETZBERGER, A., Philos. Mag. **8** (1963) 1063.

[79] VARKER, C. J.; RAVI, K. V., J. Appl. Phys. **45** (1974) 272.

[80] HEYDENREICH, J.; BLUMTRITT, H.; GLEICHMANN, R.; JOHANSEN, H., J. Phys. (Paris) **40** (1979) C6-23.

[81] THOMAS, D. J. D., Phys. Status Solidi a **3** (1963) 2261.

[82] BOOKER, G. R.; STICKLER, R., Philos. Mag. **11** (1965) 1303.

[83] SANDERS, I. R.; DOBSON, P. S., Philos. Mag. **20** (1969) 881.

[84] RAVI, K. V.; VARKER, C. J., J. Appl. Phys. **45** (1974) 263.

[85] JOSHI, M. L., Acta Metall. **14** (1966) 1157.

[86] PATEL, J. R., Proc. 3. Int. Symp. Silicon Mat. Sci. and Technol., Philadelphia 1977, p. 521.

[87] DRUM, C. M.; GELDER, W., J. Appl. Phys. **43** (1972) 4465.

[88] HSIEH, C.-M.; MAHER, D. M., J. Appl. Phys. **44** (1973) 1302.

[89] PRUSSIN, S., J. Appl. Phys. **45** (1974) 1635.

[90] SEIDEL, T. E.; MEEK, R. L.; CULLIS, A. G., J. Appl. Phys. **46** (1975) 600.

[91] FÖLL, H.; KOLBESEN, B. O., Proc. 3. Int. Symp. Silicon Mat. Sci. and Technol. Philadelphia 1977, p. 740.

[92] FISHER, A. W.; AMICK, J. A., J. Electrochem. Soc. **113** (1966) 1054.

[93] POMERANTZ, T. I., J. Electrochem. Soc. **119** (1972) 255.

[94] BOOKER, G. R.; TUNSTALL, W. J., Philos. Mag. **13** (1966) 71.

[95] JACCODINE, R. J.; DRUM, C. M., Appl. Phys. Lett. **8** (1966) 29.

[96] LAWRENCE, J. E., J. Appl. Phys. **40** (1969) 360.

[97] TAN, T. Y.; WU, L. L.; TICE, W. K., Appl. Phys. Lett. **29** (1976) 765.

[98] MAHAJAN, S.; ROZGONYI, G. A.; BRASEN, D., Appl. Phys. Lett. **30** (1977) 73.

[99] HORNSTRA, J., Phys. Chem. Solids **5** (1958) 129.

[100] KRIVANEK, O. L.; MAHER, D. M., Appl. Phys. Lett. **32** (1978) 451.

[101] HU, S. M., Appl. Phys. Lett. **27** (1975) 165.

[102] SHIRAKI, H., Jap. J. Appl. Phys. **14** (1975) 747.

[103] MURARKA, S. P.; QUINTANA, G., J. Appl. Phys. **48** (1977) 46.

[104] HATTORI, T., J. Appl. Phys. **49** (1978) 2949.

[105] POMERANTZ, T. I., J. Appl. Phys. **38** (1967) 5020.

[106] ROZGONYI, G. A.; PETROFF, P. M.; READ, M. H., J. Electrochem. Soc. **121** (1975) 1725.

[107] PETROFF, P. M.; ROZGONYI, G. A.; SHENG, T. T., J. Electrochem. Soc. **123** (1976) 565.

[108] BLUMTRITT, H.; GLEICHMANN, R., Ultramicroscopy **2** (1977) 405.

[109] BOOKER, G. R.; STICKLER, R., J. Appl. Phys. **33** (1962) 3281.

[110] BOOKER, G. R.; STICKLER, R., Appl. Phys. Lett. **3** (1962) 158.

[111] BOOKER, G. R., Dis. Faraday Soc. **38** (1964) 298.

[112] BOOKER, G. R.; JOYCE, B. A., Philos. Mag. **14** (1966) 301.

[113] FINCH, R. H.; QUEISSER, H. J.; THOMAS, G.; WASHBURN, J., J. Appl. Phys. **34** (1963) 406.

[114] MENDELSON. S., Mat. Sci. Eng. **1** (1966) 42.

[115] PETROFF, P. M.; KATZ, L. E.; SAVAGE, A., Proc. 3. Int. Symp. Silicon Mat. Sci. and Technol., Philadelphia 1977, p. 761.

[116] MARCUS, R.; ROBINSON, M.; SHENG, T. T.; HASZKO, S. E.; MURARKA, S. P.; KATZ, L. E., J. Electrochem. Soc. **124** (1977) 425.

[117] JOSHI, M. L.; DASH, S., IBM J. Res. Dev. **10** (1966) 446.
[118] JOSHI, M. L.; DASH, S., IBM J. Res. Dev. **11** (1967) 271.
[119] SERVIDORI, M.; ARMIGLIATO, A., J. Mater. Sci. **10** (1973) 306.
[120] DONOLATO, C.; MERLI, P. G.; VECCHI, J., J. Electrochem. Soc. **124** (1977) 473.
[121] ARMIGLIATO, A.; NOBILI, D.; OSTAJA, P.; SERVIDORI, M.; SOLMI, S., Proc. 3. Int. Symp. Silicon Mat. Sci. and Technol., Philadelphia 1977, p. 637.
[122] PASEMANN, M.; BARNA, A.; WERNER, P.; HAGEL, H.-J., Kristall Tech. **14** (1979) 553.
[123] ROZGONYI, G. A.; PETROFF, P. M.; READ, M. H., J. Electrochem. Soc. **122** (1975) 1725.
[124] ARTHUR, J. R., Crit. Rev. Solid State Sci. **6** (1976) 413.
[125] BOYER, S. M.; MOULSON, A. J., J. Mater. Sci. **13** (1978) 1637.
[126] THORNTON, P. R., Scanning Electron Microscopy — Applications to Materials and Device Science. — London: Chapman & Hall 1968.
[127] KEMÉNY, A. P.; KALMÁR, G.; STEFÁNIAY, V., Microelectronics and Reliability **14** (1975) 499.
[128] REIMER, J., Proc. 10. JEM Symp., Chicago 1977, Part. I, p. 167.

17. Molekulare Prozesse auf Kristalloberflächen

K. W. Keller, H. Höche

Molekulare Prozesse auf Kristalloberflächen — Ad- und Desorption, chemische Reaktionen, Oberflächendiffusion, Keimbildung, Bildung und Bewegung elementarer Oberflächenstufen — werden entsprechend ihrer Bedeutung, z. B. für die Katalyse, die Halbleiterphysik und das Kristallwachstum, zunehmend untersucht. Hierfür wurden eine Reihe grenzflächenphysikalischer Untersuchungsverfahren entwickelt und mit großem Erfolg eingesetzt. Welche Bedeutung in diesem Zusammenhang der Elektronenmikroskopie (EM) zukommt, soll in diesem Kapitel zunächst in einem Überblick und dann anhand konkreter Beispiele — Untersuchungen zum Kristallwachstum — dargestellt werden.

17.1. Überblick über verwendete Untersuchungsverfahren

Die am häufigsten angewandten grenzflächenphysikalischen Untersuchungsverfahren sind die Beugung langsamer Elektronen (LEED) und verschiedene spektroskopische Verfahren, wie die Auger-Elektronenspektroskopie (AES; s. Kap. 9.), die Photo-Elektronenspektroskopie mit röntgenstrahlausgelösten Elektronen (Elektronenspektroskopie zur chemischen Analyse, ESCA,), die Sekundärionenmassenspektrometrie (SIMS) und die Desorptionsspektroskopie sowie das optische Verfahren der Ellipsometrie (vgl. [1]). Diese Verfahren geben Auskunft insbesondere über Art, Anzahl und Bindungszustand adsorbierter Moleküle. Es ist zwar möglich, sehr geringe Bedeckungen (Bruchteile einer Monoschicht) zu erfassen, man muß aber relativ große Oberflächenbereiche für die Untersuchung heranziehen. Damit sind die Möglichkeiten einer Lokalisierung der erhaltenen Daten eingeschränkt. Es fehlt bisher im allgemeinen eine Beziehung zur Morphologie der Oberfläche. Mit LEED sind zwar Aussagen über die Stufenstruktur einer Oberfläche zu erhalten, allerdings in recht beschränktem Umfang. Diese Einschränkungen werden durch die Feldelektronen- und insbesondere die Feldionenmikroskopie überwunden [1]. Mit Hilfe der Feld-EM können insbesondere die Flächenspezifität bei der Ad- und Desorption sowie die Keimbildung in einfacher Weise beobachtet werden. Die Feldionenmikroskopie gestattet, einzelne Atome in oder auf einer Kristalloberfläche direkt zu beobachten, ihre Ad- und Desorption sowie den Platzwechsel auf der Oberfläche, die Oberflächendiffusion, zu verfolgen. Hierbei kann sehr detailliert die Wirksamkeit verschiedener Oberflächenplätze untersucht werden. Beide Untersuchungsverfahren sind allerdings an spezielle experimentelle Bedingungen, insbesondere an eine spezielle Form der Objekte — sehr feine Spitzen mit einem Krümmungsradius von einigen 100 nm — gebunden. Molekulare Prozesse des Kristallwachstums wurden experimentell bisher zumeist auf indirektem Wege untersucht, indem die Ergebnisse phänomenologischer Untersuchungen, z. B. von Messungen der Kristallwachstumsgeschwindigkeit, mit denen der Theorie verglichen wurden, ohne daß hierbei der notwendige Bezug auf die Oberflächenmorphologie des wachsenden Kristalls genommen wurde (vgl. [2]).

Es erweist sich in vielen Fällen als notwendig, die angeführten Verfahren durch abbildende Verfahren zu ergänzen, die eine Zuordnung der Ergebnisse zu bestimmten Oberflächenbereichen bzw. eine Beschreibung der Oberflächenmorphologie auch bei größeren Abmessungen des Objekts gestatten. Ehe auf elektronenmikroskopische Verfahren eingegangen wird, sollen kurz die Möglichkeiten der Lichtmikroskopie erwähnt werden. Auch wenn das laterale Auflösungsvermögen nicht sehr hoch ist, so ist doch durch Anwendung der Phasenkontrast- und der differentiellen Interferenzmikroskopie eine Tiefenerkennbarkeit erreichbar, die es gestattet, Oberflächenstufen mit einer Höhe bis herab zu etwa 1 nm abzubilden, wobei durch die Kombination mit der Vielstrahlinterferometrie eine quantitative Bestimmung der Stufenhöhen möglich ist [3, 4]. Auf diese Weise konnten Aussagen über den Wachstumsmechanismus einer Reihe von natürlichen und künstlichen Kristallen erhalten werden [5].

Die EM wurde im hier interessierenden Zusammenhang bisher am meisten zur Untersuchung der heterogenen Keimbildung (vgl. Kap. 18.) angewendet. Hierzu werden im allgemeinen die auf einer Kristalloberfläche gebildeten Keime von dieser mit einem Kohleabdruckfilm abgelöst; in einem Transmissions-Elektronenmikroskop (TEM) werden dann ihre Dichte, Verteilung, Größe, Orientierung usw. untersucht. Im Zusammenhang mit elektronenmikroskopischen Untersuchungen der Bildung dünner Schichten hat sich das in Kap. 7. beschriebene Dekorationsverfahren ergeben, als BASSETT fand, daß die Keimbildung von Gold auf Steinsalz bevorzugt an Stufen stattfindet. Die Anwendung des Dekorationsverfahrens zur Sichtbarmachung von elementaren Stufen (Dekoration 1. Art) wurde mit großem Erfolg zur Untersuchung von molekularen Oberflächenprozessen des Kristallwachstums angewendet. Hierauf wird in den beiden folgenden Abschnitten eingegangen. Es gibt Beobachtungen, die die Möglichkeit erkennen lassen, mit der Dekoration 2. Art, d. h. der Sichtbarmachung unterschiedlicher Oberflächenbereiche, lokal differenzierte Adsorptionsvorgänge zu untersuchen. Systematische Beobachtungen hierzu liegen aber noch nicht vor.

Neben dem Dekorationsverfahren, das bisher nur auf einige Materialien angewendet wurde, sind zur Untersuchung der Oberflächenmorphologie auch die anderen in Kap. 5. bis 8. besprochenen Verfahren der Oberflächen-EM (Raster-Elektronenmikroskopie (REM), Emissions-Elektronenmikroskopie (EEM) und Abdruckverfahren) heranzuziehen. Unter diesen ist hinsichtlich des Auflösungsvermögens und der Tiefenerkennbarkeit das Abdruckverfahren bei Anwendung einer Schrägbeschattung (Pt-C-Mischschicht) am günstigsten. Auf Steinsalz wurden hiermit durch Abdampfen erzeugte Oberflächenstufen mit einer Höhe von nur einem Netzebenenabstand (0,281 nm) nachgewiesen, wenn auch die Beobachtung im EM erheblich schwieriger als beim Dekorationsverfahren ist (Abb. 7.10 zeigt die durch Pt-C-Schrägbeschattung ermöglichte Abbildung von Stufen mit einer Höhe von 0,562 nm auf einer NaCl-Oberfläche). Sowohl die indirekte Abbildung mit Hilfe eines Abdruckverfahrens als auch die direkte Abbildung im REM, dessen Auflösungsvermögen und Tiefenerkennbarkeit allerdings eingeschränkt sind, sind sehr gut geeignet, wenn es darum geht, die Existenz von Stufen überhaupt nachzuweisen, unabhängig davon, ob es sich um elementare oder durch Zusammenlagerung gebildete höhere Stufen handelt oder wenn elementare Stufen eine größere Stufenhöhe haben. Beispiele sind die Beobachtung von Wachstumsspiralen auf Paraffin mit dem Abdruckverfahren [6] und der Wachstumsmorphologie von GdP-Oberflächen mit dem REM [7]. Auch im transmissionselektronenmikroskopischen Beugungskontrast lassen sich Oberflächenstufen sichtbar machen, nicht nur auf sehr dünnen Schichten (s. Kap. 18.), sondern im Höchstspannungs-Elektronenmikroskop (HEM), z. B. auch auf Dendriten [8]. Diese Art der Beobachtung hat den Vorteil, daß sie mit einer Untersuchung des Volumens kombiniert werden kann. Allerdings konnte die Frage der Kontrastentstehung noch nicht völlig geklärt werden.

Für einige Probleme ist die Hochauflösungs-EM (s. Kap. 3.) von Bedeutung. So gelang es, Keime zu beobachten, die nur aus wenigen Atomen bestehen, und den Prozeß von Keimbildung und -wachstum *in-situ* zu verfolgen (s. Kap. 18.). Auch konnte der netzebenenweise Auf- und Abbau von Kristallen in eindrucksvollen *in-situ*-Experimenten vorgeführt werden [9].

Für die Beobachtung von Oxydationsvorgängen und anderen chemischen Reaktionen sowie der Oberflächendiffusion auf Metalloberflächen hat sich das EEM (s. Kap. 8.) als geeignet erwiesen [10—15]. Voraussetzung ist, daß ein hinreichender Unterschied zwischen den Austrittsarbeiten des metallischen Substrates und der Reaktionsphase besteht. Das EEM bietet folgende Vorteile: Die Beobachtungen können sich über einen großen Bedeckungsbereich, beginnend bei monomolekularer Bedeckung, erstrecken; es ist möglich, zeitliche Veränderungen zu verfolgen; auf polykristallinen Proben wird der Einfluß der Kornorientierung unmittelbar sichtbar. Die bisher durchgeführten, nicht sehr zahlreichen Untersuchungen von molekularen Prozessen auf Oberflächen mit dem EEM erfolgten unter Hochvakuumbedingungen. Es sollte jedoch die Möglichkeiten wesentlich erweitern, wenn man diese Untersuchungen unter UHV-Bedingungen durchführen und mit anderen grenzflächenphysikalischen Verfahren kombinieren würde [16, 17].

Ganz allgemein muß festgestellt werden, daß — abgesehen von den Untersuchungen zur Keimbildung und zum Kristallwachstum mit Hilfe des Dekorationsverfahrens — die EM bisher in nur geringem Umfang zur lokalisierten Erfassung von molekularen Oberflächenprozessen bzw. der Beobachtung der mit diesen in Zusammenhang stehenden Oberflächenmorphologie eingesetzt worden ist. Der Grund hierfür liegt in methodischen Schwierigkeiten, z. B. hinsichtlich des Auflösungsvermögens, der Deutung von Kontrastphänomenen und der Bestimmung von Stufenhöhen. Diese lassen sich aber, wenn überhaupt, nur im Zusammenhang mit der Untersuchung eines bestimmten Problems überwinden.

17.2. Beobachtungen zum Kristallwachstum mit Hilfe des Oberflächen-Dekorationsverfahrens

Die Theorie des Kristallwachstums beruht auf detaillierten Vorstellungen über die Prozesse auf der Oberfläche des wachsenden Kristalls (vgl. [18]). Diese Oberflächenprozesse führen zu bestimmten Oberflächenmorphologien. Eine experimentelle Verifizierung der Theorie sollte sich daher nicht nur auf die Messung makroskopisch erfaßbarer Größen, z. B. der Kristallwachstumsgeschwindigkeit, beschränken, sondern auch die Beobachtung der Oberflächenmorphologie umfassen. Dazu ist es nötig, daß Oberflächenstufen, die durch die Existenz einer Versetzung oder durch zweidimensionale Keimbildung hervorgerufen werden und eine Höhe von der Größenordnung der Gitterkonstanten haben (elementare Stufen), sichtbar gemacht werden können. Diese Stufen spielen für das Kristallwachstum auf glatten Oberflächen eine wesentliche Rolle, weil an ihnen Anlagerung und Abtrennung der Kristallbausteine bevorzugt erfolgen, woraus eine Bewegung der Stufen über die Oberfläche resultiert. Wenn die elementaren Stufen unter 1 nm hoch sind, hat sich für ihre Abbildung im Falle einiger Substanzen das Dekorationsverfahren als äußerst geeignet erwiesen. Für das Wachstum aus der Gasphase bzw. den hierzu umgekehrten Vorgang der Verdampfung lassen sich auf diesem Wege interessante Aussagen zu der Kinetik der Stufen und den molekularen Oberflächenprozessen, die mit ihr zusammenhängen, machen. Dies soll anhand der Ergebnisse von Abdampfexperimenten an NaCl-Kristallen [19—27] etwas ausführlicher demonstriert werden. Die Untersuchung der Stufenkinetik für den Fall, daß das Wachstum aus der Lösung oder der Schmelze erfolgt, wird dadurch erschwert, daß es sehr schwierig ist, den Wachstumsprozeß definiert zu unterbrechen und die Mutterphase vom Kristall zu trennen. Für das Wachstum von Alkalihalogenidkristallen aus der Schmelze wurden von verschiedenen Autoren erste Versuche unternommen, diese Schwierigkeiten durch eine spezielle experimentelle Technik zu überwinden und das Dekorationsverfahren anzuwenden [28—30]. Günstig sind die Bedingungen beim elektrolytischen Wachstum. So konnten die bei einem solchen Wachstum entstandenen Spiralstufen (Höhe: 0,236 nm) auf einem Silberkristall sichtbar gemacht werden (vgl. Abb. 18.1a).

Die bereits genannten Abdampfexperimente an NaCl-Kristallen wurden im Hochvakuum bei Temperaturen von 300 ··· 500 °C durchgeführt. Die durch das Abdampfen auf {100}-Spaltflächen gebildete Oberflächenmorphologie wurde mit Hilfe einer Dekoration mit Gold abgebildet. Im elektronenmikroskopischen Bild der Abb. 17.1 und 17.2 werden die Mechanismen sichtbar, die von der Theorie für Kristallwachstum und -abbau auf glatten Flächen vorgeschlagen worden sind: Abb. 17.1 zeigt die Bildung zweidimensionaler Keime, Abb. 17.2 das Aufwinden von Stufen zu Spiralen um die Durchstoßpunkte von Versetzungen mit einer Burgers-Vektorkomponente senkrecht zur Oberfläche und die wiederholte bevorzugte Keimbildung, d. h. die Bildung von konzentrischen Kreisstufen, an Durchstoßpunkten von Versetzungen, deren Burgers-Vektor parallel zur Oberfläche liegt (die wiederholte, bevorzugte Keimbildung wurde zunächst nur für den

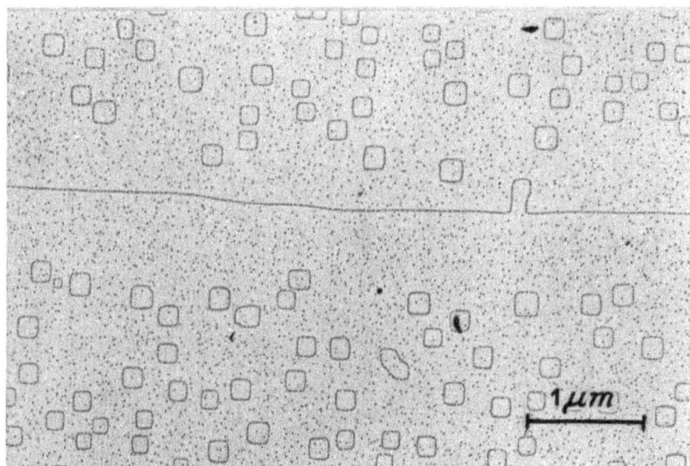

Abb. 17.1 Im Anfangsstadium des Abdampfens durch Lochkeimbildung entstandene Kreisstufen im Bereich einer Spaltstufe auf einer NaCl-{100}-Oberfläche

Fall des Kristallabbaus angenommen, sie wurde aber auch in Wachstumsexperimenten [25, 31] beobachtet). In den Abdampfexperimenten tritt die Bildung von einzelnen zweidimensionalen Keimen (Lochkeimen) nur zu Beginn in Erscheinung, während im stationären Endzustand der Abdampfprozeß durch die aktiveren Mechanismen an den Versetzungen beherrscht wird. Räumlich gesehen entsprechen den in Abb. 17.2 gezeigten, durch Abdampfen entstandenen Stufenstrukturen Gruben, während es sich beim Wachstum um Hügel handeln würde.

Die elektronenmikroskopischen Beobachtungen bestätigten nicht nur in eindrucksvoller Weise die genannten Mechanismen für den Fall sehr kleiner Stufenhöhen, sondern zeigten eine Reihe interessanter Details. So sind in Abb. 17.2 nicht nur einfache runde Spiralen, sondern auch eine runde Doppelspirale und eine quadratische Spirale zu sehen. Aus der Wechselwirkung der Spiralen untereinander kann man Aussagen zur Stufenhöhe gewinnen [32]. Es geht jeweils eine Stufe einer runden Spirale in eine Stufe einer anderen runden Spirale über; dort, wo sie gegeneinander laufen, verschwinden sie. Dagegen sind es jeweils zwei Stufen einer runden Spirale, die in eine Stufe einer quadratischen Spirale übergehen, da zwei Stufen einer runden Spirale notwendig sind, um eine Stufe einer quadratischen Spirale zum Verschwinden zu bringen. Nachdem aus den Bassettschen Untersuchungen bekannt ist, daß das Dekorationsverfahren in der Lage ist, Stufen mit der Höhe eines Netzebenenabstandes sichtbar zu machen, ist aus diesen Beobachtungen der Schluß zu ziehen, daß die Stufen der runden Spiralen genau gleich hoch und die der quadratischen Spiralen genau doppelt so hoch sind, wobei „genau" auf den Netzebenenabstand genau bedeutet. Bei dieser Sachlage ist es sinnvoll, für die Stufenhöhen elementare Werte anzunehmen, d. h. den Netzebenenabstand und die doppelt so große Gitterkonstante. Diese Annahme korreliert mit den in NaCl möglichen Burgers-Vektoren $a/2 \langle 110 \rangle$ und $a\langle 100 \rangle$ (a = Gitterkonstante),

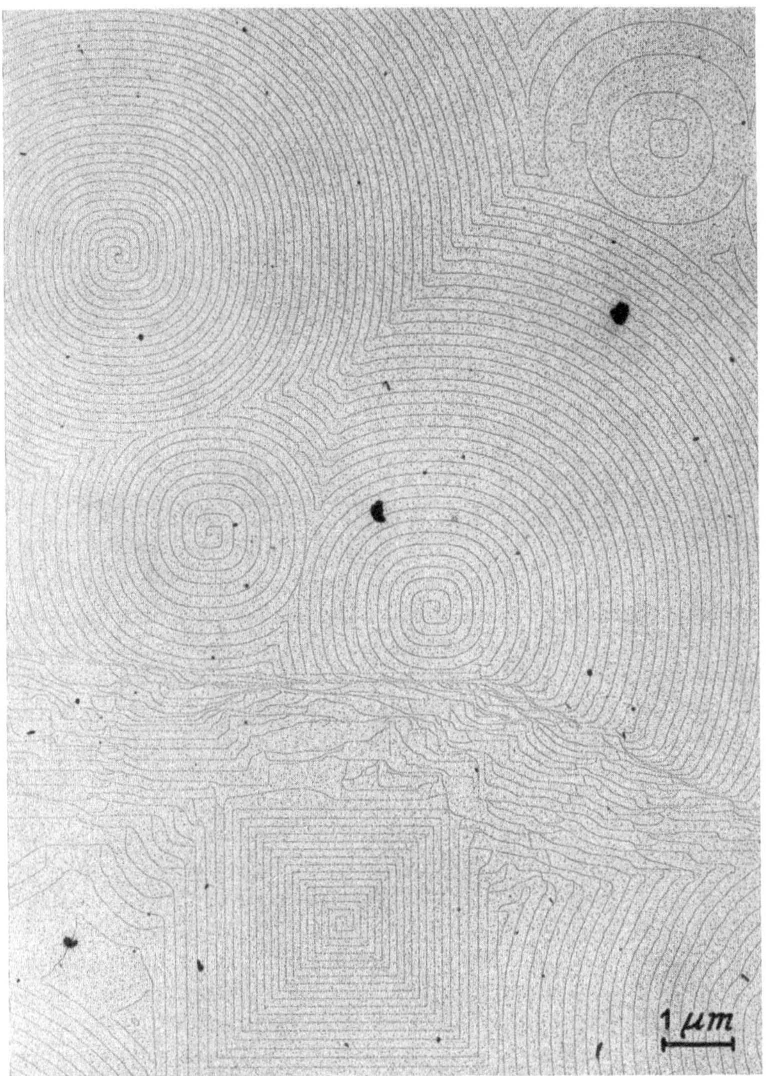

Abb. 17.2   Typische durch Abdampfen an Versetzungsdurchstoßpunkten gebildete
Stufenstrukturen auf einer NaCl-{100}-Oberfläche

die eben zu Stufen mit den Höhen $a/2$ und a führen. Die verschiedenen beobachteten
Spiralen entsprechen also verschiedenen Versetzungen [33]: Die einfache runde
Spirale einer Versetzung mit dem Burgers-Vektor $a/2 \langle 110 \rangle$, die quadratische
Spirale einer Versetzung mit dem Burgers-Vektor $a \langle 100 \rangle$; die Doppelspirale
entsteht an zwei dicht benachbarten Versetzungen mit Burgers-Vektoren $a/2$
$\langle 110 \rangle$, die, wie Beobachtungen zeigten, aus der Aufspaltung einer Versetzung mit
dem Burgers-Vektor $a \langle 100 \rangle$ resultieren. In einem noch nicht so weit fortgeschrit-

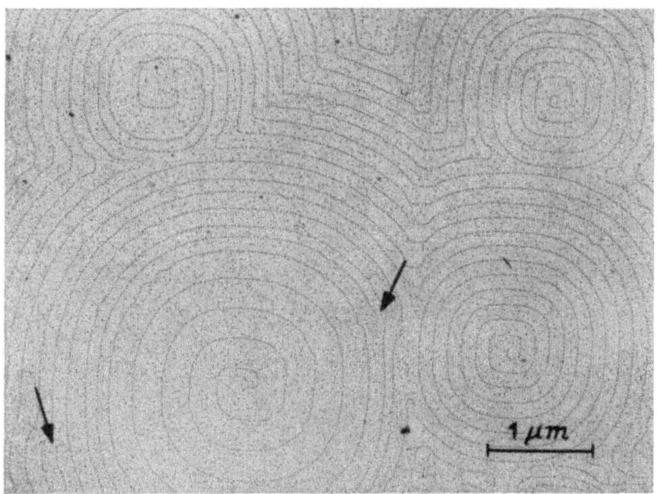

Abb. 17.3   Abdampfspiralen mit unterschiedlichem Windungsabstand und eingeschobene Spiralstufen (Pfeil) auf NaCl

tenen Stadium des Abdampfens (solange die sich ausbreitenden Spiralen nur auf
die in Abb. 17.1 gezeigten einzelnen Kreisstufen treffen, d. h. nur wenige der
äußeren Spiralwindungen annihiliert werden) kann man durch einfaches Abzählen
der Windungen der Spiralen deren Aktivität und damit die Verdampfungsgeschwindigkeit im Bereich der Spiralen abschätzen. Es stellte sich heraus, daß die
Verdampfungsgeschwindigkeit keine über die ganze Oberfläche konstante Größe
ist, sondern z. B. vom jeweiligen Spiraltyp abhängt [24]. Weiterhin wurde beobachtet,
daß der Abstand der Spiralwindungen keine konstante, allein durch die Versuchsbedingungen gegebene Größe ist. Wie Abb. 17.3 zeigt, kann sich dieser Abstand
sowohl von einer Spirale zur anderen als auch innerhalb ein und derselben Spirale
ändern. Das ist nur so zu erklären, daß auch im Falle kleiner Burgers-Vektoren die
Bewegung der Spiralstufe im Zentrum von der Energie der erzeugenden Versetzung
abhängt [22].

In Abb. 17.3 ist auch zu sehen, daß sich nicht um jede Versetzung eine gesonderte
Spirale zu entwickeln braucht. Aufgrund des durch die ursprüngliche Oberflächenmorphologie und die Versetzungsanordnung komplexen Abdampfgeschehens
sowie durch die unterschiedliche Spiralaktivität können einzelne Versetzungsdurchstoßpunkte durch die von anderen Punkten ausgehenden Stufen „überrannt"
werden. Im Falle von Versetzungen mit zur Oberfläche senkrechter Burgers-
Vektorkomponente können die mit diesen verbundenen Oberflächenstufen nicht
verschwinden, sondern treten als in die dominierende Spirale eingeschobene Stufen
in Erscheinung (Abb. 17.3, Pfeile). In dem mit Hilfe des Dekorationsverfahrens
erhaltenen elektronenmikroskopischen Bild bleiben die Durchstoßpunkte der
Versetzungen auf diese Weise sichtbar. Besonders interessant wird dieser Sachverhalt, wenn zwei Versetzungen sehr dicht zueinander zur Oberfläche hindurch-
stoßen. Im Falle von Versetzungen, die zu Spiralen mit gleichem Windungssinn

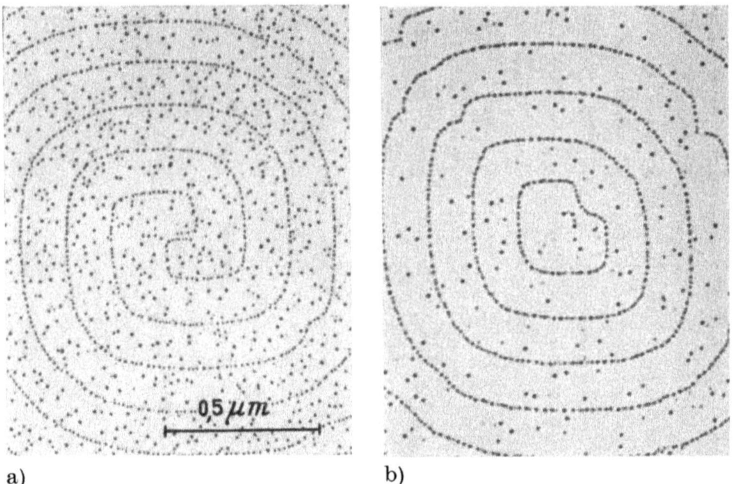

Abb. 17.4   Abdampfstufenstrukturen auf NaCl an dicht benachbarten Versetzungsdurchstoßpunkten

a) Ineinander geschobene Spiralstufen mit gleichem Windungssinn; b) konzentrische Kreisstufen, entstanden durch das Zusammenspiel zweier Spiralen mit entgegengesetztem Windungssinn

führen, ergeben sich zwei ineinandergeschobene Spiralen (Abb. 17.4a), im Extremfall die bereits beschriebene Doppelspirale (Abb. 17.2). Hierbei ist ein deutlicher
Unterschied bezüglich des Abstandes der Spiralwindungen festzustellen: Die
ineinandergeschobenen Spiralen zeigen den gleichen Windungsabstand wie Einzel-
spiralen, während derjenige der Doppelspiralen kleiner ist. Diese Beobachtung
zeigt, daß ein Einfluß der Versetzungskonfiguration auf die Spiralbewegung existiert.
Erzeugen zwei benachbarte Versetzungen Spiralen mit entgegengesetztem Windungssinn, dann entstehen durch das Zusammenspiel der beiden sich aufwindenden
Spiralen konzentrische Kreisstufen [22]. Abb. 17.4b zeigt dies am Beispiel zweier
nur etwa 50 nm voneinander entfernter Versetzungen. Im Unterschied zu den
durch wiederholte bevorzugte Keimbildung entstandenen „echten" konzentrischen
Kreisstufen ist im Zentrum eine die beiden Versetzungsdurchstoßpunkte ver-
bindende, also nicht geschlossene Stufe festzustellen. Auch ist der Stufenabstand
der gleiche wie der von Spiralen, d. h. deutlich kleiner als derjenige der echten
konzentrischen Kreisstufen. Auf diese Unterschiede, die das Dekorationsverfahren
sichtbar macht, ist sehr zu achten, um Fehlinterpretationen zu vermeiden. Nach
den bisherigen Erfahrungen kann man sagen, daß das Dekorationsverfahren die
zuverlässigsten Aussagen über die Art des vorliegenden Stufenmechanismus
erlaubt.

Die Beobachtungen ergeben darüber hinaus auch Informationen über einen
wichtigen, mit der Stufenbewegung zusammenhängenden Teilschritt, die Oberflächendiffusion. Die Kristallbausteine gehen nicht direkt von der Stufe in den
Dampfraum über, sondern bewegen sich von der sogenannten Halbkristallage aus-

gehend zunächst entlang der Stufe (Randdiffusion), gelangen dann auf die Oberfläche, auf der sie so lange diffundieren (Oberflächendiffusion), bis sie desorbieren. In Abb. 17.1 ist auf beiden Seiten der Spaltstufe eine Zone verminderter Lochkeimbildung festzustellen (s. auch Abb. 17.11 b). In dieser Zone setzen die von der Spaltstufe auf die Oberfläche gelangenden Moleküle die Untersättigung herab und damit die Keimbildungsrate, d. h., die Stufe hat auf beiden Seiten einen Diffusionshof. Die Größe dieses Diffusionshofes ist ein Maß für die Reichweite der diffundierenden Moleküle [34]. Weiterhin hat die Oberflächendiffusion, insbesondere unter den Bedingungen des Abdampfens im Vakuum, einen entscheidenden Einfluß auf die Ausbildung der Spiralen und konzentrischen Kreisstufen. Die Oberflächendiffusion bestimmt die Untersättigung im Zentrum dieser Strukturen und damit die zu beobachtenden Abstände der Spiralwindungen bzw. Kreisstufen (sog. *back-stress*-Effekt [35]). Gleichzeitig kann der genannte Einfluß der Versetzungen auf die Bewegung der Spiralstufen wirksam werden. Auch die Bewegung der Stufen innerhalb der Stufenscharen wird durch die Oberflächendiffusion beeinflußt, indem infolge einer durch die Oberflächendiffusion bewirkten Wechselwirkung zwischen den Stufen die Geschwindigkeit der Stufen von deren gegenseitigem Abstand abhängt. Dies kann zu Änderungen der Stufenanordnung führen [36]. In Abb. 17.5 sind solche Änderungen zu sehen. Hier sind die Stufen nicht äquidistant angeordnet, sondern im Zentrum der Grube (quadratische Spi-

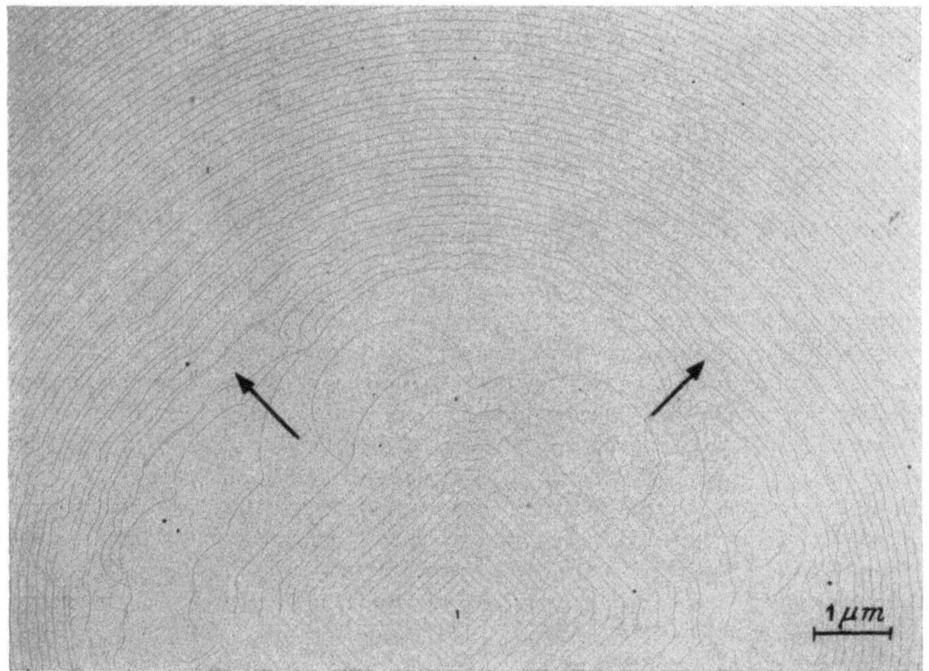

Abb. 17.5 Abweichungen von der äquidistanten Anordnung von Abdampfstufen auf NaCl

rale am unteren Bildrand) nimmt der Stufenabstand von innen nach außen zu; im äußeren Bereich ist eine paarweise Anordnung von Stufen zu beobachten (Pfeile). Über die quantitative Untersuchung der Bewegung von Oberflächenstufen wird im folgenden Abschnitt berichtet.

17.3. Anwendungen der Dekorationstechnik zur quantitativen Analyse der Stufenkinetik

Die kontinuierliche Beobachtung von Veränderungen in der Oberflächenstufenkonfiguration ist mit Hilfe der Dekorationstechnik nicht möglich, da dieses Verfahren mit der Auflösung der zu untersuchenden Kristalloberfläche verbunden ist. Deshalb wurde die Dekorationstechnik zunächst ausschließlich zur Abbildung und Charakterisierung bestimmter, zum Zeitpunkt der Dekoration vorliegender Stufenstrukturen eingesetzt. Unter geeigneten experimentellen Bedingungen läßt sich dieses Verfahren jedoch modifizieren und zur Untersuchung zeitabhängiger Veränderungen anwenden. Auf diese Weise gewinnt man Informationen, die Aufschluß über die wesentlichen molekularen Transportvorgänge geben. Von besonderem Interesse sind dabei die Prozesse, die unter Nichtgleichgewichtsbedingungen zur Bewegung monoatomar hoher Oberflächenstufen führen, also die Prozesse, die mit dem Einbau, der Abtrennung oder aber der Umlagerung von Kristallbausteinen an den Stufen verbunden sind.

Im folgenden sollen diese modifizierten Dekorationsverfahren, die zur Untersuchung von Vorgängen des Kristallwachtums bzw. -abbaus eingesetzt werden können, erläutert und ihre Anwendung am Beispiel einer im Vakuum erzeugten und thermisch aktivierten NaCl-Spaltfläche dargestellt werden.

Eine Möglichkeit, die Bewegung monoatomarer Stufen zu untersuchen, besteht in der Durchführung von Doppeldekorationsexperimenten [32]. Bei diesem Verfahren wird die Anfangsstufenkonfiguration dekoriert, dann wird die Kristalloberfläche über eine definierte Zeit einer über- oder untersättigten Dampfphase ausgesetzt und schließlich mit einer zweiten Dekoration zur Markierung der neuen Stufenposition versehen. Anschließend wird die Verteilung der Dekorationskristallite mit einer Kohleschicht fixiert und nach der Präparation elektronenmikroskopisch abgebildet. Das Ergebnis eines derartigen Experimentes, bei dem die Kristalloberfläche vor und nach der ersten Dekoration im Vakuum abgedampft wurde [25], zeigt Abb. 17.6. Die gestrichelte Linie verweist auf die durch die erste Dekoration markierte Anfangsposition und die ausgezogene Linie auf die durch die zweite Dekoration markierte Endposition einer Spiralstufe. Aus dem zurückgelegten Weg und der bekannten Verdampfungszeit läßt sich unmittelbar die Geschwindigkeit der Spiralwindungen bestimmen. Die systematische Untersuchung von Spiralstufen mit unterschiedlichem Windungsabstand ergab, daß die Geschwindigkeit der Stufenbewegung mit zunehmendem Windungsabstand ansteigt und sich schließlich einem maximalen Wert nähert. In Übereinstimmung mit der von BURTON, CABRERA und FRANK [37] abgeleiteten Theorie (BCF-Theorie) der

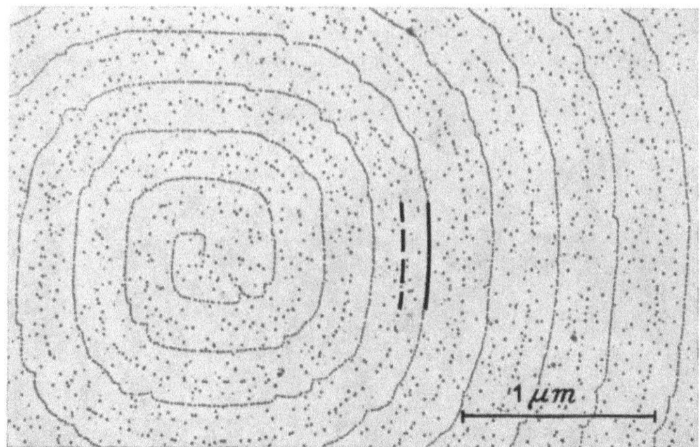

Abb. 17.6   Spiralstufe auf einer verdampfenden NaCl-Spaltfläche

zwischen der ersten (- - -) und der zweiten (——) Dekoration wurde der Kristall 14 min bei 350 °C abgedampft.

durch Oberflächenselbstdiffusion kontrollierten Bewegung monoatomarer Stufen, läßt sich diese Abhängigkeit der Stufengeschwindigkeit v vom Abstand Δx zu den Nachbarstufen durch $v \sim \tanh [\Delta x/(\sqrt{2}\,x_\mathrm{s})]$ beschreiben. Durch Anpassung der experimentellen an die theoretisch zu erwartende Abhängigkeit konnte die Oberflächenselbstdiffusionslänge x_s abgeschätzt werden. Analoge Untersuchungen wurden auch für den Fall des Kristallwachstums aus der Dampfphase durchgeführt [38].

Die Doppeldekorationstechnik ist ein einfaches Verfahren zur Abbildung von Veränderungen in der Stufenkonfiguration. Sie eignet sich jedoch nur eingeschränkt für die quantitative Untersuchung dieser Vorgänge, weil die Kristallite der ersten Dekoration sowohl den Kristallabbau an den Stufen als auch die ungestörte Ausbildung der von den Stufen ausgehenden Diffusionsfelder wesentlich behindern können.

Geeigneter erwies sich der Einsatz der sog. *matched-face*-Dekorationstechnik [39]. Diese Methode erlaubt die Analyse der ungestörten Bewegung monoatomarer Oberflächenstufen. Im Gegensatz zur Doppeldekorationstechnik, die sich zur Untersuchung der Bewegung beliebiger Stufenkonfigurationen anwenden läßt, ist die *matched-face*-Dekorationstechnik in ihrer Anwendung auf die Beobachtung von Veränderungen in der Spaltstufenstruktur beschränkt. Für die Analyse der molekularen Prozesse (Randselbstdiffusion, Oberflächenselbstdiffusion und Desorption) ergibt sich daraus aber keine Einschränkung.

Bei der *matched-face*-Dekorationstechnik werden die beiden bei der Spaltung eines Kristalls erzeugten Oberflächen mit ihren spiegelbildlichen Spaltstufenstrukturen zur Untersuchung genutzt. Die Stufenkonfiguration der einen Spaltfläche wird bei einer für die Aktivierung strukturverändernder Prozesse unterkritischen Temperatur ($T < 100$ °C) eingefroren. Die Gegenspaltfläche wird bei einer höheren Temperatur definiert angeregt. Anschließend werden beide Kristall-

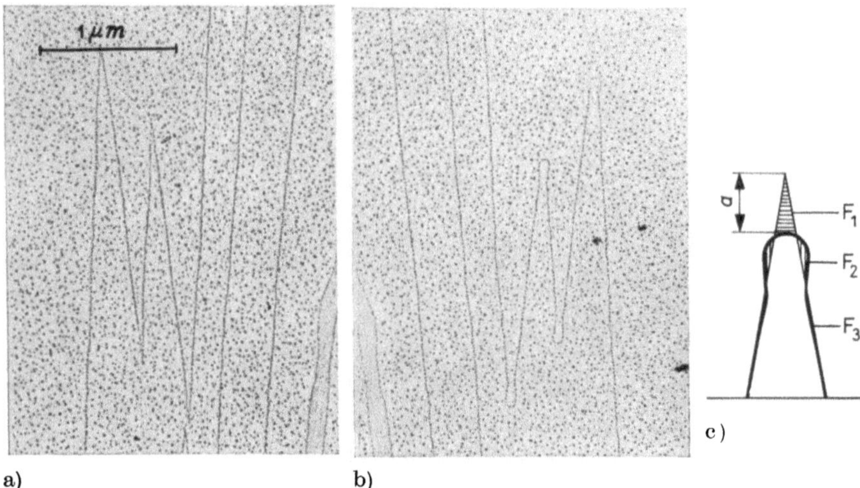

Abb. 17.7   Stufenkonfigurationen auf korrespondierenden NaCl-Spaltflächen

a) im Spaltzustand eingefroren; b) thermisch aktiviert (20 min bei 275 °C); c) schematische Darstellung der Strukturveränderung an Spaltspitzen.

oberflächen dekoriert. Der Präparation schließt sich die lichtoptische und schließlich, der schwierigste Schritt des Verfahrens, die elektronenmikroskopische Zuordnung korrespondierender Stufenkonfigurationen an. Aus dem Vergleich der im Spaltzustand eingefrorenen und der thermisch aktivierten Stufenkonfiguration lassen sich dann die stattgefundenen Veränderungen unmittelbar ablesen. Mit Hilfe dieser Technik konnten verschiedene Probleme der Stufenkinetik analysiert und die Gültigkeit entwickelter Modellvorstellungen quantitativ überprüft werden [39—42].

Bereits nach kurzzeitiger Anregung bei einer Temperatur $T < 280$ °C werden, wie Abb. 17.7b zeigt, charakteristische Veränderungen der ursprünglich blitzförmig verlaufenden, monoatomaren Spaltstufen (vgl. Abb. 17.7a) sichtbar [39]. Alle Spaltspitzen sind deutlich keulenförmig verrundet. Auffallend ist, daß es im Verhalten der in der Spaltstufenstruktur alternierend auftretenden erhabenen und versenkten Spaltspitzen keine signifikanten Unterschiede gibt. Der genaue Vergleich verschiedener keulenförmig verrundeter Spaltspitzen mit ihrer auf der Gegenspaltfläche eingefrorenen Anfangsposition führte auf das in Abb. 17.7c schematisch dargestellte Ergebnis. Die im unmittelbaren Spitzenbereich auftretenden positiven und negativen Durchschnittsflächen F_i heben sich gegenseitig auf, d. h., die beobachteten Strukturveränderungen fanden ohne nachweisbaren Kristallabbau statt. Die vom Spitzenscheitel weiter entfernten Spitzenschenkel, die nicht an der Stufenbewegung teilnehmen, bestätigten diese Eigenschaft. Neben der Temperatur und der Versuchsdauer hängen die auftretenden Strukturveränderungen stark vom Spaltspitzenöffnungswinkel α ab. Spaltspitzen mit $\alpha > 1°$ verrunden, wie bereits in Abb. 17.7b gezeigt wurde, zu keulenförmigen *steady-state*-Strukturen, wobei die im Anschluß an den Keulenkopf auftretende Einschnürung mit abnehmendem

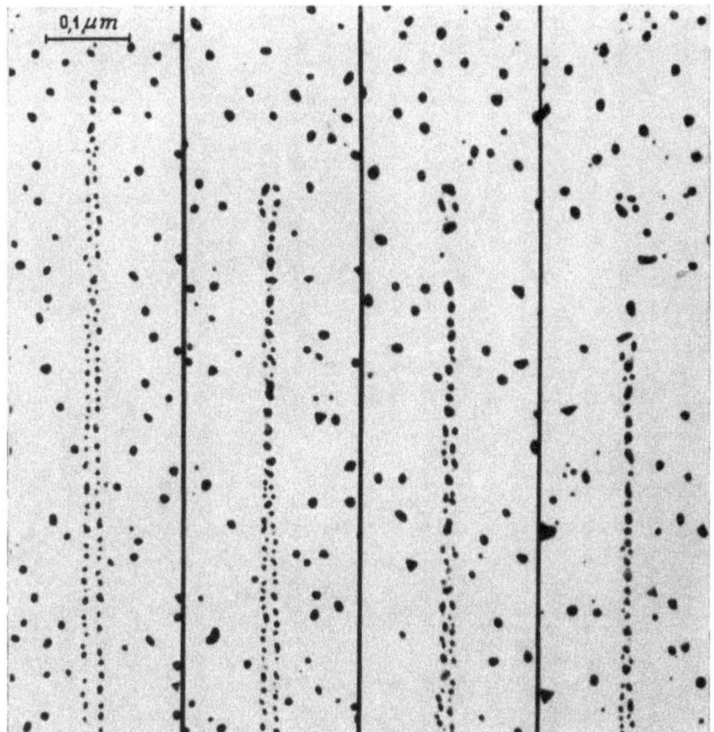

Abb. 17.8   Stadien der wiederholten Separation an NaCl-Spaltspitzen mit nahezu parallelen Schenkeln

Öffnungswinkel an Deutlichkeit gewinnt. An Spaltspitzen mit nahezu parallelen Schenkeln ($\alpha < 1°$) wird die Separation kreisförmiger Strukturen beobachtet. Abb. 17.8 demonstriert dieses Verhalten an verschiedenen Spaltspitzen des gleichen Öffnungswinkels. Je nach Spaltspitzentyp sind die gebildeten Kreisstrukturen als monoatomar hohe Scheiben auf der Kristalloberfläche bzw. monoatomar tiefe Löcher in der Kristalloberfläche zu verstehen.

Da die beobachteten Strukturveränderungen ohne nachweisbaren Kristallabbau stattfinden, kann die mit der Desorption verbundene Oberflächenselbstdiffusion nicht der verantwortliche Transportmechanismus sein. Deshalb wurde versucht, die beobachteten konservativen Stufenbewegungen auf Diffusionsvorgänge entlang des Stufenrandes zurückzuführen [40]. Die treibende Kraft für die Randselbstdiffusion resultiert aus dem Gradienten des chemischen Potentials, der seinerseits durch die im Stufenverlauf vorliegenden, lokal verschiedenen Krümmungen bedingt ist. Auf der Grundlage dieses Modells konnte, wie Abb. 17.9 und Abb. 17.10 demonstrieren, das experimentell beobachtete Verhalten monoatomarer Spaltspitzen numerisch simuliert werden. Die dabei erzielte Übereinstimmung rechtfertigt einerseits die prinzipielle Vorstellung der Strukturveränderung durch Randselbstdiffusion und zeigt andererseits, daß diesem speziellen, in den theo-

27 *

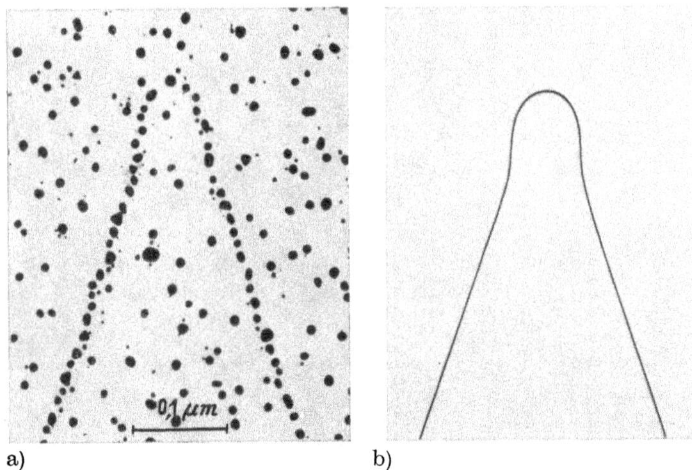

a)   b)

Abb. 17.9   *Steady-state*-Strukturen

a) experimentell beobachtet an einer NaCl-Spaltspitze; b) numerisch simuliert

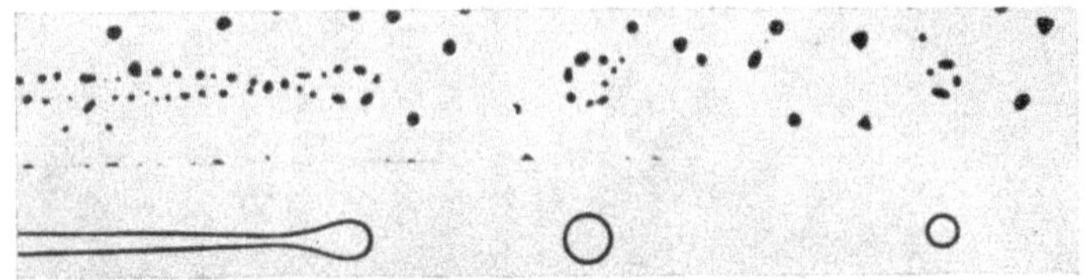

Abb. 17.10   Separation kreisförmiger Strukturen

a) experimentell beobachtet an einer NaCl-Spaltspitze mit nahezu parallelen Schenkeln; b) numerisch simuliert

retischen Modellen häufig vernachlässigten Transportmechanismus unter geeigneten experimentellen Bedingungen eine dominierende Rolle in der Stufenkinetik zukommt. Durch systematische Auswertung der im Temperaturbereich (200 ⋯ 260 °C) durchgeführten Untersuchungen konnten die für die Randdiffusion eines NaCl-Moleküls benötigte Aktivierungsenergie ($E_r = (0{,}98 \pm 0{,}07)$ eV) bestimmt und der Randselbstdiffusionskoeffizient ($D_r(T) = D_{ro} \exp(-E_r/kT) = 6{,}75 \cdot 10^{-2} \exp(-0{,}98 \text{ eV}/kT)$ cm²/s) abgeschätzt werden[1].

Vorgänge der Stufenbewegung, die auf Prozesse des Kristallabbaus zurückzuführen sind, konnten ebenfalls mit Hilfe der *matched-face*-Dekorationstechnik analysiert werden. Um den in diesem Zusammenhang störenden Einfluß der Randselbstdiffusion auszuschließen und außerdem Komplikationen zu vermeiden, die aus der bekannten Richtungsanisotropie der NaCl-Stufenbewegung resultieren, wurden die Untersuchungen auf den Fall ⟨10⟩ orientierter, monoatomarer Oberflächenstufen beschränkt [41].

---

[1] In [40] wurden eine falsche Diffusionskonstante D_{ro} und eine um 0,07 eV zu große Aktivierungsenergie E_r angegeben.

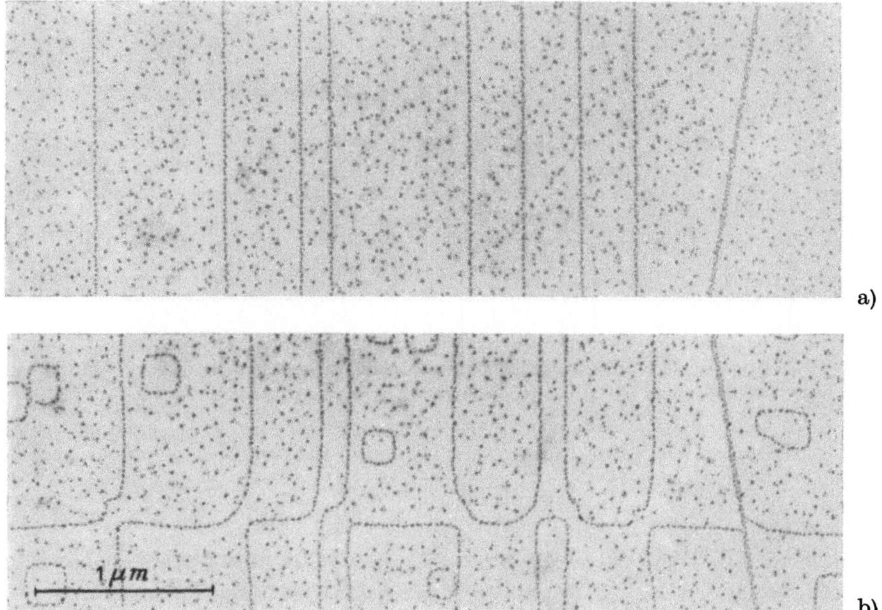

Abb. 17.11   Stufenkonfigurationen auf korrespondierenden NaCl-Spaltflächen

a) im Spaltzustand eingefroren; b) thermisch aktiviert (30 min bei 311 °C)

Nach kurzzeitiger Anregung bei höheren Temperaturen (z. B. 30 Minuten bei 320 °C) oder aber bei längerer Anregung bei niedrigeren Temperaturen (z. B. 7000 Minuten bei 260 °C) lassen sich deutliche Verschiebungen in der Spaltstufenkonfiguration erkennen. Ein typisches Ergebnis zeigt Abb. 17.11. Die im Spaltzustand eingefrorene Stufenkonfiguration ist in Abb. 17.11a dargestellt. Abb. 17.11b zeigt die korrespondierenden Oberflächenstufen der Gegenspaltfläche, die vor der Dekoration isotherm angeregt wurde. Die von der Gleitlinie einer einzelnen Versetzung geschnittenen parallelen Stufen sind, wie die Verrundungen an den Kreuzungsstellen zeigen [32], von monoatomarer Höhe. Zwischen hinreichend entfernt liegenden Stufen lassen sich auf der thermisch aktivierten Kristalloberfläche Lochkeime (gemeint sind Netzebenenlöcher, die sich während der Verdampfung aus den kritischen Keimen entwickelt haben) beobachten, die den Beginn des Kristallabbaus von der stufenfreien Oberfläche anzeigen. Zwischen nah benachbarten Stufen treten keine Lochkeime auf, da sich hier die von den Stufen ausgehenden Oberflächendiffusionsströme so stark überlappen, daß während des Verdampfungsprozesses die für die Lochkeimbildung notwendige Untersättigung in der Admolekülkonzentration nicht erreicht wird. Die Überlappung der Diffusionshöfe erklärt auch die deutlich erkennbare Abhängigkeit der Stufenverschiebung von den Abständen zu den jeweiligen Nachbarstufen.

Die untersuchte Anordnung paralleler, monoatomarer Oberflächenstufen stellt einen der wenigen Spezialfälle dar, der sich — wie MULLINS und HIRTH [43] durch

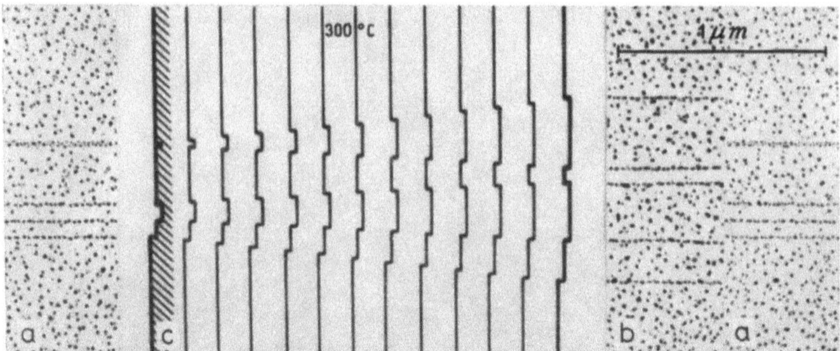

Abb. 17.12 Wechselwirkung paralleler monoatomarer Stufen in einer endlichen Stufenschar während der isothermen Verdampfung

a) Anfangsstufenkonfiguration; b) Endstufenkonfiguration auf der thermisch aktivierten Gegenspaltfläche (240 min bei 300 °C); c) numerisch simulierte Stadien der Stufenwechselwirkung

Erweiterung der BCF-Theorie zeigen konnten — vollständig numerisch behandeln läßt. Die Ableitung der Stufenbewegungsgleichungen basiert auf Voraussetzungen, die in dem hier interessierenden Fall erfüllt sind [41]. Die wiederholte numerische Integration dieser Gleichungen erlaubt die Simulation diffusionskontrollierter Stufenbewegungen. Der Vergleich experimenteller und numerischer Ergebnisse setzt neben der Kenntnis der Anfangs- und Endstufenkonfiguration auch die der prozeßbestimmenden Parameter x_s (Oberflächenselbstdiffusionslänge) und v_isol (Geschwindigkeit einer isolierten geraden Stufe, d. h. einer Stufe, die in ihrer Bewegung nicht durch die von den Nachbarstufen ausgehenden Diffusionsströme beeinflußt wird) voraus. Diese Parameter lassen sich aus dem auf der Grundlage der BCF-Theorie analytisch beschreibbaren und dem experimentell beobachteten Verhalten einfacher Stufenkonfigurationen (isolierte Stufen, isolierte Stufenpaare) gewinnen. Für den untersuchten Temperaturbereich (260 ⋯ 320 °C) ergaben sich $x_\mathrm{s}(T) = 0{,}55 \exp(0{,}31\ \mathrm{eV}/kT)$ nm und $v_\mathrm{isol}(T) = 1{,}25 \cdot 10^{22} \exp(-2{,}5\ \mathrm{eV}/kT)$ nm/min. Die Tatsache, daß bei der Auswertung gut übereinstimmende Werte für $x_\mathrm{s}(T)$ erhalten wurden, zeigt bereits, daß die BCF-Theorie die nachgewiesenen Stufenbewegungen richtig beschreibt. Anschaulicher läßt sich die Gültigkeit dieser Theorie am experimentell beobachteten und numerisch simulierten Verhalten endlicher Scharen paralleler Stufen demonstrieren. Beginnend mit der in Abb. 17.12a vorliegenden Anfangsstufenkonfiguration wurde die Bewegung der Stufen bis zu der im Experiment realisierten Verdampfungszeit numerisch verfolgt

▶

Abb. 17.13 Wechselwirkung zwischen sich ausbreitenden Lochkeimen und einer isolierten monoatomaren Spaltstufe

a) Anfangsstufenkonfiguration; b) Endstufenkonfiguration auf der thermisch aktivierten Gegenspaltfläche (360 min bei 324 °C); c) rekonstruierte Stadien des Kristallabbaus.

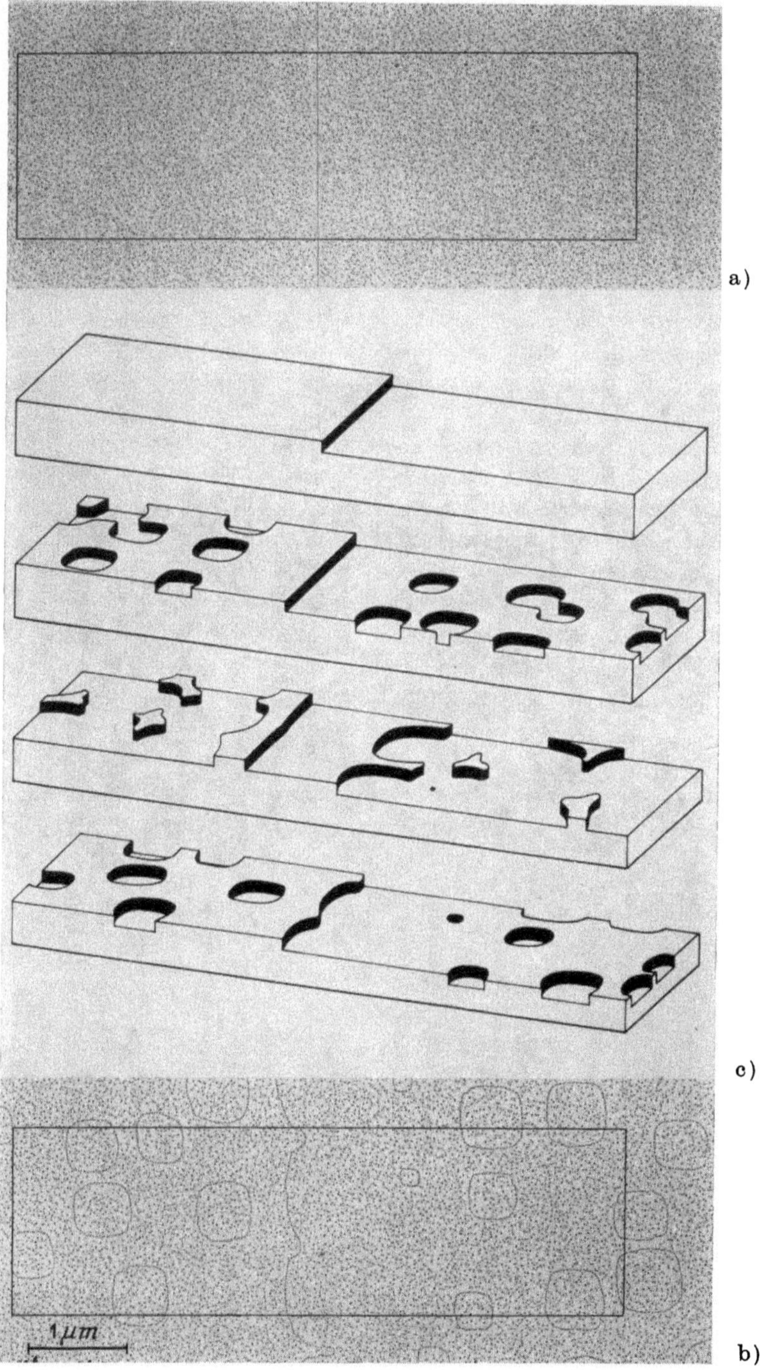

1 µm

(vgl. Abb. 17.12 c). Der Vergleich der simulierten Endstufenkonfiguration mit der auf der Gegenspaltfläche experimentell beobachteten (Abb. 17.12 b) zeigt eine nahezu ideale Übereinstimmung. Diese Korrespondenz, die in allen untersuchten Beispielen bestätigt werden konnte, zeigt, daß das verwandte numerische Stufenmodell die durch Oberflächenselbstdiffusion kontrollierte Bewegung monoatomarer Oberflächenstufen auf frei verdampfenden NaCl-Oberflächen vollständig beschreibt.

Bei höheren Verdampfungstemperaturen ($T > 320$ °C) oder aber entsprechend längerer Aktivierung bei geringeren Temperaturen wird die Bewegung der Spaltstufen zunehmend von den sich über die Oberfläche ausbreitenden Lochkeimen beeinflußt. Deshalb läßt sich unter diesen experimentellen Bedingungen die *matched-face*-Dekorationstechnik nicht mehr zur quantitativen Analyse der Stufenbewegung einsetzen; sie liefert aber wertvolle Informationen über Wechselwirkungsvorgänge, die zwischen den fortschreitenden Spaltstufen und den sich ausbreitenden Lochkeimen stattfinden [42].

Es wurde bereits gezeigt, daß auf einer frei verdampfenden NaCl-Oberfläche Lochkeime nur da entstehen können, wo die mittlere Admolekülkonzentration unterhalb eines kritischen Wertes liegt. Die mit dem Kristallabbau an den Stufen verbundene Oberflächendiffusion umgibt die Stufen mit einem Diffusionshof, der die Lochkeimbildung in Stufennähe verhindert. Die Lochkeime, die ebenso wie die Spaltstufen einen Diffusionshof haben, verhindern ihrerseits die Bildung neuer

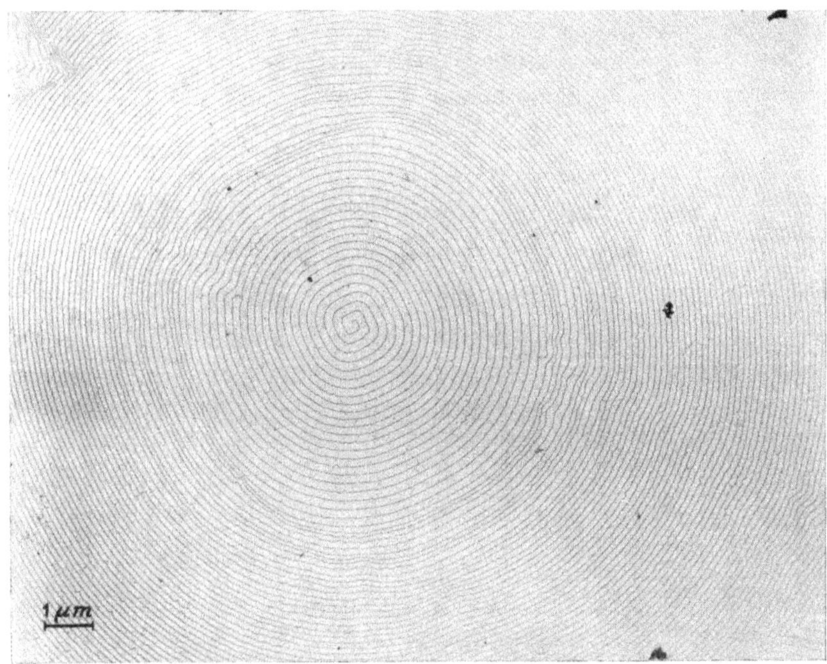

Abb. 17.14 Monoatomare Spiralstufe, erzeugt durch aufeinanderfolgende Verdampfung bei 444 °C und 358 °C (330 min)

Lochkeime in ihrer Umgebung, d. h., die Lochkeimdichte nimmt während der Verdampfung nur bis zu einem Sättigungswert zu, der dann erreicht ist, wenn sich die Diffusionshöfe der Lochkeime so stark überlappen, daß die Bildung weiterer Keime unwahrscheinlich wird. Während der Ausbreitung der Lochkeime kommt es zur Koaleszenz. Der damit verbundene Abfall in der Lochkeimdichte ermöglicht dann die Bildung einer neuen Lochkeimgeneration. In der Nähe der Spaltstufen wird dieser wiederholbare Prozeß stark gestört. In Fortschreitungsrichtung dieser Stufen kommt es zur Wechselwirkung mit den sich ausbreitenden Lochkeimen und schließlich zur Annihilation der Stufen. Hinter den ursprünglichen Spaltstufen bilden die Lochkeime nach ihrer Koaleszenz neue geschlossene Stufenzüge, die dann (bis sie selbst durch neue von der nächsten Lochkeimgeneration erzeugte Stufen-

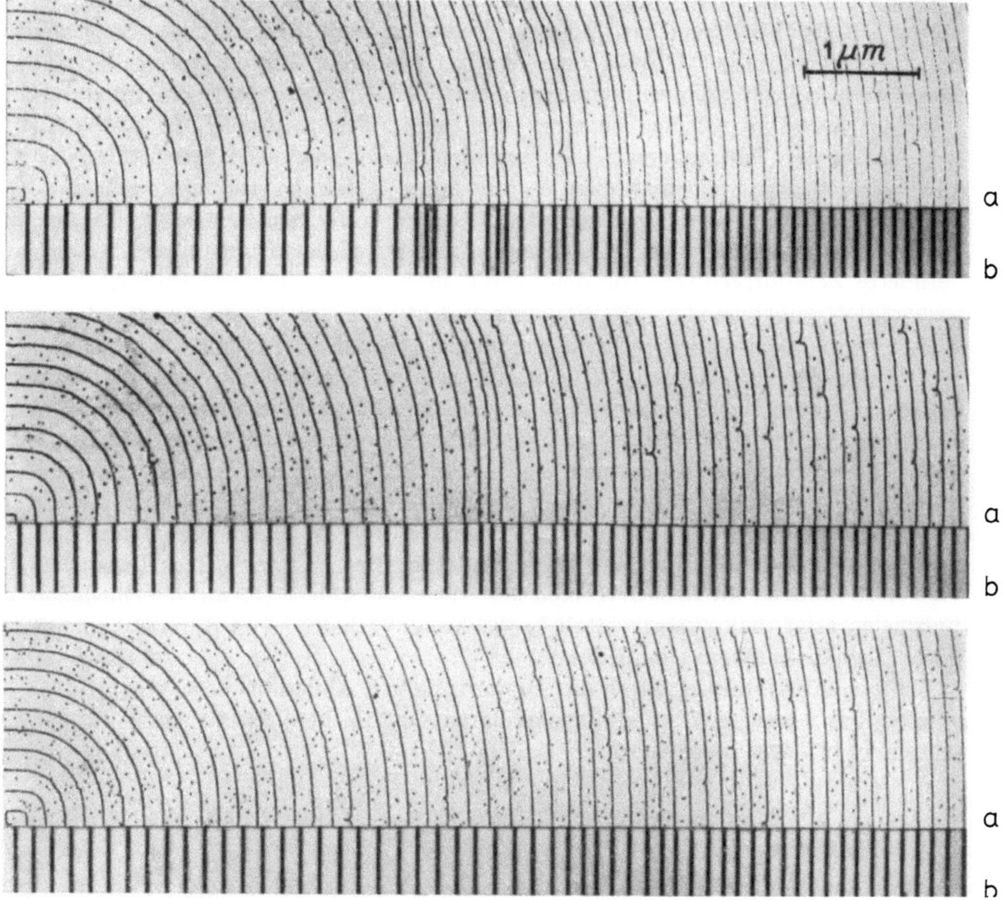

Abb. 17.15   Schwankungen im Windungsabstand verschiedener Spiralstufen, die sich unter denselben äußeren Versuchsbedingungen (vgl. Abb. 17.14) ausgebildet haben

a) experimentell beobachtet; b) numerisch simuliert

züge ersetzt werden) bei der weiteren Verdampfung die Funktion der inzwischen annihilierten Oberflächenstufen übernehmen. Diese Modellvorstellung, die von DABRINGHAUS und MEYER [44] zur Erklärung des von ihnen gemessenen, periodischen Verdampfungskoeffizienten entwickelt und durch elektronenmikroskopische Beobachtungen zur Lochkeimdichte und Lochkeimkoaleszenz [45] abgesichert wurde, läßt sich — insbesondere hinsichtlich der Wechselwirkung zwischen vorhandenen Oberflächenstufen und den sich ausbreitenden Lochkeimen überzeugend durch *matched-face*-Experimente bestätigen [42]. Ein einfaches Beispiel gibt Abb. 17.13. Abbildung 17.13a zeigt einen Oberflächenbereich mit einer im Spaltzustand eingefrorenen monoatomaren Stufe, und Abb. 17.13b zeigt den korrespondierenden Bereich auf der Gegenspaltfläche, die derart verdampft wurde, daß bereits Lochkeime der zweiten Generation zu beobachten sind. In Abb. 17.13c sind aufeinanderfolgende Stadien des Kristallabbaus schematisch rekonstruiert.

Eine Möglichkeit, auch bei höheren Temperaturen Informationen über die Kinetik monoatomarer Oberflächenstufen zu gewinnen, besteht in der Durchführung spezieller Verdampfungsexperimente [46]. Zunächst wird die zu untersuchende Kristalloberfläche bei einer sehr hohen Temperatur T_1 (z. B. 450 °C) über eine längere Zeit angeregt. Dabei entwickeln sich stationäre Spiralstufen, die sich durch einen charakteristischen äquidistanten Windungsabstand auszeichnen. Daran anschließend wird die Temperatur schnell auf einen deutlich geringeren Wert $T_2 < T_1$ reduziert und die Verdampfung bei dieser Temperatur über eine definierte Zeit fortgesetzt. Mit dem Abfall in der Temperatur vergrößert sich, wegen der zunehmenden Oberflächenselbstdiffusionslänge, der Abstand der vom Zentrum nachfolgenden Spiralwindungen (*back-stress*-Effekt). Während der Verdampfung bei T_2 finden diffusionskontrollierte Wechselwirkungen zwischen den vor und nach dem Temperatursprung erzeugten Spiralwindungen statt. Dabei kommt es, wie Abb. 17.14 zeigt, zu periodischen Schwankungen in der Windungsdichte. Diese Dichteschwankungen sind — das haben entsprechende numerische Simulationen mit dem Stufenmodell gezeigt — ein empfindliches Maß für die prozeßbestimmenden Parameter $v_{\mathrm{isol}}(T_2)$ und $x_{\mathrm{s}}(T_2)$. In einem geeigneten Auswertungsverfahren konnte diese Eigenschaft zur Bestimmung dieser Parameter verwandt werden. Mit diesen Werten läßt sich, wie Abb. 17.15 an verschiedenen Beispielen zeigt, das experimentell beobachtete Verhalten von Spiralstufen mit guter Übereinstimmung simulieren.

Weitere Möglichkeiten, durch die Auswertung von Abdampf- bzw. Wachstumsspiralstufen Aussagen über die molekularen Oberflächenprozesse zu gewinnen, wurden in [47—49] beschrieben.

17.4. Literatur

[1] BLAKELY, J. M., Introduction to the properties of crystal surfaces. — Oxford: Pergamon Press 1973.
[2] BENNEMA, P. et al., Kristall Tech. 8 (1973) 659; BENNEMA, P; VAN LEEUWEN, C., J. Cryst. Growth **31** (1975) 3.

[3] BEYER, H., Handbuch der Mikroskopie. — Berlin: VEB Verlag Technik 1973.

[4] KOMATSU, H., Characterization of crystal surfaces by optical microscopy (I). In: Crystal Growth and Characterization. Eds.: R. UEDA, J. B. MULLIN. — Amsterdam/Oxford: North-Holland Publ. Comp. 1975, p. 333.

[5] SUNAGAWA, I., Characterization of crystal surfaces by optical microscopy (II). Ibid. p. 347.

[6] DAWSON, I. M.; VAND, V., Proc. Roy. Soc. London A **206** (1951) 555.

[7] KALDIS, E., J. Cryst. Growth **24/25** (1974) 53.

[8] REICHE, M., Veröff. 9. Tag. El. Mikr. DDR, Dresden 1978, S. 60, A 19.

[9] MAAS, A., Vortr. 2. Europ. Conf. Crystal Growth, Lancester 1979, unveröff.

[10] SOA, E.-A., Entwicklung eines Emissionsmikroskops und Anwendung auf einige Fragen der Phasengrenzvorgänge bei der Metalloxydation. In: Jenaer Jahrbuch 1963 II. Hrsg.: VEB Carl Zeiss Jena. — Jena: VEB Gustav Fischer Verlag 1964, S. 427.

[11] SOA, E.-A., Exp. Tech. Phys. **13** (1965) 10.

[12] GRIMMER, D.; SOA, E.-A., Kristall Tech. **6** (1971) 97.

[13] ZAMINER, CH.; GRABER, R.; WEGMANN, L., J. Vac. Sci. Technol. **6** (1969) 269.

[14] SCHLICHTING, J.; SEND, W., Direktbeobachtung des Primärschrittes der Oxydation von Molybdänsiliziden mit dem Photoemissions-Elektronenmikroskop. In: Beiträge zur elektronenmikroskopischen Direktabbildung von Oberflächen, Bd. 7. Hrsg.: G. PFEFFERKORN. — Münster: Verlag R. A. Remy 1975, S. 387.

[15] CODDET, C. et al., Study of the initial stage of the oxidation reaction of pure titanium and Ta_6V_4 at high temperature. In: Reactivity of Solids. Eds.: J. WOOD et al. — New York: Plenum Press 1977.

[16] EDELMANN, CH.; SCHIKORA, G., Exp. Tech. Phys. **18** (1970) 301.

[17] RECKNAGEL, A.; MAHNERT, H.; BRÜCKNER, J., Optik **35** (1972) 376.

[18] HIRTH, J. P.; POUND, G. M., Condensation and evaporation (Series: Progress in Materials Science, Vol. 11). Ed.: B. CHALMERS. — Oxford: Pergamon Press 1963.

[19] BETHGE, H.; KELLER, W., Z. Naturforsch. **15** a (1960) 271.

[20] BETHGE, H., Phys. Status Solidi 2 (1962) 3, 775.

[21] BETHGE, H., Surf. Sci. **3** (1964) 33.

[22] KELLER, K. W., Rost Kristallov 7 (1967) 171 (russ.); Growth of crystals 7 (1969) 145 (engl.).

[23] BETHGE, H., Surface structures and molecular processes. In: Molecular Processes on Solid Surfaces. Eds.: E. DRAUGLIS, R. D. GRETZ, R. I. JAFFEE. — New York: McGraw Hill 1969, p. 569.

[24] BETHGE, H.; KELLER, K. W., J. Cryst. Growth **23** (1974) 105.

[25] KELLER, K. W., Surface microstructures and processes of crystal growth observed by electron microscopy. In: Crystal Growth and Characterization. Eds.: R. UEDA, J. B. MULLIN. — Amsterdam/Oxford: North-Holland Publ. Comp. 1975, p. 361.

[26] BETHGE, H., Sitzungsber. AdW DDR 9/1/N/1975, S. 15.

[27] BETHGE, H., Molecular Processes on surfaces. In: Trends in Physics 1978. Ed.: M. M. WOOLFSON. — Bristol: Adam Hilger Ltd. 1979, p. 25.

[28] VAUGHAN, W. H.; ROBINSON, J. N., J. Cryst. Growth 5 (1969) 259.

[29] GRANGE, G.; LANDERS, R.; MUTAFTSCHIEV, B., Surf. Sci. **54** (1976) 445.

[30] LANDERS, R. et al., J. Cryst. Growth **43** (1978) 655.

[31] ČERNOV, A. A.; KOPYLOVA, G. F., Kristallogr. **22** (1977) 1247.

[32] BETHGE, H.; KELLER, K. W., Optik **23** (1965/66) 462.

[33] KELLER, K. W., Phys. Status Solidi **36** (1969) 557.

[34] BETHGE, H., Electron-microscopic investigations of the molecular processes during evaporation and growth of crystals. In: Crystal Growth (Suppl. to J. Phys. Chem. Solids). Ed.: H. S. PEISER. — Oxford: Pergamon Press 1967, p. 623.

[35] SUREK, T.; HIRTH, J. P.; POUND, G. M., J. Cryst. Growth **18** (1973) 20.

[36] KELLER, K. W., Rost Kristallov **11** (1975) 196.

[37] BURTON, W. K.; CABRERA, N.; FRANK, F. C., Philos. Trans. Roy. Soc. London **A 243** (1951) 299.

[38] BETHGE, H.; KELLER, K. W.; ZIEGLER, E., J. Cryst. Growth **3/4** (1968) 184.

[39] HÖCHE, H.; BETHGE, H., J. Cryst. Growth **33** (1976) 246.

[40] HÖCHE, H., J. Cryst. Growth **33** (1976) 255.

[41] HÖCHE, H.; BETHGE, H., J. Cryst. Growth **42** (1977) 110.

[42] HÖCHE, H.; BETHGE, H., J. Cryst. Growth. **52** (1981) 27.

[43] MULLINS, W. W.; HIRTH, J. P., J. Chem. Phys. Solids **24** (1963) 1391.

[44] DABRINGHAUS, H.; MEYER, H. J., J. Cryst. Growth **16** (1972) 17, 31.

[45] MEYER, H. J. et al., J. Cryst. Growth **30** (1975) 225.

[46] BETHGE, H. et al., J. Cryst. Growth **48** (1980) 9.

[47] YACÁMAN, M. J.; OCAÑA, T.; SOÑNEMANN, A. M., J. Cryst. Growth **37** (1977) 37.

[48] YACÁMÁN, M. J.; OCAÑA, T., Surf. Sci. **69** (1977) 745.

[49] KAGANOVSKIJ, JU. S.; ONOPRIENKO, A. A., Fiz. Tverd. Tela **20** (1978) 2315.

18. Wachstum und Struktur dünner Schichten

M. Klaua

Die physikalischen und chemischen Eigenschaften dünner Schichten können sich von denen des Volumenmaterials erheblich unterscheiden. Die Ursachen spezieller Dünnschichtphänomene liegen in der planaren Geometrie, der geringen Dicke und der oftmals besonderen Struktur dünner Schichten. Das Forschungsinteresse richtet sich einerseits auf die Aufklärung fundamentaler Mechanismen der Schichtbildung, wie der Keimbildung, der verschiedenen Schichtwachstumsstadien, der Ursachen der Epitaxie und der Rolle von Kristalldefekten. Andererseits ist es das Ziel, den Zusammenhang zwischen den die Schichtherstellung beeinflussenden Parametern und den resultierenden physikalischen und chemischen Eigenschaften zu erkennen und zu steuern. Da sich das Gebiet der Dünnschichtphysik von Seiten der Grundlagenforschung wie auch der technologischen Anwendung rasch entwickelt, findet man nur in älteren Standardwerken [1—4] eine umfassende Darstellung aller wichtigen Aspekte des Gesamtgebietes, wie der verschiedenen Herstellungstechnologien dünner Schichten, der analytischen Untersuchungsmethoden, der Keimbildung und der Wachstumsprozesse, der kristallographischen Struktur, der Strukturdefekte und Epitaxie und der Eigenschaften dünner Schichten. Die Darstellungen der modernen Literatur sind jeweils auf Teilgebiete spezialisiert. Der vorliegende Beitrag beschränkt sich auf die Darstellung der mit elektronenmikroskopischen Methoden erhaltenen Informationen über dünne Schichten, die nach dem für Grundlagenuntersuchungen wichtigsten Verfahren, der Aufdampfung im Vakuum (s. Kap. 7. und Anhang 2.), hergestellt werden.

Die Transmissions-Elektronenmikroskopie (TEM) und die mit ihr verbundenen unterschiedlichen Varianten der Transmissions-Elektronenbeugung (*High Energy Electron Diffraction* — HEED) haben sich seit ihrer Einführung vor etwa 30 Jahren für Strukturuntersuchungen dünner Schichten als geeignetste Methoden erwiesen, da sie zur Aufklärung von Grundprozessen der Schichtbildung folgende wichtige Informationen liefern können:

1. geometrische Informationen über Größe, Gestalt und Verteilung von Keimen, die Beobachtung unterschiedlicher Wachstumsmoden und Koaleszenzphänomene und die Abbildung der Substrat- und Depositmikromorphologie in der Hellfeldabbildung bzw. Dunkelfeldabbildung,

2. kristallographische Informationen über den kristallinen Zustand, den Orientierungsgrad und die Epitaxie von Schichten durch Feinbereichsbeugung, verschiedene Dunkelfeldtechniken, die Moirétechnik, die Netzebenenabbildung bzw. Strukturabbildung,

3. Informationen über Strukturdefekte (z. B. Korngrenzen, Versetzungen) in gewachsenen Schichten oder die Struktur kleiner Kristallite (MTP — *multiply twinned particles*) durch Beugungskontrast, Moirétechnik und Netzebenenabbildung.

Eine ausführliche Darstellung elektronenmikroskopischer Techniken im Zusammenhang mit Dünnschichtproblemen findet man z. B. bei POPPA [5] und THOMAS [6].

Von den für die Schichtbildung wichtigen Prozessen bzw. Parametern, über die die Elektronenmikroskopie keine direkten Informationen liefert, seien die folgenden mit Hinweisen auf die für sie geeigneten Untersuchungsmethoden genannt: Adsorptions-, Desorptionsprozesse im Keimbildungs- bzw. Schichtwachstumsstadium (Molekularstrahltechnik und Massenspektrometrie), die chemische Zusammensetzung von Substratoberflächen und Schichten (Auger-Elektronenspektroskopie — AES), die kristallographische atomare Struktur von Oberflächen (*Low Energy Electron Diffraction* — LEED, *Reflection High Energy Electron Diffraction* — RHEED) und der elektronische Zustand der Substratoberflächen (Austrittsarbeitsmessungen). Eine kritische Übersicht der zur Untersuchung der Keimbildung und des Wachstums dünner Schichten geeigneten Verfahren wurde z. B. von VENABLES [7] gegeben.

Die Untersuchungsmethodik des Wachstums und der Struktur dünner Schichten mit den oben genannten TEM-Techniken unterscheidet zwischen zwei Grundvarianten von Präparationsverfahren:

1. TEM-Untersuchungen der dünnen Schicht nach Abschluß der Schichtherstellung in einer separaten Vakuumkammer und
2. *in-situ*-TEM-Beobachtung der Schichtbildung durch Aufdampfung im Elektronenmikroskop (EM) selbst.

Vorteile und Nachteile beider Präparationsverfahren, ihre Grenzen hinsichtlich Substratkombinationen und die Ursachen von Fehlinterpretationen (Artefaktproblematik) wurden ausführlich von POPPA [5] behandelt.

18.1.   Keimbildungs- und Wachstumsprozesse

Eine thermodynamische Begründung der grundlegenden Wachstumsmoden wurde erstmals von BAUER [8] gegeben. Danach lassen sich in Abhängigkeit von der Bindungsenergie innerhalb des Deposits und zwischen Deposit und Substrat qualitativ 3 Wachstumsmoden unterscheiden:

1. dreidimensionales Wachstum oder Inselwachstum (Volmer-Weber-Mechanismus), wenn die Bindung innerhalb des Deposits stärker als zur Unterlage ist,
2. zweidimensionales Wachstum oder Monoschichtwachstum (Frank-van-der-Merwe-Mechanismus), wenn die Bindung zur Unterlage stärker als die innerhalb des Deposits ist und

3. den Stranski-Krastanow-Mechanismus, bei dem anfängliches Monoschicht-wachstum in Inselwachstum übergeht, wenn ein Wechsel der Bindungsverhält-nisse von 2. zu 1. auftritt.

Wird die Abhängigkeit der Wachstumsprozesse von der Substrattemperatur, der Aufdampfrate und der Oberflächendiffusion berücksichtigt [9], so ergibt sich eine weitere Differenzierung der möglichen Kondensationsregime, so z. B. für tiefe Temperaturen und hohe Aufdampfraten der Fall des Normalwachstums, d. h. des quasi-amorphen bzw. feinkristallinen Wachstums; für hohe Temperaturen und niedrige Aufdampfraten bei energetischen Bedingungen des Monoschicht-wachstums der Fall der Gleichgewichtsadsorption und der Existenz von flüssigen bzw. gasähnlichen adsorbierten Multischichten. Eine thermodynamische Be-dingung für die Änderung von Wachstumsmoden (2-dim. zu 3-dim.) in Abhängig-keit von der Übersättigung wurde von MARKOV und KAISCHEV [10] abgeleitet.

Für eine quantitative Interpretation der Keimbildungskinetik in dünnen Schich-ten hat sich die klassische thermodynamische Keimbildungstheorie [11] als unzu-reichend herausgestellt. Die Ausarbeitung der atomistischen, kinetischen Theorie der Keimbildung als Anfangsphase des Wachstums dünner Schichten [12—14] ist gegenwärtig im wesentlichen abgeschlossen, wenn auch im Detail Erweiterungen noch notwendig sind. Für die gesamten das Wachstum dünner Schichten beschrei-benden Prozesse sind theoretische Vorstellungen bisher nur in ersten Ansätzen entwickelt worden (s. z. B. [15]). Die Ursachen dafür liegen in dem Stand ent-sprechender quantitativer experimenteller Untersuchungen. Eine neue „experi-mentelle" Forschung entwickelt sich durch die Anwendung von Computer-Simula-tionsverfahren auf Keimbildungs- und Wachstumsprozesse [16].

Eine Grundvoraussetzung quantitativer Keimbildungsuntersuchungen ist die Charakterisierung der Substratoberflächen hinsichtlich chemischer Zusammen-setzung (Reinheit), kristallographischer Struktur und Mikromorphologie. Auf einer Reihe von Kristallsubstraten kann mit elektronenmikroskopischen Verfahren (Schrägbeschattungsverfahren, Dekorationsmethoden) die von der Vorbehandlung abhängige Nichtgleichgewichtsstufenstruktur der Oberfläche im atomaren Maß-stab sichtbar gemacht werden (s. Kap. 7.). Ein Beispiel für die durch Golddeko-ration abgebildeten Strukturen atomarer Stufen auf einer Ag(111)-Fläche nach unterschiedlicher Vorbehandlung ist in Abb. 18.1 zusammengestellt [17]. Das linke Teilbild zeigt eine beim elektrolytischen Wachstum der Fläche erzeugte Franksche Wachstumsspirale. Das parallele Stufensystem im mittleren Bild wurde durch Abdampfen der Ag(111)-Fläche im Hochvakuum bei 850 °C hergestellt. Im rechten Teilbild wurde die elektrolytisch gewachsene Fläche durch Argon-Ionen-beschuß im Ultrahochvakuum (UHV) geätzt und anschließend bei 385 °C eine halbe Stunde ausgeheilt.

Experimentell am ausführlichsten untersucht ist das Inselwachstum für die Substanzkombinationen Edelmetalle auf Isolatoren (Alkalihalogenide, Glimmer, MoS_2) und auf Graphit. Nach PASHLEY [18] kann man den Gesamtprozeß der Schichtbildung in diesem Fall grob in 4 Stadien unterteilen: das Keimbildungs- und Inselstadium, das Koaleszenzstadium, das Kanalstadium und das kontinuierliche

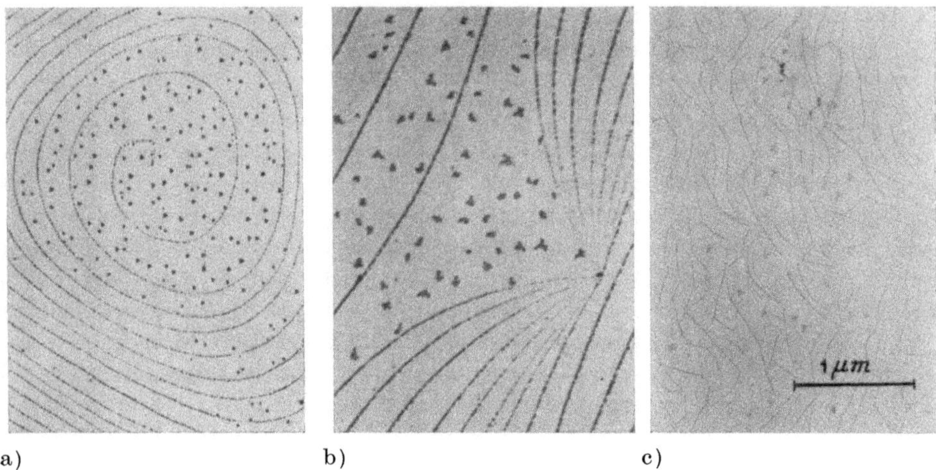

a)   b)   c)

Abb. 18.1   Golddekoration atomarer Stufen auf Ag(111)

a) nach elektrolytischem Wachstum; b) nach Abdampfen bei 850 °C im HV; c) nach Argon-Ionenätzung und Ausheilung bei 385 °C im UHV

Schichtwachstum. Das erste Stadium umfaßt die Prozesse der Adsorption der einfallenden Depositatome, die Bildung von subkritischen, kritischen und stabilen wachstumsfähigen Keimen durch Stoß- und Einfangprozesse der diffundierenden Atome. Das anschließende Inselwachstum führt zur Verarmung diffundierender Atome in Einfangzonen um wachsende Keime herum. Durch die Beweglichkeit oder Berührung von Keimen mit ansteigender Keimdichte wird das Koaleszenzstadium erreicht, in dem rasche Materialtransportprozesse (flüssigkeitsähnliche Sinterprozesse) zu bedeutenden Form-, Größen- und Orientierungsänderungen führen, wobei die erneute Keimbildung auf freiwerdenden Flächenbereichen anhält. Das Koaleszenzstadium führt zur Bildung einer zusammenhängenden netzartigen Struktur des Deposits mit irregulären schmalen Kanälen, in denen Keimbildung und Keimwachstum weiter ablaufen. Die durch Verminderung der Oberflächenenergie gesteuerten Koaleszenz- bzw. Sinterprozesse bleiben wirksam, bis die Kanäle bzw. Löcher geschlossen werden und damit das Stadium des kontinuierlichen Schichtwachstums erreicht ist. Das vollständige Auffüllen der Kanäle und Löcher ist dann ein sehr langsamer Prozeß, so daß die Oberfläche der kontinuierlichen Schicht relativ rauh wird.

Quantitative Keimbildungsexperimente umfassen die ersten beiden Stadien der Schichtbildung und bestehen in der Messung von zeitabhängigen Keimdichten, zeitabhängigen Bedeckungen, von Größenverteilungen und Abstandsverteilungen in Abhängigkeit von den Parametern Temperatur, Aufdampfrate und Aufdampfmenge. Umfangreiche Messungen am Metall/Alkalihalogenid-System und deren theoretische Interpretation [9] führten zu dem allgemeinen Ergebnis, daß die Keimbildungsraten proportional dem Quadrat der Aufdampfrate oder linear von ihr abhängig sind, woraus folgt, daß der kleinste stabile Keim aus 2 Atomen

(Dimer) besteht bzw. im zweiten Fall die Keimbildung durch Defektstellen bestimmt wird.

Die erreichte gute Übereinstimmung von Experiment und Theorie [9] wird in den letzten Jahren durch verbesserte Experimente zunehmend in Frage gestellt. Die im Anfangsstadium der Keimbildung festgestellten Diskrepanzen [19] zwischen dem gemessenen Haftkoeffizienten und dem erwarteten vollständigen Kondensationsregime können durch Einfang der Atome in energetisch flache Oberflächenzustände bzw. durch Zusammenlagerung zu submikroskopischen Keimen (elektronenmikroskopisch nachweisbare Keime besitzen Durchmesser von > 1 nm) nicht erklärt werden. Für die Methode der Dekoration submikroskopischer Keime [20] durch Atome niedrig schmelzender Metalle (Zn, Cd), die in Abwesenheit von Keimen selbst nicht kondensieren, ergeben sich für Keimbildungsuntersuchungen nicht nur in diesem Zusammenhang noch zahlreiche Anwendungsmöglichkeiten.

Die Ergebnisse neuerer systematischer Keimbildungsexperimente für Au auf NaCl [21] mit einer verbesserten Aufdampfquelle und einem neuen Blendenmechanismus für sukzessiv verlängerte Aufdampfzeiten zeigen in der bisherigen Interpretation noch größere Abweichungen zwischen Experiment und Theorie. In Abb. 18.2 ist im oberen Teil der Kristall mit dem sich in Längsrichtung des Kristalls bewegenden Blendenmechanismus schematisch dargestellt. Der an Luft im Bereich PC angespaltene Kristall wird im UHV durchgespalten, und der Blendenmechanismus gestattet es, auf 4 Bereichen unterschiedlich lange Aufdampfzeiten sprungweise einzustellen. Die zugeordnete Bildfolge zeigt auf dem luftgespaltenen Teil links den bekannten starken Einfluß von Adsorbatschichten auf den Keimbildungsprozeß und auf den vakuumgespaltenen Bereichen rechts zeitabhängige Keimdichten. Das Ergebnis der Messungen von Sättigungskeimdichten ist in Abb. 18.3 für eine konstante Aufdampfrate von $1{,}6 \cdot 10^{13}$ Atomen cm^{-2} s^{-1} bei 3 verschiedenen Temperaturen dargestellt (ausgezogene Kurven) und mit Ergebnissen anderer Autoren

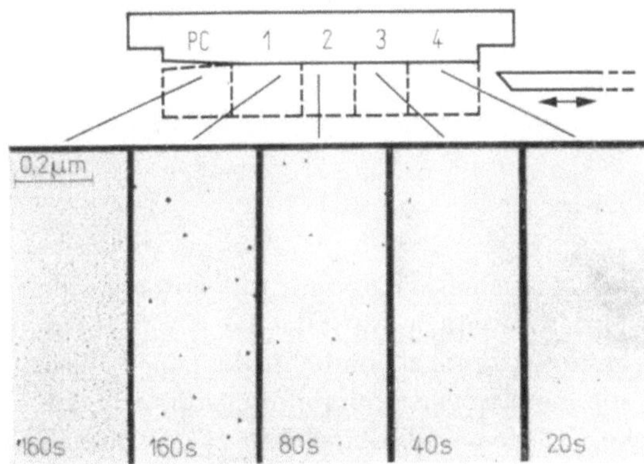

Abb. 18.2   Abhängigkeit der Au-Keimdichte auf NaCl von Depositionszeit und Oberflächenbedingungen bei 150 °C

Aufdampfrate: $1{,}6 \cdot 10^{13}$ Atome cm^{-2} s^{-1}

28   Elektronenmikroskopie

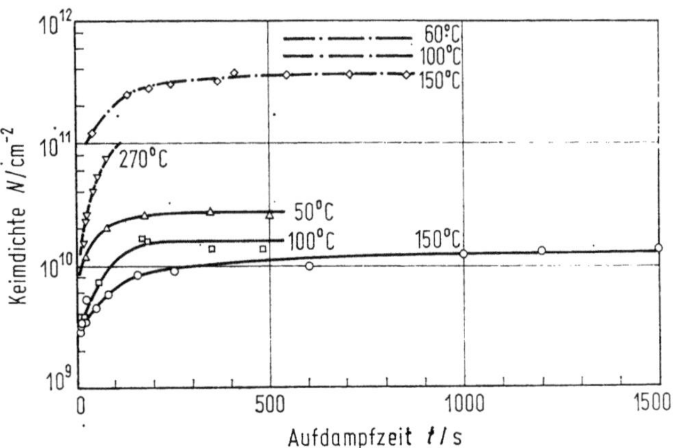

Abb. 18.3 Zeitabhängigkeit der Au-Keimdichten auf NaCl bei verschiedenen Temperaturen

—— Stenzel u. a., ····· ROBINSON, ROBINS, - - - SCHMEISSER

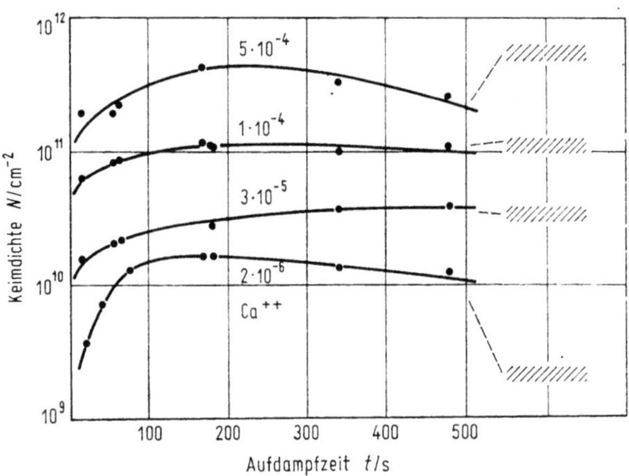

Abb. 18.4 Einfluß der Ca^{++}-Dotierung im NaCl auf die zeitabhängige Au-Keimdichte bei 100 °C

Aufdampfrate: $1{,}6 \cdot 10^{13}$ Atome cm^{-2} s^{-1}

(ROBINSON und ROBINS; SCHMEISSER, gestrichelte Kurven), die unter vergleichbaren Parametersätzen gemessen wurden, ergänzt. Auffallendes Resultat ist die um mehr als eine Größenordnung kleinere Sättigungskeimdichte der neuen Messung. Das gleiche Verhalten zeigen auch die gemessenen Keimbildungsraten und Kondensationskoeffizienten. Als mögliche experimentelle Ursachen für Diskrepanzen gegenüber früheren Messungen werden eine Verunreinigungsemission bzw. Clusterverdampfung aus den früher verwendeten Knudsen-Zellen diskutiert [21].

Quantitative Experimente zur verunreinigungsinduzierten Keimbildung wurden an Ca^{++}-dotiertem NaCl durchgeführt [22, 23]. In Abb. 18.4 ist die Übereinstimmung zwischen der Sättigungskeimdichte von Goldkeimen und der auf Oberflächenkonzentrationen umgerechneten Volumendotierung (gestrichelte Balken rechts) für die mittleren Konzentrationen von $1 \cdot 10^{-4}$ und $3 \cdot 10^{-5}$ Ca^{++} sehr gut. Bei der höchsten Ca^{++}-Konzentration wird das Maximum der Keimdichte offensichtlich durch Koaleszenzprozesse bestimmt, und die unterste Kurve entspricht der Keimdichte eines nominell reinen Kristalls. Andere, durch Elektronen- bzw. Ionenbeschuß oder Abschrecken erzeugte Punktdefekte (Leerstellen bzw. Verunreinigungen) auf Isolatorkristallen wurden qualitativ durch bevorzugte Keimbildung nachgewiesen [24, 25].

Die Beweglichkeit von stabilen Keimen ist in zweierlei Hinsicht von Bedeutung für Wachstumsprozesse in dünnen Schichten. Einerseits kann sie Bewegungskoaleszenz weit vor dem Einsatz der Berührungskoaleszenz oder Transportprozesse nach Abbruch der Deposition bewirken (Ostwald-Reifung), und andererseits hat sie einen großen Einfluß auf die Epitaxie. Umfangreiche quantitative Experimente zum Nachweis von Keimbeweglichkeiten wurden von KERN und Mitarbeitern [26] durchgeführt und theoretisch interpretiert. Die aus der theoretischen Berücksichtigung der Keimbeweglichkeit folgenden Änderungen der Keimgrößenverteilungen und radialen Verteilungsfunktionen wurden in einigen Fällen bestätigt; eine Übersicht ist in [9] gegeben. Der gegenwärtige Stand der Theorie der durch Keimwanderung verursachten Koaleszenz- und Alterungsprozesse wurde von KASHIEV [27] referiert.

Die bisher dargestellten experimentellen Ergebnisse zur Keimbildung beziehen sich alle auf TEM-Untersuchungen, die nach Abschluß der Deposition unter Verwendung von Trägerfilmen durchgeführt wurden. Die *in-situ*-TEM erlaubt prinzipiell, alle Oberflächenprozesse vom Keimbildungsstadium bis zum Wachstum der kontinuierlichen Schicht direkt, genau und in effizienter Weise zu beobachten. Dazu gehören vor allem solche kinetischen Prozesse, wie Keimbeweglichkeit und Koaleszenzphänomene, die einer quantitativen Messung sonst nur schwer zugänglich sind. Jedoch sind die dafür notwendigen Voraussetzungen hinsichtlich UHV-Bedingungen, Reinheit und Perfektion der Substratoberflächen, Wahl geeigneter Deposit-Substrat-Kombinationen und die Ausschaltung elektronenstrahlinduzierter Effekte nur schwer zu erfüllen [5].

Die in den frühen *in-situ*-Experimenten von BASSETT [28] beschriebenen Phänomene der Translations- und Rotationsbewegung von Einzelkeimen und die damit verbundene flüssigkeitsähnliche Bewegungskoaleszenz im Stadium des isolierten Keimwachstums sowie das im Stadium der Berührungskoaleszenz beobachtete flüssigkeitsähnliche Verhalten, das mit raschen Form- und Orientierungsänderungen verbunden ist, stellen die Grundlage für das qualitative Verständnis des dreidimensionalen Schichtwachstums dar. In quantitativer Hinsicht wurden dagegen manche dieser Ergebnisse durch verbesserte Experimentiertechnik relativiert. HONJO u. a. [29] geben eine kritische Übersicht über Keimbeweglichkeiten während des Wachstums und der Alterung, wonach eine deutliche Abnahme der Beweglichkeit bei verschiedenen Substanzkombinationen mit steigender Bindungsstärke zur Unterlage experimentell gesichert ist, was im Fall des Wachstums von PbSe und anderer Chalkogenide auf MgO dazu führt, daß keinerlei Translation bzw.

28*

Rotation von Keimen und keine flüssigkeitsähnliche Koaleszenz mehr beobachtet wird.

Im Falle des Monoschichtwachstums sind die experimentellen Kenntnisse über Keimbildungs- und Wachstumsprozesse aus Gründen geeigneter Substanzkombinationen und präparativer Schwierigkeiten nur spärlich, und auch die theoretische Beschreibung ist nur unvollständig formuliert [9]. Unter reinen Bedingungen wurde für die Autoepitaxie von Halbleitern [30, 31], für Metalle auf Graphit [32] und die Physisorption von Edelgasen auf Graphit [33] bei tiefen Temperaturen Monoschichtwachstum nachgewiesen. Obwohl man bei der Deposition von Übergangsmetallen und Edelmetallen aufeinander wegen der starken Deposit-Substrat-Bindung im allgemeinen Monoschichtwachstum erwartet, konnten die von quantitativen Keimbildungsexperimenten von Edelmetallen auf Alkalihalogeniden bekannten Präparationsverfahren bisher nur auf das System Au auf Ag(111) übertragen werden [17].

Ein Beispiel für epitaktisches Monoschichtwachstum von Au-Keimen auf Ag(111) zeigt Abb. 18.5. Die an den monoatomaren Abdampfstufen angelagerten dendritischen Goldkeime weisen alle zur konkaven Stufenseite, d. h. zur unteren Seite der Stufe hin. Dies ist nur dadurch zu erklären, daß die Abdampfstufen und die wachsenden Goldkeime gleiche atomare Höhe besitzen. Aus dem einheitlichen Kontrast

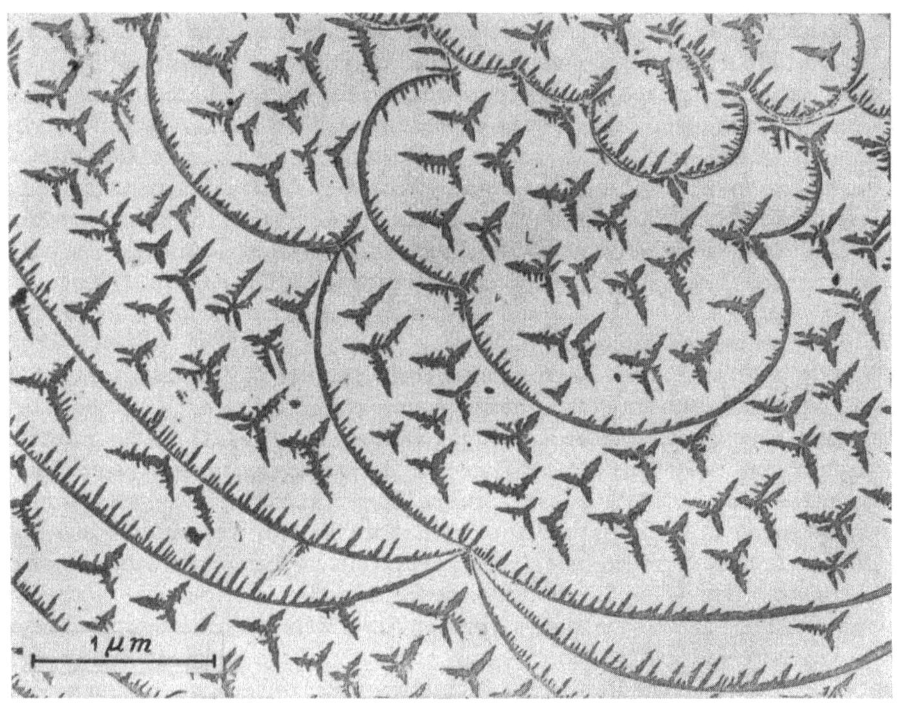

Abb. 18.5 Dendritische, zweidimensionale epitaktische Au-Keime auf Ag(111) bei 100 °C

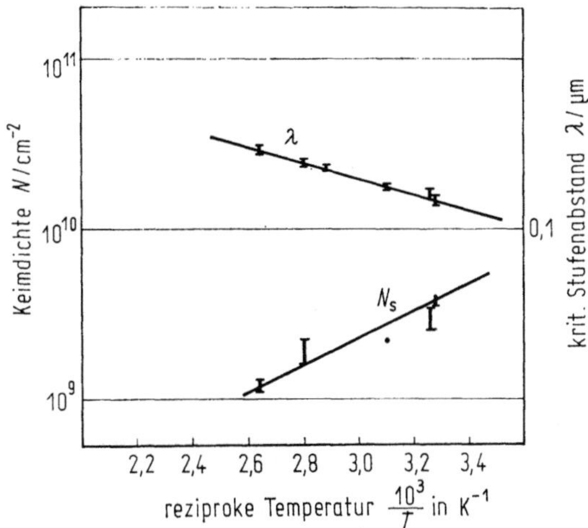

Abb. 18.6   Temperaturabhängigkeit der Au-Sättigungskeimdichte (*unten*) und des kritischen Stufenabstandes (*oben*) auf Ag(111) im UHV

Aufdampfrate: $2 \cdot 10^{13}$ Atome cm^{-2} s^{-1}

aller Keime folgt dann, daß auch die dendritischen Keime auf den atomar glatten Bereichen zwischen den Stufen aus einer Monoschicht bestehen. Als Ergebnis einer Serie von Keimbildungsexperimenten wurde festgestellt, daß eine Messung von zeitabhängigen Keimdichten in Abhängigkeit von der aufgedampften Menge nicht möglich war, da schon für die kleinsten beobachteten Keime (ca. 10 nm $\varnothing$) die Sättigungskeimdichte erreicht war. Die unter UHV-Bedingungen gemessene Abhängigkeit der Sättigungskeimdichten auf stufenfreien Bereichen (s. Abb. 18.6, unten) und des kritischen Stufenabstandes, bei dem gerade die ersten Keime zwischen parallelen Stufen beobachtet werden (s. Abb. 18.6, oben), von der Substrattemperatur sind als Arrhenius-Diagramme dargestellt. Die theoretische Interpretation dieser Messungen ergab Informationen über den Keimbildungsmechanismus und die Oberflächendiffusion von Au auf Ag(111) [17].

Die Messung von Keimverteilungen zwischen Stufen in Abhängigkeit von der Substrattemperatur [17] führte zum Nachweis einer Besonderheit der Oberflächendiffusion, der Reflexion diffundierender Atome an Stufen, wie sie bisher nur bei Oberflächendiffusionsexperimenten im Feldionenmikroskop [34] beobachtet und von SCHWOEBEL [35] in die Theorie des Kristallwachstums eingeführt wurde. Im rechten Teilbild der Abb. 18.7 erkennt man eine Anreicherung von Keimen an der konvexen Stufenseite und eine Verarmung an der konkaven Seite. Die für verschiedene Substrattemperaturen gemessenen normierten Keimverteilungen im linken Teilbild zeigen eine deutliche Abhängigkeit der Lage des Maximums der Keimverteilungen von der Temperatur. Sie stellen ein Abbild der vor dem Einsetzen der Keimbildung vorhandenen Konzentration diffundierender Atome dar. Durch Reflexion diffundierender Atome an den Stufenoberseiten infolge einer zusätzlichen Aktivierungs-

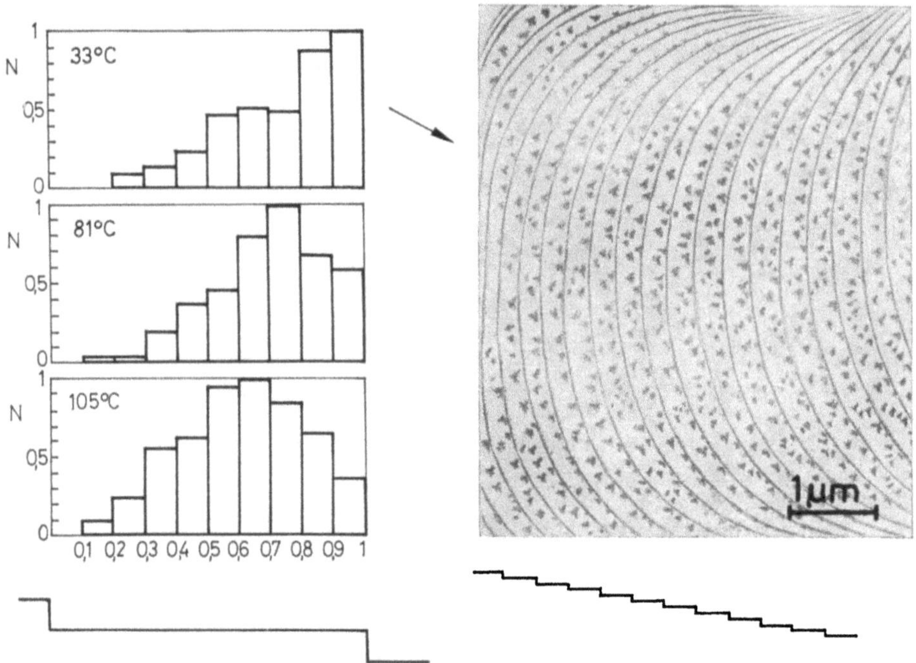

Abb. 18.7 Temperaturabhängigkeit der Au-Keimverteilungen zwischen parallelen Stufen auf Ag(111)

Ordinate: N — normierte Keimzahl, Abzisse: normierter Stufenabstand

energie an der Stufe werden bei niedrigen Temperaturen unsymmetrische Adatom-konzentrations- bzw. Keimverteilungen verursacht. Die Konsequenzen dieses Effektes auf das Schichtsystem sind theoretisch noch nicht vollständig behandelt worden [35, 36].

Die Gültigkeit des Stranski-Krastanow-Mechanismus wurde in den letzten Jahren für eine Reihe von Substanzkombinationen, z. B. Edelmetalle auf Si(111) [37] und leichtschmelzende Metalle (Pb, Sb) auf hochschmelzenden Metallen (W) [38] mit AES, LEED und Desorptionsspektroskopie nachgewiesen. Die Unter-suchung der Mikrostruktur der Substratoberflächen, der Keimbildung und der Schichtwachstumsprozesse war aber mit bisherigen elektronenmikroskopischen Methoden nicht möglich.

18.2. Epitaxie und Struktur dünner Schichten

Das Phänomen der Epitaxie als der orientierten Verwachsung dünner Schichten mit kristallinen Substraten ist seit der Einführung der elektronenoptischen Beu-gungsverfahren und der TEM ein Hauptgegenstand dieser Untersuchungstechniken. Von den zahlreichen Übersichtsarbeiten zu experimentellen und theoretischen

Aspekten des epitaxialen Wachstums dünner Schichten seien die Einzelbeiträge von PASHLEY, STOWELL, MATTHEWS und VAN DER MERWE in [4] genannt. GRÜN-BAUM (in [4]) gibt eine umfassende Zusammenstellung der bis 1975 untersuchten Epitaxiesysteme.

Obwohl die Ursachen der Epitaxie und die experimentellen Bedingungen für die Erzielung guter epitaktischer Schichten sehr verschiedenartig sind, lassen sich die wichtigsten Mechanismen zu den beiden vorherrschenden Wachstumsmoden, dem Inselwachstum und dem Monoschichtwachstum korrelieren. Die im Fall des Inselwachstums bestehende Kontroverse, ob das Keimbildungsstadium oder spätere Stadien für das Epitaxiephänomen bestimmend sind, kann nicht allgemeingültig, sondern muß in Abhängigkeit vom untersuchten Epitaxiesystem und dem Oberflächenzustand der Substratoberfläche speziell beantwortet werden. Für das System schwacher Wechselwirkung (Metalle auf Alkalihalogeniden) lieferten vor allem KERN u. a. [26] quantitative Nachweise dafür, daß die Epitaxie auf defektfreien Substratoberflächen einen *post-nucleation*-Effekt darstellt, der mit der Beweglichkeit (Rotation und Translation) und der Koaleszenz stabiler Keime verbunden ist. Mit diesem Konzept lassen sich eine Reihe für die Erzielung guter epitaktischer Schichten gebräuchliche Verfahren erklären, wie die Vorbekeimung mit hoher Aufdampfrate und anschließendes langsames Weiterwachsen (MATTHEWS; in [26]), die Impulsmethode [39] und die Impuls-Tempermethode [40].

Ein Beispiel für die durch eine modifizierte Impulsverdampfung (Bogenverdampfung) erzielte Epitaxie von Au auf NaCl bei 150 °C zeigt Abb. 18.8b [41]. In Abb. 18.8a wurde bei gleicher aufgedampfter mittlerer Schichtdicke von 3 nm und einer Substrattemperatur von 150 °C mit kontinuierlicher thermischer Aufdampfung nur polykristallines Keimwachstum erhalten. Die in Abb. 18.9 gemessene

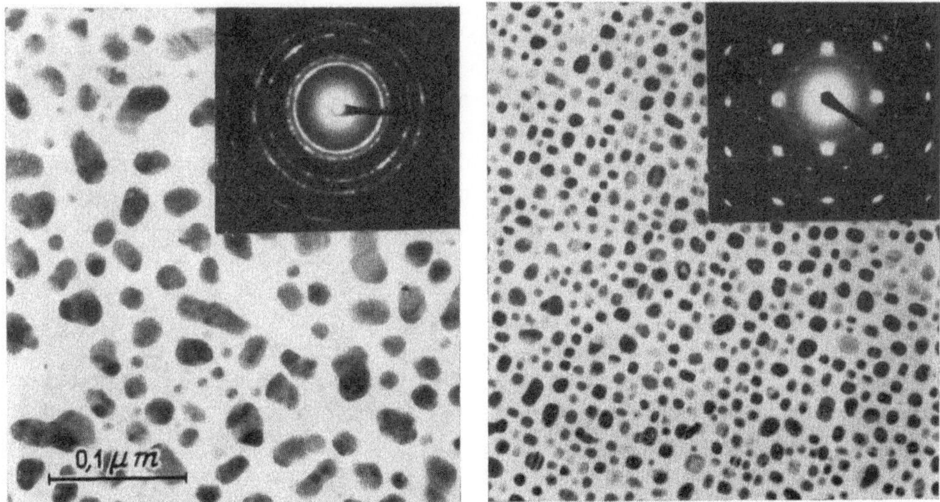

Abb. 18.8   3 nm Goldfilm auf NaCl bei 150 °C

a) durch thermische Verdampfung; b) durch Bogenverdampfung

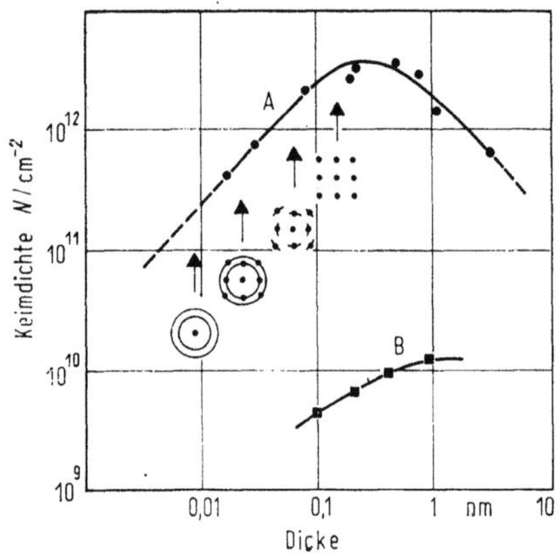

Abb. 18.9 Keimdichte und Orientierung von Au auf NaCl in Abhängigkeit von der Schichtdicke

A) für Bogenverdampfung; B) für thermische Verdampfung

Schichtdickenabhängigkeit der Keimdichte bzw. des Epitaxiegrades für Bogenverdampfung (Kurve A) und im Vergleich dazu die mit thermischer Aufdampfung gemessene Keimdichte (Kurve B) bestärkt die obige Feststellung, daß die Epitaxie mit der Beweglichkeit und Koaleszenz kleinster stabiler Keime verbunden ist. Vollständige Epitaxie wird erst im Maximum der Keimdichte, d. h. im Koaleszenzstadium des Schichtwachstums, erreicht. Als ein weiterer, die Epitaxie fördernder Faktor, kommt bei der Bogenverdampfung noch die mögliche Existenz größerer Cluster im Dampfstrahl hinzu [41].

Eine experimentell nachgewiesene Verbesserung der Epitaxie durch Bombardement der Substratoberfläche mit Elektronen oder Ionen [24] spricht für die Existenz spezieller Modelle von epitaktischen Keimen [37]; jedoch ist die Aufklärung dieser Phänomene sehr schwierig, da starke Änderungen der chemischen Zusammensetzung und der Mikrostruktur, besonders an Alkalihalogenid-Oberflächen, auftreten, die im mikroskopischen Sinne nicht nachweisbar sind.

Mit wachsender Bindungsstärke zwischen Deposit und Substrat nimmt nach UHV-*in-situ*-Untersuchungen von HONJO u. a. [29] die Beweglichkeit größerer stabiler Keime stark ab, und die beobachtbaren Keime wachsen von Beginn an in perfekter Epitaxie (Au auf MoS_2) bzw. mit sehr kleiner Fehlorientierung ($< 1°$ für Au auf MgO). Diese Ergebnisse stehen im Widerspruch zu früheren *in-situ*-Beobachtungen der gleichen Systeme [28]. Als Erklärung dafür werden das schlechtere Vakuum, Oberflächenverunreinigungen aufgrund des Präparationsverfahrens und höhere Elektronenstrahlbelastung angeführt [29]. In den Systemen stärkerer Deposit-Substrat-Bindungen (Metalle, Alkalihalogenide und Chalkogenide auf MgO) hat das alte geometrische Konzept der Gitterpassung zwischen Deposit und Substrat, d. h. einer Beziehung zwischen dem Verhältnis der Gitterkonstanten und der epitaktischen Orientierung nach *in-situ*-Untersuchungen von TAKAYANAGI u. a. [42] eine reale Bedeutung für die Erklärung der Epitaxie. Theoretisch läßt sich die beobachtete Auswahl bestimmter Epitaxieorientierungen als Minima der Grenzflächenenergien zwischen Deposit- und Substratkristallen verstehen [43, 44].

Im Falle des Monoschichtwachstums mit starker Wechselwirkung zwischen Deposit und Substrat (Metalle auf Metallen) folgt aus der Grenzflächentheorie von Bikristallsystemen (s. Kap. 19.; VAN DER MERWE: in [4], MATTHEWS: in [4]) daß bis zu Gitterkonstantendifferenzen von 10 ··· 15% perfektes epitaktisches Wachstum durch elastische Verzerrungen des Deposits, sog. pseudomorphes Wachstum, möglich ist. Da die Verzerrungsenergie der anfänglich pseudomorph wachsenden Monoschichten mit der Schichtdicke steigt, kann bei Erreichen bestimmter kritischer Schichtdicken die Energie des Systems durch Bewegung eingewachsener Versetzungen oder Erzeugung von Anpassungsversetzungen erniedrigt werden, wobei die perfekte Kohärenz zerstört und eine Variation der Depositorientierung in der Größenordnung des Misfits entsteht (MATTHEWS: in [4]). Auf die wichtigsten Anpassungsmechanismen, speziell auch für das Au-Ag-System, wird in Kap. 19. näher eingegangen.

Die damit angeschnittenen Fragen der Entstehung von Gitterdefekten während des Wachstums dünner Schichten wurden im Falle des Inselwachstums von STOWELL (in [4]) und für das Monoschichtwachstum von MATTHEWS (in [4]) ausführlich behandelt. Beim Schichtwachstum entstehende Defekte sind bis auf eine Ausnahme (*multiply twinned particles* — MTP) gewöhnliche Gitterfehler, wie sie von Volumenuntersuchungen her bekannt sind, z. B. Versetzungen (vollständige und unvollständige), Stapelfehler und Zwillinge. Ihr elektronenmikroskopischer Nachweis wird in Kap. 11. behandelt. Nach PASHLEY [18] ergeben sich für das Inselwachstum als Resultat experimenteller Beobachtungen folgende Möglichkeiten für die Entstehung von Kristallbaufehlern: die weitere Ausbreitung von Substratversetzungen, die Angleichung von translatorischen und rotatorischen Verrückungen zwischen nahezu epitaktisch orientierten Keimen während der Koaleszenz, die Bildung von Versetzungsringen oder Stapelfehlern durch Kondensation von Nichtgleichgewichtsleerstellen und die plastische Deformation von Schichten während des Wachstums, der Abkühlung und der Präparation. Der zweite Mechanismus spielt die dominierende Rolle nicht nur bei der Entstehung von vollständigen Versetzungen, sondern auch bei der Bildung der häufig beobachteten Stapelfehler bzw. der sie begrenzenden Partialversetzungen und der Erzeugung von Zwillingen (s. STOWELL: in [4]). Ein Spezialfall der Zwillingsbildung bei der (111)-Orientierung von kfz Metallen auf hexagonalen Unterlagen führt zu einem speziellen Typ inkohärenter Zwillingsgrenzen, sog. *double-positioning boundaries*. Die mannigfaltigen Bildungsmechanismen von Kristallbaufehlern (Versetzungen und Stapelfehler) im Falle des Monoschichtwachstums werden in Kap. 19. und von MATTHEWS (in [4]) ausführlich dargelegt.

Die Untersuchung der Struktur kleinster Kristallite im Keimbildungs- bzw. Keimwachstumsstadium unter den Bedingungen des Inselwachstums hat neben der Beobachtung von epitaktischen Partikeln auch zum Nachweis einer Reihe von Sonderformen (MTP) stabiler bzw. metastabiler kleinster Kristallite geführt. In den am häufigsten untersuchten Systemen schwacher Bindung von Metallen auf Alkalihalogeniden haben diese Kristallite im Hellfeldbild pentagonale, hexagonale oder rhombische Gestalt und zeigen im Beugungsbild anomale (111)-Reflexe. Als Ergebnis detaillierter Beobachtungen mit verschiedenen Techniken (Hellfeld, Beugung, Dunkelfeld, Moiré-Technik, Netzebenenabbildung) wird angenommen [45—48], daß die pentagonalen MTP (Oktaeder) aus 5 identischen Tetraedern mit kfz Struktur bestehen, die nach (111)-Flächen verzwillingt sind, und die hexagonalen MTP (Ikosaeder) aus 20 identischen verzwillingten kfz Tetraedern bestehen. Dabei sollten die zwischen den nicht exakt passenden Grundbausteinen (Tetraedern) existierenden Lückenräume (*gaps*) durch gleichmäßige oder lokale elastische Verzerrungen geschlossen werden. In einer Reihe von kürzlich publizierten experimentellen und theoretischen Arbeiten haben HEINEMANN, POPPA u. a. [49] mit Hilfe verschiedener hochauflösender TEM-Verfahren (Zonen-Dunkelfeld-Technik, *weak-beam thickness fringes*, Moirétechnik) und einer eingehenden kristallographischen Analyse ein neues Modell für MTP vorgeschlagen, wonach die tetraedrischen Grundbausteine der pentagonalen MTP eine krz-orthorhombische Struktur und die Tetraeder der hexagonalen MTP eine rhomboedrische Struktur besitzen. Nach diesem Modell entfallen die früher postulierten Raumlücken (*gaps*) und Verzerrungen.

Neben der elektronenmikroskopischen und kristallographischen Deutung der MTP ist besonders die theoretische Erklärung ihrer energetischen Stabilität und Wachstumskinetik interessant, die im Rahmen der verschiedenen kristallographischen Modelle durch Cluster-Energieberechnungen unter Annahme von Paar-Wechselwirkungspotentialen durchgeführt wurden [50, 51]. Die Bildung und das Wachstum von MTP hat keine direkte Beziehung zum Epitaxiephänomen. Im Koaleszenzstadium bilden sich aus ihnen keine epitaktischen Partikeln, sondern komplexe Strukturen. Die Bildungswahrscheinlichkeit für MTP nimmt mit zunehmender Deposit-Substratbindung (z. B. Metalle auf MgO und MoS_2) ab, und die vereinzelt gebildeten MTP werden in diesen Systemen bei der Koaleszenz von epitaktischen Partikeln absorbiert [29].

Hinsichtlich der Herstellung perfekter epitaktischer Schichten kann man allgemein schlußfolgern, daß sich die Quellen der Kristallbaufehler, die beim Inselwachstum in der Fehlpassung zwischen heterogen gebildeten Keimen und beim Monoschichtwachstum in der Fehlpassung zwischen Deposit und Substrat liegen, während des Schichtwachstums nicht ausschalten lassen, so daß man ohne spezielle Temperaturbehandlungen nach dem Schichtwachstum keine defektfreien epitaktischen Schichten erwarten kann.

Ein weiterer Gesichtspunkt zur Perfektion von epitaktischen Schichten ist die Frage nach der Perfektion der Oberflächen gewachsener Schichten. In diesem Zusammenhang gewinnt die Abbildung der Mikromorphologie (Stufen) auf der Schichtoberfläche zunehmende Bedeutung. In methodischer Hinsicht kann man eine Stufenabbildung durch indirekte Dekorationsmethoden (s. Kap. 7.) oder durch spezielle Beugungskontraste bei der TEM erreichen [52, 53]. Im Falle des Inselwachstums erwartet man, wie schon erwähnt, eine relativ rauhe Schichtoberfläche, was für Au auf NaCl durch Dunkelfeldabbildung im Lichte verbotener Raumgitterreflexe (d. h. Reflexe von unvollständigen Raumgittereinheitszellen) bestätigt wurde [52, 53]. Dagegen sollte das Monoschichtwachstum zu glatten Schichtoberflächen mit geringen Stufendichten führen. Ein Beispiel für die mit der Golddekorationsmethode abgebildete atomare Stufenstruktur beim Monoschichtwachstum von AgCl auf NaCl bei 300 °C zeigt die Abb. 18.10 [54]. Die AgCl-Monoschichten wachsen entweder über zweidimensionale wiederholte Keimbil-

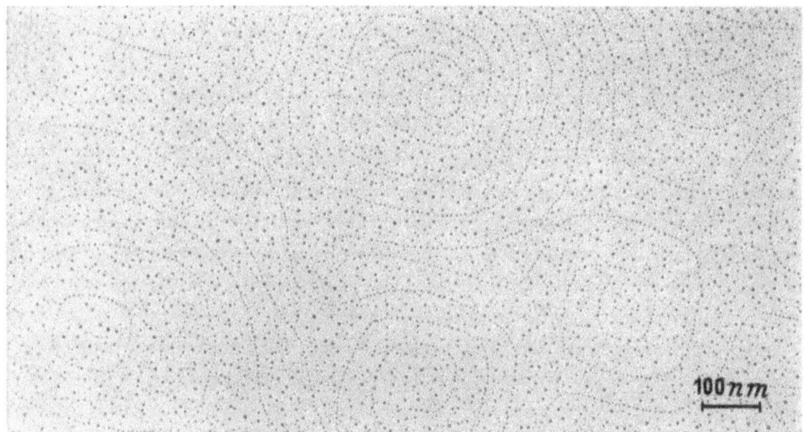

Abb. 18.10   Monoschichtwachstum von AgCl auf NaCl bei 300 °C

Schichtdicke: 2 bis 4 Monolagen, Aufdampfrate: 0,2 nm s^{-1}

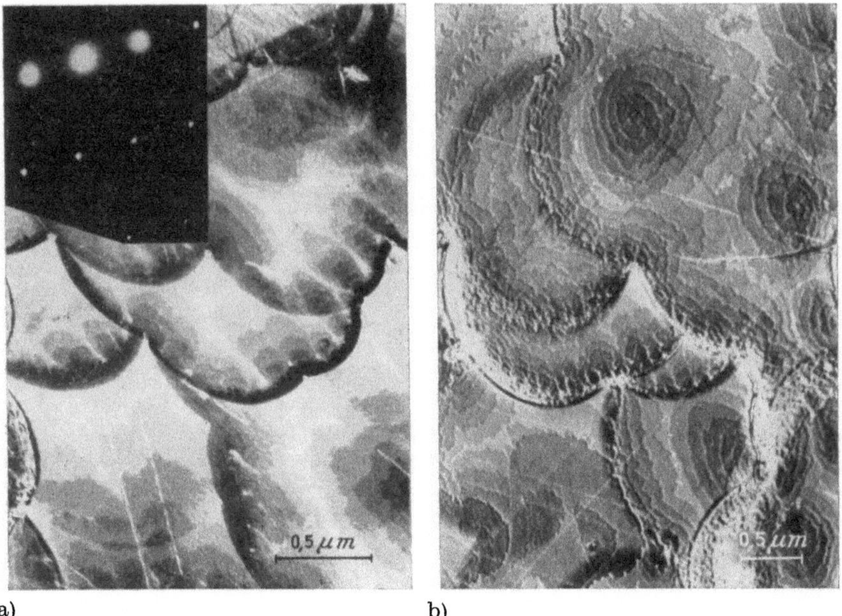

a)   b)

Abb. 18.11   Au(111)-Film (0,8 nm mittlere Schichtdicke) auf Ag(111), aufgedampft bei verschiedenen Substrattemperaturen.

a) 172 °C, Einstrahlrichtung nahe [1 0 3] (Hellfeldaufnahme); b) 152 °C, Einstrahlrichtung nahe [325] (Hellfeldaufnahme)

dung auf stufenfreien Substratbereichen (s. linker Rand), oder es bilden sich an Durchstoßpunkten von Versetzungen mit Schraubencharakter Franksche Wachstumsspiralen (s. rechte Hälfte).

Im Falle des Monoschichtwachstums von Au auf Ag(111) wurde eine neues Verfahren entwickelt [17], mit dem man verschiedene komplementäre Kontrastphänomene an Monoschichten bzw. Stufen in Hellfeld- und Dunkelfeldabbildung beobachtet, wenn durch Kippen der durch Kohlenstoff-Trägerfilme verstärkten sehr dünnen Goldschichten (0,2 ... 2 nm) im Mikroskop bestimmte Einstrahlrichtungen eingestellt werden, in denen systematische (111)- bzw. (200)-Reflexe stark angeregt sind. In der Hellfeldabbildung (Abb. 18.11 a) zeigt sich eine der Monoschichtzahl proportionale Schwärzungszunahme. In Abb. 18.11 b tritt zusätzlich eine Kontrastüberhöhung an den Stufen selbst auf. Zur Erzielung möglichst ausgedehnter stufenfreier Substratbereiche wurde die Ag(111)-Fläche zunächst bei 650 °C abgedampft, wobei sich die atomaren Stufen zu hohen Stufen zusammenlagerten, die in Abb. 18.11 durch dunkle Au-Bänder dekoriert sind. Die dann bei 172 °C aufgedampfte Goldschicht mit einer mittleren Dicke von etwa 1 nm wächst von den hohen Stufen her monoschichtweise über die stufenfreien Oberflächenbereiche. In Abb. 18.11 b wirken als Quellen des Monoschichtwachstums nicht nur die hohen Substratstufen, sondern auf den glatten Bereichen auch Durchstoßpunkte von Schraubenversetzungen, an denen sich Franksche Wachstumsspiralen bilden.

Die letzten beiden Beispiele können auch als Veranschaulichung eines bisher nicht betrachteten Wachstumsmechanismus angesehen werden, der beim Monoschichtwachstum eine beträchtliche Rolle spielen kann. In diesem Falle verläuft das Schichtwachstum nicht über Keimbildung, sondern wird vollkommen durch die auf der Substratoberfläche vorhandene Mikromorphologie bzw. die eingewachsenen Kristallbaufehler bestimmt.

18.3.   Literatur

[1] Physics of Thin Films 1—7. In: Advances in Research and Development. Eds.: G. Hass, R. E. Thun. — London/New York: Academic Press 1963—1974.

[2] Chopra, K. L., Thin Film Phenomena. — New York: McGraw-Hill 1969.

[3] Handbook of Thin Film Technology. Eds.: L. I. Maissel, R. Glang. — New York: McGraw-Hill 1970.

[4] Epitaxial Growth, Part A, B. Ed.: J. W. Matthews. — London/New York: Academic Press 1975.

[5] Poppa, H., Studies of thin-film nucleation and growth by transmission electron microscopy. In: [4] Part A, p. 215.

[6] Thomas, G., Electron microscopy of thin films. In: Thin Films. — Ohio: Am. Soc. for Metals (1964) 227.

[7] Venables, J. A., New experimental approaches of studies of nucleation and growth on surfaces. In: Current Topics in Materials Science, Vol. 2. Ed.: E. Kaldis. — Amsterdam/Oxford: North-Holland Publ. Comp. 1977, p. 165.

[8] Bauer, E., Z. Kristallogr. 110 (1958) 372.

[9] VENABLES, J. A.; PRICE, G. L., Nucleation of thin films. In: [4] Part B, p. 381.

[10] MARKOV, I.; KAISCHEV, R., Kristall Tech. **11** (1976) 685.

[11] HIRTH, J. P.; MOAZED, K. L.; RUTH, V., Heterogene Keimbildung und Epitaxie bei der Kondensation aus der Dampfphase. In: Epitaxie Endotaxie. Hrsg.: H. G. SCHNEIDER. — Leipzig: VEB Deutscher Verlag für Grundstoffindustrie 1969, S. 25.

[12] ZINSMEISTER, G., Kristall Tech. **5** (1970) 207.

[13] LEWIS, B., Thin Solid Films **7** (1971) 179.

[14] VENABLES, J. A., Philos. Mag. **27** (1973) 697.

[15] KASHIEV, D., J. Cryst. Growth **40** (1977) 29.

[16] GILMER, G. H.; BENNEMA, P., J. Cryst. Growth **13/14** (1972) 148.

[17] KLAUA, M., Dekorations-, Keimbildungs- und Wachstumsexperimente von Au auf Ag(111)-Flächen. In: Symposiumsbericht Physik und Chemie der Kristalloberfläche, Nova Acta Leopold. NF (1980).

[18] PASHLEY, D. W. et al., Philos. Mag. **10** (1964) 127.

[19] USHER, B. F.; ROBINS, J. L., Thin Solid Films **32** (1976) 195.
ROBINS, J. L., Thin Solid Films **32** (1976) 151.

[20] HENRY, C.; CHAPON, C.; MUTAFTSCHIEV, B., Thin Solid Films **33** (1976) L 1.

[21] STENZEL, H.; VELFE, H. D.; KROHN, M., Kristall Tech. **15** (1980) 255.

[22] STENZEL, H.; BETHGE, H., Thin Solid Films **32** (1976) 167.

[23] KROHN, M.; BETHGE, H., Thin Solid Films **57** (1979) 227.

[24] PALMBERG, P. W.; TODD, C. J.; RHODIN, T. N., J. Appl. Phys. **39** (1968) 4650.

[25] STROUD, P. T., Thin Solid Films **11** (1972) 1.

[26] MASSON, A.; METOIS, J. J.; KERN, R., The development of epitaxy by surface migration of crystallites. In: Advances in Epitaxie and Endotaxie. Hrsg.: H. G. SCHNEIDER, V. RUTH. — Leipzig: VEB Deutscher Verlag für Grundstoffindustrie 1971, S. 103.

[27] KASHIEV, D., Surf. Sci. **86** (1979) 14.

[28] BASSETT, G. A., Continuous electron microscope study of vacuum evaporated metal films. In: Condensation and Evaporation of Solids. Eds.: E. RUTNER et al. — New York: Gordon & Breach 1964, p. 599.

[29] HONJO, G., u. a., Phys. Status Solidi a **55** (1979) 353.

[30] JOYCE, B. A., Rep. Progr. Phys. **37** (1974) 363.

[31] HENDERSON, R. C.; HELM, R. F., Surf. Sci. **30** (1972) 310.

[32] DARBY, T. P.; WAYMAN, C. M., J. Cryst. Growth **28** (1975) 41, 53.

[33] KRAMER, H. M., J. Cryst. Growth **33** (1976) 65.

[34] EHRLICH, G.; HUDDA, F. G., J. Chem. Phys. **44** (1966) 1039.

[35] SCHWOEBEL, R. L.; SHIPSEY, E. J., J. Appl. Phys. **37** (1966) 3682.

[36] SEAH, M. P., Surf. Sci. **32** (1972) 703.

[37] BAUER, E.; POPPA, H., Thin Solid Films **12** (1972) 167.

[38] BIENFAT, M.; VENABLES, J. A., Surf. Sci. **64** (1977) 425.

[39] HARSDORFF, M., Z. Naturforsch. **23** (1968) 1253.

[40] CHADDERTON, L. T.; ANDERSON, M., Thin Solid Films 1 (1968) 229.

[41] KROHN, M.; MEYER, K. P., Kristall Tech. (1982) in Vorbereitung.

[42] TAKAYANAGI, K.; YAGI, K.; HONJO, G., Thin Solid Films **48** (1978) 137.

[43] VOLMER, M.; WEBER, A., Z. Phys. Chem. **119** (1926) 277.

[44] FLETSCHER, N. H.; ADAMSON, P. L., Philos. Mag. **14** (1966) 99.

[45] OGAWA, S.; INO, S., Particular structures of thin epitaxial crystals; multiply twinned particels. In: Advances in Epitaxie and Endotaxie. Hrsg.: H. G. SCHNEIDER, V. RUTH. — Leipzig: VEB Deutscher Verlag für Grundstoffindustrie 1971, S. 183.

[46] ALLPRESS, J. G.; SANDERS, J. V., Surf. Sci. **7** (1967) 1.

[47] GILLET, E.; GILLET, M., Thin Solid Films **15** (1973) 249.

[48] YAGI, K. u. a., J. Cryst. Growth **28** (1975) 117.

[49] HEINEMANN, K.; YACAMAN, M. J.; YANG, C. Y.; POPPA, M., J. Cryst. Growth **47** (1979) 177, 187, 274, 283.

[50] ALLPERSS, J. G.; SANDERS, J. V., Aust. J. Phys. **23** (1970) 23.
[51] YANG, C. Y.; HALICIOGLU, T., Proc. 4. Int. Thin Film Congr., Loughborough 1978, p. 246.
[52] CHERNS, D., Philos. Mag. **30** (1974) 549.
[53] KRAKOW, W.; AST, D. G., Surf. Sci. **58** (1978) 485.
[54] HAEFKE, H.; KROHN, M.; PANOV, A., J. Cryst. Growth **49** (1980) 7.

19. Versetzungsstrukturen in Korngrenzen und Phasengrenzen

R. Scholz, J. Woltersdorf

Die Bestimmung der Struktur von Korngrenzen und die Ermittlung von Phasengrenzstrukturen sind insofern verwandte Fragestellungen, als in beiden Fällen unter bestimmten Bedingungen charakteristische, im allgemeinen flächenhaft ausgebildete Versetzungsnetzwerke eine Rolle spielen können. Auch die Parameter, von denen Struktur und Eigenschaften von Korngrenzen und Phasengrenzen bestimmt werden, sind im wesentlichen dieselben:

1. die kristallographischen Parameter, d. h. Gittertyp, Gitterkonstanten und relative Orientierung der beiden aneinandergrenzenden Körner bzw. Phasen,

2. die Art der atomaren Wechselwirkung, durch die im Grenzbereich eine Relaxation möglich wird, die zu einer Konfiguration minimaler Energie führt,

3. Angaben über die Verteilung von Störungen bezüglich der chemischen Zusammensetzung und hinsichtlich der Eigenspannungsverteilung, durch die Modifizierungen der Grenzflächenkonfiguration bewirkt werden können.

Flächenhafte Versetzungsanordnungen wurden erstmalig beim Studium der Struktur von Kleinwinkelkorngrenzen systematisch untersucht. Es wurden zunächst einfache Versetzungsmodelle, dann eine allgemeine geometrische Theorie für Versetzungsanordnungen in Kleinwinkelkorngrenzen entwickelt, die in ihren wesentlichen Aussagen in zahlreichen experimentellen Arbeiten durch direkte Beobachtung von Versetzungsstrukturen bestätigt werden konnte. Elektronenmikroskopische Untersuchungen haben hierzu viele wertvolle Beiträge geliefert.

In den letzten 15 Jahren wurde mit der Verbesserung des Leistungsvermögens moderner Elektronenmikroskope (EM) und mit der Anwendung spezieller Abbildungsvarianten und Präparationsmethoden das Interesse auf Strukturuntersuchungen an Korngrenzen mit großen Fehlorientierungen verlagert. Die theoretische Behandlung der Struktur der Großwinkelkorngrenzen wurde erweitert, u. a. auch durch Ausnutzung der Möglichkeiten der Computertechnik. Als wesentliches Merkmal aller modernen Theorien und Modelle wird die Bedeutung periodischer Strukturen auch in Großwinkelkorngrenzen hervorgehoben. Durch elektronenmikroskopische Direktabbildung konnten in zahlreichen Arbeiten solche Periodizitäten in Form „sekundärer" Versetzungen in speziellen Großwinkelkorngrenzen nachgewiesen werden.

Im allgemeineren Falle der Phasengrenzstrukturen dagegen werden infolge der wesentlich komplexeren Problematik unterschiedliche theoretische Ansätze diskutiert. An verschiedenen speziellen Systemen konnte jedoch auch hier, insbesondere in den letzten beiden Jahrzehnten, eine befriedigende Übereinstimmung zwischen theoretischen Modellen und den elektronenmikroskopischen Beobachtungen erreicht werden.

19.1.   Kleinwinkelkorngrenzen

Die ursprünglich hypothetische Vorstellung flächenhafter Anordnungen von Versetzungen in den Grenzflächen zwischen gering fehlorientierten Bereichen eines Kristalls geht auf BURGERS [1], BRAGG [2], FRANK [3] und VAN DER MERWE [4] zurück. Ihre Modelle für die einfachsten Typen von Korngrenzen in kubischen Kristallen — parallele Stufenversetzungen eines Typs in symmetrischen Kippgrenzen bzw. zwei Scharen sich senkrecht überkreuzender Schraubenversetzungen in reinen Drehgrenzen — wurden von READ und SHOCKLEY [5] durch weitere Modelle ergänzt, und mit einer von FRANK [6] angegebenen Formel wurde die Voraussetzung für eine allgemeine geometrische Theorie der Kleinwinkelkorngrenzen geschaffen. Ausgehend von dieser Formel können bei Kenntnis der in einer bestimmten Kristallstruktur möglichen Burgers-Vektoren stabiler Versetzungen flächenhafte Versetzungsanordnungen für Kleinwinkelkorngrenzen mit beliebigen Parametern berechnet werden. Franks Formel wurde später im Zusammenhang mit experimentellen Beobachtungen zur Systematisierung der in bestimmten Kristallstrukturen zu erwartenden Korngrenzentypen verwendet [7—9].

Der aus der Geometrie der einfachsten Korngrenzenmodelle gefolgerte Zusammenhang

$$D = \frac{b}{2 \sin (\vartheta/2)} \tag{19.1}$$

zwischen dem Abstand D paralleler Versetzungen mit gleichen Burgers-Vektoren $\vec{b}$ und dem Fehlorientierungswinkel ϑ einer Korngrenze war der Ansatzpunkt für experimentelle Strukturuntersuchungen: In Korngrenzen mit genügend kleinen Fehlorientierungen ϑ sollte die Möglichkeit der mikroskopischen Beobachtung der Versetzungen bzw. ihrer Abstände gegeben sein. Das gelang zunächst unter Ausnutzung der Lichtmikroskopie mit zwei experimentellen Methoden: durch chemisches Ätzen von Kristalloberflächen zur Markierung von Versetzungsdurchstoßpunkten (s. z. B. [10—14]) und durch die Dekoration von Versetzungen im Innern transparenter Kristalle [15—18]. Entsprechende Arbeiten haben die Grundvorstellungen der geometrischen Theorie zumindest für Korngrenzen mit sehr kleinen Fehlorientierungen ($\vartheta < 1$ Winkelminute, $D > 1$ μm) direkt bestätigt. Eine zusammenfassende Darstellung der Ergebnisse dieser Arbeiten ist bei AMELINCKX und DEKEYSER [19] zu finden.

Die Anwendung der EM zur Strukturuntersuchung an Korngrenzen begann mit der Einführung der direkten Durchstrahlung dünner Kristallfolien, d. h. mit der Abbildung von Versetzungen im elektronenmikroskopischen Beugungskontrast

(HIRSCH, HORNE und WHELAN [20] bzw. BOLLMANN [21]). Mit dieser Methode wurde in der Folgezeit die Struktur von verschiedenartigen Kleinwinkelkorn‑ grenzen in vielen für die technische Anwendung interessanten Materialien (Metalle, Legierungen, Halbleiter) mit unterschiedlicher Kristallstruktur studiert (s. z. B. [22—28]). Unter Ausnutzung der bei der Abbildung von Versetzungen im Beu‑ gungskontrast gültigen Auslöschungsbedingungen zur Bestimmung von Burgers‑ Vektoren (vgl. Kap. 11.) und anderer im EM erzielbarer Informationen zur Er‑ mittlung von Korngrenzenparametern konnten in Kleinwinkelkorngrenzen ange‑ ordnete Versetzungen vollständig analysiert und in Korrelation zur geometrischen Theorie gedeutet werden. Die Abb. 19.1 und 19.2 zeigen zwei Beispiele von

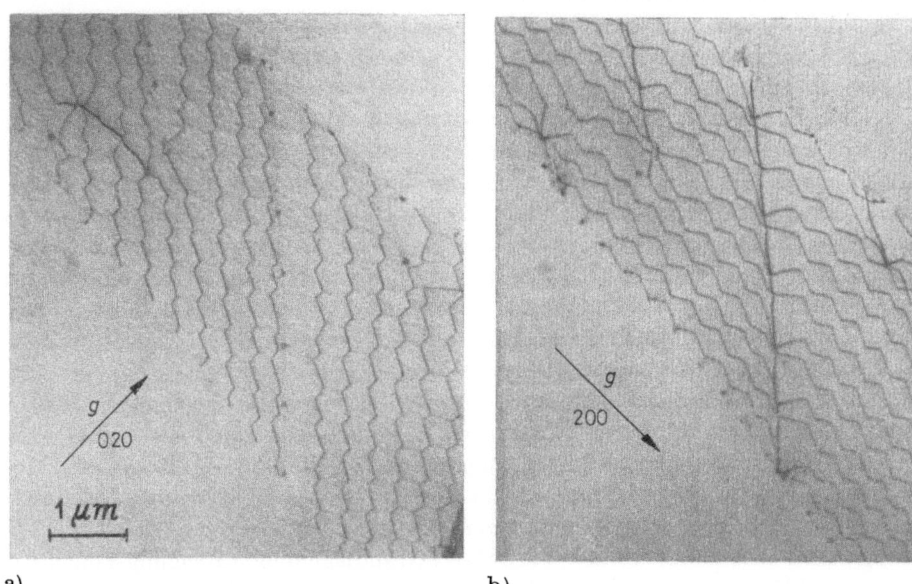

Abb. 19.1   Hexagonales Versetzungsnetzwerk in einer Kleinwinkel-Drehgrenze in MgO

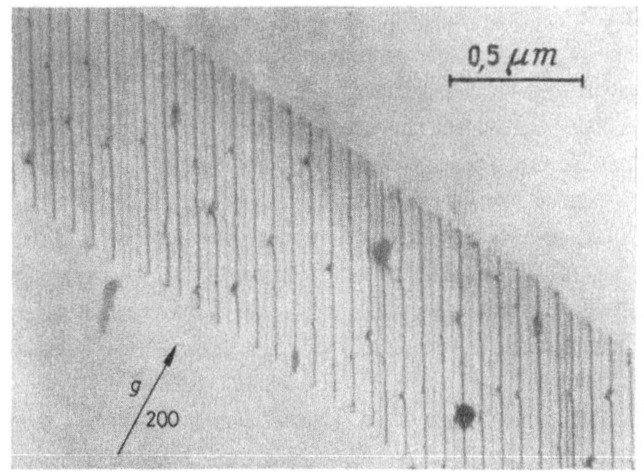

Abb. 19.2   Parallele Versetzungen in einer Kleinwinkel-Kipp‑ grenze in MgO

Versetzungsanordnungen in Kleinwinkelkorngrenzen im elektronenmikroskopischen Beugungskontrast. Im hexagonalen Versetzungsnetzwerk der Abb. 19.1 a, b sind aufgrund der gewählten Abbildungsbedingungen jeweils einzelne Versetzungsscharen ausgelöscht. Abb. 19.2 zeigt vorwiegend zwei Scharen paralleler Versetzungen mit Mischcharakter in einer allgemeinen Kippgrenze.

Viele gezielte Untersuchungen mittels direkter elektronenmikroskopischer Durchstrahlung haben neben der Aufklärung struktureller Einzelheiten von Kleinwinkelkorngrenzen wichtige Informationen, u. a. über auftretende Versetzungsreaktionen, über die Entstehung von Versetzungsnetzwerken, ihre Wechselwirkung mit anderen Kristalldefekten und ihre Bedeutung bei der plastischen Deformation und Verfestigung kristalliner Materialien, geliefert.

Hinsichtlich der Auflösung von Versetzungsabständen in Kleinwinkelkorngrenzen offenbarten die experimentellen Beobachtungen mit der Abbildung im üblichen Beugungskontrast gegenüber den lichtmikroskopischen Methoden zunächst eine Verbesserung um etwa zwei Größenordnungen (Versetzungsabstände bis herab zu etwa 10 nm). Die Analyse der Versetzungsnetzwerke ist noch relativ einfach, wenn die Kontrasteffekte der einzelnen Versetzungen sich nicht überlagern. Nach der Theorie des Beugungskontrastes für den häufig angewendeten Zweistrahlfall wird eine Grenze erreicht bei Versetzungsabständen, die kleiner sind als die Extinktionslänge (ξ_g). Thölén [29] hat durch Computersimulation der Kontraste eines quadratischen Versetzungsnetzwerkes einer [001]-Drehgrenze und an experimentellen Beispielen ermittelt, daß bei Versetzungsabständen unterhalb 0,3 ξ_g das Bild der Versetzungen nicht von den ebenfalls auftretenden Moiréeffekten zu unterscheiden ist. Eine gewisse Verbesserung der Auflösung bringt hier die Anwendung der Abbildung mit schwachen Strahlen (*weak beam*, s. z. B. [30], vgl. Kap. 11.). Mit umfangreichen Untersuchungen von Schober und Balluffi [31—33] an speziell hergestellten Dünnschicht-Bikristallen aus Gold konnten Kontraste von extrem dicht liegenden Versetzungen (bis herab zu 2 nm) in [001]- und [111]-Drehgrenzen beobachtet werden, die auf der Grundlage reinen Beugungskontrastes nicht zu erklären waren. Die eingehende Analyse der an solchen Bikristallen auftretenden Elektronenbeugungsdiagramme in Kombination mit hochauflösender Abbildung in Durchstrahlung hat schließlich zum Nachweis periodischer Kontrasterscheinungen mit noch geringeren Abständen und zu einer Deutung als Interferenz-Spannungskontraste geführt, die sich aus der Wirkung der periodischen Korngrenzenstruktur als Beugungsgitter ergeben [34].

Mit den genannten experimentellen Untersuchungen von Balluffi und Mitarbeitern wurde die Struktur von Korngrenzen der Beobachtung zugänglich gemacht, die in den viel diskutierten Übergangsbereich zwischen Klein- und Großwinkelkorngrenzen gehören. Von der Versetzungstheorie her erscheint der Aufbau einer Korngrenze aus Kristallgitterversetzungen nicht mehr sinnvoll, wenn mit größer werdendem Winkel ϑ etwa oberhalb 20° die Versetzungen so dicht liegen, daß die Abstände der Versetzungen in die Größenordnung der Gitterparameter kommen.

Zur elektronenmikroskopischen Untersuchung der Versetzungsstruktur von Kleinwinkelkorngrenzen ist auch die Methode der Oberflächendekoration nach

Bassett [35] geeignet, die z. B. auf bestimmte Ionenkristalle vom NaCl-Typ angewendet werden kann. Von Bethge [36] wurden erste Korngrenzen betreffende Beobachtungen (erhalten auf dekorierten NaCl-Spaltflächen) mitgeteilt. Nähere Untersuchungen [37] haben detaillierte Aussagen über den Versetzungsgehalt und insbesondere die Feinstruktur der relativen Anordnung von Versetzungen in allgemeinen Kippgrenzen ermöglicht. Einzelne Kleinwinkelkorngrenzen, die visuell auf Spaltflächen von makroskopischen NaCl-Kristallen sichtbar sind, können gezielt in mehreren Dekorationsexperimenten auf parallelen und zueinander senkrechten Spaltflächen oder auch unmittelbar an Kristallkanten präpariert werden. Im Bild der dekorierten Spaltflächen können die entlang den Spuren der Korngrenzen durchstoßenden Versetzungen bezüglich der Lage ihrer Burgers-Vektoren unterschieden werden in Versetzungen mit einer Burgers-Vektor-Komponente senkrecht und Versetzungen mit Burgers-Vektor parallel zur Oberfläche. Korngrenzenversetzungen mit senkrechter Burgers-Vektor-Komponente werden durch die an ihren Durchstoßpunkten beginnenden Spaltstufen abgebildet und Versetzungen mit Burgers-Vektoren parallel zur Oberfläche aufgrund bevorzugter Anlagerung einzelner Goldkristallite [38]. Die Auflösungsgrenze dieser Methode für Versetzungsabstände an Oberflächenspuren von Korngrenzen kann grob mit etwa 10 nm angegeben werden. Im Fall allgemeiner Kippgrenzen, die Versetzungen parallel zur Orientierung der Drehachse enthalten, können alle Bestimmungsparameter, d. h. Korngrenzenfläche, Drehachse und Fehlorientierungswinkel durch Präparation an einer geeigneten Kristallkante ermittelt werden. Die Analyse der auftretenden Versetzungsfolgen mit Festlegung der Burgers-Vektoren ist mit Hilfe der von Bollmann [39, 40] eingeführten dualistischen Betrachtungsweise möglich. Die beobachteten relativen Lagen der Versetzungen sowohl in einfachen Kippgrenzen mit [001]-Drehachsen als auch in Kippgrenzen mit Drehachsen parallel zu hoch indizierten kristallographischen Richtungen waren in der Regel so, wie sie nach der dualistischen Methode aus dem Diagramm der entsprechenden Burgers-Vektoren zu folgern sind.

Ein Vorzug der Dekorationsmethode für derartige Untersuchungen ist, daß die Versetzungsstruktur betreffende submikroskopische Details längs einzelner Korngrenzenspuren über Längen bis zu Millimetern im EM beobachtet werden können und demzufolge auch die Änderungen der Versetzungsstruktur bei auftretenden Orientierungsänderungen der Korngrenzenflächen zu erfassen sind. Als diesbezügliches Beispiel ist in Abb. 19.3 eine Kippgrenze mit Drehachse parallel [7 5 25] in verschiedenen kristallographischen Orientierungen auf einer (001)-Spaltfläche zu sehen. Längs der Spurorientierungen von [010] über [140] nach [110] wurden Versetzungen mit folgenden vier Burgers-Vektoren ermittelt: $a/2[10\bar{1}]$, $a/2[101]$, $a[100]$, $a/2[1\bar{1}0]$. In der Orientierung [140] (Teilbild b und c) sind offensichtlich zwei verschiedene Versetzungsfolgen gleichberechtigt. Die Auswertung ergab in Abb. 19.3c $a[100]$-Versetzungen anstelle von zwei Versetzungen mit Burgers-Vektoren $a/2[10\bar{1}]$ und $a/2[101]$ in Abb. 19.3b.

Kippgrenzen in NaCl mit [001] — oder nur wenig davon abweichenden Drehachsen wurden vorwiegend in den Vorzugsorientierungen (100) bzw. (110) und häufig mit ausgeprägter Stufenstruktur, gebildet von Abschnitten aus solchen

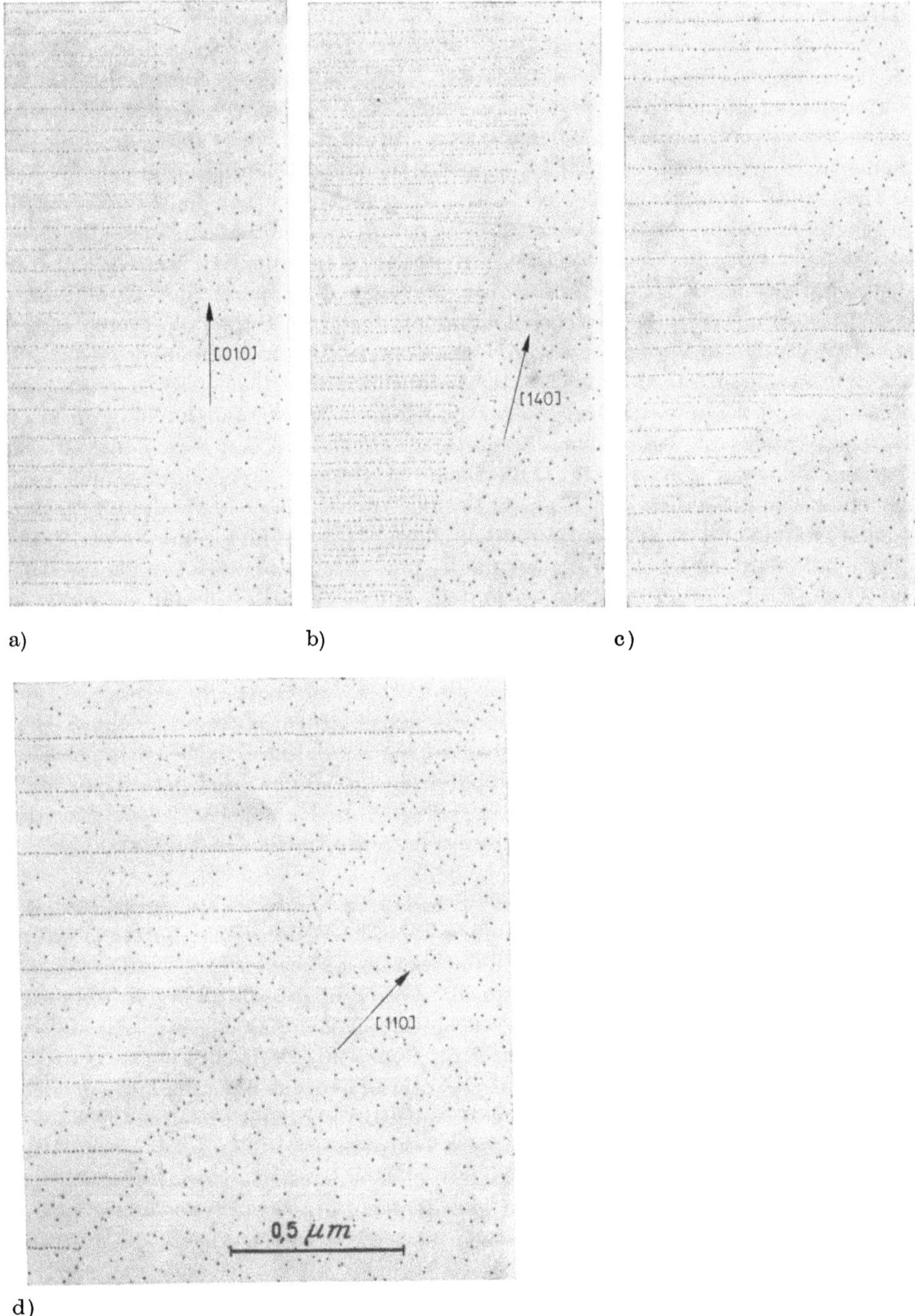

Abb. 19.3 Versetzungsanordnungen einer Kippgrenze mit Drehachse [7 5 25] in NaCl
bei unterschiedlicher Orientierung der Korngrenzenfläche (Golddekoration)

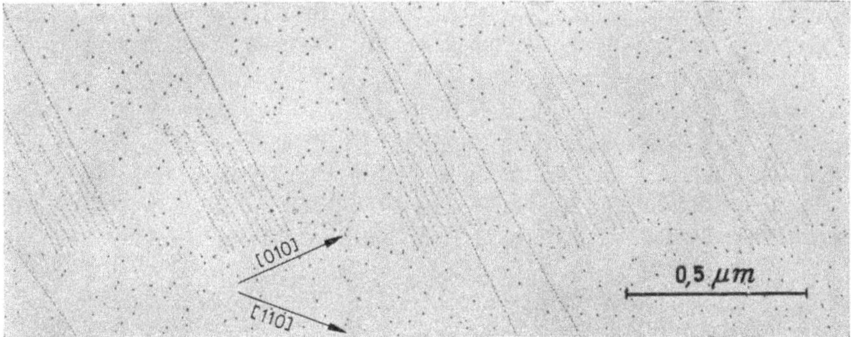

Abb. 19.4   Kleinwinkel-Kippgrenze mit Drehachse nahe [001] und mit ausgeprägter Stufenstruktur in NaCl (Golddekoration)

Orientierungen, beobachtet. Abb. 19.4 vermittelt davon einen Eindruck. Im Gegensatz zu den allgemeinen Vorstellungen des Aufbaues aus reinen Stufenversetzungen wurden in den Dekorationsexperimenten in allen untersuchten [001]-Kippgrenzen bei (100)-Orientierung der Korngrenzenflächen nicht Stufenversetzungen — vom Typ $a/2\langle 110\rangle$ mit zueinander senkrechten Burgers-Vektoren oder aber a[100]-Stufenversetzungen — beobachtet, sondern an deren Stelle 45°-Versetzungen mit Burgers-Vektoren $a/2[10\bar{1}]$ und $a/2[101]$. Die von den [010]-Abschnitten der Korngrenzenspur in Abb. 19.4 ausgehenden Spaltstufen markieren solche 45°-Versetzungen mit abwechselnd entgegengesetztem Schraubensinn bezüglich der Beobachtungsebene (001), erkennbar daran, daß sich meist zwei benachbarte Spaltstufen hinter der Spur paarweise auslöschen. In den [110]-Abschnitten dieser Kippgrenzen war immer die energetisch ausgezeichnete Anordnung von $a/2[1\bar{1}0]$-Stufenversetzungen realisiert.

19.2. Großwinkelkorngrenzen

Während die Versetzungsstruktur von Kleinwinkelkorngrenzen eine weitestgehend bestätigte und allgemein akzeptierte Tatsache ist, existiert ein befriedigendes Konzept zum Verständnis der Struktur bei Großwinkelkorngrenzen nur für spezielle Fälle. Dieses Konzept wurde von BRANDON und Mitarbeitern [41, 42] vorgeschlagen und basiert auf der Kombination des Versetzungsmodells für Kleinwinkelkorngrenzen mit dem Koinzidenzgittermodell [43], das bestimmte Großwinkelkorngrenzen gegenüber anderen aufgrund der in der Grenzfläche realisierten guten atomaren Passung als Korngrenzen niedriger Energie und mit außergewöhnlichen Eigenschaften [44] auszeichnet. Großwinkelkorngrenzen, die in bestimmten Parametern gering von idealen Koinzidenzorientierungen abweichen, werden danach durch ein der atomaren Grundstruktur der Koinzidenzgrenze überlagertes Netzwerk von Versetzungen beschrieben, deren Burgers-Vektoren im allgemeinen keine Kristallgittervektoren sind, sondern sich aus der jeweils betrachteten Koinzidenzorientierung ableiten lassen. BOLLMANN [45, 46] hat als Verallgemeinerung des Koinzidenzgitter-Konzepts eine allgemeine geometrische Theorie kristalliner Grenzflächen, das *O-lattice*-Konzept entwickelt, das die Formulierung dieser Vorstellung in erweiterter Form zum Ausdruck bringt. Zur begrifflichen Unterscheidung von „primären" Gitterversetzungen, wie sie in Kleinwinkelkorngrenzen auftreten, wurden die zur Realisierung einer optimalen Struktur in Großwinkelkorngrenzen postulierten Versetzungen als sekundäre Versetzungen bezeichnet. Anordnungen sekundärer Versetzungen können mit Hilfe des *O-lattice*-Konzepts in Analogie zum Vorgehen bei Kleinwinkelkorngrenzen konstruiert und berechnet werden [47]. Die Burgers-Vektoren dieser Versetzungen ergeben sich parallel zu hochindizierten kristallographischen Richtungen als kleinste Translationsvektoren des DSC-Gitters [45, 46] und nehmen im allgemeinen ihrem Betrag nach ab mit abnehmender Dichte, d. h. größer werdendem Elementarabstand der Koinzidenzgitter. Die Abstände der sekundären Versetzungen werden nach einer Beziehung entsprechend Gl. (19.1) berechnet, wobei ϑ durch die Winkelabweichung $\Delta\vartheta$ von der jeweiligen idealen Koinzidenzfehlorientierung zu ersetzen ist. Charakterisiert sind die Koinzidenzorientierungen durch Richtung der Drehachse und Drehwinkel; sie und entsprechende Korngrenzen werden in der Literatur gewöhnlich durch die Größe Σ bezeichnet, wobei $1/\Sigma$ den Bruchteil der Gitterpunkte in den beiden benachbarten Kristallkörnern bezeichnet, die das Koinzidenzgitter bilden.

Die wohl eindrucksvollste Bestätigung für die Existenz sekundärer Versetzungen in Großwinkelkorngrenzen nach den kurz skizzierten theoretischen Vorstellungen ist SCHOBER und BALLUFFI [48—50] durch systematische Erweiterung ihrer experimentellen Untersuchungen an Goldbikristallen auf Korngrenzen mit Parametern in der Nähe von verschiedenen Koinzidenzorientierungen gelungen. Sie konnten mit elektronenmikroskopischer Durchstrahlung sowohl für Drehgrenzen als auch für Kippgrenzen Versetzungsabstände und -orientierungen ermitteln, die in Übereinstimmung mit der Theorie waren. Es wurde u. a. der Nachweis geführt, daß die Kontraste von sekundären Versetzungen schwächer werden oder nicht mehr zu beobachten sind, je kleiner die Burgers-Vektoren sind, und daß bei hoher Dichte dieser Versetzungen eine Grenze für deren Auflösung existiert. In einigen Fällen war es möglich, die Burgers-Vektoren durch Kontrastexperimente zu bestätigen. Abb. 19.5 zeigt ein Beispiel eines Netzwerkes sekundärer Versetzungen aus diesen Arbeiten.

Anordnungen sekundärer Versetzungen, oft auch als Korngrenzenversetzungen (*grain boundary dislocations* — GBD, oder *intrinsic* GBD) bezeichnet, wurden auch in anderen speziell hergestellten Bikristallen (s. z. B. [51—54]) und insbesondere auch in verschiedenen polykristallinen Materialien [55—58] beobachtet und zum Teil auf der Grundlage des *O-lattice*-Konzepts bzw. in Verbindung mit alternativen Theorien [59—62] interpretiert. Eine eindeutige Identifizierung dieser Versetzungen war oft nicht möglich wegen ungenügender Kenntnis der kristallographischen Parameter, speziell der Winkel- oder Orientierungsabweichungen der Korngrenzen von Koinzidenzorientierungen, und der Nichtanwendbarkeit von Auslöschungsbedingungen bei kleinen Burgers-Vektoren. Durch Verbesserung der

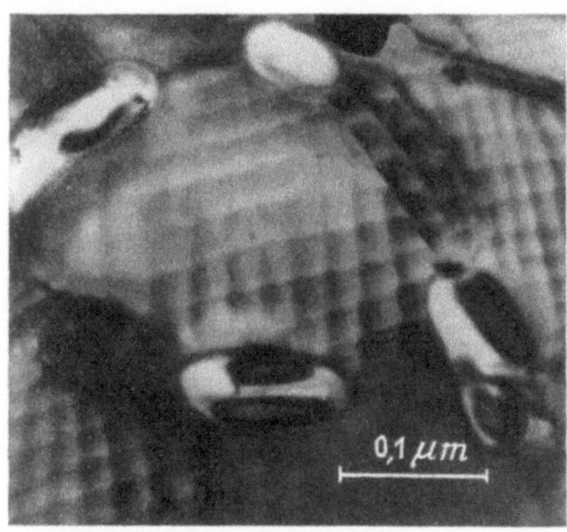

Abb. 19.5   Netzwerk sekundärer Versetzungen in einer Großwinkel-Drehgrenze parallel (001) mit Fehlorientierungswinkel ϑ nahe 36,9 ° ($\Sigma = 5$) in einem Dünnfilm-Bikristall aus Gold (SCHOBER, BALLUFFI [32])

Genauigkeit von Orientierungsbestimmungen an Korngrenzen [60, 63] einerseits und unter Ausnutzung der Computersimulation zum Vergleich von gerechneten Abbildungen mit elektronenmikroskopischen Aufnahmen von Korngrenzenversetzungen [65—67] andererseits wurden Fortschritte in dieser Richtung erzielt (s. auch [64]). Gelingt im EM die Abbildung und Identifizierung einzelner Scharen von sekundären Versetzungen in Großwinkelkorngrenzen, so ist im allgemeinen nicht auszuschließen, daß in den Grenzflächen noch andere Scharen solcher Versetzungen vorliegen, die nicht aufgelöst werden [60]. Im übrigen haben die umfangreichen elektronenmikroskopischen Untersuchungen auf diesem Gebiet an polykristallinen Proben eine verwirrende Vielfalt struktureller Merkmale in Großwinkelkorngrenzen offenbart, die nur in speziellen Fällen als der Gleichgewichtsstruktur der Korngrenzen entsprechende sekundäre Versetzungen im obigen Sinn zu deuten waren. Weitere meist linear erscheinende Defekte, die sowohl in Grenzflächen nahe Koinzidenzorientierungen als auch in mehr allgemeinen Großwinkelkorngrenzen beobachtet und häufig in ihrem Kontrastverhalten studiert wurden, sind: in den Korngrenzen eingelagerte Kristallgitterversetzungen (engl. oft ebenfalls als GBD oder speziell als *extrinsic* GBD bezeichnet, s. z. B. [68—70]), Korngrenzenstufen (*grain boundary ledges* oder *steps*, s. z. B. [71, 72]) und spezielle Korngrenzengleitversetzungen (s. [73, 74]). Die Untersuchung der Verteilung dieser Defekte, ihrer Wechselwirkungen und ihres Verhaltens im Zusammenhang mit der Diskussion von Korngrenzenstruktur und mechanischen Eigenschaften der Materialien ist ein weites Anwendungsfeld der EM geworden.

Abschließend sei als weitere zur Strukturuntersuchung an Korngrenzen geeignete elektronenmikroskopische Methode die Abbildung von Kristallnetzebenen nach MENTER [75] genannt, die in jüngster Zeit mit zur Verfügung stehenden Hochleistungsgeräten zur zweidimensionalen Kristallgitterabbildung, erzeugt durch Vielstrahlinterferenz mit axialer Beleuchtung, ausgeweitet werden konnte (vgl. Kap. 3.). Diese Methode ist jedoch sinnvoll nur anwendbar auf Kippgrenzen mit Drehachsen parallel zu niedrig indizierten kristallographischen Richtungen in entsprechend dünnen Präparaten, derart, daß die Einstrahlung der Elektronen im

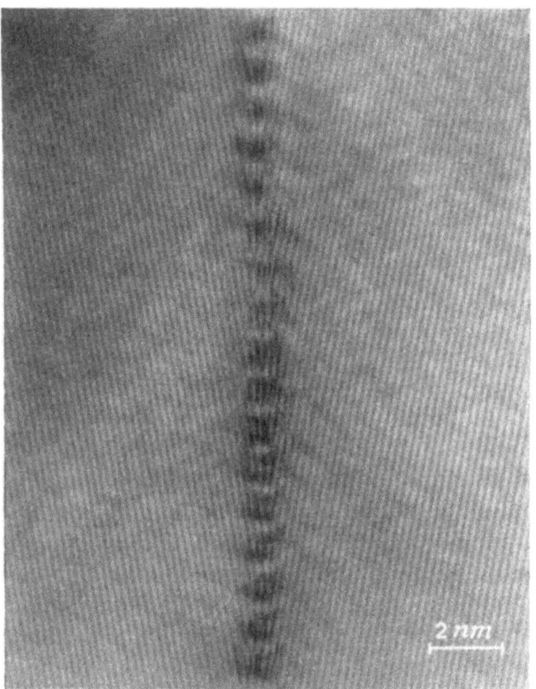

Abb. 19.6   20°-[001]-Kippgrenze in einem bikristallinen dünnen Film aus Gold
(Netzebenenabbildung mit drei Strahlen und schräger Beleuchtung)

Mikroskop in Drehachsenrichtung der Korngrenzen erfolgen kann. Auf diese Weise
sind als endende Netzebenen erkennbare aufgereihte Stufenversetzungen in Klein-
winkel-Kippgrenzen [76—79] abgebildet worden und auch bereits erste Kristallgitterabbildungen in der Umgebung von Korngrenzen mit großen Fehlorientierungen [80, 81] gelungen. Abb. 19.6 zeigt als Beispiel zur Anwendung dieser Methode
eine 20°-[001]-Kippgrenze in einem bikristallinen dünnen Film aus Gold, hergestellt durch epitaktisches Aufwachsen auf einem bikristallinen NaCl-Substrat.

19.3.   Zur Theorie der Phasengrenzstrukturen

Die in den letzten Jahren erzielten Fortschritte auf dem Gebiet der Phasengrenzstrukturen sind zu einem wesentlichen Teil den Fortschritten in der elektronenmikroskopischen Untersuchungstechnik zu danken. Zwar gibt es theoretische und
experimentelle Ansätze zum Verständnis verschiedenster Phasengrenzstrukturen
bereits seit etwa drei Jahrzehnten, eine befriedigende Übereinstimmung zwischen
Theorie und Experiment blieb jedoch lange Zeit aus [82]. Dies hängt damit zusammen, daß theoretische Untersuchungen nur für stark vereinfachte oder hoch-

spezialisierte Grenzflächensituationen möglich waren, deren experimentelle Beobachtung nicht oder nur in unzureichender Weise erfolgen konnte. Dies änderte sich, als — wie schon eingangs angedeutet — durch die Weiterentwicklung der elektronenmikroskopischen Untersuchungstechnik, insbesondere durch verbesserte Bildauswertungsverfahren, wie z. B. die Computersimulation des Elektronenbeugungskontrastes, diffizilere Untersuchungen spezieller Grenzflächensituationen ermöglicht wurden. Doch soll schon hier darauf hingewiesen werden, daß eine gewisse prinzipielle Diskrepanz zwischen Grenzflächentheorie und -experiment aus folgenden Gründen wohl immer bestehen bleiben wird:

1. Sämtliche Grenzflächentheorien sind im eigentlichen Sinne Gleichgewichtstheorien und beschreiben demzufolge zwar die günstigsten Endkonfigurationen der Atome, die den Übergangsbereich bilden (in Abhängigkeit von vorgegebenen Systemparametern), die Theorien können jedoch keine Aussage über die Möglichkeit liefern, wie ein reales physikalisches System diesen Zustand erreichen kann; d. h., unabhängig von allen theoretischen Modellen müssen die Experimentatoren untersuchen, wie ein System zweier Realkristalle sowohl unter Berücksichtigung von Kristallbaufehlerreaktionen als auch unter Betrachtung der jeweiligen Wachstumskinetik seinen Gleichgewichtszustand annimmt. Hier wird erneut die Bedeutung der EM als Untersuchungsmethode bei der Aufklärung von Phasengrenzstrukturen erkennbar.

2. Verschiedene wesentliche Parameter, die in die Theorie einfließen, sind gar nicht oder nur ungenügend genau bekannt, wie z. B. die Stärke der Grenzflächenwechselwirkungen oder der Oberflächenzustand des Substrates. Daher erfolgte in den letzten Jahren in zunehmendem Maße eine Einbeziehung keimbildungs- und bindungstheoretischer Fragestellungen in die Grenzflächentheorie; es bleibt freilich noch abzuwarten, inwiefern eine Quantentheorie der Kristalloberfläche für grenzflächentheoretische Ansätze nutzbar gemacht werden kann.

In den folgenden Abschnitten 19.4. und 19.5. werden die an verschiedenen experimentell untersuchten Systemen gewonnenen Ergebnisse diskutiert; insbesondere wird dabei auf das System Gold/Silber eingegangen, das stellvertretend für Systeme starker Wechselwirkung ist; abschließend wird die Grenzflächenproblematik in schwach wechselwirkenden Systemen am Beispiel Al/MgO behandelt. Zuvor soll jedoch ein kurzer Überblick über die Theorie der Grenzflächenstrukturen gegeben werden.

Die verschiedenen theoretischen Modelle, die zur Deutung bzw. Vorhersage von Grenzflächeneigenschaften entwickelt wurden, sollen hier nur kurz aufgezählt werden; vergleichende Übersichten sind in [83, 84] enthalten. Als Modelle geometrischer Passung werden solche bezeichnet, die einfach den Zustand niedrigster Energie des Bikristallsystems mit dem Zustand bester Passung an der Grenzfläche korrelieren, wie das Koinzidenzgitter- und das *ball-and-wire*-Modell. Eine Verallgemeinerung des ersteren ist das *O-lattice*-Konzept [85], das es ermöglicht, die Orientierungsabhängigkeit der Koinzidenzplatzdichte direkt zu berechnen und unmittelbar eine Gruppe von Orientierungen optimaler Passung zu liefern. Das *ball-and-wire*-Modell [86] ist speziell für gerichtete, kovalente Bindungen quer über die Grenzfläche geeignet (wo das *O-lattice*-Konzept versagt, da es nur isotrope Bindungen repräsentieren kann). Mit dieser Methode konnte schon in den sechziger Jahren die Geometrie von Anpassungsversetzungen in verschiedenen Halbleitermaterialien bestimmt werden [87]. Ein völlig anderes Verfahren ist die sogenannte Variationsmethode [88, 89]. Unter bestimmten Näherungsannahmen für die atomaren Wechselwirkungspotentiale werden die Atomlagen im Übergangsbereich variiert bis das Minimum der Gesamtenergie erreicht ist. Dabei hängt die Genauigkeit des Verfahrens von den verwendeten Potentialdarstellungen ab. Die „Volterra-Näherung" [90] baut auf dem Versetzungsmodell einer Kleinwinkelkorngrenze auf und versucht, Grenzflächensituationen durch entsprechende Versetzungsverteilungen zu simulieren, wobei allgemeinere Typen von Versetzungen, im Sinne der Volterraschen Distorsionen, Verwendung finden.

Als letztes soll das Frank-van-der-Merwe-Modell [91] etwas ausführlicher als die eben erwähnten behandelt werden, da es trotz einer Vielzahl vereinfachender Voraussetzungen und der Benutzung verschiedener mathematischer Näherungen dennoch das Modell mit der größten Vorhersagekraft und vielseitigsten Anwendungsmöglichkeit darstellt und geradezu begriffsbildend für die Grenzflächenproblematik war. Es lassen sich dabei im Vergleich mit den bisher behandelten Modellen die folgenden drei Charakteristika herausheben:

1. Das Frank-van-der-Merwe-Modell läßt es zu, daß die Bindungen A—A, B—B und A—B verschieden in Typ und Stärke sein können, wobei A und B die beiden Verwachsungspartner symbolisieren sollen.

2. Es werden die Bindungen A—B über die Grenzfläche hinweg durch ein periodisches Potential repräsentiert.

3. Der wachsende Kristall kann durch Behandlung der Dicke als variabler Parameter simuliert werden.

Exakt läßt sich das Modell nur behandeln für die beiden Grenzfälle a) Monoschicht, b) unendlich dickes Deposit. Für die praktisch wichtigen Fälle endlicher Dicke müssen approximativ Lösungen konstruiert werden. Die auf diesem Modell beruhende mathematische Beschreibung semikohärenter Grenzflächen erfolgt ausführlich in [92]. Hier sollen nur einige wichtige Ergebnisse der Theorie angeführt werden:

1. Die effektive Fehlpassung $\overline{m}$ wird durch eine Anordnung von Anpassungsversetzungen in der Grenzfläche angeglichen.

2. Die natürliche Fehlpassung m wird gemeinsam sowohl von periodischen Verzerrungen (also den Anpassungsversetzungen) und einer homogenen Verzerrung angeglichen, welche die natürliche Gitterkonstantendifferenz verringert.

3. Jedem Energiezustand des Systems entspricht ein bestimmtes Verhältnis zwischen dem Anteil der natürlichen Fehlpassung, der durch homogene Verzerrung angeglichen wird und demjenigen Anteil, der durch Anpassungsversetzungen abgebaut wird. Durch Bestimmung dieses Verhältnisses im Energie-

minimum konnten FRANK und VAN DER MERWE somit die Gleichgewichtsdichte der Anpassungsversetzungen bestimmen. Dabei ergibt sich außerdem, daß unterhalb einer kritischen Fehlpassung von $m \approx 7\%$ keine Versetzungen eingebaut werden, d. h., die Monoschicht ist in Systemen, deren Fehlpassung unter 7% liegt, in ihrem Gleichgewichtszustand, wenn sie pseudomorph aufwächst.

Die Bestimmung der Dichte der Anpassungsversetzungen und die Vorhersage des pseudomorphen Wachstums für unterkritische Fehlpassungen ist das eigentliche Resultat der Frank-van-der-Merweschen Theorie. Daß Versetzungen im Abstand einer bestimmten, von der Fehlpassung abhängigen Schwebungslänge in der Grenzfläche erwartet werden sollten, ist eigentlich von vornherein selbstverständlich und ergibt sich bereits durch einfache geometrische Überlegungen hinsichtlich der Gitterpassungsbedingungen. Jedoch die Dichte dieser Versetzungen und den Anteil homogener Verzerrungen durch Energiebetrachtungen einer mathematischen Behandlung zugänglich gemacht und Vorhersagen über die Fehlpassungsabhängigkeit der Pseudomorphie ermöglicht zu haben, ist das große Verdienst der Frank-van-der-Merweschen Theorie.

Unbefriedigend ist nur, daß diese Theorie nichts über Herkunft und Entstehungsmechanismen der Anpassungsversetzungen aussagen kann. Daher liegt es nahe zu untersuchen, auf welche Weise Versetzungen, die bereits im Bikristallsystem vorhanden sind, also eingewachsene Substratversetzungen, durch bestimmte Gleit-, Kletter- oder Aufspaltungsprozesse zu einem Fehlpassungsausgleich führen können. Es waren im wesentlichen die elektronenmikroskopischen Untersuchungen von MATTHEWS und JESSER [93—98], die einerseits Hinweise auf eine experimentelle Bestätigung der Frank-van-der-Merweschen Theorie lieferten, andererseits bei der Deutung bestimmter Grenzflächenstrukturen bereits von der Existenz gleitfähiger Substratversetzungen ausgingen. Der von ihnen postulierte Gleitmechanismus, auf den im folgenden noch näher eingegangen wird, stellt jedoch keinen Ersatz für ein Grenzflächenmodell dar, sondern ist lediglich eine Anwendung versetzungstheoretischer Betrachtungweisen auf ein grenzflächentheoretisches Problem. Die eigentlich offenen Fragen nach der Art der elastischen Verspannung im grenznahen Bereich, d. h. nach dem Pseudomorphie-Anteil, sowie nach der Entstehung von Anpassungsversetzungen, läßt diese Methode unbeantwortet, bzw. es werden einfach, um die Versetzungstheorie anwenden zu können, Pseudomorphie und Existenz gleitfähiger Versetzungen vorausgesetzt.

19.4. Versetzungsreaktionen im grenznahen Bereich und ihre gitterangleichende Wirkung

Aufbauend auf den oben erwähnten Arbeiten von MATTHEWS und JESSER wurden in [99] und [100] die Anpassungsmechanismen im Übergangsbereich des Bikristallsystems Gold/Silber untersucht, wobei jedoch eine Präparationstechnik verwendet wurde [101], die nicht die Nachteile der üblicherweise benutzten Methode der Bikristallpräparation besitzt. Diese Bikristallpräparationsmethode besteht darin, daß nacheinander sowohl der als Substrat dienende Metallfilm als auch der Depositfilm auf eine Steinsalzunterlage aufgedampft werden, die anschließend unter dem entstandenen Bikristallfilm weggelöst wird. Sie hat neben dem Vorteil, daß sie relativ einfach zu elektronenmikroskopisch durchstrahlbaren Proben führt, folgende Mängel: Die Oberfläche des ersten epitaktisch gewachsenen Filmes, der als Substrat für den zweiten dient, ist nicht atomar glatt, und weil Oberflächeninhomogenitäten einen großen Einfluß auf die Mechanismen des Schichtwachstums und der Versetzungsentstehung besitzen, können die elektronenmikroskopisch beobachtbaren Kristallbaufehler nicht eindeutig auf die Wirkung von Gitteranpassungsprozessen zwischen beiden Verwachsungspartnern zurückgeführt werden. Außerdem kann eine unkontrollierte wechselseitige elastische und plastische Relaxation in beiden Kristallfilmen auftreten, da nicht sicher ist, ob die Bindung zwischen der Steinsalzunterlage und dem ersten Metallfilm stark genug ist, um diesen wie ein kompaktes Substrat erscheinen zu lassen, das einen entsprechenden Zwang auf die Depositschicht während des epitaktischen Wachstums dieser Schicht ausübt.

Es wurden daher in [99, 100] kompakte Silbereinkristallkugeln als Substrat benutzt, auf denen mit Hilfe des elektrolytischen Wachstums definierte Substrat-

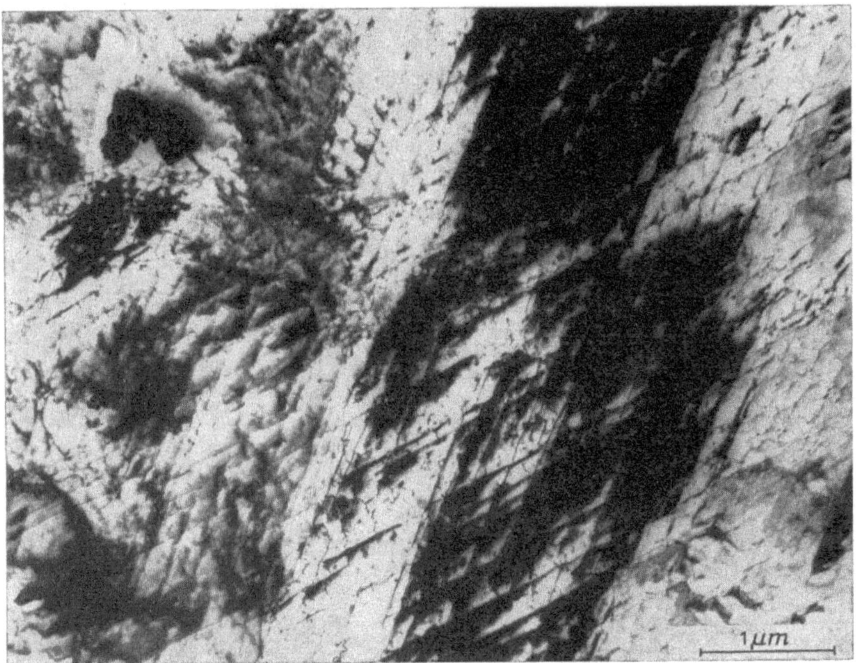

Abb. 19.7   Versetzungen im Bikristallsystem Gold auf Silber, die in der (110)-Grenzflächenebene liegen

Präparation auf (110), Dicke 50 nm, Substrattemperatur 100 °C

oberflächen erzeugt wurden, die sich bei Dekorationsexperimenten als atomar glatt erwiesen [101]. Die epitaktisch auf diesen Substratflächen gewachsenen Goldschichten konnten nach elektrolytischem Ablösen des Substratkristalls transmissionselektronenmikroskopisch untersucht werden. Abb. 19.7 zeigt ein Beispiel von Versetzungsanordnungen, die in 50 ⋯ 80 nm dicken Schichten und bei Substrattemperaturen von etwa 100 °C beobachtet werden konnten. Im vorliegenden Fall erklärt sich der Winkel zwischen den Versetzungsscharen daraus, daß es sich um eine Präparation auf einer {110}-Silberfläche handelt und sich zwei {111}-Gleitebenen bezüglich einer ⟨110⟩-Durchstrahlungsrichtung spitzwinklig schneiden.

Häufig wurde auch ein Kontrasttyp gefunden, der in Abb. 19.8 gezeigt ist. Er war über weite Bereiche in Folien von einigen zehn bis zu hundert Nanometer Dicke erkennbar und trat bei Temperaturen (Substratkristalltemperaturen beim Aufdampfen) zwischen 100 °C und 200 °C auf. Es handelt sich dabei um Stapelfehler mit einer Dichte von etwa 8 bis 15 pro μm, die bei Präparation auf {100}-Flächen (wie in Abb. 19.8) in zwei zueinander senkrechten Scharen zu beobachten waren, während bei Präparation auf {111}-Flächen jeweils drei, sich unter einem Winkel von 60° schneidende Scharen von Stapelfehlern erschienen.

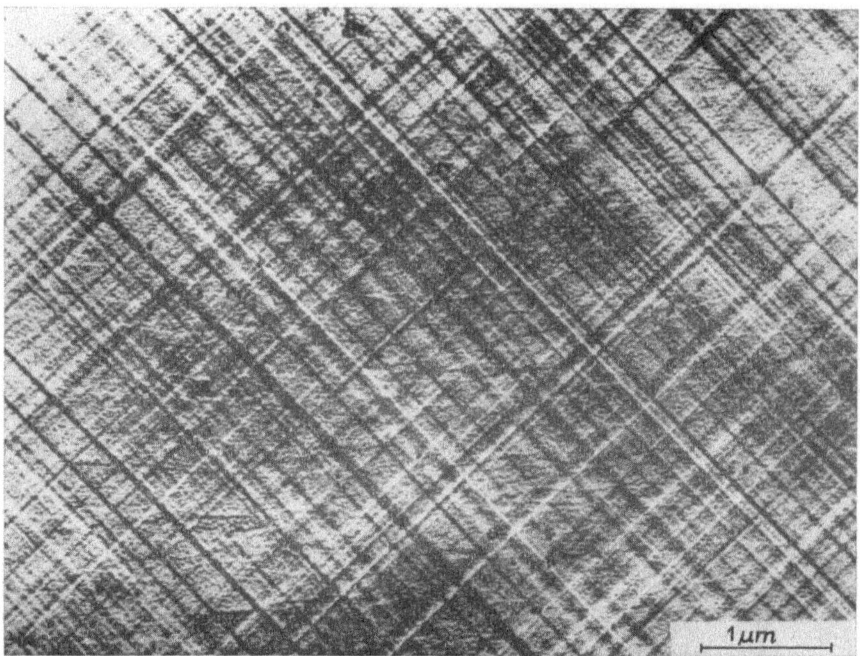

Abb. 19.8 Typisches Beispiel der beobachteten Stapelfehleranordnungen im Bikristallsystem Gold auf Silber

Präparation auf (100), Dicke 60 nm, Substrattemperatur 110 °C

Die zur Silbersubstratoberfläche durchstoßenden Versetzungen ($\approx 10^7\ \mathrm{cm^{-2}}$) können im Innern des während der Goldbedampfung entstehenden Gold-Silber-Bikristalls nicht frei enden, sondern werden beim epitaktischen Wachstum der Goldschicht ebenfalls fortgesetzt, d. h., sie wachsen mit der Goldschicht und dringen somit in den durch die Fehlpassung bedingten Eigenspannungszustand des Grenzbereiches ein. Infolge der dort existierenden homogenen Verzerrung, die sich näherungsweise durch die Gleichungen des ebenen Verzerrungszustandes beschreiben läßt, muß notwendigerweise in allen kristallographischen Ebenen eine Schubspannung auf die in dieser Ebene liegenden Versetzungen wirken, deren Betrag von der Neigung dieser Fläche relativ zur Substratoberfläche abhängt. Nach der elementaren Elastizitätstheorie ergibt sich für diese Schubspannung, bezogen auf das vorliegende Gleitsystem (s. auch z. B. [94]):

$$\tau = 2\mu_{\mathrm{b}}\,\frac{(1 + \nu)}{1 - \nu}\,\varepsilon\,\cos\varphi\,\cos\psi\,, \tag{19.2}$$

wobei φ der Winkel zwischen der Flächennormalen der Gleitebene und der Schichtoberfläche ist und ψ den Winkel zwischen Gleitrichtung und der in der Schichtebene liegenden Orthogonalen zur Schnittlinie von Gleitebene und Substratoberfläche angibt. μ_{b} ist der Schermodul der aufwachsenden Schicht, ν die Poisson-Zahl und ε die homogene, von der Fehlpassung herrührende Verzerrung. Infolge der Schubspannungskomponente der in den ersten Atomlagen der Goldschicht bestehenden homogenen Verspannung greift an dem in die Epitaxieschicht eingedrungenen Teil der Versetzung eine Kraft an, deren Wirkung die Versetzung innerhalb der Schicht zunächst leicht verbiegt, bis schließlich infolge der zunehmenden Ausbauchung ein in der Grenzflächenebene liegendes Versetzungselement existiert, dessen Linienspannung im Gleichgewicht mit der angreifenden Kraft ist. Eine Vergrößerung der in der Schichtebene liegenden Versetzungslinienlänge ist also dadurch möglich, daß die schichtdickenabhängige Kraft die Linienspannung überschreitet. Wenn dies der Fall ist, kann somit die Versetzung in die Grenzflächenebene gleiten.

Betrachtet man das Kräftegleichgewicht an der Versetzung, das aus der Linienspannung, der an der Versetzung angreifenden, von der Schubspannung herrührenden Kraft und der rücktreibenden Kraft, die mit der Erzeugung eines Gleitschritts an der Oberfläche verbunden ist, resultiert, so ergibt sich

$$\varepsilon = \varepsilon(h) = \frac{\mu b\left(\dfrac{1 - \nu}{10} + \dfrac{1 - \nu\cos^2\gamma}{4\pi}\ \ln\dfrac{h}{b}\right) + \varGamma_{\mathrm{Au}}(1 - \nu)\sin\gamma}{2\mu_{\mathrm{b}}(1 + \nu)\,h\,\cos\psi}\,. \tag{19.3}$$

Dabei ist h die Dicke der aufgewachsenen Goldschicht, γ der Winkel zwischen Versetzungslinie und Burgers-Vektor und $\varGamma_{\mathrm{Au}}$ die Oberflächenspannung des Goldes.

Die numerische Auswertung dieser Beziehung ergibt für $\varepsilon = \varepsilon(h)$ den in Abb. 19.9 durch Kurve I dargestellten Verlauf. Man erkennt, daß oberhalb von $h = h_{\mathrm{c}} =$

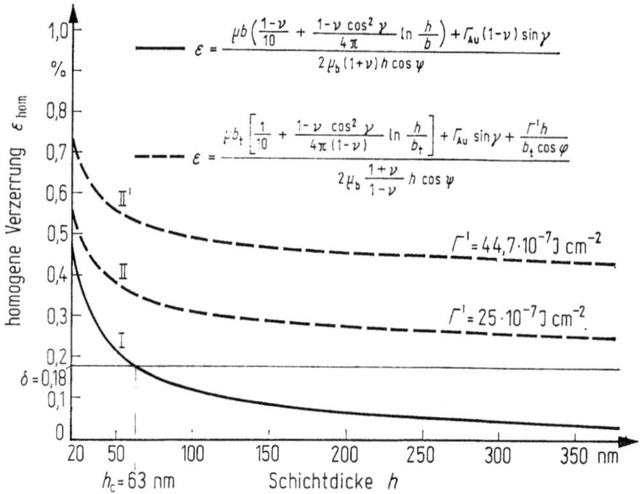

Abb. 19.9   Die Beziehung zwischen homogener elastischer Verzerrung und der Anpassung durch Gleitprozesse eingewachsener Versetzungen

Kurve I vollständige Versetzungen, Kurven II und II' Partialversetzungen

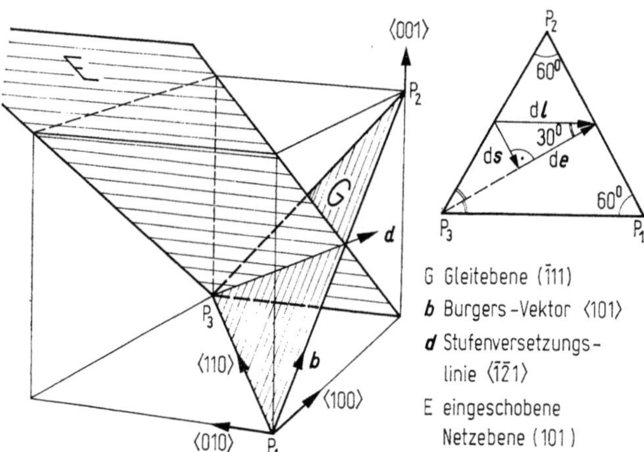

Abb. 19.10   Zum Anpassungsmechanismus durch Versetzungsreaktionen in der Grenzfläche

= 63 nm die homogene Verzerrung kleiner als die natürliche Fehlpassung des Systems Ag/Au ist, die $m = 0{,}18\%$ beträgt, d. h., es werden von dieser kritischen Dicke an Versetzungen infolge der beschriebenen Gleitprozesse in die Grenzfläche eingebaut.

Die Kurve I zeigt die Beziehung zwischen einer bestimmten, im Grenzschichtbereich existierenden homogenen Verzerrung ε_{hom} und derjenigen Schichtdicke h, die nötig ist, um bei dieser Verzerrung (infolge der damit verknüpften Schubspannung in den {111}-Ebenen) den oben beschriebenen Gleitprozeß auszulösen. Die durchgeführten Burgers-Vektor-Bestimmungen zeigten, daß es sich bei den beobachteten Versetzungen tatsächlich um die bei den beschriebenen Gleitprozessen auftretenden Typen handelt.

Abb. 19.10 soll verdeutlichen, auf welche Weise die durch das Gleiten von bereits vorhandenen Versetzungen in die Grenzfläche entstandenen Grenzflächenversetzungen in der Lage sind, gitterangleichend zu wirken. Das Dreieck $P_1P_2P_3$, das rechts oben zusätzlich in der Draufsicht dargestellt ist, sei ein Teil einer ($\bar{1}$11)-Gleitebene G, dessen obere Hälfte der homogen verzerrten Goldschicht angehört, während die untere Hälfte innerhalb des Silbersubstrats liegt. Der Vektor dl sei ein Linienelement einer Grenzflächenversetzung, die den Burgers-Vektor $a/2$ [101] haben möge. Folglich ist dl das Element einer Mischversetzung und kann dargestellt werden als Summe eines reinen Stufenversetzungselementes de und eines reinen Schraubenversetzungselementes ds. In der räumlichen Darstellung ist die dem Element de entsprechende Stufenversetzungslinie durch den Vektor d dargestellt, der die Richtung [$\bar{1}2\bar{1}$] hat. Infolge der vorliegenden Konfiguration von Burgers-Vektor, Gleitebene und Versetzungslinie ist die zur Stufenversetzung gehörende eingeschobene Halbebene die mit E gekennzeichnete (101)-Ebene. Dies liefert das interessante Ergebnis, daß eine Verlängerung der Grenzflächenversetzung gleichbedeutend mit der entsprechenden Vergrößerung der Fläche einer eingeschobenen (101)-Ebene ist, die sich der Versetzung zuordnen läßt, so daß die gitterangleichende Wirkung der Grenzflächenversetzungen anschaulich wird. Auch bei den anderen, oben angegebenen möglichen Burgers-Vektoren bleibt diese Darstellung gültig, es ergeben sich lediglich in zwei Fällen entsprechend umgekehrte Gleitrichtungen. Eine Ausnahme bilden dabei nur die Burgers-Vektoren $\pm a/2$ [110], die zu keinem in der Grenzfläche liegenden Stufenversetzungselement führen können.

Im Zusammenhang mit Grenzflächenerscheinungen wurden Stapelfehler bereits beim Wachstum von β-Kobalt auf Nickel und auf Kupfer [97, 98, 102] beobachtet. Werden die in Abb. 19.8 gezeigten Stapelfehler unter der Annahme gedeutet, daß eine Aufspaltung der in die Depositschicht hineingewachsenen Substratversetzungen stattgefunden hat und eine der beiden Partialversetzungen, die den Stapelfehler begrenzen, in ihrem Gleiten behindert ist (durch punktförmige Hindernisse — *pinning points* — oder durch Wechselwirkung mit anderen Versetzungen, bzw. dadurch, daß die auf beide Partialversetzungen wirkenden Kräfte wegen der unterschiedlichen Burgers-Vektoren verschieden sind), dann ergibt sich folgende Abschätzung:

Um die kritische Dicke der epitaktisch aufgewachsenen Goldschicht zu bestimmen, oberhalb derer die auf eine Teilversetzung wirkende Schubspannung so groß ist, daß ein Gleiten dieser Teilversetzung in die Grenzflächenebene möglich wird — analog dem oben behandelten Gleiten vollständiger Versetzungen (vgl. Gl. (19.3)) — wird das Gleichgewicht der Kräfte bestimmt, die an der Teilversetzungslinie angreifen. Man erhält die Beziehung (s. a. [102]):

$$\varepsilon = \varepsilon(h) = \frac{\mu b_t \left[\dfrac{1}{10} + \dfrac{1 - \nu \cos^2 \gamma}{4\pi(1 - \nu)} \ln \dfrac{h}{b_t} \right] + \Gamma_{\mathrm{Au}} \sin \gamma + \dfrac{\Gamma' h}{b_t \cos \varphi}}{2\mu_{\mathrm{b}} \dfrac{(1 + \nu)\, h \cos \psi}{1 - \nu}} \qquad (19.4)$$

mit b_t als Burgers-Vektor der Partialversetzung und Γ' als Stapelfehlerenergie.
Für die Stapelfehlerenergie von Gold findet man in der Literatur die beiden unterschiedlichen Werte

$$\Gamma' = 0{,}025\ \mathrm{J\ m^{-2}}\ [103] \quad \text{und} \quad \Gamma' = 0{,}045\ \mathrm{J\ m^{-2}}\ [104]\,.$$

Abb. 19.9. zeigt für diese beiden gegebenen Werte von Γ' die Beziehung zwischen
der homogenen elastischen Verzerrung im Grenzbereich und den dadurch möglichen Gleitprozessen der Partialversetzungen. Da die Kurven II und II' oberhalb
der Geraden $\varepsilon = 0{,}18$ verlaufen, kann innerhalb des hier verwendeten Modells
für das System Gold/Silber eine Erzeugung von Stapelfehlern durch Gleitprozesse
eingewachsener Substratversetzungen nicht erwartet werden. Außerdem wird auf
anschauliche Weise deutlich, daß Γ' ein wichtiger Parameter für solche Prozesse
ist, und es könnte sein, daß beide für die Berechnung benutzten Werte von Γ'
nicht genau genug sind, um eine Entscheidung darüber zu ermöglichen, ob das
Ausgleiten von Partialversetzungen im oben erwähnten Sinne möglich ist oder
nicht.

In den bereits zitierten Arbeiten [97, 98, 102] ist die Bildung von Stapelfehlern
etwas begünstigt, weil die Stapelfehlerenergie des dabei benutzten Depositmaterials
negativ ist, jedoch so gering $(-0{,}005\ \mathrm{J\ m^{-2}})$, daß sie in den Berechnungen vernachlässigt wurde (mit Ausnahme von [102]). Im vorliegenden Fall entstehen die
Stapelfehleranordnungen wahrscheinlich durch Gleitprozesse an der Depositober-
fläche. Diese Vermutung wird durch die Tatsache nahegelegt, daß nahezu alle
beobachteten Stapelfehler, auch in dickeren Folien mit Schichtdicken von einigen
Extinktionslängen, keine Streifenkontraste zeigen. Somit haben die Stapelfehler
nur eine geringe Breite und können sich nicht von der Probenoberfläche bis zur
Unterseite der Schicht erstrecken.

Im folgenden sollen noch einige weitere, in den letzten Jahren elektronenmikroskopisch untersuchte Prozesse in Phasengrenzen kurz behandelt werden.
In [105] wird über die *in-situ*-Beobachtung der Bildung von Anpassungsversetzungen in verschiedenen Systemen (z. B. PbSe auf PbS, Au auf Pd und umgekehrt)
berichtet. Die Burgers-Vektor-Bestimmung der entstandenen Versetzungen lieferte
eindeutige Hinweise darauf, daß die beobachteten Versetzungsbewegungen Kletterprozesse waren. Die wichtige Rolle der Substratversetzungen für die Entstehung
der Anpassungsversetzungen wurde auch hier bestätigt. Jedoch ergaben Versuche
auf kompakten PbS-Substraten, die eine wesentlich geringere Versetzungsdichte
als die durch Aufdampfen gewonnenen PbS-Substrate hatten, daß nach Aufdamp-

fen von PbSe-Schichten dieselben Anpassungsversetzungsdichten auftraten. Dies bedeutet, daß die Substratversetzungen nicht der einzige Ursprung für Anpassungsversetzungen sein können.

Im Falle des Wachstums von Pd auf Au war das Substrat kein kontinuierlicher Film, sondern bestand aus diskreten Inseln. Die Bildung von Appassungsversetzungen wird durch Gleitbewegung vom Rand der Inseln aus eingeleitet. Auf diese Weise entstehen nach und nach drei Scharen von Versetzungen, deren Burgers-Vektor parallel zur (111)-Grenzfläche liegt. Über neuere Untersuchungen am System Pd/Au, insbeondere das Pseudomorphieverhalten und das Zusammenwirken verschiedener Anpassungsmechanismen, wird in [111] berichtet.

In [106] werden drei Gruppen von bisher untersuchten Bikristallsystemen unterschieden:

1. Substrat- und Depositmaterial sind ineinander löslich.

2. Substrat- und Depositmaterial sind nicht mischbar.

3. Substrat- und Depositmaterial besitzen unterschiedliche Symmetrien.

Als Wachstumsflächen für die Substrate dienten {100}- und {111}-MgO-Flächen, d. h., es wurde wieder die Methode der Doppelschichtpräparation benutzt. Alle Vertreter der ersten Gruppe zeigten Monoschichtwachstum, beginnend mit Pseudomorphie. Bei der Anpassungsversetzungsentstehung wurden wieder sowohl Gleit- als auch Kletterprozesse beobachtet. Zusatzreflexe, die auf eine Legierungsbildung schließen lassen, wurden erst oberhalb von 250 °C bis 300 °C beobachtet. Daraus wurde gefolgert, daß die Diffusion beim Wachstum unterhalb dieser Temperaturen ohne wesentlichen Einfluß auf die Anpassungsmechanismen ist.

In [107, 108] wird über das Wachstum von Palladium auf {100}-Goldsubstraten und auf {111}-Goldsubstraten, *in-situ* und unter UHV-Bedingungen, berichtet. Für die Goldsubstratpräparation wurde im Falle der {100}-Orientierung als Unterlage eine 200 nm dicke Silberschicht benutzt, die selbst wieder auf einem Kaliumbromidkristall gewachsen war, im Falle der {111}-Orientierung ebenfalls wieder eine 200 nm dicke Silberschicht, die jedoch auf Glimmer gewachsen war. Beim Aufdampfen von Palladium auf das {100}-Goldsubstrat wurde bis zu einer Palladiumdicke von 1 nm Pseudomorphie beobachtet. Dann bildeten sich in ⟨110⟩-Richtungen Versetzungen unabhängig von den vorhandenen Substratversetzungen. Sie verlängerten sich beim weiteren Aufdampfen und bildeten ein unregelmäßiges Netzwerk von Anpassungsversetzungen. Eine genauere Analyse zeigte, daß außer vollständigen Versetzungen auch Partialversetzungen auftraten, und zwar sowohl Shockleysche als auch Franksche. Bei der Interpretation dieser Beobachtungen wurde davon ausgegangen, daß Versetzungen von der Palladiumoberfläche her in die Grenzfläche gleiten.

Zusammenfassend läßt sich bezüglich der elektronenmikroskopischen Untersuchung von Phasengrenzstrukturen feststellen: Die experimentellen Befunde weisen auf eine Vielzahl von Gitteranpassungsmechanismen hin; es ist jedoch noch nicht möglich, aus den physikalischen Parametern der verwachsenden Gitter die sich einstellende Grenzflächenstruktur und ihre Entstehungsprozesse vorherzusagen.

19.5. Der Einfluß der Grenzflächenwechselwirkung

Es wurde bereits zu Beginn des Abschn. 19.3. darauf hingewiesen, daß die Stärke
der Grenzflächenwechselwirkung ein entscheidender, wenn auch leider nur unzu-
reichend genau bekannter Parameter für die sich einstellende atomare Struktur
der Phasengrenze ist. Der Einfluß der Wechselwirkungsstärke wird daher mehr
oder weniger phänomenologisch beschrieben [109]. Alle im vorangegangenen Abschnitt erwähnten Anpassungsmechanismen setzen voraus, daß der vom Substrat
auf das entstehende Deposit ausgeübte Zwang mindestens so groß ist, daß das
Deposit zunächst verzerrt aufwächst und dadurch nachträglich irgendwelche
Gitteranpassungsprozesse nötig und möglich werden.

Wenn die Bindung zwischen Substrat und Deposit jedoch sehr schwach ist,
kann das Deposit sofort mit seiner eigenen Gitterkonstanten aufwachsen, d. h., das
Substrat fungiert dann nur mehr als flacher Träger bzw. bewirkt eine mehr oder
weniger starke Orientierung der Depositkeime nach den kristallographischen Richtungen des Substrats. Baufehler bei der Schichtentstehung in solchen Systemen
hängen dann nicht mit der Anpassung an die Unterlage zusammen, sondern mit

a)   b)

Abb. 19.11   Ausrichtung des Deposits im Sandwichsystem Al auf MgO

a) vor, b) nach Koaleszenz der Al-Keime

30*

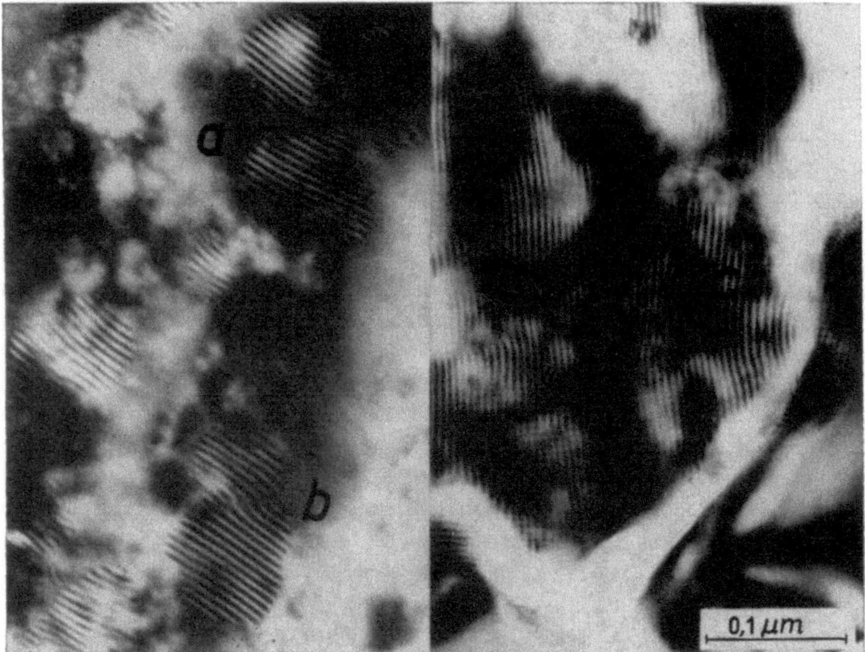

Abb. 19.12   Verschiedene Stadien der Al-Keimverschmelzung auf MgO

Erläuterung s. Text

der Verwachsung der einzelnen Keime untereinander, die beim Verschmelzen der Keime zu einer geschlossenen Schicht auftritt. Ohne hier näher auf solche Koaleszenzprozesse und deren einzelne Stadien einzugehen, soll abschließend noch über Untersuchungen am System Al auf MgO [110] berichtet werden, das ein repräsentativer Vertreter für Systeme schwacher Wechselwirkungen ist und alle dafür charakteristischen Erscheinungen zeigt.

Ein Beispiel zum Stadium der Keimbildung und des noch isolierten Wachstums der Al-Keime zeigt Abb. 19.11a. Charakteristisch ist in diesem Stadium (≈ 10 nm Schichtdicke) die gegenseitige Verdrehung der Keime. Wie die Auswertung des Moiré-Bildes ergab, beträgt die Desorientierung des Deposits im vorliegenden Falle im Mittel 1°. Sich gegenseitig noch nicht berührende Al-Keime sind zwar bezüglich der Substratunterlage kristallographisch grob ausgerichtet — und das bestätigen auch entsprechende Beugungsaufnahmen — aber selbst die kleinsten beobachtbaren Keime mit Durchmessern von 3 ⋯ 5 nm zeigen eine leichte Fehlorientierung. Erst mit dem Verschmelzen mehrerer Keime während der Koaleszenzprozesse nehmen sie eine für alle günstige Lage ein, nämlich die vollständige Ausrichtung nach dem Substratgitter (s. Abb. 19.11b).

Bemerkenswert ist weiterhin die völlige Versetzungsfreiheit des Deposits bei geringen Schichtdicken. Versetzungen und Korngrenzen entstehen im Al-Aufdampffilm erst mit dem Zusammenlagern von gegenseitig fehlorientierten Keimen im Stadium der Koaleszenz. Die Abb. 19.12 zeigte an den mit a, b und c bezeichneten Stellen Beispiele von drei verschiedenen Stadien des Verschmelzens von Al-Keimen: An der Stelle a nähern sich zwei leicht fehlorientierte Inselkeime einander. Bei b kommt es zur Berührung und zur Ausbildung von Defekten an der Berührungsfläche. Der in c dargestellte Keim ist fast völlig in die Schicht integriert. Nur eine Reihe von Baufehlern deutet auf seine frühere Selbständigkeit hin.

Abschließend sei noch folgendes bemerkt: Im vorliegenden Kapitel wurden die Strukturen von Korngrenzen und von speziellen Phasengrenzen behandelt, über die ausführliches Untersuchungsmaterial vorliegt. Wie bereits in Abschn. 19.3. erwähnt, können sich Theorie und Experiment entweder nur stark vereinfachten oder bestimmten hoch spezialisierten Grenzflächensituationen widmen. Dennoch haben Untersuchungen dieser Art auch allgemeinere Bedeutung, insbesondere für die Aufklärung der Struktur im System Ausscheidung/Matrix, was z. B. von Wichtigkeit für die Herstellung bestimmter Verbundwerkstoffe ist. Ein Überblick über diese Problematik findet sich ebenfalls in dem unter [82] angeführten Buch. Hinweise auf den Einfluß der Substratdicke sowie eine kritische Darstellung des Verhältnisses zwischen Grenzflächentheorie und -experiment sind in [112] zu finden.

19.6. Literatur

[1] BURGERS, J. M., Proc. Koninkl. Ned. Akad. Wetenschap. **42** (1939) 293, 378.
[2] BRAGG, W. L., Proc. Phys. Soc. London **52** (1940) 54.
[3] FRANK, F. C., Proc. Conf. Strength of Solids, Bristol 1948, p. 46.
[4] VAN DER MERWE, J. H., Proc. Phys. Soc. London **A63** (1950) 616.
[5] READ, W. T.; SHOCKLEY, W., Phys. Rev. **75** (1949) 692; **78** (1950) 275.
[6] FRANK, F. C., Rept. Symp. Plastic Deformation of Crystalline Solids, Pittsburgh 1950, p. 150.
[7] AMELINCKX, S., Physica **23** (1957) 663.
[8] AMELINCKX, S., Nuovo Cimento **7** (1958) 569.
[9] AMELINCKX, S., Solid State Phys., Suppl. **6** (1964).
[10] VOGEL, F. L.; PFANN, W. G.; COREY, H. E.; THOMAS, E. E., Phys. Rev. **90** (1953) 489.
[11] AMELINCKX, S., Acta Metall. **2** (1954) 848.
[12] DUNN, C. G.; HIBBARD, W. R., Acta Metall. **3** (1955) 409.
[13] TAOKA, T.; SAKATA, S., Acta Metall. **5** (1957) 236.
[14] PFANN, W. G.; VOGEL, F. L., Acta Metall. **5** (1957) 377.
[15] HEDGES, J. M.; MITCHELL, J. W., Philos. Mag. **44** (1953) 223, 357.
[16] AMELINCKX, S., Philos. Mag. **1** (1956) 269.
[17] AMELINCKX, S., The direct observation of dislocation patterns in transparent crystals. In: Dislocations and Mechanical Properties of Crystals. — New York: John Wiley & Sons Ltd. 1957, p. 3.
[18] AMELINCKX, S., Acta Metall. **6** (1958) 34.
[19] AMELINCKX, S.; DEKEYSER, W., The structure and properties of grain boundaries. In: Solid State Phys., Vol. 8. — London/New York: Academic Press 1959, p. 325.

[20] HIRSCH, P. B.; HORNE, R. W.; WHELAN, M. J., Philos. Mag. 1 (1956) 677.

[21] BOLLMANN, W., Phys. Rev. 103 (1956) 1588.

[22] CARRINGTON, W.; HALE, K. F.; MCLEAN, D., Proc. Roy. Soc. London A 259 (1960) 203.

[23] BERGHEZAN, A.; FOURDEUX, A., 4. Coll. Met. Centre Etudes Nucl. Saclay, Paris 1961, p. 127.

[24] RUEDL, E.; DELAVIGNETTE, P.; AMELINCKX, S., J. Nucl. Mater. 6 (1962) 46.

[25] LINDROOS, V. K.; MIEKK-OJA, H. M., Philos. Mag. 16 (1967) 593; 17 (1968) 119; 20 (1969) 329.

[26] MIEKK-OJA, H. M.; LINDROOS, V. K., Surf. Sci. 31 (1972) 422.

[27] MILLER, D. R.; CRAWFORD, R. C., Philos. Mag. 17 (1968) 333.

[28] MAY, C. A.; ASHBEE, K. H. G., Philos. Mag. 18 (1968) 61.

[29] THÖLÉN, A. R., Phys. Status Solidi a 2 (1970) 537.

[30] NORDLANDER, I.; THÖLÉN, A., J. Microsc. (London) 98 (1973) 221.

[31] SCHOBER, T.; BALLUFFI, R. W., Philos. Mag. 20 (1969) 511.

[32] SCHOBER, T.; BALLUFFI, R. W., Philos. Mag. 21 (1970) 109.

[33] SCHOBER, T.; BALLUFFI, R. W., Phys. Status Solidi 44 (1971) 103.

[34] SASS, S. L.; TAN, T. Y.; BALLUFFI, R. W., Philos. Mag. 31 (1975) 559, 575.

[35] BASSETT, G. A., Philos. Mag. 3 (1958) 1042.

[36] BETHGE, H., Phys. Status Solidi 2 (1962) 775.

[37] SCHOLZ, R., Dissertation. Halle 1970.

[38] BETHGE, H.; SCHOLZ, R.; SCHMIDT, V., Disc. Faraday Soc. No. 38 (1964) 79.

[39] BOLLMANN, W., Philos. Mag. 7 (1962) 1513.

[40] BOLLMANN, W., Disc. Faraday Soc. No. 38 (1964) 26.

[41] BRANDON, D. G.; RALPH, B.; RANGANATHAN, S.; WALD, M. S., Acta Metall. 12 (1964) 813.

[42] BRANDON, D. G., Acta Metall. 14 (1966) 1479.

[43] KRONBERG, M. L.; WILSON, F. H., Trans. AIME 185 (1949) 501.

[44] AUST, K. T.; RUTTER, J. W., Trans. AIME 215 (1959) 119, 820; 218 (1960) 1023.

[45] BOLLMANN, W., Philos. Mag. 16 (1967) 363, 383.

[46] BOLLMANN, W., Crystal Defects and Crystalline Interfaces. — Berlin/Heidelberg/ New York: Springer-Verlag 1970.

[47] WARRINGTON, D. H.; BOLLMANN, W., Philos. Mag. 25 (1972) 1195.

[48] SCHOBER, T.; BALLUFFI, R. W., Philos. Mag. 21 (1970) 109.

[49] SCHOBER, T., Philos. Mag. 22 (1970) 1063.

[50] SCHOBER, T.; BALLUFFI, R. W., Phys. Status Solidi 44 (1971) 115.

[51] LEVY, J., Phys. Status Solidi 31 (1969) 193.

[52] SILCOCK, J. M.; KEGG, G. R.; HORTON, C. A. P., J. Microsc. (London) 102 (1974) 331.

[53] BOLLMANN, W.; MICHAUT, B.; SAINTFORT, G., Phys. Status Solidi a 13 (1972) 637.

[54] COSANDEY, F.; KOMEM, Y.; BAUER, C. L., Phys. Status Solidi a 48 (1978) 555.

[55] ISHIDA, Y.; HASEGAWA, T.; NAGATA, F., J. Appl. Phys. 40 (1969) 2182.

[56] ISHIDA, Y., Trans. Jap. Inst. Metals 11 (1970) 107.

[57] HOWELL, P. R.; JONES, A. R.; RALPH, B., J. Microsc. (London) 102 (1974) 323.

[58] HOWELL, P. R.; JONES, A. R.; RALPH, B., J. Mater. Sci. 10 (1975) 1351.

[59] PUMPHREY, P. H., Scr. Metall. 6 (1972) 107.

[60] PUMPHREY, P. H., Phys. Status Solidi a 28 (1975) 545.

[61] MARCINKOWSKI, M. J.; WEN FENG TSENG.; DWARAKADASA, E. S., J. Mater. Sci. 9 (1974) 29, 41.

[62] HIRTH, J. P.; BALLUFFI, R. W., Acta Metall. 21 (1973) 929.

[63] PUMPHREY, P. H.; BOWKETT, K. M., Proc. 7. Int. Congr. El. Micr., Grenoble 1970, Vol. 2, p. 189.

[64] CLARK, W. A. T.; SMITH, D. A., Philos. Mag. A 38 (1978) 367.

[65] HUMBLE, P.; FORWOOD, C. T., Philos. Mag. 31 (1975) 1011, 1025.

[66] ISHIDA, Y.; MORI, M.; IIDA, F., Acta Metall. 25 (1977) 815.

[67] Mori, M.; Ishida, Y., Scr. Metall. **12** (1978) 11.

[68] Balluffi, R. W.; Komem, Y.; Schober, T., Surf. Sci. **31** (1972) 68.

[69] McDonald, R. C.; Ardell, A. J., Phys. Status Solidi a **18** (1973) 407.

[70] Howell, P. R.; Jones, A. R.; Horsewell, A.; Ralph, B., Philos. Mag. **33** (1976) 21.

[71] Murr, L. E., Metallurg. Trans. **6 A** (1975) 505.

[72] Murr, L. E.; Venkatesh, E., Metallography **11** (1978) 61.

[73] Gleiter, H.; Hornbogen, E.; Baro, G., Acta Metall. **16** (1968) 1053.

[74] Buzzichelli, G.; Mascanzoni, A., Philos. Mag. **24** (1971) 497.

[75] Menter, J. W., Proc. Roy. Soc. London A **236** (1956) 119.

[76] Parsons, J. R.; Hoelke, C. W., J. Appl. Phys. **40** (1969) 866.

[77] Bourret, A.; Desseaux, J.; Renault, A., J. Micr. Spectrosc. Electron. **2** (1977) 467.

[78] Desseaux, J.; Penisson, J.-M.; Bourret, A., J. Microsc. Spectrosc. Electron. **3** (1978) 319.

[79] Cosandey, F.; Komem, Y.; Bauer, C. L.; Carter, C. B., Scr. Metall. **12** (1978) 577.

[80] Krivanek, O. L.; Isoda, S.; Kobayashi, K., Philos. Mag. **36** (1977) 931.

[81] Ishida, Y.; Ichinose, H., Proc. 5. Int. Conf. HVEM, Kyoto 1977, p. 603.

[82] Woltersdorf, J., Der Begriff der Interface und der Entwicklungsstand der theoretischen und experimentellen Untersuchungen zum Interface-Problem. In: Strukturen kristalliner Phasengrenzen — Elektronenmikroskopischer Bildkontrast. Hrsg.: H. G. Schneider, J. Woltersdorf. — Leipzig: VEB Deutscher Verlag für Grundstoffindustrie 1977, S. 15.

[83] van der Merwe, J. H., J. Microsc. (London) **102** (1974) 261.

[84] Woltersdorf, J., Acta Cryst. **A 34** Suppl. (1978) 400.

[85] Bollmann, W., The basic concepts of the O-lattice theory. In: Grain Boundaries and Interfaces, Eds.: P. Chandhari, J. W. Matthews. — North Holland Publ. Comp. 1972, p. 1.

[86] Hornstra, J., J. Phys. Chem. Solids **5** (1958) 129.

[87] Holt, D. B., J. Phys. Chem. Solids **27** (1966) 1053.

[88] Fletcher, N. H., J. Appl. Phys. **35** (1964) 234.

[89] Fletcher, N. H., General principles governing the structure and energy of interfaces between crystals. In: Interfaces (Melbourne Conf. 1969). Ed.: R. C. Gifkins. — Sydney: Butterworth & Co. (Australia) 1969, p. 1.

[90] Brooks, H., Theory of internal boundaries. In: Metal Interfaces. — Cleveland (Ohio): ASM 1952, p. 20.

[91] Frank, F. C.; van der Merwe, J. H., Proc. Roy. Soc. London A **198** (1949) 205, 216.

[92] Woltersdorf, J., Mathematische Behandlung semikohärenter Grenzflächen. In: [82] S. 26.

[93] Matthews, J. W., Philos. Mag. **13** (1966) 1207.

[94] Jesser, W. A.; Matthews, J. W., Philos. Mag. **15** (1967) 1097.

[95] Jesser, W. A.; Matthews, J. W., Philos. Mag. **17** (1968) 595.

[96] Jesser, W. A.; Matthews, J. W., Philos. Mag. **17** (1968) 475.

[97] Jesser, W. A.; Matthews, J. W., Philos. Mag. **17** (1968) 461.

[98] Jesser, W. A.; Matthews, J. W., Acta Metall. **16** (1968) 1307.

[99] Woltersdorf, J., Thin Solid Films **32** (1976) 277.

[100] Woltersdorf, J., Phys. Status Solidi a **34** (1976) 183.

[101] Klaua, M., Dissertation. Halle 1969.

[102] Matthews, J. W., Thin Solid Films **5** (1970) 369.

[103] Czjzek, G.; Seeger, A.; Mader, S., Phys. Status Solidi **2** (1962) 558.

[104] Humble, P.; Segall, R. L.; Head, A. K.; Gottlieb, H. P. W., Philos. Mag. **15** (1967) 281.

[105] Yagi, K.; Takayanagi, K.; Kobayashi, K.; Honjo, G., J. Cryst. Growth **9** (1971) 84.

[106] YAGI, K.; TAKAYANAGI, K.; KOBAYASHI, K.; HONJO, G., Thin Solid Films **32** (1976) 185.
[107] CHERNS, D.; STOWELL, M. J., Thin Solid Films **29** (1975) 107.
[108] CHERNS, D.; STOWELL, M. J., Thin Solid Films **29** (1975) 127.
[109] WOLTERSDORF, J., Sitzungsber. AdW DDR 17/N/1978, S. 9.
[110] BETHGE, H.; PIPPEL, E.; WOLTERSDORF, J., Phys. Status Solidi a **37** (1976) 457.
[111] PIPPEL, E., Phys. Status Solidi a **67** (1981) 443.
[112] WOLTERSDORF, J., Thin Solid Films **85** (1981) 241.

20. Domänenstruktur ferroelektrischer und ferromagnetischer Festkörper

D. Hesse, K.-P. Meyer

Für das Verständnis der physikalischen Erscheinungen der Ferroelektrizität und des Ferromagnetismus, wie auch für eine Reihe technischer Anwendungen, sind gründliche Kenntnisse über die Domänenstruktur in ferroelektrischen und ferromagnetischen Festkörpern von großem Nutzen. Eine Reihe von Methoden ist zu ihrer Untersuchung entwickelt worden, darunter indirekte (z. B. Messungen des Barkhausen-Effektes) und abbildende (Lichtmikroskopie, Röntgentopographie u. a.). Bei den letzteren unterscheidet man zwischen Oberflächen- und Durchstrahlungsabbildung. Zunehmend gewinnen elektronenoptische Abbildungsverfahren an Bedeutung, weil sie neben dem hohen Auflösungsvermögen spezifische Möglichkeiten zur Untersuchung der Domänenstruktur bieten. Im folgenden sollen diese Möglichkeiten vorgestellt sowie auf Besonderheiten der Anwendung der Elektronenmikroskopie (EM) auf Ferroelektrika und -magnetika eingegangen werden.

20.1. Oberflächenabbildung von Ferroelektrika

Eine bewährte Methode zur Untersuchung von Oberflächenstrukturen kompakter Materialien ist die *Abdruckmethode* (s. Kap. 7.). Zur Abbildung ferroelektrischer Domänen ist es im allgemeinen nötig, zuerst durch chemisches Ätzen eine der Domänenstruktur entsprechende Oberflächentopographie zu erzeugen. Campbell und Stirland [1] haben mit einer kombinierten Methode aus Chromiumdioxid-Schrägbeschattung und Lackabdruck geätzte Oberflächen von $BaTiO_3$-Einkristallen untersucht. Durch Vergleich mit lichtmikroskopischen Ergebnissen konnten sie die relativen Ätzgeschwindigkeiten an den 180°- und 90°-Domänen berechnen. Damit war es möglich, aus einem Schrägbeschattungsbild des Ätzprofils die Orientierung der Polarisationsvektoren zu bestimmen.

Die elektronenmikroskopische Abbildung von Abdrücken hat gezeigt, daß mit dieser Methode Feinheiten des Ätzprofils von Domänenstrukturen sichtbar werden, die weit unter der Auflösungsgrenze des Lichtmikroskopes liegen. Damit wurden auch ferroelektrische Keramiken, deren Domänen im allgemeinen viel kleiner als in Einkristallen sind, einem genaueren Studium zugänglich. An $BaTiO_3$-Keramik z. B. konnten die Domänenfeinstruktur sowie ihre Relation zu Zwillings- und Korngrenzen mit Platin-Kohle-Abdrücken untersucht werden [2]. Abb. 20.1 zeigt Ausschnitte der für Keramiken typischen Fischgrätenstruktur, die aus 90°-

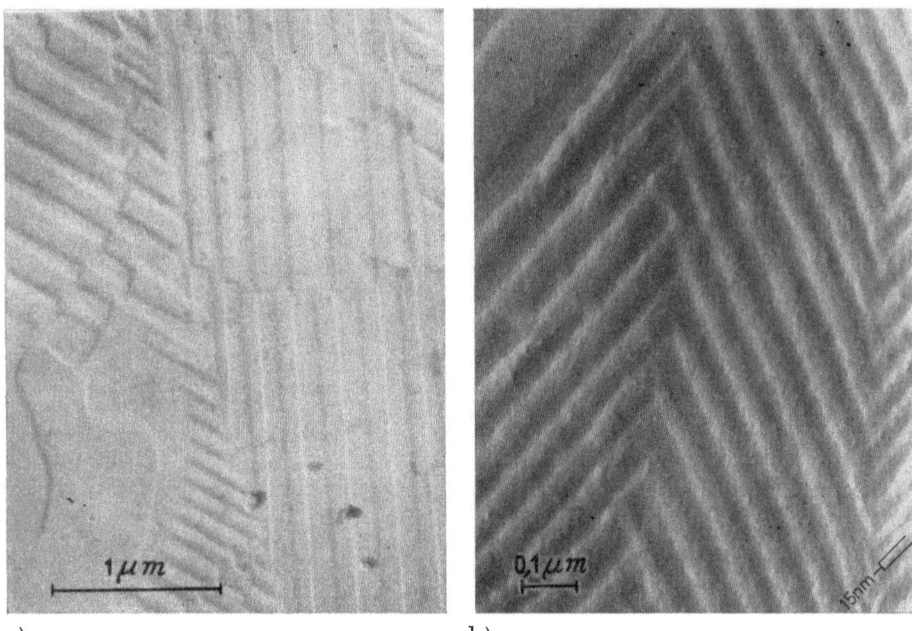

a)   b)

Abb. 20.1   Platinkohleabdrücke von geätzter ferroelektrischer Keramik

   a) $BaTiO_3$: 90°-Lamellen und 180°-Grenzen; b) Bleizirconattitanat (PZT): Feinstrukturen
   an den Enden der 90°-Lamellen (Matrizenabdruck)

Lamellen besteht. Während die Ablösung des Platin-Kohle-Films von der $BaTiO_3$-Keramik (Abb. 20.1a) mit heißer Phosphorsäure gut gelingt, mußte im Fall der Bleizirconattitanatkeramik (Abb. 20.1b) ein solvoplastischer Matrizenabdruck angefertigt werden (s. Kap. 7.).

Auch ungeätzte Proben wurden mit der Abdruckmethode untersucht. Spivak et al. [3] bildeten damit das natürliche Relief einer $BaTiO_3$-Oberfläche ab, das durch die spontane Deformation zustande kommt und das mit der Domänenstruktur verknüpft ist. Durch Auswertung von elektronenmikroskopischen Stereobildpaaren konnte die Tiefe dieses Reliefs bestimmt werden [4]. An Triglycinsulfat (TGS)-Spaltflächen gelang Nakatani [5] durch Gold-Schrägbeschattung die Abbildung monoatomarer Spaltstufen, wobei auch Domänengrenzen sichtbar wurden.

Für eine Reihe ferroelektrischer Substanzen ist die *elektronenmikroskopische Dekorationsmethode* (s. Kap. 7.) zur Sichtbarmachung der Domänenstruktur gut geeignet. Unter Dekoration wollen wir in diesem Zusammenhang den Effekt verstehen, daß eine auf die zu untersuchende Kristallfläche aufgebrachte Substanz Partikeln bildet, deren Größe und Flächendichte sich auf den Domänen mit verschiedener Polarisationsrichtung deutlich voneinander unterscheiden (Dekoration 2. Art gemäß Kap. 7.). Mit eindeutigem Erfolg wurde die Dekorationsmethode bisher bei einachsigen Ferroelektrika angewandt, die eine Spaltebene senkrecht

zur polaren Achse besitzen und die wasserlöslich sind (z. B. TGS). Die dekorierende
Substanz (z. B. Ag oder ein Silberhalogenid) wird im allgemeinen im Hochvakuum
auf eine frische Spaltfläche aufgedampft, mit einem Kohlefilm versehen und in
Wasser abgelöst. Diese Replika wird im Durchstrahlungsmikroskop untersucht.
Die ersten Dekorationsversuche eines ferroelektrischen Kristalls veröffentlichten
TAKAGI und SUZUKI [6]. Eine Silberschicht von ca. 3 nm mittlerer Dicke wurde auf
die polare (010)-Fläche eines $NaNO_2$-Kristalls aufgedampft. Es wurden 2 Typen
von Bereichen beobachtet, auf denen sich die Dichte der Silberteilchen um eine
Größenordnung unterschied. Diese Bereiche konnten mit den antiparallelen Domänen identifiziert werden. Hier, wie bei allen späteren Dekorationsexperimenten,
wurde festgestellt, daß die höhere Teilchendichte auf den negativen Domänen
auftritt. Eine Vielzahl von Arbeiten zur Dekoration von Domänen in TGS wurde
von DISTLER und Mitarbeitern durchgeführt, so z. B. durch Abscheidung von
kolloidem Platin [7] und durch Aufdampfen von Silber [8]. Auch Tellur wurde als
Dekorationssubstanz für TGS und $NaNO_2$ verwendet, während Gold die Domänen
nicht dekoriert [9].

Eine größere Bedeutung als die Metalldekoration hat jedoch die von DISTLER und
Mitarbeitern [10, 11] angegebene Dekoration mit AgCl. Das AgCl wird im Hochvakuum aus einer Metallpfanne verdampft. Es wächst auf der polaren Kristallfläche derart, daß auf den negativen Domänen zunächst eine größere Teilchendichte vorliegt und bei weiterem Wachstum die Koaleszenz eher einsetzt als auf
den positiven Domänen. Ein zusammenhängender AgCl-Film auf TGS ist vollständig epitaktisch orientiert. Der diesen Dekorationseffekten zugrunde liegende
Mechanismus kann hier nicht diskutiert werden (dazu s. z. B. [9, 11, 12]).

Abb. 20.2 zeigt den Abdruck einer mit 7 nm AgCl bedampften TGS-Spaltfläche.
Die spitze positive Domäne, die von einer Spaltstufe durchlaufen wird, ist mit
einzelnen AgCl-Teilchen (am Beginn der Koaleszenzphase) bedeckt, während auf
der umgebenden negativen Domäne ein zusammenhängender Film gewachsen ist.
(Die starken Extinktionskonturen kommen durch lokale Verbiegungen dieses ein-
kristallinen Films zustande.) Es muß angemerkt werden, daß die Silberhalogenid-
filme empfindlich gegen Wasser und auch gegen starke Elektronenbestrahlung

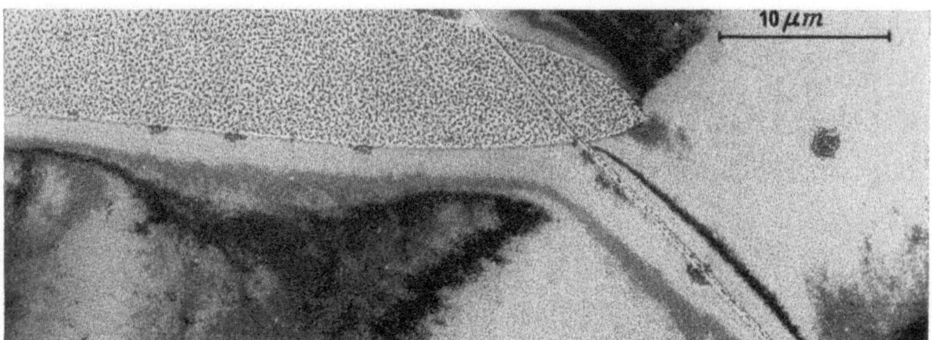

Abb. 20.2   Domäne und Spaltstufe auf einer TGS-(010)-Spaltfläche
(Dekoration mit 7 nm AgCl)

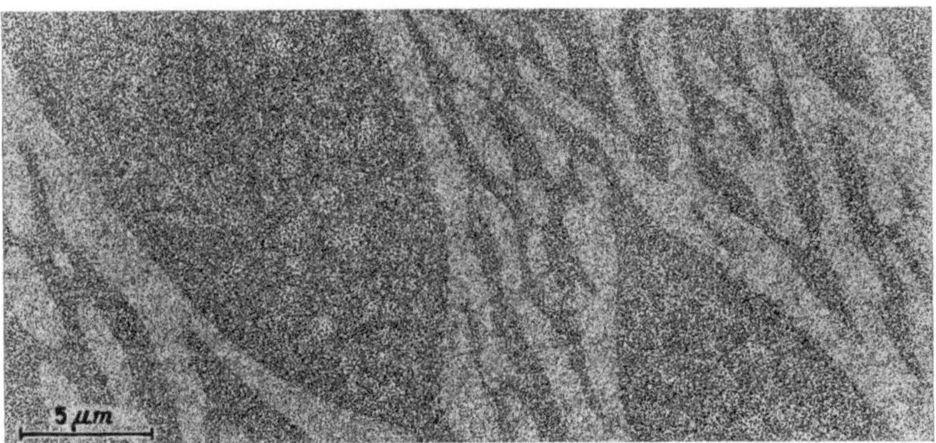

Abb. 20.3   Domänenstruktur von TGS bei 46 °C
            (Dekoration mit 8 nm AgBr)

sind. Die Ablösung sollte daher schnell und das Mikroskopieren bei mäßigen Strahlintensitäten erfolgen. Dank der hohen Auflösung wurden mit der Dekorationsmethode die Einwirkungen von Defekten (z. B. Fremdatomen) auf die Domänenstruktur von TGS untersucht [13, 14]. Eine Domänenfeinstruktur in TGS, die bei
einer geringen Unterschreitung des Curie-Punktes entstand, ist in Abb. 20.3 sichtbar [99]. Bei GASH-Einkristallen (Guanidinaluminiumsulfathexahydrat) lieferte
die AgCl-Dekoration die ersten Aufschlüsse über die Domänenfeinstruktur [15].
Durch Anwendung einer Maskenaufdampftechnik konnte an GASH-Kristallen die

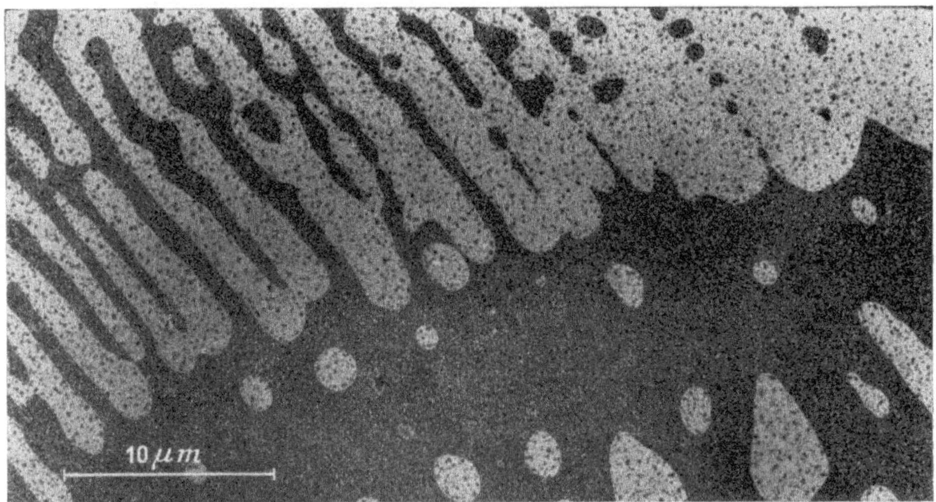

Abb. 20.4   Domänenstruktur von GASH
            (Dekoration mit 20 nm AgCl)

lokale Domänenstruktur mit ihrem Einfluß auf die dielektrischen Parameter studiert werden [16]. Ein Beispiel für AgCl-dekorierte Domänen in GASH ist in Abb. 20.4 dargestellt. Die Dekoration korrespondierender Spaltflächen (*matched faces*) von TGS veranschaulicht Abb. 20.5. Die Teilbilder in a sind spiegelbildlich mit inversem Kontrast, da ja eine positive Domäne auf der Gegenfläche negativ ist. Aus Abb. 20.5b ist ersichtlich, daß sich die Domänenwand beim oder nach dem

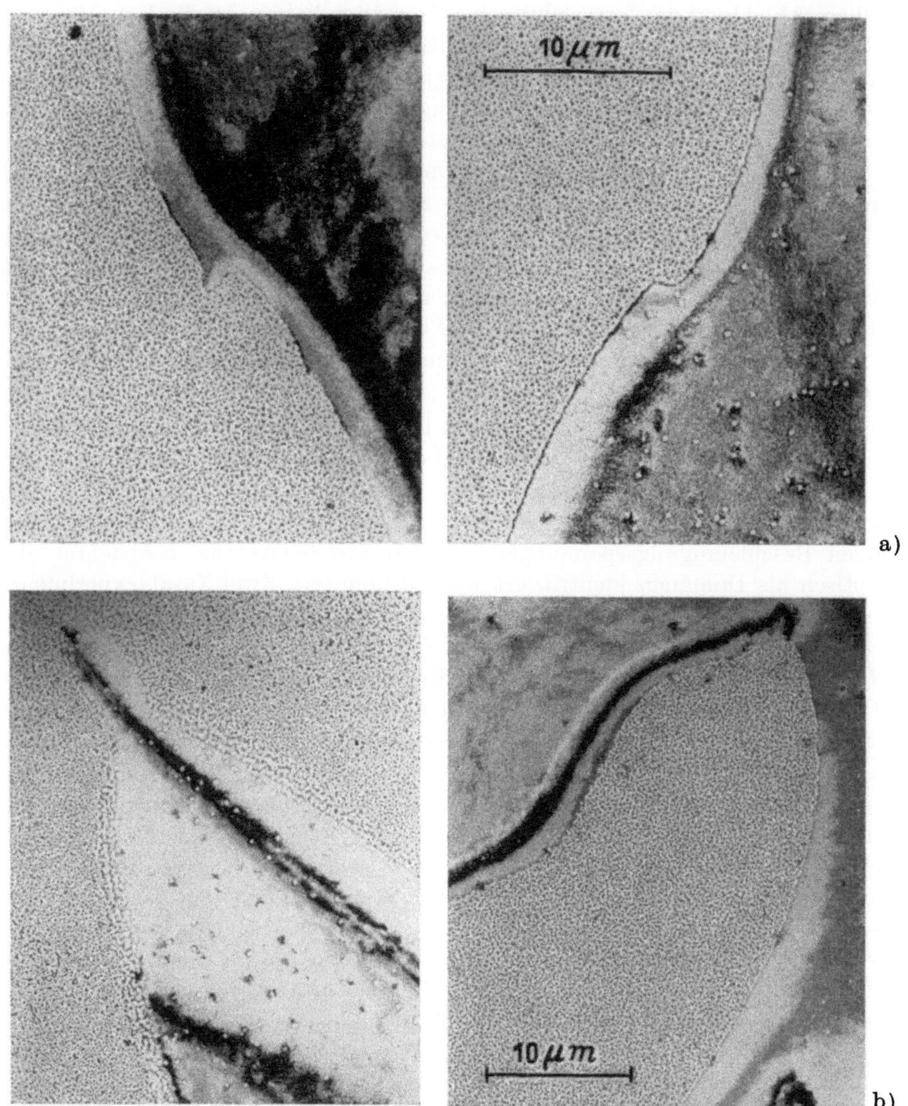

Abb. 20.5   AgCl-Dekoration korrespondierender Spaltflächen von TGS
a) nahezu unveränderter Verlauf der Domänenwand; b) Nachweis einer Verschiebung der Domänenwand

Spalten verschoben hat. Die eindeutige Zuordnung der korrespondierenden Bereiche ist durch Orientierung an der auf beiden Flächen äquivalenten Spaltstruktur möglich. Diese Methode scheint geeignet zur Untersuchung von Veränderungen der Domänenstruktur, die z. B. auftreten, wenn die beiden Kristallspaltstücke bei unterschiedlichen Temperaturen dekoriert werden.

Während die bisher beschriebenen Abdruck- und Dekorationsmethoden eine mittelbare Abbildung der ferroelektrischen Domänen liefern, ist die EM aber auch zur Direktabbildung der elektrischen Struktur des Objekts geeignet. In diesem Zusammenhang kommt bei der Oberflächenabbildung der *Raster-Elektronenmikroskopie* (REM) eine besondere Bedeutung zu. Die ersten rastermikroskopischen Untersuchungen von $BaTiO_3$ durch Robinson und White [17] beschränkten sich noch auf die Oberflächentopographie. Dünne $BaTiO_3$-Plättchen wurden geätzt und mit einer Al-Schicht bedampft, wie es zur Vermeidung von Aufladungen bei nichtleitenden Präparaten üblich ist. Die vergleichende polarisationsmikroskopische Betrachtung zeigte Übereinstimmung der im REM abgebildeten Strukturen mit den ferroelektrischen Domänen. Wegen der hohen Schärfentiefe wird die rastermikroskopische Abbildung geätzter Flächen noch gelegentlich angewandt, z. B. zur Untersuchung von Antiphasengrenzen und Versetzungen in $Gd_2(MoO_4)_3$ (GMO) [18].

Die erste REM-Direktabbildung elektrischer Domänen (sog. Potentialkontrast) gelang Le Bihan und Sella [19] am WO_3. Diese Substanz hat bei Raumtemperatur eine elektrische Leitfähigkeit, die ausreicht, eine Aufladung der Probe unter dem Elektronenstrahl zu verhindern. Mit Sekundärelektronen, ausgelöst bei relativ niedrigen Beschleunigungsspannungen, wurden Streifensysteme beobachtet, die lichtoptisch als Domänen identifiziert werden konnten. Zwei Zusatzexperimente bewiesen, daß die Ursache für den beobachteten Kontrast elektrischer Natur ist: War die Oberfläche mit einer leitenden Schicht bedampft, verschwanden die Streifen; andererseits zeigten Oberflächenabdrücke, daß diese Streifen nicht mit der Oberflächentopographie zusammenhängen. Während das WO_3 durch seine Leitfähigkeit eine Sonderstellung einnimmt, wurden in der Folge auch stärker interessierende Ferroelektrika, wie $BaTiO_3$ [20] und TGS [21, 22], mit der Methode des Potentialkontrastes untersucht. Wesentliche Impulse gingen dabei von Le Bihan und Mitarbeitern aus. Diesen Autoren [23] folgend, soll die Methode kurz dargestellt werden. Die zur Verhinderung elektrischer Aufladungen bei dielektrischen Proben übliche Bedampfung würde die elektrischen Felder an der Oberfläche kurzschließen und verbietet sich daher. Es ist aber möglich, die Aufladung auf andere Weise zu verhindern. Durch Elektronenrückstreuung und Probenstrom kann nur eine geringere Ladungsmenge die Probe verlassen als vom Primärstrahl erzeugt wird (vgl. Kap. 6.). Die Sekundärelektronenausbeute weist jedoch in Abhängigkeit von der Primärelektronenenergie E_0 ein Maximum mit Werten >1 auf, das bei Isolatoren bei $E_{0\,max} = 1$ keV $- 2$ keV liegt [24]. Daher findet man eine bestimmte Energie $E_0^* > E_{0\,max}$, bei der ein Gleichgewicht zwischen dem auf die Probe treffenden und dem sie verlassenden Strom herrscht, d. h., es findet keine Aufladung statt. Die dieser Energie entsprechende Beschleunigungsspannung U^*

beträgt z. B. bei $BaTiO_3$ ca. 5,5 kV [23] und bei TGS 2,2 kV [25]. Unter diesen stabilen Bedingungen können die der spontanen Polarisation entsprechenden Oberflächenladungen der Größe $\pm P_s$ zur Bilderzeugung wirksam werden. Positiv geladene Flächen ergeben eine geringere Sekundärelektronenausbeute als negativ geladene, die Domänen erscheinen in einem flächenhaften Hell-Dunkel-Kontrast. Bei $U < U^*$ lädt sich die Probe positiv, bei $U > U^*$ negativ auf, so daß dadurch schon nach einigen Abrasterungen die Ladungsdifferenz vom Betrag $2P_s$ zwischen den Domänen überdeckt wird; der Flächenkontrast verschwindet. Die elektrischen Streufelder an den Domänengrenzen bleiben jedoch wirksam und lenken die energiearmen Sekundärelektronen aus ihrer Bahn ab, wodurch die Domänengrenzen als Konturen im Bild erhalten bleiben. Sie sind hell bei $U < U^*$ und dunkel bei $U > U^*$ [1]). Durch die Abhängigkeit der Sekundärelektronenausbeute vom Einfallswinkel des Primärstrahls (d. h. auch von Unebenheiten der Probenoberfläche), durch die Möglichkeit der Adsorption freier Ladungen aus dem Restgas der Vakuumkammer, den Durchgriff des Kollektorsaugfeldes und andere Einflußgrößen sind die Verhältnisse so kompliziert, daß sich der Potentialkontrast nur schwer quantitativ erfassen läßt. In der Praxis läßt sich jedoch die zur Beobachtung geeignete Beschleunigungsspannung U^* leicht finden, indem man ein bei der willkürlich eingestellten Spannung U_1 aufgeladenes Gebiet der Probe anschließend mit geringerer Vergrößerung betrachtet und dabei das Vorzeichen der Aufladung bezüglich der Umgebung feststellt. Je nach diesem Vorzeichen geht man zu einer größeren oder kleineren Spannung U_2 über, bis eine Vorzeichenumkehr eintritt und das Erreichen von U^* anzeigt.

Die Abbildung der Domänenstruktur eines TGS-Kristalls im Potentialkontrast ist in Abb. 20.6 dargestellt. Bei einer Beschleunigungsspannung von 1 kV sind nur

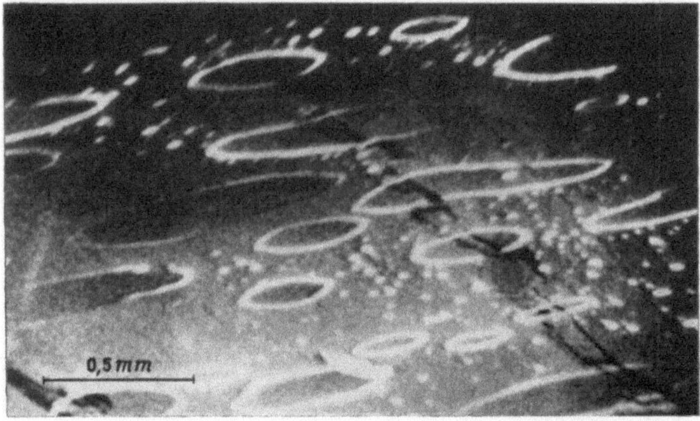

Abb. 20.6   REM-Potentialkontrast von Domänengrenzen auf einer TGS-Oberfläche (Abbildung mit Sekundärelektronen bei $U = 1$ kV; *Aufnahme*: L. SZCZEŚNIAK)

---

[1]) Analoge Ergebnisse wurden in jüngster Zeit auch an GASH-Einkristallen gewonnen [28].

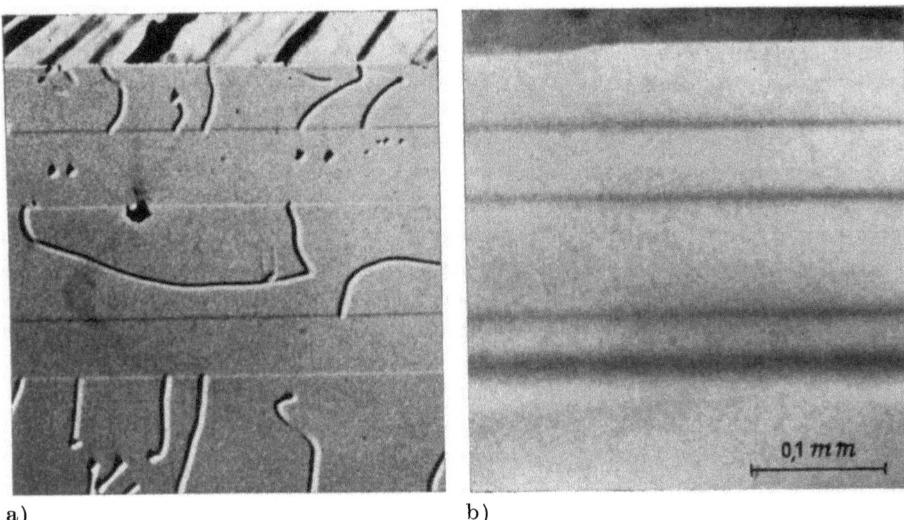

a)   b)

Abb. 20.7   REM-Aufnahmen korrespondierender (001)-Spaltflächen von GMO
a) Abbildung einer geätzten Fläche mit rückgestreuten Elektronen bei $U = 25\,\text{kV}$: Domänen- und Antiphasengrenzen; b) Abbildung der unbehandelten Gegenfläche mit Sekundärelektronen bei $U = 5\,\text{kV}$: Domänengrenzen

die Domänengrenzen als helle Linien sichtbar. Abb. 20.7 zeigt das Ergebnis eines Versuchs, die Domänen in GMO im Potentialkontrast abzubilden. Von zwei korrespondierenden (001)-Spaltflächen eines GMO-Einkristalls wurde die eine geätzt und mit Kohle bedampft. Die Topographie dieser Fläche wurde mit rückgestreuten Elektronen bei 25 kV aufgenommen (Abb. 20.7a). In jedem zweiten der parallelen Domänenstreifen sind schleifenförmige Antiphasengrenzen sichtbar. Die unbehandelte Spaltfläche der anderen Probe wurde im Sekundärelektronenbild bei 5 kV betrachtet (Abb. 20.7b). Die Position der hier abgebildeten dunklen Linien sowie die Tatsache, daß diese bei Verwendung rückgestreuter Elektronen verschwinden, lassen den Schluß zu, daß es sich um Domänengrenzen handelt. Die Antiphasengrenzen, die elektrisch äquivalente Bereiche trennen, sind hier nicht sichtbar.

Ein besonderer Vorteil der REM liegt in der Möglichkeit zu dynamischen Untersuchungen. Durch absichtlich vom Primärstrahl erzeugte stärkere Aufladungen entstehen elektrische Felder an der Probe, die die 180°-Domänen umschalten. Dabei können sowohl ein Domänenwachstum durch Wandverschiebung als auch die Bildung neuer antiparalleler Domänen direkt beobachtet werden. Solche Experimente wurden z. B. mit TGS-Kristallen durchgeführt [23, 26, 27]. Mit Hilfe eines im REM eingebauten Heiz- und Kühltisches konnten SPIVAK und ANTOŠIN [29, 30] das Verhalten beim Phasenübergang verschiedener Ferroelektrika (z. B. $BaTiO_3$) untersuchen. Durch Heizung vom Rand der Probe her wurde die tangentiale Ausbreitung einer Temperaturfront herbeigeführt. Da $BaTiO_3$ bei der Curie-Temperatur ein Minimum der Sekundärelektronenausbeute aufweist, wurde das

Fortschreiten der Phasenumwandlung im Kristall als Verschiebung eines dunklen Bandes direkt sichtbar. Einzelheiten der komplizierten Domänenstruktur von $NaH_3(SeO_3)_2$ in der β-Phase wurden durch Anwendung des REM im Potentialkontrast aufgeklärt [31]. Dabei wurden außerdem durch Anlegen eines tangentialen elektrischen Feldes Domänenstrukturveränderungen *in-situ* beobachtet. Es sei erwähnt, daß die Existenz von Domänen auch durch Katodolumineszenzsignale registriert werden kann [32]. Schließlich soll angemerkt werden, daß ein Überblick über die zu dieser Thematik veröffentlichten Arbeiten kein einheitliches Bild der Kontrastentstehung bei ferroelektrischen Domänen im Rastermikroskop gibt.

Auch das *Spiegel*-EM (s. Kap. 8.) kann zur Sichtbarmachung ferroelektrischer Domänen benutzt werden. Die erste Abbildung von a-Domänen in $BaTiO_3$ gelang SPIVAK et al. [33]. Die Oberfläche der Proben war zur Vermeidung von Aufladungen mit einer Ge-Schicht von einigen nm Dicke bedampft. Zur Erklärung des Kontrastes wurde hauptsächlich die spontane Deformation an der Oberfläche herangezogen. MAFFITT [34] entwickelte eine Methode zur Beobachtung von Dielektrika ohne leitende Aufdampfschicht: Durch Verbesserung des Vakuums wurde die Zahl der Restgasionen reduziert, und durch Abdünnen der Präparate bis zu 12 μm hinunter wurde der Ableitwiderstand von der Oberfläche zum Probenhalter so niedrig gehalten, daß keine die Abbildung störenden Aufladungen mehr auftraten. Mit dieser Methode wurde von MAFFITT selbst sowie von ENGLISH [35, 36] $BaTiO_3$ untersucht, wobei sich herausstellte, daß die elektrische Potentialverteilung der Domänenstruktur die Hauptursache für den beobachteten Kontrast ist, während die Topographie (Deformation der Oberfläche) nur eine zweitrangige Rolle spielt. SOMEYA et al. [37] hingegen untersuchten die Topographie der Domänenstruktur an goldbedampften $BaTiO_3$-Oberflächen. SOMEYA und KOBAYASHI [38, 39] bildeten auch 180°-Domänen in $Ca_2Sr(C_2H_5CO_2)_6$ ab. Dieselbe Autorengruppe [40, 41] benutzte das Spiegel-EM zu dynamischen Untersuchungen am ferroelektrisch-ferroelastischen GMO. Sie beobachteten die Wanderung von Domänen, die durch ein elektrisches Transversalfeld angeregt wurde, und konnten quantitative Aussagen über die ferroelastischen Eigenschaften von GMO gewinnen. Eine Anwendung des Spiegel-EM zur Messung von Potentialdifferenzen zwischen antiparallelen Domänen von TGS beschreiben LE BIHAN et al. [42].

Schließlich soll erwähnt werden, daß ferroelektrische Domänen auch mit dem *Emissions-Elektronenmikroskop* (EEM; s. Kap. 8.) abgebildet wurden. LE BIHAN [43, 44] untersuchte WO_3 und $BaTiO_3$ mit einem Photoemissionsmikroskop mit Anregung durch UV-Strahlung. Als Ursache für den Domänenkontrast wurden im wesentlichen die unterschiedlichen Austrittsarbeiten angesehen.

20.2. Durchstrahlungsabbildung von Ferroelektrika

Zur Untersuchung der im *Volumen* vorliegenden Domänenstruktur bietet sich die direkte Durchstrahlung dünner Proben im Transmissions-Elektronenmikroskop (TEM) an. Dank der dabei gleichzeitig gegebenen Möglichkeiten, die Feinbereichs-

Tabelle 20.1   *Übersicht über elektronenmikroskopisch untersuchte Ferroelektrika* (Literaturauswahl)

Nr.[1])	Substanz		Oberflächenabbildung[2])				Volumen-abbildung TEM
			TEM (Deko)	TEM (Abdr)	REM	MEM	
Oxide							
1A-2	$KNbO_3$						[64, 94]
1A-8	$BaTiO_3^{3)}$			[1—3]	[17, 23, 30]	[33, 36, 37]	[76, 59, 60], 61]
1A-9	$PbTiO_3$						[81]
1B4-ii	$Pb(Zn_{1/3}Nb_{2/3})O_3$			[52]			
1C-a9	$Sr_{1-x}Ba_xTiO_3$						[98]
1C-a28	$Pb(Zr_xTi_{1-x})O_3$	(PZT)		[48]		[35]	[66]
1C-f17α	$(Pb, La) (Zr, Ti)_{1-\delta}O_3$	(PLZT)			[27]		
2A-1	$WO_3^{3)}$				[19, 20]	[42]	[90]
3A-1	$LiNbO_3$			[53]			[62]
3A-2	$LiTaO_3$						[95]
4A-1	$YMnO_3$				[51]		
7A-7	$BaBi_2Nb_2O_9$						[65]
7A-11	$Bi_4Ti_3O_{12}$				[27, 49]		
7A-14	$BaBi_4Ti_4O_{15}$						[65]
7A-19	$Ba_2Bi_4Ti_5O_{18}$						[65]
8βA-3	$Gd_2(MoO_4)_3$	(GMO)			[18]	[40]	[82—84]
9A-3	$Mn_3B_7O_{13}Cl$						[86]
9A-6	$Ni_3B_7O_{13}Cl$						[86]
9A-8	$Zn_3B_7O_{13}Cl$						[86]
9A-15	$Ni_3B_7O_{13}Br$						[86]

Andere anorganische Kristalle

10A-2	SbSI			[20, 47]		
11A-1	$NaNO_2$	[6,9]	[45]			
13A-1	KH_2PO_4 (KDP)			[30, 32][5]		
13A-1	KD_2PO_4 (KD_2P)			[50]		
19A-1	$C(NH_2)_3Al(SO_4)_2 \cdot 6\,H_2O$ (GASH)	[15, 16]		[28]		
N.N.	$(C(NH_2)_3)_2UO_2(SO_4)_2 \cdot 3\,H_2O$ (GUSH)	[46]				
20A-2	$NaH_3(SeO_3)_2$			[31]		

Organische Kristalle

26A-1	$Ca_2Sr(CH_3CH_2COO)_6$				[38, 39]	
28A-1	$(NH_2CH_2COOH)_3 \cdot H_2SO_4$ (TGS)	[12, 10, 14]	[5]	[21, 22, 26]	[42]	
33A-1	$NaKC_4H_4O_6 \cdot 4\,H_2O^4)$		[3]	[29]		

Andere Kristalle

36-1	GeTe					[72, 75]

[1]) Substanznummer nach LANDOLT-BÖRNSTEIN [100].
[2]) MEM — Spiegelelektronenmikroskop; (Deko) — Dekoration; (Abdr) — Abdrücke.
[3]) $BaTiO_3$ und WO_3 wurden auch im Emissionselektronenmikroskop untersucht [44, 43].
[4]) Seignettesalz.
[5]) Katodolumineszenz.

31*

beugung anzuwenden, die entstehenden Kontraste quantitativ auszuwerten und die Folgen definierter Einwirkungen auf die Domänenstruktur zu beobachten, reicht die Bedeutung dieser Methode weit über eine bloße Ergänzung der Oberflächenabbildung hinaus.

Am Beginn standen Untersuchungen des Bariumtitanats: 1962 veröffentlichten PFISTERER, FUCHS und LIESK [54] und TANAKA, KITAMURA und HONJO [55, 56] sowie 1963 BLANK und AMELINCKX [57] kurze Mitteilungen über die Beobachtung ferroelektrischer Domänen in chemisch abgedünnten $BaTiO_3$-Einkristallen. Ausführliche Arbeiten dieser Autoren erschienen 1964 [58—60, 76]. In den folgenden Jahren leisteten vor allem GEVERS, AMELINCKX und Mitarbeiter sowie TANAKA, HONJO und Mitarbeiter wesentliche Beiträge zum Verständnis der Kontrastentstehung an ferroelektrischen Domänen, so daß es schließlich möglich wurde, in vielen Fällen mit Hilfe definierter Abbildungs- und Beugungsbedingungen den beobachteten Strukturen die jeweilige Richtung der spontanen Polarisation zuzuordnen. Gleichzeitig erfolgte eine Weiterentwicklung der Methode in technischer Hinsicht (Feldpatrone [60], tiefe Temperaturen [61], Stroboskopie [63], kombinierte Feld- und Kühlpatrone [64], Netzebenenabbildung [65]). Inzwischen sind mehr als 60 Veröffentlichungen erschienen, und die Zahl der untersuchten Substanzen übersteigt das Dutzend (vgl. Tab. 20.1).

Eine Schwierigkeit bei der Anwendung der direkten Durchstrahlung ist bei einer Reihe von Ferroelektrika (z. B. $BaTiO_3$; GMO) die Wechselwirkung mit dem Elektronenstrahl. Letzterer kann zum Aufheizen, Aufladen und Verbiegen der dünnen Probe führen; über die pyro- und ferroelektrischen sowie die ferroelastischen Eigenschaften der Probe kommt es so zu einer ständigen Veränderung der Domänenstruktur unter dem Elektronenstrahl. Ohne besondere Vorkehrungen, wie Kohlebedampfung [76] oder vorherige Bestrahlung [71], sind deshalb im 100 kV-Mikroskop Dunkelfeldabbildungen und andere definierte Experimente sehr erschwert. Wie TANAKA und HONJO [76] für den Bereich zwischen 50 und 150 kV feststellten, nimmt diese Schwierigkeit mit steigender Strahlspannung ab. Eigene Erfahrungen zeigen, daß bei 1 MV in dickeren Kristallbereichen die Domänenwände in $BaTiO_3$ und GMO nach geringer Kohlebedampfung hinreichend stabil sind.

Bevor die Möglichkeiten der Methode für die Untersuchung ferroelektrischer Domänen besprochen werden, wird auf den entstehenden *Bildkontrast* eingegangen. Im Unterschied zu Ferromagnetika, wo in der überwiegenden Anzahl der Arbeiten zur Domänenstruktur die Lorentz-Mikroskopie benutzt wird, der Beugungskontrast hingegen sehr selten, liegen bei den Ferroelektrika die Verhältnisse umgekehrt. In letzteren werden nämlich die inneren elektrischen Felder, die zu einer Strahlablenkung führen könnten, in der Regel durch freie elektrische Ladungen im Kristall kompensiert, so daß eine ,,elektrische Lorentz-Mikroskopie" nicht möglich ist (vgl. [60, 76]). Es ist deshalb ein günstiger Umstand, daß in Ferroelektrika ein wesentlich engerer Zusammenhang zwischen der kristallographischen und der Domänenstruktur besteht als in Ferromagnetika. Ferroelektrische Domänenwände sind gleichzeitig immer Gitterstörungen, so daß ihre Beobachtung mit den Mitteln des Beugungskontrastes, der Moiré-Technik und der Netzebenenabbildung möglich ist.

Die theoretische Beschreibung des Beugungskontrastes an ferroelektrischen Domänenwänden unterscheidet sich wenig von der Behandlung anderer zweidimensionaler Gitterdefekte. Besonderheiten im Vergleich zu üblicherweise betrachteten Materialien sind u. a. das fehlende Symmetriezentrum und in vielen Fällen der sehr kleine Betrag der Abweichung der Struktursymmetrie von höhersymmetrischen Raumgruppen.

Viele Ferroelektrika enthalten nur 180°-Grenzen oder 90°- und 180°-Grenzen. Liegen solche Kristalle als dünne Folie vor, heißen Domänen, in denen der Vektor der spontanen Polarisation P_s in der Folienebene liegt, vom „a-Typ", solche mit P_s senkrecht zur Folienebene „vom c-Typ". Entsprechend unterscheidet man 90°a-c-, 90°a-a-, 180°a- und 180°c-Grenzen. (Diese Typen werden ferner nach der Kopplung von P_s weiter unterschieden in *head-head*- bzw. *tail-tail*-gekoppelte einerseits und *head-tail*-gekoppelte andererseits.) Im folgenden soll der Bildkontrast an diesen vier Wandtypen kurz besprochen und mit je einer Abbildung belegt werden.

Eine 90°-Grenze in BaTiO$_3$ stellt kristallographisch eine kohärente Zwillingsgrenze dar. Da das Verhältnis der Gitterparameter $c/a = 1{,}01$ sehr nahe bei 1 liegt, unterscheiden sich die Beugungsbedingungen in beiden Zwillingen nur geringfügig. Planardefekte dieses Typs werden nach GEVERS, VAN LANDUYT und AMELINCKX [67] δ-Grenzen genannt.

90°a-c-*Grenzen* liegen geneigt zum einfallenden Elektronenstrahl und ergeben einen charakteristischen Streifenkontrast. In zwei Arbeiten [58, 59] haben GEVERS et al. diesen Kontrast an δ-Grenzen dynamisch im Zweistrahlfall analysiert, sind dabei ausführlich auf 90°a-c-Grenzen in BaTiO$_3$ eingegangen und haben Regeln abgeleitet, wie allein aus dem beobachteten Kontrast geschlossen werden kann, welche der beiden Domänen vom a-Typ und welche vom c-Typ ist. (Zu den Eigenschaften des δ-Streifenkontrastes s. Kap. 11.) Infolge der Abwesenheit des Symmetriezentrums und aus anderen Gründen kann an einer 90°a-c-Grenze auch ein Phasensprung im Fourier-Koeffizienten des Gitterpotentials auftreten, so daß die Grenze einen gemischten α-δ-Charakter bekommt [67, 71]. Überlappen sich zwei 90°a-c-Grenzen, entstehen schmale c-Lamellen in einer a-Umgebung (Abb. 20.8).

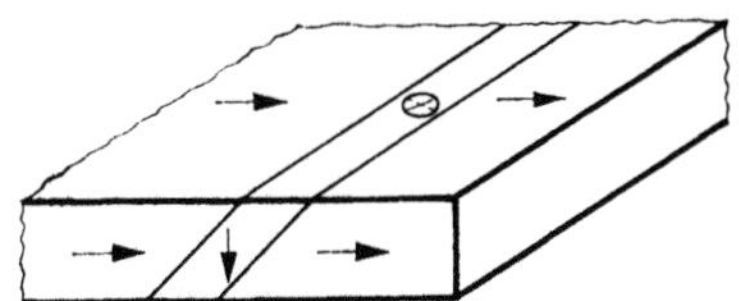

Abb. 20.8 c-Domänenlamelle in einer a-Domäne in BaTiO$_3$

Der daran entstehende Beugungskontrast ist von REMAUT et al. [68, 69] untersucht worden. Abb. 20.9 zeigt eine Hellfeldaufnahme von c-Lamellen in BaTiO$_3$, aufgenommen im Höchstspannungs-Elektronenmikroskop (HEM). (Viele der für Zweistrahlfälle abgeleiteten Kontrasteigenschaften an Gitterdefekten bleiben in ihren Grundzügen erhalten, wenn eine systematische Reflexreihe angeregt wird; s. Kap. 4.) Der Kontrast im nichtüberlappenden Bereich (vgl. Kurve FF′) ent-

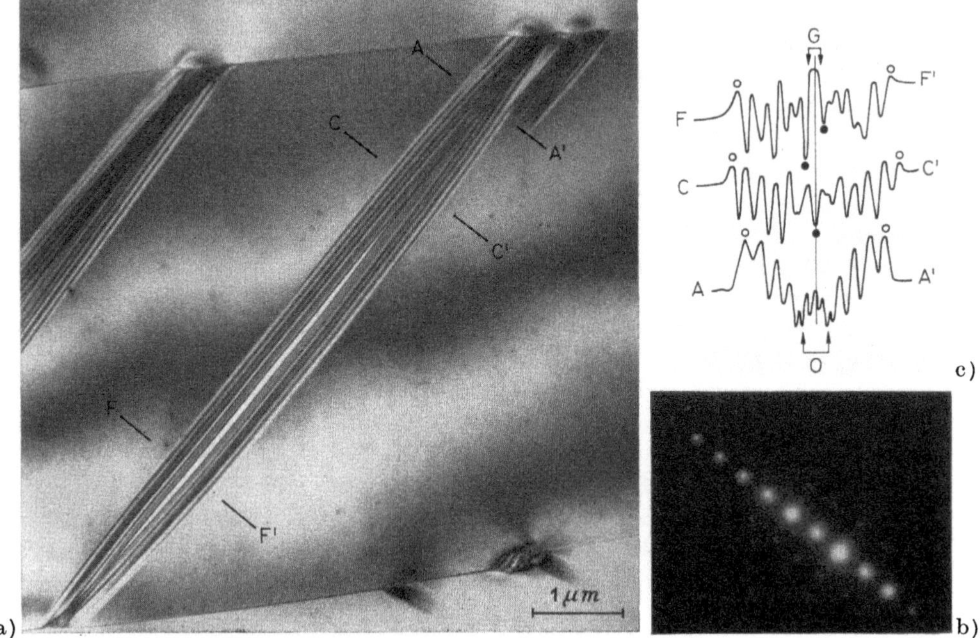

Abb. 20.9 c-Domänenlamellen in einer a-Domäne in $BaTiO_3$

a) Hellfeldabbildung im HEM (1 MV); b) Beugungsbild; c) Photometerkurven an Stellen ohne (FF'), mit (AA') und bei gerade beginnender (CC') Überlappung der beiden 90° a-c-Wände (δ-Grenzen)

spricht zwei δ-Grenzen mit jeweils asymmetrischem Charakter; als Ganzes hat das Bild der Lamelle symmetrischen Charakter. Der überlappende, keilförmige Bereich („O" in Kurve AA') zeigt die in [68, 69] beschriebenen Besonderheiten (s. a. Abb. 20.10 rechts oben). Der Kontrast bei gerade beginnender Überlappung (Kurve CC') ähnelt dem an einem Stapelfehler.

90°a-a-Grenzen zeichnen sich in der TEM-Abbildung durch ihre Schärfe aus, da sie (bei senkrecht zur Probenebene einfallendem Elektronenstrahl) parallel zum Strahl liegen [55]. Bei bestimmten Beugungsbedingungen kann ein Intensitätsunterschied zwischen beiden Domänen auftreten, der seine Ursache überwiegend im unterschiedlichen Strukturfaktor für die gleichzeitig in den Domänen angeregten Reflexe hat. Wie GEVERS, BLANK und AMELINCKX [71] gezeigt haben, ist es möglich, diesen Intensitätsunterschied zu benutzen, um die Art der Kopplung zu bestimmen. Abb. 20.10 zeigt eine Anwendung auf 90°a-a-Grenzen in $BaTiO_3$. Nur im Teilbild c (Dunkelfeld, Beugungsvektor parallel zur Wandebene) ist ein deutlicher Intensitätsunterschied zwischen den Domänen vorhanden; es liegt also *head-tail*-Kopplung vor. (Die hellen und dunklen Pfeile geben die beiden verbleibenden Möglichkeiten an.)

Das Gitter zweier Domänen beiderseits einer 180°a-*Grenze* unterscheidet sich durch die entgegengesetzte Richtung der polaren Achse. Eine Verdrehung des

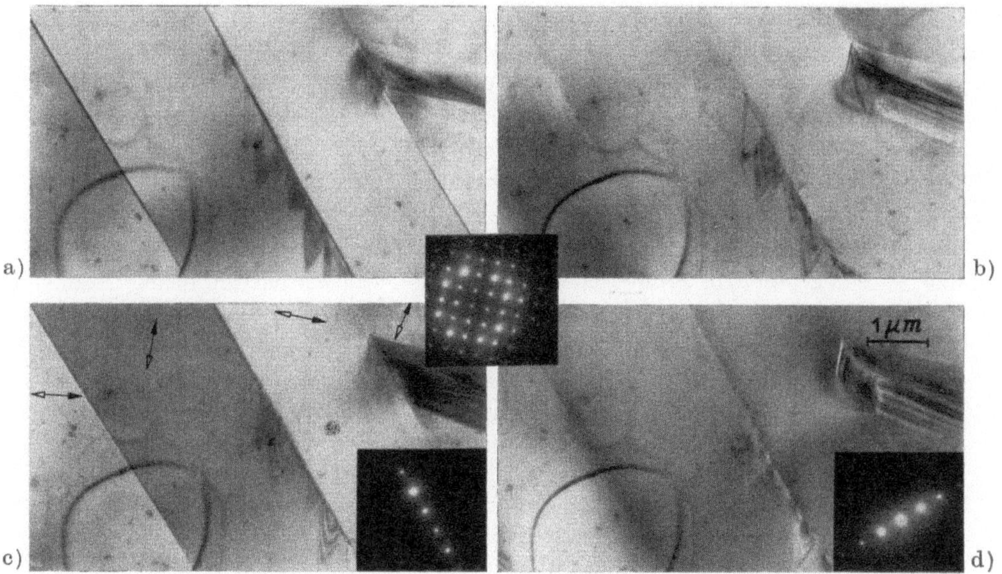

Abb. 20.10   Bestimmung der Kopplung der spontanen Polarisation P_s an 90° a-a-Grenzen in BaTiO₃

a) und b) Hellfeldabbildung; c) und d) Dunkelfeldabbildung; a) und c) Beugungsvektor parallel zu den Wänden; b) und d) Beugungsvektor senkrecht zu den Wänden; *Mitte*: symmetrisches Beugungsbild nahe [100]-Pol. (HEM, 1 MV)

Gitters oder eine andere Gitterverzerrung liegt (evtl. mit Ausnahme des Wandbereiches selbst) in Ferroelektrika vom Perowskittyp nicht vor. Dennoch kann in diesen Kristallen an 180°a-Grenzen ein Intensitätsunterschied zwischen beiden Domänen im Dunkelfeld beobachtet werden [76]. In Abb. 20.11 ist dieser Unter-

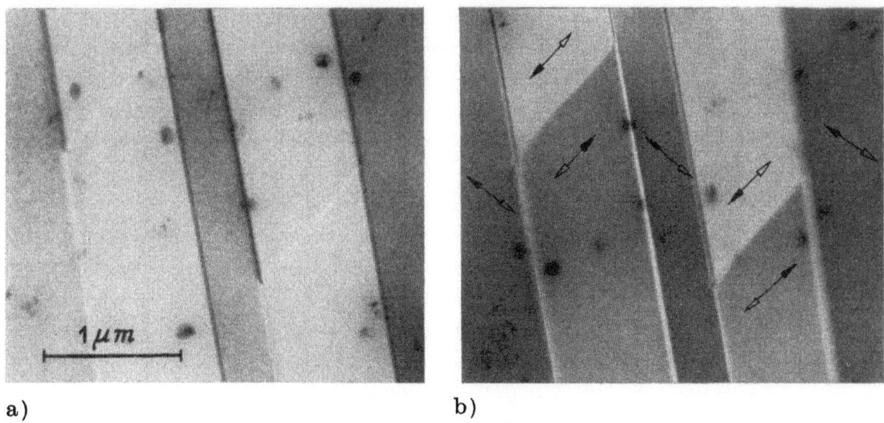

Abb. 20.11   Zwei 180° a-Grenzen zwischen 90° a-a-Grenzen in BaTiO₃

a) Hellfeldabbildung; b) Dunkelfeldabbildung mit Intensitätsunterschied infolge Verletzung der Friedel-Regel, Einstrahlrichtung ca. [100], Mehrstrahlbedingungen. (HEM, 1 MV)

schied an zwei 180°a-Grenzen in BaTiO$_3$ deutlich zu erkennen. Wenn die Grenze zum Strahl geneigt liegt, wird ein α-ähnlicher Streifenkontrast beobachtet [62, 71, 74, 80]. TANAKA und HONJO zeigten experimentell, daß der Intensitätsunterschied zwischen 180°a-Domänen in BaTiO$_3$ von einer Verletzung der Friedel-Regel herrührt [76]: Wenn der Elektronenstrahl Bereiche beider Domänen erfaßt, entspricht bei sonst gleichen Bedingungen jedem in der einen Domäne angeregten hkl-Reflex der $\overline{hkl}$-Reflex in der anderen Domäne, da die beiden Domänen durch eine Inversionsoperation miteinander verknüpft sind. Die Friedel-Regel sagt aus, daß — i. allg. auch in azentrischen Kristallen — die Intensität beider Reflexe gleich groß ist: $I(hkl) = I(\overline{hkl})$. Aus der kinematischen Theorie der Elektronenbeugung ist jedoch bekannt, daß die Regel in azentrischen Kristallen nicht mehr allgemein gilt, wenn komplexe Atomformamplituden auftreten (anomale Streuung; s. z. B. [70], S. 40f.). In der dynamischen Theorie (wie auch bei Berücksichtigung der Absorption) gilt die Regel nur in speziellen Fällen (s. z. B. [87]).

Die Deutung der Verletzung der Friedel-Regel der Elektronenbeugung in Ferroelektrika und die quantitative Beschreibung des Kontrastes an 180°a-Grenzen sind in den letzten Jahren Gegenstand einer Reihe von Arbeiten der Gruppe um AMELINCKX [71—75] und japanischer Autoren [76—81] mit z. T. kontroversen Standpunkten gewesen. Erstere berechnen den Kontrast u. a. im Zweistrahlfall [71, 75] unter der $ad\text{-}hoc$-Voraussetzung, daß die komplexen Fourier-Koeffizienten des Real- und des Imaginärteils des Gitterpotentials verschiedene Phasenfaktoren besitzen. Letztere weisen aber auf quantitative Abweichungen dieser Rechnungen von experimentell erhaltenen Ergebnissen hin und führen den Kontrast auf thermisch diffuse Streuung zurück [81]. Es ist anzunehmen, daß diese Untersuchungen, die besonders im Hinblick auf das Verständnis der Wechselwirkung zwischen schnellen Elektronen und dem Festkörper von Interesse sind, fortgesetzt werden. Sie zeigen, wie komplex die Kontrastentstehung an 180°a-Grenzen ist.

An 180°c-*Grenzen* ist die Projektion des Kristallgitters auf die zum einfallenden Strahl senkrechte Ebene zentrosymmetrisch. Ein Intensitätsunterschied infolge der Verletzung der Friedel-Regel (wie an 180°a-Grenzen) kann deshalb bei annähernd senkrechter Einstrahlung nicht entstehen. YAMAMOTO, YAGI und HONJO [82] bildeten 180°c-Grenzen in GMO ab, indem sie den großen Unterschied zwischen den Strukturfaktoren der Überstrukturreflexe (140) und (410) ausnutzten, die infolge der Verdopplung der Elementarzelle beim Übergang in die ferroelektrische Phase entstehen. (Die gleichen Autoren verwendeten auch die Moiré-Technik zur Untersuchung von Domänen [83].) Abbildung 20.12 zeigt ein Beispiel für den Überstrukturfaktorkontrast an 180°c-Grenzen in GMO: In Hell- und Dunkelfeldabbildungen mit Strukturreflexen sind die Domänengrenzen nur anhand eines Sprunges der Dickenkonturen zu erkennen; Dunkelfeldabbildung im Überstrukturreflex führt zu Intensitätsunterschieden zwischen *up*- und *down*-Domänen.

Eine Besonderheit ist der zuerst in [76] wiedergegebene „Zickzack-Kontrast" an Domänengrenzen in BaTiO$_3$, für den Abb. 20.13 ein Beispiel zeigt. Der Versuch einer Interpretation ist in [85] unternommen worden. Schließlich sei noch erwähnt, daß sich ferroelektrische Domänengrenzen auch auf die Feinstruktur des Beugungs-

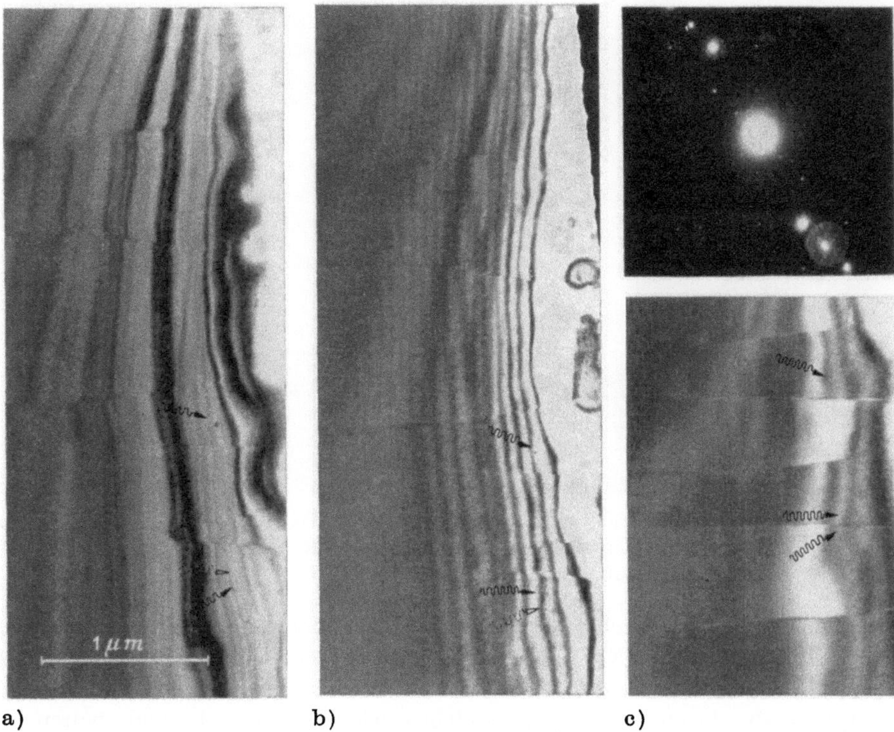

a)   b)   c)

Abb. 20.12   180° c-Domänen in Gd$_2$(MoO$_4$)$_3$

a) Hellfeldabbildung bei vorwiegender Anregung von Strukturreflexen; b) Dunkelfeldabbildung im (310)/(130)-Strukturreflex; c) Dunkelfeldabbildung im (410)/(140)-Überstrukturreflex und Ausschnitt aus dem Beugungsbild mit einbelichteter Kontrastblende (HEM, 1 MV). Die Domänenstruktur änderte sich etwas, die Pfeile weisen auf feste Marken.

bildes auswirken können (Aufspaltung der Reflexe, Satellitenreflexe; Besonderheiten an Kikuchi-Linien).

Die mit dieser Methode gewonnenen Erkenntnisse betreffen vor allem die Domänenstruktur in Mikrobereichen, die Struktur der Domänenwände und die Wechselwirkung der Domänen mit anderen Gitterdefekten. So wurde gefunden, daß die Orientierung der Domänenwände in Mikrobereichen von der Gleichgewichtsorientierung abweichen kann [57, 60]. Die Dicke der Domänenwände, die als Parameter in die Wandbeweglichkeit und damit in makroskopische dielektrische Eigenschaften eingeht, erwies sich z. T. als wesentlich kleiner als zuvor lichtmikroskopisch bestimmt. Der Einfluß der Größe und Richtung eines elektrischen Feldes auf die Wanddicke wurde untersucht [88]. In speziell hergestellten polykristallinen dünnen BaTiO$_3$-Schichten sind von LIESK besondere Strukturen beobachtet worden [89], die so interpretiert wurden, als könnten in dünnen Schichten bei Raumtemperatur die Tieftemperaturphasen des BaTiO$_3$ stabil sein [88]. Nähere Aussagen über die Atomanordnung an Domänengrenzen konnten gewon-

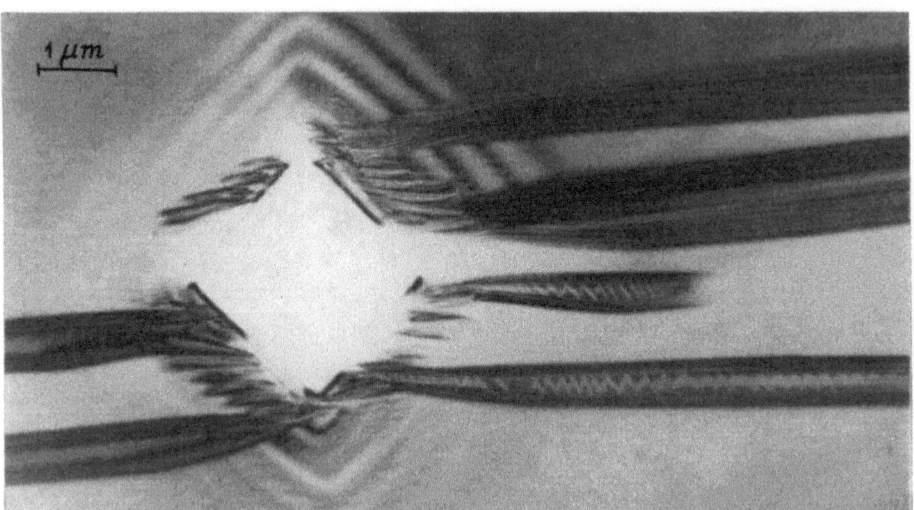

Abb. 20.13   Zickzack-Kontrast an Domänengrenzen in $BaTiO_3$ (Hellfeldabbildung im HEM, 1 MV; Einstrahlrichtung ca. [100], Mehrstrahlbedingungen)
Das helle Quadrat ist ein Ätzloch.

nen werden [82, 91, 92]. Wechselwirkungen von Domänengrenzen mit Versetzungen sind in $BaTiO_3$ [76, 93], $LiNbO_3$ [62], $KNbO_3$ [91, 94] und $LiTaO_3$ [95] beobachtet worden. Mit diesen Beobachtungen konnten z. B. die Schwierigkeit, eindomänige $LiNbO_3$-Kristalle durch Polung herzustellen sowie bestimmte Besonderheiten im Verlauf der Dielektrizitätskonstanten in $LiNbO_3$ erklärt werden [62]. Zylindrische 180°-Domänen, die fest an Schraubenversetzungen hängen, sind als mögliche Ursache für die Beeinträchtigung der elektrooptischen Eigenschaften von $LiTaO_3$ erkannt worden [95]. In GMO wurden der Einfluß von Antiphasengrenzen auf die Struktur der Domänenwände sowie die elastischen Wechselwirkungen von Domänenwänden untereinander untersucht [82, 83].

Wichtige Ergebnisse sind auch mit *dynamischen Untersuchungen* erhalten worden. Die Anwendung von Objekthaltern, die mit Elektroden versehen waren, brachte Erkenntnisse über die Umpolarisation in Mikrobereichen. Solche Untersuchungen sind an Ferroelektrika leichter durchzuführen als an Ferromagnetika, weil die Polarisation der Probe nicht von den Linsenfeldern beeinflußt wird und der Abbildungsprozeß durch die wenige Volt betragende angelegte Spannung nicht beeinträchtigt wird. Wegen der geringen Abmessungen der Probe können dennoch Felder der Größenordnung $10^7 \cdots 10^8$ V/m erzeugt werden. In dünnen $BaTiO_3$-Kristallen wurden sehr große Koerzitivfeldstärken ($10^6 \cdots 10^7$ V/m) gemessen [60]; Aktivierungsfelder für die Wandbewegung und die Geschwindigkeit von 180°-Grenzen während des Umpolens wurden bestimmt [96]. Mit der stroboskopischen Technik konnten einzelne Phasen der Umpolarisation im Wechselfeld von 500 Hz abgebildet und diese einer Hysteresekurve zugeordnet werden [63].

Mit gekühlten Objekthaltern konnte die relativ komplizierte Domänenstruktur der rhombischen und der rhomboedrischen Tieftemperaturphasen von $BaTiO_3$ und

$KNbO_3$ aufgeklärt werden [64], s. a. [61, 91]. Die dabei gefundenen $\{552\}_{kub}$- und $\{772\}_{kub}$-Grenzen [64] in der rhombischen Phase waren zuvor nicht bekannt. Heizbare Objekthalter gestatteten die Untersuchung von ferroelektrischen Phasenübergängen bzw. der Temperaturabhängigkeit des Kontrastes und der Wandbeweglichkeit in $BaTiO_3$ [76], $LiNbO_3$ [62], $PbTiO_3$ [81, 91] und GMO [84]. So konnte z. B. in GMO die Form der Keime der polaren Phase in der unpolaren und umgekehrt (während des Durchganges durch den Curie-Punkt) sowie ihre Ausbreitung beobachtet werden [84]. Die Kombination von elektrischem Feld und variabler Temperatur an der Probe ermöglichte die Beobachtung feldinduzierter Phasenübergänge in $BaTiO_3$ [64] und GMO [97]. Durch Felder der Größenordnung $5 \cdot 10^8$ V/m konnte die Curie-Temperatur des $BaTiO_3$ um 200 K verschoben werden, so daß bei $T = 83$ K die tetragonale Phase vorlag. Diese neuen Ergebnisse sind nicht im Einklang mit den bisher angenommenen Werten der in die Devonshire-Theorie der Phasenübergänge eingehenden Parameter [64].

Die Nutzung der beschriebenen dynamischen Methoden für die Untersuchung fundamentaler Probleme der Ferroelektrizität dürfte erst am Anfang ihrer Entwicklung stehen. So sollte ihre Anwendung z. B. auf die Ferroelektrika mit diffusem Phasenübergang von Nutzen sein, bei denen noch Unklarheiten hinsichtlich der mikroskopischen Ursachen ihrer besonderen Eigenschaften bestehen.

Die oben beschriebenen elektronenmikroskopischen Methoden zur Abbildung ferroelektrischer Domänen können hier nicht bezüglich ihrer Vor- und Nachteile gegeneinander abgewogen werden. Der Überblick zeigt, daß die Brauchbarkeit einer Methode von der jeweiligen Substanz und der Zielstellung der Untersuchung abhängt. Insgesamt bietet die EM mit der hohen Auflösung einerseits und der Möglichkeit zu *in-situ*-Beobachtungen andererseits eine wertvolle Ergänzung der klassischen Domänenabbildungsmethoden.

20.3.   Oberflächenabbildung von Ferromagnetika

Die zur Oberflächenabbildung ferromagnetischer Domänen anwendbaren elektronenmikroskopischen Methoden sind im wesentlichen dieselben, wie sie schon für den Fall der Ferroelektrika beschrieben wurden. Unterschiede bestehen hauptsächlich in der Kontrastentstehung bei den direkt abbildenden Methoden. In historischer Hinsicht ist zu bemerken, daß die ersten Versuche, die EM zur Domänenabbildung heranzuziehen, den Ferromagnetika gewidmet waren. Vielleicht aufgrund dieser Tatsache und wegen der großen Bedeutung magnetischer Werkstoffe ist die entsprechende Literatur auf dem ferromagnetischen Sektor umfangreicher als auf dem ferroelektrischen, und es gibt bereits eine Reihe von zusammenfassenden Darstellungen, z. B. [101—103].

Zunächst ist die *Abdruckmethode* in verschiedenen Varianten zu nennen. EK-KARDT und ELSCHNER [104] gelangen 1952 die ersten elektronenmikroskopischen

Abbildungen von Bloch-Wänden an grobkristallinen Fe-Si-Proben mit einer erweiterten Bittertechnik. Die die Bloch-Wände markierenden Fe_3O_4-Teilchen wurden nach Eintrocknen der Suspension mit einem Kollodiumfilm versehen und von der Probenoberfläche abgehoben. Zur Kontraststeigerung wurde dieser Lackabdruck mit Platin schräg bedampft. Diese Technik wurde später erweitert und verbessert, z. B. [105, 106]. Die Bitterstreifen können auch durch Verdampfen von Eisen in Heliumatmosphäre erzeugt werden [107], wobei man sehr kleine Teilchen und damit hohe Auflösung erhält. Untersuchungen von SCHWARTZE [108] ergaben jedoch, daß die in der Bittertechnik verwendeten Teilchen nicht zu klein sein dürfen, da sie sonst ihre ferromagnetischen Eigenschaften verlieren und keine bevorzugte Abscheidung an den Bloch-Wänden erfolgt. Damit liegt die Auflösungsgrenze dieser Methode nach [108] bei ca. 0,2 μm. Ohne die Auftragung von Pulvern oder Suspensionen kommt die Methode des „modulierten Films" [109] aus. Auf Co-Proben wurde Siliconöldampf kondensiert und durch Elektronenbeschuß polymerisiert. Die Dicke dieses Polymerfilms wird durch die magnetischen Mikrofelder moduliert, wodurch die magnetische Struktur im TEM sichtbar gemacht werden kann.

Bei den elektronenmikroskopischen Methoden zur Oberflächendirektabbildung magnetischer Strukturen spielt die Ablenkung der Elektronen durch die magnetischen Streufelder der Probe die entscheidende Rolle. Da die Ablenkung durch die Lorentz-Kraft senkrecht zum Vektor der magnetischen Flußdichte und zum Geschwindigkeitsvektor der Elektronen erfolgt, ergeben sich bei geeigneter Geometrie der Anordnung Intensitätsunterschiede auf dem Leuchtschirm, die die magnetische Struktur der Probe widerspiegeln. Im folgenden sollen einige Methoden kurz beschrieben werden, wobei die Reihenfolge der historischen Entwicklung entspricht.

Im *EEM* (s. Kap. 8.) wirkt das Objekt als Katode, aus der Elektronen durch Sekundär- oder Photoemission ausgelöst werden. Eine thermische Emission kommt bei magnetischen Objekten nicht in Frage, da sie erst oberhalb der Curie-Temperatur einsetzt. Mit einem vereinfachten Sekundäremissionsmikroskop mit einer magnetischen Katodenlinse gelang SPIVAK und Mitarbeitern [110] die erste Abbildung magnetischer Inhomogenitäten in einem speziellen Ni-Cu-Präparat, das von der Katodenlinse magnetisiert wurde. Mit derselben Apparatur konnte auch die Domänenstruktur eines Cobalteinkristalls abgebildet werden [111]. Zur Abbildung magnetischer Streufelder mit Photoelektronen wurden Cobaltkristalle mit einer photoempfindlichen Sb-Cs-Schicht überzogen [112]. In den bisher genannten Beispielen erfolgte die Abbildung ohne Aperturblende. Eine quantitative Untersuchung des magnetischen Kontrastes, der in diesem Fall den Charakter einer Bildverzerrung hat, ist für einige Spezialfälle in [113] wiedergegeben. Übersichtlicher sind die Kontrastverhältnisse, wenn eine Aperturblende verwendet wird. Bei Abwesenheit magnetischer Felder werden die von einem Objektpunkt einer glatten Katodenoberfläche emittierten Elektronen durch das Immersionsobjektiv (Katodenlinse) in einem Bildpunkt vereinigt. Durch ein magnetisches Streufeld mit einer Komponente parallel zur Probenoberfläche werden die aus dem gestörten Gebiet kommenden Elektronen abgelenkt. Benutzt man eine zentrierte Aperturblende, dann können die abgelenkten Elektronen den Bildschirm nicht erreichen, und die Gebiete mit starkem Streufeld (z. B. Bloch-Wände) erscheinen dunkel (Hellfeldabbildung). Bei geeigneter Verschiebung der Aperturblende erhält man eine Kontrastumkehr (Dunkelfeldabbildung). Eine quantitative Beschreibung dieser Kontrastverhältnisse findet man z. B. in [114]. Die Abbildung magnetischer Domänen mit einem EEM mit elektrostatischer Katodenlinse beschrieb SCHWERT-FEGER [115].

Besondere Vorteile bei der Abbildung magnetischer Strukturen bietet das *Spiegel-EM* (s. Kap. 8.). Die ersten Veröffentlichungen über diese Thematik stammen von SPIVAK et al. [116] und MAYER [117]. Nach [117] ist der magnetische Kontrast folgendermaßen zu erklären: Die von der Elektronenquelle kommenden Strahlen werden so dicht über der Probenoberfläche reflektiert, daß eine ausreichende Wechselwirkung mit den magnetischen Streufeldern stattfinden kann. Benutzt man zur Beschreibung Zylinderkoordinaten r, φ, z [1]), so ergibt sich, daß der magnetische Kontrast durch die Wirkung der Normalkomponente B_z des Magnetfeldes auf die Radialgeschwindigkeit $\dot{r}$ der Elektronen zustande kommt, was eine azimutale Ablenkung bewirkt. Außerdem muß B_z einen azimutalen Gradienten haben, d. h. $\Delta B_z/\Delta\varphi \neq 0$ [118]. Daraus ergeben sich einige wichtige Folgerungen: Im elektrischen Zentrum (wo der Elektronenstrahl in sich selbst reflektiert wird und daher $\dot{r}$ gleich Null ist) verschwindet der magnetische Kontrast, während er nach außen stärker wird. Radial verlaufende magnetische Strukturen werden deutlicher abgebildet als tangential verlaufende. Beim Durchgang durch das elektrische Zentrum kehrt sich der Kontrast um. Diese Kriterien sind typisch für den magnetischen Kontrast im Spiegel-EM und ermöglichen eine einwandfreie Trennung desselben von elektrischen oder topographischen Strukturen. Die Empfindlichkeit der Methode reicht aus, um auch Domänenstrukturen von Ferromagnetika abzubilden, die mehrere Achsen der leichten Magnetisierbarkeit besitzen und durch die Bildung von Abschlußdomänen nur schwache Streufelder aufweisen. Ein Beispiel dafür gibt eine Arbeit von MAYER [119] an Si-Fe, die darüber hinaus dynamische Prozesse beinhaltet. Abb. 8.8 zeigt die spiegelmikroskopische Aufnahme eines (100)-Schnitts eines Al-Fe-Einkristalls. Die Abnahme des magnetischen Kontrastes in der Nähe des Bildzentrums ist zu erkennen. Ein häufig untersuchtes Objekt sind Schallaufzeichnungsimpulse auf Tonbändern (s. z. B. [120, 121]). Es sei am Rande erwähnt, daß es sich bei der in den zitierten Arbeiten beschriebenen Spiegel-EM um eine sogenannte Schattenabbildung handelt. Die Entstehung des magnetischen Kontrastes bei einer fokussierten Abbildung mit Aperturblende wurde von BOK [122] untersucht.

Im *REM* führen nach JAKUBOVICS [103] die verschiedenen Wechselwirkungsmöglichkeiten von Magnetfeldern des Objekts mit den einfallenden und emittierten Elektronen im wesentlichen auf 2 verschiedene Arten des magnetischen Kontrastes, die als Typ 1 und Typ 2 bezeichnet werden. Der Typ-1-Kontrast kommt durch die Ablenkung der Sekundärelektronen durch die aus der Probe austretenden magnetischen Streufelder zustande, während die Wechselwirkung der magnetischen Flußdichte innerhalb der Probe mit den Primärelektronen den Typ-2-Kontrast her-

---

[1]) Die z-Achse markiert die optische Achse und gleichzeitig die Probennormale.

vorruft. Da in beiden Fällen die Lorentz-Kraft den Kontrast bewirkt, benutzt
JAKUBOVICS den Begriff „*scanning* Lorentz *microscopy*". Die beiden Mechanismen
sollen nun stark vereinfacht dargestellt werden.

Zur Veranschaulichung des Typ-1-Kontrastes diene Abb. 20.14. Der Primärstrahl falle in der Richtung $-z$ auf die Probe, die x- und y-Achsen liegen auf der

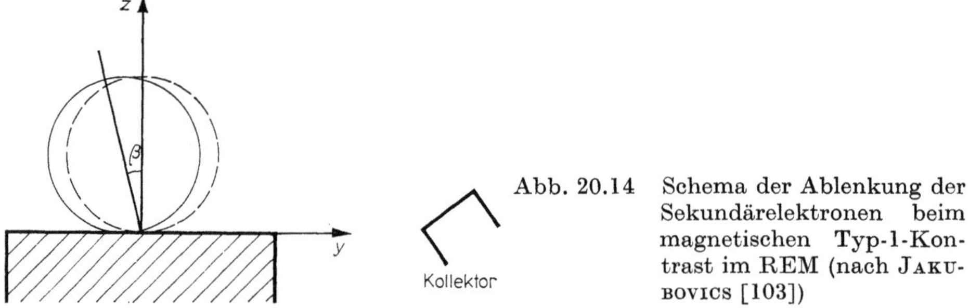

Abb. 20.14 Schema der Ablenkung der Sekundärelektronen beim magnetischen Typ-1-Kontrast im REM (nach JAKUBOVICS [103])

Probenoberfläche, wobei die x-Achse aus der Zeichenebene zum Betrachter zeige.
Der gestrichelte Kreis deutet die annähernd kugelförmige Richtungsverteilung der
Sekundärelektronen bei Abwesenheit eines Magnetfeldes an. Ein magnetisches
Streufeld B_x erteilt allen Sekundärelektronen eine zusätzliche Geschwindigkeits-
komponente in Richtung $-y$, wodurch die gesamte Emissionscharakteristik um
den Winkel β um die x-Achse gekippt wird (ausgezogener Kreis). Die approxima-
tive theoretische Behandlung in [103] setzt voraus, daß dieser Winkel klein ist.
Das Magnetfeld beeinflußt nicht die Zahl, sondern nur die Richtungen der aus einem
gewissen Gebiet der Probe ausgelösten Sekundärelektronen. Daher erfordert die
Abbildung nach dieser Methode einen Kollektor, der für die Richtungsselektion
empfindlich ist. Diese Aufgabe wurde in unterschiedlicher Weise gelöst. In allen
Fällen ist der Kontrast optimal, wenn das Magnetfeld senkrecht zur Verbindungslinie Probe-Kollektor und parallel zur Probenoberfläche liegt, während ein Feld
normal zur Probenoberfläche keinen Kontrast vom Typ 1 erzeugt. Bei einer 180°-
Drehung der Probe um die z-Achse kehrt sich der Kontrast um. DORSEY [123]
benutzte 2 Detektoren, die symmetrisch zur x-z-Ebene angebracht waren, und
bildete das Differenzsignal. BANBURY und NIXON [124] verwendeten ein Energiefilter und elektrisch geladene Schirme zur Erzeugung einer definierteren Feldverteilung im Probenraum. JOY und JAKUBOVICS [125] erreichten eine Energieselek-
tion und Verbesserung des magnetischen Kontrastes, indem sie eine Aperturblende
vor dem Kollektor anbrachten, deren optimale Form empirisch ermittelt wurde.
Weitere Untersuchungen zu diesem Gegenstand sind in [126, 127] beschrieben. Die
Objekte, die mit dieser Methode hauptsächlich untersucht wurden, sind neben
Magnetbandaufzeichnungen Ferromagnetika mit einachsiger Anisotropie, vor
allem Cobalt. Die Streufelder von Substanzen mit kubischer Anisotropie, wie z. B.
Eisen, sind so schwach, daß bis jetzt eine Abbildung mit dem Typ-1-Kontrast
nicht gelang. Abb. 20.15a zeigt Domänenstrukturen einer Cobaltprobe [128]. Es

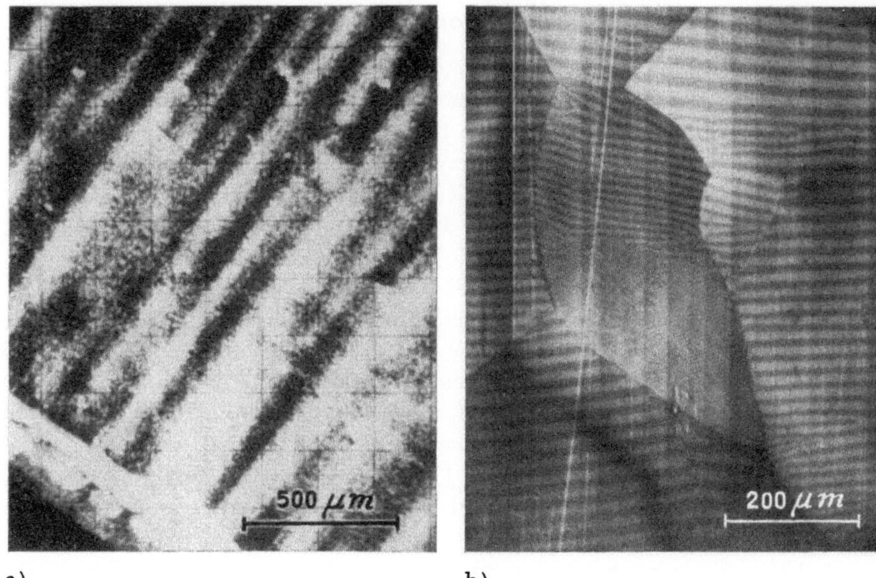

a)   b)

Abb. 20.15   REM-Abbildung magnetischer Domänen

a) Typ-1-Kontrast an einer Cobaltprobe (*Aufnahme*: W. BEIER, M. KITTLER [128]); b) Typ-2-Kontrast an einem Fe-Si-Transformatorblech (*Aufnahme*: D. E. NEWBURY; H. YAKOWITZ [132])

muß angemerkt werden, daß es sich beim Typ-1-Kontrast nicht um eine echte Abbildung der Domänen handelt, sondern daß die von den Domänen ausgehenden Streufelder den Bildkontrast hervorrufen.

Die rastermikroskopische Direktabbildung von Domänen in Eisen gelang FATHERS et al. [129]. Dieselben Autoren [130, 131] entwickelten die Methode, die sie als Typ-2-Kontrast bezeichnen, weiter und untersuchten die Kontrastentstehung theoretisch. Wie schon erwähnt, spielt hier die magnetische Flußdichte im Inneren der Probe eine Rolle, und zwar in der folgenden Weise. Die Probe sei um eine horizontale Achse gekippt, so daß der Primärstrahl schräg einfällt, und sie besitze eine Magnetisierung parallel zur Kippachse. Dann werden die in die Probe eindringenden Primärelektronen durch die Lorentz-Kraft zur Probenoberfläche hin oder von ihr fort abgelenkt, je nach der Polarität des Magnetfeldes, was eine Erhöhung der Zahl der rückgestreuten Elektronen im ersteren Fall und eine Erniedrigung im letzteren Fall zur Folge hat. Dieser Kontrast ist auch im Probenstrombild vorhanden. Er steigt mit zunehmender Beschleunigungsspannung und mit steigendem Kippwinkel (bis zu einem Maximum bei ca. 50°). Bei einer 180°-Drehung der Probe um ihre Normale wird der Kontrast umgekehrt. Die Domänengrenzen werden scharf abgebildet. Ein Beispiel für den Typ-2-Kontrast an einer Fe-Si-Probe zeigt Abb. 20.15b [132].

20.4. Durchstrahlungsabbildung von Ferromagnetika

Zum Verständnis der Eigenschaften magnetischer Werkstoffe hat auch die TEM ihren Beitrag geleistet. Die entstehenden Bildkontraste können oft befriedigend mit der ablenkenden Wirkung der Lorentz-Kraft auf die Strahlelektronen erklärt werden, weshalb sich der Begriff *Lorentz-Mikroskopie* durchgesetzt hat.

Die ersten Abbildungen magnetischer Domänen bei direkter Durchstrahlung einer magnetischen Schicht wurden 1959 von HALE, FULLER und RUBINSTEIN [133] sowie von BOERSCH und RAITH [134] erhalten. 1960 folgten umfassendere Arbeiten, darunter erste Ansätze zur theoretischen Behandlung des Kontrastes [135—139]. In den folgenden Jahren wuchs die Zahl der Veröffentlichungen schnell an; es ist heute kaum mehr möglich, eine vollständige Literaturübersicht zu geben[1]). Der interessierte Leser wird auf die zusammenfassenden Darstellungen verwiesen. Genannt seien die von GRUNDY und TEBBLE [145], WADE [146, 147], WOHLLEBEN [148] und JAKUBOVICS [103]. Ferner enthalten Monographien und Methodensammlungen Einzelkapitel zur Lorentz-Mikroskopie (z. B. [149—152]).

Das Prinzip der Methode sei anhand von Abb. 20.16 erläutert. Der in z-Richtung einfallende Elektronenstrahl treffe auf eine ferromagnetische Probe, die

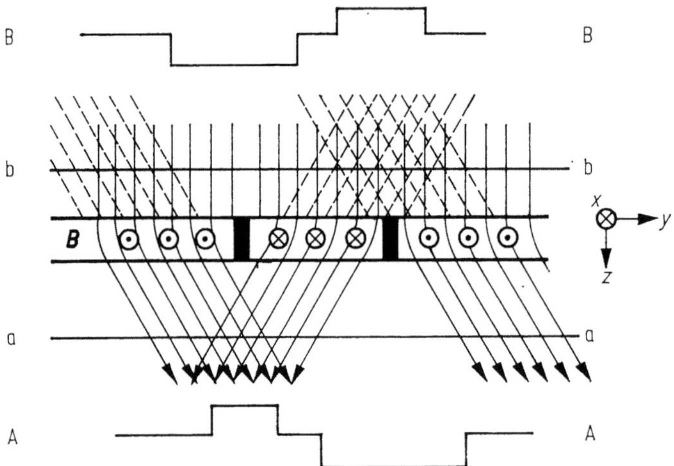

Abb. 20.16   Schematische Darstellung der Kontrastentstehung bei der Fresnel-Abbildung

180°-Wände parallel zur x-z-Ebene enthalte. Der Vektor $\boldsymbol{B}$ der magnetischen Flußdichte liege in der Schichtebene. Die Struktur der Wände selbst wird vernachlässigt. Je nachdem, ob in der betreffenden Domäne der Vektor $\boldsymbol{B}$ in $+x$- oder $-x$-Richtung zeigt, wird der Elektronenstrahl durch die Lorentz-Kraft in $-y$-

---

[1]) Die folgenden Literaturzitate umfassen deshalb auch nur einen Bruchteil der erschienenen Originalarbeiten. Es wurde angestrebt, zu jedem genannten Problem ein oder zwei typische Literaturbeispiele anzuführen.

bzw. $+y$-Richtung abgelenkt. Dies ist schematisch durch die Linien, die für die Elektronenbahnen stehen sollen, angedeutet. Es folgt, daß im Beugungsbild jeder Reflex in zwei Teilreflexe aufspaltet. Die Ablenkung, die für 100 kV-Elektronen in der Größenordnung von 10^{-4}rad liegt, führt in fokussierter Hellfeldabbildung in der Regel zu keinem Kontrast an den magnetischen Domänenwänden, da alle abgelenkten Elektronen die zentrisch zur optischen Achse gelegene Objektiv-aperturblende passieren können. Die Strahlablenkung kann jedoch auf zwei verschiedene Weisen zur Abbildung der Wände benutzt werden:

Defokussierte Abbildung (Schattenverfahren, Fresnel-Abbildung) [133]. In einer Ebene aa unterhalb des Objektes (vgl. Abb. 20.16) liegt eine Intensitätsverteilung AA vor. Wird diese Ebene vergrößert auf dem Leuchtschirm abgebildet (überfokussierte Abbildung), erscheinen die Domänenwände hell („konvergentes Bild") bzw. dunkel („divergentes Bild"). Bei Unterfokussierung auf die Ebene bb wird ein virtuelles Bild BB abgebildet; der Kontrast kehrt sich um (s. Abb. 20.17a, b; WADE in [152]). Die Fresnel-Abbildung wird oft auch unter dem Gesichtspunkt des Phasenkontrastes beschrieben (s. z. B. [147, 148]).

Fokussierte Abbildung (Schlierenverfahren, Foucault-Abbildung) [134]. Es wird die Reflexaufspaltung im Beugungsbild ausgenutzt. Wenn durch eine geeignete

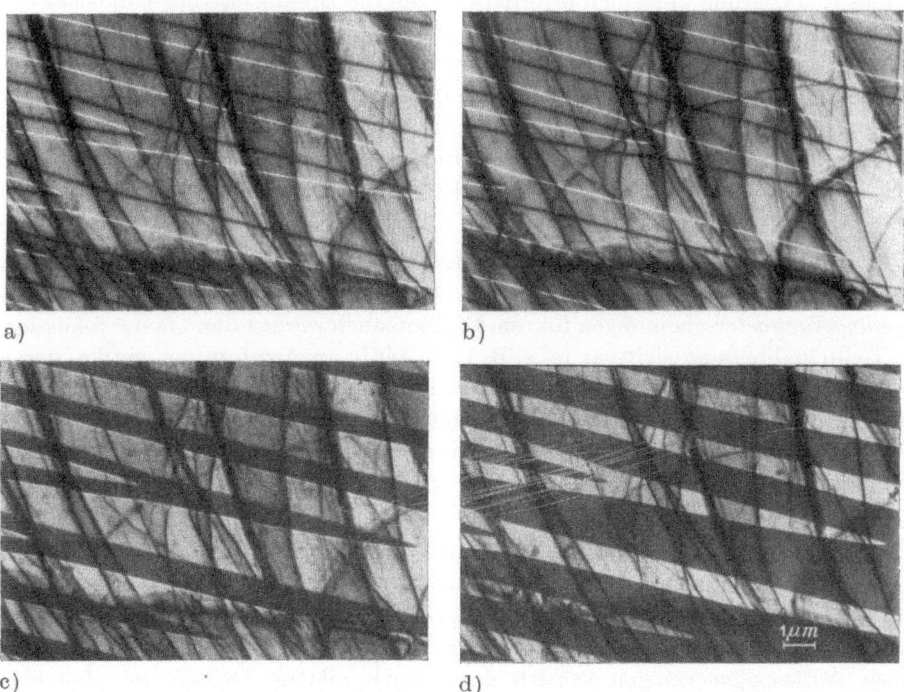

Abb. 20.17 Demonstration der Fresnel-Abbildung (a-unterfokussiert, b-überfokussiert) und der Foucault-Abbildung in jeweils einem Teilreflex (c bzw. d) an Bloch-Wänden in einer Cobalt-Folie. (*Aufnahme*: R. H. WADE in [152])

32 Elektronenmikroskopie

Verschiebung der Kontrastblende erreicht wird, daß nur einer der Teilreflexe zur Abbildung beiträgt, erscheinen die diesem Teilreflex entsprechenden Domänen hell, die anderen dunkel (Abb. 20.17c, d). Diese Methode erlaubt gleichzeitig die scharfe Abbildung von Gitterdefekten in den hellen Domänen.

Beide Verfahren der Lorentz-Mikroskopie erfordern die Beachtung bestimmter *Besonderheiten beim Mikroskopierbetrieb*. Um den relativ kleinen Ablenkwinkel wirksam werden zu lassen, muß mit sehr kleiner Beleuchtungsapertur gearbeitet werden. Dies führt in der Abbildung zu Intensitätsverlusten. Bei Wandstrukturuntersuchungen, die Interferenzeffekte ausnutzen (s. u.), ist auf die Erfüllung der Kohärenzbedingung zu achten [138]. Schließlich muß im EM mit elektromagnetischen Linsen der Einfluß des Objektivlinsenfeldes auf die Probe berücksichtigt werden, der bei Objekten mit geringer Koerzitivfeldstärke zur Ummagnetisierung bis zum Verschwinden der Domänengrenzen führen kann. Je nach Polschuh-geometrie, Objektivlinsenfeldstärke und Koerzitivfeld der Probe wird deshalb entweder mit schwach erregter oder ausgeschalteter Objektivlinse gearbeitet oder ein spezieller Probenhalter benutzt, der die Probe in eine gegenüber der Normalposition angehobene Lage bringt (s. z. B. [136]). In dieser Lage ist das auf die Probe wirkende Objektivlinsenfeld hinreichend schwach, und außerdem ist eine weitere Reduzierung desselben erforderlich, um die Brennweite des Objektivs der neuen Probenposition anzupassen. Diese notwendigen Veränderungen führen zu einem Verlust an elektronenoptischer Vergrößerung, der aber — vor allem bei der letzteren Methode — erträglich ist. Sollen die Einzelheiten des Beugungsbildes für die Analyse des Magnetisierungsverlaufes in der Probe herangezogen werden, muß die Kameralänge des Gerätes bedeutend heraufgesetzt werden (*Kleinwinkelbeugung*). Eine Übersicht über die verschiedenen Möglichkeiten dazu hat FERRIER gegeben [194, 195].

Die Strahlablenkung durch die Lorentz-Kraft kann in Einkristallen auch zu lokalen Veränderungen der Braggschen Beugungsbedingungen und damit zu *Beugungskontrast*erscheinungen führen. Die Domänen werden dann in der fokussierten Hellfeldabbildung sichtbar (s. z. B. [155, 156]). In Antiferromagnetika, deren Kristallsymmetrie sich unterhalb des Néel-Punktes verringert, können Domänenwände mit den üblichen Mitteln des Beugungskontrastes an Planardefekten abgebildet werden (s. z. B. [59]). Die Anwendung des Beugungskontrastes auf ferromagnetische Domänen stellt jedoch wegen der sehr speziellen Voraussetzungen die Ausnahme dar.

Die wichtigsten Anwendungen der Lorentz-Mikroskopie erfolgen zur Untersuchung von Domänenstrukturen, Wandstrukturen, Wanddicken, Wandbewegungen und Ummagnetisierungsvorgängen, von Wechselwirkungen der Domänen mit Gitterdefekten und zur Bestimmung von Materialkonstanten. Neben dem hohen Auflösungsvermögen werden dabei auch andere Vorzüge der Lorentz-Mikroskopie genutzt, wie die Möglichkeit, gleichzeitig die Kristall- und Realstruktur zu untersuchen oder die Probe der Einwirkung magnetischer Felder, hoher oder tiefer Temperaturen und mechanischen Spannungen auszusetzen.

Das hohe Auflösungsvermögen erlaubt die Abbildung der Domänenstruktur von Kristallen in Mikrobereichen (s. z. B. [142, 157]). Die von lichtmikroskopischen Untersuchungen her bekannten makroskopischen Strukturen (geradlinige 90°- und 180°-Grenzen, Abschlußdomänen, prismatische Domänen, Stufenstrukturen) sind in Mikrobereichen mit verkleinertem Maßstab wiedergefunden worden; außerdem ist eine Reihe von Besonderheiten der Domänenstruktur in sehr dünnen Bereichen und an Löchern gefunden worden (s. [145]). Die gleichzeitige Anwendung der Feinbereichsbeugung gestattet Aussagen über die Abhängigkeit der Domänenstruktur von der Kristallorientierung und die Untersuchung der Domänenstruktur mehrphasiger Materialien, einschließlich der Wechselwirkung zwischen Domänen- und Korn- oder Phasengrenzen (s. [145]). Unter Verwendung von heizbaren Probenhaltern kann die Temperaturabhängigkeit der Domänenstruktur untersucht werden (s. z. B. [158, 159]). Solche Versuche ergeben Aussagen über die Temperaturabhängigkeit der Kristallanisotropie [158], über das Verhalten der Domänenstruktur bei Phasenübergängen [160] oder über besondere Effekte in dünnen Schichten (Superparamagnetismus) [159]. Helium-Kühltische gestatten die Untersuchung der Domänenstruktur von Materialien mit sehr tief liegender Curie-Temperatur, wie $CrBr_3$ ($T_c = 36$ K) (s. z. B. [161]) oder EuS ($T_c = 16{,}5$ K) [162].

Besonders vielfältige Anwendung hat die Lorentz-Mikroskopie auf aufgedampfte und elektrolytisch abgeschiedene *dünne Schichten* gefunden, die auch für die Technik von Interesse sind. Die Schichten weisen häufig eine leichte Richtungsstreuung der Magnetisierung auf. Dieser „Magnetisierungsriffelung" (Abb. 20.18) ist eine größere Anzahl von Arbeiten gewidmet (z. B. [135, 163, 164]). Auch besondere Domänenstrukturen, die in bestimmten Kristallen und dünnen Schichten auf-

Abb. 20.18 Magnetisierungsriffelung in einer Permalloyschicht (defokussierte Abbildung im HEM, 1 MV)

32*

treten, wie die Streifenstruktur (z. B. [165—167]) und die Blasendomänen (z. B. [168, 169]) sind ausführlich lorentzmikroskopisch untersucht worden. Abb. 20.19a [169] zeigt z. B. Streifen- und Blasendomänen verschiedenen Typs sowie Versetzungen in einer Cobalt-Folie. Für die Technik sind Blasendomänen wegen ihrer Anwendung in Datenspeichern von besonderem Interesse.

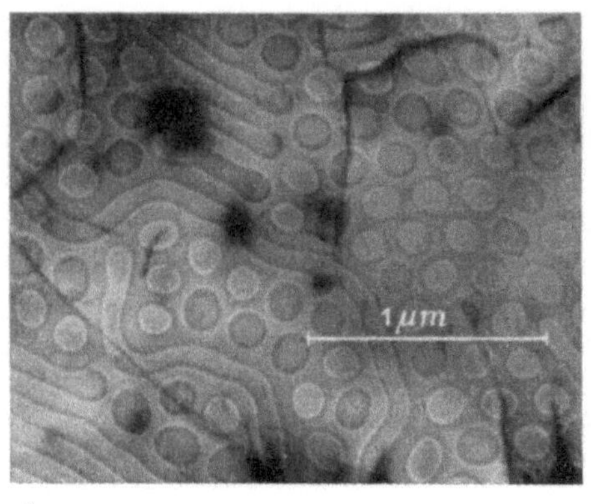
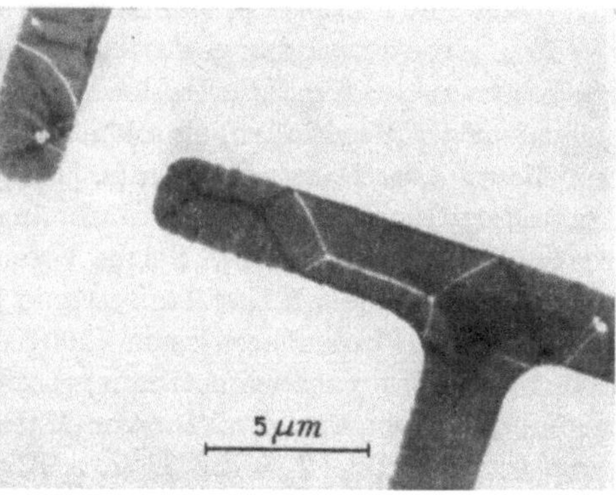

a)   b)

Abb. 20.19   Zwei Beispiele für die Anwendung der Lorentz-Mikroskopie
a) Streifen- und Blasendomänen sowie Versetzungen in einer Cobalt-Folie (*Aufnahme*: P. J. GRUNDY [169]); b) remanente Domänenstruktur in Teilen eines T-I-Permalloymusters (*Aufnahme*: G. A. JONES; P. J. GRUNDY; D. R. BRAMBLEY [171])

Auf dünne magnetische Schichten aufgebrachte Magnetisierungsmuster, ähnlich Tonaufzeichnungsimpulsen, können ebenfalls lorentzmikroskopisch abgebildet werden [170]. Die Bedeutung der Lorentz-Mikroskopie für die angewandte Forschung zeigt auch folgendes Beispiel: Zur Bildung, Fortbewegung und Detektierung von Blasendomänen in Blasenspeichern dienen Datenkanäle, deren Bestandteil aufgedampfte Filme spezieller Form sind („T-I-Permalloy-Muster"). Die Domänenkonfiguration sowie Ummagnetisierungsprozesse in diesen Strukturen sind von JONES, GRUNDY und BRAMBLEY [171] untersucht worden. Abb. 20.19b zeigt eine Aufnahme aus dieser Arbeit. Die Untersuchung der Wechselwirkung von Blasendomänen und T-I-Mustern im EM wird für günstige Fälle in Aussicht genommen [171].

Für die Grundlagenforschung sind vor allem *Untersuchungen an Domänenwänden* von Interesse. Schon vor der Anwendung der Lorentz-Mikroskopie war bekannt, daß in dünnen magnetischen Schichten drei Typen von Domänenwänden auftreten: Bloch-Wände, Néel-Wände und Stachelwände. Ein Beispiel für eine Stachelwand zeigt Abb. 20.20. Lorentzmikroskopisch wurden ein neuer Wandtyp gefunden (360°-Wände [172]) und neue, asymmetrische Wandmodelle [173, 174] qualitativ bestätigt [167, 175].

Einer der Schwerpunkte bei der Anwendung der Lorentz-Mikroskopie ist die Bestimmung der Domänenwanddicke und der Magnetisierungsverteilung in der Wand. Beide Aufgaben stehen in engem Zusammenhang. Die Kenntnis der Wand-

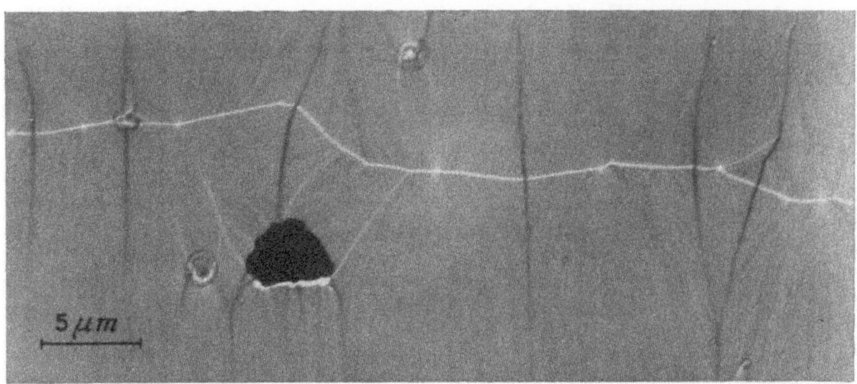

Abb. 20.20   Eine Stachelwand in einer Permalloyschicht (defokussierte Abbildung im HEM, 1 MV)

dicke gestattet u. a. die Bestimmung der Austauschkonstanten, die für viele Materialien nur ungenau bekannt ist. Die Lorentz-Mikroskopie ist die einzige Methode, die für eine große Zahl von magnetischen Materialien die Bestimmung der Wanddicke und -struktur erlaubt. (Typische Wanddicken liegen bei 20 ··· 500 nm.) Die Fresnel-Abbildung ist dazu grundsätzlich besser geeignet als die Foucault-Abbildung (s. z. B. [153, 154]). Wie man in Abb. 20.16 erkennt, wird aber die Breite des Wandbildes nicht von der Wanddicke selbst bestimmt, sondern vom Ablenkwinkel der Elektronen und von der Defokussierung. Um aus Fresnel-Abbildungen Aussagen über die Wanddicke zu erhalten, sind deshalb aufwendigere Untersuchungen erforderlich. Zumeist werden Intensitätsprofile, die unter verschiedenen Abbildungsbedingungen gewonnen wurden, mit für unterschiedliche Wandmodelle berechneten Profilen verglichen. Häufig wurde dazu die geometrisch-optische Theorie [135] verwendet (s. z. B. [176, 177]). BOERSCH et al. [141] haben aber gezeigt, daß diese bei der Interpretation der Interferenzen an konvergenten Wandbildern zu Widersprüchen führt; insbesondere sollte nach der geometrisch-optischen Interpretation die Lage der Interferenzstreifen unabhängig von der Lage der Wand in der Probe sein. Abb. 20.21 [147] zeigt solche Interferenzstreifen, die — im Gegensatz zur Aussage der geometrisch-optischen Theorie — dem Wand-verlauf folgen. Durch die Berücksichtigung der phasenschiebenden Wirkung des magnetischen Vektorpotentials gelang es, die Interferenzen an konvergenten Wand-bildern befriedigend zu beschreiben (wellenoptische Theorie [138, 140, 141]). WOHLLEBEN [153], COHEN [154], WADE [178] und GUIGAY und WADE [179] unter-suchten mit der wellenoptischen Theorie die Möglichkeiten und Grenzen der verschiedenen lorentzmikroskopischen Techniken sowie den Gültigkeitsbereich der geometrisch-optischen und der wellenoptischen Theorie; sie gaben quantitative Kriterien für deren Anwendbarkeit unter verschiedenen experimentellen Bedingungen an. Ein Ergebnis dieser Untersuchungen war die Erkenntnis, daß die — einfacher zu handhabende — geometrisch-optische Theorie einen größeren Gültigkeitsbereich für divergente Wandbilder besitzt als für konvergente. Eine

Reihe von Autoren hat Wanddickenbestimmungen an divergenten Wandbildern vorgenommen (s. z. B. [180, 181]). Eine ausführliche Darstellung der Probleme bei der Wanddickenbestimmung (die auftretenden Fehler erreichen nicht selten 25%) und subtiler Methoden zur Untersuchung der Wandstruktur findet sich bei JAKUBOVICS [103] (s. a. HOTHERSALL [175]).

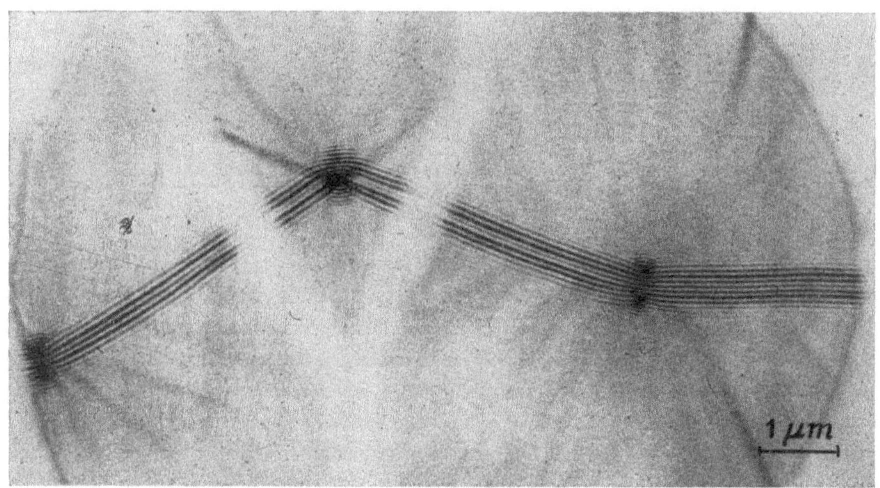

Abb. 20.21 Interferenzstreifen am konvergenten Bild einer Domänenwand in einer Permalloyschicht (Negativ-Kontrast; *Aufnahme*: R. H. WADE [147])

Der Einfluß von Magnetfeldern auf die Domänenstruktur (Ummagnetisierung, Domänenwandbewegung) kann im EM gut beobachtet werden. Benutzt wird das Objektivlinsenfeld selbst (s. z. B. [142]) oder eine zusätzliche Magnetisierungseinrichtung (s. z. B. [143, 144]). Die stroboskopische Technik gestattet die Untersuchung schnell ablaufender Umpolarisationsvorgänge (s. z. B. [182, 183]). Auch die Wandbeweglichkeit bei tiefen Temperaturen bis zu 4 K ist untersucht worden (s. z. B. [184]). Ein weiteres Anwendungsgebiet ist die Untersuchung der Wechselwirkung der Domänenstruktur mit der Realstruktur. Einige Beispiele seien genannt: Wechselwirkungen mit Antiphasengrenzen (s. z. B. [185]), Stapelfehlern [157, 185], Korngrenzen [157], Versetzungen [157, 169] und nichtmagnetischen Einschlüssen (s. z. B. [142]). Schließlich ist die Bestimmung stoffspezifischer Parameter, wie der Curie-Temperatur, des Betrages der Magnetisierung oder der Anisotropiekonstanten (s. dazu [103, 145, 152]) sowie der Probendicke [186] möglich.

Die jüngere Entwicklung wird einerseits gekennzeichnet durch die Anwendung auf für die Technik wichtige Probleme (s. o.) und neue magnetische Materialien (amorphe Schichten, s. z. B. [187, 188]) andererseits durch methodische Weiterentwicklungen. Es seien genannt: die Anwendung der optischen Beugung [164] und der Holographie und Interferometrie [154, 190], die HEM (s. z. B. [166, 191]), die Arbeit mit Feldemissionskatoden [189, 193] und die Raster-Transmissions-Elektronenmikroskopie (STEM; s. z. B. [192, 193]). Die zuletzt genannten Entwicklungen zielen hauptsächlich auf eine Verbesserung der Aussagefähigkeit und der Bildqualität, vor allem für dickere Schichten, sowie auf eine direkte Bestimmung des Domänenwandprofils hin.

20.5. Literatur

[1] CAMPBELL, D. S.; STIRLAND, D. J., Brit. J. Appl. Phys. 7 (1956) 62.
[2] TENNERY, V. J.; ANDERSON, F. R., J. Appl. Phys. 29 (1958) 755.
[3] SPIVAK, G. V.; IGRAS, E.; ŽELUDEV, I. S., Dokl. Akad. Nauk SSSR 122 (1958) 54.
[4] IGRAS, E.; SPIVAK, G. V.; ŽELUDEV, I. S., Kristallogr. 4 (1959) 121.
[5] NAKATANI, N., Jap. J. Appl. Phys. 15 (1976) 2113.
[6] TAKAGI, M.; SUZUKI, S., Proc. 6. Int. Congr. El. Micr., Kyoto 1966, Vol. 1, p. 623.
[7] DISTLER, G. I.; KONSTANTINOVA, V. P.; BORISOVA, N. M., Veröff. 6. Allunionskonf. El. Mikr., Novosibirsk 1967, S. 82.
[8] DISTLER, G. I., et al., Nature 218 (1968) 762.
[9] WEIDMANN, E. J.; ANDERSON, J. C., Thin Solid Films 7 (1971) 27.
[10] DISTLER, G. I.; KONSTANTINOVA, V. P.; VLASOV, V. P., Kristallogr. 14 (1969) 90.
[11] DISTLER, G. I.; VLASOV, V. P., Thin Solid Films 3 (1969) 333.
[12] TAKAGI, M.; SUZUKI, S.; TANAKA, K., J. Phys. Soc. Jap. 23 (1967) 134.
[13] DISTLER, G. I., et al., Izv. Akad. Nauk SSSR Ser. Fiz. 36 (1972) 1336.
[14] MEYER, K.-P., et al., Kristall Tech. 10 (1975) 759.
[15] HILCZER, B., et al., Phys. Status Solidi a 28 (1975) K101.
[16] SZCZEŚNIAK, L., et al., Kristall Tech. 11 (1976) 1189.
[17] ROBINSON, G. Y.; WHITE, R. M., Appl. Phys. Lett. 10 (1967) 320; Appl. Phys. Lett. 11 (1967) 141.
[18] MELEŠINA, V. A.; BAGDASAROV, CH. S.; POLCHOVSKAJA, T. M., Veröff. 10. Allunionskonf. El. Mikr., Taschkent 1976, Bd. 1, S. 214.
[19] LE BIHAN, R.; SELLA, C., Proc. 4. Europ. Reg. Conf. El. Micr., Rom 1968, Vol. 1, p. 91.
[20] LE BIHAN, R.; SELLA, C., J. Phys. Soc. Jap. 28 Suppl. (1970) 377.
[21] COATES, D. G.; SHAW, N., Proc. 7. Int. Congr. El. Micr., Grenoble 1970, Vol. 1, p. 259.
[22] LE BIHAN, R.; MAUSSION, M., C.R. Acad. Sci. (Paris) B 272 (1971) 1010.
[23] LE BIHAN, R.; MAUSSION, M., J. Phys. (Paris) 33 Suppl. (1972) C 2—215.
[24] GRUNDY, P. J.; JONES, G. A., Electron Microscopy in the Study of Materials Series: The Structures and Properties of Solids. Ed.: B. R. COLES, Vol. 7. — London: Edward Arnold Ltd. 1976.
[25] LE BIHAN, R.; MAUSSION, M., Rev. Phys. Appl. 9 (1974) 427.
[26] NAKATANI, N., Jap. J. Appl. Phys. 12 (1973) 1723.
[27] MICHEL, C., Philips Tech. Rundsch. 36 (1976/77) 18.
[28] JOUET, G., Dissertation. Nantes 1979.
[29] SPIVAK, G. V.; ANTOŠIN, M. K., Radiotech. Elektron 16 (1971) 1742.
[30] ANTOŠIN, M. K.; SPIVAK, G. V., Izv. Akad. Nauk SSSR Ser. Fiz. 36 (1972) 1901.
[31] ŠUVALOV, L. A., et al., Phys. Status Solidi a 28 (1975) 677.
[32] ANTOŠIN, M. K.; FILIPPOV, M. N., Veröff. 10. Allunionskonf. El. Mikr., Taschkent 1976, Bd. 1, S. 158.
[33] SPIVAK, G. V., et al., Kristallogr. 4 (1959) 123.
[34] MAFFITT, K. N., J. Appl. Phys. 39 (1968) 3878.
[35] ENGLISH, F. L., J. Appl. Phys. 39 (1968) 128.
[36] ENGLISH, F. L., J. Appl. Phys. 39 (1968) 3231.

[37] SOMEYA, T.; AZUMI, T.; KOBAYASHI, J., J. Phys. Soc. Jap. **28** Suppl. (1970) 374.
[38] SOMEYA, T.; KOBAYASHI, J., Proc. 7. Int. Congr. El. Micr., Grenoble 1970, Vol. 2, p. 627.
[39] SOMEYA, T.; KOBAYASHI, J., Phys. Status Solidi a **4** (1971) K161.
[40] KOBAYASHI, J.; SOMEYA, T.; FURUHATA, Y., Phys. Lett. **A 38** (1972) 309.
[41] SOMEYA, T.; KOBAYASHI, J., Phys. Status Solidi a **26** (1974) 325.
[42] LE BIHAN, R.; CHARTIER, J. L.; JEAN, L., Ferroelectr. **17** (1977) 429.
[43] LE BIHAN, R., Proc. 7. Int. Congr. El. Micr., Grenoble 1970, Vol. 2, p. 625.
[44] LE BIHAN, R., C.R. Acad. Sci. (Paris) **B 275** (1972) 29.
[45] NAKAMURA, T.; OHI, K., J. Phys. Soc. Jap. **18** (1963) 985.
[46] DE DUSSEL, H. L.; DE WAINER, L. S.; DE BENYACAR, M. A. R., Ferroelectr. **17** (1978) 487.
[47] GALSTJAN, V. G., et al., Veröff. 8. Allunionskonf. El. Mikr., Moskau 1971, Bd. 1, S. 100.
[48] GERSON, R., J. Appl. Phys. **31** (1960) 188.
[49] SOGR, A. A.; BORODIN, V. Z., Veröff. 10. Allunionskonf. El. Mikr., Taschkent 1976, Bd. 1, S. 118.
[50] LE BIHAN, R.; MAUSSION, M., Ferroelectr. **7** (1974) 307.
[51] OLEJNIK, A. S.; BOKOV, V. A., Fiz. Tverd. Tela **17** (1975) 883.
[52] NOMURA, S.; ENDO, M.; KOJIMA, F., Jap. J. Appl. Phys. **13** (1974) 2004.
[53] OHNISHI, N.; IIZUKA, T., J. Appl. Phys. **46** (1975) 1063.
[54] PFISTERER, H.; FUCHS, E.; LIESK, W., Naturwiss. **49** (1962) 178.
[55] TANAKA, M.; KITAMURA, N.; HONJO, G., J. Phys. Soc. Jap. **17** (1962) 1197.
[56] HONJO, G., J. Phys. Soc. Jap. **17**, Suppl. B-II (1962) 277.
[57] BLANK, H.; AMELINCKX, S., Appl. Phys. Lett. **2** (1963) 140.
[58] GEVERS, R., et al., Phys. Status Solidi **4** (1964) 383.
[59] GEVERS, R., et al., Phys. Status Solidi **5** (1964) 595.
[60] FUCHS, E.; LIESK, W., J. Phys. Chem. Solids **25** (1964) 845.
[61] ŠAKMANOV, V. V.; SPIVAK, G. V., Izv. Akad. Nauk SSSR Ser. Fiz. **32** (1968) 1200.
[62] WICKS, B. J.; LEWIS, M. H., Phys. Status Solidi **26** (1968) 571.
[63] ŠAKMANOV, V. V., et al., Kristallogr. **17** (1972) 351.
[64] HONJO, G., et al., Proc. 8. Int. Congr. El. Micr., Canberra 1974, Vol. 1, p. 554.
[65] HUTCHINSON, J. L.; ANDERSON, J. S.; RAO, C. N. R., Proc. Roy. Soc. London **A 355** (1977) 301.
[66] HARDIMAN, B.; ZEYFANG, R.; REEVES, C., J. Appl. Phys. **44** (1973) 5266.
[67] GEVERS, R.; VAN LANDUYT, J.; AMELINCKX, S., Phys. Status Solidi **11** (1965) 689.
[68] REMAUT, G., et al., Phys. Status Solidi **10** (1965) 121.
[69] REMAUT, G., et al., Phys. Status Solidi **13** (1966) 125.
[70] BAUER, E., Elektronenbeugung. — München: Verlag Moderne Industrie 1958.
[71] GEVERS, R.; BLANK, H.; AMELINCKX, S., Phys. Status Solidi **13** (1966) 449.
[72] SNYKERS, M.; DELAVIGNETTE, P.; AMELINCKX, S., Mater. Res. Bull. **7** (1972) 831.
[73] SNYKERS, M., et al., Cryst. Lattice Defects **3** (1972) 99.
[74] SERNEELS, R., et al., Phys. Status Solidi b **58** (1973) 277.
[75] SNYKERS, M., et al., Phys. Status Solidi a **41** (1977) 51.
[76] TANAKA, M.; HONJO, G., J. Phys. Soc. Jap. **19** (1964) 954.
[77] TANAKA, M.; HONJO, G., Proc. 6. Int. Congr. El. Micr., Kyoto 1966, Vol. 1, p. 83.
[78] TANAKA, M.; HONJO, G., Proc. 7. Int. Congr. El. Micr., Grenoble 1970, Vol. 1, p. 55.
[79] TANAKA, M.; LEHMPFUHL, G., Jap. J. Appl. Phys. **11** (1972) 1755.
[80] TANAKA, M., Proc. 8. Int. Congr. El. Micr., Canberra 1974, Vol. 1, p. 556.
[81] TANAKA, M., Acta Cryst. **A 31** (1975) 59.
[82] YAMAMOTO, N.; YAGI, K.; HONJO, G., Phys. Status Solidi a **41** (1977) 523.
[83] YAMAMOTO, N.; YAGI, K.; HONJO, G., Phys. Status Solidi a **42** (1977) 257.
[84] YAMAMOTO, N.; YAGI, K.; HONJO, G., Phys. Status Solidi a **44** (1977) 147.

[85] REMAUT, G.; GEVERS, R.; AMELINCKX, S., Phys. Status Solidi 20 (1967) 613.

[86] ZIMMERMANN, A.; BOLLMANN, W.; SCHMID, H., Phys. Status Solidi a 3 (1970) 707.

[87] NIEHRS, H., Z. Phys. 140 (1955) 106.

[88] LIESK, W., Z. Angew. Phys. 21 (1966) 205.

[89] LIESK, W., Appl. Phys. Lett. 5 (1964) 69.

[90] VAN LANDUYT, J.; AMELINCKX, S., Cryst. Lattice Defects 1 (1969) 113.

[91] TANAKA, M.; YATSUHASHI, T.; HONJO, G., J. Phys. Soc. Jap. 28 Suppl. (1970) 386.

[92] GLEITER, H.; MALIS, T., J. Appl. Phys. 47 (1976) 5195.

[93] BRADT, R. C.; ANSELL, G. S., J. Appl. Phys. 38 (1967) 5407.

[94] TANAKA, M.; HIMIYAMA, Y., Acta Cryst. A 31 (1975) 264.

[95] VENABLES, J. D., Appl. Phys. Lett 25 (1974) 254.

[96] ŠAKMANOV, V. V.; SPIVAK, G. V.; JAKUNIN, S. K., Fiz. Tverd. Tela 12 (1970) 2286.

[97] YAMAMOTO, N.; YAGI, K.; HONJO, G., Proc. 9. Int. Congr. El. Micr., Toronto 1978, Vol. 1, p. 472.

[98] MORI, S.; SASAKI, H., J. Phys. Soc. Jap. 20 (1965) 1089.

[99] HILCZER, B.; MEYER, K.-P.; SZCZEŚNIAK, L., unveröffentlicht.

[100] LANDOLT-BÖRNSTEIN, Zahlenwerte und Funktionen aus Naturwissenschaft und Technik. Neue Serie, Bd. III/3: Ferro- und Antiferroelektrische Substanzen. Hrsg.: K.-H. HELLWEGE, A. M. HELLWEGE. — Berlin/Heidelberg/New York: Springer-Verlag 1969.

[101] MAYER, L., Wright Air Development Center, WADC Techn. Rep. 59-640, 1959.

[102] PETROV, V. I.; SPIVAK, G. V.; PAVLJUČENKO, O. P., Usp. Fiz. Nauk 102 (1970) 529.

[103] JAKUBOVICS, J. P., Lorentz Microscopy and Applications (TEM and SEM). In: Electron Microscopy in Materials Science. Eds.: E. RUEDL; U. VALDRÉ. — Brüssel/Luxemburg: Commission of the European Communities 1975, Part 4, p. 1303.

[104] ECKARDT, A.; ELSCHNER, B., Naturwiss. 39 (1952) 566.

[105] CRAIK, D. J.; GRIFFITH, P. M., Brit. J. Appl. Phys. 9 (1958) 279.

[106] SALLO, J. S.; OLSEN, K. H., J. Appl. Phys. 32 (1961) 203 S.

[107] HUTCHINSON, R. I.; LAVIN, P. A.; MOON, J. R., J. Sci. Instrum. 42 (1965) 885.

[108] SCHWARTZE, W., Ann. Phys. (Leipzig) 19 (1957) 322.

[109] SAAD ELDIN, M., et al., Proc. 7. Int. Congr. El. Micr., Grenoble 1970, Vol. 2, p. 597.

[110] SPIVAK, G. V., et al., Dokl. Akad. Nauk SSSR 92 (1953) 541.

[111] SPIVAK, G. V., et al., Dokl. Akad. Nauk SSSR 105 (1955) 706.

[112] SPIVAK, G. V.; DOMBROVSKAJA, T. N.; SEDOV, N. N., Dokl. Akad. Nauk SSSR 113 (1957) 78.

[113] SEDOV, N. N.; SPIVAK, G. V.; ISAJEVA, N. F., Izv. Akad. Nauk SSSR Ser. Fiz. 25 (1961) 725.

[114] SEDOV, N. N.; SPIVAK, G. V.; DJUKOV, V. G., Izv. Akad. Nauk SSSR Ser. Fiz. 32 (1968) 1134.

[115] SCHWERTFEGER, W., Ferromagnetische Domänenstrukturen im Elektronen-Emissionsmikroskop. In: Beiträge zur elektronenmikroskopischen Direktab-bildung von Oberflächen. Hrsg.: G. PFEFFERKORN. — Münster: Remy 1969, Bd. 2, S. 75.

[116] SPIVAK, G. V.; PRILEŽAJEVA, I. N.; AZOVCEV, V. K., Dokl. Akad. Nauk SSSR 105 (1955) 965.

[117] MAYER, L., J. Appl. Phys. 28 (1957) 975.

[118] KRANZ, J.; BIALAS, H., Optik 18 (1961) 178.

[119] MAYER, L., J. Appl. Phys. 30 (1959) 252 S.

[120] MAYER, L., J. Appl. Phys. 29 (1958) 658.

[121] BETHGE, H.; HEYDENREICH, J., Adv. Opt. Electron Microsc. 4 (1971) 161.

[122] BOK, A. B., A Mirror Electron Microscope. — Delft: Hoogland und Waltman 1968.

[123] DORSEY, J. R., Proc. 1. Nat. Conf. Electron Probe Microanalysis, Maryland 1966, unpublished.

[124] BANBURY, J. R.; NIXON, W. C., J. Sci. Instrum. **44** (1967) 889.

[125] JOY, D. C.; JAKUBOVICS, J. P., Philos. Mag. **17** (1968) 61.

[126] WARDLY, G. A., J. Appl. Phys. **42** (1971) 376.

[127] KAMMLOTT, G. W., J. Appl. Phys. **42** (1971) 5156.

[128] BRÜMMER, O.; BEIER, W.; KITTLER, M., Veröff. 2. Arbeitstag. Mikrosonde DDR, Berlin 1973, S. 320.

[129] FATHERS, D. J.; JAKUBOVICS, J. P.; JOY, D. C., Philos. Mag. **27** (1973) 765.

[130] FATHERS, D. J., et al., Phys. Status Solidi a **20** (1973) 535.

[131] FATHERS, D. J., et al., Phys. Status Solidi a **22** (1974) 609.

[132] NEWBURY, D. E.; YAKOWITZ, H., Proc. 19. Conf. Magnetism and Magnetic Materials, Boston 1973, p. 1372.

[133] HALE, M. E.; FULLER, H. W.; RUBINSTEIN, H., J. Appl. Phys. **30** (1959) 789.

[134] BOERSCH, H.; RAITH, H., Naturwiss. **46** (1959) 574.

[135] FULLER, H. W.; HALE, M. E., J. Appl. Phys. **31** (1960) 238.

[136] FUCHS, E., Naturwiss. **47** (1960) 392.

[137] BOERSCH, H.; RAITH, H.; WOHLLEBEN, D., Z. Phys. **159** (1960) 388.

[138] BOERSCH, H., et al., Z. Phys. **159** (1960) 397.

[139] FULLER, H. W.; HALE, M. E., J. Appl. Phys. **31** (1960) 1699.

[140] BOERSCH, H., et al., Z. Phys. **164** (1961) 55.

[141] BOERSCH, H., et al., Z. Phys. **167** (1962) 72.

[142] MICHALAK, J. T.; GLENN, R. C., J. Appl. Phys. **32** (1961) 1261.

[143] REIMER, L., Z. Angew. Phys. **13** (1961) 143.

[144] FUCHS, E., Naturwiss. **13** (1961) 157.

[145] GRUNDY, P. J.; TEBBLE, R. S., Adv. Phys. **17** (1968) 153.

[146] WADE, R. H., Some Aspects of Lorentz Microscopy. In: Electron Microscopy in Material Science. Ed.: U. VALDRÉ. — New York/London: Academic Press 1971, p. 680.

[147] WADE, R. H., Adv. Opt. Electron Microsc. **5** (1973) 238.

[148] WOHLLEBEN, D., Magnetic Phase Contrast. In: Electron Microscopy in Material Science. Ed.: U. VALDRÉ. — New York/London: Academic Press 1971, p. 712.

[149] HEIDENREICH, R. D., Fundamentals of Transmission Electron Microscopy. — New York/London/Sydney: Interscience Publishers 1964, Chapt. XI.

[150] HIRSCH, P. B., et al., Electron Microscopy of Thin Crystals. — London: Butterworth & Co. 1965, Chapt. 16.

[151] FUCHS, E., Magnetische Bereichsstrukturen. In: Methodensammlung der Elektronenmikroskopie. — Stuttgart: Wissenschaftliche Verlagsanstalt 1970, Abschnitt 4.2.4.

[152] EDINGTON, J. W., Interpretation of Transmission Electron Micrographs. — London/Basingstoke: MacMillan Press Ltd. 1975, Sect. 3.23.

[153] WOHLLEBEN, D., J. Appl. Phys. **38** (1967) 3341.

[154] COHEN, M. S., J. Appl. Phys. **38** (1967) 4966.

[155] JAKUBOVICS, J. P., Philos. Mag. **10** (1964) 277.

[156] THIERINGER, H. M.; WILKENS, M., Phys. Status Solidi **7** (1964) K5.

[157] SILCOX, J., Philos. Mag. **8** (1963) 7.

[158] GRUNDY, P. J., Philos. Mag. **12** (1965) 335.

[159] JONES, G. A., Brit. J. Appl. Phys. **17** (1966) 383.

[160] LEWIS, W. F., J. Appl. Phys. **48** (1977) 2980.

[161] MATRICARDI, V., et al., J. Appl. Phys. **38** (1967) 1297.

[162] PFISTERER, H.; FUCHS, E.; TISCHER, P., Z. Angew. Phys. **27** (1969) 179.

[163] SUZUKI, T., Phys. Status Solidi **37** (1970).

[164] AJEIAN, R.; KAPPERT, H.; REIMER, L., Z. Angew. Phys. **30** (1970) 80.

[165] SPAIN, R. J., Appl. Phys. Lett. **3** (1963) 208.
[166] PUCHALSKA, I. B.; FERRIER, R. P., Thin Solid Films **1** (1967/68) 437.
[167] CHAPMAN, J. N.; FERRIER, R. P., Philos. Mag. **28** (1973) 581.
[168] GRUNDY, P. J., et al., Phys. Status Solidi **9** (1972) 79.
[169] GRUNDY, P. J., Contemp. Phys. **18** (1977) 47.
[170] SPELIOTIS, D. E.; MORRISON, J. R., J. Appl. Phys. **40** (1969) 982.
[171] JONES, G. A.; GRUNDY, P. J.; BRAMBLEY, D. R., J. Phys. (London) **D 11** (1978) L165.
[172] FELDTKELLER, E.; LIESK, W., Naturwiss. **14** (1962) 195.
[173] HUBERT, A., Phys. Status Solidi **32** (1969) 519.
[174] LA BONTE, A. E., J. Appl. Phys. **40** (1969) 2450.
[175] HOTHERSALL, D. C., Philos. Mag. **20** (1969) 89.
[176] FUCHS, E., Z. Angew. Phys. **14** (1962) 203.
[177] WADE, R. H., J. Appl. Phys. **37** (1966) 366.
[178] WADE, R. H., J. Phys. (Paris) **29** Suppl. 2−3 (1968) 95.
[179] GUIGAY, J. P.; WADE, R. H., Phys. Status Solidi **29** (1968) 799.
[180] SUZUKI, T.; WILTS, C.H.; PATTON, C. E., J. Appl. Phys. **39** (1968) 1983.
[181] REIMER, L.; KAPPERT, H., Z. Angew. Phys. **26** (1969) 58.
[182] PETROV, V. I.; SPIVAK, G. V., Z. Angew. Phys. **27** (1969) 188.
[183] BOSTANJOGLO, O.; ROSIN, T., Opt. Acta **24** (1977) 657.
[184] BOSTANJOGLO, O.; FICHTNER, H., Phys. Status Solidi **34** (1969) 511.
[185] JAKUBOVICS, J. P.; LAPWORTH, A. J.; JOLLY, T. W., J. Appl. Phys. **49** (1978) 2002.
[186] WARRINGTON, D. H.; RODGERS, J. M.; TEBBLE, R. S., Philos. Mag. **7** (1962) 1783.
[187] HERD, S. R., Phys. Status Solidi a **38** (1976) 305.
[188] NANDRA, S. S.; GRUNDY, P. J., Phys. Status Solidi a **41** (1977) 65.
[189] INOUE, M.; HARADA, Y.; YAMAMOTO, T., Optik **48** (1977) 341.
[190] OLIVEI, A., Optik **30** (1969) 27.
[191] SUZUKI, T.; WILKENS, M., Phys. Status Solidi a **3** (1970) 43.
[192] CHAPMAN, J. N.; DARLINGTON, E. H., J. Phys. (London) **E 7** (1974) 181.
[193] CHAPMAN, J. N., et al., Ultramicroscopy **3** (1978) 203.
[194] FERRIER, R. P., Bull. Soc. Fr. Minér. Cristallogr. **90** (1967) 464.
[195] CURTIS, G. H.; FERRIER, R. P.; MURRAY, R. T., J. Sci. Instrum. **44** (1967) 867.

ANHANG

ANHANG 1.

Theoretische Grundlagen des elektronenmikroskopischen Beugungskontrastes (einschließlich Computersimulation der Abbildung von Kristalldefekten)

(K. Scheerschmidt

Grundlage für das Verständnis der im vorliegenden Buch mehrfach zur Gitterdefektabbildung benötigten Methode des elektronenmikroskopischen Beugungskontrastes ist die ausreichende Beschreibung des Wechselwirkungsprozesses der ein kristallines Objekt durchsetzenden Elektronen mit den Gitterbausteinen. Anders als im Fall des Streuabsorptionskontrastes amorpher Materialien (s. dazu Kap. 2., Übersichtsliteratur und [1—7]) treten infolge der Beugung der Elektronen an den Netzebenen des Kristalles neben dem ungebeugten Strahlenbündel mehrere gebeugte auf. Der durch Ausblenden eines Strahlenbündels entstehende Beugungskontrast wird als Hellfeld- oder Dunkelfeldabbildung bezeichnet, je nachdem, ob das ungebeugte oder eines der gebeugten Bündel zur Bildebene gelangt. Der Kontrast entsteht dabei durch die örtlich unterschiedliche Verteilung der Elektronen auf die einzelnen Strahlenbündel infolge der Verzerrungen der Netzebenen in der Nähe von Gitterdefekten. Werden mehrere Strahlenbündel durch die Objektivapertur hindurchgelassen, dann wird der eigentlichen Beugungskontrastabbildung noch eine Netzebenenabbildung überlagert [8], oder es entstehen sog. *multi-beam*-Abbildungen [9]. Dies erfordert eine Modifikation der theoretischen Betrachtungen, wenn Objektdetails kleiner als etwa 1 nm angebildet werden sollen [10, 11], da dann zusätzlich zum Wechselwirkungsprozeß im Kristall der Abbildungsprozeß im Elektronenmikroskop (EM) durch Erfassen z. B. des Einflusses der Linsenfehler und der Defokussierung berücksichtigt werden muß (s. a. Kap. 3.). Kann die elektronenmikroskopische Abbildung als fehlerfrei angesehen werden, dann ergibt sich die Intensitätsverteilung im Beugungskontrastbild als Betragsquadrat der Amplituden derjenigen ebenen Wellen, die den durch die Blende gelangenden Strahlen entsprechen.

Die Berechnung der Amplituden der gebeugten Elektronenstrahlen gelingt im fehlerfreien Kristall mit der dynamischen Theorie der Elektronenbeugung [1—3], während im gestörten Gitter wegen der Verzerrungen infolge von Gitterdefekten die dynamische Theorie des Beugungskontrastes [4—7] erforderlich wird. Die Wellenfunktion $\psi(\boldsymbol{r})$ der gesamten an der Streuung beteiligten Elektronen wird durch die zeitunabhängige Schrödinger-Gleichung beschrieben:

$$\Delta\psi + 4\pi^2 \left[\varkappa^2 + V(\boldsymbol{r}) \right] \psi = 0 \, . \tag{A 1.1}$$

Hierbei ist $\varkappa = 1/\lambda$ der Betrag des Wellenvektors $\boldsymbol{\varkappa}$ der Elektronen im Vakuum und das „Potential" V eine Größe, die mit der potentiellen Energie $\overline{V}(\boldsymbol{r})$ in der hier verwendeten Schreibweise durch $V(\boldsymbol{r}) = -\overline{V}(\boldsymbol{r}) \cdot 2m/h^2$ verknüpft ist $\left(\overline{V}(\boldsymbol{r}) \right.$

ist negativ). Es wird vorausgesetzt, daß die Wechselwirkung der Elektronen untereinander im einfallenden Strahl vernachlässigbar ist und relativistische Einflüsse durch Korrektur der Elektronenmasse und der Wellenlänge genügend genau erfaßt werden [12]. Dann gilt, wenn U die Beschleunigungsspannung der Elektronen bezeichnet, für die Wellenlänge [3]:

$$\lambda = h \left[2m_0 e_0 U \left(1 + \frac{e_0 U}{2m_0 c^2} \right) \right]^{-1/2} \tag{A 1.2}$$

(e_0 — Elementarladung, m_0 — Ruhemasse, h — Wirkungsquantum, c — Lichtgeschwindigkeit).

Die durch Gl. (A 1.1) gegebene Einelektronennäherung gilt nicht für unelastisch gestreute Elektronen, die durch elementare Wechselwirkungen, wie z. B. Elektronen-, Plasmonen- oder Phononenanregung, entstehen und kompliziertere Ansätze für die Wellenfunktion erfordern [13, 14]. Experimente [15], speziell mit Hilfe der Energiefilter- [16] und der Energieanalyse-EM [17] zeigen, daß die Kontrasteffekte elastisch und unelastisch gestreuter Elektronen vergleichbar sind. Theoretische Ansätze [18, 19] führen zum phänomenologischen Konzept des imaginären Potentialanteils zur Beschreibung der infolge unelastischer Streuung auftretenden anomalen Absorption und Transmission. Dieses Konzept scheint auch für größere Kristalldicken befriedigend zu sein [15], so daß Gl. (A 1.1) mit komplexem $V(\boldsymbol{r})$ als Grundlage der Berechnung aller Beugungsphänomene anzusehen ist.

A 1.1. Beugung am baufehlerfreien Kristall

Das Potential V in Gl. (A 1.1) wird außerhalb des Kristalls zu Null angenommen und innerhalb eines ungestörten Gitters als gitterperiodische Funktion in eine Fourier-Reihe entwickelt:

$$V(\boldsymbol{r}) = \sum_j V_{\boldsymbol{g}_j} \exp\left[2\pi i (\boldsymbol{g}_j \cdot \boldsymbol{r}) \right] . \tag{A 1.3}$$

Hier bedeuten die $\boldsymbol{g}_j$ die reziproken Gittervektoren, wobei im folgenden stets anstelle von $\boldsymbol{g}_j$ nur $\boldsymbol{g}$ und anstelle von $\sum_j$ nur $\sum_{\boldsymbol{g}}$ geschrieben wird. Die Fourier-Koeffizienten sind komplex: $V_{\boldsymbol{g}} = V_{\boldsymbol{g}}^{\mathrm{re}} + i V_{\boldsymbol{g}}^{\mathrm{im}}$, wobei die Realteile $V_{\boldsymbol{g}}^{\mathrm{re}}$ über die atomaren Streufaktoren ermittelt werden können [20, 21], wenn die thermische Vibration des Gitters entsprechend Berücksichtigung findet [22]. Die Imaginärteile $V_{\boldsymbol{g}}^{\mathrm{im}}$ erfordern die Berechnung der inelastischen Wechselwirkungsprozesse in der bereits zitierten Weise [18, 19] und können Tabellen entnommen werden [21, 23].

Ausgehend davon, daß die stationären Lösungen der Schrödinger-Gleichung im Vakuum ebene Wellen und im baufehlerfreien Kristall Bloch-Wellen sind, können zwei verschiedene Lösungsansätze für die Berechnung der Wellenfunktion gegeben werden. Die Entwicklung nach ebenen Wellen mit den Amplituden $\Phi_{\boldsymbol{g}}(\boldsymbol{r})$ ergibt

$$\psi(\boldsymbol{r}) = \sum_{\boldsymbol{g}} \Phi_{\boldsymbol{g}}(\boldsymbol{r}) \exp\left[2\pi i (\boldsymbol{K} + \boldsymbol{g} + \boldsymbol{s}_{\boldsymbol{g}}) \, \boldsymbol{r} \right] , \tag{A 1.4}$$

während der Ansatz mit den Bloch-Wellen $b_l(\boldsymbol{r})$ in der Form

$$\psi(\boldsymbol{r}) = \sum_l \varphi^l(\boldsymbol{r})\, b_l(\boldsymbol{r}) = \sum_l \varphi^l(\boldsymbol{r}) \sum_g C_g^l \exp\left[2\pi i(\boldsymbol{K} + \boldsymbol{g} + \delta\boldsymbol{k}^l)\,\boldsymbol{r}\right] \qquad (\text{A }1.5)$$

geschrieben werden kann [5, 6]. Die Amplituden der ebenen Wellen sind im Vakuum konstant, die Anregungsstärken $\varphi^l(\boldsymbol{r})$ der Bloch-Wellen hingegen im baufehlerfreien Kristall. Da infolge der Grenzbedingungen an den Grenzflächen die Tangentialkomponenten von $\boldsymbol{K}$ und $\varkappa$ übereinstimmen müssen — zur Definition der Koordinaten s. Abb. A 1.1 —, gilt für die Eigenwerte δk^l und die Abweichungsfehler s_g [24, 25]:

$$\delta\boldsymbol{k}^l = -\delta k^l \cdot \boldsymbol{f}, \qquad \boldsymbol{s}_g = -s_g \cdot \boldsymbol{f} \qquad (\text{A }1.6)$$

($\boldsymbol{f}$ — Normaleneinheitsvektor der Folienflächen). Der Vektor $\boldsymbol{K}$ bezeichnet dabei

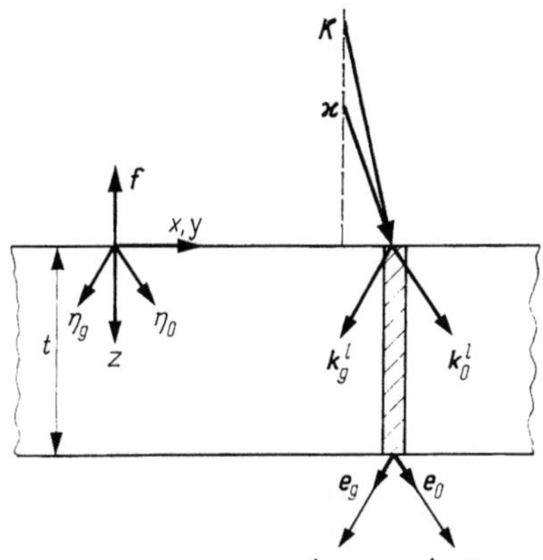

Abb. A 1.1   Schematische Darstellung der verwendeten Koordinatensysteme und Richtungsvektoren

den auf Refraktion korrigierten Wellenvektor der einfallenden Elektronenwelle mit gleicher Tangentialkomponente und dem Betrag

$$K = (\varkappa^2 + V_0^{\text{re}})^{1/2} > \varkappa, \qquad (\text{A }1.7)$$

so daß vom konstanten Glied in Gl. (A 1.3) nur noch der Imaginärteil $V_0 = iV_0^{\text{im}}$ übrig bleibt.

Mit den Gleichungen (A 1.5), (A 1.6) und (A 1.1) erhält man die folgende Säkulargleichung als Eigenwertgleichung für die $\boldsymbol{k}_g^l = \boldsymbol{K} + \boldsymbol{g} + \delta\boldsymbol{k}^l$, die oft als Grundgleichung der dynamischen Theorie bezeichnet wird:

$$[(k_g^l)^2 - K^2]\, C_g^l = \sum_h C_h^l\, V_{g-h}. \qquad (\text{A }1.8)$$

Die Anregungsstärken φ^l ergeben sich aus der Erfüllung der Grenzbedingungen, welche Stetigkeit für ψ und $\partial\psi/\partial z$ an beiden Grenzflächen erfordern und damit einen Ansatz für die an der Eintrittsfläche zurückgestreuten Elektronen in Form ebener Wellen notwendig machen. Die Amplituden der aus der Folie austretenden Elektronen ergeben sich nach den Gleichungen (A 1.4) und (A 1.5) zu:

$$\Phi_g(t) = \sum_l \varphi^l(t)\, C_g^l \exp\left[2\pi i(\delta k^l - s_g)\, t\right] . \tag{A 1.9}$$

Hieraus erkennt man, daß die Interferenzerscheinungen der Bloch-Wellen relativ kompliziert sein können, zumal Gl. (A 1.9) vollständige Kohärenz aller Elektronen voraussetzt. Sind nur zwei Wellen, etwa $l = i$ und $l = j$ stark angeregt, dann wird die Diskussion vereinfacht: Es treten Pendelerscheinungen der Intensität mit der Folientiefe im Abstand $\xi^{\mathrm{eff}} = 1/|\mathrm{Re}\{\delta k^i - \delta k^j\}|$ auf. Dieser Abstand wird effektive Extinktionslänge genannt. Für die Absorption läßt sich eine analoge Größe, die effektive Absorptionslänge mit den Imaginärteilen der δk^l definieren [11]. Die kritischen Fälle $\mathrm{Re}\{\delta k^i - \delta k^j\} = 0$ bzw. $\mathrm{Im}\{\delta k^i - \delta k^j\} = 0$ treten unter besonderen Bedingungen auf und charakterisieren die Erscheinungen des *critical-voltage*-Effektes bzw. das Phänomen des *channelling*. Einzelheiten dazu findet man in Kap. 4. bzw. in Kap. 6. Für den exakt angeregten Zweistrahlfall ($s_0 = s_g = 0$), bei dem nur der durchgehende und ein gebeugter Strahl hohe Intensität besitzen, werden die effektiven Längen mit den reziproken Werten des Gitterpotentials identisch und Extinktionslänge genannt:

$$\xi^{\mathrm{eff}}\big|_{s_0 = s_g = 0} = \xi_g = K\,(e_0 \cdot e_g)\,/\,V_g^{\mathrm{re}} \approx K_z/V_g^{\mathrm{re}} . \tag{A 1.10}$$

Für die anomale Absorptionslänge $\xi_g' \approx K_z/V_g^{\mathrm{im}}$ gilt eine analoge Beziehung mit den Imaginärteilen der δk^l. Sie beschreibt die selektive Absorption der unterschiedlichen Strahlen. Die sog. normale Absorption ξ_0', die durch das mittlere innere Potential V_0^{im} verursacht wird, ist im Gegensatz dazu für alle Bloch-Wellen gleich.

Tritt, wie es in der Transmissions-Elektronenmikroskopie (TEM) für $U > 100\,\mathrm{kV}$ der Fall ist, vorwiegend Vorwärtsstreuung auf, d. h. $|\delta k^l| \ll K$, dann können sämtliche rückgestreuten Elektronen vernachlässigt werden, und die Säkulargleichungen (A 1.8) ermöglichen eine Linearisierung:

$$\sum_h A_{gh}\, C_h^l - \delta k^l\, C_g^l = O . \tag{A 1.11}$$

Mit dem Energieerhaltungssatz an der Grenzfläche $K^2 = (k_g^l)^2$ folgt für den Abweichungsparameter s_g und damit für die Matrix A_{gh}

$$s_g = - \frac{g^2}{2K_z} - \frac{K \cdot g}{K_z} , \qquad A_{gh} = s_g \delta_{gh} + \frac{V_{g-h}}{2K_z} , \tag{A 1.12}$$

wobei näherungsweise für $(K + g)_z \approx K_z = -K \cdot f \approx K \approx \varkappa$ gesetzt wurde. Da die Matrix A_{gh} nicht hermitesch ist, gelten für die Eigenvektoren C_g^l keine Orthogonalitätsrelationen. Wegen $V_{g-h} = V_{h-g}$ bei zentrosymetrischen Kristallen kann aber stets streng

$$\sum_l C_g^l C_h^l = \delta_{gh} , \qquad \sum_g C_g^l C_g^j = \delta_{lj} \tag{A 1.13}$$

und ebenso

$$\sum_l \delta k^l C_g^l C_h^l = A_{gh} \tag{A 1.14}$$

bzw. die n-te Potenz hiervon abgeleitet werden. Im absorptionsfreien Kristall sind die Gleichungen (A 1.13) mit den Orthogonalitätsbedingungen identisch. Aus Gl. (A 1.13) und (A 1.14), d. h. infolge der Linearisierung, erhält man auch $\sum_l \delta k^l = \sum_g s_g$ und damit $\sum_l \mathrm{Im}\,\{\delta k^l - (iV_0^{\mathrm{im}}/2K_z)\} = O$. Hieraus folgt, daß der normale Absorptionskoeffizient gleich $\xi_0' = K_z/V_0^{\mathrm{im}}$ wird, wodurch der Faktor $\exp\,(-\pi t/\xi_0')$ aus Gl. (A 1.9) herausgenommen und $V_0 = 0$ in Gl. (A 1.11) angenommen werden kann. Weiterhin erhält man aus Gl. (A 1.9) durch Reihenentwicklung der Exponentialfunktion und Anwendung von Gl. (A 1.14) die Grundbeziehungen der *multi-slice*-Theorie. Weitere, für numerische Rechnungen effektive Näherungen (Phasengitterapproximation, projizierte Potentiale), ermöglichen dabei, die Lösung des Eigenwertproblems zu umgehen und sind mit anderweitig gegebenen Formulierungen identisch [26, 27]. Von BERRY [28] wurde eine ähnliche Näherung für den hochenergetischen Fall als halbklassische Formulierung angegeben.

Die Linearisierung der Gl. (A 1.8) bedeutet außerdem eine Linearisierung der Schrödinger-Gleichung, infolge der für die Wellenfunktion ein Sprung der ersten Ableitung anstelle der zweiten Ableitung an der Folienoberfläche vorgeschrieben wird. Von den Grenzbedingungen ist somit nur noch die Stetigkeit der Wellenfunktion selbst an der Grenzfläche zu fordern. Mit dieser Linearisierung der Grenzbedingung — die für inelastisch gestreute Elektronen nicht gerechtfertigt scheint [29] — folgt:

$$\varphi^l = C_0^l .\tag{A 1.15}$$

Die Säkulargleichungen (A 1.11) sind Bedingungen für den geometrischen Ort der Endpunkte aller im Kristall möglichen Wellenvektoren — Dispersionsfläche genannt —, welches im Falle der Zweistrahlnäherung am einfachsten zu überblicken ist. Für nur zwei starke Strahlen 0 und g reduziert sich das System (A 1.11) auf zwei Gleichungen, deren Koeffizientendeterminante die Eigenwerte [6]

$$\delta k^{1,2} = \tfrac{1}{2}\,(s \pm \sigma) = \tfrac{1}{2}\,(s \pm \sqrt{\sigma_0^2 + s^2})\tag{A 1.16a}$$

mit $s = s_g$, $\sigma^2 = \sigma_0^2 + s^2$ und $\sigma_0 = V_g/K_z = 1/\xi_g + i/\xi_g'$ vorschreibt, damit eine nichttriviale Lösung ermöglicht wird:

$$C_0^1 = C_g^2 = \sqrt{\frac{(\sigma - s)}{2\sigma}}\,, \qquad C_0^2 = -C_g^1 = -\sqrt{\frac{(\sigma + s)}{2\sigma}}\cdot\tag{A 1.16b}$$

Für die Anfangspunkte der Wellenvektoren k_0^l, k_g^l erhält man mit Gl. (A 1.16a) bei Variation der Anregungsfehler, d. h. der Einstrahlrichtung, nahezu ein doppelschaliges Hyperboloid [1, 3]. Für den Zweistrahlfall ist, um dies zu veranschaulichen, in Abb. A 1.2 stark verzerrt ein Schnitt durch das reziproke Gitter mit eingezeichneter Dispersionsfläche wiedergegeben, wobei die Schnittfläche durch die reziproken Gitterpunkte 0, G und den Anfangspunkt C_e des Wellenvektors $\varkappa$ der einfallenden Welle bestimmt ist. Der Schnitt der Brillouinschen Zonengrenze $\overrightarrow{\mathrm{BZ}}$ mit der Zeichenebene enthält die Punkte M_e (Laue-Punkt) und M_0 (Lorenz-Punkt), wobei $\overline{M_e 0} = \varkappa$ der Betrag des Wellenvektors der einfallenden Welle und $\overline{M_0 0} = K$ des korrigierten Vektors darstellt. K_0 und K_g sind die Schnittlinien der Kugeln mit dem Radius K um 0 und G; die Kurven F_1 und F_2 ergeben sich als

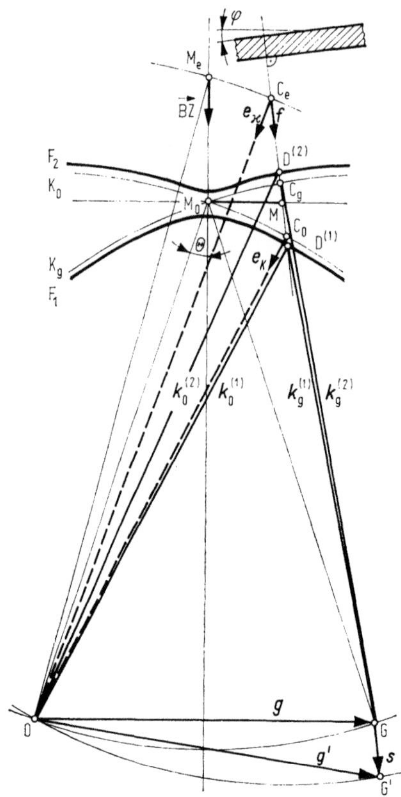

Abb. A 1.2 Dispersionsfläche im Zweistrahlfall (stark verzerrt), z. B. wurde $\varkappa > K$ wegen besserer Darstellbarkeit wie im Falle der Röntgenbeugung angenommen, vgl. Gl. A 1.7)

die Schnittlinien der Schalen der Dispersionsfläche mit der Zeichenebene (Θ ist der Bragg-Winkel, $\vartheta = 2\Theta$ der Beugungswinkel). Kugeln um M_0 bzw. M_e mit den Radien K bzw. $\varkappa$ stellen die Ewald-Konstruktion mit bzw. ohne Berücksichtigung der Refraktion dar. Wird die unkorrigierte Ewald-Konstruktion nicht um M_e durchgeführt, sondern um C_e, dann schneidet die Ewald-Kugel nicht den reziproken Gitterpunkt G, sondern verläuft in der Entfernung des Abweichungsfehlers $s = \overline{GG'}$. Auf jeder Schale der Dispersionsfläche existiert ein Punkt $D^{(i)}$ — gegeben durch die Grenzbedingungen — von dem je ein möglicher Wellenvektor $k^{(1)}$ und $k^{(2)}$, entsprechend den beiden Lösungen der Dispersionsgleichung, ausgeht. Die Grenzbedingung fordert, daß die Tangentialkomponenten der Wellenvektoren, deren Wellenzüge auseinander hervorgehen, gleich sind. Auf der Abbildung A 1.2 ist die Projektion der Oberflächennormalen in die Zeichenebene dargestellt; alle von f ausgehenden und bei 0 endenden Wellenvektoren haben gleiche Tangentialkomponenten und erfüllen somit die Grenzbedingung an der Oberfläche des Kristalls. Die Punkte $D^{(i)}$ ergeben sich deshalb als Schnittpunkte der Oberflächennormalen, die durch den Endpunkt von $\varkappa$ verläuft, mit den Schalen der Dispersionsfläche. Um C_0 läßt sich die korrigierte Ewald-Konstruktion unter Berücksichtigung des Abweichungsfehlers durchführen.

A 1.2. Grundgleichungen des Beugungskontrastes

Im gestörten Kristall wird der Beugungskontrast aus einem Differentialgleichungssystem berechnet, welches auf ähnliche Weise wie die Gleichungen von Abschn. A 1.1. aus der Schrödinger-Gleichung folgt. Die zusätzlich notwendigen Näherungen [5, 6, 30] ermöglichen eine einfache Handhabung der Gleichungen, sind aber teilweise nur durch ihren Erfolg in der Anwendung zu rechtfertigen.

Durch die Anwesenheit von Kristalldefekten wird die Periodizität des Gitters gestört; infolge des Verschiebungsfeldes $\boldsymbol{u}(\boldsymbol{r})$ der Defekte entstehen Gitterverzerrungen, während der Einbau von Fremdmaterie zu atomar modifiziertem Streuverhalten führen kann. Die Näherung, die beide Effekte gut beinhaltet, wird *rigid ion approximation* genannt:

$$V(\boldsymbol{r}) = \sum_n v_n\big(\boldsymbol{r} - \boldsymbol{r}_n - \boldsymbol{u}(\boldsymbol{r}_n)\big) \,. \tag{A 1.17}$$

Hierbei wird der Spannungskontrast durch den atomaren Verschiebungsvektor $\boldsymbol{u}(\boldsymbol{r}_n)$ und der Strukturfaktorkontrast durch die atomar unterschiedlichen Potentiale v_n erfaßt. Mathematisch einfacher ist die *deformable ion approximation*, die nur die Gitterverzerrungen durch $\boldsymbol{u}(\boldsymbol{r})$ berücksichtigt und das Potential im gestörten Gitter näherungsweise durch das Potential im ungestörten Gitter ausdrückt:

$$V(\boldsymbol{r}) = V^\circ\big(\boldsymbol{r} - \boldsymbol{u}(\boldsymbol{r})\big) \,. \tag{A 1.18}$$

Dies ermöglicht, den Ansatz (A 1.3) beizubehalten, wenn die Fourier-Koeffizienten V_g durch die Ausdrücke

$$V_{\boldsymbol{g}} = V_{\boldsymbol{g}}^0 \exp\left(-2\pi i\,\boldsymbol{g}\cdot\boldsymbol{u}(\boldsymbol{r})\right) \tag{A 1.19}$$

ersetzt werden. Damit kann allerdings nicht der Strukturfaktorkontrast erfaßt werden; dies gelingt in dieser Näherung erst durch Hinzufügen eines weiteren Terms

$$V_{\boldsymbol{g}} = \left(V_{\boldsymbol{g}}^0 + f(\boldsymbol{r})\cdot W_{\boldsymbol{g}}^0\right) \exp\left(-2\pi i\,\boldsymbol{g}\cdot\boldsymbol{u}(\boldsymbol{r})\right) \tag{A 1.20}$$

mit einer relativ schwach veränderlichen Funktion $f(\boldsymbol{r})$, die zusammen mit den Koeffizienten $W_{\boldsymbol{g}}^0$ die chemische und kristallographische Struktur der Gitterdefekte erfaßt [31].

Der Ansatz (A 1.19) für die Fourier-Koeffizienten des Potentials stellt dann eine gute Näherung dar, wenn sich das Verschiebungsfeld in atomaren Dimensionen nur wenig ändert. Wird dieser Ansatz sinngemäß auch für die Anregungsstärken bzw. die Amplituden in den Gleichungen (A 1.4) bzw. (A 1.5) durchgeführt gemäß

$$\psi(\boldsymbol{r}) = \exp\left(-\pi z/\xi_0'\right) \sum_l \varphi^l(\boldsymbol{r}) \sum_{\boldsymbol{g}} C_{\boldsymbol{g}}^l \exp\left[2\pi i\big(\boldsymbol{k}_{\boldsymbol{g}}^l \boldsymbol{r} - \boldsymbol{g}\cdot\boldsymbol{u}\,(\boldsymbol{r})\big)\right],$$

$$\psi(\boldsymbol{r}) = \exp\left(-\pi z/\xi_0'\right) \sum_{\boldsymbol{g}} \Phi_{\boldsymbol{g}}(\boldsymbol{r}) \exp\left[2\pi i\big(\boldsymbol{k}_{\boldsymbol{g}}\boldsymbol{r} + s_{\boldsymbol{g}}\cdot\boldsymbol{z} - \boldsymbol{g}\cdot\boldsymbol{u}(\boldsymbol{r})\big)\right], \tag{A 1.21}$$

und geht man mit Gl. (A 1.18) und Gl. (A 1.21) in die Schrödinger-Gleichung (A 1.1), dann erhält man ein System partieller Differentialgleichungen zweiter Ordnung und im Falle der Entwicklung nach Bloch-Wellen zusätzlich das Eigenwertproblem (A 1.8) für die δk^l und C_g^l [5, 6]. Werden die Eigenwert-Gleichungen (A 1.8) unter Berücksichtigung von Absorptionseinflüssen exakt gelöst, dann ist wegen Gl. (A 1.9) und Gl. (A 1.14) die Bloch-Wellen-Formulierung identisch dem Ansatz mit ebenen Wellen. Die hier nicht behandelte Formulierung mit modifizierten Bloch-Wellen, die eng mit der Strahlnäherung der Eikonaltheorie zusammenhängt, erfordert die Lösung der Eigenwertgleichungen (A 1.8) mit variablem K als Funktion des Gitterdefektes [7].

Die Vernachlässigung der Ableitungen zweiter Ordnung — geknüpft an die für hohe Energien und elastisch gestreute Elektronen gut erfüllte Bedingung grad $V \ll U$ oder $\lambda \ll \xi^{\text{eff}}$ wegen grad $\varphi^l \ll K$ entspricht der Vernachlässigung der rückgestreuten Elektronen und ist der Linearisierung (Gl. (A 1.11)) von Gl. (A 1.8) äquivalent [30, 32, 33]. Damit erhält man für die Bloch-Wellen

$$\sum_l \left[\frac{\delta\varphi^l}{\delta\eta_g} - 2\pi i\, \varphi^l\, \frac{\partial \boldsymbol{g} \cdot \boldsymbol{u}}{\partial\eta_g} \right] C_g^l \exp\left(2\pi i\, \delta k^l r\right) = 0 \tag{A 1.22}$$

und für die ebenen Wellen

$$\frac{\partial \Phi_g}{\partial\eta_g} = 2\pi i\, (-\boldsymbol{e}_g \cdot \boldsymbol{f}) \cdot \sum_h A_{gh}\, \Phi_h \exp\left[2\pi i\, (s_h - s_g)\, z\right]$$

$$+ 2\pi i \Phi_g \left[s_g(-\boldsymbol{e}_g \cdot \boldsymbol{f}) - \frac{\partial \boldsymbol{g} \boldsymbol{n}}{\partial\eta_g} \right] \tag{A 1.23}$$

mit den in Abb. A 1.1 definierten Richtungen $\boldsymbol{e}_g$ und Koordinaten η_g. Die Darstellung (A 1.23) wird üblicherweise durch die Transformation $\hat{\Phi}_g = \Phi_g \exp\left(2\pi i s_g z\right)$ in die Form

$$\frac{\partial \hat{\Phi}_g}{\partial\eta_g} = 2\pi i\, \hat{\Phi}_g\, \frac{\partial \boldsymbol{g} \boldsymbol{u}}{\partial\eta_g} + 2\pi i(-\boldsymbol{e}_g \cdot \boldsymbol{f}) \sum_h A_{gh} \hat{\Phi}_h \tag{A 1.24}$$

überführt, wodurch sich die Intensitätsberechnung $I_g = \Phi_g \Phi_g^* \exp(-2\pi t/\xi_0') =$ $= \hat{\Phi}_g \Phi_g^* \exp(-2\pi t/\xi_0')$ und auch die Anfangswerte $\hat{\Phi}_g(0) = \Phi_g(0) = \delta_{g0}$ nicht verändern.

Wegen der Kleinheit der Bragg-Winkel — es gilt $\Theta \approx 10^{-2}$ rad in der TEM — kann der Richtungsunterschied der η_g vernachlässigt werden (Säulennäherung), was gleichbedeutend ist mit der Forderung nach schwach veränderlichem Kristallpotential in x- bzw. y-Richtung innerhalb der Gitterabstände [5, 6, 30, 33, 34]. Deshalb ist die Säulennäherung theoretisch nur für Objektdetails mit einer Größe von mehr als $2\Theta t$ gültig [11]. In der Praxis scheint dieser Wert jedoch beträchtlich unterschritten werden zu können, was daran liegen mag, daß durch geeignete Wahl der Beugungsbedingungen hauptsächlich solche Bloch-Wellen zur Abbildung beitragen, denen schwach gekrümmte Bereiche der Dispersionsfläche entsprechen, bzw. die Defokussierung einen kompensierenden Einfluß ausübt [35, 36]. Bei örtlich rasch veränderlichen elastischen Verzerrungen und bei Anwendung der *weak-beam*-Technik kann dieses Vorgehen unter Umständen nicht gerechtfertigt sein und zu Fehldeutungen führen bzw. theoretische Betrachtungen ohne Säulennäherung erfordern [29, 37].

Mit der Säulennäherung folgen aus Gl. (A 1.22) bzw. Gl. (A 1.24)

$$\frac{\mathrm{d}}{\mathrm{d}z}\, \varphi^l(z) = 2\pi\mathrm{i} \sum_j \varphi^j(z)\, \exp\left[2\pi\mathrm{i}(\delta k^j - \delta k^l)\, z\right] \sum_g C_g^l C_g^j\, \beta_g'(z) \qquad \text{(A 1.25)}$$

für die Bloch-Wellen und

$$\frac{\mathrm{d}}{\mathrm{d}z}\, \hat{\Phi}_g(z) = 2\pi\mathrm{i}\, \beta_g'(z)\, \hat{\Phi}_g(z) + 2\pi\mathrm{i} \sum_h A_{gh}\, \hat{\Phi}_h(z) \qquad \text{(A 1.26)}$$

für die ebenen Wellen [5, 6]. Die Matrix A_{gh} ist dabei mit der in Gl. (A 1.12 b) angegebenen Matrix identisch; die Größe β_g' beschreibt die Verschiebungsfeldableitung des abgebildeten Defektes $\beta_g' = \mathrm{d}/\mathrm{d}z\, (\boldsymbol{g} \cdot \boldsymbol{u}(\boldsymbol{r}))$. Als Anfangsbedingungen erhält man $\varphi^l(0) = C_0^l$ bzw. $\Phi_g(0) = \delta_{g0}$.

Da der Aufwand zur Lösung der Gleichungssysteme (A 1.25) bzw. (A 1.26) trotz aller Näherungen relativ groß ist, wird im allgemeinen eine weitere Näherung durchgeführt: Es wird angenommen, daß nur zwei Strahlen wesentlich an der Beugung beteiligt sind. Dieser Zweistrahlfall, zu dem die meisten Untersuchungen und Berechnungen vorliegen, kann bei nicht zu hoher Strahlspannung durch geeignete Probenorientierung auch unter experimentellen Bedingungen gut realisiert werden.

Die Gültigkeit der Zweistrahlfall-Näherung wurde von HOWIE [32] abgeschätzt. Es ist zu fordern, daß für den Reflex $\boldsymbol{g}$ nahezu Bragg-Anregung vorliegt ($w_g \approx 0$), gleichzeitig $g^2 \xi_g\, \lambda \gg 1$ gilt und weiterhin für alle nichtsystematischen Reflexe $\boldsymbol{h}$ die Bedingungen $|w_h| \gg 1$ erfüllt sind. In diesem Zusammenhang wurde der dimensionslose Abweichungsparameter $w_g = s_g \cdot \xi_g$ benutzt, der zur groben Abschätzung der jeweils vorliegenden Kontrastbedingungen dienen kann. Für $|w_g| \leqq 0{,}5$ spricht man von dynamischen Bedingungen, bei $|w_g| > 0{,}5$ von kinematischen Bedingungen, für die durch Entkoppeln der Differentialgleichungen [38, 39] noch einfachere Berechnungsmethoden angegeben werden können, deren Ausnutzung im *weak-beam*-Fall (Dunkelfeldabbildung mit $|w_g| \geqq 5$) nur möglich ist, wenn kein weiterer stark angeregter Reflex auftritt. Vergleichsrechnungen (s. dazu Kap. 11.) lassen trotz beobachteter Mehrstrahleinflüsse den Schluß zu, daß eine große Zahl der in der Praxis auftretenden Fälle mit der Zweistrahlfall-Näherung — unter Berücksichtigung der Korrektur der Extinktionslänge — genügend genau behandelt werden können.

Der Übergang zum Zweistrahlfall ist mit den Gleichungen (A 1.25) und (A 1.26) relativ einfach durchzuführen. Setzt man voraus, daß der einzige stark angeregte Reflex durch $\boldsymbol{g}$ gekennzeichnet sei und die zugehörigen beiden Bloch-Wellen durch $l = 1$ und $l = 2$, dann erhält man im Fall der ebenen Wellen die Howie-Whelanschen Gleichungen [5]:

$$\frac{\mathrm{d}}{\mathrm{d}z}\, \hat{\Phi}_0 = \frac{i}{2}\, p\, \hat{\Phi}_g\,, \qquad \frac{\mathrm{d}}{\mathrm{d}z}\, \hat{\Phi}_g = \frac{i}{2}\, p\, \hat{\Phi}_0 + iq\, \hat{\Phi}_g\,. \qquad \text{(A 1.27)}$$

Hierbei gelten die Abkürzungen $p = 2\pi/\xi_g + \mathrm{i}(2\pi/\xi_g')$ und $q = 2\pi(s_g + \beta_g')$. Die Anfangsbedingungen bleiben erhalten: $\hat{\Phi}_0(0) = 1$, $\hat{\Phi}_g(0) = 0$; die Intensitäten ergeben sich aus $I_0 = \hat{\Phi}_0 \hat{\Phi}_0^* \exp\left(-2\pi t/\xi_0'\right)$ und $I_g = \hat{\Phi}_g \hat{\Phi}_g^* \exp\left(-2\pi t/\xi_0'\right)$.

Benutzt man die unter Gl. (A 1.16) angegebenen Lösungen des Eigenwertproblems im Zweistrahlfall, dann erhält man für die Bloch-Wellen-Formulierung

$$\frac{d}{dz}\,\varphi^{1,2} = \frac{\pi i \beta'_g}{\sigma}\,[(\sigma \pm s)\,\varphi^{1,2} + \sigma_0 \exp(\mp 2\pi i\,\sigma z)\,\varphi^{2,1}] \tag{A 1.28}$$

mit den Anfangsbedingungen $\varphi^{1,2}(0) = \pm\sqrt{(\sigma \mp s)/2\sigma}$. Mit der Transformation

$$a^{1,2}(z) = \pm\varphi^{1,2}(z)\,\frac{1}{\sigma_0}\,\sqrt{2\sigma(\sigma \pm s)}\exp\left(-\pi i\,\frac{\sigma \pm s}{\sigma}\,\beta_g\right) \tag{A 1.29}$$

läßt sich dieses System noch weiter vereinfachen, und man erhält die Wilkensschen Gleichungen [6]

$$\frac{d}{dz}\,a^{1,2} = -i\pi\,\frac{\sigma \pm s}{\sigma}\,\beta'_g\exp\left[\mp 2\pi i\left(\frac{s}{\sigma}\,\beta_g + \sigma z\right)\right]\cdot a^{2,1} \tag{A 1.30}$$

mit den Anfangsbedingungen $a^{1,2}(0) = \exp[-\pi i\,(\beta_g(0)\,(\sigma \pm s)/\sigma)]$. Für die Intensitätsberechnungen müssen die φ^l und a^l mit Gl. (A 1.29) und Gl. (A 1.9) in die Amplituden Φ_g zurückgerechnet werden.

Mit den Gleichungen (A 1.27), (A 1.28) und (A 1.30) bzw. den Systemen (A 1.25) und (A 1.26) ist es im Prinzip möglich, die zu erwartenden Beugungskontrastintensitäten für jedes bekannte Verschiebungsfeld zu berechnen. Dabei muß im Einzelfall diskutiert werden, ob die angegebenen Näherungen, wie z. B. der Übergang zu den Zweistrahlfall-Gleichungen, die Anwendung der Säulennäherung, die Form der Berücksichtigung unelastischer Streuung, die Vernachlässigung der Rückstreuung wie im vorhergehenden angegeben, zulässig sind. Eine Reihe dieser Kontrasteinflüsse kann dadurch erfaßt werden, daß von vornherein für die Kontrastberechnung möglichst experimentelle Parameter Verwendung finden. Von den Approximationen, die weiterhin einen merklichen Kontrasteinfluß haben können, sei nur noch die Vernachlässigung der Divergenz des einfallenden Elektronenbündels genannte. Bei nicht vernachlässigbarer Divergenz muß eine Verteilung von Anregungsfehlern berücksichtigt werden, welches einem Ausbreiten der Anregungspunkte zu Bereichen auf der Dispersionsfläche äquivalent ist und bei der Berechnung des Beugungskontrastes durch Faltung über den Anregungsfehler erfaßt werden kann. Dadurch erhöht sich der Rechenaufwand beträchtlich, und speziell die Säulennäherung erfordert erneut eine Diskussion ihrer Gültigkeit. Folge dieser Faltung ist, daß Tiefenoszillationen weniger ausgeprägt erscheinen und geringe Änderungen der Beugungsgeometrie kaum noch Einfluß auf den Bildkontrast haben [9, 40]. Diese Erscheinungen sind wegen der relativ hohen Strahldivergenz besonders in der Raster-Transmissions-Elektronenmikroskopie (STEM) von Interesse.

A 1.3. Verschiebungsfelder der Kristalldefekte

Für die endgültige Berechnung des Beugungskontrastes mit den im Abschn. A 1.2. angegebenen Beziehungen benötigt man noch die Kenntnis der Verschiebungsfunktionen der Ionen bzw. Atome des gestörten Kristallgitters aus ihren idealen

Positionen. Zur Bestimmung dieser Verschiebungen wird das atomare Modell des Kristallgitters ersetzt durch das Kontinuumsmodell des festen Körpers. Damit werden die Verschiebungsfunktionen durch das Verschiebungsfeld der Volumenelemente des Kontinuums angenähert. Zu ihrer Berechnung in Abhängigkeit von den jeweils vorliegenden Kristalldefekten erweist sich die lineare Elastizitätstheorie als eine brauchbare Näherung.

Unter der Annahme, daß sowohl die Dehnungen als auch die Verzerrungen im Kontinuum so klein sind, daß Effekte zweiter Ordnung vernachlässigt werden können, erhält man drei Gruppen linearer Beziehungen zur Berechnung der Verschiebungsfelder mit der linearen Elastizitätstheorie: Gleichungen, die den Zusammenhalt der Medien beschreiben, Gleichungen für das Gleichgewicht der Kräfte und Drehmomente an den Volumenelementen, und das Hookesche Gesetz zur Verknüpfung der Spannungen und Dehnungen (letzteres enthaltend die Materialkonstanten c_{ijkl}) [41, 42]. Die Verknüpfung aller dieser Gleichungen liefert ein System partieller Differentialgleichungen zweiter Ordnung, die im Prinzip mit der Methode der Greenschen Funktion lösbar sind [43, 44], für die jedoch nur in wenigen Spezialfällen einfache und geschlossene analytische Ausdrücke für die Verschiebungsfelder abgeleitet werden können. Die Kristalldefekte, als Quelle innerer Spannungen, gehen in diese Differentialgleichungen im wesentlichen in Form modifizierter Randbedingungen infolge der Geometrie der Defekte ein. So kann z. B. eine Versetzung durch den Sprung des Verschiebungsfeldes an einer definierten inneren Kristallfläche, ausgehend von der Versetzungslinie, beschrieben werden [41]. Die Größe des Sprunges ist der Burgers-Vektor. Im Fall von Einschlüssen einer anderen Phase z. B. ist den Verzerrungen auf der Oberfläche des Einschlusses ein Sprung vorgeschrieben, während das Verschiebungsfeld und die Normalkomponente der Spannungen stetig sind [42]. Die charakteristische Größe hierbei ist die sog. *constrained strain*, d. h. die einem Einschluß verbleibende Verzerrung, wenn aus einem Kontinuum herausgenommene Materie z. B. durch Volumenvergrößerung und anschließendes Zusammendrücken wieder eingepaßt und die Möglichkeit einer Relaxation zugelassen wird.

Ohne im einzelnen auf die Ableitung einzugehen und die dabei in großer Zahl notwendigen Näherungen zu diskutieren, seien im folgenden einige der verwendeten Verschiebungsfelder angegeben und kurz erläutert. Für fast alle mit der linearen Elastizitätstheorie berechneten Verschiebungsfelder wird die Näherung um so fragwürdiger, je mehr man sich dem eigentlichen Defektort nähert. Dort treten in der Regel singuläre Stellen auf, die durch geeignetes Vorgehen bei der Rechnung eliminiert werden müssen, oder es werden Näherungen höherer Ordnung bzw. atomistische Betrachtungen notwendig [45, 46].

Die Verschiebungsfelder der geradlinigen Einzelversetzungen können mit Hilfe der linearen Elastizitätstheorie durch analytische Ausdrücke beschrieben werden [41]. Im Falle eines isotropen Mediums folgt aus der Burgersschen Formel

$$\boldsymbol{u}(r, \varphi, z) = \frac{\boldsymbol{b}}{2\pi}\varphi + \boldsymbol{b}_{\mathrm{e}}\frac{\sin 2\varphi}{4(1-\nu)} + (\boldsymbol{b} \times \boldsymbol{l})\left[\frac{1-2\nu}{2(1-\nu)}\ln|r| + \frac{\cos 2\varphi}{4(1-\nu)}\right],$$

$$(\text{A } 1.31)$$

wobei die Versetzung durch die Richtung l, der Burgers-Vektor durch b und die Poisson-Zahl durch v gekennzeichnet wird. Die Größe b_e stellt die Stufenkomponente von b dar und kann $b_e = b - (b \cdot l) \cdot l/l^2$ geschrieben werden; r, φ, z ist ein Polarkoordinatensystem mit dem Abstand r von der Versetzungslinie und dem Winkel φ bezogen auf die Gleitebene sowie der Koordinate z in Richtung der Versetzungslinie. Für Kontrastdiskussionen lassen sich mit Hilfe der Gl. (A 1.31) die im Kap. 11. verwendeten Kontrastparameter n, m und p definieren.

Im Fall anisotroper Medien tritt anstelle der Gl. (A 1.31) die Beziehung [41]

$$u_K(x_1, x_2, x_3) = \frac{1}{2\pi} \operatorname{Re} \left\{ \sum_\alpha Q_{\alpha K} \ln (x_1 + p_\alpha x_2) \right\} . \qquad \text{(A 1.32)}$$

Hierbei liegt die Versetzung entlang der x_3-Koordinatenachse, und die Koeffizienten $Q_{\alpha K}$ folgen aus den Grundgleichungen der linearen Elastizitätstheorie. Es gelten die Beziehungen:

$$\begin{aligned} Q_{\alpha K} &= A_{K\alpha} L_{\alpha j}^{-1} B_{ij}^{-1} b_i, \qquad B_{ij} = \operatorname{Im} \left\{ A_{i\alpha} L_{\alpha j}^{-1} \right\}, \\ L_{i\alpha} &= (c_{i2K1} + p_\alpha c_{i2K2}) A_{K\alpha} . \end{aligned} \qquad \text{(A 1.33)}$$

Die p_α bzw. $A_{K\alpha}$ sind die Eigenwerte bzw. Eigenvektoren von

$$[c_{i1K1} + (c_{i2K1} + c_{i1K2}) p + c_{i2K2} p^2] A_K = 0 . \qquad \text{(A 1.34)}$$

Hierdurch geht der einfache Zusammenhang zwischen Burgers-Vektor (b_i), Richtung der Versetzung x_3 und zugehörigem Bildkontrast verloren; der Kontrast wird wesentlich durch die Materialkonstanten c_{ijKl} bestimmt.

In diesem Zusammenhang sei noch das Verschiebungsfeld der Winkelversetzung angegeben [47], welches vorteilhaft zur Berechnung derart krummliniger Versetzungen verwendet wird, die sich durch stückweise stetige Segmente annähern lassen (s. Kap. 11.). Die Winkelversetzung besteht aus zwei geradlinigen Versetzungssegmenten, die einen beliebigen Winkel miteinander einschließen. Falls die Segmente innerhalb der $x_2 x_3$-Ebene eines rechtwinkligen Koordinatensystems verlaufen und der Winkel zwischen den Segmenten α beträgt (s. Abb. A 1.3), dann erhält man für die Verschiebungsfeldkomponenten der Winkelversetzung [48]

$$u_i(r) = - \sum_l^{1,2} (-1)^l \left[\frac{b_i}{4\pi} \Phi^{(l)} + k\mu^{(l)} Q_i^{(l)} + (1 - 2v) k\lambda_i^{(l)} \ln (r - x_3^{(l)}) \right],$$

$$\text{(A 1.35)}$$

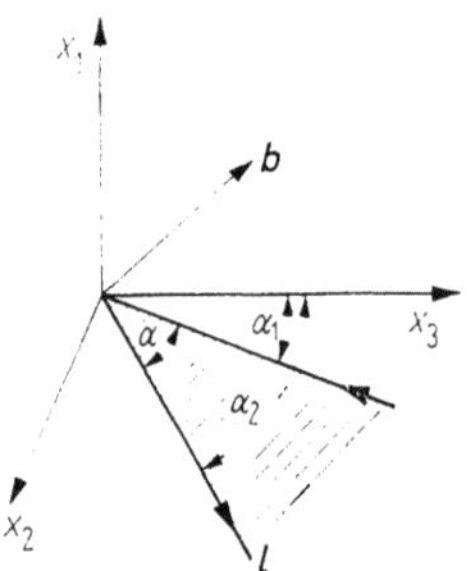

Abb. A 1.3   Geometrie der Winkelversetzung

wobei b_i die Komponenten des Burgers-Vektors $\boldsymbol{b}$ sind und folgende Abkürzungen gelten:

$$\alpha_{ij}^{(l)} = \delta_{1i}\delta_{1j} + (\delta_{2i}\delta_{2j} + \delta_{3i}\delta_{3j})\cos\alpha_l + (\delta_{3i}\delta_{2j} - \delta_{2i}\delta_{3j})\sin\alpha_l \,,$$

$$x_i^{(l)} = \alpha_{ij}^{(l)}x_j, \quad b_i^{(l)} = \alpha_{ij}^{(l)}b_j, \quad \mu^{(l)} = b_1^{(l)}x_2^{(l)} - b_2^{(l)}x_1^{(l)} \,,$$

$$\lambda_i^{(l)} = b_2^{(l)}\alpha_{1i}^{(l)} - b_1^{(l)}\alpha_{2i}^{(l)} \,, \quad Q_i^{(l)} = \frac{x_i - r\alpha_{3i}^{(l)}}{r(r - x_3^{(l)})} \,,$$

$$k = \frac{1}{8\pi(1 - v)} \,, \quad r^2 = x_{\mathrm{K}}x_{\mathrm{K}} \,,$$

$$\Phi^{(l)} = \arctan\frac{x_2^{(l)}}{x_1^{(l)}} - \arctan\frac{x_1\,r\,\sin\alpha_l}{x_1 x_1^{(l)}\cos\alpha_l + x_2 x_2^{(l)}} \,.$$

(A 1.36)

Für stärker gekrümmte Versetzungen (z. B. Versetzungsringe) und dreidimensionale Kristalldefekte lassen sich nur für die einfachsten Geometrien geschlossene analytische Ausdrücke angeben, z. B. im Fall sphärischer Ausscheidungen in isotropen Medien [49]. Bei der Berechnung von z. B. zirkularen Versetzungsringen [50], elliptischen Ausscheidungen [51], sphärischen Ausscheidungen im anisotropen Medium [52], bleibt ein in der Regel numerisch zu lösendes Integral. Ähnliches beobachtet man, wenn das durch Grenz- oder Oberflächen modifizierte Verschiebungsfeld von Versetzungen berechnet werden soll [53]. Demgegenüber lassen sich Spezialfälle, wie z. B. parallel zu Oberflächen verlaufende Schraubenversetzungen [41], in Grenzflächen liegende Versetzungen [54], infinitesimale Versetzungsringe und Dipole [55], infinitesimale oder linienförmige Ausscheidungen und ähnliche Defekte [56] und linienförmig angeordnete Punktdefekte [57] behandeln wie die unter Gl. (A 1.31) bis (A 1.36) angegebenen Defekte.

Besonders einfach gestaltet sich das Verschiebungsfeld von Planardefekten (PD), die durch eine Fläche im mathematischen Sinne angenähert werden können. Diese Defekte können stets so betrachtet werden, als ob das Verschiebungsfeld beiderseits des Defektes konstant ist, während an der Grenzfläche ein Sprung des Verschiebungsfeldes berücksichtigt werden muß oder sich dort die Beugungsbedingungen ändern (welches eigentlich eine Zweistrahlnäherung ausschließt):

$$\boldsymbol{R} = \Delta\boldsymbol{u}\,|_{\mathrm{PD}} \neq 0 \quad \text{und/oder} \quad [\,|\Delta\boldsymbol{g}| + |\Delta\boldsymbol{s}|\,]_{\mathrm{PD}} \neq 0 \,. \tag{A 1.37}$$

A 1.4. Näherungslösungen und allgemeine Kontrastregeln

Wendet man die in Abschn. A 1.2. gegebenen Beziehungen zur Berechnung des Beugungskontrastes an, so erkennt man, daß nur in wenigen Fällen die Intensitäten ohne numerische Integrationsmethoden ermittelt werden können. Als Beispiele seien hierfür die Berechnung von Bragg-Schlieren und von Dickenkonturen in defektfreien Kristallen und die Ermittlung des Kontrastes von Planardefekten genannt. Für defektfreie Kristalle folgt z. B. unmittelbar aus den Zweistrahlgleichungen (A 1.27) die Lösung

$$\hat{\Phi}_0^0 = \exp{(\pi i \, sz)} \, T^+(z) \,, \qquad \hat{\Phi}_g^0 = \exp{(\pi i \, sz)} \, S^+(z) \,, \tag{A 1.38}$$

mit $T^\pm = \cos{(\pi\sigma z)} \mp (is/\sigma) \sin{(\pi\sigma z)}$ und $S^+ = (i\sigma_0/\sigma) \sin{(\pi\sigma z)}$. Damit kann jedem Kristallabschnitt zwischen zwei ebenen Kristalldefekten eine Streumatrix M_j zugeordnet werden:

$$M_j = \begin{pmatrix} T^+(\Delta z_j) & S^-(\Delta z_j) \\ S^+(\Delta z_j) & T^-(\Delta z_j) \end{pmatrix}, \tag{A 1.39a}$$

womit sich die Amplituden an der Kristallaustrittsseite durch eine Matrizenbeziehung der Art:

$$\begin{pmatrix} \hat{\Phi}_0(t) \\ \hat{\Phi}_g(t) \end{pmatrix} = \prod_j (\Gamma_j^* M_j \Gamma_j) \begin{pmatrix} \hat{\Phi}_0(0) \\ \hat{\Phi}_g(0) \end{pmatrix} \tag{A 1.39b}$$

berechnen. Hierbei ist j die Numerierung der Abschnitte mit konstantem s_j und die Matrizen $\Gamma_j = \begin{pmatrix} 1 & 0 \\ 0 & \exp i \sum\limits_K^{1,j} \alpha_K) \end{pmatrix}$ berücksichtigen die Phasenverschiebungen $\alpha_K = 2\pi \, \boldsymbol{g} \cdot \boldsymbol{R}(z_K)$ an den Grenzflächen [58]. Für die Beschreibung des Beugungskontrastes ebener Defekte ist durch die Gleichungen (A 1.39) im Prinzip ein analytischer Ausdruck gegeben, der ein einfacher auszuwertendes Gleichungssystem darstellt, als dies die Differentialgleichungen sind.

Von WILKENS [6, 7] und GEVERS [59] wurden Näherungsmethoden angegeben, die es gestatten, Teilaussagen über den entstehenden Kontrast beliebiger Defekte zu treffen. Setzt man in Gl. (A 1.29) $|s| \gg |\sigma_0|$, dann gilt $\sigma \approx s$, und bis auf unwesentliche Phasenfaktoren erhält man die kinematische Theorie des elektronenmikroskopischen Beugungskontrastes [60]. Das dabei allgemein formulierbare Integral

$$J(z, c_1, c_2) = \int\limits_0^z \beta_g'(\zeta) \exp{[2\pi i(c_1 \boldsymbol{g} \cdot \boldsymbol{u}(\zeta) + c_2\zeta)]} \, \mathrm{d}\zeta \tag{A 1.40}$$

wird mit der Verschiebungsfeldableitung der Schraubenversetzung und für ganzzahlige c_1 von HIRSCH u. a. [4] behandelt. Für die Fälle $c_1 = m/3$ (m ganzzahlig) hat GEVERS [59] die Lösungen angegeben und gezeigt, wie man diese Ergebnisse verwenden kann, um die Integrale für beliebige Versetzungen zu ermitteln. Außerdem wurden in diesen Arbeiten rasch konvergierende Reihenentwicklungen für die Integrale $J(z, c_1, c_2)$ angegeben.

Eine bessere Näherung als die kinematische Theorie erhält man in der folgenden Weise [6, 7]: Setzt man voraus, daß β_g' klein ist, dann kann man die Anregungsstärken in Bornsche Reihen entwickeln: $a^{1,2} = a_0^{1,2} + \varepsilon a_1^{1,2} + \varepsilon^2 a_2^{1,2} \ldots$. Die Annahme, daß β_g' von der Größenordnung ε ist, ermöglicht für die Reihenglieder Ausdrücke der Form $-\pi i (1 \pm s/\sigma) J(z, \mp s/\sigma, \mp \sigma)$ bzw. Integrale über die $J(z, c_1, c_2)$ anzugeben. Mit dieser Näherung wird es ohne direkte Lösung der Differentialgleichungen des Beugungskontrastes möglich, den Bildkontrast für das Fernfeld beliebiger Kristalldefekte vorauszusagen. Für den Bereich, in welchem die Verschiebungsfeldableitungen große Beträge aufweisen, läßt sich, falls dieser Bereich klein gegen die Extinktionslänge ist, eine ähnliche Näherung durchführen. Von KATERBAU [11, 61] wurde ebenfalls, ausgehend von Gl. (A 1.29), eine Näherung abgeleitet, die unter gewissen Bedingungen die Reihenentwicklungen als Spezialfälle enthält. Durch teilweise Vernachlässigung der Absorption, Verschiebung der Kristallgrenzen ins Unendliche und Erfassen des Kristalldefektes in summarischer Weise über drei charakteristische Parameter erhält man Streumatrixbeziehungen, die sehr gründliche Einsichten in die allgemeinen Eigenschaften des Beugungskontrastes erlauben. Alle diese Näherungslösungen haben sich besonders bei der Untersuchung kleiner Kristalldefekte bewährt, können jedoch numerische Rechnungen für quantitative Aussagen nicht ersetzen.

Im folgenden seien noch einige allgemeine Aussagen zusammengefaßt, die aus der Diskussion der Bloch-Wellengleichungen in ihrer allgemeinen Form folgen. Aus den Gleichungen (A 1.25) kann direkt abgelesen werden, daß bei lokalisierten Defekten ein starker Kontrast hauptsächlich nur durch die Übergänge $l \neq j$ entstehen kann. Weiterhin können Auslöschungsregeln allgemein formuliert werden. Aus den Gleichungen (A 1.25) folgt: Wenn für alle an der Streuung beteiligten Reflexe g die Bedingung $g \cdot u(z) = \text{const}$, d. h. $\beta'_g(z) = 0$ gilt, dann ist für das Verschiebungsfeld $u(z)$ kein Kontrast zu erwarten. Daraus erhält man alle in Kap. 11. verwendeten speziellen Auslöschungsregeln. Schließlich kann man für schwache Reflexe die Näherung $\varphi^l(z) \approx \varphi^l(0) \approx C_0^l$ durchführen und erhält:

$$\varphi^j(t) = C_0^j + 2\pi i \sum_{l,g} C_0^l C_g^l C_g^j \int_0^t \beta'_g \exp\left[2\pi i(\delta k^l - \delta k^j)\, z\right] \mathrm{d}z \,. \qquad \text{(A 1.41)}$$

Die Gl. (A 1.41) zeigt, daß der elektronenmikroskopische Beugungskontrast näherungsweise durch die Fourier-Transformierte des Verschiebungsfeldes bestimmt wird, welche in einigen Fällen leichter zu berechnen ist als das Verschiebungsfeld selbst [62]. Neben einigen anderen allgemeinen Kontrastaussagen folgt weiterhin aus Gl. (A 1.41), daß für zu schnell oder zu langsam variierende Funktionen $\beta'_g(z)$ nur ein schwacher Kontrast beobachtet werden kann und daß eine Kontrastverbesserung durch solche Beugungsbedingungen erreicht wird, wo großen Differenzen der Wellenvektoren $\delta k^l - \delta k^j = -(k_g^l - k_g^j) \cdot f$ eine kleine Extinktionslänge entspricht. Das Integral in Gl. (A 1.41) kann auch als Integral über das Fourier-Potential geschrieben werden [32] und gestattet dadurch, den Beugungskontrast für verschiedene Potentialansätze zu untersuchen.

Aus den Differentialgleichungen (A 1.26) im Fall der Entwicklung nach ebenen Wellen kann abgelesen werden, daß die Kontrastentstehung als örtliche Variation des Abweichungsfehlers s_g durch die Verschiebungsfeldableitung β'_g gedeutet werden kann. Führt man eine Näherung für schwache Strahlen durch (kinematische Theorie), so kann man ein Kriterium erhalten, welches auf einfache Weise den geometrischen Ort des Bildes $(x_\mathrm{B}, y_\mathrm{B})$ über die Bedingung

$$s_g + \beta'_g(x_\mathrm{B}, y_\mathrm{B}, z_0) = 0 \qquad \text{(A 1.42)}$$

bestimmt [63], wenn z_0 einen Wendepunkt der Verschiebungsfeldableitung kennzeichnet: $\beta''_g(x_\mathrm{B}, y_\mathrm{B}, z_0) = 0$. Zusätzlich zu diesem *weak-beam*-Kontrastmaximum kann noch ein sog. *core-peak* auftreten, wenn

$$\beta_g'(x, y, z_c) = 0 \quad \text{und} \quad \pi\, ts \approx (2n + 1)\, \frac{\pi}{2} \tag{A 1.43}$$

gilt, was auf einen erhöhten Einfluß des Versetzungskernes auf den Bildkontrast hinweist [64].

Die Formulierung der Gleichungen (A 1.25) bzw. (A 1.26) in Gestalt einer Matrizenbeziehung gibt die Möglichkeit, Aussagen bezüglich der Symmetrie des zu erwartenden Kontrastes zu machen. HOWIE und WHELAN [5] folgerten aus den Symmetrieeigenschaften der Streumatrizen die Identität zweier Beugungskontrastaufnahmen, wenn der Kristall ein Symmetriezentrum hat, und wenn $u(z)$ sowie $u_0 - u(t - z)$ die Verschiebungsfunktionen der den beiden Aufnahmen zugrunde liegenden Kristalldefekte sind (u_0 ist eine beliebige konstante Verschiebung). BALL [65] zeigte, daß die Dunkelfeldbilder zweier Defekte identisch werden, wenn ihre Verschiebungsfelder durch $u(z)$ und $u_0 + u(t - z)$ darstellbar sind. Dabei wird allerdings vorausgesetzt, daß die exakte Bragg-Orientierung vorliegt und die Gültigkeit des Zweistrahlfalles gewährleistet ist. POGANY und TURNER [66] konnten die Aussagen auf den Fall einer systematischen Reihe von Reflexen erweitern. KATERBAU [11] verallgemeinerte diese Aussagen auf sämtliche Strahlen eines beliebigen Mehrstrahlfalles und zeigte die Bedingungen auf, unter denen bei verschiedenen Einstrahlverhältnissen oder beim Vergleich von in unterschiedlichen Strahlen aufgenommenen Bildern identische Kontraste zu erwarten sind.

Die Aussagen bezüglich der Identität zweier Beugungskontrastaufnahmen können auch verwendet werden, um Symmetriebeziehungen der Defektabbildungen abzuleiten. Angewendet auf unterschiedliche, aber bezüglich des Defektes symmetrisch liegende Säulen $z_0^{(2)} = t - z_0^{(1)}$, erhält man unter Berücksichtigung der jeweiligen Symmetrie des Verschiebungsfeldes die Bedingungen für gleiche Intensitäten gleicher oder auch unterschiedlicher Strahlrichtungen. So ergeben sich z. B. gleiche Hellfeldintensitäten der Säulen (1) und (2), wenn $u^{(1)}(z) = u_0 - u^{(2)}(-z)$ bei gleicher aber beliebiger Einstrahlrichtung und wenn $u^{(1)}(z) = u_0 + u^{(2)}(-z)$ bei entgegengesetzt gleicher Einstrahlrichtung für das Verschiebungsfeld an den beiden Säulen gilt. Entsprechende Beziehungen erhält man für beliebige Dunkelfeldstrahlen [11], woraus die im Kap. 11. angegebenen Symmetrieerscheinungen der einzelnen Kristalldefektabbildungen folgen. Darüber hinaus ermöglichen diese Beziehungen bei numerischer Rechnung eine beträchtliche Rechenzeiteinsparung.

A 1.5. Die numerischen Grundlagen des Beugungskontrastes

In vielen Fällen reichen allgemeine Regeln zur Kontrastdeutung nicht aus, analytische Lösungen sind nicht angebbar und Näherungslösungen geben keinen genügenden Überblick über den zu erwartenden Kontrast. Dann ist es unumgänglich, die Differentialgleichungen aus Abschn. A 1.2. numerisch zu lösen, obwohl dadurch der Zusammenhang zwischen Bildkontrast und physikalischer Ursache nicht mehr zu erkennen ist. Die numerische Integration wird in der Regel mit einem Runge-Kutta-Verfahren oder mit einer *predictor-corrector-Methode* durchgeführt. Als ein günstiges Verfahren zur Integration der Differentialgleichungen hat sich das modifizierte Runge-Kutta-Verfahren, wie es Merson [67] vorschlug, bewährt, weil die Schrittweite automatisch der Genauigkeit angepaßt wird und dennoch die Rechengeschwindigkeit größer als bei vergleichbaren Verfahren bleibt. Verwendet man die Gleichungen (A 1.25) zur Kontrastrechnung, dann muß im Mehrstrahlfall vor dem eigentlichen Integrationsbeginn erst noch das Eigenwertproblem für die Eigenwerte δk^l und die Eigenvektoren C_g^l gelöst werden. Man hat aber den Vorteil, daß im wenig gestörten Kristall die Anregungsstärken φ^l nahezu konstant sind, so daß sich eine große Schrittweite einstellt, die zu einer verringerten Rechenzeit führt. Geringe Rechenzeiten werden immer dann angestrebt, wenn es für die Defektidentifizierung notwendig ist, eine Vielzahl von Bildpunkten unter verschiedenen Bedingungen zu berechnen. Dies kann im Falle geradliniger Defekte mit Hilfe der Methode des generalisierten Querschnittes geschehen, während im allgemeinen Fall Transformationen der Gleichungen und Interpolationsverfahren notwendig werden.

Unter der Voraussetzung, daß — wie bei geradlinigen Einzelversetzungen und parallel liegenden Versetzungen — das Verschiebungsfeld eine Richtung aufweist, in welcher es konstant ist, haben Head [68] für planparallele Objekte senkrecht zum Strahl und Humble [69] für geneigte Oberflächen eine Methode angegeben, wie die Intensitäten eines vollständigen Bildes einzig aus der Berechnung zweier Intensitätsprofile abgeleitet werden können. Das Verfahren wurde von Skalicky und Papp [70] auf den Mehrstrahlfall verallgemeinert. Grundlage des Verfahrens ist die Linearität der Differentialgleichungen des Beugungskontrastes (Gl. (A 1.26)), weshalb sich jede Lösung durch Linearkombination zweier linear unabhängiger Lösungen darstellen läßt. Wird, wie in Abb. A 1.4 angegeben, ein generalisierter

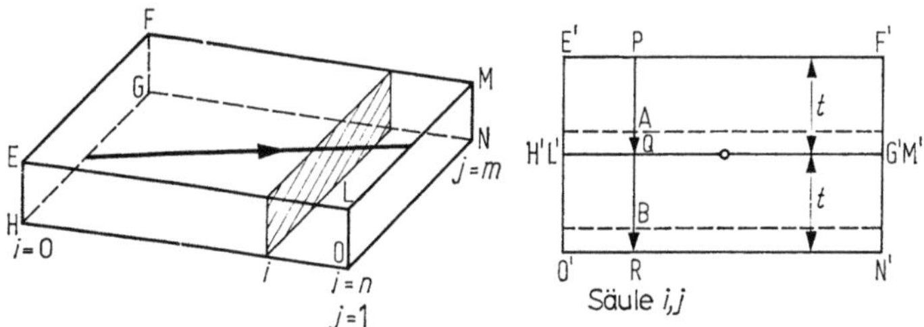

Abb. A1.4   Definition des generalisierten Querschnittes für eine zur Folie geneigte geradlinige Versetzung nach [68]

Querschnitt als Projektion aller Folienquerschnitte parallel zum Elektronenstrahl definiert, so daß der Defekt in der Mitte der Fläche mit der Abmessung $2\,t$ (t — Foliendicke) liegt, dann stellt jeder wirkliche Kristallquerschnitt einen Ausschnitt aus dem generalisierten Querschnitt dar, und alle Querschnitte unterscheiden sich nur durch die Wahl der Anfangsbedingungen. Für den generalisierten Querschnitt werden nun 64 Säulen in je 128 Schritten integriert und die zu jedem Schritt gehörenden Amplituden gespeichert. Dann werden 2 N Konstanten (N — Anzahl der Strahlen) für einen Punkt (x, y) der Bildebene derart bestimmt, daß in der zur Oberfläche gehörenden Tiefe, d. h. Integrationsschritt k, im generalisierten Querschnitt die im Abschn. A 1.2. gegebenen Anfangsbedingungen erfüllt sind. Mit diesen 2 N Konstanten erhält man dann aus dem Integrationsschritt $k + 64$ die Amplituden an der Folienaustrittsseite. Damit wird die Bildberechnung für die genannten Defekte stark vereinfacht. Ein aus 64×128 Punkten bestehendes Bild erfordert die Berechnung der Amplituden von nur 64 Punkten und die jeweilige Umrechnung der Anfangsbedingungen.

Für die Berechnung vollständiger Bilder im Fall nicht geradliniger Defekte — hierbei ist die Methode des generalisierten Querschnittes nicht anwendbar — ist von Bedeutung, daß die Zahl tatsächlich zu berechnender Bildpunkte durch Interpolationsverfahren auf ein Minimum reduziert werden kann. Über das ganze Bild verteilt oder für einzelne Bildsegmente nacheinander wird die Intensität einer minimalen Anzahl von Bildpunkten berechnet. Diese Punkte dienen als Stützstellen, von denen aus das vollständige Bild durch zweidimensionale lineare oder kubische Interpolationsverfahren gewonnen wird. Dabei wird die Intensität eines jeden zu interpolierenden Bildpunktes von zwei verschiedenen Stützstellengruppen aus berechnet und wird dann nach Vergleich der beiden Interpolationsergebnisse entweder durch den Mittelwert ersetzt, oder — falls die Differenz zu groß ist — durch zusätzliche Integration gewonnen. Die zulässigen Fehlerschranken werden in der Regel durch Testrechnungen festgelegt und so gewählt, daß nur zwischen 5 und 20% aller Bildpunkte direkt berechnet werden.

Für die Kontrastberechnung mit den Zweistrahlfall-Gleichungen (A 1.27) bzw. (A 1.30) können weitere Rechenzeiteinsparungen erreicht werden, wenn durch geeignete Transformationen die Zahl der zu lösenden Differentialgleichungen von 4 auf 2 reduziert wird, wobei in der Regel ein weniger aufwendiges Integral ausgewertet werden muß, um die Intensitäten zu berechnen. Die Hilfsvariable $v(z)$ mit

$$v(z) = \frac{\sigma - s - \beta_g'}{\sigma_0} \cdot \frac{a^1(z)}{a^2(z)} \cdot \exp\left[2\pi i \left(\sigma z + \frac{s}{\sigma}\beta_g'\right)\right] \tag{A 1.44 a}$$

transformiert das System (A 1.30) in [51]

$$v'(z) = 2\pi i\, \sigma v + \pi i \beta_g' \frac{\sigma_0}{\sigma}\left[v^2 + 2(s + \beta_g)\frac{v}{\sigma_0} - 1\right], \tag{A 1.44 b}$$

während die Transformation

$$r(z) = \frac{r_1(z)}{r_2(z)}, \qquad \hat{\Phi}_{0,g}(z) = \exp(\pi i\, sz)\,[r_{1,2}T^{\pm} + r_{2,1}S^{\pm}] \tag{A 1.45 a}$$

mit der Definition (A 1.38) die Gl. (A 1.27) zur Riccatischen Differentialgleichung [48]

$$r'(z) = 2\pi i\, \beta_g'(rT^- + S^-)\,(rS^+ + T^+) \tag{A 1.45 b}$$

überführt. Mit Transformationen der angegebenen Art lassen sich wesentliche Rechenzeiteinsparungen erzielen, wenn gewährleistet ist, daß das numerische Verhalten der Funktionen $v(z)$ bzw. $r(z)$ nicht zu einer wesentlichen Verkleinerung der Integrationsschrittweite führt.

Im Gegensatz zu den auf der Runge-Kutta-Methode basierenden numerischen Integrationsverfahren kann man Matrizenmultiplikationsverfahren [48, 71] zur Lösung des Beugungskontrastproblems benutzen. Wird die Kristallfolie der Dicke t in n Kristallscheiben der Dicke $\Delta z = t/n$ eingeteilt, dann kann die Größe $w_g^{\text{eff}} = w_g + \xi_g \cdot \beta_g'$ in jeder dieser Scheiben als Konstante aufgefaßt werden. Für die Amplituden an der Folienaustrittsseite gilt eine Beziehung der Form

$$\begin{pmatrix} \hat{\Phi}_0(t) \\ \hat{\Phi}_g(t) \end{pmatrix} = \prod_K M_K \begin{pmatrix} 1 \\ 0 \end{pmatrix}, \tag{A 1.46}$$

wobei sich die Streumatrizen ähnlich wie in Gl. (A 1.39 a) mit den dort verwendeten Abkürzungen darstellen lassen gemäß

$$M_K = \{\exp(\pi i\, \Delta z\, \overline{w}_g^{\text{eff}})\} \begin{pmatrix} T_{\text{eff}}^+ & S_{\text{eff}}^+ \\ S_{\text{eff}}^- & T_{\text{eff}}^{--} \end{pmatrix} \tag{A 1.47}$$

und nur vom Mittelwert $\overline{w}_g^{\text{eff}}$ innerhalb jeder Scheibe $(z_K, z_K + \Delta z)$ abhängen. Die wesentliche Rechenzeiteinsparung bei diesem Verfahren, die durchaus in der gleichen Größenordnung wie bei den Transformationsverfahren liegt, wird hierbei durch Abspeichern der mit festem Δz berechneten Matrizen vor der eigentlichen Bildberechnung erreicht. Ungenauigkeiten, die sich an den Singularitätsstellen der Kristalldefekte ergeben, können z. B. durch Erweiterung des Verfahrens auf zwei verschiedene Schrittweiten vermieden werden [39, 48]. Mit Hilfe der Gl. (A 1.14) bzw. der n-ten Potenz davon kann man einfach zeigen [29], daß für konstantes w_g^{eff} die Gleichung (A 1.46) identisch mit der *multi-slice*-Formulierung [26] ohne Potentialnäherung ist. Eine Verallgemeinerung dieser Beziehungen auf Mehrstrahlfälle gelingt, wenn für alle in den Kristallscheiben auftretenden Mittelwerte $\overline{w}_g^{\text{eff}}$ die Streumatrizen berechnet werden, was gleichbedeutend mit einer wiederholten Lösung des Eigenwertproblems (A 1.11) im Mehrstrahlfall ist. Wesentliche Rechenzeiteinsparungen erhält man dann jedoch nur, wenn man die in der *multi-slice*-Technik gebräuchliche Näherung des Potentials ebenfalls hier durchführt [27] oder eventuell noch einen Schritt weitergeht und, wie von VAN DYCK [72] vorgeschlagen, Streuung und Transmission im direkten bzw. reziproken Raum getrennt behandelt.

Für lokalisierte Defekte (Dipole, Versetzungsringe) kann angenommen werden, daß in größerer Entfernung vom Defekt die Verschiebungsfeldableitung rasch verschwindet. Diese Eigenschaft ausnutzend, läßt sich eine Rechenzeiteinsparung erzielen sowohl bei der Anwendung der Bloch-Wellen-Gleichungen als auch beim Zweischritt-Matrizenmultiplikationsverfahren. Dies beruht darauf, daß in größerer Entfernung vom lokalisierten Defekt die Anregungsstärken als konstant angesehen werden können [73] bzw. dort die Schrittweite für die Matrix (A 1.47) so groß wie der wenig gestörte Bereich gewählt werden kann.

A 1.6. Technik der Computersimulation

Benutzt man die in den Abschnitten A 1.2. und A 1.3. angegebenen Gleichungen und die im Abschnitt A 1.5 aufgezählten numerischen Methoden, dann kann im Prinzip für jeden beliebigen Kristalldefekt die Wechselwirkung der Elektronen mit dem gestörten Gitter simuliert werden. Die berechneten Intensitäten können in Form von Kontrastprofilen mit Hilfe eines Zeichengerätes am Rechner oder als zweidimensionale Bilder mit Hilfe des Druckers bzw. einer Katodenstrahlröhre dargestellt werden. Das zweidimensionale Verfahren wird als Computersimulation des Beugungskontrastes (nicht des Abbildungsprozesses, s. Kap. 3.) bezeichnet. Die zweidimensionalen Bilder werden entweder in Form von Höhenlinien zur leichteren qualitativen Auswertung oder in Form von anschaulichen Halbtonbildern verwendet. Abb. A 1.5 zeigt drei der gebräuchlichen Halbtontechniken; in Teilbild a) wurden die Graustufen durch zweifachen Überdruck der Zeichen eines schnellen Zeilendruckers, in b) unter Verwendung eines Mosaikdruckers mit unterschiedlicher Punktdichte des Rasters pro Druckfläche und in c) mit Hilfe eines Mikrofilmaufzeichnungsgerätes erhalten. Im letzteren Fall [74] wurde durch mehrfaches Ansteuern eines Punktrasters die Intensität direkt auf Mikrofilme aufgezeichnet, die anschließend durch ein Mattglas-Kontaktphotoverfahren so umkopiert wurden, daß das Punktraster nicht mehr zu erkennen ist.

Ein guter Schnelldrucker erzeugt ein möglichst homogenes Druckbild, so daß sich die einzelnen Zeichen in ihrem Schwärzungsverhalten nur wenig unterscheiden. Dies ist von Wichtigkeit für den Vergleich verschiedener Simulationsausdrucke. Eine genügend große Zahl differenzierter Grautöne ist allerdings hierbei nur mittels Überdruck verschiedener Zeichen auf die gleiche Druckposition — *overprint* — bzw. durch Ansteuern genügend dichter Punktraster zu erzeugen. Ein weiteres Problem stellt die Zuordnung der Druckzeichen zur berechneten Intensität dar. Während für Hellfeldabbildungen eine lineare Zuordnung ausreicht, kann es für *weak-beam*-Abbildungen besser sein, die Intensitäten in der Nähe des Untergrundes auf einen größeren Graukeilbereich zu verteilen.

Die Anwendung der auf eben beschriebene Weise erzeugten computersimulierten Bilder zur Interpretation des Bildkontrastes von Kristalldefekten wird als *image-matching*-Technik bezeichnet. Ausgangspunkt der Untersuchung sind dabei experimentell gewonnene Kristalldefektaufnahmen und die Kenntnis einer möglichst großen Zahl der Aufnahmeparameter. Aufgrund bereits vorhandener Erfahrungen bei der Auswertung von Bildkontrasten wird für den zu analysierenden Defekt ein Modell erarbeitet. Voraussetzung einer erfolgreichen Defektidentifizierung ist

Abb. A 1.5   Computersimulierte Halbtonbilder verschiedener Kristalldefekte ▶

a) Schnelldruckerausgabe mit Überdruck eines geneigten Versetzungsdipols bei unterschiedlichen Beugungsbedingungen und Vergleich mit experimentellen Aufnahmen; b) Mosaikdruckerausgabe des Punktrasters von stufenförmiger Versetzung (*links*) und hexagonalem Versetzungsring (*rechts*); c) Mikrofilmaufzeichnung eines Versetzungsringes (*links*) nach [74] und Negativkopie durch defokussierende Platte (*rechts*)

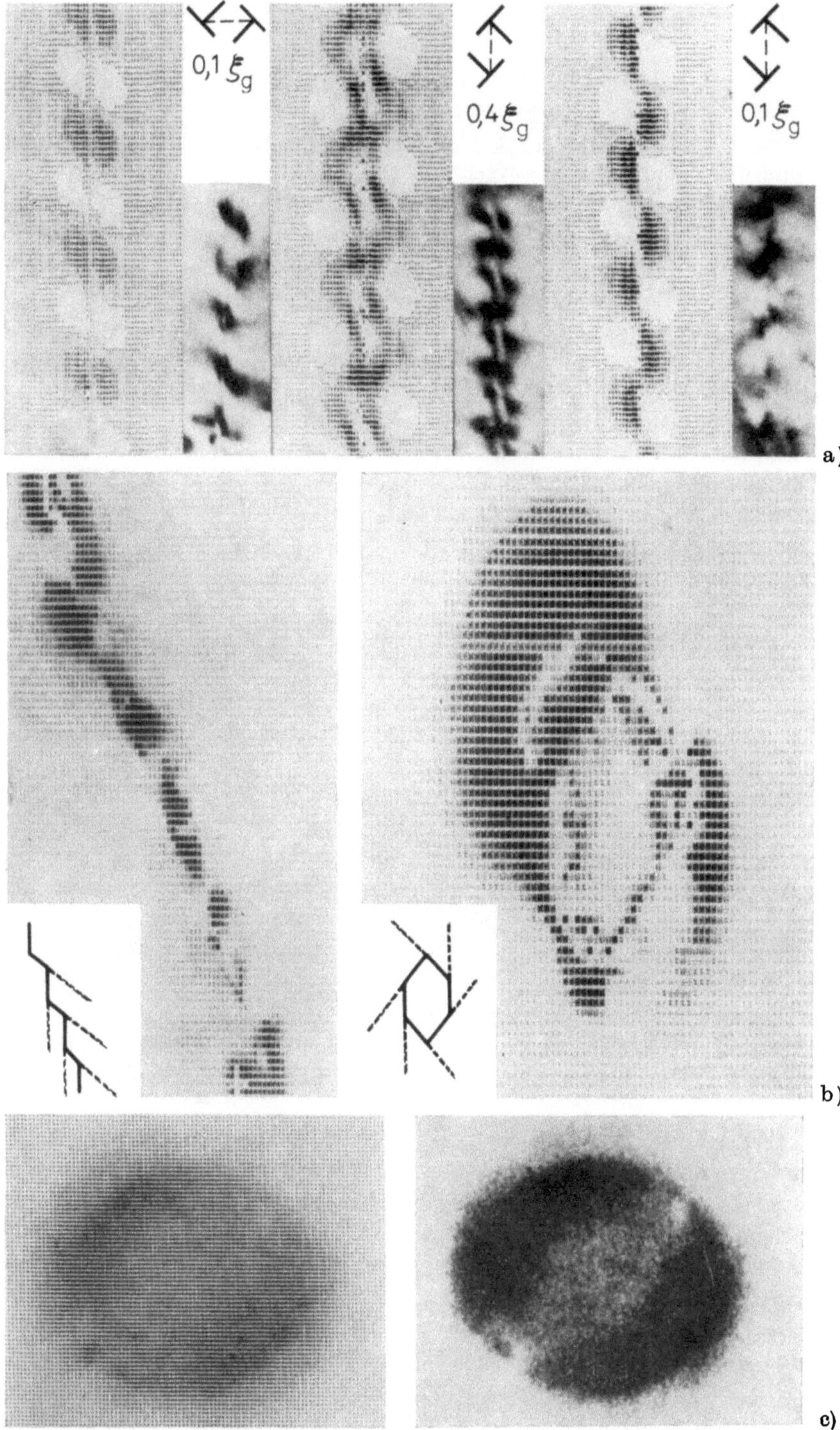

34a   Elektronenmikroskopie

ein Modell, welches mit elastizitätstheoretischen Methoden, wie sie in Abschn. A 1.3. angegeben sind, die veränderten Gitterpotentiale zu berechnen gestattet. Anschließend wird die computersimulierte Abbildung in der oben beschriebenen Weise hergestellt und direkt mit der elektronenmikroskopischen Aufnahme verglichen. Die Berechnung muß unter Variation des Modells und der freien Parameter so lange wiederholt werden, bis eine befriedigende Übereinstimmung zwischen computersimuliertem Bild und experimenteller Defektaufnahme erreicht ist.

Zwei Fragen stellen sich abschließend zu dieser Definition des Begriffes *image matching*: Wie kann man eindeutig und mit großer Sicherheit einen Kristalldefekt aus seiner Beugungskontrastaufnahme identifizieren? Ist es möglich, die inverse Aufgabenstellung zu lösen, d. h., direkt aus der Abbildung auf den Defekt und seine Eigenschaften zu schließen? Beide Teilfragen sind eng miteinander verknüpft und beinhalten folgende Probleme [75—77]:

1. Ist der verwendete Näherungsgrad der Theorie ausreichend, um die gerade vorliegende experimentelle Situation zu beschreiben?

2. Erzeugen verschiedene Defekte eindeutige und wohlunterscheidbare theoretische Bildserien?

3. Sind die Bildserien verschiedener Defekte in der Praxis genügend unterscheidbar?

Die erste der drei Fragen wurde im Prinzip schon bei der Darstellung der Theorie des Beugungskontrastes (Abschn. A 1.2.) dahingehend beantwortet, daß die Gültigkeit der einzelnen Näherungsschritte stets im Einzelfall explizit überprüft werden muß. Mittels Koeffizientenvergleich nach asymptotischer Reihenentwicklung für die Amplituden und die Verschiebungsfeldableitungen haben Mc Conell et al. [76, 77] Bedingungen abgeleitet, die angeben, wann ein Defekt eindeutig aus genau einer Defektaufnahme mittels *image matching* identifiziert werden kann. Es ergab sich, daß dies außer in gewissen „Symmetrielagen" und für Extrema der Rockingkurven immer der Fall ist, und daß in den „Symmetrielagen" unter gewissen Bedingungen zwei Aufnahmen ausreichen, stets aber mit drei Aufnahmen Eindeutigkeit erreicht werden kann, wenn die drei verwendeten Beugungsvektoren in festen Relationen zueinander stehen. Das Problem der praktischen Unterscheidbarkeit dürfte in jedem Falle das bisher am wenigsten untersuchte Problem sein; für eine ausreichende Beantwortung der dritten Frage müssen also weitere Experimente und Rechnungen abgewartet werden. Dieses Problem scheint auch bisher den Weg der direkten Analyse der Verschiebungsfelder aus den Intensitäten zu verhindern; denn obwohl von Head [78] für geradlinige Defekte eine Prozedur zur direkten Analyse angegeben wurde, ist diese noch nicht praktisch realisiert worden, sicher auch deshalb, weil die dabei erforderlichen Differentiationen experimentell gemessener Intensitäten mit zu großer Ungenauigkeit behaftet sein dürften. Können die drei Fragestellungen im Einzelfall positiv beantwortet werden, dann ist im derzeitigen Stadium eine einfache und eindeutige Defektidentifizierung mit der Methode des *image matching* möglich, wobei zur Einsparung von Rechenzeit und zur besseren Verallgemeinerung der Ergebnisse die analytischen und Näherungsmethoden verstärkt berücksichtigt werden sollten.

A 1.7. Literatur

Originalliteratur

[1] Bethe, H., Ann. Phys. (Leipzig) **87** (1928) 55.
[2] Lamla, E., Ann. Phys. (Leipzig) **32** (1938) 178, 225.
[3] von Laue, M., Materiewellen und ihre Interferenzen. — Leipzig: Akademische Verlagsgesellschaft Geest & Portig K.-G. 1944.
[4] Hirsch, P. B.; Howie, A.; Whelan, M. J., Philos. Trans. Roy. Soc. London **A 252** (1960) 499.
[5] Howie, A.; Whelan, M. J., Proc. Roy. Soc. London **A 263** (1961) 217; **A 267** (1962) 267.
[6] Wilkens, M., Phys. Status Solidi **5** (1964) 175; **6** (1964) 939.
[7] Wilkens, M., Phys. Status Solidi **13** (1966) 529,
Kato, N., Introduction to x-ray diffraction. Ed.: L. V. Azaroff. — New York: McGraw Hill 1974.
[8] Parsons, J. R.; Hoelke, C. W., J. Appl. Phys. **40** (1969) 866.
[9] Reimer, L.; Hagemann, P., Optik **47** (1977) 325.
[10] Erickson, H. P.; Klug, A., Philos. Trans. Roy. Soc. London **B 261** (1971) 105.
[11] Katerbau, K. H., Dissertation. Stuttgart 1978.
[12] Fujiwara, K., J. Phys. Soc. Jap. **16** (1961) 2226.
[13] Howie, A., Proc. Roy. Soc. London **A 271** (1963) 268.
[14] Melander, A.; Sandström, R., Acta Cryst. **A 31** (1975) 116.
[15] Kamiya, Y.; Uyeda, R., J. Phys. Soc. Jap. **16** (1961) 1361.
[16] Castaing, R., et al., C.R. Acad. Sci. (Paris) **B 265** (1967) 1293.
[17] Cundy, S. L., et al., Philos. Mag. **15** (1967) 623.
[18] Yoshioka, H., J. Phys. Soc. Jap. **12** (1957) 618.
[19] Radi, G., Z. Phys. **212** (1968) 146; **213** (1968) 244.
[20] Smith, G. H.; Burge, R. E., Acta Cryst. **15** (1962) 182; Ibers, J. A., Acta Cryst. **10** (1957) 86.
[21] Radi, G., Acta Cryst. **A 26** (1970) 41.
[22] International tables for x-ray crystallography. — Birmingham: Keynoch Press 1962.
[23] Hall, C. R.; Hirsch, P. B., Proc. Roy. Soc. London **268** (1968) 158; Sheinin, S. S.; Cann, C. D., Phys. Status Solidi b **57** (1973) 315.
[24] Kambe, K.; Moliere, K., Dynamical theory of electron diffraction. In: Advances in structure research by diffraction methods. Vol. 3. Eds.: R. Brill, R. Mason. — Braunschweig: Friedr. Vieweg & Sohn Verlagsgesellschaft mbH 1970, p. 53.
[25] Colella, R., Acta Cryst. **A 28** (1972) 11.
[26] Cowley, J. M., Diffraction physics. — Amsterdam/Oxford: North-Holland Publ. Comp. 1975.
[27] Goodman, P.; Moodie, A. F., Acta Cryst. **A 30** (1974) 280; Ishizuka, K.; Uyeda, N., Acta Cryst. **A 33** (1977) 740.
[28] Berry, M. V., J. Phys. London C.: **4** (1971) 697.
[29] Scheerschmidt, K.; Carl, S., Kristall Tech. **13** (1978) 1131 u. 1135 und Veröffentlichung in Vorbereitung.
[30] Howie, A.; Basinski, Z. S., Philos. Mag. **17** (1968) 1039.
[31] Wilkens, M., et al., Phys. Status Solidi a **39** (1977) 103.
[32] Howie, A., The theory of high energy electron diffraction. In: Modern diffraction and imaging techniques in material science. Eds.: S. Amelinckx et al. — Amsterdam: North-Holland Publ. Comp. 1970, p. 295.
[33] Takagi, S., Acta Cryst. **15** (1962) 1311.
[34] Jouffrey, B.; Taupin, D., Philos. Mag. **16** (1967) 703.
[35] Howie, A.; Sworn, C. H., Philos. Mag. **22** (1970) 861.

[36] WILKENS, M.; KATERBAU, K.-H., Proc. 5. Europ. Reg. Conf. El. Micr., Manchester 1972, p. 414.

[37] HUMPHREYS, C. J.; DRUMMONDS, R. A., Proc. 6. Europ. Reg. Conf. El. Micr., Jerusalem 1976, Vol. I, p. 142.

[38] DE RIDDER, R.; AMELINCKX, S., Phys. Status Solidi b **43** (1971) 541.

[39] SCHEERSCHMIDT, K., Dissertation. Halle 1975.

[40] HOLMES, S. M.; COCKAYNE, D. J. H.; RAY, I. L. F., Proc. 8. Int. Congr. El. Micr., Canberra 1974, Vol. I, p. 290.

[41] HIRTH, J. P.; LOTHE, J., Theory of dislocations. New York: McGraw-Hill 1968.

[42] ESHELBY, J. D., Proc. Roy. Soc. London **A 241** (1957) 376; **A 252** (1959) 561.

[43] BARNETT, D. M., Phys. Status Solidi b **49** (1972) 741.

[44] LEIBFRIED, G., Z. Phys. **126** (1949) 781.

[45] PFLEIDERER, H., Phys. Status Solidi **2** (1962) 1524, 1713.

[46] GRANZER, F., Acta Metall. **18** (1970) 159.

[47] YOFFE, E. H., Philos. Mag. **5** (1960) 161.

[48] SCHEERSCHMIDT, K.; HEYDENREICH, J., Phys. Status Solidi a **42** (1977) 47.

[49] ASHBY, M. F.; BROWN, L. M., Philos. Mag. **8** (1963) 1083, 1646.

[50] BULLOUGH, R.; MAHER, D. M.; PERRIN, C., Phys. Status Solidi b **43** (1971) 689.

[51] LEPSKI, D., Phys. Status Solidi a **23** (1974) 543.

[52] LEPSKI, D., Phys. Status Solidi a **24** (1974) 99.

[53] TUCKER, O., Philos. Mag. **19** (1969) 1141.

[54] HUMBLE, P.; FORWOOD, C. T., Philos. Mag. **31** (1975) 1011, 1025.

[55] KROUPA, F., Phys. Status Solidi **9** (1965) 27.

[56] KROUPA, F., Line sources of internal stresses with zero Burgers vector. In: Mechanism of generalized continua. IUTAM-Symposium Stuttgart 1967. Ed.: E. KRÖNER. — Berlin/Heidelberg/New York: Springer-Verlag 1968.

[57] LEPSKI, D.; MICHAEL, R., Phys. Status Solidi a **36** (1976) 117.

[58] AMELINCKX, S., The study of planar interfaces by means of electron microscopy. In: Modern diffraction and imaging techniques in material science. Eds.: S. AMELINCKX et al. — Amsterdam: North-Holland Publ. Comp. 1970, p. 257.

[59] GEVERS, R., Philos. Mag. **7** (1962) 59, 651; **8** (1963) 769.

[60] GEVERS, R., Kinematical theory of electron diffraction. In: Modern diffraction and imaging techniques in material science. Eds.: S. AMELINCKX et al. — Amsterdam: North-Holland Publ. Comp. 1970, p. 1.

[61] KATERBAU, K.-H., Phys. Status Solidi a **38** (1976) 463.

[62] YOFFE, E. H., Philos. Mag. **21** (1970) 833; **25** (1972) 935.

[63] COCKAYNE, D. J. H.; RAY, I. L. F.; WHELAN, M. J., Philos. Mag. **20** (1969) 1265.

[64] HUMPHREYS, C. J., et al., Philos. Mag. **35** (1977) 1543.

[65] BALL, C. J., Philos. Mag. **9** (1964) 541.

[66] POGANY, A. P.; TURNER, P. S., Acta Cryst. **A 24** (1968) 103.

[67] LANCE, G. N., Numerical methods for high speed computers. — London: Iliffe 1960, p. 56.

[68] HEAD, A. K., Austral. J. Phys. **20** (1967) 557.

[69] HUMBLE, P., Austral. J. Phys. **21** (1968) 325.

[70] SKALICKY, P.; PAPP, A., Philos. Mag. **25** (1972) 177.

[71] THÖLEN, A. R., Philos. Mag. **22** (1970) 175.

[72] VAN DYCK, D., Phys. Status Solidi a **52** (1979) 283.

[73] HÄUSSERMANN, F.; KATERBAU, K.-H.; RÜHLE, M.; WILKENS, M., J. Micros. (London) **98** (1973) 135.

[74] MAHER, D. M.; PERRIN, C.; BULLOUGH, R., Phys. Status Solidi **37** (1970) 303.

[75] HEAD, A. K.; SANDERS, J. W., Proc. 8. Int. Congr. El. Micr., Canberra 1974, Vol. I, p. 302.

[76] McCONELL, W. H., Philos. Mag. **33** (1976) 863.

[77] McCONELL, W. H.; BARNETT, D. M., Philos. Mag. **35** (1977) 1037.

[78] HEAD, A. K., Austr. J. Phys. **22** (1969) 43, 345.

Übersichtsliteratur

- HIRSCH, P. B., et al., Electron microscopy of thin crystals. — London: Butterworth & Co. 1965.
- AMELINCKX, S., The direct observation of dislocations. Solid State Physics, Suppl. 6. — London/New York: Academic Press 1964.
- Microscopy of cluster nuclei in defected crystals. Proc. Workshop Conf. Chalk River, Ontario 1972.
- HEAD, A. K., et al., Computed electron micrographs and defect identification. — Amsterdam: North-Holland Publ. Comp. 1973.
- SKALICKY, P., Phys. Status Solidi a **20** (1973) 11.
- WILKENS, M.; KATERBAU, K.-H.; RÜHLE, M., Z. Naturforsch. **28a** (1973) 681.
- LEPSKI, D., Kristall Techn. **9** (1975) 905.
- SCHEERSCHMIDT, K., Computer Simulation des elektronenmikroskopischen Bildkontrastes von Versetzungen. In: Strukturen kristalliner Phasengrenzen, Elektronenmikroskopischer Bildkontrast. Hrsg.: H. G. SCHNEIDER, J. WOLTERSDORF. — Leipzig: VEB Deutscher Verlag für Grundstoffindustrie 1977, S. 222.
- Electron microscopy and material science. Eds.: U. VALDRE, E. RUEDL. — London/New York: Academic Press 1975.

ANHANG 2.

Durchstrahlungselektronenmikroskopie: Präparationstechnischer Überblick [1])

H. Bartsch

Eine der wesentlichsten Voraussetzungen für die Praxis der Durchstrahlungs-Elektronenmikroskopie (TEM) ist die Kenntnis bzw. die Erarbeitung geeigneter Präparationsmethoden zur Herstellung durchstrahlbarer Objekte. Die Präparationsverfahren müssen garantieren, daß Objektdetails unverfälscht von zusätzlichen Effekten (z. B. Objektverschmutzung, Strukturänderungen durch thermische Belastung, Verformung bei mechanischen Trenn- bzw. Schleifverfahren) im Elektronenmikroskop (EM) untersucht werden können, so daß die Ergebnisse für die Struktur des Objektes repräsentativ sind und nur wenig von der Präparationsmethode beeinflußt werden.

Festkörperphysikalische Objekte für die TEM werden je nach ihrer Beschaffenheit freitragend oder auf speziellen Objektträgern bzw. mit Trägerfilmen versehenen Objektträgern in die Präparathalter eines EM eingebracht. Die Präparathalter sind gewöhnlich für die Aufnahme von scheibenförmigen Objekten bzw. Objektträgern mit Durchmessern von 3 mm oder 2,3 mm ausgelegt. Als Objektträger werden hauptsächlich kommerziell hergestellte Lochblenden (Abb. A 2.1 a) oder Kupfernetze (Abb. A 2.1 b, c) mit unterschiedlichen Maschenformen und Maschenweiten verwendet. Für spezielle Anforderungen, wie etwa Vermeidung bestimmter chemischer Reaktionen bei der Präparation oder für die Temperaturbehandlung von Objekten im Elektronenmikroskop werden Objektträgernetze auch aus Edelmetallen (Platin) oder aus hochschmelzenden Metallen (Molybdän) hergestellt. Bei Objekten, die auf einfachen Netzen schlecht haften, wendet man Doppelnetze an (Abb. A 2.1 d), die zusammengelegt das Objekt einklemmen.

Für Objekte, die für eine freitragende Anordnung über den Netzmaschen von Objektträgern nicht stabil genug oder von ihren Abmessungen her zu klein sind (z. B. Stäube, Pulver oder Fadenkristalle) muß zunächst ein geeigneter Trägerfilm auf den Objektträger aufgebracht werden. Solche Trägerfilme sollen ausreichend dünn und stabil sein und bei der EM-Abbildung eine möglichst geringe Eigenstruktur aufweisen, damit die Bildkontraste des eigentlichen Objektes durch die Struktur der Unterlage nicht beeinträchtigt werden. Für diesen Zweck werden vorwiegend dünne Filme aus Formvar [1], Kollodium [2] oder Kohle [3] verwendet, oft auch Doppelfilme, wobei Formvar- oder Kollodiumfilme, durch eine dünne Kohleschicht verstärkt, in ihren Eigenschaften, insbesondere in ihrer Stabilität

---

[1]) Die für die Erzielung indirekter Oberflächenabbildungen durch Abdruck- und Dekorationsverfahren notwendige Präparationstechnik ist in Kap. 7. erwähnt.

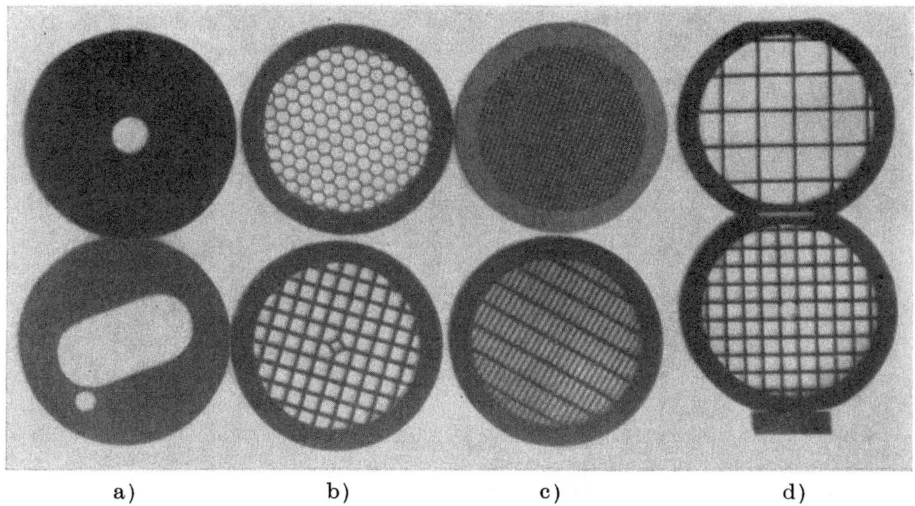

a)   b)   c)   d)

Abb. A 2.1   Sortiment von Objektträgern

a) Lochblenden, b) und c) Netzobjektträger mit unterschiedlichen Netzmaschen, d) Doppelnetz

bei Elektronenbestrahlung, verbessert werden. Bei hohen Anforderungen hinsichtlich chemischer und thermischer Stabilität werden auch Trägerfilme aus Siliciummonoxid [4] und Aluminiumoxid [5—8] eingesetzt. Während Trägerfilme aus Formvar und Kollodium relativ einfach herzustellen sind, ist die Verwendung der anderen genannten Materialien aufwendiger, da z. B. Hochvakuum-Bedampfungsapparaturen eingesetzt werden müssen.

Für viele Untersuchungen stört ein zusammenhängender Trägerfilm die Abbildung des eigentlichen Objektes zu stark. In diesen Fällen werden Netz- oder Lochfolien angewendet, die als feine Unterteilung der Netzstruktur der Objektträger die störungsfreie Beobachtung von Objekten zumindest stellenweise über den Öffnungen der Trägerfilme ermöglichen. Zur Herstellung von Mikronetzen und Lochfolien aus Formvar, Triafol, Kohle und auch aus Metallen sind zahlreiche Verfahren beschrieben und weiter verbessert worden (s. z. B. [9—20]), die eine weite Variation in der erzielbaren Maschenweite bzw. Lochgröße und Lochdichte zulassen, anpaßbar an das anstehende Präparationsvorhaben. Einige dieser Herstellungsverfahren sind jedoch schlecht reproduzierbar.

Bei der Abbildung von extrem kleinen Objekten (Atome, Atomcluster und Moleküle) auf einem Träger ist die charakteristische Untergrundstruktur auch sehr dünner amorpher Trägerfilme ungeeignet, da ihre bei der Fokussierung auftretenden Strukturdetails vergleichbar sind mit denen des Objektes. Für solche speziellen Zwecke haben sich verschiedene dünne kristalline Trägermedien bewährt, wie etwa dünne Plättchen aus Beryllium [21], Molybdäntrioxid [22], Graphit [23—26] und Berylliumoxid [27].

Die Beschickung der Objektträger richtet sich nach der Art der Präparate, die aufgebracht werden sollen. Kleine Teilchen, wie Stäube, Pulver, Fasern, Fadenkristalle oder kleinste Kristallite können auf die Objektträger unter anderem

aufsedimentiert, aufgesprüht, aufgedampft, mit Ultraschall aufgetrocknet oder im
elektrischen bzw. thermischen Feld niedergeschlagen werden [28].

Beim Einsatz der EM in der Festkörperphysik und in der Werkstofforschung
haben die Präparationsverfahren zur Herstellung durchstrahlbarer Folien aus dem
massiven Untersuchungsmaterial eine besondere Bedeutung. Solche Präparate
werden in der Regel als scheibenförmige Proben für die Standardprobenhalterungen
der EM hergestellt. Querschnitte von abgedünnten Proben sind in Abb. A 2.2

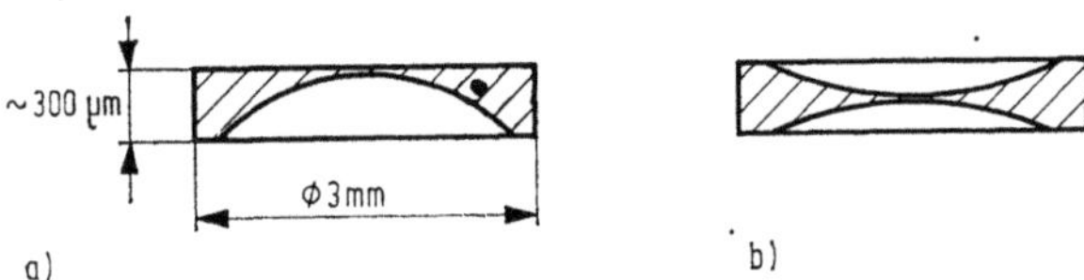

Abb. A2.2   Probenquerschnitt durch freitragende Standard-Proben nach chemischem
bzw. elektrolytischem Abdünnen

a) einseitig abgedünnt; b) beidseitig abgedünnt

schematisch dargestellt. Ausgehend von einer Scheibendicke zwischen 200 µm und
500 µm wird die Probe mit einem geeigneten Verfahren entweder von einer Seite
(Abb. A 2.2a) oder von beiden Seiten (Abb. A 2.2b) poliert, bis im Zentrum der
Probe ein Loch und um dieses ein keilförmiger dünner Bereich entsteht, in dem das
Präparat für Elektronen transparent ist. Der Randbereich der Probenscheibe wird
abgedeckt (Photolack, mechanische Masken, Wachs) und dadurch vor dem Polier-
mittel geschützt, so daß er in ursprünglicher Dicke erhalten bleibt und die Probe
für die Handhabung am Mikroskop stabil erhält; damit werden zusätzliche Objektträger überflüssig.

Die durchstrahlbaren Bereiche elektronenmikroskopischer Objekte müssen
glattpolierte Oberflächen besitzen, da sonst bei der Abbildung unerwünschte Kontraste an Oberflächenrauhigkeiten entstehen. Das bedeutet, daß ein Polierverfahren diese Unebenheiten beseitigen muß und nicht selektiv abtragen darf (kein
bevorzugtes Anätzen unterschiedlicher kristallographischer Ebenen oder verschiedener Phasen). Durch die Präparation darf die Struktur des Probenmaterials
nach Möglichkeit nicht verändert werden. Treten jedoch präparationsbedingte
Änderungen der Mikrostruktur auf (z. B. Erzeugung von Kristalldefekten durch
Probendeformation), dann muß durch geeignete Nachbehandlung (z. B. thermische
Ausheilung) der Ausgangszustand wieder hergestellt werden. Rückstände auf der
Probenoberfläche, die nach jeder Präparation verbleiben, sind durch geeignete
Waschverfahren (organische und anorganische Lösungsmittel, destilliertes Wasser)
oder durch chemisches Ätzen bzw. Ionenätzen zu entfernen.

Die Präparation von durchstrahlbaren Objekten aus massivem Material wird
immer in mehreren Schritten durchgeführt werden. In Tab. A 2.1 ist ein Schema
angegeben, nach dem in vielen Fällen verfahren werden kann, um aus massiven
Materialien durchstrahlbare Präparate zu erhalten. In der Mitte des Schemas ist der
Ablauf der Probenbehandlung vom Ausgangsmaterial bis zur Endabdünnung dargestellt, wobei häufig ein oder mehrere Schritte des Schemas entfallen können oder

Tabelle A 2.1 *Schema für die Präparation elektronenmikroskopisch durchstrahlbarer Proben aus massivem Material*

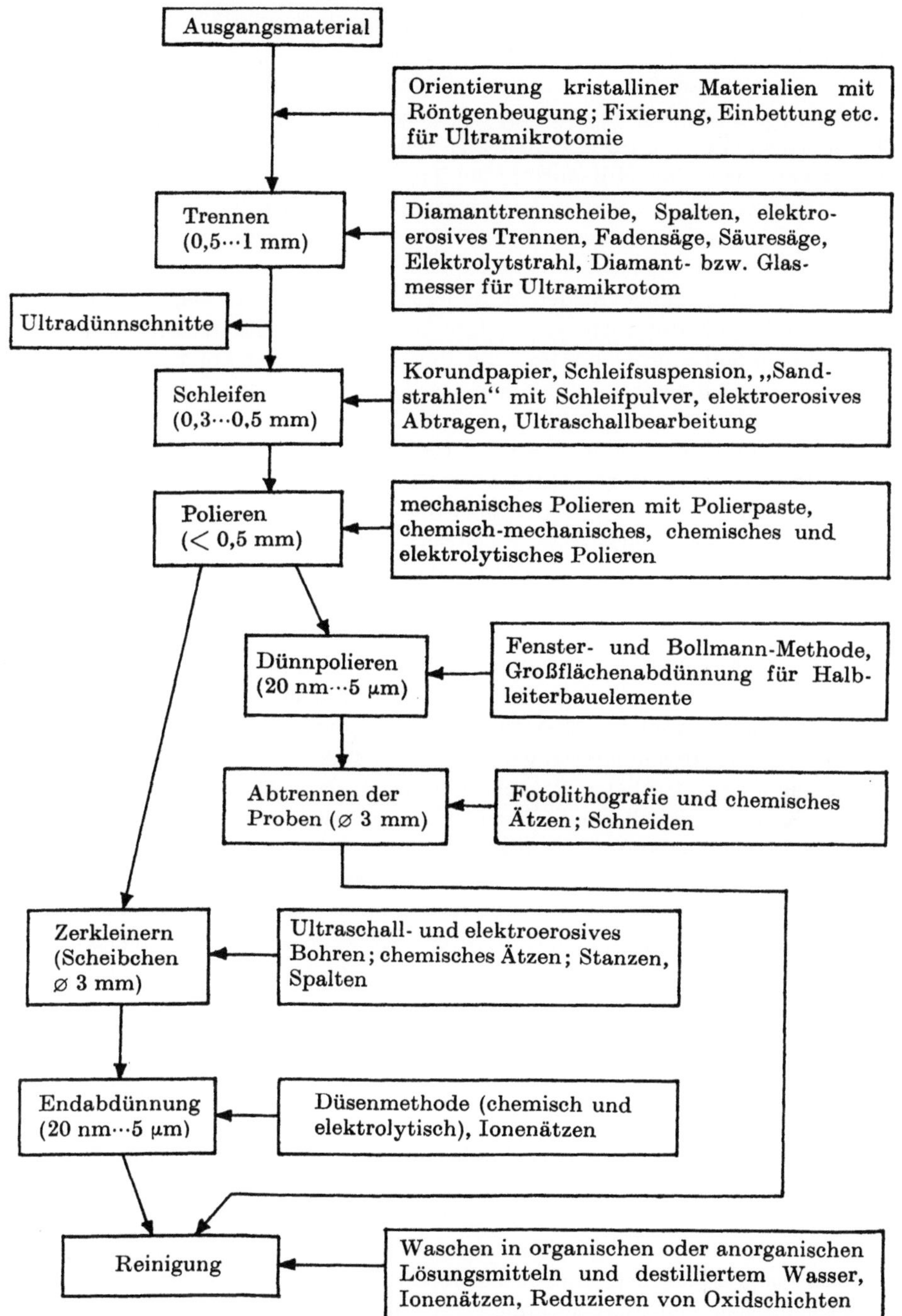

andere Zwischenschritte (z. B. thermische Behandlung, Reinigung) einzufügen sind. An der Seite sind Beispiele von üblichen Verfahren angegeben, die für den jeweiligen Präparationsschritt anwendbar sind. Einige Sonderfälle, die aus diesem Schema herausfallen, werden am Ende des Kapitels erwähnt.

Zur Probenvorbereitung zählt man das Trennen des Materials in Scheiben, das häufig notwendige Schleifen und Polieren (Vorabdünnung) und das Zerkleinern der Probenscheiben (Vereinzeln) in Scheibchen mit den oben angegebenen Durchmessern. Ein gebräuchliches Hilfsmittel zum Trennen sehr harter Werkstoffe ist die Diamanttrennscheibe. Bei diesem Verfahren erzeugt man jedoch an der Scheibenoberfläche eine gestörte Schicht, deren Tiefe auch bei harten Materialien bis zu 50 μm betragen kann. Die Scheibendicke muß deshalb so gewählt werden, daß durch weitere Arbeitsgänge (Schleifen, Polieren) die Störschicht abgetragen werden kann. Für duktile Materialien (z. B. Aluminium, Kupfer) ist die Anwendung der Diamanttrennscheibe problematisch, da die erzeugten Defekte noch wesentlich weiter in die Probe hineinreichen können. Geringere Störungen an der Schnittfläche erhält man beim Sägen mit einer Fadensäge. Diese arbeitet mit einem Metalldraht (Bronze, Edelstahl, Molybdän) von etwa 150 ⋯ 300 μm Stärke, der entweder mit einer Schleifsuspension (SiC-, Al_2O_3- oder Diamantpulver in Öl) oder mit Säure benetzt [29] und mit konstanter Last über die Probe geführt wird. Man verwendet entweder eine endlose rotierende Drahtschleife oder einen sich hin- und herbewegenden Draht. Die Schnittgeschwindigkeit der Fadensäge wird von der Härte des Probenmaterials, von der Drahtgeschwindigkeit, der Last auf dem Draht und von der Art des verwendeten Schleifmittels bzw. der Säure bestimmt. Der Vorteil der Säuresäge besteht darin, daß sie auch bei duktilen Materialien einen nahezu störungsfreien Schnitt garantiert. Ein völlig störungsfreies Trennen ist mit einem lanzettförmigen Säure- bzw. Elektrolytstrahl möglich, der durch eine Düse erzeugt und auf das Probenmaterial gerichtet wird. Man erreicht mit dieser Methode jedoch keine genau parallelen Probenoberflächen, da sich der Schnitt durch die Spülwirkung des Elektrolyten nach außen hin erweitert. Man sollte deshalb mit diesem Verfahren nur stangenförmiges Material bis zu einem Durchmesser von 6 mm trennen [30]. Zum Schneiden von kristallinen Materialien empfiehlt es sich, Trennvorrichtungen mit einer Goniometerhalterung auszurüsten, um in Verbindung mit einer Röntgenbeugungsanlage die Kristalle vor dem Schneiden nach definierten Kristallebenen zu orientieren. Eine Reihe von kristallinen Materialien (z. B. Ionenkristalle, Glimmer) lassen sich mit Meißel und Rasierklinge leicht längs ihrer Basisebenen bis auf einige hundert Mikrometer Dicke spalten, so daß keine weitere Bearbeitung zur Vorabdünnung notwendig wird. Da die Spaltebenen für die meisten Kristalle bekannt sind, ergibt sich durch diese Methode gleichzeitig eine exakte Probenorientierung.

Um die für die nachfolgende Endabdünnung erforderliche Ausgangsdicke der Scheiben zu erhalten, ist häufig nach dem Trennen ein mechanisches Schleifen und Polieren der Probenscheiben notwendig. In vielen Fällen ist es ausreichend, die Scheiben mit Korundpapier oder Schleifpulver abzuschleifen und anschließend mit Polierpaste oder Poliersuspensionen zu polieren. Um Oberflächenstörungen nach dem mechanischen Schleifen und Polieren zu entfernen, müssen die Scheiben häufig noch chemisch oder elektrochemisch geätzt werden. Die Probendicke sollte nach dem mechanischen Polieren noch einige hundert Mikrometer betragen, damit verbliebene Reststörungen an den Oberflächen durch die Endabdünnung beseitigt und die fertigen Proben durch den verbleibenden Rand ausreichend stabilisiert werden. Die Probendicke sollte jedoch 500 µm nicht überschreiten, da sonst das Verhältnis zum Probendurchmesser so ungünstig wird, daß bei der Endabdünnung der Keilwinkel im abgedünnten Bereich zu steil wird und man nur sehr kleine durchstrahlbare Bereiche erhält. Einige duktile Materialien braucht man nicht abzuschleifen, da man sie auf die notwendige Ausgangsdicke walzen kann. Voraussetzung dafür ist jedoch, daß die dabei erzeugten Defekte wieder ausgeheilt werden können oder daß die durch das Walzen erzeugte Struktur die gewünschten Untersuchungsergebnisse nicht verfälscht.

Die Zerkleinerung (Vereinzelung) der Probenscheiben auf die für die Standardprobenhalterungen gewünschte Größe ($\varnothing$ 3 mm bzw. $\varnothing$ 2,3 mm) gehört in der Regel zu der Probenvorbereitung, da dieser Arbeitsgang häufig vor der Endabdünnung durchgeführt wird. Eine universelle Methode zur Vereinzelung und Bearbeitung elektrisch leitfähiger Materialien ist die elektroerosive Abtragung (s. z. B. [31]). Eine Prinzipskizze zu diesem Verfahren zeigt Abb. A 2.3. Zwischen

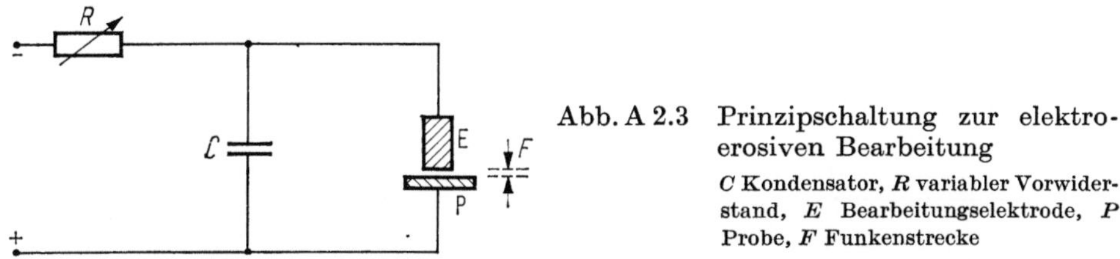

Abb. A 2.3   Prinzipschaltung zur elektroerosiven Bearbeitung

C Kondensator, *R* variabler Vorwiderstand, *E* Bearbeitungselektrode, *P* Probe, *F* Funkenstrecke

einer Bearbeitungselektrode (*E*), die eine beliebige Form besitzen kann (Draht- oder Messerform zum Trennen, Hohlzylinder zur Herstellung kreisrunder Scheibchen) und dem Probenmaterial (P) wird eine Hochspannung angelegt und ein elektrischer Funke gezündet, durch den Material von der Probe abgetragen wird. Entscheidend für ein gutes Arbeiten einer Funkenerosionsapparatur ist die Einhaltung eines konstanten Abstandes zwischen Werkstück und Bearbeitungselektrode. Diese ist deshalb während der Abtragung immer von Hand oder elektronisch gesteuert nachzuführen. Bearbeitungselektrode und Probenscheibe sind häufig in einem Ölbad angeordnet, wobei das Öl sowohl als Dielektrikum zwischen den Elektroden als auch als Spül- und Kühlflüssigkeit dient.

Nicht auf leitfähige Materialien beschränkt ist die Ultraschallbearbeitung. Die Schwingungen einer Ultraschallquelle werden über einen Bohrrüssel, der am Ende eine beliebige Form besitzen kann, auf eine Schleifsuspension übertragen, die als dünner Film auf die Probenoberfläche aufgetragen wird. Auf diese Weise arbeitet sich die Form des Werkzeuges durch das Probenmaterial. Man kann somit durch Verwendung unterschiedlicher Formen des Bohrrüssels sowohl trennen als auch vordünnen. Besonders zur Bearbeitung sehr harter Materialien, wie Gläser, Keramiken und anderer Isolatormaterialien (Spinell, Saphir) hat sich die Ultraschallbearbeitung bewährt. Bei diesen Substanzen, bei denen in der Regel die Endabdünnung sehr langwierig ist, empfiehlt es sich, durch geeignete Formgebung des Bohrwerkzeuges, die Probe im Zentrum „anzubohren", so daß sie dort nur noch einige Mikrometer dick ist und dadurch nur ein geringes Nachpolieren notwendig wird [32].

Bei Metallen kann man in einigen Fällen mit Hilfe einer einfachen Vorrichtung die gewünschten Probenscheibchen aus plattenförmigem Material ausstanzen. Die dabei unausbleibliche Deformation der Probe verursacht jedoch häufig Defekte, die nachfolgend mit geeigneten Methoden wieder ausgeheilt werden müssen.

Eine einfache Methode, vorgedünnte Probenscheiben ohne mechanische Belastung zu zerteilen, ist das chemische Ätzen. Durch geeignete Maskierung der Scheiben können die Probenkörper aus scheibenförmigem Material geätzt werden. In Abb. A 2.4 ist eine mechanische Maske dargestellt, die durch Andruck von zylindrischen Stempeln ($\varnothing$ 3 mm) kreisrunde Bereiche der Probenscheibe abdeckt, während die freien Gebiete der Scheibe vom Ätzmittel angegriffen werden können. Die Vorrichtung (Abb. A 2.4) kommt in einen rotierenden Becher mit einem Säure-

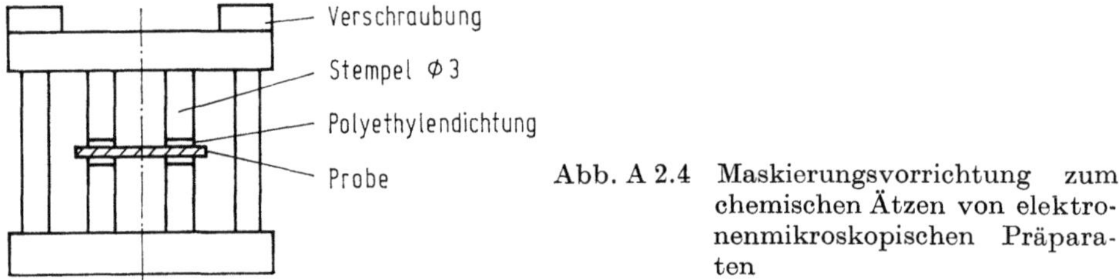

Abb. A 2.4   Maskierungsvorrichtung zum chemischen Ätzen von elektronenmikroskopischen Präparaten

gemisch. Für Siliciumscheiben von 300 µm Dicke z. B. benötigt man bei Verwendung eines Säuregemisches von HF und HNO_3 im Verhältnis 2:8 für das Abätzen etwa 10 bis 20 Minuten. Für die Maskierung der Scheibenoberflächen zum chemischen Ätzen lassen sich auch photolithographische Verfahren anwenden [33]. Bei diesen Verfahren wird die Probenoberfläche mit Photolack bedeckt und über eine Lochmaske belichtet. Nach Ablösen der unbelichteten Bereiche verfährt man wie oben beschrieben. Die Photolithographie ist recht aufwendig, gestattet aber ein sehr präzises Ätzen. Vor allem bewährt sie sich, wenn sprödes Material (z. B. Silicium) geringer Dicke, das bei mechanischer Maskierung der oben beschriebenen Art brechen würde, vereinzelt werden soll [34].

Wesentlich für die Qualität durchstrahlbarer Objekte aus massivem Material ist die Auswahl der Poliermethode für die Endabdünnung. Die durchstrahlbare Dicke beträgt für Elektronenmikroskope bis 100 kV Beschleunigungsspannung, maximal einige hundert Nanometer und für Höchstspannungs-Elektronenmikroskope (HEM) einige Mikrometer. So kann man mit Siliciumproben von 5 µm Dicke bei einer Beschleunigungsspannung von 1000 kV noch gut arbeiten. Andererseits benötigt man für die Hochauflösungs-EM mit der Methode der Netzebenenabbildung sehr dünne Proben (etwa 20 nm Dicke). Ein Verfahren zur Endabdünnung sollte diese Anforderungen an die Objektdicke wahlweise erfüllen können.

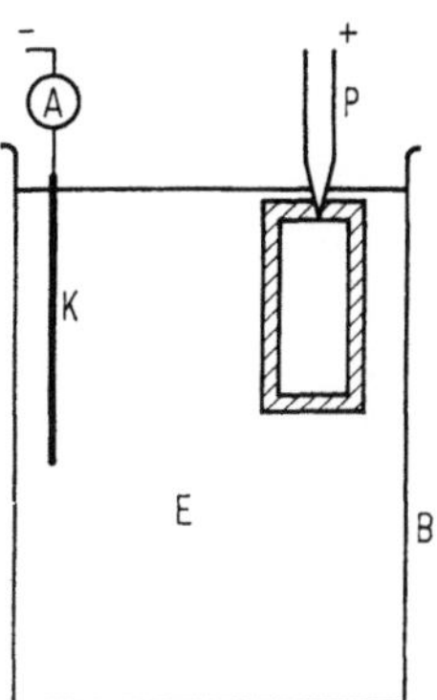

Abb. A 2.5   Einfache elektrolytische Zelle zur Anwendung der Fenstermethode

A Amperemeter, *B* Becherglas, *E* Elektrolyt, *K* plattenförmige Katode, *P* Pinzette mit Probe

Am weitesten sind wohl chemische und elektrolytische Polierverfahren als Abdünnmethoden verbreitet. Das elektrolytische Polieren beruht auf dem Prinzip einer einfachen elektrolytischen Zelle (Abb. A 2.5), in der das Probenmaterial (P) als Anode geschaltet ist. Die Fenstermethode [35] liefert mit dieser einfachen Anordnung Metallproben mit abgedünnten Bereichen von etwa 1 cm² Größe, die nachfolgend vereinzelt werden. In ähnlicher Weise arbeitet das Bollmann-Verfahren [36], das jedoch mit Spitzenkatoden (K) anstatt einer Plattenkatode ausgerüstet ist (Abb. A 2.6). Auf der Basis dieser ersten elektrolytischen Abdünn-

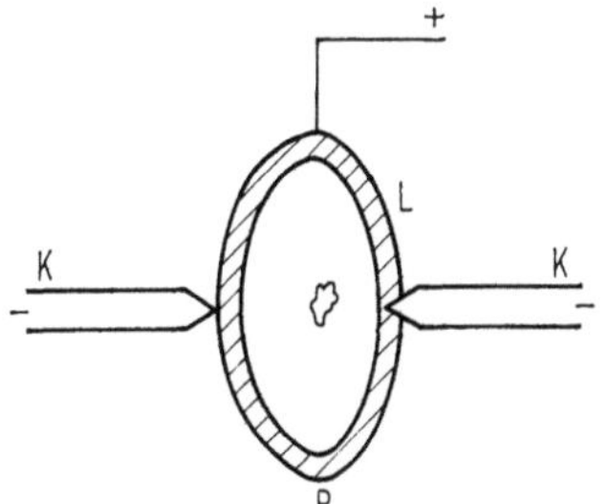

Abb. A 2.6   Elektrodenanordnung für das Bollmann-Verfahren [35]

K Spitzenkatoden, *P* Probe, *L* Lackabdeckung

methoden sind eine Reihe weiterer Poliereinrichtungen [37—39] entwickelt worden, bei denen der Elektrolyt auf verschiedene Weise bewegt wird, um eine bessere Spülwirkung an der Probe zu erreichen. Die heute üblichen Poliereinrichtungen basieren im wesentlichen auf zwei Prinzipien: entweder wird der Elektrolyt über die Probe (P) gespült (Abb. A 2.7), wie es von PHILLIPS und HUGO [40] vorgeschlagen wird, oder er wird durch Düsen auf die Probenoberflächen gepumpt [41]. Die Abbildung A 2.8 zeigt die schematische Darstellung einer Düsenstrahlapparatur. Das Elektrolytstrahlverfahren wird in der Regel nur für Probendurchmesser von 3 mm und 2,3 mm angewendet, während das erstgenannte Prinzip in der Probengröße nicht eingeschränkt ist. Elektrolytstrahlapparaturen sind heute meist mit einer Reihe von Zusatzeinrichtungen zur Probenbeobachtung, zum automatischen Abschalten der Apparatur bei Probenperforation und zur Elektrolytkühlung bzw. -heizung ausgerüstet (s. z. B. [42]). Das elektrolytische Polieren ist dem chemischen nach Möglichkeit vorzuziehen, da man mit dem Strom in der Zelle die Polier-

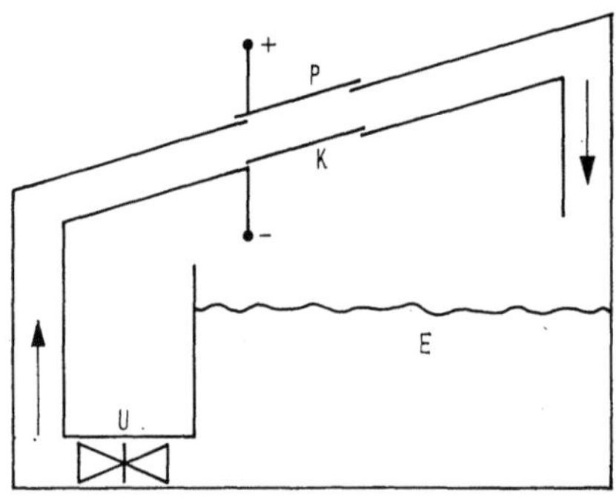

Abb. A 2.7   Prinzip einer elektrolytischen Polierapparatur nach PHILLIPS und HUGO [39]

E Elektrolyt-Vorratsbehälter, *K* plattenförmige Katode, *P* Probe, *U* Umwälzpumpe

bedingungen variieren und damit die günstigsten Abdünnparameter leicht finden kann (Plateauwert im U-I-Diagramm). Eine Kühl- und Heizmöglichkeit ist deshalb erforderlich, weil die Temperatur des Elektrolyten einen entscheidenden Einfluß auf die Polierbedingungen besitzt. So kann z. B. Rhenium bei 233 K mit einer Lösung aus 20% $HClO_4$ und 80% C_2H_5OH abgedünnt werden [43], während Inconel bei 333 K mit einem Gemisch von 40% H_2SO_4 und 60% H_3PO_4 [44] elektrolytisch poliert wird. Um das oben angegebene Probenprofil (Abb. A 2.2) zu erhalten, werden die vorgedünnten Präparate am Rande mit einer Maske abgedeckt, so daß der Elektrolyt die Probe nur im Zentrum angreifen kann. Bei einseitiger Abdünnung für Untersuchungen oberflächennaher Bereiche der Probe (z. B. Oxid- oder Epitaxieschichten, ionenimplantierte Proben), muß die Probe einseitig abgedeckt werden (Polyethylendichtung, Pizein, Wachs, Photolack), und im Falle der Düsenmethode verwendet man nur eine Düse.

Ein spezielles Verfahren, das für die Abdünnung Bedeutung gewonnen hat, ist die anodische Oxydation mit nachfolgender Ablösung der Oxidschicht. In einer elektrolytischen Zelle wird auf einer Probenoberfläche eine Oxidschicht gebildet, deren Dicke von der Elektrolytzusammensetzung, dem Strom in der Zelle und der Dauer der Elektrolyse bestimmt wird [45]. Anschließend wird diese Oxidschicht mit Hilfe eines geeigneten Lösungsmittels entfernt. So kann man z. B. durch vorherige Kalibrierung des Verfahrens Oxidschichten auf Siliciumoberflächen von weniger als 5 nm Dicke bilden, die anschließend mit Flußsäure abgewaschen werden

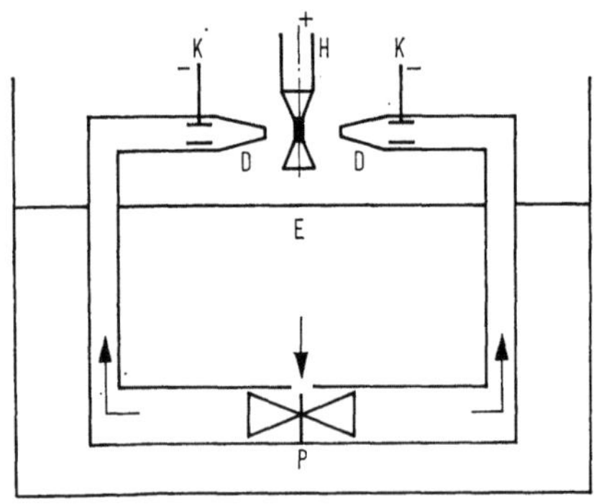

Abb. A 2.8   Schematische Darstellung einer Elektrolytstrahl-Abdünnapparatur

E Elektrolyt, *D* Düsen, *H* Probenhalter mit Probe, *K* Katode, *P* Pumpe können. Auf diese Weise lassen sich von Proben definierte Schichten abtragen, so daß man im TEM die Defektstruktur in unterschiedlichen Tiefen untersuchen und somit Aufklärung über Verteilungsprofile von Kristalldefekten erhalten kann.

Da die elektrolytischen Abdünnmethoden auf elektrisch leitfähige Materialien beschränkt sind, werden Isolatoren (z. B. Metalloxide) und auch zu einem großen Teil Halbleitermaterialien mit chemischen Polierverfahren bearbeitet. Die Apparaturen für die elektrolytische Abdünnung können in den meisten Fällen ebenso zum chemischen Polieren verwendet werden. So werden Düsenstrahlapparaturen und verschiedene Spülverfahren in gleicher Weise wie beim elektrolytischen Abdünnen angewendet. Ein Beispiel für eine einfache chemische Abdünnapparatur zeigt Abb. A 2.9. Diese Apparatur wurde zur Präparation von Halbleitermaterialien

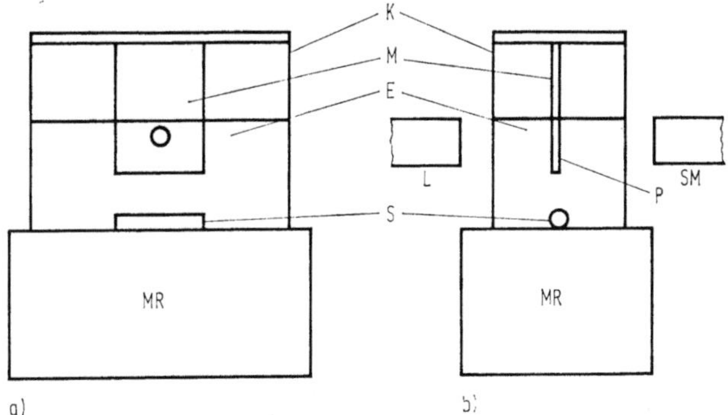

Abb. A 2.9 Schematische Darstellung einer einfachen Poliereinrichtung zum chemischen Abdünnen

a) Vorderansicht, b) Seitenansicht
K Küvette, M Maske, E Elektrolyt, L Lichtquelle, S Stabmagnet, MR Magnetrührwerk, SM Stereomikroskop, P Probe

entwickelt und ist vollständig aus PVC hergestellt, da einige Polierlösungen zum Abdünnen von Halbleitern (z. B. für Si und Ge) Flußsäure enthalten, weshalb Glasbauteile nicht verwendet werden können. In dieser Apparatur können Materialien in einem Temperaturbereich zwischen Raumtemperatur und etwa 330 K bearbeitet werden. Die Maskierungstechnik ist den für die elektrolytische Abdünnung angewendeten Methoden äquivalent.

Metalloxidkristalle (z. B. MgO, Spinell, Saphir) werden häufig mit heißen Säuren abgedünnt (MgO mit Phosphorsäure bei 390 K bis 470 K [46], Saphir in einer Boraxschmelze oberhalb 1123 K [47]). In diesen Fällen kann man die Konvektion der Flüssigkeit ausnutzen, um eine Spülwirkung an der Probe zu erreichen. Eine sehr einfache Vorrichtung, die auf diesem Prinzip beruht, ist in Abb. A 2.10 dargestellt. Sie wurde von WICKS [46] zur chemischen Abdünnung von Magnesiumoxid-Einkristallen vorgeschlagen.

Vor dem chemischen Abdünnen muß jeweils für die betreffende Substanz ein geeignetes Säuregemisch experimentell ermittelt werden, das eine ausreichende Abtragrate und eine gute Oberflächenqualität für die Probe garantiert. Für eine

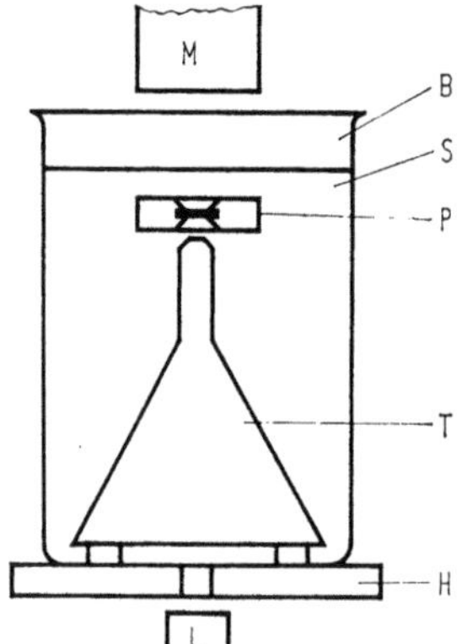

Abb. A 2.10 Apparatur zum chemischen Abdünnen mit heißen Säuren (nach Wicks [45])

M Beobachtungsmikroskop, *B* Becherglas, *S* Säure, *P* Probenhalter mit Probe, *T* Glastrichter, *H* Heizplatte, *L* Lichtquelle

große Anzahl von Materialien liegen jedoch schon Erfahrungen vor, so daß man viele Rezepte in Tabellen finden kann (s. z. B. [48, 49]). In Tab. A 2.2 sind einige Beispiele für Polierlösungen zusammengestellt. In vielen Fällen setzen sich solche Lösungsmittelgemische aus einer oxydierenden Komponente für die abzudünnende Substanz und aus einer zweiten oxidlösenden zusammen. So wirkt z. B. bei der Siliciumabdünnung die Salpetersäure als Oxydationsmittel, und die Flußsäure löst das Oxid kontinuierlich ab.

Zum Polieren von Materialien, die mit chemischen und elektrolytischen Abdünnmethoden nicht bearbeitet werden können (z. B. Gläser, Keramiken) oder nur mit unzureichender Qualität, eignet sich die Ionenstrahlabdünnung [63]. Bei dieser Methode (s. Abb. A 2.11) werden Edelgasionen beschleunigt und auf die Probenoberflächen geschossen. Durch die Wechselwirkung der Ionen mit der Festkörperoberfläche werden Atome aus dem Oberflächenbereich ausgelöst und dadurch die Probe abgetragen. Die Beschleunigungsspannung der Ionenquellen (Q) liegt zwischen 2 kV und 10 kV, der Ionenstrahl trifft geneigt auf die Proben-

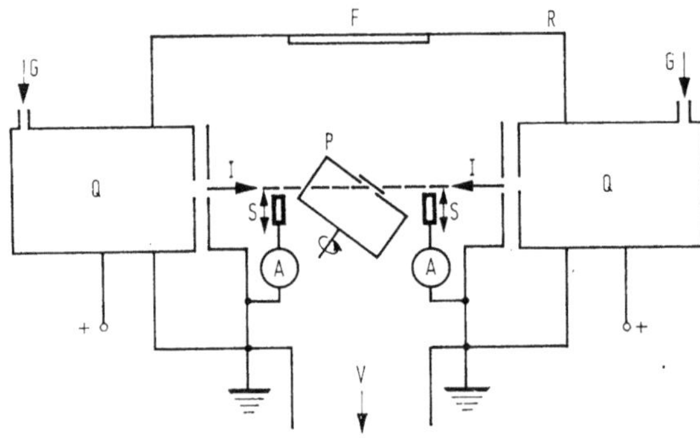

Abb. A 2.11 Prinzipskizze einer Ionenstrahlabdünnapparatur

R Rezipient, *F* Beobachtungsfenster, *V* Vakuumpumpe, *I* Ionenstrahl, *Q* Ionenquelle, *G* Gaseinlaß, *S* verstellbare Strahlstrommeßsonde, *A* Amperemeter, *P* rotierender Probenhalter mit Probe

Tabelle A 2.2 *Ausgewählte Rezeptbeispiele zum chemischen und elektrolytischen Polieren elektronenmikroskopischer Präparate*

Material	Elektrolyt		Polierbedingungen		Literatur
Al-Legierungen	40% CH_3COOH 30% H_3PO_4	20% HNO_3 10% H_2O	Elektrolytisch Düsentechnik	263 K	[50]
Ag/Al-Legierungen	70% C_2H_5OH 20% $HClO_4$	10% Glycerol	Elektrolytisch 243 K; 20 — 40 V		[51]
Co-Legierungen	2% $HClO_4$ 8% Zitronensäure	80% C_2H_5OH 10% Propanol	Elektrolytisch Bollmann-Technik		[52]
	50g/l Natriumthiozyanat				
Cr-Legierungen	90% CH_3OH 10% $HClO_4$		Elektrolytisch 10 V; 243 K		[53]
Cu und Legierungen	33% HNO_3 67% CH_3OH		Elektrolytisch Fenstermethode	4 ... 8 V; 243 K	[35]
Edelstahl	54% H_3PO_4 36% H_2SO_4	10% C_2H_5OH H_2O	Elektrolytisch Düsentechnik		[54]
Mo	14% H_2SO_4 86% C_2H_5OH		Elektrolytisch Düsentechnik	5 ... 14 V	[55]
Ni-Legierungen	57% H_2SO_4 43% H_2O		Elektrolytisch Düsentechnik	10 V	[56]
CdS	H_2CrO_4, konz.		Chemisch	368 K	[57]
Spinell	H_3PO_4, heiß		Chemisch	523 ... 723 K	[58]
GaAs	88% HCl	10% H_2O_2	2% H_2O	Chemisch	Düsentechnik	[59]
GaP/GaAsP	50% HCl	50% HNO_3	Chemisch	Düsentechnik	[57]
Ge	17% HF	17% H_2O_2	66% H_2O	Chemisch	300 K	[60]
MgO	H_3PO_4, konz.		Chemisch	383 K	[61]
Si	90% HNO_3	10% HF	Chemisch		[62]

34*

oberfläche auf. Die Neigung des Strahls zur Oberfläche und die relativ niedrige Beschleunigungsspannung werden unter anderem deshalb gewählt, um die Implantation von Ionen in die Probe und die daraus resultierende Erzeugung von Strahlenschäden im Volumen zu verhindern. Die Abtragrate bei der Ionenstrahlabdünnung hängt unter anderem von der Masse der Targetatome, der Ionenmasse des Edelgases und der Bindungsenergie der Targetatome ab, liegt aber generell weit niedriger als bei anderen oben genannten Verfahren. Für chemische und elektrolytische Poliermethoden liegt die Abtragrate häufig höher als 20 μm pro Minute, während man beim Ionenätzen meist unter einer maximalen Abtragrate von 2 μm pro Stunde bleibt. Aus diesem Grunde wird die Ionenabdünnung in der Regel nur dann eingesetzt, wenn andere Polierverfahren versagen oder nur geringe Schichtdicken abzutragen oder nachzupolieren sind. Man kann die Ionenabdünnung jedoch auch zur Reinigung von Präparatoberflächen anwenden, um z. B. Kontaminationsschichten abzutragen, die nach längerer Untersuchung im EM entstehen können und die mit chemischen Mitteln nur sehr schwer zu entfernen sind.

Für spezielle Untersuchungen werden stets neue Präparationsverfahren entwickelt, die von dem in Tab. A 2.1 gezeigten Schema abweichen können. In den letzten Jahren wurden z. B. für Untersuchungen von Halbleiterwerkstoffen und Bauelementestrukturen Verfahren entwickelt [34, 64], die eine großflächige Durchstrahlung ermöglichen. Mit der in Abb. A 2.9 schematisch dargestellten Apparatur wurden erfolgreich Proben mit einem Durchmesser bis zu 6 mm abgedünnt, die dann einen durchstrahlbaren Bereich von etwa 2 mm im Durchmesser besitzen. Die Größe dieses Bereiches liegt etwa in der Größenordnung des durch die Probenverschiebung im Mikroskop begrenzten Gebietes. Für die *in-situ*-Verformung im Höchstspannungs-Elektronenmikroskop müssen die Präparate der Geometrie der Verformungsapparatur entsprechen. Bei Anwendung eines der genannten Präparationsverfahren muß für solche Proben eine spezielle Maskierung verwendet werden, um sie abdünnen zu können.

Aus einigen Materialien kann man schon durch die Herstellung selbst dünne durchstrahlbare Bereiche erhalten. So werden Gläser bis zu durchstrahlbaren Stärken dünngeblasen und davon Proben entnommen, die auf Objektträgern aufgefangen werden. Ein ähnliches Verfahren ist das Ziehen von dünnen Festkörperfilmen (Glas, Germanium) aus der Schmelze [65]. Mit Hilfe einer Wolframdrahtschlinge zieht man aus der Schmelze einen dünnen Film, der beim Herausziehen der Schlinge erstarrt. Durchstrahlbare Bereiche dieser Filme werden auf Netzblenden aufgefangen und im Mikroskop untersucht. Kristalline Materialien, die aus der Gasphase gewonnen werden, enthalten häufig auch dünne durchstrahlbare Bereiche (z. B. CdS-Filme, Fadenkristalle), die ohne weitere Abdünnung nach entsprechender Halterung auf Objektträgern im EM untersucht werden können.

Die vor allem für die Herstellung biologisch-medizinischer Präparate eingesetzte Ultradünnschnitt-Technik (Ultramikrotomie; s. z. B. [66]) hat auch für die Präparation festkörperphysikalischer Präparate eine gewisse Bedeutung. Obwohl auch Materialien wie Kupfer, Aluminium, Keramiken und Fasern geschnitten werden, wird die Ultramikrotomie in der Festkörperphysik vor allem für die Präparation von Polymerproben eingesetzt (s. Kap. 15.). Mit dieser Methode können

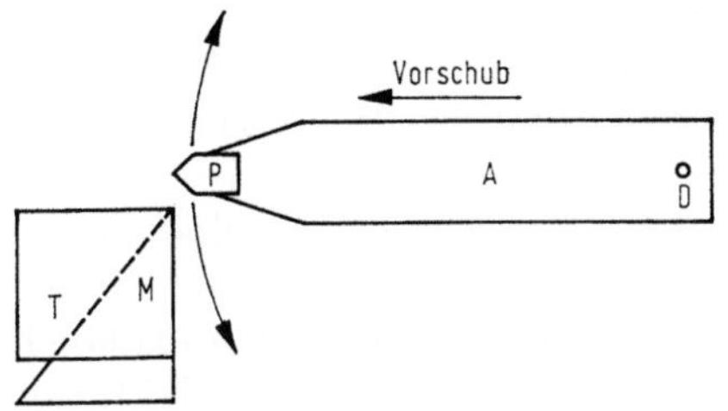

Abb. A 2.12 Prinzip eines Ultramikrotoms
A drehbarer Probenarm, *D* Drehpunkt, *P* Probenkörper, *M* Messer, *T* Auffangtrog

Objekte mit Dicken von einigen 10 nm hergestellt werden. In Abb. A 2.12 ist das Prinzip eines Ultramikrotoms erläutert. Ein feststehendes Glas- bzw. Diamantmesser (*M*) ist mit einem Trog (*T*) verbunden, der mit einer Flüssigkeit (destilliertes Wasser, Alkohol etc.) gefüllt ist, auf deren Oberfläche die Dünnschnitte schwimmen und mit Objektträgern aufgefangen werden können. Ein Arm (*A*), an dessen Spitze das Probenmaterial befestigt ist, wird an dem Messer vorbeigeführt, wobei ein dünner Film des Materials abgetrennt wird. Der Vorschub kann z. B. durch thermische Ausdehnung des Probenarms erreicht werden. Glasmesser kann man durch geeignetes Brechen von Glasstreifen [67] selbst herstellen. Vor dem Schneiden mit dem Mikrotom müssen organische Substanzen (auch Polymere) häufig gehärtet werden, damit glatte Schnitte entstehen und die Proben nicht zu stark gestaucht werden. Dies kann durch verschiedene Methoden der Fixierung (chemische Härtung), der Einbettung des weicheren Probenmaterials in eine härtere Matrix (z. B. Epoxydharz) oder durch Schneiden bei tiefen Temperaturen (Kryomikrotomie) erreicht werden. Vor dem Schneiden mit dem Ultramikrotom wird zunächst ein Probenkörper pyramidenförmig angespitzt und am Probenarm befestigt. Das Mikrotom trennt dann von der Pyramidenspitze beginnend schichtweise Schnitte von dem Probenkörper ab.

Häufig müssen die Objekte für die TEM kontrastiert werden, d. h., das Streuvermögen einzelner Objektbereiche oder Objektdetails wird durch den Einbau von Schwermetallatomen erhöht. Die Kontrastierung wird in der Regel mit den gleichen Mitteln erreicht, die auch für biologisch-medizinische Präparate angewendet werden (Osmiumtetroxid, Phosphorwolframsäure, Uranylacetat, Iod, Kaliumpermanganat; s. z. B. [68, 69]). Bei der üblichen Positivkontrastierung werden in das interessierende Objektdetail Schwermetallatome eingelagert, so daß es in der Hellfeldabbildung im Elektronenmikroskop gegenüber seiner Umgebung dunkler erscheint. Bei einigen Präparaten wendet man die Negativkontrastierung [70] an, bei der die Objektumgebung kontrastiert wird, so daß man in vielen Fällen mehr Informationen über das nichtkontrastierte Objektdetail erhält.

Wegen ihrer besonderen physikalischen Eigenschaften sind oft durch Kondensation aus der Dampfphase erzeugte dünne Schichten selbst Untersuchungsobjekte der TEM (s. Kap. 18.). In der Mehrzahl der Fälle werden die dünnen Schichten durch Anwendung der Hochvakuum-Bedampfungstechnik (s. z. B. [71, D]) oder der Katodenzerstäubung (s. z. B. [72, D]) hergestellt. Andere Verfahren haben im wesentlichen technologische Bedeutung und werden zur Präparation elektronenmikroskopischer Objekte kaum herangezogen.

Bei den Aufdampftechniken wird das Probenmaterial im Vakuum aus einer geeigneten Heizeinrichtung (Tiegel) durch Stromdurchgang oder durch Elektronenbeschuß verdampft und kondensiert auf einer Substratoberfläche. Durch Änderung von Aufdampfrate, Substrattemperatur oder Aufdampfzeit können Schichtdicke und -struktur variiert werden (s. Kap. 18.). Durch geeignete Modifikation der Aufdampfbedingungen können auch mehrkomponentige Systeme (Verbindungen) in stöchiometrischer Zusammensetzung auf das Substrat aufgebracht werden. Die Katodenzerstäubung ist ein Verfahren, bei dem das Material für die dünne Schicht durch Gasentladung oder in modernen Apparaturen durch einen Ionenstrahl von einem Target abgestäubt und auf einem Substrat abgeschieden wird. Diese Methode wird vor allem für Substanzen angewendet, die sich im Vakuum nicht verdampfen lassen oder beim Aufdampfen Stöchiometrieabweichungen zeigen. Außerdem können Verbindungen reaktiv abgeschieden werden, indem eine zusätzliche Reaktion des Materials mit der Restgasatmosphäre während des Aufstäubens abläuft. Wenn als Substratmaterial keine Trägerfilme verwendet werden, müssen die dünnen Schichten mit geeigneten Methoden vom Substrat getrennt bzw. abgelöst und auf Objektträger aufgebracht werden. Organische dünne Schichten werden häufig durch Spreiten auf Flüssigkeitsoberflächen (in gleicher Art wie Trägerfolien) hergestellt.

Literatur

Originalliteratur

[1] SCHAEFER, V. J.; HARKER, D., J. Appl. Phys. **13** (1942) 427.
[2] RUSKA, H., Naturwiss. **27** (1939) 287.
[3] BRADLEY, D. E., Brit. J. Appl. Phys. **5** (1954) 65.
[4] HASS, M.; KEHLER, H., Optik **5** (1949) 48.
[5] v. ARDENNE, M.; FRIEDRICH-FRESKA, H., Naturwiss. **29** (1941) 523.
[6] WALKENHORST, W., Naturwiss. **34** (1947) 373.
[7] MÜLLER, M.; KOLLER, T., Optik **35** (1972) 287.
[8] ONO, A.; HASHIMOTO, H.; KUMAO, A., J. Electron Microsc. **25** (1976) 307.
[9] SJÖSTRAND, F. S., Exp. Cell. Res. **10** (1956) 657.
[10] SAKATA, S., J. Electron Microsc. **6** (1958) 75.
[11] HARRIS, W. J., Nature **196** (1962) 499.
[12] FUKAMI, A.; ADACHI, K., J. Electron Microsc. **14** (1965) 112.
[13] DOWELL, W. C. T., Microscopie Electronique 1970, Vol. I, 321.
[14] FUKAMI, A.; ADACHI, K.; KATOH, M., J. Electron Microsc. **21** (1972) 99.
[15] JOHNSON, H. S.; REID, O., J. Microsc. (London) **94** (1971) 283.
[16] PAESE, D. C., Micron **6** (1975) 85.
[17] GANNON, J. R.; TILLEY, R. J. D., J. Microsc. (London) **106** (1976) 59.
[18] BAUMEISTER, W.; SEREDYNSKI, J., Micron **7** (1976) 49.
[19] REICHELT, R.; KÖNIG, T.; WANGERMANN, G., Micron **8** (1977) 29.
[20] FUJIYOSHI, Y.; UYEDA, N., J. Electron Microsc. **27** (1978) 75.
[21] KIMOTO, K.; KOMODA, T.; NISHIDA, I., Jap. J. Appl. Phys. **8** (1969) 1164.
[22] MIHAMA, K.; HORATA, A.; UYEDA, R., Jap. J. Appl. Phys. **12** (1973) 746.
[23] HASHIMOTO, H.; KUMAO, A.; YOTSUMOTO, H.; ONO, A., Jap. J. Appl. Phys. **10** (1971) 1115.

[24] White, J. R.; Beer, M.; Wiggins, J. W., Micron **2** (1971) 412.

[25] Johansen, B. U., Micron **6** (1975) 165.

[26] Iijima, S., Micron 8 (1977) 41.

[27] Mihama, K.; Shima, S.; Uyeda, R., J. Cryst. Growth **24/25** (1974) 323.

[28] v. Ardenne, M., Tabellen zur angewandten Physik. Bd. I. — Berlin: VEB Deutscher Verlag der Wissenschaften 1962, S. 473.

[29] Wawer, G., Prakt. Metallogr. **9** (1972) 563.

[30] Thieringer, H.-M.; Strunk, H., Z. Metallkd. **60** (1969) 584.

[31] Luke, C.; Puttick, K. E., J. Phys. (London) **D 4** (1971) 967.

[32] Keast, D. J., J. Sci. Instrum. **44** (1967) 862.

[33] Boitsov, Y. P.; Prokhorov, V. J.; Sorokin, L. M., J. Phys. (London) **E 3** (1970) 702.

[34] Kolbesen, B. O.; Mayer, K. R.; Schuh, G. E., J. Phys. (London) **E 8** (1975) 197.

[35] Tomlinson, H. M., Philos. Mag. **3** (1958) 867.

[36] Bollmann, W., Phys. Rev. **103** (1956) 1588.

[37] Kelly, P. M.; Nutting, J., J. Iron Steel Inst. **192** (1959) 246.

[38] Bitzek, L.; Warlimont, H., Prakt. Metallogr. **9** (1972) 497.

[39] Hill, M. J., J. Electrochem. Soc. **21** (1973) 142.

[40] Phillips, V. A.; Hugo, J. A., J. Sci. Instrum. **37** (1960) 216.

[41] Glenn, R. C.; Schoone, R. D., Rev. Sci. Instrum. **35** (1964) 1223.

[42] Burck, P., Proc. 5. Europ. Congr. El. Micr., Manchester 1972, p. 308.

[43] Carpenter, R. W.; Paris, H. G., J. Appl. Phys. **39** (1968) 5809.

[44] Stickler, R.; Engle, R. J., J. Sci. Instrum. **40** (1963) 518.

[45] Young, L., Anodic Oxide Films.-London/New York: Academic Press 1961.

[46] Wicks, B. J., Thesis Univ. Warwick, Coventry 1968.

[47] Vardiman, R. G., J. Electrochem. Soc. **118** (1971) 1804.

[48] Goodhew, P. J., Specimen Preparation in Materials Science. In: Practical Methods in Electron Microscopy. Ed.: A. M. Glauert. — Amsterdam/London: North-Holland Publ. Comp. 1973.

[49] Methodensammlung der Elektronenmikroskopie. Hrsg.: G. Schimmel; W. Vogell. 2. Aufl. — Stuttgart: Wissenschaftliche Verlagsgesellschaft mbH 1975.

[50] Hacking, R. G.; Hockenhull, B. S.; Panakal, J. D., J. Inst. Metals **97** (1969) 223.

[51] Howie, A.; Swann, P. R., Philos. Mag. **6** (1961) 1215.

[52] Lux, B.; Bollmann, W., Cobalt **12** (1961) 32.

[53] Gidley, J. A. F.; Davies, R. A., J. Sci. Instrum. **44** (1967) 297.

[54] Rowcliffe, A. F., J. Inst. Metals **94** (1966) 263.

[55] Clauer, A. H.; Wilcox, B. A.; Hirth, H. P., Acta Metall. **18** (1970) 381.

[56] Larson, J. M.; Taggart, R.; Polonis, D. H., Rev. Sci. Instrum. **40** (1969) 1338.

[57] Holt, D. B.; Porter, R.; Unvala, B. A., J. Sci. Instrum. **43** (1966) 371.

[58] Lewis, M. H., Philos. Mag. **14** (1966) 1003.

[59] Hill, M. J.; Holt, D. B.; Unvala, B. A., J. Phys. (London) **E 1** (1968) 301.

[60] den Ouden, G., Philos. Mag. **19** (1968) 321.

[61] Elkington, W. E.; Thomas, G.; Washburn, J., J. Am. Ceram. Soc. **46** (1963) 307.

[62] Booker, G. R.; Stickler, R., Brit. J. Appl. Phys. **13** (1962) 446.

[63] Yoshida, K.; Yamada, T., Memoirs of the Faculty of Engineering, Kobe Univ. No. **23** (1977).

[64] Das, G.; O'Neil, N. A., IBM J. Res. Dev. **18** (1974) 76.

[65] Paschoff, N., Phys. Status Solidi **22** (1967) 83.

[66] v. Ardenne, M.; Westmeyer, H., Optik **16** (1959) 193.

[67] Persson, A., Firmenmitteilung LKB — Produkter AB, Stockholm 1963.

[68] Zeitler, E.; Bahr, G. F., Exp. Cell. Res. **12** (1957) 44.

[69] Cosslett, V. E., J. Roy. Micr. Soc. (London) **78** (1958) 18.

35*

[70] BRENNER, S.; HORNE, R. W., Biochim. Biophys. Acta **34** (1959) 103.

[71] HOLLAND, L., Vacuum Deposition of Thin Films. 3. Aufl. — London: Chapman & Hall Ltd. 1960.

[72] WEISSMANTEL, C.; ERLER, H. J.; REISSE, G., Surf. Sci. **86** (1979) 207.

Übersichtsliteratur

[A] REIMER, L., Elektronenmikroskopische Untersuchungs- und Präparationsmethoden. 2. Aufl. — Berlin/Heidelberg/New York: Springer-Verlag 1967.

[B] KAY, D. H., Techniques for Electron Microscopy. 2. Aufl. — Oxford: Blackwell Scientific Publ. 1965.

[C] THOMAS, G., Transmission Electron Microscopy of Metals. — New York/London: John Wiley & Sons Ltd. 1962.

[D] MÜLLER, H., Präparation von technisch-physikalischen Objekten für die elektronenmikroskopische Untersuchung. — Leipzig: Akademische Verlagsgesellschaft Geest & Portig K.-G. 1962.

[E] BRAMMER, I. S.; DEWEY, M. A. P., Specimen Preparation for Electron Metallography. — Oxford: Blackwell Scientific Publ. 1966.

[F] PICHT, J.; HEYDENREICH, J., Einführung in die Elektronenmikroskopie. — Berlin: VEB Verlag Technik 1966.

[G] v. HEIMENDAHL, M., Einführung in die Elektronenmikroskopie. In: Werkstoffkunde. Hrsg.: E. MACHERAUCH, V. GEROLD. — Braunschweig: Friedr. Vieweg & Sohn Verlagsgesellschaft mbH 1970.

[H] HORNBOGEN, E., Durchstrahlungselektronenmikroskopie fester Stoffe. In: Werkstoffe. Hrsg.: G. PETZOW; H. WARLIMONT. — Weinheim: Verlag Chemie GmbH 1971.

[I] Metallographic Specimen Preparation. Hrsg.: J. L. McCALL; M. W. MUELLER. — New York/London: Plenum Press 1974.

[K] GLAUERT, A. M., Practical Methods in Electron Microscopy. Bd. III und IV. — Amsterdam/Oxford: North-Holland Publ. Comp. 1974.

Literaturübersicht zur Elektronenmikroskopie

— Diffraction and Imaging Techniques in Material Science. Eds.: S. AMELINCKX, et al.,
2. Aufl. — Amsterdam/Oxford: North-Holland Publ. Comp. 1978.

— v. ARDENNE, M.: Elektronen-Übermikroskopie. — Berlin: Springer-Verlag 1940.

— Advances in Optical and Electron Microscopy. Eds.: R. BARER; V. E. COSSLETT.
(Vol. 1: 1966; Vol. 2: 1968; Vol. 3: 1969; Vol. 4: 1971; Vol. 5: 1973; Vol. 6: 1975;
Vol. 7: 1978) — London: Academic Press.

— Electron Microscopy and Microanalysis of Metals. Eds.: J. A. BELK; A. L. DAVIES.
— Amsterdam: Elsevier 1968.

— BORRIES, B. v.: Die Übermikroskopie. — Berlin: Werner Saenger 1949.

— BRAMMER, I. S.; DEWEY, M. A. P.: Specimen Preparation for Electron Metallography. — Oxford: Blackwell Sci. Publ. 1966.

— COSSLETT, V. E.: Practical Electron Microscopy. — London: Butterworth & Co.
1961.

— COWLEY, J. M.: Diffraction Physics. — Amsterdam/Oxford: North-Holland Publ.
Comp. 1975.

— EDINGTON, J. W.: Practical Electron Microscopy in Materials Science. Vol. 1:
The Operation and Calibration of the Electron Microscope, 1974; Vol. 2: Electron
Diffraction in the Electron Microscope, 1975; Vol. 3: Interpretation of Transmission
Electron Micrographs. 1975; Vol. 4: Typical Electron Microscope Investigations.
1976. London: McMillan.

— Practical Methods in Electron Microscopy. Ed.: A. M. GLAUERT (Vol. 1: 1973;
Vol. 2, 3: 1974; Vol. 4: 1975: Vol. 5: 1977; Vol. 6, 7: 1978) — Amsterdam/Oxford:
North-Holland Publ. Comp.

— GOLDSTEIN, J. I.; YAKOWITZ, H.: Practical Scanning Electron Microscopy. — New
York/London: Plenum Press 1975.

— GOODHEW, P. J.: Specimen Preparation in Material Science. — Amsterdam:
Elsevier 1973.

— THOMAS, G.; GORINGE, M.: Transmission Electron Microscopy of Materials. — New
York: John Wiley & Sons Ltd. 1978.

— GRUNDY, P. J.; JONES, G. A.: Electron Microscopy in the Study of Materials. Series:
The Structures and Properties of Solids. Vol. 7. — London: Edward Arnold 1976.

— HAINE, M. E.: The Electron Microscope — the Present State of the Art. — London:
Spon Ltd. 1961.

— HALL, C. E.: Introduction to Electron Microscopy. 2. Aufl. — New York: McGraw-
Hill 1966.

— HAWKES, P. W.: Electron Optics and Electron Microscopy. — London: Taylor &
Francis 1972.

— Principles and Techniques of Electron Microscopy. Ed.: M. M. HAYAT. — New York:
Van Nostrand-Reinhold 1973—1977.

— The Use of the Scanning Electron Microscope. Eds.: J. W. S. HEARLE; J. T. SPAR-
ROW; P. M. CROSS. — Oxford: Pergamon Press 1972.

— HEIDENREICH, R. D.: Fundamentals of Transmission Electron Microscopy. —
New York: John Wiley & Sons Ltd. 1964.

v. HEIMENDAHL, M.: Einführung in die Elektronenmikroskopie: Verfahren zur Untersuchung von Werkstoffen und anderen Festkörpern. — Braunschweig: Friedr. Vieweg & Sohn, Verlagsgesellschaft mbH. 1970.

— HIRSCH, P. B., et al.: Electron Microscopy of Thin Crystals. — London: Butterworth & Co. 1965.

— HORNBOGEN, E.: Durchstrahlungs-Elektronenmikroskopie fester Stoffe. — Weinheim: Verlag Chemie GmbH 1971.

— Techniques for Electron Microscopy. Ed.: D. KAY. — Oxford: Blackwell 1961.

— Elektronnomikroskopičeskie izobraženija dislokacij i defektov upakovki. Hrsg.: V. M. KOSEVIČ; L. S. PALATNIK. — Moskau: Izd. Nauka 1976.

— LORETTO, M. N.; SMALLMAN, R. E.: Defect Analysis in Electron Microscopy. — London: Chapman & Hall 1975.

— LUK'JANOVIČ, V. M.: Elektronnaja mikroskopija v fizikochimičeskich issledovanijach. — Moskau: Izd. Akademii Nauk 1960.

— Traité de Microscopie Électronique. Ed.: C. MAGNAN. — Paris: Hermann 1951.

— MAHL, H.; GÖLZ, E.: Elektronenmikroskopie. — Leipzig: VEB Bibliographisches Institut 1951.

— Metallographic Specimen Preparation: Optical and Electron Microscopy. Ed.: J. L. McCALL; W. M. MÜLLER. — New York/London: Plenum Press 1974.

— MÖLLENSTEDT, G.; LENZ, F.: Electron Emission Microscopy. Series: Advances in Electronics. Vol. 13. — London/New York: Academic Press 1963.

— MÜLLER, H.: Präparation von technisch-physikalischen Objekten für die elektronenmikroskopische Untersuchung. — Leipzig: Akademische Verlagsgesellschaft Geest & Portig K.-G. 1962.

— MURR, L. E.: Electron Optical Applications in Materials Science. — New York: McGraw-Hill 1970.

— NESTLER, K.-G.: Einführung in die Elektronenmetallographie: Eisen und Stahl. — Leipzig: VEB Deutscher Verlag für Grundstoffinsdutrie 1961.

— OATLEY, C. W.: The Scanning Electron Microscope. — London: Cambridge University Press 1972.

— PICHT, J.; HEYDENREICH, J.: Einführung in die Elektronenmikroskopie. — Berlin: VEB Verlag Technik 1966.

— PILJANKEVIČ, A. N.: Praktika elektronnomikroskopii. — Moskau: Izd. Akademii Nauk 1961.

— REIMER, L.: Elektronenmikroskopische Untersuchungs- und Präparationsmethoden. 2. Aufl. — Berlin/Heidelberg/New York: Springer-Verlag 1967.

— REIMER, L.; PFEFFERKORN, G.: Rasterelektronenmikroskopie. 2. Aufl. — Berlin/Heidelberg/New York: Springer-Verlag 1977.

— SAXTON, W. O.: Computer Techniques for Image Processing in Electron Microscopy. Series: Advances in Electronics and Electron Physics. Vol. 10. — London/New York: Academic Press 1978.

— SCHIMMEL, G.: Elektronenmikroskopische Methodik. — Berlin/Heidelberg/New York: Springer-Verlag 1969.

— Methodensammlung der Elektronenmikroskopie. Hrsg.: G. SCHIMMEL und W. VOGELL. — Stuttgart: Wissenschaftliche Verlagsgesellschaft mbH 1973.

— SEILER, H.: Abbildung von Oberflächen. — Mannheim/Zürich: Bibliographisches Institut 1968.

— Physical Aspects of Electron Microscopy and Microbeam Analysis. Eds.: B. M. SIEGEL; D. R. BEAMAN. — New York: John Wiley & Sons Ltd. 1975.

— THOMAS, G.: Transmission Electron Microscopy of Metals. — New York: John Wiley & Sons Ltd. 1962.

— THORNTON, P. R.: Scanning Electron Microscopy. — London: Chapman & Hall 1968.

— UTEVCKIJ, L. M.: Difrakcionnaja elektronnaja mikroskopija v metallovedenii. — Moskau: Metallurgija 1973.

— WELLS, O. C.: Scanning Electron Microscopy. — New York: McGraw-Hill 1974.
— WISCHNITZER, S.: Introduction to Electron Microscopy. — Oxford: Pergamon Press 1962.
— WYCKOFF. R. W. G.: Electron Microscopy: Technique and Applications. — New York: Interscience Publ. 1949.
— ZWORYKIN, V. K., et al.: Electron Optics and the Electron Microscope. — London: John Wiley & Sons Ltd. 1957.

If you have any enquiries about our products,
you can contact us on:
ProductSafety@springernature.com

In case Publisher is established outside the EU,
the EU authorised representative is:
Springer Nature Customer Service Center GmbH
Europaplatz 3, 69115 Heidelberg, Germany

Printed by Books on Demand GmbH
in Norderstedt, Germany